Hans Joachim Schellnhuber

SELBSTVERBRENNUNG

Hans Joachim Schellnhuber

SELBSTVERBRENNUNG

Die fatale Dreiecksbeziehung zwischen
Klima, Mensch und Kohlenstoff

C. Bertelsmann

Verlagsgruppe Random House FSC® N001967
Das für dieses Buch verwendete FSC®-zertifizierte Papier *EOS*
liefert Salzer Papier St. Pölten, Austria.

3. Auflage
© 2015 by C. Bertelsmann Verlag, München,
in der Verlagsgruppe Random House GmbH
Umschlaggestaltung: buxdesign München
Bildredaktion: Dietlinde Orendi
Satz: Uhl + Massopust, Aalen
Druck und Bindung: GGP Media GmbH, Pößneck
Printed in Germany
ISBN 978-3-570-10262-6

www.cbertelsmann.de

Inhalt

Vorwort

Dieses Buch
handelt von der größten Geschichte aller bisherigen Zeiten. Die drei
Hauptrollen spielen die Menschheit, das Klimasystem und das Wunder-
element Kohlenstoff, kurz C genannt. Letzteres ist Voraussetzung für alles
irdische Leben, kann aber noch vieles mehr – je nachdem, welche Gestalt
es annimmt oder welche Verbindung es eingeht. Als gasförmiges Kohlendioxid wärmt es die Erdoberfläche, als fossiler Brennstoff in der Erdkruste bewahrt es die Sonnenenergie über Jahrhundertmillionen auf.

Das Klimasystem ist zugleich Diener und Herr des Kohlenstoffs, wie
zu erläutern sein wird. Zudem hat dieses System durch seine früheren
Schwankungen eine intelligente Lebensform, den *Homo sapiens*, hervorgebracht und durch seine jüngste Stetigkeit die Landwirtschaft, jene
Grundlage aller Kultur, ermöglicht. Der moderne Mensch zeigt sich dafür
jedoch nicht dankbar, denn er ist einen historischen Pakt mit dem Kohlenstoff eingegangen, der sich gegen das Klima richtet: Wie ein freigesetzter
Flaschengeist erfüllt C dem *Homo sapiens* jeden Energiewunsch und lässt
die Überflussgesellschaft entstehen. Doch gleichzeitig erhitzt der rasend
aufsteigende Luftkohlenstoff den Globus über alle zuträglichen Maße und
wendet sich damit gegen seine Befreier. Ergo geht unsere Zivilisation den
Weg in die Selbstverbrennung – aus Gier, aus Dummheit und vor allem
aus Versehen.

So verhängnisvoll könnte sich jedenfalls diese schicksalhafte Dreiecksbeziehung entwickeln, deren faszinierendsten Aspekte ich schildern
werde. Der Ausgang der Geschichte ist allerdings offen: Immer noch kann
sich der Mensch von der fossilen Verführung lossagen und vor dem selbst
errichteten Scheiterhaufen kehrtmachen. Wenn Wissen und Wollen umgehend zusammenfinden. Und wenn wir deutlich mehr Glück als Verstand
haben ...

Dieses Buch
sollte bereits vor mehr als fünf Jahren erscheinen, und zwar unter dem
ironischen Titel »Stühlerücken auf der Titanic«. Autor und Verlag hatten dabei eine eher konventionelle Beschreibung des Klimaproblems auf
knapp 300 Seiten im Sinn. Also gestrickt nach dem bewährten Muster

»Führender Experte erläutert eine wichtige und komplizierte Thematik auf anschauliche Weise für ein breites Publikum und warnt vor den ernsten Folgen des sich abzeichnenden Politikversagens«. Durchaus lesenswerte Bücher dieser Art sind beispielsweise zur Griechenland-Krise verfasst und verkauft worden.

Das Thema Klimawandel sprengt jedoch ein solches Format; seine wissenschaftlichen, gesellschaftlichen und moralischen Dimensionen lassen sich nicht mehr durch Konvention und Ironie bändigen. Alleine in den besagten fünf Jahren sind ungeheuerliche Dinge geschehen, die uns ins Ohr brüllen, dass die vertraute Welt (und nicht nur eine marginale Volkswirtschaft in Südosteuropa) aus den Fugen gerät: Der Fast-Kollaps der nach dem Zweiten Weltkrieg entstandenen politischen Architektur des Multilateralismus auf dem Kopenhagener Klimagipfel von 2009; die Hexenjagd gegen die Klimawissenschaft im Nachgang zu jener unseligen Konferenz unter Missachtung aller Prinzipien der Aufklärung; die Dreifachkatastrophe von Fukushima im Jahr 2011 und die dadurch ausgelöste Wende in der deutschen Energiepolitik mit ihren globalen Folgeerscheinungen; die entsetzlichen Verwüstungen weiter Teile der Philippinen durch den Supertaifun »Haiyan« im November 2013; die historische Dürre in Kalifornien, das durch den Klimawandel wohl seinen Status als Fruchtkorb Amerikas einbüßen wird; das Entstehen einer ebenso idealistischen wie aggressiven Bürgerbewegung, die Institutionen und Individuen auffordert, ihr Geld aus der Fossilwirtschaft abzuziehen; das Anschwellen der Flüchtlingswellen aus Afrika und dem Nahen Osten, welche gegen die Küsten und Grenzbefestigungen des saturierten Europa anrollen usw. usf. …

Manche dieser Entwicklungen hängen direkt mit der menschengemachten Erderwärmung zusammen, aber allesamt sind sie Speichen eines Schicksalsrades, das der Klimawandel immer schneller in eine ungewisse, fremdartige Zukunft treibt. Wird dieses Rad jemals wieder zum Stehen kommen, und wenn ja, wo? Die mit den entsprechenden Fragestellungen befasste Wissenschaft hat in letzter Zeit dramatische Fortschritte gemacht und gestattet dadurch Ausblicke ins späte 21. Jahrhundert (und darüber hinaus), die einen schaudern lassen: Die naiven Verheißungen der Moderne stehen in Flammen, die uns unbarmherzig miterfassen werden, wenn wir das Haus der Zivilisation nicht aus sicherem Material neu erbauen. Dies ist der eine Grund für den nun gewählten Titel »Selbstverbrennung«.

Dieses Buch
versucht die ganze Geschichte vom Klimawandel in seiner Dreiecksbeziehung zu Zivilisation und Kohlenstoff zu erzählen. Das ist ein unerhörter Anspruch, zumal das Buch trotzdem lesbar, ja spannend und unterhaltsam sein soll. Um diesem Anspruch wenigstens annähernd gerecht zu werden, habe ich einen ungewöhnlichen Ansatz gewählt: Wissenschaftliche Einsichten, persönliche Erinnerungen und politisch-moralische Wertungen sind zu einer Dreifachwurzel geflochten, die mit jedem Kapitel tiefer in den Gegenstand eindringt. Bis schließlich die Fundamente unseres kulturellen und spirituellen Selbstverständnisses erreicht werden, wo nach dem Wesen der Menschlichkeit (*conditio humana*) angesichts ihrer größten Bedrohung zu fragen ist. Entsprechend dringt mein Narrativ von der »Haut« zum »Fleisch« bis ins »Mark« vor – aber nicht linear oder disziplinär geordnet, sondern nach einer inneren Logik, die mir der Gegenstand selbst aufgezwungen hat. So gesehen bin ich nur ein Stenotypist im Dienste des eigentlichen Autors.

Dieses Buch
erscheint im selben Jahr wie die Enzyklika »Laudato si'«, mit der Papst Franziskus wort- und gedankengewaltig in die Umweltdebatte eingegriffen hat: »Wenn wir die Schöpfung zerstören, wird sie uns zerstören!« Ich hatte die besondere Ehre, dieses einzigartige Dokument zusammen mit zwei der höchsten Repräsentanten der katholischen beziehungsweise orthodoxen Kirche der Weltöffentlichkeit im Juni 2015 vorzustellen. Die Enzyklika ist ganz im Geiste des Franz von Assisi geschrieben, der vor 800 Jahren schon die Solidarität mit den Schwachen und die Harmonie mit der Natur beschwor. Diese beiden ethischen Gebote dürfen nicht gegeneinander ausgespielt werden, wie es vor allem die verantwortungslose Bereicherungsideologie in den zwei Dekaden nach dem Mauerfall von 1989 getan hat.
»Laudato si'« räumt diesen falschen Widerspruch beiseite und macht auf mitunter hochpoetische Weise geltend, dass soziale Gerechtigkeit und ökologische Nachhaltigkeit nur gemeinsam zu realisieren sind. Ja, die Klimafrage wird in der Enzyklika auch angesprochen, und das auf bemerkenswert kundige und hellsichtige Weise. Aber diese Thematik steht nicht im Zentrum der Kirchenschrift, während sie zweifellos der Gegenstand ist, um den mein Buch kreist – auf abwechselnd engeren und weiteren Bahnen. Dabei bemühe ich mich, die *Vernunft* als Navigationsprinzip zu nutzen, während sich die Enzyklika selbstredend vom *Glauben* leiten lässt. Doch je tiefer man in die Klimaproblematik eindringt, desto deutlicher wird, dass diese beispiellose Zivilisationskrise nur durch die Verbin-

dung von Glaube und Vernunft bewältigt werden kann. Wenn also Spiritualität und Intellektualität Hand in Hand gehen.

Insofern finden sich in »Laudato si'« und meinem Beitrag eine Reihe von Gemeinsamkeiten, obwohl die jeweiligen Befunde und Bewertungen das Ergebnis völlig unterschiedlicher Auseinandersetzungen mit Himmel und Erde sind. Wobei sich meine Kompetenzen zweifellos eher auf Letztere beziehen. Aber ganz gleich, ob sich das Paradies im Diesseits oder im Jenseits befindet: Es wird jeden Tag offenkundiger, dass wir dabei sind, es im Namen des »Fortschritts« zu verspielen.

Dieses Buch
spricht somit, ebenso wie die Enzyklika, nicht von einer fernen, mystischen Apokalypse, sondern von einem nahen, profanen Desaster, auf das unsere Zivilisation starrsinnig zusteuert. Der Begriff »Selbstverbrennung« erscheint für diese kollektive Torheit durchaus angemessen, zumal sie den Wärmetod unzähliger Kreaturen verursachen würde.

Der von mir gewählte Titel steht aber auch noch für andere, individuellere Bedeutungen. Nicht für die ebenso heroischen wie entsetzlichen Fanale, mit denen tibetische Mönche die Aufmerksamkeit der Weltöffentlichkeit auf die Unterdrückung ihrer Heimat und Kultur lenken wollen. Ich opfere mit dieser Veröffentlichung weder Leib noch Leben – allenfalls fordere ich den Spott von Literaturkritikern und Fachkollegen heraus, die übereinstimmend meinen könnten, dass der Schuster doch besser bei seinen naturwissenschaftlichen Leisten geblieben wäre. Dennoch ist der Schritt, den ich hier vollziehe, nicht belanglos:

Nach rund dreißig Jahren der Auseinandersetzung mit allen Aspekten des Klimawandels drängt es mich, umfassend Stellung zu beziehen. Die Befunde der Forschung sprechen inzwischen eine so eindeutige Sprache, dass wir die gelehrte Debatte über die saubere Trennung von Subjektivität und Objektivität hinter uns lassen können. Angesichts des Risikos eines selbst verschuldeten Weltenbrands steht fast jeder vor der Entscheidung, bestimmte Grenzlinien zu überschreiten.

Meine Entscheidung besteht darin, nunmehr endgültig Partei zu ergreifen – gegen eine gesellschaftliche Betriebsweise, welche die natürlichen Lebensgrundlagen unweigerlich zerstören wird. Dadurch beschädige ich womöglich meine Reputation als Experte, der im Normalbetrieb größtmöglichen Abstand von den moralischen Dimensionen seiner Thematik zu wahren hat. Doch nichts ist heute noch normal auf diesem Planeten. Insofern ist meine Entscheidung, weiß Gott, keine Heldentat, sondern eine Selbstverständlichkeit.

Somit lässt sich der bewusst dramatische Titel des Buches auch ganz unprätentiös interpretieren: Ich bringe meinen erweiterten Lebenslauf zu Papier und stecke das Dokument in Brand, um damit für kurze Zeit ein wenig zusätzliches Licht zu verbreiten. Dabei können gewisse Dinge vorübergehend deutlicher sichtbar werden als üblich – entweder, weil man ihnen mit der improvisierten Fackel ganz nahe kommt oder weil sich einzelne Worte auf dem brennenden Papier sekundenlang aufwölben und aufleuchten.

Dieses Buch
könnte selbst sein kleines Licht nicht werfen, wenn ich während des halben Jahrzehnts der Niederschrift nicht von zahlreichen Kollegen, Freunden und insbesondere meiner Familie unterstützt worden wäre. All diese Unterstützer namentlich zu würdigen ist mir hier nicht möglich, aber einige möchte ich doch explizit nennen:

Bei der Klärung wissenschaftlicher Sachverhalte und anderer inhaltlicher Fragestellungen waren mir Ottmar Edenhofer, Georg Feulner, Dieter Gerten, Daniel Klingenfeld, Elmar Kriegler, Jascha Lehmann, Anders Levermann, Wolfgang Lucht, Stefan Rahmstorf, Mareike Schodder, Kirsten Thonicke, Jonas Viering, Kira Vinke, Ricarda Winkelmann und viele andere eine große Hilfe.

Bei der technischen Realisierung des Manuskripts haben vor allem Carmen Begerock, Sabrina Dahlemann, Maria Knaus, Claudia Köhler, Simone Lehner, Eva Rahner, Alison Schlums, Susanne Stundner, Christiane Walter und Martin Wodinski außergewöhnliche Leistungen erbracht. Die größte Herausforderung dabei dürfte wohl die Entzifferung zahlreicher handschriftlicher Notizen gewesen sein, die ich in irgendwelchen Bahnhofshallen oder Hotellobbys angefertigt hatte.

Die Produktionsregie des Ganzen lag anfangs bei Veronika Huber und bald darauf bei meiner persönlichen wissenschaftlichen Assistentin Maria Martin. Frau Martin war mir in inhaltlicher, technischer und strategischer Hinsicht eine unschätzbare Hilfe. Ohne ihren freundlichen Scharfsinn und ihr geduldiges Perfektionsstreben wäre dieses Buch nicht zustande gekommen.

Größten Dank schulde ich dem Verlag C. Bertelsmann und seinem Verleger Johannes Jacob, der mit unendlicher Geduld und tiefstem Verständnis den überlangen Werdungsprozess dieses Titels begleitete. Zwischenzeitlich hatte ich schon mehrfach die Hoffnung aufgegeben, die selbstgesetzte Aufgabe angemessen bewältigen zu können. Er hingegen zweifelte offenbar nie daran, dass die Sache doch noch ein gutes Ende finden würde. Mit ähnlicher Langmut hat meine Literaturagentin Karin Graf die Wirren dieser Buch-Schwangerschaft begleitet. Unbedingt bedanken möchte ich mich auch beim Lektor Eckard Schuster, dessen Tätigkeit mir zunächst als lästige Besserwisserei erschien. Im Laufe der letzten Monate ist er mir jedoch zu einem hoch geschätzten intellektuellen Partner geworden, dessen Rat ich (fast) immer gefolgt bin.

Und da ist schließlich jemand, der diesen Kreationsprozess nicht nur ertragen und gefördert, sondern auch ganz wesentlich inspiriert hat: meine Frau Margret Boysen. Einige der tiefsten Gedanken meines Narrativs, die dem Leser vor allem im dritten Teil begegnen, sind im Dialog mit ihr entstanden.

Dieses Buch
ist nun für Sie aufgeschlagen ...

Prolog

1. Abschied und Wiederkehr

Am 25. Februar 2010 starb meine Mutter. Ihr Name war Erika, und sie durfte (oder musste?) 82 Jahre alt werden. Kindheit und Jugend ihrer Generation waren geprägt von den großen europäischen Katastrophen und den unfassbaren deutschen Entgleisungen des 20. Jahrhunderts: Krieg, Ruin, Nazi-Wahn, Holocaust, Zerstörung. Es folgten Strafe und Scham. Und schließlich verstohlenes Zurückkriechen in die Menschheitsgemeinde – zu beachtlicher Freiheit und erstaunlichem Wohlstand unter dem noblen Schutzdach des Grundgesetzes. Mit 17 Jahren verlor Erika ihren Verlobten in einer der Kesselschlachten an der Ostfront; mit 18 wurde sie bei einem Bombenangriff der Westalliierten verschüttet; mit 19 erlebte sie ihre erste Schwangerschaft.

Die Begräbniskirche bei Ortenburg war wenige Tage nach ihrem Tod noch winterkalt, doch sanft von Frühlingslicht erfüllt, und die Sandwege über den Friedhof draußen atmeten sogar schon Sommerwärme. Am offenen Grab der Familie Schellnhuber wurden Reden wie an fast allen Gräbern gehalten, die sich vergeblich mühten, der Verstorbenen gerecht zu werden oder den Hinterbliebenen Trost zu spenden. Erikas Leben war entlang tiefer Bruchlinien verlaufen; als am schwierigsten erwies sich sogar das letzte Daseinsdrittel, unter scheinbar stabilen äußeren Bedingungen. Aber meine überwältigende Erinnerung an sie ist die einer hübschen, fröhlichen, zärtlich liebenden, jungen Mutter, die ich uneingeschränkt widerliebte. Nicht zuletzt deshalb waren die glücklichsten Jahre meines bisherigen Lebens die meiner Kindheit, also etwa die Zeit zwischen dem dritten und dem zehnten Geburtstag. Die Magie dieser Zeit begleitet mich noch heute, wenngleich sie nun tief im Bewusstseinshintergrund gelagert erscheint.

Und der Tod meiner Mutter hat diesen Hintergrund noch weiter weggestoßen, wohl über den Horizont der seelischen Rückrufbarkeit hinaus. Aber stimmt das wirklich, habe ich meine Kindheit nicht schon längst – Stück für Stück, in kleinen, unbarmherzigen Schritten – verloren? Ich kam im Haus meiner Eltern zur Welt, das seit zweihundert Jahren im Besitz unserer Familie ist und das vor vielen Jahrhunderten als erstes öffentliches Schulgebäude der reichsfreien evangelischen Grafschaft Ortenburg in Niederbayern aus Stein, Lehm und Holz errichtet wurde. In diesem Haus bin ich auch groß geworden. Es war unbestritten das schönste der ganzen Gemeinde, stattlich-heiter, auf einer ummauerten Anhöhe platziert, von wildem Wein umrankt und von riesenhaften Birnbäumen, Berberitzenhecken und Gemüserabatten umgeben. Der grüne Sommerduft der Tomaten, die meine Großmutter leidenschaftlich kultivierte, und der braune Winterduft des schweren Weihnachtsgebäcks, das ich fabrizieren half, durchzogen die Kinderzeit. Unvergesslich meine Ausritte als kleiner Junge auf dem ungesattelten Ochsenrücken zu unseren Weizen- und Roggenfeldern, durch Streuobstwiesen und sandige Hohlwege, in der flirrenden Augusthitze voller Lerchengesang. Unvergesslich das Abendläuten der Pfarrglocken im Herbst, das meinen Bruder und mich von den Anhöhen rings um Ortenburg nach Hause rief, wo meine Mutter bereitstand, um uns den Schmutz eines endlosen, beglückenden Nachmittags in der nur halb gezähmten Natur abzuschrubben. Das Leben war schön, auch wenn meine Mutter oft mit der Sorge schlafen ging, woher wohl am nächsten Tag das Essen für die Familie kommen würde.

Dann ereignete sich das »Wirtschaftswunder«. Seine Vorboten waren schon Ende der 1950er-Jahre im Rottal unterwegs; ab 1960 brach es dann unwiderstehlich und flächendeckend über meine Heimat herein. Die Leute hatten plötzlich Geld oder bekamen günstige Darlehen. Große Traktoren tauchten auf und ersetzten Zugochsen und Pferde. Autos begannen unregelmäßig die Straße vor unserem Haus zu befahren, die wir Kinder doch als ewiges Lehen zum Zweck des Murmelspielens im Juni und des Schlittenfahrens im Januar ansahen. Lagerhäuser für die Speicherung der Ernte und für die Verteilung von Kunstdünger und Pestiziden wurden errichtet; Telefonmasten und Trafohäuschen wuchsen aus dem Boden. Und da war vor allem die große bayerisch-vaterländische Flurbereinigung, welche die liebenswürdig verwinkelte, jahrtausendgereifte Bauernlandschaft in eine Industriebrache überzuführen begann – aufgeräumt, übersichtlich, rechteckig, reizlos.

Als Kind begriff ich nicht, was da vor sich ging. Ich wusste nichts vom »FlurbG« – dem am 14.07.1953 verabschiedeten Bundesflurbereinigungsgesetz – oder vom »AGFlurbG« – dem am 11.08.1954 verabschiedeten Bayerischen Gesetz zur Ausführung des Flurbereinigungsgesetzes. Und schon gar nichts von den Römischen Verträgen, worin die sechs Kernstaaten der EU im Jahr 1957 einen gemeinsamen Wirtschaftsmarkt und die »Modernisierung der Agrarstrukturen« beschlossen. Ich erlebte nur, wie Hecken und Baumgruppen gerodet, Dorfteiche zugeschüttet und Trampelpfade asphaltiert wurden. Mein Paradies zerbröckelte unter den dünnen, unermüdlich die Gegend durchstreifenden Kinderbeinen.

Der Übergang zur kleinindustriellen Landwirtschaft vor den Toren des Marktfleckens Ortenburg wurde widergespiegelt und begleitet von einem beschleunigten baukulturellen Erosionsprozess in seinem Innern: Mit den neuen Verdienstmöglichkeiten des »Wirtschaftswunders« – auch außerhalb des Agrarsektors – entstanden Anlagen und Infrastrukturen von zeitloser Hässlichkeit: Esso-Tankstellen, VW-Werkstätten, Sandgruben, Steinbrüche, Zementfabriken, Getreidesilos, lang gestreckte Molkereien, Buswendehämmer sowie Einkaufsläden, Gaststätten und Cafés im grotesken Pseudo-Bauhausstil. Mit dem wachsenden Wohlstand erfasste der Erneuerungsrausch alsbald auch – ja, vor allem – die private Wohnsubstanz: In den Jahren zwischen 1960 und 1990 schossen in den traditionellen Obstgärten der Ortenburger Bürger Ein- und Zweifamilienhäuser mit breiten Auffahrten, Doppelgaragen und Ölzentralheizungen aus dem Boden. Schließlich sollte jedes der Kinder seinen eigenen Hausstand gründen können, ein früher undenkbarer Luxus.

An so etwas wie Energieeffizienz verschwendete man nicht den flüchtigsten Gedanken – das spottbillige Erdöl schwappte ja aus den Wüstenbohrlöchern Arabiens bis nach Niederbayern. Und an das reiche Formenerbe des Rottals, wo sich immer noch baumeisterliche Juwelen in versteckten Winkeln wie Reisbach finden, erinnerten höchstens noch architektonische Demütigungen wie ausladende Balkone im pervertierten Voralpenstil. Auf den bisher freien Flächen innerhalb der Ortschaft – unsere Vorfahren wussten genau, warum sie diese offen gehalten hatten – entstanden Neubausiedlungen wie Fettklumpen im Herzgewebe eines kranken Menschen. Dafür begannen die alten, wetterdunklen, holzschindelverkleideten Wohnhäuser zu verfallen, wenn sie nicht abgerissen oder entstellend »renoviert« wurden. Einige dieser für die Grafschaft Ortenburg so charakteristischen Gebäude stehen noch heute, von wenigen Liebhabern erhalten und gepflegt. Ihr Anblick ist wie ein Stich in den Leib, weil vor Augen geführt wird, was einst war und was noch sein könnte.

Mit jedem Besuch in meinem Heimatort über die letzten vier Jahrzehnte wurde mir der Verlust meiner Kindheitsidentität durch den Verlust ihres Schauplatzes deutlicher: Mit meinem Vater – auch er ist nicht mehr am Leben – unternahm ich Wanderungen zu einst vertrauten Stätten, aber wir mussten uns immer weiter vom Ortskern entfernen, um noch fündig zu werden. Mein Geburtshaus selbst habe ich längst von meiner persönlichen Kulturerbeliste gestrichen, denn sein großzügig-umständlicher Charme ist inzwischen durch funktionalen Umbau ausradiert, seine wundervolle Baumentourage schon lange von Axt und Säge niedergestreckt.

Der Tod meiner Mutter erschien mir wie eine letzte und endgültige Verlustbestätigung für alles, was mir dort kostbar war. Nachdem vier kräftige Männer das Grab zugeschaufelt hatten, begab sich die verhältnismäßig große Trauergemeinde zum »Leichenschmaus« – wie habe ich diesen Begriff immer gehasst! – in einen nahe gelegenen Gasthof hoch über der Ortschaft. Anschließend stieg ich mit meiner Frau die Anhöhe ganz empor, um vor der langen Rückreise noch ein wenig frische Luft zu atmen, vor allem aber auch, um meine Gefühle zu ordnen. Bald lag das Wirtshaus, das sich vor vielen Jahren noch einer altertümlichen Kegelbahn im Schatten grandioser Walnussbäume rühmen konnte, tief unter uns. Die Dämmerung war nicht mehr fern, die Luft erstaunlich mild und von einer kristallenen Klarheit: Föhnwetter...

Wir wanderten immer weiter die steile Straße hinan, vorbei am Gefallenendenkmal im Zentrum eines kleinen Fliederhains, hinauf bis zum Kamm der Hügelkette. Ich vermied es bewusst, mich umzudrehen und zurückzublicken, denn irgendwie hoffte ich, ganz oben der Vergangenheit ein Bild zu entreißen, das ich seit vielen Jahrzehnten wie einen unhebbaren Schatz in mir trug. Endlich, am höchsten Punkt des Weges, wandte ich mich rasch um, für jede Enttäuschung gewappnet – doch wahrhaftig, da lag SIE: In einer zauberhaften Melange aus schwindendem Sonnenlicht und aufsteigendem Vollmondlicht erstreckte sich, vom Anfang bis zum Ende des südlichen Horizonts, die Kette der Bayerischen Alpen! Die Konturen waren so scharf, dass man jeden Felssturz zu erkennen meinte, die Farben so tief, dass man Zwiesprache mit den weiß-blauen Gletscherzungen halten wollte. In diesem Moment war ich ganz und gar heimgekehrt, instantan zurückversetzt an jenen heißen Sommernachmittag vor 55 Jahren, als ich an der Hand meiner Mutter an exakt derselben Stelle vom Anblick der Alpen überwältigt wurde...

Man muss wissen, dass das Gebirge rund hundert Kilometer Luftlinie von Ortenburg entfernt liegt und sich nur ganz selten aus dem Dunst Niederbayerns heraushebt. Ich habe dieses Schauspiel nur einige wenige Male in meiner Kindheit erlebt, aber nie so schön wie damals im Juli – und jetzt wieder. Ich wandte mich nach Norden, wo als behäbig-dunkelgrüne Gegenmasse die Höhen des Bayerischen Waldes aufragten. Was für ein erhabener Standort, was für ein erhabener Augenblick, was für eine erhabene Landschaft! Die Hügel des Rottals schwappten wie gutmütige Wellen zwischen den zwei Gebirgszügen hin und her, mit bezaubernden Schaumkrönchen aus Waldinseln, Dorfhaufen und zwiebelgekrönten Sakralbauten. Doch bei näherem Hinschauen gewann das Verlustempfinden wieder Oberhand über die Wiedererkennungseuphorie: Selbst im Dämmerlicht waren sie überall auszumachen – die Transformationsnarben der

Flurbereinigungen; die Amputationsstümpfe der Wohlstandsoperationen; die offenen Wunden einer Landwirtschaft, welche sich irgendwo zwischen kleinteiliger Traditionskultur und hoch rationalisierter Maisproduktion verirrt hat; die überdimensionierten Schneisen von Umgehungsstraßen, die versuchen, uns den Anblick von allem zu ersparen, was an Kostbarem auf dem fruchtbaren Boden zwischen Donau und Inn steht.

Und dennoch ist das geographische Rückgrat dieser Landschaft ungebrochen, schlägt ihr biologisches Herz kräftig weiter, fällt noch immer der Seidenregen des Rottals im leuchtenden Juni und im edelgrauen November. Was für meine, in jenem besonderen Moment wiedergefundene Heimat gilt, lässt sich in ähnlicher Weise über die Heimat der Menschheit sagen – den Planeten Erde. Auch in diesem viel größeren Zusammenhang habe ich einmal persönlich einen magischen Augenblick erlebt: Im April 1974 stand ich – ebenfalls in der Abenddämmerung – auf einer Anhöhe in Zentralafrika, die einen geradezu unbeschreiblichen Rundblick über die Riesenlandschaft zu meinen Füßen gestattete. Nach Westen erstreckte sich das Kongobecken, ein dampfendes, schleimiges, grünes Urwaldgewoge, in das die Sonne zyklamrot hineinstürzte. Fast glaubte man, ein leises Zischen zu hören, einen Urton aus dem Geräuschkanon der juvenilen Welt. Nach Osten öffnete sich der Zentralafrikanische Graben, dessen Savannengrund mit den Leibern unzähliger Elefanten gesprenkelt war. Im Norden schimmerte die Fläche des Edward-Sees, und im Gegengebirge der Virunga-Vulkane brannte wie ein Drachenauge der Nyiragongo, der Feuer, Asche und Rauch geiferte und die ganze umgebende Kulisse in glutböses Licht tauchte. Wie ich damals dorthin gekommen bin, ins »dunkle Herz Afrikas«, tut hier nichts zur Sache, aber diesen Anblick trage ich seither in mir, und er wird mich bis ins Grab begleiten.

Denn in diesem Anblick offenbarte sich mir die Erde in einer geradezu beängstigenden Schönheit, welche alle menschlichen Maßstäbe sprengt und sich so unmittelbar nur wenige Male ertragen lässt. Wie groß ist doch die Schöpfung, wer und was immer sie vollbracht hat… Heute ist das Herz Afrikas, die Region zwischen den Oberläufen von Kongofluss und Nil, zwischen Ruwenzori-Gebirge und Tanganjika-See todkrank. Sie birgt immer noch unvergleichliche geologische, ökologische und kulturelle Ressourcen, aber die Namen der Staaten, deren Territorien sich dort begegnen – Sudan, Uganda, Ruanda, Burundi, Demokratische Republik Kongo –, sind im Bewusstsein der Weltöffentlichkeit Synonyme geworden für Völkermord, Krieg, Anarchie, Zerstörung, Armut und Krankheit. Innerhalb von Monaten im Jahr 1994 wurden im ruandischen Genozid zwischen 500 000 und einer Million Menschen getötet, davon etwa

75 Prozent der Tutsi-Minderheit des winzigen, dicht besiedelten Landes. Als die mordenden Hutu-Milizen schließlich besiegt und vertrieben wurden, flüchteten sie zu Hunderttausenden in die Urwälder des Ostkongo, was zu einer bis heute andauernden militanten Destabilisierung des gesamten Raumes mit abscheulichen Folgen für die Zivilbevölkerung führte. Auch im Südsudan und in Norduganda herrscht seit Jahrzehnten Bürgerkrieg zwischen bizarren Parteien und makabren Allianzen, denen schon längst Anliegen, Ziel und Begründung ihrer Kampfhandlungen abhandengekommen sind.

Die Gewalt nährt sich überall dort nur noch aus sich selbst – so muss man sich wohl die apokalyptische Endphase des Dreißigjährigen Krieges in Deutschland vorstellen. Nur eine Marginalie in diesem höllischen Szenario ist die achtlose Vernichtung einzigartiger Naturerbschaften der Menschheit, gipfelnd im Niedermetzeln von Nashörnern, Elefanten und Berggorillas im Virunga-Nationalpark durch Soldaten außer Rand und Band. Fauna, Flora und Ökosysteme der Region stehen überdies unter einem enormen Sekundärdruck durch eine verelendete Bevölkerung, die vielfach durch Plünderung der verbliebenen Naturressourcen ihre einzige Existenzchance zu wahren versucht. Das illegale Schlagen von Edelhölzern oder das Wildern bedrohter Tierarten sind dort selbstverständliche Akte einer geradezu rechtschaffenen Normalität, einer Überlebenswirtschaft im Schatten allgemeiner Anarchie.

Dennoch ist das, was entlang des Zentralafrikanischen Grabenbruchs mit der Natur geschieht, wie ein Tritt in den weichen Unterleib der mitteleuropäischen Nachhaltigkeitsidealisten. Bei einer meiner Reisen nach Ruanda im Jahr 1980 hatte ich das Glück, an den Hängen eines der Virunga-Vulkane stundenlang eine Sippe von Berggorillas beim spielerischen Zeitvertreib beobachten zu können. Das Ballett der großen schwarzen Pelzkugeln, die da in kindlicher Fröhlichkeit und wechselnden Gruppen über eine Waldlichtung tanzten, war überwältigend. Rechtfertigt irgendetwas, bis hin zur größten Not, das Töten dieses kostbaren Teils der Schöpfung? Das frage ich natürlich im vollen Bewusstsein der Tatsache, dass sich Europa auf dem Weg zur »Zivilisation« schon vor vielen Jahrhunderten fast aller Mitpassagiere in Noahs Arche entledigt hat.

Bei den wiederholten Aufenthalten in Ruanda vor dem Genozid konnte ich merkwürdigerweise keine direkten Anzeichen für das bevorstehende große Morden erkennen – das Land schien geradezu ein Modellbeispiel dafür darzustellen, wie man unterschiedlichste kulturelle und ökonomische Interessen auf knappstem Umweltraum ausbalanciert. Ob ungebremstes Bevölkerungswachstum und dadurch beschleunigte Ressourcenverknappung die totale humanitäre Katastrophe ausgelöst – oder zumindest bedingt – haben, kann niemand schlüssig belegen. Aber ich erinnere mich in diesem Zusammenhang an die Behauptung eines Paters auf einer dschungelverlorenen Missionsstation östlich des Kongobogens bei Kisangani: Er meinte, dass die kleine Kivu-Provinz westlich des gleichnamigen Sees so fruchtbar sei, dass sie ganz Schwarzafrika allein ernähren könnte, wenn sie denn richtig bewirtschaftet würde.

Der heutige Blick auf diese Region, die so überreich an Wohlstandsquellen und so arm an entsprechenden Schöpfrädern ist, macht ratlos: Was hat der »Fortschritt« gebracht außer automatischen Sturmgewehren für Kindersoldaten? Werden die Überlebenskämpfe der dortigen Bevölkerung und die Ressourcenfeldzüge der ausländischen Rohstoffkonzerne schließlich mit der totalen Niederwerfung der Umwelt enden? Wohin gehen dann die Millionen Menschen, welche die zentralafrikanische Erde nicht mehr zu tragen vermag – in die Slums von Nairobi oder Kinshasa, wo das Leben schon heute ohne jede würdevolle Perspektive ist? Aber Beobachtungen dieser Art lassen sich für viele Gegenden der Welt anstellen, im Kern sogar für mein heimatliches Niederbayern, wenngleich dort Milizenkrieg oder Massenelend so fern erscheinen wie der Andromedanebel. Doch 9 Milliarden Menschen müssen spätestens 2050 irgendwie auf diesem kleinen Planeten Platz finden, ohne sich gegenseitig zu zertreten. Die letzten Jahrzehnte haben uns in dieser Hinsicht nicht entscheidend vorangebracht, ja wahrscheinlich global in die Irre geführt.

Aus vielen Begegnungen mit nachdenklichen Menschen bei öffentlichen Veranstaltungen weiß ich, dass in unserer Gesellschaft ein hartnäckig unausgesprochener Konsens gereift ist. Er besagt, dass es nicht immer weiter »aufwärts«-gehen kann, dass das Wohlstandsmodell der Nachweltkriegszeit – in Deutschland und erst recht anderswo – keine Zukunft hat.

Und dennoch – oder gerade deshalb – wird dieses Modell als quasiheiliger Referenzrahmen aller individuellen Lebensentwürfe für unantastbar erklärt, auch für die Nachkommen. Ja, natürlich, wir leben weit über unsere Verhältnisse, und dieser deprimierenden Einsicht kann nur mit einer Steigerung der Misswirtschaftsintensität begegnet werden. Je näher etwa die Erschöpfung der fossilen Ressourcen wie Erdöl rückt, desto hektischer müssen wir den Stoff aus der Erde kratzen! Diese ebenso absurde wie zwingende Logik treibt die Weltwirtschaft »vorwärts«. Dass ein solches Modell nicht zukunftsfähig ist, wissen eigentlich alle, und jeder wartet deshalb auch auf den großen Systemwandel – irgendwann jenseits des eigenen Lebenshorizonts, versteht sich.

Möglicherweise haben aber sogar diejenigen unrecht, die meinen, dass es uns heute so viel besser gehen würde als unseren Großeltern: Für die Menschen im Ostkongo trifft dies noch nicht einmal materiell zu, für die Menschen im Rottal sicherlich nicht kulturell. Und welcher Preis wurde dafür bezahlt, uns dorthin zu bringen, wo wir heute sind, welche Energie- und Materialschlachten wurden geschlagen für eine Nachkriegsgesellschaft, deren Errungenschaften darin gipfeln, dass Bau- und Medienmärkte rund um die Uhr geöffnet sind? Wie viele Gruppen, Schichten, Völker sind von der Globalisierung während der letzten fünfzig Jahre ins zivilisatorische und historische Niemandsland gedrängt worden? Abbildung 1 lässt die Antwort auf die letzte Frage zumindest erahnen.

In einem Satz zusammengefasst: Die Menschheit ist unter größten Mühen, Verlusten und Kollateralschäden in eine Stellung vorgerückt, welche möglicherweise all die Opfer nicht wert war, die sich vor allem aber nicht halten lässt. Mein Buch soll insbesondere den zweiten Aspekt dieser Doppelkrise ausleuchten, die mangelnde Zukunftsfähigkeit der Art, wie wir unseren Planeten – im Großen wie im Kleinen – betreiben. Natürlich wird bei dieser Zusammenschau der Klimawandel die entscheidende Rolle spielen, weil er ein Menschheitsproblem darstellt, das alle Maßstäbe traditioneller Lösungskompetenz sprengt. Ich möchte jedoch auch Pfade aufzeigen, auf denen wir unsere unhaltbare Position verlassen können, um zur Erde heimzukehren – nicht exakt zu der Welt, wie sie die Natur geschaffen hat und wie sie unsere Vorfahren über Jahrhunderte gestaltet haben. Aber zu einer, deren Schönheit und Größe wiedererkennbar sind, ob im Rottal oder im Ostkongo, und die uns alle durch dieses Jahrtausend tragen kann.

Erster Grad: Die Haut

2. Wachstumsstörungen

Dennis Meadows ist ein freundlicher, weißbärtiger Herr, der gute Geschichten und Witze erzählen kann. Außerdem hat er die nahezu geniale Fähigkeit, didaktische Spiele zu erfinden, mit denen er den Besuchern seiner Vorträge die Denkschablonen aus den Köpfen reißt. Wenn man ihm so zuhört und zuschaut, wird man nachhaltig verunsichert und fragt sich, ob nicht der allergrößte Teil unserer Ansichten und Handlungen durch nichts weiter begründet ist als Routine, Gewohnheit, Wiederholung.

Meadows wurde in den 1970er-Jahren als Leitautor der Studie *Die Grenzen des Wachstums* weltberühmt. In jenem Jahrzehnt begann man an verschiedenen Orten der Wissenschaftswelt Computer einzusetzen, um die Dynamik komplexer Systeme zu simulieren. Das Wort »komplex« signalisiert zunächst einmal nur, dass die betrachteten Forschungsgegenstände sich aus vielen Komponenten zusammensetzen, die auf vielfältige Weise miteinander wechselwirken. Eine besondere intellektuelle Herausforderung stellen solche Systeme dar, wenn die Bestandteile sehr unterschiedlich sind – also nicht wie beim idealen Gas, das nur aus einer Schar identischer Moleküle besteht. Und wenn die Kräfte zwischen diesen Bestandteilen nichtlinear sind – also nicht wie bei einer idealen Federmatratze, wo sich alle Verformungen und Schwingungen aus der Proportionalität von Belastung und Widerstand ergeben. Unsere Welt ist voller Systeme mit diesen verschärften Komplexitätseigenschaften; die Beispiele reichen von den selbst organisierten Mustern von Schleimpilzen bis hin zu den subtil strukturierten Ringen des Saturn. Und zu den komplexesten aller bekannten Systeme im Universum zählen ohne jeden Zweifel das planetarische Ökosystem, die Weltwirtschaft und das menschliche Gehirn (also Wesenheiten, die nicht ganz unabhängig voneinander existieren, was wir noch ausführlicher behandeln werden).

Komplexe Systeme sind überaus faszinierend (die Schönheit einer majestätischen Kumuluswolke, vom Flugzeugfenster aus betrachtet, ist kaum zu übertreffen), aber für den Menschen in mindestens dreierlei Hinsicht »schwierig«: erstens, schwierig zu verstehen; zweitens, schwierig vorherzusagen; drittens, schwierig zu beherrschen. Nehmen wir als Beispiel das Phänomen des tropischen Wirbelsturms, der je nach Weltregion des Auftretens als Hurrikan (Atlantik), Taifun (Pazifik) oder Zyklon (Indik) bezeichnet wird. Bei der Entstehung dieser gewaltigen Stürme, die in Böen Geschwindigkeiten von über 350 km/h erreichen, spielt eine Reihe von physikalischen Elementen und Prozessen eine Rolle – von der latenten Wärme, die beim Auskondensieren winziger Meerwassertröpfchen frei wird, bis hin zur sogenannten Corioliskraft, die für die berühmt-berüchtigte Spiralform der Hurrikane & Co. verantwortlich ist und ihren Ursprung in der Rotation der Erde selbst hat. Das Zusammenspiel der am Wirbelsturm beteiligten Kräfte ist schon kompliziert genug, um den Wissenschaftler verzweifeln zu lassen. Aber damit nicht genug: Im Herzen der komplexen Sturmdynamik sitzt ein kognitives Widerstandsnest, das bisher allen Belagerungsversuchen der brillantesten Forscher getrotzt hat: die Navier-Stokes-Gleichung, welche das Strömungsverhalten von einfachen Flüssigkeiten oder Gasen beschreibt. Diese Gleichung ist also beispielsweise für Wasser gültig, nicht aber für zähflüssiges Blut. Zur Erbauung der Physiker unter den Lesern und zum wohligen Gruseln aller übrigen sei die berühmte Gleichung hier explizit wiedergegeben:

$$\rho\,\frac{\partial \mathbf{v}}{\partial t} + \rho(\mathbf{v}\cdot\nabla)\mathbf{v} = -\nabla p + \eta\Delta\mathbf{v} + (\lambda + \eta)\nabla(\nabla\cdot\mathbf{v}) + \mathbf{f}$$

(Gleichung 1)

Es ist unmöglich, dieses Gebilde in wenigen Sätzen zu erläutern, aber es sollte zumindest erwähnt werden, dass $\mathbf{v}$ das Strömungsfeld des betrachteten Mediums bezeichnet, ρ seine Dichte, p den inneren Druck und $\mathbf{f}$ die Intensität der von außen aufgeprägten Kräfte (wie etwa der Schwerkraft). Gleichung 1 ist so etwas wie der »heilige Gral der Komplexitätswissenschaft«, denn hinter der abstrakten Symbolkette verbergen sich so unterschiedliche und wichtige Effekte wie der Umschlag eines gemächlichen Flusses in eine wild-turbulente Wirbelstraße oder der Auftrieb unter den Tragflächen von stählernen Flugkolossen, die allen Todesängsten ihrer Passagiere zum Trotz nur äußerst selten vom Himmel stürzen.

Der vermutlich klügste Mensch des 20. Jahrhunderts war – trotz der geringeren Wirkmächtigkeit im Vergleich zu Albert Einstein – der Mathematiker John von Neumann (siehe dazu ausführlich Kapitel 15). Von ihm wird glaubhaft berichtet, dass er sich die für nur wenige Sekunden aufgeschlagenen Seiten eines beliebigen Telefonbuchs exakt merken und sie wiedergeben konnte. Aber er wird auch zitiert mit seinem brennenden Forscherwunsch, vor dem Ableben noch die Navier-Stokes-Gleichung im Kern zu begreifen, eine Hoffnung, die sich selbst für diesen Geistesriesen nicht erfüllte. Sollte es der Wissenschaft aber eines Tages doch noch gelingen, die Strömungsdynamik gewöhnlicher Flüssigkeiten zu enträtseln, dann dürfte es auch möglich sein, vereinfachte Gleichungen niederzuschreiben, die das Werden und Vergehen eines Wirbelsturms nachvollziehbar machen.

Aber selbst dann dürfte das Prognoseproblem hartnäckig weiterbestehen. Mithilfe von Supercomputern können die Bewegungen von Hurrikanen zwar heute schon einigermaßen zufriedenstellend vorhergesagt werden, etwa durch das amerikanische National Hurricane Center (NHC) in Miami. Eine besondere Tücke dieser nichtlinearen Objekte ist es allerdings, dass selbst kleinste Fehler in den von Satelliten, Schiffen oder Wetterstationen in die Simulationsrechnungen eingespeisten Werten – etwa die anfängliche Luftdruckverteilung in einer bestimmten Atmosphärenschicht – sich zu exponentiell wachsenden Kalkulationsfehlern auftürmen und damit die gesamte Prognose zerschmettern können: Es macht immerhin einen gewissen Unterschied, ob der Wirbelsturm über Kuba oder über Haiti hinwegbraust beziehungsweise ob er sich deutlich vor dem Aufprall auf die Südostküste der USA abschwächt oder nicht.

Die Problematik der galoppierenden Computerabweichung ist den Komplexitätsforschern schon seit einer legendären Arbeit von Stephen Smale aus dem Jahr 1967 (Smale 1967) bekannt. Dort wurde gezeigt, dass völlig harmlos erscheinende Gleichungen überaus verwirrende und praktisch nicht vorhersagbare Bewegungsabläufe in sich bergen. In anderen Worten: Diese simplen Gleichungen erzeugen eine chaotische Dynamik, die letztlich jeden Wundercomputer schlägt. Da die Navier-Stokes-Gleichung noch viel hinterhältiger ist, wird es auch in absehbarer Zeit keine verlässliche 14-Tage-Wettervorhersage geben. Grob vereinfacht müsste nämlich die Computerkapazität exponentiell mit der Anzahl der Prognosetage wachsen – was irgendwann zu einem Rechner in Planetengröße führen würde. Das bedeutet aber *nicht*, dass eine solide *Klima*vorhersage unmöglich wäre, wie weiter unten zu diskutieren ist.

Was schließlich die Beherrschbarkeit von tropischen Wirbelstürmen (im Sinne der direkten Beeinflussung) angeht, betreten wir endgültig das Terrain der Wissenschaftsfantasie. Allerdings gibt es bereits interessante Hinweise auf natürliche Faktoren, welche beispielsweise Hurrikane dämpfen könnten – unter anderem massive Staubwolken, die in bestimmten Jahren von der Sahara hinüber in die Karibik ziehen. Solche Wolken künstlich als Sturmtöter zu fabrizieren und gezielt einzusetzen, dürfte ein Ding der Unmöglichkeit sein. Dagegen wird in den USA unter anderem darüber spekuliert, wie man Wirbelstürme – vor allem die hochgefährlichen

Tornados – eventuell per Laserstrahl »abschießen« könnte. Science-Fiction, zumindest vorerst. Ganz allgemein muss die Steuerung komplexer Systeme allerdings nicht notwendigerweise schwierig sein: Der Mensch als zweifellos hochkomplexes Gebilde ist bekanntlich mit den einfachsten psychologischen Tricks verführbar und lenkbar.

So weit der Ausflug in die Komplexitätswissenschaften, die in den letzten Dekaden atemberaubende Fortschritte erzielt haben. Kehren wir nun zu Dennis Meadows zurück, den ich häufig bei internationalen Konferenzen treffe. Bei einer dieser Gelegenheiten lud ich ihn zu einem Vortrag ans Potsdam-Institut für Klimafolgenforschung (PIK) ein, das ich 1992 gründete und seither leite. Dennis sagte sofort zu, und Anfang 2010 fand sich dann auch ein passender Termin für seine Vorlesung an unserem Institut. Beim Mittagessen vor der Veranstaltung erzählte er mir, wie ihn das Schicksal auf mehreren Zufallswellen in die Arbeitsgruppe von Jay Forrester am renommierten Massachusetts Institute of Technology (MIT) in Cambridge bei Boston spülte. Forrester selbst gilt als einer der Pioniere der Computersimulation verwickelter Vorgänge. Bereits 1956 gründet er die Systems Dynamics Group an der Sloan School of Management am MIT und erfindet dort einen speziellen Formalismus zur mathematisch-elektronischen Nachahmung komplexer Systeme.

Meadows selber verlässt Massachusetts nach der Promotion Ende der 1960er-Jahre und begibt sich auf eine abenteuerliche Reise durch Südostasien, wo er zum ersten Mal in direkte Berührung mit der armen, schmutzigen und überbevölkerten Welt jenseits der nordamerikanischen Wohlstandszitadellen kommt. Ein weiterer Zufall führt ihn später ans MIT zurück, wo Forrester über einem Versprechen gegenüber dem Club of Rome brütet: Er soll die Verträglichkeit der exponentiellen Zivilisationsentwicklung nach dem Zweiten Weltkrieg mit der Endlichkeit der planetarischen Ressourcen wissenschaftlich hinterfragen. Dafür möchte er zum ersten Mal in der Forschungsgeschichte nichts Geringeres zum Einsatz bringen als ein elektronisches Simulationsmodell der modernen Weltgesellschaft und ihrer Fortentwicklung im natürlichen Bett aus Ökosystemen und mineralischen Rohstoffen! Im Nachhinein erscheint dieses Projekt ziemlich größenwahnsinnig, aber die Technologieeuphorie der 1960er-Jahre kannte das Wort »unmöglich« nicht. Einmal zur Reise ins Unbekannte aufgebrochen, würde man auf alle Fälle faszinierendes Neuland entdecken – wie schon Kolumbus mithilfe des größten Navigationsfehlers des 2. Jahrtausends.

Und genau so kommt es: Unter Dennis Meadows' Leitung wird in Massachusetts ein Weltpuppentheater erschaffen, wo elektronische Marionetten nach verschiedenen Melodien (»Szenarien«) Gruppentänze in die ferne Zukunft aufführen. Die Studien mit dem einzigartigen Spielzeug produzieren haufenweise interessante Ergebnisse. Bemerkenswert ist jedoch, dass die meisten Tänze, nach ekstatischen Phasen um die Wende zum 3. Jahrtausend, zwischen 2010 und 2050 ins Stocken geraten und in einigen Szenarien ganz kollabieren. In anderen Worten: Das Wachstum der globalen Industriegesellschaft schlägt aufgrund der Erschöpfung der Rohstoffquellen und der Umweltzerstörung in einen Schrumpfungsprozess um – zumindest im Computer.

Diese Ergebnisse trafen die wachstumsselige Weltöffentlichkeit der frühen 1970er-Jahre wie eine Gigatonnen-TNT-Bombe und verursachten einen ungeheuren medialen Trichter. Das Meadows-Team hatte gewissermaßen eine neue, bedrohliche Welt im Cyberspace entdeckt, aber die Expeditionsberichte waren wie damals bei Kolumbus gewagte Verallgemeinerungen von überaus bruchstückhafter, anekdotischer Information. Beim »Weitererzählen« der Story von den Grenzen des Wachstums im zufallsgetriebenen gesellschaftlichen Diskurs kam es dann – genau wie im historischen Vergleichsfall – zu zahlreichen Fehl- und Überinterpretationen. Interessanterweise sagte Dennis Meadows in einem aktuellen Interview, dass die öffentliche Debatte über seine Studie weitgehend ohne seine Beteiligung stattgefunden habe. »Denn die Leute wollten nicht meine Meinung wissen, sie hatten ihre eigene.« (Krohn 2010)

Im Nachhinein ist man meistens – aber nicht immer – klüger: Die MIT-Kristallkugel, welche unablässig Zahlen, Kurven und Tortendiagramme über mögliche Zukünfte ausspuckte, faszinierte jedermann. Gleichzeitig war das Modell aber sicherlich Lichtjahre vom eigenen Anspruch entfernt, die komplexe Mensch-Erde-Dynamik über hundert Jahre und mehr adäquat abzubilden. Und eine zentrale Annahme bei der Entwicklung der verschiedenen Szenarien, die mittelfristige Erschöpfung der damals wichtigsten Rohstoffquellen, erwies sich in ihrer simplen Form als falsch. Der menschliche Erfindungsreichtum beim Aufspüren wertvoller Ressourcen wird ja eigentlich immer unterschätzt. Dennoch ist die Roh- und Grundstoffproblematik selbst mit den kreativsten wissenschaftlichen und technologischen Ansätzen nicht für immer aus einer endlichen Welt zu schaffen. Ich werde später darauf zurückkommen und zeigen, dass die entsprechenden Herausforderungen im 21. Jahrhundert teilweise anderen Charakter haben als im 20. Jahrhundert noch vermutet, dass sie aber möglicherweise vielgestaltiger und verwickelter sind, als sich selbst die MIT-Eierköpfe jemals vorstellen konnten.

Im Rahmen seines Vortrags am Potsdam-Institut konnten wir in kritischer Offenheit mit Meadows über die vermuteten und tatsächlichen Schwachstellen der legendären Simulation von 1972 und ihrer diversen Nachfolger (1992 und 2004) diskutieren. Er wies wiederholt darauf hin, dass der Zeitraum, für den massive Zusammenbruchssymptome regionaler oder auch globaler Zivilisationsdynamiken vorhergesagt wurden, mit dem Jahr 2010 gerade erst begonnen habe – wir könnten ja längst schon auf einer schiefen Nachhaltigkeitsebene in Richtung tiefer Abgründe jenseits unseres beschränkten Horizonts rutschen. Am meisten beeindruckte mich allerdings eine damit zusammenhängende Behauptung von Meadows: Zivilisatorische Systeme neigten dazu, auf krisenhafte Erscheinungen mit der Verstärkung genau jener Strategien und Praktiken zu reagieren, welche die Krise überhaupt hervorgebracht haben! Wenn etwas schiefzulaufen droht, ist die Systemantwort in der Regel von der – einleuchtenden – Voreinstellung geprägt, dass man sich nicht etwa auf dem falschen Entwicklungspfad befinde, sondern dass man den richtigen Weg nicht entschlossen genug verfolgt habe. Dies führt in vielen Fällen zur fatalen Selbstverstärkung des Missmanagements: »If you are in a deep hole, stop digging!«, wie die Amerikaner solche Situationen treffend kommentieren. Ich komme auf diese ebenso einfache wie bedeutsame Einsicht weiter unten mehrfach zurück.

3. Der beschränkte Planet

Dass sich das historische Projekt »Globale Hochzivilisation« gegenwärtig immer tiefer in eine gefährliche Sackgasse hineinmanövriert, hat mit den galoppierenden Veränderungen der Umweltbedingungen zu tun, die der Mensch selbst zu verantworten hat – nicht so sehr mit der Endlichkeit der natürlichen Vorräte. Wer in einer Quecksilbermine arbeitet, läuft Gefahr, nach wenigen Jahren durch Vergiftung zugrunde zu gehen, lange bevor er möglicherweise durch die Erschöpfung der Erzvorkommen seinen Job verlöre und sich aus Verzweiflung darüber erschießen oder gar Hungers sterben würde. Oder anders gesagt: Gerade wenn der Brennstoffnachschub gesichert ist, kann die Betriebstemperatur im Maschinenraum eines schlecht konstruierten Schiffes unerträglich hoch und die Lage schließlich explosiv werden.

Nun, die Betriebstemperatur unseres Planeten steigt tatsächlich, und zwar aufgrund der ungeheuren Mengen an fossilen Energieträgern (vornehmlich Erdöl, Erdgas, Braun- und Steinkohle), welche die Industriegesellschaft seit Mitte des 18. Jahrhunderts verfeuert. Aktuell dürften allein aufgrund von energiewirtschaftlichen Aktivitäten weltweit circa 10 Milliarden Tonnen reiner Kohlenstoff pro Jahr in die Atmosphäre gelangen (Le Quéré u.a. 2015) – überwiegend chemisch gebunden in Treibhausgasen wie Kohlendioxid (CO_2), Methan (CH_4) und Lachgas (N_2O). Das ist »jede Menge Kohle« – ich möchte darauf verzichten, den Lesern mit einem der beliebten volksdidaktischen Vergleiche vom Typus »Als Briketts aneinandergereiht würde diese Menge einer Riesenschlange von der Erde bis zum Saturn entsprechen« auf die Nerven zu gehen.

Leider haben Gase wie CO_2 eine lange »Halbwertszeit« in der Lufthülle unseres Planeten: Sie werden durch natürliche Prozesse teilweise erst nach Hunderten Jahren wieder entsorgt. Bei ständigem Nachschub aus industriellen Quellen reichern sich diese Substanzen deshalb rapide in der Atmosphäre an und sorgen für eine immer stärkere Rückstreuung der vom Erdboden ins Weltall hinausgesandten Infrarotstrahlung. Resultat: Der Energiegehalt der Lufthülle wächst unaufhörlich, die globale Mitteltemperatur steigt. Es geht der Erde wie einem Menschen, dem man immer mehr wärmeisolierende Kleidungsschichten aufzwingt, bis er an seiner eigenen Hitze zu leiden beginnt. Die genaue Erläuterung der Ursachen,

Folgen und Gestaltungsmöglichkeiten des *Klimawandels* – also der zivilisatorischen Störung des Klimasystems durch einen künstlichen Treibhauseffekt – wird der leitende Anspruch dieses Buches sein.

Aber das planetarische Verhältnis von Natur und Kultur (»Ökosphäre« und »Anthroposphäre«, wenn man sich gelehrt ausdrücken will) ist zu Beginn des 3. Jahrtausends keineswegs allein von der Klimakrise geprägt: Die Menschheit wächst als Spezies und Bedürfnismaschinerie in einer Weise, die den durch die Erde bereitgestellten Umweltrahmen bereits an verschiedenen Stellen zu sprengen droht. Im Herbst 2009 erschien in *Nature*, einer der weltweit führenden Wissenschaftszeitschriften, ein vielbeachteter Artikel, verfasst von einem illustren Team aus 29 Autoren der unterschiedlichsten Fachrichtungen (Rockström u. a. 2009a). Der englische Titel »A Safe Operating Space for Humanity« lässt sich frei als »Ein sicherer Spielraum für die Entwicklung der Menschheit« ins Deutsche übersetzen. Der Leitautor des Beitrags, Johan Rockström, heute Direktor des Stockholm Resilience Centre (SRC), hatte mich um Mitwirkung an dieser Unternehmung gebeten, da ich schon in den 1990er-Jahren einige Ideen zur Identifizierung eines akzeptablen Umweltraums für unsere globale Zivilisation in die Debatte geworfen hatte (davon später mehr). Der Artikel machte den so tollkühnen wie produktiven Versuch, für neun Schlüsselelemente des planetarischen Getriebes Grenzwerte (*Planetary Boundaries*) zu bestimmen, welche gewissermaßen nachhaltiges von nicht nachhaltigem Terrain scheiden. Der bewusste Anspruch der Verfasser war es, dadurch eine wissenschaftliche Debatte anzustoßen, welche helfen könnte, menschliche Eingriffe in die Umwelt mit nicht mehr beherrschbaren Folgen zu vermeiden. Diese Debatte ist nach wie vor in vollem Gange: Der *Nature*-Artikel wurde bislang über 1200-mal zitiert, und mehr als 60 wissenschaftliche Studien haben mittlerweile Verfeinerungen des Konzepts hervorgebracht, darunter eine umfassende Aktualisierung (Steffen u. a. 2015), die ich unten kurz zusammenfasse. Zudem findet das Konzept allmählich Eingang in umweltpolitische Prozesse (Gerten und Schellnhuber, 2015).

Unser Autorenteam hatte sich in besagte neun Dimensionen des immer prekärer werdenden Wechselspiels zwischen der zivilisatorischen Entwicklung und ihren natürlichen Grundlagen vertieft: *Klimawandel*, Verlust an *biologischer Vielfalt*, (zusammen betrachtete) Veränderungen der globalen Kreisläufe von *Stickstoff* und *Phosphor*, *Ozonloch*, *Ozeanversauerung*, weltweite *Süßwassernutzung*, Beanspruchung der globalen *Landressourcen*, Belastung der Atmosphäre mit *Schwebstoffen* (»Aerosolen«) und *chemische Umweltverschmutzung*. Dass diese Prozesse allesamt von großer Bedeutung sind für die Zukunft der Menschheit und ein funktionierendes Erdsystem (dessen ziemlich stabiler Allgemeinzustand in den letzten 12000 Jahren überhaupt erst die Entwicklung einer mehrere Milliarden Menschen zählenden Zivilisation ermöglicht hat), steht außer Frage. Möglicherweise könnte man noch zusätzliche Aspekte (etwa den rasch anschwellenden Berg an radioaktivem Müll aus Atomkraftwerken) in die Top-Liste aufnehmen, und in zehn Jahren werden sich vermutlich weitere Kandidaten vorstellen, die jetzt noch niemand auf der Rechnung hat. Hier genügen aber erst einmal einige Anmerkungen zu den sieben Dimensionen neben Klimawandel und Ozeanversauerung (die beiden letztgenannten Phänomene stehen in einem engen ursächlichen Zusammenhang und werden weiter unten in eigenen Kapiteln ausführlich behandelt).

Das Schlagwort »Biodiversität« bezeichnet die fantastische Vielfalt an Tier- und Pflanzenarten, Ökosystemen und Landschaften, welche die Evolution hervorgebracht hat – während der jüngsten Erdgeschichte durchaus im Zusammenwirken mit menschlichen Kulturen. Im Mittelpunkt unseres Interesses stehen allerdings die einzelnen Arten, weil sie allesamt mehr oder weniger das Prinzip Leben in geeigneten ökologischen Nischen verwirklichen. Seit dem Anbruch der Neuzeit sind jedoch die meisten dieser Erfindungen der Natur durch die Superinnovation *Homo sapiens sapiens* bedroht, die zur alles dominierenden biologischen Kraft der Erde herangewachsen ist.

Die Wiederauslöschung von Arten ist an sich ein völlig natürlicher Vorgang, welcher der evolutionären Erneuerung dient. Menschliche Aktivitäten (von der Umgestaltung von Landschaften bis zur gezielten Ausrottung von Tieren oder Pflanzen) haben jedoch die natürliche Artensterberate um den Faktor 100 bis 1000 beschleunigt, was einem planetarischen Gemetzel gleichkommt. Das Bestürzendste an dieser Entwicklung ist die wohlbegründete Vermutung, dass wir die meisten Arten ausradieren, bevor sie überhaupt wissenschaftlich registriert werden konnten. Mit anderen Worten: Unsere »Zivilisation« verbrennt das Buch des Lebens mit seinen Millionen von Originaleinträgen, ehe wir richtig begonnen haben, in diesem Buch zu lesen! Dies ist der vielleicht tragischste Aspekt der industriellen Erfolgsgeschichte. Um den Vernichtungsfeldzug gegen unsere Mitgeschöpfe im Namen des Fortschritts zu stoppen, muss ein Bündel von Bremsmaßnahmen ergriffen werden, die den Rahmen der bisherigen Naturschutzfolklore in jeder Hinsicht sprengen. Im *Nature*-Artikel argumentieren wir insbesondere dafür, dass die künstliche Auslöschungsrate auf den (höchstens) zehnfachen Wert des natürlichen Artensterbens gedrückt werden sollte (Rockström u. a. 2009a, 2009b).

Stickstoff in molekularer Form (chemische Formel: N_2) bildet mit circa

78 Prozent den dominierenden Volumenanteil der Lufthülle. Stickstoff ist zugleich ein unverzichtbares Element bei der Bildung von Proteinen (Eiweißstoffen). Diese wiederum bilden – nicht zuletzt über die Verschlüsselung des Erbguts in der DNS – eine essenzielle Grundlage der gesamten Lebenspyramide. Dennoch ist das atmosphärische N_2 nicht direkt von Organismen verwertbar. Außerordentliche indirekte oder zufällige Naturprozesse (etwa wurzelbakterielle Vorgänge oder Gewitter) machen es überhaupt erst für Pflanzen zugänglich. Der Mensch hat diese uralten Beschränkungen weggefegt: Das in Deutschland im frühen 20. Jahrhundert entwickelte Haber-Bosch-Verfahren zur Umwandlung von Luftstickstoff in Ammoniak erschloss der Landwirtschaft eine praktisch unbegrenzte Nährstoffquelle und war entscheidende Voraussetzung für die sogenannte »Grüne Revolution« nach dem Zweiten Weltkrieg. Diese führte zum explosiven Anstieg der Agrarproduktion vor allem, aber nicht nur in Entwicklungsländern (siehe Kapitel 1) und damit zum rasanten Anwachsen der Weltbevölkerung innerhalb weniger Jahrzehnte.

Phosphor kommt im Gegensatz zu Stickstoff ausschließlich in der Erdkruste vor, insbesondere in Phosphaten, die heutzutage vorwiegend in Marokko, China, Jordanien und Südafrika günstig abgebaut werden können. Der griechische Name des Elements – er bedeutet so viel wie »Lichtträger« – hat mit seinen spektakulären physikalisch-chemischen Eigenschaften zu tun. Wie dem »Phosphoreszieren« in Kontakt mit Sauerstoff, aber auch der verheerenden Hautzerstörungswirkung in Brandbomben. Ebenso wie Stickstoff ist Phosphor ein Grundbaustein des Lebens, der für die Kodierung des Erbguts von Bedeutung ist, aber auch bei der zellulären Energieversorgung eine entscheidende Rolle spielt. Genauso trägt die Substanz wesentlich zum Funktionieren der industriellen Landwirtschaft bei: Bis zu 170 Millionen Tonnen Rohphosphate werden mittlerweile jährlich bei der Herstellung von Düngemitteln weltweit verarbeitet. Bei dieser Nutzungsrate dürften nach vorsichtigen Schätzungen die heute bekannten kontinentalen Vorräte des nicht ersetzbaren Stoffes im Laufe des kommenden Jahrhunderts erschöpft sein (Van Vuuren u.a. 2010). Allerdings könnte man – zu hohen Kosten – riesige Vorkommen unter Wasser erschließen.

Insgesamt dominieren heute menschliche Aktivitäten bereits die natürlichen Prozesse bei den globalen Stickstoff- und Phosphorflüssen: Insbesondere im Zusammenhang mit der Düngemittelproduktion werden jährlich rund 120 Millionen Tonnen N_2 aus der Atmosphäre entnommen und in »verwertbare« Stickstoffverbindungen überführt. Ungefähr 20 Millionen Tonnen Phosphor (Steffen u.a. 2015) werden – unter anderem für die

Herstellung von Zahnpasta – jährlich abgebaut, wovon fast 10 Millionen Tonnen in den Ozeanen enden. Damit übertrifft diese künstliche Phosphorspülung ihr natürliches Gegenstück bei Weitem! Solche supergeologischen Störungen der planetarischen Stoffkreisläufe bleiben nicht wirkungslos. Insbesondere die Ökosysteme von Seen und Küstengewässern können durch diese unbeabsichtigte und beispiellose »Überdüngung« massiv geschädigt werden beziehungsweise »umkippen«. Erdgeschichtliche Studien deuten sogar darauf hin, dass in den Ozeanen regelrechte »Sauerstoffwüsten« entstehen können, wenn der Phosphorzustrom vom Land kritische Werte überschreitet. Solche Vorgänge dürften für frühere Episoden des großräumigen Artensterbens in der marinen Lebenswelt mitverantwortlich gewesen sein.

Auch wenn unser Verständnis der geochemischen Stoffkreisläufe und ihrer biologischen Funktionen noch bruchstückhaft ist, haben wir im *Nature*-Artikel die folgenden planetarischen Grenzwerte empfohlen: Nicht mehr als 35 Millionen Tonnen reaktionsfähigen Stickstoffs aus industriell-landwirtschaftlichen Quellen sollten jährlich in die Umwelt gelangen – das ist etwa ein Viertel der gegenwärtigen Rate. Nicht mehr als 11 Millionen Tonnen Phosphor aus menschlichen Aktivitäten sollten jährlich ins Meer fließen – diese Rate ist glücklicherweise noch nicht ganz erreicht. Aktualisierte Berechnungen und Grenzwertziehungen geben aber noch mehr Grund zur Besorgnis, siehe unten.

Abbildung 2 fasst die vorläufige Kartierung des sicheren Umweltraums für die Menschheit anschaulich zusammen. Entlang dreier Achsen – Klimawandel, Artensterben und Stickstoffüberdüngung – hat unsere Zivilisation die grüne Nachhaltigkeitszone schon durchstoßen, am drastischsten und schöpfungsvergessensten bei der biologischen Vielfalt. Diese Grenzüberschreitungen machen sich in der Graphik als rote Warnscheinwerfer bemerkbar.

Wie schon erwähnt, ist die Situation bei der Phosphorkontaminierung der globalen Umwelt im besten Falle grenzwertig. In den restlichen Dimensionen ist die Lage entweder noch unterkritisch oder schlicht unbestimmt, also noch nicht reif für eine quantitative wissenschaftliche Bewertung. Beim Ozongehalt der Stratosphäre (des stabil geschichteten Teils der Lufthülle in 15 bis 50 Kilometer Höhe) hat sich die Entwicklung sogar umgekehrt. Diesbezüglich war die Menschheit bereits auf höchst gefährlichem Kurs, hat inzwischen jedoch ein Wendemanöver zur Nachhaltigkeit vollzogen: Die Maßnahmen unter dem 1989 in Kraft getretenen Montreal-Protokoll zum Schutze der Ozonschicht zeigen allmählich Wirkung, sodass wir uns auf diesem Feld langsam, aber sicher wieder tiefer in den grünen Bereich zurückbewegen. Das Aufreißen des Ozonlochs über der Antarktis Ende der 1970er-Jahre kam ja völlig überraschend. Dieses Ereignis lieferte ein Lehrstück darüber, wie sich völlig harmlos erscheinende Eingriffe in die Umwelt mittels geradezu fantastisch anmutender physikalisch-chemischer Vorgänge zu einer zivilisationsbedrohenden Lawine aufsummieren können. Paul Crutzen, der für die Aufklärung des galoppierenden Ozonschwundes in der Stratosphäre zusammen mit Sherwood Rowland und Mario Molina 1993 den Chemie-Nobelpreis verliehen bekam, zeigt gern eine wirre Graphik, auf der alle dabei wesentlichen Reaktionen aller relevanten Stoffe in ihrer Wechselwirkung dargestellt sind. Dann deutet er mit dem Finger auf den Haupttäter – einen einzigen nichtlinearen Prozess, durch den sich der Ozonfraß gewissermaßen in den Schwanz beißt und zu einer explosiven Kettenreaktion führt. Niemand konnte sich vorstellen, dass sich dieser fatale Prozess in der biblischen Einsamkeit der antarktischen Salpeterwolken, mehr als 20 Kilometer über dem Erdboden, abspielen könnte – unter anderem angetrieben durch Haarspray zur Fixierung von Millionen von Betonfrisuren zum Schmucke der »westlichen Zivilisation«. Insofern ist das Ozonloch über dem Südpol die Mutter aller global relevanten kritischen Phänomene im System Erde.

Wie viel Süßwasser sollte jährlich vom globalen Wasserkreislauf abgezweigt, wie viel Land insgesamt für die zivilisatorische Nutzung der Natur entrissen werden? Diese Debatte hat erst begonnen, und vorerst ist ungewiss, ob die Wissenschaft hier jemals sinnvolle globale Grenzwerte wird benennen können. Andererseits ist augenfällig, dass der zivilisatorische Zugriff auf Wasser und Boden schwerste Störungen des Naturhaushaltes bewirkt und sich nicht schrankenlos und für immer fortsetzen lässt. Schon heute erreichen viele der großen Flüsse ihre historischen Ozeanmündungen nicht mehr, weil sie unterwegs durch die unterschiedlichsten Nutzungsformen regelrecht dehydriert werden, Schädigungen der Fluss- und Auenökosysteme eingeschlossen. Und während der letzten fünf Dekaden ist jährlich im Durchschnitt fast 1 Prozent der Wald- und Ökosystemflächen der Erde in Agrarland umgewandelt worden. Wenn dieser Trend ungebrochen bliebe, würden die Kontinente bis zum Ende des 21. Jahrhunderts nahezu komplett in landwirtschaftliche Produktionsstätten umgewandelt – natürlich mit Ausnahme der unwirtlichen Eis-, Sand- und Geröllwüsten, welche man großzügig unter Naturschutz stellen könnte.

Um überhaupt erst einmal die Beschränkungsvorstellung bei der globalen Wasser-Land-Nutzung ins Gedankenspiel zu bringen, hat unser

Autorenteam folgende, allererste und sicherlich revisionsbedürftige Empfehlungen ausgesprochen: Von den im Prinzip verfügbaren, das heißt zugänglichen Frischwasserressourcen – das sind, optimistisch gerechnet,
15 000 Kubikkilometer pro Jahr – sollten nicht mehr als 4000 Kubikkilometer pro Jahr für menschliche Aktivitäten entnommen, abgezweigt,
umgeleitet und schließlich aufgebraucht werden. Das wäre immerhin das
Zehnfache des geschätzten vorindustriellen Wertes, der nicht null war:
Wasser wurde schließlich auch von früheren Kulturen bereits extensiv bis
exzessiv genutzt. Von der eisfreien globalen Landoberfläche sollten dagegen maximal 15 Prozent in Ackerland verwandelt werden, um die wichtigen Erdsystemfunktionen der Wälder aufrechtzuerhalten. Die Menschheit
dürfte bei *Business as usual* beide Grenzlinien in wenigen Jahrzehnten
durchbrochen haben: Der globale Wasserverbrauch bewegt sich heute
womöglich bereits in einer Größenordnung von über 2000 Kubikkilometern pro Jahr (Gerten u. a. 2015) – aber das ist nur ein grober Indi-
kator, denn die lokalen Toleranzgrenzen sind in vielen Gebieten längst
überschritten. 12 Prozent der eisfreien Fläche sind bereits in Ackerland
umgewandelt – bezüglich der planetarischen Grenze für die Landnutzung
ist es somit bereits fünf vor zwölf (beziehungsweise fünf nach zwölf auf
der Grundlage neuer Betrachtungen, siehe unten).

Und schließlich wären da noch zwei besonders hässliche Eisberge, deren schmutzige Spitzen bereits sichtbar sind, deren wahre Ausmaße und
Bedeutungen sich zurzeit jedoch noch nicht einmal erahnen lassen. Sowohl bei den Luftschwebstoffen aus zivilisatorischen Quellen als auch bei
der rapide zunehmenden chemischen Hintergrundverschmutzung geht es
um die Ausscheidungen der Weltgesellschaft, die wie ein Überorganismus
beständig Umweltressourcen in unvorstellbaren Mengen ansaugt, verdaut
und in weitgehend entwerteter Form wieder ausscheidet. Die Palette der
industriellen Exkremente reicht von harmlosem Altpapier bis zum Plutonium aus Atomkraftwerksbetrieben, das eine radioaktive Halbwertszeit
von über 24 000 Jahren hat.

Wenn eine Nomadensippe, die durch die Steppe zieht, ihre Abfälle beim
jeweiligen Zeltlager zurücklässt, kann wegen Menge, Verteilung und Art
der Hinterlassenschaft kein globales Umweltproblem entstehen. Ganz anders sieht das bei über sieben Milliarden praktisch sesshaften Erdenbür-
gern aus. Dies erinnert mich an eine Anzeige eines cleveren Unternehmens,
die mir vor Jahren in einer britischen Tageszeitung auffiel: »Don't throw
anything away – there is no away!« Dieser witzig-tiefsinnige Satz lässt sich
nicht elegant ins Deutsche übersetzen, macht aber auf alle Fälle deutlich,
dass sich auf einem kleinen Planeten letztlich nichts »weg«-werfen lässt –

das »weg« verwandelt sich unweigerlich, irgendwie und irgendwann, ins »her«. Insofern müllt sich die Menschheit möglicherweise um ihre Zukunft, wobei das eigentliche Problem die Abfälle und Rückstände sind, die nur scheinbar vom weiten Himmel aufgelöst oder vom tiefen Meer verschluckt werden.

Allein über die Partikel, die aus den unterschiedlichsten anthropogenen Quellen in die Lufthülle entweichen und dort jahrelang verweilen können, ließe sich ein eigenes Buch schreiben. Die Umweltwirkungen reichen von massiven Gesundheitsschädigungen (weltweit circa 1,6 Millionen Todesfälle jährlich durch Raumluftbelastung aus offenen Feuerstellen) über regionale Niederschlagsveränderungen (Störungen der asiatischen Monsunsysteme durch Ruß und Staub aus Haushalten, Industrie und Landwirtschaft) bis hin zu globalen Effekten (Maskierung der treibhausgasbestimmten Erderwärmung durch Schwefeldioxidtröpfchen aus ineffizienten Kohlekraftwerken). Wer glaubt, diese Thematik sei von zweitrangiger Bedeutung, möge einfach ausgedehnte Spaziergänge durch das Zentrum von Beijing im Frühjahr oder Herbst unternehmen. Es scheint, als ob der Wunsch nach einem klaren Himmel und das Streben nach Wohlstand einen unversöhnlichen Gegensatz bildeten.

Die gesamte Aerosolproblematik entwickelt sich rasant weiter, ist aber so komplex, dass sich spezifische planetarische Grenzwerte bisher nicht wissenschaftlich begründen lassen. Die vielleicht beklemmendste – weil am schwersten fassbare – Umweltbelastung ist jedoch die Durchdringung der Lebenswelt mit Abertausenden von chemischen Substanzen, insbesondere radioaktiven Verbindungen, Schwermetallen und einer ganzen Schar von organischen Stoffen als Neben- und Abfallprodukte kommerzieller Aktivitäten. Nach neuesten Schätzungen sind etwa 10 000 bis 100 000 verschiedene chemische Produkte auf dem Weltmarkt verfügbar, wovon sicher mehrere Hunderte als Nervengifte für Menschen eingestuft werden können. Teilmengen vieler dieser Stoffe reichern sich unbeabsichtigt und auf verschlungenen Pfaden im Grundwasser an, in den Böden und Freizeitarealen, in den Nahrungsketten – und schließlich auch in unseren Körpern (United Nations Environment Programme, 2011). Niemand kann heute sagen, ob diese umfassende und schleichende Transformation unseres chemischen Naturmilieus lediglich eine kleine Irritation auf der dicken Haut der Menschheit hervorrufen oder sich wie ein zivilisatorisches Karzinom zur globalen Bedrohung entwickeln wird. Auf alle Fälle ist es heute noch nicht möglich, summarische planetarische Grenzwerte für diesen Umweltfrevel anzugeben.

In Teilen hat sich der Kenntnisstand zu den planetarischen Grenzen inzwischen verbessert, oder die Originalberechnungen sind schlicht von der Realität überholt worden. Deshalb wartete Anfang 2015 ein etwas anders zusammengesetztes Autorenteam – einschließlich Mitarbeitern des PIK unter Leitung des Geographen Dieter Gerten – mit einer Gesamtrevision auf (Steffen u. a. 2015). Die wichtigsten Änderungen beinhalten die räumlich besser aufgelöste Berechnung der planetarischen Grenzen beziehungsweise die Einführung regionaler Grenzwerte (etwa für die Wassernutzung) und die umfassendere Berücksichtigung des Artenverlusts und der Verschmutzung durch Chemikalien. Das unbequeme Resultat dieser neuen Bilanz ist, dass sich mittlerweile bereits vier der neun fundamentalen Erdsystemprozesse in der Unsicherheitszone oder sogar schon in der Hochrisikozone befinden (Abbildung 3).

Zum Schluss dieses Kapitels über die beschränkte Fähigkeit der Erde, die menschliche Zivilisation zu (er)tragen, dürfen die scheußlichsten Blumen der Moderne nicht unerwähnt bleiben. Gemeint sind die sogenannten »Müllstrudel«, also jene gigantischen Teppiche aus Plastikabfällen, welche unter dem natürlichen Antrieb von Winden und Strömungen in den Weltmeeren rotieren. Das gewaltigste dieser Ekelpakete – »The Great Pacific Garbage Patch« – dreht sich im nördlichen Stillen Ozean und ist größer als das gewiss nicht kleine Texas. Der Strudel bewegt gegenwärtig rund 100 Millionen Tonnen Kunststoffmüll! Tatsächlich verbleibt nur der kleinere Teil (circa 30 Prozent) der aus Flüssen, Häfen und Schiffen stammenden Plastikteile in der Deckschicht des Ozeans. Der große Rest sinkt in einem gigantischen Müllregen nieder und bedeckt den Meeresgrund mit steigender Dichte. Nach wissenschaftlichen Hochrechnungen liegen heute auf jedem Quadratmeter Meeresboden im Durchschnitt 110 Plastikteile, aber das ist längst nicht alles: Den Löwenanteil unseres ins Meer geschwemmten Mülls hat man erst kürzlich in den Sedimenten der Tiefsee ausgemacht. Es sind dies auf meist 2 bis 3 Millimeter Länge und weniger als 1 Zehntelmillimeter Breite zerkleinerte Partikel, darunter Kunstfasern wie Viskose und Polyester – nach vorsichtiger Schätzung haben wir es mit mindestens vier Milliarden solcher Plastikfasern pro Quadratmeter Tiefseesediment zu tun (Woodall u. a. 2014). Die physikalischen, chemischen und biologischen Folgen dieses Mülls sind verheerend (United Nations Environment Programme, 2011), und das Problem lässt sich auch nicht mehr so leicht aus der Welt schaffen, wie es in nur wenigen Jahrzehnten über die Umwelt gekommen ist: Die Lebensdauer von Plastik beträgt Jahrhunderte bis Jahrtausende, in den Tiefen des Meeres sogar noch beträchtlich länger (Barnes u. a. 2009). In der Reibung von Wind und Wellen wird insbesondere der treibende Kunststoffmüll immer weiter zerrieben und schließlich an die Strände geschwemmt, wo die Plastikpartikel in Sandproben bereits bis zu einem Viertel des Gesamtgewichts ausmachen: Wer der Zivilisation an den Traumstränden der Südsee entfliehen will, bettet seinen Körper auf – Kunststoff. Ein bizarreres Sinnbild für die Verschmutzung der Welt ist schwer vorstellbar.

4. Entdeckungsreise zum Klimawandel

Ohne den natürlichen Treibhauseffekt könnten keine höheren Lebensformen – und schon gar keine Zivilisationen – auf unserem Planeten existieren. Ohne ihn würde die globale Mitteltemperatur nämlich nur etwa −18 °C betragen; mit ihm sind es angenehme +14 °C im Durchschnitt des 20. Jahrhunderts. Angesichts der existenziellen Bedeutung dieses Effekts ist es erstaunlich, wie lange die Wissenschaft benötigte, um seine Ursachen aufzuklären, und eigenartig, dass dies just zu dem historischen Zeitpunkt gelang, als die Menschheit sich anschickte, das natürliche Phänomen künstlich hochzurüsten. Aber auch das kann man begreifen, wenn man etwas länger hinter die Vorhänge der Geschichtsbühne blickt (siehe zum Beispiel Kapitel 12).

Das Abenteuer der Klimaforschung beginnt so richtig im Jahr 1824 mit einer Veröffentlichung des französischen Intellektuellen Jean Baptiste Joseph Fourier (1768–1830), der ein bewegtes Leben im Schatten der Revolution und im Bannkreis der napoleonischen Machtpolitik führte. Fourier war Professor an der legendären École Polytechnique in Paris und Permanenter Sekretär der Mathematik-Sektion der Académie des sciences (Akademie der Wissenschaften). Er hatte aber auch Napoleon Bonaparte auf dessen spektakulärem Ägyptenfeldzug 1798 begleitet und ließ als Präfekt des Département Isère (Hauptstadt Grenoble) Sümpfe trockenlegen und Fernstraßen bauen. Vorher war er sogar im Revolutionskomitee von Auxerre (Burgund) aktiv gewesen und bald darauf nur mit knapper Not der Guillotine entronnen. Er war ein hochtalentierter Naturwissenschaftler, dessen Ehrgeiz am besten durch das folgende Zitat aus einem seiner Briefe beleuchtet wird: »Gestern war mein 21. Geburtstag. In diesem Alter hatten Newton und Pascal bereits auf vielfache Weise ihren Anspruch auf Unsterblichkeit begründet.« Diesen Status errang Fourier in etwas fortgeschrittenerem Alter, und zwar durch seine Entwicklung einer mathematischen Theorie der Wärmeausbreitung.

Zwischen 1804 und 1807 stellte er in Grenoble die Grundgleichungen für den Wärmetransport in Festkörpern auf und zähmte die daraus entsprungenen mathematischen Bestien (sogenannte partielle Differentialgleichungen) durch eine Transformation, die seinen Ruhm für immer begründen sollte. Diese »Fourier-Transformation« zerlegt, vereinfacht ausgedrückt, jedes periodische Signal in eine unendliche Summe von »Harmonischen«, also Sinusfunktionen, die mit einem ganzzahligen Vielfachen der Grundfrequenz des Ausgangssignals oszillieren. Wenn etwa der Kammerton *a* auf einer Posaune geblasen wird, dann entsteht dabei nicht allein die dem *a* entsprechende physikalische Luftschwingung mit 440 Hertz, sondern es werden auch zahlreiche »harmonische Obertöne« mit der doppelten, dreifachen etc. Frequenz erzeugt. Die relativen Stärken der Harmonischen sind in erster Linie für den charakteristischen Klang eines Instruments verantwortlich und können eben durch die Fourier-Analyse bestimmt werden.

Obgleich die »Analytische Theorie der Wärme« einen Meilenstein in der Geschichte der Theoretischen Physik darstellte, wurde sie wegen Zweifeln von prominenten Lehrmeistern (Lagrange, Laplace) und Eifersüchteleien von hartnäckigen Konkurrenten (Biot, Poisson) erst 1822 von der Akademie veröffentlicht. Zwei Jahre später erfolgte ein weiterer wissenschaftlicher Paukenschlag, denn Fourier hatte sich unbekümmert dem Wärmehaushalt des ganzen Planeten zugewandt. Zwischen Schwingungen und Strahlungen scheint ja nur ein kleiner gedanklicher Schritt zu liegen, aber dieser konnte erst 1864 mit der Entdeckung der elektromagnetischen Wellen endgültig vollzogen werden. Fourier blieb eher im Weltbild seiner Wärmeleitungstheorie für feste Körper verhaftet, aus der er die »Allgemeinen Anmerkungen zur Temperatur des Erdballs und der Planetenräume« (Fourier 1827) entwickelte.

In dieser umfangreichen Arbeit wird versucht, das Rätsel der Energiebilanz der Erde von allen Seiten auszuleuchten. Viele Gedanken sind hellsichtig, andere vollkommen daneben (weil damals beispielsweise auch noch nicht bekannt war, dass das Innere unseres Planeten durch radioaktiven Zerfall von instabilen Elementen auf hoher Betriebstemperatur gehalten wird). Aber dann findet sich im Text die folgende bemerkenswerte Feststellung: »Die Wirkung der Luft modifiziert stark die Wärmeeffekte auf die Erdoberfläche. [...]. Die Hitze der Sonne, die in Form von Licht einfällt, hat die Eigenschaft, transparente Festkörper oder Flüssigkeiten zu durchdringen, und *verliert diese Fähigkeit, wenn sie nach der Wechselwirkung mit irdischen Objekten in Wärmestrahlung ohne Licht verwandelt wird.*« Fourier unterscheidet explizit zwischen »leuchtender« und »nichtleuchtender Wärme« – also zwischen Strahlung im optischen und im infraroten Bereich in der Terminologie der modernen Physik! Weiter vermerkt er, dass der »Atmosphärendruck« ähnliche Effekte wie durchsichtige (feste oder flüssige) Medien hervorbringe, dass die Größe dieser Wirkungen aber »beim gegenwärtigen Stand der Theorie und in Ermangelung vergleichender Experimente« nicht genau bestimmt werden könne. Damit legt er eine unübersehbare Spur, die auf verschlungenen Pfaden und gelegentlichen Irrwegen bis zur heutigen überzeugenden Erklärung des Treibhauseffekts führen wird.

Fourier selbst kam zu seiner historischen, aber noch verschwommenen Einsicht möglicherweise durch die Experimente des Schweizer Physikers und »berühmten Reisenden« Horace-Bénédict de Saussure. Dieser hatte einen gut isolierten Kasten mit Doppelverglasung – eine »boîte chaude« – konstruiert und diesen Apparat der Sonne ausgesetzt, sowohl in Paris als auch im schottischen Edinburgh. Dabei konnte zuverlässig nachgewiesen werden, dass sich die Temperatur im Glaskasten auf einen Wert einpendelte, der deutlich über demjenigen der äußeren Umgebung lag. Fourier schloss daraus, dass sich die einfallende Sonnenstrahlung im Apparat in unsichtbare Wärme – »chaleur obscure« – umwandelte, welche durch die Glasscheiben beim Austritt aus dem Kasten behindert würde. Die »dunkle Wärme«, sprich: die Infrarotstrahlung, war schon 1800 von Friedrich Wilhelm Herschel (1738–1822) entdeckt worden. Herschel war einer der größten Astronomen seiner Zeit, der unter anderem den Planeten Uranus aufspürte und dadurch schlagartig bekannt wurde. Er versuchte, die Temperatur der verschiedenen Farben des Sonnenlichts zu messen, indem er die weiße Strahlung durch ein Prisma führte und ein Thermometer durch die in unterschiedliche Richtungen gebrochenen Spektralbereiche wandern ließ. Zu seinem Erstaunen zeigte das Gerät jenseits des roten Endes des sichtbaren Spektrums die höchste Temperatur an. Die Sonne gab somit auch in starkem Maße »unsichtbare Wärme« ab.

Interessanterweise erwähnt Fourier in seiner Arbeit von 1824 dieses einfach-geniale Experiment mit keinem Wort, obwohl er an einer Stelle auf Herschel als Uranus-Entdecker eingeht. Wie auch immer: Mit dem Bezug zu Saussures Kasten und den Spekulationen zur Übertragung des dort beobachteten Phänomens auf die Erdatmosphäre hat Fourier den »Glashauseffekt« (später »Treibhauseffekt« genannt) ins Spiel gebracht. Die Wissenschaftshistoriker streiten immer noch erbittert darüber, was Fourier wie genau und wie ernst gemeint haben könnte, da der fragliche Artikel reichlich konfus geschrieben ist und vieles offen lässt. Insbesondere wird noch darüber gerätselt, wie gut der französische Wissenschaftler damals schon verstanden haben könnte, dass sich der ominöse Glaskasten hauptsächlich durch Abschottung von der Außenluft aufheizte. In der freien Atmosphäre ergeben sich ja vor allem durch natürliche Vertikalbewegungen (Konvektion) Kühlungseffekte. Mir scheint jedoch, dass Fourier das Zusammenspiel der relevanten Prozesse intuitiv richtig erfasste und auch seine Analogieschlüsse für die Erdatmosphäre recht sorgfältig zog. Er hatte damals jedoch nicht die geringste Chance, die Physik des planetarischen Phänomens in ihrer Gesamtheit zu durchschauen.

Der nächste große Bahnbrecher war der Ire John Tyndall (1820–1895), ein umfassend interessierter und höchst innovativer Naturforscher. Er studierte die magnetischen Eigenschaften von Kristallen ebenso wie die jahreszeitliche Dynamik von Gletscherzungen; er entwickelte ein Verfahren zur Haltbarmachung von Lebensmitteln ebenso wie ein Instrument zur Magenspiegelung und die Vorstufen der modernen Faseroptik. Außerdem war er ein passionierter Bergsteiger, der dem Gipfel des als unbezwingbar geltenden Matterhorns näher rückte als jemals ein Mensch vor ihm. Sein Name ist untrennbar verbunden mit dem sogenannten Tyndall-Effekt, der die Streuung von Licht an winzigen Schwebeteilchen in der Luft erklärt. Dieser Effekt wurde von Tyndall selbst für das Blau des irdischen Himmels verantwortlich gemacht, weil kurzwellige Strahlen des Sonnenspektrums stärker seitwärts gelenkt werden als die langwelligen im roten Farbbereich. Damit lag er allerdings daneben: Tatsächlich ist unser Mittagsblau ebenso wie unser Morgen- und Abendrot ein Geschenk der Streuung von Sonnenlicht an den noch kleineren Luftmolekülen (»Rayleigh-Streuung«).

Ab Januar 1859 begann John Tyndall, die thermo-optischen Wirkungen der wichtigsten Gase der Lufthülle experimentell zu ergründen. Damit nahm er Fouriers alte Fährte auf und schritt weit auf dem Weg zur Entschlüsselung der mysteriösen »chaleur obscure« voran. Mit neuartigen Instrumenten untersuchte Tyndall eine Reihe von Substanzen, insbesondere Wasserstoff, Sauerstoff, Stickstoff, Wasserdampf, Kohlendioxid und das von ihm selbst als dreiatomiges Molekül identifizierte Ozon (O_3). Dabei zeigten sich gewaltige Unterschiede bei der Fähigkeit der »völlig farblosen und unsichtbaren Gase und Dämpfe«, Wärme aufzunehmen und wieder abzustrahlen. Er stellte fest, dass beispielsweise Sauerstoff und Stickstoff praktisch kein Hindernis für Infrarotstrahlung darstellten, dass dagegen Kohlendioxid und Ozon, vor allem aber Wasserdampf die Wärme absorbierten.

Mit diesen Resultaten konnte er bereits wichtige Schlussfolgerungen für relevante Aspekte des planetarischen Treibhauseffektes ziehen. Letzterer ist ja gerade nachts bedeutsam, wenn die Wärmestrahlung des tagsüber erhitzten Erdbodens durch die Rückstreuung an Wasserdampf und seinen »Treibhaus-Partnern« daran gehindert wird, einfach in den Tiefen des Weltraums zu verschwinden. Tyndall vermerkt deshalb an einer Stelle: »Wasserdampf ist eine Decke, welche das Pflanzenleben Englands nötiger braucht als die Menschen Kleidung. Wenn man diesen Dampf nur für eine einzige Sommernacht aus der Lufthülle entfernte, würde die Sonne am Morgen über einer Insel im eisernen Griff des Frostes aufgehen.« Man ersieht aus diesem Zitat, warum der Forscher auch einen überragenden Ruf als Kommunikator genoss. Tatsächlich spekulierte er in späteren Jahren auch direkt über die Zusammenhänge zwischen Klimaveränderungen (wie den Eiszeiten) und Schwankungen in den Wasserdampf- und CO_2-Gehalten der Lufthülle.

An dieser Stelle ist ein kleiner physikalischer Exkurs angebracht. Ich habe bereits ausgeführt, dass sich, wenn man Fourier und Tyndall zusammenbringt, recht schlüssig die Vorstellung von den »Treibhausgasen« ergibt. Diese sind, um zu rekapitulieren, Bestandteile der Lufthülle mit der folgenden Eigenschaft: Sie lassen die kurzwellige Sonnenstrahlung (optischer Bereich zwischen etwa 400 Terahertz [rot] und etwa 750 Terahertz [violett]) weitgehend ungehindert passieren, nicht jedoch die längerwellige Erdstrahlung (infraroter Bereich zwischen etwa 20 und 70 Terahertz), welche durch Umwandlung des Sonnenlichts bei gleichzeitigem Energieverlust am Boden als Rückstrahlung entsteht. Deshalb können wir mit unseren Augen sehen, und deshalb ist unser Planet warm genug für das Leben (wie schon eingangs erwähnt). Die Treibhausgase »behindern« die Infrarotstrahlen beim Durchqueren der Atmosphäre in Richtung Weltall, indem sie diese elektromagnetischen Wellen bei passender Gelegenheit absorbieren und anschließend – mit häufig veränderter Wellenlänge und in alle Richtungen – wieder aussenden (»re-emittieren«). In heutiger Zeit sind diese doch recht komplexen Effekte gut in Computersimulationen abbildbar. Dennoch ist es unerlässlich, solche Resultate auch in Feldversuchen außerhalb des Labors zu bestätigen. Genau dies ist jüngst Forschern aus Berkeley gelungen: Zwei unabhängige Messreihen über die auf die Erde zurückgeleitete langwellige Strahlung, die penibel über mehr als eine Dekade aufgezeichnet wurde, bestätigen die Auswirkung des menschengemachten CO_2-Anstiegs auf den Strahlungshaushalt an der Erdoberfläche (Feldman u. a. 2015).

Aber warum sind eigentlich bestimmte Gase »treibhauswirksam« (wie der Wasserdampf, der aus Molekülen mit der bekannten chemischen Formel H_2O besteht) und andere nicht (wie der Sauerstoff in seiner atmosphärischen Normalform als O_2-Molekül)? Um dies zu verstehen, muss man den Exkurs noch ein wenig weiter treiben, in das Territorium der Quantenphysik hinein (siehe auch Kapitel 7). Max Planck trug am 14. Dezember 1900 vor der Deutschen Physikalischen Gesellschaft in Berlin seine Hypothese vor, dass elektromagnetische Strahlung (zu der eben auch das sichtbare Licht zählt) nur in exakt abgemessenen Energiepaketen (»Quanten«) in Aktion trete. Es gelte folgender einfacher Zusammenhang

$$E = h\,\nu$$

(Gleichung 2)

wobei E die Energie des Strahlungsquants, ν die Frequenz der Strahlung und h das sogenannte Planck'sche Wirkungsquantum bezeichnet. Dies ist eine Naturkonstante, die den physikalischen Grundcharakter unseres Universums widerspiegelt (h = 6,62 ·10⁻³⁴ Joule·sec). Die elektromagnetische Welle mit der Frequenz ν kommt also gewissermaßen als Schauer aus kleinstmöglichen Energietröpfchen, als Regen von »Lichtkorpuskeln« daher. Da sich eine solche Welle mit der universellen Lichtgeschwindigkeit c (299 792 km/Sekunde) im freien Raum ausbreitet, gilt auch noch die elementare Beziehung:

$$\lambda = c\,/\,\nu$$

(Gleichung 3)

wobei λ die Wellenlänge bezeichnet. Je höher also die Frequenz der Strahlung, desto kürzer die Wellenlänge (und umgekehrt). Durch Einsetzen in Gleichung 2 ergibt sich sofort:

$$E = h\,\nu = (h\,c)\,/\,\lambda$$

(Gleichung 4)

Das heißt, die Energie des Strahlungsquants verhält sich *umgekehrt proportional* zur Wellenlänge (denn h c ist das festgeschriebene Produkt aus zwei Naturkonstanten). Infrarotstrahlen mit niedriger Frequenz und großer Wellenlänge sind deshalb weit weniger energiegeladen als Ultraviolettstrahlen mit hoher Frequenz und äußerst kurzer Wellenlänge. Deshalb bekommt man einen Sonnenbrand unter freiem Himmel im Hochgebirge und nicht nachts unter der warmen Bettdecke (was höchst störend wäre). Wie man aus praktischer Erfahrung weiß, jedoch nicht aus der eben vollzogenen theoretischen Einsicht heraus.

Sollten Sie als möglicherweise nicht physikalisch vorgebildeter Leser vom scheinbar wahllosen Gebrauch der Begriffe »Strahlung«, »Welle«, »Korpuskel« usw. für ein und dieselbe Naturerscheinung verwirrt sein, dann geht es Ihnen wie Max Planck: Er entwickelte seine Quantenvermutung ausgesprochen widerwillig und betrachtete h als eine lästige Hilfsgröße, die man mithilfe tieferer Einsichten hoffentlich bald würde begraben können. Aber die Fülle an realen Experimenten stützte hartnäckig seine Hypothese, woran sich bis zum heutigen Tage nichts geändert hat. Denn ungeachtet der Qualen, welche die Quantenphysik unzähligen Wissenschaftlern und Philosophen bereitete, ist sie doch eine entscheidende Voraussetzung für die Erklärung solcher Phänomene wie der Infrarotrückstrahlung an Treibhausgasen:

Man kann sich ein Treibhausgasmolekül wie CO_2 als ein (sehr kleines!) Kinderspielzeug vorstellen, bestehend aus unterschiedlich großen Kugeln (welche im Beispiel Kohlendioxid die beiden Sauerstoffatome und das etwas kleinere Kohlenstoffatom repräsentieren) und unterschiedlich starken Verbindungsfedern (welche die jeweiligen elektronischen Bindungen zwischen den Atomen darstellen). Die Gestalt des »Spielzeugs« (sprich: der molekularen Grundform) ergibt sich rein physikalisch als die stabilste aller möglichen Konfigurationen. Aber das Gebilde ist in der Regel nicht starr, sondern kann durch äußere Einwirkung – im Bild etwa ein Verbiegen oder Stauchen durch Kinderhand – zu diversen Dreh- oder Schwingungsbewegungen angeregt werden.

In der Alltagswelt der Spielzeuge ist die mit Rotationen oder Vibrationen verbundene Energie praktisch beliebig wählbar – sie wird einfach durch Art und Ausmaß der mechanischen Einwirkung auf das Gerät bestimmt. Ganz anders verhält es sich dagegen in der Planck'schen Mikrowelt, wo auch die inneren molekularen Bewegungsenergien »partioniert« sind. Sie entsprechen in der Regel ganzzahligen Vielfachen beziehungsweise Kombinationen einiger molekültypischer Grundquanten. Und nun kommt der Clou: Infrarotstrahlung kann vom betrachteten Molekül nur dann aufgenommen werden, wenn die Energie des Strahlungsquants (also h ν) *exakt* einer Differenz zwischen den Quantenenergien der möglichen intramolekularen Bewegungszustände entspricht. Eher technisch sagt man, das Molekül könne durch die Absorption eines genau bemessenen Strahlungspakets in einen ebenso genau bemessenen höheren Anregungszustand versetzt werden. Eher poetisch könnte man sagen, dass sich Molekül und Strahlung nur dann vereinigen, wenn ihre jeweiligen Schwingungen (also der elektrischen Ladungsverteilung einerseits und der elektromagnetischen Welle andererseits) harmonieren – so wie gestimmte Instrumente im Akkord zusammenklingen.

Und aufgrund der physikalischen Determinanten verhält es sich nun einmal so, dass dreiatomige Moleküle wie CO_2 oder H_2O, und erst recht das fünfatomige CH_4 (Methan), schwingungsmäßig mit der Wärmestrahlung prächtig zusammenpassen. Wiederum technisch sagt man, dass das

»Absorptionsspektrum« solcher Moleküle – die Gesamtheit ihrer energetischen Resonanzniveaus – im relevanten Infrarotbereich liegt, dass diese Gebilde also die entsprechenden Strahlungsquanten präzise für die Anregung innerer Bewegungszustände verarbeiten können. So eine Passfähigkeit ist jedoch keineswegs selbstverständlich: Einfachere Moleküle wie N_2 oder O_2 (also die Konfigurationen, in denen Stickstoff und Sauerstoff die Atmosphäre dominieren) sind nicht flexibel (»weich«) genug für vergleichsweise niederfrequente (und damit niederenergetische) Verformungen. Sie lassen daher die Infrarotquanten ungehindert passieren und können somit auch nicht treibhauswirksam werden.

Umgekehrt sind Treibhausgasmoleküle wie CO_2 oder CH_4 unfähig, die hochenergetischen Quanten des für uns sichtbaren elektromagnetischen Strahlungsbereichs (»Licht«) zu verdauen – deshalb bilden sie für den entsprechenden Anteil der Sonnenstrahlung kein Hindernis und wirken insgesamt wie ein thermisches Rückschlagventil. Die tatsächlichen Verhältnisse sind (wie immer in den Naturwissenschaften) noch ein wenig verwickelter. Aber alle Komplikationen ändern nichts am beschriebenen fundamentalen Mechanismus.

John Tyndall wusste noch nichts von den Quantengesetzen der Strahlungsphysik, wie sie im Exkurs skizziert wurden, den Sie eben über sich ergehen lassen mussten. Dennoch legten seine Studien den Grundstein für die wissenschaftliche Erklärung des natürlichen Treibhauseffekts, der wie eine scheinbar ewige und unveränderliche Wohltat das irdische Leben erhält. Und nur wenige Jahrzehnte später erschien auf der Bühne der naturwissenschaftlichen Forschung eine intellektuelle Kraftfigur, welche die dynamische Wirkungsmacht der Treibhausgase explizit offenlegen sollte: Svante Arrhenius (1859–1927). Er war der Erste, der darüber nachdachte, wie sich die *Veränderungen* des atmosphärischen CO_2-Gehaltes auswirken könnten, wobei er seinen verwegenen Blick von der Entstehung der Eiszeiten bis hin zur globalen Erwärmung durch die Verbrennung von Kohle schweifen ließ. Mit ihm beginnt also die eigentliche Erforschung des anthropogenen Treibhauseffekts.

Arrhenius soll sich als Dreijähriger selbst das Lesen beigebracht und bald darauf das Rechnen erlernt haben, indem er seinen Vater – einen Landvermesser an der Universität Uppsala – beim Addieren und Multiplizieren von Zahlen in seinen Notizbüchern beobachtete. Im Alter von 17 Jahren begann er sein Universitätsstudium der Physik, mit 25 Jahren legte er seine Doktorarbeit über die elektrische Leitfähigkeit von Salzlösungen vor. Mit den dort formulierten 56 Thesen wurde er zu einem Begründer der Physikalischen Chemie, wofür er 1903 den Nobelpreis zugesprochen bekam. Nachdem er sich schon früh als führender Wissenschaftler Skandinaviens in der Weltspitze etabliert hatte, ließ er sich nur noch von seiner unstillbaren Neugierde leiten und durcheilte das Haus der Wissenschaft mit donnerndem Tritt. Als Nordeuropäer war er gewissermaßen für das Interesse an der Entstehung und dem Vergehen von Gletschern im Rahmen der Eiszeiten prädestiniert, obwohl man damals noch im erdwissenschaftlichen Halbdunkel tappte. »Die letzte große Vereisung muss, geologisch gesprochen, vor nicht allzu langer Zeit stattgefunden haben. [...]. Bestimmte amerikanische Geowissenschaftler sind der Meinung, dass seit dem Ende der Eiszeit nur 7000 bis 10 000 Jahre vergangen sind, aber das ist höchstwahrscheinlich eine grobe Unterschätzung.« So Arrhenius in seinem legendären Artikel von 1896 mit dem Titel »Über den Einfluss des atmosphärischen Kohlensäuregehaltes auf die Temperatur der Erdoberfläche« (Arrhenius 1896), auf den wir gleich noch ausführlicher zu sprechen kommen.

Dass es überhaupt so etwas wie einen Eiszeitzyklus gab, war im 19. Jahrhundert eine heiß umstrittene Hypothese, die erst um 1880 herum breite internationale Anerkennung errang. Insbesondere bildete sich ein robuster wissenschaftlicher Konsens über den Zusammenhang zwischen den Bewegungen der großen Eisschilde (wie dem finnisch-skandinavischen) und den erdgeschichtlichen Variationen des Klimas. Aber was, in aller Welt, hatte die offensichtlich starken Klimaschwankungen hervorgerufen? Bevor Arrhenius in die Debatte eingriff, waren ausschließlich »makroskopische« Erklärungen ins Feld geführt worden, worin großräumige astrophysikalische, geologische oder biogeographische Kräfte und Effekte die Hauptrollen spielten. In seiner Geniearbeit von 1896 (die in deutscher Sprache in Stockholm veröffentlicht wurde) listete der Forscher die gängigen Theorien und Spekulationen vollständig auf (wobei er sich auf die Zusammenstellung des italienischen Meteorologen De Marchi bezog). Die Schar der Verdächtigen reichte von der Temperatur des Weltalls am jeweiligen Ort der Erde über die Sonnenintensität, die Bahneigenschaften unseres Planeten (wie die Abweichung des Sonnenumlaufs von der Kreisform oder die Neigung der Erdachse), die Lage der Pole, die Verteilung der Kontinente und Ozeane sowie die Ausrichtung der atmosphärischen und marinen Strömungen bis hin zur Vegetationsbedeckung der planetarischen Oberfläche – alles Größen, die nach damaligem Verständnis im Verlauf der Erdgeschichte erheblich variierten.

Einige dieser Spekulationen erwiesen sich rasch als unhaltbar. Andere wurden von der Wissenschaft zu mehr oder weniger bedeutsamen Teilaspekten unseres modernen Gesamtbildes vom komplexen System Erde im Kosmos weiterentwickelt. Letzteres gilt insbesondere für die Zusammenhänge zwischen Klimaveränderungen und den quasiperiodischen Schwankungen der sogenannten Orbitalparameter. »Orbit« ist ja das lateinische Wort für »Umlaufbahn«, und die Bewegung unseres Planeten um die Sonne ist genau betrachtet eine höllisch komplizierte Angelegenheit. Gäbe es nur diese beiden Himmelskörper im Universum, dann könnte man ihre Bahnen unter dem Einfluss der wechselseitigen Anziehungskräfte exakt berechnen. Dies sind die sogenannten Kepler-Orbits, also *elliptische*, *parabolische* oder *hyperbolische* Bewegungen bezüglich des gemeinsamen Schwerpunkts, wobei nur die elliptischen Kurven in sich geschlossen sind. Ein echt kreisförmiger Umlauf ist wiederum ein Sonderfall unter den Ellipsenbahnen – man sagt dann, die Bahnexzentrizität sei exakt null (Abbildung 4).

Ob die Relativbewegungen von zwei beliebigen, sich anziehenden Massen offen oder geschlossen sind, hängt von den anfänglichen Abständen und Bewegungsenergien ab. Kometen nähern sich zum Beispiel der Sonne oft von fern mit hoher Geschwindigkeit, werden von ihr auch angezogen, aber in der Regel nach einer Passage in großem Abstand wieder ins Weltall entlassen. Das Ganze spielt sich auf hyperbolischen Bahnen ab. Aufgrund der spezifischen Vorgänge bei der Entstehung unseres Planetensystems sind Erde und Sonne dagegen elliptisch aneinander gebunden. Die Aussage »Die Erde kreist um die Sonne« wäre aber selbst im Idealfall der bisher betrachteten Zwei-Körper-Konstellation in der Regel nicht zutreffend: Korrekterweise müsste man sagen, dass beide Massen um einen gemeinsamen Schwerpunkt »ellipsen«. Die zwei Körper führen also miteinander einen komplizierten Taumeltanz aus. Aber da die Sonne viel schwerer ist als die Erde, macht man keinen großen Fehler, wenn man einen elliptischen Umlauf unseres Planeten um sein Zentralgestirn annimmt.

Mit dieser lässlichen astronomischen Sünde wird man jedoch nur den geringsten Teil der Schwierigkeiten los. Denn die Erde befindet sich eben nicht allein mit der Sonne im Kosmos; zudem ist sie keine punktförmige Masse, ja noch nicht einmal eine perfekte Kugel. Insbesondere steht unser Planet unter dem Gravitationseinfluss seines kleinen Trabanten, des Mondes, und der großen Nachbarplaneten Jupiter und Saturn. Außerdem dreht sich unsere leicht kartoffelförmige Heimat mit erheblicher Rotationsenergie um sich selbst. Damit hat man den physikalischen Salat, sprich: das berüchtigte Mehrkörperproblem für ausgedehnte Massen. Das Liebesleben lehrt uns ja, dass bereits eine *Ménage à trois* zu den seltsamsten Verwicklungen führen kann.

Immerhin gestatten raffinierte mathematische Methoden und moderne

Computersimulationen die präzise Berechnung der tatsächlichen Bewegung der Erde im Raum und der unablässigen Variation ihrer Bahnparameter. Dabei kann eine gewaltige Zeitspanne von der tiefen Vergangenheit bis in die ferne Zukunft überblickt werden, also Millionen von Jahren. Diese Kalkulationen beweisen, dass sich die wichtigsten Größen weitgehend zyklisch verhalten. Welche Größen sind das? Nun, die fragile dreidimensionale Dynamik wird insbesondere von zwei Elementen und ihrem Verhältnis zueinander bestimmt: Da ist zum einen die Ebene, in der die Ellipsenbahn unseres Planeten liegt. Und da ist zum anderen die räumliche Ausrichtung der Achse, um die sich die Erde dreht. Man kann dies ganz gut mit der linken Handfläche und dem rechten Zeigefinger nachstellen, wobei dem Rotieren des Fingers natürliche Grenzen gesetzt sind – das Verständnis sollte ja nicht zu physischen Schäden führen. Die Erdachse (»der Zeigefinger«) steht bekanntermaßen nicht senkrecht auf der Bahnebene (»der Handfläche«), denn andernfalls gäbe es keine Jahreszeiten. Die Abweichung von der Senkrechten (*Obliquität* genannt) ist jedoch nicht konstant, sondern variiert zwischen 22,1 und 24,5 Winkelgraden (also nicht unerheblich) mit einer ungefähren Periode von 41 000 Jahren.

Mit einem fixen Schiefewinkel ist die räumliche Ausrichtung der Drehachse jedoch noch nicht festgelegt, wie Sie im Zeigefinger-Handfläche-Modell leicht demonstrieren können: Der Finger kann bei fixer Neigung einen Kreis um die Senkrechte beschreiben. Dies nennt man in der Physik *Präzession*, und tatsächlich nutzt die Erdachse (wie ein Kinderkreisel) diese Freiheit zu einer entsprechenden Trudelbewegung mit ungefähr 26 000-jähriger Periode. Dieser Mechanismus sorgt dafür, dass auch die Jahreszeit variiert, in der sich unser Planet auf seiner Ellipsenbahn am sonnennächsten Punkt befindet. Um das nachzuvollziehen, braucht man allerdings schon ein gutes räumliches Vorstellungsvermögen; die beiden Hände reichen dann nicht mehr aus. Schließlich, und das ist wieder leicht zu visualisieren, pulsiert die *Exzentrizität* des Orbits zwischen nahezu null (fast kreisförmig) und 0,058 (mild elliptisch); die dabei dominierenden Perioden betragen circa 413 000 und etwa 100 000 Jahre. Darüber hinaus gibt es noch subtilere quasizyklische Effekte wie die sehr langsame Rotation der ganzen Umlaufellipse in der Bahnebene und sogar eine Variation der Neigung dieser Bahnebene im dreidimensionalen Raum.

Vielen Lesern dürfte nach dieser Beschreibung auch der Kopf wie ein Brummkreisel dröhnen, aber es handelt sich hierbei tatsächlich nur um eine krass vereinfachte Darstellung der relevanten Himmelsmechanik! Es muss deshalb nicht verwundern, dass die wesentlichen Eigenschaften dieser hochgradig nichtlinearen Dynamik und vor allem deren Bedeutung für die erdgeschichtlichen Klimaveränderungen erst nach dem Ersten Weltkrieg weitgehend enthüllt wurden. Das Hauptverdienst dabei gebührt dem Serben Milutin Milanković (1879–1958), der eigentlich gelernter Betonbauingenieur war, aber im Laufe seiner Karriere immer mehr Gefallen an der astronomisch-mathematischen Grundlagenforschung fand. Wegen seiner Nationalität wurde er bei Ausbruch des Großen Krieges 1914 von den österreichischen Behörden interniert und fand dadurch ausreichend Muße, um sich Gedanken über den Einfluss astrophysikalischer Zyklen auf das Klima unseres Planeten zu machen. Nach diversen Veröffentlichungen zum Thema (beginnend 1920) fasste er seine Haupterkenntnisse in deutscher Sprache in dem 1941 erschienenen Werk *Kanon der Erdbestrahlung und seine Anwendung auf das Eiszeitenproblem* zusammen. Er begriff insbesondere, dass die oben beschriebenen quasiperiodischen Schwankungen von Orbitalparametern zwar praktisch keine Auswirkung auf die jährliche Gesamtbestrahlung der Erde durch die Sonne haben, sehr wohl aber auf die *geographische Verteilung dieser Einstrahlung im Jahresgang.* Somit kann es regional zu spürbaren Intensitätsänderungen des empfangenen Sonnenlichts in der Größenordnung von bis zu 10 Prozent kommen.

Und unser Globus ist höchst unsymmetrisch mit Kontinenten und Ozeanen bedeckt. Insbesondere befinden sich die Landmassen überwiegend auf der Nordhalbkugel, was insofern bedeutsam ist, als die festen Oberflächen thermisch rascher auf Bestrahlungsänderungen reagieren als die Deckschichten der Meere. In der Summe können diese Inhomogenitäten zu dramatischen Antworten auf die »Milanković-Zyklen« der tatsächlich absorbierten Solarstrahlung führen – was etwa bei einem gleichförmig mit Wasser bedeckten Planeten kaum vorstellbar wäre. Eine lange Phase von lichtschwachen Sommern in der Nordhemisphäre lässt wegen der dortigen Landmassenstruktur ein ganzes Spalier von Eisschichten wachsen. Über verwickelte geophysikalische Prozesse kann daraus ein Eiszeitklima für die ganze Erde entstehen: Nicht zuletzt durch veränderte Meeresströmungen wird die Kälte auf die Südhalbkugel »exportiert«, und sogenannte positive Rückkopplungen – etwa die erhöhte Reflexion von Sonnenstrahlen durch schnee- oder eisbedeckte Areale – verstärken noch den Temperatursturz.

Milanković wusste vermutlich nicht viel über solche Fernwirkungs- und Selbstverstärkungsprozesse, aber er hob die astrophysikalische Klimatheorie auf ein vor ihm unerreichtes Niveau. Seine Studien konzentrierten sich auf die Zyklen im Zusammenhang mit Schiefe und Trudeln der Erdachse sowie mit der variierenden Ellipsenform der Erdbahn. Als dominierende Periode für die Eiszeitmelodie identifizierte er das Zeitintervall von 41 000 Jahren. Heute sind Milankovićs Ansätze im Grundsatz von der Wissenschaft akzeptiert, da sich seine Berechnungen als belastbar erwiesen und sich die Orbitalzyklen auch weitgehend in den Klimadaten wiederfinden. Letztere Bestätigung war nur möglich, weil die empirische Klimaforschung in den letzten Jahrzehnten geradezu revolutionäre Fortschritte erzielt hat. Inzwischen werden verschiedenste »Klimaarchive« erschlossen, die hochpräzise Rückschlüsse auf die Umweltbedingungen vor Hunderten bis Millionen von Jahren zulassen.

Einblicke in die jüngste Vergangenheit gewähren Baumringanalysen; mittlere Zeitskalen werden durch Daten aus klimastrukturierten Ablagerungen in Seen, Torfmooren, Korallenriffen und Tropfsteinhöhlen abgedeckt; die noch ältere Erdgeschichte erschließt sich vor allem aus Meeressedimenten und Bohrkernen vom grönländischen und antarktischen Eisschild. Wie man aus der kilometerdicken Eis-Lasagne der Polkappen die historischen und paläohistorischen Umweltverhältnisse oft jahresscharf rekonstruiert, wäre eine Beschreibung in einem eigenen Kapitel wert. Vom Ziehen der extrem dünnen und langen Kerne vor Ort über die Konservierung und den Transport ins Labor bis zur dortigen mühsamen Detektivarbeit – dies ist anspruchsvollste Gerichtsmedizin am Erdkörper, welche wie kaum eine andere Aktivität den Titel »Abenteuer Forschung« verdient.

Der Lohn der Mühsal ist dafür gewaltig, denn die Eisproben enthalten eine überwältigende Fülle von Informationen. Das zu inspizierende Material besteht aus unzähligen Schichten von jährlichen Schnee- und Eisablagerungen. Diese Schichten haben ihre Mikrostrukturen unter gewaltigem (nach unten hin zunehmendem) Druck weitgehend verändert, enthalten aber dennoch zahlreiche unversehrte Bläschen der jeweiligen Originalatmosphäre! Die chemische Zusammensetzung der festen Probenkomponente gibt wertvolle Aufschlüsse über die früheren Klimabedingungen (insbesondere Temperatur und Niederschlag); die Lufteinschlüsse liefern exakte Hinweise auf die damaligen Konzentrationen von Treibhausgasen (Kohlendioxid, Methan, Lachgas) in der Luft; die Verunreinigungen des Eises schließlich erlauben es, über Jahrzehntausende den Eintrag von Staub, Asche und radioaktiven Partikeln durch Wind und Regen zu rekonstruieren. Wenn man versteht, sie zu lesen, dann sind die Eisbohrkerne Umweltgeschichtsbücher von größter Detailtreue, ja wahre Zeitmaschinen für Reisen in die ferne Vergangenheit.

Sogar noch weiter im Buch der Erdgeschichte zurückblättern kann man über die Auswertung von sorgfältig entnommenen Proben von Sedimenten, die sich über Jahrmillionen aus den Ablagerungen von marinen Schwebstoffen auf dem Meeresgrund gebildet haben. In jüngster Zeit hat man durch internationale Ozeanbohrprogramme diese Informationsquelle zum Sprudeln gebracht. Wiederum bedarf es geradezu kriminalistischer Glanzleistungen, um vom geologischen Probenmaterial auf den früheren Zustand wichtiger Umweltgrößen zurückzuschließen. Die wertvollsten Hinweise kommen von den harten, nahezu unverwüstlichen Kalkspatschalen winziger einzelliger Lebewesen, der sogenannten Foraminiferen (siehe auch Kapitel 9). Dabei macht man sich den Umstand zunutze, dass das Element Sauerstoff, das bei der Bildung von Kalkspat benötigt wird, in der Natur in verschiedenen atomaren Ausführungen (»Isotopen«) vorkommt. Diese Varianten unterscheiden sich im Gewicht, haben aber nahezu identische chemische Eigenschaften. Und nun kommt der entscheidende Punkt: Das in der Probe gefundene Mischungsverhältnis dieser Atomtypen spiegelt sehr genau die Umweltbedingungen (insbesondere die Temperatur) bei der Entstehung des Materials (also der Foraminiferenschalen) wider! Hat man diese Zusammenhänge erst einmal verstanden und hinreichend präzise Instrumente zur Wahrnehmung der feinen und feinsten Unterschiede entwickelt, dann hält man ein weiteres kostbares Klimaarchiv in Händen.

Ein herausragendes Ergebnis dieser Spürarbeit ist in Abbildung 5 dargestellt, nämlich die Rekonstruktion der Schwankungen des globalen Eisvolumens über die letzten zwei Millionen Jahre aus geeigneten Meeressedimenten (Lisiecki und Raymo 2005). Dieses Volumen ist ja die zentrale Größe, die bei jeder geologischen Erzählung über die Eiszeiten die Hauptrolle spielt und über die ein Arrhenius oder ein Milanković nicht annähernd so viel wussten wie wir heute. Im oberen Teil der Graphik ist die zeitliche Entwicklung der planetarischen Eismassen eingetragen – man erkennt sofort, dass die Variationen gewaltig sind und sich in Richtung Gegenwart immer mehr aufschaukeln. Im unteren Teil ist eine Frequenzanalyse der Schwankungen für das frühe und das späte Zeitfenster wiedergegeben, also eine Zerlegung des Signals in Sinusfunktionen unterschiedlicher Perioden. Die dafür eingesetzte mathematische Technik ist nichts anderes als die Fourier-Transformation der Schwankungsfunktion, was uns interessanterweise zu Monsieur Fourier und dem Anfang dieses Kapitels zurückführt. Die beiden Kurven identifizieren, grob gesprochen, die Zyklen, die im jeweiligen Zeitfenster·dominieren, und lassen dadurch Rückschlüsse auf die zugrunde liegenden geophysikalischen Prozesse zu.

Zwei Befunde springen ins Auge: Zum einen lassen sich die Milanković-Zyklen mit ihren Leitperioden von 26 000 Jahren (Achsentrudeln), 41 000 Jahren (Neigungsschwankung) und 100 000 Jahren (Pulsieren der Bahnform) in den Daten tatsächlich wiederfinden. Die Orbitaldynamik der

Erde im Sonnensystem paust sich also wahrnehmbar auf die Klimagröße Eisvolumen durch. Zum anderen ist jedoch unverkennbar, dass sich etwa eine Million Jahre vor unserer Zeit ein bemerkenswerter *Rhythmuswechsel* vollzogen hat, von einer Zeitperiode von circa 41 000 Jahren (in wunderbarer Übereinstimmung mit Milankovićs Vermutung) zu einer Zeitperiode von ungefähr 100 000 Jahren (in Übereinstimmung mit Milankovićs allgemeinem Ansatz, aber im Widerspruch zu seinen speziellen Schlussfolgerungen). Das System Erde scheint also sehr wohl nach den Milanković-Melodien zu tanzen, sucht sich aber auf rätselhafte Weise und mit wechselnder Laune einen der möglichen Leittakte aus. Die Klimaforschung spricht in diesem Zusammenhang vom »100 000-Jahre-Mysterium«.

Aber beim Tanz kommt es ja bekanntlich nicht nur auf das musikalische Angebot an, sondern auch auf die verfügbaren Partner, die eigene Stimmung oder die äußeren Bedingungen (wie die Griffigkeit des Tanzbodens). Insofern kann man heute mit einiger Sicherheit konstatieren, dass den astrophysikalischen Einflussgrößen – wie schon im 19. Jahrhundert insbesondere vom Schotten James Croll vermutet – bei der natürlichen Taktung der Eiszeitzyklen eine wichtige, ja entscheidende Rolle zukommt. Allerdings müssen noch weitere bedeutsame Faktoren im Spiel sein, denn weder das Ausmaß der erdgeschichtlichen Temperaturausschläge noch ihre genaue Abfolge lassen sich aus der Achsen- und Bahndynamik unseres Planeten zufriedenstellend erklären. Welche Zusatzfaktoren dies mit hoher Wahrscheinlichkeit sind, erschließt sich aus Abbildung 6, die uns nun auch wieder zu Svante Arrhenius zurückführt.

Dargestellt sind insbesondere Rekonstruktionen der Temperatur sowie der Konzentrationen der beiden Treibhausgase Kohlendioxid und Methan über die letzten 420 000 Jahre (Petit u. a. 1999). Die Daten wurden aus einer Eisbohrung bei der russischen Forschungsstation Vostok in der Ostantarktis (Höhe: 3488 Meter über NN; Durchschnittstemperatur: –55 °C) gewonnen. Das Extraktionsunternehmen begann 1974 und wurde 1998 in einer Tiefe von 3623 Metern gestoppt; für die oben gezeigten Kurven wurden insbesondere die oberen 3300 Meter des Bohrkerns genutzt. Die so entstandene Graphik mit ihrer ausgeprägten Sägezahncharakteristik gehört inzwischen zu den absoluten Ikonen der Klimawissenschaft. Lange Zeit schien es unmöglich, den genauen Verlauf der oberen drei Kurven theoretisch abzuleiten, doch genau dies scheint Wissenschaftlern des Potsdam-Instituts in jüngster Zeit gelungen zu sein (Ganopolski und Calov 2011). Man sollte übrigens betonen, dass die dargestellten Entwicklungen für Temperatur und Treibhausgaskonzentrationen sich zunächst einmal nur auf die Antarktis beziehen, natürlich aber auch Rückschlüsse auf die globalen Verhältnisse in den letzten 400 000 Jahren zulassen. Das kann beispielsweise erfolgen über einen Vergleich der südpolaren Temperaturkurve mit der ebenfalls dargestellten Entwicklung der Sonnenintensität auf der Nordhalbkugel (Juli, 65. Grad nördlicher Breite). Die letztere Entwicklung ist nicht gemessen, sondern aus den erdgeschichtlichen Orbitalverhältnissen im Geiste Milankovićs *berechnet*.

Anhand der berühmten Vostok-Graphik allein ließen sich ganze Romane über gesichertes Klimawissen und spannende Klimavermutungen erzählen, wofür im Rahmen dieses kurzen Entdeckungslogbuchs leider kein Platz ist. Die folgenden Anmerkungen sind jedoch unerlässlich.

Erstens: Die Variation der solaren Einstrahlung wirkt tatsächlich wie ein Taktgeber, aber die Antwortbewegung der anderen Umweltgrößen ist weder verhältnismäßig, noch erfolgt sie gleichzeitig.

Zweitens: Die antarktische Temperatur korreliert bemerkenswert gut mit den Treibhausgasniveaus, die ja aufgrund der starken Mischungsprozesse in der Atmosphäre weitgehend globalen Charakter haben. Allerdings hinken die Konzentrationen von CO_2 und CH_4 der Temperaturentwicklung häufig hinterher, insbesondere in raschen Abkühlungsphasen innerhalb der Eiszeit (sogenannten Stadialen).

Drittens: Nimmt man die beiden ersten Feststellungen zusammen, kann man schlussfolgern, dass die Treibhausgase in der Tat wichtige Faktoren sind, die bei der Eiszeit-Warmzeit-Dynamik eine Rolle spielen. Sie hatten aber erdgeschichtlich in der Regel und hauptsächlich eine bedeutsame Verstärkerfunktion für die orbital ausgelösten Großklimaveränderungen. Gerade beim relativ raschen Wiederauftauchen des Planeten aus den tiefsten Eiszeittälern dürfte die moderate Erholung der Sonnenkraft eine massive Freisetzung von Kohlendioxid (und später auch Methan) aus Meeren und Landschaften bewirkt haben – mit durchschlagendem Heizerfolg. Eine weitere positive Rückkopplung (im Sinne der Selbstverstärkung des einsetzenden Temperaturanstiegs) sollte die Abnahme der Vergletscherung und damit die Zunahme von dunklen, wärmespeichernden Flächen bereitgestellt haben. Aus verschiedenen Differentialanalysen kann man folgern, dass die Treibhausgase aufgrund der Verstärkungseffekte etwa die Hälfte der globalen Kaltzeit-Warmzeit-Temperaturschwankungen (also 2–3 °C) verursacht haben.

Viertens: Der vorindustrielle Wert von Kohlendioxid schwankte hartnäckig zwischen etwa 180 ppmv (Kaltzeitminimum) und 280 ppmv (Warmzeitmaximum), die damalige Konzentration von Methan zwischen etwa 350 und 700 ppbv. Die Abkürzung »ppmv« steht für den engli-

schen Fachbegriff *parts per million in volume* (also: Millionstel Anteile
am Atmosphärenvolumen), die Abkürzung »ppbv« *für parts per billion
in volume* (also: Milliardstel Anteile am Atmosphärenvolumen). Allein
schon aus diesen Maßeinheiten kann man ersehen, dass es sich bei solch
wichtigen Treibhaussubstanzen um Spurengase handelt, also gewissermaßen winzige – aber wirkungsmächtige – »Verunreinigungen« der Lufthülle. Heute (Stand 2015) liegt der CO_2-Gehalt übrigens bei 400 ppmv,
der Methangehalt bei 1830 ppbv. Das sind zivilisatorische Veränderungen
planetarischer Leitparameter von circa 40 Prozent beziehungsweise circa
150 Prozent gegenüber den natürlichen Höchstwerten! Wer etwas von
komplexen Systemen versteht, mag nicht glauben, dass solche massiven
Störungen folgenlos bleiben können.

Die Vermutung, dass CO_2 & Partner eine Hauptrolle bei der Gestaltung des erdgeschichtlichen Klimas gespielt haben, füllt gewissermaßen
eine große kausale Lücke, welche der Orbitalvariablen-Ansatz offen lässt.
Interessanterweise ist die Hypothese auch die *mikroskopische* Ergänzung
der von Milanković zur Reife gebrachten makroskopischen Erklärung.
Denn bei den Treibhausgaseffekten haben wir es mit Vorgängen auf der
atomaren Skala zu tun, während es im anderen Fall um die zyklische Bewegung des ganzen Sonnensystems geht. Aber wie genau wirkt beispielsweise Kohlendioxid als Klimaagent, und vor allem: Wie lässt sich diese
Wirkung im planetarischen Maßstab beziffern?

Die entscheidenden (wenngleich nicht vollständigen) Antworten auf
diese Fragen gab als Erster der Geistesriese Arrhenius. Dabei konnte er von
Zeitmaschinen wie Eisbohrkernen oder Tiefseesedimenten noch nicht einmal träumen: Er musste sich von spärlichem empirischen Material leiten
lassen, in erster Linie aber von seinem wissenschaftlichen Instinkt. Immerhin konnte er sich durch die Überlegungen seines Zeitgenossen, des Geologen Arvid Högbom, inspirieren lassen. Dieser hatte nämlich begonnen,
das zu erforschen, war wir heute den »globalen Kohlenstoffkreislauf« nennen, also insbesondere die Gesamtheit der natürlichen geochemischen Prozesse, die CO_2 über Jahrhunderttausende durch die planetarische Maschinerie bewegen: Vulkanausbrüche, Verwitterungsvorgänge, Aufnahme und
Ablagerung im Ozean, tektonische Plattenbewegungen usw. Högbom versuchte, die dabei umgewälzten Mengen quantitativ abzuschätzen, und hatte
irgendwann sogar die scheinbar wahnwitzige Idee, diese Schätzung auf die
zivilisatorische Manipulation von Kohlendioxid – vornehmlich durch die
Verbrennung von Kohle in Fabriken und Haushalten – auszudehnen.

In einer 1894 auf Schwedisch veröffentlichten Arbeit fasste Arvid Högbom die Summe seiner Einsichten und Berechnungen zusammen, und

Arrhenius zitierte diese Resultate seitenweise in seinem bald darauf erschienenen Jahrhundertartikel. Der wichtigste Befund: Die CO_2-bezogenen Aktivitäten der Menschheit waren von der Größenordnung her bereits mit den entsprechenden geologischen Kräften vergleichbar! Die industrielle Verwertung von Kohle am Ausgang des 19. Jahrhunderts erhöhte zwar den Volumenanteil von Kohlendioxid in der Erdatmosphäre nur um etwa ein Tausendstel pro Jahr. Aber wenn diese Störung der Naturprozesse nur lang genug anhielte, dann würde sie durchaus ins Gewicht fallen. Allerdings glaubten weder Högbom noch Arrhenius daran, dass dies eine mittel- oder gar kurzfristige Perspektive wäre. Beide gingen (fälschlicherweise) davon aus, dass ein Großteil der CO_2-Emissionen vom Ozean verschluckt würde. Deshalb sollte es bei gleichbleibendem Ausstoß (mindestens) Jahrtausende dauern, bis sich die atmosphärische Konzentration des Gases spürbar erhöht hätte. Tatsächlich ist die Aufnahmefähigkeit der Weltmeere weit geringer als damals vermutet – weil eine warme Deckschicht die tiefere See weitgehend vom Stoffaustausch über wirbelgetriebene Durchmischung abschottet.

Trotz seiner Harmlosigkeitsvermutung berechnete Arrhenius in einem gewaltigen »Gedankenexperiment«, welche Auswirkungen auf die globalen Temperaturverhältnisse eine angenommene Verdoppelung des Kohlendioxidgehalts haben würde. Der von ihm eingeschlagene Weg begann mit einem genialen Trick: Da er selbst keine Instrumente zur Messung des Infrarotabsorptionsverhaltens von Treibhausgasen zur Verfügung hatte, griff er auf die Daten zurück, die der amerikanische Astronom Samuel Langley mit seinen Kollegen am Allegheny-Observatorium in Pittsburgh (USA) zusammengetragen hatte. Langley wollte die Oberflächentemperatur des Mondes bestimmen und untersuchte dafür mit einem von ihm selbst erfundenen Gerät (dem sogenannten Bolometer) die Beeinflussung des langwelligen Mondlichts durch die wichtigsten Treibhausgase Wasserdampf und Kohlendioxid in der Erdatmosphäre. Ein entscheidender Durchbruch zum Verständnis unseres Planeten vollzog sich also durch das Studium seines Trabanten – so wundervoll verschlungen, ja geradezu romantisch sind oft die Wege des wissenschaftlichen Fortschritts. Arrhenius nutzte den Umstand, dass je nach Einfallswinkel der lunaren Infrarotstrahlen unterschiedlich dicke Atmosphärenschichten durchdrungen werden mussten, woraus sich dann hinreichend viele Hinweise für die Absorptionseigenschaften der relevanten Substanzen ergaben.

Er hatte darüber hinaus bereits ein grundlegendes Verständnis für die wichtigsten klimatologischen Prozesse, insbesondere für die sogenannte Wasserdampfrückkopplung: Wasserdampf trägt schätzungsweise bis zu

70 Prozent zum *natürlichen* Treibhauseffekt bei. Erhöht sich – aus welchen Gründen auch immer – die Lufttemperatur, so kann die Atmosphäre im Prinzip (nach dem sogenannten Clausius-Clapeyron-Gesetz) mehr Wasserdampf aufnehmen, der beispielsweise durch die höhere Verdunstung aus den Ozeanen bereitgestellt wird. Dadurch verstärkt sich wiederum die Treibhauswirkung, die Lufthülle wird noch wärmer, der Wasserdampfgehalt klettert weiter etc. etc. Dass diese Rückkopplungsschleife nicht zum Katastrophengalopp mit vollständig verdampften Weltmeeren führt, hat auf komplizierte Weise mit der Bildung verschiedener Arten von Wolken zu tun, die »insgesamt irgendwie« kühlend und damit der Rückkopplung entgegenwirken. Aber dazu ist selbst heute noch nicht das letzte wissenschaftliche Wort gesprochen.

Denn allgemein ist das Verhalten von Wasserdampf und Bewölkung im Klimasystem so teuflisch vertrackt, dass es Wissenschaftler immer wieder in erbitterte Kontroversen und mitunter an den Rand des Wahnsinns treibt. »Die Problematik in ihrer vollen Komplexität – wie sie sich sowohl in atmosphärischen Beobachtungen als auch in Simulationen mit umfassenden Zirkulationsmodellen offenbart – trotzt hartnäckig dem menschlichen Verständnis« (Pierrehumbert u.a. 2007). In den 1990er-Jahren wurden beispielsweise vereinzelt Argumente zur Begründung der Hypothese vorgebracht, dass mit der globalen Erwärmung der *relative* Wasserdampfgehalt der Lufthülle abnehmen würde, was umgekehrt bedeutete, dass die absolute Menge an Wasserdampf in der Erdatmosphäre mit dem Temperaturanstieg nur sehr schwach zunähme – was wiederum auf eine sehr begrenzte Wasserdampfrückkopplung hinausliefe. Eine Reihe von jüngeren Forschungsarbeiten hat diese Argumentation robust widerlegt. Dennoch sollte man sich vor simplen Zusammenhängen zwischen Wärme, Verdunstung, Wolkenbildung und Treibhauseffekten hüten wie vor schwarzen Mambas (siehe etwa Heintzenberg und Charlson 2009).

Arrhenius erwähnte interessanterweise bereits die Abhängigkeit der Bewölkung von der Temperatur, aber auch eine Reihe von wichtigen geophysikalischen Prozessen, die noch heute Gegenstand der Klimasystemforschung sind: eine weitere Rückkopplung (nämlich die oben schon erwähnte Selbstverstärkung der Eisschmelze durch die höhere Energieaufnahme dunkler Flächen), die Ausbildung eines markanten atmosphärischen Wärmeprofils als Funktion der Höhe über dem Boden sowie den Transport von Energie durch Konvektion (also Vertikalbewegungen von Luftmassen, beispielsweise in Gewittertürmen) und durch die großen Strömungen in der Lufthülle und in den Ozeanen. In seinen Kalkulationen berücksichtigte er diese Prozesse aber nicht explizit. Er konzentrierte sich dagegen hauptsächlich auf die Treibhauswirkung von CO_2 und Wasserdampf, indem er gewissermaßen die Pionierarbeiten von Fourier zur »chaleur obscure« und von Tyndall zur Infrarotabsorption bestimmter Gase zusammenführte und bis zur quantitativen Gesamtabschätzung für die Erde vorantrieb. Er löste diese monumentale Aufgabe, indem er die Planetenoberfläche zwischen 70° nördlicher und 60° südlicher Breite in kleine Segmente zerlegte und die Strahlungsbilanz auf jedem Teilstück für Tag und Nacht, alle vier Jahreszeiten und verschiedene CO_2-Konzentrationen der Lufthülle berechnete. Dies alles vollbrachte er im Zeitraum von weniger als einem Jahr ohne die Unterstützung eines modernen Computers, allein mit der Rechenkapazität seines famosen Gehirns. Jeder, der sich die Originalarbeit ansieht, muss dieser ungeheuren Anstrengung höchsten Respekt zollen.

Auf der physikalischen Grundlage des damals schon weitgehend anerkannten Stefan-Boltzmann-Gesetzes (das besagt, dass die Wärmestrahlungsintensität eines Körpers mit der Temperatur T im Wesentlichen mit der vierten Potenz dieser Temperatur zunimmt) führten Arrhenius' endlose Kalkulationen schließlich zu seiner berühmten Faustregel für den Treibhauseffekt: »Wenn das atmosphärische CO_2 auf *geometrische* Weise wächst, dann nimmt die Erdtemperatur auf *arithmetische* Weise zu.« Dies hört sich kompliziert an, formuliert aber einen der elementarsten mathematischen Zusammenhänge überhaupt: Wenn man eine Zahl, sagen wir 7, immer wieder mit sich selbst *multipliziert*, dann wächst das Produkt sehr rasch – die Fachleute sprechen dann (aus hier irrelevanten Gründen) von einer »geometrischen Progression«. Dies lässt sich leicht illustrieren, denn

$$7 \cdot 7 = 7^2 = 49, \ 7 \cdot 7 \cdot 7 = 7^3 = 343, \ 7 \cdot 7 \cdot 7 \cdot 7 = 7^4 = 2401,$$
$$7 \cdot 7 \cdot 7 \cdot 7 \cdot 7 = 7^5 = 16\,807, \text{ usw.}$$

Eine sogenannte »arithmetische Progression« ergibt sich dagegen, wenn man eine Zahl immer wieder zu sich selbst *addiert*, also im Beispiel:

$$7+7 = 2 \cdot 7 = 14, \ 7+7+7 = 3 \cdot 7 = 21, \ 7+7+7+7 = 4 \cdot 7 = 28,$$
$$7+7+7+7+7 = 5 \cdot 7 = 35 \text{ usw.}$$

Ganz offensichtlich wächst diese Summe vergleichsweise sehr, sehr langsam.

Nach einer (für Naturwissenschaftler) simplen Umformung kann man Arrhenius' Treibhausgesetz auch so ausdrücken: *Die Erdtemperatur nimmt nur logarithmisch mit der Erhöhung des atmosphärischen Kohlendioxids zu.* Diese Beziehung wird noch heute in der Klimamodellierung verwendet und besagt letztendlich, dass man enorm viel CO_2 braucht, um den Planeten noch wärmer zu machen, sowie dass man tendenziell nur geringe Mengen wegnehmen muss, um ihn wieder abzukühlen. Arrhenius berechnete insbesondere die Auswirkung einer Verdopplung von CO_2 (was genau der modernen wissenschaftlichen Definition der »Klimasensitivität« der Erde entspricht) und kam 1896 auf einen Wert zwischen 5 und 6 °C, den er 1906 auf 2,1 °C reduzierte. Damit lag er nahe bei den Abschätzungen, die man gegenwärtig mit den aufwendigsten Computersimulationsmodellen erzielt! Wichtiger aus seiner damaligen Sicht war jedoch das Ergebnis, dass kleine Minderungen des atmosphärischen Kohlendioxids bereits erhebliche regionale Abkühlungen hervorbringen könnten – und damit die Eiszeiten.

Apropos: Dass die nächste globale Kälteepisode auch ohne Absinken der Treibhausgaskonzentrationen unmittelbar bevorstehe – die Rede ist zumeist von den nächsten 100 bis 1000 Jahren –, ist eines der vielen hartnäckigen Klimagerüchte, die auf veralteten und längst korrigierten Studien beruhen. Selbst wenn man alle denkbaren menschlichen Einflüsse außer Acht lässt, liefert die Milanković-Theorie für mindestens 50 000 Jahre in unserer Zukunft keine solaren Einstrahlungsbedingungen, welche die große Vereisung in Gang setzen könnten (Berger und Loutre 2002). Nicht zuletzt wegen der nahezu perfekten Kreisform der gegenwärtigen Erdbahn dürfte die Nordhemisphäre die nächsten Jahrzehntausende weitgehend konstante Rationen an Sonnenenergie empfangen.

Ob allerdings die ferne, orbitalzyklisch »eigentlich« vorprogrammierte Abkühlung dann überhaupt noch stattfinden wird, ist wegen der gewaltigen anthropogenen Störung durch die Verbrennung der fossilen Energieträger fraglich. Das Echo dieses zivilisatorischen Paukenschlags wird nämlich extrem lange nachhallen, wie später im Buch genauer diskutiert wird.

Dennoch sollte an dieser Stelle schon auf die bereits erwähnten Forschungsarbeiten am PIK hingewiesen werden, welche das »Eiszeiträtsel« im Grundsatz gelöst haben. Mit einem eleganten Klimasystemmodell, das ausgiebig mit erdgeschichtlichen Daten gefüttert wurde, kann man in der Tat den Wechsel von Kalt- und Warmzeiten über die letzten 800 000 Jahre hinweg quantitativ nachbilden – und das ganz ohne Tricks: Die Simulationen beruhen selbstverständlich auf den einschlägigen Naturgesetzen und benötigen als Antrieb lediglich die Intensität des auf die Regionen der Erde einfallenden Sonnenlichts, welches sich wiederum strikt physikalisch à la Milanković berechnen lässt. Das bedeutet aber – und dies ist ein bewundernswerter wissenschaftlicher Fortschritt –, dass die früheren Konzentrationen der anthropogenen Treibhausgase wie CO_2 nicht extern vorgegeben werden müssen: Sie werden selbstständig von der Modellmaschinerie mitproduziert (Ganopolski und Calov 2011, 2012; Brovkin u. a. 2012)! In einer jüngst verfassten Studie, an der ich selbst beteiligt war (Ganopolski u. a. 2015), können wir sogar ein elementares Kriterium dafür finden, wann eine Warmzeit in eine neue Eiszeit umschlägt. Entscheidend ist dabei das Verhältnis zwischen der Insolation im Bereich des nördlichen 65. Breitengrades und dem CO_2-Gehalt der Luft. Legt man diese Messlatte an, um die künftige Entwicklung abzuschätzen, dann kommt man zu dem dramatischen Schluss, dass zumindest in den nächsten 100 000 Jahren keine Vereisung mehr stattfinden wird! Der Grund dafür ist der zusätzlich von der Menschheit ins System Erde eingebrachte Kohlenstoff aus fossilen Quellen. Doch dazu, wie gesagt, später mehr.

Im nächsten Kapitel werde ich zur Abwechslung mal weder von der Vergangenheit noch von der Zukunft sprechen, sondern von der politischen Gegenwart. Auf welche Weise versucht denn die Weltgemeinschaft heute, der Gefahr der Klimadestabilisierung – deren Machbarkeit Arrhenius zum ersten Mal aufgezeigt hat – zu begegnen? Die Antwort ist recht amüsant, zugleich jedoch höchst besorgniserregend.

5. Klimapalaver

Das möglicherweise wichtigste Dokument der bisherigen Menschheitsgeschichte – vorausgesetzt, unsere Klimawissenschaft befindet sich nicht auf dem totalen Holzweg – wurde 1992 in Rio de Janeiro aufgeschrieben: die *Klimarahmenkonvention der Vereinten Nationen*, inzwischen vor allem unter dem scheußlichen englischen Kürzel UNFCCC (*United Nations Framework Convention on Climate Change*) bekannt. Die historische »Weltkonferenz für Umwelt und Entwicklung« in der brasilianischen Stadt unter dem Zuckerhut bot ein außergewöhnliches Forum für eine außergewöhnliche Herausforderung, nämlich dauerhaften Wohlstand für alle Menschen bei gleichzeitiger Bewahrung der Schöpfung (sprich: globale Nachhaltigkeit) zu ermöglichen. 178 Staaten debattierten auf dem »Erdgipfel« von Rio alle wesentlichen Komplexe der Umwelt- und Entwicklungspolitik; unzählige Unterverträge, Institutionen und Aktionen wurden beschlossen, insbesondere die Einrichtung der Weltkommission für Nachhaltige Entwicklung (CSD) und die legendäre (aber weitgehend erfolglose) Agenda 21.

Das zentrale Produkt der Konferenz jedoch war der endlich in Gang gesetzte internationale Klimaschutzprozess. Inzwischen sind sogar 195 Länder der Rahmenkonvention beigetreten, die somit praktisch die komplette Weltgemeinschaft der Staaten repräsentiert. Bemerkenswerterweise ist das UNFCCC-Dokument selbst ziemlich nebulös, zahnlos und bemüht, es allen recht zu machen. Insbesondere die Benennung des Kernziels der Konvention – also die eigentliche Existenzbegründung für eine inzwischen zu babylonischer Komplexität herangewucherte Politikmaschine – ist ernüchternd vage. Der berühmte Artikel 2 umfasst lediglich sieben Zeilen und formuliert den Anspruch, »die Treibhausgaskonzentrationen in der Atmosphäre auf einem Niveau zu stabilisieren, welches eine gefährliche anthropogene Störung des Klimasystems vermeidet« (UNFCCC, 1992). Wer sich die Mühe macht, den Originaltext zu studieren, findet lediglich noch einige kryptisch-diplomatische Erläuterungen dieser Aussage mit Bezug auf Ökosystemanpassung, Nahrungsmittelsicherheit und Wirtschaftswachstum – ich komme auf diesen zentralen Punkt in Kapitel 20 ausführlich zurück. Dafür ergeht sich der Rest des 24-Seiten-Schriftstücks in Dutzenden von prozedural-taktischen Feinheiten, welche dem Laien unverständlich bleiben müssen, aber tatsächlich vitale politische Interessen, Territorien und Grenzlinien der beteiligten Staaten abstecken.

Ein guter Bekannter von mir hatte 1992 den Text des Abkommens mit ausgearbeitet, insbesondere den Gummiartikel 2, und er ist heute noch stolz auf die gemeinsam erschwitzte Klimaprosa. Aber schon damals war klar, dass man irgendwie und irgendwann konkreter werden müsste – sehr viel konkreter. Also begann man einen Klimaschutz-Zug ins Rollen zu bringen, der im Laufe der fast zwei Jahrzehnte aber leider immer massiver und schwerfälliger geworden ist. Eine ganze Kaste von Klimabürokraten ist seither weltweit entstanden, ein Heer aus Zehntausenden von Diplomaten, Fachleuten und technischen Assistenten, die sich einer für Normalbürger unverständlichen Sprache aus Hauptwörtern und Kürzeln bedienen: »Annex I-Länder«, »Flexible Mechanismen«, »LULUCF«, »Marrakesch-Vereinbarungen«, »Additionalität«, »REED« und anderes semantisches Gewürm. Die Klimamandarine und ihre Wasserträger treffen sich seit 1995 jährlich auf der Mitgliederversammlung der Rahmenkonvention, englisch *Conference of the Parties to the UNFCCC*, kurz COP genannt. COP 1 fand in Berlin statt, geleitet von der jungen Bundesumweltministerin Angela Merkel, die als völliger Neuling im internationalen Geschäft ihre Arbeit erstaunlich gut erledigte (siehe Kapitel 17). Über Genf, Kyoto, Buenos Aires und so fort tanzte der COP-Reigen weiter.

Ich habe persönlich an mehr als der Hälfte dieser Klimagipfel teilgenommen und sie mehrfach öffentlich als die Höchststrafe der Natur für die menschlichen Umweltfrevel bezeichnet. Warum? Nun, die COPs bringen Zehntausende von Akteuren und Beobachtern des globalen Klimazirkus zusammen, in der Regel an faszinierenden Orten, aber fast stets außerhalb der jeweiligen Reisesaison, weil dann die überwiegend scheußlichen Massenkonferenzzentren leer stehen. Alle angenehmen Hotels im weiteren Umfeld der Zusammenkunft sind meist lange im Voraus von den offiziellen Regierungsdelegationen und den Lobbyisten der wichtigen Industrieverbände zu Wucherpreisen ausgebucht. Die teilnehmenden Vertreter von Nichtregierungsorganisationen (englisch als *Nongovernmental Organizations*, kurz: NGOs, bezeichnet) müssen sehen, wo sie bleiben – diese harsche Devise gilt für Greenpeace-Aktivisten ebenso wie für die Gesandten indigener Völker oder für Nobelpreisträger aus klimarelevanten Disziplinen. Nur meinem Freund, Lord Nicholas Stern, der durch seine bahnbrechende Kosten-Nutzen-Analyse des Klimawandels 2005 schlagartig weltbekannt wurde, gelingt es, die COPs ausschließlich auf roten Teppichen und in schweren Regierungslimousinen widerstandsfrei

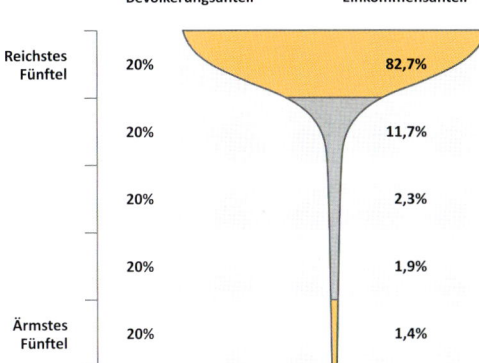

Bevölkerungsanteil | Einkommensanteil

Reichstes Fünftel	20%	82,7%
	20%	11,7%
	20%	2,3%
	20%	1,9%
Ärmstes Fünftel	20%	1,4%

Abbildung 1: »Champagnerschale« der globalen Ungleichheit. Während die 20 % reichsten Erdenbewohner über 80 % des globalen Einkommens verfügen, erhalten die ärmsten 20 % nur etwa 1 % davon (vgl. S. 18).

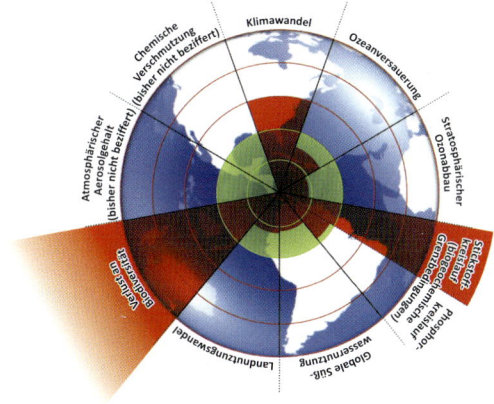

Abbildung 2: Jenseits der Grenzen. Die grün schattierten Bereiche stellen den quasisicheren Handlungsspielraum für neun planetarische Entwicklungen dar. Die roten Keile zeigen eine Einschätzung der Lage für jede Variable an. In drei Dimensionen (Artensterben, Klimawandel und Stickstoffüberdüngung) wurden die identifizierten Grenzen bereits überschritten (vgl. S. 31).

Abbildung 3: Aktualisierung der planetarischen Umweltgrenzen. Die gelb markierten Prozesse (Klimawandel, Landnutzungswandel) befinden sich in der nicht ungefährlichen erhöhten Risikozone, die rot markierten innerhalb der Hochrisikozone (sowohl Stickstoff- als auch Phosphoreintrag, Verlust der Biosphärenintegrität). Vgl. S. 35.

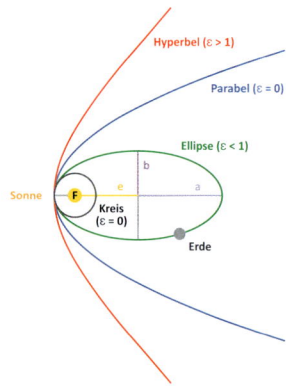

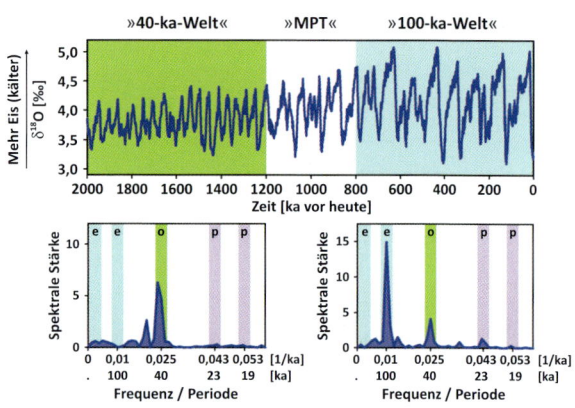

Abbildung 4: Illustration der verschiedenen Kepler-Orbits; schwarz: kreisförmig, grün: elliptisch, blau: parabolisch, rot: hyperbolisch. Die numerische Exzentrizität ε = e/a gibt den Typ des Kegelschnitts (also die Form des Orbits) an. Dabei ist a die große Halbachse, b die kleine Halbachse und e die lineare Exzentrizität. Am Fokalpunkt F liegt in guter Näherung die Sonne (vgl. S. 46).

Abbildung 5: Milanković-Zyklen und der Wechsel von Eis- und Warmzeiten während der letzten zwei Millionen Jahre. Das oben dargestellte globale Eisvolumen (berechnet aus marinen Sauerstoffisotopendaten) spiegelt die Abfolge von Eis- und Warmzeiten wider. Für die Zeitabschnitte 2 bis 1,2 Millionen Jahre vor heute bzw. die letzten 800 000 Jahre wurden jeweils Frequenzspektren berechnet (mithilfe von Fourier-Transformationen). Mit p, o und e sind Frequenzen gekennzeichnet, die sich mit regelmäßigen Schwankungen in Präzession, Obliquität und Exzentrizität begründen lassen. Das Frequenzspektrum der Eisdaten zeigt, dass sich Warm- und Eiszeiten im ersten Zeitabschnitt mit einer Periode von 40 000 Jahren und – nach einer Übergangsphase (Mid-Pleistocene Transition, MPT) – im zweiten Zeitabschnitt mit einer Periode von 100 000 Jahren abwechselten (vgl. S. 50).

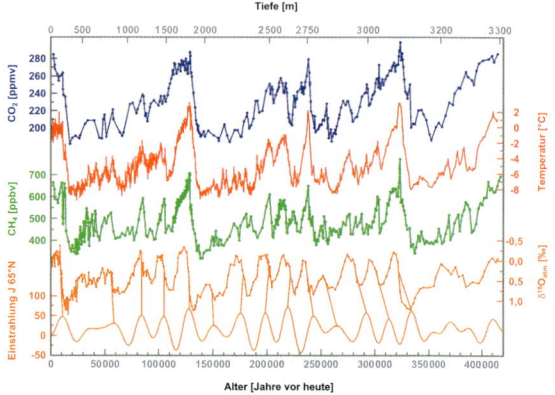

Abbildung 6: Temperatur (rot), CO_2 (Kohlendioxid, blau) und CH_4-Kurven (Methan, grün) in den zurückliegenden 420 000 Jahren gemäß dem Vostok-Eisbohrkern, plus Sonneneinstrahlung im Juni beim 65. Grad nördlicher Breite (ganz unten, orange). Die entsprechende Tiefe des Bohrkerns ist auf der oberen horizontalen Achse gekennzeichnet, das entsprechende Alter des Eises auf der unteren Achse (vgl. S. 51).

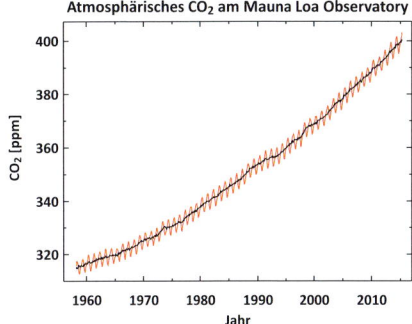

Atmosphärisches CO$_2$ am Mauna Loa Observatory

Abbildung 7: Die »Keeling-Kurve«, gemessen am Mauna Loa Observatory auf Hawaii. Diese seit 1958 kontinuierlich erhobenen Aufzeichnungen des CO$_2$-Gehalts der Luft belegen den Anstieg von 317 ppmv zu Beginn der Messungen auf über 400 ppmv heute (Stand Mai 2015). Die schwarze Kurve gleicht die in der roten Kurve sichtbaren jahreszeitlichen Schwankungen, bedingt durch das »Atmen« der Biosphäre, aus (vgl. S. 71).

Abbildung 8: Gleitendes 12-Monats-Mittel der globalen Oberflächentemperatur seit 1880 (einschließlich April 2015). Genau gesehen ist die »Temperaturanomalie« abgebildet, also die Abweichung vom Durchschnittswert der Periode 1951–1980 (vgl. S. 81).

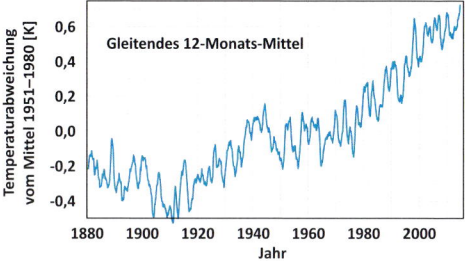

Gleitendes 12-Monats-Mittel

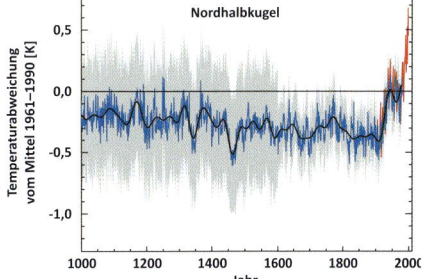

Nordhalbkugel

Abbildung 9: Die berühmte »Hockeyschläger-Kurve«, nach den Verfassern der 1998 erfolgten Veröffentlichung in *Nature* auch MBH-Graphik genannt. Die auf direkten Messungen mit Thermometern basierenden Daten sind rot dargestellt, während die blau vermerkten Daten auf sogenannten *Proxies* wie Baumringen, Eisbohrkernen und Korallen sowie historischen Aufzeichnungen beruhen. Der graue Bereich markiert die relevante Unsicherheitsmarge (vgl. S. 83).

Abbildung 10: In Rot ist hier die beobachtete globale Mitteltemperatur 1850–2008 dargestellt (in Abweichung zum Zeitraum 1861–1899). Die Daten basieren auf dem HadCRUT3v-Datensatz, die Unsicherheitsspanne ist gelb eingezeichnet. Im Vergleich dazu erkennt man in Schwarz die globale Mitteltemperatur aus einer Kontrollsimulation des HadGEM1-Modells über 1000 Jahre – diese Version entspricht der computergestützten Berechnung eines »Was-wäre-wenn-Klimas« ohne externe Faktoren wie menschliche Einflüsse oder solare Schwankungen (vgl. S. 87).

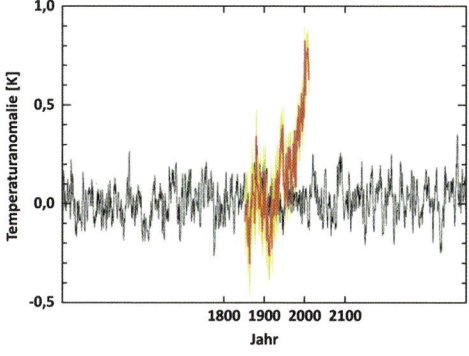

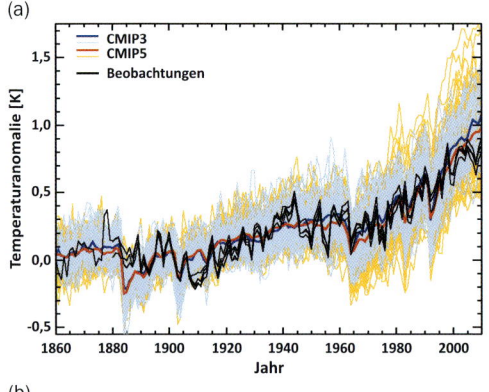

(a)

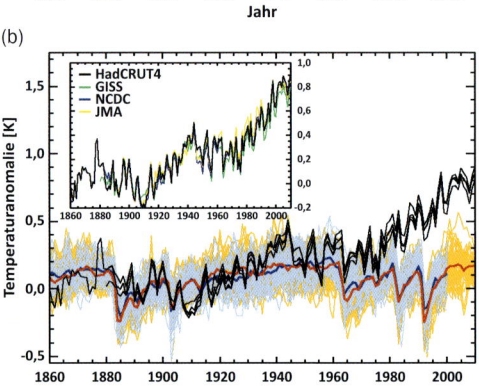

(b)

Abbildungen 11 a und 11 b: Vergleich der beobachteten mit der modellierten globalen Mitteltemperatur (in Abweichung zum Zeitraum 1880–1919). Beobachtet: schwarze Linien, vier Datensätze, siehe auch kleines Bild in (b); Modellsimulationen: farbige Linien, mit (a) anthropogenen und natürlichen Antriebsfaktoren und (b) ausschließlich natürlichen Antriebsfaktoren. Die dünnen orangefarbenen und blauen Linien entsprechen einzelnen Simulationen; die dicken roten und blauen Linien zeigen korrespondierende Simulationsmittelwerte für die beiden jüngsten großen Modellvergleichsgruppen CMIP3 und CMIP5 (vgl. S. 92).

Abbildung 12: Gemeiner Holzbock, Hauptüberträger des FSME-Virus in Mitteleuropa (vgl. S. 111).

zu durchmessen. Ich registriere dies mit ein klein wenig kollegialem Neid und großer sportlicher Bewunderung.

Die Topographie der Klimagipfel könnte beschwerlicher nicht sein: Dem nicht enden wollenden Anmarsch durch ödes Flachland folgt stets der jähe Anstieg zu einer Nadelspitze, deren wahrer politischer Gipfel aber stets hinter dichten Wolken der Diplomatie verborgen liegt. Im Klartext: COPs dauern üblicherweise volle zwei Wochen, aber in der ersten davon geschieht rein gar nichts – zumindest in der Wahrnehmung derjenigen, die nicht Teil des unmittelbaren, im Kern winzigen Verhandlungsapparates sind. Natürlich gibt es unzählige Treffen von technischen Ausschüssen, die tagelang um Nebensätze in Unterparagraphen von Teilabkommen der UNFCCC ringen, und Hunderte von Geheimgesprächen zwischen Vertretern von Nationen und Staatengruppen, die sowohl das politische Schlachtfeld inspizieren als auch die Stärke ihrer vermutlichen Verbündeten und Gegner sondieren wollen. Noch die kleinste Information, welche versehentlich oder durch gezielte Indiskretion aus den geschlossenen Gesellschaften an die Konferenzöffentlichkeit dringt, wird begierig von den Analysten und Lobbyisten, vor allem aber von den Tausenden von Journalisten aufgegriffen, die wie Drogensüchtige auf Zwangsentzug in den trostlosen Korridoren, Cafés, Hotels und Pressezentren herumlungern. So entsteht eine wirre Atmosphäre aus Gerüchten und Pseudosensationen, welche jeden Tag eine neue diplomatische Wetterlage vorgaukelt.

Die nervöse Langeweile wird durch ein wirres Programm aus *Side Events* – von der Konferenzleitung genehmigten Informations- und Propagandaveranstaltungen – und nichtssagenden Pressekonferenzen von Vertragsstaaten quälend schlecht überbrückt. Das Konferenzgebäude ist zudem vollgerümpelt mit Werbeständen unterschiedlichster Machart, deren Spektrum von Schautafeln, die den kürzesten Weg ins Nirwana weisen, bis zu den auftrumpfenden Installationen der Öl-Multis reicht. Und außerhalb des offiziellen Areals tobt üblicherweise noch das bunte Leben der Alternativ- und Anti-Gipfel-Veranstaltungen, wo man mühelos den Verstand verlieren, aber auch Juwelen an Weisheit und Menschlichkeit finden kann. In den Zeltlagern der Prinzipalarmeen des Dreißigjährigen Krieges mag es ähnlich zugegangen sein. Allerdings fehlt den COPs jede barocke Sinnlichkeit – oder diese ist mir persönlich bisher entgangen.

Zu Beginn der zweiten Konferenzwoche reisen dann die eigentlichen Schlachtenlenker an, also die Umweltminister der Vertragsstaaten, und lassen sich von ihren Satrapen vor Ort (in der Regel hohe Ministerialbeamte und Spitzendiplomaten) detaillierte Lageberichte erstatten. Dies kann bisweilen auf recht unkonventionelle Weise geschehen. Für mich bleibt etwa eine Szene bei der COP 13 auf Bali im Dezember 2007 unvergesslich, der ich als damaliger Chefklimaberater der Bundesregierung beiwohnte: Der deutsche Umweltminister Sigmar Gabriel war nach 30-stündiger Anreise im Delegationshotel am Strand von Nusa Dua eingetroffen und lauschte, auf einem Mauersims im Halbschatten sitzend, den Ausführungen von Karsten Sach, dem beamteten Meisterhirn der Klimadiplomatie unseres Landes. Von Gabriels Stirn rann der Schweiß in Sturzbächen in die balinesische Landschaft, aber der Minister war hoch konzentriert und stellte präzise Fragen. Nur einmal entfuhr ihm der Stoßseufzer: »Hier müsste man mal Urlaub machen – wenn es nur 10 Grad kühler wäre!« Zumindest der zweite Teil seines Wunsches dürfte aus klimageographischen Gründen unerfüllbar bleiben.

Mit der Ankunft des politischen Führungspersonals steigt die COP-Spannung ruckartig an, und in den folgenden Tagen geschieht – erst mal weiter nichts. Jedenfalls nichts, was sich wesentlich vom Betrieb der ersten Konferenzwoche unterscheiden würde. Natürlich wird im Hintergrund noch intensiver an möglichen Kompromisspapieren gearbeitet, natürlich erhöht sich das Tempo des Konsultationskarussells, natürlich wird in Hotelzimmern und klimatisierten Besprechungsräumen auf höchster Ebene Fraktur geredet. Aber kein Land ist gewillt, seine Karten schon zu diesem Zeitpunkt aufzudecken, jeder blufft noch nach Kräften im globalen Klimapoker. Wer welches Blatt wirklich in der Hand hält, soll sich gemäß der grotesken Dramaturgie dieser Gipfeltreffen erst während des sogenannten *High-Level Segment* der Konferenz, sprich: im Verlauf der letzten beiden Tage in Anwesenheit aller Minister offenbaren. Dementsprechend beginnen die Klimagipfel erst so richtig in der Nacht zum Donnerstag der zweiten Woche – Freitagnachmittag soll wohlgemerkt Schluss sein und ein von allen Parteien *einstimmig* verabschiedetes Ergebnisdokument vorliegen. Das Einstimmigkeitsprinzip ist übrigens von der Rahmenkonvention keineswegs zwingend vorgeschrieben, wird aber routinemäßig und eher beiläufig zu Beginn jeder COP auf Vorschlag der Vorsitzenden von den Delegierten bestätigt. Dieser politische Irrsinn – niemand würde beispielsweise erwarten, dass parlamentarische Entscheidungen von nationaler Bedeutung ohne Gegenstimmen getroffen werden können – findet seine Entsprechung in der Gestaltung des Konferenzendspiels, das man nur noch als schlecht geführtes Tollhaus bezeichnen kann.

Der den Ministern am Donnerstagmorgen offiziell vorgelegte Beschlussentwurf starrt üblicherweise vor Textpassagen in eckigen Klammern: Das sind praktisch alle substanziellen Punkte, die es zu verhandeln gibt und für welche die klimabürokratische Maschinerie keine konsensfähigen Vorschläge entwickelt – was erstaunlicherweise auch niemand erwartet. Das heißt, die Klimagipfel werden geradezu rituell und mit höchstem professionellen Aufwand in eine politische Sackgasse manövriert, aus der dann das Leitungspersonal wieder herausfinden soll. Da diese Sackgassen aber getreue Abbilder der durchaus rationalen Bekundung objektiv widersprüchlicher Interessen zwischen den Staaten sind, kann der Ausbruch aus der diplomatischen Zwangslage nur mit einer gehörigen Prise Irrationalität bewirkt werden, also dem »menschlichen Faktor«. So ist jedenfalls das ungeschriebene COP-Gesetz, und deshalb ist der Abschlusstag absurdes Theater: Die Notinitiativen und Geheimgespräche in der Nacht zum Freitag haben fast nirgendwo zum Durchbruch geführt; gelegentlich gibt es eine Einigung auf einem Nebenschauplatz, die dann von vielen Delegationen öffentlich als Vorstufe der Weltrettung bejubelt wird. Das Konferenzzentrum beginnt wie ein Bienenhaus vor Gerüchten und Spekulationen zu summen; die offiziellen Dokumente geben jedoch keine Auskunft über den wahren Verhandlungsstand. Selbst viele Delegierte der Vertragsstaaten scharen sich um einzelne Journalisten oder Umweltaktivisten, deren Smartphones gerade irgendeine heiße Insiderinformation ausspucken: »Die USA geben ihren Widerstand gegenüber der von Südafrika ins Spiel gebrachten Revisionsklausel auf!«, »Die Chinesen haben ihre Zugeständnisse in Bezug auf Artikel 9 wieder zurückgenommen!« usw. Das COP-Wettbüro läuft heiß, weil niemand wirklich durchblickt.

Und alle, alle warten auf die lange Nacht der klimapolitischen Wahrheiten. Wie jeder vermutet hat, endet die Konferenz nämlich keineswegs am Freitagnachmittag, sondern geht dann erst so richtig los. Der oder die Vorsitzende streckt den Gipfel – »im Einvernehmen mit allen Delegationsleitern« – erst einmal um einige Stunden und unterbricht dann auf unbestimmte Zeit: Nun sollen, endlich, in irgendwelchen Separees die Chefs, also die Minister mit nur noch ein oder zwei Experten an ihrer Seite, die eckig geklammerten Streitnüsse knacken und dafür alle diplomatische Unterwäsche abwerfen. Die Regie bei diesem »Strip Poker« führt idealerweise die Konferenzpräsidentschaft, wenn sie nicht schon längst den Überblick verloren hat. Sämtliche Tricks aus den Erfahrungsschätzen der psychologischen Kriegführung, der Unternehmensberatung und der Partnerschaftsanbahnung werden nun ausgegraben. Und vor allem steigt mit jeder Stunde die Hoffnung, dass die physische Erschöpfung der Akteure sie zu Zugeständnissen – also aus ihrer Sicht irrationalen Handlungen – bewegen könnte. Denn die Minister haben in den letzten 48 Stunden kaum noch geschlafen, und ihre Spitzenbeamten bewegen sich inzwischen wie Untote durchs Geschehen: Bei keinem anderen Ereignis habe ich so viele rot gesprenkelte Augen, eingefallene Schwitzwangen oder grotesk verrutschte Krawatten gesehen wie bei den Veranstaltungen zur Rettung des Weltklimas. Die Finalspieler haben seit Tagen nicht mehr das Licht der Sonne erblickt und nichts anderes geatmet als die hundertfach umgewälzte Konferenzluft, angereichert mit den Düften aus museumsreifen Teppichböden und Cafeterien mit Gruselkabinettcharme. Und während sich die Minister hinter geschlossenen Türen in Richtung Nervenzusammenbruch zoffen und zanken, wartet das Konferenzvolk in den Fluren draußen kaum weniger erschöpft und gereizt auf aufsteigenden weißen Rauch. Übrigens, ich übertreibe nicht.

Irgendwann ist es dann tatsächlich so weit, und das Treffen strebt seinem kafkaesken Höhepunkt zu, nämlich dem Showdown im Plenum. Auf mysteriöse Weise hat der Konferenzpräsident ein Kompromisspapier fabriziert, das aber immer noch eckige Klammern enthalten kann und nun die Grundlage für die Abschlussverhandlungen vor den Augen der Weltöffentlichkeit bilden soll. Denn im Plenarsaal zeichnet der offizielle UNFCCC-Sender das Geschehen minutiös auf und überträgt es per Livestream ins Internet. Das Diskussionspapier ist übrigens oft schon vor der offiziellen Verbreitung elektronisch verfügbar; meist hat ein cleverer Journalist einen Entwurf illegal mit einem Mobiltelefon abfotografiert, was zu erheblicher Verwirrung über den genauen Wortlauf führen kann. Dann ziehen die Klimagladiatoren mit trotzigen, hysterischen oder staatstragenden Gesichtsausdrücken ins Stadion ein, begleitet von ihren Leibsekundanten. Albernerweise wird in der Regel die Konferenzuhr bei einer Minute vor Mitternacht angehalten, da man schließlich im vereinbarten kalendarischen Fahrplan bleiben möchte und das Fortschreiten der physikalischen Zeit offenbar als ein der Diplomatie untergeordnetes Phänomen betrachtet. Denn die Debatte, bei der fast immer alle Interessengegensätze zwischen Industrie-, Schwellen- und Entwicklungsländern, zwischen den vermeintlichen Gewinnern und Verlierern bei Klimaschutz und Klimawandel wieder aufbrechen, dauert bis in die Morgenstunden und manchmal bis zum Samstagmittag.

In dieser Nacht zeigt sich dann, wer die geschicktere Verhandlungstaktik, die stärkeren Hilfstruppen und vor allem die besseren Nerven hat. Legendär ist das Einknicken der US-Delegation unter dem moralischen Druck fast aller anderen Vertragsstaaten in den letzten 30 Minuten des Klimagipfels von Bali im Jahr 2007. Die amerikanische Delegationsleiterin, Paula Dobriansky, hatte mit ihrem Stab vorher sicher versucht, alle möglichen Endspielvariationen wie eine Schachgroßmeisterin zu antizipieren und dafür Direktiven vom Weißen Haus angefordert. Aber dann entwickelte der Klimagipfel ganz zum Schluss doch noch eine unerwartete und emotionale Dynamik, welche die USA unversehens vor eine Schwarz-Weiß-Entscheidung stellte: entweder weiter zu blockieren und dadurch als politisch isolierter Buhmann die ganze Konferenz zum Scheitern zu bringen oder aber eine sorgfältig ausgebaute, vorgeschobene Klimaschutzverhinderungsposition aufzugeben und dem Spott und der Verachtung der konservativen heimischen Presse ins Auge zu sehen. Frau Dobriansky hatte im entscheidenden Moment nur noch die Gelegenheit zu einer Kurzberatung mit ihren Mitarbeitern. Schließlich signalisierte sie unter dem enthusiastischen Jubel der Vollversammlung die Zustimmung zum Kompromissdokument – und fiel umgehend in Ohnmacht.

Episoden wie diese werden von den COP-Veteranen lustvoll und mit immer neuen Ausschmückungen wiedererzählt, gern nach der zweiten Flasche Chianti Classico in *Lotta-Continua*-Stimmung – der Klimaschutzkampf geht weiter! Aber man sollte sich hüten, die tatsächlich erzielten Fortschritte zu überschätzen. Auch das Einlenken der US-Delegation auf Bali bezog sich letztendlich nur aufs Prozedurale, also auf den Fahrplan und die technischen Rahmenbedingungen auf dem Weg zum *richtigen* Weltklimavertrag. Und selbst dieser kleine Sieg in einem fast 20-jährigen Vorspiel zum erhofften globalen Höhepunkt konnte nur in einer extremen Ausnahmesituation errungen werden. Der tatsächlich relevante politische Machtapparat mahlt indessen mit kalter Präzision im Hintergrund weiter und wird von kurzfristigen nationalen Interessen dominiert – dort ist kein Platz für Umwelteldengesänge. Dies wurde überdeutlich auf der Walstatt der vorläufigen UNFCCC-Entscheidungsschlacht in Kopenhagen im Dezember 2009. Wenn das von mir mit Ironie beschriebene COP-Theater zuvor in vielem an eine Farce erinnerte, dann schlug das Schauspiel in der dänischen Hauptstadt in das um, was der Wirklichkeit viel mehr entspricht – nämlich eine *Tragödie*. Um die Berechtigung dieses Begriffs würdigen zu können, müssen wir zuvor allerdings noch eine weitere Etappe der klimawissenschaftlichen Entdeckungsfahrt absolvieren.

6. Der Faktor Mensch

Irrwege, wie etwa die in den 1980er-Jahren kursierenden Spekulationen über eine bevorstehende Eiszeit (gestützt auf eine recht dünne Basis von Beobachtungen und Theorien), gehören zur Entwicklung einer vitalen Wissenschaft. Dass Arrhenius' visionärer Ansatz (siehe Kapitel 4) fast unmittelbar nach seiner Veröffentlichung weitgehend in der Versenkung verschwand, war insofern forschungslogisch nichts Ungewöhnliches. Dieser Vorgang verursachte allerdings einen Betriebsunfall mit lang anhaltender Hemmungswirkung. Was war geschehen? Im Jahr 1900 veröffentlichte der schwedische Landsmann Knut Ångström in den deutschen *Annalen der Physik* einen Aufsatz »Über die Bedeutung des Wasserdampfes und der Kohlensäure bei der Absorption der Erdatmosphäre«, worin er Arrhenius' Treibhaustheorie vollständig infrage stellte. Knut war der Sohn des berühmten Wissenschaftlers Anders Jonas Ångström, der zu den Begründern der Spektroskopie zählt und nach dem man die atomare Längeneinheit benannt hat:

1 Ångström (abgekürzt: Å) = 10^{-10} m (ein Zehnmilliardstel eines Meters)

Der Sohn hatte auf den Spuren seines Vaters bedeutende Fortschritte erzielt und insbesondere zum ersten Mal das Infrarotspektrum von CO_2 ausgemessen, das von zwei markanten Absorptionsbanden dominiert wird (also quasikontinuierlichen Energiebereichen, wo Strahlung aufgenommen werden kann). Angeregt von Arrhenius' Ideen, ließ er seinen Assistenten Laborexperimente an einer mit Kohlendioxid gefüllten Röhre durchführen. Der Mitarbeiter kam zu dem Schluss, dass sich das Vermögen der Anordnung, Infrarotstrahlung zu absorbieren, nur um 0,4 Prozent verringerte, wenn er den CO_2-Druck um ein Drittel absenkte. Dies deutete auf eine »Kohlendioxidsättigung« hin, ein Begriff, der noch heute in den Gehirnen vieler selbst ernannter Klimaexperten herumspukt: CO_2 schien Wärmestrahlung schon in niedriger Dosierung so effektiv einzufangen, dass eine Erhöhung seiner Konzentration in der Lufthülle schwerlich eine signifikante Verstärkung des natürlichen Treibhauseffekts und damit der Erdtemperatur bewirken könnte! Hinzu kamen eine Reihe von spektroskopischen Hinweisen, die zu belegen schienen, dass der atmosphärische

Wasserdampf ohnehin bereits im Energierevier des Kohlendioxids wildern würde: Wärmestrahlung mit passender Wellenlänge für die Absorption durch CO_2 könnte also problemlos auch vom gasförmigen Wasser verschluckt werden. Da jedoch Wasserdampf reichlich in der Lufthülle vorhanden ist, wäre durch diese Konkurrenz das Kohlendioxid absorptionstechnisch ins Abseits gestellt und mithin so gut wie irrelevant.

Arrhenius schlug 1901 in den *Annalen der Physik* mit seiner ganzen Geistesgewalt zurück und verwarf die Kritik in allen wesentlichen Punkten. Aber die Zweifel waren gesät, sodass die Treibhaus-Erklärung der erdgeschichtlichen Klimaschwankungen – inklusive der Vorstellung, fossile Energienutzung könne den Planeten erwärmen – für viele Jahrzehnte an die Peripherie der Wissenschaftswelt verbannt wurde. Und mit Milanovićs Intervention in den 1930er-Jahren schienen dann ohnehin alle offenen Fragen ausgeräumt. Dabei hatte Ångström seine Attacke auf dünnem Eis geritten, denn die entscheidenden Messungen waren ungenau bis fehlerhaft – und vor allem praktisch bedeutungslos für die Erdatmosphäre mit ihrer komplexen Struktur. Die letzte Feststellung möchte ich hier untermauern; ansonsten würde es viel zu weit führen, alle Einwände von Ångström und seinen Anhängern gegen Arrhenius' überwiegend richtige (und gelegentlich falsche) Überlegungen auszudiskutieren. Die moderne Klimasystemforschung hat die meisten – jedoch nicht alle – Streitpunkte zufriedenstellend geklärt, ist dabei aber nicht gerade allgemeinverständlicher geworden.

Der Trugschluss der CO_2-Sättigung lässt sich allerdings recht einfach beerdigen. Denn dieser Ansatz würde nur greifen, wenn die Atmosphäre eine einzige, homogen mit Kohlendioxid angereicherte Schicht wäre. In der Realität besteht die Lufthülle der Erde jedoch aus vielen Lagen mit unterschiedlichen physikalischen und chemischen Eigenschaften. Dabei ist besonders wichtig, dass in den nach oben hin immer dünneren Schichten sowohl der (absolute) CO_2-Gehalt als auch die Temperatur abnehmen. Die dichten, kohlendioxidreichen, unteren Luftmassen lassen (fast) keine Wärmestrahlung direkt von der Erdoberfläche in den Weltraum passieren, geben aber über komplizierte mikroskopische Vorgänge einen Teil der geblockten Infrarotenergie an die darüber liegenden Schichten weiter. Die Aufwärtskaskade setzt sich fort, bis hinreichend dünne, kohlendioxidarme Luftkissen erreicht werden, von denen aus die Wärmestrahlen weitgehend ungehindert ins All entweichen können. Dieser Energieverlust in den Weltraum, der in der Endbilanz den planetarischen Energiegewinn durch die Sonne ausgleichen muss, hängt entscheidend (nach den oben angesprochenen Strahlungsgesetzen) von *den Temperaturen der schließlich abstrahlenden Schichten* ab. Und diese individuellen Temperaturen haben sich im Strahlungsgleichgewicht gerade so eingestellt, dass die Energiegewinne und -verluste der Erde sich die Waage halten, also der Gesamtenergiegehalt der Atmosphäre (und damit ihre Mitteltemperatur) konstant bleibt. So regelt die Physik die Dinge.

Diese schöne Balance des natürlichen Treibhauseffekts wird jedoch empfindlich gestört, wenn die Menschheit rasch gewaltige Zusatzmengen an CO_2 in die Lufthülle befördert. Auf die unteren, dichten Atmosphärenschichten (die wir der Einfachheit halber als »kohlendioxidgesättigt« annehmen) hat diese Störung strahlungstechnisch keine signifikante Auswirkung. Aber das gut in der Luftsäule gemischte CO_2 steigt in große Höhe auf und »verstopft« sukzessive die Lagen, welche zuvor noch durchlässig für Infrarotenergie waren. Damit wandert auch das Abstrahlungsmedium immer höher. Deshalb müssen sehr dünne und noch kalte Luftschichten für die Wärmeabgabe ins All einspringen. Die Energiebilanz kann unter den veränderten Umständen aber nur aufgehen, wenn sich die Temperatur dieser Schichten deutlich erhöht – was wiederum voraussetzt, dass sich alle darunter befindlichen Lagen entsprechend erwärmen. Insofern gibt es schon rein *makroskopisch* keinen Kohlendioxidsättigungseffekt: Mit der zusätzlichen Einbringung von CO_2 klettern einfach die Infrarotentsorgung ins All ebenso wie die Schichttemperaturen in die Höhe. Das ist ein ziemlich komplexes Geschehen, aber ich hoffe mich verständlich ausgedrückt zu haben.

Doch auch die *mikroskopischen* Hinweise aus Ångströms Labor führten in die völlige Irre: Die Absorptionsspektren von CO_2 und Wasserdampf – sprich: die Infrarotenergiepakete, welche von diesen beiden Gasen beim Passieren der Atmosphäre »verschluckt« werden können – sind keineswegs identisch. Sie sind viel breiter und zugleich strukturierter, als die primitiven Messungen von 1900 offenbarten, und sie hängen stark von einer Reihe von physikalischen Größen ab, insbesondere vom Druck (und damit wiederum von der Höhe in der Luftsäule).

Würdigt man alle spektroskopischen Feinheiten, welche die moderne Experimentaltechnologie enthüllt, dann kann von einer Kohlendioxidsättigung der Erdatmosphäre (selbst in ihren dichten, bodennahen Schichten) überhaupt nicht die Rede sein. Tatsächlich würde die Stagnation des Treibhauseffekts noch nicht einmal erreicht sein, wenn man den CO_2-Gehalt unserer Lufthülle auf das *Zehntausendfache* steigerte! Diese Einsicht wird spektakulär illustriert durch die Verhältnisse auf dem Nachbarplaneten Venus: Dort gibt es eine Atmosphäre, die fast nur aus Kohlendioxid besteht und den 92-fachen Druck der Erdatmosphäre ausübt. Entsprechend liegen die Oberflächentemperaturen bei 460 °C – also wegen des geradezu monströsen Treibhauseffekts noch über den Höchsttemperaturen auf dem Planeten Merkur, obwohl sich dieser doch viel näher bei der Sonne befindet.

So unbegründet Ångströms Kritik an Arrhenius aus heutiger Einsicht auch ist, so erfolgreich war sie in wissenschaftlicher Hinsicht: Das schlampige und lieblose »experimentum crucis« an einer 30 Zentimeter langen Gasröhre verzögerte die Entdeckungsreise zum anthropogenen (also menschengemachten) Klimawandel um ein halbes Jahrhundert! Die Wende kam erst in den 1950er-Jahren, letztlich angestoßen durch die militärische Atmosphärenforschung der Amerikaner während des Zweiten Weltkriegs und in der ersten Phase des Kalten Krieges. Damals wurden umfangreiche Mittel bereitgestellt zur Untersuchung der Ausbreitung der Infrarotstrahlen in der oberen Troposphäre, wo die strategischen Bomberflotten operierten. Noch immer stellt die entsprechende Datenbank des Air Force Geophysics Laboratory in Massachusetts die wichtigste Grundlage für die Modellierung von Strahlungsprozessen in fortgeschrittenen Klimasimulatoren dar.

Lewis Kaplan (1952) und insbesondere Gilbert Plass (1956) stellten die ersten Berechnungen der atmosphärischen Strahlungsbilanz mithilfe von elektronischen Rechnern (auch eine Frucht des Weltkriegs!) auf. Dabei wurden alle Transfervorgänge über das gesamte Absorptionsspektrum hinweg und für alle einzelnen Luftschichten berücksichtigt, zumindest im Prinzip. Plass verdient einen besonderen Ehrenplatz in der Galerie der Klimaforscher, denn er konnte jenseits der Arrhenius'schen Vereinfachungen zeigen, dass CO_2 einen spürbaren Einfluss auf den planetarischen Energiehaushalt nehmen kann. Seine Abschätzungen der Größenordnung dieses Effektes liegen sogar im Bereich dessen, was wir aus heutiger wissenschaftlicher Sicht als realistisch bewerten. Allerdings berücksichtigte er wichtige Prozesse in der Atmosphäre (wie den konvektiven Wärmeaustausch) nicht, hatte aber das Glück des Tüchtigen: Mehrere seiner Argumentationsfehler kompensierten sich gegenseitig. Auf jeden Fall stießen diese Anstrengungen die Tür zur modernen Klimasystemforschung weit auf – und drängten die Möglichkeit einer menschengemachten Umweltkatastrophe mit einem Schlag ins Bewusstsein der Öffentlichkeit.

Die New York Times berichtete beispielsweise schon 1956 über die entsprechenden Forschungsergebnisse in einem großen Artikel mit dem Titel »Wärmeres Erdklima könnte von Kohlendioxid in der Luft verursacht sein«. Denn schon der britische Ingenieur und Hobbymeteorologe Guy Stewart Callendar hatte 1938 auf Erwärmungstrends in den Aufzeichnungen der weltweit verstreuten Wetterstationen hingewiesen. Callendar machte dafür bereits sogar die zivilisatorische Nutzung von fossilen Energieträgern verantwortlich – sehr wahrscheinlich zu Unrecht, da zu dieser Zeit die natürliche Klimavariabilität die menschlichen Einflüsse noch klar dominiert haben dürfte.

Ein absoluter Leckerbissen aus der Medienhistorie ist jedoch in unserem Zusammenhang der Bildungsfernsehfilm *The Unchained Goddess* (»Die entfesselte Göttin«) von 1958. Für diesen Streifen über die faszinierenden Kräfte von Wetter und Klima hatte die weltberühmte Innovationsfabrik Bell Laboratories in Murray Hill, New Jersey (wo sowohl der Transistor als auch die Solarzelle erfunden wurden), den mindestens gleichermaßen berühmten Hollywood-Regisseur Frank Capra als Produzenten gewonnen. Untermalt von dramatischer Musik erläutert Professor Frank Baxter in einer Passage, dass »der Mensch unabsichtlich durch die Abfallprodukte seiner Zivilisation das Weltklima verändern könnte«, was »zum Abschmelzen der Polkappen« führen und »Miami unter circa 50 Metern tropischer Wassermassen begraben« würde. Als Ursache führte er die etwa 6 Milliarden Tonnen CO_2 an, die damals jährlich weltweit in die Atmosphäre gepustet wurden (weniger als ein Sechstel des heutigen Betrags). Es ist ebenso amüsant wie verstörend, sich dieses Zeitdokument anzuschauen, denn auf pathetische Weise wurde schon vor über 50 Jahren das Richtige richtig gesagt – wenn auch nur zur kurzfristigen Erzeugung einer wohligen Gänsehaut beim geneigten Publikum.

Nach Kaplan und Plass fehlten aber noch vier Schlüsselindizien in der Beweiskette zur Aufklärung des langsam sich vollziehenden Klimadelikts: die empirischen Nachweise, dass *erstens* die Kohlendioxidkonzentration in der Erdatmosphäre tatsächlich ansteigt, *zweitens* diese Anreicherung zweifelsfrei aus zivilisatorischen Quellen gespeist wird, *drittens* die so bewirkte Strahlungsbilanzänderung sich bereits in signifikanten klimatischen Veränderungen niederschlägt und *viertens* diese Umweltveränderungen von ihrer Charakteristik her einzig und allein vom Treibhausgasantrieb stammen können. Damit ist in Grundzügen das Arbeitsprogramm der Klimasystemforschung der letzten fünf Jahrzehnte umrissen. Bei meinem raschen Streifzug durch die Geschichte dieser Forschung muss ich mich natürlich auf die großen Meilensteine beschränken.

Eines dieser Monumente stellt die Messreihe dar, welche der amerikanische Naturwissenschaftler Charles David Keeling (1928–2005) im Jahr 1957 in einem neu gegründeten Observatorium auf dem Hawaii-Vulkan Mauna Loa startete. Dieser Berg ragt, wenn man das Herauswachsen der Insel aus dem 5000 Meter tiefen Meeresgrund mit berücksichtigt, über

9 Kilometer empor. Er ist geologisch aktiv, denn seit 1834 haben 23 vulkanische Ausbrüche stattgefunden, der letzte davon 1984. Dennoch (oder gerade deshalb) bietet sich der Mauna Loa als idealer Standort für die kontinuierliche Untersuchung der Atmosphäreneigenschaften an, denn die Luft hier ist außerordentlich rein, und alle störenden Einflüsse der Zivilisation (und sogar der Vegetation) scheinen sich in weiter Ferne zu befinden. Keeling etablierte seine Messstation auf dem Nordhang, 3350 Meter über dem Meeresspiegel, um vor allem einer Größe nachzuspüren: der CO_2-Konzentration in der Lufthülle. Mit damals modernster Analysetechnik und standardisierter Dauerbeobachtung gelang es ihm, die tägliche, jährliche und langfristige Dynamik dieses Erdparameters aufzudecken. Das empirische Resultat – die berühmte »Keeling-Kurve« (siehe Abbildung 7) – erzeugte eine wissenschaftliche Schockwelle, vergleichbar mit der Wirkung von Tycho Brahes Himmelsbeobachtungen im 16. Jahrhundert und Michelsons Nachweis der Nichtexistenz des Lichtäthers im 19. Jahrhundert (siehe Kapitel 10).

Abbildung 7 zeigt die Kohlendioxidveränderungen im Verlauf von über 50 Messjahren und gibt auch noch die typische Schwankung der Konzentration im Jahresgang wieder. Allein schon der letzte Befund ist sensationell, denn er enthüllt das »Atmen« der kontinentalen Biosphäre im saisonalen Rhythmus: Pflanzen entziehen der Luft CO_2 auf photosynthetische Weise (siehe Kapitel 11) für das Wachstum ihrer Stämme, Stängel und Funktionsorgane, zu denen auch die Blätter von Laubgehölzen gehören. Da sich der Großteil der Landvegetation auf der Nordhemisphäre befindet und dort im Mai der Frühling die Naturherrschaft übernimmt, sinkt ab diesem Monat die atmosphärische Kohlendioxidkonzentration auf tatsächlich beobachtbare Weise, um dann ab Oktober – wenn der Herbst die Zersetzung von Biomasse erzwingt – wieder steil anzusteigen.

Die Mauna-Loa-Daten belegen, dass mit dem Jahresrhythmus der Pflanzenwelt ein Jahresrhythmus der atmosphärischen CO_2-Konzentration einhergeht, welche die beachtliche Schwankungsamplitude von etwa 5 ppmv aufweist. Da die ganze Lufthülle unseres Planeten die Masse von etwa 5,15 Billiarden Tonnen besitzt, entspricht 1 ppmv Kohlendioxid nach Definition einem Millionstel davon, also 5,15 Milliarden Tonnen. 5 ppmv CO_2 »wiegen« somit circa 25 Milliarden Tonnen. Dass die Landvegetation einen solchen Nettohub bewirken kann, ist einerseits erstaunlich. Andererseits muss man sich vor Augen führen, dass die Biosphäre der Kontinente (im ungestörten Zustand) brutto sogar circa 210 Milliarden Tonnen CO_2 im Jahr im Austausch mit den anderen Umweltmedien umwälzt. Dies geschieht vornehmlich durch Prozesse wie Photosynthese,

Respiration, bakterielle Zersetzung, Waldbrände und Export von organischer Substanz über den Wasserkreislauf.

In diesem Zusammenhang sollte ein besonders kurioser Effekt der Vegetationszyklen nicht unerwähnt bleiben. Die Ausbildung von Blatt- und Nadelwerk auf den Bäumen und Sträuchern der Nordhalbkugel im Frühjahr führt zu einer in der Summe gewaltigen Hebung von Biomasse über das Niveau des Erdbodens. Diese Hebung verursacht eine winzige, aber sowohl kalkulierbare als auch messbare Verringerung der Rotationsgeschwindigkeit unseres Planeten (die dann im Herbst wiedergutgemacht wird). Das Phänomen ist dem physikalischen Gesetz der Drehimpulserhaltung geschuldet – ein Gesetz, das unter anderen Eiskunstläuferinnen nutzen, wenn sie zur Beendigung einer raschen Pirouette die Arme vom Körper wegstrecken.

Keelings Daten ließen auch eine starke Abhängigkeit der Kohlendioxidkonzentration vom Tag-Nacht-Zyklus erkennen, was mit der CO_2-Aufnahme und -Abgabe der regionalen Pflanzen und Böden zu tun hat, aber auch mit physikalischen Prozessen wie der morgendlichen Durchmischung der Luft durch sonnengetriebene Turbulenz. Deshalb definierte er übrigens den Nachmittag als Bezugszeitpunkt für vergleichende Messungen. An dieser Stelle lässt sich auch ein ebenso populäres wie törichtes Argument aus der Klimazweiflerfolklore erschlagen: Die Menschheit ist inzwischen ja auch physiologisch ein gewichtiger Teil der Biosphäre, der im Rahmen seines Stoffwechsels eine enorme Menge an Kohlendioxid erzeugt. Tatsächlich atmen die gut sieben Milliarden Erdenbürger jährlich über zwei Milliarden Tonnen CO_2 aus – eine Selbstverständlichkeit, die von Klimaschutzgegnern, häufig gepaart mit der hämischen Frage nach der Sinnhaftigkeit eines »Respirationsverbots«, als Scheinargument in die Umweltdebatte geworfen wird.

Damit soll die Aussichtslosigkeit von Emissionsminderungsbemühungen illustriert werden, aber das Störmanöver ist auf dem Treibsand der Ignoranz gegründet. Denn das vom Menschen ausgeatmete CO_2 entstammt ja vollständig der »metabolischen Oxidation«, also der inneren Verbrennung von Biomasse (Getreide, Obst, Fleisch etc.) unter der Zufuhr von Luftsauerstoff. Und alles in Lebensmitteln enthaltene Kohlendioxid ist zuvor über die primäre Photosynthese (beispielsweise von Gräsern) beziehungsweise über sekundäre und höhere Prozesse der Nahrungskette (etwa durch die Milchproduktion von Weiderindern) der Atmosphäre entzogen worden. Insofern stellen unsere Mägen und Lungen einfach Durchlaufstationen für den großen irdischen Kohlenstoffkreislauf dar, und wenn wir eine bestimmte Banane nicht aufessen, dann tun es eben die Termiten. In der *Nettobetrachtung* hat also unser Stoffwechsel keinerlei Klimawirkung. Das würde sich dramatisch ändern, wenn wir anfingen, Kohle oder Schweröl zu verspeisen – was indirekt ja auch über den Einsatz fossiler Energieträger in der industrialisierten Landwirtschaft geschieht, womit wir wieder freie Sicht auf das eigentliche Problem gewonnen haben.

Die größte Sensation der Keeling-Kurve ist ohnehin der bestürzende Langfristtrend: 1958, zu Beginn der Messreihe, ermittelte das Mauna-Loa-Observatorium noch eine atmosphärische CO_2-Konzentration von 317 ppmv; 1960 zeigte die antarktische Schwesterstation (die bald darauf wegen Geldmangels geschlossen wurde!) bereits einen kleinen, aber unzweideutigen Anstieg. Keeling veröffentlichte seine Anfangsergebnisse als Alleinautor in einem legendären Artikel (Keeling 1960), worin er mutig über die Ursachen der Schwankungen nachsann: »Am Südpol ist die beobachtete Anstiegsrate ungefähr die, welche man wegen der Verbrennung fossiler Energieträger erwartet, falls keine Wiederentfernung [von CO_2] aus der Atmosphäre stattfindet.« Auf Hawaii wurde in der ersten Messdekade eine Zunahme des Kohlendioxidgehalts der Luft von knapp unter 1 ppmv pro Jahr festgestellt. In der ersten Dekade des 3. Jahrtausends waren es dagegen bereits durchschnittlich fast 2 ppmv pro Jahr. Das bedeutet, dass unsere Zivilisation die Atmosphäre nun alle zwölf Monate netto mit über 10 Milliarden Tonnen Kohlendioxid »bereichert«. Auf diese Weise ist 2015 das 400-ppmv-Niveau durchbrochen worden, was eine Rekordmarke für die letzten zwei Millionen – wenn nicht sogar 20 Millionen – Jahre der Erdgeschichte darstellt.

Der Kohlendioxidpegel steigt also rapide, aber ist dies tatsächlich eine Folge zivilisatorischer Umtriebe? Die Antwort ist ein klares *Ja*, denn die entsprechenden wissenschaftlichen Hinweise fügen sich inzwischen zu einem unzweideutigen Gesamtbild. Ein wichtiges Beweismittel zur Überführung der »Täter« liefert die sogenannte Isotopenanalyse, die uns schon im Zusammenhang mit der Datierung von Foraminiferenschalen zur Rekonstruktion der erdgeschichtlichen Eisbedeckungen begegnet ist. Allerdings geht es jetzt nicht um das Element Sauerstoff, sondern um Kohlenstoff, und damit um so berühmte Verfahren wie die ^{14}C-Methode, welche die Archäologie und andere wissenschaftliche Disziplinen revolutioniert hat.

Zur Erinnerung: Isotope sind atomare Varianten desselben chemischen Elements mit unterschiedlichem Kerngewicht (genauer: unterschiedlicher Neutronenzahl). Sie stehen somit am gleichen (griechisch: *isos*) Ort (griechisch: *topos*) im Periodensystem. Das Kohlenstoffatom kommt in der Natur in drei Gewichtsklassen vor, die als ^{12}C, ^{13}C und ^{14}C bezeichnet werden (wobei die hochgestellten Ziffern einfach die Gesamtzahl der Kernbestandteile angeben – also sechs positiv geladene Protonen und sechs ungeladene Neutronen im Fall von ^{12}C). Davon ist ^{14}C ein sogenanntes Radioisotop, denn es wandelt sich über Tausende von Jahren durch radioaktiven Zerfall in stabilen Kohlenstoff, also ^{12}C oder ^{13}C, um. In der Atmosphäre wird ^{14}C durch kosmische Höhenstrahlung ständig nachgebildet und dadurch seine relative Häufigkeit praktisch konstant gehalten. Im natürlichen Gleichgewicht, ungestört von menschlichen Einflüssen, macht die ^{12}C-Variante etwa 99 Prozent der Kohlenstoffpopulation aus, die ^{13}C-Variante etwa 1 Prozent, und nicht einmal jedes billionste Kohlenstoffatom ist vom ^{14}C-Typ (das sind aber immer noch viele Milliarden solcher Teilchen pro Kubikmeter Luft).

Der radioaktive Kohlenstoff kann jedoch auf ebenfalls natürlichem Wege, wie dem photosynthetischen Wachsen von Pflanzen und der anschließenden geochemischen Umwandlung in Kohle, der Luft entzogen und damit von der kosmischen Strahlung abgeschirmt werden. Dann reduziert sich selbstverständlich sein relativer Anteil in der Kohlenstoff-Familie einer Probe nach dem exakt bekannten Zerfallsgesetz (Halbwertszeit: 5730 Jahre). Über diesen Effekt lässt sich etwa das Alter von Holz in historischen Konstrukten (wie Wikingerschiffen) recht präzise berechnen. Die »Radiokohlenstoffdatierung« wurde von Willard Frank Libby in den Jahren nach dem Zweiten Weltkrieg entwickelt. Als Physikochemiker war er von 1941 bis 1945 am *Manhattan Project* zur Realisierung der amerikanischen Atombombe (siehe Kapitel 10) beteiligt und hatte in diesem Zusammenhang tiefe Einsichten über den radioaktiven Zerfall der verschiedensten Elemente erworben. 1960 wurde er für seine Leistungen mit dem Chemie-Nobelpreis ausgezeichnet.

Was hat das alles mit dem Klima zu tun? Nun, die fossilen Brennstoffe wie Erdöl haben sich vor Hunderten Millionen von Jahren gebildet, sodass ihre ^{14}C-Fraktion inzwischen praktisch auf null geschrumpft sein muss. Wenn solche Reservoire durch menschliche Aktivitäten wieder aufgeschlossen werden, dann legt ihr freigesetzter Kohlenstoff eine charakteristische (»radiopassive«) Isotopenspur, über die sich seine Ausbreitungswege verfolgen lassen – in der Atmosphäre, in den Ozeanen, in der Lebenswelt. Die ^{14}C-losen Quellen stellen quasi besonders kolorierte Flüssigkeiten bereit, welche andere bei Vermischung »anfärben«. Für Herkunfts- und Transportstudien ist jedoch auch das mit dem Symbol $\delta^{13}C$ gekennzeichnete Isotopenverhältnis von großer Bedeutung, also die relative Häufigkeit von ^{13}C- und ^{12}C-Atomen in einer Probe. Wegen der unterschiedlichen Kerngewichte der beiden Kohlenstoffvarianten verändert sich ihr Verhältnis in Umweltmedien im Verlaufe chemischer und geologischer Prozesse, vor allem aber während biologischer Vorgänge. Zum Beispiel führt die photosynthetische Bindung von Luftkohlenstoff durch bestimmte Nährpflanzen (wie Mais oder Zuckerrohr) zu höheren δ^{13}C-Werten als im Fall von Getreidearten wie Weizen, welcher die Photosynthese auf eine etwas andere Stoffwechselart betreibt. Über diese Differenzierung ergeben sich sogar »diät-archäologische« Einblicke, das heißt, man kann aus Leichenfunden auf die Ernährungsgewohnheiten längst verstorbener Menschen oder Tiere schließen.

In den 1950er-Jahren setzten vor allem Hans Eduard Suess und Roger Revelle raffinierte Isotopenverfahren ein, um die Pfade von fossilem Kohlenstoff im System Erde zu verfolgen. Interessanterweise waren es diese beiden Pioniere gewesen, die eine Messkampagne für atmosphärisches CO_2 angeregt und dafür schließlich Charles Keeling angeheuert hatten. Und die Tatsache, dass die natürliche ^{12}C/^{13}C/^{14}C-Isotopencharakteristik von Kohlendioxid in der Lufthülle durch die zivilisatorische Zufuhr von CO_2 aus fossilen Quellen verzerrt wird, bezeichnet man inzwischen sogar als den *Suess-Effekt*. In diesem Theater sollte eigentlich das Radioisotop ^{14}C die absolute Starrolle spielen, denn nur circa 7,5 Kilogramm (!) von diesem Stoff werden jährlich durch kosmische Strahlung in der oberen Atmosphäre nachproduziert. Insofern müsste auch die Einbringung von jährlich Milliarden Tonnen an »verfallenem« Kohlenstoff durch die Menschheit eine spürbare Verdünnung der ^{14}C-Konzentration in der Luft bewirken. Im Prinzip sollte sich sogar aus dieser Verdünnungswirkung und dem von Keeling gemessenen absoluten Zuwachs des CO_2-Gehalts der Atmosphäre – über simple Dreisatzrechnungen – das Quantum der fossilen Zuströme berechnen lassen. Man kann sich das vorstellen wie bei der Mischung von Wasser und Rotwein in einer Karaffe: Wird eine weitere Menge Wein zugegossen, dann lässt sich dessen exaktes Volumen grundsätzlich aus dem Anstieg des Flüssigkeitspegels im Gefäß und dem beobachteten Verblassungsfaktor bestimmen.

So weit die Theorie. Qualitativ passen die gemessenen Veränderungen der physikalisch-chemischen Zusammensetzung der Lufthülle gut zu diesen Überlegungen, denn man stellt den Verdünnungseffekt tatsächlich fest. Und Suess konnte schon 1955 nachweisen, dass junges Holz mit stabilen Kohlenstoffisotopen, also mit dem Restmaterial von uraltem Holz, »kontaminiert« war – das vor Hunderten Millionen von Jahren photosynthetisch gebundene CO_2 war über die zivilisatorische Verbrennung und die erneute Photosynthese in den letzten Jahrzehnten in die Biosphäre zurückgekehrt! Leider passen jedoch die gemessenen Werte nicht zu der oben angedeuteten Milchmädchenrechnung, die man in diesem Zusammenhang wohl eher als Kohlenhändlerkalkulation bezeichnen müsste.

Dafür gibt es zwei Hauptgründe. Da ist zunächst die historische Tatsache, dass die Menschheit im Rahmen des atomaren Wettrüstens während des Kalten Krieges auf eine weitere, dramatische Weise in den ^{14}C-Haushalt der Atmosphäre eingegriffen hat. Zahlreiche Testdetonationen von Nuklearwaffen hoch über der Erdoberfläche in den Jahren zwischen 1955 und 1965 verdoppelten in etwa den Anteil von Radiokohlenstoff in der Luft. Am 5. August 1963 kam es dann – nicht zuletzt aufgrund wachsender Ängste in der weltweiten Öffentlichkeit vor den unkalkulierbaren Folgeschäden des »atomaren Regens« – zum »Begrenzten Teststopp-Abkommen« (LTBT) zwischen den wichtigsten Nuklearmächten USA, Sowjetunion und Großbritannien. Versuchsexplosionen sollten künftig nur noch unterirdisch zulässig sein, aber bezeichnenderweise sind wichtige Atomwaffennationen wie Frankreich und China dem Abkommen bis auf den heutigen Tag nicht formell beigetreten.

Obwohl die letztgenannten Länder zwischen 1966 und 1980 noch mehr als sechzig oberirdische Nukleartests durchführten, ist das Bomben-^{14}C inzwischen weitgehend wieder aus der Atmosphäre verschwunden. Doch die Störung des ^{14}C-Haushalts durch das atomare Wettrüsten war insgesamt groß genug ausgefallen, um den *direkten* Quellennachweis und eine einfache quantitative Abschätzung des fossilen CO_2-Eintrags über den Suess-Effekt nahezu unmöglich zu machen. Aber die Wissenschaft ist erfinderisch: Man kann ja versuchen, die bei den Testwaffenexplosionen in der Atmosphäre erzeugten Mengen an Radiokohlenstoff zu berechnen. Diese Kalkulationen wurden tatsächlich auch von verschiedenen Wissenschaftlern durchgeführt und bei der Identifizierung der fossilen Kohlenstoffflüsse berücksichtigt. Allerdings hat man in diesem Zusammenhang mit einer Reihe von Datenlücken, Ungenauigkeiten und unbekannten Einflussfaktoren zu kämpfen.

Alternativ kann man sich jedoch einem anderen Isotop, nämlich ^{13}C, zuwenden, wenn schon ^{14}C den Job nicht alleine erledigen kann: Wie oben angesprochen, sind Pflanzen im Rahmen ihres Stoffwechsels in der Lage, zwischen den einzelnen Kohlenstoffisotopen zu unterscheiden. Insbesondere gilt, dass ^{13}C von der Landvegetation schlechter über die Photosynthese gebunden wird als sein leichterer Bruder ^{12}C. Dieser Diskriminierungseffekt war bei den vor vielen Millionen Jahren dominierenden Pflanzen sogar noch ausgeprägter als bei den heute vorherrschenden. Deshalb ist das Isotopenverhältnis δ^{13}C in fossilen Energieträgern wie

Steinkohle signifikant kleiner als in der ungestörten Atmosphäre. Diese und andere Isotopen-Weisheiten kann man sich auf vielerlei Art zunutze machen.

Und das ist auch bitter nötig, denn die weltweite Jagd nach den »Kohlendioxid-Tätern« wird nicht nur durch die Bombenradioaktivität des Kalten Krieges behindert. Die Tatsache, dass die Lufthülle beständig in regem CO_2-Austausch mit den anderen Sphären des Systems Erde steht, stellt eine noch höhere wissenschaftliche Hürde dar. Ich habe schon weiter oben, bei der Diskussion der Jahrescharakteristik der Mauna-Loa-Messdaten, auf die immensen Kohlendioxidflüsse hingewiesen, die von der (terrestrischen und marinen) Biosphäre umgewälzt werden. Und natürlich nehmen die Ozeane direkt riesige Mengen von CO_2 auf, die im Wasser gespeichert, verteilt und umgewandelt, zum Teil aber auch in die Atmosphäre reexportiert werden. Diese Prozesse sind Teil dessen, was man heute den »Globalen Kohlenstoffkreislauf« (englisch: *Global Carbon Cycle*) nennt. Dabei handelt es sich um Hunderte von komplizierten Vorgängen, die ihre ganz eigene Dynamik besitzen, aber auf zumeist unterschiedlichen Zeitskalen ablaufen.

Will man also die moderne Umweltflutung mit ^{13}C-armen fossilen Kohlenstoffquellen zweifelsfrei identifizieren, dann muss man im Grunde alle wesentlichen CO_2-Austausch- und Speicherungsprozesse für die Atmosphäre, Hydrosphäre (Wasser, Schnee, Eis), Pedosphäre (Böden) und Biosphäre verstehen und berechnen. Darüber hinaus muss man genau wissen, welche Änderungen beim $\delta^{13}C$-Wert mit dem Übergang von einem Medium zum anderen verbunden sind (also beispielsweise wie stark die ^{12}C-Fraktion beim Kohlendioxidfluss von der Luft ins Meer gewichtsbedingt angereichert wird). Bei dieser »gerichtsmedizinischen« Analyse an der Grenze der Leistungsfähigkeit des heutigen wissenschaftlichen Systems spielen natürlich direkte Messungen von Isotopenverhältnissen eine wichtige Rolle. Interessanterweise kann man sogar das atmosphärische Bomben-^{14}C des Kalten Krieges als »Marker« benutzen, um das Eindringen von Luft-CO_2 in die ozeanische Deckschicht und seinen Weitertransport in die tiefere See zu studieren. Die Forschung macht eben aus fast jeder Not noch eine Tugend. Gewaltige Fortschritte sind in den letzten Jahren auch bei der experimentellen Bestimmung der Kohlenstoffflüsse zwischen Atmosphäre, Pflanzendecke und Böden erzielt worden, wofür neuartige wissenschaftliche Infrastrukturen in großem Stil entwickelt und etabliert werden mussten (beispielsweise ein Netzwerk von Beobachtungstürmen an repräsentativen Plätzen, unter anderem in Sibirien, auf dem Tibetischen Plateau und im Amazonasgebiet).

Inzwischen wird die Arbeit der »Kohlenstoff-Detektive« entscheidend durch computergestützte Simulationsmodelle erleichtert (vergleiche zum Beispiel Oeschger u. a. 1975). Zudem kann man in der Gesamtbilanz das ziemlich detaillierte (wenngleich nicht perfekte) Wissen über die historischen und aktuellen zivilisatorischen CO_2-Injektionen in den Naturkreislauf nutzen. Aus nationalen Statistiken, Wirtschaftsdatenreihen, Berichten der Vereinten Nationen und ergänzenden Quellen ergibt sich schließlich: Im Jahr 2013 belief sich die Summe aller anthropogenen Kohlendioxidemissionen auf etwa 39,6 Milliarden Tonnen. Davon entfielen 36,3 Milliarden Tonnen auf die Verbrennung fossiler Energieträger wie Kohle, Erdgas und Erdöl sowie die Herstellung von Zement (ein Treibhausgasbeitrag von rasant wachsender Bedeutung!) und circa 3,3 Milliarden Tonnen auf die sogenannten Landnutzungsänderungen (wobei nach wie vor die Rodung tropischer Regenwälder dominiert, mit möglicherweise abnehmender Tendenz). Interessant, ja brisant ist ein Blick auf die unterschiedliche Entwicklungsdynamik der jeweiligen zivilisatorischen Einträge: Nicht zuletzt wegen des stürmischen Wirtschaftswachstums in den Schwellenländern (allen voran China und mit bereits größerem Abstand Indien) nahmen die fossilen Brennstoffemissionen zwischen 1990 und 2014 um rund 65 Prozent zu. Dagegen gingen die CO_2-Emissionen aus Eingriffen in die Landökosysteme in dieser Zeit zurück, seit der Jahrtausendwende jedoch mit verminderter Geschwindigkeit (Le Quéré u. a. 2015). Diese nüchternen Beobachtungen sollten all denen zu denken geben, die sich klimapolitisch um die Begrenzung des industrie- und konsumbedingten Kohlendioxidausstoßes herummogeln möchten und deshalb von der (unbedingt sinnvollen!) Bewahrung der tropischen Wälder gleich auch noch die Beendigung der Erderwärmung erwarten.

Gestützt auf die oben beschriebenen Methoden und zusätzliche Nachweisverfahren, wissen die globalen CO_2-Buchhalter inzwischen auch recht genau, wo der »Stoff« verbleibt: Im Jahr 2013 dürften etwa 9,5 Milliarden Tonnen Kohlendioxid vom Ozean absorbiert worden sein und circa 9,2 Milliarden Tonnen durch die Landoberfläche (also insbesondere die Pflanzendecke). Die Atmosphäre nahm dagegen zusätzliche 20,9 Milliarden Tonnen auf. Spiegelbildlich zu den Quellen von Treibhausgasen gibt es also auch mächtige »Senken«. Die Kapazitäten dieser einzelnen CO_2-Senken schwanken jedoch erheblich von Jahr zu Jahr – beispielsweise hängen die Kohlenstoffflüsse zwischen Landvegetation und Lufthülle stark von der El-Niño/La-Niña-Oszillation im Pazifik (siehe Kapitel 13) und den damit verbundenen charakteristischen Witterungsbedingungen ab. Deshalb sind hinsichtlich der CO_2-Aufnahme Mittelwerte über mehrere Dekaden sinnvoller und auch aussagekräftiger. Die besten in der wissenschaftlichen Literatur zu findenden Abschätzungen ergeben, dass im Zeitraum 1870 bis 2013 28 Prozent des anthropogenen Kohlendioxideintrags von den Weltmeeren aufgenommen wurden und 29 Prozent von den Landökosystemen; dementsprechend verblieben 43 Prozent in der Erdatmosphäre.

Dies ist ein in vielerlei Hinsicht bemerkenswerter Befund. Ich möchte hier nur hervorheben, dass die Biosphäre bei der Verarbeitung der künstlichen Kohlenstoffschwemme eine viel bedeutsamere Rolle spielt, als sich Treibhauseffektpioniere wie Arrhenius jemals träumen ließen. Diese Einsicht ist jedoch robust und lässt sich auf mehrere, voneinander unabhängige Weisen untermauern. Man kann beispielsweise in aufwendigen wissenschaftlichen Feldzügen nachweisen, dass die Holzmasse von riesigen Waldsystemen in den nördlichen Breiten (insbesondere in Sibirien und Kanada) in den letzten Jahrzehnten rasant zugenommen hat. Dies lässt sich einerseits als Reaktion auf den schon in Gang gekommenen Klimawandel begreifen (höhere Durchschnittstemperaturen, weniger Frostextreme, veränderte Niederschlagsmuster), andererseits dürfte die direkte »CO_2-Düngung« der Vegetation eine große Rolle spielen. Schließlich hat sich die atmosphärische Konzentration des Photosynthesegrundstoffs Kohlendioxid seit der industriellen Revolution um satte 40 Prozent erhöht. Viele Pflanzen scheinen diese zivilisatorische Steigerung ihres »Nahrungsangebotes« prächtig nutzen zu können; allerdings ist noch längst nicht klar, ob es bei weiteren Erhöhungen des CO_2-Angebots nicht zu Sättigungseffekten kommt. Außerdem könnte die positive Düngungswirkung des Kohlendioxids auf die Biosphäre irgendwann durch die negative Klimawirkung des Gases überkompensiert werden. Über allen Zukunftsprojektionen für das Weltklima schwebt somit die große Frage, ob die Ökosysteme (und insbesondere die tropischen Regenwälder) nicht unter dem Druck der Erderwärmung eine »Persönlichkeitswandlung« von *Kohlenstoffsenken zu Kohlenstoffquellen* vollziehen könnten. Dazu später mehr in diesem Buch.

Dass unsere Vorstellungen über die Wanderungen von natürlichem und anthropogenem CO_2 durch das System Erde inzwischen überhaupt so scharfe Konturen gewonnen haben, hängt nicht zuletzt mit einer internationalen Forschungsinitiative zusammen, dem *Global Carbon Project* (GCP, 2015). Diese gemeinsame interdisziplinäre Aktivität der wichtigsten globalen umweltwissenschaftlichen Programme wurde 2001 ins Leben gerufen und hat ihr Projektbüro im australischen Canberra. Dort sollen möglichst alle relevanten Informationen zum planetarischen Kohlenstoffkreislauf und zu seiner Störung durch den Menschen zusammenlaufen. Die beachtlichen Fortschritte der Initiative schlagen sich in wegweisenden Publikationen nieder, aus denen nicht zuletzt die oben genannten Zahlen über den zivilisatorischen Ausstoß von Kohlendioxid und die Verteilung dieser Substanz auf die verschiedenen Umweltkompartimente stammen. Dennoch gehen die Import-Export-Bilanzen für die verschiedenen atomaren Formen des Kohlenstoffs noch nicht ganz auf. Ich bin jedoch zuversichtlich, dass die kritischen Erkenntnislücken in den nächsten zehn Jahren geschlossen werden können.

Und man ist bei der Durchdringung dieser hochkomplexen Materie schon beachtlich weit gekommen. Die Feinheiten der Isotopenanalyse habe ich lediglich angedeutet; besonders tückisch für die Kohlenstoffbilanzierung sind die Verzögerungs- und Fraktionierungseffekte bei der Wanderung der Substanz durch die verwickelten Organe des Erdkörpers, von dem die Atmosphäre noch das bei Weitem einfachste Teilsystem darstellt. Die mit der Thematik befassten Forscher ähneln ja Steuerprüfern: Die haben die obskuren Wege großer Summen aufzudecken, die über Geldwäschetricks in den Finanzkreislauf eines Großunternehmens eingespeist werden. Im Wesentlichen sind heute die Pfade des Schwarzgeldes (sprich: des anthropogenen CO_2) aufgeklärt und die Verunreinigungen der einzelnen Haushaltsposten auch mengenmäßig weitgehend bestimmt. Damit bleibt im Grunde genommen nur noch die Frage offen, wie sich die krummen Transaktionen auf die Bonität des Konzerns ausgewirkt haben – also welche Konsequenzen die rasche Anreicherung mit zivilisatorischem Kohlendioxid für das Verhalten des globalen Klimasystems hat. Lässt sich der Täter insbesondere anhand des Deliktprofils direkt überführen? Damit sind wir beim letzten Teil der oben eingeforderten Beweisführung angekommen, der sich dem Doppelthema *Nachweis und Zuschreibung* (englisch: *Detection and Attribution*) widmen wird.

Die Erde hat sich in der jüngeren Vergangenheit – also im 20. Jahrhundert im Vergleich zu früheren Jahrhunderten, in der Dekade 2000–2009 im Vergleich zu den Dekaden davor – messbar, spürbar und sonderbar (im Sinne von außergewöhnlich) erwärmt. Dies lässt sich auf vielerlei Weise eindrücklich belegen, in erster Linie natürlich durch die genaue Beobachtung und Dokumentation des Anstiegs der Mitteltemperatur der planetarischen Oberfläche. Die vermutlich beste fortlaufende Datenanalyse wird vom Goddard Institute for Space Studies (GISS) der NASA an der renommierten Columbia University in New York betrieben. Die systematischen, auf meteorologische Instrumente gestützten GISS-Reihen für die Entwicklung der globalen, kontinentalen und ozeanischen Mitteltemperaturen sowie anderer wichtiger Größen beginnen im Jahr 1880 (NASA GISS, Internetseite). Diesen Aufzeichnungen zufolge waren die bisher zehn wärmsten Erdjahre (in absteigender Reihenfolge, die in Klammern zusammengefassten Jahre liegen im Rahmen der Messgenauigkeit gleichauf): 2014, (2010, 2005), 2007, (1998, 2002), (2013, 2003), (2006, 2009).

Der Erwärmungstrend betrug zwischen 1980 und 2009 etwa 0,2 °C pro Jahrzehnt. Der globale Temperaturanstieg seit 1880 beläuft sich auf insgesamt über 0,8 °C. Damit ist unser Planet heute mit hoher Wahrscheinlichkeit wärmer als in den 1000 Jahren zuvor, vermutlich sogar wärmer als in den letzten 120 000 Jahren.

Als ich 2010 dieses Buch zu schreiben begann, zeichnete sich schon ab, dass in jenem Jahr eine neue Höchstmarke bei der globalen Mitteltemperatur seit Beginn der instrumentellen Messungen erreicht werden würde – was sich dann auch bewahrheitete. Das hing zweifellos auch mit der Tatsache zusammen, dass danach ein mittelstarkes El-Niño-Ereignis im Ostpazifik (siehe dazu ausführlich Kapitel 13 und 21) auftrat. Immer wenn sich diese anomale Erwärmung der Ozeandeckschicht vor der Mitte Südamerikas vollzieht, erhöht sich auch die planetarische Oberflächentemperatur um grob ein Zehntel Grad (Foster und Rahmstorf 2011).

Ab 2011 kam es dann vorübergehend zu einem kleinen Einbruch in der Temperaturentwicklung, der angesichts des Ausbleibens weiterer El-Niño-Episoden und der enormen inneren Variabilität des gekoppelten Atmosphäre-Ozean-Systems keineswegs verwunderlich erschien. Dennoch wurde daraufhin von Kreisen, die offensichtlich weniger an der wissenschaftlichen Wahrheit als an der Besitzstandswahrung der fossilen Industrien interessiert waren, die Botschaft verbreitet, die globale Erwärmung wäre »zum Stillstand« gekommen. Statt ruhig ihren Schlussfolgerungen aus den Gesetzen der Physik zu vertrauen, ließen sich viele Klimaforscher von dieser Kampagne ins Bockshorn jagen und begannen hektisch nach den Ursachen des unsinnigerweise auch noch *Hiatus* (englisch für »Lücke«) genannten Zufallsphänomens zu suchen. Inzwischen sind zahlreiche wissenschaftliche (und unzählige unwissenschaftliche!) Artikel zu diesem Nicht-Thema erschienen, die sich aber (wenig überraschend) weder auf die Gründe noch den Beginn des vermeintlichen Stillstands einigen konnten (siehe dazu insbesondere Lewandowsky u.a. 2015 und Rahmstorf 2015).

Mitte 2015, als ich mein Manuskript nochmals aktualisierte, hatte sich diese Debatte ohnehin erledigt, auch wenn einige, jedoch dünner werdende Stimmen immer noch die »Erwärmungspause« ausrufen. Abbildung 8 zeigt den neuesten Verlauf der globalen Mitteltemperatur in seiner wohl aussagekräftigsten Form, nämlich als »laufenden Zwölf-Monats-Durchschnitt«. Soll heißen, dass nach Ablauf jedes Monats der Mittelwert der jeweils vorausgegangenen zwölf Monate neu berechnet und eingezeichnet wird. Damit erhält man eine Größe, die von typischen saisonalen Schwankungen gereinigt ist und echte Langzeittrends aufzeigt.

Wie man in der Graphik unschwer erkennen kann, ist die Erwärmungsscharte von 2011 bis 2013 schon wieder ausgewetzt. Von einem *Hiatus* kann man ohnehin nur fantasieren, wenn man eine Trendbestimmung mit 1998 als Referenzjahr vornimmt – also dem Ausnahmejahr, als ein Monster-El-Niño im Pazifik wütete.

Wie wird es nun mit dem Klimawandel weitergehen? Das lässt sich durch die Analyse einer begrenzten Entwicklungsperiode eines komplexen Systems kaum beantworten. Auch aus den Ereignissen in den ersten fünf Minuten eines Fußballspiels kann man nur in den seltensten Fällen auf den Sieger der Partie schließen, vom Endergebnis ganz zu schweigen. Die einzigen seriösen Ausblicke auf die künftige Entwicklung der planetarischen Maschinerie können dynamische Simulationsmodelle liefern, die sich auf der festen Grundlage der Naturgesetze in fantastische Höhen der Wirklichkeitsnachahmung emporschwingen. Davon wird in späteren Kapiteln noch ausführlich die Rede sein. Ob wir im Übrigen jemals mathematische Simulatoren entwickeln werden, welche den Ausgang eines Weltmeisterschaftsfinales zwischen – sagen wir, Brasilien und Italien – mit hoher Wahrscheinlichkeit prognostizieren können, ist fraglich: Jeder gute Physiker weiß, dass Fußball schwerer zu durchschauen ist als das Wettergeschehen.

Letztlich würde man völlige Gewissheit über das Ausmaß der anthropogenen Erderwärmung nur erhalten, wenn man es einfach darauf ankommen ließe – wenn man also beispielsweise im Jahr 2200 feststellen kann, dass die globale Mitteltemperatur um z Grad gestiegen ist. Und dabei müsste man sich sogar noch auf den Wert von z einigen, welcher als zweifelsfrei »unnatürlich« anzusehen ist. Genau im Zusammenhang mit diesem letzten Punkt steht der Blick zurück von einer Klimaepisode (wie zwischen 1880 und 2015) in die tiefere Vergangenheit. Wenn ich in öffentlichen Vorträgen auf das Problem der Erderwärmung hinweise, meldet sich in der Abschlussdiskussion unweigerlich irgendein betagter Herr zu Wort, der mich und das Publikum wie folgt belehrt: Das Klima hat sich schon immer geändert, alles ist bereits mal da gewesen – wozu also diese ganze Umwelthysterie? Man ist dann stets versucht, aus dem Alter des Diskutanten darauf zu schließen, dass es sich wohl um einen Augenzeugenbericht handeln müsse. Aber nein, er spricht von Tausenden, ja Millionen von Jahren ... Doch im Ernst: Ist vielleicht tatsächlich alles schon einmal da gewesen? Die entsprechende Behauptung fällt sehr viel leichter als ihr Beweis. Denn trotz aller schon erwähnten Fortschritte bei der Rekonstruktion des früheren Klimas – der Blick in den Rückspiegel verschwimmt rapide mit dem Abstand der beobachteten Vergangenheitsschicht. Es bedarf bereits eines ganzen Arsenals an Geodatenbanken und ausgeklügelten statistischen Verfahren, um die globale Mitteltemperatur der letzten 1000 Jahre zu rekonstruieren.

Heroische Beiträge zu dieser Unternehmung verdanken wir dem amerikanisch-britischen Wissenschaftlertrio Michael Mann, Raymond Bradley und Malcolm Hughes (MBH), die 1998 und 1999 zwei umfassende Studien zur Temperaturentwicklung auf der Nordhalbkugel im zweiten Jahrtausend unserer Zeitrechnung veröffentlichten (Mann u.a. 1998, 1999). Eine der Abbildungen aus diesen Artikeln wurde im Dritten Sachstandsbericht des IPCC (*Intergovernmental Panel on Climat Change*, der von UN-Unterorganisationen 1988 eingerichtete »Weltklimarat«) aufgegriffen und dort 2001 prominent und in leicht modifizierter Form präsentiert. Abbildung 9 zeigt diese Graphik, welche den Verlauf der hemisphärischen Mitteltemperatur zwischen den Jahren 1000 und 2000 aus den verschiedensten empirischen Quellen (von Thermometermessungen bis zu historischen Berichten) herausfiltert und dabei auch die relevanten Unsicherheitsmargen benennt.

Für jeden unvoreingenommenen Betrachter – und gerade für den Laien – zeigt die MBH-Kurve eindrucksvoll auf, dass sich etwa ab dem Jahr 1900 etwas Außerordentliches im Klimasystem vollzogen hat. Schon bald nach der Veröffentlichung wurde die Graphik unter dem Namen *hockeystick curve* zum Bezugspunkt unzähliger Klimadebatten, denn sie vermittelt ein klares Sinnbild: Neun Jahrhunderte natürlicher Temperaturvariabilität formen den flachen Schaft des Eishockeyschlägers, ein weiteres Jahrhundert menschlichen Einflusses biegt dann das Schlägerblatt steil empor. MBH konnten kaum vorhersehen, dass dieses Bild *zu klar* war, um allgemein als wahr akzeptiert zu werden. Noch weniger konnten sie ahnen, dass sie ungewollt zu tragischen Helden eines schmutzigen Stellungskriegs zwischen der professionellen Klimawissenschaft und einer obskuren Allianz aus einigen wenigen kritischen Kollegen, Forschungsdilettanten, Sensationsjournalisten und hartgesottenen Lobbyisten der fossilen Industrien mutieren würden. Die sogenannte »Hockeyschläger-Kontroverse« gehört zu den bizarrsten Episoden der zeitgenössischen Klimadebatte. Doch dazu mehr in Kapitel 22.

Die MBH-Graphik dürfte inzwischen zu den meistgeprüften wissenschaftlichen Befunden aller Zeiten gehören und hat in der Substanz allen fachgerechten Untersuchungen ebenso wie allen unfairen Kritiken und unlauteren Pressionen standgehalten. Ein außerordentlich wichtiger Test wurde 2006 von der US-Akademie der Wissenschaften (NAS) auf Bitte des Kongresses der Vereinigten Staaten von Amerika durchgeführt (National Research Council 2006), ein Vorgang, der die ungeheure Politisierung einer speziellen wissenschaftlichen Fragestellung belegt. Das keineswegs unkritische Akademiekomitee kam im Wesentlichen zu den folgenden Schlüssen:

Erstens, die MBH-Rekonstruktion der Temperaturen im letzten Jahrtausend wird gestützt durch eine Reihe von jüngeren unabhängigen Studien, durch die Gesamtheit aller verfügbaren Datenarchive und auch durch die Computersimulationen von Klimamodellen auf physikalischer Grundlage. *Zweitens*, die globale Mitteltemperatur lag in den letzten Dekaden des 20. Jahrhunderts mit großer Wahrscheinlichkeit höher als in irgendeiner vergleichbaren Periode während der letzten 400 Jahre. *Drittens*, Aussagen über die Zeit zwischen 900 und 1600 sind mit erheblichen Unsicherheiten behaftet. Dennoch deuten die verfügbaren Daten darauf hin, dass die meisten Regionen der Erde gegen Ende des 20. Jahrhunderts wärmer als irgendwann in den 1100 Jahren zuvor waren. Eine wahrscheinliche Ausnahme bildet unter anderem Europa während des sogenannten »Mittelalterlichen Klimaoptimums«, wo vermutlich vor etwa tausend Jahren vergleichbare Temperaturen wie heute geherrscht haben. *Viertens*, die vom MBH-Team benutzten statistischen Verfahren könnten partiell durch bessere ersetzt werden, was jedoch nicht zu qualitativen Änderungen der Hauptergebnisse der Studie führen dürfte.

Glänzende Bestätigung erfuhr die MBH-Kurve zudem erst vor Kurzem: zum einen durch die Resultate des geradezu monumentalen Forschungsprojekts *PAGES 2k*, bei dem 78 Forscher aus 24 Ländern sieben Jahre lang zusammenarbeiteten, um das Klima der letzten zwei Jahrtausende weltweit zu rekonstruieren (PAGES 2k Consortium 2013). Dafür wurden insgesamt 511 verschiedene Paläodatenquellen (von Sedimenten bis Stalagmiten) genutzt. Und zum anderen durch die erste wissenschaftliche Nachzeichnung der globalen Temperaturentwicklung in den letzten 11 300 Jahren durch eine Forschergruppe an der Harvard und der Oregon State University (Marcott u. a. 2013). Diese Experten werteten unter anderem 73 Datenarchive aus und führten 1000 Simulationsrechnungen durch, um zufällige Fehler auszumerzen. Es zeigt sich, dass die MBH-Resultate nahezu perfekt mit den entsprechenden Ergebnissen der neuen Studien übereinstimmen.

Paradoxerweise würde jedoch die Debatte über den menschengemachten Klimawandel im Kern gar nicht verändert, wenn sich nachweisen ließe, dass die MBH-Kurve eigentlich zu einem Trog ergänzt werden
müsste, dass also vor 1000 oder auch 2000 Jahren die *globale* Mitteltemperatur ähnlich hoch lag wie heute. Denn wenn wir immer weiter in die
Erdvergangenheit zurückgehen, finden wir natürlich Zeitalter, in denen
unser Planet wärmer war als in der Gegenwart. Die entscheidende Frage
lautet jedoch: Ist der rasante Erwärmungstrend der letzten Dekaden eine
spontane *natürliche* Schwankung der planetarischen Betriebstemperatur,
oder ist er unter den aktuell waltenden geophysikalischen Umständen
(Kontinentverteilung, Vegetationsverhältnisse, solare Einstrahlung usw.)
ein *abnormer* Vorgang?

Ich werde diese Frage gleich beantworten, vorher aber noch darauf hinweisen, dass der »Hockeyschläger-Krieg« nur deshalb massenhafte Beteiligung, ja Fanatismus mobilisieren konnte, weil im Zentrum der Auseinandersetzung etwas ausgesprochen Simples steht: Jede halb gebildete
Person kann sich etwas unter einer historischen Temperaturkurve vorstellen, praktisch jeder Mensch kann durch Spekulationen über manipulierte
Informationsquellen oder durch Gerüchte über die Verschwörung der
Wissenschaftlereliten gegen das gemeine Volk in die Kontroverse, ja Kon-
frontation hineingesaugt werden. Die viel relevantere Auseinandersetzung
um vertrackte klimatologische Mechanismen, die womöglich die Wasserdampfrückkopplung (und damit die anthropogene Erderwärmung) scharf
begrenzen, kann niemals mit derselben Leidenschaft in der Öffentlichkeit
geführt werden – einfach weil die Öffentlichkeit dann notgedrungen nur
»Bahnhof« verstünde. Dieses Verbeißen in ein attraktives Nebenknöchel-
chen des unendlich komplexen Weltkörpers ist im Übrigen ein weit verbreitetes Phänomen, das sogar die erhabene Mathematik in Wallung bringen kann.

Ein bezeichnendes Beispiel dafür ist das populärwissenschaftliche Getöse um die »Fermat-Vermutung«. Dabei handelt es sich um eine völlig zweckfreie zahlentheoretische Hypothese des südwestfranzösischen
Landadligen Pierre de Fermat, der allein schon durch die Formulierung
des nach ihm benannten physikalischen Prinzips über den Ausbreitungs-
weg des Lichts einen Platz im Olymp der Wissenschaft verdiente. Im Jahr
1637 stellte er nun die Behauptung auf, dass die Gleichung

$$a^n + b^n = c^n$$

(Gleichung 5)

wobei a, b, c natürliche Zahlen (also 1, 2, 3 etc.) sind und n eine ganze Zahl größer als 2 (also 3, 4, 5 etc.) ist, *keine einzige Lösung* besitzt. Für n = 2 findet man dagegen sofort Lösungen (die sogenannten pythagoräischen Tripel), etwa a = 3, b = 4, c = 5:

$$3^2 + 4^2 = 9 + 16 = 25 = 5^2$$

(Gleichung 6)

Fermat war eine faszinierende Persönlichkeit (er soll sogar eine Pesterkrankung überlebt haben) und hinterließ auf einer Druckausgabe des antiken Mathematiktexts *Arithmetica* eine mysteriöse Randnotiz, wo er lakonisch vermerkte, dass er einen »wahrhaft wunderbaren Beweis« seiner Vermutung gefunden habe. Obschon dieser Beweis wohl reine Illusion war, hatte der Barockgelehrte mit jenem Hinweis einen tiefen Stachel in die mathematische Forschung getrieben und überhaupt alle Voraussetzungen für ein legendäres intellektuelles Rätsel geschaffen – ein Rätsel, dessen Natur auch jeder interessierte Laie begreifen konnte. Denn für n = 2 ist Gleichung 6 identisch mit dem Satz von Pythagoras über die Längenverhältnisse in einem rechtwinkligen Dreieck und gehört damit zum Basiswissen der menschlichen Zivilisation. Das »Letzte Theorem«, wie die Fermat-Behauptung irgendwann sensationsgerecht genannt wurde, konnte erst 1995 vom Briten Andrew Wiles als Ergebnis einer enormen geistigen Kraftanstrengung bewiesen werden – also genau 358 Jahre nach dem Aussprechen der zahlentheoretischen Vermutung.

Ein anderes großes Mysterium der mathematischen Wissenschaft, das für Struktur und Fortschritt dieses Fachgebietes wohl viel bedeutsamer ist, bleibt dagegen weiterhin ungeklärt: die Riemann'sche Hypothese. Bernhard Riemann (1826–1866) war ein deutscher Gelehrter, der in seinem kurzen Leben und mit einer sehr überschaubaren Zahl von Publikationen die Grenzen der Mathematik pulverisierte und Einsichten fand, deren Tiefen seine Zunft bis heute nicht vollständig auszuloten versteht. Seine berühmte Vermutung lautet ganz lapidar:

Alle nichttrivialen Nullstellen der Zeta-Funktion haben den Realteil ½.

Alles klar? Die Gedankenarbeit, die zur bloßen Formulierung dieser Hypothese führt, hat größte Bedeutung für die Entwicklung der modernen Mathematik, aber jüngere Veröffentlichungen haben unter anderem auch wichtige Bezüge zur Theoretischen Physik hergestellt (insbesondere auf dem Gebiet des Quantenchaos). Der Beweis oder die Widerlegung der Riemann'schen Vermutung dürfte das Fach entscheidend voranbringen, aber würde diesen Fortschritt irgendjemand außerhalb des Expertenzirkels bemerken? Selbst mathematisch vorgebildete Leser werden mit der obigen Formulierung der Behauptung kaum etwas anfangen können, geschweige denn die breite Öffentlichkeit. Wer aber dennoch verstehen will, was Bernhard Riemann sich dabei gedacht hat, den möchte ich auf das 2003 erschienene Buch *Prime Obsession* von John Derbyshire verweisen (Derbyshire 2003). Dieses Meisterwerk der populärwissenschaftlichen Literatur zeigt, wie man überaus subtile Sachverhalte kristallklar und vergnüglich aufbereiten kann – und ganz nebenbei lernt man die menschliche Seite einiger der größten Mathematiker aller Zeiten kennen.

Beim Klimathema kommt die intellektuelle Bescheidenheit, mit der selbst die sendungsbewusstesten Politiker und aggressivsten Lobbyisten der Riemann'schen Hypothese begegnen dürften, leider nicht zum Tragen – obwohl die Dinge da kaum einfacher liegen als bei der ominösen Zeta-Funktion. Aber schließlich geht es jetzt um Billionen Dollar, nicht um ehrenvolle Einträge in die *Encyclopedia Britannica*. Dennoch sollte man meinen, dass auch diejenigen, welche sich vor der Klimaforschung in ihren wie auch immer gearteten Rechten, Privilegien oder Interessen bedroht fühlen, wissen wollen, was Sache ist. Dafür muss man sich allerdings in die Welt außerhalb des Hockey-Stadions begeben; dort gibt es bemerkenswerte neue Erkenntnisse. Für den Bereich »Nachweis und Zuschreibung des Klimawandels« sind diese Fortschritte beispielsweise in dem hervorragenden Übersichtsartikel dargestellt, den Peter Stott vor einigen Jahren zusammen mit sechs Kolleginnen und Kollegen verfasst hat (Stott u. a. 2010). Stott arbeitet an einer der weltweit führenden Klimaforschungseinrichtungen, dem britischen Hadley Centre in Exeter. Bei unserem letzten, zufälligen Treffen in Belgien ließ er die selbstironische Bemerkung fallen, dass die Aufklärung des menschlichen Einflusses auf das moderne Klimageschehen – und insbesondere auf die Häufigkeit von extremen Witterungsereignissen – zur zentralen Leidenschaft seines Lebens geworden sei.

Ein besonders überzeugendes Resultat der Detektivarbeit von Stott & Co. ist die in Abbildung 10 wiedergegebene Graphik. Ihr Gegenstand ist wieder die sogenannte *Anomalie der globalen Mitteltemperatur*, also die fortlaufende Abweichung der planetarischen Temperatur vom zeitlichen Durchschnittswert in einem sinnvollen Referenzzeitraum (hier die Periode 1861–1899). Entscheidend ist der Vergleich der tatsächlich gemessenen Entwicklung mit einer künstlich erzeugten Anomaliekurve, welche einer (als »Kontrollexperiment« bezeichneten) Computersimulation des Klimasystems mit dem bestmöglichen gekoppelten Atmosphäre-Ozean-Modell entspringt. Diese Simulation ahmt also die typische natürliche Schwankung der Erdtemperatur nach, wie sie allein durch die inneren Wechselwirkungen zwischen den irdischen Luft- und Wassermassen zustande kommen sollte – ohne die störenden Einflüsse von geologischen Ereignissen wie Vulkanausbrüchen und bei konstanten solaren Einstrahlungsbedingungen sowie fixen vorindustriellen Konzentrationen von Treibhausgasen. Das Kontrollexperiment ist natürlich nur so glaubwürdig wie das verwendete Klimamodell, das den aktuellen Stand der Forschung widerspiegeln sollte. Computersimulationen haben dafür aber den enormen Vorteil, dass sich mit ihnen über Tausende von (virtuellen) Jahren rechnen lässt, dass man die unterschiedlichsten Anfangsbedingungen für Atmosphäre und Ozeane durchspielen kann und dass inzwischen eine ganze Schar hervorragender Modelle zur Verfügung steht. Auf diese Weise lässt sich ein umfassendes Charakterbild des autistisch vor sich hin zappelnden Klimasystems zeichnen.

Der bloße Augenschein enthüllt die frappierenden Unterschiede zwischen Mess- und Simulationskurve in der Graphik. Dies macht deutlich, dass seit etwa 100 Jahren gewaltige Störkräfte in der globalen Umwelt am Werk sein müssen. Subtile statistische Tests am Datenmaterial bestätigen das: Die Wahrscheinlichkeit, dass der beobachtete Temperaturausschlag zwischen 1959 und 2008 auf die innere Zitterbewegung des Atmosphäre-Ozean-Komplexes zurückzuführen ist, liegt bei weniger als 5 Prozent (immer vorausgesetzt, dass das verwendete Simulationsmodell jene Zitterbewegung zuverlässig nachäfft). Umgekehrt ausgedrückt sind *externe Faktoren* mit mehr als 95-prozentiger Wahrscheinlichkeit für den festgestellten dramatischen Erwärmungsvorgang verantwortlich. Damit kann man sich recht sicher sein, den *Nachweis* einer Klimaentwicklung außerhalb der internen Betriebsbewegungen erbracht zu haben.

Aber was ist nun mit der *Zuschreibung*? Welche externen Faktoren sind tatsächlich für den Exkurs des Systems verantwortlich? Und dominiert dabei wirklich und eindeutig der Mensch? Immerhin ist die Auswahl an möglichen äußeren Störkräften sehr begrenzt: Als *natürliche* Verursacher für den beobachteten raschen Wandel kommen nur geotektonische Ereignisse (wie Vulkanausbrüche oder Erdbeben) und astrophysikalische Einflüsse (wie Änderungen der Sonnenintensität, kosmische Strahlungspulse, wandernde interplanetarische Staubwolken oder Variationen des Erdmagnetfeldes) infrage. Als *zivilisatorische* Ursachen sind dagegen im Wesentlichen die weitgehend verstandene und nachgewiesene Anreicherung der atmosphärischen Treibhausgase (siehe oben) und die Veränderung der physikalischen und biologischen Eigenschaften der planetarischen Oberfläche (beispielsweise durch Umwandlung großer Waldgebiete in Weideland) im Angebot. Die direkte oder indirekte Wirkung dieser potenziellen Faktoren möchte man nun mit möglichst präziser Gewichtung im Datenwust erkennen, den die Armada der modernen Beobachtungsvehikel (wie Erdbeobachtungssatelliten) in immer größeren Mengen anlandet. So wollen es jedenfalls die politischen Entscheidungsträger und die Öffentlichkeit. Doch eigentlich wäre es viel vernünftiger, einfach den bewährten Gesetzen der Naturwissenschaften zu vertrauen, nach denen der Mensch ohnehin in einigen Jahrzehnten als alles beherrschende Triebkraft der Erderwärmung verurteilt werden wird.

Um dem drängenden Wunsch nach rascher Überführung des Klimaverdächtigen dennoch nachzukommen, muss heute so etwas wie ein wissenschaftlicher Indizienprozess geführt werden. Ein wichtiger Teil der Ermittlungen besteht dabei im »Profiling«, also im Rückschließen auf die Persönlichkeit des Täters aus den bekannten charakteristischen Einzelheiten bisheriger Delikte. Idealerweise würde man an einem der Tatorte eine Visitenkarte auffinden.

Dieser gewissermaßen kriminalistische Ansatz hat einen eigenen Zweig der Klimasystemforschung hervorgebracht, dem sich eine Reihe kluger Köpfe wie etwa Peter Stott widmen. Der Begründer dieser ganz besonderen »Detektivagentur« ist jedoch der deutsche Physiker Klaus Hasselmann. Er ist zugleich einer der großen Pioniere der modernen Klimaforschung im Allgemeinen. Hasselmann zählt zweifellos zu den brillantesten Kollegen, die ich in meiner Forschungslaufbahn kennenlernen durfte, ein Mann, der Vision und Integrität auf denkbar unprätentiöse Weise in sich vereinigt. Das Max-Planck-Institut für Meteorologie in Hamburg etablierte sich unter seiner Führung bis 1999 in der absoluten Weltspitze; gleichzeitig war er eine treibende Kraft beim Aufbau und der Fortentwicklung des Potsdam-Instituts. Aber auch mein persönlicher Werdegang als Wissenschaftler wurde von Klaus Hasselmann und seinem charismatischen Mitstreiter Hartmut Graßl beeinflusst. Es stellt eine ganz besondere Auszeichnung dar, wenn man mit solch überragenden Gelehrten zusammenarbeiten und publizieren darf.

Im Jahr 1979 veröffentlichte Hasselmann einen Aufsatz (Hasselmann 1979), der das Einfallstor in das weite Feld von *Detection and Attribution* bildete. Dieser Artikel ist auch heute nur profunden Kennern der Materie bekannt. Dennoch skizzierte er bereits das grundsätzliche Verfahren, mit dem man das Muster der menschlichen Klimastörung aus dem natürlichen Rauschen des Atmosphäre-Ozean-Systems herausfiltern könnte. Hunderte von Folgearbeiten haben dieses Verfahren statistisch und technisch aufgerüstet, ohne der Grundidee Wesentliches hinzuzufügen. Auch die oben erläuterten Resultate von Stott & Co. stehen in der Tradition der Hasselmann'schen Denkschule. Dieser publizierte 1993 einen weiteren Artikel zum Thema mit dem (übersetzten) Titel »Optimale Fingerabdrücke für den Nachweis von zeitabhängigem Klimawandel« (Hasselmann 1993), womit er zudem die Begriffsbildung auf diesem Forschungsgebiet entscheidend prägte. Aber Hasselmann machte kraft seiner Persönlichkeit das Hamburger Institut auch zu einer bemerkenswerten Talentschmiede, wo nicht wenige der heute international führenden Klimawissenschaftler auf das richtige Gleis gelenkt wurden. Einer von ihnen ist Benjamin Santer, den Hasselmann zufällig auf einer Konferenz anwarb und der heute im Lawrence Livermore National Laboratory in Kalifornien arbeitet. Santer spielte beim Dritten Sachstandsbericht des IPCC eine tragende Rolle, worauf er (nach exakt dem gleichen Muster wie später Michael Mann; siehe oben und Kapitel 22) von der Szene der Klimaschutzgegner zum Staatsfeind Nr. 1 erklärt wurde – mit hexenjagdähnlichen Konsequenzen. Aber das ist eine andere Geschichte …

Beim »Fingerabdruckverfahren« im Sinne von Hasselmann und seinen Schülern kann man grob zwischen *starker* und *schwacher* Indikation (also Beweisführung) unterscheiden. Ein starkes Indiz wäre in der Tat – um weiter im Bild zu bleiben – ein gut erhaltener Fingerabdruck des Täters am Ort des Delikts, ein Abdruck, der sich nur einem einzigen Tatverdächtigen zuordnen ließe. Schwache Indizien wären etwa unstrukturierte Fußabdrücke oder Schlagwinkel, aus denen man innerhalb gewisser Fehlermargen auf Gewicht oder Größe schließen könnte. Die moderne Klimaforschung kann aufgrund der durchgeführten Beobachtungen und Berechnungen jedenfalls den Kreis der möglichen Antreiber der Erderwärmung seit 1900 auf zwei Akteure begrenzen: die Sonne (Tatwaffe: Strahlungsverhalten) und den Menschen (Tatwaffe: Freisetzung atmosphärisch wirksamer Substanzen). Alle darüber hinausgehenden Spekulationen sind entweder wissenschaftlich nicht hinreichend begründbar oder beziehen sich auf eher vernachlässigbare Spezialeffekte.

Für die »starke Zuschreibung« im Sinne eindeutiger Täterhinweise kommen insbesondere die folgenden Aspekte des Klimasystemwandels infrage:

- die *Höhencharakteristik* der observierten Erwärmung der Atmosphäre, speziell die unterschiedliche Temperaturentwicklung an der planetarischen Oberfläche, in der Troposphäre (bis zu etwa 10 Kilometer Höhe) und in der Stratosphäre (bis zu etwa 50 Kilometer Höhe),

- die *Tag-Nacht-Charakteristik* der beobachteten Temperaturtrends,
- das *geographische Muster* der Atmosphärenerwärmung, also die regionale Ausprägung des globalen Phänomens,
- das *Erwärmungsmuster der Ozeane*, aufgelöst nach Tiefe und Region.

Die fachliche Diskussion aller einschlägigen Befunde mit Blick auf die Originalliteratur würde Bände füllen und kann hier unmöglich geführt werden. Die aktuelle Beweislage lässt sich so zusammenfassen, dass wir bisher noch keinen *einzelnen* starken Fingerabdruck des Menschen im globalen Klimageschehen auffinden konnten. Dafür gibt es zu allen oben genannten Aspekten inzwischen etliche Befunde, die alle auf denselben Täter hinweisen. Diese Indizien fügen sich zu etwas wie einem (mindestens) vierfingerigen *Handabdruck* der Zivilisation zusammen! Die sichergestellten Negative jedes individuellen Fingers (Daumen, Zeigefinger etc.) sind jeweils unvollständig und deshalb nicht ganz eindeutig. Aber *zusammengenommen* überführen sie den Klimatäter mit an Sicherheit grenzender Wahrscheinlichkeit. Eine Ersatzerklärung müsste von mehreren, gleichzeitig tätigen Akteuren ausgehen, wobei für jeden Finger ein jeweils anderer den jeweils passenden Abdruck hinterließe. So ein Plot taugt bestenfalls für einen Kriminalroman von Agatha Christie (*Mord im Orientexpress*), aber wohl kaum für die politische Entscheidungsfindung in Bezug auf globale Vorsorgemaßnahmen.

Wer aber immer noch nicht davon überzeugt ist, dass der Mensch die treibende Kraft beim Klimawandel darstellt, sollte die ergänzenden Befunde des »schwachen« Zuschreibungsverfahrens, also der exotischeren Klimaindizien à la Schlagwinkel, zur Kenntnis nehmen. Hierbei spielen insbesondere die relativen Wirkungsstärken der externen klimarelevanten Störungen die entscheidende Rolle. Man berücksichtigt schlicht und ergreifend alles: Standardtreibhausgase, halogene Kohlenwasserstoffe, »gewöhnliche« Luftverschmutzung durch Schwefeldioxid oder Stickoxide, Ruß, Stäube, zivilisatorische Veränderungen der Landoberfläche, die gesamte Sonnenaktivität inklusive magnetischer Prozesse, kosmische Strahlung, Vulkanausbrüche, Schwankungen der planetarischen Bahnparameter. Dann verarbeitet man diesen Katalog von Antrieben in den fortgeschrittensten Erdsystemmodellen und ermittelt (a), ob man mit diesem gigantischen Aufwand die beobachtete Entwicklung der globalen Mitteltemperatur (sowie anderer Leitparameter) vernünftig reproduzieren kann, und (b), welche der vielen Faktoren bei der Computer-

simulation (und damit aller Wahrscheinlichkeit nach im realen Klimageschehen) den Ton angeben. In Abbildung 11 ist ein typisches – und, wie
ich glaube, überzeugendes – Beispiel für diese Vorgehensweise wiedergegeben.

Die Graphik zeigt insbesondere, dass die Gesamtheit aller »natürlichen« Antriebe den mächtigen Erwärmungstrend der letzten Jahrzehnte
nicht erklären kann. Ohne den Anstieg der treibhauswirksamen Gaskon-
zentrationen würde die dargestellte Berechnung (an der ganze »Ensembles« von Klimasystemmodellen beteiligt waren) für die zweite Hälfte des
20. Jahrhunderts sogar eine leichte Abkühlung unseres Planeten ermitteln.
Nach bestem Wissen der modernen Forschung waren die Schwankungen
der Sonnenaktivität im Untersuchungszeitraum weder von der Richtung
noch von der Größenordnung her in der Lage, die Erdtemperatur entsprechend nach oben zu drücken (siehe hierzu zum Beispiel Feulner und
Rahmstorf 2010). Die gegenwärtigen Schätzungen zum Solaranteil an den
jüngeren Klimaentwicklungen liegen zwischen 5 und 20 Prozent. Deshalb
suchen die Kritiker der wissenschaftlichen »Lehrmeinung« verzweifelt
nach dem Verstärkungsfaktor X – einem geophysikalischen Prozess, der
milde Sonnenvariabilität in drastische (zehn- bis hundertfache) Klimawirkung umwandeln kann. Niemand kann mit Sicherheit ausschließen, dass
ein solcher Phantomfaktor existiert. Statt ihm nachzuspüren, erschiene
es mir jedoch wesentlich sinnvoller, schleunigst mehr Licht in diejenigen
Forschungsfelder zu bringen, wo noch entscheidende Fragen offen sind:
Aerosoleffekte und Wolkenbildung. Aus beiden Bereichen könnten (partielle) Entwarnungen zum Thema Klimawandel erwachsen, genauso wie
alarmierende Korrekturen am jetzigen Erkenntnisstand.

Damit ist auch die jüngere Forschungsgeschichte des Klimawandels
vorläufig abgeschlossen. Mein Logbuch kann der Eindrucksfülle dieser
wissenschaftlichen Expedition in keiner Weise gerecht werden. Die Eintragungen sind lückenhaft und würdigen viele große Pioniere wie Wallace
Broecker, Syukuro Manabe, James Hansen, John Houghton, Bert Bolin
oder den kürzlich verstorbenen unvergesslichen Stephen Schneider nicht.
Auf einige von ihnen werde ich allerdings noch zu sprechen kommen. Ich
hoffe, dieser Bericht konnte dennoch vermitteln, dass das Ringen um robustes Klimawissen eines der größten Abenteuer des menschlichen Geis-
tes darstellt.

Noch immer sind viele Details ungeklärt, wichtige Parameter nur grob
bestimmt, ja wesentliche Prozesse weitgehend unverstanden. Aber selbst
im Halblicht der heutigen Erkenntnisse zeichnet sich in der Ferne eine
Bedrohung ab, die fast allen, die sich mit dem Thema ernsthaft ausei-

nandersetzen, den Atem stocken lässt: Es ist das Risiko eines unbegrenzten selbst verschuldeten Klimawandels, der die planetarische Umwelt so tiefgreifend umgestalten *könnte* wie die Sintflut das Heilige Land. Diese Gefahr sollte 2009 in der dänischen Hauptstadt Kopenhagen endgültig gebannt werden.

7. Stühlerücken auf der »Titanic«

Kopenhagen kann sehr schön sein, aber auch verdammt hässlich. Beide Seiten der Stadt habe ich wahrgenommen, und zwar als Mitglied der deutschen Delegation bei der COP 15 (15th Session of the Conference of the Parties), die offiziell vom 7. bis zum 18. Dezember 2009 stattfand – aber erwartungsgemäß erst am Mittag des 19. Dezember Realzeit endete. Als theoretischer Physiker, der mehr als ein Jahrzehnt lang zu den Grundlagen der Quantenmechanik geforscht hat, empfinde ich Kopenhagen zunächst als wissenschaftliche Ikone: Die von Niels Bohr begründete Denkschule zur Deutung des überaus merkwürdigen Verhaltens von Elementarteilchen – die sogenannte Kopenhagen-Interpretation – steht noch immer wie ein Koloss in der Landschaft der modernen Physik. Man würde dieses Monstrum gern umstürzen, denn es bietet einen ziemlich grotesken Anblick, aber alle bisherigen Versuche waren erfolglos. Doch davon später mehr.

Eine besonders schöne Seite der Stadt, die sich in einer Mischung aus Tollkühnheit und Berechnung als Veranstalter des in vielerlei Hinsicht historischen Weltklimagipfels angeboten hatte, konnte ich gleich zu Beginn der Riesenkonferenz erleben. Die COP 15 selbst fand im sogenannten Bella Center im südlichen Industrie- und Gewerbegebiet von Kopenhagen statt, natürlich auch die offizielle, pompöse Eröffnungsfeier am 7. Dezember. Am selben Tag gab es aber auch ein intellektuelles Auftaktereignis an anderer Stätte. Dies war ein wissenschaftlich-politisches Seminar mit dem Titel »Countdown für Kopenhagen«, welches in der prachtvollen Zeremonienhalle der Universität im Zentrum der malerischen Altstadt durchgeführt wurde. Ich war von Lykke Friis, die als Prorektorin den zweithöchsten Rang in der Universitätshierarchie einnimmt, eingeladen worden, den Hauptvortrag bei dieser Veranstaltung zu halten. Lykke und ich hatten uns im März 2009, auch in Kopenhagen, bei einer großen Forschungskonferenz kennengelernt und sofort Freundschaft geschlossen. Sie ist eine zierliche, hübsche und auf sympathische Weise quirlige junge Frau, die als Tochter eines Dänen und einer Deutschen schon enorm viel für die Verbesserung des durchaus problematischen Verhältnisses zwischen beiden Ländern getan hat und außerdem berechtigten Anspruch auf den Titel »leidenschaftlichster Anhänger und Kenner des Fußballklubs Bayern München in ganz Skandinavien« erheben könnte.

Unmittelbar vor der COP 15 war Lykke überraschend zur Klima- und Energieministerin der dänischen Regierung berufen worden, sodass sie am 7. Dezember im Bella Center eine offizielle Rolle einnahm und nicht beim Universitätsseminar dabei sein konnte. Sie hätte dort sicherlich mit einem feurigen Plädoyer für den Klimaschutz zur Einstimmung der Teilnehmer beigetragen, aber auch ohne sie entwickelte sich in der alten Zeremonienhalle eine ganz besondere Atmosphäre: Der halbdunkle, stickig-warme Raum zwischen bemalten Wänden und vergoldeten Holzsäulen war überfüllt mit vorwiegend jungen Menschen, die mit glänzenden Augen, geröteten Wangen und größter Aufmerksamkeit den Reigen der Vorlesungen und Podiumsdiskussionen zum Generalthema Klimawandel verfolgten. Selten habe ich ein Publikum mit so vielen schönen, klugen und erwartungsvollen Gesichtern erlebt, voller Hoffnung und Vertrauen darauf, dass dieser Tag den Beginn der Wende zum globalen Klimaschutz markieren würde. Immer wieder tauchte der Begriff »Hope-nhagen« auf, immer wieder wurde die gemeinsame Verantwortung für die Zukunft beschworen. Das Altehrwürdige und das Jugendfrische schlossen für einige Stunden an diesem Ort einen märchenhaften Bund.

Zwölf Tage später, gegen 4 Uhr morgens am Samstag, dem 19. Dezember 2009: Ich befinde mich nun im Bella Center, dem Schauplatz der COP 15, und erlebe die letzten Zuckungen des »Weltklimagipfels« hautnah mit. Mit mir harren circa 100 Politiker, Beamte, Industrielobbyisten, Umweltschützer und Medienprofis vor dem großen Bildschirm im Europäischen Pavillon aus. Dies ist eigentlich nur eine größere Sitzecke mit Kaffeebar, aber sie liegt strategisch günstig im Verbindungstrakt zwischen dem eigentlichen, ziemlich abstoßenden Konferenzzentrum und der noch tristeren Containersiedlung, welche die Funktionsräume der Staatsdelegationen beherbergt. Der Pavillon hat sich im Verlauf der COP 15 zum bevorzugten Treffpunkt, zur Informationsbörse, ja zum Überlebensraum der zusehends übernächtigten und frustrierten Teilnehmer vom Alten Kontinent entwickelt. In dieser Gerüchteküche werden die unglaublichsten Speisen aufgetischt, aber auch die heißesten Nachrichten aus erster Hand. Während man das Geschehen im Plenarsaal über das offizielle Konferenzfernsehen verfolgt, flüstern einem alte Bekannte aus aller Welt die neuesten Entwicklungen aus den verschlossenen Hinterzimmern zu, wo die wirklich Mächtigen um die Klimazukunft unseres Planeten zocken. Jetzt, gegen Ende des Kopenhagener Spektakels, herrscht ungläubige Begräbnisstimmung, durchsetzt mit Anfällen von Sarkasmus und Zynismus.

Allein im intimsten Kreis haben die Regierungschefs der USA und der wichtigsten Schwellenländer den kleinsten aller möglichen Nenner für den Klimaschutz festgeschrieben und unter dem anmaßenden Titel »Kopenhagen-Übereinkunft« (englisch: *Copenhagen Accord*, abgekürzt CHA) dem Rest der Welt vor die Füße geworfen. Unmittelbar nach dieser Großtat sind die Staatsmänner und Regierungsfrauen abgereist – Barack Obama geradezu fluchtartig, weil für den Flughafen von Washington, D.C., chaotische Witterungsverhältnisse mit Schneesturm und Blitzeis vorhergesagt worden waren. Der passende meteorologische Witz zum Thema Erderwärmung!

Nun müssen die zurückgebliebenen Umweltminister und Klimadiplomaten der UNFCCC-Vertragsstaaten die üble Kompromissbrühe, welche ihnen fünf »Meister des Universums« (die Präsidenten von Brasilien, China, Indien, Südafrika und den USA) eingebrockt haben, auslöffeln. Wie schwer verdaulich diese Mahlzeit ist, offenbart sich in der tumultartigen abschließenden Plenardebatte, wo über die Morgendämmerung hinaus hilflose und sinnlose rhetorische Schlachten mit bösartigsten Unterstellungen und verbalen Tiefschlägen toben werden. Am Ende des Trauerspiels gibt es noch nicht einmal eine offizielle Zustimmung zur nahezu substanzlosen Kopenhagen-Übereinkunft; die Vollversammlung nimmt das Drei-Seiten-Papier lediglich »zur Kenntnis« – »No-penhagen«, oder noch treffender »K.O.penhagen«!

Diese Nacht im Bella Center ist wohl die deprimierendste Episode meines bisherigen Lebens als Klimawissenschaftler und Klimaberater. Nicht, weil ich auch nur einen Moment geglaubt habe, dass nun das Ende aller Hoffnungen auf eine vernunftgeleitete, solidarische globale Strategie gegen die zivilisationsgetriebene Erderwärmung gekommen sei. Entsprechend reagiere ich auf die Fragen der im Europäischen Pavillon feldlagernden Journalisten, die sich ganz offensichtlich eine zornig-unbeherrschte Stellungnahme von mir wünschen, auf enttäuschte, aber nüchtern-abwägende Weise: Auch die COP 15 sei nur ein Zwischenschritt auf dem langen Weg zur Klimastabilisierung. Seit dem Erdgipfel von Rio im Jahr 1992 habe der »Schweinezyklus« der globalen Umweltpolitik schon mehrere volle Perioden mit allen Höhen und Tiefen durchlaufen. Die Erwartungen an Kopenhagen seien überzogen gewesen; nun müsse man eben bei der COP 16 in Cancún ein kleineres, aber nahrhaftes Brötchen backen. Die Kopenhagen-Übereinkunft bilde dafür durchaus eine Plattform, denn sie enthalte auch gute Elemente – und vor allem, aufgrund ihrer Wolkigkeit, keine Festschreibung von offensichtlich falschen Zielmarken. Diese Aussagen stehen – obwohl spontan nach drei Konferenztagen mit insgesamt zwei Stunden Schlaf getroffen – allesamt im Einklang mit einer tieferen

Analyse des Kompromisspapiers, die ich weiter unten in diesem Kapitel vornehmen werde.

Meine Fassung in den frühen Morgenstunden des 19. Dezember zu wahren fällt mir jedoch alles andere als leicht. Denn die Emotionsatmosphäre in den tristen Konferenzhallen hängt voller Gewitter, Sturzregen und Hagelschläge: Der *Spiegel*-Redakteur Christian Schwägerl, der einige der brillantesten Medienbeiträge überhaupt zum Klimathema verfasst hat, bebt vor Zorn über die impotente politische Oberklasse. Christoph Bals, der politische Geschäftsführer der von mir sehr geschätzten Umweltorganisation *Germanwatch*, ist bleich wie der Tod, seine Hände zittern. Es tut mir in der Seele weh, diesen hochsensiblen Kämpfer für die internationale Klimagerechtigkeit so niedergeschmettert zu sehen.

Am schmerzlichsten ist aber die Begegnung mit Stavros Dimas, dem damaligen EU-Kommissar für Umwelt. Der Grieche Dimas – ein studierter Jurist und Ökonom, der zwischenzeitlich an der Wall Street sein Geld verdiente und später als zehnmal hintereinander (!) gewählter Abgeordneter und Minister für unterschiedliche Ressorts zu einer politischen Hauptfigur seines Heimatlandes wurde – war 2004 vom damaligen Kommisionspräsidenten José Manuel Barroso gegen starken Widerstand aus mehreren Fraktionen des Europäischen Parlaments ins Umweltamt berufen worden. Dort entwickelte er sich aber nicht, wie von vielen erwartet, zum Cheflobbyisten der etablierten Industrien im grünen Kommissarspelz, sondern machte sich rasch einen Namen als engagierter Klimaschützer und entschlossener Befürworter nachhaltiger Innovationen. Ich hatte im Laufe der Jahre viele Treffen und Gespräche mit Dimas, den ich als herzlichen, intelligenten und aufrichtigen Menschen schätzen lernte. Auch in Kopenhagen sind wir uns schon mehrfach vor dem desaströsen Finale begegnet. Dabei haben wir insbesondere erörtert, mit welchen Strategien die EU eine breitere internationale Unterstützung für ihre fortschrittliche Klimapolitik gewinnen könnte. Die COP 15 ist für Dimas in mehrfacher Hinsicht ein ganz besonderes Ereignis: Aufgrund der veränderten Machtverhältnisse in Griechenland nach den Parlamentswahlen vom Oktober 2009 ist zu erwarten, dass ihn sein Land nicht mehr als Kommissar für das neue europäische Kabinett ins Spiel bringen wird. Deshalb soll der Klimagipfel möglichst den krönenden Abschluss seines erfolgreichen Wirkens als Umweltpolitiker bilden.

Um 5 Uhr morgens in der bewussten letzten Konferenznacht beschließe ich, den Europäischen Pavillon zu verlassen und in mein Hotel am Internationalen Flughafen zurückzukehren. Dort werde ich vielleicht eine Stunde kostbaren Schlafes finden, wahrscheinlich aber die letzten Plenargefechte per Computer-Livestream verfolgen. Es ist jedenfalls unnötig, dieser politischen Farce noch physisch beizuwohnen – die Vollversammlung dürfte schlussendlich den Weg einschlagen, den ihr die wahrhaft Mächtigen der Welt in Gutsherrenart gewiesen haben. Die Stimmung dieser Stunde ist unvergesslich, denn das Konferenzheer befindet sich nun in vollständiger Auflösung, wie eine chaotisch fliehende Truppe im Angesicht der in solchem Ausmaß nicht erwarteten Niederlage. Einzeln oder in kleinen Grüppchen bewegen sich Vertreter aller Waffengattungen – sprich: Staaten, Organisationen und Interessenverbände – im trüben Neonlicht in Richtung Ausgang, mit versteinerten Gesichtern und gekrümmten Schultern. Das Allerseltsamste ist jedoch die Sprach- und Lautlosigkeit, mit der dieser Exodus vollzogen wird; es ist eine Prozession von Untoten, die mit ihrem Leben auch die Fähigkeit zu zürnen verloren haben.

Direkt hinter der Sicherheitskontrolle treffe ich ein letztes Mal Dimas. Er stülpt gerade mit schwermütiger Grandezza einen Borsalino auf seinen kahlen Charakterkopf – nie wurde mir deutlicher veranschaulicht, was es bedeutet, »seinen Hut zu nehmen«. Mit einem ganz kleinen Lächeln reicht er mir die Hand und bedankt sich für meine Unterstützung der europäischen Klimapolitik in Form von wissenschaftlicher Beratung. Wir sehen uns kurz in die Augen und kommen zu der instinktiven Übereinkunft, dass sich jedes weitere Wort über das nun zu Ende gehende Trauerspiel erübrigt. Wir wissen beide, dass eine große Illusion an einer hartherzigen Wirklichkeit zerschellt ist. Der Umweltkommissar nickt mir nochmals sanft zu und verschwindet in der Nacht…

Ich folge ihm nach kurzem Zögern und begebe mich allein auf den Weg zum Hotel, der mit weiteren deprimierenden Eindrücken gepflastert ist. Hinter dem endlos erscheinenden Korridor aus schäbigen Absperrgittern befindet sich, umstellt von rohen Betonpfeilern, der hässlichste Metroaufgang der Welt: »Exit Bella Center«. Am Fuß der Treppe hat sich trotz der klirrenden Kälte dieses verlorenen Morgens eine kleine Gruppe von jugendlichen Umweltaktivisten postiert, humorlos eingekesselt von schwer bewaffneten Sicherheitspolizisten. Während ich den Aufgang nehme, skandieren sie voller Verachtung »Climate Shame, Climate Shame!« – woher sollen sie wissen, dass ich ihre naive Unbedingtheit in diesem Moment bewundere? Und es passt genau zur Stimmung, dass es keine direkte Metroverbindung zum Flughafen gibt. Ich muss, todmüde, erst ins Zentrum von Kopenhagen fahren, um dort auf eine Linie in Gegenrichtung umzusteigen. Der Waggon ist voller betrunkener Jugendlicher, die mich anrempeln und (vermutlich) dänische Flüche grölen. Das Hilton am Flughafen erreiche ich schließlich am Ende eines weiteren, bunkerartigen Sicherheitskorridors, vorbei am schon vertrauten Spalier von Maschinenpistolen: Dieses Hotel ist schließlich Standort wichtiger Regierungsdelegationen.

Obwohl ich nun eigentlich schlafen sollte, verfolge ich in meinem Zimmer per Internet das jämmerliche Ende des Kopenhagener Weltklimagipfels, der noch ein letztes Mal als Bühne für politische Profilierungsversuche ohne geringsten Klimabezug genutzt wird. Dann ist endlich Schluss. Wenige Stunden später gerate ich auf der Suche nach einem Frühstück in der Hotellobby eher zufällig in die Lagebesprechung der deutschen Delegation, die der damalige Umweltminister Norbert Röttgen höchstpersönlich leitet. Er ist vor Erschöpfung mausgrau im Gesicht, aber ich bewundere die Disziplin und intellektuelle Stringenz, mit der er nichtsdestotrotz die Situation analysiert. Wir stimmen in der Einschätzung überein, dass eine Schlacht verloren worden ist, aber noch lange nicht der politische Kampf für die Stabilisierung des Weltklimas. So erklären wir dies dann auch den Medien – jeder auf seine Weise gemäß der ganz unterschiedlichen Rolle und Verantwortung.

Der Umweltgipfel kreißte also und gebar ein jämmerliches Nagetier mit dem putzigen Namen »Kopenhagen-Übereinkunft«. Wie konnte dies nach den hochgesteckten Erwartungen der Bali-Konferenz im Jahr 2007 geschehen? Eine nüchterne Bewertung der Ereignisse muss zu der Einsicht gelangen, dass am Ende alles so kommen musste. Ein Zusammentreffen ungünstiger Faktoren brachte die COP 15 auf die schiefe Ebene: die dilettantische Organisation der Massenveranstaltung, die mangelnde Führungskraft der dänischen Konferenzleitung, das Versagen der internationalen Klimadiplomatie in der fast zweijährigen Vorbereitungsphase, die Überschattung aller Umweltbedenken durch die Weltwirtschaftskrise, die perfiden Angriffe unterschiedlichster Interessengruppen auf die Glaubwürdigkeit der Klimawissenschaft, ja sogar das aktuelle Wetter vor Ort – will das Klima denn partout nicht gerettet werden?

Beginnen wir mit der eigenartigen skandinavischen Witterung im Winter 2009/10. Kopenhagen liegt am Meer, sodass man aufgrund der langjährigen Statistiken gemäßigte Temperaturen knapp über dem Gefrierpunkt mit gelegentlichen Regenschauern erwartet hätte. Doch in der zweiten Konferenzwoche – passend zum Eintreffen der über 130 Regierungschefs aus aller Welt – kam es zu einem dramatischen Kälteeinbruch mit regelrechten Schneestürmen, welche die dänische Hauptstadt äußerlich in eine Andersen-Märchenlandschaft verwandelte. Mit den Instrumenten der modernen Meteorologie lässt sich das entsprechende atmosphärische Geschehen rekonstruieren:

Ab Anfang Dezember lösten sich riesenhafte Teppiche heißer Luft aus den tropischen Massen über dem Pazifik, stiegen bis in die obere Troposphäre (10–15 Kilometer Höhe) und die untere Stratosphäre (15–25 Kilometer Höhe) auf und segelten um den halben Erdball in Richtung Nordpolarkreis. Dort kam es zum Wettertumult, insbesondere weil die stratosphärischen Temperaturen in wenigen Tagen um etwa 40 °C anstiegen! Der vergleichsweise brühwarme Pfropfen wurde ortsfest und bestimmte viele Wochen lang die Zirkulation über Skandinavien, West- und Mitteleuropa. Die für die Jahreszeit übliche Invasion der vom Atlantik nach Osten über den Kontinent ziehenden Tiefausläufer wurde blockiert und damit die Zufuhr mildfeuchter Meeresluft, die weiter nach Süden ausweichen musste. Die Ablenkung der Westströmung hielt übrigens fast den ganzen Winter über Skandinavien an. Dadurch entstand über Nordeuropa eine Kälteblase, während praktisch der ganze Rest der Welt eine Saison mit historischen Wärmerekorden erlebte. Wer immer diese Naturbühne präpariert hat, verfügt über reichlich schwarzen Humor. Wer weniger an metaphysische Einflüsse glaubt, kann sich an folgenden beiden Erklärungsversuchen orientieren.

Zum einen entwickelte sich im Pazifik in der zweiten Jahreshälfte 2009 ein relativ prägnantes El-Niño-Ereignis mit entsprechender Aufheizung des östlichen Meeresbeckens vor der südamerikanischen Küste. Unter solchen Umständen kann es zu massiven Störungen der atmosphärischen Strömungsverhältnisse auch in weit entfernten Weltregionen kommen (man spricht im Fachjargon von »Telekonnektion«). Zum anderen deuten jüngste Forschungsarbeiten darauf hin, dass die Erderwärmung paradoxerweise für Jahrzehnte kältere Winter über Nordeuropa bewirken könnte. Mit dem raschen, empirisch eindeutig belegten Abschmelzen des arktischen Meereises (insbesondere in den Randmeeren Barentssee und Karasee) sollte es zur Verringerung der Druckgegensätze in der erweiterten Nordpolregion kommen und damit zur Abschwächung der Westwinde – mit der oben beschriebenen frostigen Auswirkung auf Europa (siehe dazu Petoukhov und Semenov 2010; Jaiser u. a. 2012; Tang u. a. 2013).

Über die katastrophale Planung und Durchführung der COP 15 durch die verantwortlichen Behörden ist schon viel geschrieben worden, aber eine überzeugende Erklärung für diese logistische Kernschmelze steht immer noch aus. Wahrscheinlich haben sich viele kleinere und größere Fehlentscheidungen zum organisatorischen Desaster aufsummiert. Und vermutlich haben die Veranstalter – von der dänischen Regierung bis zum Sekretariat der UNFCCC – viel zu spät das Ausmaß der herandonnernden

Lawine erkannt und dann nur noch versucht, sich unter ihr wegzuducken. Doch als direkt Leidtragender und indirekt Mitfühlender sehe ich mich geradezu verpflichtet, einige der grotesken Missstände zu dokumentieren – allein schon um den Mythos zu zerstören, dass die Mitwirkung beim offiziellen Klimaschutzbetrieb mit Lustgewinnen verbunden sein könnte.

Bereits die Bühne für das erhoffte Welttheater war, wie schon angedeutet, von ausgesuchter Hässlichkeit: Das Bella Center ist eine typische Sichtbeton-Stahl-Plastik-Missgeburt der 1970er-Jahre, für welche die Stadt offenbar nur schwer Nutzer findet. Während der wissenschaftlichen Klimakonferenz im März 2009, an der ich als einer der Hauptredner teilnahm, war das Kongresszentrum immerhin in der Lage, die über 2000 Teilnehmer aus aller Welt auf nüchterne, aber funktionale Weise unterzubringen und zu versorgen. Jenseits des großen Auditoriums gab es genügend Rückzugsorte, und sogar genießbares Essen war mit vertretbarem Aufwand zu beschaffen.

Fatalerweise hatten sich für den Klimagipfel im Dezember aber über 40 000 Teilnehmer – also die zwanzigfache Menge – angekündigt und waren von den Veranstaltern auch auf elektronischem Wege vorab zugelassen worden! In gewisser Weise versuchten die Organisatoren diesen einzigartigen Dimensionen Rechnung zu tragen, indem sie die Hauptgebäude durch ein Arrangement von Containern, Stellwänden, Blechkorridoren und mobilen Sanitäranlagen zu einer informellen Siedlung auf gehobenem Slumniveau erweiterten. Die für die Konferenzzeit ausgesetzten Umbau- und Erweiterungsarbeiten auf dem Gelände hatten ein Übriges getan, den fragwürdigen Charme des Schauplatzes noch weiter zu mindern.

Doch trotz all dieser Maßnahmen stellte die Überbuchung der Konferenz alles bisher Dagewesene an chaotischen Großveranstaltungen in den Schatten: So bewältigte ich dank der guten Dienste der deutschen Botschaft die Anmeldeprozedur in »nur« drei Stunden, wohingegen der Pressereferent meines Instituts zehn und am nächsten Tag nochmals acht Stunden in klirrender Kälte warten musste – letztlich vergeblich. Allerdings erkannte ich das Innere des Bella Center im Vergleich zum März nicht wieder: Sicherheitsfragen, insbesondere im Hinblick auf die anreisenden Spitzenpolitiker, bestimmten Sein und Bewusstsein vollkommen. Nicht nur waren Dutzende von Kontrollschleusen eingerichtet, sondern auch große Areale im Umfeld des Plenarsaals abgeriegelt worden. Die dadurch ohnehin schon eingeschränkten Rekreationsmöglichkeiten wurden nach Eintreffen der Regierungschefs der Großmächte praktisch auf null heruntergefahren, indem man etwa alle Cafeterias abseits des Zentralkomplexes einfach dichtmachte. Wenn man von den menschlichen Misslichkeiten einmal absieht, ist das Sicherheitskalkül der dänischen Gastgeber aufgegangen: Weder Terroristen noch Demonstranten (die man schon mal dazu zwang, mit auf dem Rücken gefesselten Armen stundenlang auf dem eiskalten Pflaster der Innenstadt zu sitzen) beeinträchtigten den Verlauf des Weltklimagipfels. Für die letzten beiden Tage wurde die Zivilgesellschaft – bis auf 90 willkürlich ausgewählte Vertreter von Nichtregierungsorganisationen – sogar komplett ausgesperrt. Wie unter einer Glasglocke konnte nun das Endspiel der Verhandlungen zur Rettung der Welt durchgezogen werden.

Dass dieses Endspiel zu einer krachenden Niederlage für unseren Planeten führte, liegt nur in geringem Maße an der dänischen Konferenzleitung, auch wenn sich diese im Nachhinein als wohlfeiler Sündenbock anbietet. Aber »wenn Elefanten kämpfen, leidet das Gras«, so ein afrikanisches Sprichwort, und das kleine skandinavische Land war zweifellos mit der Rolle als Dompteur von Kolossen wie den USA oder Indien überfordert. Natürlich war es ein Fehler, dass der damals frisch ins Amt gekommene Premierminister Lars Løkke Rasmussen darauf bestand, die erfahrene Umweltpolitikerin Connie Hedegaard (später EU-Kommissarin für Klimaschutz) in der entscheidenden Verhandlungsphase als Konferenzpräsident abzulösen: Weder war er mit den UN-Prozeduren hinreichend vertraut noch mit den Hunderten von sichtbaren und verborgenen Bestien in der Manege der Klimarahmenkonvention. Rasmussen ist kein Mann für komplexe Strategien, sondern jemand, der Probleme im kleinen Kreis bei einem Glas Bier zu lösen versucht. Diese sympathische Hemdsärmeligkeit kann von anderen politischen Kulturen – wie der chinesischen, wo die Etikette der Macht aufs Feinste austariert ist – rasch als Affront empfunden werden.

Aber selbst die geschickteste Verhandlungsdramaturgie hätte die krassen Interessengegensätze nicht überbrücken können, die bei der Klimaproblematik zwischen den etablierten Industrienationen und den aufstrebenden Schwellenländern bestehen und die in den letzten Tagen von Kopenhagen unverhüllt ans Licht traten. Denkweise und Selbstverständnis des reichen »Westens« (zu dem koalitionstechnisch ja auch Staaten wie Australien und Japan zählen) wurden auf geradezu entlarvende Weise in einer Pressekonferenz im Bella Center am 18. Dezember 2009 auf den Punkt gebracht. Diese wurde von republikanischen Abgeordneten des amerikanischen Kongresses unter dem Vorsitz des berühmt-berüchtigten Jim Sensenbrenner aus Wisconsin abgehalten. Sensenbrenner hat sich unter anderem bei der Treibjagd auf Klimawissenschaftler, die vor den Risiken einer ungebremsten Erderwärmung warnen, einen Namen gemacht. Kurz vor der COP 15, im November 2009, hatten Diebstahl und Verbreitung via Internet von über 1000 privaten E-Mails von Forschern der Climate Research Unit im ostenglischen Norfolk Wasser auf die Mühlen der überwiegend konservativen Gruppierungen gelenkt, die über die Medien Zweifel am menschlichen Klimaeinfluss säen und Maßnahmen zur Minderung von Treibhausgasemissionen erbittert bekämpfen. Insbesondere glaubte man nun, in den entwendeten Nachrichten Hinweise auf systematische Manipulation von Daten durch die »Klima-Alarmisten« entdeckt zu haben.

Wie ich in einem späteren Kapitel darstellen werde (Kapitel 22), hat eine Reihe von offiziellen und unabhängigen Untersuchungskommissionen die Haltlosigkeit solcher Vorwürfe bestätigt, sodass die ganze Affäre in einem unfreiwilligen, aber uneingeschränkt bestandenen Qualitätstest für die seriöse Klimawissenschaft endete. Im Vorfeld von Kopenhagen jedoch befand sich das Lager der »Klima-Skeptiker« noch in heller Aufregung, und aufkeimende Gerüchte über Schlampigkeiten im letzten IPCC-Sachstandsbericht boten weiteren willkommenen Anlass, die Glaubwürdigkeit der Forschung zum Klimawandel öffentlich infrage zu stellen. Diese Kampagnen spielten wiederum den rückwärtsgewandten Wirtschaftspolitikern in die Hände, die den Klimaschutz schon immer als eine Bedrohung der klassischen Industrien angesehen haben. Angesichts der seit Herbst 2007 dramatisch sichtbar gewordenen Abfolge ökonomischer Krisen war es für die Lobbyisten von Wirtschaftsinteressen nur folgerichtig, lästige Umweltfragen kurzerhand zum Luxusthema für bessere Wachstumszeiten zu degradieren. Nun hatten zwar Maßnahmen und Investitionen zum ökologischen Umbau der Volkswirtschaften am allerwenigsten zu den katastrophalen Entwicklungen der Finanz- und Realmärkte beigetragen, aber die Sorge um Gewinne und Arbeitsplätze war mächtig genug, um solche Differenzierungen auszublenden. Wenn in der Gegenwart möglicherweise die ökonomische Existenz auf dem Spiel steht, fällt es schwer, sich mit angemessenem intellektuellen und emotionalen Abstand um den Klimazustand nach 2050 zu sorgen. So gesehen ist die Komplizenschaft der Politiker und ihrer Wähler bei der Benachteiligung künftiger Generationen gegenüber den heutigen nur folgerichtig.

Sensenbrenner und seine Kollegen fassten dies in der erwähnten Pressekonferenz, nachdem sie viele hochtrabende Argumente zu freiem Wettbewerb, geistigem Eigentum, sicherer Energieversorgung und der Schaffung von Arbeitsplätzen vorgetragen hatten, in einer simplen »realpolitischen« Wahrheit zusammen: Wer das Geld amerikanischer Steuerzahler für Eskapaden wie klimafreundlichen Technologietransfer an Entwicklungsländer ausgeben möchte, wird nicht wiedergewählt. Full Stop! Dieser Auftritt der US-Republikaner war sicherlich eher ein Beitrag vom rechten Rand des vielstimmigen Klimachors, aber dennoch charakteristisch für eine aus der Zeit gefallene Selbstgefälligkeit vieler Industriestaaten:

Gerade die Regierungen angloamerikanischer Länder (wie etwa Kanada) gebärden sich immer noch so, als ob ihre Bevölkerungen ein Geburtsrecht auf Reichtum durch unbegrenzten Ressourcenverbrauch besäßen, während der Restmenschheit bestenfalls eine Rolle als dankbare Almosenempfänger zukomme. Eine solche Sprache hat man vielleicht noch vor 30 Jahren gegenüber Brasilien, vor 20 Jahren gegenüber Indien, vor zehn Jahren gegenüber China und während der ganzen Episode des Apartheid-Wahnsinns gegenüber Südafrika sprechen können. Aber im letzten Jahrzehnt haben die globalisierten Wirtschaftskräfte, durch Wachstumsschübe ebenso wie durch Krisen, unsere Welt in eine multipolare verwandelt. Die COP 15 war insofern das erste geostrategische Treffen eines neuen, postamerikanischen Zeitalters. Die sogenannten Schwellenländer – die wie China schon längst auf der Bühne der Großmächte angekommen sind – machten in Kopenhagen unmissverständlich klar, dass ein internationaler Klimavertrag gegen ihre Entwicklungsinteressen ein Ding der Unmöglichkeit sei. Die Industrieländer hätten schließlich eine erdrückende historische Verantwortung für die Veränderung der Erdatmosphäre und könnten daher nur noch minimale Ansprüche auf künftige Emissionsspielräume erheben. Und damit saßen alle gemeinsam in der Falle: Die Industrieländer, weil das künftige Schicksal des Klimasystems vom Treibhausgasausstoß der Schwellenländer dominiert wird, die somit eine einzigartige Blockade- und Erpressungsmacht besitzen. Und die Schwellenländer, weil sie eben doch nur die Waffen von Selbstmordattentätern in den Händen halten. Denn eine ungebremste Erderwärmung würde ihren Bevölkerungen zweifellos größeren Schaden zufügen als den Bewohnern der gemäßigten Breiten, wie ich später in diesem Buch erläutern werde.

Man muss fairerweise hinzufügen, dass etliche Staaten vor und während des Klimagipfels bemüht waren, diese fatale Konfrontationsstarre aufbrechen zu helfen. Das waren nicht zuletzt die Länder der Europäischen Union, deren Klimapolitik allen zynischen Unterstellungen zum Trotz mit unübersehbaren Spuren von Moral kontaminiert ist. Und natürlich auch die Staaten der AOSIS (Alliance of Small Island States), denen das Wasser buchstäblich bis zum Hals steht und die ihren Untergang im steigenden Ozean wohl nur noch abwenden können, wenn ein völkerrechtlich verbindliches Abkommen zur aggressiven Begrenzung des globalen Temperaturanstiegs rasch zustande kommt. Doch die kompromissbemühten Akteure wurden in der kritischen Phase der COP 15 im Handumdrehen zu Randfiguren degradiert.

Die Chancen für einen vertraglichen (und verträglichen) Interessenausgleich zwischen Nord und Süd, West und Ost zum Wohle des Weltklimas tendierten am Donnerstagmorgen der zweiten Konferenzwoche, als die meisten Regierungschefs anreisten, bereits gegen null. Dies lag natürlich auch an den oben dargestellten Problemen und Misslichkeiten, vor allem aber auch an der Tatsache, dass die Klimadiplomaten aus den damals 194 Vertragsstaaten es bis zu diesem Zeitpunkt nicht geschafft hatten, ein für die Spitzenpolitiker verhandlungsfähiges Dokument mit einer überschaubaren Anzahl von klar erkennbaren Kontroversalien zu erarbeiten. Stattdessen wurden die Präsidenten und Premierminister mit einem vor eckigen Klammern strotzenden 200-Seiten-Papier konfrontiert, das selbst in Detailfragen praktisch alle überhaupt denkbaren Optionen ungewichtet nebeneinander aufführte. Vermutlich konnten die Minister aufgrund des schon längst zum Stellungskrieg mutierten Konflikts zwischen den Klimasündern von gestern, heute und morgen einfach keine bessere Entscheidungsgrundlage abliefern. Aber es war schon sehr blauäugig, schließlich nur noch auf die Magie der Macht zu setzen und darauf zu vertrauen, dass Obama, Wen Jaibao und eine Handvoll weiterer Führungsgestalten den historischen Durchbruch zum gewünschten Zeitpunkt erzielen würden.

Nun sind bemerkenswerte diplomatische Fortschritte durchaus möglich, wenn sich Staatenlenker im kleinen Kreis unter Ausnahmebedingungen zusammenfinden. Der EU-Gipfel vom März 2007 in Brüssel mit seinen bahnbrechenden Beschlüssen zur europäischen Klima-Energie-Strategie sowie der G8-Gipfel vom Juni 2007 in Heiligendamm mit seiner Anerkennung eines an den wissenschaftlichen Erkenntnissen immerhin orientierten Treibhausgasreduktionsziels sind Beispiele für solche praktische Wunder. Aber wenn die Mächtigen der Welt zusammenkommen, kann auch das genaue Gegenteil eintreten: Die Regierungschefs spielen ihre Rolle auf der internationalen Bühne ausschließlich für ihr jeweiliges nationales Publikum zu Hause. Gerade weil so viel auf dem Spiel steht, wählen sie die risikoärmere Entscheidungsvariante und damit wechselseitige Lähmung und Stillstand.

Genau so kam es in Kopenhagen am Freitag, dem 18. Dezember 2009. Gegen 4 Uhr nachmittags trafen sich im Raum »Arne Jacobsen« im Bella Center 24 Staatenlenker und ein Stellvertreter (des chinesischen Premiers) zur Stunde der Wahrheit. Das Bild, das der Öffentlichkeit über diesen »Sondergipfel auf dem Klimagipfel« durch diverse Indiskretionen und eigentlich streng vertrauliche Tondokumente vermittelt wurde, ist im Wesentlichen korrekt. Der Gastgeber Rasmussen hatte zum vermutlich ungemütlichsten Kaffeeplausch der bisherigen Menschheitsgeschichte eingeladen, und zwar zum einen die wichtigsten Politiker der Welt – insbesondere US-Präsident Obama, die Regierungschefs der sogenannten BASIC-Staaten (Brasilien, Südafrika, Indien, China) sowie Merkel, Sarkozy und Brown für die EU – und zum anderen symbolische Vertreter des Restplaneten wie den äthiopischen Premier Zenawi und den Malediven-Präsidenten Nasheed. Die Europäer, allen voran die deutsche Bundeskanzlerin, beschworen noch einmal die Notwendigkeit eines substanziellen Abkommens, das insbesondere ein gemeinsames, quantifiziertes Ziel für die Minderung der weltweiten Treibhausgasemissionen beinhalten müsse. Schnell wurde jedoch klar, dass dies weder im aktuellen Interesse der USA noch Chinas lag und dass diese beiden Länder, explizit oder stillschweigend, einen entsprechenden Nichtangriffspakt geschlossen hatten. Nach fruchtloser, frustrierender Debatte vertagte sich die Supergipfelrunde für kurze Zeit – um nie mehr zusammenzutreten.

Denn in einem abschließenden Geheimtreffen der BASIC-Führer mit Obama wurde der bescheidenste aller denkbaren Klimaschutzkonsense im hastig niedergeschriebenen *Copenhagen Accord* ausgehandelt. So entschieden am Ende nur noch fünf Personen über die vorläufige Umweltzukunft der Erde; dem Rest der Welt blieb nur noch die Wahl zwischen ohnmächtiger Verweigerung oder gequälter Komplizenschaft. Inzwischen kursierten bereits unterschiedliche Versionen über die entscheidende Basarrunde, in denen die verschiedenen Akteure versuchten, sich ins rechte Licht zu setzen und ihre Mitwirkung an der Kompromissformel zu belegen. Denn natürlich schluckten schließlich alle die hässliche Kröte namens CHA – die marginalisierten Mitglieder des 25er-Klubs zuerst und später, unter garstigen Konvulsionen, die Teilnehmer der Vollversammlung der Vertragsstaaten.

Die Kopenhagen-Übereinkunft ist zum einen der armselige Schlusspunkt einer fast 20-jährigen Episode des Ringens um ein problemgerechtes Weltklimaabkommen, zum anderen aber so inhaltsleer, dass sie immerhin nicht als Sperrriegel gegen weitere, ernsthafte Bemühungen missbraucht werden kann. Was steht in dem schludrigen Papier? Aus der flachen Rhetorik ragt insbesondere der doppelte Hinweis auf das »2-Grad-Ziel« heraus, ein Leitwert für die Begrenzung der Erderwärmung, der sich für die Politik einigermaßen schlüssig aus den entsprechenden wissenschaftlichen Analysen ergibt (siehe dazu ausführlich Kapitel 20). Im Gegensatz zu diversen Entschlussvorlagen enthält die CHA dagegen keine Vereinbarung, wie die 2-Grad-Linie konkret gehalten werden soll. Schon gar nicht die damals vor allem von den Umweltverbänden erhoffte Selbstverpflichtung, die globalen Treibhausgasemissionen bis 2050 um mindestens 50 Prozent gegenüber 1990 zurückzufahren. Stattdessen wird auf freiwillige Beiträge der Vertragsstaaten nach dem Klingelbeutelprinzip gesetzt – jeder gibt so wenig, wie das ohne Risiko der totalen sozialen Ächtung gerade noch möglich ist. Folgerichtig hat die Kopenhagen-Übereinkunft zwei Anhänge, nämlich leere Subskriptionszettel, auf welche die gemäß Kyoto-Protokoll (siehe Kapitel 17) in zwei Gruppen eingeteilten Mitglieder der Klimarahmenkonvention ihre beabsichtigten Beiträge zum Schutz der Erdatmosphäre möglichst bis zum 31. Januar 2010 eintragen sollten. Damit wird ironischerweise unter Obamas aktiver Mitwirkung ein alter Traum der US-Regierung von George W. Bush Wirklichkeit. Und die Schwellenländer haben ohnehin Carte blanche.

Der Rest des Dokuments feiert Fortschritte bei eher sekundären Themen wie Anpassungshilfen für Entwicklungsländer, Waldschutzmechanismen und Technologietransfer für den Aufbau kohlenstoffarmer Volkswirtschaften als gewaltige Siege. Natürlich ist es geradezu verantwortungslos, wenn man statt der Verhinderung einer schweren Krankheit (»Mitigation«) die Behandlung der Symptome (»Adaption«) ins Zentrum der Vorsorgeüberlegungen stellt. Aber die in Aussicht gestellten Zahlungen aus dem UNFCCC-Anpassungsfonds stellen einerseits ein verlockendes Schweigegeld für arme Entwicklungsländer dar, andererseits dürften die ins Auge gefassten Summen ein gut verschmerzbares Lösegeld für die Industrieländer sein. Allerdings skizziert die CHA im Absatz 8 sogar einen längerfristigen Finanzplan, der sowohl Anpassungs- als auch Vermeidungsstrategien befördern soll. Nach einer Anfangsphase zwischen 2010 und 2012, wo bis zu 30 Milliarden US-Dollar aufgebracht werden sollen, streben die Industrieländer ab 2020 die jährliche Bereitstellung von 100 Milliarden Dollar an. Jedoch blieb bisher offen, woher dieses Geld kommen soll, und die Budgetplanungen potenzieller Geberländer seit der COP 15 wecken kaum Hoffnungen, dass es sich bei diesem Versprechen um mehr als Umetikettierungen von Haushaltsposten handeln dürfte. Nun soll bei der COP 21 in Paris Ende des Jahres 2015 diesbezüglich endlich Klarheit geschaffen werden.

Der Weltklimagipfel von Kopenhagen hat immerhin die Weltrettungsrhetorik auf eine bisher unvorstellbare Spitze getrieben. Von Mittwoch bis Freitag der Schlusswoche dauerte das Defilee des Pathos an, denn jeder Vertragsstaat durfte seine Galionsfigur mindestens einmal ans Rednerpult schicken. Ich habe noch niemals so viel heiße Luft auf einmal erlebt, dazwischen aber auch immer wieder Beiträge von erstaunlicher Hellsichtigkeit und Sensibilität. Was letztendlich zählt, ist jedoch das Resultat, in schwarzen Buchstaben auf weißem Papier. Statt ein völkerrechtlich verbindliches Klimaabkommen mit konkretem Fahrplan und klarer Lastenverteilung zu beschließen, nahm die Vollversammlung der UNFCCC schließlich eine lieblose Einschreibeliste »zur Kenntnis«, gerade so, als ob es sich um eine Bürgerinitiative zum Erhalt einer Lurchkolonie handelte. Nachdem die Anmeldungen der bis 2020 zu erbringenden freiwilligen nationalen Emissionsminderungsbeträge bis 2020 nun längst beim Sekretariat der Rahmenkonvention eingetrudelt sind, wissen wir ziemlich genau, was das ganze Spektakel wert war – nämlich 3,5 °C! Dies ist jedenfalls der mittlere Erwartungswert für die anthropogene Erderwärmung bis 2100, wenn man diese Münzen im Klingelbeutel der Vereinten Nationen zusammenzählt und ihre Auswirkungen mithilfe von Klimamodellen berechnet (Rogelj u. a. 2012). Und selbst das ist eher noch ein optimistisches Kalkül, denn etliche der berücksichtigten Spenden sind lediglich vage Versprechen. Darin hat sich bis auf den heutigen Tag (im August 2015) nicht viel geändert, obwohl inzwischen beispielsweise von China gewisse Hoffnungszeichen gesetzt werden.

Schlechte Aussichten für künftige Generationen also. Ist dies die Folge eines schrecklichen Betriebsunfalls in Kopenhagen oder schlicht die unabweisbare Konsequenz aus den Macht- und Interessensverhältnissen, wie sie nun einmal sind? Meine Physikerseele drängt mich zu einer quantentheoretischen Antwort auf diese zeitgeschichtliche Frage: Das internationale klimapolitische System hat seinen wahrscheinlichsten (sprich: unambitioniertesten) Zustand angenommen, als es einem konkreten Test unterzogen wurde und endlich Farbe bekennen (sprich: ein explizites Anspruchsniveau offenbaren) musste. An dieser Stelle kommt die seltsame Geschichte von Schrödingers Katze, ersonnen im Jahr 1933, ins Spiel. Ich hatte ja eingangs dieses Kapitels auf die Kopenhagener Interpretation der Quantenphysik hingewiesen. Letztere beschreibt die Entwicklung von mikroskopischen Teilchen (wie dem Elektron) durch die Schrödinger'sche Wellenfunktion, benannt nach dem genialen österreichischen Wissenschaftler Erwin Schrödinger. Dessen Erfindungsreichtum ermöglichte nicht nur bahnbrechende Erkenntnisse in wichtigen Bereichen der Naturwissenschaften, sondern auch bemerkenswerte persönliche Erfolge als Frauenheld. Und wie in der Liebe, so gibt es auch in der Quantenmechanik Ungewissheiten, die sich nicht restlos bereinigen lassen.

Selbst aus der exakten Kenntnis der Schrödinger'schen Wellenfunktion eines Elementarteilchens lässt sich nämlich nicht präzise auf seine aktuellen Eigenschaften – wie etwa die Ausrichtung seines magnetischen Drehimpulses (»Spin«) – schließen. Das Teilchen kann tatsächlich erst durch eine Messung (»Observierung«) dazu gezwungen werden, seinen Zustand hinsichtlich einer physikalischen Größe preiszugeben. Ja, die Kopenhagener Schule behauptet sogar, dass durch die Beobachtung im Experiment eine explizite Eigenschaft *überhaupt erst angenommen wird*! Vor der Observierung beschreibt die Wellenfunktion ein Nebeneinander mehrerer potenzieller Werte für die beobachtete physikalische Größe. Mit anderen Worten, das komplexe Wahrscheinlichkeitsfeld kollabiert in einen unzweideutigen Zustand nur unter dem Druck der Beobachtung (Merzbacher 1998). Diese (mit allen bisherigen empirischen Befunden absolut verträgliche) Interpretation wird noch bizarrer, als sie schon im ersten Moment erscheint, wenn man fragt, wer oder was sich eigentlich als »Beobachter« qualifiziert: Physikprofessoren, Straßenkehrer, Schimpansen, Mikroben oder vielleicht doch auch Mitbewohner im Elementarteilchenzoo? Warum sollten sich beispielsweise Elektronen nicht gegenseitig observieren und zur wechselseitigen Preisgabe ihrer Eigenschaften zwingen können?

Die Quantentheorie gibt auf solche Fragen bisher keine zufriedenstellenden Antworten, überspielt ihre diesbezügliche Impotenz aber souverän durch die Demütigung des gesunden Menschenverstandes mithilfe merkwürdiger »Gedankenexperimente«. Eines der berühmtesten davon ist Schrödingers bedauernswerte Katze. Diese wird – glücklicherweise nur in der Fantasie des Physikers – zusammen mit einem radioaktiven Atom in einen abschließbaren Raum gesteckt. Dort befindet sich zudem ein Geigerzähler, der beim Zerfall des Atoms eine Giftflasche öffnet, deren Inhalt dann dem Tier sofort den Garaus macht. Versiegelt man die so präparierte Versuchsanordnung, dann weiß man nur, dass nach Ablauf der sogenannten Halbwertszeit das Atom mit 50-prozentiger Wahrscheinlichkeit zerfallen ist. Ohne direkte Inspektion wird das Teilchen zu diesem Zeitpunkt aber gemäß der Kopenhagener Schule durch eine Wellenfunktion beschrieben, die eine gleichgewichtige Überlagerung aus den Zuständen »intaktes Atom« und »gespaltenes Atom« darstellt. Das Gleiche gilt jedoch auch für die Katze, deren Wellenfunktion dann die gleichgewichtige Überlagerung der Zustände »lebendes Tier« und »totes Tier« sein muss. Schrödingers Katze besitzt also eine spukhafte Doppelexistenz, wenn man den Kasten nicht öffnet und nachsieht! Die moderne Physik bemüht sich übrigens erfolgreich, dieses Quantengespenst immer weiter in die reale Welt hineinzuholen: Forscher der University of California in

Santa Barbara (eine meiner früheren akademischen Stationen) konnten mit einem 40 Mikrometer langen mechanischen Oszillator ein »makroskopisches« Gegenstück zur Schrödinger-Katze konstruieren und daran im Versuch alle Vorhersagen der Quantentheorie und ihrer Kopenhagener Deutung bestätigen (O'Connell u.a. 2010). Ein faszinierendes Thema, nicht wahr?

Weniger faszinierend als vielmehr deprimierend ist dagegen die Kopenhagener Interpretation der Ergebnisse des Kopenhagener Klimaweltgipfels: Die »Wellenfunktion« der internationalen Klimaschutzpolitik – sagen wir, um im Bild zu bleiben, die Katze des UN-Generalsekretärs Ban Ki-moon – war schon lange vor der COP 15 eine Überlagerung von ehrgeizigen und kleinmütigen Zuständen, die aber ganz klar vom »Grundzustand« der Untätigkeit (*Business as usual*) dominiert wurde. Nur eine wundersame Intervention einer höheren Macht wie der Natur selbst hätte diese Dominanz brechen können. Da das Wunder ausblieb, musste man nach Öffnung und Inspektion des Klimakastens in Kopenhagen nicht unerwartet feststellen, dass tatsächlich der Grundzustand vorlag und Ban Ki-moons Kreatur mausetot war. Trotzdem gut, dass man endlich einmal nachgesehen hatte.

8. Warum eigentlich Klimaschutz?

Jeder, der Einblicke ins innere Getriebe der Klimapolitik nehmen konnte (zum Beispiel in Kopenhagen), fragt sich irgendwann: Lohnt sich diese Mühe? Viel zu viel Lärm um eine kleine Fußnote im mächtigen Buch der Menschheitsgeschichte? Ich wage nicht zu behaupten, dass diese Fußnote zugleich eine Endnotiz unserer Hochzivilisation sein könnte. Doch an Gründen zur Besorgnis mangelt es kaum angesichts einer wissenschaftlichen Argumentationskette, die das Verbrennen fossiler Energieträger zwingend mit dem Entstehen einer +8-Grad-Welt verknüpft. Mit welchen konkreten Auswirkungen auf Kultur und Natur würde man auf dem Weg in diese Welt konfrontiert? Damit haben wir die Domäne der Klimafolgenforscher betreten. Zu Letzteren zählen (sich) so ziemlich alle Mitmenschen, die des Lesens mächtig sind und zudem mit wachen Sinnen verfolgen, was um sie herum geschieht.

Etwa dass immer mehr Zugvögel die Lust auf die Flugreise raus aus dem europäischen Winter hinein in den afrikanischen Sommer zu verlieren scheinen. Andererseits marschieren aus dem Süden hinterhältige Parasiten wie der Gemeine Holzbock (Abbildung 12) oder die Braune Hundezecke auf – eine Entwicklung, die neben Unannehmlichkeiten auch ernsthafte Gefahren mit sich bringt: Zecken übertragen interessanterweise mehr Krankheitserreger (Borreliose, Gehirnhautentzündung oder die der Malaria ähnelnde Babesiose) als alle anderen parasitären Tiergruppen (Gray u. a. 2009).

Die Veranstalter des alljährlichen Blütenfestes in Werder an der Havel erörtern, ob der Termin nicht von Anfang Mai auf Mitte April vorverlegt werden sollte, da sich die Besucher in den letzten Jahren zumeist nur noch an der Nachblüte der Apfelbäume erfreuen konnten. Mitten im Werderaner Obstbaugebiet liegt der Wachtelberg, die nördlichste eingetragene Lage für Qualitätswein in Deutschland. Die Erstbepflanzung dieses eiszeitlichen Hügels mit Reben erfolgte im 12. Jahrhundert, also während des mittelalterlichen Klimaoptimums, im Zuge der Ostexpansion des Christentums in Europa. Seit der Wiederaufrebung im Jahr 1987 (also noch vor der Wiedervereinigung!) haben sich Güte und Ertrag des überwiegend mit weißen Traubensorten bestückten Wachtelbergs trotz etlicher Rückschläge hervorragend entfaltet. Ähnlich erfreulich trägt die Erwärmung nördlich der Alpen zum Fortschritt bei der Rotweinproduktion in südlicheren deutschen Anbaugebieten bei. Beispielsweise waren 2008 in der Bundesrepublik bereits 11 800 Hektar Land mit Spätburgunder (in Frankreich als *Pinot Noir* bekannt und berühmt) bepflanzt, und heimische Winzer erringen mit diesem Wein immer häufiger Spitzenränge bei internationalen Verkostungen.

Im Hochgebirge sieht man die unverkennbaren Folgen des Klimawandels weniger euphorisch. In Alta Badia, dem traumhaften Ski- und Wandergebiet der Dolomiten, haben mehrere Bergführer mir gegenüber neulich den rapiden Schwund der dortigen Gletscher beklagt. Betroffen ist auch das majestätische Eisfeld an der Marmolada (dem mit 3343 Metern höchsten Berg der Region), welches man in der Ferne in der Sonne glitzern sieht. Einer Südtiroler Sage zufolge soll der Marmolada-Gletscher durch Gottesstrafe entstanden sein, weil mittelalterliche Bauern einen Marienfeiertag zugunsten der Heuernte missachteten. Dieser Mythos reflektiert offensichtlich kollektive Erfahrungen mit der »Kleinen Eiszeit«, einer großen Umweltveränderung im spätmittelalterlichen Europa (siehe auch Kapitel 13); ironischerweise dürfte die eher unchristliche fossile Energiewirtschaft die Hochwiesen am Dolomiten-Giganten wieder freilegen. Andererseits wirkt sich der Gletscherrückzug in den Alpen oder den Anden negativ auf den Skitourismus aus, dessen Manager mit steigenden Temperaturen im Normalgelände ohnehin immer mehr Schneekanonen in Stellung bringen. Zur kurzfristigen Verteidigung der Eisfelder greift man inzwischen zu skurrilen Maßnahmen und denkt über noch absurdere nach.

»Zugspitzgletscher bekommt Schmelz-Verhüterli«, titelte *Spiegel Online* am 3. Mai 2007 im Metaphernrausch und bezog sich damit auf eine Abdeckaktion, bei der 20 Arbeiter etwa 9000 Quadratmeter Eisfläche auf Deutschlands höchstem Berg mit Planen über den Sommer zu retten versuchten. Die Schweiz steuerte – in bewährter Weise – pure Realsatire zum Thema bei, indem die dortigen Behörden erörterten, ob für Gletscherfrischhaltefolien Baubewilligungen gemäß Raumplanungsgesetz erforderlich seien (Meldung des Schweizer Fernsehens vom 20. Dezember 2005). Und im Jahr 2008 erregte der Mainzer Geographieprofessor Hans-Joachim Fuchs Medienaufmerksamkeit mit seinem Windfangprojekt auf dem Rhône-Gletscher: Eine 15 × 3 Meter große Installation sollte kalte Fallwinde auf eine Gletscherzunge lenken und sie dadurch vor der Erderwärmung schützen. Falls das Pionierexperiment mittelfristig erfolgreich verläuft, will Fuchs die Technik hochdimensionieren und komplette Alpengletscher mit Luftzug konservieren. Die Glaziologen beurteilen dieses Verfahren allerdings äußerst reserviert, zumal die Gletscherschmelze überwiegend durch Strahlungsprozesse und nicht durch die Lufttemperatur verursacht wird, und in der Tat habe ich seither nichts mehr von diesem Mainzer Geniestreich gehört.

Ähnlich starke Reize wie der Gletscherschwund übt das Schicksal der Eisbärenpopulation in der Arktis auf das öffentliche Bewusstsein aus. Diese überaus gefährlichen Raubtiere sind nicht nur Pelz-, sondern auch Sympathieträger ersten Ranges und lösen Emotionen aus, die sich gelegentlich – wie beim Berliner Eisbärbaby »Knut« – bis zur kollektiven Raserei steigern. Dass der Lebensraum dieser imposanten Art durch die zunehmenden Veränderungen in der arktischen Kryosphäre, insbesondere durch den Schwund des Meereises, massiv umgestaltet, wenn nicht gefährdet wird, liegt auf der Hand. Dennoch sollte man sich von herzzerreißenden Bildern von einzelnen Eisbären, die auf einsamen Schollen in der offenen See treiben, nicht zu falschen Schlüssen verleiten lassen: Die Wirkung des Klimawandels auf Tierpopulationen wird sich – in der Regel und insbesondere in den Jahrzehnten bis etwa 2050 – auf höchst differenzierte Weise entfalten. In einigen Teilhabitaten werden sich die Lebensbedingungen für bestimmte Arten zunächst sogar noch verbessern (indem zum Beispiel zusätzliche Beutetiere erwärmungsbedingt einwandern), in anderen werden sie rasch die Grenze der Unerträglichkeit überschreiten. Diese Komplexitätsbotschaft vermittelt in vorbildlicher Weise die Berichterstattung des IUCN (International Union for Conservation of Nature and Natural Resources), der ersten Umweltorganisation der Welt, die 1948 gegründet wurde und die sich seither einen hervorragenden Ruf als streng wissenschaftlicher Anwalt der Natur erworben hat. In einem umfangreichen Bericht der »Eisbär-Spezialgruppe« von 2010 (Obbard u.a. 2010) wird zunächst noch dargelegt, dass die Gesamtzahl der weißen Riesen mit 20 000 bis 25 000 Exemplaren einigermaßen konstant geblieben ist. Allerdings sei nur eine Teilpopulation am Wachsen, drei seien konstant, acht im Niedergang befindlich, und für den Rest gebe es keine verlässlichen Daten. In einer Pressemitteilung vom Oktober 2011 wird hingegen auf die dramatische Einschränkung des Lebensraums der Eisbären hingewiesen, die sich bereits aus dem beschleunigten Schwund des Meereises seit 2008 ergeben hat und die bei ungebremster Erderwärmung bis 2100 desaströse Ausmaße annehmen dürfte.

Die zu beobachtende Transformation der Eiswelt unseres Planeten hat selbstredend zahlreiche Folgen jenseits des Polarbärmythos, wie etwa verstärkte Küstenerosion oder Destabilisierung von Infrastrukturen auf ehemaligen Permafrostböden. Und natürlich gibt es positive Effekte, zumindest mittelfristig. Über einen davon berichtete mir vor nicht allzu langer Zeit keine Geringere als Königin Margarethe II. von Dänemark. Diese beim Volk außerordentlich beliebte Monarchin (und entschlossene Kettenraucherin) wohnte im November 2011 der Jahresfeier der Universität Kopenhagen bei, in deren Verlauf mir die Ehrendoktorwürde dieser traditionsreichen Hochschule verliehen wurde. Übrigens in ebenjenem Prunksaal, wo ich zum Beginn der schmerzlichen COP 15 eine Vorlesung vor überwiegend jugendlichem Publikum hielt (siehe vorheriges Kapitel) – wie das Leben so spielt. Margarethe II. war bis 1944 auch isländische Prinzessin und ist heute zudem Staatsoberhaupt des politisch autonomen Grönland, das stolze 2,1 Millionen Quadratkilometer Landesfläche bei lediglich 57 000 Einwohnern aufweist.

Beim exklusiven Empfang nach der Zeremonie kam ich ins angeregte Gespräch mit der Monarchin, die mehr Energie verströmt als manche Zwanzigjährige. Bewusst lenkte ich die Diskussion in Richtung Klimawandel, da mir meine dänischen Kollegen von der eher skeptischen Haltung Margarethes zum Umweltschutz berichtet hatten. Gleichzeitig wusste ich, dass die Königin eine besondere Vorliebe für Grönland hegt und praktisch jeden Bewohner dieser Rieseninsel persönlich kennt. Entsprechend interessiert hörte sie mir zu, als ich über die jüngsten dramatischen Veränderungen in der Arktis berichtete, wo sich das Eis zu Wasser und zu Land in sichtbarem Rückzug befindet. Ihre Kommentare spiegelten dann jedoch eine Weltsicht wider, die ich fast identisch bei Prinz Philip, dem Gemahl der britischen Königin, vorgefunden habe: Das Klima habe sich schon immer verändert, der Mensch übe auf diese Prozesse keinen nennenswerten Einfluss aus, die gegenwärtige Erderwärmung stelle eher Segen als Fluch dar etc. etc. Und dann schwärmte Margarethe II. vom Aufschwung in den grönländischen Gewächshäusern, wo die Gemüseernte von Jahr zu Jahr üppiger ausfalle. Plötzlich schien der Geist Erik des Roten den hohen Raum zu durchdringen und den Traum von der blühenden Wikingerkultur im hohen Norden zu beschwören. Ich stimmte der Königin höflich zu, dass ihr geliebtes Grönland durchaus Nutzen aus einer moderaten Klimaveränderung ziehen könne. Die Bilanz eines ungebremsten Klimawandels dürfte dagegen auf lange Sicht verheerend ausfallen, insbesondere wenn es zu einem unumkehrbaren Zerfall des grönländischen Eisschildes mit seinen entsprechend drastischen Begleiterscheinungen kommen sollte (siehe insbesondere Kapitel 21). Da warf mir die dänische Monarchin dann doch einen nachdenklichen Blick zu, reichte mir zum Abschied die Hand und murmelte, dass sie sich mit dieser ganzen Thematik vielleicht einmal intensiver auseinandersetzen müsse. Dies waren möglicherweise nur Gesten der Courtoisie gegenüber dem frisch geehrten Klimaforscher, doch man sollte Königinnen keinesfalls unterschätzen.

Ob nun aber blaues oder rotes Blut in ihren Adern fließt, in aller Welt spüren die Menschen, dass ihre Umwelt in Bewegung geraten ist, dass der Himmel immer launischer wird, dass die auf jahrhundertelange Erfahrungen gestützten Wetterweisheiten immer häufiger versagen, wenn es um den richtigen Zeitpunkt für Aussaat und Ernte, Hausbau und Reise, Arbeit und Erholung geht. Connie Hedegaard, die schon erwähnte zeitweilige Klimakommissarin der EU (und eine weitere prominente Dänin) sagte mir, dass man überall, wo sie hinkäme, darüber klage, dass auf die gewohnten saisonalen Rhythmen kein Verlass mehr sei. Hierbei mag es sich vielfach um eine kognitive Täuschung handeln, denn wer – aus welchen Gründen auch immer – vermutet, dass das Erdklima sich wandelt, kann diesen Wandel nur allzu leicht aus lokalen Alltagsbeobachtungen herauslesen. Starkregen, Schneesturm, Hitzewellen, Sturmereignisse und Windstillen: Alles passt dann in ein Bild, das man sich von der Welt zu machen müssen glaubt. Andererseits beginnen sich immer mehr Personen über Wetter und Klima zu sorgen, denen grünes Gedankengut fremd ist und die erst recht nicht zur Umwelthysterie neigen. Kürzlich sprach ich mit einem Tourismusmanager, der luxuriöseste Aufenthalte für die globalen oberen Zehntausend auf den Seychellen organisiert. Diese Inselgruppe kommt dem Paradies näher als irgendein anderer Ort auf Erden und ist dennoch – oder gerade deshalb – nicht gefeit vor den Folgen des Klimawandels. Ohne von meinem beruflichen Interesse an diesem Thema zu wissen, erzählte er mir, wie sich gerade die Bade- und Tauchbedingungen an den schmerzhaft schönen Stränden von Mahé, Praslin und La Digue verändert hätten. Nicht einmal auf den Nordwestmonsun könne man sich mehr verlassen!

Im weiteren Verlauf dieses Kapitels will ich versuchen, die große, breite Klima*folgen*thematik vorsichtig aus dem Gewirr des Anekdotischen, dem Gebrodel des Spekulativen herauszulösen. Dass ich dabei dem überkomplexen Gegenstand nicht gerecht werden kann, versteht sich von selbst: Die entsprechende Enzyklopädie harrt noch ihrer Niederschrift, wofür sich wohl ein elektronisches Register von Verweisen (also eine gigantische Link-Datei) anböte. In der Tat vermag bereits eine schnelle Internetrecherche grobe Konturen des Gesamtbilds nachzuzeichnen, das sich die Öffentlichkeit von den Auswirkungen der ungebremsten Erderwärmung macht. In Tabelle 1 sind die Google-Treffer quantifiziert, die sich etwa 2011 durch Eingabe der gängigsten Klimastichworte erzielen ließen.

Schlagwort	Anzahl der Einträge
Wasserressourcen	125 000
Landwirtschaft	110 000
Verkehr	82 900
Hitze	67 300
Eis	55 600
Niederschläge	53 400
Dürre	46 100
Meeresspiegel	39 800
Wetterextreme	32 700
Tierwelt	30 600
Stürme	29 100
Migration	27 500
Vegetation	23 800
Hungersnot	22 000
Ozeanversauerung	9130
Tropenkrankheiten	3430

Tabelle 1: Rangliste der elektronischen Präsenz der unterschiedlichen Klimafolgenthemen.

Das Resultat ist nur eine bunte Momentaufnahme, bietet aber dennoch einige wichtige Aufschlüsse: Die zusammengehörigen Kategorien »Hitze«, »Niederschläge«, »Dürre«, »Wetterextreme« und »Stürme« dominieren mit insgesamt über 200 000 Treffern das Problembewusstsein – die Menschen erwarten schlicht und einfach, dass das Klima verrückt spielt, wenn es mit Treibhausgasen vollgepumpt wird. Weiter wird die überragende Aufmerksamkeit, welche das Element *Wasser* in allen Umweltdiskursen genießt, durch die Tabelle bestätigt. Bei Podiumsdiskussionen habe ich oft erlebt, wie ranghohe Vertreter der Fossilindustrie die eigentlich vorgesehene Klimadiskussion im wahrsten Sinne des Wortes »verwässerten«, um damit geschickt Sympathiepunkte zu sammeln und von ihrer direkten Verantwortung als Schadstoffemittenten abzulenken. Dabei taten sie ganz so, als ob Klima und Wasser zwei verschiedene Paar Schuhe wären. Tabelle 1 bestätigt überdies, dass die unstrittigsten Klimafolgen – Meeresspiegelanstieg und Ozeanversauerung (siehe dazu vor allem das nächste Kapitel) – in der öffentlichen Wahrnehmung eher eine Nebenrolle spielen. Und wichtigen Aspekten wie der Bedrohung urbaner und regionaler Infrastrukturen durch den Klimawandel wird so gut wie keine Aufmerksamkeit zuteil, zumindest wenn man unsere zugegebenermaßen oberflächliche Recherche zum Maßstab nimmt.

Will man dem Gewusel der möglichen Klimawirkungen etwas mehr Struktur verleihen, dann kann man die unzähligen Effekte zum Beispiel nach geographischen Einheiten ordnen, nach Wirtschaftssektoren oder eben doch nach Kraut und Rüben – so wie es der Vierte IPCC-Bericht von 2007 noch in seiner Synthesegraphik (Abbildung 13) tut. Die Reihung der fünf dort aufgeführten, zweifellos hochrelevanten Klimafolgenfelder wirkt wie das Resultat eines Würfelspiels.

Die zusammenfassenden Bilder zur Klimafolgenthematik im Fünften Sachstandsbericht des IPCC sind schon deutlich ansprechender, aber von einer überzeugenden Systematik kann auch hier nicht wirklich die Rede sein (IPCC 2014a). Das Ringen um eine solche Systematik ist so alt (oder vielmehr so jung) wie die Klimawirkungsforschung selbst. Ich selbst wurde ab 1990 eher zufällig in dieses intellektuelle Abenteuer hineingezogen, wobei ein welthistorisches Ereignis die Hauptrolle spielte: der Fall der Berliner Mauer am 9. November 1989. Durch diese historische Ruptur wurden plötzlich ungeheure gesellschaftliche Energien frei, die jahrzehntelang durch den absurden Systemwettkampf zwischen »westlichem Kapitalismus« und »östlichem Sozialismus« gebunden waren. Ein beträchtlicher Teil dieser wiederverfügbaren Energien floss rasch in die ernsthafte Auseinandersetzung mit den Zukunftsproblemen unseres Planeten, der von nun an wieder als die ungeteilte Heimat der ganzen Menschheit wahrgenommen werden konnte. Dies ist der eigentliche Grund, warum die 1990er-Jahre zur Dekade der globalen Umwelt reüssierten. Ein Euphoriephänomen, so flüchtig wie wichtig.

Von naiver, aber vielleicht gerade deshalb fruchtbarer Euphorie waren die ersten Jahre nach 1989 im sich wiedervereinigenden Deutschland geprägt. Die Zertrümmerung der DDR-Wissenschaftspyramide mit den Akademie-Instituten an der Spitze wurde unter westdeutscher Regie ziemlich achtlos in Angriff genommen – zurück blieb zunächst eine wirre Landschaft von thematischen und infrastrukturellen Fragmenten, vor allem aber von menschlichen Splittergruppen, die einerseits um ihre Existenz bangten, andererseits die Befreiung ihres Forscherdrangs von staatlicher Bevormundung überwiegend freudig begrüßten.

Diese Zeit öffnete überhaupt einzigartige Spielräume, denn die ostdeutschen Apparate waren »abgewickelt« (so die offizielle Sprachregelung), und die inzwischen eigentlich zuständigen Bürokratien (insbesondere die nun mehrheitlich von Westdeutschen geführten Fachministerien in den »neuen Bundesländern«) hatten die intellektuellen Abrisshalden jenseits der Elbe noch nicht operativ im Griff. So konnten charismatische Einzelpersönlichkeiten – wie der renommierte Rechtshistoriker Dieter Simon, der von 1989 bis 1992 den Deutschen Wissenschaftsrat leitete – ins vorübergehende Gestaltungsvakuum hineinstoßen und neuartige Vorstellungen über die Organisation von Forschung nicht nur entwickeln, sondern teilweise auch umsetzen. Ja, sogar für Beamte mit Visionen schlug für kurze Zeit die Stunde der Gestaltungsmacht. Einer davon war der promovierte Geograph Peter Krause, damals Referatsleiter im Bundesministerium für Forschung und Technologie (BMFT), welches der CDU-Politiker Heinz Riesenhuber von 1982 bis 1993 leitete. Krause hatte schon frühzeitig erkannt, dass sich der menschengemachte Klimawandel zu einem der ganz großen Zukunftsthemen entwickeln könnte und deshalb besondere Aufmerksamkeit der Forschungsförderer verdiente. Und er wusste genau, dass die wildwüchsigen Reformen der ostdeutschen Wissenschaftslandschaft eine ebenso unerhoffte wie einmalige Chance boten, das Thema institutionell zu unterfüttern.

Folgerichtig entwickelte er, mit Unterstützung einiger führender Umweltwissenschaftler, die Idee zur Gründung einer neuen Einrichtung auf dem Potsdamer Telegraphenberg: des *Instituts für Klimafolgenforschung*, heute bekannt unter dem Kürzel PIK. Dies war in doppelter Hinsicht ein großer Wurf eines nominell kleinen Referatsleiters (der allerdings später bis zum Abteilungsleiter und Ministerialdirektor aufstieg). Denn zum einen ist das bewusste Institut heute so ziemlich die einzige Forschungseinrichtung in den neuen Bundesländern, die praktisch aus dem organisatorischen Nichts entstand, um sich einem »beispiellosen« Thema zu widmen – wohingegen alle anderen Neugründungen im Rahmen der Wiedervereinigung zumindest in Teilen Reanimationen von politisch sanierten und technisch aktualisierten DDR-Kapazitäten sind. Zum anderen bedurfte es einer gewissen Verwegenheit, nicht unbeträchtliche Mittel in die Erforschung von »Klimafolgen« investieren zu wollen. Denn 1990 erschien zwar der Erste IPCC-Bericht, aber ob unsere Zivilisation tatsächlich das Weltklima beeinflussen könne und daraus gar signifikante Wirkungen auf Natur und Kultur entsprängen, war zu jenem Zeitpunkt alles andere als ausgemacht. Nicht nur deshalb stellte die Gründung des PIK einen seltenen Akt ministeriellen Abenteurertums dar.

Dass sich die damals Verantwortlichen dieser Tatsache bewusst waren, kann ich mit zwei Originalzitaten belegen. Im Frühjahr 1991 teilte mir der damalige Vorgesetzte Krauses, der BMFT-Ministerialdirigent Werner Menden, bei einem Abendessen im kleinsten Kreis mit, dass man mich zum Gründungsdirektor des Klimafolgeninstituts in Potsdam berufen wolle. Die Geschichte, wie ich als 41-jähriger Physikprofessor, der an der Universität Oldenburg die Vermählung von traditioneller Umweltforschung und der Theorie komplexer Systeme vorantrieb, zu dieser Ehre kam, ist eher belanglos. In jener Fieberphase des »Aufbau Ost« eröffnete oft schon ein einziger achtbarer Fachvortrag den Zugang zu einer verantwortungsvollen Aufgabe. Deutsche Lebenslinien wurden allenthalben gekrümmt, gestrafft, bisweilen auch überzogen oder gar zerrissen. Jedenfalls gratulierte mir Menden zwischen Vorspeise und Hauptgang mit den Worten: »Herzlichen Glückwunsch, Herr Schellnhuber, aber wir schicken Sie auf eine unmögliche Reise!«

Wie ich sehr viel später erfuhr, hatte Peter Krause ursprünglich für eine wohlausgestattete Großforschungseinrichtung für Klimawirkungsanalyse gekämpft, jedoch für dieses kühne Konzept gerade in den einschlägigen Wissenschaftskreisen kaum Unterstützung erfahren. Deshalb sollten zur Durchführung des akademischen Experiments nur Mittel für eine kleinere Einrichtung der »Blauen Liste« bereitgestellt werden. Mit diesem putzigen Namen wurden in den 1990er-Jahren Institute belegt, die gemeinschaftlich vom Bund und dem jeweiligen Bundesland finanziert wurden, die irgendwelche Gemeinschaftsaufgaben wahrnahmen (wie etwa die Naturkundemuseen) und die in den Fachministerien eher als Mitglieder der 3. Forschungsliga angesehen und entsprechend behandelt wurden. Darauf komme ich gleich noch zu sprechen, sollte zuvor aber fairerweise festhalten, dass die eher bunte Mischung der »Blauen Liste« inzwischen zu einem wohlorganisierten und wohlgelittenen Forschungsverbund avanciert ist, der unter dem respektheischenden Titel »Leibniz-Gemeinschaft« firmiert. Nach der Wiedervereinigung entstanden gerade in »Neufünfland« zahlreiche Blaue-Liste-Institute. Mit viel Herz, Fleiß und Inspiration, vor allem aber aufgrund gnadenloser externer Begutachtung haben sich nicht nur diese Einrichtungen seither überwiegend Respekt in der gesamten Wissenschaftslandschaft verschafft. Im Jahr 2012 bekannte sich die Leibniz-Gemeinschaft in ihrer Mitgliederversammlung »zum Leitbegriff koordinierter Dezentralität«, sie betreibt in 86 Einrichtungen anwendungsbezogene Grundlagenforschung und stellt wissenschaftliche Infrastruktur bereit. Insgesamt beschäftigen die Leibniz-Einrichtungen in fünf Sektionen rund 17 500 Menschen bei einem Jahresetat von gut 1,5 Milliarden Euro im Jahr 2013 und arbeiten in circa 3700 internationalen Kooperationen mit Partnern in 128 Ländern zusammen (Leibniz-Gemeinschaft 2015).

Einer der Leibniz-Aufsteiger ist sicherlich das PIK, das 1991 noch im Blaue-Liste-Ramschkorb lag, obgleich es doch etwas gänzlich Neuartiges sein und werden sollte. Alles wurde damals mit heißen Nadeln gestrickt. Das für das Potsdamer Institut zuständige »Gründungskomitee« hatte bereits einmal getagt, als mich Menden so einfühlsam auf meine »Mission Impossible« vorbereitete, auf die ich mich dann in einem Anflug von Tollkühnheit auch einließ. Komiteevorsitzender war der Klimaphysiker Klaus Hasselmann (siehe Kapitel 6), der sich bei jener ersten Sitzung auf spektakuläre Weise mit seinem Stellvertreter, dem Umweltpolitökonomen Udo Simonis, in die Haare geraten war. Natürlich nur bildlich gesprochen, denn Simonis – der Ehegatte der früheren schleswig-holsteinischen Ministerpräsidentin Heide Simonis – glänzte dort, wo Hasselmann einen imposanten weißen Haarschopf trug, mit völliger Abwesenheit. Aber beide sind außerordentlich kluge Köpfe, die allerdings deutlich unterschiedliche Vorstellungen vom Wesen fächerübergreifender Forschung haben. Einig waren sie sich allerdings darüber, dass das Institut für Klimafolgenforschung »integrativ« arbeiten und wirken solle, rasch in die Weltspitze vordringen und möglichst wenig kosten möge. Mit anderen Worten: Sie hatten eine Schnapsidee. Dies war Hasselmann wohl auch bewusst, denn während der zweiten Gründungskomiteesitzung im Oktober 1991 merkte er in meiner Anwesenheit trocken an: »Wir sollten das Ding mal fünf Jahre laufen lassen. Wenn es bis dahin nicht in der Luft ist, muss es eben wieder eingestampft werden.« Das waren nicht gerade ermunternde Worte, aber der Mann hatte im Prinzip völlig recht: In der Wissenschaft sollte man verrückte Ideen ausloten, sie aber auch zügig wieder verwerfen können. Damit ist man schlussendlich wesentlich erfolgreicher als mit der immerwährenden Förderung soliden Mittelmaßes.

Nach jener zweiten (und zugleich letzten) Komiteesitzung hatte die Einrichtung jedenfalls ihren endgültigen Namen als »Potsdam-Institut für Klimafolgenforschung« (Einfall von Simonis), einen höchst nachdenklichen Gründungsdirektor und sah sich mit einer vorgezeichneten Komparsenrolle in Bezug auf das bereits international anerkannte Max-Planck-Institut für Meteorologie in Hamburg konfrontiert. Offizieller Gründungstag war der 1. Januar 1992, doch was sollte nun eigentlich konkret geschehen? Das PIK kam mir wie ein Phantomteilchen vor – ohne *Masse, Ort* und *Wirkung*. Um bei der *Masse* zu beginnen: Der ursprüngliche Stellenplan sah 21 Wissenschaftlerstellen vor plus 18 Posten für unterstützende Dienste, also Datenverarbeitung und Verwaltung. Zum Vergleich: Das Forschungszentrum Jülich, hervorgegangen aus einer 1956 beschlossenen »Atomforschungsanlage«, hatte 2010 knapp 5000 Beschäftigte bei einem Jahresbudget von über 450 Millionen Euro. Was nun »mein« Institut anging, erwartete man zudem von mir, dass ich einen Gutteil der 39 verfügbaren Haushaltsstellen mit ostdeutschen Fachleuten besetzen würde, die sich auf kuriose Weise im Tumult der Wendezeit zu einer Schicksalsgemeinschaft zusammengefunden hatten. Glücklicherweise waren diese Individuen überwiegend hochqualifiziert und fanden am PIK sinnvolle Beschäftigungen, doch mein Spielraum für personelle Investitionen war damit zunächst aufgebraucht.

Gleichzeitig stand der *Ort* des Instituts in den von Braunkohle- und Trabbi-Dunst verschleierten Sternen Brandenburgs. Es auf dem legendären Potsdamer Telegraphenberg (siehe Kapitel 10) ansiedeln zu wollen war zweifellos eine geniale Vision, doch dort standen 1991 neben den vom Verfall bedrohten Wunderbauten aus der Gründerzeit nur einige extrem hässliche und dysfunktionale Forschungskasernen des untergegangenen real existierenden Sozialismus. Insofern sollten wir provisorisch auf einen anderen *Ort* ausweichen, der auch schon verfügbar war und sich als der befremdlichste Arbeitsplatz meines gesamten Forscherlebens entpuppte. Unter den von mir im Januar 1992 eingestellten ostdeutschen Wissenschaftlern war auch der (inzwischen verstorbene) Systemanalytiker Klaus Bellmann, der als eine Art Nachwende-Moses potenzielle Klimafolgenforscher aus dem untergegangenen DDR-System um sich geschart hatte. Bellmann war kompetent, knorrig und findig. Letztere Qualität stellte er eindrücklich unter Beweis, indem er sein kleines Volk Israel an einem der absurdesten Plätze des Universums ins Trockene brachte: dem ehemaligen Stasi-Hauptquartier in der Normannenstraße in Berlin-Lichtenau!

Wie er auf diesen grotesken Gedanken gekommen war und wie er ihn tatsächlich umsetzen konnte, entzieht sich bis heute meiner Kenntnis, aber ich vermute, dass die anarchischen Umstände der Wiedervereinigung dabei eine wichtige Rolle spielten. Jedenfalls erzählte mir Bellmann bei unserer ersten Begegnung im brandenburgischen Wissenschaftsministerium freudestrahlend von den hervorragenden Räumlichkeiten in Ostberlin, wo seine Gruppe nun untergekommen sei. Ich begriff zunächst nur, dass es da einen vagen Zusammenhang zum DDR-Ministerium für Staatssicherheit (MfS) geben musste. Doch die ganze Ungeheuerlichkeit dieser ersten Unterbringung des PIK – übrigens eineinhalb Autostunden vom Telegraphenberg entfernt – dämmerte mir erst, als ich bald darauf zur Erstbesichtigung aufbrach und auf einen grau-feindseligen Komplex von Hochhäusern zufuhr. Im situationsgerechten Wartburg eines Kollegen passierten wir zunächst einen Schlagbaum rätselhafter Funktion, tauchten unter gewaltigen Betonarkaden hindurch und landeten schließlich in einem weiten, totenstillen Innenhof, gebildet von steil aufragenden Plattenbauten. Genau hier hatte noch zwei Jahre zuvor das kalte Herz der tausendarmigen DDR-Überwachungskrake geschlagen …

Die Räumlichkeiten, in denen meine neuen Mitarbeiter sich unter Bellmanns Führung niedergelassen hatten, waren für ostdeutsche Verhältnisse recht hochwertig in Bezug auf Zuschnitt, Haustechnik und Ausstattung. Bellmann führte mich eher stolz als verlegen durch sein Revier und machte mich mit gelegentlichen Kostproben von schwarzem Humor auf diverse befremdliche Asservate aufmerksam, etwa die nunmehr erstarrten Augen von Überwachungskameras an Decken von Zimmern und Fahrstühlen. Wo war ich nur gelandet? Es sollte dann noch eineinhalb Jahre dauern, bis die paar Dutzend Möchtegern-Klimafolgenforscher unter meiner Verantwortung in einen rasch aufgestellten Container auf dem Potsdamer Telegraphenberg überführt werden konnten. Am südlichen Waldrand des historischen Campus hatte sich tatsächlich eine provisorische Bleibe für das PIK gefunden, und zwar auf einer ehemaligen Freizeitgärtnerparzelle, etwa so groß wie ein Tennisplatz. Damit waren alle Voraussetzungen für künftigen Weltruhm gegeben.

Insofern fragte ich mich damals öfter, wie man unter solch grotesken Umständen als Institut wissenschaftliche *Wirkung* erzielen sollte. Die Antwort konnte letztlich nur in der einzigartigen Wucht des Themas »Klimafolgen« liegen, dessen einschüchternder Komplexität man sich eben stellen musste. Unmittelbar nach meiner Berufung zum PIK-Gründungsdirektor hatte ich mich ins innere Exil begeben, um erstens die (nicht allzu reichhaltige) einschlägige Literatur zu verdauen und zweitens einen Plan zur Bearbeitung der sich vor uns auftürmenden Forschungsaufgabe zu entwickeln. Dabei wurde mir schnell klar: Wir betraten ein Problemfeld, wo das Faszinierende dicht neben dem Trivialen lag, wo sich fester Grund mit schwankendem, unbestimmbarem Terrain abwechselte, wo tatsächlich »alles mit allem« zusammenhing. Auf dem Gebiet der Klimafolgenforschung würden sich Tausende von glänzenden Dissertationen schreiben lassen (etwa über die Beschleunigung bakterieller Zersetzungsprozesse in erwärmten Böden), aber auch ebenso viele banale Abhandlungen über

Selbstverständlichkeiten (etwa über den früher einsetzenden jährlichen Pflanzenaustrieb aufgrund steigender Umwelttemperaturen). Als Physiker war mir aber auch klar, dass dies kein Modethema war, das die Zentrifugalkräfte des Wissenschaftssystems rasch in den Randbereich treiben würden: Datenlage und Modellrechnungen deuteten darauf hin, dass die zivilisatorische Störung des Weltklimasystems gerade erst in Gang gekommen war und Ausmaße annehmen konnte, die konventionelles Denken sprengten. Also war diese intellektuelle Herausforderung so spannend wie wichtig – was konnte sich ein junger Forscher mehr wünschen?

Ich erinnere mich lebhaft daran, dass ich wochenlang immer ausgeklügeltere Diagramme zu Papier brachte, wo zahlreiche Kästchen (als Symbole für die vom Klimawandel betroffenen Teilsysteme von Natur und Kultur) durch noch mehr Linien (als Symbole für Antriebskräfte beziehungsweise Wechselwirkungen) miteinander verbunden waren. Heute lächelt man über solche »Spaghetti-Graphiken«, aber damals schienen sie die Hauptschlüssel zum dunklen Gefüge der Klimafolgen zu sein. Den Höhepunkt meiner graphischen Bemühungen stellte eine kunterbunte »Wirkungskaskade« dar, wo sich aus industriellen Treibhausgasemissionen wasserfallartig Ursache-Wirkung-Pfade hinab ins Tal der gesellschaftlichen Reaktionen entwickelten. Diese Darstellung – von Hand mit etwa hundert verschiedenen Farbstiften gefertigt – brachte mir selbstredend jede Menge Kollegenspott ein, zählt aber andererseits heute zu den Prunkstücken im Reliquienfundus des PIK. In Abbildung 14 ist das frühe Meisterwerk wiedergegeben.

Über den höheren Erkenntniswert einer solchen Graphik, die immerhin eine vorläufige Inventarisierung der zu beobachtenden Forschungsgegenstände vornimmt, kann man geteilter Meinung sein. Aber auch diese Reise musste mit dem ersten Schritt beginnen; zudem war die zugrunde liegende Logik sinnvoll und leistet auch heute noch gute Übersichtsdienste. Denn es ist ein gutes Ordnungsprinzip, zu verfolgen, wie sich Wirkungen von »einfachen« physikalischen Kräften bis hin zu »verwickelten« gesellschaftlichen Effekten ausbreiten. Letztere gipfeln in der transnationalen Willensbildung zum Klimaschutz, was zum Verwirrendsten auf Erden gehört. So gesehen bedeutet die Bewegung von oben und von unten in Abbildung 14 einen enormen Zuwachs an Komplexität, der sich zwingend in einem großen disziplinären Übergang von der fundamentalen Physik zu den phänomenologischen Politik- und Kulturwissenschaften abbildet. Der Einsicht, dass Klimafolgenforschung fächerübergreifend angelegt sein muss, kann man sich aufgrund dieser Analyse wohl kaum entziehen.

Der anthropogene Klimawandel ist eben ein Phänomen, das praktisch in alle Ritzen der Erdrinde und in sämtliche Nischen der Lebenswelt eindringen wird. Wenn man sich fragt, welche Störungen unserer Welt ähnliche systemische Wirkung erzielen könnten, kommt man zu so exotischen Vorgängen wie der jähen Änderung von Elementmassen – etwa die plötzliche und stabile Vertauschung der Atomgewichte von Kohlenstoff (12) und Sauerstoff (16) durch einen boshaften Gott. Die Folgen dieses kosmischen Scherzes abzuschätzen wäre eine unterhaltsame wissenschaftliche Aufgabe, für die allerdings niemals realer Bedarf bestehen wird. Dagegen ist die in Abbildung 14 umrissene Klimawirkungskaskade der Versuch einer Annäherung an ein Beziehungsgeflecht, das unsere Zukunft beherrschen könnte. Meines Wissens existiert bis heute, trotz der ungeheuren Möglichkeiten modernster Graphiksoftware, kein vergleichbares Diagramm, geschweige denn ein integriertes Forschungsprogramm, das alle skizzierten Aspekte abdecken würde. Aber Verständnis und das daraus möglicherweise resultierende Handeln haben ja auch mit dem geschickten Eindampfen von Komplexität zu tun. Deshalb ist es durchaus sinnvoll, der Klimafolgenforschung einen vereinfachten Orientierungsrahmen zu geben, der beispielsweise so aussehen könnte wie in Abbildung 15 skizziert.

Ein solcher graphischer Zugang zu potenziellen Klimawandelwirren erweist sich in der Praxis als erstaunlich nützlich: Neben plausiblen Effektkaskaden lassen sich gleichzeitig auch die interdisziplinären Verbünde identifizieren, die für die Bearbeitung der entsprechenden Fragestellungen erforderlich wären. Der als Beispiel in Abbildung 15 eingezeichnete Kausalpfad, welcher von einer Atmosphärenstörung bis hin zur kriegerischen Auseinandersetzung führt, ist natürlich in höchstem Maße spekulativ. Allerdings beginnt die Wissenschaft sich für diese Thematik zu interessieren und erste diskutable Ergebnisse zu veröffentlichen (siehe vor allem Kapitel 29). Eine sehr viel handfestere Wirkungskette würde etwa die Anreicherung von CO_2 in der Luft über die Stationen »Hitzewellen«, »erhöhte Mortalität älterer Menschen«, »strategische Planung der Gesundheitsbehörden« mit städtischen Frühwarnsystemen und Notfallprogrammen verknüpfen. Diesem Zusammenhang wird unter anderem in der südfranzösischen Stadt Perpignan in Reaktion auf den höllisch heißen Sommer von 2003 Rechnung getragen, wovon ich mich selbst vor Ort überzeugen konnte.

Mit diesen eher strukturellen Anmerkungen zum Wesen der Klimafolgenforschung will ich es denn auch bewenden lassen. Der Leser sollte nun immerhin die intellektuellen Qualen nachempfinden können, welche

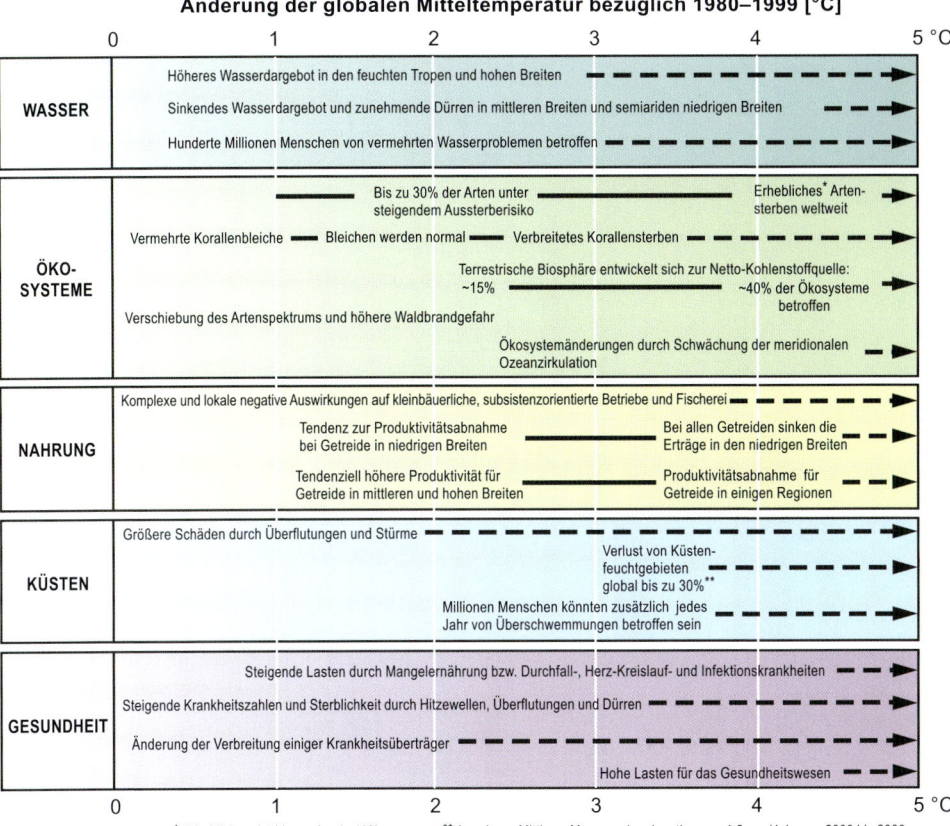

Änderung der globalen Mitteltemperatur bezüglich 1980–1999 [°C]

WASSER
- Höheres Wasserdargebot in den feuchten Tropen und hohen Breiten
- Sinkendes Wasserdargebot und zunehmende Dürren in mittleren Breiten und semiariden niedrigen Breiten
- Hunderte Millionen Menschen von vermehrten Wasserproblemen betroffen

ÖKO-SYSTEME
- Bis zu 30% der Arten unter steigendem Aussterberisiko — Erhebliches* Artensterben weltweit
- Vermehrte Korallenbleiche — Bleichen werden normal — Verbreitetes Korallensterben
- Terrestrische Biosphäre entwickelt sich zur Netto-Kohlenstoffquelle: ~15% — ~40% der Ökosysteme betroffen
- Verschiebung des Artenspektrums und höhere Waldbrandgefahr
- Ökosystemänderungen durch Schwächung der meridionalen Ozeanzirkulation

NAHRUNG
- Komplexe und lokale negative Auswirkungen auf kleinbäuerliche, subsistenzorientierte Betriebe und Fischerei
- Tendenz zur Produktivitätsabnahme bei Getreide in niedrigen Breiten — Bei allen Getreiden sinken die Erträge in den niedrigen Breiten
- Tendenziell höhere Produktivität für Getreide in mittleren und hohen Breiten — Produktivitätsabnahme für Getreide in einigen Regionen

KÜSTEN
- Größere Schäden durch Überflutungen und Stürme
- Verlust von Küstenfeuchtgebieten global bis zu 30%**
- Millionen Menschen könnten zusätzlich jedes Jahr von Überschwemmungen betroffen sein

GESUNDHEIT
- Steigende Lasten durch Mangelernährung bzw. Durchfall-, Herz-Kreislauf- und Infektionskrankheiten
- Steigende Krankheitszahlen und Sterblichkeit durch Hitzewellen, Überflutungen und Dürren
- Änderung der Verbreitung einiger Krankheitsüberträger
- Hohe Lasten für das Gesundheitswesen

* Erheblich meint hier mehr als 40%   ** Annahme: Mittlerer Meeresspiegelanstieg von 4,2 mm/Jahr von 2000 bis 2080

Abbildung 13: IPCC-Versuch eines Registers für global bedeutsame Klimawirkungen als Funktion der Erderwärmung. Letztere wird hier als Veränderung der planetarischen Oberflächentemperatur relativ zum Niveau im Zeitraum 1980–1999 definiert. Die Folgenpfeile beginnen jeweils bei dem Erwärmungswert, wo der betrachtete Effekt vermutlich einsetzt (die Unterscheidung zwischen durchgezogenen und durchbrochenen Linien kann man ignorieren). Vgl. S. 117.

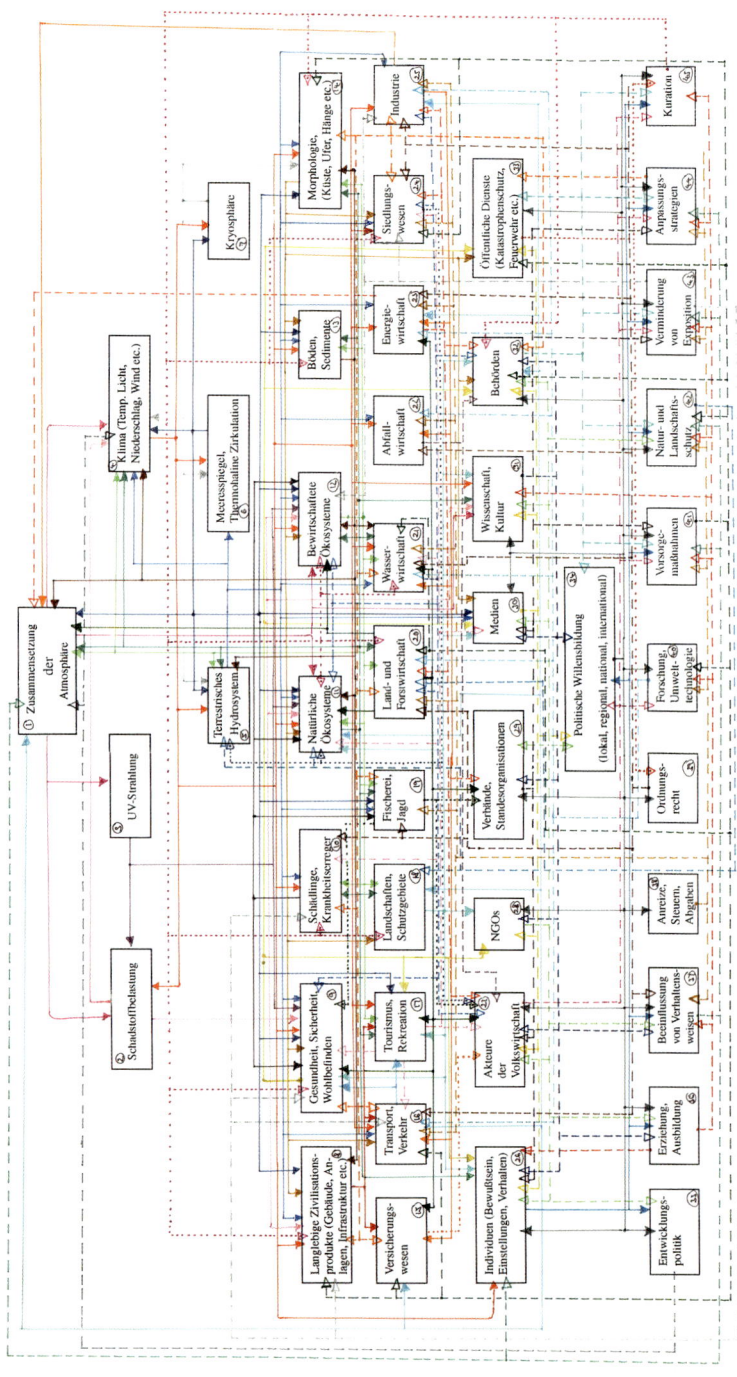

Abbildung 14: Wie ich im Jahr 1992 die Klimafolgen-Welt sah. Verkleinerte Kopie des DIN A2-Originals (vgl. S. 123).

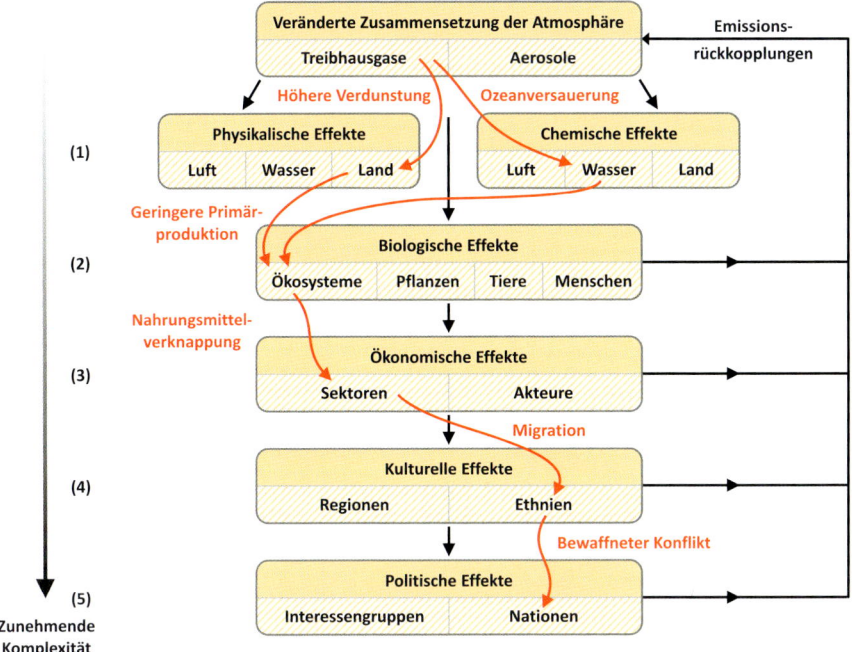

Abbildung 15: Mögliches Ordnungsschema für das reale Klimafolgenbündel, wobei – gemäß der wissenschaftlichen Logik – vom Einfachen zum Komplexen fortgeschritten wird. Die schwarzen Pfeile deuten wichtige Wirkungspfade an, nicht zuletzt die Rückkopplungen, die sich etwa aus wirtschaftlichem Niedergang oder entschlossener Klimaschutzpolitik ergeben könnten. Die roten Pfeile heben eines der unzähligen Kausalgeflechte hervor, die sich mit diesem Schema darstellen lassen (»Klimakriege«). Die Zahlen in Klammern zählen einfach die verschiedenen Impaktschichten ab (vgl. S. 124).

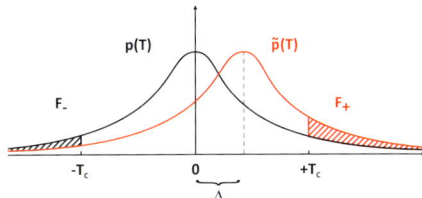

Abbildung 16: Stilisierte Temperaturwahrscheinlichkeitsverteilung *vor* (p(T), schwarz) und *nach* (p̃(T), rot) einer starren Verschiebung um Δ Grad ins Warme. Diese Verschiebung kann beispielsweise durch einen Hintergrundtrend wie den anthropogenen Klimawandel bewirkt werden. Das mit F_+ bezeichnete Areal stellt dann den Wahrscheinlichkeitszuwachs für heiße Extreme ($T > +T_c$), das mit F_- bezeichnete Areal den Wahrscheinlichkeitsschwund für kalte Extreme ($T < -T_c$) dar (vgl. S. 132).

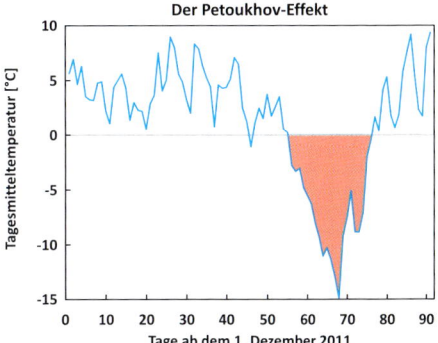

Abbildung 17: Temperatursturz in Potsdam. Die Graphik zeigt die Entwicklung der Tagesmitteltemperaturen an der meteorologischen Station von Anfang Dezember 2011 bis Ende Februar 2012. Der Kältesprung um bis zu 25 °C nach unten dauerte etwa zwei Wochen an und brachte ganz Brandenburg zum Erstarren (vgl. S. 133).

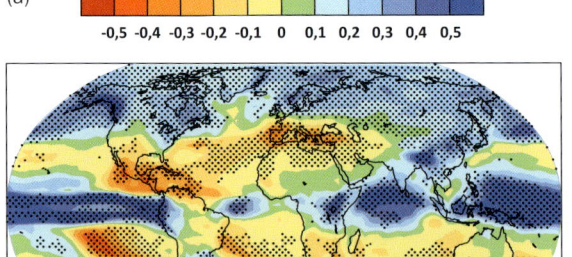

(a)

Niederschlag [mm/Tag]

-0,5 -0,4 -0,3 -0,2 -0,1 0 0,1 0,2 0,3 0,4 0,5

Abbildungen 18a und 18b:
Wo bleibt das Wasser im Klimawandel? Vergleich der Zeiträume
2080–2099 und 1980–1999
für das IPCC-Szenario A1B. Die
örtlichen Jahresmittel werden mit
einer ganzen Schar von Klimamodellen berechnet. Dabei sind
die Bereiche, für die mindestens
80 % der Modelle in der Richtung
der Änderung übereinstimmen,
gepunktet:
a) Änderung des Niederschlags
in mm pro Tag,
b) Änderung der Bodenfeuchte
in %
(vgl. S. 137)

Bodenfeuchtegehalt [%]

(b)

-25 -20 -15 -10 -5 0 5 10 15 20 25

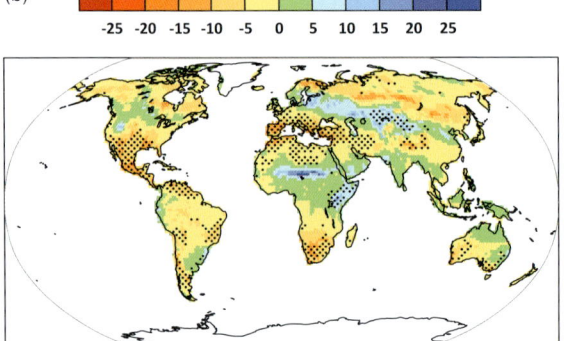

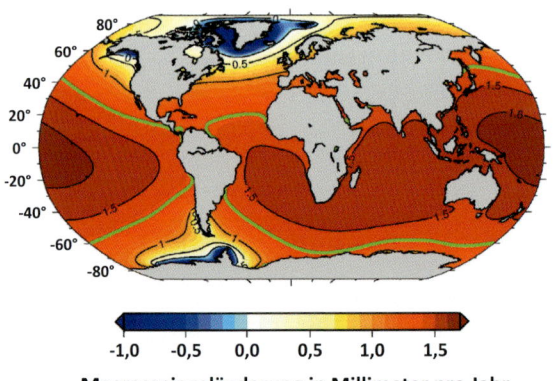

Meeresspiegeländerung in Millimeter pro Jahr

-1,0 -0,5 0,0 0,5 1,0 1,5

Abbildung 19: Beitrag des
Landeisschwunds zur aktuellen Entwicklung des globalen
Meeresspiegels. Berücksichtigt
wird der Rückgang von Eisschilden, Eiskappen und großen
Gletschern, wodurch es zu
Änderungen im Gravitationsfeld
und zu Landhebungen kommt.
Im Rahmen dieser Mechanismen
sind die blau markierten Gebiete
gewissermaßen Quellen und die
rot markierten Abflüsse
(vgl. S. 144).

Journalistenforderungen der folgenden Art bei mir auszulösen pflegen: »Professor Schellnhuber, schildern Sie doch bitte in drei Sätzen, welche Auswirkungen die Erderwärmung haben wird!« Dürften's vielleicht auch vier oder fünf Sätze sein?

Vorerst müssen wir uns damit abfinden, dass es die große systematische Zusammenschau, die Reihung und die Bewertung der wichtigsten schon beobachtbaren und zu erwartenden Effekte des Klimawandels noch nicht gibt. Alle bisherigen Versuche der Synthese sind Stückwerk oder große Vereinfachungen, ganz gleich, ob es sich um die bisherigen Sachstandsberichte der zuständigen Arbeitsgruppe II des IPCC handelt oder um den gefeierten »Stern Review« zu den bedeutendsten Aspekten der Klimaökonomie (Stern 2006). Noch immer sind Aussagen über die Gesamtzahl der Opfer oder die prozentualen Verluste des Weltsozialprodukts, welche eine Destabilisierung der Erdatmosphäre nach sich ziehen könnte, nichts weiter als verwegene Spekulationen. Wie man solchen Zahlen auf seriöse Weise immerhin ein Stückchen näher kommen könnte, werde ich gegen Ende dieses Kapitels kurz diskutieren. Aber gerade in den letzten Jahren sind zahlreiche hoch qualifizierte Studien zu relevanten Ausschnitten des Gesamtbeziehungsgeflechts von Abbildung 14 erschienen, die mehr und mehr Schlaglichter auf die immer wahrscheinlicher werdende Umweltzukunft der Menschheit für den Fall werfen, dass die Treibhausgasemissionen weiter steigen.

Was sich da bereits offenbart, ist besorgniserregend (um es milde auszudrücken), aber auch überaus faszinierend. Ich werde die entsprechenden Einsichten über verschiedene Kapitel dieses Buches verteilen, um Sie, liebe Leser, nach und nach an das steigende Komplexitätsniveau zu gewöhnen. Wem dieser Gedankenfluss zu langsam ist, kann das natürlich gern überspringen. Beginnen möchte ich mit dem, wovor die Menschen in Friedenszeiten – von der Erhöhung der Benzinpreise einmal abgesehen – wohl die größte Angst haben: dem unvorhergesehenen grausamen Wüten der zumeist friedlichen Natur.

In manchen Weltgegenden ist das Leben von der Furcht vor geologischen Katastrophen wie Vulkanausbrüchen, Erdbeben oder Tsunamis geprägt. In so begünstigten Zonen wie Mitteleuropa oder Prärieamerika geben dagegen vor allem »Wetterextreme« Anstoß zur Sorge. Angst und Schrecken verbreiten beispielsweise die »Finger Gottes«, die Tornados im Mittelwesten der USA. In diesen himmelhohen Drehschläuchen wird die Luft bis auf unglaubliche 500 Stundenkilometer beschleunigt. Wehe der Siedlung, die zufällig in die Zugbahn solcher Monsterstürme gerät! Als (nur ansatzweise verstandenes) physikalisches Phänomen gibt es die

»Windhose« in vielen Erdregionen, aber nirgendwo sind die Entstehungsbedingungen so günstig wie entlang der »Tornado-Allee«, die von Texas über Oklahoma und Kansas bis nach Nebraska reicht. Dort werden die vom Golf von Mexiko nordwärts strömenden, feuchtwarmen Luftmassen seitlich von kühltrockenen Fallwinden attackiert, die am Ostrand der Rocky Mountains entstehen. Das Ergebnis sind unter anderem Schwerstgewitter in der Nähe von Tornadokeimzellen; jeder Reisende, der öfter in Denver, Colorado, landen muss, kann davon ein Lied singen. Ende Februar/Anfang März 2012 rasten zwei gewaltige Wirbelsturmfronten von der Golfregion bis zu den Großen Seen, wobei die Zentren der Zerstörung, anders als gewohnt, in Kentucky und Indiana lagen. Dass dieser außergewöhnlich frühe Beginn der Tornadosaison mit der fortschreitenden Erderwärmung zusammenhängen könnte, ist eine durchaus plausible, aber noch unbewiesene Vermutung.

Bei anderen außergewöhnlichen Naturerscheinungen ist der Zusammenhang mit dem anthropogenen Treibhauseffekt schon nachweisbar (siehe weiter unten). Aber was meinen wir eigentlich, wenn wir von *Extremereignissen* sprechen? Die mathematisch-naturwissenschaftliche Bedeutung von »extrem« ist schlicht und einfach »randwertig« – eine Beobachtung liegt an der äußersten Grenze einer empirischen oder theoretischen Verteilung. Betrachten wir zum Beispiel die Messreihe, die aus den Tageshöchsttemperaturen jeweils am 1. August aufeinanderfolgender Jahre an einem bestimmten Ort – sagen wir Potsdam – besteht. Das jeweilige Temperaturmaximum wird übrigens in der Regel zwischen 4 und 5 Uhr nachmittags erreicht. Die Messdaten selbst kann sich jeder mit wenigen Mausklicks von der Homepage des Deutschen Wetterdienstes (DWD) herunterladen; der kostenlose Zugang zu Informationen von öffentlichem Interesse ist heutzutage schließlich ein Grundrecht. Die Recherche liefert folgende Wertetabelle für die Jahre 2000 bis 2011:

Jahr	Temperatur in Grad Celsius
2000	26,8
2001	23,0
2002	33,2
2003	31,3
2004	26,5

Jahr	Temperatur in Grad Celsius
2005	20,7
2006	26,5
2007	20,9
2008	34,6
2009	27,7
2010	30,0
2011	22,2

Tabelle 2: Tagesmaximum der Lufttemperatur in 2 Meter Höhe, jeweils am 1. August an der Potsdamer Station des DWD gemessen.

Diese Auflistung bestätigt für sich betrachtet nur das Offensichtliche, nämlich dass es im Hochsommer in Brandenburg angenehm warm bis ziemlich heiß werden kann. Die beiden Extremwerte *dieser Beobachtungsreihe* betragen 34,6 °C (»oberstes Maximum«) und 20,7 °C (»untertestes Maximum«). Würde man sich sogar nur auf die (kaum den Namen verdienende) Messreihe von 2000 bis 2001 beschränken, dann lägen diese Extremwerte bei völlig unspektakulären 26,8 und 23,0 °C. Nichts daran ist in irgendeiner Weise außergewöhnlich. Aus solch einfachen Inspektionen lassen sich unter anderem zwei Lehren ziehen: Erstens, Zeitreihen bringen bei der Klimaanalyse so gut wie nichts. Zweitens, die eigentliche Bedeutung des Wortes »extrem« ist im Psychologisch-Gesellschaftlichen zu suchen: Gemeint sind eben Ereignisse, die den Rahmen des Gewohnten, ja Verkraftbaren sprengen. So etwas wäre beispielsweise gegeben, wenn am 1. August 2016 das Thermometer an der Potsdamer Referenzstation bis auf 48 °C klettern würde. Schließlich ist in Mitteleuropa niemand auf den Umgang mit einem solchen Hitzeschock vorbereitet, während ich selbst erleben konnte, wie die Menschen im tiefen Süden Algeriens Tage mit Temperaturen nahe 50 °C stoisch und schadlos verdämmerten. Allerdings kam es in dieser Zeit nicht gerade zu sprunghaften Steigerungen des Bruttoinlandsprodukts.

Meine Kollegen Dim Coumou und Stefan Rahmstorf haben vor wenigen Jahren eine nüchterne Studie vorgelegt (Coumou und Rahmstorf 2012), in der sie zwar die Wirkung des »Wetterextremismus« *auf* den

Menschen ausblenden, aber den Veränderungen des meteorologisch Außerordentlichen *durch* den Menschen nachspüren: Lässt sich die zivilisatorische Störung der Atmosphäre bereits im Buch der Rekorde nachlesen? Die Antwort ist ein klares mathematisches »Ja«, wenn man ebenso simple wie wichtige statistische Einsichten nutzt (Rahmstorf und Coumou 2011).

Diese Ergebnisse erregten große Aufmerksamkeit, denn natürlich wollen die Menschen wissen, ob die Häufung ungewöhnlicher Witterungsphänomene rund um den Globus seit der Jahrtausendwende nur die Ouvertüre zu einem vom Klimachaos geprägten Zeitalter ist. Was die Extreme der letzten Dekaden angeht, drängen sich vor allem vier Erscheinungsformen in den Vordergrund: *Hitzewellen, Kälteeinbrüche, Schwerstniederschläge* und *Stürme.* Zu den auffälligsten jüngeren Hitzeepisoden zählen der westeuropäische Glutsommer von 2003 (70000 vorzeitige Sterbefälle laut einer französischen statistischen Untersuchung von 2007), die Hitzewelle vom Februar 2009 im australischen Bundesstaat Victoria (verheerende Buschfeuer mit Hunderten Toten und Schwerverletzten), der zentralrussische Extremsommer von 2010 (Pulverisierung der historischen Temperaturhöchstmarken in Moskau, wo Hitze, Staub und Rauch das Leben unerträglich machten) und schließlich der superheiße Juli 2011 in den amerikanischen Southern Plains (mit verheerenden Schäden in der texanischen Forst- und Landwirtschaft). Die traumatischste Wirkung dürfte der Ring von Wald- und Torfbränden erzielt haben, der Moskau 2010 viele Wochen einschloss. Trotz aller sprichwörtlichen Duldsamkeit, mit der russische Menschen ihr Schicksal zu ertragen pflegen, ist man im Land der bitterkalten Winter auf afrikanische Sommer nun mal nicht eingestellt. Mit der Rahmstorf-Coumou-Methode kann man übrigens zeigen, dass die Wahrscheinlichkeit für Juli-Hitzerekorde in Moskau durch den Erwärmungstrend bereits fünfmal höher war als ohne Klimaänderung (Rahmstorf und Coumou 2011). Wie Wetterbeobachtungen rund um den Globus belegen, treten heute mehr als fünfmal so viele örtliche Monatshitzerekorde auf, wie man dies in einem stationären, vom Menschen ungestörten Klima erwarten würde.

Doch das ist nur ein dezenter Vorgeschmack dessen, was der ungebremste Ausstoß von Treibhausgasen in diesem Jahrhundert noch bewirken dürfte. Das britische Hadley Centre hat unlängst berechnet, dass bei unbeirrt fossiler Wirtschaftsentwicklung der westeuropäische »Millenniumssommer« von 2003 bis zur Jahrhundertmitte zum Normalzustand werden könnte. Und der im März 2012 erschienene IPCC-Sonderbericht über die Risiken von Extremereignissen (IPCC SREX 2012) stellt fest, dass im gleichen Szenario gemäß Modellrechnungen die Tageshöchsttemperaturen in vielen Regionen der Erde bis 2100 außer Rand und Band geraten werden: Rekordwerte, die bei Aufrechterhaltung des heutigen Klimas nur alle 20 Jahre gemessen wurden, dürften dann im Schnitt bereits alle zwei Jahre wiederkehren. Und auch das wäre nur ein Übergangszustand auf dem Weg in eine um 6 oder gar 8 °C erhitzte Welt.

Über eine so dramatische Erderwärmung möchte man eigentlich gar nicht erst nachdenken, obgleich die globale Wirtschaftsmaschine gegenwärtig darauf programmiert ist, genau diesen »Nebeneffekt« des hemmungslosen Wachstums auszuspucken. Darauf werde ich noch mehrmals zu sprechen kommen. Wie gefährlich der Kurs ist, auf dem wir uns alle befinden, stellte in jüngerer Zeit vor allem die Weltbank in aller Deutlichkeit fest. Sie hat sich insbesondere mit einer Klimazahl auseinandergesetzt, die noch im 21. Jahrhundert eine realistische Bedeutung erlangen könnte: 4 °C – über dem vorindustriellen Niveau, versteht sich. Zwischen 2012 und 2014 hat diese größte Entwicklungsbank der Welt mit Hauptquartier in der US-Hauptstadt Washington insgesamt drei umfangreiche Berichte herausgegeben, die sich mit den Folgen einer solchen Schnellerhitzung unseres Planeten auseinandersetzen. Der Zufall fügte es, dass ich persönlich dabei eine maßgebliche Rolle spielte.

Das lag auch daran, dass ich im Frühjahr 2012 auf einem deutschen Flughafen Erick Fernandes in die Arme lief, den ich von Veranstaltungen in Oxford her kannte. Erick ist ein renommierter Bodenkundler, der unter anderem eine Professur an der ehrwürdigen Cornell University innehatte und seit einiger Zeit für die Weltbank als Experte für Klimaanpassung arbeitet. Wir hatten dasselbe Reiseziel und konnten benachbarte Sitzplätze arrangieren. Irgendwann während unseres lebhaften Gesprächs fragte mich Erick, ob das PIK denn bereit wäre, sehr kurzfristig eine kleine Studie anzufertigen – er hätte noch 40 000 Dollar in seinem Budget, die man vor Ende des Fiskaljahrs ausgeben sollte. Thema: Wie man in kritischen Sektoren (wie Land- und Wasserwirtschaft) und problematischen Regionen (wie Südasien oder Subsahara-Afrika) am besten mit den Herausforderungen zurande kommen könnte, welche mit einer Erderwärmung um 4 °C einhergingen. Er wusste, dass ich mich mit dieser besonderen Thematik auseinandergesetzt und dazu schon in aller Welt Vorträge gehalten hatte.

Insofern war ich interessiert und versprach ihm, die Möglichkeit einer raschen, aber seriösen Expertise durch das Potsdam-Institut nach meiner Rückkehr zu prüfen. Allerdings sagte ich ihm auch spontan, dass ich hinsichtlich der Anpassungsmöglichkeiten an eine um 4 °C erwärmte Welt so meine Zweifel hätte. Erick nahm dies freundlich lächelnd zur Kenntnis und meinte, dass er sich auf meine Antwort freue. Diese Zufallsbegegnung brachte bald darauf eine Lawine ins Rollen, die unter dem Titel *Turn Down the Heat* (zu deutsch salopp: »Dreht die Heizung runter!«) in die internationale Klimadebatte hineindonnerte und enorme Wirkung außerhalb und innerhalb der Weltbank entfaltete.

Wie das genau zustande kam, wäre eine eigene Geschichte wert. Hier will ich nur vermerken, dass ich erstaunlich rasch eine Gruppe überwiegend jüngerer Forscher aus Potsdam und Berlin für dieses Vorhaben begeistern konnte, wobei mir meine damalige wissenschaftliche Assistentin Olivia Serdeczny eine unschätzbare Hilfe war. Wir hatten nur wenige Monate Zeit und trugen deshalb fieberhaft alle Einsichten zusammen, die sich in der Fachliteratur zu den potenziellen Verhältnissen auf einer um 4 °C wärmeren Erde finden ließen. Diese Recherche wurde ergänzt durch eine Reihe schneller Simulationsrechnungen, wobei wir auf den fantastischen Modellfundus am PIK zugreifen konnten. Was dabei entstand, war die erste ernsthafte Ganzheitsbetrachtung einer Welt, die sich tief im roten Bereich des Klimawandels befinden würde.

Dass eine solche Zusammenschau noch nicht existierte, verwunderte uns; was wir zu sehen bekamen, entsetzte uns. Alle Resultate deuteten nämlich darauf hin, dass es in der +4-Grad-Zukunft ungemein schwer werden würde, 10 oder 11 Milliarden Menschen ein lebenswürdiges Dasein zu sichern. Die unmissverständliche Botschaft lautete also: Nicht die Anpassung an eine solche Welt, sondern ihre *Vermeidung* muss die Maxime der internationalen Politik sein! Diese Botschaft wurde tatsächlich gehört, wie ich gleich schildern werde. Auf den ersten Bericht mit dem bezeichnenden Untertitel »Warum eine 4 Grad wärmere Welt vermieden werden muss«, veröffentlicht im November 2012, folgten dann noch zwei weitere, die sich ausführlich mit den Konsequenzen einer so drastischen Klimaänderung für eine Reihe von besonders verwundbaren Weltregionen auseinandersetzten (World Bank 2012, 2013, 2014). Alle Dokumente nebst interessanten zusätzlichen Informationen sind frei auf der Weltbank-Homepage zugänglich (World Bank Series: *Turn Down the Heat*).

Wie schon angedeutet, erzielten diese Veröffentlichungen eine durchschlagende globale Wirkung, die alles überstieg, was sich irgendeiner der Beteiligten hätte vorstellen können. Wie mir die verantwortliche Weltbank-Vizepräsidentin, die bemerkenswerte Rachel Kyte, später einmal erzählte, haben die Berichte über alle Informationskanäle inklusive der sozialen Medien wohl über eine Milliarde Menschen erreicht! Der Weltbankpräsident selbst, der gelernte Mediziner Jim Yong Kim, wurde schon sehr bald auf unsere vorläufigen Ergebnisse aufmerksam gemacht, worauf er mich zu einem langen Gespräch in sein Washingtoner Büro einlud. Ich weiß noch, wie er am Ende fast zornig ausrief: »Wir brauchen eine weltweite Massenbewegung für den Klimaschutz!« Er gehört inzwischen zu den prominentesten Verfechtern einer internationalen Partnerschaft zwischen Politik, Wirtschaft und Zivilgesellschaft mit dem Ziel der scharfen Begrenzung der Erderwärmung (siehe dazu Kapitel 28). Und seine Vorworte zu den *Turn Down the Heat*-Berichten sind wirklich lesenswert.

Aber auch viele andere Persönlichkeiten von globalem Rang nahmen die von uns für die Weltbank erstellten Dokumente zur Kenntnis und kommentierten sie öffentlich. Das für mich eindrucksvollste Zitat stammt von Kofi Annan, dem früheren Generalsekretär der Vereinten Nationen und Friedensnobelpreisträger von 2001. »Während die Weltgemeinschaft auf die Begrenzung der Erderwärmung auf maximal 2 °C zielt, beleuchtet dieser Weltbankbericht zur rechten Zeit die Möglichkeit eines Temperaturanstiegs um 4 °C noch in diesem Jahrhundert. Und zeigt damit auf, dass wir weiterhin der Verantwortung für unsere Nachkommen nicht gerecht werden. Wollen wir tatsächlich künftige Generationen in eine Welt tödlicher Dürren, überfluteter Küstenstädte und schwindender biologischer Vielfalt entlassen? Ich empfehle diese einzigartige Studie nachdrücklich jedem, der sich für den Klimawandel – als dem wohl wichtigsten Thema des 21. Jahrhunderts – interessiert.«

Dieser Kommentar von Annan stellte nicht nur eine volle Anerkennung unserer Arbeit dar, sondern benannte zugleich die Schwerpunkte unserer Klimafolgenanalyse. Neben den negativen Auswirkungen des Meeresspiegelanstiegs und der klimabedingten Zerstörung kostbarer Ökosysteme standen die unmittelbarsten und möglicherweise fatalsten Begleiterscheinungen des zivilisatorischen verstärkten Treibhauseffekts im Mittelpunkt: erhöhte Durchschnittstemperaturen und häufigere Hitzewellen, mitsamt ihren Impakt-Rattenschwänzen. Die entsprechenden Befunde sind, wie schon angemerkt, bestürzend (siehe auch Kapitel 30) und fügen sich nahtlos in das Bild ein, das andere einschlägige Analysen (siehe oben und in der neuesten Literatur Jones u.a. 2015) gezeichnet haben.

Aber malen wir damit nicht ein zu düsteres Bild von der Klimazukunft? Wenn die Hitzeextreme tatsächlich drastisch zunehmen, sollten dann nicht die Frostextreme in vergleichbarem Maße abnehmen, sodass ein ungefährer Ausgleich geschaffen würde? Leider ist diese recht plausibel erscheinende Vermutung *falsch*. Dies lässt sich sehr gut demonstrieren, wenn wir die idealisierte, aber durchaus typische Temperaturverteilung von Abbildung 16 betrachten. Diese illustrative Wahrscheinlichkeitsfunktion p(T) hat ihr Maximum bei der bisherigen Durchschnittstemperatur, die der Einfachheit halber hier T = 0 gesetzt wird, und fällt rasch und symmetrisch nach beiden Seiten hin ab. Als Hitzeextreme werden alle Temperaturwerte oberhalb von T_c (zum Beispiel +30 °C), als Frostextreme alle Temperaturwerte unterhalb von $-T_c$ (beispielsweise –30 °C) betrachtet. Der Temperaturmittelwert liegt also tatsächlich bei null Grad. Wird nun die Wahrscheinlichkeitsverteilung »aufgewärmt«, ohne ihre Form zu verlieren, sodass der neue Mittelwert bei Δ (zum Beispiel +5 °C) liegt, dann führt der Zufall viel häufiger zu Hitzeereignissen oberhalb von T_c und nur *etwas* seltener zu Frostereignissen unterhalb von $-T_c$. Die Veränderung der Gesamtwahrscheinlichkeit für Extremwitterung entspricht exakt der Differenz zwischen der Fläche F_+ (rot schraffiert) und der Fläche F_- (schwarz schraffiert). Dass diese Differenz positiv ist, die Extremereignisse insgesamt also deutlich *zunehmen*, ist aus der Zeichnung leicht abzulesen.

Dieser Effekt ergibt sich für *alle* Verteilungen von der in Abbildung 16 skizzierten »Hügelform«. Und diese Form ist wiederum charakteristisch für Zufallsprozesse, die von elementaren physikalischen Kräften angetrieben werden. Insofern führt Veränderung quasi naturgesetzlich zum Extremismus! Dies ist ein gewichtiger Satz, den wir aber sofort relativieren müssen.

Denn die Gesamtzahl der Extremereignisse würde auch zunehmen, wenn die mittlere Oberflächentemperatur *abnähme* – die durch die Graphik in Abbildung 16 gestützte Argumentation lässt sich nämlich bei einer Verschiebung der Wahrscheinlichkeitsfunktion nach links in gespiegelter Form wiederholen. So gesehen verlieren wir auf jeden Fall an Normalität, aber wie kann das sein? Die Antwort liegt wieder einmal beim Menschen, nämlich in der zivilisatorischen Definition des Extremen: Dass wir das Außergewöhnliche ganz selbstverständlich jenseits eines Zentralbereichs links und rechts vom Temperaturmittelwert (also außerhalb des Intervalls von $-T_c$ bis $+T_c$ in Abbildung 16) ansiedeln, ist in Wirklichkeit das Ergebnis einer ungeheuren und höchst langwierigen physikalischen und kulturellen Anpassungsleistung. Vom evolutionären Standpunkt aus war es so klug wie erfolgreich, sich in der Nische des ständig Wiederkehrenden mehr oder weniger behaglich einzurichten. Das Extreme ist weiterhin eine Größe, die *relativ* zur individuellen und gesellschaftlichen Routine definiert ist und deshalb auch von Region zu Region und Kultur zu Kultur stark variiert. Entsprechend kann man sich skurrile Gewinnerschicksale einer raschen globalen Erwärmung ausdenken, etwa das eines Kongolesen im grönländischen Exil, dem der Klimawandel den Umweltnormalzustand ein Stück weit hinterhertragen würde. Aber auch in dieser Hinsicht bliebe jener merkwürdige Migrant eine absolute Ausnahme.

Bei allen bisherigen Überlegungen zur perspektivischen Verschiebung der Wetterextreme haben wir die Rechnung nun zwar mit Mathematik und Mensch gemacht, aber ohne den eigentlichen Wirt – die *Physik*. Statistische Untersuchungen à la Rahmstorf und Coumou vermögen zwar im hektischen Purzeln der Höchsttemperaturrekorde den langfristigen Erwärmungstrend zu erkennen, aber nur über das Verständnis bestimmter geophysikalischer Mechanismen lässt sich unsere pyromanische Industriegesellschaft als Urheber dieser planetarischen Entwicklung entlarven. Entsprechend wichtig ist die Berücksichtigung atmosphärischer und ozeanischer Prozesse, wenn es um wirklich belastbare, regionale Projektionen für künftig zu erwartende und zu beherrschende meteorologische Ausnahmeerscheinungen geht. Muss sich etwa Deutschland vom Wunschtraum einer »weißen Weihnacht« für immer verabschieden? War der »Sommer im März« 2012 in weiten Teilen Nordamerikas (am 21. März kletterte das Thermometer beispielsweise in St. John's, Kanada, auf 25,4 °C!) einfach nur ein Jahrtausendbocksprung im Klimasystem? Solche Fragen sind noch nicht zuverlässig zu beantworten, aber die Wissenschaft verfolgt bereits mehrere interessante Leuchtspuren in diesem Kontext.

Wie schon in Kapitel 7 angerissen, sind die jüngsten europäischen Winter von massiven Einbrüchen klirrender Kälte gekennzeichnet – wohingegen die oben beschriebenen Zusammenhänge eher eine Abnahme der Frostextreme erwarten ließen. Die episodischen Vorstöße sibirischer Luftmassen bis nach Südwesteuropa (unter anderem in den Wintern 2005/06, 2009/10, 2010/11, 2011/12 und 2012/13) wurden von den Zweiflern am menschlichen Klimaeinfluss begierig aufgegriffen und zu »Beweisen gegen die Treibhausdoktrin« hochgejubelt. Abbildung 17 dokumentiert die bemerkenswerte Achterbahnfahrt der Tagesmitteltemperaturen in Potsdam in den Wintermonaten 2011/12. Solche Kälteschocks provozieren erwartungsgemäß unwiderrufliche Erklärungen zum »Ausfallen der Klimakatastrophe« in den besonders wahrheitsliebenden Medien. Nichts könnte jedoch falscher sein, wie ein tiefer wissenschaftlicher Blick ins Getriebe der Klimamaschinerie belegt. Diesen Blick hat als Erster mein PIK-Kollege Vladimir Petoukhov gewagt, den ich zu den brillantesten Atmosphärenanalytikern der Gegenwart zähle. Zusammen mit dem russischen Forscher Vladimir Semenov reichte er noch *vor* den spektakulären europäischen Frostwintern der letzten Jahre eine Arbeit ein, die aufzeigt, wie der Schwund des arktischen Meereises durch die globale Erwärmung neuartige Kälteextreme über den nördlichen Kontinenten bewirken kann (Petoukhov und Semenov 2010). Dieser »Petoukhov-Effekt« komplettiert auf raffinierte Weise unser noch zu grobschlächtiges Bild vom menschengemachten Klimawandel und demonstriert einmal mehr, dass die nichtlineare Physik jederzeit für Überraschungen gut ist.

Die Petoukhov-Semenov-Studie bedient sich sowohl aufwendiger Computersimulationen als auch konzeptioneller Modellüberlegungen zur Entwicklung der Atmosphärendynamik unter dem Einfluss schwindender Eisdecken. Wie schon in Kapitel 7 angedeutet, steht die Barents-Kara-See im Dreieck zwischen Skandinavien, Spitzbergen und dem Nordwesten Russlands im Zentrum des Geschehens. Der dortige, schon heute dramatische Rückgang des Meereises im Winter erhöht – über ein komplexes Zusammenspiel von Luftbewegungsmechanismen – die Wahrscheinlichkeit, dass sich über dem Polarmeer ein starkes und robustes Hochdruckgebiet ausbildet. Aufgrund der durch die Erdrotation erzeugten »Scheinkräfte« drehen sich aber Hochdruckfelder auf der Nordhalbkugel im Uhrzeigersinn um ihre Kerne. Das mit dem Eisschwund der Barents-Kara-See verknüpfte Winterhoch schaufelt somit über eine hartnäckige Ostströmung eiskalte Luft aus Sibirien nach Nord- und Mitteleuropa. Dies kann natürlich nur eine Übergangserscheinung sein, denn die ungehemmte planetarische Erwärmung würde schließlich auch auf unserem Kontinent sämtliche Jahreszeiten dominieren. Genau dieses Bild entwerfen Petoukhov und Semenov, die in ihrer Arbeit explizit zeigen, wie sich nach dem völligen Verlust des Meereises in der beobachteten Region wieder eine tiefdruckbestimmte Luftzirkulation im Gegenuhrzeigersinn etabliert, welche milde atlantische Westwinde zurück in unsere Region bringt. Dutzende von Forschungsprojekten haben diesen Petoukhov-Effekt inzwischen bestätigt, der für ein Land wie Deutschland bedeuten kann, dass mit fortschreitendem Klimawandel mittelfristig die heißen *und* die kalten Extreme zunehmen.

In ähnlich negativer, aber wahrhaftig weltumspannender Weise könnten sich andere Tücken der nichtlinearen Physik bemerkbar machen. Das Schlüsselwort zum meteorologisch Außergewöhnlichen lautet nämlich »Persistenz« und bezeichnet gewissermaßen das Beharrungsvermögen von Großwetterlagen. Ob sich an einem Ort der gemäßigten Breiten anormale Gluthitze entwickeln kann, ob Flüsse in eigentlich wasserreichen Gegenden zu Staub gerinnen oder ob eher trockene Landschaften von gewaltigen Niederschlägen in Sümpfe verwandelt werden – zumeist resultieren solche Grenzereignisse aus stabilen Mustern von atmosphärischen Druckgebieten, welche die weiträumige Zirkulation von Luftmassen in sture Fließgleichgewichte bannen. Die jüngsten europäischen Frostwinter illustrieren diese Einsicht, aber die dafür verantwortliche Hochdruckpersistenz ist ganz offenbar ein geographisches Sonderphänomen von begrenzter Lebensdauer. Was wäre aber, wenn sich rund um den Globus die Beharrungsneigung von Großwetterlagen im Zuge des Klimawandels verstärkte? Die (dem Leser vermutlich noch unverständlichen) Zauberworte in diesem Zusammenhang lauten »Jet Stream« und »Quasi-Resonanz«. Im Kapitel 21 werde ich auf diese faszinierende Thematik ausführlich zurückkommen.

Die Physik der Nichtproportionalität, also der Unverhältnismäßigkeit von Ursache und Wirkung, kommt erst recht ins Spiel, wenn wir uns ein stimmiges Bild vom Niederschlagsgeschehen in einer wärmeren Welt machen wollen. Dabei geht es im Wesentlichen um drei Teilfragen, nämlich *wo*, *wie viel* und *wie lange* Wasser auf die Erde fallen wird. Vieles deutet darauf hin, dass Gleichmäßigkeit und Verlässlichkeit künftig eher Ausnahme als Regel sein dürften – gerade in Gegenden, wo ein 24-stündiger seichter, grauer Landregen geradezu Teil der kulturellen Identität ist (wie etwa in Wales oder im Salzkammergut). Auf solche Fragen können proportionale Ansätze noch weniger Antworten geben als im Bereich der Temperaturprojektion, denn Niederschläge sind hochgradig nichtlineare Ereignisse! Die an der Bildung, Reise und Wiederauflösung eines Regentropfens oder Eiskristalls im Klimasystem beteiligten Prozesse sind denkbar verwickelt und bisher von keinem Simulationsmodell zufriedenstellend einzufangen, zumal Kräfte von der molekularen bis zur planetarischen Skala mitmischen. Letzteres ist inzwischen wohlbekannt und der Hauptgrund dafür, dass sich ein örtlicher Wolkenbruch wohl niemals mehrere Tage im Voraus vorhersagen lassen wird.

Doch summarische Aussagen von vermutlich noch größerer Bedeutung lässt unser physikalisches Verständnis sehr wohl zu. Mit die wichtigste Einsicht ist in der Clausius-Clapeyron-Beziehung zusammengefasst (siehe auch Kapitel 4), hälftig benannt nach dem deutschen Thermodynamik-Papst Rudolf Clausius (1822–1888). Diese Formel besagt unter anderem, dass der Wasserdampfdruck näherungsweise *exponentiell* mit der Umgebungstemperatur wächst. Das hört sich zunächst einmal sehr fachchinesisch an, hat aber eine ebenso anschauliche wie dramatische Bedeutung. Denn der Dampfdruck befähigt eine Flüssigkeit – etwa das Wasser der Ozeandeckschicht –, sich in ein Gas zu verwandeln, zu verdampfen. Und das angesprochene Exponentialverhalten besagt konkret, dass die Meere mit jedem Grad Celsius Erderwärmung 7 Prozent mehr Wasserdampf in die Atmosphäre hauchen. 7 Prozent mehr als heute bedeuten immerhin die Einbringung von zusätzlichen *100 Billionen Liter pro Tag* in die Lufthülle! Damit jedoch Letztere nicht vor lauter Wasserdampf platzt und sich so etwas wie ein globales Gleichgewicht einstellt, muss die Sonderinjektion wieder abgeregnet beziehungsweise abgeschneit werden. Dies geschieht vornehmlich dort, wo sich besonders leicht Wolken bilden können – in kleinen und großräumigen Tiefdruckgebieten oder entlang der Fronten, wo warme und kalte Luftmassen aufeinanderprallen, oder über den Anströmhängen von Gebirgsketten oder, oder ...

Wenn sich das weltweite Muster der niederschlagsreichen Gebiete im Zuge des Klimawandels nicht ändern sollte (wofür manches, aber nicht alles spricht – siehe weiter unten), lässt der erhöhte Wasserdampfantrieb dort auf alle Fälle intensivere Regen- beziehungsweise Schneefälle erwarten. Die bisher noch geringfügige anthropogene Erderwärmung scheint sich bereits in einem entsprechenden Trend durchzupausen: Seit dem Jahr 2000 haben sich an vielen Orten Rekordniederschläge mit teilweise verheerenden Folgen ereignet (Coumou und Rahmstorf 2012). Beispielsweise fielen am 12. August 2002 an der Wetterstation Zinnwald-Georgenfeld im Erzgebirge 312 Millimeter Regen, die größte Menge, die jemals in Deutschland an einem einzigen Tag registriert wurde. Die Mai-Juli-Periode 2007 war in England und Wales die mit Abstand feuchteste seit Beginn der systematischen Wetterbeobachtungen im Jahr 1766. Und Ostaustralien verzeichnete 2010 die ergiebigsten Dezemberregen aller Aufzeichnungszeiten. Diese Reihe von Exempeln lässt sich mühelos fortsetzen.

Was nun die Zukunft angeht, kann man davon ausgehen, dass das Niederschlagsgeschehen durch die fortschreitende Aufladung der Atmosphäre mit Energie und Wasserdampf »radikalisiert« wird. Wer nur ein einziges Mal ein Tropengewitter im Freien erlebte, hat einen bleibenden Eindruck davon, welche immensen Kräfte die Natur aus feuchtheißen Himmeln zu entfesseln vermag. Im Handumdrehen werden Wolkenkolosse bis in die untere Stratosphäre hochgetürmt, um dann ebenso schnell mit infernalischem Getöse und furchterregenden Blitzschlägen, Sturmböen und Wasserflüssen wieder einzustürzen. Diese Dramatik ist nicht zuletzt der »latenten Wärme« geschuldet: Das Kondensieren von Wasserdampf in kühler Höhe zu Regentropfen oder Eisklümpchen stellt den Übergang in einen anderen Aggregatszustand dar, bei dem enorme Mengen an Bewegungsenergie an die Umgebung abgegeben werden. Die damit verbundenen Schauspiele sind schaurig-schön, aber nicht notwendig ein Segen – schon gar nicht, wenn sie auf bisher ungewohnten Bühnen aufgeführt werden wie den gemäßigten Breiten. Dort wird der Regen infolge der Erderwärmung künftig also tendenziell kürzer und heftiger fallen, von Hagel ganz zu schweigen.

Wie aber wird sich die großräumige Verteilung der Niederschläge entwickeln, gerade wenn das Angebot steigt? Werden die Wüsten Arabiens vielleicht bald so grün wie die Fahne des Propheten? Leider nicht. Wie schon Suki Manabe, der große Pionier der Klimamodellierung ansatzweise aufzeigte (siehe Kapitel 16), wird der zusätzliche himmlische Segen vor allem denen gegeben werden, die bereits heute genug davon haben und für die er deshalb zum »Überfluss« im wahrsten Sinne des Wortes werden könnte. Diese Vertiefung der hydrogeographischen Unterschiede entspricht – grob gesagt – der Verstärkung der Walzenstruktur der atmosphärischen Zirkulation durch den anthropogenen Treibhauseffekt und ist nun einmal durch die Grundgleichungen der Klimaphysik vorgeschrieben. Ein explizites Bild von den wahrscheinlichen Veränderungen liefert Abbildung 18a, die ein deutliches Streifenmuster offenbart. Im Gedankenexperiment eines plausiblen Szenarios für den künftigen Klimawandel (siehe dazu insbesondere Kapitel 16) wird der mittlere Niederschlag in den Trockengürteln entlang der Wendekreise von Krebs und Steinbock (23 Grad nördlicher beziehungsweise südlicher Breite) weiter abnehmen (mit der möglichen Ausnahme von Südostasien). In den meisten Tropenregionen, vor allem jedoch über Nordeurasien und Nordamerika, werden sich Regen- und Schneefälle hingegen verstärken. Keine guten Aussichten für den Sommertourismus in Alaska, Lappland und Sibirien …

Noch interessanter ist jedoch die Weltkarte in Abbildung 18b, welche die szenariengemäße Änderung einer Größe von überragender ökologischer und ökonomischer Größe im Verlauf des 21. Jahrhunderts wiedergibt: der Bodenfeuchte. Diese ist nichts weiter als der relative Wassergehalt einer Erdschicht, welcher sowohl von der Lockerheit des betrachteten Bodens (Porosität) als auch von der Füllung des verfügbaren Porenraums mit Flüssigkeit (Sättigung) abhängt. Fällt die Bodenfeuchte unter einen bestimmten Wert (»permanenter Welkpunkt«), dann können selbst die guten Wurzler unter den Pflanzen nicht mehr genügend Wasser für ihr Gedeihen saugen. Durch die Erderwärmung erhöht sich praktisch überall die Verdunstungsrate, wodurch der Porenwassergehalt sinkt – wenn dieser Effekt nicht durch ergiebigere Regenfälle (über)kompensiert wird. Abbildung 18b zeigt die kombinierte Wirkung von Temperatur- und Niederschlagsveränderungen: Unterm Strich dürfte die Bodenfeuchte bis zum Jahr 2100 in den meisten Weltgegenden abnehmen, in gewissen Regionen (Mittelmeerraum, südwestliches Nordamerika, Südafrika, Westaustralien) sogar erheblich! Dies ist wohlgemerkt eine Aussage über die Durchschnittswerte. Das eigentliche Problem sind jedoch extreme *Dürren*, welche den tendenziell immer weniger durchnässten Boden vollständig austrocknen.

Doch ähnlich fatal wie ein Zuwenig kann auch ein Zuviel an Wasser sein, wenn es nämlich örtlich oder gar regional zu massiven Überschwemmungen kommt. In den letzten Jahrzehnten sind die Schäden durch ungebändigte Wassermassen deutlich angestiegen (siehe zum Beispiel die jüngste Bestandsaufnahme für Europa: Kundzewicz 2012), doch die Dramaturgie einer Flut ist so individuell und komplex, dass verallgemeinernde Aussagen über die Ursachen entweder ins Banale oder ins Spekulative abzugleiten drohen. Viele, allzu viele Fakten sind zu berücksichtigen: die Art des auslösenden Niederschlags, der Zustand der betroffenen Böden, die aktuelle Wasserführung der ableitenden Flüsse, die Höhe des Grundwasserspiegels, die Rückhaltekapazität der involvierten Ökosysteme, die vorgefundenen wasserbaulichen Strukturen (Kanäle, Dämme, Polder usw.), die Verteilung von Leben und Orten im Überschwemmungsgebiet, die verfügbaren Frühwarnsysteme und anderen Instrumente der Katastrophenhilfe etc. etc. Kein Zweifel besteht jedoch daran, dass Flutrisiken ein ernst zu nehmendes Problem darstellen, auch in den sogenannten entwickelten Ländern: »Global gesehen ereignen sich die meisten Flutkatastrophen, welche Tausende von Menschen töten können, weiterhin in Asien. Trotz seines wirtschaftlichen und sozialen Entwicklungsniveaus und seines technischen Fortschritts ist jedoch Europa keineswegs immun gegen massive Überschwemmungsgefahren. Tatsächlich sind Flutereignisse die dominierenden Naturkatastrophen auf diesem Kontinent« (Kundzewicz 2012).

Nach allem, was wir heute wissen, wird ein ungebremster Klimawandel jedenfalls die Überschwemmungsrisiken in vielen Weltregionen deutlich erhöhen, auch wenn die genauen Mechanismen des Bedrohungswachstums noch offenzulegen sind (vergleiche zum Beispiel World Bank 2013, 2014). In den Küstenregionen wird zudem der steigende Meeresspiegel eine bedeutende Rolle spielen – dieser Thematik möchte ich mich weiter unten ausführlicher widmen.

Wissenschaftlich recht windig sind hingegen immer noch die Erkenntnisse beim Thema Stürme, auch wenn der heraufziehende Superhurrikan so etwas wie die Ikone des zeitgenössischen Klimatheaters geworden ist – man werfe nur einen Blick auf das Titelbild von Al Gores Bestseller *Eine unbequeme Wahrheit*. Das ist nicht abwegig, denn ein ausgewachsener Orkan lässt uns Menschen rasch zu ohnmächtigen, Schutz suchenden Wesen schrumpfen. Doch langfristige Projektionen für die Sturmgefahren sind problematisch, da es an Qualitätsdaten mangelt und das zugrunde liegende physikalische Geschehen wegen seiner atemberaubenden Komplexität nicht ausreichend verstanden ist. Immerhin kann man die seit der Jahrtausendwende zutage getretene Entwicklung betrachten, wo sich doch einige bemerkenswerte Aspekte finden: Beispielsweise wurde 2004 der erste Hurrikan überhaupt im Südatlantik registriert, der schließlich die brasilianische Küste traf. Im gleichen Jahr wurde Florida innerhalb von nur sechs Wochen gleich von vier mächtigen Wirbelstürmen (»Charley«, »Frances«, »Ivan« und »Jeanne«) durchgeschüttelt – die volkswirtschaftlichen Gesamtschäden in der Karibik durch dieses grausame Quartett beliefen sich auf über 60 Milliarden US-Dollar (Münchener Rückversicherung, 2005, Schadensspiegel 3/2005). Und 2005 wurden gleich darauf sämtliche Rekorde im Nordatlantik gebrochen: Erstmals zählte man 28 tropische Stürme in nur einer Saison, von denen immerhin 15 Hurrikanstärke erreichten. Aus den Kategorie-5-Ereignissen (mit Windgeschwindigkeiten über 250 km/h) ragte nochmals »Wilma« heraus, der stärkste atlantische Hurrikan seit Beginn der Aufzeichnungen (Coumou und Rahmstorf 2012). Der Luftdruck im Auge des Wirbelungetüms fiel auf sagenhafte 882 Hektopascal – dagegen sind die gewöhnlichen Schlechtwettergebiete über Nordwesteuropa mit vielleicht 980 bis 995 Hektopascal harmlose Wichte.

Doch stehen die Klimaweichen generell auf Sturm, wenn der Ausstoß von Treibhausgasen nicht bald drastisch beschnitten wird? Natürlich bedeutet die Erwärmung von Atmosphäre und Ozeanen, dass mehr Energie für Luftbewegungen aller Art zur Verfügung steht. Und ab ungefähr 27 °C Meeresoberflächentemperatur können sich jenseits der inneren Tropen Hurrikane, Taifune oder Zyklone ausbilden. Mit fortschreitendem Klimawandel wird jene Marke in immer mehr marinen Regionen häufiger überschritten werden.

Dies lässt sich recht eindeutig an den jüngsten Entwicklungen an der internationalen Sturmfront ablesen, wo sich das Hauptdrama von der Karibik in den Pazifik verlagert hat. Die Philippinen zählen ohnehin zu den am stärksten von Naturkatastrophen bedrohten Staaten der Welt, aber was sich um den 7. November 2013 in der Region abspielte, war wohl beispiellos in der jüngeren Desastergeschichte: Die Zugbahn des Taifuns »Haiyan«, einer der stärksten tropischen Wirbelstürme im Nordwestpazifik seit Beginn von verlässlichen Aufzeichnungen und womöglich der wuchtigste, der je auf festes Land traf, durchschnitt die Inselgruppe wie ein Rasiermesser. Für Minuten entfaltete das Windsystem unfassbare Geschwindigkeiten von 315 Stundenkilometern. Die Folgen waren verheerend, insbesondere in Tacloban, der Hauptstadt der Provinz Leyte, wo alleine Tausende von Menschen umkamen – weniger durch die Sturmböen selbst als durch das aufgepeitschte Meer, das Sturzwellen 5 Meter hoch über die Küstenlinie trieb. Wie viele Opfer und welche Schäden schlussendlich auf das Konto von »Haiyan« gehen, werden wir wohl nie erfahren. Sicher ist, dass durch diese Katastrophe mehr als vier Millionen Menschen obdachlos wurden.

Erst im März 2015 rauschte der Zyklon »Pam« durch den Südpazifik und entwickelte in mancherlei Hinsicht rekordverdächtige Züge (wie etwa Windgeschwindigkeiten von über 250 km/h über Perioden von mehr als zehn Minuten). »Pam« richtete historisch einzigartige Zerstörungen im melanesischen Inselstaat Vanuatu an und verursachte erhebliche Schäden auch in den Inselstaaten Fidschi, Kiribati, den Salomonen und Tuvalu. Insbesondere auf Vanuatu wird es vermutlich Jahrzehnte dauern, die Verwüstungen und Verletzungen zu heilen – wenn nicht bereits vorher ein neues Sturmmonster der Kategorie 5 am Himmel erscheint.

Bei den geschilderten Sturmkatastrophen waren jeweils abnormal erhöhte Temperaturen der Meeresregionen, über denen sich die Megawirbel ausbildeten, im Spiel. Insofern können wir einen Trend sowohl bei der Ursache als auch bei der Wirkung feststellen. Es ist physikalisch durchaus plausibel, dass sich mit fortschreitender Erderwärmung die *Stärke* (nicht notwendig die *Häufigkeit*) von Wirbelstürmen erhöhen wird, zumindest in den äußeren Tropen. Allerdings mischen neben der Meeresoberflächentemperatur noch etliche andere Faktoren mit.

Für die Erzeugung von Wirbelstürmen bedarf es auch geeigneter Muster von Luftdruckdifferenzen, die über Schwerkräfte dem potenziellen Monster Drall und Dynamik verleihen. Die Abschätzung der relevanten Trends durch Simulationsmodelle steckt noch in den Kinderschuhen. Relativ sicher ist dagegen, dass die Freisetzung von Kondensationswärme in den Rekordgewitterstürmen der Zukunft ideale Voraussetzung für die Geburt lokaler Starkwindzellen ist. Bei klein- wie großräumigen Stürmen spielen andererseits Mechanismen eine Rolle, die man üblicherweise nicht auf der meteorologischen Rechnung hat. Von Bedeutung kann etwa der Staubgehalt der Luft sein – Spekulationen, dass westwärts ziehende Sandschleier aus der Sahara die karibischen Wirbelstürme dämpfen oder gar unterdrücken können, sind nicht ohne Weiteres von der Hand zu weisen (Sun u. a. 2008).

Der IPCC orakelt in seinem jüngsten Sonderbericht über Extremereignisse (IPCC SREX 2012) recht vorsichtig: »Es ist wahrscheinlich, dass die mittlere Windgeschwindigkeit von tropischen Wirbelstürmen zunimmt, obwohl dies nicht in allen Meeresbecken geschehen muss. Ebenso ist es wahrscheinlich, dass die globale Häufigkeit solcher Zyklone entweder abnimmt oder ungefähr gleich bleibt. [...]. Mit mäßiger Gewissheit kann man davon ausgehen, dass die Zahl der außertropischen Wirbelstürme zurückgehen wird, wenn man den Durchschnitt über die jeweilige Erdhalbkugel bildet.« Selbst diese verschwommenen Projektionen könnten von der Realität des Klimawandels in etlichen Jahrzehnten jedoch als Spukbilder entlarvt werden, obwohl das zugrunde liegende physikalische Verständnis recht robust ist. Dieses Expertenwissen verkörpert auf beeindruckende Weise Kerry Emanuel, Meteorologieprofessor am Massachusetts Institute of Technology (MIT), der nicht zuletzt mit seinen 1994 veröffentlichten Überlegungen zum »Hyperhurrikan« (englisch: *Hypercane*) Aufsehen erregte. Solche Drehmonster könnten sich bilden (so Emanuels Hypothese), wenn die Temperatur auf einer eher begrenzten Meeresoberfläche (100 Quadratkilometer oder weniger) auf exorbitante 48 °C stiege. Der dann möglicherweise resultierende Hypercane würde stellenweise Windgeschwindigkeiten von über 800 km/h aufweisen, hätte im Zentrum einen Luftdruck von weniger als 700 Hektopascal und wäre als Kategorie-9-Ereignis auf der Fujita-Skala für *Tornados* einzuordnen! Hyperhurrikane sind zwar physikalisch möglich, können jedoch nur Wirklichkeit werden (wenn überhaupt), falls die anthropogene Verstärkung des Treibhauseffekts durch natürliche Rückkopplungsvorgänge völlig außer Rand und Band geraten sollte.

Dagegen kann man mit an Sicherheit grenzender Wahrscheinlichkeit einen Anstieg des Meeresspiegels schon durch einen moderaten Klimawandel erwarten – mit schwerwiegenden wirtschaftlichen, sozialen und ökologischen Folgen. In Kapitel 9 werde ich diese Problematik ausführlich behandeln. Hier möchte ich schon einmal auf einige besonders kuriose (und fatale) Aspekte des Gesamtphänomens eingehen. Im Zusammenhang mit dem Thema Extremereignisse ist es zunächst notwendig zu begreifen, dass die Hebung des regionalen Meeresspiegels um, sagen wir, einen halben Meter nicht bedeuten muss, dass sich alle bisherigen Flutlinien diesem Betrag und der Neigung des Küstensaumes gemäß ins Landesinnere verschieben. Um wie viel weiter das Wasser schließlich vordringen wird, hängt natürlich stark vom jeweiligen Gelände ab, aber eben auch vom komplizierten Zusammenwirken anderer, zumeist schwer kalkulierbarer Faktoren. Insbesondere könnte aufgrund der oben angesprochenen Intensivierung von tropischen Wirbelstürmen der Meeresspiegelanstieg in jenen Breiten in überproportional zerstörerischen Springfluten resultieren. Ja, sogar Tsunamis dürften bei höherem Wasserstand auf nichtlineare Weise verstärkt werden, wobei allerdings für den konkreten Verlauf die jeweilige Küstentopographie (etwa die Form von Buchten) ausschlaggebend wäre.

Die böse Ironie des Klimawandels will es nun, dass die von Seebeben, Sturmfluten und Sturzregen ohnehin besonders geplagten Tropen und Subtropen ein deutlich stärkeres Anschwellen des Ozeans verkraften werden müssen als die Bewohner »gemäßigter« Küstenzonen. Wie bitte? Sind die Weltozeane nicht alle miteinander verbunden, sodass – wie in einer Badewanne – das Wasser an allen Rändern gleichmäßig steigt, wenn Flüssigkeit zugeführt wird oder sich durch Erwärmung ausdehnt (siehe Kapitel 9)? Weit gefehlt! Diese Vorstellung ist allein schon deswegen falsch, weil die Meeresoberfläche rund um den Globus bei näherer Betrachtung eher einer Gebirgslandschaft ähnelt als einem glatten »Spiegel« (wie es das Wort »Meeresspiegel« suggeriert). Verantwortlich für die starken regionalen Abweichungen von einem hypothetischen, global einheitlichen Niveau sind eine ganze Reihe von Größen: Temperatur- und Dichteunterschiede aufgrund von Differenzen in Strahlungsklima, Salzgehalt und Verdunstung; die langfristigen Luftdruckverhältnisse und die durch sie verursachten Windfelder; die speziellen Topographien der jeweiligen Meeresbecken; die bemerkenswerte Unregelmäßigkeit der Erde, wie sie sich am spektakulärsten in Hochgebirgen (über und unter Wasser) manifestiert und die erheblich variierende Gravitationswirkungen auf die marinen Flüssigkeiten ausübt. Das resultierende Gefüge von Kräften treibt ein weltumspannendes System aus Ozeanströmungen an (mehr dazu später) und schafft riesige Gräben, Hochplateaus und Höhenzüge im Wasserkörper.

Diese Unebenheiten lassen sich vielerorts direkt beobachten: Während das Gefälle zwischen Pazifik und Atlantik zu beiden Seiten der Landenge von Panama moderate 24 Zentimeter beträgt, stürzt das Atlantikwasser über einen Höhenunterschied von etwa 1,4 Meter durch die Straße von Gibraltar hinab ins Mittelmeerbecken. Letzteres wird am Überlaufen gehindert durch eine mediterrane Gegenströmung nach Westen, die direkt über dem Grund verläuft und dabei die nur 300 Meter tiefe Gibraltarschwelle überwinden muss. Antike Seefahrer nutzten diese Strömung, um sich mittels Treibanker gegen die starken atlantischen Winde durch die Meerenge ziehen zu lassen! Andere Luftbewegungen, wie der gewaltige Westpassat über dem tropischen Pazifik, treiben beständig große Wassermassen vor sich her und sorgen dafür, dass der durchschnittliche Meeresspiegel bei den Philippinen über einen halben Meter höher liegt als beispielsweise vor der Küste Perus. Und so weiter und so fort…

Eine ungebremste Erderwärmung würde diesem Muster regionaler Eigenheiten kräftig seinen Stempel aufdrücken. Und bereits im Zuge eines moderaten Klimawandels wäre zum Beispiel mit einer empfindlichen Schwächung des Golfstroms zu rechnen (Rahmstorf u. a. 2015) – der »Rückstau« könnte allein das Meer vor New York City um 20 Zentimeter heben (Yin u. a. 2009). Aber da gibt es noch zwei »Elefanten« im Raum des Geschehens, nämlich den Grönländischen und den Westantarktischen Eisschild. Über die grundsätzliche Robustheit dieser Ungetüme gegenüber der menschengemachten Erderwärmung wird im Kapitel 21 mehr zu sagen sein. Aber schon heute beobachtet man ein besorgniserregendes Schmelzen, Schrumpfen und Kalben, wodurch beachtliche Mengen an Eis in Süßwasser verwandelt werden (siehe Kapitel 9). Dadurch kommt es zur Verlagerung beträchtlicher Massen und insbesondere der *Schwerkräfte*, die diese Massen ausüben. Allerdings sollte man denken, dass die entsprechenden Gravitationseffekte vergleichsweise vernachlässigbar wären – was ist schon eine Eisschicht gegenüber dem gesamten Erdkörper oder dem Mond?

Schon wieder weit gefehlt! Die entscheidenden Hinweise auf die bedeutsame Schwerkraftwirkung der Eisschmelze kamen vom Harvard-Wissenschaftler Jerry Mitrovica, der in zwei wichtigen Studien sowohl die westantarktische als auch die grönländische Situation untersuchte (Kopp u. a. 2010; Mitrovica u. a. 2009). Die Befunde sind dramatisch: Die mächtigen Panzer der Eisschilde halten bisher die Wassermassen im weiten Umkreis im festen Gravitationsgriff, sodass der regionale Meeresspiegel anormal hoch ist. Durch ein rasches anthropogenes Eisschmelzen würde dreierlei bewirkt, nämlich *erstens* eine gewaltige Flüssigkeitsinjektion in die Weltmeere, *zweitens* eine deutliche Schwächung der westantarktischen beziehungsweise grönländischen Schwerkraft und *drittens* ein elastisches Aufsteigen der vom Eis befreiten Landmassen. In der Summe würden gigantische Wellen – alten und neuen – Wassers von den Polen weg in Richtung Äquator schwappen, während die Pegel an den Küsten im Umfeld der freigelegten Areale sogar fielen! Mithin würden die tropischen und subtropischen Gewässer in der größten Entfernung von beiden Polkappen am stärksten anschwellen, nicht zuletzt die Südsee mit ihren immer unglücklicheren »Inseln der Seligkeit«. Insofern stellt der Klimawandel auch in dieser Hinsicht das Verursacherprinzip auf den Kopf.

Nach neueren Berechnungen unter maßgeblicher Beteiligung von PIK-Wissenschaftlern (Perrette u. a. 2013) gibt es bei diesem Phänomen immerhin eine kleine ausgleichende Gerechtigkeit: In einem Hochemissionsszenario für das 21. Jahrhundert hebt sich der planetarische Meeresspiegel bis 2100 um gut 1 Meter. Der höchste relative Meeresspiegelanstieg (bis zu 45 Prozent über dem globalen Schnitt) wird jedoch für die Küstenzonen von Tokio im Industrieland Japan errechnet! Und das könnte richtig teuer werden. Eine nur sehr grobe Abschätzung der gefährdeten Sachwerte multipliziert die Anzahl der im Großraum Tokio in Meeresnähe angesiedelten Menschen (etwa 20 Millionen) mit ihrem durchschnittlichen Vermögen inklusive aller kommerziellen und öffentlichen Güter, repräsentiert durch Fabriken, Bürogebäude, Hafenanlagen, Straßen usw. (etwa 1 Million Euro pro Kopf). Ergebnis: 20 Billionen Euro. Dafür könnte man übrigens viele Windräder kaufen.

Interessanterweise kann man die Tatbeteiligung der Landeisschmelze schon im Muster des heutigen weltweiten Meeresspiegelanstiegs identifizieren und sichtbar machen. Einen guten Eindruck vermittelt Abbildung 19, wo sowohl der »Attraktivitätsverlust« von Grönland und Westantarktis als auch die Bildung des großen äquatorialen Wellenkamms klar zu erkennen sind.

Offensichtlich werden die Küstengebiete tropischer und subtropischer Länder, wo sich immer mehr Menschen mit vergleichsweise geringem Einkommen zusammendrängen, durch diesen grausamen Scherz der Klimaphysik zu den Höchstrisikozonen in Bezug auf Überflutungen! Gerade in den Entwicklungsländern kommt ein weiterer Faktor hinzu, der den Meeresspiegel vor Ort erheblich steigen lässt: Durch das ungeregelte Pumpen von Grundwasser zur Versorgung einer rasch wachsenden Bevölkerung wird dem Land Masse und Volumen entzogen, worauf es mit bisweilen dramatischen Absenkungen relativ zum jeweiligen Ozean reagiert. Nichtnachhaltige Grundwassernutzung hat etwa auf dem Gebiet der thailändischen Hauptstadt Bangkok stellenweise bereits zu Bodenabsackungen in der Größenordnung von 2 Metern geführt. Ein fataler Trend, denn die Überschwemmungsanfälligkeit der Sieben-Millionen-Metropole an der Mündung des mächtigen Chao-Phraya-Stromes in den Golf von Thailand wurde durch die Flutkatastrophe von 2011 (landesweit Sachschäden im Wert von etwa zwölf Milliarden Euro) nachdrücklich bestätigt.

Damit möchte ich dieses erste Kapitel über die wahrscheinlichen Folgen der anthropogenen Erderwärmung abschließen. Im Mittelpunkt meiner bisherigen Querschnittsbetrachtung stand die zu erwartende Transformation der Ausnahmezustände der Wettermaschinerie mitsamt ihren Peripheriegeräten. Welche enormen Schäden an Leib und Leben die entsprechenden Extremereignisse anrichten können, weiß niemand besser als die Fachleute von der GeoRisiko-Forschung der »Munich Re« (früherer Name: Münchener Rückversicherung), der größten Rückversicherungsgesellschaft der Welt. Dieser Konzern erwarb sich im Nachgang des Erdbebens von 1906 in San Francisco einen legendären Ruf, da er nach

Abgeltung aller Schadensansprüche als einziges beteiligtes Versicherungs-unternehmen nicht bankrott ging. Der Konzernjahresumsatz lag 2011 bei knapp 50 Milliarden Euro. Kein Wunder, denn das Rückversicherungsge-schäft ist eines der größten Räder der Weltwirtschaft. Vereinfacht ausge-drückt geht es um eine zweite Versicherungsdimension, nämlich um den Schutz der Erstversicherer von Schäden durch Feuer, Hagel, Erdrutsche oder Unfälle gegenüber Insolvenz durch Großkatastrophen wie Hurri-kane oder Tsunamis. Da müssen natürlich enorme Prämien gezahlt und mächtige Fonds für den Ernstfall gebildet werden. Entsprechend stra-tegisch und langfristig sollte ein Rückversicherungsunternehmen wirt-schaften, und umso wertvoller sind Informationen über die Megatrends der Desasterrisiken, wie sie nicht zuletzt durch den menschengemachten Treibhauseffekt bestimmt werden.

Die dafür zuständige GeoRisiko-Forschergruppe – bis 2004 von Ger-hard Berz (»Master of Desaster«) und heute von Peter Höppe geleitet – hat sich inzwischen einen hervorragenden Ruf erworben. Ihre Datensätze und Ursachenanalysen liefern nicht nur Hinweise für Versicherungs- und Investitionsentscheidungen der Munich Re in Milliardenhöhe (etwa im Zusammenhang mit dem brasilianischen Gigawatt-Wasserkraftwerkpro-jekt Belo Monte), sondern stellen auch wertvolle Orientierungshilfen für die internationale Umwelt- und Entwicklungspolitik dar. Besonders bri-sant ist dabei die Frage, wer wo auf der Welt am stärksten unter den physischen und materiellen Wirkungen von Wetterextremen leidet bezie-hungsweise in Zukunft leiden wird. Denn bekanntlich ist den Menschen die *relative* Belastung im Vergleich zu einschlägigen Referenzgruppen wichtiger als die *absolute* Schädigung. Doch betrachten wir zunächst ein-mal die Fakten, wie sie in Abbildung 20 für den Zeitraum 1980 bis 2010 zusammengefasst sind. Ich verzichte bewusst auf die Einbeziehung des Jahres 2011, wo die Dreifachkatastrophe in Japan (Erdbeben der Stärke 9,0, Tsunami von 12 Meter Scheitelhöhe, Zerstörung von vier Reaktor-blöcken des Atomkraftwerks Fukushima Daichii) alle bisherigen Maß-stäbe der Rückversicherer sprengte.

Allem Anschein nach paust sich der Einfluss des Menschen auf Atmo-sphäre und Ozeane bereits deutlich auf die Statistiken der Rückversicherer durch. Denn gerade die Zunahme von Wetterkatastrophen lässt sich nicht vollständig durch erhöhte Exposition infolge Besiedlung von Risikozonen (wie Flussauen, Küstenstreifen oder Berghänge) durch expandierende Be-völkerungen erklären. Gemäß sorgfältiger – weil für das eigene Geschäft hochrelevanter – Faktoranalyse der Versicherungsbranche schlägt die an-thropogene Erderwärmung bei den Schadensansprüchen (und den entsprechenden Auszahlungen) bereits mit grob einem Drittel der Zuwächse zu Buche!

Aber dies ist nur ein Aspekt einer höchst verwickelten Problematik, der zudem eine globale Durchschnittsentwicklung widerspiegelt und den notwendigen regionalen und sozialen Differenzierungen kaum gerecht werden kann. Welche Gegenden und Schichten werden denn am empfindlichsten vom zunehmenden Extremismus von Wellen, Wind und Wetter getroffen? Mit der umfassenden Beantwortung dieser Frage sind die Experten noch klar überfordert, doch gibt es bereits eine Reihe wichtiger Fingerzeige. Beginnen wir mit dem einfachsten und zugleich wichtigsten aller Maßstäbe, der Anzahl der Todesopfer von Naturkatastrophen. Laut IPCC-SREX (2012) ereigneten sich 95 Prozent der Verluste an Menschenleben im Zeitraum von 1970 bis 2008 in den sogenannten Entwicklungsländern. Dies kann kaum überraschen, handelt es sich doch überwiegend um Staaten, die sowohl in besonders gefährdeten Regionen liegen als auch nur vergleichsweise geringe Kapazitäten für Schutz und Nachsorge aufbauen können. Umgekehrt – so jedenfalls die Desasterfolklore – fallen in den hoch industrialisierten Ländern die Löwenanteile an Vermögensverlusten an und praktisch die Gesamtheit aller *versicherten* Schäden. Letzteres ist richtig und höchst einfach zu erklären: Wer kaum das tägliche Brot für sich und seine Familie zu verdienen vermag, wird sich den Luxus einer Vorsorgeprämie schon gar nicht leisten können.

Wesentlich interessanter ist es, einen Blick auf Verteilung und Charakter der wirtschaftlichen Schäden unabhängig von ihrem Versicherungsstatus zu werfen. Dafür eignet sich die Wohlstandsklassifizierung, welche die Weltbank für die Staaten der Erde eingeführt hat und die von den Risikoforschern der Munich Re übernommen worden ist. Dieses Schema unterscheidet vier Einkommensgruppen, wobei das jährliche Pro-Kopf-Einkommen in der ersten Gruppe (USA, Deutschland, Frankreich, Großbritannien, Japan, Australien usw.) über 12 000 US-Dollar liegt. Diese Nenngröße rangiert in der zweiten Gruppe (Brasilien, Mexiko, Südafrika, Russland, China, Iran usw.) zwischen etwa 4000 und 12 000 US-Dollar, in der dritten Gruppe (Bolivien, Ägypten, Ukraine, Indien, Papua-Neuguinea etc.) zwischen etwa 1000 und 4000 US-Dollar. In der vierten und ärmsten Gruppe (Haiti, Ruanda, Kongo, Äthiopien, Afghanistan, Bangladesch usw.) müssen die Menschen im Durchschnitt mit weniger als 1000 US-Dollar ein ganzes Jahr lang auskommen.

Wie die Tabellen der Rückversicherer tatsächlich ausweisen (Beilharz und Seifert 2012), entfielen auf die reichsten Länder der ersten Gruppe in den letzten drei Jahrzehnten zwei Drittel der weltweiten Gesamtschäden durch Naturkatastrophen. Auch dies verwundert nicht, denn der wirtschaftliche Verlust eines in Mailand vom Hagelschlag demolierten Ferrari ist nominal mehr als tausendmal so groß wie der ökonomische Schaden, der durch das Versinken eines Fahrrads in den Fluten des Buriganga entsteht, welcher die bengalische Hauptstadt Dhaka umströmt. Allerdings führt diese »absolutistische« Sichtweise schnell in die Irre, denn die *verhältnismäßige* Schädigung des Fahrradbesitzers (womöglich ein fliegender Händler) übersteigt diejenige des Ferrari-Fahrers (womöglich ein lombardischer Graf mit Industriebesitz) bei Weitem! Im Gegensatz zu physischen Opfern von Wetterextremen – jedes Menschenleben in jeder Region der Welt ist gleichermaßen unersetzlich – muss man die wirtschaftlichen Verluste relativ zum jeweiligen Einkommen beziehungsweise Besitz betrachten. Dies wird offensichtlich, wenn man noch etwas tiefer in den Datensätzen der Munich Re gräbt (Munich Re 2012). Vergleicht man etwa die ökonomischen Auswirkungen von Stürmen in Ländern der reichen Einkommensgruppe 1 mit denen in der armen Einkommensgruppe 4, dann zeigt sich eine drastische Unverhältnismäßigkeit:

Hurrikan »Katrina«, das bedeutendste Ereignis dieser Art, das in den letzten drei Dekaden ein Hochentwicklungsland (nämlich die USA) heimgesucht hat, bewirkte gerade einmal eine Schädigung in Höhe von 0,99 Prozent des US-Bruttoinlandsprodukts. Die entsprechenden Zahlen für die Wirbelstürme »Andrew« (1992), »Ike« (2008) und »Ivan« (2004) liegen mit 0,42, 0,21 und 0,15 Prozent noch deutlich niedriger. Dagegen beliefen sich die wirtschaftlichen Verluste durch tropische Wirbelstürme in bitterarmen Ländern wie Myanmar und Bangladesch auf erhebliche 14,18 Prozent des Bruttoinlandprodukts im Fall des Zyklons »Nargis« (2008) und auf 9,75 Prozent beim namenlosen Zyklon, der 1991 im Golf von Bengalen wütete. Dazu forderten beide Extremereignisse auch noch einen ungeheuren Blutzoll (140 000 beziehungsweise 139 000 Todesopfer). Ganz grob kann man also abschätzen, dass die relativen Verluste durch einen Supersturm in den ärmsten Ländern um den *Faktor 20* höher liegen als in den reichsten Nationen.

Allerdings ist die länderscharfe Linse, die sich aus der Weltbankklassifikation nach Ländereinkommen konstruieren lässt, immer noch zu grob, um die wahren sozialen Dimensionen der Problematik zu enthüllen. Denn die Kluft zwischen Arm und Reich und damit zwischen völlig unterschiedlichen Möglichkeiten zur Bewältigung von Naturgewalttätigkeiten zieht sich auch quer durch die Nationen: Angehörige der oberen Mittelschicht in der »Computer-Metropole« Bangalore (Südindien) dürften beispielsweise besser gegenüber außergewöhnlichen Witterungsphänomenen geschützt sein als etwa das Prekariat von New Orleans (USA) zur Zeit der »Katrina«-Katastrophe. Wer allerdings in einem ohnehin bettelarmen Land auch noch am Rande (im wahrsten Sinne des Wortes) der dortigen Gesellschaft lebt, wird in der Regel immer tiefer in die Klimafalle hineingetrieben: Der Teufelskreis aus Bevölkerungswachstum, Verdrängung mittelloser Schichten in Hochrisikozonen, Schädigung durch Extremereignisse, Zerstörung aller Bildungschancen, Verstetigung hoher Geburtenraten, weitere Verarmung und Verdrängung usw. usw. dürfte durch die ungebremste Erderwärmung erheblich beschleunigt und verstärkt werden. Insofern ist der Klimawandel auch ein großer sozialer Scharfrichter. Dazu später mehr (siehe insbesondere Kapitel 30).

9. Mohamed ohne Land

Der allerletzte Absatz der »Kopenhagen-Übereinkunft« (siehe Kapitel 7) öffnet die Tür, die man im Text davor zugeworfen hat, wieder um einen kleinen Spalt und lässt einen Hoffnungsschimmer herein. Dort wird nämlich vorgeschlagen, die Umsetzung des schwachbrüstigen Abkommens bis Ende 2015 zu überprüfen, nicht zuletzt im Hinblick auf den eigentlichen Zweck der UNFCCC, nämlich »gefährlichen Klimawandel« zu vermeiden. Quasi als Trostpflaster für die vielen von der Erderwärmung besonders bedrohten Entwicklungsländer, die während der gesamten COP 15 vor der Besiegelung eines »Selbstmordpaktes« warnten, wird sogar eine erneute Befassung mit dem ehrgeizigsten aller so weit diskutierten Klimaschutzziele in Aussicht gestellt: der Begrenzung des globalen Temperaturanstiegs auf maximal 1,5 °C. Dann müsste die Summe aller Treibhausgaskonzentrationen in der Atmosphäre wohl bei einem Wert stabilisiert werden, der strahlungstechnisch etwa 350 ppmv CO_2 entspricht (kurz 350 ppm CO_2-eq genannt).

Diese Messlatte für die internationalen klimapolitischen Bemühungen ist vor allem durch die Initiative der AOSIS-Gruppe (Alliance of Small Island States) ins Spiel gebracht worden und hat bei den meisten Nichtregierungsorganisationen leidenschaftliche Unterstützung gefunden. Dass die kleinen Inselstaaten, zu denen nicht zuletzt viele Korallenatolle in der Südsee und der Karibik zählen, eine engere Leitplanke für den Klimawandel ziehen wollen, ist mehr als verständlich: Wenn die höchste Erhebung des gesamten Staatsterritoriums vielleicht nur 2 Meter über Normalnull emporragt, dann wird schon der geringste Anstieg des Meeresspiegels zur tödlichen Bedrohung. Aber auch die Versauerung der Ozeane durch die Aufnahme immer größerer Mengen von zivilisatorisch freigesetztem Kohlendioxid und die Abnahme der maritimen Biodiversität sind gefährliche, bereits nachweisbare Begleiterscheinungen des globalen Umweltwandels. Denn schließlich sind die Inselbewohner für ihre Sicherheit auf die Stabilität ihrer Küsten angewiesen und für ihre Ernährung auf die Fruchtbarkeit der Gewässer, welche diese Küsten umspülen. Und alle genannten, mehr als bedenklichen Entwicklungen kann man direkt oder indirekt in Beziehung zum Anstieg der Mitteltemperatur unseres Planeten setzen.

Dabei ist der Meeresspiegelanstieg das offensichtlichste Phänomen, auch wenn er sich in seiner Unerbittlichkeit außerordentlich langsam vollzieht. Moderne Methoden wie Satellitenmessungen zeigen, dass sich die Ozeane in jüngster Zeit um 3,4 Millimeter pro Jahr gehoben haben, also wesentlich gemächlicher wachsen als Gras. Nach Jahrzehnten jedoch ist der kumulative Effekt dieser kleinen Veränderungen sehr wohl wahrnehmbar: Augenzeugen haben mir beispielsweise berichtet, dass die auf Pazifikinseln wie Kiribati in Strandnähe liegenden Friedhöfe inzwischen weitgehend überflutet sind. Nur die Grabkreuze ragen noch aus dem Wasser – eine beklemmendere Warnung vor dem Klimawandel ist kaum vorstellbar.

Aus welchen Quellen speist sich nun der Meeresspiegelanstieg? Die wesentlichen Beiträge stammen *erstens* von der Ausdehnung des Wassers bei Erwärmung (ein alltäglicher physikalischer Effekt), *zweitens* vom Schmelzen der Gebirgsgletscher (in den Alpen, den Anden oder auf dem Tibetischen Plateau) und *drittens* vom Schrumpfen der großen Eisschilde (auf Grönland oder in der Westantarktis). Wie stark werden die Ozeane unter dem Einfluss des Klimawandels anschwellen? Noch im Vierten Sachstandsbericht des IPCC von 2007 betrug die Schätzung 18 bis 54 Zentimeter für den Zeitraum 1990 bis 2090 – je nach Erderwärmungsszenario, welches wiederum vom zugrunde gelegten, möglichst plausiblen Szenario für die künftige sozioökonomische Entwicklung der Welt abhängt (siehe Kapitel 16). Beim gemäßigt »schmutzigen« Szenario mit der Fachbezeichnung »A1B« würde die globale Mitteltemperatur bis 2100 um circa 3 °C hochgefahren werden und der globale Meeresspiegel um circa 35 Zentimeter.

Dies hört sich recht niedlich an, vor allem wenn man sich vor Augen führt, dass sich am Ende der letzten Eiszeit (also vor etwa 12 000 bis 15 000 Jahren) die Erde um 3 bis 5 °C erwärmte, dabei fast zwei Drittel der kontinentalen Eismassen des Planeten abgeschmolzen wurden, der Meeresspiegel um ungefähr 120 Meter (!) stieg, und zwar mit Raten, die oft die Marke von 1 Meter pro Jahrhundert übertrafen. In einer Fußnote des damaligen IPCC-Berichts – es empfiehlt sich stets, auch das Kleingedruckte zu lesen – wird denn auch darauf hingewiesen, dass die verblüffend niedrige Abschätzung ohne Berücksichtigung der möglichen schnellen Veränderung der Fließgeschwindigkeit von Gletschern und Eisschilden zustande käme. Warum das? Weil man noch nicht genug über diese Prozesse wisse. Dies ist eine völlig honorige Aussage im Sinne guter wissenschaftlicher Praxis, hat aber in der Öffentlichkeit zu hartnäckigen Unterschätzungen der Meeresspiegelproblematik geführt. In jüngster Zeit sind jedoch neuartige Berechnungsverfahren vorgestellt worden, welche die Rate des Meeresspiegelanstiegs direkt proportional zur Rate der Erderwärmung ansetzen und damit die Dynamik des Ozeanniveaus in der geologischen Vergangenheit erstaunlich gut wiedergeben können. Mein Potsdamer Kollege Stefan Rahmstorf hat hierbei eine Pionierrolle gespielt (Rahmstorf 2010a). Seine Abschätzungen für das A1B-Szenario liegen deutlich höher als die des IPCC, nämlich im Mittel bei über 1 Meter Meeresspiegelanstieg bis 2090. Mit dem bisher raffiniertesten phänomenologischen Ansatz (Vermeer und Rahmstorf 2009) kann man das Anschwellen der Ozeane über die nächsten Jahrhunderte bequem für jede angenommene Entwicklung der globalen Mitteltemperatur berechnen. Interessant sind vor allem Erderwärmungsszenarien, bei denen sich der Planet bis 2100 gleichmäßig um 1,5 °C beziehungsweise 2 °C aufheizt und dann bis 2200 auf dem jeweiligen Temperaturniveau verharrt. Im ersteren Fall (1,5 °C) steigt der Meeresspiegel bis 2100 im Mittel um circa 60 Zentimeter, für 2200 beträgt der Erwartungswert etwa 1,5 Meter. Im letzteren Fall (2 °C) sind bis 2100 circa 75 Zentimeter zu erwarten und bis 2200 fast 2 Meter. Bei diesen Kalkulationen sind wohlgemerkt keine stark nichtlinearen Effekte wie der beschleunigte Kollaps eines großen Eisschildes berücksichtigt, wodurch sich die ganze Entwicklung wesentlich ruppiger gestalten würde.

Wenn man allerdings die Frage nach der langfristigen Überlebensfähigkeit der flachen Inselstaaten stellt, muss man weit in die Erdvergangenheit zurückblicken. Das alarmierende Ergebnis ist in Abbildung 21 zusammengefasst, wo das globale Niveau der Ozeane (vertikale Achse) *im Gleichgewicht* mit der globalen Mitteltemperatur (horizontale Achse) aufgetragen ist. Man betrachtet also die idealisierte physikalische Situation, in der die Erdtemperatur auf einem langfristig konstanten Niveau eingerastet ist und alle Vereisungs-, Schmelz- und Expansionsbewegungen in den zugehörigen stabilen Fließzustand übergegangen sind.

Aus der Graphik kann man unschwer ablesen, dass unter solchen Gleichgewichtsbedingungen 1 °C Erdtemperaturänderung grob 15 Meter Meeresspiegeländerung erzeugt! Selbst wenn also die AOSIS-Leitplanke von 1,5 °C für den anthropogenen Klimawandel gehalten würde, müssten die Malediven und ihre Schicksalsgenossen untergehen. Es sei denn, der globale Temperaturanstieg würde bei den bewussten 1,5 °C gestoppt und dann rasch wieder zurückgeführt, am besten auf null. Was nur mit einer Großoperation am offenen Planetenherzen gelingen könnte (siehe Kapitel 26).

Im Fünften IPCC-Bericht (IPCC, 2013, Kapitel 13.5) wird den neuesten wissenschaftlichen Erkenntnissen und den damit verbundenen deutlich erhöhten Erwartungswerten für den klimabedingten Meeresspiegelanstieg

Rechnung getragen – wenn auch zögerlich. So sind im Gegensatz zum Vierten Sachstandsbericht die damals vernachlässigten und oben erwähnten »schnellen Veränderungen der Fließgeschwindigkeit« von Gletschern und Eisschilden zwar erfasst, sodass dasselbe Szenario A1B nun deutlich mehr, nämlich 0,6 Meter, Meeresspiegelanstieg bis 2100 ergibt. Allerdings wird nach wie vor angemerkt, dass ein selbstverstärkter Kollaps des Westantarktischen Eisschildes (vergleiche Kapitel 21) die Abschätzung des wahrscheinlichen Ausmaßes des Anstiegs um einige Zehntel Meter nach oben korrigieren würde. Ein solcher Prozess scheint aber tatsächlich in der Amundsenbucht in der Westantarktis im Gange zu sein, wie seitdem publizierte Beobachtungsdaten nahelegen (Favier u.a. 2014; Joughin u.a. 2014; Mouginot u.a. 2014; Rignot u.a. 2014).

In diesem Zusammenhang ist wichtig, dass die Forschung über die Beiträge der großen Eisschilde zu den Meeresspiegeländerungen in der Vergangenheit große Fortschritte gemacht hat. Beispielsweise hat ein internationales Expertenteam um Andrea Dutton von der University of Florida (USA) kürzlich eine Studie veröffentlicht (Dutton u.a. 2015). Sie belegt, dass jene Änderungen im Multi-Meter-Bereich lagen, mit wesentlichen Beiträgen der großen Eisschilde (siehe Abbildung 22). Moral von dieser Erdgeschichte: Bei einem globalen Temperaturanstieg von über 2 °C können die Ozeane langfristig auch um 10, 20 oder 30 Meter anschwellen (in weitgehender Übereinstimmung mit der datenmäßig sehr schwachbrüstigen Abbildung 21). Dann müssten die meisten Küstenlinien in den Atlanten völlig neu gezeichnet werden.

Das zweite Großrisiko für die Inselparadiese, nämlich die CO_2-getriebene *Versauerung der Ozeane*, wurde erstaunlicherweise bis vor wenigen Jahren lediglich in engsten wissenschaftlichen Fachkreisen diskutiert. Seit aber umfangreiche Messkampagnen (Riebesell und Gattuso 2014) enthüllt haben, dass sich der sogenannte pH-Wert der oberen Meeresschichten spürbar verändert, ist für die Klimaforschung – und die Klimapolitik – eine dramatische neue Front aus dem Nebel der Ignoranz aufgetaucht. Der pH-Wert wurde 1909 von dem dänischen Chemiker Søren Sørensen als Maß für den Säuregrad einer wässrigen Lösung eingeführt und gibt in logarithmischen Einheiten die Konzentration von Wasserstoffionen (H^+) in diesen Lösungen an. Die H^+-Ionen sind nichts anderes als ihrer Elektronen beraubte Wasserstoffatome, die aggressiv mit den meisten Substanzen reagieren, sodass die Gefährlichkeit von Säuren mit dem relativen Anteil dieser Partikel zunimmt. Die mathematische pH-Definition ist leider nicht besonders intuitiv und führt zu einer recht skurrilen Klassifikation – mit *sauren* Lösungen im Bereich pH < 7, *alkalischen* Lösungen im Bereich pH > 7 und reinem, chemisch *neutralem* Wasser exakt bei pH = 7. Zur Illustration: Seife liegt im Wertebereich von 9 bis 10, Magensäure bei 1 und scharfe Batteriesäure sogar bei negativen Werten. Die Deckschichten der Ozeane waren in vorindustriellen Zeiten leicht alkalisch (pH = 8,18), doch dieser Wert hat sich durch den menschlichen Einfluss inzwischen um 0,11 Einheiten auf 8,07 verringert. Das hört sich harmlos an, bedeutet jedoch wegen der logarithmischen Maßeinheit, dass die Konzentration der Wasserstoffionen nun bereits um circa 30 Prozent höher liegt!

Diese Entwicklung hängt direkt mit der Anreicherung von CO_2 in der Erdatmosphäre zusammen, was ganz überwiegend der Nutzung fossiler Brennstoffe geschuldet ist. Dadurch verändert sich auch – vereinfacht ausgedrückt – das relative Druckgefälle zwischen dem Kohlendioxid in der Lufthülle und den Ozeanen, sodass immer mehr von diesem Treibhausgas ins Meer gepresst wird: Inzwischen sind es über acht Milliarden Tonnen im Jahr. Und nun – Warnung! – folgt ein wenig Chemie: Im Wasser wird nur ein winziger Teil des CO_2 direkt gelöst; der Rest reagiert mit dem Medium unter Bildung von Hydrogenkarbonat (HCO_3^-) und Karbonat (CO_3^{2-}). Es entsteht ein chemisches Gleichgewicht, das von der äußeren Kohlendioxidzufuhr bestimmt wird und seinerseits den pH-Wert bestimmt. Man kann relativ einfach ausrechnen, dass der Anstieg der atmosphärischen CO_2-Konzentration auf 1000 ppm (knappe Vervierfachung des vorindustriellen Wertes) eine Absenkung des ozeanischen pH-Niveaus um fast 0,5 Einheiten bewirken dürfte. Damit würde eine chemische Revolution auch zur See vollzogen (WBGU, 2006). Salopp könnte man sagen, dass die Menschheit sich anschickt, ihre Ozeane durch massive Zufuhr von Kohlendioxid in Sprudelwasser zu verwandeln.

Über die möglichen Auswirkungen dieser Revolution auf die maritime Lebenswelt, die Küstenökosysteme und die davon abhängigen menschlichen Gesellschaften ist beileibe nicht so viel bekannt, wie man sich angesichts der Wucht einer solchen Umweltveränderung eigentlich wünschen würde. Erst seit Kurzem gibt es gut finanzierte und koordinierte Forschungsprogramme zum Thema, die bereits wichtige, aber zum Teil widersprüchliche Ergebnisse liefern. Einige belastbare Aussagen lassen sich jedoch schon heute treffen. Die Versauerung wird überwiegend negative Folgen für alle kalkbildenden Meeresorganismen haben, also für solche Lebewesen, die für ihre Skelett- oder Schalenstrukturen Kalziumkarbonat ($CaCO_3$) aus dem Umgebungswasser extrahieren: Muscheln, Schnecken, Seesterne, bestimmte Planktonarten, Korallen usw. Denn mit der Absenkung des pH-Wertes verringert sich auch das für die Kalkbildung entscheidende Karbonatangebot in den Ozeanen. Die spektakulärsten

Schäden sind natürlich bei den spektakulärsten aller Meeresbewohner zu erwarten, also den Korallen. Diese winzigen Polypen erbauen in Symbiose mit einzelligen Algen bizarre Riffstrukturen in den leuchtendsten Farben. So ist beispielsweise das Great Barrier Reef vor der Nordostküste Australiens entstanden, das von der UNESCO 1981 zum Weltnaturerbe erklärt wurde und das zweifellos ein Kronjuwel unter den Schätzen der Erde ist. Mit über 2300 Kilometer Länge und etwa 350000 Quadratkilometer Fläche gilt es als das größte Lebewesen des Planeten, auch wenn man präziser vom größten von Lebewesen geschaffenen Gebilde sprechen sollte. Das Wunderriff beherbergt 359 Hartkorallenarten und unzählige andere Tierarten, sodass seine Rolle im Ökosystem Südpazifik gar nicht hoch genug eingeschätzt werden kann.

Neueste Messungen vor Ort haben gezeigt, dass der pH-Wert der Gewässer am Great Barrier Reef seit 1940 um 0,2 bis 0,4 Einheiten abgenommen hat, dass dort also die Versauerung noch rascher fortschreitet als im Weltmaßstab. Diese Entwicklung könnte im Verbund mit der stetigen Erwärmung des Ozeans schon in wenigen Jahrzehnten eine tödliche Zange für Australiens größte Touristenattraktion bedeuten: Einerseits reicht das Karbonatangebot nicht mehr für das Korallenwachstum aus, andererseits verlassen die Algen aufgrund der hohen Temperaturen die Symbiosegemeinschaft, was zum bekannten und gefürchteten Phänomen der »Korallenbleiche« führt. Tatsächlich wären bei Fortsetzung des gegenwärtigen Trends nahezu alle heutigen Riffstandorte von Warmwasserkorallen weltweit bedroht (Frieler u. a. 2013; Bruno 2015; Toth u. a. 2015). Der damit einhergehende Verlust an ökologischen Dienstleistungen – wie etwa die Stabilisierung von Küsten in tropensturmgefährdeten Regionen – ist vermutlich gewaltig, aber noch nicht annähernd abschätzbar. Eine interessante Randerscheinung sind in diesem Zusammenhang die Kaltwasserkorallenriffe, die sich vor allem an den Säumen des Atlantischen Beckens (zum Beispiel entlang des norwegischen Schelfs) finden. Aufgrund der besonderen physikalisch-chemischen Standortbedingungen dürften diese Lebensgemeinschaften dem Umweltwandel mit als Erste zum Opfer fallen.

Weniger spektakulär als die Korallen, aber noch bedeutsamer für die Stoffkreisläufe im Meer sind die kalkbildenden Planktonorganismen – winzige Einzeller mit so unaussprechlichen Namen wie Coccolithophoriden und Foraminiferen. Unter dem Mikroskop enthüllen diese Lebewesen ihre fantastischen Formen und gehören deshalb zu den Lieblingen der Meeresbiologen. Die fortschreitende Versauerung der Ozeane wird auch die physiologischen Funktionen dieser Planktonarten schwer beeinträchtigen. Da diese Winzlinge das untere Ende der marinen Nahrungskette besetzen, sind dadurch negative Auswirkungen auf höhere Organismen bis hin zu den großen Fischen und Meeressäugern am oberen Ende der Fresskette vorgezeichnet. Unzählige Beobachtungen belegen, dass Störungen selbst auf nur *einer* Ebene des marinen Artengefüges über die Verzerrung der fein austarierten Wettbewerbsverhältnisse zumeist auch die anderen Ebenen erreichen: Vom pflanzlichen Plankton kann die Wirkungswelle über algenfressendes und räuberisches Plankton hinauf bis zu den Walen verlaufen. Insofern sind die kalkbildenen Einzeller in höchstem Maße »systemrelevant«, genießen aber deutlich geringere politische Beachtung als zum Beispiel Investitionsbanken.

An der Aufdeckung einer potenziell durchschlagenden Nebenwirkung der Ozeanversauerung war ich vor einiger Zeit selbst beteiligt (Hofmann und Schellnhuber 2009). Mittels komplexer Computersimulationen lässt sich zeigen, dass in den Weltmeeren regelrechte »Sauerstofflöcher« (englisch *oxygen holes*) entstehen können. Denn mit der Absenkung des pH-Wertes dürfte auch die Stärke des organischen Partikelregens zurückgehen, in dem unablässig kohlenstoffreicher Ballast aus den oberen Ozeanschichten auf den Meeresgrund rieselt. Kommt dieser »Unterwasserniederschlag« ins Stocken, dann reichert sich der organische Abfall in 200 bis 800 Meter Tiefe an und wird dort von Bakterien mit großem Vergnügen oxidiert, was wiederum zu massivem Sauerstoffmangel führen kann. Marine »Todeszonen« mit geringem Sauerstoffgehalt sind bereits an vielen Stellen der Welt dokumentiert, aber mit der anthropogenen Ozeanversauerung könnte daraus ein Problem planetarischen Ausmaßes werden – mit direkten schädlichen Folgen für die Fischbestände und damit für das Fischereiwesen in den tropischen Gewässern (Andrews u.a. 2013; Deutsch u.a. 2011; Moffitt u.a. 2015).

Wie muss sich wohl der Regierungschef eines flachen Inselstaates fühlen, der sich nur ansatzweise mit diesen existenzbedrohenden Entwicklungen vertraut gemacht hat? Nun, ich hatte persönlich die Gelegenheit, diese Frage beantwortet zu bekommen. Anlässlich seines Staatsbesuchs in Deutschland hatte das Auswärtige Amt ein Treffen zwischen mir und dem Präsidenten der Malediven, Mohamed Nasheed, arrangiert. Am Morgen des 4. März 2010 nutzten wir ein gemeinsames Frühstück in einem Berliner Hotel zu einem Gedankenaustausch. Der Präsident war in hohem Maße an den neuesten wissenschaftlichen Erkenntnissen interessiert, insbesondere in Bezug auf Meeresspiegelanstieg und Küstenerosion, aber auch an der strategischen Frage, wie man den bisweilen kriminellen Machenschaften zur Unterminierung der Glaubwürdigkeit des IPCC und der Klimaforschung allgemein beikommen könnte (siehe Kapitel 22). Das Gespräch war mehr als aufschlussreich (jedenfalls für mich) und endete mit gegenseitigen Interessensbekundungen für die künftige Zusammenarbeit, etwa beim Aufbau umweltwissenschaftlicher Kapazitäten auf den Malediven. Dass aus dieser Kooperation nichts geworden ist, hat viele Gründe – auch sehr beklemmende, wie ich am Ende des Kapitels erläutern werde.

Mein persönlicher Eindruck damals: Mohamed Nasheed ist zierlich, verbindlich und ungemein präsent. Sein Amt übt er mit einer Leidenschaft aus, die ihre Erklärung in seiner Lebensgeschichte findet. Diese liest sich wie ein politischer Abenteuerroman, wo der jugendliche Held (Jahrgang 1967) nach endlosen Wirrungen und Rückschlägen schließlich über seine Widersacher triumphiert und die Verantwortung der Macht auf seine Schultern lädt. Nasheed ist sunnitischer Muslim, der in Großbritannien einen Hochschulabschluss in Ozeanographie erwarb und später in seinem Heimatland als Journalist arbeitete. »Heimatland« ist im Übrigen eine etwas irreführende Bezeichnung für die Malediven, die aus 1196 Inseln bestehen, welche sich in 19 Gruppen über 26 Atolle verteilen. Das Wort »Atoll« wiederum stammt interessanterweise aus der maledivischen Sprache und bezeichnet ein ringförmiges Korallenriff, das die innere Lagune umschließt. Die Fischer des Inselbogens im Indischen Ozean bezeichneten das Archipel früher als das »Land des Auftauchens und des Untertauchens«, weil unter dem Einfluss der Gezeiten ganze Sandstrände verschwinden und an anderer Stelle wieder erscheinen können. Dies hängt nicht zuletzt mit der schon erwähnten Tatsache zusammen, dass kaum eine der Inseln mehr als 1 Meter über dem durchschnittlichen Meeresniveau liegt und die höchste Erhebung der Malediven auf der Insel Villingili eine Höhe von stolzen 2,4 Metern erreicht.

In den späten 1980er-Jahren nahm Nasheed den politischen Oppositionskampf gegen das autokratische Regime des 30 Jahre lang herrschenden Maumoon Abdul Gayoom auf. Infolgedessen wurde er insgesamt 13-mal nach 1989 inhaftiert! Als Mitbegründer der Demokratischen Partei der Malediven (MOP), die 2001 trotz offiziellem Gründungsantrag von den Behörden nicht zugelassen wurde, zog er sich den besonderen Zorn der Machthaber zu. Die MOP konnte erst ab 2005 aus dem Untergrund auftauchen, als infolge der international beachteten Protestkundgebungen eine politische Opposition geduldet, aber weiterhin stark behindert wurde. Am 28. Oktober 2008 schließlich wurde Mohamed Nasheed im zweiten Wahlgang zum Staatspräsidenten gewählt, in einem demokratischen Akt, der für den Inselstaat eine echte Premiere darstellte.

Nasheed wurde nicht nur durch seine ungewöhnliche Vita, sondern auch durch eine Reihe von spektakulären Initiativen zur Figur der Welt-öffentlichkeit – auch wenn er meines Wissens sein Wahlkampfversprechen, den Präsidentenpalast in die erste Landesuniversität umzuwandeln, nicht erfüllte. Vor allem ist er bekannt geworden durch sein Engagement im Kampf gegen den Klimawandel und für das (buchstäbliche) Überleben seines Volkes im steigenden Ozean. Die Unterwasserkabinettsitzung, die er kurz vor dem Kopenhagener Gipfel 2009 in 6 Meter Meerestiefe durchführen ließ und bei der mit wasserfester Tinte Dokumente unterzeichnet wurden, ging jedenfalls in die Mediengeschichte ein. Das amerikanische *Time*-Magazin zeichnete ihn als einen der »Umwelthelden des Jahres 2009« aus.

Bei unserem Frühstücksgespräch in Berlin erläuterte er mir seine Pläne und Perspektiven für die Zukunft der Malediven. Seine Strategie umfasste drei wesentliche Elemente: *erstens* die Abkehr von der Betonmentalität seines Vorgängers Gayoom. Dieser hatte noch (vergeblich) versucht, den Gewalten des Meeres mit harten Küstenverteidigungsmaßnahmen zu trotzen, indem zahlreiche hässliche Staumauern und Deichanlagen zum Schutz ausgewählter Bevölkerungszentren errichtet wurden. Diese Kampagne ließ der Autokrat gegen den Willen der Bewohner durchziehen, beschleunigte dadurch jedoch noch an vielen Orten die Küstenerosion – ähnlich schmerzliche Erfahrungen musste man auch beim Küstenschutz im deutschen Nordseeraum machen – und zerstörte vitale Korallenökosysteme. Die Torheit solcher Maßnahmen erscheint natürlich in einem Land, das seine Devisen fast einzig aus seiner touristischen Attraktivität erwirtschaftet, in einem besonders grellen Licht. Nasheed war sich der Bedeutung des Kapitals »unberührte Natur« für sein Land wohl bewusst, wie er smart-gewinnend auf internationalen Urlaubsmessen demonstrierte. Als ausgebildeter Ozeanograph wusste er aber auch, dass die Natur sich oft selbst am besten helfen kann, wenn man ihrem Kräftespiel freien Lauf lässt. Die Korallengemeinschaften, Strandökosysteme und Sedimente der Malediven sollten sich deshalb mit dem steigenden Meeresspiegel ungebunden weiterentwickeln und dadurch nicht zuletzt Schutz vor den Stürmen der Zukunft bieten – etwa solchen wie dem schrecklichen Tsunami vom 20. Dezember 2004, als die Inselgruppe mit weniger als hundert Todesopfern noch relativ glimpflich davonkam. Neuere Forschungsarbeiten weisen in der Tat darauf hin, dass viele der Malediven-atolle autonom mit dem Ozeanniveau aufwachsen können. Vermutlich allerdings nur, wenn der Meeresspiegelanstieg hinsichtlich Rate und Amplitude moderat ausfällt.

Zweitens wolte Nasheed erreichen, dass sein Land bis 2020 als erste Nation der Erde völlig kohlenstoffneutral wird, also keinen Nettobeitrag mehr zur globalen Erwärmung verschuldet. Dies könnte zum einen durch den Übergang zur Versorgung mit erneuerbaren Energien für alle heimischen Aktivitäten gelingen, wofür es unzählige Optionen (Sonne, Wind, Wellen, Gezeiten) gibt. Zum anderen müsste man die Treibhausgasemissionen der Ferienflieger, die jedes Jahr Zehntausende Touristen zu den maledivischen Tauchparadiesen und Luxusresorts befördern, durch treibhausgasmindernde Projekte in anderen Ländern kompensieren. Dies sollte über eine angemessene »grüne Kurtaxe« bewerkstelligt werden. Für die künftige Entwicklung der Erdatmosphäre sind solche Anstrengungen von knapp 400 000 Insulanern und ihre eine Million zählenden und zahlenden Gäste ziemlich irrelevant – die Treibhaus-Musik spielt ungleich lauter beim nördlichen Nachbarn Indien mit seiner Milliardenbevölkerung. Aber Mohamed Nasheed wollte die Malediven sowohl bei der Anpassung an als auch bei der Vermeidung von Klimaveränderungen zu einem weltweiten Symbol der Hoffnung machen.

Drittens plante er schon für die ferne Zukunft seines Volkes. Denn trotz aller Leidenschaft war er realistisch genug, die Chancen für den Fortbestand des einzigartigen Archipels im Indischen Ozean als gering einzuschätzen. Ob 1,5-Grad- oder 2-Grad-Leitplanke für die globale Erwärmung (wenn es überhaupt jemals zu einer solchen politischen Begrenzung kommt), ob 1,5 Meter oder 2 Meter Meeresspiegelanstieg bis 2200: Diese Herausforderung ist in jedem Fall zu groß für den kleinen Flachinselstaat.

Als wir ausführlich über die Langfristperspektiven der AOSIS-Nationen sprechen und ich ihm die Ergebnisse der Meeresforscher am PIK erläutere, erstarrt die Mimik des Präsidenten, und seine sonst so flinken Augen fixieren mich: »Ja, ich weiß, dass wir Malediver in einigen Jahrzehnten nicht mehr da sein werden«, so exakt seine Worte. Was heißt aber »nicht mehr da sein«? Tapfer wie ein Kapitän mit dem sinkenden Schiff untergehen?

Nasheed dachte jedoch keineswegs daran, seine Leute auf eine heroische Selbstmordreise zu schicken. Vielmehr wollte er denen lästig fallen, die an der Notlage seiner Heimat Mitschuld tragen, zum Beispiel dem »Nachbarstaat« Australien, in dem die Pro-Kopf-CO_2-Emissionen fast das Zehnfache des maledivischen Wertes betragen. Bald nach seinem Amtsantritt hatte der Präsident nämlich angekündigt, mithilfe der Tourismuseinnahmen einen Treuhandfonds zu schaffen. Mit den dort angesammelten Mitteln sollten später in unbedrohten Ländern Gebiete für die komplette Umsiedlung seines Staatsvolkes erworben werden! Außer über

Australien als potenziellem Emigrationsziel hatte Nasheed auch schon laut über Neuseeland oder Indien nachgedacht und mit seinen Überlegungen Sand ins Getriebe der internationalen Politik gestreut. »Der Ankauf von sicherem Land ist unsere Lebensversicherung«, sagte er. »Wir wollen unsere Heimat natürlich nicht verlassen, aber ich will mir auch keine Zukunft vorstellen, in der die Malediver in irgendwelchen Flüchtlingslagern vegetieren, so wie heute die Palästinenser!« Damit war eine völkerrechtliche Problematik von größter Sprengkraft angerissen – natürlich vorausgesetzt, dass der Klimawandel nicht bloß das Hirngespinst einiger hysterischer Naturwissenschaftler ist. Denn Nasheeds Plan warf die Frage der nationalen Souveränität, der heiligen Kuh der internationalen Politik seit dem Westfälischen Frieden von 1648, in doppelter Weise auf:

Zum einen müssten die kaum vom Meeresspiegelanstieg tangierten Länder erklären, ob sie bereit wären, Teile ihres Staatsterritoriums an stark bedrohte Länder im Ernstfall abzutreten – und sei es nur zu fairen Preisen im Rahmen von privatwirtschaftlich organisierten Immobiliengeschäften. Zum anderen müssen die Rechtsexperten der Vereinten Nationen recht bald aufklären, was mit der Staatsangehörigkeit von Menschen geschieht, deren Geburtsland aufhört, oberhalb von Normalnull zu existieren. Wird man im Moment des Untergangs staatenlos, oder darf man die völkerrechtliche Zugehörigkeit bis zum Tod behalten, während die Nachfahren einen neuen, aber noch ungeklärten Status bekommen? Allein solche Fragen zeigen, dass der Klimawandel die Menschheit vor Herausforderungen stellen wird – ethisch, juristisch, ökonomisch, technisch –, die historisch ohne Beispiel sind. Im Kapitel 25 werde ich diese intellektuellen Fäden noch ein wenig weiterspinnen und Leitlinien im künftigen Umfang mit »Meeresflüchtlingen« erörtern.

Ich sprach mit dem Präsidenten auch über diese Problematik, wohl wissend, dass man damit an geheiligte Tabus des Nationaldenkens rührt. Der gewählte Führer eines Staatswesens mit Verfallsdatum, »Mohamed ohne Land«, verabschiedete sich von mir mit zartem Händedruck und einem fast resignierten Lächeln. Aber ich wusste, dass er alles versuchen würde, um weiter wie ein Seeigelstachel im Fleisch der saturierten Industrieländer zu schmerzen. Und er würde gleichzeitig seinen Führungskollegen in großen Schwellenländern wie Indien und China auf die Nerven gehen, weil die Malediven und der Klimawandel nicht in ein simples antikolonialistisches Strategieklischee passen: Umweltzerstörerische nachholende Entwicklung mag ja ein verdienter Schlag ins Gesicht des Westens sein, aber macht sie moralisch überlegen, wenn als Kollateralschaden die armen Verwandten versenkt werden?

Moralisches Kapital ist generell eine heikle Ware, die sich nur schwierig einlagern lässt und sich meistens verflüchtigt, wenn man sie am nötigsten braucht. Gegenwärtig ist dies jedoch einer der wichtigsten Rohstoffe, den die schon mehrfach erwähnten AOSIS-Länder besitzen und mit dem sie sich überhaupt erst Zutritt zur weltpolitischen Meinungsbörse verschaffen konnten. Zumindest vordergründig kann es sich auch der mächtigste Staat nicht leisten, die mahnende Stimme dieser Inselzwerge zu ignorieren, wobei die Interessengemeinschaft durchaus nicht nur aus Kleinwüchsigen besteht – zur AOSIS-Gruppe gehört beispielsweise auch Papua-Neuguinea mit stolzen 463 000 Quadratkilometer Landesfläche. Allerdings auch Nauru, der drittkleinste Staat der Erde (exakt 21,30 Quadratkilometer). Die derzeit 43 Mitglieder und Beobachter der Allianz kommen aus Afrika, der Karibik, dem Indischen und dem Pazifischen Ozean sowie der Südchinesischen See. Sie repräsentieren die unterschiedlichsten Kulturen, die durch den ihnen gemeinsamen Blick auf den Ozean vor der Haustür zusammengeschweißt werden. Auf der Anreise zur COP 15 in Kopenhagen besuchte übrigens ein Dutzend AOSIS-Regierungschefs das Potsdam-Institut, um sich über die neuesten Prognosen zum Meeresspiegelanstieg und seine Folgen zu informieren.

Der weiteren Information, aber auch dem Ausbau der schon intensiven Zusammenarbeit mit der EU und seinen Forschungseinrichtungen diente eine Zusammenkunft am 14. April 2010 in New York. Die Permanente Deutsche Vertretung bei den Vereinten Nationen hatte mich gebeten, an einem Arbeitsmittagessen mit den UN-Botschaftern der Inselstaaten mitzuwirken. Ich kam diesem Wunsch gern nach, denn das PIK bemüht sich schon seit Jahren auf Ersuchen der Bundesregierung, die AOSIS mit Computerprogrammen und Datenbanken zu versorgen. Dadurch soll das Wissensdefizit der schwächsten und verwundbarsten Länder der Welt gegenüber den geopolitischen Goliaths zumindest etwas verringert werden. Tatsächlich erwies sich das Interesse am Treffen mit den deutschen Diplomaten und mir auf AOSIS-Seite als gewaltig, denn der Sitzungsraum in New York war bis auf den letzten Platz gefüllt, und die Gesandten lauschten aufmerksam meinem Einführungsvortrag. Die anschließende Debatte war für mich ein geradezu ergreifendes Erlebnis.

Die humorvolle Vorsitzende von den Bahamas, der emotionale Botschafter von Guinea-Bissau, die hübsche Repräsentantin von Kuba und alle anderen, die gekommen waren: Sie wussten, dass die Elefanten der Weltpolitik in Kopenhagen mit einer achtlosen Bewegung ihrer massiven Hintern die Inselkulturen ein Stück näher an den Abgrund bugsiert hatten. Darüber waren die Gesandten zornig, aber sie gaben sich nicht der

Verzweiflung hin, sondern tasteten unverdrossen nach Strohhalmen im steigenden Wasser. Die Sympathie, die man mir an diesem Tag entgegenbrachte, obwohl ich ihnen nichts als die (vermutliche) wissenschaftliche Wahrheit über den Klimawandel anzubieten hatte, wird mir unvergesslich bleiben. Beim Rückflug dachte ich mir: »Warum, zum Teufel, kann die Verfassung der USA ihren Bürgern ein Grundrecht auf Glück garantieren, welches in letzter Konsequenz mit dem Verschwinden von Dominica, Mauritius und Vanuatu erkauft wird?« Aber ich bin sicher, dass die Gründungsväter der Vereinigten Staaten auch diesem ethischen Dilemma gerecht geworden wären – wenn sie denn damals schon etwas über den physikalischen Prozess der turbulenten Mischung von Treibhausgasen in der Erdatmosphäre gewusst hätten.

Nachtrag vom Mai 2015

Der Titel dieses Kapitels stammt aus dem Jahr 2010, als ich unter dem Eindruck des Treffens mit Nasheed den allergrößten Teil des oben präsentierten Textes verfasste. Wie prophetisch die Überschrift »Mohamed ohne Land« tatsächlich sein würde, hat mich selbst bestürzt. Denn inzwischen sitzt der ehemalige Präsident der Malediven in einer schmutzig-heißen Spezialzelle des berüchtigten Maafushi-Gefängnisses auf der gleichnamigen maledivischen Insel. Am 13. März 2015 wurde er aufgrund obskurer Terrorismusvorwürfe in einem höchst fragwürdigen Prozess zu 13 Jahren Haft verurteilt. Amnesty International stuft die Anklagen gegen Nasheed als haltlos und politisch motiviert ein.

Denn statt des Mannes, der nach 30 Jahren auf demokratische Weise die Quasi-Diktatur von Maumoon Abdul Gayoom beendete, herrscht nun Abdullah Yameeh, der Halbbruder des Letzteren! Ob und wann Mohamed Nasheed wieder freikommt, steht in den Sternen. Offensichtlich ist er Opfer eines skandalösen Interessenknäuels, das inzwischen die Verhältnisse auf den Malediven prägt und nur äußerst schwer zu durchschauen ist. Wichtige Faktoren dabei sind der vordringende Islamismus, die Beharrungskraft des diktatorischen Establishments, die Priorisierung von Wirtschaftswachstum auf Kosten der Umwelt durch die alten Eliten und die politische Unterstützung der jetzigen Machthaber durch China, das inzwischen jährlich Hunderttausende von Touristen an die Strände der Inselgruppe entsendet. Die doppelte Tragik ist somit, dass Mohamed sein Land schon in der Gegenwart verloren hat. Immerhin setzen sich inzwischen weltbekannte Persönlichkeiten wie Amal Clooney öffentlich für die

Freilassung ein (Clooney 2015). Ob die Stimme der intelligenten Anwältin, die durch ihre Eheschließung mit dem Hollywood-Beau Berühmtheit erlangte, an den feinen Stränden im Indischen Ozean Gehör finden wird, ist jedoch mehr als fraglich.

10. Einstein, Gödel, Drake

Eine einfache mathematische Formel – etwa über den Anstieg des Meeresspiegels infolge der Erderwärmung – fasst im besten Fall eine Vielzahl von Beobachtungen und Überlegungen zu Naturvorgängen auf elegante Weise zusammen. Damit ist sie eine intellektuelle Errungenschaft. Aber darf sie auch die Grundlage für politische, wirtschaftliche und soziale Entscheidungen von großer Tragweite sein? Sollen tatsächlich Dutzende von Inselstaaten ihren Exodus viele Jahrzehnte im Voraus nach einem solchen wissenschaftlichen Drehbuch von rigider Knappheit planen? Ja, dürfen vielleicht sogar Hunderte Millionen Menschen aus Flussdeltas und Flachküsten systematisch in Erwartung des Klimawandels ausgesiedelt werden, »nur« weil die Forscher sich über die dort zu erwartenden Risiken weitgehend einig sind? *Wie gewiss muss Gewissheit sein*, um allein die Erwägung solcher Vorhaben weltgesellschaftlicher Architektur zu rechtfertigen?

Fragen dieser Art begleiten mich persönlich, seit ich – vor etwa zwanzig Jahren – endgültig begriffen habe, welche Bedeutung dem Thema Klimawandel wirklich zukommt. Sie begleiten alle Wissenschaftler, die sich bemühen, ihre Einsichten zur Problematik der anthropogenen Erderwärmung verantwortungsbewusst an die Öffentlichkeit weiterzugeben – und sie werden uns bis zum Ende dieses Buches begleiten. Denn mit dem *Wissen* kommt gelegentlich das *Gewissen* ins Spiel, das man nur zu gern aufgrund verbleibender *Ungewissheit* des Feldes verweisen möchte (siehe Kapitel 31). Die Zweifel, die aus diesem fundamentalen Konflikt erwachsen, haben schon viele bedeutende und weniger bedeutende Gelehrte gequält.

Der berühmteste von allen war Albert Einstein (1879–1955), den hundert der weltweit führenden zeitgenössischen Fachleute in einer 1999 durchgeführten »Jahrtausendabstimmung« zum »größten Physiker aller Zeiten« wählten. Einstein war nicht nur ein lupenreines Genie, das als Außenseiter nach dem Weltbild der klassischen Naturwissenschaften griff und es völlig umzeichnete. Er war zugleich ein Kulturmensch ersten Ranges, dessen nichtwissenschaftliches Spektrum vom geistreichen Kalauer bis zur geschichtsbestimmenden politischen Intervention reichte. Legendär sind nicht nur seine Einsichten zur Relativitätstheorie, Quantenmechanik, Statistischen Physik etc. etc., sondern auch die bisweilen boshaften Ansichten über seine Artgenossen. Allseits bekannt ist ja sein Bonmot: »Zwei Dinge sind unendlich, das Universum und die menschliche Dummheit. Aber beim Universum bin ich mir noch nicht ganz sicher.«

Als junger Schüler las ich so ziemlich alles, was mir von und über Einstein in die Hände fiel, wobei mich auch seine rebellischen weltanschaulichen Gedanken beeindruckten. Eine wunderbare Laune des Schicksals hat es dann gefügt, dass sich mein heutiger Hauptarbeitsplatz im »Wissenschaftspark Albert Einstein« auf dem Potsdamer Telegraphenberg befindet (siehe Abbildung 23). Dieses Forschungsgelände zählt zweifellos zu den schönsten und historisch bedeutsamsten in ganz Europa. Praktisch jedes Gebäude der ehemaligen »Königlich-Preußischen Observatorien« ist mit wissenschaftlichen Durchbrüchen von Weltrang verknüpft. Mein Büro befindet sich beispielsweise im Zentralhaus des ersten astrophysikalischen Instituts der Forschungsgeschichte, wo Geistesriesen wie Albert A. Michelson und Karl Schwarzschild entscheidende Voraussetzungen für die Entwicklung der Relativitätstheorie schufen. Im Keller des imposanten Backsteinbaus mit Jugendstilornamentik wurde das vermutlich wichtigste wissenschaftliche Experiment aller Zeiten 1881 zum ersten Mal erfolgreich durchgeführt – oder vielmehr auf perfekte Weise erfolglos. Zu Ehren des tragischen Helden dieses Schauspiels wird das ganze Gebäude heute »Michelson-Haus« genannt.

Das Michelson-Interferometer konnte nämlich den sogenannten Lichtäther für die Ausbreitung elektromagnetischer Wellen *nicht* nachweisen. Ein Resultat, das den Schöpfer der raffinierten Versuchsanordnung schier zur Verzweiflung trieb, Einstein dagegen zum Umsturz des Newton'schen Universums durch die Spezielle Relativitätstheorie motivierte. Um seine 1915 veröffentlichte Allgemeine Relativitätstheorie experimentell zu bestätigen, ließ man den Architekten Erich Mendelsohn bis 1922 auf dem Telegraphenberg ein immer noch betriebenes Sonnenobservatorium errichten. Mendelsohn schuf in kongenialem Revolutionsschwung mit Einstein eine expressionistische Konstruktion, die ihrerseits zu architektonischem Weltruhm gelangt ist. Albert Einstein, der einige Jahre im kleinen Ort Caputh in unmittelbarer Nachbarschaft des Telegraphenbergs sein Sommerhaus unterhielt, leitete 1924 höchstpersönlich im Arbeitsraum des heute als »Einsteinturm« bekannten Sonnenobservatoriums die erste Arbeitssitzung des Kuratoriums. Eine kleine Randnotiz: Das Physikgenie verbrachte den Großteil des Sommers 1932 mit seiner Segeljolle »Tümmler« auf den nahe gelegenen Havelseen, obwohl er das Schwimmen nie erlernt hatte.

Abgesehen von der permanenten historischen und intellektuellen Präsenz Einsteins in meinem unmittelbaren Arbeitsumfeld begegne ich ihm erstaunlich oft als moralische Instanz zum Thema Verantwortung der Wissenschaft im Kontext Klimawandel. Zuletzt bei einem Nobelpreisträgertreffen zu Fragen der globalen Nachhaltigkeit, das ich zusammen mit der Royal Society und unter intensiver Mitwirkung von Prince Charles im Mai 2009 in London veranstaltete. Über zwanzig Träger der wohl wichtigsten wissenschaftlichen Auszeichnung der Welt nahmen, zusammen mit weiteren international führenden Experten, an dem Symposium teil, unter anderem der Physik-Nobelpreisträger und frühere US-Energieminister Steven Chu. Ein zentraler Aspekt der Diskussion im Vorfeld von Kopenhagen war genau das oben angesprochene Begriffspaar »Gewissheit« und »Gewissen«, zwei Partner, die seit der Aufklärung eine turbulente Ehe mit permanentem Scheidungsrisiko führen. Insbesondere wurde an das legendäre Russell-Einstein-Manifest zum atomaren Wettrüsten erinnert, das 1955 in London veröffentlicht worden war und rasch internationales Aufsehen erregte. Einstein unterzeichnete das Dokument (zusammen mit zehn anderen herausragenden Persönlichkeiten um den Initiator und berühmten Philosophen und Mathematiker Bertrand Russell) genau eine Woche vor seinem Tod. Das Manifest ist ein dramatischer Appell der Wissenschaft an die Politik in Ost und West, die wechselseitige nukleare Abschreckung nicht zum Auslöser eines Dritten Weltkriegs pervertieren zu lassen, der die menschliche Zivilisation vernichten könnte.

Besonders aufschlussreich für die heutige Debatte zum Klimawandel sind die Ausführungen der elf Bekenner zu den Grenzen der Folgenabschätzung einer globalen Auseinandersetzung mit strategischen Atomwaffen. Es ging ja nicht zuletzt um die ebenso offensichtliche wie fürchterliche Frage, ob ein uneingeschränkter nuklearer Schlagabtausch tatsächlich das Grauen auf die Erde bringen würde, mit menschlichen Opfern und Sachschäden, die Hiroshima wie einen kleinen Betriebsunfall erscheinen ließen. Das Manifest geht der Abwägung der relevanten Unsicherheiten sorgfältig nach und kommt dann zu Schlüssen, die wie eine monumentale Botschaft aus den Tiefen der Geschichte für die aktuelle Klimadebatte klingen:

»Viele Warnungen sind von herausragenden Wissenschaftlern und Militärstrategen ausgesprochen worden. Keiner von ihnen behauptet, dass die schlimmsten Auswirkungen gewiss sind. Was sie sagen, ist, dass diese Auswirkungen möglich sind und dass niemand sicher sein kann, dass sie nicht Realität werden. Wir konnten bisher nicht feststellen, dass die Expertenmeinungen in dieser Frage in irgendeiner Weise von der politischen Einstellung oder irgendwelchen Vorurteilen dieser Fachleute abhängig wären.

Sie hängen allein, so zeigen dies jedenfalls unsere bisherigen Recherchen, vom Grad des spezifischen Wissens der Experten ab. Und wir haben festgestellt, dass diejenigen, die am meisten wissen, sich zugleich die größten Sorgen machen.«

Man kann dieses berühmte Zitat Wort für Wort auf die aktuelle Diskussion zur Risikoanalyse der Erderwärmung übertragen. Die Menschheit wird hoffentlich nie genau erfahren, welche Verheerungen das gleichzeitige Zünden von Hunderten von Wasserstoffbomben bewirken würde. Und wir wären gut beraten, wenn wir auf die letzte Gewissheit über die Folgen eines ungebremsten globalen Klimawandels verzichten würden. Diese Gewissheit könnte nur aus dem kompletten Zu-Ende-Führen des fatalen planetarischen Experiments erwachsen…

Die tragische Ironie im Falle Einsteins ist allerdings, dass seine eindringliche Warnung vor den Risiken des atomaren Wettrüstens ohne seine eigene politische Intervention 16 Jahre zuvor möglicherweise niemals nötig gewesen wäre. Damals hatte ihm sein tief ausgeprägtes Verantwortungsgefühl geboten, unter quälender Ungewissheit zu handeln, statt zur Unterlassung aufzurufen. Im August 1938, kurz vor Beginn des Zweiten Weltkriegs, unterzeichnete der Physiker nämlich jenen legendären Brief an den US-Präsidenten Franklin D. Roosevelt, der zur Entwicklung der Atombombe im Rahmen des »Manhattan-Projekts« führen sollte. Welche Grausamkeit der Geschichte, dass einer der berühmtesten Pazifisten aller Zeiten den Weg für die Konstruktion der tödlichsten aller Kriegsmaschinerien bereiten musste. Und der Mensch, der Einstein überhaupt erst auf die Bühne dieser griechischen Übertragödie zerrte, war seinerseits einer, der nur das Beste wollte und ein Leben lang von Zweifeln und Sorgen umgetrieben wurde: Leó Szilárd.

Dieser 1898 in Ungarn geborene Wissenschaftler war der eigentliche geistige Vater der Atombombe. Schon 1933 hatte er vorhergesagt, dass man durch Neutronenbeschuss einer kritischen Masse von Uran eine sogenannte Kettenreaktion auslösen könne, bei der lawinenartig immer mehr Neutronen erzeugt und schließlich in einer Explosion ungeheure Energien freigesetzt würden. Als am 17. Dezember 1938 Otto Hahn und seinem Assistenten Fritz Strassmann in Berlin die erste künstliche Kernspaltung an einer Uranprobe gelang, waren die Weichen für den Bau der Kernwaffen gestellt. So dachte jedenfalls Szilárd, der als Jude schon 1933 vor den Nationalsozialisten aus Berlin geflohen war, wo er mit Größen wie Einstein, Planck und von Laue zusammengearbeitet hatte. Fast unglaublich erscheint heute, dass Szilárd ab 1926 gemeinsam mit Einstein das Prinzip eines CO_2-Kühlschranks ohne Verdichter entwickelte! Ein entsprechendes Patent wurde unter anderem in den Vereinigten Staaten von Amerika ordnungsgemäß angemeldet: »Nummer: 1 781 541. Datum: 11. November 1930. Erfinder: Albert Einstein, Berlin, und Leó Szilárd, Berlin-Wilmersdorf.«

Anfang 1939, als die Ergebnisse von Hahn und Strassmann veröffentlicht wurden, arbeitete Szilárd bereits in seiner neuen Wahlheimat, den USA, die ihn 1943 einbürgerten. Er war sich inzwischen sicher, dass man Atomwaffen tatsächlich bauen könnte, und er war davon überzeugt, dass Nazi-Deutschland mit seinem Reservoir an Spitzenforschern wie Werner Heisenberg oder Carl Friedrich von Weizsäcker diese Höllenmaschinen auch unverzüglich realisieren würde. Da sich Appelle an seine Kollegen zur Geheimhaltung militärisch relevanter Ergebnisse als fruchtlos erwiesen hatten, erschien Szilárd die Flucht nach vorn als einzige Alternative: Die Alliierten mussten die Bombe als Erste entwickeln und dadurch die faschistische Weltherrschaft verhindern. Da aber Szilárds politischer Einfluss in den Vereinigten Staaten gleich null war, benötigte er die Unterstützung einer Persönlichkeit, deren Mahnung auch das Weiße Haus nicht ignorieren konnte. Diese Persönlichkeit war Albert Einstein, sein Kühlschrank-Kumpel aus den guten alten Tagen, der de facto schon 1932 in die USA emigriert war.

Einstein war damals in Amerika schon ungemein populär und zum Inbegriff des exzentrischen Genies geworden. Den Physik-Nobelpreis hatte er für das Jahr 1921 erhalten – paradoxerweise erst im November 1922, und nicht etwa für seinen relativistischen Umbau des Newton'schen Universums, sondern für seine quantenmechanische Erklärung des sogenannten lichtelektrischen Effekts, der interessanterweise die Grundlage für die heutige photovoltaische Nutzung der Solarenergie bildet. Ausgesprochen bizarr ist auch der Umstand, dass Einstein wegen einer Schiffsreise nach Japan nicht an der Preisübergabe am 10. Dezember 1922 in Stockholm teilnahm, was schon damals zu heftigen Spekulationen führte. Die Lobrede bei dieser Zeremonie hielt übrigens kein anderer als Svante Arrhenius in seiner Rolle als Vorsitzender des Nobelkomitees für Physik der Königlich-Schwedischen Akademie der Wissenschaften. So schließt sich ein weiterer Kreis (siehe Kapitel 4).

Szilárd wusste jedenfalls: Wenn Einstein seine Stimme erheben würde, könnte keiner weghören. Deshalb machte er sich schließlich mit dem ebenfalls aus Ungarn stammenden Physiker Eugen Wigner nach Long Island zum König der Wissenschaft auf. Die damaligen Gespräche im kleinsten Kreis sind uns nicht überliefert, aber sie müssen für die drei erklärten Friedensfreunde und Humanisten außerordentlich quälend verlaufen sein. Schließlich wurde die Idee geboren, dass Einstein einen Brief direkt an Präsident Roosevelt richten sollte, worin er auf die Gefahr eines nazideutschen Alleingangs in Sachen Atombombe hinwies. Dieser Brief, unterzeichnet am 2. August 1939 von »Albert Einstein, Old Grove Road, Peconic, Long Island«, hat Weltgeschichte geschrieben. Das kurze Dokument ist erstaunlich nüchtern verfasst und enthält eine Fülle von präzisen Hinweisen wissenschaftlicher und operativer Art (etwa die Tatsache, dass Deutschland kurz zuvor den Export von Uran aus den konfiszierten tschechischen Minen gestoppt habe). Darüber hinaus skizziert der Brief bereits ein konkretes Aktionsprogramm, das dann im Manhattan-Projekt tatsächlich Gestalt annehmen sollte, wenn auch erst im Herbst 1940. Ab jenem Zeitpunkt entfaltete sich die Tragödie mit unaufhaltsamer Wucht.

Leó Szilárd selbst versuchte noch einmal aufzuhalten, was er selbst in Gang gesetzt hatte. Weil er von der militärischen Leitung des Atomwaffenprogramms als »unamerikanischer« Querkopf eingestuft wurde, durfte er als treibende intellektuelle Kraft des Projekts nicht mit nach Los Alamos, New Mexico. Dort arbeitete ab Herbst 1942 unter der Leitung von J. Robert Oppenheimer ein Geniekollegium in striktester Isolation an der Weltuntergangsmaschine. Anfang 1945 zeichnete sich ab, dass Nazi-Deutschland angesichts der endgültigen Niederlage gegen die Alliierten die Atombombe nicht würde bauen können, während Oppenheimers Wissenschaftler die Waffe praktisch schon in Händen hielten. Szilárd sah deshalb absolut keine Notwendigkeit mehr, den gefährlichen Weg zu Ende zu gehen, sehr wohl dagegen das Risiko eines nuklearen Wettlaufs mit dem Noch-Verbündeten Sowjetunion. Mit menschlicher Größe, aber politisch naiv versuchte er deshalb, die US-Regierung davon zu überzeugen, den mächtigen Geist wieder in die Flasche zurückzusperren.

Das war selbstverständlich nicht mehr möglich. Das interessanteste »realpolitische« Gegenargument kam vom späteren US-Außenminister James Byrnes: Er erklärte Szilárd unumwunden, dass die Vereinigten Staaten schließlich zwei Milliarden Dollar (damaliger Kaufkraft) für das Manhattan-Projekt ausgegeben hätten und dass man dafür dem Kongress ein Resultat vorzeigen müsse. Dieses Resultat wurde am 6. und 9. August 1945 in Hiroshima und Nagasaki, also Städten, die keineswegs auf dem Territorium des Erzfeindes Deutschland lagen, auf grauenvolle Weise sichtbar gemacht. Hunderttausende starben sofort, Hunderttausende waren fürs Leben gezeichnet. Szilárd und Einstein waren die Ersten, die durch Gründung des Emergency Committee of Atomic Scientists den wissenschaftlichen Widerstand gegen die Selbstbeschleunigung des atomaren Potenzwahns organisierten.

Im Zusammenhang mit dem Klimawandel lassen sich aus dieser todtraurigen Heldengeschichte unzählige Lektionen ableiten und Parallelen ziehen. Festzuhalten bleibt insbesondere, dass Einstein durch seinen Brief an Roosevelt geschichtsbestimmend intervenierte, obwohl er sich keineswegs *sicher* sein konnte, dass Nazi-Deutschland nach der Atombombe greifen, und schon gar nicht, dass es dabei auch Erfolg haben würde. Aber selbst die vage Möglichkeit, dass das Böse dauerhaft die Herrschaft über die Welt erringen könnte, rechtfertigte aus der Sicht des Wissenschaftlers offenbar, den Deckel der Büchse der Pandora ein wenig zu lüpfen. Ob Einstein richtig handelte, können wir uns nicht anmaßen zu entscheiden. Immerhin keimt heute die Hoffnung auf eine atomwaffenfreie Zukunft wieder auf, und vielleicht haben das nukleare »Gleichgewicht des Schreckens« und der damit verbundene Kalte Krieg der Menschheit nach dem Zweiten Weltkrieg tatsächlich einen »heißen« Krieg der Systeme zwischen US-Kapitalismus und Sowjetkommunismus erspart…

Politische oder persönliche Entscheidungen angesichts eklatanter Informationslücken und großer Ungewissheit über die Konsequenzen treffen zu müssen, ist für Nichtnaturwissenschaftler Alltagserfahrung. Sie glauben jedoch, dass sich in der Welt der Physik oder Chemie Gewissheit finden ließe, wenn man nur sorgfältig genug messen und präzise genug rechnen würde. Dies ist leider falsch, denn auch die Naturwissenschaften können keine apodiktischen – also uneingeschränkt gültigen – Aussagen treffen und schon gar nichts »zweifelsfrei beweisen«, etwa den menschlichen Einfluss auf den beobachteten Klimawandel. Stattdessen versucht insbesondere die Physik einen stetig wachsenden Fundus an »gesichertem Wissen« zu schaffen. Das Wort »gesichert« hat dabei eine ähnliche Bedeutung wie beim Bergsteigen: Man klettert in Seilschaften, die sich gegenseitig zu stabilisieren versuchen, und man treibt Haken in die Steilwand, an denen man vorübergehend Halt findet. Wenn aber ein Steinhagel über die Gruppe hereinbricht oder übergroßes Gewicht den Haken herausreißt, ist der Absturz dennoch möglich. Ich werde auf ein ähnliches Sinnbild später im Buch nochmals zurückkommen (Kapitel 30). Einstein selbst hatte ja das gesicherte Wissen des Newton'schen Weltbildes einer Lawine gleich zerschmettert.

Während also die Naturwissenschaften nach unbeweisbaren, möglicherweise auch gar nicht existenten »Gesetzmäßigkeiten« im Kosmos fahnden, betrachtet die Mathematik – als »kleine Schwester der Philosophie« – Strukturen. Und zwar solche, die der menschliche Geist selbst hervorbringt, wenngleich zumeist in Anlehnung an die wahrgenommene Natur. Insofern sollte zumindest die Mathematik auf alle ihre Fragen im

Prinzip makellose, ewig gültige Antworten geben können. So dachten am Anfang des 20. Jahrhunderts nicht nur die Laien, sondern selbst die berühmten Fachleute wie David Hilbert, der im Jahr 1900 sogar ein Programm zur systematisch-apodiktischen Begründung des gesamten Mathematik-Gebäudes vorstellte. Dass dies ein Trugschluss war, bewies – auf systematisch-apodiktische Weise – ein anderer Freund Einsteins, nämlich der in jeder Hinsicht unvergleichliche Kurt Gödel (1906–1978). Mein Freund Douglas Hofstadter, mit dem ich Mitte der 1970er-Jahre einen Tischcomputer namens »Rumpelstilzchen« an der Universität Regensburg teilte, hat dem österreichischen Logiker in seinem Fraktal-Kultbuch *Gödel, Escher, Bach* ein Denkmal gesetzt. Auf Letzterem prangt in großen Lettern das Wort »Unvollständigkeitssatz«.

Kurt Gödel, der aus einer christlichen Familie in Brünn (heute Tschechische Republik) stammte, hatte nämlich etwas eigentlich Unvorstellbares vollbracht. Er zeigte streng logisch, dass in einem widerspruchsfreien mathematischen System, das hinreichend reichhaltig ist, um überhaupt interessante Aussagen zuzulassen, geradezu diabolische Sätze existieren: Diese Behauptungen sind zwar wahr, aber aus den Grundpostulaten (»Axiomen«) dieser Mathematik nicht ableitbar. Sie sind sogar genau dann wahr, wenn sie unbeweisbar sind. Insbesondere gibt es in jedem konsistenten System, das die natürlichen Zahlen (und damit die Arithmetik als Urkern der Mathematik) enthält, Formeln, von denen *erwiesenermaßen* niemand sagen kann, ob sie richtig oder falsch sind! Gödel hatte diese Ungeheuerlichkeit, nämlich den strengen Beweis einer fundamentalen Unbeweisbarkeit, am 7. September 1930 in Königsberg (der Heimatstadt Immanuel Kants und David Hilberts) in einem nahezu unbeachteten Vortrag auf einer Mathematikertagung vorgestellt. Dieser Auftritt wurde später der bedeutendste Moment in der Geschichte der Logik genannt, doch niemand unter den Anwesenden war sich dessen bewusst.

Das intellektuelle Instrumentarium, mit dem der Gödel sein paradoxes Universum konstruierte, hatte im Wesentlichen schon der berühmte Zahlentheoretiker Georg Cantor, der Begründer der Mengenlehre, bereitgestellt. Mit seinem genialen »Diagonalverfahren« konnte er Ende des 19. Jahrhunderts streng nachweisen, dass die rationalen Zahlen (also alle Brüche aus natürlichen Zahlen, wie zum Beispiel 2/3) eine »abzählbare Menge« darstellen, die reellen Zahlen dagegen (zu denen die rationalen ohnehin gehören, aber beispielsweise auch die nicht als Bruch darstellbaren Quadratwurzeln aus 2 oder 3) eine »überabzählbare Menge«. Anschaulich und grob kann man diese fachchinesischen Aussagen in die folgende Feststellung übersetzen: Selbst mit der unendlichen Menge von Bruchzahlen kann man das Kontinuum des »realen« Zahlenstrahls (etwa auf einem Zollstock) nicht ausfüllen. Damit ist übrigens auf höchst technische Weise der Fundamentalgegensatz zwischen »Zählen« und »Messen« benannt. Doch das wäre eine eigene Erzählung wert, die uns wieder in den Irrgarten der Quantenphysik führen würde …

Gödel jedenfalls nutzte Cantors logische Werkzeuge auf furiose Weise und kreierte damit Gedankengänge, entlang derer sich niemand zuvor zu bewegen gewagt hatte. Und das alles auf den weniger als hundert Seiten, die er im Laufe seines Lebens veröffentlichte. Mit ganz wenigen Attacken hat er die Vorstellung niedergeritten, dass Wahrheit und Gewissheit untrennbar zusammengehören. *Damit wird paradoxerweise das Gewissen entlastet, das ohne vollständige Gewissheit zum Handeln drängt!* Die geradezu groteske Ironie im Falle Gödels ist jedoch, dass er karrieretechnisch eigentlich angetreten war, an der Durchführung von Hilberts Programm zur lückenlosen Erstbegründung der Mathematik mitzuwirken. Seine Doktorarbeit von 1929 mit dem Titel »Über die Vollständigkeit des Logikkalküls« erfüllte diesen Anspruch noch ganz und gar. Doch Gödel ging den eingeschlagenen Weg in letzter Konsequenz weiter und stieß damit die Tür zur Welt der strikt begründeten Unentscheidbarkeit auf, ein Universum, in dem er sich paradoxerweise überhaupt nicht wohlfühlen konnte.

Denn er war tief überzeugt, dass »die Welt vernünftig« sei, dass sich die perfekte Ordnung des mathematischen Universums im realen Kosmos wiederfinden ließe. Damit teilte er eine Grundansicht mit Albert Einstein, zu dem er ab 1942 in den USA eine enge Freundschaft entwickelte. Gödel, weltpolitisch naiv und lebenspraktisch unfähig, war 1940 auf abenteuerliche Weise zusammen mit seiner Frau Adele vor der drohenden Einberufung in die Wehrmacht aus Wien in die USA geflohen – mit legalen deutschen Ausreise- und amerikanischen Einreisepapieren, was perfekt zur Gesamtparadoxie seines Lebens passte.

Einstein und Gödel wurden zu einem intellektuellen Paar, dessen Glanz alle anderen Koryphäen am Institute for Advanced Study (IAS) in Princeton (siehe auch Kapitel 15) überstrahlte. In der kleinen Gelehrtenstadt in New Jersey südlich von New York waren beide schließlich zur Ruhe gekommen. Dort spazierten sie Anfang der 1950er-Jahre alltäglich gemeinsam und in hitzige Diskussionen vertieft durch die Straßen, und dort sollten sie auch sterben. Einstein arbeitete – vergeblich – an einer vereinheitlichten Feldtheorie, die alle Kräfte der Natur in einem gemeinsamen Formalismus beschreiben und damit Quantenmechanik und Relativitätstheorie versöhnen sollte. Gödel interessierte sich als ehemaliger Physikstudent brennend für diese Überlegungen und machte seinem Freund Albert 1951 zum 70. Geburtstag ein echt Gödel'sches Geschenk: eine exakte Lösung der Grundgleichungen der Allgemeinen Relativitätstheorie, nämlich ein rotierendes Universum mit geschlossenen Weltlinien, in welchem Zeitreisen selbstverständlich waren. »Unternimmt man in einem Raumschiff eine Rundreise auf einer hinreichend weiten Kurve, kann man in diesen Welten jede beliebige Region der Vergangenheit, Gegenwart und Zukunft besuchen und wieder zurückkreisen«, war die Erläuterung des Schöpfers. Gödel war maßlos enttäuscht, dass Einstein seinem Geistesblitz keine physikalische Relevanz beimaß – die im Übrigen auch heute noch ungeklärt ist. Ansonsten jedoch empfand Albert Einstein die größte Hochachtung für seinen merkwürdigen Kollegen, wie die folgende Bemerkung belegt: »Ich komme bloß noch ins Institut, um das Privileg zu haben, mit Gödel zu Fuß nach Hause gehen zu dürfen.«

Einsteins Versuche, seinem Freund durch ein Leben zu helfen, das sich ganz und gar nicht an die strengen Regeln der reinen Vernunft halten wollte, sind Legende. So begleitete er ihn zum Beispiel 1947 zur US-Einbürgerungsbehörde und lotste ihn um die Klippen der Staatsangehörigkeitsprüfung – obgleich Gödel dort allen Ernstes den Beweis führen wollte, dass ein Konstruktionsfehler in der Verfassung die legale Umwandlung der Vereinigten Staaten in eine Diktatur zulasse. Mit Einsteins Tod im Jahr 1955 verlor der begnadete Logiker dann seinen wichtigsten Anker in der realen Außenwelt und kapselte sich immer weiter in einer von Hypochondrie und Verfolgungswahn verdüsterten Innenwelt ab. Speisen nahm er nur zu sich, wenn seine Frau diese vorkostete, und er hatte panische Angst davor, von ausländischen Besuchern am Institute for Advanced Study ermordet zu werden. Ähnlich wie Isaac Newton 250 Jahre zuvor verlor sich sein überkluger Geist in den letzten Lebensjahren in metaphysisch-religiösen Spekulationen. Als seine Gattin im Herbst 1977 wegen eines Schlaganfalls für mehrere Monate ins Krankenhaus eingeliefert wurde, geriet Gödels Dasein völlig aus den Fugen: Er hungerte sich zu Hause regelrecht zu Tode – aus Angst vor Vergiftung. Adele fand ihn bei ihrer Rückkehr im Rollstuhl im Zustand der völligen Apathie und mit einem Körpergewicht von weniger als 40 Kilogramm vor, sodass auch sofortige medizinische Hilfe nichts mehr ausrichten konnte.

So starb der Mensch, der schon als kleines Kind wegen seiner Wissbegier mit der Anrede »Herr Warum« geneckt wurde. Seine pathologische Intelligenz zerstörte ihn selbst, nachdem sie zuvor den Traum vom gesicherten sinnvollen Wissen für immer vernichtet hatte. Letztere Tatsache dürfte kaum zur Allgemeinbildung moderner politischer Entscheidungsträger gehören. Andernfalls wären sie vielleicht bereit, beim Klimaschutz zu handeln, bevor auch die letzte Vermutung über den gefährlichen Umwelteinfluss des Menschen bewiesen ist.

Und weil wir gerade dabei sind, können wir auch noch den Schritt von Gödels überirdischem Verstand zur außerirdischen Intelligenz tun, die ja möglicherweise in diversen Winkeln unserer Galaxis haust. Sollte es tatsächlich Leben jenseits unseres Sonnensystems geben, dann könnte dieses Leben seine Fähigkeit zur Selbsterhaltung und Fortpflanzung eventuell auf ganz andere Stoffwechselvorgänge gründen als das irdische. Die Photosynthese ist schließlich ein recht ineffizientes Verfahren zur Nutzung der Sonnenenergie, und wenn jenes extraterrestrische Leben sogar Intelligenz im Sinne einer ihrer selbst bewussten Gestaltungsmacht hervorbringen sollte, dann könnte dabei vielleicht auch eine andere Logik als unsere menschliche entstehen. Ich persönlich glaube zwar, dass die Erfindung einer universellen (und damit der unseren verwandten) Mathematik eine obligatorische Etappe auf dem Weg zur Hochkultur darstellt, aber zumindest vorstellbar wären auch andere kausale Kalküle und strukturelle Systeme zur Verarbeitung von Informationen. Solche Logiken könnten sogar vollständig sein und immun gegen Selbstzerstörungsattacken vom Gödel'schen Typ.

Das sind natürlich alles ziemlich verstiegene Science-Fiction-Erwägungen. Aber die Frage, ob der Mensch im riesenhaften Universum die einzige, einsam intelligente Spezies ist, hat nicht nur spekulativen Unterhaltungswert, sondern auch eine existenzielle Bedeutung. Und zwar gerade im Zusammenhang mit unserer Hauptthematik, dem Klimawandel. Dies lässt sich am besten anhand der sogenannten Drake-Gleichung aufzeigen, welche die mögliche Anzahl N der außerirdischen technischen Zivilisationen in der Milchstraße abzuschätzen versucht. Diese Gleichung sieht eigentlich ganz langweilig aus:

$$N = R_* \cdot f_p \cdot n_e \cdot f_l \cdot f_i \cdot f_c \cdot L$$

(Gleichung 7)

In unserem Zusammenhang ist es gar nicht wichtig, alle einzelnen Faktoren dieser Gleichung zu verstehen – es geht um Sternentstehungsraten, Häufigkeit von Planetensystemen um ein Zentralgestirn, Anteil an belebten Planeten usw. Ganz rechts steht jedoch der hinterhältige Faktor *L*, der die durchschnittliche Lebensdauer hochtechnischer Kulturen bezeichnet und der uns noch besonders beschäftigen wird.

Wie der Zufall es will, habe ich selbst an einem mehrjährigen Forschungsprojekt mitgewirkt, das mit strengen naturwissenschaftlichen Methoden dem Faktor n_e zu Leibe zu rücken versuchte. Diese Größe gibt die mittlere Anzahl von Planeten in einem gegebenen System von Himmelskörpern an, welche sich in der sogenannten »Ökosphäre« (englisch: *habitable zone*) befinden. Solche »bewohnbaren« Planeten dürfen nicht zu nah bei ihrer Sonne sein und nicht zu weit von ihr entfernt, um insbesondere die Existenz von Oberflächenwasser zuzulassen. Dafür wiederum müssen die Temperaturen zumindest zeitweise irgendwo in einem bestimmten Bereich liegen (zwischen 0 °C und 100 °C bei irdischen Druckverhältnissen auf Meereshöhe), was schließlich bestimmte Ausmaße des planetarischen Treibhauseffekts und damit der atmosphärischen Konzentration von Gasen wie CO_2 voraussetzt. Und dafür bedarf es – so eines der Hauptergebnisse unserer Studien (Franck u.a. 2000) – in der Regel einer Plattentektonik wie auf der Erde. Bei uns sorgt nämlich die Kombination von Kontinentalverschiebung und Vulkanismus für relativ stabile Treibhausgasverhältnisse, und zwar über den Karbonat-Silikat-Zyklus, der ein CO_2-Molekül durchschnittlich alle 500000 Jahre durch den Leib unseres Planeten kreisen lässt. Mit dem von uns im Forschungsprojekt entwickelten Methodenarsenal können wir jeden neu entdeckten Planeten außerhalb unseres Sonnensystems (»Exoplaneten«) einem raschen »Öko-Test« unterziehen, also seine prinzipielle Bewohnbarkeit aus fundamentalen Größen wie Masse, Entfernung vom Zentralstern usw. ableiten.

Unsere Untersuchungen haben übrigens auch gezeigt, dass sich vor einer Milliarde Jahren sowohl die Erde als auch der Mars in der Ökosphäre bezüglich unserer Sonne befanden. Heute ist dort nur noch unser Heimatplanet verblieben, der aber in einer Milliarde Jahren ebenfalls aus der Bewohnbarkeitszone gerutscht sein wird. Der Grund: Mangel an atmosphärischem CO_2 – dessen künstlicher Überfluss hingegen unser gegenwärtiges Klimasystem zu destabilisieren droht!

Dass es überhaupt Exoplaneten gibt, war bis in die 1980er-Jahre hinein umstritten. Der erste solche Planet, der einen sonnenähnlichen Stern umläuft, wurde 1995 auf indirekte Weise nachgewiesen, nämlich der Himmelskörper 51 Pegasi b, welcher den Fixstern 51 Pegasi (im Sternbild des Geflügelten Pferdes) im Viertagesrhythmus umläuft. Das Ganze spielt sich etwa 40 Lichtjahre von der Erde entfernt ab. Bis zum Sommer 2010 wurden dann bereits knapp 500 Exoplaneten (in über 400 extrasolaren Systemen) entdeckt, von denen etliche sich in der Ökosphäre befinden dürften. Die Nachweisverfahren waren zu Beginn der großen Suche indirekt und überaus mühsam. Unter anderem wurde (und wird) der Gravitationslinseneffekt genutzt, bei dem gemäß den Gesetzen von Einsteins Allgemeiner Relativitätstheorie das Licht von Hintergrundobjekten (zum Beispiel einer fernen Galaxis) von einem durchlaufenden Vordergrundobjekt (zum Beispiel einem nahen Fixstern in Planetenbegleitung) in charakteristischer Weite fokussiert wird. Aufgrund der jüngsten fantastischen Fortschritte der Astroteleskopie, wie etwa bei den »Hubble«- und »Kepler«-Wundergeräten, sind seit 2004 aber auch viele Exoplaneten direkt beobachtet worden. Die Jagd nach den Schwestern der Erde außerhalb unseres Sonnensystems, die vielleicht sogar die Umweltbedingungen für höhere Lebensformen bereitstellen könnten, hat damit erst richtig begonnen.

Im Mai 2015 sind schon stolze 1924 bestätigte Exoplaneten in der *Extrasolar Planets Encyclopedia* (2015) aufgelistet, und in einem bemerkenswerten Artikel aus dem Jahr 2013 (Petigura u.a. 2013) wird argumentiert, dass sich in unserer Galaxis sogar viele *Milliarden* von erdähnlichen Planeten befinden sollen, die in geeignetem Abstand um geeignete Sonnen kreisen!

Dies macht die Drake-Gleichung umso interessanter. Sie ist (nicht ganz überraschend) nach ihrem Schöpfer benannt worden, dem amerikanischen Astronomen und Astrophysiker Frank Drake (geb. 1930). Er hat sein wissenschaftliches Leben vor allem einem Thema, ja einer Obsession gewidmet: SETI. Das ist die Abkürzung für die englische Bezeichnung *Search for Extraterrestrial Intelligence* und steht somit für das Programm zur systematischen Suche nach außerirdischer Intelligenz. Drake leitet selbst seit 1984 das SETI-Institut in Mountain View, Kalifornien. Seine inzwischen berühmte Gleichung stellte er erstmals 1961 am National Radio Astronomy Observatory in Green Bank, West Virginia, vor, wo im August des vorhergegangenen Jahres die konkrete Suche nach außerirdischer Intelligenz mit dem Lauschen auf Funksignale aus dem Weltall gestartet wurde. Denn es ist plausibel anzunehmen, dass technische Zivilisationen im Laufe ihrer Entwicklung irgendwann die Nutzung elektromagnetischer Signale für die blitzschnelle Kommunikation über größere Entfernungen entdecken. Diese Signale können sehr stark sein wie der Sturm von Radiowellen und Radarstrahlen, den die Menschheit in der zweiten Hälfte des 20. Jahrhunderts im Modernisierungsrausch entfesselte und der unseren Planeten größtenteils als kosmischer Strahlungsmüll verlässt. Eine solche elektromagnetische Fährte sollte man mit leistungsfähigen Empfängern wie den heutigen Radioteleskopen auch über Lichtjahredistanzen aufspüren und gegebenenfalls sogar entschlüsseln können.

Zugegebenermaßen ist es eine grässliche Vorstellung, dass denkende außerirdische Wesen lernen könnten, irdische Rundfunkwerbung zu dechiffrieren – zweifellos würden sie die Erde sofort von der Liste der zivilisationsfähigen Planeten streichen. Insofern ist es fast tröstlich, dass inzwischen die meisten elektromagnetischen Signale unserer Technosphäre zu schwach und zu diffus geworden sind, um in der Tiefe des Weltalls wahrgenommen werden zu können. Abhilfe würde da ein permanenter kraftvoller Signalstrahl schaffen, mit dem die Menschheit bewusst auf sich aufmerksam machen könnte. Stephen Hawking, der angeblich die Zukunft der Menschheit im Weltraum sieht, warnt allerdings vor solchen Kontaktversuchen: Mücken sollten besser nicht durch lautes Surren den Schlag einer Riesenhand provozieren! Vielleicht denken ja die anderen technischen Zivilisationen in unserer Milchstraße – so sie denn existieren – auf ihre Weise ähnlich, denn in den über fünfzig Jahren seit dem Start der SETI-Kampagne hat man nicht die allergeringsten elektromagnetischen Hinweise auf extraterrestrische Intelligenz aufspüren können.

Frank Drake, den ich vor einigen Jahren als Autor für ein von mir initiiertes Buch (Schellnhuber u. a. 2004) gewinnen konnte, sieht dies gelassen. Bei der Jahrestagung 2010 der American Association for the Advancement of Science (AAAS) in San Diego wies er auf die exorbitanten Herausforderungen beim Horchen im All hin: Schließlich habe man erst einen winzigen Bruchteil der Weltraumkompartimente und Frequenzkorridore abgesucht, die für außerirdische Signale infrage kämen. Aber mithilfe der großartigen aktuellen Fortschritte, insbesondere in der Computertechnologie, würde man wohl schon in 20 bis 30 Jahren zum ersten Mal fündig werden – sofern es etwas zu finden gibt. Drake selbst geht von etwa 10 000 kommunikationsfähigen Zivilisationen in unserer Milchstraße aus. Dies ist vermutlich eine sehr optimistische Einschätzung, aber die Ergebnisse unseres Potsdamer Forschungsprojekts zur Lebensfreundlichkeit von Exoplaneten gehen zumindest grob in dieselbe Richtung.

In jüngster Zeit beschäftige ich mich wieder verstärkt mit dieser Thematik und bereite dazu eine größere Publikation vor. Meine neuesten Abschätzungen für N (siehe Gleichung 7) fallen allerdings geringer aus, weil ich die kritischen Faktoren für die Entwicklung einer intelligenten Art und einer durch sie hervorgebrachten technischen Kultur inzwischen sehr viel besser benennen und bewerten kann. Hierbei spielen insbesondere die *Eiszeiten* eine größere Rolle, aber darüber muss an anderer Stelle berichtet werden. Ich gehe davon aus, dass in der Milchstraße im Laufe der Jahrmillionen zumindest Hunderte solcher Zivilisationen entstehen – sie mit einer Kampagne vom Schlage SETI zu *beobachten* ist jedoch ausgesprochen schwierig, einfach weil diese Gebilde so beklemmend dünn in der gigantischen Raum-Zeit-Welt gesät sind.

Dieser Umstand könnte teilweise kompensiert werden, wenn der berühmte Faktor L in Gleichung 7 – die mittlere Existenzdauer technischer Zivilisationen – im Durchschnitt *sehr groß* ausfallen sollte (sagen wir, 100 Millionen Jahre). Frank Drake selbst weist immer wieder auf diese Variable in »seiner« Gleichung hin. Direkte Aussagen darüber werden sich erst treffen lassen, wenn wir endlich Kontakt aufgenommen haben und die Außerirdischen bereit sind, uns ihre Geschichte zu erzählen. Die bislang dröhnende Funkstille am Himmel lässt jedoch in dieser Hinsicht nichts allzu Gutes ahnen. Alle Teile des kosmischen Puzzles passen nämlich zusammen, wenn L nur in der Größenordnung von wenigen Jahrhunderten oder Jahrtausenden liegt, wenn also planetarische Hochkulturen dazu tendieren, sich auszulöschen – etwa durch Atomkriege, Kreationen in Frankenstein-Manier oder eben bedenkenlose Eingriffe in die natürliche Umwelt. Immerhin setzt Lord Martin Rees, der ehemalige Präsident der Royal Society, die Überlebenschancen der Menschheit bei nicht mehr als 50 Prozent an. Insofern könnte das Schweigen im Weltall eine überaus beredte Botschaft, ja sogar eine direkte Warnung an uns sein.

Die Welt, wie wir sie kennen, stand schon einmal am Abgrund, nämlich während der Kubakrise im Oktober 1962, an die ich mich noch lebhaft erinnern kann. Ich weiß insbesondere noch, dass wir damals in meiner Schulklasse am Gymnasium Vilshofen fest damit rechneten, dass an einem der folgenden Tage der nukleare Schlagabtausch zwischen West und Ost einsetzen würde. Unterschiedlich waren nur die Vorstellungen über die Schrecklichkeit des Sterbens, das uns bevorstand. Dennoch hat die Menschheit jene Krise gemeistert, aber daran lässt sich nun beim besten Willen keine Überlebensgarantie in allen künftigen selbst verschuldeten Notlagen ähnlicher Größenordnung ableiten!

Interessantes Detail zum Schluss dieses Kapitels: Die Ausbreitung des Lebens (und damit der Grundlage für intelligente Geschöpfe) könnte sich im Prinzip von einer zentralen Quelle über »infizierte« Meteoriten vollzogen haben. Tatsächlich kann man heute empirisch nachweisen, dass organisches Material selbst längere Zeiten im All erstaunlich gut übersteht. Ob diese Ansteckungstheorie, die sogenannte Panspermie-Lehre, irgendeinen Erklärungswert besitzt, ist noch völlig offen. Jedenfalls wurde sie 1906 begründet – von Svante Arrhenius. Welches Haus der Wissenschaft man auch betritt, Dr. Arrhenius scheint ihm bereits seinen Besuch abgestattet zu haben! Er war zweifellos einer der größten Visionäre der Forschung, nicht zuletzt bei seiner legendären Überschlagsrechnung zum anthropogenen Treibhauseffekt, den er übrigens als positive Entwicklung vorhersah: »Der Anstieg des CO_2 wird zukünftigen Menschen erlauben, unter einem wärmeren Himmel zu leben.« Dies mag eine durchaus verlockende Perspektive für jemanden sein, der am 60. Grad nördlicher Breite (in der Nähe von Uppsala) geboren wurde. Ob dies jedoch einen guten Plan für die ganze Menschheit darstellt, können wir wohl bereits mit Fug und Recht bezweifeln. Mehr dazu im nächsten Teil dieses Buches.

Zweiter Grad: Das Fleisch

11. Gottes Element

Was haben der Körper von Marilyn Monroe, der »David« von Michelangelo und der Dresdner Grüne Diamant gemeinsam? Nun, diese drei außergewöhnlichen Realisationen irdischer Schönheit haben als Basis allesamt das Element mit dem chemischen Symbol C (Abkürzung für das lateinische *Carboneum*). Wir haben den Kohlenstoff bereits ausführlich im Zusammenhang mit dem natürlichen und anthropogenen Treibhauseffekt diskutiert, aber er kann viel mehr, als »nur« die Erde warm halten. Wenn es einen Gott gibt, dann ist dies sein Element, *der Grundstoff der Schöpfung.*

Denn alles Leben – jedenfalls in der Form, die wir kennen – ist aus organischen Kohlenstoffverbindungen entstanden und wird auf allen Entwicklungsstufen von diesen Verbindungen dominiert. Die essenziellen Bausteine von lebendem Gewebe – Zucker (Kohlenhydrate), Eiweiße (Proteine), Fette (Lipide) und genetische Informationsträger (Nukleotide) – sind aus nur sechs chemischen Elementen komponiert: Wasserstoff, Kohlenstoff, Stickstoff, Sauerstoff, Phosphor und Schwefel. Mit Ausnahme des kosmischen Fliegengewichts Wasserstoff hocken diese Elemente alle in derselben Ecke des Periodensystems beisammen. Aber nur der Kohlenstoff ist unverzichtbarer Bestandteil aller genannten Gruppen von organischem Material. Der funktionale Grund dafür ist das promiskuitive Bindungsverhalten des C-Atoms: Es kann gleichzeitig vier »Ehen« mit seinesgleichen oder mit Atomen anderer passender Elemente – wie eben Wasserstoff (H) oder Sauerstoff (O) – eingehen. Dadurch lassen sich riesige Kettenmoleküle bilden. Die verbindenden Brücken aus Elektronenpaaren des Kohlenstoffs sind zudem so biegsam, dass hochkomplexe flächige und räumliche Strukturen mit faszinierenden Eigenschaften entstehen können.

Die Vorstellung, dass das Phänomen Leben im ganzen Universum ausschließlich auf das Element C gegründet sein muss, wird gelegentlich auch kritisiert. Der populäre Astrophysiker Carl Sagan sprach in diesem Zusammenhang schon 1973 vom »Kohlenstoff-Chauvinismus«, um die Selbstbezogenheit unseres Denkens über die Erscheinungsformen im Kosmos zu geißeln. Wenn man das (dem Universum gemeinsame) Periodensystem inspiziert, stößt man allerdings nur auf ganz wenige Elemente, die als alternativer »Teig des Lebens« naturgesetzlich infrage kämen. Das bei Science-Fiction-Autoren beliebteste ist Silizium, das ebenfalls die moleku-lare »Ménage à quatre« vollziehen kann. Komplexe Siliziumgefüge wä-ren jedoch (falls überhaupt herstellbar) starrer und spröder als die ent-sprechenden Kohlenstoffkonstrukte. Deshalb werden wir beim ersten Zusammentreffen mit extraterrestrischen Lebewesen (siehe Kapitel 10) wohl kaum in die Facettenaugen von Kieselpanzerkreaturen starren. Und deshalb ist die für uns Menschen attraktivste Verwirklichung von Vitali-tät – nämlich der Körper einer Hollywood-Schönheit wie der Monroe – das hoch elaborierte Ergebnis von organischer Kohlenstoffchemie. So viel zum Chauvinismus.

Aber auch das Wort »Kultur« sollte eigentlich mit einem großen C ge-schrieben werden. Kunst kann die Wirklichkeit und manchmal sogar das Leben überhöhen. Und zu den großartigsten Werken der Kunstgeschichte zählen die Statuen Michelangelos, von denen das monumentale Marmor-bildnis des David zum Symbol der florentinischen Renaissance schlecht-hin geworden ist. Der Jahrtausendkünstler erhielt 1501 von der Woll-weberzunft der Stadt Florenz den Auftrag, einen David als Sinnbild des »Siegs der Republik über die Tyrannei« in Stein zu meißeln. Michelangelo verwendete dafür einen riesigen, verhauenen Marmorblock, an dessen Verarbeitung vierzig Jahre zuvor schon zwei Kollegen gescheitert waren. Dieser Block stammte aus den weltberühmten Steinbrüchen von Carrara in der nördlichen Toskana, wo noch heute schneeweißer Marmor aus den Flanken der Apuanischen Alpen gebrochen wird. Ich habe vor Kurzem erst eine der wichtigsten Förderstätten im Talbecken von Fantiscritti be-sichtigt; dort sieht es aus, als würden Riesen Quader aus einem schim-mernden Mozzarella-Gebirge sägen. Der Carrara-Marmor ist deshalb so begehrt, weil dieses Material unter der Hand des Meisters einen einzigar-tigen Seidenglanz annimmt und somit makellose menschliche Haut imi-tiert. Michelangelo hat die Marmorbearbeitung zur Vollendung gebracht, wie sein David beweist, der 1504 auf der Piazza della Signoria im Zen-trum von Florenz einen öffentlichen Ehrenplatz erhielt.

Der Traumstoff der Bildhauer verdankt seine Existenz – dem Kohlen-stoff. Denn Marmor ist ein geologisches Umwandlungsprodukt, das unter hohen Drücken und Temperaturen aus Karbonatgesteinen entsteht, die in ihren Eigenschaften allesamt stark von der Atomgruppe CO_3 (Kombi-nation aus einem Kohlenstoff- und drei Sauerstoffatomen) geprägt sind. Mit den Karbonatgesteinen verbindet sich eine ganze Reihe von glamou-rösen mineralogischen Namen wie Kreide, Kalkspat, Aragonit, Perlmutt und Dolomit. Die letztere Gesteinsart ist aus uralten, im Laufe der Erdgeschichte trockengefallenen Korallenriffen entstanden und verleiht den nach ihr benannten Dolomiten ihr spektakuläres Erscheinungsbild. Diese Gebirgskette der südlichen Kalkalpen wird oft als die schönste der Welt bezeichnet – eine Ansicht, mit der ich persönlich sympathisiere.

Auf alle Fälle spielt der Kohlenstoff auch bei der Gestaltung ganzer Landschaften eine wichtige Rolle. Zur Formung kleinerer Objekte in der Bildhauerei noch eine letzte Anmerkung: Ich stimme mit Giorgio Vasari überein, dass nicht der David in Florenz, sondern die Pietà (trauernde Madonna) im Petersdom zu Rom die vollkommenste Statue Michelangelos ist: »Es wird wohl nie ein anderer Bildhauer [...] den Entwurf dieses Werkes an Anmut und Schönheit übertreffen, noch den Marmor [...] kunstvoller ausmeißeln können.« (Abbildung 24)

Obwohl Marmor so viel härter ist als das durch ihn imitierte menschliche Gewebe, ist er doch ein Weichling im Vergleich zu einem weiteren Kohlenstoffkonstrukt: dem Diamanten. Dieser kostbarste aller Edelsteine hat auf der mineralogischen Skala von Friedrich Mohs den Wert 10 und ist damit das härteste natürliche Material überhaupt. Und dennoch handelt es sich um ein Gebilde aus C-Atomen, die durch Kohlenstoffbindungen in einem kubisch-flächenzentrierten Kristall auf mechanisch nahezu unzerstörbare Weise zusammengehalten werden. Schließlich kommt das Wort Diamant vom griechischen Wort *adámos*: »unbezwingbar«. Das geologische Geheimnis seiner physikalischen Ausnahmestellung sind die extremen Druck- und Temperaturbedingungen (bis zu 6 Gigapascal, also 60 000 bar und über 1 500 °C), die zur Ausbildung eines Festkörperzustands von abnormer Starrheit führen.

Chemisch reine Diamanten sind farblos, aber im Schnitt ist einer von etwa hunderttausend dieser Kohlenstoffkristalle mineralisch oder strukturell so »verunreinigt«, dass er eine leuchtende Farbe besitzt. Nach abnehmender Häufigkeit aufgezählt gibt es gelbe, braune, blaue, rosafarbene, grüne und purpurfarbene Diamanten; die letzten beiden Sorten sind außerordentlich selten und deshalb praktisch unbezahlbar. Zu ihnen zählt der berühmte »Grüne Dresden«, ein fantastisch apfelgrün leuchtender Edelstein von 41 Karat (8,2 Gramm) Gewicht. Bezeichnenderweise kann man ihn heute im Grünen Gewölbe, der barocken Schatzkammer der sächsischen Kurfürsten in Dresden, bewundern. Seine betörende Färbung hat dieses Juwel vermutlich der natürlichen Strahlung am Fundort zu verdanken, welche bestimmte Defekte in der Atomgitterstruktur bewirkte. Jedenfalls verkörpert der »Grüne Dresden« auf spektakuläre Weise, wie das Element Kohlenstoff Schönheit hervorbringen kann.

Reiner, kristalliner Kohlenstoff tritt in der Natur allerdings unvergleichlich häufiger in bescheidenerer Form auf, nämlich als dunkelmaus-graues Graphit. Jeder kennt die Nutzung dieses (im Gegensatz zum Diamanten) weichen Minerals als Bleistiftmine. Verblüffenderweise führt die Bleistiftspur geradewegs wieder zu einem ausgesprochen kapriziösen C-Material – und zum Physik-Nobelpreis des Jahres 2010: Dieser ging an die in Russland geborenen Forscher Andre Geim und Konstantin Novoselov, die 2004 in ihrem Labor an der Universität Manchester die Struktur von Graphitstücken unter superstarken Mikroskopen analysierten. Dabei stellten sie fest, dass Bleistiftspuren nicht nur aus winzigen Graphitschüppchen bestanden, sondern sich dort auch gelegentlich Bruchstücke von Kohlenstoffplättchen fanden, die perfekt zweidimensional waren, also nur aus *einer einzigen Lage* von Kohlenstoffatomen bestanden. Die Atome in so einer Struktur ordnen sich als regelmäßige Bienenwabenmuster an und bilden damit einen Stoff mit außergewöhnlichen Eigenschaften: das sogenannte Graphen. Dieses Wundermaterial ist etwa eine Million Mal dünner als ein Blatt Papier, circa hundertmal so zäh wie Stahl und weist eine einzigartige elektronische Struktur auf. Insbesondere Letztere verleiht dem Graphen einen physikalischen Charakter, der jeden Festkörperforscher (zu denen auch ich mich zwanzig Jahre lang zählen durfte) ins Schwärmen bringt: Es handelt sich gewissermaßen um einen »Dreiviertelleiter«.

Die Elektronen können sich hier zwischen den tadellos angeordneten Kohlenstoffatomrümpfen knapp 1 Mikrometer (also ein Millionstel eines Meters) weit bewegen, ohne sich gegenseitig in die Quere zu kommen. Deshalb erreichen die Ladungsträger Geschwindigkeiten in der Größenordnung von 1000 Kilometern pro Sekunde (das sind 3,6 Millionen Stundenkilometer!). Damit leitet Graphen Strom zwar nicht so gut wie Metalle (zum Beispiel Kupfer), aber deutlich besser als die sogenannten Halbleiter (etwa Silizium). An dieser Stelle darf der uralte Physikerkalauer nicht fehlen, dass Halbleiter nicht durch Zersägen von gewöhnlichen Holzleitern in zwei Teile hergestellt werden können. Die Bezeichnung rührt natürlich von der Eigenschaft bestimmter Materialien, wie Germanium, Galliumarsenid oder organisches Tetracen, her, je nach äußeren Bedingungen (Temperatur, Druck etc.) oder technischer Behandlung (etwa gezielte Verunreinigung mit Fremdatomen) elektronische Ladung zu transportieren – oder eben auch nicht. Tatsächlich sind Halbleiter das wesentliche *Baumaterial* der Globalphase der industriellen Revolution, deren wichtigster *Treibstoff* das Erdöl ist (siehe Kapitel 12 und 16).

Und nun also Graphen – ein Baustoff für die nächste industrielle Revolution, für die »Große Transformation« in Richtung globale Nachhaltigkeit (Kapitel 27)? Zunächst einmal eröffnet sich zumindest die Perspektive, auf dem weiten Feld der Elektronik das weiterhin dominierende Silizium durch Kohlenstoff in seiner Graphenform zu ersetzen: Goodbye »Silicon Valley«, welcome »Carbon Valley«? Die Graphenelektronik könnte bisher unbedeutende Forschungsstandorte in die Weltspitze der Innovation katapultieren. Attraktive Anwendungsmöglichkeiten gibt es zuhauf: Beim Anlegen einer Spannung ändert sich die Lichtdurchlässigkeit der Graphenfolien. Insofern könnte man durch Beschichtung mit diesem Material intelligente Fensterscheiben produzieren, die sich stufenlos von transparent bis blind einstellen ließen und die damit wichtige Elemente in den klimaverträglichen Gebäuden der Zukunft darstellten.

Ebenso dürften sich auf der Basis von Graphen superempfindliche Sensoren für Umweltschadstoffe entwickeln lassen. Denn solche Instrumente können im Prinzip die Einlagerung eines einzelnen Fremdmoleküls auf der perfekten monoatomaren Kohlenstoffschicht registrieren. Schließlich hat Graphen höchst interessante Werkstoffeigenschaften: Nichtleitender Kunststoff wird leitfähig, wenn man etwa 1 Prozent des Wunderstoffs beimischt. Durch dieses »Kohlenstoffdoping« kann man zugleich die Stabilität gegenüber mechanischen Belastungen und die Hitzebeständigkeit der Ausgangssubstanzen erheblich steigern. Dies dürfte enorme Vorteile beim Bau von leichteren und sichereren Karosserien in der Fahrzeugindustrie bringen, wodurch wiederum der Energie- und Materialeinsatz im Transportwesen spürbar gesenkt werden könnte.

Bezeichnenderweise hat der Kohlenstoff auch den anderen klassischen naturwissenschaftlichen Nobelpreis des Jahres 2010 abgeräumt: Die japanischen Wissenschaftler Ei-ichi Negishi und Akira Suzuki sowie der amerikanische Forscher Richard Heck erhielten den Chemie-Nobelpreis für ihre Pionierarbeiten zur Maßschneiderung von hochkomplexen C-Molekülen. Während Graphen gewissermaßen die Endstation bei der Reise zur idealeinfachen Kristallität darstellt, versucht die moderne organische Chemie die barocke Verschlungenheit natürlicher Kohlenstoffkonstrukte nicht nur nachzuäffen, sondern sogar weit zu überbieten. Und das will etwas heißen, denn die geradezu unstillbare »chemische Libido« der C-Atome hat in der Evolution des Lebens fantastische Produkte mit den unterschiedlichsten Eigenschaften hervorgebracht: leuchtende Blütenfarbstoffe für Blumen, tödliche Schlangengifte oder entzündungshemmende Substanzen wie die Sekrete des Karibikschwammes *Discodermia dissoluta*.

Von Stoffen wie dem letztgenannten gibt es leider zu wenig in der Natur, obwohl sie möglicherweise Schlüsselfaktoren bei der künftigen Bekämpfung schwerer Krankheiten sein könnten. Die bisher leeren Versprechungen in Bezug auf eine potenzielle Wunderdroge gegen Krebs sollte man allerdings auch in diesem Zusammenhang erst gar nicht erwägen. Meine erste Frau starb an dieser hartnäckigen Geißel der Menschheit, und meine persönlichen Erfahrungen mit dem einschlägigen medizinischen System im Verlauf jener Tragödie sind traumatisch-ernüchternd. Hier könnten die nach den drei Nobelpreisträgern bekannten Verfahren – die Heck-Reaktion, die Negishi-Reaktion und die Suzuki-Reaktion – vielleicht Abhilfe schaffen, denn sie gestatten die synthetische Herstellung solcher entzündungshemmender Substanzen in großem Maßstab und zu vertretbaren Kosten.

Dass sich die Menschheit immer mehr aus ihrem natürlichen Wurzelbett lösen kann, hat bereits der deutsche Mathematiker, Physiker, Naturphilosoph und Aphoristiker Georg Christoph Lichtenberg (1742–1799) unnachahmlich auf den Punkt gebracht. Shakespeare lässt ja seinen unglücklichen dänischen Prinzen Hamlet den berühmten Ausspruch tun: »Es gibt mehr Dinge zwischen Himmel und Erde, als Eure Schulweisheit sich erträumen lässt.« – »Aber unsere Schulweisheit lässt sich auch viel mehr erträumen, als es zwischen Himmel und Erde gibt!«, lautet Lichtenbergs trockene Replik.

Und viele der neu erträumten Dinge werden aus Kohlenstoff sein. Beispielsweise lassen sich mit unterschiedlichen technischen Verfahren (etwa durch Laserverdampfung von gewöhnlichem Graphit) heute bereits große Mengen von Kohlenstoff-Nanoröhrchen herstellen. Dies sind gewissermaßen »Graphen-Zigarren«, also winzige Schläuche, deren Wände aus den oben beschriebenen ultradünnen C-Membranen mit Bienenwabenstruktur bestehen. Die Durchmesser einzelner Röhren können weniger als 1 Nanometer (also 1 Milliardstel Meter) betragen, die Längen dagegen mehrere Millimeter. Zum Vergleich: Eine entsprechend proportionierte Anakonda (die mächtigste Riesenschlange der Welt) wäre dann bei üblicher Dicke etwa 1000 Kilometer lang! Kohlenstoff-Nanoröhrchen haben hochinteressante Leitungseigenschaften bezüglich Strom und Wärme und sind deshalb eine große Fortschrittsverheißung für die Elektronikindustrie. Denn die Strombelastbarkeit der Schläuche dürfte mindestens das Tausendfache von Kupferdrähten betragen; ihre Wärmeleitfähigkeit übertrifft sogar die des natürlichen Weltmeisters in dieser Disziplin, des Diamanten (der nicht zufällig auch aus der C-Sippe stammt). Überragend sind zudem die mechanischen Eigenschaften der Nanoröhrchen: Ihre Zugfähigkeit liegt mindestens fünfmal so hoch wie die des besten Stahls.

Noch exotischere und attraktivere Geschöpfe der »Kohlenstoffkuppelei« sind jedoch die sogenannten Fullerene. Die geselligen C-Atome lassen sich nämlich nicht nur zu sechseckigen Waben binden, sondern auch zu flachen Fünfecken, und aus diesen beiden Polygonsorten kann man wiederum stabile räumliche Gebilde formen. Das berühmteste Beispiel dafür ist das C_{60}-Molekül, wo sich zwölf Kohlenstoffpentagone und 20 Kohlenstoffhexagone zu einer dreidimensionalen Struktur fügen, welche einem Fußball verblüffend ähnelt. Noch komplexere Vettern dieses Fußball-Moleküls werden durch die Summenformeln C_{70}, C_{76}, C_{80}, C_{82}, C_{84}, C_{86}, C_{90} und C_{94} beschrieben, vereinigen also entsprechend mehr Kohlenstoffatome in eleganten Konstrukten. Der unverkennbaren Verwandtschaft dieser Molekülformen zu Architektenfantasien verdanken sie auch ihren Namen, den sie zu Ehren des amerikanischen Baumeisters und Designers Richard Buckminster Fuller (1895–1983) erhielten. Fuller war einer der Pioniere der »biomorphen Architektur«, einer Konstruktionsschule, die sich an der Gestaltungskraft der Natur orientiert und stetig an Einfluss gewinnt. Paradoxerweise finden sich Fullerene in winzigen Spuren in freier Wildbahn (sogar in den planetarischen Nebeln des Weltalls), aber zur Herstellung größerer Mengen bedarf es doch (zumindest auf Erden) moderner Technologien. Wie bei den Nanoröhrchen wird über verschiedenste Anwendungsmöglichkeiten spekuliert, etwa bei der Katalyse oder bei der Schmierung von Motoren und anderen mechanischen Geräten. Ob der Einsatz von C_{60} in Antifaltencremes die Menschheit tatsächlich weniger alt aussehen lassen wird, bleibt abzuwarten.

Dagegen sind Materialien aus Kohlenstofffasern inzwischen schon weit auf kommerzielles Gebiet vorgedrungen. Diese wenige Milliardstel Meter dünnen Elemente haben ebenfalls bemerkenswerte mechanische, thermische und elektrische Eigenschaften. Insbesondere lassen sich aus Kohlenstofffasern Strukturen von geringem Gewicht bei gleichzeitiger hoher Formstabilität schaffen – dieser Vorteil wird in der Luft- und Raumfahrt ebenso wie im Formel-I-Rennbetrieb genutzt, wo etwa die Kerngehäuse der Wagen aus Karbonfasern gefertigt sind. Aus demselben Stoff sind auch die Ultrafahrräder von Tour-de-France-Siegern gemacht (die leider im letzten Jahrzehnt mehr auf illegales High-Med anstelle von erlaubtem High-Tech gesetzt haben). Bei diesen Anwendungen kommen in der Regel Kohlenstofffaserbündel aus Tausenden von Einzelfilamenten zum Einsatz. Die allererste technische Applikation soll übrigens der legendäre Erfinder-Unternehmer Thomas Alva Edison um 1890 vorgenommen haben: Angeblich verwendete er aus erhitztem Bambusgewebe erzeugte Kohlenstofffasern als Glühfäden für seine Lichtbirnen. Obwohl sie (scheinbar) nichts mit unserem Thema zu tun hat, muss die folgende Anekdote zu Edison hier erzählt werden:

Edisons überaus erfolgreiches Firmenimperium – aus dem unter anderem der Weltkonzern General Electrics und das deutsche Elektrogeräteunternehmen AEG hervorgingen – wurde in den 1880er-Jahren von der amerikanischen Regierung mit der Entwicklung des elektrischen Stuhls zur Hinrichtung von Schwerverbrechern beauftragt. Die Tatsache, dass Edisons Chefingenieur in diesem Zusammenhang Tierversuche durchführen ließ, führte zu empörten Reaktionen der Öffentlichkeit. Die Todesstrafe selbst – für Menschen, versteht sich – provozierte keine vergleichbaren Proteste. Alles eine Frage der Prioritätensetzung...

Und dass unsere Zivilisation ihre Prioritäten recht eigenartig wählt, wird nirgendwo deutlicher als beim Umgang mit »Gottes Element«: Statt aus dem Kohlenstoff und der anbetungswürdigen Vielfalt seiner Formen und Funktionen eine nachhaltigere Kultur zu bauen, verbrennen wir das kostbare Gut, und zwar in rauen Mengen. Das *Feuer*, welches fossile organische Energieträger in Kraft verwandelt, ist damit das alles überragende Symbol der »modernen« Industriegesellschaft. Ich gebrauche hier die Anführungszeichen, weil unsere Zivilisation längst hinter den unerbittlichen Lauf der Zeit zurückgefallen ist, sowohl was die materiellen Erscheinungsformen angeht als auch die Leitbilder für ein Fortschreiten. Der heutige Wohlstand ist nämlich fast ausschließlich auf die erschöpflichen Verwesungs- und Verrottungsprodukte längst vergangenen irdischen Lebens gegründet. Somit feiern wir unsere Konsumfeste auf dem geologischen Friedhof der Evolution.

Welche energiestrotzenden Kadaver lassen sich dort überhaupt ausgraben, mit altertümlichen Schaufeln oder mit den raffiniertesten Technologien der Rohstoffingenieure? Am Anfang aller Antworten auf diese Frage steht die wichtigste biochemische Reaktion unserer Welt, nämlich die *Photosynthese*. Bei diesem Prozess werden die Ausgangsstoffe – Kohlendioxid (CO_2) und Wasser (H_2O) – unter der gütigen Mitwirkung von Sonnenenergie (in der Form von Lichtquanten, siehe Kapitel 4) in lebensnotwendige Endprodukte – Kohlenhydrate ($C_m(H_2O)_n$, wobei m und n irgendwelche positiven ganzen Zahlen sind) und Sauerstoff (O_2) – verwandelt. Um diesen Vorgang realisieren zu können, hat die Evolution das Chlorophyll (ein griechischer Begriff, der einfach nur »Blattgrün« bedeutet) erfunden – oder umgekehrt. Jedenfalls wird dieser recht komplizierte natürliche Farbstoff von Cyanobakterien, Algen und grünen Pflanzen seit erdgeschichtlichen Ewigkeiten für die Bildung von Kohlenhydraten unter Freisetzung von molekularem Sauerstoff (»oxygene Photosynthese«) genutzt. Die Hauptaufgabe des Chlorophylls ist dabei die Absorption der Lichtquanten und die Weiterleitung der eingefangenen Energie;

Anzahl von Wetterkatastrophen 1980–2010, global
Gesamtschäden und versicherte Schäden mit Trend

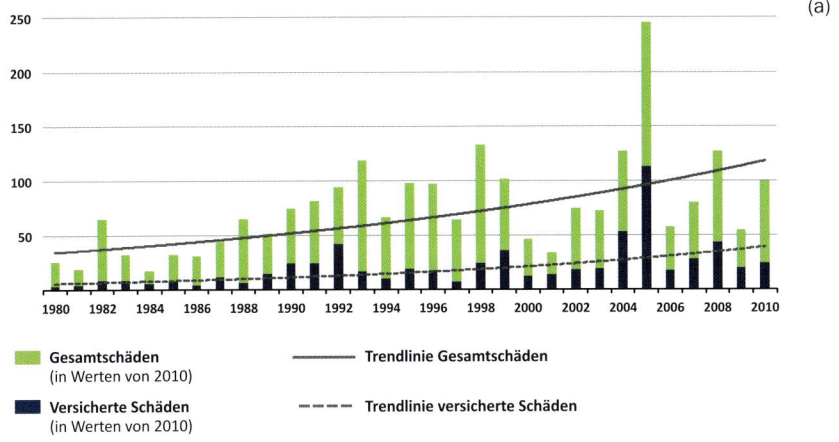

(a)

Abbildungen 20a und 20b: Weltweite Entwicklung der »Naturkatastrophen« in den letzten Dekaden:
a) jährliche ökonomische Gesamtschäden sowie versicherte Schäden durch Wetterdesaster (insbesondere Überschwemmungen und Stürme),
b) jährliche Anzahl der Ereignisse in allen drei großen Desasterklassen. Wie zu erwarten, ist im Bereich der geophysikalischen Katastrophen kein klarer Trend zu beobachten – die feste Erde reagiert bisher auf zivilisatorische Interventionen (wie Bergbau) ausgesprochen langmütig (vgl. S. 145).

Anzahl schadenrelevanter Naturkatastrophen 1980–2010, global
Anstiege werden vor allem durch Extremwetterereignisse verursacht

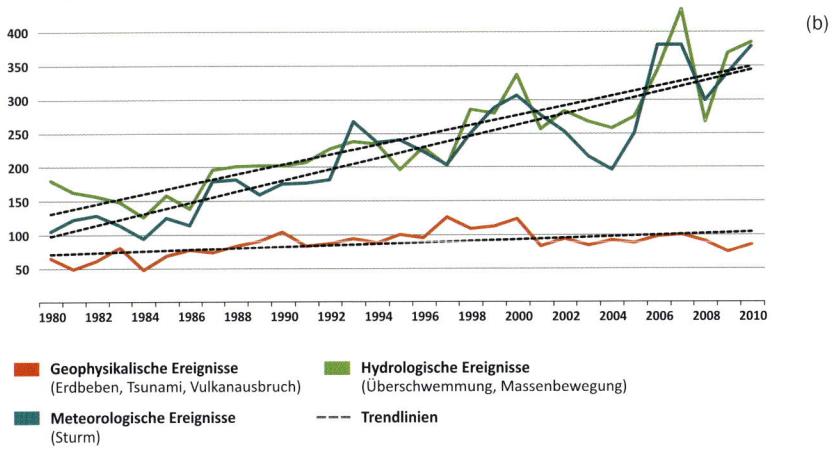

(b)

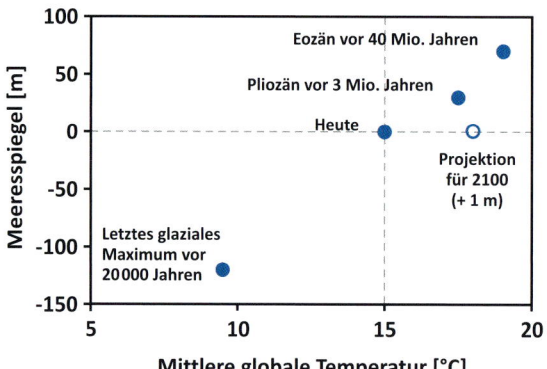

Abbildung 21: Mittlere globale Temperatur und Meeresspiegel (relativ zu heute) während verschiedener Perioden in der Erdgeschichte sowie die Projektion für das Jahr 2100 (1 m über dem heutigen Meeresspiegel). Langfristig ist mit einem wesentlich höheren Meeresspiegelanstieg zu rechnen, als er bis 2100 erwartet wird (vgl. S. 151).

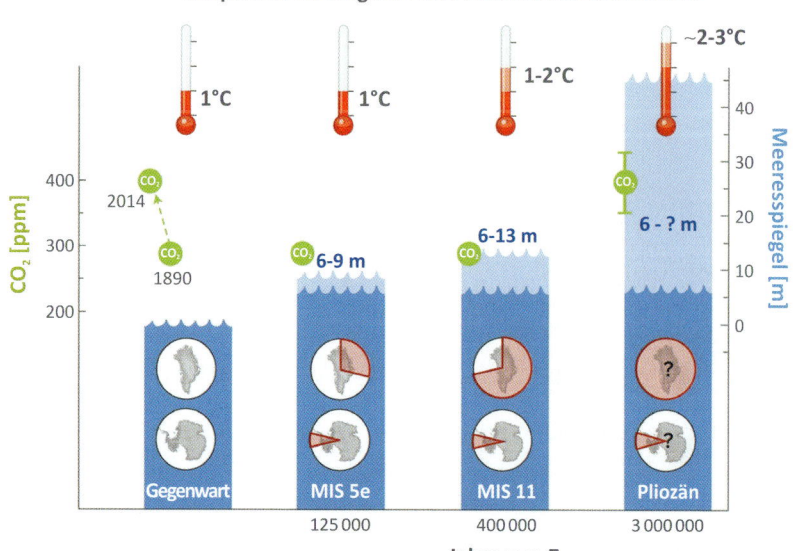

Abbildung 22: Maximale globale Mitteltemperatur zu verschiedenen Zeitpunkten der Erdgeschichte sowie die entsprechenden Meerespiegelniveaus im Vergleich zu heute und die CO_2-Konzentrationen (vgl. S. 152).

(a)

(b)

Abbildungen 23a und 23b: Michelson-Haus und Einsteinturm auf dem Potsdamer Telegraphenberg (vgl. S. 164).

Abbildung 24: Die Pietà von Michelangelo Buonarotti im Petersdom (vgl. S. 183).

man könnte deshalb das Blattgrün als den organischen Prototypen aller photovoltaischen Technologie bezeichnen! Tatsächlich zählt die »künstliche« Photosynthese – also der Versuch, den natürlichen Prozess im Labor nachzubauen und zu »verbessern« – zu den heißesten Zukunftsfeldern der Energieforschung.

Die Cyanobakterien (früher »Blaualgen« genannt) spielten übrigens in meiner persönlichen wissenschaftlichen Evolution eine gewisse Rolle. Als ich Ende 1982 aus Kalifornien an die Universität Oldenburg kam und nach Anwendungen für die neuen Einsichten der Komplexitätstheorie suchte, lief ich geistig in die Arme eines exzentrischen, im besten Sinne verrückten Gelehrten: Wolfgang Elisabeth Krumbein. Dieser wurde in den frühen 1970er-Jahren nach Oldenburg berufen, um den weltweit ersten Lehrstuhl für »Geomikrobiologie« aufzubauen. Dieses so umständlich bezeichnete Forschungsgebiet widmet sich dem Zusammenwirken von Leben und anorganischer Materie im Mikrokosmos, woraus sich aber verblüffende makroskopische Erkenntnisse über die Entwicklung des Planeten Erde ergeben. Wie viele genialische Menschen konnte Krumbein, der zwischen seinen wissenschaftlichen Abenteuerreisen mit Leidenschaft Violoncello spielte, Gedichte schrieb und Aquarelle malte, nicht gut zuhören. Aber es lohnte sich, *ihm* zuzuhören. Auf diese Weise kam ich nicht nur zum ersten Mal mit Jim Lovelocks Ideen über die Fähigkeit der Biosphäre, ihre Umwelt weitgehend selbst zu gestalten (Gaia-Theorie), in Berührung. Nein, ich lernte auch viel (und zwar mehr, als ich wissen wollte!) über die sogenannten Stromatolithen: Das sind eigenartige, meist hässliche Gesteinsformationen, die sich an bestimmten Küsten langsam aus dem Zusammenspiel von Sedimentpartikeln und Mikroorganismen herausbilden. Interessanterweise stellen Stromatolithen aber auch die ältesten jemals gefundenen Fossilien (geologisch verändertes organisches Material) der Welt dar. Die in der menschenleeren westaustralischen Pilbara-Region gefundenen Exemplare existieren wohl seit circa 3,5 Milliarden Jahren.

Obwohl diese Thematik weiterhin Gegenstand hitziger Debatten ist, überwiegt bei Fachleuten heute die Auffassung, dass schon die frühen Stromatolithen durch die Besiedlung mit Cyanobakterien und deren photosynthetische Aktivitäten geprägt wurden. Insofern bildeten diese Mikroben große Riffstrukturen, lange bevor die Korallen begannen, ihre Kalkkathedralen zu errichten. Niemals werde ich jedenfalls das fast schon unheimliche Glänzen in Krumbeins Augen vergessen, sobald er von diesen Urdenkmälern des Lebens auf unserer Erde zu sprechen begann. Was die Stromatolithen anfänglich zusammenhält, ist eine Matrix aus Zuckerschleim, den die Mikroorganismen produzieren und der die Sediment-partikel einfängt. Und Zucker ist eben das süße Hauptprodukt der Photosynthese, neben dem sauren O_2. Gewöhnlicher *Haushaltszucker* ist ein Kohlenhydrat mit der Summenformel $C_{12}(H_2O)_{11}$, das heißt, 12 C-Atome sind mit 22 H-Atomen und 11 O-Atomen hydriert (»verwässert«) worden. Bei der photosynthetischen Standardreaktion in Cyanobakterien und Pflanzen wird dagegen *Traubenzucker* (Summenformel $C_6(H_2O)_6$) unter Sauerstofffreisetzung hergestellt. Dieser Traubenzucker ist der Primärspeicher des Sonnenlichts auf Erden und steht am Anfang verwickelter Ketten von Energiewandlung und -verteilung, die bis zur Steckdose und zum Benzinzapfhahn führen.

Die Photosynthese ist zwar eine fantastische Erfindung der Natur zur Verwertung von CO_2 und zur Aufbewahrung von Solarenergie, aber der Wirkungsgrad dieses Prozesses ist keineswegs beeindruckend. Die für die Photosynthese verantwortlichen Chlorophylle absorbieren im Wesentlichen rotes und blaues Licht (im Wellenlängenbereich von 600 bis 700 Nanometern beziehungsweise von 400 bis 500 Nanometern; siehe Kapitel 4). Genau deshalb prangen die Blätter der meisten Pflanzen in leuchtendem Grün: Der entsprechende Bereich des Lichtspektrums wird gerade *nicht* von der Biomasse verwertet, sondern schnöde reflektiert. Würde die Sonne nur rot scheinen – eine deprimierende Vorstellung –, läge der theoretische Wirkungsgrad der Photosynthese bei stattlichen 30 Prozent. Berücksichtigt man jedoch alle wichtigen Faktoren, insbesondere auch die metabolischen »Betriebskosten« für Wachstum und Erhaltung der jeweiligen Organismen, dann wird von der elektromagnetischen Strahlung der Sonne im Durchschnitt *weniger als 1 Prozent* in chemische Energie verwandelt und abgespeichert. Allerdings gibt es in der Pflanzenwelt photosynthetische Potenzprotze wie das Zuckerrohr und das Elefantengras, welche Wirkungsgrade von 8 Prozent und mehr aufweisen können. Auf dem Weg zu klimafreundlicher Produktion von Biosprit wird wohl niemand an diesen Kraftpaketen vorbeikommen (siehe auch Kapitel 27).

Und wie kommt nun das Öl in die Erde, der Torf ins Moor, die Kohle ins Flöz? Stellen Sie solche Fragen niemals in der Anwesenheit von Lagerstättenkundlern (ich bin mit einer Geologin verheiratet): Sie werden entweder Verachtung für Ihre unfassbare Ignoranz ernten oder (noch schlimmer) einen Reigen von abendfüllenden Spezialvorlesungen provozieren. Ich kann es kürzer machen, ohne gegen einen fachlichen Ehrenkodex zu verstoßen: Alle fossilen Brennstoffe haben ihren wesentlichen Ursprung in den photosynthetisch erzeugten Kohlenwasserstoffen. Interessanterweise sind Erdöl und Erdgas geologisch deutlich älter als Kohle, denn die beiden erstgenannten Energieträger sind Früchte des Meeres, der letztgenannte dagegen ein Landprodukt. Und in der Evolutionsgeschichte spielte sich bis zum Zeitalter des oberen Silur (etwa 420 bis 410 Millionen Jahre vor heute) alles Leben im Wasser ab; erst dann begannen die Pflanzen ihren Eroberungszug über die Kontinente. Große Bäume sind insofern eine »neuere« Errungenschaft, erfunden von der Natur im Unterkarbon (360 bis 325 Millionen Jahre vor heute).

Schon lange vorher waren die Ozeane mit prallem Leben gefüllt, gerade die sauerstoffreichen Deckschichten, wo vor allem pflanzliches und tierisches Plankton massenhaft gedieh. Wasser hat keine Balken, deshalb rieselten die sterblichen Überreste aller marinen Organismen unter dem Einfluss der Schwerkraft unaufhörlich in die Tiefe. Nur ein Teil erreichte den Meeresboden – der Rest wurde auf dem Weg nach unten gefressen, zersetzt, remineralisiert und damit dem großen ozeanischen Kreislauf wieder einverleibt. Aber beachtliche Mengen gingen tatsächlich »zu Grunde« und sammelten sich als Faulschlamm in einem extrem sauerstoffarmen Milieu an. Der Mangel an Sauerstoff unterdrückte dort die üblichen Verwesungsprozesse, sodass eine riesig ausgedehnte, ziemlich schauderhafte Energiesuppe entstand.

Diese Kraftbrühe wurde in langwierigen, verwickelten physikalischen, chemischen und geologischen Prozessen weiterverarbeitet und umverteilt, bis schließlich feinstes Petroleum entstehen konnte. Der Begriff »Steinöl« wurde übrigens von dem deutschen Mineralogen Georg Bauer (alias Georgius Agricola) geprägt, der schon 1558 eine Abhandlung über die Gewinnung und Veredlung dieser Substanz veröffentlichte. Allerdings hatten die Sumerer, Assyrer und Babylonier schon vor mehr als 5000 Jahren begonnen, Erdöl aufzusammeln und zu verwerten, das im Euphratgebiet aus zahlreichen Sickerquellen austrat. Und das Tote Meer wurde in der Antike sogar als *Lacus Asphalticus* (Asphaltsee) bezeichnet, weil Petroleum unablässig vom Grund des Gewässers freigesetzt und in Klumpen an dessen Strände gespült wurde!

Wie schon angedeutet, könnte man mit der vollständigen Schöpfungsgeschichte des Erdöls jede Abendgesellschaft narkotisieren, aber immerhin handelt es sich um das schwarze Blut unserer Industriegesellschaft, an dem außerdem enorm viel rotes Menschenblut klebt. Deshalb ist es mir wohl gestattet, die allerwichtigsten Faktoren bei der Petroleumbildung zusammenzufassen: *Erstens* werden gewaltige Mengen an marinen Mikroorganismen (überwiegend Plankton) benötigt, die sich mit Vorliebe in wohltemperierten, flachen Randmeeren tummeln. An solchen geographischen Schauplätzen (in bestimmten Meeresschichten oder im Schutze von Riffen und Gebirgszügen auf dem Meeresboden) herrschen *zweitens* oftmals sauerstoffarme Verhältnisse vor, welche die Konservierung der abgestandenen Biomasse begünstigen. Dieser Mumifizierungseffekt wird noch erheblich verstärkt, wenn *drittens* vor Ort hohe Sedimentationsraten für feinkörniges Material (Ton oder Silt) bewirken, dass das organische Material bedeckt und begraben wird. *Viertens* sollte sich das Ganze am besten auf geologischen Betten aus Sandstein oder Karbonaten abspielen, die unzählige Poren und Spalten als Sammelstellen und Speicherräume für die Vor-Petroleum-Substanzen zur Verfügung stellen. Geophysikalische und geochemische Prozesse sorgen *fünftens* dafür, dass die Biomasse-Sediment-Lasagne verdichtet (»Kompaktion«) und strukturell umgewandelt (»Diagenese«) wird. Insbesondere treiben diese Vorgänge das Wasser aus der Melange und drücken sie in die einbettenden Reservoirgesteine (»Primärmigration«). Dort bildet sich dann das eigentliche Petroleum, das überwiegend aus Fetten und Fettsäuren besteht, die von den ursprünglichen marinen Organismen am Ende der Prozesskette übrig bleiben. Unter fortgesetzten geologischen Einflüssen (insbesondere hydrologischer Natur) wandert das Erdöl auch durch seine poröse Matrix, bis es schließlich *sechstens* auf undurchdringliche Gesteinsformationen stößt und sich in seinen unterirdischen Gefängnissen ansammelt (»Sekundärmigration«).

Ziemlich verwickelt, nicht wahr? Die entstehenden Ölseen können gewaltige Ausmaße haben: Immerhin gehen sie in den sechs skizzierten Schritten aus Sedimentschichten hervor, die bis zu 15 Kilometer dick sein können! Kommerziell nutzbare Vorkommen von Petroleum finden sich heute in Tiefen, die zwischen 30 und 7500 Meter variieren. Die Akkumulation von Erdöl in Speichergesteinen hat mit großer Wahrscheinlichkeit schon in den frühen Phasen des Erdaltertums (Paläozoikum) begonnen, also im sogenannten Kambrium vor etwa 540 Millionen Jahren. Und dieses Destillieren des edelsten aller Geo-Tropfen hält bis auf den heutigen Tag an, nur dass die Produktion nach Menge und Qualität in unterschiedlichen geologischen Epochen und geographischen Regionen höchst unterschiedlich ausfällt.

Dass Substanzen wie Asphalt und Teer schon im antiken Nahen beziehungsweise Mittleren Osten eine große Rolle spielten – nicht zuletzt beim Städtebau in steinlosen Gefilden (Ur, Susa) –, ist beileibe kein geschichtlicher Zufall. Denn die ausgedehntesten und reichhaltigsten Ölfelder unseres Planeten liegen im Umkreis des Persischen Golfs, eine Tatsache von weltpolitischer Bedeutung. Man kann beispielsweise getrost davon ausgehen, dass der Islam ohne diesen ressourcengeologischen Sondertatbestand keine wichtige Rolle im modernen Dialog der Kulturen mehr spielen würde. Dies ist wohlgemerkt überhaupt keine Bewertung der Vorzüge oder Nachteile einer bestimmten Religion, sondern eine Beobachtung zur physischen Basis von Gestaltungsmacht in der globalisierten Gesellschaft. Der Einfluss des OPEC-Kartells resultiert letztlich aus der fantastischen Porosität von Reservoirgesteinen, wie man sie insbesondere in Saudi-Arabien vorfindet.

Der Heilige Gral des Petroleumzeitalters (das sich langsam dem Ende zuneigt; siehe Kapitel 16) ist deshalb das *Ghawâr-Feld* in der Arabischen Wüste, etwa 80 Kilometer landeinwärts vom Westufer des Persischen Golfs gelegen. Das eigentliche Ölfördergebiet umfasst circa 2300 Quadratkilometer; die produktive Schicht befindet sich in etwa 2000 Meter Tiefe und ist ungefähr 400 Meter stark. Der geologische Schwamm, der das Petroleum umfängt, besteht hier im Wesentlichen aus Flachmeerkarbonatsedimenten (wie in den Dolomiten). Das schwarze Gold in dieser Riesengrube begann sich vor etwa 130 Millionen Jahren anzusammeln; vor etwa 10 Millionen Jahren erst war dieser Akkumulationsprozess abgeschlossen. Ghawâr ist das größte Ölfeld der Welt. Es wurde 1948 entdeckt und trug seither mit einem Anteil von über 60 Prozent zur gesamten Petroleumförderung Saudi-Arabiens bei. Derzeit werden *täglich* etwa 5 Millionen Barrel Öl aus der Schicht mit Meerwasser herausgepresst, also circa 6 Prozent der aktuellen Weltförderung an Erdöl! Insofern verwundert es nicht, dass Experten und Politiker erbittert darüber streiten, ob das Ghawâr-Feld seine besten Tage schon hinter sich hat. Von der Antwort auf diese Frage hängt ja möglicherweise der Fortbestand der uneingeschränkten Herrschaft des saudischen Königshauses ab. Das Land ist (neben dem Vatikanstaat in Rom, den Sultanaten Brunei und Katar sowie Swasiland) eine der fünf verbliebenen absoluten Monarchien der Erde. Soll die Zukunft unseres Planeten tatsächlich auf diese Anachronismen gegründet sein? Ziemlich dumme Frage...

Dass Erdöl ein (zu?) großartiges Geschenk der Natur an die Menschheit ist, steht allerdings außer Frage. Das hängt vor allem mit zwei Eigenschaften zusammen, nämlich *Liquidität* und *Energiedichte*. Ein unter Normalbedingungen flüssiger Kraftstoff ist besonders günstig zu fördern, zu befördern und zu verwerten. Das Bild von der texanischen Petroleumfontäne, die nach fachkundigem Anstich durch artesischen Druck in den tiefblauen Himmel schießt, ist zur quasi-erotischen Ikone für modernen *Reichtum durch Zufall* geworden. Ein in 1000 Meter Tiefe schlummerndes, hart geschichtetes Steinkohleflöz kann uns wohl kaum zu einer solch orgiastischen Erfahrung verhelfen. Und die schlichte Tatsache, dass sich Flüssigkeiten gutmütig pumpen lassen, statt sich wie die treulosen

Gase bei jeder Gelegenheit zu verflüchtigen, macht Transport und Nutzung von Erdöl zu vergleichsweise beherrschbaren Herausforderungen. Der alles entscheidende Faktor ist jedoch der enorme Energiegehalt von Erdöl, der aus dem extrem langwierigen und exotischen Reifungsprozess dieser Substanz resultiert. In der Zwischenphase (*Kerogen* genannt) besteht das Öl im Wesentlichen noch aus langkettigen Molekülen von Kohlenwasserstoffen, die in den oben beschriebenen geologischen Prozessen weiter aufgearbeitet werden. In einer Tiefe von 2000 bis 4000 Metern (dem sogenannten Erdölfenster), bei Temperaturen von 65 bis 120 °C und einem Druck von mehreren hundert Bar (was dem Vielhundertfachen der Atmosphärenlast entspricht) wird der Stoff der Begierde erbrütet: Durch Abspaltung von Wasser und Kohlendioxid von den Kerogenketten entstehen kurze, energiegeladene Moleküle. Ein Liter Benzin wird so zum Verdichtungsprodukt von etwa 20 Tonnen ursprünglicher Biomasse – das bedeutet einen gewichtsmäßigen Konzentrationsfaktor von 29 000!

Erdöl tritt im Lagerstättentheater gern zusammen mit einem engen Familienmitglied auf, dem Erdgas. Denn Letzteres entsteht in der Regel auf ganz ähnliche Weise wie sein flüssiger Verwandter aus mariner Biomasse. Häufig finden sich Erdgas und Erdöl sogar am selben geologischen Schauplatz (Sedimentgesteine), wobei sich jedoch die gasförmige Fraktion oberhalb des Öls ansammelt. Deshalb wird im Englischen *petroleum* zumeist als ein Pauschalbegriff gebraucht, der sowohl Erdöl als auch Erdgas bezeichnet. Wie schon angedeutet, kommen die beiden Petroleumfraktionen allerdings meist in getrennten Schichten vor. In großer Tiefe – zwischen 4000 und 6000 Metern – tut sich nämlich das sogenannte Erdgasfenster auf, wo Erdöl aufgrund der Druck- und Temperaturverhältnisse nicht mehr existieren kann. Im letzten Schritt des fossilen Reifungsprozesses werden dort die flüssigen Kohlenwasserstoffe aufgeknackt und in recht kleine Moleküle verwandelt.

Das so entstehende Naturgas ist ein Gemisch, das von der Treibhaussubstanz Methan (CH_4) dominiert wird, aber auch größere Anteile an Äthan (C_2H_6), Propan (C_3H_8), Butan (C_4H_{10}) und Äthen (C_2H_4) enthalten kann. Dieses Menü von begehrten Energieträgern wird zumeist von eher unerwünschten Beilagen wie Schwefelwasserstoff verunreinigt. Ich habe die chemischen Formeln von Äthan etc. in den obigen Klammern explizit ausgeschrieben, um damit nochmals die fantastische Fähigkeit des Elements Kohlenstoff zu illustrieren, sich mit dem Wasserstoff auf die unterschiedlichsten Weisen zu paaren. Von den erwähnten Energiearten sind übrigens alle bis auf Äthen sogenannte *gesättigte* Kohlenwasserstoffe. Diese Bezeichnung hat nicht mit dem Ernährungszustand der jeweiligen

Moleküle zu tun, sondern bedeutet schlicht und einfach, dass die beteiligten C-Atome höchstens über »Einfachbindungen« miteinander verkuppelt sind. In *ungesättigten* Komplexen herrscht dagegen gewissermaßen Mangel an atomaren Partnern von anderen Elementen, sodass die Kohlenstoffpartikel sich mehrfach elektronisch aneinanderbinden müssen. Diese chemische Inzucht führt zu relativ instabilen Verhältnissen und der Bereitschaft, andere Beziehungen einzugehen. Aber selbst das gesättigte Methan, der einfachste aller Kohlenwasserstoffe, ist bekanntlich nicht gerade harmlos: Seine explosive Reaktion mit Sauerstoff (aufgrund einer unbeabsichtigten Initialzündung) hat schon zahlreiche Menschen das Leben gekostet.

Aufgrund seiner unschlagbar simplen Struktur ist Methan in der Welt der natürlichen Energieträger eine allgegenwärtige Erscheinung. Das Gas lässt sich in der Atmosphäre anderer Planeten wie Mars, Jupiter, Saturn, Uranus, Neptun und des Zwergplaneten Pluto ebenso nachweisen wie unter dem tiefsten Meeresgrund. Diese chemische Verbindung wurde um 1776 von Graf Alessandro Volta (nach dem die elektrische Spannungseinheit »Volt« benannt ist) in den Feuchtgebieten um den Lago Maggiore entdeckt und isoliert. Dies war ein höchst passender Fundort, denn Methan wird als Hauptbestandteil von »Sumpfgas« beim Faulen organischer Stoffe unter Luftabschluss gebildet – ebenso wie beim heute gezielten Vergären von Klärschlamm und Nahrungsresten zu »Biogas«.

Für Prozesse wie Faulen, Gären und Verrotten sind hauptsächlich Mikroorganismen verantwortlich, wobei unterschiedliche Gruppen von Kleinlebewesen auf unterschiedlichen Stufen der Umsetzung von Biomasse tätig werden. Die sogenannten Archaeen (»Urbakterien«) spielen bei der Methanbildung eine entscheidende Rolle. Eine typische Reaktion in diesem Zusammenhang ist die Umwandlung von Traubenzucker (Primärerzeugnis der Photosynthese, siehe oben) in Methan und Kohlendioxid. Dies geschieht unter anderem auf berühmt-berüchtigte Weise in den Vormägen von Wiederkäuern (»Pansenfermentation«), wo Zucker und Zellulose aus Weidegras in Gas und Säuren transformiert werden. Über Nase und Mund setzen die Tiere im ein- bis zweiminütigen Rülpsrhythmus das Methan frei. Hier ist also entscheidend, »was vorne herauskommt«! Eine sehr tüchtige deutsche Milchkuh produziert so an die 300 Liter dieser klimawirksamen Substanz pro Tag.

Durch menschliche Aktivitäten werden insgesamt etwa 300 bis 400 Millionen Tonnen Methan pro Jahr (Durchschnittswerte für die drei Jahrzehnte seit 1980, siehe IPCC, 2013, Tabelle 6.8) in die Atmosphäre eingebracht. Davon entfallen etwa 80 bis 95 Millionen Tonnen (also etwa ein

Viertel) auf die Haltung von Wiederkäuern. Aber auch der Nassreisanbau trägt massiv zur Erzeugung des Treibhausgases bei, nämlich weltweit zwischen 30 und 50 Millionen Tonnen im Jahr. Warum gerade diese landwirtschaftliche Praxis? Nun, zunächst einmal ist festzuhalten, dass Reis das wichtigste Grundnahrungsmittel der Menschheit ist: *Mehr als ein Fünftel* der global konsumierten Kalorien werden von dieser Pflanze bereitgestellt. Davon wiederum werden etwa 80 Prozent auf gefluteten Feldern erzeugt – unter anderem auf den legendären Reisterrassen in China, wo Wildreis wohl schon vor über 9000 Jahren in domestizierte Formen umgezüchtet wurde. Zur Produktion von einem Kilogramm Nassreis bedarf es aber bis zu 5000 Liter mittelschnell fließenden Wassers. Durch die Flutung des Bodens werden Schädlinge und potenzielle Konkurrenzpflanzen weitgehend unterdrückt, da sich der Reis über Jahrtausende der Selektion und Kultivierung hervorragend ans wässrige Milieu angepasst hat. Deshalb sind die Erträge im Nassverfahren deutlich höher als im Trockenanbau. Die Kehrseite dieser landwirtschaftlichen Erfolgsgeschichte ergibt sich dann schlicht aus dem Umstand, dass die starke Wässerung der Felder nahezu sauerstofffreie Lebensräume für methanbildende Mikroorganismen schafft. Durch die schiere Masse der Nassreiserzeugung schlägt dieser eher randständige Effekt in eine globale Problematik um.

Aber kehren wir noch einmal zu den fossilen Vorräten an Erdgas zurück. Wer einen Blick auf das mächtige Imperium dieses Energieträgers werfen will, der muss nach *Ras Laffan* reisen. Was ich im Dezember 2012 am Rande der COP 18, die in Katars Hauptstadt Doha stattfand, getan habe. Das Land besteht weitgehend aus flacher Schotterwüste, aber innerhalb seiner Grenzen befindet sich ein Gutteil des größten bisher entdeckten konventionellen Gasfelds der Welt, genannt *South Pars*. Dort lagern, vorwiegend im Boden des flachen Persischen Golfs, etwa 35 000 Kubikkilometer Naturgas von hoher Qualität. Das zweitgrößte Feld, *Urengoi* in Russland, kommt dagegen nur noch auf vergleichsweise kümmerliche 10 000 Kubikkilometer.

Ohne diesen immensen Schatz an fossilem Brennstoff wäre Katar ein von Gott und der Welt vergessener Winkel mit einem im Sommer nahezu unerträglichem Klima. Aber da ist *South Pars*, und da ist *Ras Laffan*, der Schlüssel zur Schatzkammer: Seit 1996 wächst an der Nordspitze der katarischen Halbinsel eine Industrie- und Hafenanlage aus Sand und Schlick heraus, wie sie die Welt noch nicht gesehen hat. Auf über 100 Quadratkilometer Fläche sind gigantische Strukturen entstanden, insbesondere Raffinerien und Gasverflüssigungsanlagen, von denen LNG (*Liquid Natural Gas*) in die Bäuche einer Flotte von Supertankern strömt. Seit 2004 liefert Katar zugleich riesige Mengen an Gas mittels einer unterseeischen Pipeline nach – Abu Dhabi. Als ob dieses Emirat nicht selbst über fossile Ressourcen verfügen würde. Doch die Gesetze der Energiemärkte und -monopole sind bizarr.

Der katarische Teil des South-Pars-Feldes wurde schon 1971 entdeckt, aber lange Zeit nur für den einheimischen Gebrauch angezapft. Alles änderte sich, wie schon angedeutet, im Jahr 1996, als der damalige Energieminister alles auf die Karte »Export von Flüssiggas« setzte. Und die Karte stach. Dieser Ex-Minister, der natürlich auch heute noch ein hohes Regierungsamt bekleidet, ließ es sich nicht nehmen, mich selbst durch Ras Laffan zu lotsen – mit großem Erfinderstolz, versteht sich. Aus unternehmerischer Sicht übrigens mit voller Berechtigung. Ach ja, der besagte Herr namens Abdullah Bin Hamad Al-Attiyah fungierte als Vorsitzender der COP 18 und beschloss sie mit einem legendären Araberritt durch den Verhandlungstext!

Erdgas hat sich aber nicht nur auf dem Meeresgrund gebildet, sondern auch – wenngleich stets unter Mitwirkung von Wasser – an Land. Und dort oft als Kompagnon der Kohle, dem dominierenden Grundstoff der industriellen Revolution (siehe Kapitel 12). Diese Patenschaft kann tödlich sein, ein Umstand, den die Bergleute im Steinkohlebergbau seit Jahrhunderten kennen und fürchten. Das »Grubengas« Methan wird im Rahmen der Förderung unter Tage häufig durch Verritzung und Druckminderung in Kohleflözen freigesetzt, und infolge von Vermischung mit einströmender Luft kann sich das Gas explosionsartig entzünden (»Schlagwetter«) und verheerende Schäden im Schacht verursachen.

In den Fugen und Rissen von Kohleflözen, auf deren Entstehung ich gleich eingehen werde, sind in der Tat oft gewaltige Mengen an Erdgas gefangen. Darüber hinaus haftet Methan in der Regel an den inneren Oberflächen der Mikroporen in der Kohle. Letztere ist das Produkt eines langsamen, wechselvollen Prozesses, an dem sowohl biologische als auch geologische Kräfte beteiligt sind. Wie schon kurz angesprochen, ist die Kohle hauptsächlich ein Erbe früherer Vegetationswelten, wie sie beispielsweise im Karbon (etwa 360 bis 300 Millionen Jahre vor heute) existierten. Der Name dieses Erdzeitalters ist keineswegs zufällig, da viele der weltweit zu findenden Steinkohleflöze insbesondere im jüngeren Karbon entstanden. Pflanzenreste (etwa umgestürzte Bäume) werden normalerweise – in Anwesenheit von Luftsauerstoff – mikrobiell zersetzt, verwittern und gelangen rasch in die natürlichen Umweltkreisläufe zurück. Dies geschieht jedoch *nicht*, wenn das organische Material in Sümpfe oder Moore einsinkt und dadurch den Kontakt zur Atmosphäre verliert. Dann kommt der lange Prozess der »Inkohlung« (der Karbonisierung) in Gang, dessen wichtigste Stadien in Abbildung 25 wiedergegeben sind.

In den morastigen Energiegemüseeintöpfen bilden sich sukzessiv Substanzen mit immer höherem Kohlenstoffgehalt. Die Produktkette beginnt mit *Torf* – der Name hat übrigens dieselbe germanische Wurzel wie das englische Wort *Turf*, welches eine Rasenfläche bezeichnet. Der Torfkörper wächst im Moor mit einer durchschnittlichen Geschwindigkeit von nur 1 Millimeter pro Jahr heran. Sein Kohlenstoffgehalt liegt noch sehr niedrig, nämlich bei knapp 5 Prozent.

Auf die erste Phase der Inkohlung – geprägt von organischen Zersetzungsprozessen – folgt eine weitere, die von geologischen Kräften dominiert wird. Die jeweilige Torfschicht wird allmählich von jüngeren Sedimenten überlagert. Dadurch kommt es zu höheren Temperaturen, vor allem aber zu einem erheblichen Anstieg des Drucks, der das Material zusammenpresst und das Wasser aus dem Torf treibt. Der relative Volumenanteil von Kohlenstoff steigt auf über 67 Prozent, wodurch sich der Energieträger den Namen *Braunkohle* verdient. Für diese Verdichtungsleistung muss man unter natürlichen Bedingungen immerhin 2 bis 65 Millionen Jahre veranschlagen. Durch fortgesetzte Sedimentation und geologische Bewegungen wird der Kohlekörper immer tiefer begraben, wodurch sich Temperatur und Aufdrucklast weiter erhöhen (siehe Abbildung 25). Dadurch entsteht als Nächstes der äußerst wertvolle Energieträger *Steinkohle* mit einem Kohlenstoffgehalt von über 80 Prozent.

Schließlich kann es sogar zur Bildung von *Anthrazit* mit einem C-Anteil von über 91 Prozent kommen. Diese begehrte »Glanzkohle« eignet sich wegen ihrer fast schadstofffreien Brennbarkeit insbesondere für die Raumheizung, beispielsweise durch offene Kamine. Nach heutigem Kenntnisstand haben sich die meisten Anthrazitfunde aus Pflanzen gebildet, die im frühen Karbon im Moor versanken. Damals herrschten recht warme und feuchte Klimabedingungen. Dieses Zeitalter war insgesamt von einer üppigen Sumpfflora geprägt, von bis zu 40 Meter hohen Schuppen- und Siegelgewächsen, vor allem aber von Baumfarnen und Schachtelhalmen. Letztere bildeten bis zu 30 Meter hohe Arten aus, mit 1 Meter dicken, verholzten Stämmen.

Am Ende der beschriebenen natürlichen C-Kette befindet sich übrigens *Graphit*, also reiner Kohlenstoff in kristalliner Form, welcher die räumliche Erweiterung des zweidimensionalen sechseckigen Graphens (siehe oben) darstellt. Anthrazit und Graphit bilden sich aus dem ursprünglichen organischen Sumpfkuchen nur unter Mithilfe starker geologischer Einflüsse, wie sie bei großen tektonischen Ereignissen (etwa der Entstehung von Gebirgen) auftreten.

Weltweit sind die bedeutendsten Kohlelagerstätten in mehreren geohistorischen Wellen entstanden. Die erste Welle formierte sich im Karbon (also bis zu 360 Millionen Jahre vor unserer Zeit) und erzeugte die klassischen Steinkohleschätze von Europa und Nordamerika. Die zweite relevante Epoche war das Perm (300 bis 250 Millionen Jahre vor heute), dem die mächtigen Steinkohleressourcen von Sibirien, China und Australien entsprangen. In einer dritten, viel jüngeren erdgeschichtlichen Phase, nämlich dem Tertiär (63 bis 2 Millionen Jahre vor heute), entstanden dann an vielen Orten der Erde (zum Beispiel Indonesien) weitere Lagerstätten. Die dort aufgefundene Kohle ist wegen ihres vergleichsweise jugendlichen Charakters recht weich und deshalb weniger wertvoll – beim Menschen scheint es heutzutage genau andersherum zu sein. Dafür sind diese Energieträger oft oberflächennah positioniert, sodass sie kostengünstig im Tagebau gefördert werden können. Dies gilt beispielsweise für die Lausitzer Braunkohle, die sich »erst« vor 17 Millionen Jahren gebildet hat.

Haben Sie Lust auf einen kurzen Exkurs darüber, wie die geologischen Begriffe »Silur«, »Perm«, »Tertiär« usw. zustande gekommen sind? Wenn nicht, dann überspringen Sie einfach die folgenden Passagen. Es geht offensichtlich um die Fachbezeichnungen für die verschiedenen Erdzeitalter, aber die Systematik dahinter ist für Laien sehr schwer zu durchschauen. Dabei ist das Grundprinzip höchst einfach, denn die Erdgeschichte wird *stratigraphisch* gegliedert – also in einem großen Geo-Epos mittels der Charaktere der Gesteinsschichten erzählt, die man vorfindet, wenn man immer tiefer gräbt. Die Einsichten, dass Fossilien die versteinerten Überreste früherer Lebewesen sind und dass Sedimentgesteine die horizontal verlaufenden Ablagerungen von Material im wässrigen Milieu sind, gehen auf Nicolaus Stehr (1638–1686) zurück, den Sohn eines Kopenhagener Goldschmieds. Dieser barocke Universalgelehrte hatte die eigentlich selbstverständliche Erkenntnis, dass das Alter von Sedimenten von unten nach oben abnimmt – eine zeitliche Ordnung, die in letzter Konsequenz der Schwerkraft geschuldet ist. Damit wurde Stehr zum entscheidenden Geburtshelfer der Geologie. Vor allem britische Gelehrte entwickelten diese Wissenschaft im 19. Jahrhundert energisch weiter. Unter ihnen ragte der Schotte Roderick Murchison (1792–1871) heraus, der entscheidend zur schichtgestützten Datierung des Erdaltertums (Paläozoikum: etwa 540 bis 250 Millionen Jahre vor unserer Zeit) beitrug. Murchison und seine engsten Fachkollegen – wie Adam Sedgwick, der einem gewissen Charles Darwin an der Universität Cambridge die geologischen Grundlagen beibrachte – führten alle ein abenteuerlich bewegtes Leben, prall gefüllt mit Streifzügen durch entlegene Weltgegenden auf der Suche nach erdgeschichtlichen Aufschlüssen.

Im stratigraphischen Geiste von Stehr erforschten Wissenschaftler unter anderem das englisch-walisische Grenzgebiet, wo früher der Stamm der Silurer hauste. Murchison fielen dort bestimmte Gesteinsgruppen auf, die in kein bis dahin bekanntes geologisches Schema passten, und verknüpfte folgerichtig diese Mineralien mit einer eigenständigen Erdepoche, dem Silur. Sedgwick konzentrierte seine Untersuchungen dagegen auf Zentralwales und identifizierte das »Kambrium« (etwa 540 bis 490 Millionen Jahre vor unserer Zeit) als früheste Periode des Erdaltertums. Warum diese Bezeichnung? Nun, der lateinische Name für Wales ist Cambria. Entsprechend bunt und zufällig geht es nahezu in der gesamten geologischen Begriffsbildung zu. Dass die Epoche »Devon« etwas mit einer Exkursion von Murchison und Sedgwick in die südenglische Grafschaft Devonshire zu tun haben könnte, überrascht schon nicht mehr. Aber dass die Periode »Perm« (zur Erinnerung: etwa 300 bis 250 Millionen Jahre vor unserer Zeit) nach einer sibirischen Provinz am Fuß des Uralgebirges benannt ist, lässt sich kaum erraten. Natürlich hatte auch dabei Rodrick Murchison die Hand im Spiel, denn diese Namensgebung war eines der Ergebnisse seiner Russlandreise im Jahr 1841.

Und so weiter und so fort: Die verwirrende erdgeschichtliche Namensgebung reflektiert gewissermaßen die wirren Sedimentschichtungen im Felde. Trotz aller jüngeren Reformversuche (etwa durch die International Commission on Stratigraphy) bleibt die geologische Zeitskala als System für den Laien ein Buch mit viel mehr als sieben Siegeln. Es gibt jedoch eine wunderbar didaktische Graphik, welche die Abfolge und Dauer der Geo-Epochen in Form einer »Erd-Uhr« darstellt. Das von Hannes Grobe (Alfred-Wegener-Institut) erdachte Schema ist in Abbildung 26 wiedergegeben.

Dieses Kapitel handelt von Gottes Element, und die Menschheit ist sozusagen ein Endprodukt des Kohlenstoffs. Die Erd-Uhr macht überdeutlich, dass der geologische Zeitraum des Wirkens unserer Spezies (vielleicht 100 000 Jahre) vernachlässigbar ist. Nicht so der Effekt auf die planetarische Umwelt, wie ich bereits in den Kapiteln 4 und 6 skizziert habe. Die Ausbeutung der fossilen Energieträger, die diesen Effekt hervorruft, kann man als den Versuch der höchsten C-Form beschreiben, sich die niedrigsten C-Formen (bis hinab zum Graphit) nutzbar zu machen. Und die Erde hält über die »konventionellen« Vorräte hinaus noch vielfältige und nahezu unbegrenzte Ressourcen an brennbarem fossilen Material bereit.

Die Frage nach dem Ob und Wie der Förderung dieser Ressourcen ist Teil der globalen Rohstoffproblematik des 21. Jahrhunderts, die langsam, aber stetig an die Spitze der aktuellen politischen Großthemen aufrückt.

Die sogenannte *unkonventionelle* fossile Energiewelt wird von vier Begriffen beherrscht, nämlich *Ölsände* (englisch: *bituminous sands*), *Schieferöl* (*shale oil*), *Schiefergas* (*shale gas*) und *Methaneis* (*methane clathrates*). *Ölsände* sind natürlich vorkommende Gemische aus Ton, Sand, Wasser und Bitumen. Die letztere Komponente wird auch »Erdpech« genannt und enthält langkettige Kohlenwasserstoffe. Bitumen ist deshalb ein wichtiges Material für den Haus- und Straßenbau, da das Erdpech hervorragenden Dichtschutz gegen Wasser bietet (und damit die abscheuliche Flachdacharchitektur der Nachkriegszeit kostengünstig ermöglichte). Angeblich haben schon die Neandertaler vor über 40000 Jahren Bitumen verwendet, aber glaubwürdige Augenzeugenberichte darüber dürften rar sein.

Der Kohlenwasserstoffgehalt der Ölsände liegt recht niedrig. Üblicherweise müssen 1 bis 2 Tonnen Ausgangsmaterial verarbeitet werden, um ein Barrel (= 159 Liter) Öl zu gewinnen, ein Umstand, der die Produktion mit hohen Kosten und beträchtlichen Auswirkungen auf die Umwelt belastet. Mit diesen problematischen Energieträgern verbinden sich im 21. Jahrhundert Gefühle von Hoffnung, Gier und Hass, wie sie in vergleichbarer Weise nur Ausnahmeereignisse wie den kalifornischen Goldrausch (1848–1854) begleiteten. Letzterer machte übrigens San Francisco innerhalb weniger Jahre zur Großstadt und reduzierte die indianische Urbevölkerung des Bundesstaates auf ein Zehntel ihres Bestandes von circa 310000 Menschen. Der Ölsandrausch der Gegenwart findet ebenfalls auf dem amerikanischen Kontinent statt: Etwas weiter nördlich, in der kanadischen Provinz Alberta, und deutlich weiter südlich, am venezolanischen Orinoco-Fluss. Nach neuesten Schätzungen verfügen Kanada und Venezuela zusammen über Ölsandvorräte, die mindestens 3,6 Billionen Barrel entsprechen – das ist etwa die doppelte Menge der nachgewiesenen konventionellen Ressourcen, welche sich überwiegend am Persischen Golf und in Russland finden!

Dass sich der Erde auch jenseits der arabischen Wüsten ungeheure Mengen an fossilen Energieträgern entreißen lassen, ist beileibe keine jüngere Einsicht. Das deutsche Nachrichtenmagazin *Der Spiegel* berichtete beispielsweise schon in seiner Ausgabe vom 13. März 1957 von neuem Ölfieber in Nordamerika, wobei der entsprechende Artikel vor allem den »Ölschiefer« (siehe unten) ins Visier nahm. Doch dann heißt es: »Eine ähnlich hektische Entwicklung zeichnet sich in den letzten Monaten auch am Athabaska River [...] ab. Untersuchungen der kanadischen Regierung haben nämlich ergeben, dass in den sogenannten Athabaska-Teersänden leicht abbaufähige Öllager von der Größenordnung der orientalischen Reserven vorhanden sind. Es handelt sich um öldurchtränkten Sand, der sich nur 1–2 Meter unter der Erdoberfläche über ein Gebiet von 72 000 Quadratkilometer [...] erstreckt. Die Sandschicht, die bis zu 70 Meter dick ist, kann mit Baggern abgehoben und ebenfalls in großen Retorten-Öfen durch Erhitzen entölt werden.« Heute sind die Alberta-Lagerstätten bestens ausgeforscht und vermessen – es gibt neben dem gigantischen Athabaska-Vorkommen vor allem noch die Ölsanddomänen von Cold Lake und Peace River. Die gesamten Ressourcen sind über eine Fläche von circa 141 000 Quadratkilometern verteilt, bedeckt von einsamen Nadelwäldern und Hochmooren.

Und diese Ökosysteme sind zweifellos gefährdet, wenn der Ölpreis auf den internationalen Rohstoffmärkten wieder nach oben klettern sollte, also in den Bereich von 100 US-Dollar pro Fass. Denn wie schon angedeutet, ist diese Art der Förderung vergleichsweise kostspielig und umweltschädlich, und zwar aus einem einfachen Grund: Der Energieträger ist weder flüssig noch gasförmig und muss deshalb wie Kupfer oder Kies im zumeist offenen Bergbau abgeräumt werden. Das bedeutet, dass letztlich ein großer Teil der Oberfläche Albertas für die Bergung des ganzen Bodenschatzes umgegraben werden müsste. Da kann es kaum verwundern, dass sich vor Ort massive Widerstandsbewegungen gegen die Ausbeutung der Ölsände mit all ihren Nebenwirkungen (wie toxische Belastung der regionalen Gewässer) formiert haben.

Doch die Ölsandförderung bedroht auch das Klima: Die Produktion in Alberta verursacht pro Einheit mindestens dreimal so hohe Treibhausgasemissionen wie die herkömmliche Förderung in den klassischen Ölgebieten. Grotesk ungünstig fällt überdies die Energiebilanz an den meisten Schauplätzen der Ölsandausbeutung aus. Nach Angaben von Umweltschutzorganisationen (siehe zum Beispiel die Website von »Oilsandstruth«) kratzt man in Kanada mit dem Einsatz einer Einheit an Primärenergie im Durchschnitt nur etwa drei neue Einheiten aus dem Grund! Was für eine armselige Energierendite, insbesondere im Vergleich zu Spitzenstandorten wie dem Irak, wo die Investition von 1 Barrel Erdöl ungefähr 100 Barrel freisetzt. Solche von grünen Aktivisten verbreiteten Zahlen sind mit einer gewissen Vorsicht zu genießen, aber die harten Kapitalflussfaktoren in der Ölsandbranche sprechen eine ähnliche Sprache.

Energietechnisch günstiger, aber möglicherweise noch umweltschädlicher dürfte die Ausförderung des Orinoco-Ölsandgürtels im Osten von Venezuela sein. Der Orinoco ist nach Wasserführung der viertgrößte

Strom der Welt; sein Name ist untrennbar verbunden mit der legendären Entdeckungsreise, die Alexander von Humboldt und Aimé Bonpland im Jahr 1800 wagten. Unter einem etwa 55 000 Quadratkilometer umfassenden Korridor entlang des legendären Flusses lagern über eine Billion Barrel als superschweres Öl. Nach neuesten Schätzungen des U.S. Geological Survey sind etwa die Hälfte davon technisch förderbar, was den Orinoco-Gürtel zur *größten fossilen Energiequelle* auf Erden macht. Wer sich vielleicht über die politische Narrenfreiheit wundert, die der linkspopulistische venezolanische Präsident Hugo Chávez international genoss, hat nicht verstanden, dass Macht heutzutage immer weniger aus Gewehrläufen kommt, sondern immer mehr aus den Poren ölgetränkter Mineralien.

Der Griff nach ähnlichen fossilen Reichtümern hat übrigens ganz zufällig eine unvergleichliche Schatzkammer der Menschheit geöffnet: Gemeint ist die Grube Messel in Hessen, die am 8. Dezember 1995 von der UNESCO zur Weltnaturerbestätte erklärt wurde. Vor Ort wurden zwischen 1859 und 1970 vor allem bituminöse Tonsteine abgebaut, die man zumeist (geologisch nicht ganz korrekt) als »Ölschiefer« (englisch: *oil shale*) bezeichnet. Solche geschichteten Sedimentgesteine enthalten hohe Anteile (zwischen 10 und 30 Prozent) an *Kerogen*, der organischen Vorstufe von Petroleum. Die Messeler Formation wurde durch einen Vulkanausbruch vor 47 Millionen Jahren gezeugt, der einen engen, aber bis zu 300 Meter tiefen Kratersee (ein sogenanntes Maar) schuf.

Über einen Zeitraum von vermutlich 1,5 Millionen Jahren bildete sich auf dem Grund des Gewässers eine dicke Tonschicht, in der unter Sauerstoffabschluss zahlreiche versunkene Tiere und Pflanzen versteinert wurden. Der Konservierungszustand der Messeler Fossilien von Säugetieren, Vögeln, Reptilien, Fischen und Insekten ist einzigartig – vielfach sind die Weichteile und sogar die Mageninhalte von Individuen erkennbar beziehungsweise rekonstruierbar. Heute ist nur noch schwer nachzuvollziehen, dass diese wahrhaftige Fundgrube nach Beendigung des Ölschieferabbaus als Mülldeponie missbraucht werden sollte! Zahlreiche Bürgerbegehren, aber auch der damalige hessische Umweltminister Joschka Fischer engagierten sich gegen diesen Akt der praktischen Barbarei. Ironischerweise rettete jedoch nur ein Fehler der Deponieplanungsbehörde 1990 dieses Welterbejuwel vor der Vernichtung.

Kerogenreiche Mischgesteine aus Ton und Kalk gibt es weltweit in riesigen Mengen. Allein die Green-River-Formation im Grenzgebiet der US-Bundesstaaten Wyoming, Utah und Colorado soll bis zu 1,8 Billionen Barrel Erdöl in sich bergen, wovon etwa 0,8 Billionen als mit vertretbarem Aufwand förderbar erscheinen. Global könnte man sogar an die

3 Billionen Barrel wirtschaftlich erschließen – wenn der Preis für konventionelles Erdöl deutlich über 50 US-Dollar per Fass liegt, ja möglicherweise in Richtung von 100 Dollar tendiert (Gorelick 2009). Denn Kerogen ist gewissermaßen adoleszentes Petroleum, das auf natürliche Weise nicht »erwachsen« werden konnte: In den jeweiligen Lagerstätten herrschten meist nicht hinreichend hohe Temperaturen über hinreichend lange Zeiten, um das Erdöl zur Reife zu bringen. Also muss man das organische Material hochkochen – im wahrsten Sinn des Wortes –, um daraus »Schieferöl« zu gewinnen. Eine entsprechende neuartige Fördermethode hat der Energiegigant Shell entwickelt. Dabei wird eine dichte Anordnung von Metallschächten über 300 Meter tief durch das Tongestein getrieben. Ein Teil der Schächte wird erhitzt, um im Untergrund Temperaturen von 340 bis 370 °C über mehrere Jahre hinweg zu erzwingen. Dadurch verwandelt sich Kerogen in Petroleum, das thermisch in nahe gelegene kalte Schächte gedrückt und aus diesen extrahiert wird.

Während In-situ-Fördermaßnahmen mit hohem Energie- und Wasserverbrauch einhergehen, ist das traditionelle Tagebauverfahren, bei dem die Mineralien zunächst von oben abgeräumt, zerkleinert und aufgeschichtet werden, insbesondere mit einem hohen Landschaftsverbrauch verbunden. Im Ex-situ-Verfahren wird das so geförderte Material auf etwa 450 °C erhitzt (»Verschwelung«) und wieder auf unter 400 °C abgekühlt, um das Erdöl aus dem resultierenden Gasgemisch herauszudestillieren. Dadurch imitiert man im Zeitraffer einen geologischen Prozess, der in der Natur Millionen Jahre dauern kann. Auch diese Technik hat der Zweite Weltkrieg hervorgebracht: Die Machthaber des »Dritten Reiches« versuchten 1944, die eklatante Versorgungskrise in Bezug auf Treibstoff mit dem massenhaften Abbau der Ölschiefervorkommen am Fuße der Schwäbischen Alb in Südwestdeutschland zu überwinden (»Unternehmen Wüste«). Viele Tausende KZ-Häftlinge mussten dort entsetzliche Zwangsarbeit verrichten, um im Ergebnis etwa 1 Tonne Schieferöl aus 35 Tonnen Gestein zu gewinnen. Aber auch dieser Frevel an Mensch und Natur konnte den Untergang des Nazi-Regimes nicht aufhalten.

»Schieferöl ist die Energiequelle der Zukunft und wird sie immer bleiben« – so lautete lange Zeit der gängige Scherz in Fachkreisen, vornehmlich wegen der ungünstigen Kosten-Nutzen-Struktur. Die Preisentwicklung auf den Treibstoffmärkten kann solcher Ironie aber stets den Garaus machen. Die fossile Verwandtschaft in Form des Schiefergases macht jedenfalls gerade Weltkarriere. Bei den konventionellen Erdgasvorkommen handelt es sich in der Regel um riesige Blasen im Sandstein, welche von hermetischen Deckschichten gefangen gehalten werden. Mit einer einzigen vertikalen Bohrung kann der geologische Deckel durchstoßen und der fossile Energieträger freigesetzt werden. Ungleich schwieriger ist die Förderung, wenn das Methan nicht einen großen zusammenhängenden Raum im Untergrund ausfüllt, sondern in unzähligen separaten Spalten und Poren lagert. Dies ist etwa beim Grubengas der Kohlenflöze der Fall, wie weiter oben schon erläutert. Und auf ähnliche Weise sind weltweit ungeheure Mengen an Erdgas in Tonschieferformationen gespeichert. Letztere sind – für den Leser gegen Ende dieses Kapitels wohl kaum mehr überraschend – Sedimentgesteine marinen Ursprungs, welche oft vor Hunderten Millionen Jahren aus organischem Faulschlamm entstanden.

Eine typische Schiefergasquelle ist das Barnett-Vorkommen, ziemlich zentral im US-Bundesstaat Texas gelegen. Erst 1981 wurde mit der Ausbeutung der Tonschieferschicht begonnen, die zwischen 30 und 300 Meter dick ist und sich in über 2000 Meter Tiefe horizontal über Hunderte von Kilometern erstreckt. Im Jahr 2009 steuerte das Barnett-Feld bereits 6 Prozent der gesamten US-amerikanischen Erdgasförderung bei und stellte damit die zweitwichtigste Methanquelle des Landes dar. Im selben Jahr hatte der Ölgigant Exxon-Mobil das auf die Erschließung unkonventioneller Erdgasvorkommen spezialisierte texanische Unternehmen XTO für 31 Milliarden Dollar übernommen. Warum wurde dieser ungeheure Preis bezahlt? Nun, die Fossilriesen wie Exxon, Shell oder BP hatten lange Zeit das Potenzial der Tonschieferformationen weit unterschätzt, sodass die entsprechenden Geschäftsfelder kleinen und mittelständischen Unternehmen (wie Rage Resources in Fort Worth) überlassen wurden. Und diese hungrigen Firmen gingen mit sehr viel Fantasie und sehr geringen Bedenken an die Ausbeutung der Ressourcen heran. Vor allem entwickelten sie neuartige Fördertechniken, die den Erdgassektor revolutionierten.

Von dieser Entwicklung bekam ich persönlich vor fast zehn Jahren eine erste Ahnung, als ich bei einem Rückflug von New York neben einem exorbitant unsympathischen US-Geschäftsmann platziert wurde. Mein Sitznachbar war schwer erkältet, hundertprozentig manierenfrei und leider ebenso hundertprozentig entschlossen, mich in ein sechsstündiges Gespräch zu verwickeln. Nachdem er sich lauthals darüber beschwert hatte, dass man ihn nicht in der First Class untergebracht hatte, setzte er zu einem monumentalen Monolog über die unvergleichlichen Neuerungen und Gewinnchancen im *Shale Gas Business* an. Der Mann war jedoch alles andere als beschränkt, und so erfuhr ich praktisch aus erster Hand, wie man den Tonschiefer dazu zwingen kann, seinen Methanatem auszuhauchen.

Der Beschreibung dieses Verfahrens dienen vor allem zwei Zauberbegriffe, nämlich »Richtbohren« und »Hydraulische Fraktionierung« (im amerikanischen Profislang *Fracking* genannt). Mit raffinierten Orientierungsverfahren (bei denen beispielsweise laufend die relative Bewegung zum Erdmagnetfeld gemessen wird) kann man inzwischen den Bohrmeißel entlang jeder gewünschten gebogenen Linie Tausende von Metern durch die Erde treiben. Besonders effektiv ist ein Bohrgang, der zunächst vertikal bis zur Schieferlage vorstößt, dann im rechten Winkel abknickt und waagerecht die Formation durchpflügt. Mit diesem Verfahren wird die gasgesättigte geologische Matrix bohrtechnisch maximal aufgebrochen, sodass sich bereits viele winzige Methanblasen zu größeren vereinigen können. Den Rest bewirkt eine künstliche Rissbildung, wenn unter Hochdruck Wasser in die Bohrschächte gepresst wird, um den Sedimentstein zu zermalmen. Dieses Wasser ist mit Feinsand und Chemikalien versetzt, um einerseits die entstehenden Klüfte physikalisch zu vergrößern beziehungsweise zu stabilisieren und um andererseits Bakterien abzutöten, welche die Risse wieder zusetzen könnten. Die eingepressten Chemikalien sind deshalb in der Regel biozid und giftig, teilweise aber auch krebserregend.

Da bei jeder dieser Förderkampagnen viele Millionen Liter an Flüssigkeit zum Einsatz kommen, sind umweltschädliche Auswirkungen wie Grundwasserverschmutzung, unzureichende Entsorgung der Rückflüsse und großflächige Beeinträchtigungen des Landschaftsbildes nicht auszuschließen. Ähnlich wie bei der Ausbeutung der Ölsände stehen deshalb Teile der betroffenen Zivilgesellschaften der brachialen Gewinnung von Schiefergas im großindustriellen Maßstab mit großer Skepsis gegenüber. Entsprechend kam es in den USA erst im Juli 2005 zum neuen Fossilrausch, nachdem die damalige Bush-Regierung eine folgenschwere Kehrtwende in der Wasserschutzpolitik vollzogen hatte: Mit der Verabschiedung des *Clean Energy Act* wurden die Öl- und Gasförderungen aus großen Tiefen weitgehend vom *Save Drinking Water Act* (SDWA) vom 12. Dezember 1974 abgekoppelt. Für Explorationsfirmen wie Halliburton (das die Technik der hydraulischen Rissbildung zum ersten Mal schon 1949 eingesetzt hatte) gab es nun kein Halten mehr. Die Möglichkeit, eine Kombination von neuartigen, aber bisher ausgebremsten Techniken ungehindert zum Einsatz zu bringen, löste eine lawinenartige Entwicklung aus. Zwischen 2005 und 2009 verfünffachte sich die Schiefergasproduktion in den USA.

Der Aufstieg dieses neuen Sterns am Himmel der Fossilenergien setzt sich gegenwärtig fort, und spiegelbildlich dazu erregt die »Fracking-Debatte« immer mehr die öffentliche Meinung, worüber sich allein schon ein dickes Buch schreiben ließe. Im Jahr 2010 trug Schiefergas schon über 20 Prozent zur US-amerikanischen Erdgasproduktion bei, 2035 sollen es nach Regierungsschätzungen sogar 46 Prozent sein. Allerdings beginnen vielversprechende Quellen bereits wieder zu schwächeln, sodass manche Experten treffend von einer »Schiefergasblase« sprechen, die mit einem schnellen Puff oder einem langen Zischen wieder verschwinden könnte.

Noch sind die Schätzungen über die in Nordamerika und weltweit erschließbaren Schiefergasressourcen ausgesprochen optimistisch. Besondere Faszination übt der sogenannte Marcellus-Schiefer aus, eine tiefe, gasangereicherte Formation, die sich auf einer Fläche von etwa 240 000 Quadratkilometern unter den Bundesstaaten New York, Pennsylvania, Ohio, West Virginia, Maryland und Kentucky erstreckt. Die dort technisch förderbaren Methanmengen werden mit fast 14 000 Kubikkilometern beziffert, damit wäre das Marcellus-Vorkommen das zweitgrößte Gasfeld der Welt. Könnte es komplett ausgebeutet werden, würde es alleine das Zwanzigfache des gegenwärtigen jährlichen Erdgasbedarfs der USA decken! Mit dem Auftritt des Schiefergases auf der regionalen Energiebühne haben sich die Schätzungen über die Methanvorräte des Landes jedenfalls vervielfacht, und Erdgasknappheit ist kein Thema mehr. Nach einer jüngsten MIT-Studie (Moniz u. a. 2010) könnte fossiles Gas in wenigen Jahrzehnten sein Gewicht im nationalen Energiemix von etwa 20 Prozent auf 40 Prozent verdoppeln, wobei der Zuwachs hauptsächlich aus den Tonschiefern stammen würde.

Da die Verbrennung von Erdgas deutlich weniger schädlich ist als die Nutzung von Kohle – der entsprechende Treibhauseffekt bei Nutzung des Energieträgers im Stromsektor könnte günstigstenfalls um 70 Prozent niedriger liegen (Herminghaus, CO_2-Rechner) –, hat die »Schiefergasrevolution« auch große klimapolitische Bedeutung. Damit scheint sich plötzlich ein »konservativer« Weg zu Präsident Obamas langfristigem Klimaschutzziel – bis zur Jahrhunderthälfte 80 Prozent Reduktion der Treibhausgasemissionen im Vergleich zu 1990 – aufzutun. Die Formel lautet:

Erdgas + saubere Kohle + Atomenergie + Biosprit,

wobei nicht zuletzt vorausgesetzt wird, dass der größte Teil des CO_2 bei der Kohleverstromung abgeschieden und unter Tage verpresst werden kann (*Carbon Capture and Storage*, abgekürzt: CCS). Auf diesen potenziellen technischen Joker werde ich später im Buch zurückkommen.

Was die globalen Vorkommen an unkonventionellem Erdgas und vornehmlich Schiefergas angeht, überschlug sich die Internationale Energie-agentur (IEA) vor Kurzem noch mit enthusiastischen Prognosen. Diese Organisation mit Sitz in Paris wurde in der Ölkrise von 1973/74 von den westlichen Industrieländern als Denkfabrik gegründet, um strategische Studien zur Energieversorgung jener Staaten zu erstellen. Die jährlichen Flaggschiffberichte, »World Energy Outlooks« genannt, zählen inzwischen zu den wichtigsten Informationsquellen von politischen Entscheidungsträgern in aller Welt. Und das, obwohl die Studien der Agentur bisher eher hausbacken, flachwurzelnd und den Energiesauriern »Fossile Brennstoffe« und »Kernspaltung« in unerschütterlicher Treue verbunden sind. Aber vielleicht ändert sich das gerade.

Jedenfalls geht die IEA von weltweit fast 1 Million Kubikkilometer Methanressourcen jenseits der traditionellen Quellen aus. Nimmt man diese Zahl ernst, liegt die planetarische Reichweite des Energieträgers Erdgas um bis zu 500 Prozent höher als bisher angenommen! Kein Wunder, dass sich viele Länder – von Australien über China bis Kanada – im Schiefergastaumel befinden.

Im Wettrennen zu den ungeheuren, noch unerschlossenen fossilen Brennstoffvorkommen der Welt gibt es jedoch noch ein »Big Black Horse« – eine Größe, die alle anderen weit in den Schatten stellen könnte. Ich meine damit den ebenso faszinierenden wie seltsamen Energieträger *Methaneis*. Dieses schlummert in mächtigen Ozeansedimenten (insbesondere entlang der Kontinentalränder) ebenso wie in den Permafrostböden der Erde (insbesondere in Sibirien, Kanada und Alaska), aber auch unter den riesigen Eisschilden, welche Grönland und die Antarktis (noch) versiegeln. Nach vorsichtigen Abschätzungen des U.S. Geological Survey sind in den globalen Methaneisvorkommen mindestens 10 Billionen Tonnen Kohlenstoff gespeichert – das entspricht etwa dem doppelten C-Gehalt aller übrigen fossilen Brennstoffe auf unserem Planeten und fast dem fünfzehnfachen C-Gehalt der Atmosphäre! Das eingefrorene Gas wird in der Wissenschaft oft als »Methanklathrat« bezeichnet (in Anlehnung an das lateinische Wort, das man mit »umgittert« übersetzen könnte: *clatratus*). Denn bei hinreichend niedrigen Temperaturen und hinreichend hohem Druck können die CH_4-Moleküle in feuchtem Milieu von den Kräften der Natur in einen starren Käfig aus Wassermolekülen gesperrt werden (siehe Abbildung 27).

So entsteht eine Art Gaskristall von enormer Verdichtung: 1 Kubikmeter Methaneis verwandelt sich unter Normalbedingungen in 164 Kubikmeter Erdgas und 0,8 Kubikmeter Wasser. In den Ozeanen bilden sich Methanklathrate unterhalb von 200 Meter Tiefe und Temperaturen von

2 bis 4 °C. Die größten marinen Vorkommen befinden sich zwischen 500 und 1000 Metern unterhalb der Meeresoberfläche, vorwiegend in den obersten Sedimentschichten an den Kontinentalabhängen. Die graugelbe, an Wackelpudding erinnernde Masse füllt oft die Sedimentporen aus, kann aber auch in »gediegener« Form, also klumpenweise, auftreten. Pure Methan-Eiskrem wurde zum ersten Mal 1971 im Schwarzen Meer entdeckt.

Im Sommer 2010 schaffte es der Stoff sogar auf die Titelseiten der internationalen Presse: Am 20. April 2010 explodierte nämlich im Golf von Mexiko die Ölplattform »Deep Water Horizon«, welche in circa 1500 Meter Wassertiefe Probebohrungen im Macondo-Ölfeld vornahm. Elf Menschen starben bei dem Unfall, und es dauerte fast drei Monate, bis die angestochene Petroleumquelle wieder versiegelt war. In der Zwischenzeit flossen grob geschätzt 5 Millionen Barrel Öl ins subtropische Meer, sodass man vom größten marinen Ölleck der Industriegeschichte sprechen kann. Die ökologischen Folgen sind weiterhin unklar und werden vermutlich niemals angemessen dokumentiert werden.

Auch in diesem Zusammenhang stößt man wieder auf den US-Konzern Halliburton, der die Plattform vor der Küste von Louisiana installiert und einzementiert hatte. Pikante Hintergrundinformation: Der amerikanische Spitzenpolitiker Richard »Dick« Cheney überbrückte die Amtslücke zwischen seinen Tätigkeiten als Verteidigungsminister (1989–1993) für Präsident Bush senior und als Vizepräsident (2000–2008) für Präsident Bush junior als Vorstandsvorsitzender dieses zweitgrößten Fossilenergie-Industrieausrüsters der Welt. Ich überlasse es den Lesern, darüber zu spekulieren, ob Cheneys notorische Verharmlosung des Klimaproblems das Ergebnis einer professionellen Deformation sein könnte. Bockiger war jedenfalls kaum je ein Gärtner. Und damit zurück zum Methaneis.

Schon wenige Tage nach dem Unfall und dem Versinken der brennenden »Deep Water Horizon« gab sich der Betreiber der Explorationsplattform, der britische Energiekonzern BP, optimistisch. Tiefseebohrungen nach Petroleum gelten zwar als stramme operative Herausforderung, die man aber mit dem technischen Genie von Unternehmen wie Halliburton schlussendlich bewältigen sollte. Schon Anfang Mai wurde eine gigantische Stahlkuppel per Schiff ins Katastrophengebiet gebracht, um die seit der Explosion unkontrolliert sprudelnde Ölquelle am Meeresgrund zu versiegeln. In einer historisch einmaligen Aktion kam das mehr als 100 Tonnen schwere und 13 Meter hohe Ungetüm zum Einsatz; es dauerte allein schon über 18 Stunden, die Glocke punktgenau durch 1500 Meter Wassersäule abzusenken. Aber bereits am 8. Mai 2010 war der Fehlschlag offenkundig. Denn wo Petroleum ist, da befinden sich zumeist auch große Mengen Erdgas (siehe die Ausführungen weiter oben). Und in der Tiefe herrschten ideale Druck- und Temperaturbedingungen, um das ausströmende Methan in Eiskristalle zu verwandeln, welche in kürzester Zeit einen schwammigen Belag an der Innenseite der Stahlkuppel bildeten. Durch den resultierenden Auftrieb ließ sich die Glocke nur noch schwer fixieren, darüber hinaus wurde das Absaugen des Öls durch einen ins Kuppelinnere führenden Schlauch schwer beeinträchtigt. So scheiterte die technische Großtat an der (bekannten) Mikrophysik von CH_4 und H_2O.

Über die Entstehung der riesigen Methanklathratvorkommen in den marinen Sedimenten und den terrestrischen Permafrostböden gibt es mehr Spekulationen als gesicherte Erkenntnisse. Man kann jedoch davon ausgehen, dass auch dieser Stoff von der Biosphäre gewoben wurde, und zwar als bakterielles Zersetzungsprodukt abgestorbenen organischen Materials. Insbesondere ist nachvollziehbar, dass sich Methaneis im Untergrund von Kontinentalrandmeeren anreichert, wo der Kleinkadaverregen dicht und die Ablagerungsrate von anorganischen Partikeln (aus Sand und Ton) hoch ist. Dadurch werden die Gewebereste schnell der Oxidation entzogen, und die kohlenstoffgebundene Energie kann bewahrt werden – das gleiche biochemische Lied begleitet also dieses ganze Kapitel.

Die seit Jahrmillionen heranwachsenden Methaneispanzer der Erde spielen in der öffentlichen Energie-Klima-Debatte neuerdings eine gewichtige Doppelrolle. *Zum einen* wurde mit dem Überschießen des Ölpreises im Jahr 2008 das Interesse an diesen schier unerschöpflichen fossilen Brennstoffen wiederbelebt, ein Interesse, das nach der naiven Meeresschätzeeuphorie der 1970er-Jahre schon weitgehend erstorben war. Doch gerade der Abbau der marinen Methanklathratvorkommen stellt ressourcentechnologisches Neuland dar und birgt gewisse Risiken. Dabei wäre die unbeabsichtigte Freisetzung des starken Treibhausgases noch das kleinere Übel. Im allerschlimmsten Fall könnten Förderkampagnen jedoch zu gewaltigen Rutschungen an den Steilhängen der Kontinentalsockel führen, denn das in den Sedimentporen sitzende Methaneis stabilisiert die dortigen Unterwasserlandschaften. Tsunamiwellen von biblischen Ausmaßen wären die wahrscheinliche Folge solcher »Ungeschicklichkeiten«. Insofern würde es sich anbieten, zunächst die Lagerstätten der Permafrostböden auszubeuten, welche allerdings weniger ergiebig sein dürften (WBGU, 2006).

Zum anderen stellt das Naturerbe Methanklathrate in Verbindung mit dem anthropogenen Klimawandel für die Menschheit eine viel realistischere Bedrohung dar als das doch eher exotische (wenngleich faszinierende) Risiko von Kontinentalhangrutschungen infolge von Tiefseebergbau. Denn eine ungebremste Erderwärmung dürfte die Stabilität sowohl der marinen als auch der terrestrischen Methaneisdepots erheblich mindern. In den letzten Jahren wurden erste schwache Zuckungen dieser noch schlafenden Riesen registriert. Beispielsweise gingen 2008 Meldungen um die Welt, dass russische und amerikanische Wissenschaftler deutlich erhöhte Methanausgasungen aus großen Arealen der sibirischen Küstenflachmeere festgestellt hätten – möglicherweise infolge des gerade in der Arktis zügig verlaufenden Temperaturanstiegs seit den 1970er-Jahren (siehe etwa Shakhova u. a. 2013 und für einen Übersichtsartikel Schuur u. a. 2015). Angesichts der vermuteten Größenordnungen des auftauenden Energieeisreservoirs stellt sich die äußerst wichtige Frage, ob hier nicht eine selbstverstärkende Rückkopplungsschleife in Gang kommen könnte, welche die klimaschädliche Wirkung der zivilisatorischen Treibhausgasemissionen potenzieren würde. Eine angemessene Antwort darauf werde ich erst in Kapitel 21 geben.

Dafür ist meine Erzählung vom Element C nunmehr weit vorangeschritten. Eine Erzählung vom Stoff, der das Leben auf der Erde möglich macht, aus dem das Leben selbst materiell besteht und der wie ein gedankenlos freigesetzter Flaschendämon das höhere Leben auf unserem Planeten wieder in Gefahr bringen kann. Alle diese Karbondimensionen sind ungeheuerlich; die letztgenannte werde ich im weiteren Verlauf dieses Buches umfassend bewerten. Zuvor möchte ich jedoch noch skizzieren, wie der Kohlenstoff auch den Triumph der Menschheit über die Natur und damit das sogenannte *moderne Zeitalter* hervorgebracht hat.

12. Zwei Große Transformationen

Die Zivilisationsgeschichte der Menschheit lässt sich weder als simpler Prozess stetigen, geradlinigen Fortschritts erzählen noch als düsteres Epos vom alternierenden Aufstieg und Niedergang mächtiger Reiche und Kulturen. Die wahre historische Entwicklung ist vielmehr – nach allem, was wir heute wissen – eine Mischdynamik aus Chaos und Ordnung auf allen nur denkbaren räumlichen und zeitlichen Skalen. Dennoch, wenn man elementare Erfahrungskriterien (wie Populationsgröße, Lebenserwartung oder Ressourcen) zugrunde legt, resultiert daraus eine breite, zittrige, über die Epochen hinweg sogar exponentielle Aufwärtsbewegung. Diese wird von zwei gewaltigen Steilstufen dominiert, nämlich der *neolithischen Revolution* (grob geschätzt vor 11 000 bis 6000 Jahren) und der *industriellen Revolution* (etwa 1750 bis 2000).

Unter dem Mikroskopblick der Kultur- und Technikhistoriker zerfallen diese jähen Anstiege in Tausende von sequenziellen, parallelen und kontingenten Unterstufen. Ja, alles »Revolutionäre« scheint sich mitunter zu verflüchtigen, wenn man die Nase wissbegierig auf die Glaskästen mit den Einzelbelegen der Geschichtsforschung presst. Aber es gab sie tatsächlich, diese beiden großen Transformationsprozesse. Und wenn nicht alles täuscht, stehen wir nunmehr am Beginn einer noch größeren Umwälzung (siehe Kapitel 27). Was die historischen »Sprünge nach vorn« angeht, kann dieses Buch natürlich keine detaillierte Analyse leisten – dafür fehlt mir sowohl der Platz als auch die sozialwissenschaftliche Kompetenz. Andererseits sind die genannten Innovationsschübe auf dem Weg zur modernen Gesellschaft aufs Engste mit den Überthemen Energie und Klima verknüpft. Ein erkenntnisgeleiteter Vorausblick auf die prinzipiellen sozialmetabolischen Entwicklungsoptionen der Menschheit im 21. Jahrhundert ist daher ohne einen reflektierten Rückblick auf die wichtigsten Transformationsvorgänge der Vergangenheit schlechterdings nicht möglich.

Auf die neolithische Revolution – also den Übergang zur sesshaften Agrargesellschaft (mit *Ackerbau*, *Viehzucht* und *Vorratshaltung*) in der Jungsteinzeit – werde ich hier allerdings nicht ausführlich eingehen. Dieser vermutlich größte Kultursprung aller Zeiten (ist doch der Begriff »Kultur« selbst vom lateinischen Wort *cultura*, das wiederum das Bestellen von Feldern bezeichnet, abgeleitet) wird uns dafür auch in nachfolgenden Kapiteln beschäftigen. Jüngste archäologische Studien legen nahe, dass alles schon im 12. Jahrtausend vor unserer Zeitrechnung begann, und zwar in der Levante, den östlichen Küstenländern des Mittelmeers. Israelische Forscher stießen in den Resten mehrerer frühneolithischer Siedlungen (wie in Gilgal im Jordantal und im biblischen Jericho) auf getrocknete Vorräte süßer Feigen. Letztere stammten offenbar von jungsteinzeitlichen »Obstplantagen«, wo eine sehr seltene natürliche Feigenart regelrecht kultiviert wurde – möglicherweise die erste landwirtschaftliche Nutzpflanze der Menschheit überhaupt. Weizen, Gerste und Hülsenfrüchte dürften erst tausend (oder mehr) Jahre später aus wilden Sorten domestiziert worden sein, wobei Südostanatolien offenbar das Epizentrum dieses unerhörten Zivilisationsbebens war.

Die eigentliche Viehzucht – im Sinne der Nutztierhaltung zur kontrollierten Nahrungsmittelproduktion – begann noch später, auf der Erfahrungsgrundlage eines archaischen Experiments zur Sozialbindung: Noch gegen Ende der Altsteinzeit, also unter eiszeitlichen Umweltbedingungen, wurde der Wolf in die Wandersippen des *Homo sapiens* eingegliedert und damit zum – Hund (*Canis lupus familiaris*). Die Forschung vermutet, dass dies schon vor etwa 17 000 Jahren geschah und durch die natürlichen Rudelinstinkte der Grauwölfe begünstigt wurde. 15 000 Jahre alte Felsmalereien deuten auf frühe Bienenhaltungspraktiken hin. Die systematische Domestizierung von Tieren als Nutzstofflieferanten (Fleisch, Fett, Milch, Haut, Fell, Wolle, Knochen) setzte wohl vor etwa 10 000 Jahren ein, wobei die Archäologen mit Datierungsaussagen äußerst zurückhaltend sind. Einigermaßen gesichert ist jedoch, dass das Wildschaf (Südanatolien) und die Wildziege (Levante und Iran) als erste Arten unter das Haushaltsjoch der neolithischen Siedler gezwungen wurden.

Das eigentliche historische Scharnier zwischen dem Wildbeutertum der Jäger und Sammler und der Agrarkultur der Sesshaften stellt wohl der Übergang zur Vorratshaltung dar. Dafür kamen in erster Linie natürliche Nahrungsenergiespeicher von großer Haltbarkeit infrage, also die Körner von Wildgetreide. Das sind »Edelgräser« mit besonders großen Samenkörnern, als deren wichtigste Vertreter im Nahen und Mittleren Osten der Wildweizen (Einkorn und Emmer), die Wildgerste (*Hordeum vulgare*) und der Wildroggen (*Secale cereale*) vorhanden waren (Uerpmann 2007). Für Sippen, die durch Gegenden zogen, wo solche Pflanzen im Überfluss gediehen, lag es nahe, Sammelüberreste als Vorräte für schlechtere Zeiten anzulegen (beispielsweise zur Abfederung von wechselnden Umweltbedingungen). Erstaunlich ausgefeilte Erntetechniken, insbesondere unter

Einsatz von Sichelklingen aus fein geschliffenem Feuerstein, schufen dafür die Voraussetzung. Wer aber ein Depot einrichtet, muss es nutzen, das heißt immer wieder an einen bestimmten Platz zurückkehren. Damit geht man die Bindung an die Erde ein, denn der Übergang vom periodischen Besuch zum festen Verweilen ist fließend. Doch ist die Sesshaftigkeit erst einmal vollzogen, dann können – ja müssen – komplexe Gesellschaften mit komplexen Infrastrukturen entstehen.

Denn mit der Ortsfestigkeit gibt der Jungsteinzeitmensch seinen größten Trumpf gegenüber der reich beschenkenden, aber auch wetterwendischen und bisweilen grausamen Natur auf: die Mobilität, welche es ihm gestattet, unablässig mit leichtem Gepäck nach neuen Nahrungs- und Rohstoffquellen zu suchen und auftauchenden Gefahren auszuweichen. Welche Bedrohung konnte schon ein Meeresspiegelanstieg von mehreren Metern pro Jahrhundert für eine eiszeitliche Jägerhorde darstellen, die sich vielleicht 20 Kilometer pro Tag fortbewegte? Und wenn die Gazellen in einem bestimmten Tal des Zagrosgebirges weniger wurden, zog man eben ins nächste weiter. Während der neolithischen Revolution jedoch begannen sich die Menschen mitsamt ihren Vorratskammern einzugraben – insbesondere dort, wo die natürlichen Ressourcen an Edelgräsern, Beeren, Fischen usw. unerschöpflich erschienen.

So entstanden wohl die ersten nennenswerten Siedlungen wie beispielsweise die von Bab edh-Dhra am Toten Meer im heutigen Jordanien (möglicherweise identisch mit dem biblischen Sodom). Dort wurden erst kürzlich etwa 11 000 Jahre alte Gebäude entdeckt, die als Kornspeicher gedient haben dürften (Kuijt und Finlayson 2009). Alle Phasen der neolithischen Kulturwerdung lassen sich nicht weit davon entfernt studieren, nämlich im bereits erwähnten Jericho. In der tiefsten Siedlungsschicht im Tell es-Sultan fand man die »älteste Stadt der Menschheit«, entstanden vor circa 12 000 Jahren, umgeben von einer Mauer und bewehrt mit einem Turm. Höhere Schichten dokumentieren die Übergänge von der aneignenden Subsistenzform zur produzierenden Nahrungswirtschaft (Getreideanbau, Viehzucht). Und da sind noch die archäologischen »Jahrhundertfunde« von Göbekli Tepe, einer Anhöhe im Südosten der Türkei, und von Nevali Çori am mittleren Euphrat. Nicht Agrarkulturalisten, sondern Wildbeuter errichteten an diesen Orten vor rund 12 000 beziehungsweise 11 000 Jahren monumentale Bauwerke von überwiegend kultischem Charakter. Frühgeschichtswissenschaftler vermuten, dass dies heilige Stätten waren, die zu Organisationszentren der dortigen Jäger und Sammler wurden. Letztere waren nämlich möglicherweise zu einer immer engeren Kooperation übergegangen, um die Wildesel und Gazellen der Region von den üppigen Wildgetreidevorkommen fernzuhalten. Eine interessante Spekulation, die wahrscheinlich niemals ganz bestätigt oder widerlegt werden kann.

Weniger spekulativ ist die These, dass die neolithische Revolution einerseits durch die aktive Manipulation der Biosphäre ein starkes Anwachsen der menschlichen Populationen an Gunststandorten ermöglichte. Andererseits waren diese Populationen, nicht nur durch den Verlust an Mobilität, wesentlich verwundbarer gegenüber Umweltschwankungen und einer Vielzahl von neuartigen Risiken ausgesetzt. Größere Bevölkerungsdichte und der beständige Kontakt mit domestizierten Tieren führten zur Etablierung von Zivilisationskrankheiten im wahrsten Sinn des Wortes (wie den Masern, die ihren Ursprung in der Rinderpest haben sollen). Skelettfunde aus der Jungsteinzeit belegen, dass Körpergröße, Ernährungsstatus und Lebenserwartung unter die entsprechenden Werte der Wildbeutergesellschaften sanken, sodass auch dieser »große Sprung nach vorn« teuer erkauft werden musste.

Darüber hinaus kam es zu einer kulturellen Zäsur, wie man sie sich größer kaum vorstellen kann: Der freie Bewegungsraum als Allmende aller Menschen wurde durch das an einzelne Sippen oder gar Individuen zerteilte Territorium ersetzt. Damit begann die *Herrschaft der Fläche.* Eigentum als bewegliche Habe wie Jagdgebiete von Wildbeutergruppen gab es selbstverständlich schon in der Altsteinzeit, aber nun erfolgte die Zergliederung der Welt in Parzellen, von deren Größe und Güte das Wohl und Wehe ihrer »Besitzer« (also der darauf sesshaft Gewordenen) abhing. Insofern war die Umzäunung von Arealen – insbesondere zum Schutz der Ackerpflanzen gegen nichtdomestizierte Tiere und zum Einhegen der domestizierten – wohl *die* definitorische Technik der neolithischen Revolution.

Nicht umsonst kommt das Wort »Paradies« vom altiranischen *pairidaîza*, was so viel wie »umgrenzter Garten« bedeutet. Und »eigentümlicherweise« ist der Besitz an sich bis auf den heutigen Tag weitgehend zweidimensional geregelt: Mir gehört alles Unbewegliche und Bewegliche (wozu früher durchaus auch Menschen zählten), das sich auf, unterhalb und oberhalb meiner Grundstücksfläche befindet. Diese Besitztitel erstrecken sich im Prinzip bis in die dunkelsten Tiefen, wo möglicherweise reiche Bodenschätze schlummern, und in die lichten Höhen, wohin etwa riesige Bäume emporwachsen können, wenn nur die senkrechte Projektion dieser Objekte in das mir im Grundbuch zugeschriebene Flurstück fällt. Insofern schuf die Landnahme der Jungsteinzeit die ursprüngliche operative Basis für eine durch Privateigentum geprägte und durch Abgrenzung definierte Zivilgesellschaft – mit all ihren im Laufe der Jahrhunderte sich entfaltenden Wirtschaftswelten.

Auch diesseits der geschichtsmächtigen institutionellen Dimensionen (also der »Überbauphänomene« im Duktus der marxistischen Politökonomie) hatte die erste Zuteilung und Respektierung von festen Arealen enorme physisch-reale Konsequenzen: Denn eine Familie, Sippe oder Stammesgemeinschaft musste fortan auf und von der jeweiligen Siedlungsfläche leben – oder aber einen besseren Sitzort auffinden und (möglicherweise gewaltsam) reklamieren. Die *sozialmetabolische* Forschung, deren bedeutendster Vertreter meines Erachtens Rolf Peter Sieferle ist (siehe zum Beispiel Sieferle u.a. 2006) hat hierzu in den letzten Jahrzehnten bemerkenswerte Einsichten freigelegt. Diese neue wissenschaftliche »Interdisziplin« erzählt die Geschichte der Kulturwerdung endlich so, dass die materielle Basis der sozialen Wirklichkeit nicht mehr nur als Schmutzpartikel an den Roben von Königinnen oder als Teerflecken an den Fäusten revolutionärer Fabrikarbeiter vorkommt. Damit wird – mit Unterstützung moderner naturwissenschaftlicher Methoden – die legendäre »ganzheitliche« französische *Annales*-Historikerschule um Marc Bloch und Lucien Febvre fortgeführt und systemisch erweitert. Ein absolutes Meisterwerk wie Fernand Braudels Studie *La Méditerranée et le monde méditeranéen à l'epoque de Philippe II* (Braudel 1949), worin die Entwicklung des Mittelmeerraums an der Schwelle zur Neuzeit auf drei korrespondierenden Wirklichkeitsebenen zusammengefasst wird, müssen die Sozialmetaboliker allerdings noch hervorbringen.

Aber ihr Ansatz ist vielversprechend. Überzeugend wird dargelegt, dass die Wildbeutersippen ihre Existenz sicherten, indem sie sich in bestehende »Solarenergieströme« einschalteten, ohne diese gezielt zu modifizieren oder gar zu kontrollieren (Sieferle 2010). Eben Letzteres taten die Agrarkulturalisten mit zunehmendem Geschick und Erfolg: Der Biosphäre wurde bewusst bei der photosynthetischen Primärproduktion (Ackerbau) und der heterotrophen Sekundärproduktion (Viehzucht) auf die Sprünge geholfen. Dabei entwickelte sich ein epochaler Wettlauf zwischen Bevölkerungswachstum und Produktivitätssteigerung, denn die entscheidende Frage war, wie viele Menschen ein gegebenes Areal ernähren konnte – und nicht mehr, welchen Raum eine gegebene Anzahl von Individuen für ihre Subsistenz in Anspruch nehmen musste. *Der Energieertrag pro verfügbarer Fläche* wurde somit zum Maß aller Dinge, worauf ich am Ende dieses Kapitels zurückkomme.

Im Kontext der neolithischen Revolution will ich aber noch das große Rätsel ansprechen, über das die Frühhistoriker seit vielen Jahrzehnten nachsinnen und zu dessen Auflösung die sozialmetabolische Forschung möglicherweise entscheidend beitragen kann: Wenn der *Homo sapiens* seit über 100 000 Jahren existiert, wieso erfindet er dann innerhalb eines äußerst begrenzten Zeitfensters (4000 bis 5000 Jahre) in verschiedenen Regionen der Erde *parallel und unabhängig voneinander* die Landwirtschaft? So geschehen an mindestens drei großen Innovationsschauplätzen, nämlich im »Fruchtbaren Halbmond« des Nahen Ostens (Levante, Türkei, Syrien, Irak und Iran vor mehr als 10 000 Jahren), in China (zunächst im Süden vor etwa 8500 Jahren, dann im Norden vor etwa 7800 Jahren) und in Mittel- und Südamerika (zunächst in Mexiko vor etwa 5000 Jahren, dann im Andengebiet vor etwa 4500 Jahren). Definitiv gab es keinen zentralen Entwicklungsmotor, von dem aus sich die Wellen der kulturellen Erneuerung in alle Welt verbreiteten. Insofern ist der Übergang zur Agrarzivilisation eine *systemische Determinante* der menschlichen Evolution schlechthin – ein Prozess, der im genetischen Apparat unserer Art vorprogrammiert ist und abzulaufen beginnt, wenn günstige äußere Umstände eintreten. Aber wer war der geheimnisvolle Taktgeber, der dafür sorgte, dass sich das alles an voneinander isolierten Orten nahezu gleichzeitig abspielte? Die Antwort erfolgt im nächsten Kapitel.

Ganz anders liegen die Dinge bei der zweiten »Großen Transformation« auf dem Weg zur Moderne, bei der industriellen Revolution. Wir wissen, dass diese in der ersten Hälfte des 18. Jahrhunderts in Nordengland (genauer: in der Grafschaft Lancashire an der britischen Nordwestküste) »ausbrach« und von dort aus ihren unaufhaltsamen, jahrhundertelangen Siegeszug um den Erdball antrat. Zunächst wurden weite Teile von Großbritannien erobert; dann sprang der Funke auf den Kontinent über, wo sich zunächst Belgien, Nordfrankreich, die Schweiz und schließlich fast alle deutschen Staaten dem technisch-kulturellen Aufstand anschlossen. Europa bewaffnete sich – mit einer Armee von Maschinen (siehe zum Beispiel Cameron 2002). Die Gretchenfragen der Historiker des Industriezeitalters lauten somit: *Warum dort* (in England beziehungsweise Lancashire), *warum nur dort* (und nicht etwa in den Niederlanden, die aus einem »goldenen« 17. Jahrhundert schöpfen konnten), *warum damals* (und nicht früher)?

Am bemerkenswertesten ist wohl die Tatsache, dass es *nicht* zuerst in China geschah, wo die bestorganisierte und kreativste Agrarkultur der Welt entstanden war. Nahezu alle technischen Erfindungen des späten Mittelalters und der frühen Neuzeit, welche sich Europa so mühsam abrang, wurden zuvor scheinbar zwanglos im Reich der Mitte realisiert: Die dortige Hemudu-Kultur entwickelte schon vor 9000 bis 6000 Jahren den Reisanbau, die Seidenraupenzucht und die Lackverarbeitung. Vor fast 5000 Jahren waren bereits zugfeste Hanfseile im alltäglichen Gebrauch. Schon vor Christi Geburt soll es in China einfache Formen von Schießpulver gegeben haben, später allerlei Formen von Feuerwerk und sogar primitive Raketen. Diese dürften die mongolischen Angreifer bei der Schlacht von Kai-Keng im Jahr 1232 in Angst und Schrecken versetzt haben. Das Papier (aus organischen Abfällen und Rinden des Maulbeerbaumes), der Buchdruck (mit Holztafeln und sogar beweglichen Lettern), die Nutzung von Magnetnadeln (nicht zuletzt als Vorformen der Kompasse), die Erdbebenmessung (mit raffinierten Pendel-Seismoskopen, die bis heute noch nicht ganz verstanden sind), natürlich das Porzellan (das wohl schon im 7. Jahrhundert entdeckt wurde) und sogar die Ur-Spaghetti (nachgewiesen in rund 4000 Jahre alten archäologischen Funden am Oberlauf des Gelben Flusses) – das sind alles spektakuläre Beispiele für die frühen Errungenschaften der chinesischen Zivilisation. Verblüffend auch die glaubhaften Berichte über Erdgasbohrungen im 3. Jahrhundert v. Chr., wo westlich von Chunking mit Bambusgeräten Kalksteinformationen bis in 140 Meter Tiefe erschlossen wurden. Europa nahm die Erdgasnutzung dagegen erst ab 1659 in Angriff, und zwar außerordentlich schleppend.

Warum hat dann England und nicht China das Maschinenzeitalter eingeläutet und damit die Welt für immer verändert? Mein Freund, der chinesischstämmige und intellektuell gefürchtete Geologe Kenneth Jinghwa Hsü, hat mir dafür einmal eine interessante Erklärung gegeben: Die hochchinesische Sprache (also das Mandarin als Dialekt der Region um Beijing) hat niemals eine *Silbenschrift* hervorgebracht. Letztere sei jedoch, als modulares System zur Kombination von Symbolen, die Grundvoraussetzung für die Entwicklung naturwissenschaftlich-mathematischer Theoriegebäude im Sinne von Descartes, Newton oder Leibniz. Hsü ist einer der kreativsten Menschen, die mir je begegnet sind, und deshalb sollte man auch diese steile These zumindest in Erwägung ziehen. Denn bereits das chinesiche Lexikon *Shuowen Jiezi* dokumentierte um 100 nach Christus etwa 10000 verschiedene Schriftzeichen zur Einzelidentifikation von Begriffen. Diese Spezialisierung könnte für ein strukturelles, aus einfachen Grundelementen komponiertes Denken ähnlich hinderlich gewesen sein wie das bizarre römische Ziffernsystem für die Entwicklung von Arithmetik und Algebra.

Aber nicht die hypothetischen Blockaden in China, sondern die offenen Einfallstore in England helfen uns bei der Enträtselung der Industrialisierung weiter: Im Jahr 1733 konzipierte John Kay aus Lancashire einen neuartigen Webstuhl, mit dem man doppelt so schnell und so viel Garn verarbeiten konnte wie mit den herkömmlichen Geräten (deren Funktionsidee übrigens auch auf die Jungsteinzeit zurückgehen dürfte). Weben ist eine komplexe Verknüpfungsbewegung in drei Dimensionen, die man nur begreifen kann, wenn man entweder die mathematische Spezialdisziplin »Topologie« studiert hat oder enorme praktische Erfahrung mitbringt – am besten ein paar Jahrhunderte lokal-familiäre Tradition. Kay jedenfalls erfand das »fliegende Schiffchen« (englisch: *Flying Shuttle*), ein längliches Holzstück, mit dem man »Kettfäden« und »Schussgarn« besser querflechten konnte.

Dieser scheinbar winzige Fortschritt in der Technikgeschichte schuf interessanterweise keinen Überfluss, sondern verschärfte einen bereits bestehenden *Mangel*. Denn unter den Webern von Nordwestengland herrschte der »Garnhunger« – schon um genügend Fadenmaterial für das Tagwerk an einem alten Webgerät bereitzustellen, mussten im Schnitt vier Spinnerinnen von morgens bis abends zu Hause Garn an Treträdern produzieren (Schaper 2008). Spinnen war damals eine höchst ineffiziente Tätigkeit und damit gewissermaßen das Nadelöhr der vorindustriellen Manufakturwelt.

Diese Welt musste jedoch im späten 17. und frühen 18. Jahrhundert einen neuartigen Konsumrausch bedienen. Die Schlüsselbegriffe hierzu waren Zucker, Spirituosen, Baumwolle und Eisenerz. England konnte einige der entsprechenden Ressourcen selbst günstig hervorbringen (insbesondere mineralische Rohstoffe), vor allem aber die strategisch entscheidenden Güter als führende Seefahrernation der Erde handeln und importieren: Rohrzucker und Rum aus der Karibik; Weine aus Frankreich (Claret), Spanien (Sherry) und Portugal (Port); Eisenerz aus Schweden; Baumwolle aus Brasilien, der Levante und wiederum der Karibik. *Zucker* und *Baumwolle* stellten letztlich alle anderen Waren in den Schatten und wurden zu den Grundgarnen, aus denen das British Empire gewirkt wurde. Dafür bedurfte es allerdings dreier gewaltiger Antriebe: Piraterie, Sklavenhandel und Corioliskraft. Über die Bedeutung der beiden erstgenannten Faktoren für den Aufstieg Großbritanniens zur Weltmacht sind viele kenntnisreiche Bücher geschrieben worden, etwa der Bestseller *Empire* von Niall Ferguson (Ferguson 2004). Dort wird lakonisch analysiert, dass die Briten bei der Suche nach Gold und Silber in der Neuen Welt mit Kanada, Guyana, Virginia, aber auch mit Gambia lauter Nieten gezogen hatten. Deshalb wurde gegen Ende des 16. Jahrhunderts das Staatsfreibeutertum etabliert, um die in Peru und Mexiko über die Maßen fündig gewordenen Spanier bei der Atlantiküberfahrt systematisch auszurauben.

Da waren jedoch noch andere fette Geschäftsfelder der etablierten iberischen Seefahrer (also auch der Portugiesen), in die man gewaltsam einbrechen konnte. Schon in den 1560er-Jahren versuchten die Briten, beim lukrativen westafrikanischen Sklavenhandel mitzumischen; zwei Jahrhunderte später waren sie die mit Abstand führende Menschenhandelsmacht auf dem Planeten. Zwischen 1662 und 1807 wurden circa 3,5 Millionen Afrikaner als Sklaven auf britischen Schiffen in die Neue Welt transportiert. Das war mehr als die dreifache Anzahl der weißen Auswanderer aus Großbritannien im selben Zeitraum (Ferguson 2004). Dreh- und Angelpunkt für dieses Räderwerk der kommerzialisierten Unmenschlichkeit war Jamaika (siehe Kapitel 10), welches der englische Admiral Sir William Penn 1655 von den Spaniern eroberte (und dessen Sohn die Kolonie Pennsylvania in den heutigen USA gründete). Die Karibikinsel erzeugte mit schwerer Sklavenarbeit zwischen 1820 und 1824 unter anderem jährlich mehr als 77 000 Tonnen Rohzucker. In England wurde Liverpool – in den alten Grenzen der Grafschaft Lancashire gelegen – zur Metropole des Sklavenhandels schlechthin. Gegen Ende des 18. Jahrhunderts kontrollierte die Stadt am Mersey (heute vor allem wegen der Beatles bekannt) über 80 Prozent des britischen und über 40 Prozent des europäischen Menschenhandels!

Interessant, wird der Leser vielleicht denken, aber was hat dies alles mit der Corioliskraft, dem Webstuhl von Mister Kay und der industriellen Revolution zu tun? Sehr viel sogar, aber schön der Reihe nach: Kurioserweise hätte die europäische Kolonialisierung der Neuen Welt wohl niemals (oder jedenfalls sehr viel später) stattgefunden, wenn die Erde nicht gerade im Gegenuhrzeigersinn um ihre Achse rotieren würde. Die meisten Dinge auf unserem Planeten vollziehen diese Großbewegung einfach nach – weil sie (wie Bäume) fest im Grund verankert sind oder weil sie (wie Sandsäcke) gewichtsbedingt genügend Bodenhaftung besitzen. Anders verhält es sich jedoch bei hochbeweglichen Medien wie Flüssigkeiten oder Gasen. Insbesondere unter den Luftmassen der Atmosphäre und den Wassermassen der Ozeane dreht sich die Erde gewissermaßen weg. Daraus resultiert eine relative Ablenkung der Fluide, die man in der Denkweise der Physik auf das Wirken einer »Scheinkraft« zurückführen kann. Diese ist nach dem bedeutenden französischen Mathematiker Gaspard Gustave de Coriolis (1792–1843) benannt, der übrigens zu den 72 Persönlichkeiten gehört, die auf dem Pariser Eiffelturm verewigt sind.

Die Corioliskraft prägt ganz wesentlich die Zirkulationsmuster im globalen Klimasystem (siehe auch Kapitel 15) und die großskaligen Windfelder und Meeresströmungen. Kurz, sie mischt überall mit, wo natürliche Bewegungen über weite Distanzen stattfinden. Zur wichtigsten dieser Bewegungen zählt das permanente Wiederauffüllen der äquatorialen Tiefdruckrinne mit Luftmassen von Nord und Süd: Durch die nahezu senkrechte Sonneneinstrahlung und die dadurch bewirkte thermische Aufwärtsdrift gibt die tropische Atmosphäre in großer Höhe (15 bis 18 Kilometer) fortwährend Substanz polwärts ab. Dieser Verlust muss durch bodennahe Gegenströmungen ersetzt werden. Ohne die Erdrotation würde diese Dynamik zu einer gewaltigen Walzenstruktur, wo die Winde nahe der Erdoberfläche direkt aus Norden beziehungsweise Süden wehten. Die Corioliskraft lenkt jedoch die zum Äquator strebenden Luftmassen auf der Nordhalbkugel nach rechts ab, auf der Südhalbkugel nach links. So entstehen der Nordostpassat beziehungsweise der Südostpassat auf der jeweiligen Hemisphäre und insgesamt eine tropische Driftbewegung gen Westen.

Diese und viele andere geophysikalische Faktoren sorgen dafür, dass unsere Atmosphäre recht kunstvoll organisiert ist. Schon 1855 erläuterte der amerikanische Meteorologe William Ferrel seine Vorstellungen von der *Drei-Zellen-Struktur* der irdischen Lufthülle, die später glänzend bestätigt wurde. Vom Äquator bis zum Pol sind auf der Nordhemisphäre die tropische Walze (Hadley-Zelle), die Walze mittlerer Breiten (Ferrel-Zelle) und die arktische Walze (Polarzelle) angeordnet; auf der Südhemisphäre herrscht ein spiegelbildliches Muster. Durch das Zusammenspiel von Ferrel- und Polarzellen entstehen auf beiden Halbkugeln insbesondere umfangreiche Westwindfelder (etwa zwischen dem 40. und 60. Breitengrad), zu denen auch der sogenannte Strahlstrom (englisch: *jet stream*) gehört. Davon wird in Kapitel 21 noch zu reden sein.

Aber auch zu Wasser macht die Corioliskraft ihren Einfluss geltend: Die Strömungen des Atlantischen Ozeans sind großräumig organisiert durch die sogenannte thermohaline Zirkulation (siehe ebenfalls Kapitel 21). »Thermohalin« bedeutet im Wesentlichen, dass Unterschiede im Wärme- und Salzgehalt der jeweiligen Wassermassen wichtige Triebkräfte der Bewegung sind. Der Golfstrom ist ein starker Zweig dieses gewaltigen marinen Förderbandes, das aber auch durch die atmosphärische Zellstruktur, die Passatwinde und die Fliehkräfte der Erddrehung beeinflusst wird. Dieser Zweig befördert stellenweise bis zu 150 Millionen Kubikmeter Wasser pro Sekunde, also mehr als das Hundertfache aller Flüsse der Welt zusammen! Sein östlicher Ausläufer, der Nordatlantikstrom, bringt eine Energieleistung von circa 1,5 Petawatt nach Nordwesteuropa (das entspricht der Nutzleistung von etwa zwei Millionen moderner Kernkraftwerke). Ein im Kontext dieses Kapitels besonders wichtiger Aspekt des Golf-Nordatlantik-Stromsystems ist die beachtliche Oberflächengeschwindigkeit von stellenweise fast 2 Metern/Sekunde in Richtung Nordosten. Und damit schließt sich ein nautisches Dreieck von einzigartiger Bedeutung für die Seefahrt der frühen Neuzeit.

Im 15. Jahrhundert hatten die Portugiesen den Schiffbau reaktiviert und Dreimaster mit Mischbesegelung entwickelt, mit denen man besser gegen den Wind kreuzen konnte. Ebenso hatte das kleine iberische Land gewaltige Fortschritte bei der Kunst der Navigation auf offener See erzielt, wobei die routinemäßige Orientierung an Sonne und Polarstern mithilfe bestimmter Instrumente (Astrolabium, Jakobsstab) eine entscheidende Rolle spielte. Nun konnte man sich also aufs Meer hinauswagen, wenn Winde und Wellen günstig waren. Und im tropischen bis nördlichen Atlantik herrschten eben aufgrund der oben geschilderten geophysikalischen Eigenheiten beste Voraussetzungen für einen gigantischen Schiffskreisverkehr im Uhrzeigersinn: Der idealtypische Kapitän einer Karavelle oder Galeone, der beispielsweise von Lissabon aus in See stach, musste »nur« das Folgende tun: *erstens* auf einem Südausläufer des Golfstroms zur westafrikanischen Küste reiten, *zweitens* mithilfe des beständigen Nordostpassats den Atlantik in Richtung Karibik überqueren, *drittens* auf dem Hauptzweig des Golfstroms in nordwestlicher Richtung entlang der amerikanischen Küste treiben und *viertens* mit dem starken Westwind im Rücken über den Nordatlantik zurück nach Europa segeln. Eventuell erwies sich dabei das allerletzte Wegstück in europäischen Gewässern (insbesondere durch den Golf von Biskaya und entlang der nordspanischen Küste) sogar als die schwierigste aller Etappen. Ein großartiges Geschenk der Natur für die Portugiesen, Spanier, Franzosen und die schließlich auch nachziehenden Briten. Würde die Erde sich andersherum drehen, hätte sich eine Ost-West-Kolonisierung des atlantischen Raumes wohl kaum ereignet – und damit auch nicht die industrielle Revolution in England.

Denn die Bewohner der Britischen Inseln erwiesen sich bald als die wahren Meister im Dreieckshandel mit den Eckpunkten Westafrika, Karibik und Nordwesteuropa. Zwischen 1680 und 1807 (als der Sklavenhandel durch das Parlament in Westminster verboten wurde) war eine gigantische Wirtschaftsmaschine in Betrieb, die bedenkenlos menschliches und natürliches Kapital in den Kolonien einsog und unvorstellbare Reichtümer für das Mutterland ausspuckte. Der Transmissionsriemen dieser Apparatur war eine stattliche Flotte von kombinierten Sklaven-Fracht-Schiffen. Um 1740 schickte die Stadt Liverpool alleine 33 dieser Transporter pro Jahr auf die Triangelroute. Wenn Wetter und andere Eventualitäten mitspielten, sah die optimale Gewerbestrategie wie folgt aus:

Im Oktober verließ man, schwer beladen mit Feuerwaffen, Textilprodukten und billigen Manufakturwaren (wie Glasperlen) die Britischen Inseln, um innerhalb weniger Wochen die westafrikanische Küste (insbesondere den Abschnitt zwischen den heutigen Staaten Liberia und Kamerun) zu erreichen. Dort wurden mit den mitgebrachten Gütern von den lokalen Stammeshäuptlingen und Menschenhändlern möglichst viele junge und kräftige Sklaven erworben. Im Dezember wagte man die Überfahrt in die Karibik, wo man die (überlebenden) Sklaven an die dortigen Plantagenbetreiber verkaufte, um von den Erlösen hauptsächlich Zucker, Rum und Baumwolle zu erstehen. Im April segelte man in nordöstlicher Richtung zurück nach Europa, wo man – wenn alles gut ging – Anfang Juni ankam und die Ladung mit großem Gewinn veräußern konnte. So weit die kommerzielle Theorie. In der Praxis fuhren bei Weitem nicht alle beteiligten Schiffe das gesamte Dreieck ab. Und immer wieder kam es zu dramatischen Ausfällen durch Stürme, Krankheiten, Sklavenrevolten und bewaffnete Auseinandersetzungen mit Konkurrenten.

Alle Ängste vor solchen Gefahren, ebenso wie alle moralischen Bedenken, verblassten angesichts der fabelhaften Profitabilität der transatlantischen Unternehmung. An jeder Ecke des Dreiecks gab es einen unschlagbaren »komparativen Vorteil«: Im feuchtheißen Klima der karibischen Inseln gediehen Zuckerrohr (mit seiner fantastischen Photosyntheseleistung: siehe Kapitel 10), Tabak und Baumwolle nebst vielen exotischen Früchten und Gewürzen prächtig. Die westafrikanischen Küstenländer brachten Menschen hervor, die von ihrer physischen Ausstattung her als Einzige über längere Zeiträume im karibischen Klima schwere Plantagenarbeiten durchstehen konnten. Selbst wenn die weißen Kolonialherren zu solch niedrigen Verrichtungen bereit gewesen wären, hätten sie dafür niemals die körperlichen Voraussetzungen mitgebracht. Sogar die indianische Urbevölkerung, die man zunächst auf die Zuckerrohr- und Baumwollfelder gezwungen hatte, kollabierte in wenigen Jahrzehnten unter dieser Qual. Deshalb die Zwangsimmigration der Afrikaner, denn die Karibik war der Ort, wo das große Geld gemacht werden konnte. Beispielsweise belief sich 1773 der Gesamtwert der britischen Importe aus Jamaika auf das Fünffache dessen, was die Kolonien auf dem amerikanischen Festland lieferten. Und zur selben Zeit produzierte die kleine Antilleninsel Antigua (281 Quadratkilometer) dreimal so viele Waren für die Märkte im Mutterland wie alle Neuengland-Kolonien zusammen. Die Siedlungen auf dem amerikanischen Kontinent fungierten im Wesentlichen als Hinterland und Zulieferplattform für den karibischen Wirtschaftsraum.

Die letzte Ecke des atlantischen Triangels schließlich, das britische Vereinigte Königreich, hatte die Nase bei der Manufaktur von Artikeln des täglichen Gebrauchs, insbesondere von Textilien, vorn, und damit sind wir zur Weberei in Lancashire zurückgekehrt. Im frühen 18. Jahrhundert war das Textilgewerbe bereits – nach der Landwirtschaft – der wichtigste Wirtschaftszweig Großbritanniens. Und Baumwolle erfreute sich als Ausgangsstoff inzwischen wesentlich größerer Beliebtheit als Schafswolle oder Flachs (für die Leinenproduktion), denn die daraus gefertigten Kleidungsstücke waren leicht, bei hohen Temperaturen waschbar und ließen sich problemlos mit attraktiven Mustern bedrucken. Kays *Flying Shuttle* hatte nun die Wertschöpfungskette an einer bestimmten Stelle angespannt, und großer Gewinn winkte jedem, der die anderen Glieder nachführen konnte. Vor allem musste sich ein Weg finden, die von den Schiffen angelieferte Rohbaumwolle schneller zu Garn zu spinnen. Preisgelder in beachtlicher Höhe wurden für entsprechende Erfindungen ausgelobt. Und tatsächlich stellte 1764 James Hargreaves mit der *Spinning Jenny* eine vielversprechende Maschine der Öffentlichkeit vor. Dieses Holzgestell mit Antriebsrad und anderen mechanischen Elementen vermochte die Bewegung menschlicher Hände nachzumachen. Es war die Mutter aller Werkzeugmaschinen, sie erlaubte (nach einigen Verbesserungen) das gleichzeitige Spinnen von bis zu 100 Baumwollfäden. Die hölzerne *Jenny* löste das Garnnachschubproblem *beinahe*, ebenso wie sie *fast* der erste Apparat der Moderne war, denn das Gerät war unhandlich, und es musste durch menschliche Muskelkraft angetrieben werden.

Den Tigersprung in die wahre Welt der Mechanisierung schaffte nur fünf Jahre später der junge Perückenmacher Richard Arkwright aus Preston. Diese Stadt im Herzen von Lancashire kann auf Woll- und Leinenwebertraditionen zurückblicken, die bis ins 13. Jahrhundert zurückreichen. Arkwright, der auch bedenkenlos in fremden Ideenrevieren wilderte, arbeitete mit Partnern wie besessen am Konzept einer völlig neuartigen Spinnmaschine und hielt 1769 die Patenturkunde dafür in Händen. Schon 1772 ging in Cromford (in der südöstlich von Lancashire gelegenen Grafschaft Derbyshire) die erste *Fabrik* in Betrieb, in der Maschinen Garn produzierten. Der Gesamtapparat erhielt von Zeitgenossen bald den Namen *Water Frame* (Wassergestell), weil er durch einen Bach angetrieben wurde, dessen Fließkraft ein riesiges Schaufelrad aufnahm. Die Maschinen selbst bestanden aus einer Vielzahl von Walzen, Wellen und Spindeln, die auf raffinierte Weise in gewaltige Holzrahmen eingefügt und über gefaltete Lederriemen miteinander gekoppelt waren. Die entscheidende Neuerung stellte jedoch die Substitution organischer Energie (von Tieren oder Menschen) durch eine anorganische Quelle (das Gefälle des Wassers) dar – zum ersten Mal in der Geschichte der Textilverarbeitung!

In diesem Pionierzweig der britischen Volkswirtschaft überschlugen sich alsbald die Innovationsereignisse: 1778 wurde vom Weber Samuel Crompton die *Mule* (»Maultier«) erfunden, eine Kombination der *Spinning Jenny* und des *Water Frame* zur Produktion von Baumwollgarn (oder auch Schafwollgarn). Rasch griff der Mechanisierungsprozess über den Spinnvorgang hinaus. 1793 wurde in den amerikanischen Kolonien die *Cotton Gin* konstruiert, eine Maschine, welche die Entkörnung der Baumwolle erleichterte. Dieser wiederum bescheiden anmutende technische Fortschritt hatte weltpolitische Bedeutung: Im hügeligen Binnenland der US-Südstaaten (von North Carolina bis Louisiana) ließen die Umweltbedingungen nur den Anbau von Baumwollsorten zu, welche den karibischen Varianten im Rahmen der traditionellen Verarbeitung unterlegen waren. Dieser natürliche Nachteil wurde durch den Einsatz der *Cotton Gin* praktisch eliminiert, sodass den amerikanischen Süden nun ein Rausch um das »weiße Gold« erfasste, welcher wiederum die »Plantokratie« des *Black Belt* (also der von schwarzen Sklaven bestellten Agrarregion) hervorbrachte. Diese Art der Ausbeutung schuf großen Reichtum für die weiße Herrenklasse, steigerte das Selbstbewusstsein der Südstaaten und führte schließlich zum Sezessionskrieg mit all seinen Implikationen für das politische und ethische Selbstverständnis der Vereinigten Staaten von Amerika. Insofern ist die Geschichte des 20. Jahrhunderts, das häufig als »amerikanisches Jahrhundert« bezeichnet wird, mitsamt seinen beiden Weltkriegen nicht zuletzt ein Produkt der *Cotton Gin*.

Die *weltwirtschaftliche* Bedeutung dieser Innovation setzte schon gegen Ende des 19. Jahrhunderts ein, denn das Verfahren senkte die Preise für Rohbaumwolle dramatisch. Nun war der Boden bereitet für den Schlussansturm auf den »Heiligen Gral« der Textilmanufaktur: das Verweben des Garns. Den entscheidenden Vorstoß machte 1785 der englische Geistliche Edmond Cartwright (1743–1823). Er entwickelte nämlich einen automatischen Webstuhl, der einerseits die Anwendung des *Flying-Shuttle*-Prinzips auf breitere Stoffbahnen gestattete und andererseits einen externen Antrieb über eine Nockenwelle vorsah. Und eben letztere Idee entfachte die industrielle Revolution endgültig – als Funken in einer Detonationsladung, deren Explosivität durch das Zusammenwirken verschiedener Einzelteile zustande kam (siehe unten). Denn schon im Jahr 1787 eröffnete der Oxford-Absolvent Cartwright eine Fabrik, in der seine neuen Webstühle mit *Dampfkraft* angetrieben wurden: Der *Power Loom* (»Kraftstuhl«) war geboren. Und damit vereinigte sich der Innovationsstrom im Textilgewerbe mit einem rasch anschwellenden Modernisierungsfluss, der aus ganz anderen Quellen gespeist wurde.

Letztlich war es eine besondere Raffinesse der Gewerbegeschichte, welche diese Konvergenz von Fortschrittsbewegungen – die Vermählung von Maschine und Dampf – hervorbrachte. Denn die britische Schifffahrt, welche ungeheure Mengen von Baumwolle in den nun weltweit führenden Textilsektor einspeiste, verschärfte selber eine eklatante Mangelsituation, welche die kommerzielle Blüte des hohen 18. Jahrhunderts wohl bald wieder erstickt hätte: Das Holz wurde knapp! Der fortwährende Bau von neuen Schiffen hatte, im Verein mit anderen Nutzungsformen und Konversionsansprüchen (wie dem Betrieb von Gerbereien oder der Schaffung zusätzlichen Ackerlands), seit dem Mittelalter zur Aufzehrung der natürlichen Hochwälder Englands und Irlands geführt. Ende des 17. Jahrhunderts waren weite Teile der Britischen Inseln vollständig abgeholzt. Als Alternative zum Holz bot sich – zumindest für den Hausbrand, also das Heizen, Kochen und Beleuchten – nur ein stinkendes, qualmendes Mineral an, das zudem ausgesprochen schwer zu fördern war: die *Kohle*. Um 1680 wurden davon allein in London an die 2000 Tonnen pro Tag verbrannt, mit unangenehmen bis gesundheitsschädlichen Nebenwirkungen. Aber wo sollte die Wärmeenergie im feuchtkühlen England sonst schon herkommen, wo landwirtschaftliche Produktivitätssteigerungen zwischen 1640 und 1750 die Bevölkerung stark anwachsen ließen?

Andererseits war der schwarze Stoff, wie schon angedeutet, alles andere als leicht zu gewinnen. Zwar fanden sich in England, Wales und Schottland reiche Steinkohlelagerstätten (in Lancashire selbst, vor allem aber in den nicht weit davon entfernten Grafschaften von Stafford, Warwick und York). Aber schon bald musste man immer tiefer nach dem Energieträger graben und geriet dadurch mit dem Urfeind des Bergbaus aneinander, dem Grubenwasser. Mithilfe der seit dem Mittelalter entwickelten »Wasserkünste« versuchte man die Schächte mit Eimerketten leer zu pumpen, die wiederum von Pferden oder Wassermühlen bewegt wurden. Im letzteren Fall versuchte man also dem Element Wasser mit ihm selber beizukommen! Eine verwandte »selbstreferentielle« Möglichkeit eröffnete der technische Fortschritt zu Beginn des 18. Jahrhunderts: Die *Förderung der Kohle durch sich selbst*, wodurch eine mächtige positive Rückkopplungsschleife in Gang gebracht wurde (siehe etwa Sieferle u. a. 2006).

Denn der Einsatz tierischer Energie für die Wasserkünste war teuer, und geeignete Flüsse oder Bäche für den Mühlenantrieb fanden sich nicht überall. Deshalb wurde verzweifelt eine andere Lösung gesucht und schließlich in der *Atmospheric Engine* (»Atmosphärenmaschine«) von Thomas

Newcomen (1663–1729) verwirklicht. Der war ein englischer Schmied und Einzelwarenhändler, der in zehnjähriger Tüftelei die Entwicklungsarbeiten französischer Physiker (wie Denis Papin) und seines Landsmanns Thomas Savery zur Nutzung der Dampfkraft in einem praxisfähigen Gerät vollendete. Newcomens Kolbenmaschine kam 1712 zur Entwässerung eines Kohlebergwerks in Staffordshire erstmals zum Einsatz. Als Brennmaterial für die Dampferzeugung wurde genialerweise der Zielstoff der ganzen Unternehmung selbst eingesetzt, nämlich die Kohle (insbesondere die unverkäuflichen Förderreste wie Staub und Splitter). Der energetische Wirkungsgrad der Maschine war mit etwa 0,5 Prozent zwar erbärmlich, aber das Ganze rechnete sich dennoch, weil vor Ort genügend fossiles Ausschussmaterial anfiel. Nur in einer Kohlegrube also konnte Newcomens Erfindung zur Unterstützung der Kohleförderung überhaupt betrieben werden.

Den Ausbruch aus dieser komfortablen, aber in kommerzieller Hinsicht fragwürdigen Situation organisierte ein kränklicher, vergrübelter Schotte, der an der Universität von Glasgow eine Stelle als Instrumentenmacher gefunden hatte. James Watt (1736–1819) entstammte einer Familie mit gewissen handwerklich-technischen Traditionen, die aber zu arm war, um ihm das angestrebte Medizinstudium zu ermöglichen. Als er 1764 den Auftrag erhielt, ein Unterrichtsmodell von Newcomens »atmosphärischer Feuermaschine« zu reparieren, begann er über die Verbesserung dieser ineffizienten Maschine nachzudenken. Da dies ein Buch über das Klimaproblem ist und nicht über die Geschichte der Dampfkraft, muss ich der Verlockung widerstehen, nun die faszinierenden mechanischen und thermodynamischen Details auszubreiten. Deshalb schweige ich zur Kondensator-Dampfsteuerung der Kolbenbewegung oder zum legendären »Watt'schen Parallelogramm«. Jedenfalls erreichten die neuartigen Dampfmaschinen schließlich einen energetischen Wirkungsgrad von etwa 3 Prozent und waren damit der Newcomen-Technik grob um den Faktor 5 überlegen. Dazwischen lag eine ganze ökonomische Welt. Der Unternehmer Matthew Boulton hatte dies schon früh erkannt und ab 1774 begonnen, Watts geniale Bastelarbeiten zu finanzieren. Ohne diese archetypische Partnerschaft zwischen Experiment und Profit hätte die industrielle Revolution in England wohl erst deutlich später Fahrt aufgenommen. Boulton hatte den nötigen Panoramablick für die kommerziellen Einsatzmöglichkeiten der Dampfmaschine, die sich unter Watts Händen schließlich zum *Universalmotor* entwickelte.

Im den 1780er-Jahren kam es dann zum »Urknall« der Industrialisierung, zur Vereinigung von Spinn-, Web- und Dampfmaschinen. Dieser

»Bang« war zunächst nicht »Big«, sondern eher wie ein schwaches Glimmen in einem feuchten Pulverfass. Doch nur allzu bald explodierte das Fass und hatte insbesondere im Textilsektor eine ungeheure Druckwelle zur Folge. In der neu geschaffenen baumwollverarbeitenden Industrie des Vereinigten Königreichs nahm der Ausstoß über mehrere Jahrzehnte hinweg jährlich um circa 6 Prozent zu. Entsprechend steigerte sich der Anteil dieses Wirtschaftssektors an der gesamten gewerblichen Wertschöpfung zwischen 1770 und 1831 von 2,6 auf rund 25 Prozent, wodurch die Baumwolle zum dominierenden ökonomischen Faktor aufstieg. Nach 1860 beherrschte Großbritannien mit seinen Garnen und Stoffen den Weltmarkt; etwa 35 Prozent aller ausgeführten Güter waren von diesem Typ.

Zum urbanen Sinnbild dieser Entwicklung wurde Manchester, im 19. Jahrhundert auch »Cottonopolis« (Baumwollstadt) genannt. Dort wagte Richard Arkwright die ersten Versuche mit dampfbetriebenen Spinnmaschinen, dort gab es 1853 nicht weniger als 108 Fabriken, sogenannte *Cotton Mills* (in Erinnerung an den Wasserkraftursprung der Mechanisierung). Diese Stadt wurde zur Wiege der ökonomischen Lehre des »Manchester-Kapitalismus« ebenso wie zum Schauplatz des weltweit ersten Gewerkschaftskongresses vom 2. bis 6. Juni 1868. Da in Manchester selbst der Platz knapp wurde, fraß sich die Textilindustrie rasch und tief ins Hinterland von Lancashire weiter und machte verschlafene Siedlungen wie Bolton oder Oldham zu kommerziellen Zentren von globaler Bedeutung. 1913 wurden schätzungsweise 65 Prozent der Weltbaumwolle in der Region verarbeitet! Die sozialen und kulturellen Implikationen dieses Industrialisierungsrausches sind eine andere Geschichte. Sie wird von Schriftstellern wie Charles Dickens (*Hard Times*) oder der wunderbaren Elizabeth Gaskell anrührend erzählt. Letztere lässt ihre Heldin im Drama *North and South* in einem Brief an ihre Cousine, die in Sussex ein beschauliches Landleben führt, die folgenden Sätze schreiben: »Heute habe ich den Teufel in seiner Hölle gesehen. Diese ist nicht schwarz, wie Du denken magst, sondern weiß – schneeweiß.« Sie bezieht sich auf den Besuch einer Garnfabrik in der fiktiven Stadt Milton (für »Mill Town«), wo Hunderte von Kindern, Frauen und Männern im unablässigen Regen von Baumwollflocken hustend an den Maschinen arbeiten.

Und im *Black Country*, der hügeligen Region zwischen Birmingham und Wolverhampton, wurde dann in einer beispiellosen Fortschrittsorgie, bei der eine Innovation ein Bündel weiterer nach sich zog, die *Schwerindustrie* geboren. Die Kohle war der mächtige Wurzelstock des hochschießenden Baums: Sie speiste die Dampfmaschinen, welche nun die Textilfabriken antrieben, aber sie ersetzte auch das zur Neige gehende Holz bei der *Eisenverhüttung*, einem rasend wachsenden Sektor. Voraussetzung dafür war die Umwandlung von Steinkohle in Kokskohle in Hochtemperaturanlagen, wo dem fossilen Brennstoff seine flüchtigen Anteile ausgetrieben wurden.

Kohle, Eisen und Dampf – diese Zutaten fügten sich in der Neuerungshitze des frühen 19. Jahrhunderts zur größten Erfindung der Transportgeschichte, der *Eisenbahn*. 1804 konstruierte Richard Trevithick, der Sohn eines Bergwerksingenieurs aus Cornwall, die erste funktionstüchtige Dampflokomotive. 1825 wurde die Stockton & Darlington-Linie in Nordengland eröffnet, welche zum ersten Mal neben Gütern auch Personen transportierte. Und innerhalb weniger Jahrzehnte hatte die Eisenbahn die Reise- und Beförderungszeiten im Vereinigten Königreich drastisch reduziert, dadurch die allergünstigsten Voraussetzungen für die weitere Entwicklung der Schwerindustrie geschaffen und gewaltige zusätzliche Nachfrage nach Kohle, Eisen und Dampf generiert. Ein Innovationskreis schloss sich nach dem anderen, eine Wirtschaftsschleife verband sich mit der nächsten und der übernächsten.

Das *Black Country* war wie kaum eine andere Landschaft als Schauplatz der schwerindustriellen Revolution prädestiniert, denn es barg aufgrund seiner geologischen und geographischen Charakteristik vier essenzielle Naturschätze: Holz, Wasser, Steinkohle und Eisenerz. Schon in der Präindustrialisierungsphase im 17. Jahrhundert klapperten in der Gegend an unzähligen Bächen Mühlen zum Antrieb der Schmiedewerke. Im viktorianischen Zeitalter (1837–1901) stand die Region an der Spitze der landesweiten Industrialisierung und war bald Gegenstand zahlreicher literarischer und soziokultureller Diskurse. Beispielsweise dürfte J. R. R. Tolkien im *Herr der Ringe* das düstere Reich von Mordor dem *Black Country* nachempfunden haben: Schließlich bedeutet »Mor-dor« in der Elfensprache nichts anderes als »Schwarzes Land«!

Über das Anekdotische hinaus habe ich in Abbildung 28 versucht, das Kerngeflecht von wirtschaftlichen, technischen und naturräumlichen Faktoren, Ursachen und Wirkungen zu skizzieren, welches iterativ die industrielle Revolution auf den Britischen Inseln hervorgebracht hat. Den Innovationskern bildet eindeutig das Viereck Textilfabrikation, Dampfmaschine, Verhüttung und Eisenbahn. Ohne die Verfügbarkeit einer schier unerschöpflichen Quelle an Brennenergie in der hoch verdichteten Form der Steinkohle hätte sich dieses Kausalknäuel allerdings niemals in einen Feuerball des Fortschritts verwandelt – darauf werde ich gegen Ende dieses Kapitels nochmals zu sprechen kommen.

Die Systemdynamik, wie sie im obigen Diagramm extrem vereinfacht formuliert wurde, ist natürlich ein historisches Unikum, das weitgehend durch die Eigenheiten der britischen Entwicklung seit der frühen Neuzeit und die Einbettung dieser Entwicklung in die europäische und atlantische Zivilisationsgeschichte bestimmt ist (hierzu unten gleich mehr). Aber sie repräsentiert zugleich ein allgemeines Wirkmuster, welches andere geeignete Wirtschaftsräume durchdringen und sich dort selbst verstärken konnte – wenn nur der Zugriff auf Schlüsselinnovationen gelang. Dabei scheute man kriminelle Akte wie die Industriespionage nicht. Die erste kontinentaleuropäische Spinnerei mit *Water-Frame*-Maschinen wurde 1744 im nordrheinischen Ratingen (Bergisches Land) vom Kaufmann Johann Gottfried Brügelmann eröffnet. Dieser war am Versuch, moderne Geräte zur Baumwollverarbeitung zu konstruieren, gescheitert. Deshalb zahlte er wohl viel Geld dafür, den Engländern das technische Geheimwissen zu entwenden. Interessanterweise ist das benachbarte Düsseldorf bis heute das Zentrum der deutschen Modebranche – Verbrechen lohnt sich eben doch.

Die eigentliche Wiege der Schwerindustrie auf dem Festland ist dagegen das Lütticher Becken (Wallonien), wo seit dem späten Mittelalter reiche Kohle- und Eisenerzvorkommen abgebaut wurden. Schon 1720 hatte man dort in einer Mine – ganz legal – eine Dampfmaschine vom Newcomen-Typ in Betrieb genommen und damit einen kontinentalen Brückenkopf für die Invasion der neuen Wirtschaftsweise gebildet. Alsbald wurden geeignete Gebiete in Frankreich (etwa um Rouen, Paris und Lyon) erobert, gegen 1850 erfasste der Siegeszug das deutsche Ruhrgebiet. Die kommerzielle Revolution breitete sich bevorzugt entlang von Flüssen durch hügelige und bergige Landschaften aus, wo das Textilgewerbe schon lange heimisch war und die Natur die Grundstoffe für die Schwerindustrie oft in passender Kombination bereithielt. Fasern, Wasser, Holz, Kohle und Eisenerz waren die kanonischen Standortfaktoren, aus denen die Moderne sukzessive ersponnen und erschmolzen wurde.

Nach diesem Eilmarsch durch die Innovationsgeschichte will ich noch versuchen, die oben gestellten Fragen im Hinblick auf die Ursächlichkeit, Einmaligkeit und Zeitlichkeit der industriellen Revolution *grosso modo* zu beantworten – im Sinne des furchterregend klugen Physik-Nobelpreisträgers Murray Gell-Mann, der den Begriff »CLAW« (*Crude Look at the Whole*, siehe Gell-Mann 1994) geprägt hat und mit dem ich am Santa Fe Institute in New Mexico gelegentlich über das Wesen komplexer Systeme plaudere. Wer sich mit meinem Dilettantismus in dieser Materie nicht zufriedengeben möchte, sei an die Studien der Schule um Rolf Peter

Sieferle oder auf die großartigen Schriften von Jürgen Osterhammel (etwa Osterhammel 2010) verwiesen. Warum also begann alles im England des 18. Jahrhunderts? Die Antwort lautet: Aufgrund einer Verkettung günstiger Umstände und Ereignisse, welche eine soziotechnische Initialzündung dort und damals möglich, vielleicht sogar wahrscheinlich, aber dennoch nicht zwingend machte. Dabei müssen England und die Britischen Inseln stets im Kontext der europäischen Zivilisationsgeschichte gesehen werden.

Zunächst einmal weist Nordwesteuropa außerordentlich vorteilhafte naturräumliche Voraussetzungen auf. Über die günstigen Bedingungen für die Atlantikschifffahrt, die Verfügbarkeit von Wasserkraft, fossilen Energieträgern und wertvollen Erzen in den hügeligen Urregionen der Schwerindustrie habe ich schon ausführlich gesprochen. Gerade in Großbritannien kam eine transporttechnisch wohlmeinende Geographie hinzu – beispielsweise ließen sich die Rohstoffe aus entfernteren Landesteilen wie Schottland, Südwales oder Yorkshire relativ kostengünstig über den Seeweg in die Metropole London schaffen. Vor allem aber ist England ein land- und gartenwirtschaftliches Dorado mit einem ganzjährig milden Klima ohne scharfe Extremereignisse, mit vielgestaltigen kleinräumigen Landschaften und mit überwiegend fruchtbaren, bisweilen sogar tiefgründigen Böden. Die hortikulturelle Laufbahn meiner Frau Margret kulminierte zweifellos in den vier Jahren, als wir im ostenglischen Norfolk ein altes Postamt mit riesigem Garten bewohnten. Der Rasen war selbst im Januar ein dicker grüner Teppich, im Mai barsten die Rosensträucher an den Ziegelwänden des Hauses vor weißen Blüten, und jede Pflanze, die man achtlos irgendwo in die Erde drückte, wuchs und gedieh.

Diese persönlichen Eindrücke mögen die Außergewöhnlichkeit Englands als Agrarstandort illustrieren. Ab etwa 1640 begann dort die Ausschöpfung der entsprechenden Potenziale, die mit den Mitteln der traditionellen Landwirtschaft gegen 1870 abgeschlossen war. Eine Fülle von Faktoren führte zu einer *Überfluss*situation, denn schon Mitte des 19. Jahrhunderts konnten 20 Prozent der Bevölkerung im Agrarsektor die übrigen 80 Prozent der (rasch wachsenden!) Population ernähren. Um 1500 war das noch genau umgekehrt gewesen. Diese landwirtschaftliche Revolution war von zahlreichen Neuerungen wie dem Eisenpflug geprägt. Und vor allem vollzogen sich die Ausdehnung der landwirtschaftlichen Produktionsflächen, die Steigerung der Betriebsgrößen und die tiefgreifende Transformation der Klassen- und Machtstrukturen auf dem Lande. Die Feudalherrschaften wurden durch ein Drei-Schichten-System aus Grundherren (»Landlords«), Pächtern und Landarbeitern ersetzt, die Allmenden (Gemeinschaftsflächen) aufgelöst und privatisiert, die lokalen Märkte durch den überregionalen Nahrungsmittelhandel marginalisiert.

Durch solche Entwicklungen und den wachsenden Zustrom überseeischer Produkte entstand ein reicher Nährboden für die heimische Bevölkerung, der zugleich die Freisetzung von Humankapital für gewerbliche Tätigkeiten jenseits der Landwirtschaft ermöglichte. Wohlstand – nicht Mangel oder gar Neid – dürfte eine Grundvoraussetzung gesellschaftlicher Innovation sein, und die entsprechenden agrarischen Überschüsse konnten in der Frühen Neuzeit nur in wenigen Regionen der Erde erzielt werden. Selbstverständlich generiert wachsender Wohlstand neue Knappheiten (wie den Schwund der Holzressourcen), aber Letztere können oft in der allgemeinen sozioökonomischen Vorwärtsbewegung überwunden werden (wie durch die Erschließung der Steinkohle). Dass eine solche breite Bewegung überhaupt zustande kam, war jedoch in erheblicher Weise »weichen« Faktoren zu verdanken, insbesondere dem *institutionellen Fortschritt*, dem *Geist der Aufklärung* und der *Ausbildung vielfältiger geschützter Fortschrittsräume*.

Den Tausenden von gelehrten Abhandlungen zu diesem Thema erlaube ich mir einige persönliche Akzente hinzuzufügen: Der Schutz von individuellem Leib, Leben und Eigentum sowie die Teilhabe an der gemeinschaftlichen Entscheidungsfindung wurde in England seit dem Mittelalter durch eine beispiellose Reihe von Verfügungen und Rechtsakten vorangetrieben. Mit der *Magna Charta Libertatum* (dem »Großen Freibrief«) gewährte König Johann Ohneland 1215 dem englischen Adel bedeutende Rechte und der Kirche Unabhängigkeit von der Krone. Dieses allererste Verfassungsdokument wurde im Laufe der Jahrhunderte immer weiter entwickelt und seine Geltung auf immer mehr Bevölkerungsschichten ausgedehnt. Schon bald nach der Unterzeichnung der Magna Charta entstanden parlamentsähnliche Körperschaften, an denen sich auch Bürgerliche beteiligen durften. König Eduard I. bestätigte 1295 die Regeln für ein »Modellparlament«, welche sich unter dem Einfluss des Adels herausgebildet hatten. Jahrhunderte später, nach dem mit zeitgenössischer Grausamkeit geführten »Englischen Bürgerkrieg« (1642–1649), wurde die *Bill of Rights* (»Rechteverfügung«) vom Königspaar Wilhelm III. von Oranien und Maria II. anerkannt – am 23. Oktober 1689, der ebenso wie der 14. Juli 1789 (Sturm auf die Bastille) und der 9. November 1989 (Fall der Berliner Mauer) zu einem Schicksalstag der Weltgeschichte wurde. Mit diesem Akt, der unter anderem die Immunität und Redefreiheit der Abgeordneten im Unterhaus garantierte, begannen der Siegeszug des Parlamentarismus und der komplementäre Niedergang des Monarchismus im Abendland.

Diese politische Entwicklung in England wurde gespiegelt durch rechtliche Fortschritte, die einem wachsenden Teil der Bevölkerung zugutekamen. Dabei rückte insbesondere das Privateigentum in den Rang einer Staatsikone auf. Den Anfang machte Wilhelm der Eroberer mit der Schaffung des Großen Reichsgrundbuchs (*Doomsday Book*) im Jahr 1086. Damit wurden erstmals die Landbesitzrechte flächendeckend und endgültig (also bis zum Jüngsten Tag – angelsächsisch: *Doomsday*) geregelt. 1679 wurden mit dem *Habeas Corpus Amendment Act* (ich verzichte auf die Übersetzung dieses Wortungeheuers) die Persönlichkeitsrechte von Individuen gegenüber dem Souverän gestärkt, vor allem durch die Einführung von Haftprüfungsverfahren. Und schon früher, im Jahr 1623, entstand in England ein umfassendes Patentgesetz (*Statement of Monopolies*), welches in erster Linie Privilegien beim Handel mit begehrten Waren (wie Salz oder getrockneten Heringen) einschränkte, aber auch die Grundlage für den Schutz des geistigen Eigentums schuf. Das deutsche Patentgesetz trat dagegen erst 1877 in Kraft, das niederländische noch später (1910). Unter Wirtschaftshistorikern findet sich inzwischen breite Unterstützung für die These, dass das britische Patentwesen starke Innovationsanreize setzte und das Tun von Industriepionieren wie Arkwright und Watt maßgeblich beeinflusste.

In diesem Zusammenhang kommt interessanterweise eine große, aber zwiespältige Figur ins Spiel, der frühe »Chefideologe« des Empirismus, Francis Bacon (1561–1626). Bacon erklärte die Naturbeobachtung zur obersten Instanz bei der Beurteilung von Theorien. Er glaubte an den allgemeinen Fortschritt durch beständiges Aufschichten von Erkenntnissen und begriff Wissen vor allem als machtvolles Instrument, um Nutzen zu stiften. Damit bündelte er Denkansätze, die sich seit dem Mittelalter in England entwickelt hatten und die von der aktuellen britischen Hochschulpolitik mit ihrer brachialen Forderung nach dem direkten »ökonomischen und sozialen Ertrag« von Bildung und Forschung erneut reflektiert werden. Francis Bacon trat als 13-Jähriger ins legendäre Trinity College in Cambridge ein, wo gut hundert Jahre später Isaac Newton in einer dunklen, engen Studienkammer das klassische Weltbild der Physik entwerfen sollte. Newtons Lebenslauf weist auch anderweitige Ähnlichkeiten mit dem von Bacon auf, der eine glänzende Karriere als Philosoph, Politiker und Geschäftsmann vollzog. Wegen Bestechlichkeit wurde Bacon vom König später zwar vom Hofe verbannt, aber lediglich zu einer Haftstrafe von vier Tagen (!) verurteilt. Er zog sich daraufhin aufs Land zurück, nahm seine naturkundlichen Studien wieder auf und verstarb auf britisch-skurrile Weise: Beim Versuch, tote Hühnchen durch Ausstopfen mit Schnee zu konservieren, zog er sich eine tödliche Lungenentzündung zu. Sein großer Nachfolger Newton war im Umgang mit Erkältungsgefahren wesentlich vorsichtiger: Sein einziger Redebeitrag als Unterhausabgeordneter soll sich auf den Luftzug im Parlamentssaal bezogen und mit der Bitte um Schließung der Fenster geendet haben.

Der intellektuelle Boden für viele Gelehrte in England wurde nicht zuletzt von einer Lichtgestalt der Voraufklärung bereitet, dem »anderen Bacon«: Der Franziskanermönch und Philosoph Roger Bacon (etwa 1220–1292), in Oxford als *Doctor Mirabilis* verehrt, entwickelte auf der Basis antiker und arabischer Quellen einen frühen abendländischen Zugang zum empirisch-wissenschaftlichen Verständnis komplexer Sachverhalte. Bereits im Jahr 1267 entwarf er den Bauplan für ein Mikroskop, welches 1608 von dem holländischen Brillenmacher Zacharias Jansen realisiert wurde. Roger Bacon war der eigentliche Begründer des britisch-pragmatischen *Common Sense*, also dem nüchternen Abwägen von Fakten beim möglichst sparsamen Zimmern von Hypothesengerüsten. Diese Denkschule wurde von einem anderen berühmten Oxforder Franziskaner, nämlich William of Ockham (etwa 1285–1347), kraftvoll weiterentwickelt.

Über den Staatstheoretiker Thomas Hobbes (1588–1679) und den Arzt und Moralphilosophen John Locke (1632–1704) führt die Leuchtspur der frühen Aufklärung direkt ins *Age of Reasoning* (Zeitalter der Vernunft), das ab der Mitte des 18. Jahrhunderts die abendländische Zivilisation umwälzte. Während auf dem Kontinent Immanuel Kant mit der Schrift *Was ist Aufklärung?*« (1784) das intellektuelle Manifest der ganzen Bewegung verfasste, entstanden in London die ersten Debattierklubs und in Edinburgh ein glanzvoller Zirkel von Nützlichkeitsphilosophen und Naturwissenschaftlern um David Hume (1711–1776) und Adam Smith (1723–1790). Bemerkenswerterweise war Schottland um 1750 eine der gebildetsten Regionen Europas mit einer Alphabetisierungsquote von 75 Prozent (was möglicherweise nur knapp unter dem heutigen Niveau liegt).

Die schottische Aufklärung wurde – als mächtiger Teilstrom des britischen Denkflusses – tatsächlich zu einer eminenten Triebkraft für die industrielle Revolution im ganzen Land. Denn anders als in den superkultivierten Kreisen der französischen Geistesaristokratie war man in den Regionen zwischen Edinburgh und Glasgow, zwischen Manchester und Birmingham oder zwischen Newcastle upon Tyne und Stockton-on-Tees von Sparsamkeit (kein Mythos!), Pragmatismus und Kontaktbereitschaft mit der in vielerlei Hinsicht schmutzigen Realität geprägt. Und gerade in der »Bodenständigkeit« der praktischen Vernunft auf der Insel liegt ein Schlüssel zum Geheimnis der britischen Pionierrolle bei der kommerziellen Mechanisierung der Welt. Das konkret verwertbare Fachwissen der in England, Wales und Schottland entstehenden technisch-naturphilosophischen Intelligenz hob sie (wie den 1786 geadelten *Water-Frame*-Erfinder Arkwright) ein gutes Stück in der Gesellschaftshierarchie empor, während gleichzeitig im Königreich weite Bereiche der Herrschaftselite einen Abstieg (auch im Sinne einer »Erdung«) erfuhren. Dadurch entstand eine breite und überaus fruchtbare Berührungsfläche zwischen Geist und Macht.

Wer jemals wie ich die Gelegenheit hatte, einige Jahre in der englischen Provinz (Norfolk, East Anglia) zu leben sowie an einem typischen Collegebetrieb (Christchurch, Oxford) teilzuhaben, weiß, was der *exzentrische Pragmatismus* der Inselkultur bedeutet. Dieser erwuchs letztlich aus der Spannung zwischen Abgrenzung und Vernetzung auf den unterschiedlichsten geographischen Skalen: Einerseits war man mit dem gesamten europäischen Zivilisationsraum verbunden, andererseits fand man seine Identität in den Kirchspielstrukturen (*Parishes*) der einzelnen Grafschaften. Großbritannien selbst, die führende Seefahrernation der Neuzeit, streckte über seine wohlgesicherten Küstengewässer die Hand nach dem ganzen Globus aus. Zu Hause, im Mutterland, bildeten sich – meist im Umkreis der *Stately Homes* und *Manor Houses* abseits der großen Städte – Mikrokosmen des Fortschritts aus, wo mit viel Zeit und Geld beharrlich neue Pfade im Alltäglichen erprobt wurden. Der Landlord war in erster Linie an der Ertragssteigerung seiner Güter interessiert, in zweiter jedoch an der Unterhaltung seiner großen Familie und seiner vielen Gäste. So umgab er sich zwanglos mit Gelehrten, Pfaffen, Technikern und Handwerkern, ohne Scheu vor den qualmenden, zischenden und ratternden Gerätschaften, welche in seiner Entourage neugierig erprobt oder sogar entwickelt wurden. Die selbstbewusste Ungehobeltheit, die in britischen Adelskreisen bis auf den heutigen Tag vorherrscht, bot dafür die beste Voraussetzung.

Die französischen Edelleute des Ancien Régime waren im Gegensatz dazu viel zu distinguiert und elegant, um sich die Hände im Umgang mit bastelnden Schmieden und Webern schmutzig zu machen – man zog vor, in der reinlichen Welt der Theorie unter sich zu bleiben. Zudem wurden Fortschritte vor allem dann honoriert, wenn sie die Raffinesse am Hof von Versailles, dem ausschließlichen Machtzentrum des Landes, steigerten. In dieser Hinsicht bestand eine strukturelle Verwandtschaft mit

China, der lange Zeit kultiviertesten Nation der Welt. Auch dort saugte ein gottgleiches Zentrum, die Kaiserdynastie in der Verbotenen Stadt, alle Lichtstrahlen der Erkenntnis und Erneuerung wie ein Schwarzes Loch ein. Insofern organisierten die Mandarine den nationalen Fortschritt in konzentrischen Kreisen um das Kaiserhaus und unterdrückten damit produktive Irrläuferinnovationen an der Peripherie.

Das vergleichsweise schwache englische Königshaus war hingegen nur *primus inter pares* in einer noch fragmentierten Machtlandschaft. Dort konnten spleenige Adlige mechanischen Spielereien und erfinderische Bürger gewinnbringenden Unternehmungen innerhalb ihrer geschützten Privatwelten nachgehen. Die eher beiläufige Fortschrittswirkung dieser systemischen Besonderheit wird trefflich illustriert durch die Uraufführung der Stromerzeugung aus Wasserkraft: 1878 ließ der englische Lord Armstrong eine entsprechende Anlage (10 Meter Fallhöhe, Siemens-Generator, 4 Kilowatt Leistung) am Debdon-Stausee errichten. Der so erzeugte Strom gelangte über eine kilometerlange Kupferleitung ins Schloss Cragside – um nachts die dortige Gemäldegalerie des Landedelmanns zu beleuchten! Tagsüber trieb die Elektrizität die Sägemaschine an, sodass eine für die Britischen Inseln nicht untypische, lebenspraktische Verbindung von Kunst und Kommerz vollzogen wurde.

Damit habe ich die aus meiner Sicht wesentlichsten Faktoren dargestellt, welche bei der Zeugung und Geburt der industriellen Revolution im Vereinigten Königreich zusammenwirkten. Die kundigen Historiker bringen unzählige weitere Aspekte ins Spiel. Etwa die von Karl Marx im 24. Kapitel des ersten Bandes des *Kapital* eindrucksvoll beschriebene »Ursprüngliche Akkumulation« (Marx 1867) und die Existenz eines fortgeschrittenen (auf die italienische Renaissance zurückgehenden) Finanzwesens in den Händen einer wagemutigen Entrepreneurklasse. Zusammenfassend kann man wohl sagen, dass der Aufbruch in die Moderne dort – auf englischem Boden – und dann – im 18. Jahrhundert – mit *unvermeidlicher Zufälligkeit* erfolgte. Auf engem Raum fand sich ungeplant eine hinreichende Zahl von notwendigen Bestimmungsstücken der Transformation zusammen, die von unvorhersehbaren Wendungen der Geschichte bereitgestellt wurden.

Die rücksichtslose Erschließung der Neuen Welt durch die iberischen Seefahrer und die Auflösung des britischen Feudalsystems fielen auf konsequente Weise in dieselbe Ära. Selbst die fortgeschrittenste Geschichtswissenschaft – möglicherweise gestützt auf intensivste interdisziplinäre Zusammenarbeit, mathematische Modellierung und massive Computersimulation – wird niemals in der Lage sein nachzuweisen, dass gewisse epochemachende Figuren zwingend in passender, fortschrittsfördernder Abfolge auftreten mussten. Wie beispielsweise der genuesische Abenteurer in spanischen Diensten, Cristoforo Colombo (etwa 1451–1506), dem bei der genial ausgedachten Westannäherung an Indien unerwartet Amerika in die Quere kam. Oder die »jungfräuliche Königin« Elizabeth Tudor (1533–1603), deren Weg auf den Thron von schierem historischen Irrwitz geprägt war und deren Wirken dennoch das *British Empire* begründete. Die Wissenschaft könnte dagegen sehr wohl zeigen, dass das parallele oder sukzessive Erscheinen solcher Persönlichkeiten in bestimmten Zeiten eine höhere *systemische Wahrscheinlichkeit* besitzt.

Aber solche geschichtsbildenden Persönlichkeiten und all diese Figuren bewegen sich nur an der Oberfläche des Geschehens. Das harte Herz der großen industriellen Transformation der Weltwirtschaft nach 1750 ist ohne jeden Zweifel die *Kohlenutzung*. Ohne das immer kräftigere Schlagen dieses Organs wäre die Mechanisierungsrevolution der Schreiner, Weber und Perückenmacher unweigerlich fern der Wasserläufe stecken geblieben. Doch da schlummerte unter der Erde ein schier unendliches Reservoir an fossiler Energie – ein geologischer Scherz der Natur, den ich in Kapitel 10 zum Besten gegeben habe. Wer immer dieses Reservoir erschloss, konnte Kräfte freisetzen, die alles überstiegen, was menschliche oder tierische Muskeln je leisten würden. Der »unterirdische Wald« (Sieferle 1982) harrte ergeben (oder listig?) der Fällaxt der Menschheit.

In letzter Konsequenz kann man die Zivilisationsgeschichte – von den frühen Wildbeutern bis zu den heutigen *Global Players* – entlang eines einzigen Entwicklungsfadens verfolgen, der *Energieproduktivität der Fläche*. Mussten die Frauen in der Altsteinzeit noch täglich ausgedehnte Areale nach Beeren und Wurzeln absuchen, um den metabolischen Energiebedarf weniger Personen zu befriedigen, reicht heute ein einziges sibirisches Gasfeld aus, um die Energieorgien im Lebensalltag von Millionen von Westeuropäern zu ermöglichen. Fortschritt ergibt sich so gesehen aus der exponentiellen Minderung des Flächenbedarfs pro Kopf der Bevölkerung! Abbildung 29 liefert eine entsprechend verdichtete Darstellung unserer kulturellen Evolution.

Diese Graphik ist natürlich nur eine Karikatur der verwickelten Realitäten, aber sie erzählt gleich mehrere spektakuläre Geschichten: *Erstens*, um den Sachverhalt der explodierenden Energieflächenproduktivität – der im Umkehrschluss eine dramatische Schrumpfung des Flächenbedarfs pro bereitgestellter Energieeinheit entspricht – überhaupt in ein Bild fassen zu können, wurde die horizontale Achse *logarithmisch* skaliert: Mit jedem Schritt um eine Haupteinheit nach links wird das Areal gezehntelt. Daraus ergibt sich unter anderem, dass die Industriegesellschaft den Wildbeutern bezüglich Energieflächenproduktivität um den Faktor 30 000 überlegen ist! Dies ist *zweitens* leider keine nachhaltige Errungenschaft, denn eine dauerhafte Bereitstellung von jeweils 150 Gigajoule pro Jahr für *10 oder 11 Milliarden* Menschen geben weder Himmel (Weltklima) noch Erde (fossile Ressourcen) her. Deshalb kann unsere Zivilisation keinesfalls am Jetztpunkt der historischen Entwicklung verharren, sondern muss *drittens* künftig eine kraftvolle Weiterbewegung im Energie-Flächen-Raum von Abbildung 29 vollziehen.

Denkbar sind vor allem zwei vehement auseinanderstrebende Pfade, nämlich zum einen der Weg in die *Hyperenergiegesellschaft*, wo aus Quasi-Punktquellen (wie Kernfusionsreaktoren oder Kernspaltungsanlagen der übernächsten Generationen) auch pro Kopf immer mehr Energie verfügbar wird. Oder zum anderen die asymptotische Annäherung an eine *Nachhaltigkeitskultur*, wo sich der Jahresenergieverbrauch pro Kopf stabilisiert und sich der Fortschrittspfeil durch Nutzung von Sonne, Wind, Wellen und Erdwärme in die Fläche zurückbiegt. Dadurch könnte allerdings *viertens* eine überaus problematische Bedarfskonkurrenz mit anderen Nachhaltigkeitszielen wie der zureichenden Versorgung der Weltbevölkerung mit gesunden Nahrungsmitteln oder der Bewahrung der Arten- und Landschaftsvielfalt entstehen. Wir stehen also in der Tat an einer epochalen Weggabelung und können dort nicht lange ratlos verharren. Wie man dieser dramatischen Herausforderung begegnen könnte, werde ich im dritten Teil (insbesondere Kapitel 27) skizzieren.

Zuvor aber noch mal ganz langsam zum Memorieren: Mit der Nutzbarmachung der Kohle im großen Stil begann ein neues Wirtschaften, gestützt auf »Energiesklaven«, die dicht gedrängt im Untergrund bereitstanden. Während ein Mitglied einer Jäger-und-Sammler-Gesellschaft noch etwa das Drei- bis Sechsfache der menschlichen Grundumsatzenergie akquirierte (in Form von Fleisch, Holz etc.), kann jedes Individuum der Industriegesellschaft im Schnitt auf das 70- bis 100-Fache dieser metabolischen Größe zugreifen. Eine Riesenschar von fossilen Energiegeistern ist uns also zu Diensten, sobald wir kleine Schalter umlegen oder flache Tasten drücken. Nichts könnte *weniger* selbstverständlich sein, und doch erwarten die Menschen in den reichen Nationen genau dies von ihrem Alltag.

Und mit der Blüte der Energiesklaverei wurde zwingend der Siegeszug des Industriekapitalismus in Gang gesetzt: Wer über das Geld verfügte, Produktionsanlagen zu erwerben, konnte dort mit den gleichermaßen käuflichen fossilen Ersatzarmeen Waren in ungeheuren Massen erzeugen, diese von den fossilen Transportgeistern in die weite Welt befördern lassen und Gewinne jenseits aller bekannten Grenzen anhäufen. Menschen brauchte man nicht mehr zu versklaven oder in Leibeigenschaft zu halten – sie waren ohnehin gezwungen, sich in Konkurrenz zu Maschinen für Hungerlöhne zu verdingen. So gesehen ist die Geschichte der Abolition (Abschaffung der Sklaverei) im britischen Imperium zwischen 1779 und 1838 nicht nur als Triumph der Mitmenschlichkeit zu sehen. Es kann kein Zufall sein, dass 1792 in Manchester, der Frontstadt der Mechanisierung, für eine Petition gegen die Sklaverei 20 000 Unterschriften unter den damals 75 000 Einwohnern organisiert wurden (siehe etwa Flaig 2009 und auch Kapitel 28).

Damit sind wir nahezu am Ende dieses Schnelllaufs durch die Wirtschaftsgeschichte der Menschheit angelangt. Frei nach Einstein sollte ein solches Narrativ »so einfach wie möglich, aber nicht einfacher« sein; entsprechend gehaltvoll ist dieses Kapitel ausgefallen. Es bleibt noch die Frage nach der *Einmaligkeit* der industriellen Revolution, die aber vergleichsweise leicht zu beantworten ist: Als der aus fossilen Quellen gespeiste Flächenbrand der Mechanisierung erst einmal in der Welt war, fraß er sich schnell und unaufhaltsam von England aus in die entlegensten Weltwinkel vor. Eventuellen Parallelentwicklungen zu einem späteren Zeitpunkt wurde damit jede Grundlage entzogen.

Allerdings ereignete sich diese zweite Große Transformation der Zivilisation – die Verwandlung in einen globalen Organismus mit künstlichem Stoffwechsel auf der Basis fossiler Ressourcen – in mehreren gewaltigen Wellen, deren Interferenzen die erstaunlichsten Muster des Fortschritts auf die Erde zeichneten. Die Fachleute streiten sich darüber, ob wir bis heute schon zwei, drei oder gar vier industrielle Revolutionen durchlaufen haben. Aber die komplexe Wirklichkeit lässt sich nicht zufriedenstellend in solche durchaus hilfreichen Schablonen pressen. Tatsache ist, dass seit dem Ausgang des 18. Jahrhunderts die Unterwerfung der Naturkräfte durch die Menschheit mit brutaler Konsequenz und stupendem Erfolg fortgesetzt wurde. Wobei es nach dem Zweiten Weltkrieg nochmals zu einer atemberaubenden Beschleunigung, zur »Globalisierung«, kam. Letztere ist vor allem anderen ein Produkt der modernen *Ultramobilität*, deren Realisierung den Verlauf der Fortschrittsgeschichte ganz wesentlich prägte.

An der Spitze der Bewegung (im wahrsten Sinn des Wortes) fuhr die Eisenbahn, welche in der ersten Hälfte des 19. Jahrhunderts zum dominierenden Transportmittel wurde. Allerdings ist diese Beförderungsart an starre Gleise gebunden und kann somit den Menschheitstraum von der völlig freien und mühelosen Bewegung nicht wirklich erfüllen. Man musste und konnte deshalb einen entscheidenden Schritt weiter gehen – zu Wasser, zu Land und in der Luft. Auf Flüssen, Seen und Meeren gelang dies besonders rasch durch die naheliegende Entwicklung des Dampfschiffes. Die erste funktionstüchtige und wirtschaftlich erfolgreiche Variante konstruierte der Amerikaner Robert Fulton im Jahr 1807: das *North River Steam Boat*, das zwischen New York und Albany pendelte. Genau ein Jahrhundert später erreichte die dampfgetriebene zivile Schifffahrt einen gigantischen Höhepunkt mit der Jungfernfahrt der »Kronprinzessin Cecilie« in Diensten der Norddeutschen Lloyd. Die Bordmaschinen hatten eine Gesamtleistung von 45 000 PS und verschlangen täglich 760 Tonnen Steinkohle; die Grenzen hinsichtlich Materialbelastung und Ressourcenverbrauch waren nahezu erreicht.

An Land war das Innovationstreiben in Richtung Bewegungsautonomie wesentlich bunter. Schon 1801 hatte ja Richard Trevithick in England mit dem *Puffing Devil* (»Pusteteufel«) der staunenden Öffentlichkeit ein frei steuerbares Straßenfahrzeug vorgeführt. Aber dieser Entwicklung ging aus technischen, infrastrukturellen und wirtschaftlichen Gründen bald der Dampf aus. Um neben der Schienenmobilität einen konkurrenzfähigen Transportmodus (insbesondere für Personen) zu etablieren, bedurfte es grundsätzlich neuer Technologien. Nicht Dampf, sondern Elektrizität, Gas und schließlich Benzin hießen die Antriebsstoffe, welche den Weg zur *Automobilität* wiesen. Der Luxemburger Étienne Lenoir schraubte 1863 den ersten Gasmotorwagen, das »Hippomobile«, zusammen. Der Franzose Gustave Trouvé stellte 1881 auf einer Pariser Messe ein ausgereiftes Elektroauto mit wiederaufladbarer Batterie vor – erst vor wenigen Jahren ist diese Fortschrittsspur wieder ernsthaft von der Industrie aufgenommen worden. Und 1886 schlug dann die offizielle Geburtsstunde des »Personenkraftwagens«: Der Deutsche Carl Benz meldete ein dreirädriges Gefährt mit benzingetriebenem Verbrennungsmotor (Einzylinder-Viertakter, 0,9 PS Leistung) und elektrischer Zündung zum Patent an (erteilt am 2. November 1886 unter der DRP-Nummer 37435).

Vorausgegangen waren unzählige Explosionen, Karambolagen und andere Missgeschicke. Dies erinnert mich an eine tragisch-komische Geschichte, die mir meine Mutter vor vielen Jahren erzählte und die zum lokalen Anekdotenschatz meines Heimatortes gehört. Im »Froschmarkt«, einem kleinen Viertel am Rande Ortenburgs, hatte sich in jener Gründerzeit der Automobilität ein besessener Tüftler einquartiert. Nach jahrelangen Arbeiten an seinem sensationellen Kraftwagen fand schließlich die Probefahrt von der Werkstatt zum Marktplatz unter den Augen von Hunderten von Schaulustigen statt. Doch schon auf Höhe der alten (inzwischen abgerissenen) Turnhalle, also nach etwa 500 Metern, platzte der Motor, und der Erfindertraum löste sich in einer schwarzen Rauchwolke auf. Der unglückliche Pionier der neuen Zeit setzte sich daraufhin mitten auf die Hauptstraße, schlug die Hände vors Gesicht und weinte wie ein Kind.

Diese kleine Episode illustriert das besondere, fast obsessive Verhältnis der Deutschen zur Automobiltechnik, zum Geruch von Benzin, heißen Reifen, Ledersitzen und staubigen Blechen. Aufgrund ihrer Innovationsführerschaft bei den Straßenkraftwagen (sowie auf bestimmten Feldern der Elektrotechnik und der Industriechemie) konnte die deutsche Wirtschaft in der zweiten Hälfte des 19. Jahrhunderts ihr britisches Vorbild mit sagenhaften Wachstumsraten überholen – zwischen 1871 und 1914 nahm die industrielle Produktion um etwa 500 Prozent zu. Dies hatte seine Ursache nicht zuletzt in der Breitenausbildung handwerklich-technischer Intelligenz in Berufsschulen und Betrieben und in der Spitzenausbildung von Ingenieuren und Naturwissenschaftlern an den *Technischen Hochschulen*, die ab 1820 mit elitärem Anspruch aus den *Polytechnischen Schulen* erwuchsen.

Die USA, die das Mutterland der industriellen Revolution schließlich noch viel deutlicher distanzierten (mit 32 Prozent der globalen Industrieproduktion zu Beginn des Ersten Weltkriegs), stießen paradoxerweise unter genau umgekehrten Vorzeichen in die Moderne vor: Henry Ford verhalf der *Fließbandfertigung* von Gütern zum epochalen Durchbruch, indem er sein legendäres Auto *Tin Lizzy* ab Januar 1914 in einer standardisierten Sequenz zahlreicher einfacher Handgriffe entlang einer Maschinenschleife herstellen ließ. Das Geniale an dieser Neuerung war, dass sie ungelernten Arbeitern erlaubte, technische Wunderwerke genormter Qualität im Kollektiv zu erschaffen. Ebendies wurde im damaligen Amerika bitter benötigt, denn es herrschte großer Mangel an qualifiziertem Personal. So wurde aus dem Mangel der (bis heute) nicht existierenden außerschulischen Berufsausbildung in den Vereinigten Staaten die Tugend der unschlagbar billigen Massenproduktion (siehe etwa Abelshauser 2010).

Die stürmischen industriellen Überholvorgänge insbesondere der USA und des Deutschen Reiches waren somit eng mit dem Mythos von der autarken, unbegrenzten Bewegung verknüpft. Der Wirkstoff, der diese Bewegung hervorbringen konnte, hieß jedoch nicht Kohle, sondern *Erdöl*. Dieser fossile Energieträger brachte – nach passender Raffinierung zu Benzin, Diesel oder Kerosin – zunächst seltsamen Vehikeln das Rollen über Land bei und verhalf später immer eleganteren Schiffen und Flugzeugen zu Passagen, zu denen kein Fisch und kein Vogel auf Erden befähigt wäre. Das Hochsteigen des Öls in die Herzkammer der Weltwirtschaft werde ich in Kapitel 16 skizzieren; hier möchte ich abschließend noch erzählen, warum es historisch überhaupt zu einer signifikanten Nachfrage nach dieser klebrigen und übel riechenden Substanz kam. Wie bei der Kohle, welche das schwindende Holz ersetzen musste, hatte dies mit einer wirtschaftlichen Verknappung zu tun – dem *Schwund der Walbestände* im Atlantik. Und dieser ökologische Kollaps resultierte in erster Linie aus einer erotischen Obsession der europäischen Gesellschaft seit der frühen Neuzeit.

Die Sekundärformung des weiblichen Körpers nach dem Sanduhrideal durch Korsetts, Mieder, Reifröcke und andere Folterinstrumente auf nackter Haut war zwischen 1500 und 1900 nicht nur bei den gehobenen Schichten Brauch. Kurioserweise begeisterte sich schon die »keusche« Königin Elisabeth I. von England für diese reizvolle Zumutung an die Frauen. Katharina von Medici, die 1533 den späteren französischen König Heinrich II. ehelichte, verordnete gar ihren Hofdamen einen maximalen Taillenumfang von 33 Zentimetern (Vieser und Schautz 2010)! Die Dessousmode der folgenden Jahrhunderte war zwar nicht immer so extremistisch, aber doch mit einigen Unterbrechungen (wie der episodischen Befreiung des Körpers durch die Französische Revolution) an der Hervorbringung atemberaubender weiblicher Kurven ausgerichtet. Das Skelettmaterial für die Korsagen lieferte das sogenannte Fischbein, genauer das *Barthorn* der Wale.

Die größten aller Meeressäuger filtern nämlich mit ihren gewaltigen Barten ungeheure Mengen von Plankton aus dem Wasser. Entsprechend biegsam und dauerhaft ist das Fischbein, mithin für die Zweckentfremdung durch die Miederindustrie prädestiniert. Im 19. Jahrhundert wurde die Schnürung des weiblichen Leibes zur echten Massenbewegung: »Eine sächsische Miederfabrik soll zu dieser Zeit innerhalb von zwölf Jahren 9 579 600 Krinolinen (gespreizte Unterröcke) produziert haben« (Vieser und Schautz 2010). Um den begehrten Rohstoff für die galante Ware zu beschaffen, musste der Walfang aggressiv intensiviert und geographisch ausgedehnt werden. Hauptaufmarschgebiet der anschwellenden Fangflotten war der Nordatlantik mit seinen Randmeeren. In diesen Gewässern hatten ab dem frühen 17. Jahrhundert zunächst die Engländer und die Niederländer, dann die Deutschen und schließlich die nordamerikanischen Kolonisten begonnen, Grönlandwale, Pottwale, Blauwale, Buckelwale, Finnwale und ihre Verwandten zu jagen. Die Insel Nantucket vor der Küste von Massachusetts (USA) wurde zum kommerziellen Drehkreuz dieser Hatz, welche mit dem Ambra (in den Eingeweiden von Pottwalen und Grundstoff für Parfüms) auch auf ein weiteres Aphrodisiakum zielte.

Aber das Walgewerbe schaffte darüber hinaus eine Substanz von größter ökonomischer Bedeutung herbei, nämlich den *Tran* (früher auch Polaröl genannt). Dieser wurde hauptsächlich aus dem Fettgewebe von Walen gewonnen, insbesondere durch das Auskochen von zerstückeltem Speck. Tran war der erste flüssige Brennstoff der Wirtschaftsgeschichte, der in nennenswertem Umfang erschlossen werden konnte. Seine Nutzung reichte vom Betrieb von Öllampen über die Herstellung von Nahrungsmitteln und Arzneien bis hin zur Produktion des Sprengstoffs Nitroglyzerin (dem Alfred Nobel seinen gewaltigen Reichtum verdankte und die Welt dadurch die Stiftung der hehren Nobelpreise). Tran war aber auch ein wichtiges Schmiermittel für die Maschinenarmaden der industriellen Revolution. Frivolität und Profitstreben wirkten somit immer stärker in Richtung Auslöschung der atlantischen Walpopulation zusammen: Mitte des 19. Jahrhunderts wurden von etwa 900 Fangschiffen jährlich bis zu 10 000 der Meeresriesen erlegt. Mit der deutschen Erfindung der Harpunenkanone beschleunigte sich nach 1860 das Gemetzel, und der Wal verschwand mehr und mehr aus den nördlichen Gewässern. Worauf die Fangflotten Kurs auf den Pazifik und den Indischen Ozean nahmen, wo in den 1930er-Jahren der Höhepunkt der Abschlachtung erreicht war. Ein Ersatzstoff für Walfett und Fischbein musste her – und wurde mit dem Petroleum gefunden. Dies löste die größte Wachstumsphase der Weltwirtschaftsgeschichte aus. Das Verbindungsglied zwischen Sex und Erdöl war somit der unappetitliche Tran – wenn das J. R. Ewing gewusst hätte...

13. Klima als Geschichtsmacht

Kann man eine Geschichte ohne Ereignisse erzählen? Wo die Zeit einfach stillsteht und alle Figuren in erstarrten Kulissen nur eines tun: *nichts?* Eine solche Geschichte wäre nicht nur sterbenslangweilig, sondern geradezu widersinnig, denn das Wesen des *Erzählens* ist ja gerade die Aneinanderreihung von Geschehnissen, Wendungen, Brüchen. Erst recht ist die Nachzeichnung der Menschheitshistorie eine Chronik von Handlungen und Entwicklungen, also weniger die Beschreibung von Zuständen als vielmehr von deren Änderung. In Anlehnung an die Physik Einsteins könnte man sogar sagen, dass es keine absolute Geschichte gibt, sondern nur *relative.*

In einem Drama – und die Geschichte der Zivilisation ist nichts weniger als das – wird der Fortgang der Handlung entweder durch die innere Dynamik der Akteure und ihrer Beziehungen zueinander bestimmt oder durch den Wandel äußerer Umstände oder aber durch das Zusammenspiel beider Grundelemente. Letzteres ist sogar der Regelfall: Herausforderungen der Umwelt (im weitesten Sinn) veranlassen (mehr oder weniger starke) Reaktionen der handelnden Personen, wodurch ein ganzer Prozess von Veränderungen in Gang kommen kann. In diesem Kapitel ist mit der Umwelt natürlich das Klima gemeint, welches auf allen Skalen – global, regional und lokal – Wirkungsmacht entfalten kann. Dies möchte ich durch einen kurzen Blick zurück in die Geschichte der Zivilisation belegen, wo zahlreiche historische Beispiele für den Einfluss atmosphärischer Bedingungen auf gesellschaftliche Entwicklungen ins Auge springen.

Allerdings fällt es schwer, eine scharfe analytische Unterscheidung zwischen Klima, Witterung und Wetter durchzuhalten: Wenn man ganz korrekt sein wollte, müsste man in jedem Fall die exakt definierten raumzeitlichen Teilmengen an meteorologischen Variablen und Dynamiken angeben, welche in Betracht zu ziehen sind. Dies wäre jedoch praktisch unmöglich. Welchen Ausschnitt des gesamten atmosphärischen Geschehens muss man etwa verwenden, um die berüchtigte »Magdalenenflut« von 1342 geophysikalisch angemessen einordnen zu können? Zahlreiche Chroniken belegen, dass im Juli des genannten Jahres massive Niederschläge eine Reihe von mitteleuropäischen Flüssen (unter anderem Rhein, Main, Donau, Elbe, Weser, Mosel und Moldau) auf Jahrtausendniveaus anschwellen ließen. Unzählige Menschen ertranken, die meisten Brücken wurden weggerissen und unfassbare Mengen an fruchtbarem Boden fortgeschwemmt. Der Landschaftsökologe Hans-Rudolf Bork, mit dem ich mich öfter über dieses traumatische Ereignis der deutschen Umweltgeschichte unterhalten habe, schätzt die entsprechenden Erosionsverluste auf ungefähr 13 Milliarden Tonnen (Bork 2006). In sämtlichen langjährigen Messreihen macht sich das Magdalenenhochwasser (benannt nach dem katholischen Gedenktag für Maria Magdalena am 22. Juli) als gigantischer Ausschlag bemerkbar.

Im Zusammenhang damit möchte ich vier übergreifende Einsichten formulieren. *Erstens*, die Flutkatastrophe von 1342 kann in der Tat mit den unterschiedlichsten Zeitmaßstäben der Atmosphärenwissenschaften vermessen werden. Rein *meteorologisch* betrachtet handelte es sich um ein einzelnes Extremregenereignis von örtlich bis zu 250 Millimetern innerhalb weniger Tage (das entspricht grob einem Drittel des Jahresgesamtniederschlags). Aus der *synoptischen* Perspektive (vergleichende Zusammenschau von Wetterphänomenen mit Schwerpunkt Mustererkennung) lag damals vermutlich eine spezielle Trogwetterlage vom Typ »Vb« vor. Solche Witterungsverhältnisse treten oft gerade im Juli oder August in Mitteleuropa auf, wenn die Sommerhitze große Wassermengen aus dem Mittelmeer verdunsten lässt und ein starkes Tief über dem Tyrrhenischen Meer oder der Adria die feuchten Luftmassen in einem weiten östlichen Bogen über die Dolomiten und Karpaten nach Tschechien, Deutschland und Polen hineinführt (siehe auch Kapitel 21). Ebenso kann man aus *klimatologischer* (also langfristiger) Sicht die Frage stellen, ob die Magdalenenflut vielleicht ursächlich mit der großen spätmittelalterlichen Umweltveränderung in Europa verknüpft war, dem Abgleiten der Nordhalbkugel in die »Kleine Eiszeit«. Letztere dauerte mit bemerkenswerten Unterbrechungen bis ins frühe 19. Jahrhundert an und war vor allem von einer irritierenden, bisweilen tödlichen Unstetigkeit der Witterungsverhältnisse nördlich der Alpen geprägt (Büntgen u. a. 2011). Auf die Bedeutung des atmosphärischen Geschaukels für die gesellschaftliche Entwicklung werde ich gleich zurückkommen.

Zweitens, auch wenn die Übergänge bei den atmosphärischen Größen und Vorgängen auf der ganzen Skala vom Regentropfen bis zur Hadley-Zelle (siehe Kapitel 12) fließend sind, ergeben die Begriffe »Wetter«, »Witterung« und »Klima« einen wissenschaftlichen Sinn und spiegeln Wirklichkeitsbereiche von einzigartiger Bedeutung wider. Daran kann auch das hochtrabende dekonstruktivistische Geschwafel nichts ändern, welches als modische Begleitmusik im Wissenschaftsbetrieb immer wieder zu hören ist. Ich nehme das mit Sportsgeist, denn manches, was zur »post-normalen Forschung« (siehe zum Beispiel Funtowicz und Ravetz 1991) vorgebracht wurde, ist klug und bedenkenswert. Leider treiben diese Ansätze aber auch schlichtere Sumpfblüten, wie zahlreiche (anonyme) Beiträge in Internetforen belegen. Auf einen vorläufigen Tiefpunkt stieß ich erst kürzlich: Ein Blogger stellte apodiktisch fest, dass »Klima« nichts weiter als ein Begriff sei und dass sich dieses Konstrukt folglich nicht durch physikalischen menschlichen Einfluss (wie Treibhausgasemissionen) erwärmen könne. Man möchte zaghaft entgegnen, dass Liebe, Freiheit oder Würde auch »nur« Begriffe sind. Dennoch kann die erste erkalten, kann einem die zweite geschenkt werden und kann man das Letztere verlieren …

Extremereignisse, welche das Klimasystem gebiert (Kapitel 8), können *drittens* eine besonders verheerende Wirkung auf Mensch und Natur ausüben, wenn sie nicht isoliert auftreten, sondern in bestimmten Abfolgen. Der Magdalenenflut in Zentraleuropa etwa waren eine starke Schneeschmelze im Februar sowie hohe Niederschläge im Frühsommer vorausgegangen, gefolgt von brütender Hitze in der ersten Julihälfte. Dadurch waren die Böden wie Töpferton zunächst durchweicht und anschließend zu steinharten, wasserundurchlässigen Krusten gebrannt worden. So entstand eine hydrologische Jahrtausendsituation. Die moderne Desasterforschung beginnt allmählich zu begreifen, dass die Sequenz von atmosphärischen oder tektonischen Störungen oft folgenwirksamer ist als die Dimension der Einzelereignisse. Da »Desaster« das lateinische Wort für Unglücksstern ist, könnte man sagen, dass man in Zukunft vor allem die Bedrohung durch *Unglückssternbilder* erforschen sollte.

Zur Totalkatastrophe für eine ganze Zivilisation kann es *viertens* kommen, wenn sich große Plagen ganz unterschiedlichen Charakters zum tödlichen Reigen vereinen. Durch die von Fluten wie dem Magdalenenhochwasser bewirkte Bodenerosion und durch die Häufung nasskalter Sommer im Übergang zur Kleinen Eiszeit in der ersten Hälfte des 14. Jahrhunderts kam es erwiesenermaßen zu massiven Ernteeinbußen und schweren Hungersnöten in einer Bevölkerung, welche während der günstigen klimatischen Bedingungen des Hochmittelalters stark gewachsen war. In diesen geschwächten Gesellschaftskörper schlug 1347 ein Geschoss der Hölle ein: der Schwarze Tod. Die Pest wurde von genuesischen Handelsschiffen von der Krim eingeschleppt, wo die Seuche nach ihrem Siegeszug von China aus quer durch den asiatischen Kontinent angelangt war. Für die Menschen in Europa brach damit das »Ende der Welt« an (Tuchman 1982). Bis 1352 fiel wohl mehr als ein Viertel der Population des Kontinents der Pandemie zum Opfer; ganze Landschaften wurden zu menschenleeren Wüsteneien (siehe auch Kapitel 18).

Die genauen Synergien zwischen Überbevölkerung, Klimaänderungen, Missernten und Seuche harren noch einer umfassenden wissenschaftlichen Aufklärung, aber gewisse Wechselwirkungen liegen auf der Hand. Unbestritten ist, dass das europäische Wirtschaftsleben unter der Wucht der gebündelten Schicksalsschläge praktisch zusammenbrach und das Gesellschaftssystem des Mittelalters sich nie mehr von dieser Agonie erholte (Büntgen u. a. 2011). Aber schon wenige Jahrzehnte später nahm die Wiedergeburt der abendländischen Kultur in Florenz ihren Ausgang, und die Tür zur Neuzeit wurde aufgestoßen. Der Preis: schätzungsweise 100 Millionen Pestopfer. Viele Historiker sind übrigens der Ansicht, dass dieses große Sterben das entscheidende Schockereignis war, das den Weg zur industriellen Revolution eröffnete: Wo Menschenhände fehlen, muss eben Mechanik einspringen, und sei es nur in Form primitiver Wassermühlen. Massenhafter Tod und Zusammenbruch von anscheinend ewigen (weil »gottgewollten«) Strukturen waren nicht nur in Spätmittelalter und (Früher) Neuzeit zugleich Voraussetzungen für Innovation und noch größere kulturelle Blüte.

Klimatische Bedingungen und Prozesse dürften in der Geschichte häufig – wenngleich nicht immer – sowohl am Vergehen als auch am Werden ursächlich beteiligt gewesen sein. Einige Beispiele dafür möchte ich im Folgenden beleuchten. Dieser Abriss ist weitgehend zeitlich geordnet, was fast zwangsläufig zu einer zivilisationshistorischen Reise vom weit Entfernten, Unscharfen und Großskaligen ins Kleinteiligere und besser Rekonstruierbare führt. Bevor ich aber dieses ebenso faszinierende wie bestürzende Buch aufschlage, möchte ich noch eine allgemeine Beobachtung zur Orientierungshilfe anbieten:

Wenn man die soziologischen Nuancen einmal weglässt, gibt es hinsichtlich des Zustands einer Gesellschaft nur *Fortschritt*, *Stagnation* oder *Niedergang*. Die Entwicklung (beziehungsweise Nichtentwicklung) resultiert, wie anfangs erwähnt, aus dem Zusammenspiel von inneren Kräften (wie dem Reproduktionsverhalten oder der Förderung von Wissenschaft) und äußeren Antrieben (wie den Umwelteinwirkungen). Ein mächtiger externer Faktor wie das Klima kann auf die verschiedenste Weise stützen, gestalten, durchschlagen, erschüttern. Was dabei zählt, ist sicher das *Wesen* des jeweils vorherrschenden Klimas, noch mehr jedoch die Art und Weise seines *Wandels*. Sehr pauschal kann man in ersterer Hinsicht sagen, dass sich prosperierende Kulturen eher in feuchtwarmen Milieus vorfinden als in trockenkalten. Sehr viel schwieriger ist es, allgemeingültige Aussagen in zweiter Hinsicht zu treffen: Große Klimakonstanz über Jahrhunderte kann durchaus kulturförderlich sein, aber schließlich auch in die Dekadenz führen. Langfristige Übergänge (wie der epochale Wechsel zwischen Eis- und Warmzeiten) können gewaltige Entwicklungsschübe anstoßen, aber auch Gesellschaften zerstören, welche sich von der Allmählichkeit des Wandels narren lassen (wie die grönländischen Wikingerkolonisten in der Abkühlungsphase nach dem mittelalterlichen Klimaoptimum).

Quasizyklisches Klimaverhalten (Tag-Nacht-Turnus, Jahreszeiten, dekadische Schwankungen) dürfte *grosso modo* eher kulturfördernd sein, was zu wichtigen sozialen und technischen Innovationen führen kann (wie die astronomische Vorhersage und die wasserbauliche Verteilung der jährlichen Nilflut im Alten Reich von Ägypten). Umweltperiodizität führt gewissermaßen zu zivilisatorischer Stabilität. Ganz anders liegen die Dinge jedoch, wenn die Klimadynamik erratisch, drastisch, *unberechenbar* im wahrsten Sinn des Wortes wird. Vieles deutet darauf hin (Büntgen u. a. 2011), dass die Phasen großer atmosphärischer Volatilität auch historisch besonders unruhige Zeiten waren. Ja, es scheint sogar, dass Gesellschaften umso schlechter mit vagabundierenden Klimaverhältnissen zurechtkamen, je höher sie entwickelt und je komplexer sie organisiert waren! Die Geschichte ist voller Kulturkolosse auf – was die Umwelt betrifft – tönernen Füßen, denen nichts gefährlicher werden konnte als der Zufall.

Völlig überraschungsfrei beginnt allerdings meine Erzählung von der Geschichtsmacht Klima bei Adam und Eva – sprich: bei unseren frühen Vorfahren in der Stammesgeschichte der Menschheit. Wer ein wenig in die Systematik der entsprechenden Wissenschaft (der Paläoanthropologie) eintaucht, dem schwirrt alsbald der Kopf von lateinisch-geographischen Kunstbegriffen für Entwicklungslinien (*Sahelanthropus tchadensis, Australopithecus, Homo rudolfensis* usw.), die womöglich nur durch einen einzigen Backenzahn belegt sind. Und kein Antriebsfaktor taucht in den Spekulationen über die unsäglich komplizierte Evolution Richtung *Homo sapiens* öfter auf als das Klima beziehungsweise seine Änderung. Die genetische Ausprägung der Frühmenschen ebenso wie ihre räumliche Verbreitung sollen in hohem Maße durch Umweltdruck realisiert worden sein. Ich habe hier nicht den Raum zu diskutieren, wie weit die bisher vorgebrachten Ansätze tragen (siehe zum Beispiel Donges u. a. 2011 und die dortigen Literaturhinweise). Falls wir schließlich unsere wahre Stammesgeschichte aus den über Erdteile und Zeitalter verstreuten Menschenresten herauslesen können, wird sie in vielerlei Hinsicht subtiler – und in mancherlei Hinsicht banaler – sein als alles, was wir uns heute vorstellen.

Mit der neolithischen Revolution (siehe Kapitel 12), dem Übergang vom Wildbeutertum zur Sesshaftigkeit, betreten wir dagegen frühhistorisches Gelände, wo sich im Feinstaub der Einzelbefunde bereits deutliche Ursache-Wirkungs-Muster abzeichnen. Vieles spricht inzwischen dafür, dass das Wann und Wo dieser Revolution maßgeblich von der Umwelt und insbesondere von den Klimaentwicklungen bis zum Zeitraum von etwa 10 000 bis 5000 Jahren vor unserer Zeitrechnung bestimmt wurde. »Der Übergang zur Landwirtschaft gehört zu den am heftigsten umstrittenen Fragen der Universalgeschichte. Die ältere Anthropologie war davon ausgegangen, dass die Ausbreitung […] über den gesamten europäischen Raum mit Migrationen bäuerlicher Kulturen verbunden war. […] Neuere Ansätze beruhen dagegen auf der Beobachtung, dass der Übergang zur Landwirtschaft in verschiedenen Zeiten unabhängig voneinander begonnen hat: im Fruchtbaren Halbmond (Weizen, Gerste), Südostasien (Reis), China (Hirse), Mittelamerika (Mais), Peru (Kartoffeln, Maniok), vielleicht auch in Afrika südlich der Sahara (Sorghum) […]« (Sieferle 2010). Was ist dann aber der »synchronisierende Faktor«, welcher den *Homo sapiens* nach über 100 000 Jäger- und Sammlerjahren dazu gebracht hat, *praktisch gleichzeitig in parallelen Kulturwelten die Landwirtschaft zu erfinden?* Die (bisher) einzige plausible Antwort ist: der Klimawandel am Beginn der Jetztzeit (geologisch: Holozän).

Nachdem die letzte Eiszeit vor etwa 18 000 Jahren ihren kältesten Punkt erreicht hatte, kam es zu einer allmählichen, aber spürbaren Erwärmung, die allerdings um 12 300 vor heute nochmals von einem frostigen Millennium (der »Jüngeren Dryaszeit«) unterbrochen wurde. Anschließend ging es mit den Temperaturen wieder stabil bergauf, und seither herrschen fantastisch stabile klimatische Bedingungen vor (Abbildung 30).

Wie genau diese Achterbahnfahrt zur angenehmen Umwelt der Jetztzeit der Menschheit auf die Entwicklungssprünge geholfen hat, ist Gegenstand heißer Debatten unter den Fachleuten. Mangel, Überfluss, Schock, Stetigkeit – viele Faktoren werden erörtert und dürften in diesem Zivilisationsdrama eine Rolle gespielt haben. Zunächst einmal stellte das Auftauchen des Planeten aus der Eiszeit eine enorme Veränderung dar und damit eine große Herausforderung für Flora, Fauna und die von den Naturressourcen lebenden Wildbeuter. Schließlich waren Letztere hervorragend an kühlere (und häufig wechselnde) Umweltbedingungen angepasst, und sie wussten genau, welche Tiere zu jagen und welche Beeren zu sammeln sich lohnte. Mit dem Schwinden des Eises und dem Driften der Klimazonen verschoben sich auch die Nahrungsfundamente: Im sogenannten Holozän-Massensterben zwischen 15 000 und 12 000 Jahren vor heute verschwanden zahlreiche Großsäugetiere (wie das Mammut und das Wollnashorn) aus ihren angestammten Revieren; andere Arten drangen in völlig neue Gebiete vor. Der Paukenschlag der Jüngeren Dryas dürfte die Wildbeuterwelt weiter erschüttert haben. Ja, und dann geschah das Wunder: Das Klima rastete auf einem mollig feuchtwarmen Niveau ein und weigerte sich, weitere grundlegende Änderungen vorzunehmen.

Meines Erachtens war es diese beispiellose Umweltkonstanz, welche unsere Vorfahren zu einem fundamentalen Tauschhandel motivierte: Mobilität wurde zugunsten von Sesshaftigkeit an den günstigsten Orten aufgegeben, Flexibilität zugunsten beharrlicher Planung und schrittweiser Verbesserung der Naturgestaltung. Auf den verschiedenen Kontinenten kam es zu unzähligen, unabhängigen Versuchen, dem Boden ein Existenzminimum abzuringen. Einige davon gelangen, andere endeten wohl tödlich. Besonders im Nahen Osten halfen beim Übergang zur Landwirtschaft gewisse Launen der Ökosphäre: die Eigenheit von Wildgräsern, sich über Körner von nahezu unbeschränkter Lebensdauer auszubreiten, die Sozialstrukturen von Wolfsrudeln, wo strengste Unterordnungsregeln gelten. Solche Potenziale ließen sich in jahrtausendelangen Suchprozessen für Ackerbau und Viehzucht erschließen (siehe Kapitel 13). Die Menschen begannen darauf zu vertrauen, dass Himmel und Erde sie in ewig gleicher Weise nähren würden. Eine höchst lesenswerte Diskussion zur Bedeutung der Klimastabilität im Holozän für die Entwicklung der Landwirtschaft steuern die Umweltanthropologen Richerson, Boyd und Bettinger bei (Richerson u. a. 2001).

Doch jenes Vertrauen wurde oft genug bitter enttäuscht, gelegentlich sogar mit kultureller Auslöschung geahndet, denn trotz großer globaler Konstanz hielt das Klima des Holozän viele regionale Krisen bereit. Aber die Geschädigten, Entwurzelten, Überlebenden fielen in der Regel nicht mehr ins vorneolithische Wildbeutertum zurück, sondern suchten nach neuen Standorten, wo sie ihre Praktiken fortsetzen konnten. So geschah es wohl auch vor etwa 6000 Jahren in Nordafrika, das heute weitgehend von den Sand- und Schotterwüsten der Sahara bedeckt ist. Ich bin als junger Mann kreuz und quer durch diesen einzigartig-melancholischen Teil der Welt gereist, wobei mir meine elementaren Arabischkenntnisse mehr als einmal aus schwierigen Situationen heraushalfen. Der Lohn für Hitze, Staub, Schmutz und Infektionen waren Nächte unter freiem Himmel, dessen Sterne einen mit ihrem Licht förmlich erdolchten. Oder magische Wanderungen durch die purpurfarbenen Dünengebirge des Großen Westlichen Erg.

Und da waren auch diese archaischen Bilder an den Steilwänden von Felsen oder in den Klüften von Höhlen. Ich habe nur einige der zahlreichen Zeugnisse der jungsteinzeitlichen Malkunst in Nordafrika gesehen. Sie können sich kaum mit der genialen Expressivität messen, die in der Höhle von Lascaux (welche ich durch einen glücklichen Zufall im Original bewundern durfte) verewigt ist. Aber die prähistorischen Darstellungen im Tassili-n'Ajjer-Gebirge (Algerien), in den Schluchten des Tadrart Acacus (Libyen), im menschenleeren Tibesti-Massiv (Tschad) und vor allem auf dem Gilf-el-Kebir-Plateau (Ägypten) finden den Weg direkt in unser Herz. Am beeindruckendsten in ihrer naiven Fröhlichkeit sind die Malereien in der »Höhle der Schwimmer« (siehe Abbildung 31), die 1933 von dem ungarischen Abenteurer und Spion László Ede Almásy entdeckt wurde und eine Hauptkulisse für den 1996 entstandenen Film *Der englische Patient* darstellte. Muntere Badeszenen in einem heute hyperariden, gottvergessenen Winkel an der ägyptisch-libyschen Grenze? Schon Almásy spekulierte, dass die Sahara einstmals grün, fruchtbar und lebensfreundlich gewesen sein musste und dass eine drastische Klimaveränderung vor vielen tausend Jahren die Herrschaft der Wüste einleitete.

In der Tat dokumentieren die frühgeschichtlichen Felszeichnungen Nordafrikas blühende feuchtwarme Landschaften, bevölkert von Flusspferden, Elefanten, Antilopen, Wasserbüffeln, Krokodilen und Giraffen, gesprenkelt mit großen und kleinen Seen. Die Wissenschaft konnte inzwischen mit verschiedenen raffinierten Verfahren (Sedimentanalysen, Pollenkodierung, Radiodatierung) überzeugend nachweisen, dass in der sogenannten Afrikanischen Holozän-Feuchtperiode zwischen 9000 und 6000 Jahren vor heute die jetzige Wüste tatsächlich mit subtropischem Leben erfüllt war (siehe zum Beispiel de Menocal u.a. 2000). Ausgelöst wurde diese Gunstklimaphase nach dem Ende der extrem trockenen eiszeitlichen Verhältnisse durch veränderte Sonneneinstrahlung im Rahmen bestimmter Milanković-Prozesse (Kapitel 4). Dadurch wurde die Nordhalbkugel im Sommer mit etwa 8 Prozent mehr Lichtenergie beschenkt als heute und schließlich eine gewaltige geophysikalische Rückkopplungsschleife in Gang gebracht (Claussen u.a. 1999). Die Variation in den Orbitalparametern unseres Planeten (unter anderem die stärkere Neigung der Erdachse) löste zunächst ergiebigere Monsunregen über Indien und dem nördlichen Afrika aus. Dadurch entstanden erste grüne Inseln in der Wüste, welche das Sonnenlicht schlechter zurück ins Weltall reflektieren als etwa weißer Sand. Dies intensivierte wiederum die sommerliche Temperaturerhöhung durch die steilere Einstrahlung und dehnte die Erwärmung sogar in den Winter hinein aus. Die thermischen Effekte erhöhten ihrerseits die regionale Niederschlagsneigung, wodurch ein direkter Selbstverstärkungskreislauf geschlossen wurde.

Gekoppelte Atmosphäre-Ozean-Vegetationsmodelle, wie sie am Potsdam-Institut entwickelt wurden (siehe etwa Ganopolski 1998), zeigen, dass darüber hinaus positive Rückkopplungsprozesse auf der ganzen Nordhemisphäre ausgelöst wurden. Hierbei spielten zarte Wechselwirkungsbande zwischen Luftzirkulation, Oberflächentemperaturen und Eisbedeckung des Meeres, Struktur und Verdunstungsverhalten der Ökosysteme sowie weiterer Naturfaktoren eine wichtige Rolle. Fast überall wurde es grüner und saftiger (wodurch sich beispielsweise die Tundra um durchschnittlich 250 Kilometer polwärts gedrängt sah), aber nirgendwo war der Vormarsch der Vegetation so dramatisch wie auf dem Gebiet der heutigen Sahara. Über 90 Prozent dieser Fläche dürften vor 9000 Jahren mit Pflanzen bedeckt gewesen sein, und es gab Wasser im Überfluss: Der Ur-Tschadsee erstreckte sich über 330000 Quadratkilometer!

Heute ist dieses einst riesige Reservoir auf eine vergleichsweise kümmerliche, abflusslose Pfütze von gut 20000 Quadratkilometern zusammengeschrumpft. Der tiefste Punkt des Tschadbeckens, die sogenannte Bodélé-Senke, ist längst trockengefallen und bildet heute die größte Staubquelle auf Erden (siehe auch Kapitel 21). Denn noch abrupter, als die Afrikanische Feuchtperiode sich über die skizzierten nichtlinearen Mechanismen herausbildete, brach sie zwischen 6000 und 5000 vor heute wieder zusammen. Die modellgestützten Klimaanalysen deuten darauf hin, dass das allmähliche Nachlassen der Sonneneinstrahlung im Milanković-Rhythmus im bewussten Zeitraum eine jähe Schubumkehr in der Umweltmaschinerie verursachte, sodass die zuvor für die Begrünung der Sahara verantwortlichen Rückkopplungen nunmehr in Richtung Desertifikation arbeiteten. Wissenschaftlich gesehen ist dieser Prozess, der Nordafrika in eine andere ökologische Betriebsweise kippte, absolut faszinierend: Ein sanft geschwungenes äußeres Antriebssignal (die Sommerbesonnung) wurde in eine sehr abrupte, unstetige Systemantwort (wohldokumentiert durch geologische Größen wie den Staubeintrag ins westafrikanische Randmeer) übersetzt. Die Kurvenverläufe in Abbildung 32 belegen diesen abrupten Rückfall ins Wüstenklima auf eindrucksvolle Weise.

Für die biologische Vielfalt der Region war diese Entwicklung eine Katastrophe, für die dort ansässigen Menschen dagegen ein Schock, der paradoxerweise für den Aufstieg der großen Kulturen des Altertums verantwortlich sein könnte: Denn mit dem Rückgang der Niederschläge zwi-

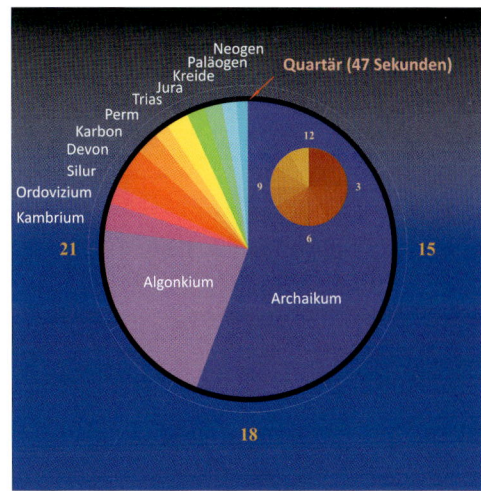

Abbildung 26: Erd-Uhr – 24 Stunden entsprechen dem gesamten Erdalter von 4,5 Milliarden Jahren (vgl. S. 200).

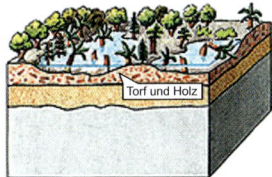
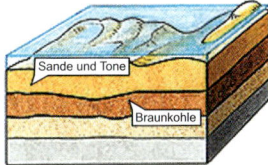
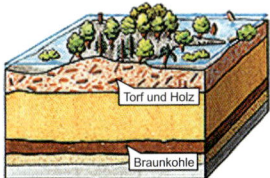
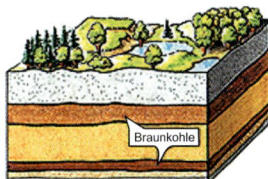

Abbildung 25:
Der langsame Entstehungsprozess der Kohle (vgl. S. 198).

Abbildung 27: Brennendes Methaneis mit molekularer Gitterstruktur (vgl. S. 208).

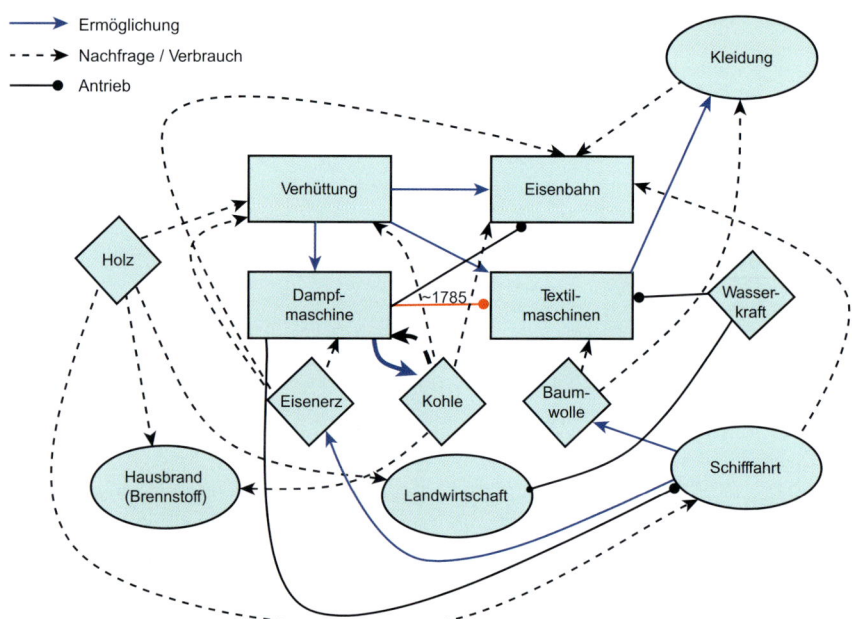

Abbildung 28: Systemanalyse der britischen Industrialisierung. Dargestellt sind Schlüsseltechnologien, die zur industriellen Revolution führten, eingebettet in ein Netzwerk der wesentlichen Einflussgrößen ihrer Beschleunigung. Ausgehend von den »Textilmaschinen«, dem mechanisierten, später dampfbetriebenen Webstuhl, setzte sich eine viele Stationen umfassende Wirkungskette in Gang, die den Abbau von Kohle aus Mangel an Feuerholz schließlich notwendig und durch den Einsatz ebendieser neuen Technologien auch erschwinglich machte (vgl. S. 229).

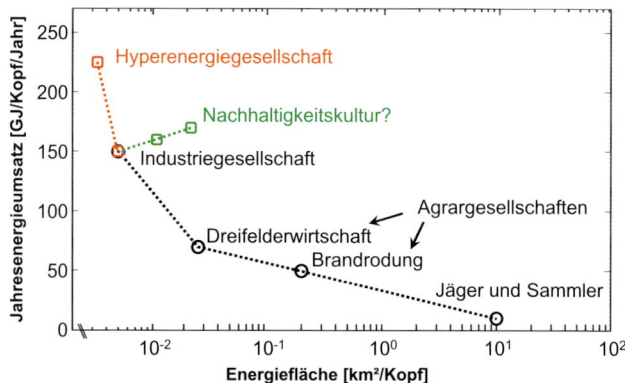

Abbildung 29: Entwicklung der Energieflächenproduktivität. Dargestellt ist der Zusammenhang zwischen Pro-Kopf-Flächenbedarf und jährlichem Pro-Kopf-Energieumsatz von der Vergangenheit bis heute (schwarz) und für zwei alternative Zukunftsszenarien (rot und grün). Während das für die Beschaffung einer gegebenen Energiemenge benötigte Areal seit den Jäger- und Sammlerkulturen bis zur Industriegesellschaft aufgrund zunehmender Nutzung fossiler Energiequellen drastisch abgenommen hat, könnte es in Zukunft wieder zunehmen – je nachdem, ob die Gesellschaft den Weg der erneuerbaren Energiequellen oder etwa der Kernfusion einschlägt (vgl. S. 237).

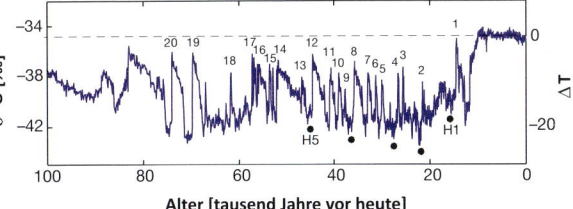

Abbildung 30: Temperaturverlauf auf Grönland in den letzten 100 000 Jahren, rekonstruiert aus der Sauerstoffisotopenzusammensetzung ($\delta^{18}O$) eines Eisbohrkerns. Die starken und irregulären Ausschläge des Prä-Holozäns sind wahrscheinlich dem Stottern der nordatlantischen Tiefenwasserbildung und den entsprechenden Auswirkungen auf die warmen Ströme an der Meeresoberfläche geschuldet. Warme Episoden, die sogenannten Dansgaard-Oeschger-Ereignisse, sind nummeriert, kalte Episoden, sogenannte Heinrich-Ereignisse, durch Punkte markiert (siehe dazu auch Abbildung 37). Vgl. S. 249.

Abbildung 31: In der »Höhle der Schwimmer« auf dem Gilf-el-Kebir-Plateau in Ägypten (vgl. S. 251).

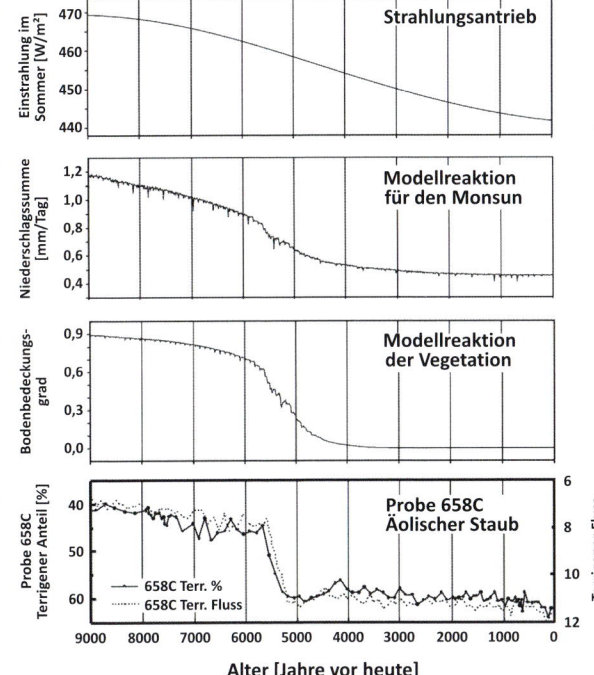

Abbildung 32:
Die Rückkehr der Wüste am Ende der afrikanischen Feuchtperiode. Der sich sanft verändernde Strahlungsantrieb (a) wird vom Modell in eine Reaktion des Monsuns übersetzt (b), was wiederum Auswirkungen auf die Vegetation hat (c). Rekonstruktionen aus Sedimenten ergeben im selben Zeitraum eine abrupte Klimaveränderung (d), dargestellt durch den Staubeintrag ins westafrikanische Randmeer (Probe 658C wurde vor der Küste von Cap Blanc entnommen). Vgl. S. 252.

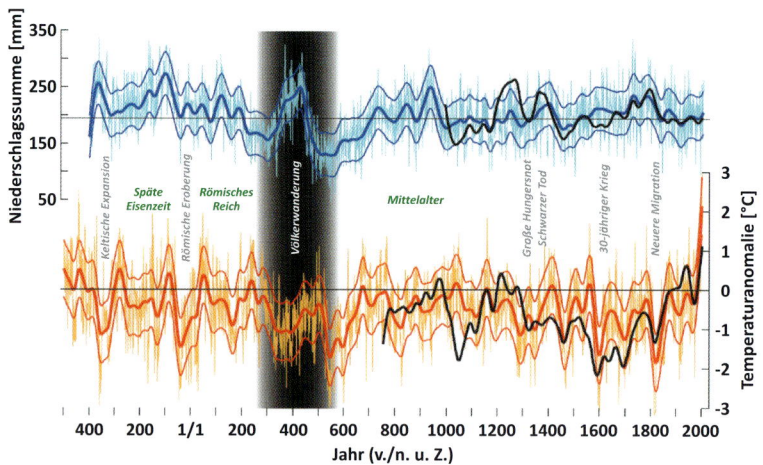

Abbildung 33: Klimavariabilität in Europa und bedeutende politisch-soziale Ereignisse der jeweiligen Epochen. Dargestellt sind Niederschlagssummen im Frühling (blau, oben) und Temperaturanomalien im Vergleich zum 20. Jahrhundert für den Sommer (rot, unten). Vgl. S. 253.

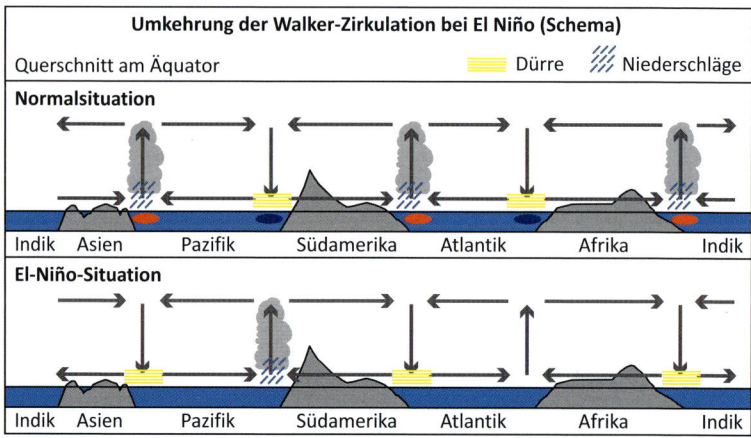

Abbildung 34: Walker-Zirkulation ohne und mit El Niño. Die Zirkulationsmuster verändern sich bei einer El-Niño-Situation grundlegend, ebenso die Niederschlagsverhältnisse auf den verschiedenen Kontinenten. Die Darstellung ist stark vereinfachend – z. B. hängen die genauen Auswirkungen von der Jahreszeit ab, in der El Niño auftritt (vgl. S. 271).

schen dem Maghreb im nordwestlichen Afrika und Rajasthan im fernen Indien setzte vermutlich eine große Wanderbewegung ein: heraus aus den verdorrenden Binnenräumen der Kontinente, hinein in die Küstenregionen und vor allem in die immergrünen Flusstäler von Nil, Euphrat, Tigris und Indus. Die Konzentration der Populationen auf engstem Raum zu *hydraulischen Gesellschaften* (Wittfogel 1931) zwang zu einer beispiellosen sozialen Organisation im Umgang miteinander und mit den knappen Naturressourcen (insbesondere Wasser und fruchtbares Schwemmland). Soziologen wie Karl August Wittfogel – der eine tragische Lebensodyssee vom glühenden Kommunisten zum antikommunistischen Denunziator während der McCarthy-Umtriebe in den USA der frühen 1950er-Jahre durchlitt – sprechen sogar vom »hydraulischen Despotismus«, also der Herausbildung einer Priesterherrschaft über den Zugang zum wichtigsten aller Lebensmittel. Jedenfalls dürfte es kein bloßer Zufall sein, dass das Alte Reich Ägyptens, die sumerischen Stadtstaaten in Mesopotamien und die Harappa-Kultur am Indus vor 5000 bis 6000 Jahren aufblühten; gleichzeitig welkten die Savannen abseits der Ströme dahin. Während also die *Stetigkeit* der Umweltverhältnisse in den Millennien davor das Ausreifen der Jungsteinzeitzivilisation überhaupt erst ermöglichte, wurde diese durch eine krasse *Änderung* jener Verhältnisse zur Hochkultur verdichtet – Fortschritt durch Zuckerbrot und Peitsche des Klimas!

Bis auf den heutigen Tag herrscht die Sahara im Inneren von Nordafrika; allerdings deuten verschiedene Modellsimulationen darauf hin, dass eine »Wiederbegrünung« der Wüste infolge der Erderwärmung gelingen könnte (siehe Kapitel 21). An den Mittelmeerrändern der großen Wüste verbesserten sich die Umweltbedingungen im 1. Jahrtausend v. Chr. jedoch spürbar. Die für Vegetation und Landwirtschaft entscheidenden Jahreszeiten, nämlich Frühling und Sommer, wurden niederschlagsreicher und angenehm warm. Dadurch verwandelte sich ein breiter Küstengürtel vom Atlasgebirge bis zum Nil in eine gewaltige Kornkammer, nach der schließlich die alles beherrschende Großmacht der eurasischen Antike ihren Arm ausstreckte: das *Römische Reich*. Vor allem die Provinzen Numidia, Africa (heutiges Tunesien), Cyrenaica und Ägypten lieferten in der Blütezeit des Imperiums die Hauptzutaten für »Brot und Spiele«, also Weizen und wilde Bestien. Das römische Staatswesen entstand als Republik im Jahr 509 v. Chr. und zerfiel als Kaiserreich (ein Begriff, der sich bekanntermaßen vom Namen »Caesar« ableitet) 395 n. Chr. In etwa diesem historischen Zeitrahmen war es nicht nur im Mittelmeerraum, sondern auch in Zentraleuropa feuchtwarm, wie jüngste minutiöse Niederschlags- und Temperaturrekonstruktionen aus Baumringdaten belegen (Abbildung 33).

Natürlich ist eine zwingende Beweisführung dahingehend, dass günstige hydroklimatische Sommerverhältnisse Roms Prosperität bewirkten, kaum vorstellbar – zumal die Wissenschaft im 21. Jahrhundert eleganten monokausalen Erklärungsmustern zu Recht skeptischer gegenübersteht, als dies im 19. Jahrhundert der Fall war. Allemal dürfte die wohlmeinende Umwelt der Expansion und Stabilisierung des Imperiums jedoch förderlich gewesen sein. Und ganz offensichtlich ging es mit der römischen Zivilisation steil bergab, als die Natur es sich um 250 n. Chr. anders zu überlegen begann. Denn in den folgenden Jahrhunderten wurden die europäischen Frühsommer nasskalt, wie Abbildung 33 deutlich ausweist. Diese stärkste Anomalie in den letzten 2500 Jahren Umweltgeschichte des Kontinents (wenn wir von dramatischen Erwärmungen seit 1980 absehen) ist in der Graphik bewusst mit einem dunklen Balken gekennzeichnet.

Denn dies war zugleich die Epoche der sogenannten *Völkerwanderung*, die bis zum Ende des 6. Jahrhunderts die spätantike Weltordnung in einem chaotischen Wirbel aus Kriegen, Eroberungen, Intrigen, Seuchen und Hungersnöten zerfetzte. Meines Wissens gibt es bisher keine Geschichtstheorie, welche Ursachen, Verlauf und Folgewirkungen dieser Wirrnis überzeugend darlegen kann. War die Invasion der Hunnen im Jahr 325, eines Reitervolks von irgendwo in Zentralasien, der Auslöser eines gigantischen Dominospiels, in dem eine Ethnie auf die andere drückte? Oder brachten bereits die Goten den Stein des Schicksals ins Rollen, als sie im 3. Jahrhundert vom heutigen Polen (und nicht aus Skandinavien, wie häufig behauptet wird) in Richtung Schwarzes Meer zogen?

Aber *was* setzte sie eigentlich nach Südosten in Bewegung, was trieb später die Hunnen nach Westen und andere Barbarenstämme in alle erdenklichen Himmelsrichtungen? Und warum entglitt der Ordnungsmacht Rom plötzlich die Kontrolle über ein jahrhundertelang souverän beherrschtes Machtspiel? Während das Klima als Einflussgröße in anderen historischen Zusammenhängen von den Gelehrten möglicherweise überstrapaziert wird, kommt es in den Völkerwanderungsnarrativen der Geschichtsforscher kaum vor. Mit den jetzt vorliegenden Rekonstruktionen der Umweltbedingungen in Europa und anderen Weltregionen könnte sich der Blickwinkel der Experten jedoch entsprechend weiten. Denn allzu deutlich ist die Synchronizität zwischen gesellschaftlicher und klimatischer Entwicklung in die Daten eingeschrieben.

Diese Kopplung lässt sich besonders gut an einer historischen Größe ablesen, welche in der schon mehrfach zitierten Veröffentlichung von Büntgen und Kollegen (Büntgen u. a. 2011) eindrucksvoll quantifiziert wird: der Intensität des Holzeinschlags in den mitteleuropäischen Wäldern als Funktion der Zeit, messbar über die Häufigkeitsverteilung der Baumfälldaten in den umweltarchäologischen Befunden. Die einfache, aber überzeugende Argumentation dabei ist, dass Bauholz vornehmlich in Zeiten großer Bauaktivitäten benötigt wird. Und neue Gebäude errichtet man vor allem in den »fetten Jahren«, in den Perioden wirtschaftlicher und sozialer Blüte. Wenn man dieser Logik folgt, dann lässt sich aus der Fällhäufigkeitskurve direkt die historische Prosperitätsdynamik eines ganzen Kulturraums ableiten.

Wie am Anfang dieses Kapitels erwähnt, zeigen solche Analysen, dass insbesondere die *Umweltvolatilität*, speziell das rasche Schwanken der hydroklimatischen Bedingungen, Gift für den Körper höherer Zivilisationen darstellt. In Europa kam die Atmosphäre mit dem Beginn des 7. Jahrhunderts n. Chr. langsam wieder zur Ruhe, und die extreme Klimavariabilität des »Dunklen Zeitalters« der großen Migration geriet wieder in Vergessenheit. Der Zeitraum zwischen 900 und 1200 wird sogar als das »Mittelalterliche Klimaoptimum« bezeichnet, denn die Witterung wurde immer milder, mit ausreichenden Niederschlägen zur richtigen Jahreszeit und wenigen Extremereignissen. Die Reiche der Merowinger und Franken entstanden in Nordwesteuropa, und die Wikinger stießen nach Grönland, ja erwiesenermaßen sogar an die amerikanische Ostküste vor. Nach der Jahrtausendwende wuchsen allerorten steinerne Städte mit romanischen und gotischen Kathedralen aus Haufendörfern von Holzhütten empor. Gewerbe, Landwirtschaft und Bevölkerung gediehen.

Doch schon im 13. Jahrhundert erschienen in Mitteleuropa die Vorboten einer Wende zum Schlechteren in Gestalt sehr nasser Sommer, welche die Getreideernte beeinträchtigten. Und aus den fernen Steppen im Bauch Asiens stürmte eine Bedrohung heran, gegen die sich die Hunneninvasion ein Jahrtausend zuvor wie eine marginale Störung des Kulturbetriebs ausnahm: die mongolischen Reiter, geführt von Dschingis Khan (vermutlich 1162–1227) und seinen Erben. Niemals in der Weltgeschichte hat sich ein Imperium so explosiv ausgebreitet wie das Mongolenreich: Zwischen 1206 und 1279 erreichte es eine Ost-West-Achsenlänge von fast 10 000 Kilometern und bedeckte damit eine Fläche von 34 Millionen Quadratkilometern! Schätzungsweise 100 Millionen Menschen waren dem damaligen Großkhan Kublai (1215–1294), dem Enkel von Dschingis Khan, untertan. Der Genozidforscher Rudolph J. Rummel von der University of Hawaii schätzt allerdings, dass im Schwarzbuch der mongolischen Invasion dem etwa 30 Millionen Todesopfer gegenüberstehen, die meisten davon im 1276 endgültig eroberten China. Nach trium-

phalen Siegen über polnisch-deutsche und ungarisch-böhmische Ritter-
heere bei Liegnitz (9. April 1241) beziehungsweise Muhi (11. April 1241)
stießen die asiatischen Krieger bis zur Adria vor und bedrohten das gesamte Abendland. Aus nicht wirklich geklärten Gründen beendeten die
Mongolen jedoch ihren Vormarsch nach Westen und verzichteten somit
darauf, die Geschichte Europas komplett umzuschreiben.

Was aber haben die asiatischen Invasoren aus der Steppe mit dem
Klima zu tun? Neuerdings wird wieder darüber spekuliert, ob die Aus-
dehnungsbewegung unter Dschingis Khan möglicherweise eine Antwort
auf die Verschlechterung der regionalen Umweltbedingungen war. Oder
verhielt es sich genau umgekehrt, wie der bereits erwähnte Geologe Hsü
in seinem Buch *Klima macht Geschichte* (Hsü 2000) argumentiert? Auf
seine Überlegungen zur Rolle der Umwelt in den Kausalgeflechten der
asiatischen Zivilisationsentwicklung werde ich gleich noch eingehen. Zuvor möchte ich jedoch mehrere Aspekte des Klima-Mongolei-Nexus ansprechen, wo wir uns auf Fakten stützen können und uns nicht nur auf
das Stochern im Nebel der Geschichte beschränken müssen.

Der erste Aspekt hat mit dem Naturraum zu tun, aus dem die Eroberer
kamen. Nach dem Hochland von Tibet ist das mongolische Plateau eine
der größten Hochebenen der Welt. Es liegt im Durchschnitt gut 1000 Meter über dem Meeresspiegel, ist von gewaltigen Gebirgen umschlossen
und erstreckt sich (unter Einschluss der Wüste Gobi) über etwa zwei Millionen Quadratkilometer (das ist grob die Fläche von Westeuropa). Das
Klima auf dem Plateau ist ausgesprochen trocken, kein einziger großer
Fluss durchströmt das in langen Wellen dahinrollende Land. Die neolithische Revolution vollzog sich dort aufgrund dieser Umweltbedingungen, welche durch extreme Temperaturschwankungen zwischen Sommer
und Winter beziehungsweise Tag und Nacht verschärft werden, nur zur
Hälfte: in einigen wenigen Ackerbauzentren entstanden Städte, aber ansonsten wurden die endlosen Grassteppen von genügsamen nomadischen
Viehzüchtern beherrscht. Letztere perfektionierten allerdings ihre Weidewirtschaft im Laufe der Jahrtausende und wurden zu Meistern im Umgang mit Schafen – und vor allem Pferden. Die im Grundsatz kriegerische
Kultur des Nomadentums und die reiterische Exzellenz der Mongolen
brachte somit eine beispiellose *militärische Mobilität* hervor, welche nur
noch einer starken Führung über die Grenzen der Hochebene hinaus bedurfte.

Denn vor allem in der südöstlichen Nachbarschaft des Plateaus waren
die Verhältnisse genau umgekehrt: In China waren die Menschen schon
in der Jungsteinzeit sesshaft und weitgehend friedlich geworden, hatten

äußerst erfolgreich Getreide, Gemüse und Obst angebaut und schließlich Kulturen von mitunter obszönem Reichtum (wie man sich in der Verbotenen Stadt von Beijing noch heute vor Augen führen kann) geschaffen. Was lag näher für die Mongolen, als immer wieder zu Raubzügen in diese Welt des Überflusses einzudringen, um einer überorganisierten, saturierten Zivilisation ihre Schätze mit den Mitteln der ultramobilen Kriegführung zu entreißen? Und wenn der Widerstand des chinesischen Kaiserreichs zu stark war, wenn man gar durch eine »Große Mauer« von der Invasion ausgesperrt wurde, dann orientierte man sich eben nach Westen in Richtung Seidenstraße. Die klimatisch-ökologischen Unterschiede zwischen dem mongolischen Plateau und den umliegenden Ländern erzeugten somit einen starken zivilisatorisch-militärischen Gradienten, der einen entsprechenden Expansionsdruck aufbaute. Und wenn die Kraftvektoren der Nomadenkrieger durch eine charismatische Persönlichkeit wie Dschingis Khan gebündelt wurden, dann konnte nichts mehr diesem Druck widerstehen...

Innerhalb weniger Jahrzehnte entstand so das Mongolische Reich, das größte Imperium der Weltgeschichte, welches erst im späten 14. Jahrhundert auseinanderzubrechen begann. Unabhängig von allen Spekulationen über die möglichen klimatischen Ursachen dieses unerhörten historischen Vorgangs kann die Wissenschaft heute konkrete Aussagen über die klimatische *Wirkung* dieses biblischen Eroberungszuges machen: Julia Pongratz und Kollegen haben in einer jüngeren Studie (Pongratz u.a. 2009) untersucht, wie die menschliche Landnutzung (insbesondere Rodung von Wäldern und Ackerbau) seit dem frühen Mittelalter die Zusammensetzung der Atmosphäre beeinflusste und wie dramatische zivilisatorische Ereignisse (wie der Schwarze Tod nach 1347 oder die Wirren beim Untergang der Ming-Dynastie im 17. Jahrhundert) wiederum auf diese Landnutzung durchschlugen. Die auf umfangreiche Computersimulationen gestützte Analyse kommt zu dem Ergebnis, dass zwischen 800 und 1850 durch Bewirtschaftung der Ökosysteme global an die 200 Milliarden Tonnen CO_2 freigesetzt wurden, was bereits eine erhebliche Störung des natürlichen Kohlenstoffkreislaufs darstellte.

Paradoxerweise wirkte der Mongolensturm dieser Störung entgegen, sodass Dschingis Khan ungewollt zum größten Klimaschützer der vormodernen Ära wurde: Durch die Plünderung, Zerstörung und Entvölkerung riesiger Kulturräume über etwa zwei Jahrhunderte kam dort die Landnutzung weitgehend zum Erliegen – und die Wälder holten sich ihr Territorium von den Ackerbauern und Viehzüchtern zurück. Immerhin grob 2 Milliarden Tonnen CO_2 wurden dadurch der Atmosphäre wieder entzogen. Dies war allerdings kein Effekt, welcher den weltweiten Langzeittrend zur anthropogenen Emission von Treibhausgasen schon vor der industriellen Revolution stoppen konnte. Und die klimastabilisierende Wirkung wurde durch die größere Lichtabsorptionsfähigkeit der dunklen Wälder ohnehin wieder teilweise zunichtegemacht, weil so mehr Strahlung an der Erdoberfläche in Wärme verwandelt wird. Selbst die faszinierendsten Geschichten, die wir Forscher erzählen, haben den Pferdefuß der Komplexität.

Nicht weniger komplex und erstaunlich sind die überlieferten Geschichten vom Versuch der Mongolen, Japan zu erobern. Zweimal innerhalb von wenigen Jahren, nämlich 1274 und 1281, entsandte Kublai Khan von der Küste Koreas aus gewaltige Flotten zur Unterwerfung des Inselreichs im Nordpazifik. Zeitgenössischen Berichten zufolge bestand die erste Armada aus etwa 900 Schiffen, die vor allem 25 000 mongolische Elitereiter mitsamt ihren Pferden transportierten. Die zweite Flotte soll sogar 2 500 Fahrzeuge mit über 100 000 Invasoren an Bord gehabt haben (siehe zum Beispiel Durschmied 2000 und die dortigen Quellenangaben). Beide Male landeten die Eindringlinge in der Bucht von Hakata (nahe der heutigen Großstadt Fukuoka), welche auf der drittgrößten japanischen Insel Kyushu auf der geographischen Breite von Shanghai liegt. In dieser Bucht kann man noch die Reste eines 20 Kilometer langen Steinwalls erkennen, welcher von den Verteidigern in Erwartung der zweiten Invasion errichtet wurde. Die Chancen der japanischen Kämpfer standen äußerst schlecht, doch beide Male intervenierte die Natur auf unfassbare Weise zu ihren Gunsten:

Ein gewaltiger Taifun kam auf, der die Flotten der Mongolen und ihrer Vasallen zunächst zwang, die Anker zu lichten, sie dann auseinanderriss und schließlich große Teile davon vernichtete. In beiden Stürmen sollen jeweils zwischen 30 und 50 Prozent aller Invasorenschiffe zugrunde gegangen sein. Die vom Schicksal so über alle Hoffnung beschenkten Japaner gaben diesem doppelten Eingreifen des Wetters den Namen *Kamikaze* – »göttliche Winde«. Dieser Begriff hat bekanntlich in der Endphase des Zweiten Weltkriegs schreckliche Berühmtheit erlangt, als japanische Selbstmordpiloten einer Spezialflugtruppe Angriffe auf US-Kriegsschiffe durchführten. Welchen Anteil die Witterungseskapaden am Triumph gegen die Mongolen nun tatsächlich hatten, ist – wie könnte es anders sein – unter Historikern umstritten (siehe beispielsweise die Studien des Japan-Experten Thomas Conlan, 2001). Tatsache dürfte jedoch sein, dass die Gestade Nippons im 13. Jahrhundert von starken Taifunen heimgesucht wurden, welche einen natürlichen Schutzmantel um das Inselreich legten.

Und damit zurück zur klimatischen Auslösung der mongolischen Expansionswelle. Ken Hsü schreibt dazu (Hsü 2000): »Die Wüstenvölker an der Peripherie Chinas breiteten sich in den Jahrhunderten des Klimaoptimums von 600 bis 1300 wie Heuschreckenschwärme aus.« Er argumentiert letztlich so, dass die günstigen Umweltverhältnisse jener Zeit zu einem erheblichen Bevölkerungswachstum in Zentralasien führten, ein Wachstum, das zugleich die militärische Stärke der Mongolen und den Bedarf nach zusätzlichem Raum steigerte. Man könnte dann noch weiter spekulieren, dass die atmosphärischen Warnsignale der sich langsam ausprägenden Kleinen Eiszeit die Existenzbedingungen der angeschwollenen Population schon im 13. Jahrhundert wieder episodisch verschlechterten. Dies ist die klassische Umweltfalle: Eine Gesellschaft wächst über ihre langfristigen ökologischen Grenzen hinaus und wird dann vom zurückschwingenden Klimapendel mit doppelter Wucht getroffen.

In diese Falle tappten in der Menschheitsgeschichte unzählige Völker und Kulturen; einige davon fanden nie mehr heraus. Hsü liefert dazu die passenden chinesischen Illustrationen, eine Wandmalerei aus bestürzenden Fakten und Zahlen. Insbesondere belegt er, dass *kalttrockene* Perioden fast stets Krisenzeiten für das »Reich der Mitte« bedeuteten. Die Kleine Eiszeit konfrontierte China ab dem 13. Jahrhundert immer häufiger mit solchen Krisenbedingungen. Am schwersten hatten es die Menschen in den vier letzten Jahrzehnten der Ming-Dynastie, zwischen 1600 und dem Jahr des totalen Zusammenbruchs, also 1643: Die kalten Winter und niederschlagsarmen Sommer führten zu schweren Ernteausfällen, Hungersnöten, Kannibalismus und verzweifelten Bauernaufständen. Zehntausende von Menschen zogen ziellos durchs Land und sanken schließlich, zu Tode erschöpft, am Straßenrand nieder (Hsü 2000). Dabei lagen die durchschnittlichen Julitemperaturen in jenen kältesten Dekaden des gesamten chinesischen Millenniums gerade mal 1,5 bis 2 °C unter dem langjährigen Mittelwert! Ken Hsü hat übrigens meines Erachtens recht, wenn er auf eine gewisse Asymmetrie in der zivilisatorischen Verwundbarkeit durch leichte Klimaausschläge »nach oben« (Erwärmung) und »nach unten« (Abkühlung) hinweist. Es ist allerdings auch nicht überraschend, dass Agrikulturalisten am besten mit den feuchtmilden Umweltbedingungen leben können, die im Neolithikum ebenjene Agrikultur hervorgebracht haben. Und erst recht nicht kann man von den historischen Befunden pauschal ableiten, dass es der Menschheit umso besser ergehen müsse, je heißer unser Planet würde. Wie bereits erwähnt, sah auch Svante Arrhenius einem globalen Temperaturanstieg eher freudig entgegen. Doch zu viel ist zu viel, wie ich noch ausführlich erläutern werde.

Die Kleine Eiszeit griff jedoch tief in die Geschicke vieler Gesellschaften ein, auch wenn es sich dabei »nur« um eine geringfügige natürliche Abkühlung der Nordhalbkugel (um weniger als 1 °C) in den Jahrhunderten zwischen Hochmittelalter und der Gegenwart handelte (IPCC, 2013). Die Abkühlung kam überdies als fein gegliedertes raumzeitliches Muster daher, mit scheinbar regellos eingefügten Hitzewallungen. Gerade diese Sprunghaftigkeit machte den Menschen jener Epoche besonders zu schaffen. Zur Geschichte des Begriffs »Kleine Eiszeit« und seiner Karriere in den Historikerkreisen verweise ich auf das kundige Buch von Wolfgang Behringer (Behringer 2007), der mit elegantem Pinselstrich auch ein farbiges Bild der Umweltfolgen in der Frühen Neuzeit malt. Behringers frohgemutes Resümee halte ich dagegen für überaus gewagt: »Wenn der gegenwärtige Klimawandel langfristig sein sollte [...], kann man nur Gelassenheit empfehlen. Die Welt wird nicht untergehen.« Letztere Aussage ist entweder trivial oder unwissenschaftlich, da sich hinsichtlich der gesellschaftlichen Wirkung der *künftigen* Erderwärmung nur schwerlich geschichtliche Analogieschlüsse ziehen lassen.

Dass zwischen 1250 und 1900 das einfallende Sonnenlicht im Langzeitmittel und vor allem in bestimmten Phasen etwas schwächer war, gilt heute als erwiesen (siehe etwa Trouet u. a. 2009). Insbesondere gab es Temperaturstürze während des sogenannten Spörer-Minimums (circa 1460–1550) und des Maunder-Minimums (circa 1645–1715), wo die astronomischen Aufzeichnungen so gut wie keine Sonnenflecken vermeldeten. Solche erratischen Schatten auf der Sonnenoberfläche gelten als einfachstes Maß für die jeweilige Leuchtbereitschaft unseres Zentralgestirns – quasi nach dem Motto: Wo viel Schatten, da ist drumherum besonders viel Licht. Die Flecken selbst sind relativ kühl (»nur« 4000 °C im Zentrum) und bilden sich auf komplizierte hydromagnetische Weise vor allem dann, wenn es in den heißen Eingeweiden der Sonne stärker brodelt. Im Gegensatz zu weit verbreiteten Vorstellungen unter Klima-Halbwissenschaftlern ist die An- oder Abwesenheit jener »Sommersprossen« zunächst einmal nur mit bescheidenen Schwankungen der Oberflächentemperatur der Erde verknüpft: 0,1 bis 0,3 °C (Crowley 2000; Feulner und Rahmstorf 2010b). Sehr viel direkter und dramatischer können sich in dieser Hinsicht Vulkanausbrüche auswirken. Insbesondere wenn es dabei zum massenhaften Ausstoß von CO_2 und zur Bildung von lichtabschirmenden Schwefelsäuretröpfchen in der Stratosphäre kommt. Vom 13. bis zum 19. Jahrhundert gab es offenbar eine Vielzahl solcher Ereignisse, wie etwa den Ausbruch des Tambora auf der indonesischen Insel Sumbawa am 5. April 1815: 1816 ging als das »Jahr ohne Sommer« in die Annalen der Nordhalbkugel ein. Aber die Folgen solcher geologischen Desaster auf die Atmosphäre sind räumlich und vor allem zeitlich begrenzt. Dies kann am Fall des Pinatubo-Ausbruchs auf den Philippinen (15. Juli 1991) eindrucksvoll demonstriert werden, denn jenes Ereignis führte lediglich zu einem kurzen Temperaturausschlag nach unten im rapiden Erderwärmungstrend der letzten Jahrzehnte.

Nein, die wahren Ursachen für Eintreten und Verlauf der Kleinen Eiszeit kennt die Wissenschaft noch immer nicht; sie müssen – womöglich im wahrsten Sinn des Wortes – tiefer liegen. Die eben schon zitierte Studie von Valérie Trouet und ihren Kollegen (Trouet u. a. 2009) liefert hierzu interessante neue Einsichten. Die Autoren deuten eine verblüffende Schlussfolgerung an: Nicht die kühle, wetterwendische Epoche *nach* dem mittelalterlichen Klimaoptimum war ungewöhnlich, sondern diese Phase milder Umweltbedingungen selbst! Die »Klimaanomalie« zwischen 800 und 1200 war jüngsten Analysen zufolge gekennzeichnet durch einen hartnäckigen Ausnahmezustand des gekoppelten Atmosphäre-Ozean-Systems. Drei »Schaukelphänomene« des Gefüges – nämlich die *Nordatlantische Oszillation* (NAO), die *Thermohaline Zirkulation* (THC) und die *El Niño/Südliche Oszillation*-Dynamik (ENSO) – dürften in jenen Jahrhunderten am einen Ende der Wippe eingerastet gewesen sein. Ich werde vor allem auf das ENSO-Phänomen später noch mehrfach eingehen, aber vorab schon ein kleiner Klimasystemexkurs:

Wenn der NAO-Index, welcher im Wesentlichen den atmosphärischen Druckunterschied zwischen den Azoren und Island misst, positiv ist, dann bringt eine ausgeprägte Westwetterlage warmfeuchte Luftmassen nach Europa. Ist die THC, welche im Wesentlichen vom Absinken kalten, salzreichen Atlantikwassers in etwa 4 Kilometer Tiefe südlich und östlich von Grönland angetrieben wird, kräftig, dann transportiert der Golfstrom gut temperierte Wassermassen nach Europa (siehe Kapitel 12). Wenn das ENSO-Muster in der sogenannten La-Niña-Phase ist, dann drängen verstärkte Passatwinde das warme Oberflächenwasser im Pazifik nach Südostasien, und über subtile Fernwirkungen wird die Witterung in Europa überwiegend günstig beeinflusst. Aus Baumringdaten und anderen Klimaarchiven lässt sich inzwischen immer deutlicher herauslesen, dass alle drei Voraussetzungen für angenehme Umweltbedingungen im hochmittelalterlichen Abendland nahezu permanent erfüllt waren. Insbesondere der NAO-Index verharrte viele Jahrhunderte im Plusbereich, bevor er Anfang des 15. Jahrhunderts zurück in den Jo-Jo-Modus wechselte. Was wiederum diese Beharrungsanomalie im eigentlich hochnervösen Klimasystem ausgelöst hat, ob die launische Abkehr der Erde von der geschilderten Betriebsweise in Konspiration mit einer vorübergehenden Lustlosigkeit der Sonne ausreichte, um die Kleine Eiszeit hervorzubringen – diese Fragen kann die Wissenschaft noch nicht zufriedenstellend beantworten.

Zu den ökologischen und sozialen Auswirkungen des 500-jährigen Abkühlungstatbestands auf der Nordhalbkugel gibt es eine umfangreiche, aber nicht durchgängig seriöse Literatur. Herausragende Historiker wie der Franzose Emmanuel Le Roy Ladurie (was für ein Name!) und der Schweizer Christian Pfister haben Wertvolles dazu beigetragen; das schon erwähnte Buch des Deutschen Wolfgang Behringer liefert einen ausgezeichneten Überblick bezüglich der wichtigsten Quellen. Besonders eindrucksvoll ist der Hinweis auf die Studien zu den »Verlorenen Dörfern Britanniens« (Behringer 2007): Allein in England identifizierte man durch Luftbildarchäologie in den letzten Jahren über 4000 verlassene Siedlungen, die während der mittelalterlichen Warmphase errichtet, aber nach 1300 wieder aufgegeben wurden. Ich habe selbst in Norfolk und North Yorkshire solche Plätze besichtigt, die eine große Traurigkeit ausstrahlen. Früher nannte man diese Geistersiedlungen *plague villages*, da man sie als Opfer der ab 1347 in Europa wütenden Großen Pest sah. Aber genauere Untersuchungen zeigen, dass der endgültige Untergang der meisten Dörfer wohl klimatisch besiegelt wurde – die damalige Landwirtschaft konnte die Menschen einfach nicht mehr ernähren.

Ebendies geschah wohl auch auf Grönland im 15. Jahrhundert, wo die Wikingerkolonien des Hochmittelalters erloschen. Der bekannte amerikanische Evolutionsbiologe Jared Diamond argumentiert zwar in seinem Buch *Collapse* (Diamond 2005), dass die nordischen Siedler einfach über ihre naturräumlichen Verhältnisse gelebt und zudem – anders als die alteingesessenen Inuit-Völker der Region – versäumt hätten, sich an neuartige Umweltbedingungen anzupassen (siehe auch Kapitel 19). Aber viele Indizien weisen darauf hin, dass die durchaus wetterfesten und kälteerprobten Wikinger ihr Vieh nicht mehr durch die strenger werdenden Winter bringen konnten und dass der Ackerbau im arktischen Sommer keine Überlebensrationen mehr bereitstellte. Neuere Analysen von Ozeansedimenten, welche insbesondere in Molluskenschalen verschlüsselte Temperaturinformationen enthalten, sowie Eisbohrkerne aus Grönland stützen dieses Szenario (Patterson u.a. 2010). Ab 1320 wurde es in der Region spürbar kühler, wobei ein Tiefplateau der Klimaentwicklung im Zeitabschnitt 1380 bis 1420 erreicht wurde. Historischen Berichten zufolge wurde die Schifffahrt zwischen Island und Grönland 1342 wegen der ständigen Eisberggefahr auch im Sommer eingestellt. Um 1360 wurde dann die grönländische Westsiedlung aufgegeben und 1450 schließlich auch die Ostsiedlung als letzter Stützpunkt der Wikingerkultur auf der größten Insel unseres Planeten.

In diesem Zusammenhang möchte ich eine Geschichte erwähnen, die vermutlich frei erfunden ist und die mich dennoch nie mehr losgelassen hat, seit ich sie irgendwo las oder hörte: Angeblich soll ein spanisches Schiff auf der Rückfahrt von der Neuen Welt um die Wende zum 16. Jahrhundert zufällig bis nach Grönland vorgestoßen sein und an der Pier der Ostsiedlung den leblosen Körper des letzten Wikingers entdeckt haben. Dies ist eine in doppelter Hinsicht erschütternde Anekdote. Zum einen habe ich immer wieder versucht, mir vorzustellen, welches Gefühl der *absoluten Einsamkeit* der letzte übrig gebliebene Mensch einer ganzen Kultur empfinden muss – möglicherweise Jahre nach dem Tod aller Gefährten. Zum anderen würde diese Geschichte – falls sie etwas mit der Realität zu tun hat – einen fast *unerträglich grausamen Scherz* des Schicksals wiedergeben, das elende, hoffnungslose Sterben am Ende der bekannten Welt, während das rettende Schiff sich hinter dem Horizont nähert ...

Dass Karavellen und Brigantinen von der Iberischen Halbinsel zu jener Zeit den Nordatlantik durchsegelten, entspricht auf alle Fälle der historischen Wahrheit. Denn es herrschte ja bereits reger Schiffsverkehr zwischen Europa und Amerika, das zunächst »entdeckt«, dann unterworfen und schließlich ausgeplündert wurde. Zu den Hauptfiguren in diesem düsteren Drama zählte Hernán Cortés (1485–1547) aus der spanischen Extremadura. Er verließ am 18. Februar 1519 Havanna auf Kuba mit elf Schiffen und 670 Mann und landete – nach einem Scharmützel mit den Mayas auf Yucatán – am 21. April an der Küste des mexikanischen Aztekenreichs. Die nachfolgenden geradezu unglaublichen Ereignisse führten innerhalb von nur zwei Jahren zur völligen Niederwerfung des letzten großen mesoamerikanischen Imperiums: der freundliche Empfang durch Vertreter des Herrschers Montezuma II.; der Marsch in die Hauptstadt Tenochtitlán, wo sich heute auf dem Grund des trockengelegten Texcoco-Sees das urbane Monster Mexiko-Stadt ausbreitet; die widerstandslose Gefangennahme des Königs durch die Invasoren; der Aztekenaufstand in der *Noche Triste* am 1. Juli 1520, wobei Montezuma und zwei Drittel der spanischen Besatzer umkamen; die Flucht von Cortés aus Tenochtitlán unter Zurücklassung seines abgeschlagenen Zeigefingers und einer verheerenden Pockenepidemie; Rückkehr und Belagerung der Aztekenhauptstadt mit Unterstützung abtrünniger indianischer Völker; schließlich die endgültige Eroberung des fast vollständig zerstörten Tenochtitlán, dessen Straßen von Verhungerten bedeckt waren, am 13. April 1521.

Dass vergleichsweise winzige Armeen von europäischen Konquistadoren die kriegerischen Hochkulturen Mittelamerikas im Handumdrehen zertrümmern konnten, gehört zu den großen Mysterien der Geschichte. Ein neues Licht auf die damaligen, letztendlich weltverändernden Ereignisse werfen Untersuchungen zur Rekonstruktion des Klimas der Region in den letzten 1200 Jahren (Stahle u.a. 2011). Mit atemberaubender Präzision und Vollständigkeit können nämlich die Umweltbedingungen zwischen 771 und 2008 aus den Jahresringstrukturen von mexikanischen Sumpfzypressen abgeleitet werden (siehe dazu auch Franz 2011). Diese Baumgiganten, die bei einem Stammdurchmesser von 12 Metern bis zu 40 Meter hoch werden, wachsen unter anderem in der Amealco-Schlucht nordöstlich der früheren Toltekenhauptstadt Tula. Da die Zypressen verhältnismäßig flach wurzeln, reflektiert die Dichte ihrer Jahresringe den jeweiligen Grundwasserspiegel und damit die Niederschlagsmenge in jedem einzelnen Jahr. »Die alten Sumpfzypressen liefern uns einen detaillierten Bericht über den Klimawandel im kulturellen Herzen Mesoamerikas«, sagt der Geowissenschaftler David Stahle von der University of Arkansas, der zu den führenden »Holz-Chronisten« der modernen Wissenschaft zählt (zitiert nach Franz 2011).

Die neu erschlossenen Datenarchive belegen, dass Niederschlagsvariationen und insbesondere Megadürren eine entscheidende Rolle beim Aufstieg und Untergang der prähispanischen Kulturen Amerikas spielten. Genau in eine solche Phase extremer Trockenheit und schwierigster landwirtschaftlicher Bedingungen, die von 1514 bis 1529 andauerte, fiel die Ankunft der Eroberer um Cortés. Mit großer Wahrscheinlichkeit war das Aztekenreich durch die Unbill des Klimas geschwächt; zudem dürften die resultierenden Knappheiten die Rivalitäten mit anderen regionalen Mächten erheblich gesteigert haben – ein Umstand, den die Spanier für die Gewinnung von Bundesgenossen nutzen konnten. In den Jahrzehnten nach dem Triumph der Invasoren kam es zu einem regelrechten Zusammenbruch der Bevölkerung Mexikos (Acuna-Soto u.a. 2002): Starben bereits bei der schon erwähnten Pockenepidemie 5 bis 8 Millionen Einheimische, rafften (wie heute vermutet wird) hämorrhagische Fieber 1545 und 1576 weitere 7 bis 17 Millionen dahin – insgesamt ein Populationsschwund um etwa 90 Prozent! Die Baumringdaten zeigen, dass im 16. Jahrhundert im mexikanischen Hochland die schlimmsten Dürren der damals zurückliegenden 500 Jahre herrschten, sodass es zweifellos zu Synergien ökologischer, sozialer und epidemiologischer Faktoren mit vernichtender Wirkung kam.

Mehr als ein halbes Millennium davor war im Tiefland von Yucatán die klassische Maya-Hochkultur kollabiert. Der rapide Niedergang dieser ebenso eindrucksvollen wie eigenartigen Zivilisation im vorkolumbianischen Amerika wird auf 900 bis 950 datiert. Legendäre Städte wie Chichén Itzá, wo ich selbst schon die steile Stufenpyramide des Kukulcán emporgeklettert bin, oder Uxmal, das möglicherweise die anmutigsten Bauten des ganzen Kulturkreises beherbergte, waren Zentren mit mehr als 10000 Einwohnern. Die Archäologen haben zahllose, bisweilen bizarre Theorien über den Zerfall des Maya-Staates aufgestellt, darunter einige mit starkem Umweltbezug. Die Ringstrukturen der mexikanischen Zypressen bestätigen nun, dass zwischen 897 und 922 eine Megadürre in Mexiko herrschte (Stahle u.a. 2011). Der deutsche Geologe Gerald Haug und seine Kollegen hatten schon früher einen engen Zusammenhang zwischen einer lang anhaltenden Trockenheit in der Yucatán-Region und dem Ende der klassischen Maya-Hochblüte vermutet (Haug u.a. 2003).

Die historische Wahrheit dürfte dennoch wesentlich verwickelter sein. Ich bin seit einigen Jahren Externer Professor am Santa Fe Institute, das spektakulär an den Flanken der Sangre-de-Cristo-Berge im US-Bundesstaat New Mexico liegt. Diese gemeinnützige private Einrichtung genießt bereits 25 Jahre nach ihrer Gründung weltweit einen legendären Ruf für ihre interdisziplinäre Erforschung komplexer Systeme und Sachverhalte. Im Jahr 2010 habe ich im Rahmen einer Sommerschule zum Thema »Globale Nachhaltigkeit« eine Reihe von Vorlesungen über nichtlineare Klimadynamik und die Herausforderungen der internationalen Klimapolitik in einer Welt von konkurrierenden Nationalstaaten gehalten. Der damalige Institutspräsident, Jerry Sabloff, ist ein renommierter Anthropologe, der für Nichtspezialisten eine wunderbare kleine Einführung in die Archäologie geschrieben hat (Sabloff 2008).

Zu seinen Forschungsschwerpunkten zählen das vorindustrielle Siedlungswesen und eben auch die Rekonstruktion der vergangenen Maya-Kultur. Zusammen mit dem Geographen Billie Turner stellte er während der bewussten Sommerschule seine Erkenntnisse über den Zusammenbruch des »Klassischen Reiches« Anfang des 10. Jahrhunderts vor. Diese Vorlesungen waren interdisziplinäre Sternstunden, denn wie in einem Reagenzglas vereinten sich Spurenelemente von physikalischen, ökologischen, sozialen und archäologischen Evidenzen zu einer hell aufleuchtenden Flamme der Aufklärung und Intellektualität. Ich kann diese Systemanalyse hier keinesfalls angemessen wiedergeben, aber die Hauptschlussfolgerung lautete: Die landwirtschaftliche Grundlage der Maya-Zivilisation war (insbesondere aufgrund falscher Rodungsstrategien und Standortentscheidungen) schließlich überkomplex und dadurch extrem störanfällig gegenüber klimatischen Schwankungen geworden. Diese prekäre Empfindlichkeit wurde gespiegelt durch eine soziopolitische Struktur, welche externe Schocks immer schlechter verarbeiten konnte. Das Ende war vorprogrammiert (siehe auch Kapitel 19).

Diese unselige Allianz zwischen natürlichen und kulturellen Faktoren bei katastrophalen Gesellschaftsentwicklungen will ich im letzten Teil dieses Kapitels noch stärker ausleuchten. Hierzu machen wir einen Zeitsprung ins Britische Imperium des 19. Jahrhunderts, wo sich einige der verheerendsten humanitären Katastrophen der dokumentierten Vergangenheit ereigneten. Die erste von ihnen, die für das Generalthema meines Buches allesamt von besonderer Bedeutung sind, gehört zum Traumakanon des europäischen Geschichtsbewusstseins: die *Große Irische Hungersnot* von 1845 bis 1849, deren gälische Bezeichnung – »a Gorta Mór« – noch düsterer klingt. Diese wahrhaft apokalyptische Krise kostete schätzungsweise eine Million Iren das Leben und vertrieb etwa eine weitere Million Einwohner von der Grünen Insel ins Exil, zumeist unter grauenvollen Umständen. Die historische Entwicklung des Landes wird durch diese Tragödie gewissermaßen zweigeteilt in eine Vor-Hunger- und eine Nach-Hunger-Phase. Und selbst die anhaltende politische Zweiteilung Irlands, ja, die ganze »irische Frage«, ist nur im Zusammenhang mit jenen fünf schwarzen Jahren zu begreifen.

Im Juli 1845 gab es noch keinerlei Anzeichen dafür, dass sich bald die Schleusen des Himmels und die Pforten der Hölle öffnen würden. Der Sommer war bis dahin geradezu ideal verlaufen, mit trockenwarmer Witterung und viel Sonnenschein, sodass die Kartoffelbauern eine Rekordernte erwarteten (eine ausführliche Schilderung des Krisenverlaufs gibt Erik Durschmied im oben genannten Buch, 2000). Dies waren hochwillkommene Aussichten, denn etwa ein Drittel der damaligen Bevölkerung ernährte sich fast ausschließlich von Kartoffeln. Über diese Nutzpflanzen aus der Familie der Nachtschattengewächse ließen sich viele bemerkenswerte Geschichten erzählen (siehe zum Beispiel Montanari 1999). Der Ursprung der heute kultivierten Sorten liegt in den südamerikanischen Anden, von wo aus sie durch die spanischen Konquistadoren über die noch heute kartoffelverrückten Kanarischen Inseln nach Europa gelangten. Vor allem im Italien des 16. und 17. Jahrhunderts wurden die Pflanzen *wegen ihrer schönen Blüten* gehalten. Der systematische Anbau als Grundnahrungsmittel begann erst 1684 – im englischen Lancashire!

Die Erdäpfel gedeihen aber auch auf kargen Böden (wie in der Mark Brandenburg), sie haben enormen Nährwert und schmecken köstlich, doch haben sie gefährliche natürliche Feinde. Der schlimmste davon ist ein Algenpilz mit dem lateinischen Namen *Phytophtora infestans*, welcher bei Kartoffeln die sogenannte Kraut- und Knollenfäule hervorruft. Dieser Pilz kann sich explosionsartig auf den Feldern verbreiten, wenn Frühjahr und Sommer regenreich sind. Und er wurde erst gegen 1840 aus Nordamerika nach Europa eingeschleppt. Heute kann man die »Kartoffelpest« mit Fungiziden wirksam bekämpfen, aber im Irland des 19. Jahrhunderts gab es kein Gegenmittel. Als dort im Spätsommer 1845 der große Regen einsetzte und die Grüne Insel regelrecht flutete, war die Katastrophe nicht mehr aufzuhalten. Die Kartoffeln verrotteten fast im ganzen Land; der Ernteausfall betrug an die 50 Prozent. Doch die feuchte Witterung setzte sich – mit kurzen, trügerischen Pausen – bis zum Herbst 1849 fort, sodass die Hammerschläge des Schicksals in dichter Folge auf die unglückliche Bevölkerung niederfuhren.

1846 gingen sogar drei Viertel der Kartoffelernte verloren; 1847 fegte eine Typhuswelle über die Insel, und der Massenexodus nach Übersee begann; 1848 kam es – wie in vielen Ländern Europas – zu Aufständen gegen die Obrigkeit, welche aber wieder zusammenbrachen. Schließlich kroch Ende desselben Jahres von einem der Schiffe im Hafen von Belfast die Asiatische Cholera in die Stadt und wütete landesweit bis Mitte 1849 (Durschmied 2000). Im Herbst 1849 endlich begann sich das Wetter allmählich zu bessern, aber Irland war verwüstet, und die Überlebenden befanden sich im Zustand tiefer Verstörung. Eine kurze Tücke des Klimas hatte eine Gesellschaft, die sich in gefährliche Abhängigkeit von einer Monokultur begeben hatte, ins Verderben geführt.

Allerdings ist dies nur ein Teil der historischen Wahrheit, denn zahlreiche Quellen belegen, dass Irland während der ersten schrecklichen Hungersjahre ein Netto*exporteur* von Nahrungsmitteln blieb. 1846 und sogar noch 1847 wurden insbesondere enorme Mengen an Weizen, Gerste und Hafer nach England ausgeführt (Hayden 1997). Doch schon 1848 strömten von überall in der Welt Nahrungsmittel nach Irland und hätten die entstandene »Kartoffel-Lücke« (in der Größenordnung von der Hälfte des nationalen Kalorienbedarfs) leicht schließen können. Dies geschah jedoch nicht, und die Hungersnot herrschte mitleidlos bis 1852. Warum?

Die beste Antwort auf diese Frage fand ich auf der BBC-History-Homepage in einem Artikel von James Donnelly (Donnelly 2011). Dort werden die *politischen* Kräfte sauber seziert, die ein klimatisch-ökologisches Extremereignis zu einer beispiellosen gesellschaftlichen Katastrophe an der Peripherie des damals reichsten Staates der Welt werden ließen. Die britische Regierung in London, welche 1847 eine Armee von 12 000 Bürokraten in Irland beschäftigte, reagierte zunächst rasch und angemessen:

Schon im Herbst 1845 ließ Premierminister Peel große Mengen Mais in Amerika erwerben, die allerdings erst Anfang 1846 in Irland ankamen und zu einem Penny pro Pfund an die Bevölkerung verkauft wurden. Von März bis September 1847 speiste der Staat bis zu drei Millionen (!) Menschen täglich in öffentlichen Suppenküchen. Und im Winter 1846/47 wurden umfangreiche Arbeitsbeschaffungsprogramme durchgeführt, wenngleich die gezahlten Löhne weder zum Leben noch zum Sterben reichten. Hätte die britische Regierung dieses Maßnahmenbündel fortgesetzt und verbessert oder hätte die Natur günstigere Witterung geschickt, wäre der Untergang des »fröhlichen alten Irlands« noch aufzuhalten gewesen.

Doch das Klima hatte kein Einsehen, und in London kam die Ideologie des Laissez-faire, der *staatlichen Nichteinmischung*, als Generaltherapie sämtlicher gesellschaftlicher Leiden an die Macht: Der Führer der Konservativen Partei, Sir Robert Peel, wurde *wegen* seiner Unterstützungspolitik für die Menschen auf der Grünen Insel am 29. Juni 1846 zum Rücktritt als Premierminister gezwungen. Sein Nachfolger Lord John Russell setzte die Hilfsprogramme nur halbherzig fort oder ließ sie ganz beenden. Russell war der Führer der sogenannten *Whigs*, der radikal marktliberalen Partei, die mit der industriellen Revolution zu einer dominierenden Kraft Britanniens herangewachsen war. Das abwertende Kürzel *Whig* steht für *Whiggamore*, also »Viehtreiber« – die Liberalen bezeichneten sich selbst als »Landpartei« (was genau in mein in Kapitel 12 gezeichnetes Bild vom Fortschritt durch die Barone und Fabrikanten außerhalb der großen Städte passt). Und das Mantra dieser Partei lautete, dass Regierungen die zugleich blinden und unsichtbaren Kräfte des freien Marktes nicht dabei stören sollten, das Gemeinwohl zu maximieren.

Dieses »liberale« Glaubensbekenntnis wurde mit sozialdarwinistischer Brutalität von Sir Charles Trevelyan umgesetzt, dem obersten britischen Verantwortlichen für die Handhabung der »Irischen Krise«. In einem 1848 erschienenen Buch schreckte er nicht vor den folgenden Aussagen zurück: Die Hungersnot sei ein direkter Hieb einer »allwissenden und allbarmherzigen Vorsehung«, welche letztlich nur die soziale Verderbtheit der irischen Bevölkerung als Wurzel allen Übels aufdecken würde. So gesehen sei die Katastrophe vor allem eine bittere, aber wirksame Medizin für den kranken Volkskörper (Donnelly 2011). Unter dem Schutzdach dieser faschistoiden Ideologie konnten zwischen 1846 und 1854 die (überwiegend englischen) Grundbesitzer an die 500000 verelendete Pächter und Arbeiter von ihrem Nährboden vertreiben – auch um nicht anstelle des tatenlosen Staates in finanzielle Verantwortung für die Unterstützung der Hilflosen genommen zu werden. Die britische Zivilgesellschaft ließ dies alles weitgehend ungeniert geschehen, nicht zuletzt aus religiösen und rassistischen Vorurteilen gegenüber den »lebensuntüchtigen katholischen Trunkenbolden« auf der Grünen Insel.

Fairerweise ist zu vermerken, dass es gerade in den Anfangsjahren eine Reihe von privaten Initiativen zur Linderung der irischen Not gab. Queen Victoria rief in einem persönlichen Brief an ihr Imperium zu Hilfszahlungen auf und spendete selbst 2000 Pfund Sterling. Das war für damalige Verhältnisse eine stattliche Summe, allerdings nur ein Tropfen aus dem Ozean an Vermögen, über das die Königin verfügte. Mary Robinson, die frühere Präsidentin Irlands und eine ebenso kluge wie sympathische Frau, erzählte mir in diesem Zusammenhang einige bemerkenswerte Geschichten. Die meisten handelten von der berührenden Hilfsbereitschaft, welche weniger die Bewohner der glanzvollen Metropole London als vielmehr die Menschen an den Rändern des British Empire gegenüber dem unglücklichen Irland an den Tag legten: Die ersten Spenden wurden aus Kalkutta gesandt, und die winzige Insel Mauritius im Indischen Ozean soll mehr Geld der Barmherzigkeit gesammelt haben als die englische Queen. Die vielleicht ergreifendste Geste der menschlichen Solidarität kam jedoch nicht von irgendwelchen Untertanen Victorias, sondern von den Choctaw-Indianern, einem bemerkenswerten Volk von Uramerikanern. Diese stammen aus den Südoststaaten der USA (insbesondere Mississippi und Alabama) und leben heute als semi-autonome Nation in Oklahoma. Die Choctaw hatten von der schrecklichen Hungersnot unter den Weißen jenseits des großen Meeres gehört und beschlossen bei einer Volksversammlung im Jahr 1847, für die Iren – mit denen sie nichts verband als ein tiefes, durch Hörensagen gewecktes Mitgefühl – zu sammeln. So kamen 710 Dollar zusammen, nach heutigem Wert etwa eine Million, die über Memphis (Tennessee) nach Dublin gebracht wurden.

Doch später in jenem Jahrhundert ereigneten sich in Victorias Reich Tragödien noch größeren Ausmaßes, bei denen Klima und Politik eine schier unfassbare Komplizenschaft eingingen. Von China über Indien und Äthiopien bis nach Brasilien kam es zwischen 1876 und 1902 zu Missernten, Hungersnöten und Epidemien, denen *mindestens 50 Millionen Menschen* zum Opfer fielen. Dies war die schrecklichste Zäsur in der Geschichte unserer Zivilisation seit dem Schwarzen Tod im 14. Jahrhundert und spielte sich doch in einer Zeit ab, welche die im Kolonialrausch schwelgenden europäischen Mächte in frivoler Gleichgültigkeit *Belle Époque* tauften. Kein Gegensatz auf Erden könnte größer sein, und er wird schonungslos ans Licht gebracht durch das fulminante Buch *Late Victorian Holocausts* von Mike Davis (Davis 2001). Der Untertitel dieses wichtigen Pionierwerks der interdisziplinären Klimafolgenforschung lautet ebenso treffend wie subtil: »El Niño Famines and the Making of the Third World«. Davis betrachtet die Dinge aus einer marxistisch-analytischen Perspektive, aber die Wucht seiner Fakten und Argumente durchschlägt alle Trennwände der politischen Lagerordnung. Wer dieses Buch gelesen hat, kann den naiven Glücksverheißungen der modernen Globalisierungsprediger einfach keinen Glauben mehr schenken.

Die teuflische Tragödie vollzog sich weitgehend außerhalb des atlantischen Raums in mehreren Akten, nämlich in den Dürreperioden erstens 1876 bis 1878, zweitens 1888 bis 1891 und drittens 1896 bis 1902. Die letzte davon war die tödlichste, zumindest in Indien und Brasilien. Die beiden ersten wurden ironischerweise unterbrochen vom *Age of Wheat*, einem Getreideboom auf beiden Hemisphären, der von meteorologischen Faktoren (insbesondere reichen und wohlverteilten Niederschlägen) und ökonomischen Triebkräften (vor allem landwirtschaftlichen und infrastrukturellen Investitionen aufgrund von Ernteverlusten und gestiegenem Nahrungsmittelbedarf in Europa) kreiert wurde. Davis argumentiert (auch für Klimaexperten überzeugend), dass die verheerenden Umweltbedingungen der genannten drei Zeiträume maßgeblich von extrem starken *El-Niño-Ereignissen* verursacht wurden. Auf das Klimaphänomen ENSO habe ich mich schon weiter oben in diesem Kapitel bezogen, nämlich im Zusammenhang mit den Besonderheiten des mittelalterlichen Klimaoptimums. Damals herrschte jahrhundertelang, wie erwähnt, im Pazifik die kühle ENSO-Phase (*La Niña*), was gerade Europa zugute kam. *El Niño* ist dagegen die warme Phase der pazifischen Schaukelbewegung, wobei insbesondere die Temperatur des Meerwassers vor der Küste Perus ansteigt. Dies geschieht aufgrund des Jahresgangs der Sonneneinstrahlung häufig gegen Jahresende, also um die Weihnachtszeit. Daher der spanische Name, der auf Deutsch »das Christkind« bedeutet und der von den südamerikanischen Fischern geprägt wurde. Diese gebrauchen die Bezeichnung aber keineswegs in verniedlichender Weise, denn *El Niño* hat verheerende Auswirkungen auf den regionalen Fischfang: Die erwärmte Deckschicht des Ostpazifiks unterdrückt das Emporquellen von kaltem, nährstoffreichem Tiefenwasser, wodurch zunächst die Planktonproduktion gemindert und mittelfristig das gesamte ökologische Netzwerk im Meer geschädigt wird.

Hinter diesen Erscheinungen verbirgt sich allerdings eine hochkomplexe Atmosphäre-Ozean-Dynamik, deren Kausalstruktur keineswegs zufriedenstellend verstanden ist. Rein phänomenologisch hat man es mit dem Umspringen der *Walker-Zirkulation* (nach dem britischen Physiker

Sir Gilbert Thomas Walker) in einen alternativen Zustand zu tun: Aufgrund der inhomogenen Verteilung von Kontinenten und Ozeanen über die Erdoberfläche wird der Tropengürtel von der Sonne nicht gleichmäßig erwärmt. Die höchsten Meerestemperaturen (gelegentlich über 30 °C) werden im sogenannten *Warm Pool* gemessen, dem riesigen maritimen Bereich zwischen den indonesischen Inseln und Australien. Dieses Gebiet ist die mächtigste Wolkenfabrik unseres Planeten, wo in Tausenden von Gewittertürmen die Meeresfeuchtigkeit weit über 10 Kilometer hoch aufsteigt, sich zu Schwärmen aus Wassertropfen und Eispartikeln verdichtet und dann unter Freisetzung ungeheurer Mengen von latenter Wärme in den Ozean zurückstürzt. Kollegen, die mit Forschungsflugzeugen in dieser Monsterwaschküche unterwegs waren, haben mir berichtet, dass man sich als Mensch nirgendwo auf der Welt kleiner fühlt.

Im Normalbetrieb der Atmosphäre-Ozean-Maschinerie bringt der *Warm Pool* ein relativ ortsfestes Tiefdruckgebiet im nahen Osten Indonesiens hervor, welches im Rahmen der Walker-Zirkulation enorme Luftmassen in die höhere Troposphäre befördert. Diese Massen bewegen sich dort oben hauptsächlich ostwärts und westwärts an der Äquatorlinie entlang, um vor der südamerikanischen Küste beziehungsweise dem indischen Subkontinent wieder abzusinken und dort die für Hochdrucklagen typischen trockenen Witterungsbedingungen zu schaffen. Abbildung 34 zeichnet ein sehr vereinfachtes Bild dieser Zirkulationsverhältnisse.

Diese schematische Darstellung skizziert überdies, was geschieht, wenn der Normalbetrieb durch ein El-Niño-Ereignis gestört wird: Dann kommen zunächst die Passatwinde ins Stottern, die (wie in Kapitel 4 erläutert) ihre Existenz der polwärts (also senkrecht zur Walker-Zirkulation) gerichteten Hadley-Umwälzung und der Corioliskraft (infolge der Erdrotation) verdanken. Die Klimaforschung kann dieses Stottern, das bisweilen sogar zum Richtungsumschlag führt, bisher nicht plausibel erklären und schon gar nicht präzise vorhersagen. Aber wenn der Passat plötzlich ostwärts bläst, wird der *Warm Pool* in den Zentralpazifik verschoben, und die Ozeantemperaturen vor der Küste Südamerikas steigen um etliche Grad. Gleichzeitig reorganisiert sich nahezu das gesamte globale Muster von Hoch- und Tiefdruckgebieten – mit entsprechenden gravierenden Folgen für die Niederschlagsverhältnisse. Insbesondere wird die Monsundynamik in vielen Regionen beeinflusst, wodurch es beispielsweise in Westindien und Südafrika, ja sogar in Nordchina und Nordostbrasilien zu verheerenden Dürren kommen kann (Davis 2001). Nur das klimaverwöhnte Europa wird von der Raserei des »Christkinds« fast stets verschont. Ja, so kompliziert kann Klimawissenschaft sein – ich entschuldige mich dafür persönlich. Doch dieses Wissen ist für unser Geschichtsverständnis von großer Bedeutung.

Im 19. Jahrhundert schlug El Niño erbarmungslos in den »Kolonien« und anderen vom Imperialismus kontrollierten Teilen der Welt zu. Die Choreographie der dadurch vor allem in Indien und China in Gang gesetzten Totentänze wird von Mike Davis in besagtem Buch mit fast unerträglicher Faktenkenntnis enthüllt. Die Chronik beginnt noch satirisch mit dem Bericht über die Weltreise des frisch aus dem Amt geschiedenen 18. US-Präsidenten Ulysses Grant und seiner Familie. Die maßlose, zwei volle Jahre während Fahrt beginnt im Frühjahr 1877 in Philadelphia und beglückt zunächst Europa. Grant brilliert etwa in Venedig mit der Bemerkung, dass dies eine großartige Stadt wäre, wenn man sie nur trockenlegen würde. Die amerikanischen Edeltouristen reisen weiter – nach Ägypten, Indien, China, Japan und schließlich über den Pazifischen Ozean nach Hause, wo sie als vorbildliche Globetrotter begeistert empfangen werden. In den einschlägigen Reiseberichten finden sich nur vereinzelte, beiläufige Hinweise darauf, dass die Grants sich mit makabrer Zielsicherheit auf den Spuren einer beispiellosen humanitären Katastrophe bewegen: Fast überall, wo sie hinkommen, sind die Landschaften von Hitze versengt, von Trockenheit verdorrt, von Staub bedeckt.

Das große El-Niño-Ereignis von 1876 bis 1879 ließ die Menschen in Ägypten und Nordchina, aber auch in Indonesien, Korea, Brasilien, Südafrika und Marokko zu Millionen darben und verhungern. Vermutlich forderte diese Klimaextremepisode in Südindien allein mehr Todesopfer als sämtliche kriegerischen Auseinandersetzungen des ganzen 19. Jahrhunderts (Digby 1901). Und das große Sterben ging, wie schon erwähnt, im groben Zehnjahrestakt weiter, wobei die dritte Apokalypse (1896 bis 1902) durch Malaria, Beulenpest, Amöbenruhr, Pocken und Cholera unvorstellbare Mortalitätsraten erzielte. Mike Davis' Schilderung der Verhältnisse aufgrund historischer Augenzeugenberichte gipfelt in einer schauderhaften Vignette aus Rajputana (dem heutigen indischen Bundesstaat Rajasthan) im Jahr 1899. Die Wiedergabe des »Hungerlieds« der zu Zehntausenden an den Straßenrändern dieses unglücklichen Landes sterbenden Kinder durch den französischen Reisenden und Schriftsteller Pierre Loti (1850–1923) treibt mir jedes Mal die Tränen in die Augen, wenn ich mich wieder an den Text heranwage.

Aber wie im Fall der irischen Tragödie der 1840er-Jahre bringen nicht allein die Klimamächte Tod und Verderben, sondern vor allem auch die unbarmherzigen politischen Ideologien der herrschenden Regimes – oft im Verein mit neuartigen Wirtschaftsinteressen auf der Grundlage technischer Fortschritte. Davis seziert dieses Ursachengeflecht mit einem scharfen analytischen Skalpell, wobei man bezüglich Richtung und Tiefe der Trennschnitte nicht in allen Fällen dem Autor folgen muss. Ich kann nur jedem raten, der an der Wahrheit über die Entwicklung unserer »Weltzivilisation« interessiert ist, sich der faszinierenden Qual der Originallektüre zu unterziehen. Für die Thematik meines Buches sind die folgenden Befunde wesentlich:

Unzählige Hungeropfer – insbesondere in der britischen Kronkolonie Indien – gingen auf das Konto der menschenverachtenden Regierungsdoktrinen, die mit den radikal marktliberalen Hypothesen von »Moralphilosophen« wie Adam Smith oder Thomas Malthus gerechtfertigt wurden. In seinem berühmten Traktat vom *Wohlstand der Nationen* behauptet beispielsweise Smith, dass »Hungersnöte niemals eine andere Ursache hatten als die ungeeigneten Zwangseingriffe von Regierungen zur Beseitigung von unangenehmen Knappheiten«. Ein ungeheuerlicher Satz, niedergeschrieben sechs Jahre nach einer verheerenden Dürre in Bengalen. Und Malthus erklärt in seinem fast ebenso berühmten *Bevölkerungsgesetz* von 1798 die »exponentielle Vermehrung« der menschlichen Populationen zum Hauptproblem zuträglicher gesellschaftlicher Entwicklungen. Es kann kein Zufall sein, dass dieser Politökonom von 1806 bis 1834 (also bis zu seinem Tod) am *East India Company College* in Herfordshire (nördlich von London) Geschichte lehrte – also an der Kaderschmiede jener Handelsgesellschaft, die von 1757 an ein Jahrhundert lang faktisch den indischen Subkontinent regierte. Malthusianische Vorstellungen hatten weit über diese Zeit hinaus großen Einfluss auf das Denken der britischen Kolonialbehörden. Beispielsweise wurde in einem Untersuchungsbericht über die Katastrophe von 1876 bis 1879 nüchtern festgestellt, dass sich 80 Prozent aller Todesfälle bei den ärmsten 20 Prozent der Bevölkerung ereigneten, weshalb Hilfsmaßnahmen der Regierung bloß die »Sozialhygiene« der Gesellschaft durcheinandergebracht hätten (Davis 2001).

Ganz ähnlich dachte der damalige britische Vizekönig von Indien, Lord Victor Lytton, ein von Queen Victoria favorisierter Dichter und Schriftsteller, der jedoch als Administrator völlig versagte. Und der sein Amt vermutlich unter dem häufigen Einfluss von Opium sowie einer beginnenden Geisteskrankheit ausübte. Ganz im Sinn von Malthus war er der Meinung, dass »die Inder dazu neigen, sich rascher zu vermehren, als die Nahrungsmittelproduktion wachsen kann«. Folgerichtig lehnte er entschieden die Bereitstellung von kostenlosem oder zumindest verbilligtem Getreide für die verhungernden Armen ab, widmete sich dagegen mit glühendem Eifer der Ausrichtung des wohl größten Festmahls in der bisherigen Geschichte der Menschheit: Dieses fand anlässlich der Proklamation von Victoria zur »Kaiserin von Indien« im Herbst 1876 in Delhi statt und lud an die 61 000 Würdenträger zu Tisch – während zur selben Zeit die Menschen im Süden des Subkontinents wie Tiere verendeten.

Die schrecklichste Anwendung der britischen Laissez-faire-Doktrin stand den Untertanen der neuen Kaiserin jedoch noch bevor, und zwar in den infernalischen Jahren 1899 bis 1902, als die Monsunregen in weiten Teilen von West- und Zentralindien komplett ausblieben. Im Januar 1899 wurde Lord Curzon of Kedlestone zum Vizekönig ernannt, einer der rücksichtslosesten Imperialisten, welche die europäischen Kolonialmächte jemals hervorbrachten. Er spielte eine herausragende Rolle in der politischen Nomenklatura (unter anderem als Außenminister Großbritanniens nach dem Ersten Weltkrieg) und wurde mit Titeln und Ehrungen überhäuft. Curzon führte Indien wie eine Schachfigur im »Großen Spiel« um die Weltherrschaft an der Wende zum 20. Jahrhundert und verbot sich jeglichen »menschenfreundlichen Romantizismus«. Er ließ die Essensrationen für die Bedürftigen erbarmungslos kürzen mit der zynischen Begründung, dass »jede Regierung, welche durch wahllose Almosen die Spannkraft der Bevölkerung schwächte und ihr Selbstvertrauen demoralisierte, sich eines öffentlichen Verbrechens schuldig machen würde« (Davis 2001). Dass in seiner Regierungszeit an die neun Millionen Menschen verhungerten, wurde dagegen nicht nur von ihm selbst als Kavaliersdelikt eingestuft.

Die Kombination von extremen Witterungsbedingungen und rücksichtsloser Imperialpolitik machte nicht nur Indien an der Wende zum 20. Jahrhundert zu einem gigantischen Siechenhaus. Dürre und Sozialdarwinismus (in einer Verzerrung des biologischen Darwinismus als Elitenideologie) nahmen weite Teile der Erde in den Zangengriff und formten die dortigen Gesellschaften unbarmherzig um. Die absolute geostrategische Dominanz der westlichen Kolonialmächte wurde dadurch für viele Jahrzehnte zementiert, die ökonomisch-zivilisatorische Hegemonie des Abendlands über den großen Rest der Menschheit sogar bis heute. Davis erkennt in der Handhabung der El-Niño-Hungersnöte weniger Politikversagen als vielmehr kaltes Kalkül mit dem Ziel der endgültigen Niederwerfung einstiger Giganten wie China und Indien. Für ihn haben insbesondere die Briten klimatische Desaster genutzt, um in den »spätviktorianischen Holocausts« die »Unterentwicklung« der sogenannten Dritten Welt überhaupt erst hervorzubringen. Dieser tollkühnen These einer *politischen Ökologie des Hungers* muss man keineswegs folgen, aber unbestreitbar fielen die Kolonien und Protektorate des Westens während jener Jahre in ihrer Entwicklung weit zurück. So gesehen war El Niño Komplize beim bedenkenlosen Entwurf der modernen Welt.

Mit Blick auf die später im Buch zu führende Diskussion über die Möglichkeiten und Grenzen der Anpassung an den Klimawandel (siehe Kapitel 25) möchte ich eine spezifische Beobachtung von Mike Davis noch hervorheben: Die gesellschaftliche Verwundbarkeit durch Kapriolen der natürlichen Umwelt wird keineswegs automatisch durch technischen Fortschritt und wirtschaftlichen Liberalismus verringert (oder gar beseitigt). Viele viktorianische Sozialtheoretiker konnten sich nicht vorstellen, dass in der indischen Provinz die Menschen an den Bahndämmen krepieren würden, während die mit Getreide beladenen Frachtzüge zu den in den Häfen wartenden Dampfschiffen ratterten. Aber wie das Wasser den Berg hinabfließt, so strömt die Ware im »freien« Markt zum Kunden mit der größten Kaufkraft – und flieht jene, die nicht bezahlen können. Insofern werden »Entwicklung« und »Wachstum« die negativen Folgen der anthropogenen Erderwärmung für die Mehrheit der Weltbevölkerung nur abmildern können, wenn jene Fortschritte elementare Kriterien der Verteilungsgerechtigkeit erfüllen. Ob dies im Sinn der neunmalklugen Marktliberalen wäre, die gegen die marginale Betriebsstörung Klimawandel verschärften unternehmerischen Wettbewerb verordnen, darf man bezweifeln. Doch der *gestaltende Staat* bleibt bei der Krisenbewältigung unverzichtbar, wie die konzertierte Aktion der chinesischen Regierung bei der großen El-Niño-Dürre von 1743/44 eindrucksvoll belegt (Will 1990): Eine perfekt konstruierte und gewartete Hilfsmaschinerie unter der Aufsicht des Kaiserhauses wurde rechtzeitig in Gang gesetzt und verhinderte das Massensterben.

Ich habe die Leser in diesem Kapitel an einem langen Spalier von historischen Entwicklungen und Ereignissen vorbeigeführt, bei denen die Umwelt mehr als nur eine Komparsenrolle spielte. Welche universellen Einsichten können wir aus der Betrachtung dieser überwiegend düsteren Galerie gewinnen? Nun, es steht für mich nach der Sichtung der relevanten Literatur außer Frage, dass insbesondere die *Veränderungen* der klimatischen Verhältnisse – manchmal schleichend, manchmal abrupt – im wahrsten Sinn des Wortes Geschichte gemacht haben. Wie jedoch gerade die unterschiedlichen sozialen Folgen meteorologisch vergleichbarer Dürreextreme für die asiatischen Nationen des 18. und 19. Jahrhunderts unterstreichen, ist der Gang solcher Dinge fast stets eine *Koproduktion* von Natur und Gesellschaft. Diese Erkenntnis ist eigentlich banal, denn zivilisatorische Evolution wird selbstredend von Akteuren vorangetrieben, die sich nicht in der Petrischale eines kulturellen Reinstraumes entfalten, sondern in beständigem Kontakt mit Luft, Wasser, Erde und Feuer sind. Dennoch hat der moderne beziehungsweise postmoderne Diskurs über das Verhältnis von Mensch und Klima solch robuste Befunde nicht immer angemessen reflektiert. Eher war die Debatte von einer Pendelbewegung zwischen fundamentalistischen Standpunkten geprägt, welche die Umweltbedingungen entweder zum alles dominierenden Faktor oder aber zum vernachlässigbaren Randaspekt der Menschheitsentwicklung erklärten.

Besonders rabiat traten im späten 19. und frühen 20. Jahrhundert gewisse Geographen als »Klimadeterministen« (Stehr und Storch 1999) in Erscheinung, allen voran der Amerikaner Ellsworth Huntington (1876 bis 1947). In seinem bis zum Zweiten Weltkrieg überaus einflussreichen Hauptwerk *Civilization and Climate* (Huntington 1924) versuchte er eine zwingende Kausalbeziehung zwischen dem Charakter von Zivilisationen und ihrer physischen Umwelt nachzuweisen. Damit wandelte er auf den Spuren durchaus großer Denker wie dem französischen Institutionenphilosophen Montesquieu. Dieser war zu dem Schluss gekommen, dass die Bewohner kalter Regionen geistig und körperlich beweglicher seien als die eher »trägen« Menschen der warmen Klimazonen. Huntingtons Begründung war hochspekulativ, stützte sich auf ein ausgesprochen dünnes Datenfundament und wies auch sonst gravierende wissenschaftliche Mängel auf. Fairerweise muss man ihm nach Lektüre seiner Originalschriften zugestehen, dass er das Zusammenwirken vieler Faktoren bei der »geographischen Verteilung menschlichen Fortschritts« anerkennt, sich aber forschungstechnisch auf die Determinante Klima konzentriert. Diese Relativierung wird später allerdings erheblich verschlimmbessert, wenn Huntington neben der physischen Umwelt und kulturellen Besonderheiten die »Rassenzugehörigkeit« zu den wichtigsten Ursachen des zivilisatorischen Erfolgs erklärt.

Es kann nicht verwundern, dass ein solcher Holzschnittdeterminismus in der heutigen wissenschaftlichen Debatte keine Rolle mehr spielt. Insbesondere politisch eher links orientierte Gesellschaftswissenschaftler wie der schon erwähnte Historiker Le Roy Ladurie (1971) trieben nach dem verdienten Untergang der Rassenwahn- beziehungsweise Blut-und-Boden-Ideologien nach 1945 das Interpretationspendel scharf in die entgegengesetzte Richtung: Klimatische Bedingungen seien ein schwacher, ja vermutlich irrelevanter Formfaktor der gesellschaftlichen Wirklichkeit – das Soziale ließe sich ausschließlich aus dem Sozialen erklären. Inzwischen rückt man auch in diesen Kreisen wieder von der Extremposition zurück ins kausale Mittelfeld. Nur aus den oft betont exzentrisch auftretenden Gruppierungen der »postnormalen Wissenschaft« raunt es unverdrossen, dass das »soziale Konstrukt« des gesellschaftlichen Verständnisses von Klima und Klimawandel wichtiger sei als die physikalischen Realitäten selbst (siehe zum Beispiel Hulme 2009).

14. Ultrakurzgeschichte der Um-Welt

Dass Klima und Witterung starke (wenn auch nur gelegentlich dominante) Geschichtsmächte sind, habe ich im letzten Kapitel dargelegt. Umgekehrt ist das Erdklima selber eine geschichtliche Wesenheit, ein System, das unter dem Einfluss von gewaltigen Kräften in Äonen schier unglaubliche Wandlungen vollzieht. Alles begann vor etwa 4,6 Milliarden Jahren mit der Geburt unseres Planeten als Teil des Sonnensystems, und alles dürfte enden in etwa sieben Milliarden Jahren mit dem Verschlingen der Erde durch den zum Roten Riesen angeschwollenen Zentralstern. Viel früher jedoch wird das Leben wieder verschwinden, das Wasser der Ozeane verdampfen und die Erde sich zum Glutofen erhitzen. Nichts davon hat mit dem Menschen zu tun.

Aber der Reihe nach. In Anlehnung an die Darstellung in einem Buch meines Mitarbeiters Georg Feulner (2010) möchte ich zunächst zügig die herausragenden Ereignisse der Klimavergangenheit abschreiten. Daraufhin werde ich versuchen, mir und den Lesern einen wissenschaftlichen Reim auf diese Erdsaga zu machen. Und schließlich will ich einen Blick in die ferne Klimazukunft wagen.

Die frühe Erde konnte im Trommelfeuer riesiger Materieklumpen, die im blutjungen Sonnensystem herumvagabundierten, noch keine Atmosphäre ausbilden. Erst mit dem Nachlassen des Beschusses aus dem All und dem Erstarren der Planetenkruste vor rund 3,8 Milliarden Jahren entstand eine archaische Lufthülle aus vulkanischen Gasen, allen voran Stickstoff, Kohlendioxid und Wasserdampf. Das besonders starke Treibhausgas Methan war anfangs wohl nur in Spuren vorhanden, wobei sein relativer Anteil im Verlauf der weiteren Erdgeschichte Gegenstand wissenschaftlicher Diskussionen ist. Vermutlich lag die bodennahe Temperatur in der Werdephase des planetarischen Systems sehr hoch, also deutlich über dem Siedepunkt von Wasser unter Normaldruckverhältnissen. Vor etwa vier Milliarden Jahren könnte jedoch die 100-Grad-Grenze unterschritten worden sein, sodass der Wasserdampf kondensierte, Seen und Ozeane entstanden und der hydrologische Kreislauf aus Verdunstung, Wolkenbildung, Niederschlag, Abfluss und Versickerung in Gang kam. Die geologische Beweislage für das Geschehen in der Erdvorgeschichte ist allerdings dürftig, weil unberührte Gesteinsarchive aus jener Epoche Seltenheitswert besitzen.

Beispielsweise lesen manche Experten aus bestimmten Gesteinsschichten die Existenz von Wasser auf der Erdoberfläche schon vor 4,3 Milliarden Jahren heraus; andere sehen diese entscheidende Umweltveränderung erst in 3,8 Milliarden Jahre alte Sedimentformationen eingeschrieben. Unter den Fachleuten herrscht jedoch weitgehende Einigkeit, dass spätestens ab 3,2 Milliarden Jahre vor heute Meere weite Teile der Planetenkruste bedeckten. In den Ewigkeiten der *Erdfrühzeit*, des sogenannten Präkambriums (4,6 bis 0,54 Milliarden Jahre vor unserer Zeit), herrschten dann weitgehend feuchtwarme Bedingungen, welche die Entstehung und Entwicklung von Leben begünstigten. Recht eindeutige Hinweise auf mikrobielle Aktivitäten fanden sich in Proben mit dem beachtlichen Alter von 3,7 Milliarden Jahren (Lenton und Watson 2011).

Die Evolution der Biosphäre auf unserem Planeten begann spätestens 3,2 Milliarden Jahre vor heute, es finden sich entsprechende Gesteine (in Südafrika und Westaustralien) mit Einschlüssen von unverwechselbaren fossilen Organismen. Der Referenzpunkt der Paläontologie (also der Wissenschaft vom frühen irdischen Leben) bleibt der Befund von Knoll und Barghoorn (Knoll und Barghoorn 1977), der Bakterienspuren in 3,26 Milliarden alten Felsen aus Swasiland nachweist.

Dass sich das Wunder des Lebens auf unserem Planeten überhaupt ereignete, wäre bereits einen Eintrag in der galaktischen Wikipedia (die womöglich tatsächlich existiert) wert. Aber vor mehr als 2,7 Milliarden Jahren erfand die primitive Biosphäre etwas, das die Erde völlig veränderte und sie vielleicht unter allen Himmelskörpern im Umkreis von Milliarden Lichtjahren auszeichnet: die Photosynthese durch Cyanobakterien (»Blaualgen«, siehe Kapitel 11). Mithilfe von Sonnenlicht und Wasser verarbeiten diese Mikroorganismen ja Kohlendioxid zu Zucker unter Freisetzung von molekularem Sauerstoff. Das Unfassbare ist, dass diese Winzlinge vor etwa 2,4 Milliarden Jahren zur planetarischen Macht heranwuchsen und in der »Großen Oxidation« (Holland 1984) die Atmosphäre abrupt umkomponierten. Sauerstoff – ein aggressives, ja giftiges Gas für die meisten damaligen Lebewesen – wurde zu einem wesentlichen Bestandteil der Lufthülle (mit einer Konzentration, die bei 1 bis 10 Prozent des heutigen Wertes lag).

In Wechselwirkung mit diesem Vorgang, dessen dramatischen Verlauf die Wissenschaft trotz zahlreicher Hypothesen noch nicht zufriedenstellend erklären kann, entstand eine Ozonschicht in der oberen Atmosphäre. Wo viele O_2-Moleküle sind, da können sich in der Ultraviolett-Höhenstrahlung auch O_3-Verbände bilden; umgekehrt schützt der Ozonsee in der Stratosphäre die photosynthetischen Organismen in den Ozeanen weitgehend vor dem Bombardement mit Lichtquanten aus dem UV-Bereich. Neuerdings vermuten eine Reihe von Forschern (siehe insbesondere Lenton und Watson 2011), dass diese biologisch angetriebenen Umwälzungen im System Erde in unterschiedlicher Beziehung zu den verheerenden Klimastürzen des Präkambriums stehen: Schon vor 2,9 Milliarden Jahren, also bereits zu der Zeit, als die Pioniere der Photosynthese in die Welt kamen, wuchsen in Teilen der damaligen Erde gewaltige Eispanzer heran (sogenannte Pongola-Vereisung). Doch es kam noch dicker. Zwischen 2,4 und 2,1 Milliarden Jahren vor heute ereigneten sich mindestens drei Eisvorstöße von den Polkappen aus, wobei die letzte (die Makganyene-Vereisung) tief in den Tropengürtel vordrang.

Im Verlauf einiger Dutzend Jahrmillionen (und damit relativ rasch) streifte die Erde ihr gefrorenes Kleid wieder komplett ab. Es folgte eine geradezu friedliche Episode mit erträglich feuchtwarmem Klima, eine Ära, welche die Geologen gern als die »Jahrmilliarde der Langeweile« bezeichnen. Die damalige Welt sah dennoch ganz anders aus als die heutige. Beispielsweise finden sich starke Indizien dafür, dass die Tiefen der Ozeane praktisch sauerstofffrei und übersättigt mit Schwefelverbindungen waren. Zur »Langeweile« des mittleren Präkambriums (grob 2,1 Milliarden Jahre vor heute) kam also noch ein fortwährend bestialischer Gestank nach faulen Eiern hinzu, der speziell von den marinen Ausgasungen von Schwefelwasserstoff herrührte (Lenton und Watson 2011).

Dieser anrüchige planetarische Friede ging vor etwa 800 Millionen Jahren zu Ende, und zwar mit zwei erneuten Klimastürzen, die vermutlich alles in den Schatten stellen, was die Erde an Vereisungen je erlebt hat oder noch erleben wird. Gegen 0,72 und 0,64 Milliarden Jahren vor heute kam es zu gut belegten »Schneeball-Episoden« (siehe zum Beispiel Hoffman und Schrag 2000). Die Frage, ob dadurch der ganze Planet in einen »Schneeball« (*Snowball Earth*) verwandelt wurde oder ob zumindest große Meeresgebiete entlang des Äquators eisfrei blieben (*Slushball Earth*, »Schneematschwelt«), ist noch offen. Die paläoklimatologischen Erklärungsversuche für diese globalen Extremereignisse besitzen aber in jedem Fall hohen Unterhaltungswert. Hoffmann und Schrag erzählen in dem zitierten Artikel die folgende Geschichte:

»Beim Aufbrechen eines riesigen Superkontinents vor 770 Milliarden Jahren entstehen zahlreiche kleine Landmassen längs des Äquators. Trockene Binnenlandregionen werden dabei zu feuchten Küstenarealen. Verstärkte Niederschläge waschen mehr wärmespeicherndes CO_2 aus der Atmosphäre aus und lassen die kontinentalen Gesteine schneller verwittern. Infolgedessen sinken die Temperaturen weltweit, und dicke Eisschichten überziehen die polnahen Ozeane. Das weiße Eis reflektiert mehr Sonneneinstrahlung als das dunklere Ozeanwasser, sodass die Temperatur weiter sinkt. Diese Rückkopplung löst eine unaufhaltsame Abkühlung aus, durch die innerhalb von 1000 Jahren der ganze Planet zufriert.« Vermutlich sank damals die globale Mitteltemperatur im geologischen Handumdrehen auf −50 °C. Das hätte das Ende aller Umweltgeschichte sein können, aber gewisse Mikroorganismen überwinterten in Wärmeinseln, etwa in der Umgebung von Thermalquellen auf dem Meeresgrund. Schließlich tauchte die Erde als Ganzes langsam wieder aus dieser schrecklichsten aller Eiszeiten auf. Nach den Vorstellungen der Hoffmann-Schrag-Schule war dabei entscheidend, dass in dem hypertrockenen Schneeball-Klima die Auswaschung und Verwitterungsbindung von atmosphärischem Kohlendioxid – das völlig unberührt vom Kältesturz weiterhin von mächtigen Vulkanen in die Luft gespien wurde – praktisch zum Erliegen kam. Mit der kontinuierlichen Anreicherung von CO_2 in der Atmosphäre verstärkte sich der natürliche Treibhauseffekt wieder, im Äquatorgürtel bildeten sich erste offene Wasserflächen, die als dunkle Areale mehr Sonnenenergie absorbierten, Wasserdampf als zusätzliches Treibhausgas stieg empor usw. usf. Das Klimarad drehte sich rasend schnell zurück in Richtung Gluthitze – möglicherweise dauerte es nur wenige Jahrhunderte, bis in weiten Teilen des Planeten wieder Bodentemperaturen von über 50 °C herrschten. Gegen diese globale Achterbahnfahrt verblassen selbst die durchgeknalltesten Drehbücher von Katastrophenfilmproduzenten.

So könnte sich die tiefste aller präkambrischen Krisen abgespielt haben, aber es gibt auch andere plausible Szenarien, auf die ich noch zurückkommen werde. Wir halten auf alle Fälle fest, dass die Fläche und Verteilung der Landmassen eine eminent wichtige Rolle in den meisten Erddramen spielt. Abbildung 35 zeigt die vermutete Anordnung der Kontinente vor etwa 600 Millionen Jahren, eine Struktur, die sich verblüffend von der heutigen Konfiguration unterscheidet. Was hat beispielsweise Kasachstan am Äquator zu suchen?

Die Erstarrung der Erde zu einem Eisklumpen mit anschließender Schockschmelze nimmt sich wie ein perfektes kosmisches Sterilisierungsverfahren aus. Dass dabei nicht das gesamte Leben auf unserem Planeten zugrunde ging oder zumindest für lange Zeiträume in seiner Entwicklung zurückgeworfen wurde, ist nahezu unfassbar, auch wenn sich genug einleuchtende Erklärungen für das Überleben besonders widerstandsfähiger Arten in gnädigen ökologischen Nischen ersinnen lassen. Noch verblüffender ist jedoch der eindeutige wissenschaftliche Befund, dass unsere

Biosphäre die Tortur nicht nur überstand (was allein schon durch die Existenz von Autor und Leserschaft bewiesen wäre), sondern sogar mit einer explosionsartigen Blüte auf das Ende des Infernos reagierte: Im Zeitraum zwischen 575 und 525 Millionen Jahren vor heute kam es zu einer mächtigen Auffächerung des Baums der Lebensformen in elf separate Tierstämme. Es ereignete sich der »kambrische Urknall« der Evolution.

Das Kambrium ist die früheste geologische Periode des *Erdaltertums* (Paläozoikum) und wird auf den Zeitraum zwischen 540 und 490 Millionen Jahre vor heute datiert (siehe auch Kapitel 11). Die entsprechenden Gesteinsschichten bergen – im Gegensatz zu den darunterliegenden und damit älteren Horizonten – eine Überfülle an Fossilien, also an unsterblichen Überresten von archaischen Lebewesen. Dieses gleichzeitige und gewissermaßen abrupte Auftauchen von Tierskeletten unterschiedlichster Form in Fundstätten rund um den Globus stellt den dramatischsten aller Wendepunkte in der Fossiliengeschichte dar und elektrisierte die Naturforscher des 19. Jahrhunderts. Nicht zuletzt den großen Charles Darwin (1809–1882), der sich in seinem Hauptwerk *Über die Entstehung der Arten durch natürliche Selektion* (Darwin 1859) über die stürmische kambrische Entwicklung der Tierwelt Gedanken machte und sich gar sorgte, dass dieser paläontologische Sprung nach vorn seine Theorie von der allmählichen Evolution durch lebensraumbedingte Bevorzugung bestimmter genetischer Mutationen erschüttern könnte.

Der neueste wissenschaftliche Erkenntnisstand offenbart allerdings keine fundamentalen Widersprüche zwischen Darwins Evolutionsparadigma und den Befunden zur »kambrischen Explosion« (so die in den 1970er-Jahren in Mode gekommene Bezeichnung für die Biosphärenrevolution an der Wende zum Erdaltertum). Tatsächlich lassen sich in den Schichten des Kambriums zum ersten Mal Überreste fast aller modernen Tierstämme (von den Schwämmen bis hin zu den Vorläufergruppen der Wirbeltiere) nachweisen – vor über 500 Millionen Jahren war also das Grundgefüge der heutigen Fauna bereits weitestgehend festgelegt. Eine wirklich explosionsartige Entwicklung vollzog sich jedoch vor allem beim Skelett- und Gehäusebau: Vieles spricht dafür, dass innerhalb von »nur« 15 Millionen Jahren mindestens 80 Prozent der jemals von der Natur ausprobierten harten Formen realisiert wurden (Thomas u. a. 2000). Generell entstanden in jener Zeit viele der fundamentalen Körperbaupläne der modernen Lebenswelt. Neueste Forschungsergebnisse deuten jedoch darauf hin, dass es für diese physiologische Revolution einen langen genetischen Vorlauf gab, dass sich also offenbar in den Jahrzehnmillionen vor dem Kambrium allmählich ein praller Vorrat an Erbgutelementen im Sinn Darwins gebildet hatte. Dies dürfte sowohl ein Resultat massiver Umweltveränderungen gewesen sein als auch eine hervorragende Voraussetzung zur Nutzung günstiger Wandlungen des planetarischen Milieus.

Hoffman und Schrag (2000) spekulieren beispielsweise, dass die »Isolationshaft« der Restbiosphäre unter den unwirtlichen Bedingungen der Schneeball-Epoche die Mutationsrate enorm beschleunigt haben könnte. Deshalb musste mit dem Wiederanbruch besserer Umweltzeiten ein tumultartiger Wettstreit bei der Realisierung vorerfundener Arten einsetzen. Insbesondere Lebensentwürfe an den kalten und heißen Rändern des vormaligen Organismenspektrums – etwa Mikroben, die sich in der Umgebung heißer Meeresquellen von chemischen Substanzen nährten, oder frostresistente Sporen, wie man sie heute noch in der Ostantarktis findet – rückten nun ins Zentrum des Evolutionsgeschehens. Manche Wissenschaftler argumentieren, dass die Auslöschung des »Arten-Establishments« der Vor-Schneeball-Ära ein ungeheures ökologisches Experimentierfeld auftat, das von der Biosphäre höchst kreativ aufgefüllt wurde. Schließlich könnte die vor etwa 200 Millionen Jahren einsetzende Weiteranreicherung der Atmosphäre mit Sauerstoff gewissermaßen den Treibstoff für verstärkte biologische Aktivitäten und damit zusätzliche Entwicklungsschübe nach der Vereisungskatastrophe bereitgestellt haben. Aber damit sind wir schon bei den subtileren Koevolutionsvorstellungen, die wir weiter unten streifen wollen.

An dieser Stelle scheint es mir angebracht, den Lesern eine Mikrovorlesung über die Emporentwicklung des irdischen Lebens anzubieten. Im Grunde genommen dreht sich alles um *Kombinatorik* einerseits und *funktionale Spezialisierung* andererseits, wie hoffentlich gleich klar sein wird. Die frühe Biosphäre hatte nichts Komplexeres anzubieten als zelluläre Lebewesen ohne Zellkern und membrangeschützte Organellen. Diese sogenannten *Prokaryoten* (was man aus dem Griechischen etwa als »Vorkernige« übersetzen könnte) verteilten sich auf zwei große Domänen, nämlich die Bakterien (zu denen insbesondere die vor weit über drei Milliarden Jahren entstandenen photosynthesefähigen Blaualgen gehören) und die Archaeen (zu denen die uns schon in Kapitel 11 begegneten Methanbildner zählen). Bei den Prokaryoten ist die genetische Information frei im Zellgewebe verteilt, was sie grundsätzlich von der nächsthöheren Evolutionsstufe abgrenzt, die von den sogenannten *Eukaryoten* (»Schönkernige«) besetzt wird.

Letztere Organismen entwickelten sich wohl vor über 1,8 Milliarden Jahren als dritte große Domäne der Lebenswelt. Der Zellraum der Eukaryoten ist wie der Körper des Menschen in Kompartimente mit speziellen Funktionseinheiten aufgeteilt, allen voran der Zellkern als Zentralkapsel des Erbguts. Weiterhin sind fast alle diese Lebewesen mit sogenannten Mitochondrien bestückt, also Organellen, welche über chemische Reaktionen Energie für den Organismus bereitstellen. Von größter Bedeutung ist in diesem Zusammenhang die Zellatmung, wo grob gesprochen Zucker mit Sauerstoff verbrannt wird. Eukaryotengruppen wie die Pflanzen und Algen besitzen darüber hinaus sogenannte Plastiden, welche die Photosynthese ermöglichen.

Diese Ausstattung der Schönkernigen mit Funktionsorganen hat sich nach jüngeren Einsichten (Sagan 1967) nicht von innen heraus entwickelt, sondern durch den faszinierenden Prozess der *Endosymbiose*: Vereinfacht ausgedrückt verleiben sich dabei gewisse Prokaryoten (etwa Archaeen) andere Prokaryoten mit speziellen Eigenschaften (etwa photosynthesefähige Cyanobakterien) ein, wodurch ein organisches Kombinat mit multiplen Fertigkeiten entsteht. Auf revolutionäre Weise wird dieses Kombinat vervollkommnet, indem die Immigranten einen Teil ihrer Erbinformation an den gemeinsamen Zellkern überstellen und sich zu hocheffizienten Organellen umformen lassen. In höheren endosymbiotischen Vorgängen können die so entstandenen Eukaryoten weitere Prokaryoten aufnehmen, Eukaryoten können sich mit ihresgleichen vermählen usw. usw. Der *Homo sapiens* ist das vorläufige Spitzenprodukt dieser kombinatorischen Wertschöpfungskette. Gar nicht auszudenken, welcher Superorganismus entstünde, wenn beispielsweise der Muskelprotz Arnold Schwarzenegger das Physikgenie Murray Gell-Mann endosymbiotisch in sich aufnehmen könnte. Aufgrund der unterschiedlichen gesellschaftspolitischen Vorstellungen dieser Symbionten würde eine solche Vereinigung allerdings wohl zu einem permanenten inneren Kriegszustand führen.

Die meisten Pro- und Eukaryoten der Evolutionsgeschichte sind Einzeller, was den Vorteil der prinzipiellen Unsterblichkeit und den Nachteil der funktionalen Beschränktheit mit sich bringt. Die Höherentwicklung zu echten mehrzelligen Lebewesen, *Metabionta* genannt, ereignete sich auf der frühen Erde vermutlich mehrmals unabhängig voneinander. Die entscheidenden Entwicklungsschritte ergaben sich jedoch erst im Gefolge der großen Vereisungsvorgänge in der ausgehenden Erdfrühzeit – möglicherweise als Konsequenz des zunehmenden Sauerstoffgehalts von Atmosphäre und Ozeanen. Zunächst traten um 575 Millionen Jahren vor heute große vielzellige Eukaryoten auf, die wohl zum Merkwürdigsten zählen, was die Biosphäre jemals erfunden hat. Diese Ediacara-Fauna (Abbildung 36) ist nach den Weichkörperabdrücken in den Sedimentgesteinen der südaustralischen Ediacara-Hügel (nördlich von Adelaide) benannt. Entsprechend wird die geologische Fundperiode, die letzte Phase des Präkambriums zwischen 635 und 542 Millionen Jahren vor heute, als *Ediacarium* bezeichnet. Die neuen Lebensmodelle dieser Epoche waren unter anderem quallenartige Besiedler von Meeressedimenten, die offenbar weder Verdauungsorgane noch kreislaufartige Strukturen besaßen. Im friedlichen »Ediacarischen Garten« gab es somit weder Räuber noch Beute, aber schon den Tod als Preis der Vielzelligkeit.

Mit dem kambrischen Sprung nach vorn kam dann das Fressen-und-gefressen-Werden in die Welt, denn die Grundlage für das moderne Tierreich (»Metazoen«) mit Zähnen, Klauen, Mägen und Gedärmen wurde gelegt. Damit begann der »Rüstungswettlauf« zwischen den jagenden und den gejagten Arten, also die bestimmende ökologische Dynamik unseres heutigen Planeten (Lenton und Watson 2011). Denn jenseits des Einzellerparadieses herrscht das Sterben durch Verfall oder Verzehr. Dem stehen jedoch atemberaubende evolutionäre Fortschritte gegenüber: Eine höhere Lebensform wie der menschliche Körper besteht aus etwa 100 Billionen Zellen, die sich wiederum in grob 200 verschiedene Zelltypen gliedern. Alle diese Einheiten haben genau definierte Funktionen und wissen, wann und wo sie wachsen, sich teilen oder Selbstmord begehen müssen. »Tierkörper sind totalitäre Staaten, deren Bürgerzellen sklavisch und uneingeschränkt dem übergeordneten Wohl ihrer Gesellschaft dienen« (Lenton und Watson 2011). Höchst beeindruckend, aber nicht notwendigerweise ein Vorbild für die soziale Organisation der Menschheit.

Die vielzelligen Pflanzen besiedelten das Land spätestens vor 458 Millionen Jahren und erlebten ihre Entwicklungsgeschichte deutlich später als die Tiere, nämlich in der ausgehenden Silur-Periode des Erdaltertums (vor circa 420 Millionen Jahren). Damit kehren wir zur planetarischen Klimageschichte im engeren Sinn zurück. Denn das Erdaltertum zwischen 540 und 250 Millionen Jahren vor heute (geochronologisch in die Epochen Kambrium, Ordovizium, Silur, Devon, Karbon und Perm gegliedert) war im Wesentlichen von feuchtwarmen Umweltbedingungen geprägt, welche die Entwicklung einer mächtigen Kontinentalflora begünstigten. Wie schon in Kapitel 11 angesprochen, gab es insbesondere im Karbon eine üppige Pflanzenwelt mit Baumfarnen und anderen dramatischen Gewächsen, deren versumpfte Überreste schließlich zu Steinkohleflözen verdichtet wurden. Allerdings wurde auch das Paläozoikum von Eiszeitepisoden heimgesucht, die jedoch im Vergleich zu den oben geschilderten »Schneeball-Katastrophen« recht moderat ausfielen. Die relativ kurze Ordovizium-Silur-Vereisung (etwa 325 bis 270 Millionen Jahre vor heute) führte zur Vergletscherung weiter Teile des damaligen südlichen Superkontinents Gondwana. Dieser ist nach den Gond, einem Volk in Zentralindien, benannt und umfasste die Kontinentalschollen, welche heute die Antarktis, Südamerika, Afrika, Madagaskar, Australien und eben Indien darstellen. Die Plattentektonik, also die über Jahrhundertmillionen ablaufende Bewegung der Trümmer der Erdkruste infolge der Konvektionsdynamik des darunterliegenden Erdmantels, wird häufig zur Erklärung der Vereisungsereignisse im Paläozoikum herangezogen. Sie spielte zweifellos eine große Rolle bei vielen bedeutenden Klimaveränderungen in der Geschichte unseres Planeten. Doch auch andere Ursachenszenarien werden wissenschaftlich diskutiert: Beispielsweise könnte die Ordovizium-Silur-Vereisung eine Folge erheblicher Sauerstoffverarmung der Ozeane und ihrer Sedimente gewesen sein, wodurch es zu einer verstärkten Bindung des atmosphärischen Treibhausgases CO_2 kam. Die sprichwörtliche Explosion der Landflora im Karbon und die dabei verursachte Abnahme des Kohlendioxids in der Lufthülle wird dagegen von vielen Forschern für die zweite große Vereisung im Erdaltertum, die Karoo-Eiszeit circa 360 bis 260 Millionen Jahre vor heute, verantwortlich gemacht. Vermutlich kann erst eine clevere Kombination aller Kausalfaktoren eine überzeugende Erklärung liefern, wobei auch die Veränderung der weit reichenden Meeresströmungen durch die Kontinentalverschiebung eine Rolle gespielt haben könnte (Zalasiewicz und Williams 2009).

Das ansonsten weitgehend lebensfreundliche Erdaltertum endete mit einem beispiellosen Vernichtungsschlag für die Biosphäre: Vor etwa 251 Millionen Jahren geriet die Evolution auf Erden in ihre größte Krise (vor dem Aufstieg des Menschen) – über 90 Prozent aller im Meer lebenden sowie über 60 Prozent aller das Land besiedelnden Arten verschwanden für immer. Dieses Ereignis markiert in der Geochronologie auch den Wendepunkt vom Paläozoikum zum *Erdmittelalter* (Mesozoikum) und wird in der deutschsprachigen Literatur oft als die P-T-Katastrophe (am Übergang von der *Perm-* zur *Trias-*Epoche) bezeichnet. Das P-T- Geschehen zählt zu den paläontologischen »Big Five«, also den größten natürlichen Massensterben der Erdgeschichte. Ob alle fünf jenseits aller Zweifel tatsächlich durch die fossilen Befunde gestützt werden, wird noch kontrovers diskutiert (Alroy 2008), aber das ökologische Armageddon vor einer Viertelmilliarde Jahren ist wissenschaftlich bestens belegt. Ganz anders sieht es wiederum mit der Aufklärung der Ursache dieser »Mutter aller Extinktionen« (Erwin 1993) aus.

Zu den vordergründigeren Erklärungsversuchen zählen die Szenarien der Einschlagstheoretiker, die praktisch jede krisenhafte Wendung auf unserem Planeten auf die Kollision mit einem Asteroiden, Meteoriten oder anderen Geschossen aus dem All zurückführen. Darauf werde ich gleich noch zurückkommen. Die entsprechenden Indizien sind im Fall des Perm-Trias-Massensterbens allerdings dünn gesät. Vielmehr könnte ein irdisches physikalisches Ereignis am Anfang der fatalen Wirkungskette stehen. Denn in jener Zeit öffneten sich in Sibirien die Tore zur Unterwelt: In einer 700 000 Jahre währenden Mega-Eruption erbrachen die Vulkane Nordostasiens an die 4 Millionen Kubikkilometer Basaltmasse (sprich: Eisen- und Magnesiumsilikate), die auf einer Fläche von etwa 2 Millionen Quadratkilometern nahe dem nördlichen Polarkreis erstarrte (Lenton und Watson 2011). Dadurch kam vermutlich ein raffiniert-tödliches Gewebe von biogeochemischen Prozessen in Gang, das schließlich fast den ganzen Planeten ins Verderben riss. Schlüsselfaktoren beim großen Sterben waren möglicherweise eine galoppierende (also selbstverstärkende) Sauerstoffverarmung der Ozeane und eine durch diesen und andere Mechanismen ausgelöste Schwächung der stratosphärischen Ozonschicht. Denn offensichtlich kam es zu massiven Mutationen im Erbgut der damaligen Lebenswelt, was sich durch den verminderten Schutz gegen schädliche ultraviolette Strahlung aus dem Weltraum erklären ließe. Vermutlich brach durch die multiplen Schädigungen die Vegetation in weiten Teilen des Planeten vollständig zusammen, sodass sich die großen Flüsse nun ungehindert von Wurzelgeflechten neue Wege ins Meer suchen konnten. Alles geriet aus den Fugen …

Das gesamte Erdmittelalter (also der Zeitraum 250 bis 65 Millionen Jahre vor heute, gegliedert in die Epochen Trias, Jura und Kreide) war geprägt von einem sehr warmen »Treibhausklima«, verursacht durch die hohe atmosphärische CO_2-Konzentration von 1000 ppmv und mehr. Der Planet war, abgesehen von hartnäckigen Widerstandsnestern an den beiden Polen, weitgehend eisfrei. Entsprechend hoch lag der Meeresspiegel (insbesondere im Zentrum der Kreidezeit vor etwa 100 Millionen Jahren), sodass ausgedehnte Flachmeere die Kontinentalränder überspülten. Besonders die hohen Breiten dürften damals sehr angenehm temperiert gewesen sein, wie zahlreiche fossile Überreste großer polarnaher Wälder belegen (Zalasiewicz und Williams 2009).

Die üppige mesozoische Vegetation auf allen Kontinenten jener Zeit wurde von riesenhaften Pflanzenfressern abgeweidet, welche selbst wiederum die Jagdbeute noch gewaltigerer Fleischfresser darstellten: Es war die Ära der Dinosaurier, der »schrecklichen Eidechsen« (denn nichts anderes bedeutet ihr griechischer Kunstname)! Ihre Vorfahren hatten die Perm-Trias-Katastrophe und ihre ökologischen Nachbeben besser abgefedert als andere archaische Tiergruppen, während die Vorfahren der Säugetiere (also auch von uns Menschen) durch die Umweltbedingungen an den Rand der Evolution zurückgedrängt wurden. Die Dinosaurier stießen energisch in die Lebensnischen vor, die durch das Aussterben so vieler Arten komplett leer geräumt waren. Die endgültige »Machtübernahme« fand in der Mittleren Trias, vor etwa 235 Millionen Jahren, statt.

Fund und Rekonstruktion von gewaltigen Skeletten haben die moderne Gesellschaft zu mehr oder weniger kindischen Fantasien angeregt, die der Regisseur Steven Spielberg in einer genial-unterhaltsamen Saurier-Klamotte (*Jurassic Park*, 1993) verdichtete. Neben starkem kosmologischen Tobak über Schwarze Löcher und Raubgalaxien sowie kruden entwicklungsgeschichtlichen Erklärungen des menschlichen Sexualverhaltens zählt der Griff in die Dino-Kiste zu den Erfolgsrezepten populärwissenschaftlicher Massenliteratur. Die grässlichen Megareptilien sind heute natürlich auch deshalb so beliebt, weil sie inzwischen vollständig ausgestorben sind und uns nicht beim täglichen Weg zur Arbeit auflauern können.

Der Abgang der Dinosaurier von der Evolutionsbühne trug sich vor genau 66 Millionen Jahren zu. Ein weiteres Massensterben erschütterte damals die Biosphäre, und die Mehrheit der Fachleute neigt dazu, diese spezielle Katastrophe am Ende der Kreidezeit mit einem Asteroideneinschlag zu erklären. Denn in den geochronologisch passenden Schichten lässt sich eine ausgeprägte *Iridium-Anomalie* nachweisen – also eine dramatische Anreicherung mit einem Element, das auf der Erde extrem selten vorkommt, dagegen häufiger auf durchs Sonnensystem irrenden Trümmern aus dem Asteroidengürtel zwischen den Umlaufbahnen von Mars und Jupiter. Zudem wurde 1991 an der Spitze der mexikanischen Halbinsel Yucatán der Chicxulub-Krater entdeckt, ein exakt 66 Millionen Jahre alter Einschlagtrichter von 180 Kilometer Durchmesser. Im Asteroidenszenario kommt das Artensterben durch eine ökologische Kettenreaktion zustande:

Ein Bolide mit einem Durchmesser von mindestens 10 Kilometern bohrt sich in die Erdkruste, die Aufprallenergie schleudert ungeheure Ladungen an gemischtem kosmischen und terrestrischen Material in die Atmosphäre und löst zugleich eine Lawine geophysikalischer Desaster (Feuerstürme, Tsunamis, Erdbeben, Vulkanausbrüche etc.) aus. Staub, Ruß und andere Aerosole verdunkeln die Sonne für Monate bis Jahrzehnte, wodurch die globale Temperatur empfindlich absinkt. Dann setzen mannigfache geochemische Nachwirkungen mit fatalen längerfristigen Folgen für die Lebenswelt ein, insbesondere die massive Anreicherung von Luft, Land und

Meer mit Schwefel-, Stickstoff- und Fluorverbindungen. Dichtester saurer Regen fällt …

Insofern dürften viele Lebewesen, welche den eigentlichen Einschlag und seine unmittelbaren Schockwellen überlebten, an den langsameren Umweltveränderungen zugrunde gegangen sein. Vermutlich reduzierten Feuer, Schmutz und Gift die Vegetationsdecken der Kontinente beträchtlich, sodass das ganze Nahrungsgefüge der Landfauna durcheinandergeriet. Durch die erheblich verminderte Sonneneinstrahlung wurden in den Ozeanen vor allem die »schnellen Primärproduzenten« (wie das Phytoplankton) geschädigt, welche in der oberen Wassersäule Photosynthese betrieben. In der Fachwelt herrscht keine Einigkeit über den Prozentsatz der am Ende der Kreidezeit ausgelöschten Arten (die publizierten Zahlen variieren zwischen 20 und 85 Prozent). Dennoch besteht ein Konsens darüber, dass das Sterben zu Lande, im Wasser und in der Luft höchst selektiv von den physiologischen und trophischen (also ernährungstechnischen) Besonderheiten der jeweiligen Organismen abhing. So verschwanden wohl alle Landtiere mit einem Körpergewicht von mehr als 25 Kilogramm von der Erdoberfläche, darunter die bis dahin dominierenden massigen Dinosaurier, welche entweder Pflanzenfresser waren oder solche jagten.

Weitaus besser schlugen sich kleine, mobile, anpassungsfähige Allesfresser, allen voran die Vorfahren der heutigen Säugetiere. Welche frühen Arten als »Ursäuger« anzusehen sind, ist noch ungeklärt, aber als aussichtsreichste Kandidaten für diesen Titel gelten die *Morganucodonta*, spitzmausähnliche Geschöpfe von 10 bis 12 Zentimeter Länge. Ihre Existenz ist durch zahlreiche Fossilienfunde aus der Zeit zwischen 210 und 175 Millionen Jahren vor heute in Europa, Asien, Afrika und Amerika belegt. Die Säugetiere blieben bis zur Kreide-Erdzeit nachtaktive Winzlinge, die an den ökologischen Rändern des mächtigen Dinosaurier-Imperiums ihr unscheinbares Dasein fristeten. Gerade die Notwendigkeit zur Insektenjagd in der Dunkelheit hat viele der heute charakteristischen »Sympathieträger-Merkmale« (dichtes Fell, wohltemperiertes Blut, markante Raubtieraugen usw.) hervorgebracht.

Unter den Bedingungen nach dem großen Einschlag waren die wendigen Winzlinge den anderen Landtieren weit überlegen und besetzten rapide die von den Sauriern aufgegebenen Lebensräume. Innerhalb von einer Million Jahren dürfte ihre durchschnittliche Körpermasse von 150 Gramm auf 1 Kilogramm angewachsen sein (Alroy 1999). Was für ein erdgeschichtliches Epos, was für eine entwicklungsgeschichtliche Moral: Die von den Tyrannen der Biosphäre *kleingehaltenen* Außenseiter überlebten ebendeswegen ihre Unterdrücker!

Allerdings kann die Paläontologie inzwischen überzeugend darlegen, dass das moderne Artengefüge der lebend gebärenden »Plazentasäugetiere« erst durch einen Evolutionsschub zehn Millionen Jahre nach dem Dinosaurierexodus erfolgte. Was war die Ursache dafür? Mit dieser Frage betreten wir die *Erdneuzeit* (Känozoikum), welche die großen Episoden Tertiär (65 bis 2,5 Millionen Jahre vor heute) und das zukunftsseitig offene Quartär umfasst. Noch im klimatisch eher geruhsamen Erdmittelalter hatte sich neben den geschilderten geo- beziehungsweise astrophysikalisch forcierten Großkrisen ein gewaltiger Bocksprung bei den planetarischen Umweltbedingungen ereignet: Die Oberflächentemperatur der Erde machte innerhalb von grob 100 000 Jahren – also im geologischen Höllentempo – einen gewaltigen Ausschlag nach oben und kehrte danach wieder zum langfristigen Mittelwert zurück. Ähnliches wiederholte sich im Tertiär, vor ziemlich genau 55,8 Millionen Jahren. Diese erstaunliche Klimaexkursion ist den Fachleuten unter dem Kürzel PETM geläufig (was für die englische Wortkombination *Paleocene-Eocene Thermal Maximum* steht). Innerhalb von nur 20 000 Jahren erwärmte sich die Erde um satte 5 °C und verharrte etwa 100 000 Jahre auf diesem Temperaturniveau, um dann in einem vergleichbaren Zeitraum wieder abzukühlen.

Die von den meisten Experten favorisierte Erklärung für dieses Geschehen ist eine tektonische Störung (beispielsweise vulkanischer Natur), welche gewaltige Mengen an Methaneis (siehe Kapitel 11) in den reichhaltigen Sedimenten des Nordatlantiks aufschmolz. Freigesetztes Methan oxidiert in der Atmosphäre rasch zu CO_2, welches einerseits Meere und Lufthülle erwärmte und somit eine positive Rückkopplungsschleife für den rapiden Abbau der marinen Gashydrate (siehe Kapitel 21) in Gang brachte. Die Kohlendioxidinfusion dürfte andererseits zu einer drastischen Versauerung der Ozeane geführt haben, mit Konsequenzen wie der Auflösung von Karbonatschichten in der Tiefsee, der Ausrottung zahlreicher Kalkschalenorganismen und der empfindlichen Störung des gesamten Kohlenstoffkreislaufs (Lenton und Watson 2011). Und innerhalb von wenigen Jahrzehntausenden scheinen auf mehreren Kontinenten die modernen Verzweigungsstrukturen aus dem Stamm der Säugetiere gesprossen zu sein (Gingerich 2006). Die Ordnung der Primaten (also des evolutionären Asts, auf dem wir selbst sitzen) trieb als letzte bei diesem gewaltigen Entwicklungsschub aus. Inzwischen häufen sich die wissenschaftlichen Hinweise darauf, dass die Vorfahren der Menschen tatsächlich im Achterbahnklima des PETM-Ereignisses erbrütet wurden!

Mit der Erdtemperatur ging es ab 55 Millionen Jahre vor heute dagegen recht stetig bergab, wenn man von gelegentlichen moderaten Pendelausschlägen nach oben absieht. Warum diese hartnäckige Abkühlung sich gegen eine langsam, aber unbeirrbar an Kraft gewinnende Sonne durchsetzte, ist noch nicht eindeutig geklärt. Der heutigen Lehrmeinung zufolge liegen die Hauptursachen jedoch in markanten geophysikalischen Vorgängen. Die wichtigsten davon führten zu einer Absenkung des atmosphärischen CO_2-Gehalts, andere beeinflussten den Wärmehaushalt des Planeten über die Reorganisation von bedeutenden Meeresströmungen. Großen Einfluss auf den Karbonat-Silikat-Kreislauf (siehe Kapitel 10) könnte das Nachlassen der tektonischen Aktivitäten im Bereich der mittelozeanischen Rücken genommen haben: Dort, wo die ozeanische Erdkruste zerbrochen ist, steigen gewaltige Magmamengen aus dem Erdmantel empor und erstarren wulstartig entlang der Bruchlinien. Dabei entstehen mächtige unterseeische Gebirgszüge (der Mittelatlantische Rücken soll mit allen Wendungen eine Gesamtlänge von 45 000 Kilometern haben), und die riesigen Krustenfragmente (»Lithosphärenplatten«) werden auseinandergetrieben. Dieser Schiebebewegung stellen sich aber die Kontinentalmassen in den Weg und erzwingen das Darunterwegtauchen (»Subduktion«) der ozeanischen Platten.

Dass es beim Wirken solcher Kräfte sprudelt, zischt und faucht wie im Hades, ist nicht verwunderlich. Hierfür sind vor allem die Vulkane an den besonders umtriebigen tektonischen Auf- und Abstiegsrändern verantwortlich, nicht zuletzt durch ihren mächtigen CO_2-Ausstoß. Während also diese Treibhausgas*quellen* bei nachlassendem Magmadruck aus den mittelozeanischen Ventilen gemindert werden, können bestimmte Geschehnisse über Wasser neue Treibhausgas*senken* etablieren und somit eine planetarische Abkühlung einleiten.

Der Schlüssel dazu liegt beim Prozess der Verwitterung. Durch den Regen kommt atmosphärisches Kohlendioxid mit Wasser in Berührung und bildet Kohlensäure, welche die silikathaltigen Gesteine der Erdoberfläche angreift. Dabei werden neue mineralische Verbindungen gebildet, vor allem aber Kalzium- und Hydrogenkarbonat-Ionen (mit den chemischen Formeln Ca^{2+} bzw HCO_3^-). Diese Ionen gelangen schließlich über Flüsse und Ströme ins Meer, wo sie von bestimmten marinen Organismen für den Bau von Schalen und Skeletten verwendet werden. Letztere sinken nach dem Tod der Lebewesen auf den Meeresgrund, wo sie sich unter Einschluss anderer Materials zu Karbonatsedimenten verdichten. Diese wiederum geraten durch die oben beschriebene Plattendynamik nach und nach in die kontinentalen Subduktionszonen. Im Bauch der Erde reagiert das Kalziumkarbonat mit reichlich vorhandenem Siliziumdioxid, wobei sich neue Silikate bilden, vor allem aber auch Kohlendioxid, das durch Vulkanschlote in die Lufthülle entweicht. Fertig ist der Zyklus.

Dieser »Kreislauf« wirkt in der Regel wie eine negative, selbstberuhigende Rückkopplungsschleife, denn viel atmosphärisches CO_2 bedeutet feuchtwarmes Klima, starke Niederschläge und intensive Auswaschung des Treibhausgases aus der Troposphäre. Umgekehrt bedeutet eine niedrige CO_2-Konzentration ein trockenkühles Klima, geringe Extraktionseffekte durch Niederschläge und deshalb langfristige Kohlendioxidwiederanreicherung der Lufthülle durch die vom Wettergeschehen unbeirrten vulkanischen Ausgasungen. Besondere geologische Entwicklungen – wie etwa ein vorübergehendes Schwächeln der Plattentektonik – können jedoch den Karbonat-Silikat-Zyklus für viele Jahrmillionen erheblich deformieren. Damit sind wir wieder bei der Verwitterung: Diese kann insbesondere gesteigert werden durch die Vergrößerung der Landoberfläche, welche für die niederschlagsbedingte Gesteinserosion zur Verfügung steht.

Ebendieser Effekt wurde erzielt durch die Kollision der Indischen mit der Eurasischen Erdplatte, welche noch in der Kreidezeit in Gang kam und vor 40 bis 50 Millionen Jahren vollzogen war. Das erste tektonische Monstrum näherte sich von Süden mit der erdkundlich sensationellen Geschwindigkeit von 15 Zentimetern pro Jahr (beziehungsweise 150 Kilometern pro Jahrmillion). Bei diesem planetarischen Auffahrunfall wurde die Erdkruste im Ziehharmonikastil hochgefaltet und ein ungeheures Gebirgssystem aus Himalaja, Karakorum, Hindukusch, Pamir und dem Tibetischen Plateau erschaffen. Die Bewegungsenergie der Indischen Platte ist übrigens bis heute noch nicht ganz absorbiert, denn die Gipfel des Himalaja heben sich weiter um etwa 5 Millimeter pro Jahr. Eine sekundäre Klimawirkung dieser Vorgänge war die Erhöhung der regionalen *Albedo*: Die angehobene Erdoberfläche wurde durch stärkere Bedeckung mit Schnee und Eis heller und reflektierte mehr Sonnenlicht zurück ins All. Aber die primäre Wirkung ging von den frischen, zusätzlichen Arealen der vielgestaltigen Gebirgslandschaft aus, wo insbesondere die Monsunregen wahre Verwitterungsorgien auslösen konnten. Dadurch wurden viele Milliarden Tonnen CO_2 der Lufthülle entzogen und auf die lange Reise zur Tiefsee geschickt. Letztere kühlte sich in den letzten 50 Millionen Jahren übrigens um mehr als 14 °C ab (Feulner 2010).

Überhaupt spielten die Meere eine gewichtige Rolle beim langen Abschied vom feuchtwarmen Erdmittelalter. Als sich vor etwa 41 Millionen Jahren (Scher und Martin 2006) im Rahmen einer weiteren Kontinentalverschiebung die Antarktis von Südamerika abkoppelte, wurde die Drakestraße als direkte Verbindung zwischen Atlantik und Pazifik geboren.

Dadurch konnte sich der beständige antarktische Zirkumpolarstrom ausbilden, ein gigantischer Wasserwirbel um den südlichsten Erdteil herum. Und nach Modellrechnungen könnte dadurch auch die Umwälzbewegung im Atlantik angesprungen sein, die riesige Wärmemengen aus der Südhalbkugel über den Äquator nach Norden schafft (Yang u. a. 2014). Ein Temperatursturz im Süden über etliche Millionen Jahre war die Folge, sodass sich Antarktika vom freundlich-grünen Standort ausgedehnter Nadelwälder in eine trockenkalte Wüste verwandelte. Und der Grundstein für die mächtigsten Eisschilde der Gegenwart war gelegt, wodurch wiederum über die Eis-Albedo-Rückkopplung dramatische Konsequenzen für den ganzen Planeten in seiner jüngsten Geschichte heraufbeschworen wurden.

In dieser letzten Epoche, die wir bei unserer Zeitreise durchqueren, bildete sich die eigenartige Schaukelbewegung aus, welche in der Fachwelt als »quartärer Eiszeitzyklus« bezeichnet wird und auf die ich schon in Kapitel 4 eingegangen bin. Über die letzten zwei bis drei Millionen Jahre wuchsen die Pendelausschläge bei den Durchschnittstemperaturen beider Hemisphären immer weiter an – das gekoppelte Atmosphäre-Ozean-Vegetation-System wurde zusehends nervöser. Dies wird im Abschnitt d von Abbildung 37 sichtbar gemacht. Die gesamte Graphik liefert durch Auflösung der globalen Temperaturentwicklung auf sechs verschiedenen Zeitskalen einen Überblick über die Klimageschichte der Erde seit ihren Anfängen.

Die nördliche Hemisphäre war die zentrale Bühne für das Klimageschehen im Quartär, denn die von Polnähe bis in mittlere Breiten reichenden großen Landmassen erlaubten die Bildung riesiger Kontinentaleisgebirge – anders als auf der Südhalbkugel, wo die antarktische Eismasse ringsum durch den Ozean begrenzt wird und nicht weiter wachsen kann. Die periodischen Vereisungen wurden mit hoher Sicherheit von den in Kapitel 4 skizzierten Milanković-Zyklen verursacht, also den quasiperiodischen Veränderungen der Sonneneinstrahlung auf unserem Planeten. Wie genau diese Zyklen das Glazial-Interglazial-Sägezahnmuster der berühmten Vostok-Eisbohrkerndaten (siehe Abbildung 6, Kapitel 4) verursachten, wird derzeit intensiv erforscht und in der Fachwelt diskutiert. Einige Klimamodelle können dieses beobachtete Muster bereits recht gut reproduzieren (Ganopolski und Calov 2012). Die entscheidenden Zutaten dabei sind die Rückkopplung zwischen Klima und Kontinentaleis und als zweiter Faktor die Rückkopplung zwischen Klima und dem Kohlenstoffkreislauf, wodurch die CO_2-Konzentration im Takt der Milanković-Zyklen mitschwingt. Die Wissenschaft wird hoffentlich in den nächsten zehn Jahren die wesentlichen Fragen über die Entstehung der Eiszeiten aufgeklärt haben.

Vor etwa 11000 Jahren ging die vorläufig letzte Kaltphase des quartären Eiszeitzyklus endgültig zu Ende, und das geruhsame Holozän wurde zur sanften Wiege der modernen Menschheitskultur (siehe Kapitel 13). In der Fachwelt wurde in den letzten Jahren intensiv darüber diskutiert, wann genau ein spürbarer Einfluss des Menschen auf das Klima des Holozän begann: Schon die Eingriffe der frühen Zivilisationen in die Landschaft hatten sowohl erhöhte Emissionen von Treibhausgasen (vor allem durch Entwaldung) zur Folge als auch Modifikationen der Strahlungseigenschaften der Erdoberfläche. Die hierfür bisher vorgebrachten Belege sind allerdings noch umstritten. Ungleich erdrückender ist die Beweislast aber dafür, dass die Menschheit seit dem 20. Jahrhundert der dominante Klimafaktor geworden ist und sich damit künftig selbst aus dem holozänen Arkadien vertreiben wird. Dies werde ich in den folgenden zwei Kapiteln ausführlicher darlegen.

Und trotz aller Hinweise auf noch offene Fragen beziehungsweise Datenlücken zu diesem Kapitel möchte ich hiermit klarstellen, dass die Wissenschaft hinsichtlich Rekonstruktion und Erklärung der langen Geschichte der planetarischen Umwelt inzwischen ein fantastisches Niveau erreicht hat. Die wesentlichen Faktoren, die das große Rad des Klimageschehens durch die Jahrmilliarden bewegen, sind weitgehend identifiziert: Die mittlere Temperatur der Erde hängt auf relativ einfache Weise mit ihrer Strahlungsbilanz zusammen. Wie viel Sonnenschein auf der Planetenoberfläche ankommt, wird durch die Leuchtkraft unseres Zentralgestirns bestimmt, vor allem aber auch von den Parametern der Erdbewegung im Raum. Welcher Anteil des auftreffenden Sonnenlichts wiederum ins All zurückgespiegelt wird, lässt sich aus der Verteilung von Wolken, Schnee, Eis und Vegetation berechnen. Mächtige Luft- und Meeresströmungen verteilen die letztlich importierte Wärme großräumig um. Und die Menge an Treibhausgasen in der Atmosphäre determiniert schließlich, wie viel von jener Wärme wieder in den Weltraum entweichen kann. All dies lässt sich mit mehr oder weniger ausgeklügelten Simulationsmodellen bereits nachstellen.

Zudem nimmt die wissenschaftliche Chronik der globalen Umwelt durch aufwendige, höchst spannende Detektivarbeit anhand von Sedimentbohrungen und mikroskopisch kleinen Muschelschalen, von Luftbläschen im ewigen Eis der Antarktis und von Hightech-Isotopenanalysen im Massenspektrometer langsam Gestalt an, auch wenn sie noch keineswegs vollständig ist. In unserem grobkörnigen Bild von der planetarischen Klimaentwicklung klaffen dennoch weiterhin blinde Flecken, vor allem in der Frühphase der Erdentwicklung. So ist beispielsweise noch unklar, ob tatsächlich extreme Mengen an Treibhausgasen in der Atmosphäre während des frühen Präkambriums (insbesondere in der Zeit zwischen 4 und 2,5 Milliarden Jahren vor heute) die Leuchtkraftdefizite der jungen Sonne kompensierten (Feulner 2012).

Die Wissenschaft arbeitet emsig an der Verbesserung erkenntnistreibender Modelle, aber echte Qualitätssprünge sind nur zu erwarten, wenn die *Koevolution von Geosphäre und Biosphäre* angemessen eingefangen werden kann. Denn das über Äonen selbst organisierte Wechselspiel zwischen geophysikalischen und biochemischen Prozessen, zwischen Stein und Leben in allen denkbaren und undenkbaren Formen, hat das planetarische Betriebssystem in seiner Komplexität erschaffen! Vermutlich war deshalb die Biosphäre auch am Zustandekommen der großen Schneeball-Episoden beteiligt. Mein schon erwähnter PIK-Kollege Georg Feulner hat zusammen mit anderen Experten erst kürzlich eine faszinierende Studie veröffentlicht (Feulner u. a. 2015), die zeigt, dass die drastischen Vereisungen der Erde vor etwa 700 Millionen Jahren wohl durch den Siegeszug einzelliger Algen ausgelöst wurden. Nach dem Tod dieser Eukaryoten im Meer gelangt nämlich durch bakterielle Zersetzung feinstes organisches Material in die Luft. Dadurch entstehen unzählige Keime für die Kondensation von Wolken, welche wiederum mehr Sonnenlicht reflektieren – wie wir schon gelernt haben. Dass die Organismen bei den meisten prägenden Ereignissen der Erd- und Klimageschichte ihre Organellen, Flossen und Pfoten im Spiel hatten, ist heute in der Tat Konsens unter den Fachleuten. Niemand versucht in diese Thematik tiefer einzudringen als Tim Lenton und Andy Watson in ihrem schon mehrfach zitierten Buch *Revolutions that Made the Earth*.

Sie weisen insbesondere auf die eminente Bedeutung des photosynthetisch freigesetzten Sauerstoffs hin, dessen hohe atmosphärische Konzentration unserem Planeten eine Sonderstellung im Universum verschafft. Schon vor 2,7 Milliarden Jahren dürften O_2-Moleküle in die Mikromilieus bestimmter Lebewesen eingespeist worden sein, wo sie in chemischen Reaktionen weiterverarbeitet und aufgebraucht wurden. Erst gegen 2,4 Milliarden Jahre vor heute bildete sich im Rahmen der »Großen Oxidation« ein gewaltiger Überschuss in der Atmosphäre. Manches spricht dafür, dass dadurch die Konzentration der Treibhausgase absank und der Weg für ein extremes planetarisches Vereisungsereignis frei gemacht wurde. Und etwa 2,2 Milliarden Jahre vor heute war ein notgedrungen sauerstofftolerantes Ökosystem an der Erdoberfläche entstanden, was einen Tigersprung bei der Entwicklung in Richtung des heutigen Artengefüges darstellte. Auch in den folgenden Jahrhundertmillionen schraubten sich die Umwelt und das Leben auf Erden in einer biblischen Choreographie von Bedrohung, Angebot und Nachfrage zu immer höheren evolutionären Niveaus empor.

Zusammen mit ebendiesem Tim Lenton und dem brillanten ungarischen Evolutionsbiologen Eörs Szathmáry habe ich vor einigen Jahren versucht, das Emporarbeiten der Geo-Bio-Seilschaft auf der Doppelleiter der planetarischen Entwicklung in einem Essay für die Fachzeitschrift *Nature* grob zu skizzieren. Dabei ist Abbildung 38 entstanden, welche zumindest die wichtigsten Stadien und Grenzüberschreitungen jener Kreuzevolution zusammenfasst (Lenton u.a. 2004).

Die Metapher von der Evolutionsleiter ist gewissermaßen auch das Leitmotiv des mehrfach erwähnten Buchs von Lenton und Watson. Beide Wissenschaftler waren zusammen mit Szathmáry Teilnehmer einer Dahlem-Konferenz (Berlin, Mai 2003) zum Thema Erdsystemanalyse, für die ich als Hauptorganisator verantwortlich zeichnete. Bei einer Arbeitsgruppensitzung dieser Konferenz machte ich den Vorschlag, auf der linken Seite einer Tafel die Entwicklung der Umwelt unseres Planeten chronologisch festzuhalten und parallel dazu auf der rechten Seite die Reifung des irdischen Lebens. Die wichtigsten Begegnungen dieser ungleichen Parteien sollten durch entsprechende Pfeile markiert werden. So entstand ein Koevolutionsbild, das inzwischen in das Denken der Wissenschaftsgemeinschaft eingesunken ist.

Ganz langsam schälen sich so die Konturen der Klimageschichte aus dem Spekulationsnebel heraus. Bevor wir einen besorgten Blick auf die nahe, vom Menschen dominierte Zukunft werfen, sei noch ganz kurz erwähnt, was die Wissenschaft über die ferne Klimazukunft zu sagen hat. Das plausibelste Szenario haben meine Kollegen Bounama, von Bloh und Franck vor einigen Jahren in einem Übersichtsartikel für die Zeitschrift *Spektrum der Wissenschaft* entworfen (Bounama u.a. 2004). Das Schicksal von Klima und Leben wird im Dreieck Sonneneinstrahlung, Karbonat-Silikat-Zyklus und Photosynthese entschieden. Über Jahrmilliarden hat diese Konfiguration mittels stabilisierender Rückkopplungsprozesse für bemerkenswert günstige Umweltbedingungen auf der Erde gesorgt. Aber »Gaia« wird unweigerlich in die Jahre kommen. Die solare Leuchtkraft nimmt zu, die Plattentektonik verlangsamt sich, und die Spielräume für eine Temperaturregelung durch Variation der atmosphärischen CO_2-Konzentration schrumpfen. Vermutlich wird sich folgende tragische Geschichte abspielen:

Weil die Feinmotorik der planetarischen Maschinerie immer mehr aus dem Gleichgewicht gerät, steigt die mittlere Erdtemperatur wieder an –

selbst wenn die Verbrennung fossiler Energieträger gänzlich außer Acht gelassen wird. In 800 bis 900 Millionen Jahren wird die für höhere Lebensformen kritische Grenze von 30 °C überschritten sein, sodass jene wieder aus der Welt verschwinden werden. Die einfachen Eukaryoten dürften dagegen globalen Mitteltemperaturen bis zu 45 °C standhalten, welche erst in 1,2 bis 1,3 Milliarden Jahren erreicht werden sollten. Für die noch einfacheren Organismen, die Prokaryoten, kommt das Ende circa 300 Millionen Jahre später. Diese Lebewesen könnten sogar bei den bis dahin auf etwa 60 °C angestiegenen Durchschnittstemperaturen existieren, aber nicht bei atmosphärischen CO_2-Konzentrationen von unter 10 ppmv, die sich dann einstellen werden. Insbesondere die photosynthetischen Blaualgen verhungern aus Kohlenstoffmangel. Die Erde bleibt als steriler Mineralkörper zurück.

Damit ist das Sterben unseres Planeten aber noch keineswegs beendet. Durch weiter steigende Temperaturen und die Wasserdampfrückkopplung (siehe Kapitel 4) verdunsten die Meere im Rahmen einer galoppierenden Treibhausdynamik. Während die Oberflächentemperatur jetzt mindestens 250 °C erreicht hat, kühlt das Erdinnere weiter aus, sodass Plattenbewegungen und Vulkanismus zum Erliegen kommen. Der wenige verbliebene Kohlenstoff sammelt sich dadurch in der Atmosphäre an, wo die unbarmherzige Sonne immer mehr Wasserdampf in H_2 und O_2 aufspaltet. Der leichte Wasserstoff geht weitgehend in den Weltraum verloren, und der zurückbleibende Sauerstoff oxidiert das Eisen in den Gesteinen der Erdkruste – unser Planet wird rot wie der Mars. Spätestens in sechs Milliarden Jahren könnten die Oberflächentemperaturen 1000 °C überschreiten, sodass Gesteine zu schmelzen beginnen und Magmaozeane entstehen. Und dann, in etwa 7,8 Milliarden Jahren, könnte sie endlich schlagen, die letzte Erdstunde. Die Sonne, zum roten Riesenstern gebläht, verschluckt, was einmal die Heimat der Menschheit war...

15. Vom Wetter zum Klima

Wie das Raumschiff Erde am Ende einer Zehn-Milliarden-Jahre-Reise im kosmischen Feuer verglühen wird, habe ich zum Ausklang des vorherigen Kapitels dargestellt. Irgendwie stimmt die Unvermeidbarkeit dieses Flammentodes für unseren Blauen Planeten melancholisch, auch wenn die terrestrische Apokalypse weit jenseits aller vorstellbaren Zeithorizonte liegt. Allerdings ist Melancholie häufig ein behaglicher Luxus, dem wir in Ermangelung echter Not und Sorge frönen. Wenn dem Menschen dagegen sehr reale Bedrohungen auf den Leib rücken, reagiert er weniger mit gelassener Schwermut als vielmehr mit blankem Entsetzen – oder kleinherziger Verdrängung. Ebensolche Reaktionen erfahren Klimawissenschaftler tagtäglich, wenn sie darauf hinweisen, dass die Menschheit drauf und dran ist, das Gefährt der Zivilisation in gefährlich heiße Gefilde zu steuern. Damit könnte der *Homo sapiens* eine Erdkapriole provozieren, die hinsichtlich Ausmaß und Dynamik den in Kapitel 14 geschilderten natürlichen Bocksprüngen in nichts nachstünde. Insbesondere dürfte alles sehr schnell ablaufen – rasend schnell sogar, gemessen an geologischen Maßstäben.

Dass spätestens seit der industriellen Revolution die Menschen ihre emsigen, geschickten und gierigen Hände bei der Fabrikation der großräumigen Klimabedingungen im Spiel haben, kann heute als erwiesen gelten (siehe vor allem Kapitel 6). Doch die Geschichte dieser zivilisatorischen Übergriffe ist blutjung und das anthropogene Signal schwächlich im natürlichen Klimarauschen. Aber noch in diesem Jahrhundert könnte dieses Signal zu einer Pseudo-Naturgewalt anschwellen, welche das Geschick ganzer Nationen und Kulturen beeinflusst. Um uns auf diese Entwicklung rechtzeitig einstellen zu können oder um sie in gerade noch beherrschbare Bahnen zu lenken, müssen wir die wissenschaftliche Entdeckungsreise zum Klimawandel vehement fortsetzen, tief hinein in die Zukunft: In welchen Umwelten wird die menschliche Zivilisation am Ende des 21. Jahrhunderts leben, unter welchen Bedingungen wird im Jahr 2200 Wohlstand erwirtschaftet, wann sollte die industrielle Klimastörung überwunden und der Planet zu vorindustriellen Verhältnissen zurückgekehrt sein? Die Forschung muss also *plausible beziehungsweise mögliche Klimazukünfte* so seriös wie möglich explorieren. Um zu verstehen, wie dies überhaupt gelingen kann, müssen wir nochmals in die Welt der wissenschaftlichen Modellierung eindringen. Und diese Welt ist aufregender, als sich die meisten Menschen vorstellen können.

Wie in Kapitel 2 bereits angesprochen, geht es bei der Modellierung darum, Puppen für reale Objekte zu erschaffen und diese Schatten der komplexen Wirklichkeit künstlich zu animieren. Insbesondere kann man die Stellvertreter weit ins artifizielle Morgen vorrücken und sie dort den scheußlichsten Bedingungen aussetzen. Berühmt geworden sind etwa modellgestützte Gedankenexperimente zu den vermutlichen Auswirkungen eines totalen nuklearen Waffengangs auf die Erdatmosphäre. Auch wenn der Kalte Krieg noch längst nicht Geschichte ist, stellen heute Fabrikschlote und Autoauspuffe eine größere Bedrohung für unsere Zivilisation dar als Wasserstoffbomben. Wie groß jene Bedrohung wirklich ist, lässt sich mit höchst aufwendigen Computersimulationen des künftigen Klimas immer besser abschätzen. Ursprünglich wollte die Wissenschaft aber nur das Wetter von morgen antizipieren (siehe auch Kapitel 26).

Gewissermaßen als nützliche Perversion der »numerischen Wettervorhersage« hat sich daraus die Klimavorhersage entwickelt. Eine detailkundige populärwissenschaftliche Abhandlung hierzu findet sich etwa in dem Buch *A Vast Machine* des amerikanischen Technikhistorikers Paul N. Edwards (2010). Laut traditioneller Meinung ist die Wettervorhersage eine einfache Kunst, welche unter anderem Hähne, Laubfrösche und Bauern beherrschen. Diese Ansicht wird üblicherweise ergänzt durch die Geringschätzung der Prognosepotenz professioneller Wetterdienste. Insgeheim hat der Bürger allerdings längst die Überlegenheit der meteorologischen Vorhersagen anerkannt, was sich nicht zuletzt in der großen Beliebtheit einschlägiger Informationsformate in den Medien ausdrückt. Regionale Höchsttemperaturen werden inzwischen punktgenau im Morgenradio vorangekündigt, aber selbst bei der Drei-Tage-Prognose liegen die Meteorologen inzwischen in einem Trefferbereich von 80 Prozent. Hinter dem Rücken der Öffentlichkeit hat sich hier eine echte Revolution vollzogen. Dafür sind im Wesentlichen drei wissenschaftlich-technische Innovationen verantwortlich, nämlich erstens die Formulierung valider *physikalischer Grundgleichungen* der Atmosphärendynamik, zweitens der Aufbau integrierter *weltumspannender Beobachtungssysteme* und drittens die Entwicklung *hochleistungsfähiger Elektronenrechner*.

Stellvertretend für Scharen von hingebungsvollen Forschern, die zu diesen Fortschritten beigetragen haben, möchte ich vier Persönlichkeiten hervorheben: den Norweger Vilhelm Bjerknes (1862–1951), den Franzosen Léon-Philippe Teisserenc de Bort (1855–1913), den Engländer Lewis Fry Richardson (1881–1953) und den Ungarn John von Neumann (1903–1957).

Der Bjerknes-Familie entstammten mehrere hochbegabte Naturwissenschaftler, die entscheidende Beiträge zur Beschreibung des Bewegungsverhaltens von flüssigen und gasförmigen Medien (Fluiddynamik) geleistet haben. Als Physiker kann ich bestätigen, dass dieses Feld zu den anspruchsvollsten Terrains der Wissenschaft zählt. Auf die Erdatmosphäre angewandt wird die entsprechende Theorie von der Leitvorstellung geprägt, dass ein winziges individuelles Luftpaket seinen Zustand und seine Position in Wechselwirkung mit den benachbarten Paketen sowie unter dem Einfluss äußerer Kräfte (wie der Gravitation) nach universellen Gesetzen verändert (Edwards 2010). Aus der Summe der einzelnen Paketschicksale sollte sich dann die Gesamtzirkulation der planetarischen Lufthülle ergeben – entsprechend dem deterministischen Weltbild der Newton'schen Physik, wo alle Bewegung im Großen *eindeutig* durch die ewigen Regeln für die Vorgänge im »unendlich Kleinen« (»Infinitesimalen«) festgelegt ist. In der Praxis greift dieser Ansatz allerdings zu kurz, denn neben den Gesetzen der Fluiddynamik hat der *Zufall* auf vielfältige Weise seine Finger im Getriebe der Wetterfabrik. Und da ist ja auch noch die Quantenmechanik, welche der Logik der traditionellen Physik weitgehend spottet (siehe Kapitel 4 und 7). Das bedeutet, dass wichtige Prozesse wie Reibung, Wärmeaustausch und Strahlungstransport durch zusätzliche (thermodynamische beziehungsweise quantenphysikalische) Gleichungen erfasst werden müssen.

Vilhelm Bjerknes jedenfalls schrieb kurz nach 1900 einen Satz von Formeln nieder (siehe Gleichung 8), die als die »primitiven Gleichungen« der Atmosphärendynamik Berühmtheit erlangt haben. Sie bestimmen präzise, wie sich die Verteilungen von Masse, Impuls, Wärmegehalt und Feuchte der Lufthülle in der Zeit wandeln. Bjerknes' Resultate zeichnen sich durch Eleganz und Knappheit aus – so jedenfalls empfinden das diejenigen Wissenschaftler, die durch jahrzehntelange mathematische Meditation Eingang ins Nirwana der »partiellen Differentialgleichungen« gefunden haben. Doch im Ernst: Es ist verblüffend, wie einfach doch die dynamischen Vorschriften sind, welche die unendlich reiche Wirbelbewegung der Atmosphäre nachzuahmen vermögen. Selbstverständlich muss ein komplettes Modell der planetarischen Zirkulation eine Reihe von zusätzlichen Prozessen (wie die Wolkenbildung) auf weniger kompakte Weise einbeziehen – ganz zu schweigen von der notwendigen Kopplung des Geschehens mit den Vorgängen in den Ozeanen und in der Biosphäre (dazu unten mehr). Aber Bjerknes' Herkulesanstrengung stieß das Tor zur modernen Wettervorhersage und Klimatologie weit auf.

Massenbilanz (Kontinuitätsgleichung)	$\dfrac{\partial \omega}{\partial p} = - \nabla \cdot \mathbf{v}$
Impulsbilanz (horizontal)	$\dfrac{\partial \mathbf{v}}{\partial t} = - \mathbf{v} \cdot \nabla \mathbf{v} - \omega \dfrac{\partial \mathbf{v}}{\partial p} - f \mathbf{k} \times \mathbf{v} - \nabla \Phi + \mathbf{D}_M$
Hydrostatische Gleichung (vertikale Impulsbilanz)	$\dfrac{\partial \Phi}{\partial p} = - \dfrac{RT}{p}$
Energiebilanz	$\dfrac{\partial T}{\partial t} = - \mathbf{v} \cdot \nabla T + \omega \left(\dfrac{\kappa T}{p} - \dfrac{\partial T}{\partial p} \right) + \dfrac{Q_{rad}}{c_p} + \dfrac{Q_{con}}{c_p} + D_H$
Bilanz der Feuchte q	$\dfrac{\partial q}{\partial t} = - \mathbf{v} \cdot \nabla q - \omega \dfrac{\partial q}{\partial p} + E - C + D_q$

(Gleichung 8)

Im Prinzip hätte man damit der Atmosphäre ihr Bewegungsgeheimnis entrissen und sie in die Sphäre der Berechenbarkeit gezerrt. Allerdings verlangt die Logik des physikalischen Determinismus nicht nur die Kenntnis der dynamischen Gesetze eines Gegenstandes, sondern auch exakte Informationen über seinen *Anfangszustand* – also über sämtliche relevante Eigenschaften des Objekts zu einem bestimmten Zeitpunkt. Dies könnte beispielsweise die präzise Beschaffenheit des kompletten Windfeldes über der Nordsee um 12 Uhr mittags am Ersten Weihnachtstag des Jahres 2010 sein. Symbolfigur dieses Weltbildes ist der »Laplace'sche Dämon«: Dieser fiktive Überverstand kennt gleichzeitig alle Positionen und Geschwindigkeiten sämtlicher Partikel des Universums und kann somit durch Anwendung der gottgegebenen Bewegungsgesetze die Zukunft der Welt in alle Ewigkeit vorausberechnen! Der Dämon ist eine Fantasiegestalt, 1814 erschaffen und eingeführt im Vorwort des *Essai philosophique sur les probabilités* vom französischen Universalgenie Pierre-Simon Marquis de Laplace (1749–1827). Laplace ist uns übrigens schon in Kapitel 4 als einer der akademischen Lehrer des Treibhauseffektpioniers Fourier begegnet.

Wir wissen heute, dass es dem Laplace'schen Weltgeist selbst in einer »klassischen« Wirklichkeit ohne Quanteneffekte verteufelt schwerfallen würde, exakte Prognosen über den Lauf der Dinge zu erstellen. Insbesondere wenn Nichtlinearitäten im Spiel sind, müssten dafür die Anfangsbedingungen aller beobachteten Objekte *mit unendlicher Präzision* bekannt sein. Aber so weit waren die Einsichten der Wetterkundler des 19. und frühen 20. Jahrhunderts noch nicht gediehen, und überdies strebten sie ja keineswegs nach Vorhersagen über lange Zeiträume, sondern über wenige Stunden bis Tage. Insofern drehte sich alles um die Herausforderung, den Zustand eines Atmosphärenausschnitts (sagen wir, der unteren Troposphäre über dem Nordatlantik) zu einem gegebenen Zeitpunkt einigermaßen genau und vollständig zu messen.

In Edwards' oben erwähntem Buch (Edwards 2010) wird die Entstehung eines globalen Systems zur Wetterbeobachtung ausführlich und spannend erzählt, sodass ich alle näher interessierten Leser mit bestem Gewissen auf diese Publikation verweisen kann. Hier will ich nur einige Hauptaspekte dieser kunterbunten Geschichte ansprechen. Etwa dass die uns heute so vertrauten Wetterkarten auf einen Geistesblitz Alexander von Humboldts aus dem Jahr 1817 zurückgehen – die Einführung von »Isolinien«, welche die Orte mit dem gleichen Wert für eine physikalische Größe (wie der Temperatur) miteinander verbinden. Oder dass es erst der Erfindung des elektrischen Telegraphen und der Etablierung der planetarischen Zeitzonen bedurfte, um großräumige Momentaufnahmen des meteorologischen Geschehens konstruieren zu können. Insofern ist das grenzüberschreitende Observieren des Wetters eine Fertigkeit, die als Sekundärnutzen bei der Entwicklung einer technischen Zivilisation entsteht.

Dafür bedarf es auch historischer Leistungen von Prozessforschern, Datenjägern und Zahlensammlern, die von der Vision einer lückenlosen Ganzheitsbetrachtung der Erdatmosphäre beseelt waren. Dabei tat sich ganz besonders der in Paris geborene Teisserenc de Bort hervor, der zu den größten Pionieren der Klimasystemforschung zählt. In unzähligen (unbemannten) Ballonexperimenten erkundete er die höhere Atmosphäre und entdeckte unter anderem die sogenannte Tropopause. Dies ist die Grenzfläche zwischen der unruhigen, feuchten Troposphäre und der darüber liegenden, stabil geschichteten, extrem trockenen und quasiwolkenlosen Stratosphäre. Hier gibt es wieder einen interessanten Zusammenhang mit meinem persönlichen Arbeitsumfeld: Zu den vom Potsdam-Institut genutzten historischen Gebäuden auf dem Telegraphenberg (siehe Kapitel 8) zählt auch das ehemalige »Königliche Meteorologische Observatorium«. Dieser elegante Ziegelbau entstand in den Jahren 1890 bis 1893 und wird von einem 32 Meter hohen Turm zur Rundumwetterbeobachtung beherrscht (siehe Abbildung 39).

Das Observatorium wurde über zwei längere Zeiträume, nämlich 1909 bis 1932 und 1945 bis 1950, von einem der bedeutendsten deutschen Atmosphärenforscher überhaupt geleitet: Reinhard Süring, nach dem das Forschungsgebäude nun auch benannt ist. Süring wurde am 31. Juli 1901 weltberühmt, als er mit seinem Kollegen Arthur Berson in der offenen Gondel des Ballons »Preußen« einen Weltrekordaufstieg wagte. Die beiden Wissenschaftler erreichten 10 800 Meter Höhe, verloren infolge des Sauerstoffmangels das Bewusstsein, hatten aber kurz zuvor noch die Rettungsleine für den Sinkflug gezogen. Dieser Husarenritt im Wasserstoffballon lieferte wertvolle Daten, auf die sich unter anderem Teisserenc bei seinen Theorien über die Schichtung der Erdatmosphäre stützte.

Nicht nur im letzteren Kontext war der französische Forscher von der Idee der »Synopse« – der großen Zusammenschau aller verfügbaren Details – getrieben. Schon im Jahr 1905 begann er, international für das *Réseau Mondial* (»globales Netz«) zu werben, ein System weltweit verteilter Wetterstationen, die ihre täglichen Beobachtungen über Telegraphen laufend in einem gemeinsamen Datenpool zusammenführen sollten (Edwards 2010). Dieser kühne Synopsetraum blieb allerdings bis in die 1960er-Jahre weitgehend unerfüllt. Erst ab dieser Zeit begann die WMO (World Meteorological Organization) mit der Implementierung eines umfassenden, schnellen und globalen Systems zur Erzeugung und Weiterleitung von standardisierten Wetterdaten (*World Weather Watch* – eine frühe Nutzung des WWW-Kürzels). Und die heute existierende, tatsächlich gigantische Maschinerie liefert endlich jene Anfangsbedingungen, mit denen man die Formelapparate à la Bjerknes füttern muss, um Wetterzukünfte auszuspucken.

Wenn da nicht ein winziges methodisches Problem wäre, das selbst den allwissenden Laplace-Dämon in arge Bedrängnis bringen könnte: Die Differentialgleichungen zur Beschreibung der Atmosphärendynamik sind nichtlinear. Und es liegt eben in der Natur dieser Gleichungen, dass auch kleinste Ungenauigkeiten beim Versuch ihrer numerischen Lösung wie gefräßige Raupen wachsen und im Nu alle Prognosewertigkeit verschlingen! Nur mit wahnwitzigem Rechenaufwand können die Fehlermonster in Schach gehalten werden, was in der Praxis ein Kalkulieren von winzigen räumlichen und zeitlichen Zwischenschritten bedeutet und wiederum das präzise Verwalten und Prozessieren von (mindestens!) Milliarden von Zahlenwerten erfordert. Der mathematische Knackpunkt besteht in der Tatsache, dass man die exakten Bewegungsgesetze der Strömungsmedien nur im »unendlich Kleinen« formulieren kann, diese idealisierten Gebilde für die Nutzanwendung jedoch wieder in die schmutzige Welt des »hinreichend Großen« zurückholen muss. An die Stelle von nahtlosen Informations*feldern* (wie den Luftdruckmustern von Tiefdruckwirbeln) müssen somit pralle Listen von Informations*rastern* (vergleichbar den Pixeldaten von Digitalkameras) treten. Aber wer in aller Welt kann diesen Zahlensalat genießbar anrichten und produktiv verdauen?

Hier betritt die Weltbühne eine Forscherpersönlichkeit, der man alleine ein ganzes Kapitel widmen könnte: Lewis Fry Richardson. Der Brite war Physiker, Meteorologe und Friedensforscher; außerdem hatte er sich tief in die Numerische Mathematik eingegraben, welche sich der Kunst der Näherungslösung widmet. Richardson war unter anderem Pionier der modernen Fraktalanalyse – indem er zeigte, dass die Küste Englands unendlich lang wird, wenn man zu immer feineren Maßstäben übergeht – und der strategischen Konfliktforschung – indem er die Häufigkeit von Kriegen in eine quantitative Beziehung zu ihrem Ausmaß brachte. In der Wissenschaftsgeschichte strahlen aber besonders seine Bemühungen um den Wettervorhersageapparat.

Dass man einen solchen Apparat erfinden und betreiben könnte, versuchte er mit einem tollkühnen Versuch zu demonstrieren: Für den 20. Mai 1910, der als »Internationaler Wetterballontag« eine besondere Datendichte anbieten konnte, beschaffte er sich sämtliche Informationen über den Zustand der mitteleuropäischen Atmosphäre *um 7 Uhr morgens*. Dann fütterte er diesen Wertevorrat in seinen selbst entwickelten Formelsatz ein, welcher auf höchst erfinderische Weise die primitiven Gleichungen in Algorithmen, also konkrete Rechenvorschriften, übersetzte. Der Simulator erfasste eine Fläche, die grob der von Deutschland entsprach und ihr Zentrum bei der Stadt Göttingen hatte. Richardson wollte damit eine Sechs-Stunden-Vorhersage wagen, also die Wetterlage am 20. Mai 1910 *um 13 Uhr* über dem bewussten Gebiet aus der entsprechenden Wetterlage am Morgen jenes Tages kalkulieren. Die Rechnungen nahmen sechs Wochen in Anspruch, und das Ergebnis war niederschmetternd falsch: Während sich der Luftdruck in der nachzuahmenden Realität kaum veränderte, produzierte das numerische Schema innerhalb weniger Stunden ein mächtiges Hochdruckgebiet! Eine sorgfältige Reanalyse dieser Pioniertat zeigt allerdings, dass Richardsons Ansatz prinzipiell korrekt war und dass seine Vorhersage für den 20. Mai 1910 mithilfe gewisser numerischer Glättungstechniken sogar hätte gelingen können (Lynch 2006). Aber der damalige Versuch ging gründlich daneben.

Diese Enttäuschung und die konkrete Einsicht in die für eine realistische Prognose benötigten Rechenleistungen beflügelten Richardson zu seiner legendären Vision der Vorhersagefabrik (Richardson 1922): Er imaginierte einen Kollektivcomputer, bestehend aus 64 000 rechenflinken Menschen, welche die Ränge eines kreisrunden Theaters füllten, dessen Wände wiederum einen inneren Globus der Erde darstellten. Jede Region wäre durch Gruppen von Kalkulatoren repräsentiert, welche die jeweiligen Wetterdaten mittels geeigneter Algorithmen verarbeiten und an die Nachbarregion weiterreichen würden. Auf einer zentralen Säule würde der Koordinator der ganzen Maschinerie stehen, so wie ein Orchesterdirigent an seinem Pult. Seine Hauptaufgabe wäre die Synchronisation der Rechengeschwindigkeiten auf den verschiedenen Rängen, wofür er anstelle eines Dirigentenstabes eine rosafarbene Stablampe (für die Voreiligen) und eine blaue (für die Nachzügler) schwänge. Eine zeitgenössische Darstellung dieser Fantasie, die unter anderem das Konzept des Parallelrechnens in der modernen Datenverarbeitung vorwegnimmt, ist in Abbildung 40 wiedergegeben. Ob Richardson diese Vision je selbst ernst nahm, weiß niemand. Doch dann kam Johnny...

Gemeint ist damit kein anderer als John von Neumann, der uns schon in Kapitel 2 begegnete. Er wurde 1903 in Budapest in eine reiche jüdische Familie hineingeboren, die ihm den Vornamen János gab. Als er 1930 – angezogen von exquisiten Forschungsmöglichkeiten jenseits des Atlantiks, aber auch abgestoßen durch die persönlichen Erfahrungen mit Kommunisten und Faschisten in Europa – in die USA emigrierte, änderte er diesen Namen in John um. Seine Freunde und Kollegen nannten ihn jedoch alsbald »Johnny«. Wie schon erwähnt, war von Neumann einer der überragenden Denker des 20. Jahrhunderts, der dem wissenschaftlichen Fortschritt auf den anspruchsvollsten Gebieten zum Durchbruch verhalf. Seine strenge Begründung der Quantentheorie (siehe Kapitel 4) aus einem Minimalsatz von Annahmen über die Struktur der mikroskopischen Wirklichkeit (von Neumann 1932) zählt für mich persönlich zu den größten intellektuellen Errungenschaften aller Zeiten. Im Vergleich dazu erscheinen einem andere »Erklärungsversuche« des Quantengeschehens wie wirres Jägerlatein.

»Johnny« hatte einzigartige Talente und vielfältige Interessen, welche er rast- und ruhelos an den unterschiedlichsten Schauplätzen auslebte, auf feuchtfröhlichen akademischen Partys genauso wie in den Hinterzimmern des Pentagons und des Weißen Hauses. Sein Verstand war so brillant, dass er unentwegt bahnbrechende wissenschaftliche Beiträge generieren und gleichzeitig Politik und Militär in den allerwichtigsten Fragen der nationalen Sicherheit beraten konnte. Er sah sich selbst als »Militarist« und hatte keinerlei Gewissensprobleme, zunächst am Manhattan-Projekt (siehe Kapitel 10) und später an der Entwicklung der amerikanischen

Wasserstoffbombe mitzuwirken. Noch kurz vor seinem Tod übernahm er den Vorsitz jenes streng geheimen Gremiums, das die Realisierbarkeit von nuklearen Interkontinentalraketen ausloten sollte. 1945 gehörte er dem berüchtigten »Zielkomitee« der US-Regierung an, das die »geeignetsten« japanischen Städte für die ersten Atombombenabwürfe auswählen sollte. Von Neumanns Wunschziel war Kyoto, das alte kulturelle Zentrum Japans, und nur der damalige Kriegsminister Henry Stimson blockierte eine entsprechende Komitee-Entscheidung (Groves 1962). Insofern hätte das eigenwillige Genie beinahe das Kyoto-Protokoll zum internationalen Klimaschutz verhindert, auf das ich in Kapitel 17 näher eingehen werde. Die Ironie der Geschichte wollte es aber, dass von Neumann gerade wegen seiner militaristischen Einstellung zum Wegbereiter der modernen Klimaforschung und dadurch – in letzter Konsequenz – der zeitgenössischen Monsterkonferenzen unter der Klimarahmenkonvention (siehe Kapitel 5 und 7) wurde.

Denn bei der Konstruktion von thermonuklearen Bomben müssen schwierigste Probleme der Fluiddynamik gelöst werden, wofür sowohl ausgeklügelte mathematische Näherungsverfahren benötigt werden als auch leistungsfähige Rechenautomaten zur tatsächlichen Durchführung dieser Algorithmen. Ebendiese Voraussetzungen sind unerlässlich für die numerische Wettervorhersage, deren Anfänge ich oben skizziert habe. So wurde John von Neumann zum persönlichen Bindeglied zwischen zwei Innovationslinien, welche die Welt grundlegend veränderten.

Sein Interesse für die Simulation von Kernwaffenexplosionen hatte schon 1944 sein Augenmerk auf die Entwicklung des allerersten elektronischen Allzweckcomputers gelenkt, der unter dem Kürzel ENIAC (Electronic Numerical Integrator & Computer) historischen Ruhm erlangte. Dabei handelte es sich um ein Technologieprojekt, das die Universität von Pennsylvania im Auftrag der US-Armee ausführen sollte. Das Ziel war zunächst rein militärisch, nämlich die Erstellung präziser Artillerietabellen, wofür gewaltige Kalkulationsleistungen erbracht werden mussten. Zeitgenössischen Quellen zufolge war ENIAC ein mächtiger Apparat – bestehend aus rund 18 000 Vakuumröhren und vielen Zehntausenden von weiteren Schaltelementen wie Dioden, Widerständen und Kondensatoren. Das Ungeheuer wog mehr als 27 Tonnen, verbrauchte 140 Kilowatt elektrischer Leistung und fiel die Hälfte der Zeit wegen technischer Probleme aus (Edwards 2010). Wenn ENIAC jedoch arbeitete, dann mit einer Rechengeschwindigkeit, die Lewis Fry Richardsons Träume von der Vorhersagefabrik (siehe oben) an die Realität heranrückten.

John von Neumann erkannte sofort das riesige Anwendungspotenzial dieser Innovation, aber auch die Schwächen des ENIAC-Designs: Dieses sah zwar eine interne Speicherung der Daten, aber nicht eine der die Maschine befehligenden Programme vor. Für das Nachfolgeprojekt mit dem Kürzel EDVA entwarf von Neumann unter Verwertung wichtiger Ideen von Kollegen eine verbesserte, bis heute dominierende Computerarchitektur. Sie gestattet die Speicherung der Prozessdaten und der Programmanweisungen im gleichen Adressraum des maschinellen Zentralgedächtnisses. Damit war das Tor zur modernen elektronischen Datenverarbeitung aufgestoßen. John von Neumann entwickelte jedoch auch selbst revolutionäre numerische Verfahren, welche die Simulation komplexer Vorgänge ermöglichten. Beispielsweise trieb er die »Monte-Carlo-Methode« (heißt tatsächlich so!) voran, welche wie beim Roulette willkürlich Zahlen generiert, um zufällige Vorgänge in der physikalischen Wirklichkeit nachzuäffen. Weitsichtig erkannte er, dass mithilfe von Hochgeschwindigkeitsrechnern eine völlig neuartige Form der wissenschaftlichen Untersuchung entstehen würde, nämlich das Computerexperiment (Nebeker 1995). Jedenfalls war von Neumann bald nur noch einen kleinen Schritt von der dynamischen Klimamodellierung entfernt.

Dieser Schritt wurde schließlich an einem Ort vollzogen, der in den Jahren nach dem Zweiten Weltkrieg wie ein Leuchtturm die gesamte Forschungslandschaft überragte. Die Rede ist vom Institute for Advanced Study (IAS) in Princeton. Dieser historische Fluchtpunkt aller heutigen Exzellenzinitiativen wurde 1930 von der amerikanischen Philanthropenfamilie Bamberger als privates Studienzentrum gestiftet. In kurzer Zeit entwickelte sich das IAS zu einem sicheren Hafen für einige der klügsten Köpfe Europas, die als Juden oder Nonkonformisten die Heimat verlassen mussten oder wollten. In den legendären Anfangsdekaden wurde das Institut von der deutsch-österreichisch-ungarischen Emigrantenkultur dominiert, aus der Albert Einstein (IAS-Mitglied seit 1933), Kurt Gödel (seit 1933 assoziiert), Hermann Weyl (einer der größten Mathematiker des 20. Jahrhunderts, Mitglied seit 1933) und eben John von Neumann (Mitglied seit 1933) noch einmal herausstachen. Ich habe für diese genialen Denker das Anfangsjahr ihrer Beziehung zum Institut bewusst angegeben, denn es spricht eine überdeutliche Sprache: Als 1933 in Deutschland die »Machtergreifung« Hitlers *auf demokratische Weise* inszeniert wurde, flüchtete sich der Weltgeist in ein verschlafenes Universitätsstädtchen nahe der US-Ostküste.

Aber was hat das IAS mit der numerischen Wettervorhersage zu tun? Nun, von Neumanns furchterregender Verstand zählte im Herbst 1945 *eins* (die fluiddynamischen Herausforderungen und Einsichten bei der

Kernwaffenentwicklung) und *eins* (die enorme Simulationspotenz von ENIAC-artigen Elektronenrechnern) endgültig zusammen und kam dabei auf *zwei*: ein bahnbrechendes Projekt zur Prognose des atmosphärischen Geschehens auf der Grundlage der fortgeschrittensten mathematisch-technischen Methoden aller (bisherigen) Zeiten. Dieses Vorhaben sollte im Wesentlichen am Institut in Princeton durchgeführt werden und ging als IAS *Meteorology Project* in die Geschichte ein (Edwards 2010). Dass dies eine gemeinsame militärisch-zivile Unternehmung sein musste, an der sich neben dem US-Wetterdienst auch mehrere Forschungseinrichtungen der amerikanischen Streitkräfte beteiligten, hatte aus von Neumanns Sicht eine zwingende Logik. Denn warum sollte der Weg, der zur Wettervorhersage führte, nicht weiter beschritten werden – hin zur Wetterkontrolle? Als schon bald nach dem Ende des Zweiten Weltkriegs die Rivalität zwischen den USA und der Sowjetunion in politische Hysterie umschlug, wurde die Vorstellung von der meteorologischen Manipulation rasch ins intellektuelle Waffenarsenal des Kalten Krieges aufgenommen. Wie schrieb 1953 der einflussreiche amerikanische General George C. Kennedy: »Die Nation, welche als erste die Fähigkeit entwickelt, die Bewegung der Luftmassen exakt nachzuvollziehen sowie Zeitpunkt und Art des Niederschlags zu bestimmen, wird die Welt beherrschen« (Rosner 2004).

Das IAS-Vorhaben zur numerischen Wettersimulation startete im Jahr 1946 und hatte neben von Neumann zwei entscheidende Protagonisten: zum einen den damals weltweit führenden theoretischen Atmosphärenforscher Carl-Gustav Rossby, der während des Krieges aus seiner schwedischen Heimat emigriert war und anschließend die Ausbildung der amerikanischen Militärmeteorologen organisierte. Und zum anderen Jule Charney, der in seinem Werdegang stark von Vilhelm Bjerknes (siehe oben) beeinflusst worden war. Charney vereinigte eine Reihe von bemerkenswerten Fähigkeiten auf sich, die von der souveränen Beherrschung der mathematisch-physikalischen Ansätze bis zu einem ausgezeichneten Organisationstalent reichten. Als er 1948 zum Projekt in Princeton stieß, kam das bis dahin aus unterschiedlichen Gründen vor sich hindümpelnde Schiff richtig in Fahrt (Edwards 2010). Dazu gäbe es viel Wissenswertes zu erzählen, aber ich will mich hier auf den triumphalen Zieleinlauf konzentrieren.

Nach jahrelangen Anstrengungen und unzähligen wissenschaftlichen, technischen und operativen Verbesserungen des ursprünglichen Konzepts konnte 1952 endlich das entscheidende numerische Experiment in Princeton unter Charneys Leitung durchgeführt werden. Auf dem IAS-Computer mit Neumann-Architektur wurde nämlich getestet, ob ein sogenanntes *baroklines Modell* ein Sturmereignis, das sich am Erntedanktag 1950 zugetragen hatte, numerisch nacherzählen könnte (Edwards 2010). »Baroklinität« bedeutet grob gesprochen, dass in der verwendeten Theorie die Dichte der Luft nicht nur vom Druck, sondern auch von der Temperatur abhängt. Deshalb kann man damit »thermische Winde« erzeugen. Vor allem aber die vertikalen Strömungen, aus denen schließlich Tief- und Hochdruckwirbel entstehen – also richtiges Wetter. Das IAS-System benötigte in der Praxis etwa fünf Stunden für eine 24-Stunden-Prognose, war also erheblich schneller als das reale atmosphärische Treiben. Und zum Erstaunen der Projektwissenschaftler selbst gelang es tatsächlich, den Erntedank-Sturm in einer simulierten Vorhersage zu rekonstruieren! Dieses Ereignis in Princeton kann somit als der eigentliche Geburtsakt der praxisfähigen numerischen Meteorologie angesehen werden.

»Johnny« hatte somit auf der ganzen Linie gesiegt. Und verlor bald darauf doch alles. 1955 stellten die Ärzte bei von Neumann eine bösartige Tumorerkrankung fest, welche seine unfassbare Intelligenz innerhalb von eineinhalb Jahren vollständig auslöschte. Er starb 1957 unter militärischer Bewachung, weil das Pentagon befürchtete, der Todkranke könnte noch strategische Informationen preisgeben. Eugen Wigner, der mit von Neumann einst das Lutheraner-Gymnasium in Budapest besucht hatte, ebenfalls 1933 in die USA emigriert und ebenfalls ein Titan der mathematischen Physik war, gab nachfolgenden Einblick in das Ende seines Landsmannes:

»Es brach einem das Herz, die Verzweiflung seines Verstandes mitzuerleben – als alle Hoffnung schwand und dieser Verstand gegen ein Schicksal ankämpfte, das unvermeidlich erschien, aber zugleich absolut inakzeptabel« (Halmos 1973). Eine ergreifende Schilderung der letzten Wochen John von Neumanns gibt auch seine Tochter Marina in einem kürzlich erschienenen Buch (von Neumann Whitman 2013). Sie machte selbst eine brillante Karriere in den Wirtschaftswissenschaften und drang als eine der ersten Frauen überhaupt in diese urmännliche Domäne ein.

Obwohl es einige Jahrzehnte dauerte, bis sich die numerische Wettervorhersage endgültig gegenüber den traditionellen Prognoseverfahren durchsetzte, stellte die Computersimulation der nichtlinearen Atmosphärendynamik doch einen wissenschaftlichen Durchbruch ersten Ranges dar, der eine Flucht völlig neuer Wege eröffnete. Massive Investitionen – zunächst hauptsächlich aus Armeekassen – führten nach 1952 immer wieder zu gewaltigen Verbesserungen, *erstens* bei den verwendeten Modellen selbst, *zweitens* bei der Verfügbarkeit und Handhabung meteorologischer

Daten und *drittens* bei der Leistung der Simulationsrechner. Diese Fortschritte will ich ganz kurz skizzieren, und zwar in umgekehrter Reihenfolge.

Schier Unglaubliches hat sich seit von Neumanns Zeiten bei der elektronischen Datenverarbeitung ereignet. Im Sommer 2011 etwa führte der »K-Computer« des japanischen Advanced Institute for Computational Science die Weltrangliste der Superrechner an. Er bewältigt auf circa 68 000 parallel betriebenen Hochleistungsprozessoren im Idealfall über 8 Billiarden elementare Rechenoperationen pro Sekunde (also mehr als 8 Peta-FLOPS, in der Sprache der Experten). Zum Vergleich: Der ENIAC der University of Pennsylvania (siehe oben) schaffte 1946 gerade mal 50 000 solcher Rechenschritte in der Sekunde, das heißt, der K-Computer ist mehr als 100 000 000 000-mal so schnell wie die Wundermaschine jener Tage! Ähnlich überlegen sind die heutigen Superrechner, was Speichervermögen, Peripheriegeräte und Handhabbarkeit angeht.

Diese Leistungsexplosion verlief weitgehend im Einklang mit dem *Moore'schen Gesetz*: Die Anzahl der Schaltkreiskomponenten auf einem Computerchip verdoppelt sich alle ein bis zwei Jahre (Schaller 1997). Gordon Moore, der Mitbegründer von Intel (Integrate Electronics Corporation), hatte diese Hypothese zum ersten Mal im Jahr 1965 formuliert. Der Mikroelektronikriese Intel mit Hauptsitz in Santa Clara im Herzen des kalifornischen Silicon Valley ist mit seiner explosiven Unternehmensentwicklung eine Art Selbstbeweis der Vermutung seines Gründungsvaters. In der Praxis verdoppelt sich auch die Leistungsfähigkeit von Elektronenrechnern alle paar Jahre, weil die Packungsdichte von *Transistoren* auf den Computerprozessoren exponentiell mit der Zeit wächst. Und damit sind wir beim technischen Urstoff angelangt, aus dem die elektronische Revolution in den USA seit den späten 1950er-Jahren geformt wurde. Denn ohne die Erfindung und massenhafte Verbreitung des Transistors wäre die moderne Globalisierung der Welt durch Telekommunikation, Datenverarbeitung, Prozesssteuerung, Satellitenmonitoring, Hypermobilität usw. schlechterdings unvorstellbar. Wegen der Erschließung preiswerter fossiler Brennstoffe waren zwar (insbesondere nach dem Zweiten Weltkrieg, siehe Kapitel 16) gewaltige Mengen an Primärenergie verfügbar, aber erst die Feinsteuerung der daraus generierbaren Energie*flüsse* (vor allem des elektrischen Stroms) schöpfte das Fortschrittspotenzial jenes geologischen Geschenks voll aus.

Was ist ein Transistor? Eigentlich nur ein Schalter zur Manipulation von Strom – vergleichbar den mechanischen Elementen, mit denen man die Raumbeleuchtung regulieren kann. Der Clou ist jedoch, dass nicht mechanisch (sprich: schwerfällig) geschaltet werden muss, sondern dass Elektrizität durch Elektrizität gesteuert wird! Dieses Prinzip erlebte seine erste Verwirklichung durch die in den Anfängen des 20. Jahrhunderts entwickelten Elektronenröhren, die etwa 50 Jahre lang die einschlägigen Technologiefelder (Radioapparate!) beherrschten. Doch 1947 erwuchs ihnen ein letztlich übermächtiger Gegner in Murray Hill, New Jersey. Dort befinden sich seit 1925 die weltberühmten Bell Laboratories, eine riesige private Forschungsabteilung der amerikanischen Elektroindustrie. Die *Bell Labs* (wie sie üblicherweise genannt wurden) entwickelten sich rasch zur bedeutendsten Innovationswerkstatt der jüngsten Neuzeit und wurden damit gewissermaßen zum anwendungsorientierten Zwillingsleuchtturm des theorieverliebten IAS in Princeton. Die Liste der bahnbrechenden, in Murray Hill ertüftelten Fortschritte und der dafür verliehenen Auszeichnungen (inklusive zahlreicher Physik-Nobelpreise) erscheint endlos. Kaum bekannt ist beispielsweise, dass die Bell Labs ab 1953 die ersten *Solarzellen* überhaupt bauten, welche immerhin schon einen Wirkungsgrad von 4 Prozent erreichten.

Und diese für die künftige Energieversorgung der Menschheit essenzielle Erfindung tauchte aus dem Kielwasser früherer Innovationen auf, die allesamt mit Festkörperphysik, genauer: Halbleiter-Quantenmechanik, zu tun hatten. Da ich mich auf dem letzten Feld habilitiert habe, wäre die Versuchung groß, nun zu einem Exkurs in die Welt der Kristallelektronen abzuschweifen. Da mein Buch jedoch vor allem vom Klima handeln soll, widerstehe ich tapfer diesem starken Impuls. Hier sei lediglich hingewiesen, dass »Halbleiter« eben nur unter bestimmten Bedingungen, die man leicht kontrollieren kann, elektrischen Strom befördern. Deshalb kann man mit ihnen unvergleichlich besser schalten als mit konventionellen Bauelementen.

Dies muss die Forschungsgruppe um John R. Pierce in den Bell Labs geahnt haben, als sie wenige Jahre nach dem Zweiten Weltkrieg das erste funktionierende Gerät einer neuen Art schuf. Pierce taufte das Konstrukt »Transistor« – ein Kunstwort, zusammengeschachtelt aus den englischen Begriffen »Transfer« (Übertragung) und »Resistor« (Widerstand). Drei Bell-Laboranten erhielten 1956 »für ihre Untersuchungen über Halbleiter und ihre Entdeckung des Transistoreffekts« den Physik-Nobelpreis, nämlich Walter H. Brattain, William B. Shockley und John Bardeen. Der Letztgenannte war einer der ganz Großen der Festkörperphysik, zumal er 1972 sogar mit einem zweiten Physik-Nobelpreis (für die gemeinsam mit Leon N. Cooper und John R. Schrieffer entwickelte Theorie der Supraleitung) ausgezeichnet wurde. Als ich Anfang der 1980er-Jahre als junger Forscher am elitären ITP (heute: Kavli Institute for Theoretical Physics) auf dem Campus der University of California in Santa Barbara arbeitete, durfte ich ihn persönlich kennenlernen. Mein Büro war seinem direkt benachbart, und so ergaben sich Gesprächsmöglichkeiten. Bardeen war recht groß gewachsen, aber ansonsten eine spektakulär unauffällige Erscheinung. Nichts ließ äußerlich darauf schließen, dass dieser Mann im Alter von 15 Jahren ein Studium der Elektrotechnik, Physik und Mathematik an der University of Wisconsin begonnen und sein Erfindungsgeist ganz entscheidend zum technischen Fortschritt der Menschheit beigetragen hatte.

Für den Metabolismus der heutigen Industriegesellschaft sind die von Bardeen & Co. erfundenen Transistoren ähnlich unverzichtbar wie die Enzyme für den menschlichen Stoffwechsel. Vor allem hat die Mikroelektronik die Supersimulation möglich gemacht, das Nachahmen der allerverwickeltsten Vorgänge (wie der Ausbildung von Wirbelstraßen hinter Großflugzeugen) in virtueller Realität. Entsprechend können die »Wettervorhersagefabriken« von Lewis Fry Richardson (siehe oben) nun tatsächlich gebaut werden. Seine Vision wird jedoch heute (und erst recht morgen) nicht nur durch Rechenautomaten von unerhörter Potenz realisiert, sondern ja auch durch eine weltumspannende Datenerhebungsmaschinerie. In vielerlei Hinsicht ist diese Maschinerie ebenfalls ein Produkt des elektronischen Fortschritts, der zu einer Epochenwende beim Messen, Übertragen, Speichern und Verarbeiten der gängigen Kennzahlen des Klimasystems geführt hat.

Seit Teisserenc de Borts Initiative für ein *Réseau Mondial* (siehe oben) ist nun tatsächlich ein dichtes Geflecht aus Beobachtungsnetzen und Auswertungsverbünden für meteorologische beziehungsweise umweltrelevante Phänomene herangewachsen, das allerdings nur noch wenige Spezialisten zu entwirren vermögen. Alleine die Erläuterung der wichtigsten Abkürzungen (GCOS, GOOS, GTOS, GUAN usw.) und der dahinter verborgenen Institutionen würde viele Seiten füllen. Näher Interessierte finden gute, teilweise ausgezeichnete Informationen dazu auf den Websites der nationalen Wetterdienste (wie des DWD, des Deutschen Wetterdienstes, in der Bundesrepublik). Dort wird einem insbesondere klargemacht, dass inzwischen weit ausgreifende Imperien von ortsfesten Beobachtungsstationen und ganze Armaden von beweglichen Beobachtungsplattformen auf dem Boden, zu Wasser und in der Luft den Puls des Klimasystems rund um die Uhr und um den Globus erfühlen. Abbildung 41 vermittelt durch graphische Verdichtung einen passenden Eindruck dieses fast schon beängstigenden Systems, das allein für die »Überwachung« des Atmosphärenzustands im Einsatz ist.

In dieser Maschinerie sind über die professionellen Dienste und Institutionen (wie die WMO) hinaus zahlreiche kommerzielle Datenlieferanten eingebunden: Die Wetterbeobachtungen von Verkehrsflugzeugen und Frachtschiffen entlang ihrer jeweiligen Routen sind beispielsweise wertvolle Datenquellen. Und dennoch klaffen immer noch große Löcher in diesem Netz, das die Meteorologen über die Welt geworfen haben, ja, an manchen Stellen reißen sogar alte Maschen wieder auf. GCOS ist das Akronym für das Global Climate Observing System, das unter anderem 1017 Bodenstationen umfasst (Stand 2014, laut WMO). Abbildung 42 zeigt die geographische Verteilung dieser Messeinrichtungen auf den Kontinenten und Inseln. Man beachte, dass sich in gewissen Ländern (wie Somalia) keine einzige Station (mehr) findet und dass auch das Innere der für das Klimasystem so bedeutsamen grönländischen Landmasse nicht nur eine Eis-, sondern auch eine Datenwüste darstellt.

Modernes Satellitenmonitoring kann viele solcher Datenlöcher stopfen, aber die Beobachtungssituation ist nach wie vor keineswegs ideal. In diesem Zusammenhang wird die eigentümliche *Doppelrolle* der numerischen Modellierung zunehmend bedeutsamer: Im naiven Laplace'schen Weltbild liefert ein Messsystem die perfekte Information über den Zustand der Umwelt zur Startzeit einer Vorhersageperiode (»Initialisierung«), woraufhin ein perfektes Simulationsmodell seine Kalkulationsarbeit mit ungeheurer Geschwindigkeit aufnimmt und innerhalb von Sekunden die Wetterprognose für die nächsten Tage ausspuckt.

Das ist das eine, uns inzwischen wohlvertraute Gesicht des Modellbetriebs. Das andere, kaum bekannte Gesicht wird geprägt von der Fähigkeit geeigneter quantitativer Modelle, »rohe« und unvollständige Daten zu einem weitgehend korrekten Informationsfeld zusammenzulöten. Besondere Herausforderungen stellen in diesem Zusammenhang die Konstruktionen der dreidimensionalen Windfelder und die Zusammenschau der atmosphärischen Feuchteverteilung dar. Und so kommt es zu der – auf den ersten Blick paradox anmutenden – Praxis, dass physikalische Prognosemodelle aus minderwertigen Daten Qualitätsinformationen zu *ihrer eigenen Initialisierung* erzeugen. Der wahrscheinliche augenblickliche Zustand der Atmosphäre wird nicht einfach empirisch festgestellt, sondern vor allem errechnet. Das Ganze heißt im Fachjargon »Datenassimilation« und kann veranschaulicht werden durch die Fähigkeit erfahrener Verkehrsteilnehmer, aus einer kurzen Beobachtungsepisode des Innenstadtverkehrs unter Erfassung nur einiger Fahrzeuge auf den gesamten Bewegungszustand zu schließen (siehe beispielsweise Wergen 2002) und dadurch sicher die Straße zu überqueren. In der Regel funktionieren die entsprechenden Verfahren inzwischen prächtig, sodass *grosso modo* Paul Edwards' zugespitzte These im mehrfach zitierten Buch *A Vast Machine* zutrifft: *Es gibt keine brauchbaren Daten ohne Modelle!*

Die Modellverbesserung selbst hat sich insbesondere auf den folgenden drei Feldern abgespielt: *erstens*, bei der Einbeziehung von immer mehr wetterrelevanten Prozessen durch geschickte *Parametrisierung*. *Zweitens*, durch die massive Erhöhung des raumzeitlichen *Auflösungsvermögens* der Computersimulatoren. Und *drittens* durch Ausnutzung fortgeschrittener *Statistikverfahren* zur Eindämmung individueller Fehlerquellen. Während fundamentale Atmosphärengrößen wie Temperatur, Dichte und Druck weitläufiger Luftmassen direkt durch die primitiven Gleichungen à la Bjerknes bestimmt werden, gibt es meteorologische Vorgänge, die mühelos durch die Maschen jedes eleganten Formelnetzes schlüpfen – insbesondere, wenn das Netz aufgrund praxisgerechter Näherungen auch im geographischen Sinn recht grob geknüpft ist (siehe unten). Solche Prozesse sind Wolkenbildung und Niederschlag (als Regen, Schnee, Hagel usw.), Strahlungsübertragung zwischen atmosphärischen Komponenten (zu denen nicht zuletzt Schwebstoffe mit komplexen Mikrogeometrien zählen), vegetationsgesteuerte Verdunstungsflüsse, Verwirbelung der bodennahen Lufthülle durch Oberflächenrauigkeit und vieles andere mehr.

Im Prinzip könnte man zwar die Ausbildung von winzigen Eiskristallen in einer hochgetürmten Gewitterwolke oder das Rückstrahlverhalten der Blätter einer Ligusterhecke physikalisch korrekt beschreiben – aber die dadurch erzeugte Komplexität würde jedes Modell in eine tödlich vollgestopfte mathematische Rumpelkammer verwandeln. Und welchen Sinn hätte es, Vorgänge auf Nano- bis Millimeterskala exakt zu erfassen, wenn der Atmosphärensimulator alle 100 Kilometer einen einzigen Datenpunkt berücksichtigt? Die Antwort der Modellagenturen lautet »Parametrisierung«: Statt jene feinen und verwickelten Prozesse durch dynamische Gleichungen einzufangen, deren naturgesetzliche »Lösungen« die Objektbewegungen sind, behilft man sich mit fixen Kennzahlen (»Koeffizienten« oder eben »Parameter«) und Kurvenformen (»Funktionen«). Diese summarischen Hilfsgrößen sind bunte Mischungen aus Empirie, Theorie und – Rätselraten. Das individuelle Spekulationsverhalten der jeweiligen Modellbaumeister ist der Hauptgrund dafür, dass nicht alle Atmosphärensimulatoren *identisch* sind – denn die zugrunde liegende Physik ist universell. Immerhin werden viele der eingesetzten Parametrisierungen von Jahrzehnt zu Jahrzehnt vertrauenswürdiger, und es gibt – wie wir noch sehen werden – Strategien zur Ausmerzung spekulativer Irrläufer.

Trotz aller Kunstgriffe zur Verpackung komplexer Sachverhalte in niedlichen Informationspaketen sind die heutigen Wettervorhersagemodelle kalkulatorische Ungetüme, gesteuert von schier endlos geschachtelten Programmcodes. Wer sich davon einen echten Eindruck verschaffen will, der sollte die Website des Europäischen Zentrums für mittelfristige Wettervorhersage (European Centre for Medium-Range Weather Forecasts, ECMWF) besuchen, das sein Hauptquartier im englischen Reading (nahe London) hat. Dort findet man alle technischen Hinweise zu den benutzten Simulationen, die allerdings für Laien weitgehend unverständlich sind. Aber einiges lässt sich doch erahnen:

Wenn beispielsweise von »76 757 590 grid points in upper air« gesprochen wird, kann man den gewaltigen Rechenaufwand beim Betrieb des ECMWF-Modells erahnen. Wie schon erwähnt, wird für die Näherungslösung der Bewegungsgleichungen die Atmosphäre so fein wie möglich gerastert – die eigentlichen Kalkulationen von Wind, Temperatur, Feuchte etc. finden eben nur an den Stützstellen (*grid points*, »Gitter- beziehungsweise Rasterpunkte«) statt. Ganz offensichtlich werden beim entsprechenden Simulator viele Millionen solcher Stützstellen im Zwölf-Minuten-Takt bedient. Dabei löst man die Vertikalstruktur der Lufthülle in 91 Lagen bis in 80 Kilometer Höhe auf. Zum Vergleich: Der Amerikaner Norman Phillips installierte 1955 auf dem IAS-Computer in Princeton zum ersten Mal ein numerisches Wettervorhersagemodell, um die großräumige Zirkulation der Luftmassen in der Troposphäre nachzuahmen (siehe weiter unten). Die Horizontaldimensionen der Erdkugel wurden damals in ein 17 × 16-Raster zerhackt (das sind ganze 272 Stützstellen!); zwei Luftdruckniveaus repräsentierten die Vertikaldimension. Der Simulator äffte (nach einer längeren »Aufwärmphase«) 31 meteorologische Tage im Zwei-Stunden-Takt nach (Edwards 2010).

In der Fachchinesischprosa des ECMWF finden sich auch viele geheimnisvolle Begriffe wie *wavenumber* und *spectral space*. Hier schließt sich wieder einmal ein bemerkenswerter wissenschaftshistorischer Kreis, und zwar zum französischen Treibhauseffektpionier Fourier, der uns in Kapitel 4 begegnet ist. Die nach ihm benannte Transformation von periodisch schwankenden Größen in eine Summe von Sinusfunktionen (»Harmonische«) wird in der Physik oft als »Spektralzerlegung« bezeichnet. Die Sinusfunktionen wiederum, aus denen man sich jedes beliebige oszillierende Signal wie aus Legosteinen (unterschiedlicher Größe) zusammenbauen kann, können als ideale Wellen aufgefasst werden, deren Kammabstand durch die sogenannte Wellenzahl charakterisiert ist.

Wäre nun unser Planet eine Scheibe (woran gewisse Zeitgenossen hartnäckig weiter zu glauben scheinen), wäre die Fourier-Analyse im Zusammenhang mit der Atmosphärensimulation nutzlos. Aber bekanntlich stürzen Wolken, die über die Datumsgrenze im Pazifik wandern, nicht ins Bodenlose, und Luftmassen, die auf der uns abgewandten Erdseite verschwinden, kehren – wenngleich oft arg zerrupft – wieder zu uns zurück. Mit anderen Worten: Die planetarische Kugelgeometrie (und die Erdrotation) erzwingt kreisartige Bewegungen in unserer Umwelt: *Periodizität*. Es liegt deshalb nahe, die waagerechte Zirkulation über dem Erdkörper als Zusammenspiel von Harmonischen aufzufassen und zu berechnen: (Atmo-)Sphärenmusik! Für die Höhenbewegung in der Lufthülle ist dieser Ansatz natürlich nicht geeignet. Dementsprechend gibt es in den fortgeschrittensten numerischen Wettervorhersagemodellen oft eine »spektrale« Beschreibung der Horizontaldynamik, während das Vertikalgeschehen durch eine gewöhnliche Rasterung erfasst wird. Dies führt dann zu ausgeklügeltem Mischdesign, wodurch man die Rechengeschwindigkeiten grob um einen Faktor 10 erhöhen kann.

Inzwischen sind weltweit Dutzende von Prognosefabriken entstanden, die sich solcher Techniken bedienen. Es liegt nahe, ein solches *Ensemble* von Hellsehmaschinen auch einmal im Parallelbetrieb mit identischer Dateninitialisierung (und auch ansonsten gleichen Rahmenbedingungen) zu fahren. Bei entsprechenden Vergleichsexperimenten (*Intercomparison Exercises*) müssten modellspezifische Absonderlichkeiten tendenziell auf der Strecke bleiben, während die Ensemblemittelungen den gemeinsamen, wissenschaftlich wohlbegründeten Kern der Modellierung freilegen sollten. Zum Zwecke der für uns besonders bedeutsamen Klimasimulation (siehe unten) sind solche Gruppenkalkulationen inzwischen das Gelbe vom Langfristprognose-Ei. Für die kurzfristige Wettervorhersage über wenige Stunden bis Wochen nutzt man dagegen eher den Trick der *internen* Ensemblebildung: Man kann ganze Scharen von Kopien des Grundmodells auf die numerische Reise schicken, wobei die Anfangsdatenfelder und Prozessparametrisierungen angemessen variiert werden. John von Neumanns Monte-Carlo-Ansätze können dabei sehr hilfreich sein. Dadurch erzeugt man eine Quasi-Statistik, welche die weitgehende Unterdrückung von Ungenauigkeiten und Irrtümern durch Durchschnittsbildung gestattet (siehe hierzu beispielsweise Buizza u.a. 2001).

An dieser Stelle möchte ich noch eine kleine Anmerkung zum Begriff »Statistik« loswerden: Die entsprechende mathematische Theorie (die Wahrscheinlichkeitsrechnung) zur quantitativen Behandlung von Zufallsgrößen wurde 1654 in einem Briefwechsel zwischen Fermat (siehe Kapitel 6) und seinem französischen Landsmann Blaise Pascal (1623 bis 1662) geboren. Aber bis weit ins 19. Jahrhundert hinein bezog sich der

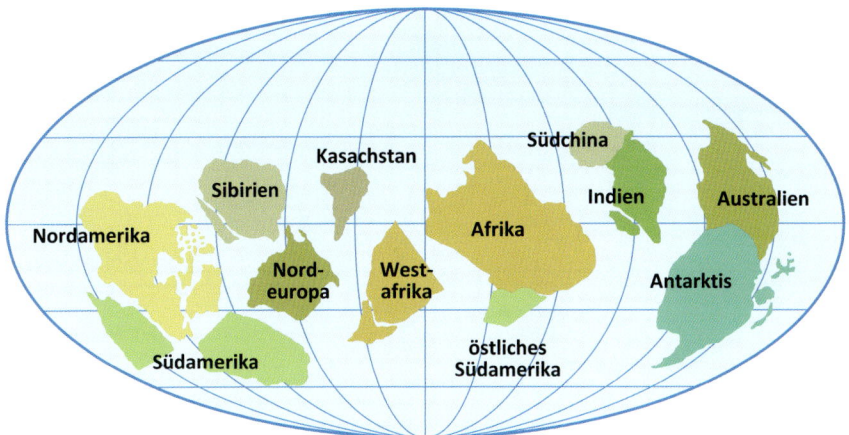

Abbildung 35: Anordnung der irdischen Landmassen während der globalen Vereisung am Ende der Erdfrühzeit (vgl. S. 281).

Abbildung 36: Künstlerische Vorstellung des »Ediacarischen Gartens« (vgl. S. 284).

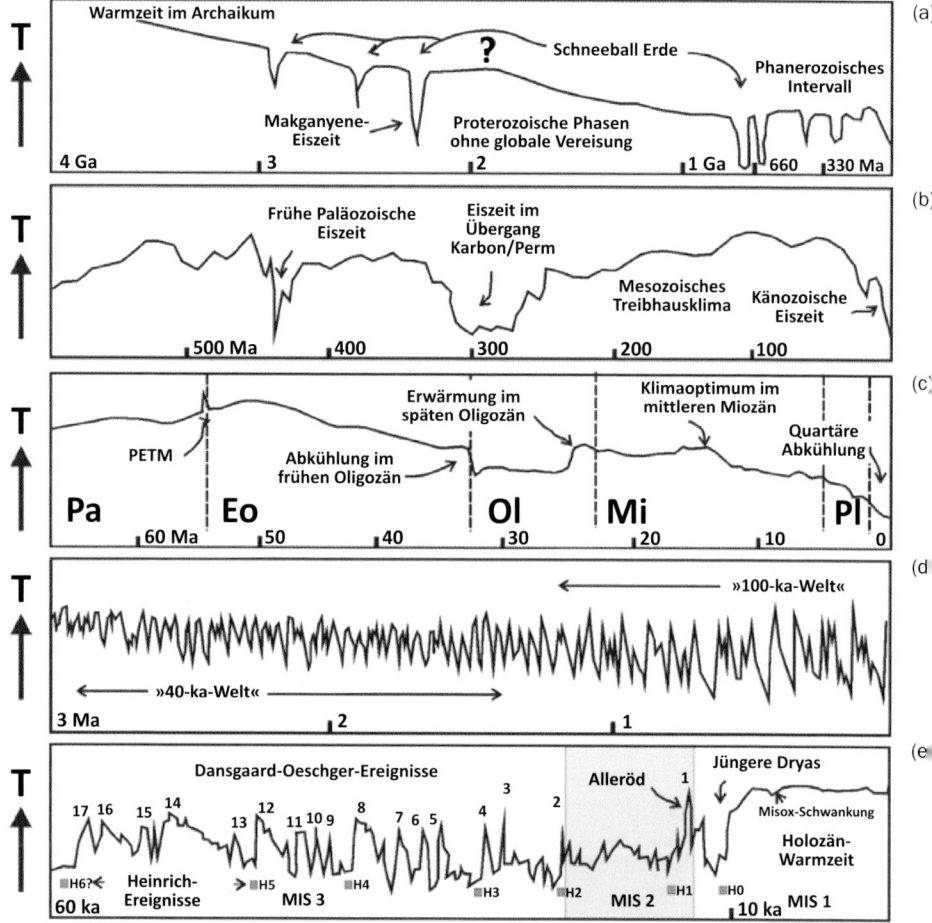

Abbildung 37: Temperaturschwankungen in fünf verschiedenen Zeitabschnitten, die von a (oben) nach e (unten) immer kürzer werden und in jüngerer Vergangenheit liegen. Im Bildteil e sind die Temperaturen in Grönland dargestellt, die auch für den umliegenden Nordatlantikraum repräsentativ sind und durch Instabilitäten in der atlantischen Meeresströmung geprägt werden (als Dansgaard-Oeschger-Ereignisse bekannt, nummeriert von 1 bis 17; siehe auch Abbildung 30). Die anderen Bildteile repräsentieren die globale Temperaturentwicklung (vgl. S. 293).

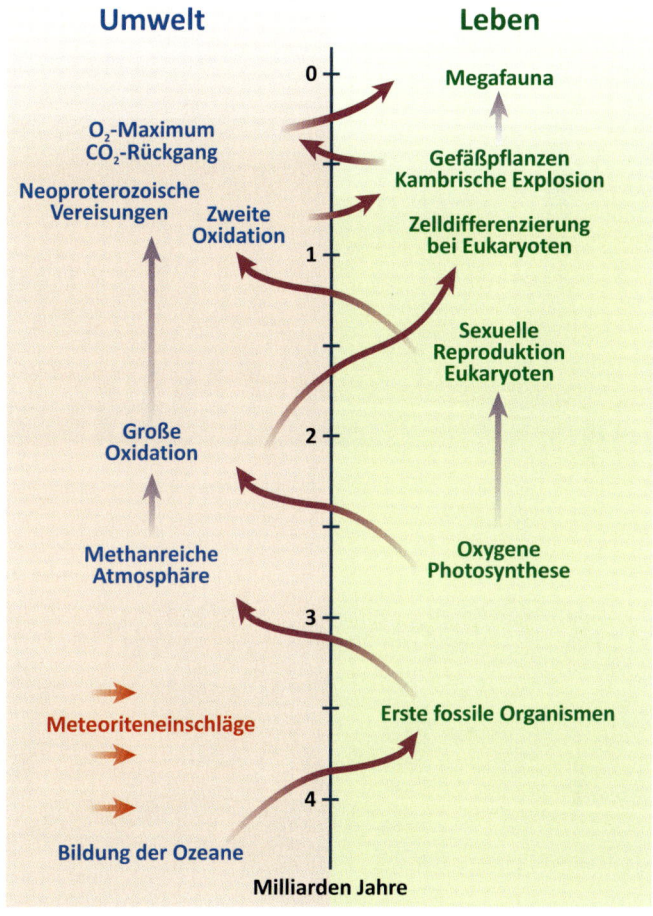

Umwelt　　　　　　**Leben**

0 — Megafauna

O₂-Maximum
CO₂-Rückgang　　　　Gefäßpflanzen
　　　　　　　　　Kambrische Explosion
Neoproterozoische
Vereisungen　Zweite　Zelldifferenzierung
　　　　　Oxidation　bei Eukaryoten
1 —

　　　　　　　　Sexuelle
　　　　　　　　Reproduktion
　　　　　　　　Eukaryoten
Große　2 —
Oxidation

Methanreiche　　　Oxygene
Atmosphäre　　　Photosynthese

3 —

Meteoriteneinschläge　Erste fossile Organismen

4 —

Bildung der Ozeane
Milliarden Jahre

Abbildung 38: Die koevolutionäre Doppelleiter der Erde (vgl. S. 296).

Abbildung 39: Das Süring-Haus des PIK, früher Meteorologisches Observatorium Potsdam (vgl. S. 302).

Abbildung 40: Visualisierung von Richardsons Vision eines Menschenmassen-Computers für die numerische Wettervorhersage (vgl. S. 305).

Ausdruck »Statistik« vor allem auf die Datensammlungen der *Staaten* und ihrer Behörden über das demographische, ökonomische und soziale Inventar ihrer Machtbereiche. Statistik war also das wohlorganisierte Informationsarchiv, welches die Staaten benötigten, um zu regieren – insbesondere um Steuern zu erheben.

So, jetzt können wir einmal kurz durchatmen, denn eigentlich haben wir in diesem Kapitel alles gelernt, was für ein Verständnis der modernen Klimamodellierung *dem Wesen nach* benötigt wird. Das Wichtigste dabei ist tatsächlich eine Ahnung vom System der numerischen Wettervorhersage, das ich relativ breit dargestellt habe. Die Exploration möglicher Klimaentwicklungen bedient sich ebendieses Systems, das allerdings noch in einen größeren Simulationskontext eingebettet und vor allem *in einem anderen Modus betrieben* wird. Stark vereinfacht bedeutet dies, dass man ein meteorologisches Prognosemodell, welches das Wettergeschehen für vielleicht zwölf Stunden präzise zu antizipieren vermag, für beispielsweise 100 Jahre in die virtuelle Zukunft mahlen lässt. Dies hört sich zunächst aberwitzig an und führt bei interessierten Laien oft zu großer Verwirrung, bei den notorischen Leugnern des anthropogenen Klimawandels dagegen zu höhnischer Besserwisserei: Jedes Kind (?) wisse doch heutzutage, dass die Atmosphärendynamik chaotisch sei und dass man deshalb Wettervorhersagen über Jahrzehnte oder gar Jahrhunderte als reinste Scharlatanerie bezeichnen müsse!

Dieses ständig wiederkehrende »Argument« klingt überzeugend, zielt jedoch völlig an seinem Gegenstand vorbei. Natürlich kann man nicht den Schneefall im bayerischen Voralpengebiet am Weihnachtsabend 2099 aus dem aktuellen Zustand der globalen Atmosphäre vorausberechnen. Denn Nichtlinearität (etwa der primitiven Gleichungen) und Komplexität (des Klimasystems mit seinen unzähligen Komponenten und Wechselwirkungen) machen Wetterprognosen oberhalb des Münzwurfniveaus für Zeiträume von mehr als ein paar Wochen tatsächlich zum Ding der Unmöglichkeit. Aber: Im sogenannten Klimamodus des Modellbetriebs will niemand das Wetter vorhersagen, sondern eben das künftige Klima, das heißt *langfristige Mittelwerte* regionaler oder globaler Durchschnittsgrößen. Und das kann tatsächlich funktionieren – es ist keineswegs Hexerei, Aussagen über die Veränderung einer höchst aggregierten Variablen wie der Oberflächentemperatur der Erde als Funktion einer anderen höchst aggregierten Variablen wie der atmosphärischen CO_2-Konzentration zu treffen!

Ich will diesen hartnäckig missverstandenen Punkt mit einem Bild aus meiner Heimat (siehe Kapitel 1) veranschaulichen. Die Stadt Passau, in deren Hinterland mein Geburtsort liegt, kann sich einer weltweit einmaligen hydrographischen Besonderheit rühmen: Die »blaue« Donau fließt dort mit dem graugrünen Inn und dem schmalen, fast schwarzen Fluss Ilz zusammen. Auf Luftbildern dieser Konfluenz kann man schön erkennen, wie die unterschiedlich gefärbten Wassermassen zunächst parallel gleiten, sich dann überströmen und schließlich komplett vermischen. Der Wettervorhersage mit den oben skizzierten Modellen würde am Passauer Schauplatz beispielsweise die Vorausberechnung der Bewegung und Auflösung eines dunklen Wassertropfens aus der Ilz hinter ihrer Einmündung entsprechen. Die Reichweite einer solchen Prognostik ist selbst beim Einsatz der raffiniertesten hydrologischen Verfahren außerordentlich begrenzt. Was hingegen gelingen kann, ist die Vorherbestimmung der resultierenden Mischfarbe weit unterhalb des Dreierzusammenflusses aus den Einzeltönungen und Volumina der beteiligten Gewässer. Dies entspricht dann beispielsweise der Projektion einer Klimaveränderung, wie sie sich bei Hinzufügung von 1000 Milliarden Tonnen CO_2 zur Erdatmosphäre durch den Menschen ergeben sollte. Wo sich aber die einzelnen, zusätzlichen CO_2-Moleküle in 100 Jahren genau befinden, ist für die Analyse ebenso irrelevant wie die Position einzelner Wasserpartikel aus Inn oder Ilz für die Donaukolorierung circa 300 Kilometer stromabwärts bei Wien!

Zwischen dem Verfolgen mikroskopischer Tröpfchen und der Bestimmung der Mischfarbe gut verrührter Flüssigkeiten (wie Milch oder Kaffee) liegt allerdings eine wissenschaftliche Herausforderung von ganz eigenem Charakter: Kann man das Farb*muster*, welches die Flüsse im Abschnitt zwischen Einmündung und Durchmischung ausbilden, berechnen? Die Antwort ist Ja – wenn man die Topographie sowie die einzelnen Strömungsgeschwindigkeiten und Flussbettprofile kennt. Beispielsweise drängt der wasserreiche, flache Inn die Deckschicht der Donau noch weit stromabwärts zur Seite, und dieser Effekt lässt sich mit elementaren physikalischen Methoden reproduzieren. Aufs Feld der Atmosphärendynamik rückübertragen sprechen wir nun vom Mittelreich zwischen Wetter und Klima, nämlich der *großskaligen Zirkulation* der Lufthülle, dem weltumspannenden Gefüge aus Strömungszellen, Trägheitswinden und Schaukelbewegungen, das im Rhythmus von Jahren bis Dekaden pulsiert.

Der Versuch, dieses Gefüge theoretisch herzuleiten, war die eigentliche Reifeprüfung für die nach »Exaktheit« strebende Meteorologie – noch mehr als jenes numerische Experiment, das 1952 in Princeton einen Sturm nachstellte. Der Simulatorprototyp, mit dem dieser Zirkulationstest zum ersten Mal holprig bestanden wurde, war das oben erwähnte rustikale Modell von Norman Phillips. Er hatte es 1955 für die Atmosphärenflüsse auf der Nordhalbkugel gewissermaßen aus den Lagerbeständen von Rossby, Charney und von Neumann zurechtgezimmert. Sein System wusste beispielsweise nichts von Luftgeschwindigkeit, Feuchtigkeit und Wolken. Und dennoch war es in der Lage, die dominierenden ost-westlichen Windfelder über der Erdoberfläche, einen Strahlstrom in großer Höhe und den Wetterwärmefluss vom Äquator zum Nordpol in Grundzügen nachzuahmen! Damit war der Startschuss zu einem stürmischen Entwicklungsrennen erfolgt, welches an verschiedenen Forschungsstätten in Amerika, Europa, Japan und Australien schließlich sogenannte *General/Global Circulation Models* (heute unter dem Kürzel GCMs bekannt) hervorbrachte, also echte Simulationen des großräumigen Atmosphärengeschehens konstruierte. Zunächst am Geophysical Fluid Dynamics Laboratory (GFDL) in Princeton, am Meteorologie-Fachbereich der University of California in Los Angeles (UCLA), am Lawrence Livermore National Laboratory (LLNL), ebenfalls Kalifornien, und am National Center for Atmospheric Research (NCAR) im bezaubernden Colorado-Städtchen Boulder. Heute spielen in der GCM-Weltliga neben den sogenannten »klassischen Zentren« auch das Max-Planck-Institut für Meteorologie in Hamburg und das britische Meteorological Office in Exeter mit.

Die Betriebsphilosophie bei dem GCMs ist völlig anders als bei der numerischen Wettervorhersage: Man interessiert sich für *emergentes*, charakteristisches Systemverhalten im Gleichgewicht, nicht für Details wie die Früherkennung einzelner Schlechtwetterfronten über dem Golf von Biskaya. »Emergenz« ist ein Begriff aus der modernen Komplexitätstheorie, der sich auf das »Auftauchen« robuster Merkmale (zum Beispiel große Wirbelstrukturen) einer verwickelten Dynamik vieler wechselwirkender Komponenten nach Abschluss von Selbstorganisationsprozessen bezieht. Ein grauenhafter Satz, ich weiß, aber das lässt sich tatsächlich nicht einfacher ausdrücken!

Bei der Zirkulationsmodellierung startet man einen Simulationslauf typischerweise nicht mit einem möglichst präzisen Datenfeld für den aktuellen Atmosphärenzustand, sondern entweder mit einem Satz von langfristigen Mittelwerten (»Erfahrungsklimatologie«) oder sogar mit einer beliebigen Fantasie-Initialisierung, die lediglich den Naturgesetzen nicht widersprechen sollte. Die externen Prägekräfte wie die Erdrotation, der Jahresgang des Sonnenscheins und natürlich auch die Strahlungseigenschaften der Atmosphäre werden dagegen so exakt wie möglich berücksichtigt. Und dann überlässt man die Modellbestien sich selbst – manchmal für Wochen und Monate realer Rechenzeit und Jahre bis Jahrzehnte virtueller Klimazeit – in der Hoffnung, dass sie sich in eine erkennbare Kopie des tatsächlichen planetarischen Strömungsgeschehens hineinspulen. Und wahrhaftig: Die Monster gehorchen zumeist ihren Schöpfern und vollführen weitgehend die erhofften Bewegungen.

Dies können etwa Besucher auf einem Riesenmonitor im Eingangsbereich des NCAR in Boulder nachvollziehen: In der Pseudo-Atmosphäre bilden sich die typischen Niederschlagsverhältnisse aus, welche die Satellitenaufnahmen von unserem blau-weiß-grün-braunen Planeten so eindrucksvoll offenbaren – glasklarer Himmel über der Sahara, aufquellende Wolkenfelder über dem indonesischen Archipel, Sturmbänder über dem Nordatlantik. Tatsächlich »emergieren« in den GCM-Welten die großen Zellstrukturen (Hadley, Ferrel, Polar), die Strahlströme und Passatwinde, die saisonal schwankende Globalverteilung der Hoch- und Tiefdruckgebiete, die vertikale Schichtung der Lufthülle und sogar einzelne Hurrikane und Taifune. Ein Triumph für die elektronisch animierte mathematische Physik!

Und wenn die Simulationsungeheuer so gut die Klimadynamik der Gegenwart nachäffen können, warum soll man sie dann nicht auf die Zukunft loslassen – eine Zukunft mit möglicherweise drastisch vom Menschen veränderten Rahmenbedingungen? Vollzieht man diesen Schritt, dann werden die numerischen Wettervorhersagesimulatoren endgültig zu *Klimamodellen*. Mit ihrer Hilfe lässt sich unter anderem erkunden, ob die heutige planetarische Zirkulation auf eine, sagen wir, Vervierfachung des CO_2-Gehaltes der Luft überhaupt reagieren würde. Und man wird in diesen Kristallkugeln Dinge erkennen, die man selbst in verschwommenster Form *nicht* sehen möchte – dazu einiges mehr in den folgenden Kapiteln.

Mit den GCMs besitzt man jedenfalls – etwa hundert Jahre nach Arrhenius' übermenschlicher Treibhauskalkulation per Kopf und Hand (siehe Kapitel 4) – endlich geeignete, wenngleich grobe Werkzeuge für strategische Entscheidungsspiele über unsere globale Umweltzukunft. Tatsächlich müssen diese Erkenntnisautomaten noch viel opulenter gestaltet werden als ursprünglich vorgesehen, wenn sie ihren Zweck erfüllen sollen. Denn wie wir weiter oben schon mehrfach gelernt haben, insbesondere in Kapitel 14, ist die Atmosphäre keine isolierte Komponente des Erdsystems, das sich unabhängig, verhältnismäßig und zuverlässig nach dem Drehen eines äußeren Knopfes in einen wohlbestimmten neuen Zustand begibt. Nichtlineare Reaktionen innerhalb der Lufthülle, insbesondere aber verschlungene Rückkopplungsschleifen in Wechselwirkung mit mächtigen Partnern auf der planetarischen Bühne machen solchen naiven kontroll-

320

theoretischen Vorstellungen den Garaus. Vor allem die Ozeane müssen den Zirkulationsmodellen zugeschaltet werden – allein schon wegen der Wasserdampfverstärkung der Treibhauswirkung fossiler Gase und der gewaltigen Pufferungs- beziehungsweise Speicherungswirkung in Bezug auf großskalige Wärmeflüsse. Und was den durch eine verbrennungswütige Zivilisation aus dem Gleichgewicht geschubsten globalen Kohlenstoffkreislauf angeht, spielen nicht nur die Meere, sondern auch die terrestrische Vegetation, die Böden in den verschiedenen geographischen Breiten, die Sedimente in Flüssen und Küstenzonen sowie viele andere Größen eine Rolle.

Zur Illustration der obwaltenden Komplexität will ich hier nur zwei Kausalkaskaden andeuten: Mehr CO_2 in der Atmosphäre hat zur Folge, dass sich die Ozeane erwärmen und heben, dass sie versauern und dass ihnen stellenweise der Atem ausgeht (Ausbreitung sauerstoffarmer Zonen). Alle genannten Konsequenzen dürften die Fähigkeit der Meere zur Aufnahme, Speicherung und Abgabe von klimawirksamen Gasen (zu denen komplizierte chemische Verbindungen wie die schwefelhaltigen Thioäther gehören) erheblich beeinflussen – sowohl im offenen Wasserkörper als auch in den neu entstehenden Überschwemmungsgebieten mit ihrem verrottenden organischen Material. Und die Verwandlung der regionalen Klimate im Zuge der menschengemachten globalen Klimadestabilisierung sollte empfindlich auf die jeweiligen landwirtschaftlichen Produktionsverhältnisse durchschlagen. Dies könnte den Nutzungsdruck auf natürliche Ökosysteme (wie Feuchtgebiete und Urwälder) deutlich erhöhen, was wiederum zu großräumigen Flächenkonversionen und erheblichen Modifikationen der klimarelevanten Eigenschaften (Albedo, Verdunstung, Rauigkeit usw.) führen dürfte. Solche Ursache-Wirkungs-Ketten sind wie Würgeschlangen, die im Folgendickicht lauern und dem Systemanalytiker jederzeit an den Hals zu springen drohen.

Als Käfig zum einigermaßen sicheren Studium dieses Gezüchts an kausalen Nattern, Ottern und Vipern bieten sich letztlich nur die sogenannten *Erdsimulatoren* an. Sie unterhalten in ihrem Kerngehäuse ein numerisches Atmosphärenmodell vom oben beschriebenen Typ, koppeln dieses jedoch elektronisch mit möglichst allen wesentlichen Komponenten der planetarischen Maschinerie.

Abbildung 43 stellt eine Art Schaltplan dieser Maschinerie dar, an dem sich die Konstruktion von Erdsystemmodellen grob orientieren kann. Dieses spezielle Diagramm ist im Rahmen einer Forschungspartnerschaft zwischen der Max-Planck-Gesellschaft und dem Potsdam-Institut entstanden (ENIGMA-Webseite). Inzwischen haben sich weltweit tatsächlich eine Reihe von wissenschaftlichen Einrichtungen auf dieses größte aller Simulationsabenteuer eingelassen – die digitale Imitation unseres Planeten. Das Besondere an solchen Unternehmungen ist ihr radikal *integrativer* Charakter: Wer das System Erde einigermaßen begreifen, ja vielleicht sogar seine Dynamik über längere Zeiten vorausahnen möchte, muss die Silos der Einzeldisziplinen endgültig verlassen.

Und muss eine *Systemanalyse der Erde* schaffen, welche unseren Planeten als von den unterschiedlichsten nichtlinearen Kräften angetriebenen Komplex auffasst und die zivilisatorischen Ströme von Ideen, Finanzmitteln oder Arbeitskräften mit den natürlichen Flüssen von Energien, Umweltmedien oder Rohstoffen zusammenschaut. Seit den frühen 1990er-Jahren habe ich mich in verschiedenen Beiträgen (Schellnhuber 1998) mit diesem globalen Systemdenken auseinandergesetzt. In meinem »Millennium-Essay« für das Wissenschaftsmagazin *Nature* (Schellnhuber 1999) formulierte ich insbesondere die These, dass wir heute vor einer *Zweiten Kopernikanischen Wende* stehen, einer radikalen Erneuerung unseres Weltbildes: Mit den ersten Fernrohren konnte man Anfang des 17. Jahrhunderts in den Kosmos hinausspähen und die Vorstellung von Nikolaus Kopernikus bestätigen, dass die Erde nur ein randständiges Element im großen Weltgetriebe ist. Mit dem modernen Instrumentenarsenal der Raumfahrt kann man dagegen vom Weltall aus auf unseren Planeten herabblicken und ihn als einen gewaltigen, selbst organisierten Organismus wahrnehmen. Obwohl etwas anders gemeint, passt hierzu die Grabinschrift des begnadeten Mathematikers und Astronomen Johannes Kepler (1571–1630), der entscheidenden Anteil an der Überwindung der geozentrischen Illusion hatte: »Die Himmel hab' ich gemessen, jetzt meß' ich die Schatten der Erde.« Vier Jahrhunderte nach Kepler vollzieht sich eine neue wissenschaftliche Revolution, die nicht mehr aufzuhalten ist.

Dennoch ist der Weg zu veritablen Erdsystemmodellen noch weit und mühsam. Als zielführend werden gegenwärtig eigentlich nur zwei Entwicklungspfade angesehen. Da sind zum einen die sogenannten EMICs (*Earth System Models of Intermediate Complexity*), wie sie insbesondere am Potsdam-Institut vorangetrieben werden (Claussen u.a. 2002). EMICs liefern im besten Fall gute Karikaturen der globalen Dynamik. Das heißt, sie bewahren die identitätsstiftenden Grundzüge des Originalsystems, werfen ansonsten aber viele Details zugunsten von Einfachheit und Rechengeschwindigkeit über Bord. Das PIK konzentriert gegenwärtig einen Großteil seiner Kräfte auf die Entwicklung eines entsprechenden Simulators, welcher der Erdsystemanalyse neue Bahnen brechen soll. Der

Name des Gebildes: POEM (*Potsdam Earth Model*). Dieser Simulator soll sowohl in die tiefe Vergangenheit als auch in die ferne Zukunft blicken.

Will man hingegen zu möglichst präzisen Aussagen über eher kürzere Zeiträume gelangen, dann bleibt zum anderen der steinige Weg der sukzessiven Aufschichtung immer neuer Modelllagen – beginnend mit der vergleichsweise einfachen Simulation der Atmosphärendynamik und vielleicht irgendwann endend mit einer Darstellung der globalen Gesellschaftsdynamik. Dieser zweite Pfad wird im englischen Wissenschaftsjargon als *brute force* eingestuft, mithin als relativ uninspirierte intellektuelle Materialschlacht charakterisiert. Wenn man in den stilisierten EMICs die leichten Fregatten der Erdsystemmodellierung sieht, dann entsprechen die volldimensionierten Simulatoren den mächtigen und sündteuren Flugzeugträgern. In den leistungsfähigsten Werften der Welt (wie dem britischen Hadley Centre) wird fleißig an solch wichtigen Gefährten geschraubt und gehämmert, doch noch ist keines dieser Erdmodelle vom Stapel gelaufen. Dass die noch junge Klimawissenschaft überhaupt schon so weit gekommen ist, verdankt sie nicht zuletzt einigen Japanern in Amerika. Dazu mehr im nächsten Kapitel.

16. Ins Feuer?

In diesem Kapitel wird die Klima-Katze endgültig aus dem Sack gelassen: Welche globale Erwärmung bis zum Jahr 2030, 2050, 2100 oder 2300 zeigen uns denn die besten der heute verfügbaren prognostischen Instrumente an? Dafür habe ich den Lesern einen enormen wissenschaftshistorischen Anlauf zugemutet. Doch die großartigen Fähigkeiten (und die beschämenden Defizite) der modernen Klimavorhersage kann nur einschätzen, wer das langsame Werden der entsprechenden Forschergemeinschaft zumindest in Grundzügen nachvollzieht. Was dann die Kreditwürdigkeit dieser Gemeinschaft angeht, kann jeder eigene Schlüsse ziehen.

Wie in Kapitel 15 erläutert, sind die bestmöglichen Klimaprojektoren nichts anderes als hochgerüstete numerische Wettervorhersagemodelle. Und nun kommt ein alles entscheidender Punkt: Diese Modelle werden von geeigneten *Szenarien* für die künftig zu erwartenden Rahmenbedingungen angetrieben. Zu den Begriffen »Projektion« und »Szenarien« sage ich gleich noch mehr, aber das Wort »hochgerüstet« bedarf eines direkten Kommentars: Idealerweise hätte man ja den perfekten Erdsimulator zur Verfügung, der alle möglichen Wechselwirkungen und Rückkopplungen zwischen den planetarischen Hauptkomponenten über längere Zeiträume der Systemevolution berücksichtigen würde. Und neben der Atmosphäre sind die Ozeane die wichtigsten Spieler auf dem Klimafeld. Vor allem wegen seines ungeheuren Wärmespeicherungsvermögens ist das Meer ein massiver Goliath, der vom leichtgewichtigen atmosphärischen David umtanzt wird (und diesem schlussendlich doch unterliegen kann). Allerdings kann man die Auseinandersetzung zwischen David und Goliath im Klimasystem mit einiger Berechtigung auch als Zusammenarbeit interpretieren. Denn die unaufhörlich durch die Grenzflächen zwischen Lufthülle und Meer pendelnden Flüsse von Wärme, Wasser, Gasen und anderen Größen machen die beiden zu engen Partnern. Nur zusammen kann das ungleiche Paar ein stabiles planetarisches Zirkulationsmuster hervorbringen. So spannend diese geophysikalische Geschichte auch wäre, ich verkneife mir die entsprechenden 200 Seiten Text an dieser Stelle.

Doch auch so dürfte dem Leser einleuchten, dass die Modellkopplung von Atmosphäre und Ozeanen ein früher, unverzichtbarer Zwischenschritt auf dem Dornenweg zum Erdsimulator ist. Und genau hier kommen, historisch betrachtet, die schon erwähnten Japaner ins Spiel. So seltsam es auch klingen mag, aber eine Handvoll Söhne Nippons verhalfen ab den 1950er-Jahren der US-Klimawissenschaft zu einem mächtigen Entwicklungsschub. Die meisten dieser Entwicklungshelfer aus dem Land der aufgehenden Sonne waren am Fachbereich Meteorologie der Universität Tokio unter der Leitung von Shigekata Syono ausgebildet worden (Edwards 2010). Der einflussreichste von ihnen wurde Syukuro Manabe, in Amerika alsbald »Suki« gerufen. Auf der Homepage des International Pacific Research Center (IPRC) in Honolulu, Hawaii, kann man in einem der wunderschön gestalteten Mitteilungsbriefe (IPRC 2005) die Zusammenfassung eines aufschlussreichen Gesprächs mit Manabe vor Ort nachlesen. Dort erzählt der ebenso zierliche wie bescheidene Pionier der Klimamodellierung unter anderem, wie das erste sogenannte AOGCM (*Atmosphere Ocean General Circulation Model*) der Welt zusammengeschustert wurde. Manabe steuerte damals seine numerische Darstellung der Atmosphärendynamik bei, der amerikanische Meeresforscher Kirk Bryan sein Ozeanmodell. Dann musste man »nur noch« eine intelligente Verknüpfung dieser Schattenwesen finden. Der so entstandene Simulator wurde Ende der 1960er-Jahre der wissenschaftlichen Öffentlichkeit in einem klassischen Artikel vorgestellt (Manabe und Bryan 1969).

Diese Arbeit wurde zur Pfahlwurzel eines mächtigen Modellbaums, der schon in den 1970er-Jahren emporzuschießen begann und sich seither immer weiter verzweigt hat. Dabei gingen die Simulatorbauer nicht immer zimperlich mit der Physik um, wenn diese nicht so richtig mitspielen wollte. Ein berühmt-berüchtigtes Beispiel dafür war die sogenannte »Flusskorrektur«. Fast dreißig Jahre lang griff man von außen in die Modellläufe ein, um ein Auseinanderdriften der trägen Ozeankopie und des flinken Atmosphärenimitats zu verhindern. Diese Jugendkrankheit ist inzwischen immerhin überstanden.

»Suki« Manabe begann damals aber tatsächlich bei null, und er erinnert sich lebhaft daran, dass die Kollegen sein AOGCM zunächst als »überstürztes« Modell der Klimawirklichkeit schief anschauten. Insbesondere wurde das Totschlagargument vorgebracht, dass man Suboptimales (einen recht primitiven Atmosphärensimulator) nicht mit Suboptimalem (einem noch primitiveren Ozeansimulator) vermählen sollte. Manabe hielt dem entgegen, dass sich gerade die charakteristischen »emergenten« Eigenschaften eines Gesamtsystems robust durch das Zusammenfügen von groben Nachahmungen der Teilsysteme studieren ließen. Eine visionäre Einsicht, die nicht zuletzt bei der Entwicklung der Erdsystemmodelle mittlerer Komplexität (EMICS; siehe Kapitel 15) Pate stand.

Warum verlegte Manabe seinen Arbeitsplatz eigentlich nach Amerika? Ganz einfach, weil es dort in jenen Jahrzehnten fantastisch ausfinanzierte Forschungsmöglichkeiten an praktisch allen Wissenschaftsfronten gab. Aus der Schar der japanischen »Klimaflüchtlinge« ragt neben Manabe vor allem Akio Arakawa heraus. Er wurde Ende der 1950er-Jahre von der Zweigstelle der University of California in Los Angeles (UCLA) angeheuert, wo er nach einer zwischenzeitlichen Rückkehr in sein Heimatland ab 1965 permanent tätig war. Ich habe im letzten Kapitel den Gründungsvater der numerischen Wettervorhersage, den Norweger Vilhelm Bjerknes gewürdigt. 2010 schloss sich ein weiterer Kreis in der schraubenförmigen Entwicklung der Klimawissenschaft, weil in diesem Jahr Arakawa die Bjerknes-Medaille der EGU (European Geosciences Union) verliehen wurde. In der Begründung der Auszeichnung heißt es, dass in den letzten fünfzig Jahren niemand mehr zur Erfüllung des Bjerknes'schen Traums – die praktische Lösung der grundlegenden Gleichungen der Atmosphärendynamik – beigetragen habe als eben Arakawa. Sein Ruf als Hexenmeister der numerischen Näherungsverfahren hatte sich schon frühzeitig in den reichen USA verbreitet, wo er über die Jahre die Klimasystemmodellierung entscheidend voranbrachte. Und seine 1974 mit W. H. Schubert verfasste Arbeit zur konvektiven Wolkenbildung (Arakawa und Schubert 1974) gilt als der einflussreichste Artikel, der jemals bezüglich der Modellierung des Wasserkreislaufs im Klimasystem geschrieben wurde.

Ein Jahr nach Arakawas großem Wurf, nämlich 1975, knackte dann Manabe den Jackpot der modellgestützten Forschung zum Klimaeinfluss des Menschen. Die mit dem GFDL-Kollegen Richard T. Wetherald publizierte Studie zu den »Auswirkungen einer Verdopplung der CO_2-Konzentration auf das Klima eines GCM« (so die deutsche Übersetzung des Originaltitels; Manabe und Wetherald 1975) schuf den Referenzpunkt für alles, was die Klimatologen später in ihren elektronischen Kristallkugeln zu erkennen suchten. Das oben gebrauchte Bild vom Jackpot stammt übrigens von Manabe selbst, allerdings mit Bezug auf eine schon 1967 entstandene Arbeit (Manabe und Wetherald 1967). Dort wollte »Suki« nach eigener Aussage ganz spielerisch die Empfindlichkeit des Atmosphärenzustands gegenüber willkürlich geänderten Rahmenbedingungen (Bewölkung, Wasserdampf, Ozon und eben auch CO_2-Konzentration) »erkunden«: »Dies war wohl die beste Veröffentlichung meiner ganzen Karriere. Ich verwendete nur ein simples eindimensionales Modell, aber nichts, was ich später aufschrieb, konnte hinsichtlich Originalität mithalten« (IPRC 2005). So gesehen wurde das Urmodellexperiment zum anthropogenen

Treibhauseffekt bereits Mitte der 1960er-Jahre durchgeführt. Mit einem Spielzeugsimulator.

Auch für Nichtspezialisten lohnt sich die Lektüre dieser Originalpublikationen, wo bereits essenzielle Einsichten vorgestellt werden: Bei Erhöhung des CO_2-Gehalts der Atmosphäre steigt die Temperatur der Modell-*Troposphäre*, während diejenige der Modell-*Stratosphäre* sinkt. Die Polargebiete erwärmen sich aufgrund diverser Rückkopplungsmechanismen deutlich mehr als der Durchschnitt der Erdoberfläche. Mit der Zunahme des Kohlendioxids in der Luft geht eine kräftige Intensivierung des globalen Wasserkreislaufs einher. Und die *Klimasensitivität* – also die nach jäher CO_2-Verdopplung im langfristigen Gleichgewicht zu erwartende Erhöhung der planetarischen Mitteltemperatur – liegt bei knapp 3 °C! Die Berechnung dieser Größe ist seither zu einer Obsession der ganzen Klimamodellierzunft geworden. Paradoxerweise hat sich an der Manabe-Wetherald-Abschätzung von 1975 nicht viel geändert – trotz einer Vielzahl von numerischen Experimenten mit furchterregend komplizierten Zirkulationsmodellen auf schwindelerregend schnellen Computern gilt der Wert von 3 °C weiterhin als die bestmögliche Annahme (IPCC, 2013, Abschnitt 10.8.2 und Box 12.2).

Manabes Modelle lagen also goldrichtig, obwohl sie unübersehbare Schwächen aufwiesen und bisweilen groteske Hilfskonstruktionen durchführten. Er erzählt freimütig (IPRC 2005), wie die frühen Versuche, durch numerisches Zusammenfügen von Nord- und Südhemisphäre einen globalen Simulator zu bauen, kläglich scheiterten. Im Computer begannen die Passatwinde irgendwann verrückt zu spielen und bliesen hartnäckig in die falsche Richtung. »Aus purer Verzweiflung« zog er im Modell eine »Große Mauer« entlang des Äquators ein, um das »Drehimpulsleck« abzudichten. Offenbar ausgestattet mit einer fabelhaften wissenschaftlichen Intuition, tat er stets das richtige Falsche.

Was die Klimasensitivität angeht, möchte ich daran erinnern, dass Arrhenius sie bereits 1906 im Rahmen einer allgemeinen Analyse mit 2,1 °C berechnete (siehe Kapitel 4). Ich sollte hier nochmals unterstreichen, dass die bewusste Größe ein hypothetischer Erwärmungswert ist. Dieser würde sich nach Jahrhunderten im Erdoberflächenmittel einstellen, wenn man die atmosphärische CO_2-Konzentration *über Nacht* verdoppelte und das übrige planetarische Inventar unberührt ließe. Es handelt sich also um ein Phantom, das nur im Simulationsmodell existiert. Und das die massiven Systemantworten, welche eine brutale CO_2-Störung im Laufe der Jahrtausende in der relativ schwerfälligen Welt des Inlandeises und im verwirrenden Universum der terrestrischen und marinen Ökosysteme auslösen dürfte, nicht berücksichtigt. Bei Verdopplung des CO_2-Gehalts der Lufthülle sollte die resultierende globale Erwärmung deshalb größer ausfallen, gerade wenn man die Selbstverstärkung des Temperaturanstiegs durch das Entstehen dunklerer Oberflächen berücksichtigt.

Der amerikanische Klimaforscher Jim Hansen schätzt, dass die entsprechende »Erdsystem-Sensitivität« eher bei 6 °C liegt (Hansen u. a. 2008a). Was schlichtweg eine Katastrophe wäre. Leider spricht manches dafür, dass die planetarische Maschinerie menschliche Eingriffe deutlich über das »logarithmische Maß« der Arrhenius-Theorie hinaus verstärken könnte (siehe Kapitel 21). Zu Hansen möchte ich noch anmerken, dass er ein früher, eindringlicher und gelegentlich auch spektakulärer Warner vor der industriellen Destabilisierung des Weltklimas ist. Im Sommer 1988, als über der amerikanischen Hauptstadt Washington tropische Hitze lag, machte er eine entsprechende, legendäre Aussage bei der Expertenanhörung zum Thema im Kongress: Aus seinen damaligen Modellrechnungen schlussfolgerte er, dass der Hauptanteil der im 20. Jahrhundert beobachteten Erwärmung mit 99-prozentiger Wahrscheinlichkeit auf menschliches Tun zurückzuführen sei! Manabe war ebenfalls als Fachmann geladen, aber seine Aussagen fielen zurückhaltender aus. »Sie [die Abgeordneten] waren nicht besonders von diesem Japaner mit dem starken Akzent beeindruckt, während Jim Hansen einen Bombenauftritt hinlegte« (IPRC 2005). Von der Öffentlichkeit wenig beachtet, aber von seinen Kollegen hoch geschätzt, genießt »Suki« Manabe inzwischen seinen Ruhestand – das bedeutet »nur noch« acht Stunden Arbeit pro Tag.

Was der Klimawandel so alles mit diesem Planeten anstellen könnte, hängt zunächst einmal von Art und Ausmaß des von der Menschheit veranstalteten Ausflugs in ungewohnte Umweltgefilde ab. Von den hohen Masten der stolzen, hoffentlich bald in See stechenden Erdsimulatoren werden wir noch weiter in mögliche Zukünfte spähen können. Allerdings handelt es sich in allen Fällen um *keine Prognosen* im eigentlichen Sinne – ein Faktum, das gar nicht deutlich genug herausgestellt werden kann. Denn die tatsächlich vor uns liegende Klimaentwicklung wird als natursystemische Reaktion *erzeugt* durch einen spezifischen sozioökonomischen Antrieb (Treibhausgasemissionen, Veränderungen der Landoberfläche etc.). Dies wiederum bedeutet, dass eine präzise *Klima*vorhersage nur auf der Basis einer exakten *Weltgesellschafts*vorhersage erstellt werden könnte. Letzteres ist jedoch ein Ding der Unmöglichkeit. Ein K.o.-Argument gegen die Gesellschaftsprognostik lautet übrigens wie folgt: Selbst die ausgeklügelste Vorhersage der künftigen sozioökonomischen Entwicklung *wird durch ihre Mitteilung entwertet* – weil die einschlägigen Entscheidungsträger aufgrund der zusätzlichen Information andere Weichenstellungen vornehmen würden, als für die Erarbeitung der Prognose unterstellt. Wird die Vorhersage dagegen überhaupt nicht kommuniziert, ist sie nutzlos.

Umgekehrt gilt nicht, dass die Zukunft des gesellschaftlichen Tuns völlig offen wäre. Aus welchen Energiequellen beziehen wir unseren Strom? Welchem Transportmittel geben wir den Vorrang? Welche Ökosysteme sollten in Nutzflächen umgewandelt werden? Man kann grobe, aber triftige Antworten auf solche Fragen geben. Die Zukunft ist somit weder beliebig noch genau festgelegt – sie ist *unterbestimmt*. So bezeichnen Mathematiker ein System von M unabhängigen Gleichungen für N Unbekannte, wenn N größer als M ist. Die Gesellschaftsprognose ist sogar ein *hochgradig unterbestimmtes* analytisches Problem, denn M dürfte in diesem Fall sehr viel kleiner sein als N (als Formel geschrieben: M $\ll$ N). Wenigen, relativ gut bekannten Determinanten künftiger sozioökonomischer Entwicklung (wie der Kindersterblichkeitsrate der Länder des Südens oder dem verfügbaren Investitionskapital in den Ländern des Nordens) stehen unübersehbar viele, weitgehend unbekannte Variablen gegenüber (wie etwa die tatsächlichen Kinderwünsche der Menschen im reproduktiven Alter oder die Anlagepräferenzen der großen Vermögenseigner). Zu diesen gigantischen Wissensdefiziten hinsichtlich der zivilisatorischen Triebkräfte des Klimawandels kommt unser unüberwindbares Nichtwissen (*Agnosis*) künftiger stochastischer Naturereignisse wie Vulkanausbrüche oder Meteoriteneinschläge hinzu, also im Hinblick auf wichtige physische Triebkräfte des Umweltwandels.

Da wir nichtsdestotrotz möglichst viel über die potenziellen Klimaveränderungen in den vor uns liegenden Jahrzehnten und Jahrhunderten wissen wollen, ja müssen, bleibt nur ein pragmatischer Ausweg aus dem Unterbestimmtheitsdilemma. Dieser Ausweg gewinnt in der Entscheidungstheorie immer mehr an Bedeutung und trägt den Namen »Szenarienbildung«. Es geht dabei – volkstümlich ausgedrückt – darum, *stimmige Geschichten über die Zukunft zu erfinden* und weiterzuerzählen. Überall dort, wo es für die Menschen ums Ganze geht – Aufrüstung, Unternehmensführung, Heiratsvermittlung, Strategie fürs WM-Finale –, sind Szenarien bei der Wahl von Tun und Lassen nicht wegzudenken. Der Begriff selbst entstammt dem italienischen Schauspielwesen der Spätrenaissance, wo sich die *Commedia dell'arte* als beliebtes theatralisches Format etablierte. Da ich Italien liebe, ist die Versuchung groß, jetzt zu einem amüsanten Exkurs über dieses künstlerische Konzept und seine ungemein populär gewordenen Hauptfiguren anzusetzen: Herren, Diener und Verliebte, verkörpert durch die Charaktermasken des *Pantalone*, der *Signora*, des spanischen *Capitano*, des *Dottore*, des Harlekins (*Arlecchino*), der *Colombina* oder des langnasigen *Pulcinella*. Auch dieser Versuchung trotzend, möchte ich nur anmerken, dass das derbe Schauspiel auf Freiluftbühnen unter der vollständigen Bezeichnung *Commedia dell'arte all'improviso* bekannt wurde, das heißt als »Komödie der Improvisationskunst«. Auf die Bühnenrückwand mit der gemalten *Szenerie* des jeweiligen Stückes war nämlich ein grober Auftritts- und Aktionsplan – ein *Scenario* – geheftet; den Rest mussten die Schauspieler mit Erfahrung und spontanen Einfällen besorgen.

So gesehen ist eine wissenschaftliche Aussage über unsere Klimazukunft eine zulässige modellgestützte Umsetzung von lockeren Vorgaben, die am Bühnenbild der Weltgesellschaft angebracht werden. Dies muss man begriffen haben, um die mitunter bösartigen öffentlichen Debatten über die Forschung zur Erderwärmung richtig einordnen zu können: Es ist reine Pflichtübung, wenn nicht gar Etikettenschwindel, wenn die Hunderte von Parametrisierungen in einem AOGCM sorgfältigsten Unsicherheitsanalysen unterzogen werden, während man unbefangen mit der zu erwartenden Milliardenzahl von Menschen als Treibern des Klimawandels jongliert. Offenbar meinen manche, dass man eine Gesamtuntersuchung als präzise verkaufen kann, wenn man demonstriert, dass man in einem Teilbereich höchst rigoros verfährt. Aber ein sozioökonomisches *Szenario* wird nicht aussagekräftiger, wenn man es mit einem naturwissenschaftlichen *Drehbuch* (wo jedes Wort der Akteure festgelegt ist) verkuppelt.

Im Gegensatz zur physikalischen Wetterprognose über fünf Tage ist eine Klimavorschau über viele Dekaden jedenfalls bisher nichts mehr und nichts weniger als eine *szenariengestützte Projektion*: Im Vordergrund »Gegenwart« werden plausible Narrative der Gesellschaftsentwicklung aufgestellt (ökonomisches und demographisches Wachstum, Veränderungen im Energiemix, Lebensstiltrends, Auswirkung absehbarer Ressourcenverknappungen usw.) und mithilfe der fortgeschrittensten Umwelt- beziehungsweise Erdsystemmodelle als Schattenrisse auf eine freie Hintergrundfläche (»Zukunft«) geworfen. Mit jedem verstreichenden Jahr frisst die Zeit die Einleitung der benutzten Szenarien auf, sodass die Erzählungen laufend nachgebessert werden müssen, wodurch sich wiederum die Projektionen verändern. Etwas Besseres als diese Sisyphusarbeit kann die Wissenschaft jedoch nicht anbieten.

Wenn also von der seriösen Wissenschaft überhaupt quantitative Aussagen über die Erderwärmung im 21. Jahrhundert (und darüber hinaus)

330

gctroffen werden, dann handelt es sich um Klimaprojektionen »auf der Weltbühne der zivilisatorischen Entwicklung«. Leider werden dort nicht nur burleske Komödien gespielt. Wenn Sie, liebe Leserin und lieber Leser, auf eine Graphik zum künftigen Anstieg der globalen Mitteltemperatur stoßen, sollten Sie deshalb stets den (zumeist verdeckten) Beipackzettel beachten: »Die Aussage dieser Graphik ist der mit den Forschungsinstrumenten A bis F erzielte Befund, dass, wenn die sozioökonomische Entwicklung X eintritt, der Klimawandel Y mit einer geschätzten Wahrscheinlichkeit p stattfindet.« Dass die Ergebnisse der Klimatologie und ihrer ergänzenden Disziplinen häufig *Wenn-dann-Charakter* besitzen, dürfte sich schon herumgesprochen haben. Weniger geläufig ist vermutlich der letzte Teil der obigen Gebrauchsanweisung. Ich habe weiter oben ja deutlich gemacht, dass bei der Klimaprojektion Aussagen getroffen werden, die selbst im naturwissenschaftlichen Part mit großen Unsicherheiten behaftet sind. Aber die entsprechenden Fehlerabschätzungen und die daraus resultierenden Wahrscheinlichkeitsbedingungen für die jeweilige Aussage werden ihrerseits von zahlreichen Unbekannten geplagt. Deshalb muss man die sich immer weiter verästelnde Analyse irgendwann mit einem brutalen Schnitt beenden. Mit anderen Worten: Selbst die angegebenen Wahrscheinlichkeiten sind nicht präzise, sondern nur wahrscheinlich!

Doch so ist die Realität nun mal, überall und immer. Deshalb stellen alle Klimaprojektionen schlussendlich Schätzungen dar. Die wichtigsten Schätzwerkzeuge sind dabei besagte AOGCMs, welche jedoch in ihrem Bauch zahlreiche Willkürentscheidungen über unsichere Parameter und andere Kantonisten verbergen. Versucht man diese Willkür systematisch zu bändigen, begibt man sich auf eine unendliche Reise ins Fehlerlabyrinth. Wie man aus diesem Labyrinth wieder herausfinden könnte, habe ich zusammen mit einem von Elmar Kriegler geführten Wissenschaftlerteam in einer Studie über sogenannte »unscharfe Wahrscheinlichkeiten« diskutiert (Kriegler u. a. 2009). Interessierte Leser finden in dieser Arbeit einige spannende Schlussfolgerungen, die für die politische Willensbildung beim Klimaschutz durchaus relevant sind.

Damit sollten alle notwendigen Hinweise für eine kritische Würdigung der in diesem Kapitel vorzustellenden Klimaprojektionen gegeben sein – bis auf einen: Seit dem Vierten Sachstandsbericht des IPCC von 2007 dominiert der sogenannte *Ensemble-Ansatz*. Dabei arbeitet man mit einer ganzen Schar von Klimasystemmodellen, um über bestimmte individuelle Größen (wie Klimasensitivität oder Wasserdampfgehalt der oberen Troposphäre) kollektive Durchschnittsaussagen zu machen. Und je unterschiedlicher die berücksichtigten Simulatoren sind, umso besser: Hochgerüstete AOGCMs, flotte EMICs, primitive Energiebilanzmodelle (Collins u. a. 2014, FAQ 12.1) usw. Diese Strategie ist von der Hoffnung geleitet, dass sich gelegentlicher Murks in einzelnen Instrumenten mithilfe großer »Ensembles« herausmitteln lässt. Tatsächlich werden so nicht nur Durchschnitte über jeweilige Datenbasen und Parametervorlieben gebildet, sondern über fundamentale *Modellphilosophien*! Dass dieser »Simulatorkommunismus« aber durchaus begründet ist, zeigen solide mathematische Analysen (siehe zum Beispiel Palmer u. a. 2005).

Der Ansatz lässt sich vielleicht am besten mit einer musikalischen Metapher veranschaulichen. Dabei vergleicht man ein gegebenes Emissionsszenario mit einer vorgeschriebenen, auf einem Notenblatt festgehaltenen Melodie. Entsprechend könnte man die Schar der Klimasimulatoren durch einen großen Chor versinnbildlichen, der die Melodie vom Blatt ablesen und akustisch umsetzen soll. Die individuellen Chorsänger haben unterschiedliche Fähigkeiten beim Treffen der Töne und auch nicht alle die gleiche Tagesform. Im entsprechenden Abstand von der Bühne sollten sich jedoch die vielen kleinen Ungenauigkeiten einigermaßen ausgleichen, sodass sich eine »reine« Umsetzung der Melodie als Summenphänomen ergibt. Da jedoch die durchschnittlichen Klimagrößen sogar mit völlig verschiedenartigen Modellen berechnet werden, trifft die Metapher des *Orchesterensembles* sogar noch besser zu: Viele Stimmen und Instrumenttypen wirken zusammen, und bei der Umsetzung einer vorgegebenen Notenfolge in reale Töne leisten nicht alle Orchesterinstrumente dasselbe: Beispielsweise muss die Piccoloflöte die tiefen Töne ignorieren, der Kontrabass die hohen, und die Pauken sind bei der Tonvariation noch eingeschränkter. Aus der integrierenden Ferne jedoch sollte das Ensemble einen nahezu perfekten Klangkörper bilden, welcher der gewünschten Melodie gerecht wird.

Dass die entscheidenden Klimaprojektionen gewissermaßen von einem Weltorchester unterschiedlich elaborierter Modelle erzeugt werden, die ihrerseits von ganz verschiedenen nationalen, politischen und kulturellen Systemen hervorgebracht wurden, ist eine überaus tröstliche Tatsache. Denn sie zeigt auf, was internationale wissenschaftliche Zusammenarbeit dort leisten kann, wo praktische Kooperation ständig den Sonderinteressen einzelner Staaten geopfert wird. Und welche Zukunftsmusik bekommt man zu hören? Nun, etwa die des Vierten Sachstandsberichts des IPCC von 2007. Die entsprechenden »Noten« sind in Abbildung 44 wiedergegeben. Diese Graphik hat bereits historische Berühmtheit erlangt, ist aber gar nicht so leicht zu begreifen. Wichtiger Hinweis: Die den dargestellten Kurven und Bildern zugrunde liegenden Simulationsrechnungen wurden mit einem ganz bestimmten Satz von sozioökonomischen Szenarien angetrieben. Diese Narrative tragen den geheimnisvollen Namen »SRES-Szenarien«, der sich aber ganz banal aus der Abkürzung des Titels eines IPCC-Spezialberichts aus dem Jahr 2000 ergibt: »*Special Report on Emission Scenarios*« (IPCC, 2000).

Über die Konstruktion und Natur der SRES-Kreaturen ließe sich ausgiebig fabulieren, aber viele der damaligen Überlegungen sind bereits überholt. Deshalb begnüge ich mich mit einigen Hinweisen, welche auch die gängige Philosophie der Szenarienbildung beleuchten.

Die sogenannte A1-Gruppe der Zukunftserzählungen zeichnet ein fortschrittsoptimistisches Bild der Entwicklung im 21. Jahrhundert, mit starkem globalen Wirtschaftswachstum, einer Stabilisierung der Weltbevölkerung auf hohem Niveau nach 2050 und der rasanten Einführung und Ausbreitung von innovativen Technologien. Der A1FI-Teilpfad steht dabei für eine Variante, wo das Geschehen von einer intensiven Nutzung der fossilen Energieträger dominiert wird; der A1T-Pfad unterstellt einen aggressiven Siegeszug der erneuerbaren Energiequellen mit transformativen Folgen für die Weltgesellschaft; beim A1B-Pfad wird eine langfristige Balance zwischen fossilen und erneuerbaren Beiträgen unterstellt. Das B1-Szenario träumt von einer noch besseren Welt im Sinne des politischen, institutionellen und kulturellen Zusammenwachsens zu einer Niedrigemissions-Dienstleistungsgemeinschaft. Der B2-Pfad imaginiert hingegen eher eine Art Deglobalisierung, die eine Mischung aus positiven Folgen (zahlreiche lokale und regionale Nachhaltigkeitsinitiativen) und negativen Konsequenzen (schwacher internationaler Innovationswettbewerb) für Umwelt- und Klimaschutz anstößt. Der A2-Pfad schließlich steht für eine in Moll gestimmte Forterzählung der heutigen Verhältnisse mit recht hohem Bevölkerungswachstum, recht ungleich verteilter Wirtschaftsentwicklung auf dem Planeten und recht lustlosen Investitionen in Forschung und Technologie. Somit charakterisiert das A2-Szenario nüchtern *Business as usual* – »Weiterwursteln nach den Erfolgsmustern von gestern«.

Die Botschaft von Abbildung 44 ist unübersehbar: Trotz der Breite der jeweiligen Unsicherheitsbereiche wird eine klare Reihenfolge der Szenarien als Treiber der Erderwärmung deutlich, wobei der Anstieg der globalen Mitteltemperatur bis 2100 von moderat bis dramatisch ausfällt. In der fossil-dynamischen A1FI-Welt liegt die beste Schätzung gar bei fast 5 °C Erwärmung im Vergleich zum vorindustriellen Wert! Und selbst das mirakulöse Festschreiben aller Treibhausgasmengen in der Atmosphäre würde ein globales »Nachbeben« in der Größenordnung von 0,6 °C bewirken.

Langsam, aber sicher rücken wir ans Feuer heran. So die Warnung aus dem Jahr 2007. Heute sind wir schon einen großen Schritt weiter ...

Dies belegen jüngste Klimaprojektionen, welche die permanente Modernisierung der Simulationskunst reflektieren, noch mehr reale Umweltprozesse berücksichtigen, den Projektionshorizont weit über das 21. Jahrhundert hinausschieben und die letztlich naiven SRES-Erzählungen über die gesellschaftliche Zukunft durch raffiniertere Geschichten unter *Einbeziehung von Wirtschaft-Politik-Klima-Rückkopplungen* ersetzen. Auf den letztgenannten Aspekt will ich jetzt ein wenig näher eingehen.

Bei der Entwicklung von Szenarien gibt es ja zwei extreme Optionen: Am banalen Ende der Möglichkeiten gebärdet man sich wie ein pragmatischer Unternehmensberater, am sublimen Ende wie ein souveräner Gott. Für Ersteren kommen Gedankenspiele wie eine augenblickliche CO_2-Verdopplung erst gar nicht in Betracht. Stattdessen wird er unverdrossen versuchen, die Treibhauszukunft durch stetige Fortsetzung der aktuellen Trends zu konstruieren – alles, was er braucht, sind die Zuwachsraten von Ölverbrauch, Kohleabbau, Windturbineninstallation, Flugaufkommen, Fahrradverleih usw. Das Ergebnis sind *Extrapolationen* – so der Fachausdruck für die strikt lineare Hellseherei. Dabei sind die zugrunde liegenden Daten durchaus wertvoll für ernst zu nehmende Projektionen. Der Blick in die jüngere Energiegeschichte der Menschheit (in Ergänzung der historischen Exkurse in Kapitel 12) enthüllt in der Tat erstaunliche Beharrungskräfte auf der einen Seite und faszinierende Neuerungen auf der anderen. Abbildung 45 gibt diesen Geschichtsverlauf in Form einer sich aufspreizenden Lasagne wieder, wobei die Dicke der einzelnen Schichten den Einsatz der jeweiligen Energieträger reflektiert.

Abbildung 45 verdient eigentlich ausführliche Kommentare, denn sie erzählt die Menschheitsgeschichte als Energiemixnarrativ. Zunächst einmal fällt auf, dass die Biomasse (und hierbei vor allem das traditionelle Feuerholz) noch lange nicht als Energiestütze der Gesellschaft (insbesondere in den Entwicklungsländern) ausgedient hat. Ebenso wird überdeutlich, dass die erneuerbaren Energiequellen (inklusive der Wasserkraft!) eher noch Randerscheinungen im globalen Maschinenraum sind. Weiterhin hat sich die Kernenergie auch im langen Zeitraum eines halben Jahrhunderts nicht zu einem Schwergewicht im Weltmaßstab heranmästen lassen. Und das trotz des gleichermaßen von Selbstüberschätzung und Schuldbewusstsein getriebenen Eifers der Physikereliten in Amerika und Europa, die nach dem erschütternden Erfolg des Manhattan-Projekts (siehe Kapitel 10) die Gesellschaft mit unerschöpflicher »ziviler« Atomenergie beglücken wollten.

Nicht der Kernenergie, sondern dem *Erdöl* gehörte jedoch die Post-1950-Zukunft, wie Abbildung 45 unübersehbar aufzeigt. Ohne diesen penetrant nach Fisch riechenden Geo-Cocktail hätte die zweite industrielle Revolution im globalisierten Wirtschaftstheater kaum stattgefunden. Oder wie es der brillante amerikanische Umwelthistoriker John R. McNeill ausdrückt: »Die entscheidende energiegeschichtliche Entwicklung des 20. Jahrhunderts war das Verfügbarwerden von billigem Erdöl. [...] Öl war nicht nur bedeutsam für die Erzeugung von Raumwärme und Strom, zusammen mit dem Verbrennungsmotor und dem Düsentriebwerk revolutionierte es das Transportwesen. Erdöl transformierte aber auch die Landwirtschaft, indem es Maschinen wie Mähdrescher antrieb und als Grundstoff für chemischen Dünger diente. So wurde es beispielsweise möglich, dass 3 Prozent der US-Bevölkerung den Rest des Landes ernährten. Der Reis, der Weizen und die Kartoffeln, welche heute die Mehrheit der Bevölkerung speisen, sind in gleichem Maße aus Öl hergestellt wie aus Bodenkrume, Wasser und Licht« (McNeill 2007). Ein kleiner Exkurs über den Aufstieg des Erdöls zum wichtigsten Energieträger aller Zeiten ist deshalb hier geradezu unvermeidlich.

Die Frühgeschichte der Erdölnutzung beginnt wohl vor mehr als 4000 Jahren in Babylon und umfasst interessante bis kuriose Episoden. Beispielsweise wurde die Weltförderung von Petroleum im 19. Jahrhundert zunächst von Osteuropa (Russland, Ukraine, Polen und Rumänien) dominiert. Dann verschob sich der Brennpunkt in die Kaukasusregion, genau genommen auf die reichen Ölfelder von Baku, wo in den 1860er-Jahren 90 Prozent der globalen Petroleumproduktion realisiert wurde. Vor der Erfindung des Automobils hielt sich die Nachfrage nach diesem unappetitlichen Energietrunk in Grenzen, obgleich der Niedergang der Walölindustrie (siehe Kapitel 12) den Bedarf langsam in die Höhe trieb. Insbesondere das aus dem Rohöl gewonnene Kerosin spielte als Ersatz für Waltran eine wachsende Rolle bei der Innenbeleuchtung nordamerikanischer Haushalte. Insofern war es ein glücklicher industriehistorischer Zufall, dass man im dicht bewohnten Osten der USA auf leicht erschließbare Erdölquellen stieß. Der amerikanische Ölrausch begann 1859 in Pennsylvania mit einer 21-Meter-Bohrung, die pro Jahr etwa 270 Tonnen Petroleum hochpumpte. 1906 war die US-Förderung bereits auf etwa 17 Millionen Tonnen per annum angeschwollen. Dafür mussten nach 1870 reiche Ölfelder in anderen Bundesstaaten, vor allem in Texas und Kalifornien, aufgespürt und erschlossen werden. Gerade in diesen Regionen wurde somit der amerikanische Traum in dicken Ölfarben gemalt.

Aus der pennsylvanischen Gründerzeit stammt auch die heute noch handelsübliche Maßeinheit und entsprechende Abkürzung für die Ware Petroleum. Auf den internationalen Märkten wird Rohöl bekanntlich in »Barrel« oder »bbl« (knapp 159 metrische Liter) gehandelt. Dieses Fassformat war für die Beförderung von Getreide und Salz aus Virginia weitverbreitet und bei den pennsylvanischen Farmern als Instrument der Whiskeylagerung beliebt. Die spezielle Abkürzung »bbl« steht für »*blue barrel*« und geht auf die Markenfarbe Blau der berühmt-berüchtigten Standard Oil Company zurück. Diese spätere Monopolgesellschaft und größte Erdöl-Raffinerie-Unternehmung der Welt wurde 1863 von John D. Rockefeller zusammen mit einigen Geschäftspartnern gegründet und wurde zur Hauptquelle des unermesslichen Reichtums der Rockefeller-Dynastie. Und es beliebte Standard Oil damals, ihre Petroleumfässer in der Konzernfarbe bemalen zu lassen.

Aufstieg und Fall von Rockefellers Monopolgesellschaft ist eine lange Geschichte für sich. Anfang des 20. Jahrhunderts war Standard Oil unter Ausnutzung aller wirtschaftsrechtlichen Spielräume zu einer erdumspannenden Krake herangewachsen. Aufgrund der öffentlichen Meinung und entsprechender Wahlkampfversprechen leitete der amerikanische Präsident Theodore (»Teddy«) Roosevelt nach seiner Amtsbestätigung im Jahr 1904 Maßnahmen zur Zerstückelung dieses Monsters ein. Am 15. Mai 1911 verfügte schließlich der Oberste US-Gerichtshof die Auflösung der Standard-Oil-Gruppe in 34 unabhängige Gesellschaften. Aus diesen »Zwergen« gingen unter anderem Exxon Mobil und Chevron hervor, die sich beide in der aktuellen Top-12-Liste der umsatzstärksten Unternehmen der Welt finden! Die Epigonen (wie Standard Oil New Jersey) waren kaum weniger erfolg- und einflussreich wie ihr Urkonzern. Zahlreiche Dokumente belegen unter anderem die strategische Forschungs-, Entwicklungs- und Versorgungspartnerschaft mit der deutschen, ähnlich krakenartigen »Interessensgemeinschaft Farbenindustrie« (kurz: IG Farben). Dieser hochpolitische Pakt wurde 1929 geschlossen und praktisch bis zum Ende des Zweiten Weltkriegs bedient! Dabei ging es nicht zuletzt um die Herstellung von synthetischem Flüssigtreibstoff aus Kohlevorkommen, eine Technologie, die womöglich entscheidend zur hartnäckigen Kriegsfähigkeit von Nazi-Deutschland beitrug.

Krieg, Gewalt und Kriminalität sind ohnehin die historischen Geschwisterbegriffe von Erdöl. Den eigentlichen Startschuss zur Weltkarriere des Petroleums feuerte der britische Jahrhundertpolitiker Winston Leonard Spencer Churchill (1874–1965) ab. Nachdem er im Oktober 1911 zum Marineminister (»Erster Lord der Admiralität«) ernannt wor-

den war, stellte er die Kriegsflotte aus logistischen Gründen von Kohle-
auf Ölfeuerung um. Damit verhalf er seinen Schiffen am Vorabend des
Ersten Weltkriegs zu einem Reichweitenvorteil gegenüber den deutschen
Rivalen. Churchill trieb übrigens auch in »visionärer« Weise die Entwicklung von Panzerfahrzeugen und Bombenflugzeugen voran – Letztere hatten ihre Weltpremiere 1920 im Irak, wo sie zur Bekämpfung aufständi-
scher Beduinen eingesetzt wurden.

Winston Churchill taucht auch prominent in der Gründungsgeschichte
des Ölgiganten British Petroleum (BP) auf. Die vom britischen Spekulanten William Knox D'Arcy 1909 gegründete Anglo-Persian Oil Company
heuerte 1923 den politisch gerade unterbeschäftigten Churchill mit einem
lukrativen Beratervertrag an. Die Firma erhielt exklusive Bohrrechte und
nutzte diese ausgiebig bis zum Jahr 1951, als der iranische Premierminister Mohammed Mossadegh die heimischen Ölvorkommen mit einstim-
migem Parlamentsbeschluss verstaatlichte. Als jedoch 1953 der imperial
gesinnte Dwight D. Eisenhower US-Präsident wurde, inszenierten die Briten – nun geführt von einem Premierminister namens Churchill! – zusammen mit den Amerikanern einen Staatsstreich gegen Mossadegh, der von
der CIA hochprofessionell abgewickelt wurde. Alles nachzulesen in einem
ebenso desillusionierenden wie aufschlussreichen Buch des *New York
Times*-Reporters Stephen Kinzer (Kinzer 2003). 1954 wurde die anglo-
iranische Ölfördergesellschaft dann ganz folgerichtig in British Petroleum
Company umbenannt.

Öl, Macht und Geld: Diese recht unheilige Dreifaltigkeit bestimmte
auch die Geschichte des heute größten Energiekonzerns der Welt, der Royal Dutch Shell. Dieses Unternehmen, das derzeit weit über 100 000 Mitarbeiter beschäftigt, führt unzweifelhaft das sympathischste Logo der
Branche, die Jakobsmuschel. Jedem Filmliebhaber ist jene Szene aus der
Hollywood-Burleske *Manche mögen's heiß* geläufig, wo sich Tony Cur-
tis durch stummes Vorzeigen einer solchen Muschel bei Marilyn Monroe zum *Shell*-Erben hochstapelt. Das Firmenlogo geht auf das Hauptge-
werbe des Unternehmensgründers Marcus Samuel zurück, der seit 1833
im Londoner Eastend exotische Muscheln an wohlhabende Viktorianer
verkaufte. Das Geschäft wurde später auf Kerosinhandel und schließlich
Erdöltransport in Tankschiffen ausgedehnt. 1907 kam es dann zum Zu-
sammenschluss mit einem niederländischen Petroleumunternehmen. Seither liegt die Mehrheit der Besitztitel auf der holländischen Seite, weshalb
sich die Firmenzentrale in Den Haag befindet.

Das Unternehmen, das nicht nur auf seiner Homepage geschickt mit
dem Nachhaltigkeitsideal flirtet, kam 1993 durch die geplante Versen-

kung seines Schwimmtanks »Brent Spar« im Nordatlantik ins Umweltgerede. In vielerlei Hinsicht problematischer scheint jedoch die Haltung zu sein, die der Shell-Konzern im Zusammenhang mit der Ausbeutung der Ölressourcen im westafrikanischen Nigeria eingenommen hat. Seit den 1950er-Jahren strömen ungeheure Reichtümer (und rund 80 Prozent der Staatseinnahmen) aus den Ölquellen des riesigen Nigerdeltas, aber diese Schätze fließen weitestgehend an der einheimischen Bevölkerung vorbei. Vor Ort hat sich dagegen eine beispiellose Verschlechterung der Umwelt- und Lebensbedingungen vollzogen, die selbst hartgesottene Journalisten fassungslos macht (Grill 2011). Auch das Umweltprogramm der Vereinten Nationen (UNEP) konstatiert in einer Presseerklärung vom 4. August 2011, dass vor allem die Trinkwasserkontaminierung durch Ölleckagen im Nigerdelta ein Notprogramm erfordert, das »sich zur größten einschlägigen Sanierungsmaßnahme aller Zeiten auswachsen könnte«.

Dabei war das Flussdelta einst als ausgedehntestes Mangrovengebiet Afrikas ein Naturparadies, wo indigene Völker wie die Ogoni alles vorfanden, was sie zum Dasein brauchten. Heute ist die Landschaft stellenweise pechschwarz, in der Ferne brennen Gasfackeln, und die nahen Gewässer sind voller Petroleumschlieren. Viele Menschen leben vom Diebstahl und illegalen Kochen des von den diversen Konzernen geförderten Mineralöls. Anfang der 1990er-Jahre kam es unter der Führung des Schriftstellers Ken Saro-Wiwa (Saro-Wiwa 1995) zu systematischem Widerstand der Ogoni gegen die Zerstörung ihres Lebensraums, die lediglich den Interessen weit entfernt lebender Geschäftsleute und Politiker diente. Das damalige nigerianische Militärregime ließ die Protestbewegung brutal niederschlagen und zahlreiche Ogoni hinrichten – unter ihnen Saro-Wiwa selbst, was zu einem Strohfeuer der Empörung in den »entwickelten« Ländern führte. Welche Rolle die Firma Shell bei den bürgerkriegsähnlichen Ereignissen tatsächlich spielte, ist weiterhin ungeklärt, aber immerhin steht fest, dass der Konzern die »Befriedung« der Ogoni im besten Ölfördergebiet zumindest billigend in Kauf nahm. Genaueres zu diesem schwarzen Kapitel im Buch der Globalisierung kann man in einer Artikeltrilogie der Zeitschrift *Sustainable Development* nachlesen (Boele u.a. 2001).

Eine umfassende wissenschaftliche Analyse der historischen Verflechtung der genannten Mineralölindustrie mit der Machtpolitik rund um den Globus existiert meines Wissens bisher noch nicht. Die oben auf diesen Nexus geworfenen Schlaglichter dürften aber bereits offenbaren und verdeutlichen, dass in fast jedem Liter Öl das Blut, der Schweiß und die Tränen von Menschen enthalten sind, die meist unbeabsichtigt zu Schräubchen im lukrativsten *Business Case* der Wirtschaftsgeschichte wurden. Die Schraubenzieher in diesem einzigartigen Geschäft waren und sind Regierungen, Aufsichtsräte und Banken, aber auch tollkühne Spekulanten wie der legendäre Marc Rich (Ammann 2009). Er erfand unter anderem den Spothandel mit Rohöl, wodurch in den 1970er-Jahren das Preiskartell der großen Konzerne (wie Shell und BP) zerschlagen wurde, sodass inzwischen Angebot und Nachfrage den Petroleummarkt bestimmen können. Doch ganz gleich, wie gerade oder krumm die Wege dahin waren, Erdöl ist zum allgegenwärtigen Schmiermittel der heutigen Weltgesellschaft geworden. Dies belegt jeder Blick auf die globalen Unternehmensranglisten (siehe zum Beispiel die Fortune-500-Webseite), wo seit vielen Jahren die im Erdölgeschäft tätigen Konzerne an der Spitze stehen. Oder aber Handelsgiganten wie Wal-Mart, die ihre Warenströme mittels Petroleum in Bewegung halten.

Ohne Öl läuft heute fast nichts – andererseits geht genau dieses Treiben unwiderruflich zu Ende, wobei die Experten noch heftig über den Zeitpunkt streiten. Mitte der 1950er-Jahre, als die USA noch im tiefsten konventionellen Ölrausch schwelgten, sann der Petroleumgeologe Marion King Hubbert schon über das Abschwellen des Zuflusses und den dann zu erwartenden ökonomischen Kater nach. Insbesondere prophezeite er, dass die Erdölförderung auf dem nordamerikanischen Subkontinent – welche beharrlich seit 1870 um jährlich grob 7 Prozent gewachsen war – um das Jahr 1970 den Scheitelpunkt erreichen würde (Hubbert 1956). Diese *Peak-Oil*-Vorhersage ist mittlerweile die Urerzählung einer umfangreichen Kulminationsliteratur, welche leider nicht nur seriöse wissenschaftliche Studien umfasst. Hubbert kam zu seiner Aussage durch sein tiefes ressourcengeologisches Verständnis einerseits und elementare, aber elegante mathematische Analysen andererseits. In erster Näherung lassen sich nämlich Wachstumsdynamiken in Systemen, wo der essenzielle Rohstoff faktisch begrenzt ist, durch die sogenannte *logistische Gleichung* berechnen:

$$\frac{dQ}{dt} = bQ \left(1 - \frac{Q}{Q_\infty}\right)$$

(Gleichung 9)

Ich erlaube mir, diese Formel auch den Nichtspezialisten unter die Nase zu halten, weil sie eine überragende Bedeutung für die Nachhaltigkeitswissenschaften hat (Kates u.a. 2001) und in modifizierter Form sogar zum Lieblingsspielzeug der Chaostheoretiker geworden ist (siehe zum Beispiel May 1974). In Gleichung 9 steht Q für die Summe aller bis zum Zeitpunkt t gehobenen Ölmengen, Q_∞ bezeichnet den Gesamtvorrat in der Erde, und dQ/dt (die sogenannte Ableitung von Q) gibt die temporäre Förderquote wieder. Zu Beginn der Produktion (Q nahe null) ergibt sich exponentielles Wachstum, dessen Stärke durch die für das betrachtete System (etwa die Landmasse der USA) charakteristische Konstante b bestimmt ist. Das Wachstum flacht später ab und erreicht schließlich seinen Scheitelpunkt, welcher die Schrumpfungsphase einleitet.

Trotz seiner Einfachheit fängt der logistische Ansatz die Grundzüge von Wachstum und Niedergang innerhalb vorgegebener Grenzen zufriedenstellend ein. Und so behielt auch Hubbert recht, obwohl ihm zum Zeitpunkt der Veröffentlichung seiner Studie kaum jemand zuhören wollte: Die *konventionelle* Ölförderung der USA hatte tatsächlich 1970 ihren Höhepunkt, und das Produktionsniveau dieses Jahres wurde seither niemals mehr erreicht. Diese Entwicklung ist unumkehrbar, doch kommt auch ein globales *Peak Oil* in Sicht, vor allem wenn man *unkonventionelle* Ressourcen wie Schieferöl oder Ölsände (siehe Kapitel 11) mit berücksichtigt? Das bedeutet formal, dass man genau spezifizieren muss, was sich hinter dem Symbol Q in Gleichung 9 verbirgt.

Nimmt man diese Spezifikation vor und löst die weltweite Förderung nach Staaten und Petroleumtypen auf, dann ergibt sich erwartungsgemäß ein wesentlich komplexeres Bild, als es der logistische Ansatz hervorzubringen vermag. Eine sorgfältige Analyse der verfügbaren Datensätze offenbart, dass keineswegs klar ist, wann das globale Abschöpfungsmaximum unter Berücksichtigung *aller* im Erdöl-Getränkemarkt verfügbaren Spirituosen erreicht sein wird. Und ob es sich bei dieser Kulmination um einen ausgeprägten Höhepunkt oder um ein lang gestrecktes Plateau handeln dürfte. Vieles spricht jedoch tatsächlich dafür, dass der weltweite Förderscheitelpunkt zumindest beim *herkömmlichen Öl* bereits überschritten ist beziehungsweise noch in dieser Dekade überschritten werden wird. Und *herkömmlich* heißt vor allem *billig*. Die entsprechenden flüssigen Energieträger lassen sich durch Eigendruck, Pumpen oder Austreiben mit Wasser bequem in den industriellen Stoffwechsel einschleusen – im Gegensatz zu Ölsänden (Teersand), Schieferöl, Tiefsee- und Polaröl, Gaskondensat und dergleichen, wo raffinierte bis brutale Ausbeutungsverfahren eingesetzt werden müssen.

Aufgrund von Spekulationen, fortbestehenden Kartellabsprachen und politischen Interventionen neigt der Ölpreis auch weiterhin zu Kapriolen. Doch der langfristige Aufwärtstrend ist – trotz des gegenwärtigen Billigöls – unerbittlich vorgezeichnet, wie auch immer die ökonomischen Anstrengungen und die technischen Fortschritte ausfallen. Dies bedeutet eine Herausforderung ersten Ranges für die globale Ökonomie, welche die unbequeme Wahrheit aber ebenso trotzig wie beharrlich ausblendet. Denn über 90 Prozent des weltweiten Transportaufkommens und des erdumspannenden Handels werden gegenwärtig noch durch die Verbrennung von Benzin, Diesel oder Kerosin bewältigt.

Die Billigölflut schwappte in den 1950er-Jahren auch in meine niederbayrische Heimat (siehe Kapitel 1): Zunächst erstand mein Vater einen gebrauchten Lanz-Traktor, um unsere getreuen Zugochsen in den Schlachthof auszumustern, dann wurden Ölöfen in mehreren Zimmern unseres geräumigen, aber winterfrostigen Hauses montiert. Ich habe die lebhaftesten Erinnerungen an die fast schon grotesken Versuche meiner Eltern, diese Wunderwerke der Nachkriegstechnik in Gang zu bringen, wobei sich mein Vater gelegentlich in wütende Raserei hineinsteigerte, während meine Mutter stets die Würde stummer Verzweiflung wahrte. Ich selbst begriff damals überhaupt nicht, wie man sich freiwillig auf so viel tückische Hässlichkeit einlassen konnte.

Später habe ich jedoch mit eigenen Augen wahrgenommen, wie entscheidend ein Überangebot an preiswerter Energie zur materiellen Entwicklung einer Gesellschaft beitragen kann. Auf meinen Reisen durch den afrikanischen Kontinent erlebte ich Anfang der 1970er-Jahre noch eine gewaltige Aufbruchstimmung, die dann durch die von der OPEC diktierten Preisschocks vollständig abgewürgt wurde. In jenem Jahrzehnt öffnete sich in weiten Teilen der Welt ein tiefer Spalt in der naiven Glücksverheißung der Moderne. Und doch macht die Welt blind, stur und zukunftsvergessen weiter wie bisher, und wer es sich leisten kann, jagt den wertvollen Treibstoff hemmungslos durch den Motor seines tonnenschweren Geländewagens. Eine globale Trendwende ist nicht wirklich in Sicht, zumal die Eliten der Schwellenländer eben erst begonnen haben, die Verschwendungsorgien des Abendlandes nachzuäffen. Außerdem geht zwar der Vorrat an billigem Erdöl langsam zur Neige, aber die Ressourcen an fossilen Energieträgern sind praktisch unerschöpflich.

In Kapitel 11 habe ich eine kleine Leistungsschau der unkonventionellen Geschwister der traditionellen Erscheinungsformen von Erdöl, Erdgas und Kohle organisiert. Nimmt man die abgrundtiefen Quellen der Methanklathrate hinzu, dann haben die weltweit verbliebenen, durch das C-Atom auf die abenteuerlichsten Weisen gebundenen Energiemengen einen schwindelerregenden Umfang. Selbst wenn man den Methaneis-Joker aus dem Spiel lässt, zeigen konservative Schätzungen, dass noch etwa *60-mal* so viel an prinzipiell nutzbarem Kohlenstoff in der Erde steckt, wie sich seit Beginn der industriellen Revolution durch menschliche Aktivitäten in der Atmosphäre angesammelt hat (Edenhofer und Kalkuhl 2009)! Und diese Aktivitäten sind ausgesprochen hektisch: *Pro Betriebsjahr* verfeuert die moderne Zivilisation das geologische Bildungsäquivalent von etwa *fünf Millionen Jahren für Erdöl, drei Millionen Jahren für Erdgas und zehntausend Jahren für Kohle.* Bei dieser Überschlagsrechnung sind aber eben nur die konventionellen Lagerstätten berücksichtigt, und selbst deren Erschöpfung käme für die Stabilisierung des Weltklimas zu spät.

Insofern hat sich die Menschheit unabsichtlich in eine historische Situation voller quälender Widersprüche hineinmanövriert. Das Dilemma lässt sich durch die folgenden Aussagen holzschnittartig darstellen:

1. Der »Restbestand« an fossilen Energieträgern ist immens.
2. Seine Erschließung und Verbrennung würde allemal für eine hochgefährliche Klimaveränderung ausreichen.
3. Die preiswert und unproblematisch zu fördernden fossilen Ressourcen gehen dagegen rasch zur Neige, allen voran das konventionelle Erdöl.
4. Unter massivem finanziellen, technologischen und politischen Einsatz ließe sich das »Pyrozän«, also das auf Verbrennung gegründete Konsumzeitalter, um viele Dekaden verlängern.
5. Vergleichbare Investitionen könnten jedoch auch den Übergang zu einem nachhaltigen globalen Energiesystem auf der Basis von Sonne, Wind, Wellen und Erdwärme bewirken (dazu mehr in Kapitel 27).
6. Als willkommener Nebeneffekt würde dieser Übergang das planetarische Klimasystem stabilisieren, und zwar hoffentlich auf einem noch beherrschbaren Temperaturniveau.

Wenn man dies so kompakt niederschreibt, reduziert sich das Dilemma interessanterweise auf das – gewaltige, aber überschaubare – Problem, die künftigen Investitionsströme so zu lenken, dass aus einem todgeweihten System rechtzeitig ein langlebensfähiges erwachsen kann. Und damit sind wir zurück bei der Szenarienbildung als einer Hauptvoraussetzung von Klimaprojektionen. Aus der oben angesprochenen Kurzsicht des Unternehmensberaters setzen sich alle relevanten Trends (Bevölkerungszuwachs, Energiebedarf, Flächenverbrauch etc.) linear fort, was allerdings immer mehr Geld und Mühe kostet. Es ist nicht ausgeschlossen, dass die Menschheit diesem Pfad der Torheit folgt und mit absurdem Aufwand weiterhin Kohlenstoffverbindungen aus der Erde kratzt. Aber die Narrative über die Welt von morgen und übermorgen können auch mit schöpferischer Weitsicht Entwicklungslinien vorzeichnen, welche aus der Fossilfalle herausführen. Manchmal hilft nur noch Fantasie, und warum sollte man nicht frei wie ein Gott Gesellschaftsgeschichten mit einem Happy End erfinden? Wobei zum Happy End vor allem eine scharfe Begrenzung der Erderwärmung gehört.

Die bisher ins Spiel gebrachten Drehbücher für den weiteren Verlauf des Pyrozäns ergeben bereits eine reichhaltige Szenariengeschichte, welche die rasante Weiterentwicklung unseres Denkens über die Determinanten des Klimawandels widerspiegelt. Einen ausgezeichneten Überblick hierzu gibt ein im Wissenschaftsmagazin *Nature* erschienener Artikel (Moss u.a. 2010), dessen Leitautor Richard Moss zu den kompetentesten und zugleich bescheidensten Figuren im ganzen IPCC-Kosmos zählt. Moss und seine Koautoren betonen nochmals, dass Emissionsszenarien nicht mehr – aber auch nicht weniger – sind als gute Geschichten über das künftige Energie- und Landnutzungsverhalten der Menschheit, wobei diese Geschichten von ausgewiesenen Kennern der Materie erzählt werden. Dabei wird erst gar nicht versucht, relativ kurzfristige Phänomene wie Konjunkturzyklen oder Preisschwankungen auf den internationalen Rohstoffmärkten zu erfassen. Was zählt, sind die vermutlich dominierenden historischen Trends wie die großen demographischen Verwerfungen des 21. Jahrhunderts, die unaufhaltsame Verstädterung des Planeten und natürlich der bevorstehende finale Kampf zwischen den fossil-nuklearen und den effizient-erneuerbaren Energiesystemen.

Wie schon angedeutet, ist das Universum der Szenarienbauer eine eigenartige Welt für sich, deren Figuren und Handlungen allerdings nicht die Possen des neapolitanischen Bürgertums nacherzählen, sondern das Schicksal unseres Planeten antizipieren. Dabei stützen sich die Gurus nicht nur auf ihr gesammeltes Faktenwissen, sondern blicken auch immer häufiger und immer tiefer in Kristallkugeln mit der unübersetzbaren englischen Fachbezeichnung *Integrated Assessment Models* (abgekürzt: IAMs).

Mein holländischer Freund Jan Rotmans hat in seiner Doktorarbeit an der Universität Limburg im Jahr 1990 diesen Modelltyp im wissenschaftlichen Diskurs über den Klimawandel etabliert. Jan war (und ist weiterhin) seiner Zeit ein Stück voraus, eine Eigenschaft, die unter Kollegen nicht nur Bewunderung provoziert. Im Gegensatz zu den Klimasimulationen, wo man ausgehend von festen Inseln gesicherten Wissens das Terrain behutsam verbreitet, hatten die *Integrated-Assessment*-Modelle von vornherein das »große Ganze« im Auge. Was dabei typischerweise interessiert, sind Systemeffekte erster Ordnung, welche bereits sichtbar werden können, wenn man beispielsweise einen simplen Atmosphärensimulator mit vergleichbar groben Darstellungen von Wirtschafts- und Populationsdynamik zusammenschaltet. Insofern steht die IAM-Gilde in der Tradition der Systemdynamikpioniere der 1970er-Jahre um Forrester und Meadows (siehe Kapitel 2).

Mit und ohne IAM-Hilfe hat der Weltklimarat seit dem Ersten Sachstandsbericht höchst unterschiedliche Emissionsszenarien ins Spiel gebracht, die anfänglich von fast rührender Schlichtheit waren. Im Zweiten Sachstandsbericht wurden dann merkwürdigerweise ausschließlich Zukunftsnarrative benutzt, die keinerlei klimastabilisierende Politikprozesse berücksichtigten. Diese sechs Szenarien mit den Bezeichnungen IS92 a–f versuchen auf plausible Weise mögliche Ausstoßentwicklungen der wichtigsten Treibhausgase im Zeitraum 1990 bis 2100 zu beschreiben (Leggett u.a. 1992).

2001 legte der IPCC seinen Dritten Sachstandsbericht (*Third Assessment Report*, abgekürzt: TAR) vor. An der dort von der Arbeitsgruppe II erstellten summarischen Klimawirkungsabschätzung war ich unter dem pompösen Titel *Coordinating Lead Author* beteiligt (dazu später mehr, insbesondere in Kapitel 20). Was den speziellen Umgang mit Emissionsszenarien angeht, erklomm das Gesamtgremium im TAR den Gipfel an Gründlichkeit und Umständlichkeit. Unter dem wachsenden externen Rechtfertigungsdruck, den insbesondere Lobbyisten aus bestimmten Industrieländern und den OPEC-Staaten zu forcieren wussten, steigerte sich der Weltklimarat in eine pluralistische Ekstase hinein: Nahezu jede denkbare Treibhausgaszukunft wurde mit nahezu jedem verfügbaren Modell- oder Bilanzansatz ausgespäht. So entstanden die legendären SRES-Szenarien als starke Leistung einer wissenschaftlichen Gemeinschaft im vollen Bewusstsein ihrer prognostischen Schwäche. Auf diese Narrative hatten wir bereits weiter oben in diesem Kapitel zugegriffen, nämlich im Zusammenhang mit Abbildung 44 und den dort zusammengefassten globalen Temperaturprojektionen.

Der Beschluss, einen *Special Report on Emissions Scenarios* zu erstellen, fasste der IPCC in seiner Plenarsitzung in Mexiko-Stadt im September 1996 und ernannte schon im Januar 1997 ein Autorenteam, das mehr als 50 führende Experten umfasste. Die Hauptverantwortung trug mein geschätzter und langjähriger Kollege Nebojsa Nakicenovic, dessen unaussprechlicher slawischer Name weltweit zu einem kommoden »Naki« verstümmelt wird. Seit den 1970er-Jahren arbeitet er als herausragender Energiefachmann am International Institute for Applied Systems Analysis

(IIASA) im idyllischen Laxenburg bei Wien. Unter seiner Leitung entwickelte die SRES-Gruppe ein vierstufiges Verfahren zur Erzeugung glaubhafter (oder zumindest nicht unsinniger) Szenarien. Dieses stützte sich insbesondere auf die Sichtung aller verfügbaren Literatur und den Aufbau einer 416 globale und regionale Emissionsgeschichten umfassenden Datenbank. Der gesamte Prozess war in höchstem Maße kompliziert und mühsam, doch das sind genau die Herausforderungen, bei denen »Naki« zu Bestform aufläuft.

Allerdings blieben auch die SRES-Szenarien, genauso wie vorher die IS-Narrative, mit einem Hauptmakel behaftet: dem Ausblenden von klimapolitischen Faktoren beim Grübeln über mögliche Emissionszukünfte. Wer die Schwerfälligkeit und Zwiespältigkeit der IPCC-Maschinerie aus frustrierenden Innenansichten kennt, wundert sich allerdings nicht darüber, dass dieses Manko erst vor Kurzem beseitigt werden konnte. Denn aufgrund seiner Konstruktion ist der Weltklimarat ein Zwitterwesen im Brackwasser zwischen Wissenschaft und Politik. Die Forschung soll sich in einem unsäglich mühsamen Verfahren zur summarischen Bewertung der beständig anschwellenden relevanten Originalliteratur mit bescheidensten Hilfsmitteln quasi selbst organisieren – aber bitte schön unter schärfster Aufsicht der inzwischen 196 Vertragsparteien der Klimarahmenkonvention, die jedes IPCC-Plenum zum ultimativen Charaktertest für einen neugiergetriebenen Experten macht. Zu diesem Thema alleine ließe sich ein (mehr oder weniger) humoristisches Monumentalwerk zusammenschreiben, eine Aufgabe, die ich jedoch nur allzu gern künftigen Klimawissenschaftshistorikern überlasse...

Doch wichtige Figuren und Vordenker innerhalb der IPCC-Szene (siehe unter anderen den schon erwähnten Perspektivartikel von Richard Moss und Kollegen: Moss u. a. 2010) entwickelten ab 2008 eine neue Vision für die Szenarienbildung. Dadurch sollten insbesondere zwei gravierende Defizite der bisherigen Ansätze behoben werden: *erstens* die schon mehrfach angesprochene (und völlig widersinnige) Abwesenheit von Klimapolitik bei den Zukunftsentwürfen und *zweitens* die physikalisch indiskutable Verkürzung des sinnvollerweise zu betrachtenden Zeithorizonts auf das Ende des 21. Jahrhunderts. Wenn wir – vorsichtig optimistisch – davon ausgehen, dass unsere Welt nicht im Jahr 2100 zu existieren aufhört, dann müssen sich die Erforscher des Klimawandels auch Gedanken darüber machen, wie sich Temperaturverteilung, Niederschlagsmuster, Eisbedeckung und Meereschemie in den Jahrhunderten bis zum Ende dieses Millenniums in Wechselwirkung mit der industriellen Dynamik entwickeln könnten.

Denn das Echo massiver menschlicher Eingriffe ins Klimasystem kann bestürzend lange nachhallen; möglicherweise sind die Folgen solcher Störungen der natürlichen Gleichgewichte sogar unumkehrbar (innerhalb zivilisatorischer Zeiträume). Dass das Dröhnen des Klimawandels unseren Planeten weit über das 21. Jahrhundert hinaus begleiten wird, ergibt sich am offensichtlichsten aus der materiellen und thermischen Trägheit der Weltmeere. Etwa 1000 Jahre beträgt die Umwälzzeit des genannten Wasserkörpers, sodass die Ozeane noch länger brauchen, um nach einer episodischen Irritation der Deckschicht wieder in einen (neuen oder alten) stationären Zustand zurückzufinden. Solche und weitere elementare Einsichten können mithilfe fortgeschrittener Klimasystemmodelle in robuste qualitative Aussagen übersetzt werden. Resultat: Die durch die zivilisatorische Anreicherung der atmosphärischen CO_2-Konzentration bis Ende des 21. Jahrhunderts provozierte Erderwärmung wird bis weit über das Jahr 3000 hinaus nahezu ungeschwächt fortbestehen (Solomon u.a. 2009); die thermische Expansion der Meere dürfte im nächsten Jahrtausend sogar noch weitergehen! Selbst der Ausstoß kurzlebiger Treibhausgase wie Methan und Lachgas wird mit einer jahrhundertelangen Umweltbuße belegt (Solomon u.a. 2010).

Also her mit den »inspirierten« Szenarien, welche Klimapolitik, Langfristigkeit, Antriebsvielfalt, Wechselwirkungen sowie Rückkopplungen angemessen berücksichtigen – und die auch gleich noch von den Klimamodellierern und Folgenforschern verarbeitet werden können. Idealerweise würden diese Narrative im Auftrag und unter Aufsicht des IPCC in den Sachstandsberichtrhythmus eingetaktet werden, aber der Weltklimarat kann oder will sich diesen Riesenstiefel nicht anziehen. Als Alternative bietet sich das Auslagern (*Outsourcing*) der Aufgabe an autonome, zum Klimawandel forschende Wissenschaftlergemeinden an. Die inzwischen entstandene Szene von Szenarien-Gurus ist bunt, wild und bereits leistungsfähig genug, um solche Aufträge zu verarbeiten und die gewünschten Ergebnisse zu liefern. Zu einer der Schlüsselfiguren in dieser interdisziplinären Welt hat sich übrigens der PIK-Wissenschaftler Elmar Kriegler entwickelt (Kriegler u.a. 2014, 2015).

Die einschlägigen Denkfabriken im Umfeld des IPCC haben als bisher wichtigste Erzeugnisse die sogenannten *Representative Concentration Pathways* (RCPs, auf Deutsch etwa: »Repräsentative Entwicklungslinien klimarelevanter Konzentrationen«; Vuuren u.a. 2011) und *Shared Socio-Economic Pathways* (SSPs, auf Deutsch etwa: »Übergreifende sozioökonomische Entwicklungslinien«; O'Neill u.a. 2014, 2015) hervorgebracht. Die RCPs sollen – in hoher regionaler Auflösung – möglichst alle Subs-

tanzen erfassen, die über Industrie, Konsum und Landnutzung in die Erdatmosphäre gelangen und dort die natürliche Strahlungsbilanz stören. Zu
diesen Substanzen gehören allen voran die chemisch trägen Treibhausgase (wie das dominierende Kohlendioxid, aber auch synthetische Halo-
genkohlenwasserstoffe) sowie eine Reihe von Aerosolen (wie Schwefeldioxid, Ruß und Staub) und schließlich bestimmte chemisch aktive Gase
(wie Ozon). Das Adjektiv »repräsentativ« weist darauf hin, dass die ausgewählten Entwicklungslinien bereits intensiv in der einschlägigen Literatur diskutiert worden sind, also keine exotischen Phantomprodukte darstellen. Warum aber die Bevorzugung von »Konzentrationen« anstatt der
bisher die Szenarien prägenden »Emissionen«?

Nun, diese Präferenz ist für die Klimaphysiker zwingend: Es sind ja
gerade die Konzentrationen der oben genannten Stoffe in der Lufthülle,
welche den anthropogenen Treibhauseffekt (im Sinne einer Neujustierung
der diversen Energieflüsse, siehe Kapitel 4 und 6) unmittelbar hervorbringen. Man kann die menschengemachte Störung des Klimasystems besons-
ders prägnant durch den *zusätzlichen Strahlungsantrieb* am oberen Rand
der Troposphäre ausdrücken, das heißt in X Watt pro Quadratmeter messen. Letzteres soll heißen, dass durch entsprechende zivilisatorische Eingriffe X zusätzliche Einheiten Energie pro Zeit- und Flächeneinheit auf die
Erdoberfläche einwirken (1 Watt = 1 Joule/Sekunde). Insofern kehren die
Szenarienmeister damit zu Manabes ursprünglichem Ansatz zurück (siehe
oben), nur dass nunmehr statt wundersamer Verdopplung des atmosphärischen CO_2-Gehalts über Nacht durchaus realistische Entwicklungen der
klimarelevanten Stoffkonzentrationen ins Auge gefasst wurden.

Die seit Sommer 2011 verfügbaren und nunmehr allseits als Bezugs-
punkte akzeptierten RCPs tragen die Namen RCP 2.6, RCP 4.5, RCP 6,
RCP 8.5 und entsprechen damit einem zusätzlichen Strahlungsantrieb
von 2,6, 4,5, 6 beziehungsweise 8,5 Watt pro Quadratmeter am Ende des
21. Jahrhunderts (Meinshausen u. a. 2011). Im globalen und jährlichen
Durchschnitt und in Abwesenheit von Bewölkung wird ein Quadratmeter
Erdoberfläche mit circa 250 Watt von der Sonne bestrahlt. Die den RCPs
zugrunde liegenden Strahlungsbilanzstörungen nehmen sich so gesehen
recht bescheiden aus, aber sowohl ihre Ursachen als auch ihre Wirkungen sind beträchtlich. Dass die nämlichen Strahlungswerte als Finalisten
aus dem Szenarienchaos aufgetaucht sind, hat viel mit Zufälligkeiten zu
tun – aber nicht nur, wie wir gleich sehen werden. Zuvor möchte ich jedoch noch würdigen, welch ungeheure wissenschaftliche und dokumen-
tarische Anstrengungen mit dem gesamten RCP-Prozess verbunden sind.
Wer Zweifel daran hat, möge einen Blick auf die (oben zitierten) Original-

arbeiten wagen. Malte Meinshausen zum Beispiel, einer meiner brillantesten Kollegen am PIK (siehe auch Kapitel 20), hat gewiss Tausende von Arbeitsstunden in die Herkulesaufgabe der Datenharmonisierung investiert. Die stimmige Ausweitung der Konzentrationsszenarien bis zum Jahr 2300 war dabei noch eine der leichtesten Übungen.

Wir halten fest: Dreh- und Angelpunkt der neuesten Klimaszenarien sind plausible Kurven für die zivilisatorische Störung der planetarischen Strahlungsbilanz im Verlauf der nächsten drei Jahrhunderte. Geht man einen Schritt in der Kausalkette zurück, erhält man Konzentrationsprofile der Treibhausgase und Aerosole. Diese sogenannte »Dateninversion« ist allerdings kein wissenschaftliches Kinderspiel, doch die Details kann ich den Lesern getrost ersparen. Die gefundenen Konzentrationsentwicklungen der wichtigsten Treibhausgase – Kohlendioxid, Methan und Lachgas – sind jedenfalls in Abbildung 46 dargestellt.

Man kann gar nicht genug betonen, dass die gezeigten Kurven nur einige mögliche Konzentrationszukünfte unter unendlich vielen vorstellbaren sind. Allerdings besitzen die beiden Grenzfälle – also RCP 2.6 und RCP 8.5 – einen weniger willkürlichen Charakter als die eher illustrativen Zwischenszenarien, wie ich gleich noch erläutern werde. Zunächst einmal lässt sich feststellen, dass es allein in der RCP-2.6-Welt zu einem raschen Rückbiegen der Konzentrationsprofile kommt, wofür zweifellos massive klimapolitische Interventionen benötigt werden. Dagegen würde etwa in der RCP-8.5-Welt das CO_2-Niveau bis zum Jahr 2300 auf schwindelerregende 2000 ppmv ansteigen: Das entspräche mehr als dem Siebenfachen des Kohlendioxidgehalts der vorindustriellen Atmosphäre! Fossiles Brennmaterial für diese zivilisatorische Pyromanie ist allemal vorhanden (siehe oben).

Abbildung 47 fasst nochmals schematisch die Wirkungskette der menschlichen Störung des Klimasystems zusammen, wobei diese Kette ja in Wirklichkeit eine Schleife darstellt, wenn man die verschiedenen Rückkopplungen berücksichtigt.

In der öffentlichen Debatte zur Erderwärmung kommt es nur auf zwei Elemente in dieser Wirkungsschleife wirklich an: die potenziellen Klimaänderungen und die letztlich dafür ursächlichen Emissionsentwicklungen. Hat man sich einmal auf repräsentative Konzentrations- beziehungsweise Strahlungsantriebsprofile geeinigt, dann gelangt man über Schritt 3 in Abbildung 47 folgerichtig zu den resultierenden Klimaänderungen, insbesondere zu den korrespondierenden Erhöhungen der mittleren planetarischen Oberflächentemperatur. Dies kann auf die harte wissenschaftliche Tour geschehen, indem man ein möglichst umfassendes Ensemble von voll ent-

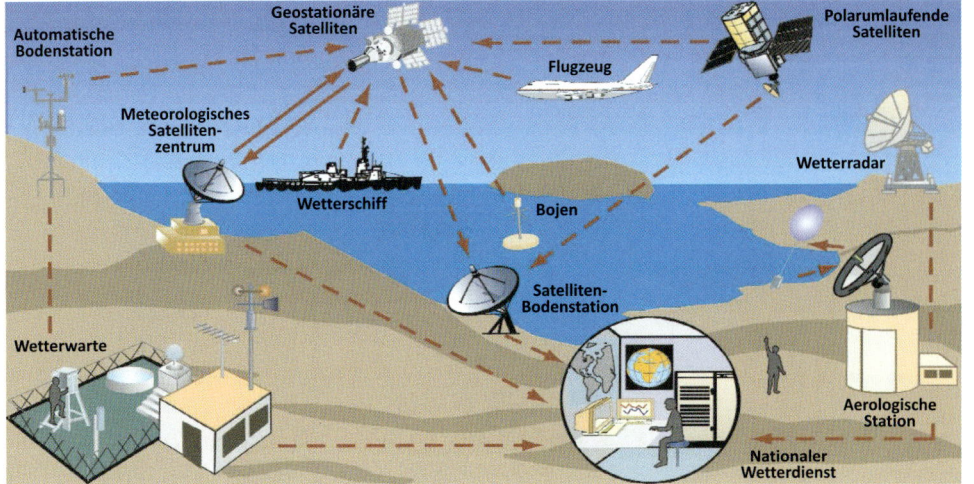

Abbildung 41: Schemadarstellung der weltweiten meteorologischen Beobachtungssysteme (vgl. S. 312).

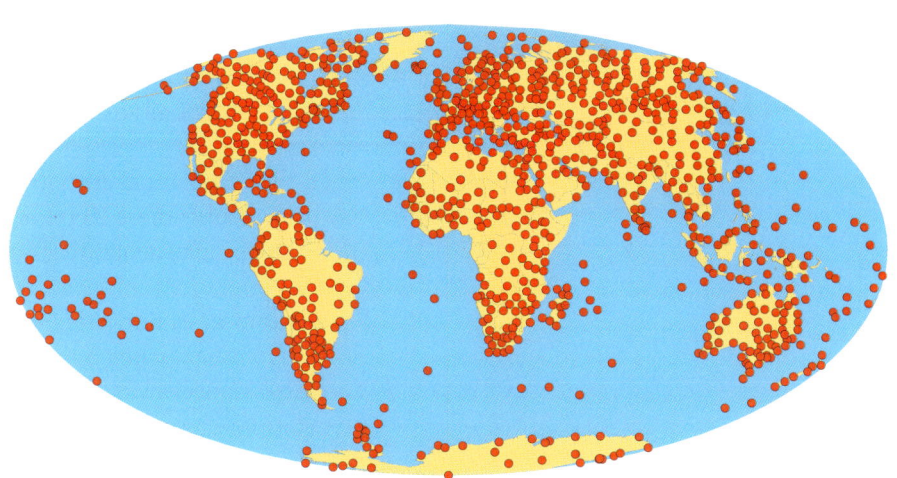

Abbildung 42: Räumliche Verteilung der landgestützten meteorologischen Stationen des GCOS-Verbundes (vgl. S. 313).

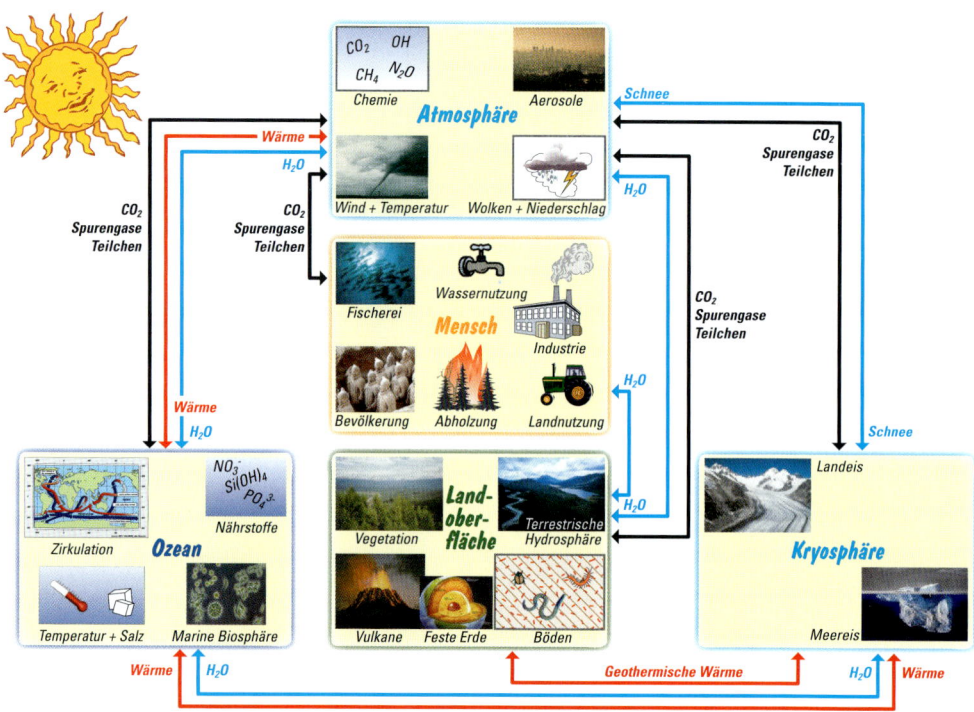

Abbildung 43: Wesentliche Komponenten und Austauschprozesse im System Erde. Bei der Konstruktion planetarischer Simulatoren müssen schrittweise alle diese Elemente quantitativ dargestellt und virtuell vereinigt werden (vgl. S. 321).

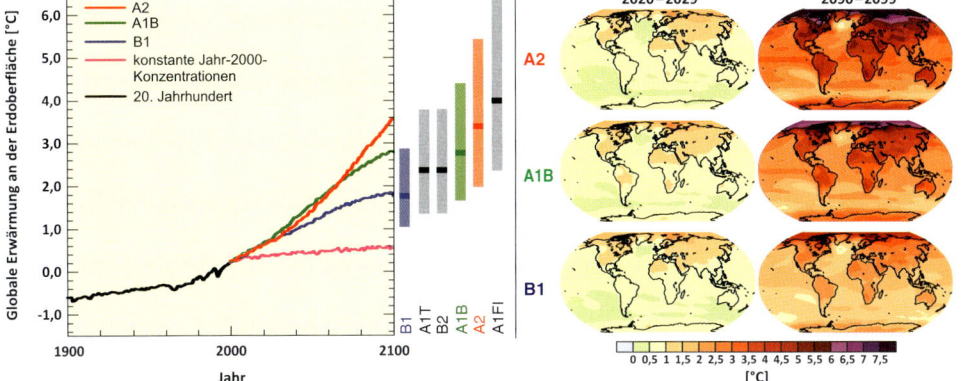

Abbildung 44: Ensemble-Temperaturprojektionen für das 21. Jahrhundert auf der Basis von unterschiedlichen Szenarien für die säkulare Entwicklung der Treibhausgasemissionen bzw. der resultierenden atmosphärischen Konzentrationen.

Links: Modellierte Entwicklung der mittleren Erdoberflächentemperatur für die Szenarien B1, A1B, A2 und für das fiktive Einfrieren der Treibhausgaskonzentrationen auf dem Niveau des Jahres 2000. Mitte: Unsicherheitsbalken bezüglich der globalen Mitteltemperatur im Jahr 2100 für alle sechs betrachteten Szenarien. Die Wertebereiche ergeben sich aus der Pluralität der eingesetzten Modelle und ihrer individuellen Eigenschaften. Die Querstriche markieren die jeweils plausibelste Projektion. Rechts: Geographisch explizite Schnappschüsse der menschengemachten Erwärmung, wieder für die Szenarien B1, A1B, A2. Über Farbskalierung sind die Abweichungen der Regionaltemperaturen in der dritten bzw. zehnten Dekade des 21. Jahrhunderts vom Mittel der Zeitspanne 1980–1999 dargestellt (vgl. S. 333).

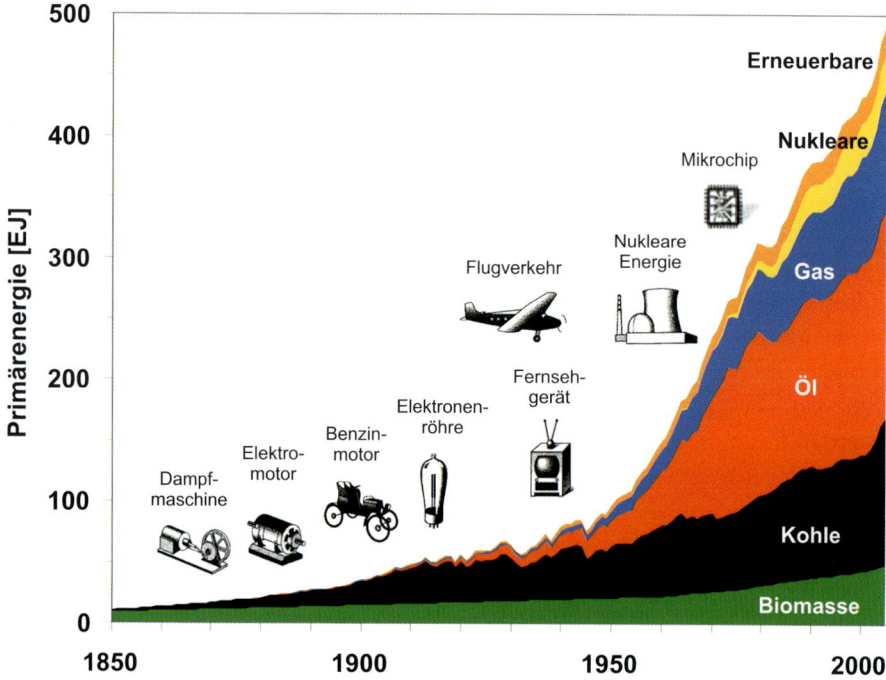

Abbildung 45: Historische Entwicklung der globalen Primärenergienutzung, aufgespalten in die wichtigsten Quellen. Entlang der Zeitachse sind zudem durch Symbole die relevantesten technologischen Durchbrüche markiert. Angaben in Exajoule (1 EJ = 1 Trillion Joule). Vgl. S. 335.

wickelten gekoppelten Atmosphäre-Ozean-Modellen (siehe oben) mit den imaginierten Strahlungsbilanzstörungen füttert und darauf wartet, was »hinten herauskommt«.

Genau diese Materialschlacht wurde für den Fünften IPCC-Bericht geschlagen – unter Einsatz von Tausenden von Wissenschaftlern und von Zehntausenden von Stunden Rechenzeit auf Höchstleistungsrechnern. Das Ergebnis ist in Abbildung 48 zu besichtigen.

Diese Resultate sind bestürzend: Selbst im ökologisch bestmöglichen der betrachteten Fälle (RCP 2.6) ist eine lang anhaltende Erderwärmung von knapp 2 °C möglich. Im ökologisch schlimmsten Fall (RCP 8.5) sind sogar Steigerungen der globalen Mitteltemperatur im 8-Grad-Bereich in den nächsten Jahrhunderten nicht auszuschließen, das heißt, das Raumschiff Erde steuert dann *geradewegs ins Feuer* hinein. Dass dieses Bild nicht übertrieben ist, werde ich durch Abschätzung der zu erwartenden Folgen für Natur und Zivilisation in den Kapiteln 18, 19 und 21 untermauern. Dass andererseits ein solches Feuer nicht ohne Weiteres entfacht werden kann, liegt auf der Hand. Dafür bedarf es schon einer gewaltigen Zufuhr von Brennstoff.

In der Tat steigt der fossile CO_2-Ausstoß im RCP-8.5-Szenario vorübergehend auf jährlich über 100 Milliarden Tonnen an, was dem Dreifachen der heutigen Werte entspricht (siehe Abbildung 49). Dies ist (leider) keine Schreckensvision verbohrter Zivilisationspessimisten, sondern – im Gegenteil – eine plausible Emissionsprojektion unter der Annahme, dass die von keinerlei Klimapolitik getrübten Energiemärkte alle entsprechenden Ressourcen nach rein kommerziellen Gesichtspunkten erschließen. Im RCP-2.6-Szenario hingegen, wo die Erderwärmung einigermaßen unter Kontrolle bleibt, erreichen die fossilen Kohlendioxidemissionen schon in den ersten Dekaden des 21. Jahrhunderts ihren Scheitelpunkt, sinken dann bis zum Jahr 2070 rapide auf null – und nehmen anschließend einen *negativen* Wert an: Soll heißen, dass jährlich mehrere Milliarden Tonnen CO_2 netto aus der Atmosphäre herausgefiltert werden. Wie das gehen soll, werde ich später (siehe Kapitel 26 und 27) noch diskutieren. Auf alle Fälle scheint klar, dass ein solcher Emissionssturzflug der Weltwirtschaft nur realisiert werden kann, wenn so ziemlich alle verfügbaren Hebel in Bewegung gesetzt werden.

Insofern steht die RCP-2.6-Zukunft für die maximal vorstellbare weltweite Umsetzung von Klimaschutzplänen, die RCP-8.5-Zukunft für die praktisch totale Abwesenheit solcher Maßnahmen. Entsprechend reflektieren die Zwischenzukünfte jeweils etwas mehr (RCP 4.5) und etwas weniger (RCP 6) Klimaschutz. Aber im Grunde genommen reicht es, die realistischen Grenzfälle zu betrachten, um sich ein Bild von der gigantischen Herausforderung zu machen, vor der die Menschheit nun steht. Nichts weniger als eine große zivilisatorische Transformation (davon später mehr) kann die Lücke zwischen RCP 2.6 und RCP 8.5 schließen. Und ich bin davon überzeugt, dass sie geschlossen werden muss ...

Diese Notwendigkeit springt geradezu ins Auge, wenn man das Geschehen der Gegenwart und der nahen Zukunft in den Kontext der geologischen Geschichte (siehe auch Kapitel 14) stellt. Dann wird deutlich, welchen unerhörten Ausschlag des Planeten-Pendels der *Homo sapiens* im 21. Jahrhundert provoziert. Abbildung 50 bringt diese Einsicht auf den Punkt: Seit die Erde aus der letzten Eiszeit, die ihren frostigen Tiefpunkt vor etwa 20 000 Jahren erreichte, wieder auftauchte, wurde auf dem Weg ins milde Holozän lediglich eine Temperaturstrecke von knapp 4 °C zurückgelegt. Bei ungebremsten Emissionen aus Industrie, Siedlungswesen, Transport und Landwirtschaft wird unsere Zivilisation die Temperaturkurve in einem Riesenbogen weiter nach oben treiben – und dies innerhalb einer erdgeschichtlichen Sekunde, jedoch für die Dauer von Jahrtausenden. Das alte Haus der Menschheit hätte dann aufgehört zu existieren.

17. Merkel auf dem Philosophenweg

Geschichte ist das Gesamtbild, das sich aus dem Studium einzelner *Schichten* – wie sie etwa archäologische Grabungen offenlegen – ergibt. Auf der Grundlage der in den bisherigen Kapiteln inspizierten Horizonte und Flöze an Fakten und Zusammenhängen lassen sich bereits aufschlussreiche Teilgeschichten erzählen. Diese werden sich, so meine Hoffnung, bald zu einem Ganzen fügen.

Eine der wichtigsten Erzählungen handelt von der uralten japanischen Kaiserstadt Kyoto und speziell vom dort im Jahr 1997 abgefassten Klimaschutzprotokoll. Die Stadt selbst war ja das 1945 von John von Neumann favorisierte Atombombenziel (siehe Kapitel 15), das Kyoto-Protokoll die (halbherzige und blauäugige) politische Reaktion auf die Mahnungen der Wissenschaft seit dem Erscheinen des Ersten IPCC-Sachstandsberichts. Und der in Kyoto eingeschlagene Weg endete im vorläufigen Nichts von Kopenhagen (siehe Kapitel 7). Aber welchen anderen Weg hätte man damals schon verfolgen können? Doch der Reihe nach …

Im Jahr 794 wurde das kulturelle Zentrum Japans in einem von hohen Bergen geschützten Talkessel gegründet, bis 1869 blieb es Sitz des kaiserlichen Hofes. Die Stadt wurde immer wieder von Erdbeben, Bränden und Plünderungen heimgesucht. Dennoch konnte eine Vielzahl künstlerischer und architektonischer Meisterwerke, von denen die meisten 1994 in die Liste des UNESCO-Weltkulturerbes aufgenommen wurden, mit Glück in die Gegenwart hinübergerettet werden. Ich habe Kyoto mehrfach besucht und war jedes Mal außerordentlich beeindruckt von den Gärten und Tempeln, die eine so unwirkliche Schönheit ausstrahlen, dass es uns Europäer fast fröstelt. Tief in meine Erinnerung haben sich die hohe Würde des über alle Tourismusmassen triumphierenden Kiyomizudera-Heiligtums eingegraben sowie die stille Anmut des *Philosophenwegs*. Letzterer ist eine zwei Kilometer lange Kirschbaumallee, wo der Begründer der Kyoto-Denkschule, der moderne Zen-Meister Nishida Kitaro (1870–1945), zu meditieren pflegte. Seine Philosophie lehnt sich an den deutschen Idealismus an und gipfelt im Satz: »Das Nichts ist Ort und der Ort ist das Nichts.« Irgendwie passt diese Weisheit zum Kyoto-Protokoll.

Letzteres hat natürlich eine Vorgeschichte, die man getrost als kompliziert bezeichnen darf. Hierzu sind zahlreiche kenntnisreiche Bücher verfasst worden (siehe zum Beispiel Oberthür und Ott 2000), sodass ich mich auf die wichtigsten Meilensteine beschränken kann. Auf der Rio-Konferenz über Umwelt und Entwicklung (3.–14. Juni 1992) wurde in multikultureller Weltrettungseuphorie eine Reihe von völkerrechtlichen Dokumenten unterschrieben – nicht zuletzt die in New York (!) ausgehandelte Klimarahmenkonvention (UNFCCC). Selbstverständlich zählten die USA zu den 154 Erstunterzeichnerstaaten. Noch fehlte jedoch der entscheidende Schritt für den internationalen Klimaschutz, nämlich die konkrete Ausgestaltung der UNFCCC mit Blick auf die zu leistenden nationalen Beiträge: Wer sollte welche Lasten bei der Rettung der Erde tragen? Nachdem die Rahmenkonvention am 21. März 1994 in Kraft getreten war, musste man sich diesen peinlichen Fragen wohl oder übel stellen. Dies sollte bei den schon mehrfach thematisierten *Conferences of the Parties* (siehe insbesondere Kapitel 5 und 7) geschehen.

Im Jahr 1995 (28. März bis 7. April) fand tatsächlich die COP 1 statt, und zwar in Berlin. Ich war als Beobachter mit dabei – in meiner Eigenschaft als Mitglied des *Wissenschaftlichen Beirats der Bundesregierung Globale Umweltveränderungen* (WBGU). Dieses oberste deutsche Beratungsgremium zum Weltthema »Nachhaltige Entwicklung« war anlässlich des Rio-Gipfels eingerichtet worden, und von ihm ist in diesem Buch oft die Rede. Als stellvertretender WBGU-Vorsitzender war ich schon mehrmals ins Gespräch mit der jungen Bundesumweltministerin gekommen, die nun als Präsidentin der COP 1 fungieren sollte. Ihr Name war Angela Merkel.

Vielen Erwartungen zum Trotz füllte die promovierte ostdeutsche Physikerin ihr Präsidentenamt in glänzender Weise aus – mit flüssigem Englisch, hartnäckiger Disziplin, diplomatischer Klugheit und beachtlichem Ehrgeiz. Ich glaube, dass die spätere Bundeskanzlerin in jenen Tagen von Berlin sich selbst als Alphatier im Weltzirkus entdeckt beziehungsweise erfunden hat. Für diesen Status muss man übrigens zugleich Dompteurseigenschaften mitbringen und insbesondere in verworrenen Situationen unter großem Zeitdruck den Überblick bewahren. Ganz so, wie das großen Mittelfeldregisseuren gelingt, die jederzeit ein Fußballspiel zu »lesen« vermögen. Insofern ist es kein Zufall, dass Merkel den Fußball wahrhaftig liebt – im Gegensatz zu vielen Politikern, die sich durch aufgesetzten Enthusiasmus für diesen Sport an ihr Wahlvolk anzubiedern versuchen. Aber nie begreifen werden, warum der Doppelpass eine so tödliche Offensivwaffe ist.

Auf der COP 1 in Berlin wurden von der Konferenzpräsidentin und ihren Unterstützern, zu denen damals auch der Leiter der US-Delegation,

Tim Wirth, zählte, etliche politische Doppelpässe gespielt. Wie mir Tim, der es vor 1993 als Senator von Colorado zu beträchtlicher Popularität gebracht hatte, bei einem Mittagessen vor einigen Jahren schilderte, waren jene Spielzüge auch bitter nötig, um die COP 1 vor einem Scheitern zu bewahren. Die vertraulichen Informationen kann ich hier nicht preisgeben, aber immerhin die großen Konfliktlinien nachzeichnen.

Im Jahr 1992 war der Gegensatz zwischen den Industrienationen und den Entwicklungs- beziehungsweise Schwellenländern noch rhetorisch genial überbrückt worden, und zwar mit dem Bekenntnis zu »gemeinsamen, aber unterschiedlichen Verantwortlichkeiten« für den Klimaschutz in der Präambel der Rahmenkonvention (UNFCCC, 1992). Diese Formulierung ist im Laufe der Zeit zum Generalleitspruch des internationalen Verhandlungsprozesses geworden, den jede Seite beliebig zu dehnen versteht. Doch in jenen Stunden der klimapolitischen Morgenröte von Berlin waren viele Vertragsstaaten noch ernsthaft gewillt, den Nord-Süd-Gegensatz auch praktisch zu überwinden, also durch Schaffung einer angemessenen und fairen Lastenarchitektur. Im Klartext bedeutete dies die länderscharfe Zuweisung von ehrgeizigen Emissionsreduktionspflichten nebst verbindlichen Zeitplänen. Doch Staaten wie China, Indien oder Brasilien beharrten damals (wie überwiegend noch heute) auf der Ansicht, dass die einzig gerechten Minderungsvorgaben für ihre Gesellschaften *gar keine Vorgaben* sind. Nach dem Motto: Die Industriewelt hat das Klimaproblem allein geschaffen und soll es nun gefälligst auch selber lösen!

Dies war eine aus historischer Sicht durchaus nachvollziehbare, aber klimaphysikalisch völlig irrige Einschätzung der Lage. Entsprechend gemischt fielen selbst die Reaktionen der kompromissbereiten Industrieländer aus, deren Regierungen keinen einfachen Ausweg aus dem offensichtlich ethischen Dilemma sahen. Am schwierigsten war die Lage für die Gastgebernation Deutschland: Nach einem ungeschriebenen Gesetz der Weltdiplomatie muss der Hausherr mit gutem Beispiel vorangehen und durch einen großzügigen Initialwurf in den noch leeren Klingelbeutel die Gäste zu Zugeständnissen bewegen.

Angela Merkel hatte die Regeln und den aktuellen Spielstand beim multilateralen Klima-Schach gründlich studiert. Sie erkannte, dass eine deutsche Vorleistung unvermeidlich war, sich aber in internationale Anerkennung für das Gastgeberland beziehungsweise seine Konferenzpräsidentin ummünzen ließe – falls man unter größten Anstrengungen und dem notwendigen Glück die Verhandlungen zu einem erfolgreichen Abschluss führen könnte. Und so geschah es, mit der vollen Rückendeckung des damaligen Bundeskanzlers Helmut Kohl, dem die Umweltthemen durchaus am Herzen lagen. Die deutsche Delegation versprach, sich im Vorgriff auf ein künftiges internationales Abkommen zur Senkung der Treibhausgasemissionen freiwillig zum größten Reduktionsbeitrag aller Industriestaaten zu verpflichten. Zum Erstaunen der Kongressteilnehmer und zum Entsetzen der hiesigen Industrielobbyisten verkündete Helmut Kohl in seiner Plenarrede am 5. April 1995, dass Deutschland seinen CO_2-Ausstoß bis 2005 um 25 Prozent gegenüber dem 1990er-Niveau reduzieren wolle.

Damit waren die Länder des Nordens in die Pflicht genommen. Zugleich gelang es Merkel in nervenaufreibenden Nachtsitzungen, die Länder des Südens ins Klimaschutz-Boot zu holen, wenngleich als mehr oder weniger blinde Passagiere: Man kam überein, dass die Entwicklungs- und Schwellenstaaten vorerst von konkreten Minderungspflichten ausgenommen werden sollten. Damit war der Weg frei zum *Berliner Mandat*, das seinerseits die Tür zum Kyoto-Protokoll öffnete. Im COP-1-Beschlussdokument (COP 1, 1995) wurden Zielvorstellungen, Prozesse und Körperschaften für die baldige Ausarbeitung eines völkerrechtlichen Zusatzprotokolls zur UNFCCC festgelegt, welches die Klimarahmenkonvention in ein scharfes Schwert zur Bekämpfung der Erderwärmung umschmieden sollte. Für Merkel wurde die COP 1 zu einem von den wenigsten erwarteten Triumph, der sich beispielsweise noch viele Jahre später in der Auszeichnung zur »Umwelt-Heldin« (»Hero of the Environment«) durch das amerikanische *Time Magazine* manifestierte (2007).

Jedenfalls erhöhte das Berliner Mandat im Nu die Drehzahl des klimapolitischen Karussells, sodass in den beiden Folgejahren auf unzähligen Treffen praktisch über alle relevanten Aspekte eines wirksamen internationalen Abkommens erbittert debattiert wurde. Eine recht undurchsichtige und seltsam schwankende Rolle spielten dabei die USA, deren Präsident (Bill Clinton) mehrfach aktiv in den Verhandlungsprozess eingriff und deren Vizepräsident (ein gewisser Al Gore) sich schon früher als bester »Freund der Erde« geoutet hatte. 1992, im Jahr vor seiner Wahl zum Stellvertreter des Präsidenten, schrieb Gore den ökologischen Bestseller *Earth in the Balance* (Gore 1992), wo er bereits einen »Globalen Marshallplan« zur Rettung der Lebensgrundlagen der Menschheit forderte. Ich habe eine besondere Beziehung zu diesem Buch: Als es mir zum ersten Mal in die Hände fiel, war ich davon beeindruckt, wie ernsthaft ein als Journalist und Anwalt ausgebildeter US-Senator sich mit den Aussagen der Wissenschaft auseinanderzusetzen bereit war.

Besonders eindrucksvoll fand ich Gores Einlassung zur »selbst organisierten Kritikalität«. Dies ist jene ziemlich geniale Theorie über das Verhalten komplexer Systeme, welche – so die Vermutung – häufig selbsttätig einem Zustand zustreben, wo äußere Störungen Reaktionen jeder Größenordnung (von marginal bis katastrophal) provozieren können (Bak u.a. 1987). Die Grundidee zu dieser Pionierleistung auf dem Feld der nichtlinearen Dynamik stammte von dem (leider schon jung verstorbenen) dänischen Physiker Per Bak, der 1981 mein Kollege am ITP in Santa Barbara war. Ausgehend von völlig unterschiedlichen Fragestellungen, waren wir beide damals mit der Analyse derselben mathematischen Strukturen befasst, den sogenannten »Teufelstreppen« – ein Begriff, der die Tücke dieser Objekte trefflich charakterisiert. Obwohl sich Bak im Laufe seines Lebens einen legendären Ruf als arroganter intellektueller Hitzkopf erwarb, verliefen unsere kalifornischen Gespräche durchaus friedlich. Aber nun zurück zu Al Gore.

Dieser nahm 1965, als 17-Jähriger, sein Studium an der berühmten Harvard-Universität nahe Boston auf. Obwohl er keine besondere Begabung für die Naturwissenschaften mitbrachte, begeisterte er sich rasch für mathematische und physikalische Themen. Prägend für seine spätere Karriere, die ihn immerhin zu Friedensnobelpreis und Oscar führte, wurde die Teilnahme an einer Vorlesung des großen Ozeanographen Roger Revelle (siehe Kapitel 6). Dieser zählte zu den ersten amerikanischen Wissenschaftlern, die den menschlichen Einfluss auf das Erdklima erforschten und ihre Einsichten auch an die breite Öffentlichkeit weitergaben. In den 1980er-Jahren sog Gore die neuartigen Konzepte der »Chaostheorie« (wie die Physik komplexer Systeme damals in den USA genannt wurde) begierig auf. Entsprechend fand die »selbst organisierte Kritikalität« Eingang in sein Buch von 1992, nicht zuletzt weil jener Ansatz eine Erklärung für die unterschiedlichsten Phänomene anbietet: vom Emporwachsen eines Sandhaufens während des Aufschüttens bis hin zu den Charakteristika der Entladungsenergie von Erdbeben. Wenn man die Analogie sehr, sehr weit dehnt, kann man die Theorie auch auf die Entwicklung der menschlichen Zivilisation im planetarischen Maßstab anwenden. Im Schlusskapitel von *Earth in the Balance*, das im Deutschen bezeichnenderweise den Titel *Wege zum Gleichgewicht* trägt, zeichnet Al Gore denn auch das Sinnbild einer reifen Weltgesellschaft, die auf Herausforderungen mit Maßnahmen jeder erforderlichen Größenordnung reagieren kann. Und wenn es denn ein globales Abkommen zur Rettung des Erdklimas sein muss…

Der historische Zufall wollte es jedenfalls, dass in der Zeit, in der die Umsetzung des Berliner Mandats zur Debatte stand, ein Verehrer der Wissenschaft als Vizepräsident im Weißen Haus saß (was sich später grundsätzlich ändern sollte). Al Gore reiste somit als oberster Repräsentant der USA nach Kyoto, um dort auf der COP 3 vom 1. bis zum 10. Dezember 1997 den großen Wurf zu inszenieren: einen verbindlichen Vertrag zwischen den Völkern der Welt, der die Lösungsmaschinerie für das Klimaproblem unwiderruflich in Gang setzen würde. Gefeiertes Vorbild war das *Montreal-Protokoll* zum Schutz der stratosphärischen Ozonschicht gegenüber zivilisatorischen Spurengasen wie den berüchtigten FCKWs (Fluorchlorkohlenwasserstoffen) und anderen unliebsamen Ausdünstungen des industriellen Metabolismus (siehe Kapitel 3). Dieses Abkommen trat am 1. Januar 1989 in Kraft und zeichnete sich durch zwei für einen internationalen Vertrag geradezu revolutionäre Merkmale aus, nämlich *erstens* durch die Begründung aus dem Umweltvorsorgeprinzip heraus und *zweitens* durch die Plastizität seiner Inhalte aufgrund einer für Änderungen bereits ausreichenden *Zweidrittelmehrheit* aller Mitgliedsländer. Es gab also ein leuchtendes Beispiel für erfolgreiche Verhandlungen über eine bedeutende Zukunftsfrage. Dennoch wusste jeder Kyoto-Delegierte (falls er oder sie nicht schon bei der langen Anreise den Verstand verloren hatte), dass sich das Montreal-Protokoll zu einem wirksamen Weltklimavertrag verhielt wie eine Bausparkassenpolice zur Magna Charta.

Dennoch ging man die Sache im internationalen Konferenzzentrum von Kyoto mit gehörigem Schwung an. Dieser Kongresskomplex ist ein gigantischer Betonklotz von mäßiger architektonischer Inspiration, liegt jedoch idyllisch im Norden der Stadt und weist einen perfekten Anschluss an das makellose U-Bahn-Netz auf. Ich war 1996 zum Vorsitzenden des WBGU gewählt worden und nahm gewissermaßen als oberster Klimaberater der Bundesregierung an der COP 3 teil. Zu jedem Kongresszentrum entwickelt man im Verlauf erschöpfender Tage und Wochen ein spezielles Hassverhältnis, aber im Nachhinein betrachtet waren die Verhandlungsräumlichkeiten von Kyoto mit die humansten, in denen ich mich je aufgehalten habe. Alles war vergleichsweise übersichtlich und wohlorganisiert, ja mit ein wenig Glück erhielt man sogar genießbares Essen. Allerdings übertrieben es die japanischen Gastgeber bisweilen ein wenig, etwa bei der künstlichen Beschallung der Toiletten mit Vogelgezwitscher und Blätterrauschen, offensichtlich um die Geräusche menschlicher Erleichterungsvorgänge zu übertönen. Weniger zimperlich waren da die zahlreichen Lobbyisten, welche die Hallen und Korridore nutzten, um sich aufdringlich in Szene zu setzen – allen voran die Vertreter der Ölindustrie, die den Klima-Zirkus damals noch einigermaßen ernst nahmen und dieser vermeintlichen Bedrohung der allgemeinen Bereicherungsfreiheit vorzubeugen suchten.

Insgesamt waren an die 10 000 Teilnehmer für die COP 3 akkreditiert, darunter etwa 3700 Berichterstatter für die Medien. Hinsichtlich Dimension, Dynamik und Dramatik kann die Konferenz von Kyoto als ein früher Modellfall internationaler Umweltverhandlungen gelten, wo Glanz und Elend dicht beisammenliegen. Das allgemeine COP-Muster, das ich in Kapitel 5 nachgezeichnet habe, ist insofern eine (unbeabsichtigte) japanische Kreation. Obwohl ja das Berliner Mandat von 1995 die Lösung des Fundamentalkonflikts zwischen Industrie- und Entwicklungsländern einfach in die nebelverhangene Zukunft verlegt hatte, stand Ungeheuerliches auf der Agenda: die explizite Zuweisung von Emissionsreduktionsverpflichtungen für die klassischen Wohlstandsländer. Den mächtigsten Staaten der damaligen Welt sollten also unter der Regie der Vereinten Nationen bittere Pillen verabreicht werden, was nur gelingen konnte, wenn man die Medizin zum einen *minimal dosierte* und sie zum anderen *ordentlich versüßte*. Und natürlich musste man zahlreiche faule Kompromisse schließen, denn die meisten Anwälte (kurzfristiger) nationaler Interessen ließen sich auch in den qualvollsten Marathonsitzungen nicht weichkochen.

Diese politischen und psychologischen Zwangsbedingungen spiegelt das Kyoto-Protokoll, das Hauptdokument der COP 3, denn auch schonungslos wider. Das Resultat war in vielerlei Hinsicht unzureichend, missverständlich, ja grotesk. Aber es war das erste – und bis auf den heutigen Tag einzige – Weltklimaabkommen, das diesen Namen zumindest im Grundsatz verdient. Die wichtigsten Inhalte des Schriftstücks, das am 11. Dezember 1997 mit 20-stündiger Verspätung vom völlig übernächtigten Plenum einstimmig verabschiedet wurde, werde ich gleich benennen. Dafür ist es allerdings erforderlich, gewissen Begriffsverwirrungen vorzubeugen, welche die Klimadiplomatie wie das Geheimzeremoniell einer düsteren Freimaurerloge erscheinen lassen.

In den diversen Dokumenten wird immer wieder Bezug genommen auf irgendwelche Listen, die oft als »Anlagen« bezeichnet werden. Da gibt es zunächst die *Liste der Vertragsstaaten* (*Parties*) der Klimarahmenkonvention, die vom Klimasekretariat in Bonn für die Vereinten Nationen geführt wird. Anfang 2015 umfasste diese Liste 195 Nationalstaaten sowie die Europäische Union, also insgesamt 196 »Parteien« und damit alle Mitglieder der Vereinten Nationen (sowie darüber hinaus die mit Neuseeland assoziierten Inselstaaten Niue und Cook Islands). In der *Anlage I* (englisch: *Annex I*) zur Rahmenkonvention sind 42 Nationalstaaten sowie die EU aufgelistet, also diejenigen Mitglieder, welche im Jahr 1992 als Industrieländer bezeichnet werden konnten und in den Vorverhandlungen für den Rio-Gipfel die Bereitschaft zur Verringerung ihres jeweiligen Treibhausgasausstoßes signalisiert hatten. Es handelt sich somit um die damaligen OECD-Länder sowie die bis 1992 aus dem Zerfall des sowjetisch dominierten Blocks hervorgegangenen Länder in Mittel- und Osteuropa. Im Kyoto-Protokoll taucht dann – auf für Außenstehende mysteriöse Weise – eine *Anlage B (Annex B)* auf, welche 38 Parteien umfasst und diesen bestimmte Emissionsquoten zuweist (siehe Tabelle 3).

Land	Reduktionsverpflichtung (1990**–2008/2012)
EU-15*, Bulgarien, Tschechische Republik, Estland, Lettland, Liechtenstein, Litauen, Monaco, Rumänien, Slowakei, Slowenien, Schweiz	–8%
USA***	–7%
Kanada****, Ungarn, Japan, Polen	–6%
Kroatien	–5%
Neuseeland, Russische Föderation, Ukraine	0
Norwegen	+1%
Australien	+8%
Island	+10%

Tabelle 3: Die berühmt-berüchtigte Verpflichtungsliste zum Kyoto-Protokoll.
* Die 15 Mitgliedsstaaten der EU im Jahr 1997 akzeptierten ein gemeinsames Reduktionsziel, welches mithilfe eines nationalen Schlüssels aufgeteilt wurde.
** Einige Länder Osteuropas haben ein anderes Basisjahr als 1990.
*** Die Vereinigten Staaten haben das Kyoto-Protokoll nicht ratifiziert.
**** Am 15. Dezember 2011 kündigte Kanada seine Mitgliedschaft im Kyoto-Protokoll mit Wirksamkeit zum 15. Dezember 2012.
Quelle: UNFCCC(-Webseite) Kyoto-Protokoll

In der zweiten Spalte von Tabelle 3 verbirgt sich das wesentliche Explosivmaterial des Kyoto-Protokolls, wie ich weiter unten erläutern werde. Die in der ersten Spalte aufgeführten Parteien stimmen zwar nicht exakt, aber doch im Wesentlichen mit den Anlage-I-Ländern der Klimarahmenkonvention überein. Die *Ratifizierungsliste* umfasst wiederum alle Parteien, die gemäß ihrer jeweiligen Entscheidungsmechanismen (in der Regel Beschlussfassung durch das nationale Parlament) dem Kyoto-Protokoll mitsamt seinen Regelungen und Verpflichtungen zugestimmt haben. Mittlerweile finden sich dort 191 Eintragungen: Das sind *alle* Kyoto-Parteien bis auf die USA, worüber noch zu reden sein wird. Allerdings hat sich Kanada als Erstunterzeichner mit Wirkung vom 15. Dezember 2012 wieder aus dem Protokoll verabschiedet (siehe unten). Wichtig, aber völlig anders geartet ist schließlich die *Anlage A* zum Protokoll, wo die sechs »Kyoto-Gase« – Kohlendioxid, Methan, Lachgas, teilhalogenierte Fluorkohlenwasserstoffe, perfluorierte Kohlenwasserstoffe und Schwefelhexafluorid – explizit aufgeführt sind. Dies sind die klimawirksamen Substanzen, die es gemäß der Vereinbarung von 1997 zu beachten gilt.

Brummt Ihnen nun der Kopf? Es kommt noch schlimmer, denn manche dieser Listen sind festgeschrieben, manche ändern sich über die Jahre (wenn zum Beispiel ein neuer Nationalstaat wie der Südsudan entsteht und der Rahmenkonvention beitritt). Es gibt jedenfalls kaum einen Normalsterblichen, der alle involvierten Begriffe sauber auseinanderhalten und die aktuellen Sachstände benennen kann. Aber dafür sind ja die diversen Kasten der Klima-Bürokraten zuständig (siehe etwa Kapitel 5). Und am Ende des Verhandlungstages kommt es sowieso nicht mehr auf die obskuren Details an, sondern auf die zur Wirkung gebrachte politische Macht.

Und damit zu den *Hauptergebnissen von Kyoto*. Die in Anlage B (siehe Tabelle 3) aufgeführten 38 Industriestaaten verpflichten sich, ihre *gemeinsamen* jährlichen Emissionen der wichtigsten Treibhausgase (Anlage A) um *durchschnittlich 5,2 Prozent unter das Niveau von 1990* zu senken – und zwar bis 2012, wobei der Jahresdurchschnitt im Zeitraum 2008 bis 2012 entscheidend ist. Ein Ausreißerjahr nach oben, sagen wir 2010, kann somit durch andere Jahre, sagen wir 2008 und 2009, kompensiert werden. Die 2007 einsetzende internationale Finanzkrise und ihre Achterbahnwirkung auf die Industrieemissionen hat die Sinnhaftigkeit einer solchen Zeitbudgetregelung aufgezeigt. Die mehr oder weniger bitteren Pillen für die betroffenen Einzelstaaten werden in der zweiten Spalte von Anlage B (siehe erneut Tabelle 3) verschrieben. Man beachte, dass die damals 15 Mitgliedsländer der Europäischen Union eine 8-prozentige Emissionsminderung zu erbringen haben, die USA 7 Prozent und Gastgeber Japan 6 Prozent. Wohingegen bestimmte Staaten wie die Russische Föderation in ihrer Klimawirkung stagnieren und andere Länder diesbezüglich sogar noch deutlich zulegen dürfen. Australien wird beispielsweise eine 8-prozentige *Erhöhung* seines Treibhausgasausstoßes zugestanden.

Das Ganze konkretisiert sich allerdings erst durch eine technische Vereinbarung, die ihrerseits endlose Debatten auslösen kann: Wenn ein Land X im Verpflichtungszeitraum eine Emissionsminderung von Y Prozent zu erbringen hat, dann bezieht sich dies auf die Gesamtklimawirkung aller sechs »Kyoto-Gase«. Zur Berechnung des summarischen Treibhauseffekts wird eine gegebene Menge einer Substanz Z in die CO_2-Menge umgerechnet, welche das äquivalente »Erwärmungspotenzial« in der Erdatmosphäre entfalten würde. Deshalb wird der »Wert« eines Treibhausgasgemisches in der Regel in der Leitwährung der »CO_2-Äquivalente« ausgedrückt. Im Kyoto-Protokoll ist dies in Artikel 5, Absatz 3 explizit geregelt: »Zur Berechnung des Kohlendioxidäquivalents der anthropogenen Emissionen der in Anlage A aufgeführten Treibhausgase aus Quellen und des Abbaus solcher Gase durch Senken werden die von der Zwischenstaatlichen Sachverständigengruppe für Klimaänderungen [gemeint ist der IPCC] angenommenen und von der Konferenz der Vertragsparteien auf ihrer dritten Tagung vereinbarten globalen Treibhauspotenziale verwendet.«

So schwer verständlich und ermüdend liest sich fast jeder Satz in den einschlägigen Klimadokumenten. Aus naturwissenschaftlicher Sicht ist die Umrechnung von Treibhausgasen in CO_2-Äquivalente übrigens keineswegs unproblematisch: Neben der Strahlungswirkung der jeweiligen Moleküle sind ihre Verweildauer in der Erdatmosphäre, ihre Wechselwirkung mit anderen Einflussgrößen, Rückkopplungseffekte und weitere Faktoren zu berücksichtigen. Insofern ist die Konversion der effektiven Klimawirkung unterschiedlicher Treibhausgase ein Näherungsverfahren, das sich mit dem wissenschaftlichen Fortschritt weiterentwickelt. Dennoch ist der entsprechende Pauschalsatz bei der Berechnung von Klimaschutzleistungen zu begrüßen, da er die Handlungsspielräume der Vertragsstaaten erweitert: Wer Probleme hat, seinen Kohlendioxidausstoß bis zu einem Stichjahr adäquat zu mindern, wird dafür vielleicht Mittel und Wege finden, seine Methanemissionen zu reduzieren usw.

Diese *Flexibilität* ist überhaupt ein Schlüsselaspekt, der das ganze Kyoto-Protokoll durchzieht und die politische Einigung im endlosen Verhandlungsfinale wohl erst möglich machte. Damit kommen wir zu den diversen Zuckerhüllen, mit denen die Reduktionspillen versehen wurden. Da ist zunächst die in Artikel 3, Absatz 3 des Dokuments festgeschriebene Möglichkeit, im Rahmen einer nationalen Buchhaltung Treibhausgasemissionen mit Treibhausgas*absorptionen* zu verrechnen. Beispielsweise kann ein Staat auf seinem Gebiet durch groß angelegte Aufforstungsmaßnahmen der Atmosphäre bedeutende Mengen von Kohlendioxid über die Photosyntheseleistung der aufwachsenden Bäume entziehen – er schafft also in voller Absicht eine *biologische Senke* für CO_2. Das Kyoto-Protokoll bezieht die Minderungsvorgaben in Anlage B ausdrücklich auf die Nettoflüsse der sechs betrachteten Treibhausgase, mithin auf die Summe aller Freisetzungen aus den Quellen und aller Aufnahmen durch die Senken einer gegebenen Landesfläche. Leider befinden sich auf dem Senkenweg etliche Fallstricke und Fallgruben, auf die ich weiter unten eingehen werde.

Über die Anrechenbarkeit des biologischen Kohlenstoffmanagements hinaus wird der Erfüllungsspielraum der Länder in Bezug auf Klimaschutzverpflichtungen unmittelbar erweitert durch die sogenannten »Flexiblen Mechanismen« im Kyoto-Protokoll. Wie andere Regelungen des Abkommens sind sie erst in der endgültigen Fassung vom Jahr 2002 voll ausformuliert. Es handelt sich dabei um den *Emissionshandel (Emission Trading*, abgekürzt: ET), die *Gemeinsame Umsetzung (Joint Implementation*, JI) und den *Umweltverträglichen Entwicklungsmechanismus (Clean Development Mechanism*, CDM). Diese Wortungeheuer gehören seither zum Standardvokabular der Klima-Diplomatie, und jeder wird mit Verachtung gestraft, der mit Akronymen wie JI oder CDM nichts anzufangen weiß. Dabei sind die dem Kyoto-Mechanismus zugrunde liegenden Ideen ganz einfach und speisen sich alle aus der Hoffnung, dass marktwirtschaftliche Ansätze zur insgesamt effizientesten – sprich: billigsten – Erfüllung der internationalen Klimaschutzverpflichtungen führen werden.

Die Zielvorgaben in Anlage B des Kyoto-Protokolls können als Zuweisung von Emissionsrechten innerhalb eines bestimmten Zeitraums an die Industrieländer aufgefasst werden. Der *Emissionshandel* erlaubt nun denjenigen dieser Staaten, die (aus welchen Gründen auch immer) mit ihrem Treibhausgaskontingent nicht auskommen, ihren Zusatzbedarf durch Zukauf von Rechten bei anderen Industriestaaten zu decken, welche ihre Zuweisungen nicht ganz ausschöpfen müssen. Zu den Letzteren zählen bisher insbesondere die osteuropäischen Länder wie Russland, deren Treibhausgasausstoß nach dem Kollaps der sowjetischen Planwirtschaft scharf zurückgegangen ist. Während der Emissionshandel unter Staaten nach Art des Kyoto-Protokolls somit in aller Regel ein Geschäft mit »heißer Luft« ist und nichts zur realen Minderung des Treibhausgasausstoßes beiträgt, soll die *Gemeinsame Umsetzung* genau dieses auf besonders kostengünstige Weise leisten: Im Rahmen einer Partnerschaft zwischen Anlage-B-Ländern hilft Industrienation 1 bei der messbaren Emissionsminderung auf dem Gebiet von Industrienation 2. Beispielsweise könnte die reiche und bestens organisierte Schweiz sich mit Geld und Know-how an der energetischen Sanierung heruntergekommener amerikanischer Städte (wie Detroit) beteiligen – falls sich dies mit dem Nationalstolz der USA vereinbaren ließe. Die Schweizer dürfen sich dann einen angemessenen und auszuhandelnden Teil der Treibhausgaseinsparungen auf amerikanischem Boden auf ihr eigenes Reduktionsziel anrechnen. Der Clou an dieser Partnerschaft wäre die offensichtliche Tatsache, dass sich im US-Gebäudebestand bei gleichem Mitteleinsatz ungleich höhere Minderungsmargen erzielen ließen als bei den schweizerischen Siedlungen mit ihrem hohen Qualitätsstandard. So könnte sich für beide Seiten ein Bombengeschäft ergeben.

Auch das dritte flexible Instrument im Kyoto-Protokoll, der *Umweltverträgliche Entwicklungsmechanismus*, soll dazu beitragen, dass Emissionsreduktionen entlang einer Liste von Standorten abgearbeitet werden, welche die wirtschaftlich besten Minderungsbedingungen aufweisen. Diese letzte Option, für die sich im Sprachgebrauch das oben erläuterte Kürzel CDM durchgesetzt hat, ist besonders trickreich: Der Mechanismus erlaubt es einem Anlage-B-Land, ein »Klimaprojekt« mit einem Entwicklungsland – das gemäß Protokoll ja keinerlei Reduktionsverpflichtungen erfüllen muss – durchzuführen und sich die daraus im *Nicht*-Anlage-B-Land resultierenden Treibhausgasminderungen gutschreiben zu lassen. Deutschland könnte beispielsweise Experten und Finanzen mobilisieren, um veraltete Dieselgeneratoren für die Stromerzeugung in Burkina Faso durch umweltfreundliche Biogasanlagen zu ersetzen. Der geniale Hintersinn dieses Ansatzes zielt auf die Möglichkeit, Entwicklungsländer durch betreutes Überspringen einer voll ausgereiften, schmutzigen Industrialisierungsphase direkt auf den Niedrigemissionspfad zu bringen. Dadurch sollen die beiden Fliegen »Klimaschutz« und »Wohlstandswachstum« mit einer Klappe geschlagen werden – so jedenfalls die Nachhaltigkeitsphilosophie von Kyoto. Leider ist die Wirklichkeit in aller Regel hässlicher als der Wunschtraum.

Ich fasse die Kyoto-Mechanismen wie folgt zusammen: Ein Industrieland, das seine Reduktionsverpflichtungen nicht zu Hause erfüllen kann oder mag, darf *entweder* Emissionsrechte zukaufen *oder* Treibhausgasminderungen in einem anderen Verpflichtungsland bewerkstelligen *oder* dies sogar in einem Land tun, das gar keiner Verpflichtung unterliegt! Über einen Mangel an Flexibilität kann sich da wahrhaftig niemand beschweren.

Zu absolut magischer Erfindungskraft schwingt sich das Protokoll jedoch empor, wenn es um sein eigenes Inkrafttreten geht. Zum Genießen für Völkerrechtler zitiere ich die entsprechende Passage (Artikel 25, Absatz 1) im Wortlaut: »Dieses Protokoll tritt am 90. Tag nach dem Zeitpunkt in Kraft, zu dem mindestens 55 Vertragsparteien des Übereinkommens, darunter in Anlage I aufgeführte Vertragsparteien, auf die insgesamt mindestens 55 Prozent der gesamten Kohlendioxid-Emissionen der in Anlage I aufgeführten Vertragsparteien im Jahr 1990 entfallen, ihre Ratifikations-, Annahme-, Genehmigungs- oder Beitrittsurkunden hinterlegt haben.« So gut wie keiner meiner Kollegen unter den Naturwissenschaftlern könnte diese Regelung korrekt zitieren, geschweige denn logisch nachvollziehen. Doch die Leser, die mir aufmerksam bis zu diesem diplomatischen Gipfelpunkt gefolgt sind, können dies im Handumdrehen übersetzen: Wenn *erstens* 55 Mitglieder der Klimarahmenkonvention dem Dokument zustimmen und *zweitens* die unterzeichnenden Länder aus Anlage I für mindestens 55 Prozent der reinen (nicht äquivalenten!) CO_2-Emissionen dieser Teilgruppe im Jahr 1990 verantwortlich sind, dann wird das Kyoto-Protokoll (nach einer angemessenen Bedenkzeit) zum bindenden internationalen Vertrag. Die Zahl 55 bleibt jedoch ein Mysterium, über deren Ursprung in den finsteren Fluren und Zimmern des Kongresszentrums sich lediglich spekulieren lässt.

Ansonsten lässt sich aber zu Entstehung, Intention und Wirkung der nunmehr zusammengefassten Bestimmungen des berühmtesten »Protokolls« der bisherigen Weltgeschichte doch einiges Erhellende sagen, wofür ich auch meine persönliche Erinnerung bemühen darf. Dass in Kyoto überhaupt ein Gesamtpaket beschlossen wurde, grenzt an ein Wunder, das sich zum Teil aus dem Berliner Geist von 1995 erklären lässt. Die anderen Teile haben viel mit Berechnung, Verdrängung, Verwirrung und schierem Zufall zu tun. Insbesondere die bemerkenswerte Anlage B könnte die Ausgeburt einer neapolitanischen Commedia-dell'arte-Nacht (siehe Kapitel 16) sein. 6 Prozent Minderungspflicht für die japanischen Gastgeber, hingegen 8 Prozent Zuschlag für die Australier: Hinter jeder dieser Zahlen verbergen sich verwickelte politische und psychologische Geschichten von großem Unterhaltungswert und geringer Vernunftkraft. Den bizarrsten Beitrag in dieser Hinsicht erbrachten wieder einmal die USA.

Ich entsinne mich genau der von jedermann als entscheidend empfundenen Plenarsitzung am letzten offiziellen Verhandlungstag von Kyoto. Zutritt sollten nur offizielle Mitglieder der nationalen Delegationen haben, aber das Klimasekretariat der Vereinten Nationen durfte darüber hinaus ein Kontingent von Einlasskarten für die Tribünen individuell vergeben. Eine mir gewogene Mitarbeiterin steckte mir das begehrte Ticket rechtzeitig zu, und so konnte ich in froher Erwartung auf der zentralen Empore Platz nehmen – gleich hinter Hans Olaf Henkel, dem damaligen Präsidenten des Bundesverbandes der Deutschen Industrie (BDI). Henkel gilt wegen seiner brüsken Art und seiner oft unnötig provokativen Thesen als eine Art Polit-Rambo. Er ist jedoch zweifellos ein intelligenter Mann, der unter anderem als Präsident der *Leibniz-Gemeinschaft* von 2001 bis 2005 gute Arbeit geleistet hat. Unvergesslich wird mir allerdings das bedenkliche Rotglühen seines Kopfes bleiben, das am nämlichen Tag in Kyoto durch die plötzliche Stürmung der Tribüne durch eine wilde Horde bunt gekleideter junger Leute ausgelöst wurde: Die Konferenzleitung hatte sich nämlich spontan entschlossen, die Türen zu den Emporen zu öffnen, um den sehnsüchtig wartenden »Botschaftern der Zivilgesellschaft« Zugang zum Plenarspektakel zu gewähren. Auf diese Weise kam Henkel unverhofft zu einer attraktiven jungen Umweltaktivistin in wallender Rohseide als Sitznachbarin, was ihn allerdings mehr zu verwirren als zu erfreuen schien.

Was wir alle dann von der Tribüne aus erlebten, war eine besondere Inszenierung der amerikanischen Art, ebenso beeindruckend wie schlitzohrig. Ganz allein auf der riesigen Bühne saß Al Gore auf einem unscheinbaren Stuhl, den Kopf in die Hand gestützt, und wartete auf sein Stichwort. Großes College-Theater! Als er sich schließlich erhob, um zum Plenum zu sprechen, war die Spannung im Publikum kaum mehr zu ertragen. Denn alle warteten darauf, zu erfahren, ob die USA diese COP zum Erfolg führen oder aber scheitern lassen wollten. Gore kam dann umgehend zur Sache: »Ich habe eben mit Bill [Clinton] telefoniert. Er hat mich und die amerikanische Delegation angewiesen, auf dem Weg zu einem Abkommen mit größtmöglicher Flexibilität zu agieren.« Das hieß im Klartext: 7 Prozent Reduktionsverpflichtung für die Vereinigten Staaten! Und damit war ein gewaltiger Erwartungsdruck für diejenigen Staaten aufgebaut, die noch zögerten, die ihnen zugedachten Minderungsquoten zu akzeptieren. Dies galt insbesondere für Japan, wo sich die schier allmächtige Industrie mit allen erdenklichen Mitteln gegen eine 6-prozentige Reduktionsverpflichtung wehrte – mit hysterischen Hinweisen auf das unvermeidbare Ende des Nippon'schen Exportwunders. Der Ausgang dieser Kontroverse ist in obiger Tabelle 3 nachzulesen.

Was Al Gore allerdings genau wusste, anders als die allermeisten Teilnehmer der Kyoto-Konferenz, war die schnöde Tatsache, dass das parlamentarische System auf dem Capitol Hill keinesfalls die 7-Prozent-Offerte aus dem Weißen Haus absegnen würde. Natürlich kannten viele die sogenannte *Byrd-Hagel-Resolution*, die der US-Senat am 25. Juli 1997, also gut vier Monate vor der COP 3, mit dem stalinistisch anmutenden Ergebnis von 95 Ja-Stimmen bei 0 Gegenstimmen oder Enthaltungen verabschiedet hatte. Dort wurde ausdrücklich die Haltung des Senats bekräftigt, dass die Vereinigten Staaten keinem internationalen Abkommen unter der Klimarahmenkonvention beitreten sollten, das *entweder* den Industriestaaten, aber nicht den Entwicklungsländern Reduktionsverpflichtungen auferlegte *oder* »die amerikanische Wirtschaft ernsthaft schädigen würde«. Jedem Kenner des US-Politbetriebes musste jedenfalls klar sein, dass die Unterschrift des Vizepräsidenten Al Gore unter einen ambitionierten Klimavertrag nicht die dabei fließende Füllertinte wert war. Konsequenterweise bemühte sich Präsident Clinton im Nachgang zu Kyoto erst gar nicht, das Protokoll auf dem Kapitol von Washington zur Abstimmung zu bringen. Der 43. US-Präsident, George W. Bush, zog schließlich 2001 Al Gores symbolische Unterschrift offiziell im Namen der Vereinigten Staaten zurück. Ich möchte Gore gar keine unlauteren Motive während seiner klimapolitischen Burleske von Kyoto unterstellen: Vielleicht hoffte er ja selbst noch, wie so viele Amerikaner und Nicht-Amerikaner, dass auf irgendeine wundersame Weise die Ratifizierung des Kyoto-Protokolls durch die Vereinigten Staaten schließlich zustande kommen würde. Aber eigentlich war das Thema Erderwärmung damals schon viel zu ernst, um als Bühnenbild für einen Hütchenspielerauftritt missbraucht zu werden.

Denn andere Länder fühlten sich den Ergebnissen der COP 3 sowie zu unbequemen Klimaschutzmaßnahmen ernsthaft verpflichtet, die wie in den USA einer parlamentarischen Legitimität sowie breiter öffentlicher Akzeptanz bedurften. Das galt zuvorderst für Deutschland, dessen oberste Klimadiplomatin, Angela Merkel, gewissermaßen den perfekten Antitypus zu Al Gore verkörpert. Die beiden haben als Politiker und Mensch ungefähr so viel gemeinsam wie der stille Philosophenweg von Kyoto und der dröhnende Sunset Strip von Hollywood. Tatsache ist nun einmal, dass Gore als Vizepräsident die Klimadossiers in einer Schublade vermodern ließ, während sich Merkel im Verlauf ihres Werdegangs von der Bundesumweltministerin bis zur langjährigen Bundeskanzlerin zur wichtigsten klimapolitischen Entscheidungsträgerin der Welt entwickelte. Wie sie als G7-Präsidentin im Juni 2015 ein weiteres Mal demonstrierte, als auf Schloss Elmau ein ambitioniertes Schlussdokument verabschiedet wurde, das die *Dekarbonisierung* der Weltwirtschaft als einzig sinnvolle Perspektive identifiziert.

In Kyoto jedenfalls spielte Angela Merkel ihren Part im Namen der deutschen Regierung so intensiv wie zwei Jahre zuvor in Berlin. Mitte der zweiten Konferenzwoche traf ich sie zufällig im »Casino« des Zentrums, wo ich mit einem Journalisten von der *Süddeutschen Zeitung* zum Mittagessen verabredet war. Viele Hindernisse auf dem Weg zu einer internationalen Vereinbarung waren zu jenem Zeitpunkt noch nicht ausgeräumt, aber Merkel machte mit trockenen Sätzen deutlich, dass es »keine Alternative« zum Erfolg gebe. Diese Redewendung ist ja inzwischen zum festen Bestandteil ihrer Rhetorik geworden, aber weit mehr als eine Floskel: Aus den Begegnungen mit der heutigen Bundeskanzlerin im Verlauf von fast 20 Jahren habe ich den Eindruck gewonnen, dass diese klar zwischen taktischer Geschmeidigkeit, ja Beliebigkeit, und strategischer Prinzipientreue zu unterscheiden weiß. Soll heißen, dass bestimmte Fluchtpunkte politischen Handelns hartnäckig ins Fadenkreuz der Entscheidungsfindung gerückt werden müssen, auch wenn das erratische Tagesgeschäft diese Ziele immer wieder aus dem Fokus wandern lässt.

Merkels Denkweise ist in der Tat von ihrer Ausbildung als Physikerin geprägt, und deshalb wird sie ihr Handeln stets an dem ausrichten, was sie einmal von Grund auf verstanden hat. Nicht zuletzt die Erhaltungssätze für Energie, Impuls usw., die sich trivialisiert in Lobreden auf den nachhaltigen Wirtschaftssinn der »schwäbischen Hausfrau« wiederfinden. Und wer die naturgesetzlichen Rahmenbedingungen des menschlichen Tuns anerkennt, wird weder der Illusion des immerwährenden Wohlstandszuwachses durch Zwangsanleihen bei unseren Nachkommen erliegen noch der Halluzination über die unbegrenzte Aufnahmefähigkeit des Planeten für die industriellen Exkremente der Menschheit. Gepaart mit elementaren Vorstellungen über Gerechtigkeit, etwa im Sinne der Kant'schen Philosophie, ergibt sich daraus ein fest gefügtes Fundament für ein langfristig angelegtes Klimaschutzprogramm.

Dass auch die hehrsten Grundsätze beim unbarmherzigen internationalen Klimapoker jederzeit zur Disposition stehen, erfuhren vor allem die Europäer zum ersten Mal während der hektischen Tage und Nächte von Kyoto – der brutale Aufprall auf dem Boden der Machtrealität erfolgte dann zwölf Jahre später in Kopenhagen (Kapitel 7). Die Politik im Allgemeinen versteht sich ja auf ebenso faszinierende wie armselige Weise darauf, unter einer Überschrift A ein Bündel von Maßnahmen zu platzieren, die alles Mögliche bewirken, nur nicht die Umsetzung von A. Damals in Japan manifestierte sich dies insbesondere in der schamlosen Relativierung des Pflichtenhefts in Anlage B. Für die Anrechnung biologischer Senken auf dem eigenen Territorium oder den Einsatz flexibler Marktinstrumente gibt es einige gute Argumente. Aber die Regelungen des Kyoto-Protokolls sind so gefasst, dass sich *Primärziel* – spürbare Senkung der fossilen CO_2-Emissionen der Industrieländer – und *Sekundärziel* – nominale Erfüllung der nationalen Verpflichtungen zu geringstmöglichen Kosten – in der Rangfolge fast mühelos vertauschen lassen. Alle können unter solchen Umständen diplomatisch ihr Gesicht wahren, obgleich die gemeinsame Strategie versagt.

Wenige Tage nach Abschluss der COP 3 hatte ich ein längeres Telefonat mit Merkel, die insbesondere an einer sorgfältigen wissenschaftlichen Bewertung der Landnutzungsoptionen im Kyoto-Protokoll interessiert war. Die Amerikaner hatten zur Überraschung vieler Vertragsparteien gegen Ende der Konferenz das »Wald-Kaninchen« aus ihrem Knallzylinder gezaubert und damit einen beträchtlichen Verhandlungserfolg erzielt. Die damalige Bundesumweltministerin wollte nun ganz genau wissen, welche Schlupflöcher die entsprechenden Vereinbarungen in den Klimaschutz-Bau gegraben haben mochten. Deshalb bat sie mich als WBGU-Vorsitzenden, zügig eine umfassende Studie zum Thema durchzuführen und der Bundesregierung vorzulegen. Unser Gremium machte sich daraufhin an die Arbeit und erstellte das Sondergutachten *Die Anrechnung biologischer Quellen und Senken im Kyoto-Protokoll* (WBGU, 1998), das bis heute eine der wichtigsten Referenzanalysen auf dem nämlichen Gebiet darstellt. Alle näher Interessierten verweise ich auf das frei im Internet zugängliche Dokument, das insbesondere die Perversionsmöglichkeiten des relevanten Paragraphen (Artikel 3, Absatz 3) aufdeckt. Beispielsweise konnten Vertragsparteien unbehelligt Primärwälder *vor* 2008 abholzen, um sich dann Wiederaufforstungsmaßnahmen (etwa das Anlegen schnell wachsender Plantagen) *nach* 2008 gutschreiben zu lassen. Immerhin wurde auf der COP 7 in Marokko (29. Oktober bis 9. November 2001) mit dem »Übereinkommen von Marrakesch« dieses besonders ärgerliche Schlupfloch gestopft. Nicht zuletzt wegen der kritischen Analysen des Kyoto-Protokolls durch die Wissenschaft.

Was lässt sich über die Kyoto-Mechanismen sagen, die ja dort und dann Klimaschutz befördern sollen, wo und wenn er jeweils am wichtigsten ist? Nun, der Emissionshandel lebt – eher schlecht als recht. Aber immerhin nicht nur als Schachern von »heißer Luft« zwischen Nationalstaaten, sondern vor allem in seiner effizienteren Form zwischen Unternehmen. Nach wie vor bildet die Europäische Union den größten Markt für diese Geschäfte, aber neuerdings treibt China den Ansatz entschlossen voran. Viel könnte man durch mutige Reformen hier noch erreichen, wie ich mit meinen WBGU-Kollegen in einem Hauptgutachten 2011 herausgestellt habe (WBGU, 2011). In den USA hatte man jedenfalls in den Jahren vor der Kyoto-Konferenz recht gute Erfahrungen mit dem Versuchsansatz gemacht, dass ein insgesamt knappes Gut – wie eben die umweltverträgliche Höchstdosis gewisser industrieller Abfallprodukte – zwischen den interessierten Unternehmen gehandelt wurde und der Staat

die dafür benötigten Rechte versteigerte. Der 1970 vom später schmäh-
lich aus dem Amt gejagten US-Präsidenten Richard Nixon unterzeichnete
Luftreinhaltungserlass (*Clean Air Act*) wurde 1990 erheblich ausgeweitet,
um den in den 1980er-Jahren dramatisch wachsenden ökologischen Herausforderungen wie »saurem Regen« und bodennaher Ozonbildung zu
begegnen. Dadurch konnte insbesondere ein nationaler Emissionshandel
für Schwefeldioxid (SO_2) etabliert werden, dessen 1995 gestartete erste
Phase schließlich 445 Industriestandorte im ganzen Land einbezog. Das
Programm erwies sich als voller Erfolg und reduzierte die SO_2-Emissionen
weit unter das angestrebte Niveau (US EPA, Webseite Clean Air Markets).

Dementsprechend trat die amerikanische Delegation auf der COP 3 mit
marktwirtschaftlich geschwellter Brust auf und intonierte das Loblied des
CO_2-Emissionshandels zur Lösung des Weltklimaproblems. Eine meiner
ersten Begegnungen nach Ankunft im Konferenzzentrum von Kyoto verwickelte mich ungewollt in eine Diskussion mit alten Bekannten aus den
USA: dem Umweltsystemanalytiker Jay Edmonds vom *Pacific Northwest
National Laboratory* (PNNL) des amerikanischen Energieministeriums
und dem schon erwähnten Atmosphärenphysiker Steve Schneider von der
kalifornischen Stanford University. Beide waren als wissenschaftliche Berater der US-Verhandlungsführung angereist und betrachteten mich als
ihr europäisches Gegenstück, das man so enthusiastisch wie freundschaft-
lich von den Segnungen der neoklassischen Wirtschaftsphilosophie beim
Klimaschutz überzeugen wollte. »Vergiss das ganze Gequatsche von einer
Kohlenstoffsteuer, John«, flüsterte mir Steve mit einem Augenzwinkern
zu. Denn das europäische (und speziell das deutsche) Umweltdenken war
stets stark ordnungsrechtlich geprägt. Weshalb eben gerade die EU bis
Mitte der 1990er-Jahre mit einer Besteuerung von Treibhausgasemissionen als probatem fiskalischen Mittel zu Begrenzung der Erderwärmung
liebäugelte.

Es kam dann in Kyoto, wie es kommen musste: Die muffigen europäischen Steuerkonzepte wurden zugunsten der glamourösen »Cap &
Trade«-Ideen (also Weltbasar für Gesamtkontingente von Emissionen)
in den Ausguss der Politik gequirlt. Ironischerweise war es dann aber
die EU, welche diese Ideen folgsam umzusetzen begann, während »Emissionshandel« in den USA langsam, aber sicher zum Kampf- und Schmäh-
begriff wurde. Präsident Obama unternahm 2010 den vorläufig letzten
Versuch, ein entsprechendes nationales System einzuführen, erlitt dabei
aber eine krachende Niederlage auf dem Kapitol von Washington. Seither wollen nur noch wenige zwischen Ost- und Westküste diesen Kadaver anfassen, und selbst hochbesorgte Klimaforscher wie Jim Hansen plä-

dieren heute vehement für das Schwingen des Steuerschwerts. Trotzdem bleibt der Emissionshandel für mich die beste und eleganteste ökonomische Klimaschutzwaffe, weil man dabei auf Basis des wissenschaftlichen Sachstands als Allererstes die *Menge* des Störstoffs begrenzt. Der Preis ergibt sich dann, anders als beim Steueransatz, direkt aus der Reaktion des marktwirtschaftlichen Systems.

Mit Bezug auf den oben erwähnten Kollegen Edmonds erlaube ich mir hier noch eine kleine Ausschweifung zum PNNL, seiner Arbeitsstätte im idyllischen US-Staat Washington. Und da stoßen wir wieder auf einen jener beachtlichen Zusammenhänge, die sich wie rote Wirkungsfäden durch die Geschichte ziehen, aber den Blicken der Öffentlichkeit zumeist verborgen bleiben. In Kapitel 15 habe ich angedeutet, welch ungeheuren Innovationsschub das Manhattan-Projekt zum Bau der amerikanischen Atombombe in der westlichen Welt auslöste. Aber der Preis dafür war hoch und wurde nicht nur in den Nuklearwüsten von Hiroshima und Nagasaki bezahlt. 1943 kaufte die US-Regierung die Städte Hanford und White Bluffs am Columbia River mitsamt dem ausgedehnten Umland und ließ sämtliche Einwohner umsiedeln. Denn man hatte zuvor in der Bundeshauptstadt Washington, D.C., entschieden, im Südosten des fernen Bundesstaates gleichen Namens eine gigantische Produktionsstätte für kernwaffenfähiges Plutonium zu errichten. Dieses hoch radioaktive Element lässt sich in einem überaus aufwendigen Verfahren durch Neutronenbestrahlung von minderwertigem Uran (^{238}U) herstellen. Die Story von *Hanford Site*, wie der über 1500 Quadratkilometer große Nuklearkomplex bald genannt wurde, ist grotesk, zynisch und nahezu unglaublich. Auf diesem Gelände wurde nicht nur das Plutonium für die allererste Testbombe und für »Fat Man«, den Zerstörer von Nagasaki, produziert, sondern auch praktisch der gesamte Sprengstoff für die umfassende atomare Aufrüstung der USA während des Kalten Krieges. Insgesamt dürften wohl über 1200 Tonnen von besagtem Höllenelement am Columbia River erbrütet worden sein.

Dadurch wurde die Gegend zur schwerstverstrahlten in der westlichen Hemisphäre (Pitzke 2011), zum Umweltschandfleck unserer Zivilisation. Selbst der ehemalige US-Innenminister Stewart Udall bezeichnete Hanford Site als das »tragischste menschliche Kapitel in der Geschichte des Kalten Krieges«. Weil man während der gesamten Betriebszeit der Reaktoranlage die technischen Probleme und vor allem die Entsorgung des radioaktiven Abfalls nicht in den Griff bekam, ereigneten sich immer wieder schwerwiegende Unfälle. Wie die Havarie von 1948, die eine gewaltige Strahlungswolke freisetzte. Und der radioaktive Müll wurde einfach in den

Fluss geleitet. Die Auswirkungen auf Menschen, Tiere und Ökosysteme in der Umgebung des Komplexes waren fatal – wie in dem Buch *Atomic Harvest* (D'Antonio 1994) dokumentiert. Wer sich vor Fukushima fürchtet, möge sich keinesfalls nach Hanford begeben …

Seit 1988 wird auf dem Riesengelände die »größte Entsorgungsaktion der Menschheitsgeschichte« durchgeführt, wie die US-Regierung stolz erklärt – mit mehr als 2 Milliarden Dollar jährlichen Kosten und einem vorgesehenen Projektende gegen 2050, also etwa einem Jahrhundert nach Inbetriebnahme! Und die Behörden arbeiten fleißig an der Erschaffung eines positiven Erscheinungsbildes von Hanford Site im nationalen Bewusstsein und in der Weltöffentlichkeit: Der sogenannte B-Reaktor, die allererste der dortigen Plutoniumproduktionsstätten, wurde nicht eingesargt, sondern zu einem öffentlich zugänglichen historischen Wahrzeichen (*National Historic Landmark*) erklärt. Ein Teilgebiet des Komplexes, überwiegend nördlich des Columbia River, wurde im Jahr 2000 sogar von Präsident Clinton in ein fast 800 Quadratkilometer großes Naturschutzgebiet von nationalem Rang – Hanford Reach National Monument – umgewandelt, das insbesondere der ökologischen Forschung dienen soll. Schon früher entstand vor Ort das Pacific Northwest National Laboratory, wo heute mit einem Jahresetat von rund 1 Milliarde Dollar an die 5000 Mitarbeiter für das Energieministerium tätig sind. Laut offiziellen, gänzlich ironiefreien Angaben widmen sich die Wissenschaftler insbesondere Fragen der nationalen Sicherheit, zu denen an erster Stelle die Nichtverbreitung von Atomwaffen zählt, aber natürlich auch die künftige Energieversorgung der USA im Zusammenhang mit dem Klimawandel. Womit wir wieder bei Jay Edmonds und der Kyoto-Konferenz gelandet wären.

Edmonds war, als gelernter Ökonom, von den in Japan beschlossenen marktorientierten Instrumenten des Klimaschutzes begeistert. Aber grau, sehr grau ist auch alle volkswirtschaftliche Theorie. Dies wurde in den letzten 10 bis 15 Jahren durch die fast abartige Nutzung des CDM-Schemas aufgezeigt. Zur Erinnerung: Es geht um Projekte in Ländern des Südens, die dort von Unternehmen aus dem Norden durchgeführt werden, um Treibhausgasemissionen zu vermeiden, die im Rahmen des »normalen« gesellschaftlichen Fortschritts anfallen würden. Die Sinnhaftigkeit von CDM-Aktivitäten hängt somit entscheidend von dem Nachweis ab, dass die nämlichen Emissionen *ohne* den Mechanismus unbedingt entstanden wären. Und als wohltätigen Nebeneffekt erhofft man sich zukunftsfähige Investitionen in Entwicklungsländern, insbesondere den allerärmsten Staaten. Die CDM-Wirklichkeit bietet jedoch einen völlig anderen Anblick:

Denn die vergleichsweise wohlhabenden Schwellenländer China und Indien beherrschten bald nach Kyoto den entsprechenden Markt. Von Umsteuerungseffekten in Richtung Klimaverträglichkeit konnte also zumeist nicht die Rede sein, denn die CDM-Prämien wurden vor allem als Boni für Entwicklungsprojekte mitgenommen, die man ohnehin durchführen wollte. Den Gipfel der Klimaschutzperversion bildete im CDM-Zusammenhang jedoch *der große HFC-23-Schwindel*. Hinter dem Kürzel »HFC-23« verbirgt sich das extrem klimawirksame Industriegas Trifluormethan, das wiederum bei der Produktion von Chlordifluormethan (»HCFC-22«) entsteht. Letzteres wird als Kühlmittel eingesetzt, aber auch bei der Herstellung von Teflon zur Beschichtung von Bratpfannen. Unsere moderne Welt hat wahrhaftig alle Unschuld verloren – selbst beim Fabrizieren von Spiegeleiern kann einen das Umweltgewissen quälen! Denn HCFC-22 schädigt die stratosphärische Ozonschicht (siehe Kapitel 3), und HFC-23 trägt zum anthropogenen Treibhauseffekt bei. Dennoch würden gerade in den Ländern des Südens im Rahmen der normalschmutzigen Entwicklung immer mehr von diesen Substanzen anfallen und größtenteils in die Umwelt entweichen. Insofern ein klarer CDM-Fall, oder?

Die viel gerühmten Suchprozesse der internationalen Märkte hatten schnell erkannt, dass sich hier eine finanziell hochattraktive Möglichkeit zur Nutzung der entsprechenden Kyoto-Mechanismen bot. Wegen der phänomenalen Rückstrahlkraft der HFC-23-Moleküle ist die Vermeidung von 1 Tonne dieses Gases klimaäquivalent zur Vermeidung von 11 700 Tonnen CO_2. Wer die entsprechende Kohlendioxidmenge im Emissionshandel ersteigerte, musste im Jahr 2011 deshalb an die 140 000 Euro auf den Tisch legen! Dagegen kostete die Zerstörung einer Tonne HFC-23 nur etwa 2000 Euro. Also nichts wie ran an diese tief hängende Klimaschutz-Frucht!

In diesem Sinne entwickelte sich in den 2000er-Jahren ein schwungvolles Geschäft zwischen Unternehmen in Europa und insbesondere Deutschland (REW, Vattenfall, Salzgitter Flachstahl) und Produzenten in China, Indien und Brasilien. Der für beide Seiten äußerst lukrative Handel setzte allerdings höchst perverse Anreize: Vor allem die Trifluormethan-Hersteller in China gingen dazu über, absichtlich große Mengen von dem Klimagift als Abfallprodukt der HCFC-22-Erzeugung zu generieren, um dann möglichst viel davon gewinnbringend vernichten zu können! Das stellte die Klimaschutzabsicht zwar auf den Kopf, verletzte aber kein geltendes Recht und auch keine Protokollbestimmung. Vom Markt darf man eben Findigkeit erwarten, aber beim besten Willen keine Moral. Immerhin bemühte man sich irgendwann, den HFC-23-Sumpf auszutrocknen:

Ab 2007 wurden keine neuen Hersteller mehr für das CDM-Programm zugelassen und 2011 der Anteil von HFC-23 an der gesamten Kühlmittelproduktion auf 1 Prozent gedeckelt. Die EU ging noch einen Schritt weiter und verbot im Januar 2011 die Anrechnung von Zertifikaten aus HFC-23 Projekten im europäischen Emissionshandelssystem.

Bis heute wird am schlecht gearbeiteten Kyoto-Rock genäht und geflickt, obwohl er eigentlich schon längst aus der Mode gekommen ist. Doch erst einmal musste das Kleidungsstück ausgeliefert werden. Und dieser Vorgang allein gewährte tiefe Einblicke in die Mechanismen und Motive im internationalen Politikbetrieb. Die oben referierten Zielvorgaben für das Inkrafttreten des Protokolls – mit der geheimnisvollen Zahl 55 im Fokus – waren zunächst einmal zu erfüllen, und das erwies sich als noch schwieriger als erwartet. Dass es in den USA auf längere Sicht keine Basis für die Ratifizierung geben dürfte, wurde nach einer kurzen Phase globaler Klimarettungseuphorie rasch klar. Obwohl es doch ein amerikanisches Baby war! In der Rolle der Adoptiveltern taten sich deshalb vor allem die Länder der Europäischen Union hervor. Angela Merkel konnte dazu nach dem Regierungswechsel in Deutschland aufgrund des rot-grünen Triumphs bei den Bundestagswahlen am 27. September 1998 nicht mehr direkt beitragen. Aber sie sorgte – zunächst als Generalsekretärin der CDU, dann als deren Vorsitzende – dafür, dass auch die Opposition die Umweltthemen nicht aus den Augen verlor. Und ihre nächsten großen Klimaauftritte sollten 2007 erfolgen, während der doppelten Präsidentschaft Deutschlands bei der EU und der G8.

Anfang der 2000er-Jahre, nachdem die USA sich aus dem Staub gemacht hatten, hing das Schicksal des Kyoto-Protokolls jedoch am russischen Faden: Dieses Kernland der ehemaligen Sowjetunion war immerhin für circa 18 Prozent der CO_2-Emissionen von 1990 gut. Und der Zusammenbruch der Planwirtschaft nach dem Fall der Berliner Mauer hatte zu einem unbeabsichtigten, aber überaus drastischen Rückgang des Treibhausgasausstoßes in allen osteuropäischen Staaten geführt. Insofern gab es einen übergroßen politischen Spielraum für den Beitritt Russlands zum Kyoto-Protokoll und hervorragende Perspektiven für Gewinnmitnahmen mittels der flexiblen Mechanismen des Abkommens. Dennoch tobte innerhalb der Moskauer Nomenklatura ein heftiger Kampf hinsichtlich einer möglichen Ratifizierung. Einiges davon habe ich persönlich mitbekommen:

Schon beim G8-Gipfel in Genua im Jahr 2001 hatte der russische Dauerstaatsführer Wladimir Putin aufgrund entsprechender Meinungsverschiedenheiten im Klub der Machtmenschen die Idee ins Spiel gebracht, eine internationale Konferenz zum Klimawandel zu veranstalten. Diese sollte, so die Erwartung, die wissenschaftlichen und politischen Debatten zum Thema ein für alle Mal beenden. Und das Gottesurteil musste im weitgehend gottlosen Moskau gesprochen werden. Also geschah Putins Wille mit ausdrücklichem G8-Segen, und die Vorbereitungen für eine der bizarrsten Veranstaltungen in der Geschichte der Klimaforschung liefen an.

Mit der Durchführung des bombastischen Projekts wurde offiziell ein prominentes Mitglied der Russischen Akademie der Wissenschaften betraut, Yuri A. Izrael, Jahrgang 1930. Izrael war einer der einflussreichsten Wissenschaftsfunktionäre des untergegangenen Sowjetsystems gewesen und hatte es geschafft, sich in der sonderbaren neoliberal-autoritären Nach-Gorbatschow-Gesellschaft als Regierungsberater zu behaupten. Ein hochintelligenter Mann von großen machiavellistischen Fähigkeiten, der sich in Sekundenbruchteilen von einer Dampfwalze in einen sentimentalen Charmeur verwandeln konnte. Obwohl er bei der Aufarbeitung des Tschernobyl-Desasters vom 26. April 1986 eine recht zwiespältige Rolle gespielt hatte, war er nie in Ungnade der jeweiligen Machthaber gefallen.

Jedenfalls strotzte er vor Selbstbewusstsein, als er mir 1996 zum ersten Mal im IPCC-Zirkus begegnete, wo er für Russland das Wort führte und unfassbare 16 Jahre lang als stellvertretender Vorsitzender fungierte (1992–2008). Er verwickelte mich umgehend in ein intellektuelles Geplänkel über den menschlichen Einfluss auf das Klimasystem, eine Auseinandersetzung, die er mit einer bemerkenswerten Mischung aus Fachwissen, Chuzpe und Überheblichkeit führte. Mein Beharren auf weitgehend konträren Ansichten nahm er mir jedoch nicht übel, im Gegenteil: Anfang 2003 lud er mich ein, Mitglied des Internationalen Organisationskomitees für die besagte Putin'sche »Weltklimakonferenz« zu werden, welche vom 29. September bis zum 3. Oktober des Jahres in Moskau stattfinden sollte. Natürlich hatte er selbst den Vorsitz dieses Gremiums, das mit überaus prominenten Vertretern aus Wissenschaft und Politik besetzt war. Schließlich handelte es sich um eine Veranstaltung des neuen Zaren, sprich: des Präsidenten der Russischen Föderation. Ich nahm die Einladung in der Hoffnung an, dass diese Konferenz echte Chancen für die rationale Erörterung der globalen Klimarisiken über die bestehenden Ost-West-Gräben hinweg böte. Was ich daraufhin erlebte, war ein Lehrstück aus dem Tollhaus der »wissenschaftlichen Politikberatung«, eine Lektion über die Fast-Unmöglichkeit des Einwirkens faktengestützter Einsicht auf reale Entscheidungsmacht.

Von Anfang an war klar, dass es sich bei dem ganzen Vorhaben um eine Inszenierung des alten sowjetischen Wissenschaftssystems handelte, das sich durch schärfste Talentauslese auf absolutem Weltniveau etabliert hatte, dafür aber regelmäßig von Schüben des Größenwahns heimgesucht wurde. Insofern konnte man erwarten, dass Izrael die *World Climate Change Conference*, wie sie schließlich genannt wurde, gern zur Relativierung der Warnungen des Weltklimarates instrumentalisiert hätte. Die Dreistigkeit, Tollpatschigkeit, Skurrilität und Schlitzohrigkeit, mit denen diese Instrumentalisierung dann angegangen wurde, spotteten allerdings jeder Beschreibung. Allein schon der Schauplatz des Ganzen, das 1982 eröffnete World Trade Center Moscow! In dem riesigen Hotel-Konferenz-Komplex nahe der Wolga – hochgezogen in der spießig-modernistischen Machart der Breschnew-Stagnationsjahre – flanierten bildschöne Prostituierte auf den Fluren. Zu den nächtlichen Arbeitssessen türmten Angestellte wahre Fleisch-, Obst- und Käselawinen auf, die mit Sturzbächen an Wodka zu Tal gespült werden mussten. Und das Wechseln einer bescheidenen Summe an Bargeld wurde wie eine staatsgefährdende Provokation überwacht. Ach ja, beinahe hätte ich vergessen zu erwähnen, dass ich bei der Einreise am Moskauer Flughafen Scheremetjewo vorsorglich verhaftet wurde – angeblich war mein Visum nicht in Ordnung – und erst nach Zahlung eines nicht unbeträchtlichen Schmiergeldes mitten in der Nacht freikam.

Was die Tätigkeit des Organisationskomitees angeht, so stießen wir mit unseren Empfehlungen des Öfteren ins Leere beziehungsweise in einen undurchdringlichen Filz vor, dann wieder wurden unsere Anregungen innerhalb von Stunden umgesetzt. Neben der Programmgestaltung war es die Hauptaufgabe des Gremiums, die Abschlusserklärung vorzubereiten, und zwar möglichst im Sinne der russischen Regierung. Aber abgesehen davon, dass wir uns dafür keinesfalls hergegeben hätten, war nicht wirklich klar, wo die Interessen der Veranstalter tatsächlich lagen. Und wer zog eigentlich an den Strippen: Yuri Izrael, das Wirtschaftsministerium – oder Putin selber? Am Komiteetisch saß allerdings einer mit dabei, der den Versuch der Einflussnahme gar nicht erst zu kaschieren versuchte: Andrej Illarionow, der damalige ökonomische Berater des Präsidenten. Und damit wären wir bei einer der schillerndsten Figuren im postsowjetischen Politikbetrieb.

Der ehemalige Briefträger Illarionow hatte später am »Lehrstuhl für modernen Kapitalismus« der Staatlichen Universität Leningrad eine Doktorarbeit verfasst und sich im Treibsand der Perestroika immer näher an das absolute Zentrum der Macht herangearbeitet. Selten habe ich einen akademisch gebildeten Menschen erlebt, der mit so rücksichtsloser Leidenschaft seine Sicht der Welt ebendieser aufzudrängen versuchte. Illarionows »Vision« war die Entfesselung aller Produktivkräfte der komplett deregulierten Marktwirtschaft zur umgehenden Wiederherstellung der Weltwirtschaftsmacht Russlands. Schon beim ersten Treffen des Organisationskomitees wurden wir belehrt, dass die Verdopplung des Bruttoinlandsprodukts bis 2010 oberste nationale Priorität sei und der Klimaschutz eine höchst gefährliche Beeinträchtigung dieses strategischen Ziels darstellen könne. Während der Taktiker Izrael geschmeidig zwischen Drohungen und Schmeicheleien lavierte, konfrontierte Illarionow unser Gremium und später die ganze Konferenz mit »10 Fragen zum menschlichen Einfluss bei der Erderwärmung«, deren Beantwortung er in barschem Ton einforderte.

Wir ausländischen Komiteemitglieder rieben uns zwar öfters verwundert die Augen, versuchten aber tapfer, sachlich zu bleiben, und vertrauten darauf, dass sich das alles als Theaterdonner entpuppen würde, wenn erst der »Chef« in den Ring stiege. Und das tat dieser dann auch: Wladimir Wladimirowitsch Putin erschien pünktlich am 29. September 2003 im Plenarsaal und eröffnete »seinen« Kongress vor über 2000 hochgespannten Teilnehmern. Was immer man von Putins Werdegang und Machtpolitik halten mag, dieser Mann besitzt einen messerscharfen Verstand und ein tiefgekühltes Herz. Ich saß direkt vor ihm in der ersten Zuhörerreihe, als er manuskriptledig und völlig unbefangen dem Plenum erläuterte, welche Interessenabwägungen das »Heilige Russland« in Bezug auf den – *möglicherweise* menschengemachten – Klimawandel vorzunehmen habe. Da sprach einer, dem nicht wie Illarionow Gefühle bei der Verfolgung selbst gesteckter Ziele in die Quere kamen. Im Anschluss an diesen (in jeder Hinsicht) souveränen Auftritt waren Fragen zugelassen. Ich wollte von Putin wissen, ob Russland die regionalen Risiken einer ungebremsten Erderwärmung bei seiner Entscheidungsfindung zum Kyoto-Protokoll angemessen berücksichtigte. Der Präsident blieb die Antwort nicht schuldig und bekannte freimütig, dass man dem Klimawandel in Russland recht entspannt entgegensehe. Ja, dass ein spürbarer Temperaturanstieg nicht nur höhere Agrarerträge sichern könne, sondern auch mehr Spielraum für Zobelexporte in die westliche Welt. Das Lächeln, das diese Antwort begleitete, war im Grenzbereich zwischen Überzeugung und Ironie angesiedelt.

Die durch Putins Auftritt eingeläutete Konferenz entwickelte sich dann in weiten Teilen zur Farce, über die ich den barmherzigen Mantel des Vergessens breite. Die Abschlusserklärung fiel (zum Glück) nichtssagend aus. Trotzdem reiste ich aus Moskau mit dem Eindruck ab, für einen wissenschaftlichen Schauprozess über den anthropogenen Klimawandel missbraucht worden zu sein. Und fast alle ausländischen Beobachter gingen nun davon aus, dass Russland das Kyoto-Protokoll niemals ratifizieren würde. Aber da unterschätzten wir die Intelligenz Putins und die Basarfähigkeit der politischen Elite des Landes. Obgleich der Wirtschaftspuritaner Illarionow weiterhin seinen Kreuzzug gegen die »Teufel der Regulierung« führte, stimmte die Duma (das russische Abgeordnetenhaus) am 22. Oktober 2004 mit überwältigender Mehrheit für den Beitritt zum Protokoll. Über die Gründe dafür ist im Westen viel und fantasievoll spekuliert worden. Da werden insbesondere politische Tauschgeschäfte mit der EU genannt, wie etwa die europäische Unterstützung für den russischen Beitritt zur Welthandelsorganisation (WTO). Auch der herzlichen persönlichen Beziehung zwischen Putin und dem damaligen deutschen Bundeskanzler Gerhard Schröder, der ja wenige Wochen nach seiner Abwahl im Jahr 2005 in die lukrativen Dienste von Gazprom eintrat, hat man eine förderliche Wirkung zugeschrieben. Doch beim Zusammenzählen der Pros und Kontras hinsichtlich des Kyoto-Protokolls dürfte Putin zu dem Schluss gekommen sein, dass die Ratifizierung das außenpolitische Kapital Russlands eher mehren würde. Die möglicherweise entscheidende – letztlich banale – Begründung für den Beitritt lieferte der damals amtierende Vizeministerpräsident Alexander Schukow: Die vom Protokoll auferlegte Pflicht, nämlich keine *Steigerung* der einschlägigen Treibhausgasemissionen bis 2012, würde die russische Wirtschaft gar nicht tangieren. Schließlich lägen die Emissionen 2004 aufgrund des Zusammenbruchs der sowjetischen Industrieproduktion um 30 Prozent unter dem 1990er-Niveau (*Spiegel Online*, 2004). Und dort befanden sie sich übrigens auch noch im Jahr 2012 ...

Insofern hat Schukow voll recht behalten. Die zusätzliche Hoffnung, mit heißer Luft im Rahmen der Kyoto-Mechanismen und insbesondere des europäischen Emissionshandels ein Multi-Milliarden-Geschäft zu machen, hat sich allerdings nicht erfüllt. Denn die Preise auf den Kohlenstoffmärkten blieben so niedrig, dass ordentliche Gewinnmargen nicht zu erzielen waren. So gesehen hatten sich die russischen Befürworter des Kyoto-Protokolls, die überwiegend im Wirtschaftsministerium saßen, verkalkuliert. Auch Andrej Illarionow verlor seine Schlacht und schwächte damit bereits seine Position als Präsidentenberater. Ich traf ihn wieder Anfang Februar 2005 im englischen Exeter, wo erneut eine internationale Konferenz zum Klimawandel stattfand, wiederum auf Anregung eines Regierungschefs: Tony Blair. Der kleine Unterschied zwischen Moskau und Exeter bestand allerdings darin, dass der britische Premierminister zwar die Kardinalfragen für den Kongress formuliert hatte (Welche Treibhausgaskonzentrationen in der Atmosphäre sind offensichtlich zu hoch? Welche Möglichkeiten zur Vermeidung solcher Konzentrationen gibt es?), jedoch von Einflussnahmen auf die versammelte Gemeinschaft der Fachwissenschaftler absah.

Ganz im Geiste des britischen Fair Play war der Marktapostel Illarionow zur Konferenz eingeladen worden, um in 20 Minuten seine provokanten Thesen vorzutragen und dadurch kräftig Salz in die Kongress-Suppe zu streuen. Es war der letzte Programmpunkt vor dem Mittagessen, und weil er sich so in Rage redete und er auch lange nach Ablauf seiner Redezeit einfach nicht aufhörte zu schwadronieren, flohen nach und nach praktisch alle Konferenzteilnehmer vor dem Redeschwall des Russen, der drinnen vor leeren Rängen immer noch tobte! Auf diese Weise wurde die Bizarrheit jener Moskauer Veranstaltung ins schöne Devonshire exportiert. Illarionow ist heute übrigens am marktradikalen Cato Institute (siehe Kapitel 24) in der amerikanischen Hauptstadt Washington tätig, wo er gleich noch zahlreiche Brüder im Geiste der Verachtung für den ganzen Klimahumbug gefunden hat. Traurig, dass so viel Leidenschaft sich auf so falsche Wege verirrt.

Doch nunmehr sollten wir Illarionow endgültig in der Rumpelkammer der Geschichte zurücklassen und das weitere Schicksal des Kyoto-Protokolls betrachten. Das Abkommen trat gemäß der 55-55-Regelung am 16. Februar 2005 in Kraft, also 90 Tage nach der Ratifizierung durch die russische Duma. Die Mindestanzahl der Beitrittsländer konnte schon 2002 erreicht werden, und 2011 waren 192 Nationalstaaten dem Klimaschutzvertrag beigetreten. Also alle Einzelparteien der Klimarahmenkonvention bis auf eine – die Vereinigten Staaten. Wenn man bedenkt, dass dieses Land die größte historische Verantwortung für die zivilisatorische Störung der Erdatmosphäre trägt, wenn man zugleich registriert, dass vor allem US-Amerikaner (wie Al Gore) in aller Welt als »Helden des Planeten« gefeiert werden, dann fällt es schon schwer, nicht an der Vernunft der Menschheit zu zweifeln. Aber Zweifeln ist nicht gleichbedeutend mit Verzweifeln.

Auf alle Fälle wurde das Inkrafttreten des ersten internationalen Klimaschutzabkommens überhaupt vor allem von europäischen Umweltgruppen enthusiastisch gefeiert: Endlich schien sich ein gangbarer Weg zur Vermeidung einer hochgefährlichen Erderwärmung aufgetan zu haben. Tatsächlich resultierte aus dem Gültigwerden des Protokolls eine beachtliche psychologische Schubkraft, die noch im selben Jahr durch einen beispiellosen Mediensturm im Gefolge eines heftigen Realsturms verstärkt wurde: Am 29. August 2005 traf nämlich der Hurrikan »Katrina« mit Windgeschwindigkeiten von circa 200 Stundenkilometern die Küste von Louisiana unweit der einzigartigen Stadt New Orleans. Die nackte Bilanz dieses durch menschliche Trägheit und Torheit noch erheblich verschlimmerten »Naturereignisses«: über 1800 Tote, über eine Million Obdachlose, materielle Schäden in Höhe von mindestens 125 Milliarden Euro. Das humanitäre Desaster, das dieser Tropensturm verursachte, war keineswegs vergleichbar mit den Infernos, welche Zyklone immer wieder in Entwicklungsländern wie Haiti, Myanmar oder auf den Philippinen entfesseln. Aber diesmal hatte es eine Nation getroffen, welche die Unterwerfung der Natur gewissermaßen zur Staatsdoktrin erklärt hatte. Und dadurch entstand ein blutiger Riss in der Elefantenhaut der Fortschrittsgläubigkeit, die im »amerikanischen Jahrhundert« herangewuchert war. Auf 2005 folgte – physikalisch unvermeidlich – das Jahr 2006, wo das Klimathema sich weiter aufheizte, um 2007 dann den vorläufigen Gipfelpunkt der öffentlichen Aufmerksamkeit zu erklimmen. Politisch gestaltende zentrale Figur dieser kurzen Sturm- und Drangzeit war niemand anderes als Angela Merkel.

Lange blieb völlig offen, wie der Kyoto-Prozess nach dem vorläufigen Schlussjahr 2012 fortgeführt werden könnte. Doch schon in der ersten Phase gab es unübersehbare Auflösungserscheinungen: Wie oben bereits angerissen, zeigte zehn Jahre nach dem Trennungsbescheid der USA auch das Nachbarland Kanada dem Protokoll (und damit praktisch der gesamten Weltgemeinschaft) die kalte Schulter. Am 13. Dezember 2011 gab der kanadische Umweltminister Peter Kent bekannt, »von seinem Recht auf Rückzug aus dem Abkommen« Gebrauch machen zu wollen. Aus rein ökonomisch-juristischer Perspektive entbehrte dieser Schritt nicht einer gewissen Logik: Das Land verfügt nun einmal über gigantische Vorräte an fossilen Energieträgern, insbesondere an umweltproblematischen Teersänden (siehe Kapitel 11), und sieht seine Zukunft als führende Ölexportmacht. Aus Sicht der konservativen Regierung unter Ministerpräsident Stephen Harper ist Klimaschutzpolitik nichts weiter als eine kombinierte Spaß- und Wachstumsbremse. Und das sehen viele seiner Landsleute, vor allem in Bergbauprovinzen wie Alberta, genauso.

Deshalb kann es kaum überraschen, dass Kanada seine Kyoto-Verpflichtung von 6 Prozent Emissionsreduktion in der ersten Vertragsperiode nicht erfüllt hat. Tatsächlich erhöhte sich der nationale Treibhausgasausstoß bis 2012 sogar um über 18 Prozent gegenüber dem Niveau von 1990 (Canada Environment Inquiry Centre, 2014). Das Protokoll kennt zwar keine direkten Sanktionsmechanismen wie etwa Strafzahlun-

gen, sieht aber eine Schuldenübertragung in die nächste Verpflichtungsperiode vor. Dies lässt sich jedoch auf wunderbar legale Weise durch *Ausstieg* aus dem Abkommen unterlaufen. Genauso wie die Kanadier dies
Ende 2011 vorexerziert haben. Das ist völkerrechtlich korrekt, aber
außenpolitisch schäbig und von verheerender Wirkung auf die internationale Solidarität.

Ich persönlich fühlte mich insbesondere durch die Heuchelei abgestoßen, mit der die kanadische Regierung ihre Fahnenflucht inszenierte:
Während der COP 17 in Durban, bei einem hochrangigen Politik-Wirt-
schafts-Dialog in Anwesenheit des südafrikanischen Staatspräsidenten
Jacob Zuma und weiterer Regierungschefs, saß Umweltminister Kent zu
meiner Linken. Gegen Mitte der Veranstaltung ergriff er das Wort und
hielt eine pathostriefende Rede – über die verdammte Pflicht der Weltgemeinschaft, das Erdklima zu retten, über die Dringlichkeit der Aufgabe,
über die Notwendigkeit des internationalen Gemeinsinns in dieser Schick-
salskrise. Dann verließ er mit einer nichtssagenden Entschuldigungsfor-
mel den Raum, vermutlich um auf anderen Bühnen mit ähnlich salbungs-
vollen Worten den unmittelbar bevorstehenden Ausstieg seines Landes
aus dem Kyoto-Protokoll zu begründen. Was für ein Schmierentheater!

Positiver fällt jedoch die Bilanz der verbliebenen 36 Staaten der Anlage B des Kyoto-Protokolls aus: Deren Gesamtemissionen sanken, wenngleich mit riesigen nationalen Unterschieden, im Verpflichtungszeitraum
bis Ende 2012 um satte 24 Prozent (Morel und Shishlov 2015). Allerdings
schlugen hierbei vor allem der Zusammenbruch der Ostblock-Industrie
in den frühen 1990er-Jahren und auch die globale Wirtschaftsflaute im
Gefolge des Lehman-Crashs von 2008 zu Buche. Die Protokolltreuen als
Kollektiv übererfüllten also ihre Aufgabe, wobei das Versagen einzelner
Länder (wie Spanien) durch die Erfolge anderer Staaten (wie Großbritannien) kompensiert wurde. Wie groß der Beitrag »heißer Luft« bei diesem Ergebnis war, zeigt ein genauerer Blick auf die Staaten Mittel- und
Osteuropas: Deren Emissionen sanken um über 40 Prozent, wobei dieser
Rückgang praktisch schon im Jahr der Verhandlungen von Kyoto erreicht
war. Für die Gesamtheit aller Staaten der Anlage B ergäbe sich selbst bei
Berücksichtigung der Protokoll-Freifahrer USA und Kanada mit ihrem
deutlichen Emissionsaufwuchs rechnerisch eine Emissionsminderung von
immer noch fast 12 Prozent im Vergleich zu 1990 – und damit letztlich
weit mehr als das damals in Kyoto politisch viel zu vorsichtig Avisierte
(Morel und Shishlov 2015). Die folgende Tabelle fasst diese Ergebnisse
noch einmal zusammen:

Land	Kyoto-CP1-Ziel (in %)	Entwicklung der Treibhausgasemissionen 2008–2012 im Vergleich zum Ausgangsjahr 1990 (in %)	Abweichung vom Kyoto-Ziel (in %)
Belgien	−7,5	−13,9	6,4
Dänemark	−21,0	−17,3	−3,7
Deutschland	−21,0	−24,3	3,3
Finnland	0,0	−5,5	5,5
Frankreich	0,0	−10,5	10,5
Griechenland	25,0	11,5	13,5
Großbritannien	−12,5	−23,4	10,9
Irland	13,0	5,1	7,9
Italien	−6,5	−7,1	0,6
Luxemburg	−28,0	−9,3	−18,7
Niederlande	−6,0	−6,2	0,2
Österreich	−13,0	3,2	−16,2
Portugal	27,0	3,5	23,5
Schweden	4,0	−18,3	22,3
Spanien	15,0	20,0	−5,0
EU15	−8,1	−13,2	5,1
Australien	8,0	3,2	4,8
Japan	−6,0	−2,5	−3,5
Neuseeland	0,0	−2,7	2,7
JANZ	−1,7	−0,8	−0,9
Island	10,0	10,0	0,0
Liechtenstein	−8,0	2,5	−10,5
Monaco	−8,0	−12,5	4,5
Norwegen	1,0	8,2	−7,2
Schweiz	−8,0	−4,0	−4,0
Andere Länder Annex B-2012	−3,2	2,2	−5,4
Annex B-2012 o. Transformationsländer	−6,1	−9,2	3,1
Bulgarien	−8,0	−53,5	45,5
Estland	−8,0	−54,2	46,2
Kroatien	−5,0	−10,9	5,9
Lettland	−8,0	−61,2	53,2
Litauen	−8,0	−57,9	49,9
Polen	−6,0	−29,5	23,5
Rumänien	−8,0	−57,0	49,0
Russische Föderation	0,0	−36,4	36,4
Slowakei	−8,0	−37,5	29,5
Slowenien	−8,0	−9,7	1,7
Tschechische Republik	−8,0	−30,6	22,6
Ukraine	0,0	−57,2	57,2
Ungarn	−6,0	−43,7	37,7
Transformationsländer	−1,9	−40,6	38,7
Annex B-2012	−4,1	−24,3	20,2
USA	−7,0	9,5	−16,5
Kanada	−6,0	18,5	−24,5
USA & Kanada	−6,9	10,3	−17,2
Annex B-1997	−5,1	−11,8	6,7

Tabelle 4: Emissionsziele und tatsächliche Emissionen der Staaten der Anlage B des Kyoto-Protokolls (Quelle: Morel und Shishlov 2015, S. 33; CP = Commitment Period [Verpflichtungsperiode]; JANZ = Japan, Australien, Neuseeland).

Die Perspektiven für eine Fortsetzung des Protokolls haben sich indes sehr deutlich eingetrübt: Schon 2010, bei der COP 16 in Cancún, hatten weitere Anlage-B-Staaten wissen lassen, dass ihre Neigung zur Teilnahme an der zweiten Verpflichtungsperiode des Abkommens gegen null tendiere. Dies galt insbesondere für das »Protokoll-Mutterland« Japan, wo die Schwerindustrie seit Jahrzehnten die Politik am Nasenring führt und wo man ohnehin der Meinung ist, dass man sich 1997 auf eine viel zu ehrgeizige Minderungsverpflichtung eingelassen hatte – nur um als Gastgeber nicht das Gesicht zu verlieren. Aufgrund der für Außenstehende undurchschaubaren Entscheidungsprozesse innerhalb der japanischen Elite, der notorischen Instabilität der politischen Führung des Landes sowie der allgemeinen Verunsicherung, welche die dortige Gesellschaft nach Erdbeben, Tsunami und Reaktorkrise erfasst hat, ist es allerdings unmöglich, verlässliche Prognosen über den künftigen Klimakurs dieser Nation zu formulieren. Für den Moment scheint jedoch die Entscheidung getroffen: Japan wird sich nicht an einer zweiten Verpflichtungsperiode beteiligen!

Mindestens ebenso nebelverhangen ist der Ausblick für das andere traurige Heldenland des Kyoto-Protokolls, Russland: Die bisherigen Signale aus Moskau sind kaum ermutigend, aber niemand weiß, wer wann und wo die russischen Weichen für oder gegen den Klimaschutz stellen wird. Allerdings kann man davon ausgehen, dass die russische Führung ausgesprochen enttäuscht über die Tatsache ist, dass man auf einer Riesenblase »heißer Luft« während der ersten Verpflichtungsperiode sitzen geblieben ist: Das Kyoto-Protokoll hat sich zwar in keiner Weise als wirtschaftliche Zwangsjacke erwiesen, da der industrielle Aufschwung in Russland bisher weit hinter den Erwartungen zurückgeblieben ist. Aber die sich daraus ergebenden überschüssigen Emissionszertifikate ist man eben nur in geringem Umfang losgeworden, und das zu einem Spottpreis. Insofern könnte Russland ein gewisses Interesse am Verbleib im Kyoto-Universum haben, in der Hoffnung, die gebunkerten Emissionsrechte in die zweite Periode übertragen zu können. Und wer weiß: Vielleicht gibt es ja nach dem arabischen auch bald einen russischen Frühling, mit einem erstarkenden Umweltbewusstsein in einer erstarkenden Zivilgesellschaft? Womöglich trägt sogar die Ukraine-Krise mit ihren schrecklichen Begleiterscheinungen dazu bei?

Der Traum von Kyoto ist jedoch nahezu ausgeträumt. Das Bild des Protokolls hat sich in den eineinhalb Jahrzehnten seit 1999 in weiten Teilen der Öffentlichkeit deutlich zum Negativen gewandelt, vom Hoffnungsträger zum hoffnungslosen Fall, wenn nicht gar Hassobjekt. Zwar wurde auf der Konferenz der Vertragsstaaten in Doha, Katar, Ende 2012 eine zweite Verpflichtungsperiode bis 2020 beschlossen, doch ist außer der EU praktisch kein relevanter globaler Akteur mehr vertreten. Das Kyoto-Protokoll bleibt dennoch ein wichtiger historischer Schritt der internationalen Klimapolitik. Doch die hochgesteckten Erwartungen hat es nicht annähernd erfüllt.

18. Klimafolgen: Leib und Leben

Was geschieht aber, wenn nichts Entscheidendes geschieht – beim Klimaschutz? Das Leben und Arbeiten unter den extremen Bedingungen, die eine unkontrollierte Erderwärmung mit sich bringen würde, wäre jedenfalls keine Selbstverständlichkeit. Dies lehren unter anderem die Hitzewellen, die im Juni 2015 Indien und Pakistan heimsuchten: Jede körperliche Tätigkeit außerhalb klimatisierter Räume wurde zur Qual. Doch sogar das nackte Überleben von Menschen könnte zur Unmöglichkeit werden – zumindest in solchen Weltregionen. Keineswegs unrealistische Szenarien der sozioökonomischen Entwicklung gehen mit einem Anstieg der globalen Mitteltemperatur um 8 °C in den kommenden Jahrhunderten einher (siehe Kapitel 16). Mit Bestimmtheit ausschließen lassen sich jedoch auch Zukünfte nicht, in denen sich unser Planet bis 2300 sogar um 12 °C oder mehr aufheizt. Denn die Klimasensitivität (siehe Kapitel 16) ist nach oben hin durch den Stand der Forschung leider nur unzureichend eingrenzbar: Das von »Klima-Skeptikern« gern als Argument fürs Abwarten missbrauchte Kriterium der Unsicherheit lässt eben auch die Möglichkeit zu, dass es noch viel schlimmer kommt als erwartet. *Zweistellige* Erwärmungsmargen sind deshalb deutlich wahrscheinlicher, aber zweifellos weniger vorteilhaft als ein Lottogewinn. Unter dieser Perspektive ist es nicht abwegig, über die schieren physiologischen Grenzen der Anpassungsfähigkeit nachzudenken.

Genau dies haben Steven Sherwood und Matthew Huber von der University of New South Wales in Sydney vor einigen Jahren getan (Sherwood und Huber 2010). Die beiden untersuchten explizit, welchen Hitzestress Menschen und andere Säugetiere im äußersten Fall noch ertragen könnten. Dadurch etablierten sie so etwas wie eine absolute Schranke, welche den anthropogenen Umweltwandel von der kollektiven Selbstverbrennung trennt. Im Zentrum ihrer Analyse steht der Begriff der »Feuchtkugel-Temperatur« (englisch: *wet bulb temperature*), für welche die thermische Physik meist das Symbol T_w verwendet. T_w ist letztlich durch ein Verfahren definiert: Man umwickle ein Glaskugel-Quecksilberthermometer mit einem klatschnassen Tuch und setze dieses Gebilde einer maximalen Belüftung aus (zum Beispiel durch ein Gebläse). Dann wird sich im Thermometer eine niedrigere Temperatur – eben T_w – als in der Umgebung einstellen, denn der kräftigere Verdunstungsprozess entzieht dem Objekt Wärme.

Erfahrene Wüstenreisende kennen diesen Effekt und nutzen ihn zum Kühlen von Bier und anderen Erfrischungsgetränken, wobei der natürliche Wind ein willkommener Helfer ist. Thermodynamisch gesehen unterscheidet sich der menschliche Körper nicht allzu sehr von einer Feuchtkugel, was sich an sommerlichen Stränden millionenfach beobachten lässt. Allerdings ist das Schwitzen eine aktive Regulierungsmaßnahme unseres Leibes, der seine Betriebstemperatur unterhalb von 37 °C zu stabilisieren sucht. Ein ruhender Mensch erzeugt etwa 100 Watt Stoffwechselwärme, die zusätzlich zur aufgenommenen Sonnenwärme weggeschafft werden muss. Dies erfolgt durch eine Kombination aus Wärmeleitung (etwa in einen kälteren Untergrund), Infrarotstrahlung und eben Verdunstungskühlung. Doch welche Mechanismen und Tricks der Körper auch einsetzt, er kann den nur unter idealen physikalischen Bedingungen realisierbaren Umweltgrenzwert T_w nicht unterschreiten! Mehr als sich nackt auszuziehen, sich beständig mit Wasser übergießen und ansonsten keinen Finger rühren geht nicht ...

Mittels dieser Einsicht lässt sich die Analyse der physiologischen Erträglichkeit des Klimawandels auf zwei klare Fragestellungen reduzieren: *Erstens*, welcher Wert der Feuchtkugel-Temperatur muss (zumindest episodisch) überschritten werden, um schwere gesundheitliche Schäden (bis zum Tod) hervorzurufen? Als Symbol für jenen kritischen Wert wollen wir $T_w^{\ddagger}$ verwenden. *Zweitens*, wie und wo wird $T_w^{\ddagger}$ in den verschiedenen Erderwärmungsszenarien überschritten, also welche geographische Verteilung von »Todeszonen« resultiert aus den möglichen Klimaentwicklungen? Die Antwort auf die erste Frage ist relativ einfach: Die Hauttemperatur des Menschen sollte 35 °C möglichst nur ganz kurzfristig übersteigen, sonst droht »Hyperthermie«, das heißt ein Zustand, wo die innere Wärme des Organismus nicht mehr zureichend nach außen abgeführt werden kann (Sherwood und Huber 2010).

Die Beantwortung der zweiten Frage ist naturgemäß aufwendiger. Denn die an einem bestimmten Ort vorgefundene $T_w^{\ddagger}$ hängt eben nicht nur von der dortigen Umgebungstemperatur, sondern auch von der lokalen Luftfeuchtigkeit ab: Wo die Haut schon klatschnass ist, bereiten Wassergüsse wenig zusätzliche Linderung. Deshalb liegen die maximalen Feuchtkugel-Temperaturen heutzutage in den glutheißen subtropischen Wüsten und in den schwülwarmen Tropengürteln im selben Wertebereich, nämlich bei etwa 26 bis 27 °C. Jeder umtriebige Tourist hat die entsprechenden subjektiven Körpererfahrungen gemacht. Insofern muss man für den Blick in die Hyperthermie-Zukunft schon ein komplexeres Klima-modell bemühen, das alle relevanten Einflussgrößen (wie etwa auch die Höhe über Normalnull) berücksichtigt.

Sherwood und Huber kommen zu dem Ergebnis, dass sich ab einer Erd-erwärmung von ungefähr 7 °C zum ersten Male kleine Zonen ausbilden würden, wo die natürliche Abfuhr von Körperwärme nicht mehr möglich wäre. Mit anderen Worten, Menschen könnten dort »im Freien«, also au-ßerhalb künstlicher Schutzräume, nicht überleben. Bei einer Erderwär-mung von 11 bis 12 °C hingegen würden sich diese Zonen so weit aus-dehnen, dass sie einen geographischen Raum umfassten, der den Großteil der heutigen Menschheit beherbergt. Zu sagen, unser Planet wäre unter diesen Umständen unbewohnbar, ist keine Übertreibung.

Mit hinreichendem Energieaufwand ließe sich selbst dann wohl eine kühle Technowelt für die Restbevölkerung aufrechterhalten, eine Art Mondstation auf Erden. Am Persischen Golf, unter anderem in Doha oder Abu Dhabi, lassen sich die Vorläufer dieses bizarren Zukunftsprojekts be-reits besichtigen. Erstaunliches konnte ich beispielweise während einer Vortragsreise nach Abu Dhabi Anfang 2012 in Erfahrung bringen: Die Vereinigten Arabischen Emirate sind fast ganzjährig einer intensiven Son-neneinstrahlung ausgesetzt, die allerdings wegen der hohen Luftfeuchtig-keit und dem daraus resultierenden Dunst oft diffus ausfällt. Jedenfalls ist das Licht dort keine Mangelware. Dennoch zählen die Bewohner von Abu Dhabi zu den Menschen mit den weltweit größten Vitamin-D-Defiziten!

Cholecalciferol, so der medizinisch korrekte Name von Vitamin D, ist eigentlich ein Hormon, das die meisten Wirbeltiere in ihrer Haut unter Mitwirkung von Sonnenlicht *selbst* herstellen können. Cholecalciferol zählt zu den Alleskönnersubstanzen im physiologischen Getriebe, es re-guliert unter anderem den Kalziumspiegel im Blut, fördert den Knochen-aufbau und spielt bei der Zelldifferenzierung mit. Entsprechend kann eine chronische Unterversorgung zu einer Reihe von Krankheiten führen, von denen insbesondere die Rachitis (Skelettdeformation bei Kindern) trau-rige Berühmtheit erlangt hat. Allerdings war dies früher in den Industrie-staaten der Nordhalbkugel vor allem ein Leiden der Armen, deren Nach-wuchs in dämmrigen Wohnungen und düsteren Hinterhöfen großgezogen wurde. Dagegen ist der Vitamin-D-Mangel in den reichen Ölstaaten am Persischen Golf heute ein reines Luxusproblem: Eine verschwenderische Infrastruktur gestattet es, der Sonne bei allen Geschäften und Verrich-tungen aus dem Weg zu gehen – schließlich will man nicht leben wie die Beduinen-Vorfahren!

Gewaltige Extremereignisse wie Überflutungen sowie Episoden unerträglicher Hitze zählen zu den direkten Risiken für Leib und Leben, welche der Klimawandel verstärken könnte – und zwar jenseits aller bisherigen Zivilisationserfahrung. Doch das Spektrum der potenziellen Gesundheitsgefahren ist viel umfangreicher. Das dürfte jedem klar sein, der schon einmal längere Zeit in tropischen Regionen unterwegs war und dort mit der Realität außerhalb von 5-Sterne-Hotels und First-Class-Lounges konfrontiert wurde. In dieser Wirklichkeit lauern Tausende Arten von mikroskopischen Lebewesen auf frische Menschenopfer – Viren, Bakterien, Amöben, Parasiten, Mücken und andere humorlose Kreaturen, die im warmen Milieu besonders gut gedeihen. Dies schlägt sich nicht zuletzt in den Einreisebestimmungen für Touristen nieder, die beispielsweise in vielen Ländern eine Impfung gegen Gelbfieber nachweisen müssen.

Und das wirkt sich massiv auf das Alltagsverhalten aus, wie das Aufsuchen von Badegewässern: In Afrika etwa sind die meisten Seen, Tümpel und Kanäle mit den Erregern der Wurmkrankheit *Schistosomiasis* verseucht. Denn in ruhigem, warmem Wasser können bestimmte Schneckenarten gedeihen, die als Zwischenwirt für jene Erreger – hinterhältige Saugwurmlarven – dienen. Letztere bohren sich bei Kontakt durch die menschliche Haut und wandern dann allmählich in lebenswichtige Organe wie Leber, Lunge, Harnblase, Darm und sogar Gehirn. Der Parasitenkreislauf ist höchst kompliziert, die gesundheitliche Schädigung in der Regel verheerend. Schätzungsweise 300 Millionen Menschen sind heute weltweit von Schistosomiasis befallen, welche außer in Afrika vor allem in Ostasien, dem Nahen und Mittleren Osten, der Karibik und Südamerika verbreitet ist. Therapien sind möglich, aber teuer und im fortgeschrittenen Krankheitsstadium nur bedingt wirksam.

Als Tourist in Ägypten oder Kenia ist man zumeist über diese Gefahr gut informiert und wird deshalb auf das Bad im nächsten Dorfteich verzichten. Oft habe ich dagegen auf meinen Reisen erlebt, wie die Kinder der Einheimischen sich arglos im verseuchten Wasser vergnügen – ein Anblick, der einem im Wissen um die schrecklichen Konsequenzen fast das Herz bricht. Diese Tragik wird sich leider mit Fortschreiten der Erderwärmung und anhaltendem Bevölkerungswachstum in den Entwicklungsländern noch verstärken. Von den vielen Gründen für diese Einschätzung möchte ich hier nur zwei nennen: Zum einen dürfte der Klimawandel zu einer deutlichen Ausweitung der geographischen Zonen führen, wo sich der Schistosomiasis-Zyklus dauerhaft etablieren kann – die Wirtsschnecken brauchen vor allem Wärme. Zum anderen wird der steigende Produktionsdruck auf die Landwirtschaft insbesondere in den Subtropen zu massiven wasserwirtschaftlichen Eingriffen (wie dem Anlegen künstlicher Rückhaltebecken und Grabensysteme) führen, da immer mehr Menschen unter immer schwierigeren Umweltbedingungen zu ernähren sind. Und gerade in stehenden Gewässern lauert die hinterhältige Krankheit. Im Zusammenhang mit dem Bau des Assuan-Staudamms in Oberägypten, der den Nil weit zurückstaut, wurden entsprechend leidvolle Erfahrungen gemacht.

Natürlich darf an dieser Stelle der Standardhinweis nicht fehlen, dass bei einer so »hochkomplexen« Angelegenheit wie dem Schistosomiasis-Risiko unzählige Faktoren – insbesondere auch gesellschaftliche – zu berücksichtigen seien. Weshalb man mit Aussagen über die einschlägigen Folgen der Erderwärmung höchst vorsichtig sein sollte. Dennoch gibt es erste tiefergehende wissenschaftliche Analysen der Problematik, die bereits wichtige Fingerzeige liefern. Beispielsweise ist im *American Journal of Tropical Medicine and Hygiene* 2008 ein interessanter Artikel erschienen (Zhou u.a. 2008), der die zu erwartende Expansion der Wurmkrankheit in China unter bestimmten Szenarien des Klimawandels modelliert. Die Autoren widmen sich damit einer naheliegenden und sinnvollen Forschungsfrage, denn gerade Südostasien ist aufgrund seiner Nassreiskulturen ausgesprochen gefährdet für Schistosomiasis. Unter der (durchaus realistischen) Annahme einer durchschnittlichen Erwärmung um 1,6 °C bis 2050 wird auf eine Ausweitung des befallenen Gebiets um fast 800 000 Quadratkilometer im Norden Chinas – das sind über 8 Prozent des Staatsterritoriums – geschlossen.

Andererseits ereignen sich heutzutage schätzungsweise 97 Prozent der Schistosomiasis-Neuinfektionen in Afrika südlich der Sahara (Stothard u.a. 2009), also in Regionen, wo die privaten und öffentlichen Kapazitäten zur Bewältigung dieser üblen Krankheit gering bis nichtexistent sind. Auf eine Verschärfung der Problematik durch den (von anderen Nationen verursachten) Klimawandel sind Länder wie Mali, Burundi oder Mosambik bisher in keiner Weise vorbereitet. Und es ist kaum zu erwarten, dass etwa die kanadische Provinz Alberta einen nennenswerten Anteil ihrer Erlöse aus dem unkonventionellen Ölgeschäft (siehe zum Beispiel Kapitel 16) in die Schistosomiasis-Bekämpfung auf dem afrikanischen Kontinent fließen lassen wird. Dies ist nur einer der zahlreichen Widersprüche, den eine solidarische internationale Strategie der Anpassung an die Erderwärmung auflösen müsste. Doch dazu mehr in Kapitel 25.

Eher noch schwieriger abzuschätzen als die Schistosomiasis-Dynamik ist die künftige Verbreitung von anderen gefährlichen Infektionskrankheiten wie Gelb- oder Dengue-Fieber, welche vornehmlich in feuchtwarmen Milieus grassieren. Diese Leiden zählen ebenfalls zur großen Klasse der »Vektor-Seuchen« (englisch: *vector-borne diseases*). Mit dem Begriff »Vektor« ist in der Medizin ein Organismus (Schnecke, Mücke, Kakerlake, Ratte usw.) gemeint, welcher den eigentlichen Krankheitserreger (Larve, Bakterium, Virus usw.) von Wirt zu Wirt überträgt, also als Seuchenvehikel dient. Im Gruselkabinett solcher Vektoren tun sich die blutsaugenden Insekten und vor allem die Stechmücken besonders hervor. Moskitoarten wie *Aedes aegypti*, *Aedes africanus* oder *Aedes albopictus* (auch »Asiatische Tigermücke« genannt) sind extrem fruchtbar, widerstandsfähig und mobil, weshalb sie sich kaum ausrotten oder zumindest räumlich einengen lassen.

Das von den beiden erstgenannten Quälgeistersorten übertragene Gelbfieber galt im 19. Jahrhundert als eines der größten Hindernisse beim Vormarsch der europäischen Zivilisation zur Weltherrschaft. Ironischerweise handelte es sich um eine selbst verschuldete Bedrohung, da die Krankheit wohl durch den transatlantischen Sklavenhandel (siehe Kapitel 12) ab dem 16. Jahrhundert von ihrem Ursprungskontinent Afrika nach Amerika und auch nach Europa eingeschleppt wurde. Wie in einem Brennglas sind diese historischen Zusammenhänge in der großen Gelbfieberepidemie von Philadelphia (USA) gebündelt, die im Sommer 1793 weit nördlich des eigentlichen Ausbreitungsgebiets der Seuche wütete und Zehntausende von Todesopfern forderte. Das heftige El-Niño-Ereignis (siehe zum Beispiel Kapitel 13) von 1789 bis 1792 hatte im Anschlussjahr in Nordamerika zu außergewöhnlich feuchten und heißen Umweltbedingungen geführt. Und im Juni 1793 waren über 1000 Menschen nach Philadelphia geflohen, die dem urgewaltigen Sklavenaufstand auf der französischen Zuckerrohrinsel Saint-Domingue (heute Haiti) entrinnen wollten (siehe Kapitel 28). Die Exilanten trugen das Gelbfiebervirus in ihrem Blut, welches von den in der damaligen Hitze prächtig gedeihenden *Aedes-aegypti*-Mücken massenhaft angezapft wurde. So kam eins zum anderen.

Gelbfieber ist eine scheußliche Krankheit, die nicht ohne Grund früher oft auch als »Schwarzes Erbrechen« bezeichnet wurde: Wie bei anderen hämorrhagischen Fiebern kann es zu starken inneren Blutungen und massivem Auswurf kommen. Im Zuge einer ungebremsten Erderwärmung könnte die *Aedes-aegypti*-Mücke auch in Spanien und anderen südeuropäischen Ländern heimisch werden und dort entsprechende Epidemien auslösen. Solche unerfreulichen Aussichten werden allerdings durch die Tatsache aufgehellt, dass seit Mitte des 20. Jahrhunderts eine sehr wirksame Impfung gegen Gelbfieber zur Verfügung steht, wodurch die Seuche im Prinzip einzudämmen wäre. Anders sieht es leider beim *Dengue-Fieber* aus, das sowohl von der Gelbfiebermücke als auch von der sich in Europa bereits auf dem Vormarsch befindlichen Asiatischen Tigermücke (*Aedes albopictus*) übertragen wird. Gegen diese Krankheit gibt es weder eine Behandlung über die Symptomlinderung hinaus noch eine schützende Impfung – allerdings arbeitet die medizinische Forschung inzwischen mit Hochdruck an einer entsprechenden Substanz.

Das Dengue-Fieber verläuft in der Regel wie eine schwere Grippe, kann aber auch durch innere Blutungen kompliziert werden und dann tödlich verlaufen. Laut WHO erkranken derzeit 50 bis 100 Millionen Menschen pro Jahr weltweit, von den über 20 000 Todesopfern sind die meisten Kinder. Die Fallzahlen haben sich zwischen 1960 und 2010 verdreißigfacht (WHO, 2009). Diese Entwicklung dürfte bisher weniger der (noch moderaten) Erderwärmung geschuldet sein als vielmehr den gewaltigen sozioökonomischen Veränderungen wie der Globalisierung nach dem Zweiten Weltkrieg. Schließlich kann der hartgesottene blinde Passagier Tigermücke heute auf viele unterschiedliche Weisen (Auto, Flugzeug, Frachtschiff usw.) von seinen angestammten Gebieten in Südostasien und Afrika in den Rest der Welt einreisen. Wo er in der Fremde heimisch wird, hängt jedoch entscheidend mit den dortigen Umweltbedingungen und damit der künftigen Entfaltung des Klimawandels zusammen. Das mediterrane Europa ist jedenfalls längst erobert, auch die Südschweiz bereits erreicht. Bei einem Anstieg der globalen Mitteltemperatur um 4 °C oder mehr wäre der Weg bis hoch in den skandinavischen Norden frei.

Aedes aegypti wiederum sticht nicht nur in der Dämmerung, sondern rund um die Uhr. Damit unterscheidet sie sich auf fiese Weise von der Anophelesmücke, die mit etwa 400 Arten die Welt beglückt, von denen wiederum an die 60 die *Malaria* übertragen. Diese Quälgeister werden in der Regel erst nach Sonnenuntergang aktiv, wobei die Blutgier bereits in der Abenddämmerung ihren Höhepunkt erreicht und dann bis zum Morgengrauen immer mehr nachlässt. Die Forschung spekuliert noch darüber, ob dieses »Tätigkeitsprofil« Ergebnis einer evolutionären Anpassungsleistung ist. Die menschlichen Opfer schlafen unter natürlichen Bedingungen nun einmal zu Beginn der Nachtruhe am tiefsten und stellen dann ideale Beutestücke dar. Nur die weiblichen Anophelesmücken saugen Blut, welches sie für die Versorgung ihrer Eier benötigen – die Männchen sind lobenswerterweise strikte Vegetarier. Das Moskitoleben ist recht kurz und endet im Durchschnitt nach zwei bis drei Wochen.

Anophelesarten sind über fast die ganze Erde verbreitet: Sie bevorzugen zwar die tropischen und subtropischen Regionen, kommen aber auch in den gemäßigten Zonen (wie Mitteleuropa) vor und finden sich sogar nördlich des Polarkreises. In Gebirgsgegenden oberhalb von 2000 bis 2500 Meter Höhe können sie (bisher) nicht existieren. Denn die Stechmücken brauchen vor allem zweierlei: Wärme und Wasser – und zwar möglichst gleichzeitig. Fast jeder Bewohner der gemäßigten Breiten wird schon die Erfahrung gemacht haben, dass in kühlen Sommern die Moskitoplage ausbleibt, selbst wenn sich der Himmel täglich vor Regen ausschüttet. Ein ganzer Forschungszweig der Parasitologie widmet sich dagegen streng wissenschaftlich der Aufklärung der Temperaturabhängigkeit von Anophelesarten. Unter Laborbedingungen (also in künstlichen und kontrollierten Umgebungen) kann man beispielsweise zeigen, dass *Anopheles gambiae* – Afrikas dominierender Malariavektor – bei etwa 28 °C am besten gedeiht, jedenfalls wenn man die ganze Entwicklungslinie verfolgt (Bayoh und Lindsay 2003).

Stehendes Wasser in Sümpfen, Tümpeln, Pfützen, ja sogar vollgelaufenen Pferdehufspuren oder Blumentöpfen ist für das Anophelesleben unabdingbar: Dort werden die millimetergroßen Eier abgelegt, aus denen nach wenigen Tagen Larven hervorschlüpfen, welche im Wasser ihre Nahrung finden und sich nach durchschnittlich fünf Tagen schon verpuppen. *Bewegtes* Wasser ist bei den Stechmücken sehr viel weniger beliebt, insbesondere wenn es in Form schwerer Regentropfen daherkommt. Allerdings kommt es zu erstaunlich wenigen tödlichen »Niederschlägen«: Wie eine kürzlich erschienene Studie mithilfe von Hochgeschwindigkeitsvideographie nachweisen konnte (Dickerson u. a. 2012), überleben die Insekten selbst direkte Körpertreffer in der Regel.

Anophelesmücken sind also zäh und flexibel, doch zur Malaria braucht es natürlich nicht nur den Übertragungsvektor, sondern auch die Krankheitserreger selbst. Dies sind einzellige Parasiten der Gattung *Plasmodium*, welche fünf für den Menschen gefährliche Arten aufweist: *P. falciparum, P. vivax, P. ovale, P. malariae* und *P. knowlesi*. Die gefürchtete *Malaria tropica* wird durch den *Plasmodium-falciparum*-Parasiten ausgelöst. Nach einer Inkubationszeit von ein bis vier Wochen nach dem infizierenden Stich tritt unregelmäßiges hohes Fieber auf, begleitet von Schüttelfrost, Bewusstseinsstörungen, Krämpfen und Lähmungen, was insbesondere bei Kindern und Schwangeren zu Koma und schließlich Tod führen kann. Dieses klinische Bild stand Pate für Afrika-Kolportagen à la *Schnee auf dem Kilimandscharo*, wo sich der tragische Held schweißnass auf dem Safaribett wälzt und von zahlreichen verflossenen Liebschaften deliriert. Aber eigentlich gehören rhythmische Fieberschübe und kalte Schweißausbrüche mehr zur Symptomatik der eher gutartigen *Malaria tertiana* beziehungsweise *Malaria quartana,* wo die Anfälle sich in einem drei- bis viertägigen Takt entfalten. Mit dem Stich durch ein infiziertes Anophelesinsekt kann die Seuche auf einen bislang Gesunden übertragen werden; umgekehrt kann eine Mücke durch das Blutsaugen an einem Erkrankten angesteckt werden. Während die Plasmodien im Warmblüter Mensch weitgehend konstante Vermehrungsbedingungen vorfinden, spielt bei der Reifung im wechselwarmen Mückenleib die Umgebungstemperatur ihre – zweite – wichtige Rolle im Malaria-Drama: Je nach Außentemperatur dauert der Entwicklungszyklus in der Anophelesmücke ein bis zwei Wochen, wobei Temperaturen über 24 °C ideal sind, während unterhalb von 15 bis 16 °C der Kreislauf nicht mehr abgeschlossen werden kann und somit eine Kälteschranke existiert. Auf der Grundlage solcher quantitativen Zusammenhänge zwischen Umweltgrößen und Entwicklungsverlauf für Vektor *und* Parasit lassen sich bereits zufriedenstellende Modelle für die geographische Verteilung von Malariarisiko und tatsächlicher Malariadurchseuchung erstellen. Diese wissenschaftlichen Werkzeuge werden gegenwärtig laufend verbessert, was angesichts des fortschreitenden Klimawandels auch dringend geboten ist (Caminade u. a. 2014).

Denn die Malaria gehört seit vielen Jahrhunderten zu den größten Geißeln der Menschheit, woran sich trotz ungeheurer zivilisatorischer und medizinischer Fortschritte bis auf den heutigen Tag nichts Grundlegendes geändert hat – wenn man die ganze Erde im Blick hat und nicht nur die Wohlstandszitadellen weit nördlich des Äquators. Anfang 2012 löste ein Artikel in der Fachzeitschrift *The Lancet* (Murray u. a. 2012) eine heftige Expertenkontroverse aus, sorgte aber vor allem für große Besorgnis unter all denen, die sich dem Kampf gegen Tropenkrankheiten verschrieben haben. Gestützt auf umfangreiche Datensätze und Computersimulationen nahm ein Wissenschaftsteam um Christopher Murray von der University of Washington eine systematische Analyse der Malariasterblichkeit in den Jahren 1980 bis 2010 vor. Ergebnis: Die jährliche Opferzahl erreichte 2004 mit 1,8 Millionen Todesfällen ihren Scheitelpunkt und liegt inzwischen immer noch bei rund 1,2 Millionen. Ein fürchterliches Detail der *Lancet*-Studie besagt, dass Malaria für ein ganzes Viertel aller Sterbefälle von schwarzafrikanischen Kindern unter fünf Jahren verantwortlich ist! Somit wütet die Seuche weiterhin vor allem in der Wiege des modernen Menschen, der vom tropischen Ostafrika aus die Erde eroberte.

Generell ist die Kulturgeschichte der Menschheit eng mit der Malaria verknüpft, deren Ursache früher in der von Sümpfen ausgehauchten schlechten Luft (lateinisch: *mala aria*) gesehen wurde. Überall dort, wo sich Bevölkerungsballen an hinreichend warmen, stehenden Gewässern bildeten, triumphierte die Seuche: Entsprechende DNS-Spuren wurden beispielsweise in ägyptischen Mumien gefunden, welche man vor 3500 Jahren in Theben für die Ewigkeit präparierte. In der griechischen und römischen Antike entschieden die Entwicklungsbedingungen der Malaria über die Schicksale von Städten und Reichen, ohne dass die Betroffenen auch nur ahnten, dass ein banaler Einzeller ihr Wohl und Wehe bestimmte.

Auch der berühmte englische Kriegsherr Oliver Cromwell (1599 bis 1658), der sich 1653 zum puritanischen *Lord Protector* von ganz Britannien aufschwang, starb wohl am Sumpffieber. Denn in der Frühen Neuzeit war die Malaria schon weit nach Norden gekrochen, sie konnte erst in den 1960er-Jahren endgültig aus Europa vertrieben werden – hauptsächlich durch das großräumige Trockenlegen von Feuchtgebieten und den massiven Einsatz von Insektiziden wie DDT. Letzteres geschah im Rahmen des »Globalen Programms zur Ausrottung der Malaria«, das die Weltgesundheitsorganisation (WHO) in den 1950er-Jahren startete, jedoch 1972 für gescheitert erklärte und beendete. Zu simpel waren die verfolgten paramilitärischen Lösungsstrategien, zu trickreich die diversen Anophelesmücken und Plasmodienstämme. Und nun auch noch die Erderwärmung, welche die Seuchenkarten völlig neu mischen wird! Denn der Klimawandel hat natürlich direkten Einfluss auf die Kardinalfaktoren Wärme und Wasser (siehe oben).

Heutiger Wissensstand ist, dass sich (im Rahmen der gewählten Zukunftsszenarien) die geographische Verteilung von Malariaepidemien in Subsahara-Afrika schon bis Mitte des 21. Jahrhunderts erheblich verändern dürfte. Dabei gibt es sowohl gute als auch schlechte Nachrichten: Wegen des zu erwartenden Rückgangs der Niederschläge in der Sahelzone sollte die Seuchengefahr dort deutlich abnehmen. Weniger positiv ausgedrückt bedeutet dies, dass mit dem weiteren Vormarsch der Wüste auch das Sumpffieber nach Süden getrieben wird. Für weite Teile Westafrikas ergeben sich keine eindeutigen Trends. Besorgniserregend sind dagegen die Projektionen für das ostafrikanische Hochland und dort insbesondere für weite Bereiche von Äthiopien und Kenia. Bis 2050 könnten in der Region etwa 220 000 Quadratkilometer Neuland von infizierten Anophelesmücken erobert werden. Dazu gehören gebirgige Landschaften oberhalb von 2000 Metern, wo sich früher die weißen Kolonialherren auf stattlichen Gütern zur Ruhe setzten. Ich selbst kam mir bei Reisen durchs kenianische Hochland oft vor, als hätte ich mich in die Schweiz verirrt – auf sattgrünen Weiden grasten braun-weiße Kühe mit imposanten Eutern, und die Äquatorluft war so frisch und würzig wie im Berner Oberland. Sollte mit der globalen Erwärmung auch das Tropenfieber in jene Höhen kriechen, würde auch dieser Afrika-Traum des Europäers zu Ende gehen. Doch wie vertrauenswürdig sind solche Projektionen? Die verwendeten Simulationsmodelle können bereits als komplex gelten, aber ihre Distanz zur Malaria-Wirklichkeit ist immer noch gewaltig. Denn unzweifelhaft ist es heutzutage in Ostfriesland wärmer als in den 1820er-Jahren – trotzdem wütete damals eine Malariaepidemie (»Marschenfieber«) an der Nordseeküste! Zivilisatorische Faktoren üben offensichtlich einen überragenden Einfluss auf die Dynamik der Tropenseuche aus. Dazu zählen ganz selbstverständlich öffentliche und private Schutzmaßnahmen wie das Verteilen und Benutzen von chemisch präparierten Moskitonetzen und die Stationierung von Infizierten in geeigneten Hospitälern.

Doch indirekte Faktoren scheinen eine noch wichtigere Rolle zu spielen: Auf einer Hotelterrasse in Singapur, aber auch am Strand der traumhaften Seychellen-Insel Praslin kann man frei von Malariarisiko nach Einbruch der Nacht sein Erfrischungsgetränk schlürfen. Dabei liegen beide Schauplätze in den feuchtheißen inneren Tropen, wo ideale klimatische Voraussetzungen für die Vollendung des Parasitenzyklus bestünden. Aber der Grad der Verstädterung, der Zustand der öffentlichen Infrastrukturen wie der Kanalisation, der Charakter der Kulturlandschaft, der Lebensstil der Einwohner und vieles andere mehr kann sich auf gravierende Weise epidemiologisch auswirken. Ganz grob lässt sich also sagen, dass die Malaria heute vor allem eine *Krankheit der Armen* ist (siehe auch Kapitel 30).

Diese Einschätzung wird vertieft und differenziert in einer jüngeren Untersuchung mit dem bezeichnenden Titel »Die gegensätzlichen Auswirkungen von Klimawandel und sozioökonomischer Entwicklung auf die globale Verteilung von Malaria« (Béguin u. a. 2011). Die Autoren bestätigen dort, dass Wohlstandszuwächse und Fortschritte im öffentlichen Gesundheitswesen im 20. Jahrhundert die Seuche weltweit insgesamt zurückgedrängt haben. Aus den inspizierten Datensätzen wird dann ein einfaches statistisches Modell entwickelt, das die entsprechenden Zusammenhänge in die Zukunft projiziert. Haupterkenntnis: Auch künftig dürfte der wirtschaftliche und soziale Fortschritt die Umweltfaktoren dominieren. Dennoch würde der ungehemmte Klimawandel der Welt bis 2050 zusätzliche 210 Millionen Menschen bescheren, die sich mit Malaria infizieren könnten. Das wäre keine *quantité négligeable*. Besorgniserregend ist jedoch der Umkehrschluss: *Ohne* entsprechende Wohlstandsgewinne würden Erderwärmung und demographischer Wandel die Zahl der Gefährdeten um fast 3 Milliarden anschwellen lassen! Werden jedoch diese Wohlstandsfortschritte überhaupt erzielt, wenn sich die allgemeinen Klimabedingungen drastisch verschlechtern? Jedenfalls ist keineswegs ausgemacht, dass sich die Menschheit einfach aus der Malaria-Falle herauswirtschaften kann.

Natürlich ist bei Gefährdungsprojektionen wie den eben zitierten eine gewisse Vorsicht geboten. Und angesichts der ungeheuren Bedeutung des Zusammenhangs zwischen Klimawandel und Gesundheit kann man die Tatsache, dass bisher nur wenige Forschergruppen weltweit mit quantitativen Modellen zum Thema arbeiten, fast schon als Skandal bezeichnen. Denn allenthalben ist zu beobachten, dass bereits die milde Erderwärmung seit 1900 (etwa 0,75 °C) den pathologischen Kosmos aus dem Gleichgewicht gebracht hat – eine Aufheizung im 6–8-Grad-Bereich würde ihn gewiss in Aufruhr versetzen. Wie schnell Infektionskrankheiten aus ihren angestammten Milieus ausbrechen können, lehren insbesondere die jüngsten Erfahrungen mit Tierseuchen: Beispielsweise erlebte Europa ab dem Jahr 1998 massive Invasionszüge der *Blauzungenkrankheit*, welche Wiederkäuer wie Rinder, Schafe und Ziegen befällt. Diese Viruskrankheit wird durch kleine Mücken aus der Familie der Gnitzen übertragen und hat wohl ihren Ursprung in Südafrika. Die Wissenschaft vermutet, dass höhere Temperaturen den Vormarsch der Seuche in die gemäßigten Breiten begünstigen (siehe zum Beispiel Purse u. a. 2005).

Eine weitere tropische Tierkrankheit lauert noch vor den Toren Europas: das sogenannte *Rifttalfieber* (englisch: *Rift Valley Fever*), welches 1913 zum ersten Mal im kenianischen Abschnitt des gewaltigen Ostafrikanischen Grabenbruchs dokumentiert wurde – daher der Name. In verschiedenen epidemischen Schüben hat sich die Virusseuche seither über ganz Afrika südlich der Sahara ausgebreitet und ist sogar schon auf die Arabische Halbinsel vorgedrungen. Das Fieber wird von diversen Stechmückenarten (insbesondere vom *Aedes*-Typ, siehe oben) übertragen und war früher auf Wiederkäuer (Rinder, Schafe, Ziegen, aber auch Kamele) beschränkt. Bei infizierten Jungtieren liegt die Sterblichkeit bei weit über 50 Prozent, sodass Rifttalepidemien eine ernsthafte Bedrohung für traditionelle Viehzuchtkulturen darstellen. Dies bekamen die Hirtenvölker von Somalia, Kenia und Tansania 1997 zu spüren, als eine Fieberpandemie ganz Ostafrika erfasste. Auslöser waren vermutlich leicht erhöhte Oberflächentemperaturen des angrenzenden Indischen Ozeans, wodurch es an Land zu schwüler Hitze, starken Niederschlägen und idealen Lebensbedingungen für die Vektormoskitos kam. Viele Hunderttausende Ziegen und Schafe erlagen der Krankheit, was wiederum zu einer Hungersnot in der Region führte. Schlimmer noch: Durch Mückenstiche wurde das Rifttalfieber auch auf Menschen übertragen, was zu vielen zusätzlichen Todesfällen führte. Medizinisch gesehen ist diese Seuche also eine der gefürchteten »Zoonosen«, welche relativ barrierefrei zwischen Mensch und Säugetieren hin- und herwechseln können.

Im Gegensatz dazu springt das *Ostküstenfieber* (Fachbezeichnung: Theileriose – nach dem berühmten südafrikanischen Veterinär Arnold Theiler, 1867–1936) noch nicht vom Wiederkäuer auf den *Homo sapiens* über. Diese gefährliche Nutztierkrankheit ist in fast ganz Afrika südlich der Sahara verbreitet, wird von tierischen Einzellern (*Protozoen*) verursacht und von Zecken übertragen. Zu den Protozoen zählen übrigens die Trichonomaden, die beim Geschlechtsverkehr unter Menschen weitergegeben werden können und die es deshalb zu einer recht schmierigen Berühmtheit gebracht haben. Aber eben auch die für die Malaria verantwortlichen Plasmodien (siehe oben) gehören zum Zoo der tierischen Einzeller. Vor einigen Jahren hat eine südafrikanische Forschergruppe versucht, klimagetriebene Veränderungen in der Verbreitung des Ostküstenfiebers abzuschätzen (Olwoch u. a. 2008), und kam zu besorgniserregenden Befunden für einige Provinzen nördlich und östlich des Kaps.

Diese Symphonie des Seuchengrauens im Zusammenhang mit der Erderwärmung lässt sich fast beliebig fortsetzen, wobei noch längst nicht klar ist, wie massiv die Umweltveränderungen tatsächlich auf die epidemiologische Gesamtlage durchschlagen werden. Bedeutende Übersichtsartikel von weltweit führenden Experten (siehe zum Beispiel Watts u. a. 2015; Costello u. a. 2009; Patz u. a. 2005) betonen jedoch, dass der Klimawandel »die größte Bedrohung der Weltgesundheit im 21. Jahrhundert« darstellt. Reisen wir also noch einige Etappen weiter durch den unappetitlichen Kosmos der winzigen Feinde der Menschheit.

Ziemlich besorgniserregend ist in diesem Zusammenhang der Vormarsch des *West-Nil-Fiebers*, das von einem Virus verursacht wird. Letzteres kann vor allem Vögel, aber auch Pferde befallen und von unterschiedlichen Moskitoarten auf den Menschen übertragen werden. Nur in jedem fünften Fall kommt es bei den Infizierten zu klinischen Wirkungen, die aber dann mit Gehirnentzündungen (Meningitis beziehungsweise Enzephalitis) dramatisch bis tödlich ausfallen können. Das Interesse der (westlichen) Öffentlichkeit erregte die Krankheit zum ersten Mal im Jahr 1999, als eine befallene Stechmücke offenbar als blinder Passagier an Bord einer El-Al-Maschine von Tel Aviv nach New York reiste und sich umgehend an der Neuen Welt schadlos hielt. Bald fielen im Central Park von Manhattan tote Vögel von den Bäumen, und die ersten Anlieger dieser grünen Oase im Zentrum eines urbanen Molochs erkrankten. Inzwischen hat das West-Nil-Fieber die USA fest im Griff (124 Todesfälle im Jahr 2007) und ist in Mitteleuropa 2008 bis nach Österreich vorgedrungen. Übrigens wurde das Virus 1937 zum ersten Mal von der modernen Medizin bei einer älteren Frau im West-Nil-Distrikt von Uganda identifiziert, wodurch es zu der üblich fantasielosen Namensgebung kam. Mit der globalen Erwärmung dürfte das West-Nil-Virus aber zum globalen Virus werden – gegen das es bisher kein Gegenmittel gibt.

Auch der Ausbruch einer anderen lebensbedrohenden Seuche aus ihrem tropischen Stammesgebiet scheint nur noch eine Frage der Zeit zu sein: Ich spreche von der *Afrikanischen Schlafkrankheit*. Dieses Leiden kann in der Tat schwere Schlafstörungen bis hin zur völliger Apathie bei den Infizierten auslösen und ist deshalb schon im 19. Jahrhundert in die Kolonialfolklore der Industriestaaten eingezogen. Auch heute stößt man noch auf Kalauer vom Schlage »Traumreise ins Land der Tsetse-Fliege zu gewinnen«. Dies ist höchst geschmacklos, weist aber immerhin korrekt auf den Vektor der Seuche hin. Die bewusste blutsaugende Fliege ist nur 10 Millimeter groß, hält sich vornehmlich in Feuchtgebieten auf und sticht schmerzhaft auch durch die Bekleidung hindurch. Der eigentliche Krankheitserreger ist zur Abwechslung wieder ein einzelliger Parasit (wie bei der Malaria und beim Ostküstenfieber) aus der Gruppe der sogenannten Trypanosomen.

Schätzungsweise 60 Millionen Menschen leben heute in Gebieten mit Schlafkrankheitsrisiko; die Angaben über die Zahl der akut Infizierten gehen allerdings weit auseinander. Einen noch höheren Durchseuchungsgrad dürften jedenfalls die schwarzafrikanischen Rinderbestände aufweisen, welche nach Trypanosomenbefall eine ähnliche Symptomatik wie der Mensch zeigen. Von der als *Nagana* bezeichneten Tiervariante der Schlafkrankheit sind gegenwärtig etwa drei Millionen Rinder jährlich betroffen. Dadurch fallen auch gewaltige volkswirtschaftliche Schäden (mindestens 4,5 Milliarden US-Dollar pro Jahr) an.

Und – die Leser haben es sicher schon geahnt – der Klimawandel könnte die Zahl der durch die Seuche bedrohten Menschen und Tiere drastisch erhöhen. Ein interdisziplinäres Forscherteam um Sean Moore vom NCAR in Boulder (Colorado) hat 2012 dazu eine Modellrechnung veröffentlicht, welche epidemiologischen Einsichten mit Prozessverständnis bezüglich der Parasiten- und Vektorbiologie verknüpft (Moore u.a. 2012). Nimmt man mit den Autoren an, dass die kombinierte Dynamik der Afrikanischen Trypanosomiasis nur in 20,7 bis 26,1 °C warmen Milieus funktionieren kann, dann muss es bei ungebremster Erderwärmung zu signifikanten Verschiebungen der seuchengeographischen Risiken kommen. Manche Gegenden werden schlicht zu heiß für die Schlafkrankheit, insbesondere in Ostafrika. Dafür könnte die Tsetse-Fliege große Gebiete im bisher zu kühlen südlichen Afrika neu erobern. Insgesamt zeigt das Modell eine bis zu 60-prozentige Verschiebung der Risikoflächen und eine Bedrohung von bis zu 77 zusätzlichen Millionen Menschen bis zum Jahr 2090. Viele andere Zusammenhänge zwischen Klima, Wetter und Gesundheit lassen sich inzwischen wissenschaftlich belegen, auch außerhalb der Tropen und Subtropen.

Eine interessante Rolle spielen dabei die sogenannten Vibrionen, die im wässrigen Milieu leben und von *Wundinfektionen* (*Vibrio vulnificus*) bis *Cholera* (*Vibrio cholerae*) eine ganze Palette an Siechtümern bereithalten. Aufsehen erregte eine wissenschaftliche Studie (Baker-Austin u.a. 2013), welche die Kausalbeziehungen zwischen der beobachteten Häufung von Vibrionenerkrankungen an der Ostsee und der klimabedingten Erwärmung dieses Randmeeres aufdeckte sowie entsprechende Zukunftsprojektionen vorstellte.

Auch wenn die Wundinfektionsproblematik bei dieser Risikoanalyse im Vordergrund stand, deutete sie darüber hinaus an, dass auch die viel gravierendere Cholera mit dem Klimawandel wieder in Nordeuropa einziehen könnte. Der griechische Name dieser gefürchteten Krankheit bedeutet nicht umsonst »Gallenbrechdurchfall«. Wenn die *Vibrio-cholerae*-Infektion sich im Körper voll entwickeln kann, stirbt etwa die Hälfte der Betroffenen an extremer Austrocknung. Diese schreckliche Erfahrung machte das Abendland erst ab dem späten 18. Jahrhundert, als die Seuche sich von Indien nach Westen ausbreitete, quasi auf der Globalisierungswelle der frühen industriellen Revolution reitend. Im deutschen Hamburg kam es 1892 zur letzten großen Choleraepidemie, an der über 8000 Menschen starben. Die Chronik dieses Desasters liest sich übrigens wie ein Lehrstück über urbanes Missmanagement: Der Sommer in jenem Jahr war außergewöhnlich heiß und der Pegel der Elbe entsprechend niedrig, sodass die Vibrionen im stark reduzierten Fluss ideale Existenzbedingungen vorfanden. Das Trinkwasser für die Hafenstadt wurde ungefiltert an einer Stelle der Elbe entnommen, wo die Flut regelmäßig verunreinigtes Hafenwasser zumischte. Und so nahm das Unheil seinen Lauf.

Mit fortschreitender Erderwärmung wird die Cholera sich vermutlich wieder polwärts ausbreiten und das durch moderne Filtrieranlagen und andere Hygienemaßnahmen verlorene Terrain teilweise zurückgewinnen. Zahlreiche jüngere Berichte über Vibrionenausbrüche in gemäßigten Regionen – darunter Chile, Peru, Israel, der pazifische Nordwesten der

USA und der atlantische Nordwesten Spaniens – belegen, wie die Keimentwicklung die klimatischen Veränderungsmuster der letzten Jahrzehnte abbildet (siehe zum Beispiel Martinez-Urtaza u. a. 2008; Paz u. a. 2007).

Nach der Cholera kann eigentlich nur noch die *Pest* folgen – das ist auch in diesem Buch so. Allerdings möchte ich an dieser Stelle nicht über Spekulationen zum Zusammenhang zwischen Klimawandel und künftigen Pestepidemien referieren. Stattdessen will ich eine Überlegung von möglicherweise noch größerer Tragweite für die Menschheit vorbringen. Denn der »Schwarze Tod«, der zwischen 1347 und 1352 nahezu ein Drittel der abendländischen Bevölkerung dahinraffte, tauchte aus dem epidemiologischen Nichts auf (siehe auch Kapitel 13). Jahrzehntelang stritten sich die Experten über die Frage, welche Seuche damals wirklich wütete und die Welt des Hochmittelalters in ein Leichentuch hüllte.

Allerdings war bis vor Kurzem noch unklar, ob die Pandemie des 14. Jahrhunderts tatsächlich vom »modernen« Erreger der Beulenpest, einem Stäbchenbakterium namens *Yersinia pestis*, ausgelöst wurde. Wie bei vielen jüngeren Fortschritten in der Wissenschaft konnte das Rätsel des Schwarzen Todes nun mithilfe raffinierter Erbgutanalysen gelöst werden. Eine internationale Forschergruppe um Verena Schünemann und Kirsten Bos untersuchte bakterielle DNS-Fragmente, die bei Pesttoten in einem mittelalterlichen Massengrab im Londoner Stadtteil East Smithfield aufgefunden wurden (Bos u. a. 2011; Schuenemann u. a. 2011). Die Opfer erlagen mit großer Wahrscheinlichkeit dem ersten Seuchenschub, der 1348 die englische Hauptstadt erreichte. Fazit der Untersuchung: Die genetische Struktur der historischen Mikroben stimmt weitgehend mit der von *Yersinia pestis* überein, welches somit in einer früheren Variante für die größte bisherige Seuchenkatastrophe des Abendlandes verantwortlich war.

Aber es wird noch spannender: Die neuesten Forschungsergebnisse lassen darauf schließen, dass *Yersinia pestis* eine *spontane bakterielle Innovation* war, die im 14. Jahrhundert erstmals die Bühne der Menschheitsgeschichte betrat. Dies würde auch die geradezu apokalyptische Wirkung der Seuche erklären, da die Infizierten über keinerlei evolutionäre Abwehrmechanismen verfügten. Wie aber kann diese pathologische Erfindung geschehen sein? Nun, die Ökologie der Pest ist noch komplizierter als die der Malaria. Beim Schwarzen Tod sind nachweislich neben den Bakterien Flöhe, Nagetiere und natürlich Menschen beteiligt. Die Zusammenhänge, auf die ich hier nicht näher eingehen kann, sind tatsächlich so verwickelt, dass man sich fragt, wie ein solch subtiles Knäuel von biologischen Wechselwirkungen solch schauderhafte »Erfolge« zu erzielen vermochte.

Yersinia pestis ist höchstwahrscheinlich durch zwei kleine Mutationen aus einem weitgehend harmlosen Darmbakterium entstanden (Zimbler u.a. 2015). Letzterer Keim trägt den Namen *Yersinia pseudotuberculosis* und findet sich im Verdauungstrakt von Menschen und zahlreichen Säugetieren, wo er kaum Schaden anrichtet. Vermutlich irgendwann um das Jahr 1300 haben irgendwo in den Steppen Zentralasiens genetische Vorgänge stattgefunden, die das tödliche Pestbakterium generierten. Dieses hatte die Fähigkeit, in kurzer Zeit eine massive Lungenentzündung auszulösen. Die jüngsten Erkenntnisse über *Yersinia* untermauern die epidemiologische Theorie, dass der »Gen-Abstand« zwischen unschädlichen und hochgefährlichen Mikroorganismen außerordentlich gering sein kann. Mutationszufall im Verein mit Umweltveränderungen können jederzeit dafür sorgen, dass dieser Abstand überwunden wird. Welche Faktorkombination den »Schwarzen Tod« tatsächlich in die Welt gebracht hat, wird wohl niemals ganz geklärt werden. Dass ökologische Zusammenhänge eine Rolle spielen könnten, ist jedoch plausibel, denn *Yersinia pseudotuberculosis* tummelt sich am liebsten in fruchtbaren Böden.

Weitere Belege für die grauenvolle Erfindungsgabe des *Yersinia*-Imperiums konnte die Wissenschaft in allerjüngster Zeit präsentieren. Schon in der Zeit der Völkerwanderung, in den Jahren 541 bis 543, wurde Europa von einer verheerenden Seuche geschüttelt. Sie ging als »Justinianische Pest« in die Geschichtsbücher ein, weil sie in die Regierungszeit von Kaiser Justinian I. fiel. Diesem wäre es beinahe gelungen, von Konstantinopel aus das Römische Reich in alter Größe wiederzuerschaffen. Doch alle seine militärischen Triumphe wurden schließlich von den Kräften der Natur zunichte gemacht – gewaltigen Vulkanausbrüchen mit nachfolgenden Klimastürzen (Sigl u.a. 2015) und ebenjener Pandemie. Auch hier war lange Zeit umstritten, welcher Krankheitserreger die Katastrophe auslöste. Und auch hier hat die Genforschung endlich Klarheit geschaffen.

Es war eine frühe Variante des *Yersinia-pestis*-Stammes, die allerdings später ausstarb und *nicht* zum Bakterium führte, das den »Schwarzen Tod« des 14. Jahrhunderts verursachte! Der Schlüssel zu dieser Einsicht fand sich auf einem frühmittelalterlichen Gräberfeld mit Namen »Aschheim-Bajuwarenring« im Landkreis München, wo fast 1500 Jahre alte Skelette in relativ gut erhaltenem Zustand aufgefunden wurden. Aus den Zähnen der Verstorbenen konnten zweifelsfrei die DNS-Sequenzen eines Pestbakteriums isoliert und identifiziert werden (Wagner u.a. 2015), welches offenbar keinen gefährlichen Vorgänger oder Nachfolger besaß. Der hochaggressive Erreger – an die 40 Prozent aller Erkrankten starben – tauchte plötzlich in der Biosphäre auf und verschwand wieder aus bisher ungeklärten Gründen. Das Verderben ging jedoch bei allen bekannten *Yersinia*-Pandemien vom chinesischen Großraum aus, und manches deutet darauf hin, dass klimatische Veränderungen im Spiel waren. Die Innovationsmaschine *Yersinia* schlummert gegenwärtig, doch sie kann jederzeit wieder zum Leben erwachen, wenn ihr Schlaf gestört wird…

Dass bösartige Krankheitserreger aus dem scheinbaren Nichts auftauchen, wenn sich das Milieu der Keime wandelt, kann man auch am Beispiel der Immunschwäche AIDS studieren. Sie wird weltweit vor allem vom Erreger HIV-1-M ausgelöst und weitergetragen. Dieser »Retrovirus« schreibt seine Erbinformation auf hinterlistige Weise in die befallene Körperzelle ein und ist dort aufgrund seiner Wandlungsfähigkeit nur schwer zu bekämpfen. *Woher* stammt jedoch dieser moderne Feind der Zivilisation? Diese Frage war jahrzehntelang Gegenstand wirrer Verschwörungstheorien und politisch motivierter Spekulationen (siehe zum Beispiel Geißler 2012). Doch der Expertenbefund ist weniger abenteuerlich: Der wichtigste AIDS-Erreger stammt von einem Schimpansenvirus ab, das um 1908 in Kamerun (Westafrika) auf den Menschen übertragen wurde. Insgesamt geschah diese »Übersprungshandlung« zwischen Primaten (zum Beispiel auch Gorillas) und dem *Homo sapiens* wohl mehrere Male. Varianten vom Typ HIV-2 entstanden hingegen um 1966 in Afrika durch Übertragungen von Mikroorganismen von der Affenart Rauchgrau-Mangaben auf den Menschen. Da jedoch eine Urform (SIV) des HIV-Typs offenbar seit Jahrzehntausenden in Westafrika existiert (Worobey u. a. 2010) und die Menschen der Region beständig Kontakt zu SIV-infizierten Affen hatten, bleibt offen, *warum* die HIV-Karriere erst im 20. Jahrhundert in Schwung kam. Ähnliche Fragen kann man sich zu anderen neuartigen Zoonosen stellen – wie SARS oder Vogelgrippe, welche unter anderem von Fledermäusen beziehungsweise wild lebenden Wasservögeln auf den *Homo sapiens* überzusiedeln scheinen.

Die Antworten haben vermutlich mit der »Großen Beschleunigung« der Globalisierung nach dem Zweiten Weltkrieg zu tun, welche den Mikroorganismenkosmos und seine Beziehungen zur Menschheit gründlich durcheinandergewirbelt hat. Und das ist erst der Anfang, denn Klimawandel, Landnutzungsänderung, Urbanisierung und Mobilitätssteigerung zählen zu den Megatrends des 21. Jahrhunderts, die den Boden für pandemische Überraschungen bereiten. Unzählige Verhältnisse von Natur zu Natur, von Mensch zu Natur und Mensch zu Mensch werden in den Regenwäldern, Flachmeeren, Agrarfabriken und Agglomerationen unseres

Planeten zerstört, umgeformt und neu erfunden. Warum sollte dabei eigentlich nicht das *ultimative Virus* auftauchen – tödlich, hyperinfektiös, unempfindlich gegen körpereigene Abwehrmechanismen, Impfstoffe und Medikamente? Je mehr man mit einem großen Stock im Schlamm eines Tümpels rührt, desto mehr Faulstoffe gelangen an die Oberfläche...

Um wenigstens eine Ahnung von den entsprechenden Risiken entwickeln zu können, muss insbesondere abgeschätzt werden, wie der Klimawandel je nach Szenario Fauna, Flora und Ökosysteme des Planeten transformieren wird. Gewisse Überlegungen dieser Art sind natürlich schon in die oben skizzierten Projektionen für bestimmte Tropenkrankheiten eingegangen (künftige Verteilung von Vegetationstypen, Feuchtgebieten usw.). Aber über eines sollte man sich von vornherein im Klaren sein: Eine seriöse *Vorhersage* darüber, wohin sich die kunterbunte und tausendgestaltige Lebenswelt unseres Planeten bei einer globalen Erwärmung von 2,3 oder X °C entwickeln wird, ist schlichtweg unmöglich! Die Wissenschaft kann jedoch auf wohlbegründete Weise abschätzen, wie Tiere, Pflanzen, Wiesen, Wälder und andere biogeographische Lebenseinheiten auf bestimmte Szenarien des Klimawandels »natürlicherweise« – also ohne weitere menschliche Eingriffe – reagieren sollten. Entsprechende Studien sind zu Aberhunderten in den letzten Jahren entstanden. Allerdings ist es verteufelt schwer, in diesem Forschungsgewusel den Blick auf das große Ganze zu bewahren und zu erkennen, welche neue Lebenswelt an die Stelle der »obsoleten Schöpfung« treten wird.

Dabei interessiert nicht allein, was das Alte an einem beobachteten Ort ersetzen könnte, sondern insbesondere auch, wie zügig dies geschehen dürfte. Man kann die Forschungsfrage auch andersherum stellen und folgendermaßen konkretisieren: *Wohin und mit welchen Geschwindigkeiten wandern die Kreaturen der Erde, wenn der Klimawandel ihre Lebensräume verschiebt und sie dabei nicht ohnehin zugrunde gehen?*

Doch welche Methoden stehen der Forschung überhaupt zur Verfügung, um Licht in den Dschungel der biologischen und ökosystemaren Klimafolgen zu tragen? Im Wesentlichen gibt es da fünf Ansätze, nämlich *erstens* die direkte *Beobachtung* entsprechender Reaktionen auf bereits stattfindende Veränderungen der klimatischen Bedingungen; *zweitens* die *Rekonstruktion* von klimagetriebenen Veränderungen in der Lebenswelt der Vergangenheit; *drittens* die *Imitation* künftiger klimatischer Verhältnisse für Lebewesen oder ganze Ökosysteme im Labor oder Freiland; *viertens* das *Analogieverfahren*, welches für jeden klimageographischen Standort von morgen den passenden Zwilling von heute sucht und dessen tierisches und pflanzliches Inventar inspiziert; und *fünftens* die daten-

und prozessgestützte *Simulation* von biologischen Klimawirkungen durch numerische Modelle. Alle diese Ansätze haben zahlreiche Vor- und Nachteile. Erst ihre intelligente Kombination lässt jedoch ein Gesamtbild entstehen, das an vielen Stellen allerdings noch beklagenswert verschwommen ist.

Im Folgenden will ich die meisten dieser Forschungsstrategien durch typische Ergebnisse beziehungsweise Einsichten illustrieren. Was die empirischen Befunde angeht, so sind bei Wissenschaftsjournalisten und ihren Kunden vor allem ökologische »Einzelschicksale« außerordentlich beliebt. Deshalb schaffte es vor wenigen Jahren der Kleine Sonnenröschen-Bläuling in die Schlagzeilen. Dieser unauffällige, orange-braun geflügelte Schmetterling hat sein Verbreitungsgebiet in Großbritannien aufgrund des Klimawandels in den letzten 20 Jahren um fast 80 Kilometer nach Norden ausgedehnt: rekordverdächtig (Pateman u.a. 2012)! Interessanterweise ignoriert dieses Insekt dafür einfach seinen Namen und kommt bei der Migration weitgehend ohne seine eigentliche Hauptwirtspflanze, das Gelbe Sonnenröschen, aus.

Noch verblüffender ist die Erfolgsgeschichte der Wanderalbatrosse, die als größte Seevögel der Welt mit über drei Metern die hundertfache Flügelspannweite des britischen Bläulings aufweisen. Die eindrucksvollen Segler haben in den letzten zehn Jahren trotz verkürzter Futtersuche im südlichen Ozean nachweislich an Gewicht zugelegt (Weimerskirch u.a. 2012). Die entsprechenden Studien beziehen sich auf jene Albatrosse, welche auf den Crozet-Inseln – im Indischen Ozean auf halbem Weg zwischen Madagaskar und dem Antarktischen Kontinent gelegen – brüten. Offensichtlich hat sich im Zuge des Klimawandels der Westwindgürtel auf der Südhalbkugel umorganisiert, sodass nun starke Strömungen direkt über die genannten Vulkaninseln hinwegbrausen. Ideale Segelbedingungen für die Albatrosse, die dadurch im Durchschnitt 15 Prozent höhere Geschwindigkeiten erzielen und mehr Beutegewicht tragen können.

Aufschlussreicher als diese Naturkundeanekdoten sind allerdings systematische Auswertungen der zahlreichen Klimafolgenbeobachtungen, die in den letzten Jahren an Tieren und Pflanzen gemacht werden konnten. Zwei jüngere Studien liefern solche Gesamtperspektiven für Vögel und Schmetterlinge (Devictor u.a. 2012) sowie für die Gebirgsvegetation (Gottfried u.a. 2012) auf dem europäischen Kontinent. Die erstgenannte Analyse untersuchte 9490 Vogel- und 2130 Schmetterlingsgemeinschaften im Zeitraum 1990 bis 2008. Resultat: Die Vögel haben sich in diesen zwei Dekaden um durchschnittlich 37 Kilometer nach Norden verschoben, die Schmetterlinge gar um 114 Kilometer. Da im gleichen Zeitraum jedoch die Temperaturlinien noch stärker polwärts gerutscht sind, hinken die Vögel nun dem Klimawandel um gewaltige 212 Kilometer, die Schmetterlinge um 135 Kilometer hinterher! Diese Differenzen wurden von den Autoren treffend als »Klimaschulden« bezeichnet. In der zweiten Analyse wurden 867 Vegetationsproben oberhalb der Baumlinie auf 60 europäischen Gipfeln für die Jahre 2001 und 2008 inspiziert, da es gerade in den 2000er-Jahren zu einer signifikanten Erwärmung des Kontinents gekommen war. Die Forscher stellen selbst in diesem kurzen Zeitabschnitt eine starke *Thermophilisierung*, also ein massives Aufwärtsstreben der wärmeliebenden Pflanzen fest – auf Kosten der Arten, welche kühlere Klimata bevorzugen.

Diese mühevollen und detailversessenen Sammelarbeiten haben nicht nur einen hohen wissenschaftlichen Wert an sich, sie gewähren auch tiefere Einsichten: Die verschiedenen Ökosysteme reagieren erstaunlich rasch – allerdings nicht rasch genug – auf die Herausforderungen des Klimawandels, sie zerlegen sich dabei jedoch weitgehend in einzelne tierische und pflanzliche Bestandteile (siehe zum Beispiel Gattuso u. a. 2015; Müller-Jung 2012; Rafferty u. a. 2015). Die individuellen Komponenten einer Lebensgemeinschaft sind aus physiologischen, metabolischen und genetischen Gründen unterschiedlich mobil und anpassungsfähig. Insofern wandern Ökosysteme unter hohem klimatischen Druck nicht als verschworene Gemeinschaften; vielmehr sucht jede beteiligte Art ihr Heil in der individuellen Flucht – was allerdings gehörig schiefgehen kann, wenn man beispielsweise über Nahrungsnetze eben doch aufeinander angewiesen ist.

In der marinen Lebenswelt werden sich aufgrund des anthropogenen Klimawandels noch dramatischere Umbrüche abspielen als an Land: Obwohl sich die Ozeane langsamer erwärmen als die untere Troposphäre, zeigen Beobachtungen (Burrows u. a. 2011), dass der Wanderungsbedarf für Meeresökosysteme generell größer ist. Dies hat nicht zuletzt damit zu tun, dass die Umweltbedingungen in den Ozeanen weiträumig gleichmäßig sind (gut durchmischte Deckschicht), während sich auf den Kontinenten deutlich unterschiedliche Mikroklimata an eng benachbarten Standorten finden. Salopp ausgedrückt muss ein terrestrisches Ökosystem nur schnell über einen Bergkamm hüpfen, um dem Wüten des gereizten Klima-Stiers fürs Erste zu entgehen.

Exzellente Ergebnisse über die Klimawirkung auf Arten und Ökosysteme kann man in den künstlichen Umwelten des Labors gewinnen. Solche »Mesokosmen« sind groß genug, um die Komplexität der Biosphärenwirklichkeit nachahmen zu können, und dennoch klein genug, um sich präzise kontrollieren zu lassen. Allerdings sind sie oft haarsträubend teuer, weshalb Entwicklungsländer sich diese Art Forschung einfach nicht leisten können. Wer dagegen die nötigen Gelder investieren kann, findet beispielsweise heraus, dass Meereslebewesen, die wie Korallen, Schnecken oder Muscheln Kalkstrukturen aufbauen, in versauertem Wasser (siehe Kapitel 9) deutlich schlechter wachsen (Crook u.a. 2013; Hofmann u.a. 2010; Jokiel u.a. 2008; Orr u.a. 2005). Ähnliches lässt sich für Phytoplankton beobachten (Shi u.a. 2010). Dies könnte fatale Auswirkungen haben, denn die im Meer treibenden Teppiche von Kleinstpflanzen (wie zum Beispiel Kieselalgen) bilden nun einmal die Grundlage aller marinen Nahrungsketten (Ardyna u.a. 2014).

In anderen Mesokosmosexperimenten hat man vor allem die Temperatur hochgeregelt. Dabei zeigt sich, dass die Körpergröße verschiedener Tiergruppen mit jedem Grad Erwärmung schrumpft, und zwar um 0,5 bis 4 Prozent bei Meeresweichtieren, um bis zu 22 Prozent bei Fischen, um 1 bis 3 Prozent bei Käfern und um 14 Prozent bei Salamandern (Sheridan und Bickford 2011). Ob Letzteres irgendetwas mit der Sage vom Feuersalamander zu tun hat, bleibt eines der großen Rätsel der Gegenwart. Aber Scherz beiseite: Auch für Pflanzen lässt sich die Wärmeschrumpfung im Labor nachweisen. Für eine ganze Reihe von Gemüse- und Obstsorten zeigt sich, dass Sprossung und Fruchtmassenbildung pro Grad Temperaturerhöhung um 3 bis 17 Prozent abnehmen! Dies ist recht unerfreulich und läuft landläufigen Vorstellungen von tropischen Paradiesen zuwider, wo wir die üppigsten Früchte wuchern wähnen. Aber Riesenbananen sind wohl mehr das Resultat von Züchtung als von feuchtwarmen Klimabedingungen.

Im Übrigen mischt bei der Biosphäre noch ein geheimnisvoller Akteur mit, der das ganze Spiel verändern, ja sogar kippen könnte: Gemeint ist der CO_2-Gehalt der Luft – diesmal nicht in seiner Funktion als Strahlungsbilanzregler, sondern als Grundstoff für das photosynthetische Pflanzenwachstum. Dass die Kohlendioxidkonzentration in der Atmosphäre dramatisch ansteigt, bezweifeln nicht einmal die wirrsten Verschwörungstheoretiker, und dass damit ein willkommener »Düngungseffekt« für natürliche und bewirtschaftete Ökosysteme verbunden sein könnte, ist eine naheliegende Vermutung. Aber warum sollte sich die Lebenswelt einfach verhalten, wenn es auch kompliziert (will heißen: evolutionsgemäß) geht?

Denn es gibt fundamental verschiedene Weisen, wie Pflanzen den Kohlenstoff – das »Element Gottes« – photosynthetisch verarbeiten. In diesem Zusammenhang ist nun vor allem die Einteilung der Gewächse in

C3-, C4- und CAM-Typen von Bedeutung. Die beiden Letzteren unterscheiden sich prozessbiologisch allerdings nur wenig voneinander. Für die Klimafolgenabschätzung ist nun von besonderem Interesse, dass die C4-Pflanzen im Gegensatz zu ihren C3-Cousinen eine ziemlich geniale biochemische Pumpe einsetzen, um das Luft-CO_2 zur weiteren Verwendung in den Blättern anzureichern. Daraus ergibt sich gerade in trockenen Gegenden oder gar Wüsten ein bedeutender Vorteil. Doch wie kommt dann das Kohlendioxid ins Pflanzengewebe? Über die »Stomata«, also die winzigen Spalten in der mit Wachs imprägnierten Abschlusszellschicht des Blattes! Diese Stomata können aktiv geöffnet werden, wodurch aber nicht nur CO_2 eindringt, sondern auch kostbares Pflanzenwasser in die Umgebung entweicht. Aufgrund ihrer speziellen Pumptechnik können sich die C4-ler mit minimalen Öffnungswinkeln begnügen und schlagen damit ihre C3-Konkurrenten aus dem ariden Feld. Dies erklärt, dass viele der heutigen C4-Pflanzenarten zu den trockenen Gräsern gehören. Noch ein Vorteil dieser Gewächse: Die optimale »Betriebstemperatur« für ihre Photosynthese liegt höher als bei den C3-Pflanzen.

Spektakuläre Vertreter des C4-Typus sind wichtige Nutzgewächse wie Mais, Hirse oder Zuckerrohr. Etwa 95 Prozent aller Pflanzenarten der Erde sind dagegen vom schlichteren C3-Schlag, der in der Evolutionsgeschichte zuerst auftauchte. Die C4-Innovation entstand in der Lebenswelt dagegen wohl erst vor etwa 25 Millionen Jahren, als ein sinkender CO_2-Gehalt der Luft einen entsprechenden Auslesedruck ausübte. Die C4-ler sind also gewissermaßen die Antwort der Biosphäre auf relativen Kohlendioxidmangel. Aus dieser Grundeinsicht erklären sich die im Folgenden vorgestellten wissenschaftlichen Ergebnisse recht zwanglos.

Dass in der Zukunft die »CO_2-Düngung« der Pflanzenwelt als Nebenwirkung der fossilen Energienutzung ein Megathema werden könnte, haben Forscher und Politiker schon vor einigen Jahrzehnten erkannt (Poorter 1993; Wittwer 1992). Bei der Gestaltung der entsprechenden Debatte tat sich der amerikanische Gartenbauprofessor Sylvan H. Wittwer besonders hervor, der sich von der atmosphärischen Kohlendioxidanreicherung eine dramatische Verbesserung der Bedingungen für die Gemüseproduktion versprach. Motto: Pflanzen lieben CO_2! Dieser Slogan wird übrigens alle paar Jahre von Gegnern des Klimaschutzes im stramm konservativen Milieu wiederentdeckt. Aber ganz so einfach liegen die Dinge nicht, wenngleich die wachstumsfördernde Wirkung eines erhöhten Kohlendioxidangebots für Gemüse kaum zu bestreiten ist. Denn bedeutet mehr Wachstum auch mehr Ertrag und sogar mehr Qualität? Und wie groß sind die Unterschiede in den Düngungsreaktionen der individuellen Nutzpflanzenarten?

Um solche wichtigen Fragen beantworten zu können, wurde eine neuartige biologische Experimentaltechnik erfunden: FACE. Das Akronym steht für die englische Wortkombination »*Free Air* CO_2 *Enrichment*«, was auf Deutsch »Freiluft-Anreicherung mit Kohlendioxid« bedeutet. Um wirklich belastbare Daten über die Reaktionen von einzelnen Pflanzenarten, aber auch von veritablen Ökosystemen auf höhere CO_2-Konzentrationen in der Atmosphäre zu erheben, muss man die künftigen »natürlichen« Umweltbedingungen so zutreffend wie möglich simulieren. Am besten also auf riesigen Arealen im offenen Gelände, wo Begasungsanlagen für einen konstant erhöhten Kohlendioxidanteil der Luft sorgen. Bei der Suche nach dafür geeigneten Techniken hat sich eine regelrechte Experimentalindustrie entwickelt, mit weltweit verteilten Standorten. Es überrascht dabei nicht, dass die USA die meisten einschlägigen Stationen unterhalten – die Aussicht, mit großtechnischem Einsatz die positiven Aspekte des Klimawandels dingfest zu machen, passt schließlich perfekt ins amerikanische Weltbild.

Die Aufnahme in Abbildung 51 zeigt eindrucksvoll, welche Dimensionen die entsprechenden Freiluftversuchsanlagen inzwischen angenommen haben: Da werden ganze Waldstücke einer CO_2-geschwängerten Umwelt ausgesetzt und in ihrem Antwortverhalten lückenlos überwacht. Vergleichsweise bescheiden ging es noch Anfang der 1990er-Jahre in Maricopa, Arizona, zu, wo in der Nähe des urbanen Molochs Phoenix eine der ersten FACE-Stationen in Betrieb genommen wurde. Auf diversen Versuchsfeldern setzte man Baumwolle, Weizen und Sorghum (das wichtigste Brotgetreide Afrikas) einer CO_2-angereicherten Freiluft (Differenz: 200 ppmv) aus, wobei man auch noch das Angebot an Wasser und Stickstoff variierte. Ich erwähne dieses einigermaßen erfolgreiche Klimafolgenexperiment in der arizonischen Wüste, weil sich das Potsdam-Institut in den ersten Jahren seines Bestehens an den Messungen vor Ort beteiligte und mit den Maricopa-Wissenschaftlern enge Kontakte unterhielt.

In der FACE-Welt ist der apparative und logistische Aufwand groß, dafür erhält man jedoch Detailinformationen von einzigartigem Charakter. Denn anders als im Labor oder gar Gewächshaus sind die inspizierten Ökosysteme außer dem künstlichen CO_2-Angebot weitgehend natürlichen Einflüssen ausgesetzt: Hitze, Regen, Wind, Luft- und Bodenfeuchte, Sonnenstrahlung, aber auch komplexere Einwirkungen wie Bestäubung durch Bienen oder Befall durch Schädlinge. Zudem sind die Pflanzen in ihrem Wachstum nicht durch Wände oder Decken eingeschränkt, was insbesondere Langzeitbeobachtungen ermöglicht.

Der heutige Stand des einschlägigen Wissens erlaubt folgendes Zwischenfazit: Auf erhöhtes CO_2-Angebot reagieren die meisten Pflanzenarten mit verstärkter Photosynthese, beschleunigtem Wachstum, geringerem Wasserbedarf, aber auch mit schwächerer Anreicherung von Stickstoff und Eiweiß im Gewebe (Robinson u.a. 2012b; Taub 2010). Die drei erstgenannten Effekte sind positiv zu bewerten, der letztgenannte eher negativ. Im Durchschnitt aller FACE-Experimente mit verschiedenen Gewächstypen ergibt sich bei einer Kohlendioxidkonzentration zwischen 475 und 660 ppmv eine Erhöhung der Blattphotosyntheseleistung um stattliche 40 Prozent. Gleichzeitig benötigen die untersuchten Pflanzen 5 bis 20 Prozent weniger Wasser. Denn die weiter oben erwähnten winzigen Spalte in den Gewebedeckschichten müssen in der Tat weniger weit geöffnet werden, um einen zureichenden Zustrom von Kohlendioxid aufrechtzuerhalten. Diese beiden numerischen Vorteile der CO_2-Düngung addieren sich zu eindrucksvollen Wachstumserfolgen auf: Im Mittel nimmt die Trockenmasse der Gewächse unter FACE-Bedingungen im oberirdischen Bereich um 17 Prozent zu, im unterirdischen sogar um mehr als 30 Prozent!

So weit wären das gute Gründe zum Jubeln für die Bauernverbände, aber auf dem allmählich schärfer werdenden FACE-Bild liegen, wie bereits angedeutet, auch Schatten. Denn die Erntequalität vieler Agrarpflanzen hängt nicht allein vom Kohlendioxidgehalt ab, sondern auch ganz wesentlich vom Dargebot an Proteinen und lebenswichtigen Mineralstoffen. Es geht also darum, wie viel Stickstoff, Kalzium, Magnesium, Phosphor usw. die Gewächse in Frucht und Körper einzubauen vermögen. Die bisherigen FACE-Versuche deuten nun darauf hin, dass das erhöhte Luft-CO_2-Angebot die dafür erforderlichen Prozesse beeinträchtigt (Deng u.a. 2015), was insbesondere mit dem reduzierten Wasseraustausch mit dem Nährboden zusammenhängt. Entsprechend registrieren die Experimente in der Tat eine Minderung des Proteingehaltes bei Weizen, Reis, Gerste und Tomaten um 5 bis 14 Prozent. Solche Effekte könnten sowohl die Produktion von Getreide und Gemüse belasten als auch die Weidewirtschaft (da für die gleiche Eiweiß- und Mineralaufnahme ein höherer Pflanzenkonsum nötig wäre).

Noch problematischer wird die Perspektive, wenn man das gesamte von der CO_2-Düngung betroffene Artenspektrum und die daraus gebildeten Ökosysteme betrachtet. Ein vitaler Wald etwa setzt sich aus diversen Sorten von Bäumen, Sträuchern, Gräsern und Pilzen zusammen, ganz zu schweigen von unzähligen ober- und unterirdischen Mikroorganismen. Die differentielle Antwort all dieser individuellen Bestandteile auf ein größeres Angebot an Kohlendioxidnahrung kann zu großen Spannungen in der eingespielten Lebensgemeinschaft führen oder diese gar auseinanderreißen (Polley u.a. 2012). So wie bei einer Familie, in der ein Mitglied über Nacht steinreich wird. Allerdings kann die FACE-Forschung bisher einfach nicht seriös abschätzen, wie genau ausgedehnte Ökosysteme oder gar der gesamte Waldbestand der Erde auf die atmosphärische Zusatzdüngung reagieren dürften.

Der hervorragende Übersichtsartikel von Richard Norby und Donald Zak (Norby und Zak 2011) fasst den aktuellen Erkenntnisstand hierzu gewissenhaft zusammen und gibt vor allem ehrlich Auskunft darüber, was wir noch längst nicht wissen. Ganz allgemein bleibt die zusätzliche CO_2-Düngung das geheimnisvolle »Schwarze Pferd« der Klimafolgenforschung. Letztere führte ihre erste Weltkonferenz (»Impacts World 2013«) im Mai 2013 in Potsdam durch. In den dortigen Diskussionen wurde das CO_2-Fragezeichen immer größer. Insbesondere die Projektionen für die landwirtschaftliche Erzeugung (siehe Kapitel 19) in einer von ungebremsten Emissionen geprägten Zukunftswelt variierten dramatisch, je nachdem, ob und wie die atmosphärische CO_2-Anreicherung berücksichtigt wurde. Gleichwohl überwiegt heute die Einschätzung, dass das Extraangebot an Kohlendioxid die zumeist prekären physikalischen Folgen der Erderwärmung eher kompensieren dürfte. Zumindest in den gemäßigten Zonen, da die in Tropen und Subtropen besonders wichtigen C4-Nutzpflanzen mit dem CO_2-Zusatzangebot recht wenig anzufangen wissen. Die Entwicklungsländer ziehen somit einmal mehr den Schwarzen Peter im Nachhaltigkeitsspiel.

An dieser Stelle will ich einen kleinen Ausflug zur bisher bizarrsten Ausformung der Experimentalökologie einschieben: *Biosphere 2.* Dieser Name steht für ein Projekt, das aus wissenschaftlicher Sicht irgendwo zwischen Genie, Wahn und Schwachsinn angesiedelt ist. Wer alle Irrnisse und Wirrnisse jener in Oracle (!), Arizona, errichteten Kunstwelt nachvollziehen will, kann auf eine Reihe von Berichten zugreifen (siehe zum Beispiel Poynter 2006; Allen 2009). Aber auch ein kurzer Abriss der Grundidee und seiner Folgen ist faszinierend genug:

Im Jahr 1986 begann eine ziemlich undurchsichtige Organisation namens *Space Biosphere Ventures* mit der Konstruktion einer bis heute einzigartigen Anlage im roten Sand am Fuß der Santa-Catalina-Berge, unweit von Tucson. Die Mittel dafür – insgesamt etwa 200 Millionen US-Dollar im Zeitraum 1985 bis 2007 – stammten hauptsächlich vom texanischen Ölmilliardär Ed Bass. Und wofür wurde das viele schöne Geld ausgegeben? Nun, in Amerika grassierte in den 1980er-Jahren das »Marsfieber«, eine starke Melange aus wissenschaftlicher Neugier, ökonomischem Pioniergeist und esoterischer Spinnerei. Ich kann mich gut an Gespräche mit US-Kollegen in jenen Tagen erinnern, wo von »Terra Forming« geschwärmt wurde. Also der technologischen Umgestaltung anderer Planeten (wie dem Mars) in neue Erden, so bewohnbar wie unser Blauer Planet. Und als Brückenköpfe dieser Invasion ins Weltall sollten künstliche »Biosphären« dienen, quasigeschlossene Systeme, welche Miniaturen der irdischen Lebenswelt umschließen sollten. Solche Imitate könnte man zum Beispiel mit Raumschiffen verschicken oder auf dem Mond zusammenbauen, wobei man davon ausging, dass die Güte der Anlagen deutlich mit ihrer Größe wachsen würde. Also musste ein mächtiger Prototyp geschaffen werden, und das war ebenjenes krasse Objekt in der arizonischen Sonora-Wüste. Abbildung 52 fängt die seltsame Romantik dieses Techno-Traums während der Bauarbeiten ein.

In naiver Verkennung der wahren Komplexitäten des Erdsystems machte man sich daran, auf mehr als 12 Hektar Land einen Liliput-Planeten unter Glas zu installieren, inklusive eines Regenwaldes, einer Savanne, einer Nebelwüste, einer Mangrovenlandschaft und eines Miniozeans mitsamt Korallenriff. Dieser Kunstnatur wurde eine Kunstkultur zur Seite gestellt, und zwar in Form einer 2500 Quadratmeter großen Agrarfläche und sogar einer winzigen Stadt zur Beherbergung der »Bionauten«, also der menschlichen Bewohner des Konstrukts. Diese wiederum sollten sich den Lebensraum mit zahlreichen Tierarten teilen, darunter vor allem nahrungsrelevante wie Schweine, Ziegen, Hühner, Fische, aber auch Kolibris und Hummeln zur Bestäubung der Nutzpflanzen. Letztere schließlich sollten Obst (Bananen, Papayas), Getreide (Weizen, Reis) und insbesondere Gemüse (Rüben, Bohnen, Erdnüsse) produzieren. Zudem Süßkartoffeln, jede Menge Süßkartoffeln, die schließlich zum (verhassten) Grundnahrungsmittel der Biosphären-Bewohner während der legendären »Mission 1« wurden.

Das große Experiment startete am 29. September 1991. Vier Frauen und vier Männer zwischen 27 und 66 Jahren schritten in etwas albernen Startrek-Anzügen durch die Luftschleuse in den Bauch von *Biosphere 2*. Die Bionauten-Reise endete, wie vorgesehen, nach genau zwei Jahren, entwickelte sich jedoch zum Höllentrip am Rande des Fiaskos. Dennoch wurden bemerkenswerte ökologische, technische und sozialpsychologische Einsichten gewonnen (siehe Marino und Odum 1999): Die sorgfältig angelegten Ökosysteme wandelten sich dramatisch oder brachen zusammen, wie etwa die Korallengemeinschaften im Kunstozean. Während die meisten Wirbeltierarten und alle bestäubenden Insekten in kurzer Zeit ausstarben, explodierten die Populationen von Kakerlaken, Ameisen und anderen Insekten, vor denen etliche rein zufällig in *Biosphere 2* geraten waren. »Unkräuter« und »Schädlinge« (wie Pilze und Milben) dominierten alsbald die Ersatz-Erde und gefährdeten die Nahrungsmittelerzeugung.

Besonders beängstigend für die Bionauten waren aber die Schwankungen in der Zusammensetzung der Mini-Atmosphäre. Der Sauerstoffgehalt der Luft sank innerhalb von 16 Monaten von den gewohnten 21 Prozent auf den Hochgebirgswert von nur noch 14,5 Prozent ab – mit entsprechenden Auswirkungen auf Wohlbefinden und Leistungsfähigkeit der menschlichen Versuchskaninchen. Offenbar wurde in *Biosphere 2* in der Summe etwas weniger Sauerstoff durch Photosynthese produziert als durch Atmungsvorgänge (von Bionauten, Tieren, Pflanzen und Bakterien) verbraucht. Hunger, Enge, Ungeziefer und dicke Luft stellten die Bionauten und ihre Fähigkeiten zu Geduld, Toleranz und Zusammenarbeit auf eine permanente Zerreißprobe. Als Individuum kämpfte jeder um seine mentale Gesundheit; als Kollektiv spaltete man sich schließlich in zwei bitter verfeindete Fraktionen. Bizarrerweise beschloss die externe Aufsicht erst kurz vor Ende der Mission, Frischluft ins Glashaus einzuleiten, womit die materielle Geschlossenheit der Kunstwelt zerstört wurde. Mit dieser Sauerstoffeinleitung Anfang 1993 ging die Grundmotivation der ganzen Unternehmung verloren und damit auch seine wissenschaftliche Glaubwürdigkeit. Die meisten Bionauten verfielen in Depressionen.

Und dennoch gewährte dieses irgendwie kindische Projekt Einsichten, wo niemand sie vermutet hätte. Beispielsweise kam man erst unter Hinzuziehung von Weltklasseforschern (wie Wallace Broecker von der Columbia University) einer rätselhaften CO_2-Senke auf die Spur: Mit dem Schwund des Sauerstoffs hätte im hermetisch versiegelten System eigentlich der Kohlendioxidgehalt der Luft zunehmen sollen. Dies war aber nicht der Fall, denn – wie man schließlich herausfand – das überschüssige CO_2 reagierte mit den unverputzten Betonflächen im Innern von *Biosphere 2* zu Kalk!

Nicht nur aufgrund der Lehren aus jener Bionauten-Odyssee wissen wir inzwischen, dass die Nachahmung realer Prozesse im Mesokosmos mit größten intellektuellen und organisatorischen Herausforderungen verbunden ist. Somit schälen sich Modellierung und computergestützte Simulation als die mit Abstand wichtigsten wissenschaftlichen Werkzeuge zur Exploration möglicher Zukünfte der Lebenswelt heraus. Allerdings gibt es einen sehr nützlichen Zwitteransatz, welcher das Reale und das Virtuelle geschickt miteinander verbindet. Ich meine damit das Analogieverfahren. Dieses betrachtet eine bestimmte Region A, welche sich im Rahmen eines gegebenen Szenarios im Jahr t in einem entsprechend veränderten Klimazustand befinden wird – mit allen Konsequenzen für die dort angesiedelten Tiere, Pflanzen und Ökosysteme. Vereinfacht ausgedrückt sucht man dann *eine Region B, wo das vermutliche t-Klima von A schon heute vorherrscht* und die sich hinsichtlich anderer geographischer Merkmale (zum Beispiel Höhenlage) möglichst wenig von A unterscheidet. Und dann macht man die entscheidende – ebenso plausible wie problematische – Annahme: Alles Wesentliche über den künftigen Zustand von A lässt sich durch gründliche Inspektion des heutigen Zustands von B erfahren.

Diese Logik zielt insbesondere auf die natürliche Lebenswelt, deren Charakterisierung durch Vegetationstypen im Rahmen der sogenannten Biogeographie sich als äußerst nützlich erwiesen hat. Dabei spielt der Begriff der *Biome* inzwischen eine herausragende Rolle. So werden die großen Lebensgemeinschaften bezeichnet, die das Gesicht der Erde ganz wesentlich mitprägen, also etwa der tropische Regenwald, das gemäßigte Grasland oder die Tundra (Odum 1999). Wie in der ruhmsüchtigen Gelehrtenwelt nicht anders zu erwarten, gibt es mehrere konkurrierende Ansätze zur Biomklassifikation, aber das Denken in ökologischen »Archetypen« hat sich inzwischen grundsätzlich durchgesetzt.

In der Praxis konzentriert man sich dabei insbesondere auf den Zusammenhang zwischen Klima und Vegetation. Schon der Berliner Weltreisende Alexander von Humboldt beobachtete vor 200 Jahren, dass die Veränderungen der Natur beim Aufstieg auf einen tropischen Berg genau der Abfolge entsprechen, die man bei einer Reise von den Dschungeln des Äquators zum Eis der Pole sieht! Die Klassifikationslogik bewegt sich dabei in beide Richtungen: *Einerseits* kann man die Biome als Grundtypen der irdischen Vegetation auffassen, welche bedeutsame Nischen im Klimaraum besetzen. Aus dieser Betrachtungsweise ergeben sich eindrucksvolle, wenn auch holzschnittartige Graphiken wie das Nischendiagramm von Abbildung 53. Dieses simple Schema erzählt eine ganze Reihe von fesselnden Geschichten. Die vermutlich wichtigste davon hängt mit der Dreiecksform der gesamten Lebensdomäne zusammen, welche temperaturmäßig scharf nach oben begrenzt ist – also weitgehend unabhängig vom jährlichen Wasserangebot. Die Botschaft lautet im Wesentlichen, dass jenseits der 30-Grad-Linie keine Biome der Gegenwart existieren (können?). Insbesondere steht damit infrage, ob das Naturwunder des tropischen Regenwaldes bei Durchschnittstemperaturen oberhalb von 27 bis 28 °C »funktionieren« kann. Dagegen würde nicht zuletzt sprechen, dass bei C3-Pflanzen (siehe oben) die Photosyntheseleistung jenseits von 30 °C wieder deutlich absinkt.

In Umkehrung der Umwelt-Ökosystem-Beziehung kann man aber auch die großen Vegetationstypen der Erde heranziehen, um die verschiedenen Klimazonen auf unserem Planeten zu klassifizieren. Neben den Biomen spielen dabei natürlich auch direkte meteorologische Größen wie Temperatur, Niederschlag und Sonnenscheindauer eine Rolle. Berühmt und nach wie vor weit verbreitet ist in diesem Zusammenhang die sogenannte Köppen-Geiger-Klassifikation. Sie wurde vor über 100 Jahren von dem deutsch-russischen Gelehrten Wladimir Peter Köppen (1846–1940) entwickelt und von seinem Schüler Rudolf Geiger verfeinert.

Doch egal, ob man vorwärts oder rückwärts denkt, die Biome sind zu ungemein wichtigen Bezugsgrößen der allgemeinen Umweltforschung geworden. Die zugänglichste Karte für ihre geographische Verteilung habe ich übrigens bei Wikipedia gefunden, welche oft besser ist als ihr Ruf. Das entsprechende Muster der Erdoberfläche ist in Abbildung 54 wiedergegeben.

Karten dieser Art kennen wir aus den einschlägigen Atlanten, und sie prägen unsere Erinnerungen an den bisweilen sterbenslangweiligen Geographieunterricht (meine Fachlehrerin im Gymnasium etwa war eine liebenswerte, aber völlig ironiefreie katholische Nonne namens Radegund). Doch die bunten »Weltbilder« stellen nützliche Verdichtungen der Überfülle an verfügbaren Daten über die Erde dar und lassen sich mittels des oben skizzierten Analogieverfahrens auch prognostisch nutzen. Dafür bietet sich die bereits erwähnte Köppen-Geiger-Klassifikation an, welche aus Klimasimulationen die potenziellen Vegetationszonen der künftigen Jahrhunderte herzuleiten sucht (siehe zum Beispiel Malhi u.a. 2009; Rubel und Kottek 2010).

So kann man schon einmal einen Blick in die Lebenswelt von morgen werfen. In die Gültigkeit solcher Projektionen, die auf Datenverarbeitung ganz ohne Prozesssimulationen beruhen, sollte man jedoch kein allzu großes Vertrauen setzen. Letztlich ermitteln solche Analysen nur, wie der Klimawandel die Gunststandorte für bestimmte Biome über den Globus treibt – also wo künftig die Zonen liegen, in denen die heutigen Großökosystemtypen im Prinzip am besten gedeihen.

Doch vieles spricht dafür, dass sich die Biome nicht kollektiv unter Klimadruck verschieben werden, da ihre individuellen Mitglieder ganz unterschiedlich mobil und anpassungsfähig sind (siehe oben). Und natürlich müssen bei allen Projektionen die Ein- und Übergriffe des Menschen mit berücksichtigt werden, insbesondere die Interventionen jenes großen, unbarmherzigen Gärtners mit Namen »Industrielle Landwirtschaft«. Insofern sind die Grenzen des biogeographischen Analogieverfahrens rasch erreicht. Deshalb muss man schließlich doch den ganz harten Weg verfolgen, nämlich die prozessbasierte Simulation von einzelnen Pflanzenarten und ihrer Wechselwirkungsdynamik im Klimaraum.

Dies ist jedoch viel leichter gesagt als getan. Vor allem muss man sich dann ernsthaft an einen Forschungsgegenstand heranwagen, der seit Jahrhunderten der wissenschaftlichen Analyse trotzt: die *Biodiversität*. Diese steht ja auch im Zentrum hitziger politischer Debatten. Immerhin gibt es eine völkerrechtliche Übereinkunft (englisch: *UN Convention on Biological Diversity*, kurz CBD, genannt), welche sich die Bewahrung der biologischen Vielfalt vom Gen bis zum Biom auf die Fahne geschrieben hat (CBD-Webseite). Und viel mehr als die Klimarahmenkonvention stößt so ein Abkommen auf große Sympathie in weiten Teilen der Gesellschaft: Wer will schon, dass der Sumatra-Tiger ausstirbt – vor allem, wenn man ganz weit jenseits von Sumatra lebt?

Aber fast nichts in der Welt der Wissenschaft dürfte schwerer zu verstehen sein als Struktur, Funktion und Dynamik der Biodiversität, die auf allen Skalen unseres Planeten daherkommt. In Bezug auf die entsprechenden Auswirkungen des Klimawandels gibt es immerhin einen erhellenden Übersichtsartikel von Céline Bellard und Kollegen (Bellard u.a. 2012). Natürlich beginnt auch dieser Beitrag mit dem pflichtschuldigen Hinweis auf die furchterregende Komplexität der ganzen Thematik – da ist vom »Gespinst der Wechselwirkungen« zwischen den vielen Partnern einer ökologischen Lebensgemeinschaft die Rede und von den langen Kausalketten in der Biosphäre. In einer groß angelegten Studie (Koh u.a. 2004) wurde beispielsweise gezeigt, dass Tausende von Arten (insbesondere Bestäuber und Parasiten) zu *indirekten* Opfern des Klimawandels werden könnten, weil nämlich ihren funktionalen Partnern die Anpassung an eine rasche Erderwärmung nicht gelingen dürfte (Memmott u.a. 2007). Und ohne Wirt kein Gast...

Es liegt auf der Hand, dass sich der klimabedingte Tumult in der Biosphäre nicht präzise modellieren lässt – selbst wenn man perfekte Informationen über die künftigen meteorologischen Bedingungen besäße. Genauso hoffnungslos wäre der Versuch zu simulieren, wie genau die Menschen (Individuen, Sippen, Völker) im Zuge der Erderwärmung über den Planeten migrieren werden. Aber Bellard und Kollegen zeigen immerhin auf, welche Instrumente grundsätzlich zur Verfügung stehen, um die großen Fluchtlinien der Biosphäre im Klimawandel vorzuzeichnen. Dabei wird grob zwischen drei Modelltypen unterschieden, nämlich *erstens* »Nischenmodellen« (englisch: *Bioclimatic Envelope Models*), *zweitens* »Dynamischen Vegetationsmodellen« und *drittens* »Extinktionsmodellen«. Die erstgenannte Klasse von prognostischen Instrumenten fußt weitgehend auf dem oben erläuterten Analogieansatz und versucht für einzelne Arten die künftige Veränderung des klimatisch-ökologischen Existenzraumes zu berechnen. Die drittgenannte Klasse, welche die Bedingungen der Auslöschung einer bestimmten Lebensform aufzuspüren sucht, ist die vielleicht spannendste von allen. Denn es geht ja darum, wissenschaftlich begründete Vermutungen über das künftige Sein oder Nichtsein von Arten auszusprechen.

Hierzu gibt es etliche, teils fantasiebeschwingte, teils pragmatische Vorgehensweisen, die ich an dieser Stelle nicht detailliert würdigen kann. Die wohl einfachste Methode beruht auf der Annahme, dass eine Spezies erlischt, wenn ihr Habitat (sprich: geeigneter Lebensraum) ganz verschwindet oder zumindest unter einen kritischen Flächenwert zusammenschrumpft. Was allerdings »kritisch« in diesem Zusammenhang bedeutet, ist eine höchst subtile Fragestellung. Inzwischen gibt es zwar eine Reihe von Erfahrungswerten für allerlei Getier (wie den Tiger), aber häufig spielt nicht die Gesamtausdehnung der Habitatfläche die entscheidende Rolle, sondern ihr *Zusammenhang* (im Fachjargon: »Konnektivität«). Die rechnerische Summe vieler unverbundener Fragmente nutzt der beobachteten Spezies meist herzlich wenig. Insgesamt steht die Extinktionsforschung – trotz ihrer Bedeutung – jedenfalls noch ganz am Anfang.

Und damit zur zweitgenannten Modellklasse, die bei der Abschätzung der Klimawirkungen auf naturnahe Systeme bisher zweifellos die größte Rolle gespielt hat. Die oft nur mit dem Kürzel »DVM« gekennzeichneten »Dynamischen Vegetationsmodelle« berechnen auf aufwendige Weise mögliche Verschiebungen und Wandlungen der Biome mit fortschreitender Erderwärmung (Prentice u. a. 2007). Dafür benötigen die Simulatoren drei Hauptzutaten: zunächst – eine Selbstverständlichkeit – *ordentliche Klimaszenarien*, welche insbesondere hoch aufgelöste Datensätze über Temperatur, Niederschlag, Luftfeuchte, Sonnenscheindauer, Windstärken usw. bereitstellen müssen. Des Weiteren möglichst umfangreiche Informationen über das praktisch *fixe Umweltinventar*, also über Topographie, Bodenbeschaffenheit, Grundwasserspiegel und Oberflächengewässer. Und schließlich die wichtigste Ingredienz: eine Truppe digitaler Marionetten, welche die gesamte Pflanzenwelt und ihr buntes Treiben in groben Zügen nachstellen soll. Ebenhier wird ein ziemlich genialer Trick aus dem Modellier-Ärmel gezogen, ein Trumpf, den im DVM-Zusammenhang wohl zum ersten Mal mein langjähriger britischer Kollege Colin Prentice ausgespielt hat.

Auf ihn geht nämlich der *Funktionaltypen-Ansatz* zur minimalistischen

Darstellung der globalen Vegetation zurück. Dieser Ansatz könnte vom Theater (etwa der Commedia dell'arte, siehe Kapitel 16) inspiriert worden sein, denn in drastischer Vereinfachung wird die globale Pflanzengesellschaft auf ganz wenige, klischeehafte Hauptdarsteller reduziert: Auf der Simulationsbühne produziert sich etwa der »tropische immergrüne Laubbaum«, der »gemäßigte sommergrüne Laubbaum«, der »boreale immergrüne Nadelbaum« oder das »C4-Gras« – allesamt Kunstwesen, welche aber die charakteristischen Eigenschaften unzähliger realer Arten widerspiegeln (Gerber u.a. 2004; Prentice u.a. 1992). Denn diese unterscheiden sich vor allem darin, wie sie mit *Mangel* umgehen, zum Beispiel mit Kälte im Winter oder mit Trockenperioden. Der eine Typ behält seine Blätter oder Nadeln auch dann, wenn diese Organe unproduktiv sind und durchgefüttert werden müssen. Der andere wirft sie ab und spart damit, muss die Körperteile aber später wieder neu bilden.

Im Computermodell führen die »Funktionaltypen« dann die wichtigsten Pflanzentätigkeiten aus, das heißt Photosynthese, Atmung, Verdunstung, Nährstoffaufnahme, Kohlenstoffspeicherung usw. Denn DVMs entstanden aus einer Vermählung von Modellen für die räumliche Verbreitung von Pflanzenarten mit solchen, welche die chemischen Eigenschaften erfassten. Die Simulation berücksichtigt ganz explizit die Wechselwirkung mit den relevanten Umweltmedien (also den klassischen Elementen Boden, Luft, Wasser, Feuer) und vor allem den *Wettstreit* miteinander: Wie im richtigen Leben gibt es auch im Cyberspace heftige Konkurrenz um Sonne, Regen, Humus und andere Viktualien. Wer im Schatten hoher Bäume steht, hat als Gras ein Problem; aber mit häufigen Feuern kann das Gras die Bäume am Nachwachsen hindern. Im stabilen Klima stellt sich alsbald eine feste Hackordnung ein: Die Sibirische Lärche hat zum Beispiel am Äquator nicht den Hauch einer Chance, dafür ist sie in den sehr kurzen Sommern der Taiga ein Ass.

Aber der Konkurrenzkampf eskaliert, wenn sich die Umweltbedingungen rapide ändern, etwa durch die industriellen Treibhausgasemissionen. Der derzeit vermutlich leistungsfähigste Simulator dieser Art hört auf den Kurznamen »LPJ«, was für »Lund-Potsdam-Jena-Vegetationsmodell« steht. Das Akronym würdigt den herausragenden Beitrag von Colin Prentice bei der Konstruktion dieses wissenschaftlichen Werkzeugs (Sitch u.a. 2003). Denn der Brite wirkte lange Zeit als Professor im südschwedischen Lund und wechselte 1997 auf die Direktorenstelle am Max-Planck-Institut für Biogeochemie im thüringischen Jena. Dies dürfte übrigens keine klimagetriebene Migration gewesen sein. In enger Kooperation mit verschiedenen Wissenschaftlern vom Potsdam-Institut (insbesondere dem früheren Abteilungsleiter Wolfgang Cramer und dem Hauptmodellentwickler Steven Sitch) entstand schließlich ein leistungsfähiges dynamisches Vegetationsmodell. Heute wie damals wird LPJ hauptsächlich am PIK gepflegt, genutzt und in sinnvoller Weise erweitert.

Die LPJ-Maschinerie erfreut sich inzwischen weltweiter Nutzung. Dies auch, weil sie die pflanzenchemischen Prozesse mit der Wasserbewegung durch insgesamt fünf Bodenschichten koppelt. Damit ist LPJ nicht nur ein Vegetationsmodell, sondern auch ein Modell des Süßwasserhaushalts der Erde, welcher durch Pflanzen stark geprägt wird. Dadurch kann vor allem die Wirkung von Trockenstress auf die Vegetationsentwicklung modelliert werden, was für die ökologische Bewertung von Dürreextremen von größter Bedeutung ist. Auch die Störung der Pflanzendynamik durch Feuerereignisse (etwa infolge der Entzündung von kritischen Mengen an Streuholz) findet explizite Berücksichtigung. Abbildung 55 gibt ein recht frühes Beispiel für die klimagetriebenen Projektionen, zu denen der LPJ-Ansatz fähig ist.

Diese fast schon künstlerische Karte macht deutlich, dass die alte Biogeographie unserem Planeten durch einen ungebremsten Klimawandel ausgetrieben würde. Zumal sich jenseits von 2100 noch größere Transformationsprozesse abspielen dürften – wenn die Erderwärmung tatsächlich gegen 8 °C oder mehr strebte und der in den Simulationen explizit berücksichtigte CO_2-Düngungseffekt (siehe oben) vermutlich zur Sättigung käme. Auf lange Sicht könnten die rosa Flecken im Amazonasgebiet sich in einen orangefarbenen Riesenklecks zusammenballen, allerdings auch die hellblauen Flecken in Zentralasien in dunkelgrüne Areale, welche die Wiederauferstehung von Wald und Wiesen aus Staub und Sand signalisieren würden (mehr dazu in Kapitel 21).

Was Abbildung 55 offenbart, ist allerdings nur eine von vielen hypothetischen Parallelwelten, aus denen die Wirklichkeit die Zukunft auswählen wird. Wie schon oben angemerkt, dürfte der mächtigste Schöpfer, Beweger und Zerstörer, die Landwirtschaft, bei dieser Auswahl eine bedeutende Rolle spielen, welche auch eine entsprechend aufgerüstete LPJ-Variante (Bondeau u.a. 2007) nur ansatzweise einfangen kann – der schlaue Bauer trotzt selbst der raffiniertesten Simulation. Aber auch die Pflanzenwelt dürfte sich nur auf allergröbste Weise an die Spielregeln der Modelle halten. Oben habe ich schon angesprochen, dass unter dem Druck des Klimawandels ökologische Gemeinschaften getrieben, zerrissen, vermischt und wieder zusammengesetzt werden. Im Idealfall könnte ein Simulator einen bestimmten Vegetationsflecken durch Raum und Zeit wandern lassen – etwa einen Buchenhain über den Pyrenäen-Hauptkamm – und dabei dessen innere Verwandlung dokumentieren. Dies wird wohl niemals wissenschaftliche Realität werden. Aber ein wenig mehr Dynamik müssen die Modellierer ihren artifiziellen Geschöpfen schon noch einhauchen.

Allerdings finden »wandernde« Ökosysteme in den meisten Erdregionen kein natürliches Terrain mehr vor, sondern sind von Agrarfabriken, Urbanisationen, Fernstraßen oder Militärflughäfen umstellt. Angesichts dieser grundsätzlichen Problematik haben Forscher und Umweltschützer in den letzten Jahren Überlegungen ins Spiel gebracht, Arten beziehungsweise Ökosysteme über weite Distanzen gezielt umzusiedeln (Hoegh-Guldberg u.a. 2008) oder gar breite Korridore für die »natürliche« Klimawanderung zu schaffen oder offenzuhalten (Phillips u.a. 2008). Dieses Konzept des »betreuten Umweltwanderns« ist so kühn wie einleuchtend, vermutlich aber aus ökonomischen und politischen Gründen zum Scheitern verurteilt: Schließlich wären bei einer Erderwärmung im 4-Grad-Bereich Wanderungsdistanzen im 1000-Kilometer-Bereich vorzusehen! Gerade im Zusammenhang mit solchen Erwägungen lässt sich das Gefühl nicht unterdrücken, dass die *Vermeidung* eines dramatischen Klimawandels doch die einfachere Lösung ist.

19. Klimafolgen: Brot und Spiele

Im vorherigen Kapitel habe ich skizziert, wie einzelne Kreaturen und die diversen Ökosysteme, welche diese Geschöpfe bilden, vom Klimawandel berührt, bewegt oder gar beseitigt werden könnten. In diese Beobachtung war auch der Mensch einbezogen – allerdings nur als physiologische Wesenheit, nicht als Mitglied einer Lebensgemeinschaft, welche wir üblicherweise als »Zivilisation« oder »Kultur« bezeichnen.

Dass der *Homo sapiens* jenseits eines bestimmten Hitze-Feuchte-Bereichs nicht mehr existieren kann (siehe Kapitel 18), stellt eine äußerst wichtige Information dar, aber sie erschließt die potenzielle gesellschaftliche Wirkung des Klimawandels nur für eine äußerliche Extremsituation. Denn auch *innerhalb* des physiologischen Existenzbereichs unserer Art können soziale Strukturen zusammenbrechen, wenn unzuträgliche Rahmenbedingungen das Gewebe der notwendigen Wechselwirkungen der Gemeinschaftsteile verschleißen und schließlich zerreißen. Ein zivilisatorisches Gebilde dürfte somit gelegentlich wesentlich empfindlicher auf Umweltstress reagieren als seine Individuen; unter gewissen Umständen ist jedoch auch die gegenteilige Aussage richtig.

Die Klimafolgenforschung wagt sich hier auf schwierigstes Kartierungsgelände, wo hinter dem Horizont Inferno oder Paradies (beziehungsweise beides zugleich) verborgen sein könnten. Über die historischen Zusammenhänge zwischen Zivilisation und Klima hat die Wissenschaft inzwischen immerhin Bemerkenswertes herausgefunden (siehe auch Kapitel 13).

Aber was könnte sich wo ereignen, wenn in Zukunft die Amplituden der menschengemachten Klimaveränderungen ungebremst anschwellen sollten? Die wissenschaftliche Auseinandersetzung mit dieser Problematik ist auch von höchster politischer Brisanz. Dafür braucht es vermutlich Gelehrtentypen vom Schlage Jared Diamonds, die sich in ihrem Denken weder von Fachgrenzen noch von Interessensvertretern einengen lassen. Diamond wurde 1937 in Boston (USA) geboren und hat sich auf verschiedenen wissenschaftlichen Gebieten hervorgetan, insbesondere der Physiologie, der Ökologie, der Geographie und der Umweltgeschichte. Die Höhe seiner Systemperspektive und die Breite seiner Kenntnisse haben es ihm ermöglicht, ein so fulminantes Buch wie *Guns, Germs, and*

Steel: The Fates of Human Societies (Diamond 1999) zu verfassen. Diamond flicht in diesem Werk virtuos naturräumliche, epidemiologische, technische und soziale Gegebenheiten zu einem Erklärungsmuster für die jahrhundertelange europäische Dominanz auf der Erde zusammen. Im Nachfolgebuch *Collapse: How Societies Choose to Fail or Survive* (Diamond 2005) wagt er sich noch tiefer in den Dschungel der Zivilisationsanalyse hinein.

Auf einer Reise durch die Welt vergangener Kulturen, deren bizarrste Denkmäler wohl auf der Osterinsel im gottverlassenen Südostpazifik stehen, entwickelt und erläutert er seine Hauptbotschaft: Die meisten gescheiterten Zivilisationen sind an Umweltkrisen zugrunde gegangen, die sich hätten vermeiden lassen. Aber die jeweiligen Eliten entschieden sich – aus Unkenntnis, Verbohrtheit oder Hochmut – für den Weg ins Verderben. Jared Diamond betritt mit seinen wichtigen Büchern unter dem Arm keineswegs ein leeres Forum. Große, streitlustige Gelehrte vor ihm haben versucht, Licht ins Halbdunkel der globalen Kulturgeschichte zu tragen: der Deutsche Oswald Spengler (1880–1936) mit seinem Hauptwerk *Der Untergang des Abendlandes* (Spengler 1918, 1922), der Brite Arnold J. Toynbee (1889–1975) mit seinem zwölfbändigen Opus *Der Gang der Weltgeschichte* (Toynbee 1961) oder der US-Amerikaner Samuel Huntington (1927–2008) mit seinem Traktat über den *Kampf der Kulturen* (Huntington 1996). Diesen Denkern (und ihren zahlreichen Geistesverwandten) ist vor allem das Streben gemeinsam, die Entwicklung der menschlichen Zivilisation als planetarisches Ganzes zu erfassen und im historischen Chaos wirkmächtige Strukturen zu erkennen. Solche Versuche können naturgemäß nur scheitern – auf mehr oder weniger faszinierende Weise. Doch selbst im Fallen vermögen Generalisten wie Toynbee noch zahlreiche Objekte zu enthüllen, welche den Fachwissenschaftlern für immer verborgen bleiben dürften.

Ob wir Forscher, Politiker oder »Normalbürger« sind: Wir scheitern beständig beim Versuch, Komplexität zu begreifen und zu beherrschen. Letztere Einsicht nutzt der amerikanische Anthropologe Joseph Tainter für einen intellektuellen Doppelsalto, indem er *in der Komplexität des Umgangs mit gesellschaftlicher Komplexität* ein einfaches historisches Muster zu erkennen glaubt. Dieser Satz dürfte übrigens wohl erst nach mehrmaligem Lesen verständlich sein – verteufelte Komplexität! Tainters These: Große soziale Gebilde wie das Römische Reich zerfallen dann, wenn das »Komplexitätsmanagement« an seine Grenzen stößt, wenn also die immer ausgeklügelteren institutionellen Antworten auf hartnäckige Herausforderungen immer weniger zusätzlichen Ertrag bringen (Tainter 1988). Ein zeitgenössisches Beispiel wäre ein Wohlfahrtsstaat, der immer umfangreichere Ressourcen und Strukturen bereitstellt, um soziale Schichtungen aufzubrechen, aber gerade bei den Zielgruppen seiner Initiative Politikverdrossenheit und Lethargie erzeugt. Auch Tainters Narrativ stellt sicherlich eine haarsträubende Begradigung der krummen gesellschaftlichen Wirklichkeit dar. Dennoch hat er möglicherweise (ebenso wie Jared Diamond) einen universellen Kern im sozialen Gewebe freigelegt, indem er dem steigenden Umweltdruck eine Schlüsselrolle bei der Destabilisierung von Zivilisationen zuweist.

Für die Vermessung der zivilisatorischen Wirkung eines ungebremsten Klimawandels wähle ich hier einen pragmatischen Ansatz. Ich konzentriere mich nämlich auf die wichtigsten *notwendigen* Voraussetzungen für den Bestand eines Gemeinwesens modernen Typs. Meine entsprechende Liste umfasst insbesondere die Faktoren *Lebensmittel, Gesundheit, Energie und Infrastruktur.* Auf die subtileren Faktoren *Siedlungsraum, Identität und Sicherheit* komme ich im Kapitel 29 zu sprechen.

Ich beginne also mit dem Faktor *Lebensmittel*, womit im Prinzip Luft, Wasser und Nahrung gemeint sind. Die gewählte Reihenfolge ist insofern zwingend, als man nur einige Minuten ohne Atmen überstehen kann, wenige Tage ohne Trinken, aber unter gewissen Umständen mehrere Monate ohne Essen! Tröstlicherweise wird der Menschheit durch den Klimawandel nicht die Atemluft ausgehen, auch wenn die massive Oxidation von fossilem Kohlenstoff (vulgo: Verbrennung) den Sauerstoffgehalt der Atmosphäre mindert. Gemessen am ungeheuren O_2-Reservoir unserer Atmosphäre ist dies jedoch ein Kleinsteffekt. Hingegen wird die Qualität der Luft durch die Verfeuerung von Kohle, Öl, Gas und Biomasse dramatisch verschlechtert über die Kollateralschadstoffe des CO_2, welche von feinen Schwefeldioxidtröpfchen bis zu derben Rußbröckchen reichen. Besonders tückisch ist hierbei der sogenannte *Feinstaub* – das sind Partikel, deren Durchmesser weniger als 10 Mikrometer (= 1 Hundertstel Millimeter) beträgt. Diese Teilchen sind extrem gesundheitsgefährdend, weil sie »alveolengängig« sind, also nach Einatmung bis in die winzigen Lungenbläschen vordringen können. Dort bilden sie zum Teil irreversible Ablagerungen (»Staublunge«) oder gehen sogar in den Blutkreislauf über. Vor allem aber bewirken die Schmutzpartikel asthmatische Anfälle, von denen beispielsweise die Bewohner der chinesischen Hauptstadt Beijing ein Klagelied singen können. Am zweiten Januar-Wochenende 2013 etwa kam es zu »post-apokalyptischen« Zuständen, denn aufgrund einer besonderen Wetterlage stieg die Feinstaubdichte in einigen Stadtteilen auf unfassbare 998 Mikrogramm pro Kubikmeter (Erling 2013). Dieser Wert lag um etwa 4000 Prozent über dem von der Weltgesundheitsorganisation (WHO) für noch vertretbar erklärten Niveau!

Seither hat sich die Lage an der Feinstaubfront in Beijing und anderen chinesischen Großstädten kaum gebessert. Obwohl inzwischen die überaus duldsame Bevölkerung zu murren beginnt, sodass die Behörden endlich anfangen, über ernsthafte Maßnahmen gegen die Luftverschmutzung nachzudenken. Das bedeutet in allererster Hinsicht: Reduktion des Einsatzes von Kohle bei Stromerzeugung, Fernwärme, Industrieproduktion usw., wodurch sich ein bedeutsamer Klimaschutzeffekt als Dreingabe erzielen lässt. Beim benachbarten Riesen Indien ist dieser doppelte Groschen leider noch nicht gefallen: Die Luftqualität in den dortigen Megastädten dürfte, man mag es kaum glauben, noch schlechter als in vergleichbaren chinesischen Großsiedlungen sein. Und man setzt unverdrossen auf die rasche Expansion – nicht Reduktion! – des Kohleeinsatzes (siehe auch weiter unten). Dass damit dem Klima nicht geholfen wird, kann man als Europäer mit historischem Schuldbewusstsein ja noch hinnehmen. Aber dass man damit den Tod durch Atemwegserkrankungen von Millionen von Staatsbürgern billigend in Kauf nimmt, ist schon ein starkes Stück. Nach jüngsten Schätzungen der Weltgesundheitsorganisation starben im Jahr 2012 weltweit an die 7 Millionen Menschen an den Folgen von Luftverschmutzung, welche auf die Verbrennung fossiler Energieträger zurückzuführen ist (WHO, 2014).

Tod durch Ersticken ist somit gewissermaßen ein globales Alltagsphänomen, Tod durch Verdursten hingegen tritt nur in extremen Ausnahmesituationen ein. Dies liegt auch daran, dass der menschliche Körper auf erheblichen Flüssigkeitsmangel mit wahrhaft drastischen Signalen zu reagieren beginnt. Also wird bei Dehydrierung Abhilfe geschaffen, sofern irgendwie möglich. Nichtsdestotrotz stellt »Wasserstress«, also die gelegentliche oder gar chronische Unterversorgung einer Gesellschaft mit Frischwasser, eine der größten sozialökonomischen Herausforderungen überhaupt dar. Manchmal kann eine gute Geschichte so einen Befund besser verdeutlichen als alle gelehrten Analysen und Computerkalkulationen zusammen. Der französische Schriftsteller und Regisseur Marcel Pagnol hat die Problematik 1964 in einem wunderbaren Roman dramatisiert: *Die Wasser der Hügel* (Originaltitel: *L'Eau des Collines*). Das tragische Märchen von Schuld, Liebe, Hass und den kostbaren Quellen im trockenheißen Bergland der Provence wurde übrigens später mit Yves Montand, Gérard Depardieu und einer hinreißenden jungen Emmanuelle Béart verfilmt.

Weniger romantisch, aber mit großem Engagement hat sich seit vielen Jahren die schwedische Hydrologin Malin Falkenmark mit der Bedeutung des Wassers für das Gedeihen von Kulturen auseinandergesetzt. Zusammen mit Gunnar Lindh schrieb sie 1976 den wissenschaftlichen Klassiker *Water for a Starving World* (Falkenmark und Lindh 1976). Ihre Einsichten aus vielen Jahren Forschungsarbeit zu diesem Thema sind in einem jüngeren Übersichtsartikel zum Zusammenhang zwischen Wasser und Nachhaltigkeit zusammengefasst (Falkenmark 2008). Dort weist sie unter anderem darauf hin, dass die Frischwasserproblematik lange Zeit von Wissenschaft und Politik als eher randständig empfunden wurde. Sie selbst hat an allererster Front dafür gekämpft, dass dies heute grundlegend anders gesehen wird. Falkenmark erzielte ihre große Wirkung nicht zuletzt durch die Entwicklung einfacher, aber nützlicher Konzepte und Metaphern. Dazu gehört etwa der »Wasserstress-Index«, der lokale oder regionale Wasserknappheit über die Anzahl der pro Jahr und Kopf verfügbaren Kubikmeter Frischwasser definiert. Dieses Schema ist in der folgenden Tabelle zusammengefasst:

Wasserangebot [m³/Jahr & Kopf]	Bewertung
über 1700	kein Wasserstress
1000 bis 1700	Wasserstress
500 bis 1000	Wassermangel
unter 500	Wasserarmut

Tabelle 5: Der Falkenmark-Wasserstress-Index (Falkenmark 1989). Die deutschen Bewertungsbegriffe stammen von mir.

Der Klimawandel dürfte den Wasserstress rund um den Globus erhöhen, wobei allerdings gewaltige regionale Unterschiede zutage treten werden. Die Frage, wie sich die Erderwärmung auf die Muster von Regen und Schneefall tatsächlich auswirkt, zählt zu den großen aktuellen Forschungsherausforderungen. Dies liegt, wie schon früher erwähnt, daran, dass beim Niederschlagsereignis physikalische Prozesse in teuflischer Verwicklung zusammenwirken. Doch die Simulationen der fortgeschrittensten Klimasystemmodelle deuten in die Richtung, die Suki Manabe (siehe Kapitel 16) frühzeitig gewiesen hat: Die heute schon trockenen Gegenden (insbesondere in den Subtropen) werden noch trockener, die heute schon feuchten (insbesondere in den mittleren und hohen Breiten) noch feuchter (siehe etwa den Übersichtsartikel von Kevin Trenberth, 2011). Wie sich die hydrogeographische Schere mit fortschreitendem Klimawandel weiter öffnen dürfte, illustriert Abbildung 56. Sie verdeutlicht, wo künftig größere Niederschlagsdefizite zu erwarten sind, nämlich zum Beispiel im Mittelmeerraum, im südlichen Afrika, in Mittelamerika und in Nordostbrasilien. Die eher positiven Nachrichten dieser Karte beziehen sich auf Südasien (insbesondere Indien) und Ostasien (China), wo tendenziell mit höheren Niederschlägen zu rechnen ist.

Der Versuch einer genauen wissenschaftlichen Erklärung solcher Modellierungsbefunde würde viele Seiten füllen – und sich möglicherweise schon in zehn Jahren als mangelhaft erweisen. Die Ausdehnung der Trockengürtel der Erde hängt ja eng mit den großen Walzen (Hadley-Zelle usw.; siehe Kapitel 15) der atmosphärischen Zirkulationsstruktur zusammen, und Letztere wird durch die zivilisatorische Verstärkung des Treibhauseffekts (in Maßen) deformiert werden. Die stärkere Aufladung der Lufthülle mit Energie und Wasserdampf erhöht zudem die allgemeine Niederschlagsheftigkeit. Die fundamentalen Strömungsvorgänge in der Atmosphäre – insbesondere die von unten nach oben (»Konvektion«) und die von West nach Ost (»Advektion«) – könnten hingegen durch die menschliche Störung geschwächt werden. Kritische Folgen einer solchen Entwicklung wären etwa die Auszehrung von Monsunsystemen und die teilweise Entkräftung des Strahlstroms (siehe Kapitel 21). In Kombination würden diese Effekte (und andere) die gewohnten Niederschlagsverhältnisse drastisch verändern – gerade in Mitteleuropa wäre dann eine Jahreszeit wie der Frühling möglicherweise nicht mehr »wiederzuerkennen«. Wer keine Angst vor der zugehörigen Fachdiskussion hat, sei auf den schon erwähnten Trenberth-Artikel verwiesen (Trenberth 2011). Klimaphysik ist mühsam, aber spannend!

Mindestens ebenso wichtig wie der Niederschlag an einem Ort ist die dort herrschende Bodenfeuchte (siehe auch Kapitel 8). Bei der Berechnung dieser Größe ist neben einer Reihe von hydrologischen Vorgängen insbesondere auch die jeweilige Bodenbeschaffenheit zu berücksichtigen. Sogenannte mittelschwere Böden können Niederschläge bekanntlich am besten speichern, weshalb Hobbygärtner einer sandigen Deckschicht möglichst Lehm und einer tonigen Deckschicht möglichst Sand beimischen sollten. Der professionelle Ackerbau auf großen Flächen kann sich da nicht so leicht behelfen und sollte möglichst auf Gunstböden stattfinden, die ohne menschliches Zutun gut durchfeuchtet sind.

Gerade in dieser Hinsicht stellt der Klimawandel jedoch ein gewaltiges Problem dar, weil die erwärmungsbedingte Zunahme der Verdunstung häufig sogar Niederschlagssteigerungen *überkompensieren* wird, sodass die Bodenfeuchte in weiten Teilen der Welt deutlich abnehmen dürfte. Dies belegt Abbildung 57, wo die entsprechende Entwicklung für ein keineswegs unrealistisches Klimaszenario quantitativ abgeschätzt wird. Der Großteil der Erde verfärbt sich in diesem Bild ins Rote. Betroffen sind insbesondere Gegenden, wo sich die meisten Menschen drängeln beziehungsweise wo das Gros der Feldfrüchte für den internationalen Agrarhandel erzeugt wird. Immerhin erscheinen auch zwei bemerkenswerte blaue Flecken, nämlich auf dem indischen Subkontinent und im afrikanischen Raum zwischen den beiden Wendekreisen.

Jedenfalls wird der Klimawandel in den meisten Regionen keine Entlastung an jener Nutzungsfront bringen, wo heute der Löwenanteil des verfügbaren Frischwassers verschluckt wird. Gemeint ist, wie schon mehrfach angedeutet, die Produktion von *Nahrung*, die immer stärker von der industriellen Landwirtschaft mit künstlicher Bewässerung dominiert wird. Bei der Irrigation zapft man Flüsse, Seen und Grundwasservorkommen an, deshalb ist man nicht direkt vom Niederschlag abhängig. Aber irgendwann fällt diese Art von Fässern trocken, wenn der Nachschub nicht ausreicht. Tatsächlich werden stolze 70 Prozent des weltweiten Süßwasserdargebots derzeit vom Agrarsektor beansprucht.

Die Wassercharakteristik der Ernährung ist jedoch von enormen regionalen Unterschieden geprägt. Beispielsweise kommt die eigentliche direkte Bewässerung heute auf 20 Prozent der globalen Anbaufläche (etwa 300 Millionen Hektar) zum Einsatz, wobei fast die Hälfte dieses Irrigationsareals in nur drei Ländern liegt: Pakistan, China und Indien, wo jeweils 80, 35 beziehungsweise 34 Prozent der Äcker bewässert werden. Die reichen Industriestaaten lassen einen erheblichen Anteil des für ihre Nahrungsmittel benötigten Wassers im Ausland fließen. Etwa für die besonders aufwendige Fleischproduktion in Südamerika oder die Gemüseproduktion im Nahen Osten. Insgesamt werden für die Speisung eines US-Bürgers aktuell im Mittel rund 5000 Liter Süßwasser pro Tag aufgewandt, während sich der Durchschnittsafrikaner mit nur 200 Litern täglich begnügen muss. Das ist ein groteskes Missverhältnis, insbesondere wenn man die jeweiligen klimatischen Bedingungen vergleicht.

Im Zuge der globalen Erwärmung könnte sich (wie oben aufgezeigt) die hydrologische Schere noch weiter öffnen. Allerdings spielt bei den Agrarerträgen auch eine Reihe von anderen Faktoren eine wichtige Rolle, nicht zuletzt der CO_2-Düngungseffekt, dem wir in Kapitel 18 eine ausführliche Diskussion gewidmet haben. Die Erforschung des komplexen Zusammenhangs zwischen Klimawandel und Welternährung ist in den letzten Jahren ein gutes Stück vorangekommen. Weniger gut sind die resultierenden Aussichten, insbesondere für jene Gegenden, wo der Nahrungsmittelbedarf am stärksten wächst. Die neuesten Bevölkerungsprojektionen der Vereinten Nationen aus dem Jahr 2015 (United Nations, 2015) ergeben gar, dass am Ende dieses Jahrhunderts etwa 11 Milliarden Menschen auf der Erde leben werden. Die dramatischste Entwicklung wird dabei für Afrika vorhergesagt, wo sich die Gesamtpopulation von heute auf etwa 4,4 Milliarden bis zum Jahr 2100 vervierfachen soll! Auch in Südasien sind beispiellose demographische Veränderungen zu erwarten – Indien dürfte schon um 2020 China als bevölkerungsreichstes Land der Erde ablösen.

Um all diese Menschen satt zu bekommen, müsste sich nach bestimmten Schätzungen das Nahrungsmittelangebot in Afrika bis zur Jahrhundertmitte mindestens *verfünffachen*, in Asien mindestens *verdoppeln* (Collomb 1999). Nun kann man diesem Zahlenjonglieren durchaus skeptisch gegenüberstehen, denn die Wirklichkeit ist für jede Überraschung gut. Dennoch darf als gesichert gelten, dass die Lebensmittelproduktion und -verteilung in der globalen Summe und an besonderen regionalen Schwerpunkten erheblich verbessert werden muss.

Dass der Klimawandel dieses humanitäre Jahrhundertprojekt nicht befördern – ja möglicherweise verhindern – wird, zeichnet sich immer deutlicher ab. Die bereits einsetzenden Verschlechterungen der landwirtschaftlichen Bedingungen kann man in weiten Teilen der Welt spüren, zum Beispiel im bitterarmen Burkina Faso, das sich zusehends vom Sahel-Staat in ein Wüstenland verwandelt (Eeckhout 2015). Und im Rahmen großer Modellvergleichsstudien mit den Akronymen AgMIP und ISI-MIP konnten Anfang 2013 erstmals robuste Informationen über die Auswirkungen der Erderwärmung auf die weltweite Agrarwirtschaft zur Verfügung gestellt werden. Hierzu wurden für *vier* RCP-Szenarien (siehe Kapitel 16) mithilfe von *fünf* führenden Klimasimulatoren riesige Datensätze mit hoher regionaler Auflösung für Temperatur, Niederschlag, Wind usw. errechnet, welche wiederum *sieben* der fortgeschrittensten globalen Feldfruchtmodelle antrieben. Das liest sich so ganz flüssig, aber die Mühen, Irrungen und Wirrungen hinter solchen Ergebniskulissen sind stets am Rande des Unerträglichen – wie ich als Mitinitiator des ISI-MIP-Vorhabens leidgeprüft bestätigen kann. Unabhängig von uns hatte die Amerikanerin Cynthia Rosenzweig einen Modellvergleich speziell für den Agrarsektor (unter dem oben bereits erwähnten Kürzel »AgMIP«) angestoßen.

Cynthia, eine zierliche Frau von überbordender Energie, arbeitet an der Columbia University in New York. Zusammen mit dem Briten Martin Parry zählt sie zu den wichtigsten Pionieren der internationalen Klimafolgenforschung (Rosenzweig und Parry 1994).

Etwa 20 Jahre nach der Aufbruchsphase ist die Forschung in Teilbereichen ein gutes Stück vorangekommen, aber längst noch nicht am Ziel. Cynthia Rosenzweig ist die Erstautorin eines Übersichtsartikels (Rosenzweig u. a. 2014), welcher den einschlägigen (Un-)Wissensstand recht lapidar zusammenfasst. »Wir bestätigen weitgehend Projektionen früherer Studien, welche für die Tropen Ertragsverluste liefern, dagegen kleine beziehungsweise positive Veränderungen in den gemäßigten Breiten im Fall geringer Erderwärmung.« Die Notwendigkeit, robuste Trendaussagen bei verwirrender Faktenlage treffen zu müssen – diese Herausforderung kennt man nirgendwo besser als in der medizinischen Wissenschaft, wo »zwischen dem Erhabenen und dem Lächerlichen« (Napoleon) oft nur ein kleiner Schritt liegt. In der Regel bedarf es endloser und kostspieliger Anstrengungen, um die Zusammenhänge zwischen komplexen Gegenständen – wie beispielsweise Ernährungsgewohnheiten und Herz-Kreislauf-Erkrankungen – aufzudecken. Als probates Mittel zur Überwindung von Informationsdefiziten hat sich in letzter Zeit die »Meta-Studie« erwiesen. Dabei werden zu einem bestimmten Problemkreis alle verfügbaren Datensätze und deren Interpretationen gesammelt, nach sinnvollen Kriterien vereinheitlicht und in ihrer Gesamtheit ausgewertet. So führt man nicht nur zahlreiche Informationsquellen aus Einzelstudien in einem großen Informationsbecken zusammen, man mittelt auch (mit Glück und Geschick) die individuellen Schwächen bestimmter Analysen heraus.

Endlich gibt es nun auch zu den möglichen Folgen der Erderwärmung für die landwirtschaftliche Produktion in den besonders gefährdeten Zonen solche Meta-Studien. Eine der wichtigsten davon ist von einem britischen Team um Jerry Knox (Knox u. a. 2012) vorgelegt worden, sie konzentriert sich auf den Ackerbau in Afrika und Südasien. Dafür wurden acht bedeutsame Feldfrüchte untersucht, nämlich Mais, Süßkartoffel, Zuckerrohr, Zuckerhirse (Sorghum), Rispenhirse, Maniok, Reis und Weizen. Die entsprechende Auswertung stützt sich auf 52 Originalpublikationen, die als harter Informationskern von sage und schreibe 1144 gesichteten Studien übrig blieben. Die Autoren gingen weiter als diejenigen früherer einschlägiger Meta-Studien (siehe zum Beispiel Roudier u. a. 2011; Müller u. a. 2011), indem sie bei der Jagd nach verwertbaren wissenschaftlichen Ergebnissen systematisch das Internet und allgemein zugängliche Datenbanken einbezogen.

Die Resultate sind besorgniserregend: Pauschal werden bis 2050 im Mittel Feldfruchtverluste in Höhe von 8 Prozent in Afrika und Südasien erwartet, wobei praktisch alle Klimaveränderungsszenarien bis Jahrhundertmitte berücksichtigt werden, welche in der relevanten Literatur auftauchen. Soll heißen, dass niedrige wie hohe Emissionsannahmen nach Maßgabe ihrer Verwendung in Expertenstudien in die Gesamtbetrachtung eingehen – was den Zustand des real existierenden Projektionshandwerks durchaus ehrlich widerspiegelt. In Afrika werden die stärksten Ertragsrückgänge bei Weizen (–17 Prozent im Durchschnitt), Zuckerhirse (–15 Prozent) und Rispenhirse (–10 Prozent) vermutet, in Südasien dürften die größten Einbußen bei Mais (–16 Prozent) und wiederum Zuckerhirse (–11 Prozent) auftreten. Für den Reis zeichnet sich bisher kein Nettotrend ab, während die Literatur für die restlichen betrachteten Feldfrüchte einfach noch nichts Belastbares hergibt. Diese Durchschnittswerte sind – wie üblich – mit entsprechender Sorgfalt zu interpretieren, denn manche Regionen (etwa Indien) könnten weitgehend ungeschoren davonkommen, während für bestimmte Gebiete in Afrika Ertragsverluste im 40-Prozent-Bereich antizipiert werden. Keine guten Vorzeichen für diesen Kontinent, wo gerade die letzte Phase der »Bevölkerungsexplosion« abläuft. Die oben erwähnte Verfünffachung der Nahrungsmittelproduktion wäre unter solchen Umständen ein völlig aussichtsloses Unterfangen.

Aber vielleicht kommt den Menschen in den Tropen ja doch noch der CO_2-Düngeeffekt zu Hilfe, der ihnen einen Teil dieser Nachteile ausgleicht. Leider gibt es aber noch einen anderen Megafaktor, der in bisherigen Untersuchungen kaum berücksichtigt wird. Und der die Situation in ähnlichem Umfang verschlechtern könnte. Gemeint ist die Veränderung der Extremereignisse im Zuge der Erderwärmung (siehe Kapitel 8). Aus schmerzlicher Erfahrung fürchtet jeder Bauer vor allem eins wie der Teufel das Weihwasser: ungewöhnliche Witterung – sprich: Dauerregen, Hagelschlag, Sturm und Dürre. Zu Recht rückte deshalb die Wirkung solcher Phänomene auf die Lebensmittelproduktion im Verlauf der letzten, meteorologisch ausgesprochen unruhigen Jahre ins Zentrum der weltweiten Ernährungssicherheitsdebatte.

Im britischen Tagesblatt *The Guardian* brachte vor wenigen Jahren der für seinen scharfen, bisweilen provozierenden Verstand berühmte Journalist George Monbiot die Problematik auf den Punkt. Monbiot ist übrigens im persönlichen Umgang ein eher weicher Typ der allerliebenswürdigsten Art. Am 16. Oktober 2012 schrieb er: »Ich glaube, die Vorhersagen über die weltweite Nahrungsmittelproduktion könnten sich als völlig falsch erweisen [...]. Möglicherweise gibt es ›die Normalität‹ gar nicht mehr.

Vielleicht maskieren die geglätteten mittleren Erwärmungsprojektionen der Klimamodelle [...] nur wilde Extremereignisse, für die kein Bauer planen und die kein Bauer bewältigen kann. Was bedeutet das für eine Welt, die entweder das Nahrungsmittelangebot erhöhen oder aber hungern muss?« (Monbiot 2012).

Monbiots Artikel spiegelt erste belastbare Ergebnisse der Forschung wider, welche sich inzwischen stärker den wahrscheinlichen Folgen von »Ausnahmewetter« zuwendet – in der berechtigten Sorge, dass die Ausnahme zur Regel werden könnte. Eine frühe Schlüsselpublikation in diesem Zusammenhang stammt von den amerikanischen Experten David Battisti und Rosamond Naylor (Battisti und Naylor 2009). Sie setzen sich vor allem mit der Frage auseinander, welche landwirtschaftlichen Schäden mit extremen Hitzewellen und Dürren verbunden sein könnten und welche historischen Belege sich für diese Wirkungsanalyse nutzen lassen. Die Geschichte stellt hier in der Tat reiches Anschauungsmaterial zur Verfügung: Im mörderisch heißen europäischen Sommer von 2003 etwa schrumpfte die Maisernte in Italien um rekordverdächtige 36 Prozent gegenüber dem Vorjahr (ich habe die gespenstisch schwarz-grauen Felder der Toskana jener Tage noch in Erinnerung). In Frankreich fiel die Weizenernte um 21 Prozent geringer aus, obwohl das Getreide bei Einsetzen der Glutwitterung schon fast ausgereift war. Obgleich die regionale Landwirtschaft dadurch erhebliche Einbußen verkraften musste, federte der globale Handel die Effekte einigermaßen ab.

Dies gelang weit weniger im Gefolge des dramatischen Hochsommers von 1972, als eine außergewöhnliche Hitzewelle die vormalige UdSSR (insbesondere Südostukraine und Südwestrussland) heimsuchte. Die saisonalen Temperaturen in den betroffenen Regionen lagen 2 bis 4 °C über dem langjährigen Mittel und kletterten während der kritischen Entwicklungsphase von Weizen und verwandten Feldfrüchten (Ende Juli/Anfang August) weit über die 31-Grad-Marke. Dadurch wurde die Getreideproduktion der gesamten UdSSR um 13 Prozent unter das Vorjahresniveau gedrückt. Da die Sowjetunion damals aber (noch mehr als heute ihre Nachfolgestaaten) einer der globalen Korngiganten war, löste die Missernte eine Serie von Schockwellen im internationalen Agrarsektor aus. Nachdem die Getreidepreise seit dem Zweiten Weltkrieg kontinuierlich gefallen waren, schlugen sie nun jäh und heftig nach oben aus. Der Weizenpreis etwa schnellte auf dem Weltmarkt zwischen Frühjahr 1972 und 1974 von 60 US-Dollar auf 208 US-Dollar pro Tonne hoch! Dies lag sicherlich nicht nur an der besagten Hitzewelle (immerhin kam es im Herbst 1973 zur ersten sogenannten Ölkrise durch die politisch mo-

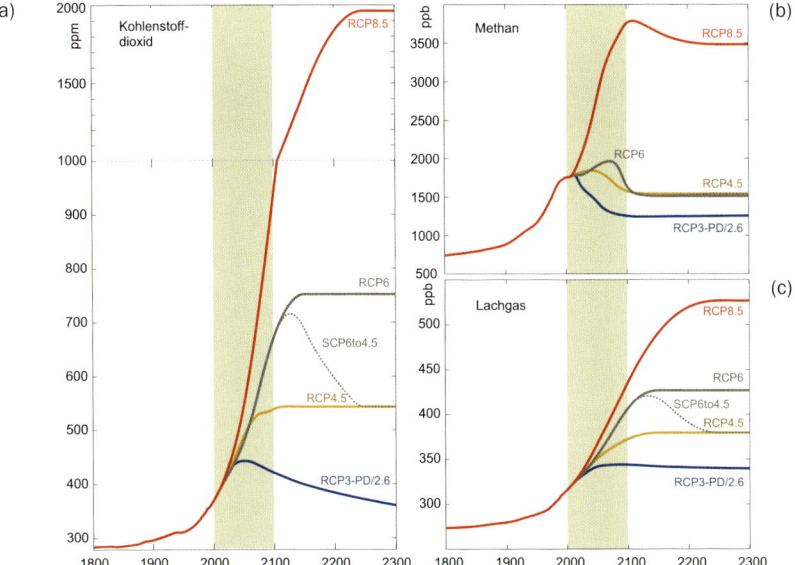

(a)

(b)

(c)

Abbildung 46: Die »wahren« RCPs, also atmosphärische Anreicherungsprofile von CO_2 (a), CH_4 (b) und N_2O (c), die im Jahr 2100 zusätzliche Strahlungsantriebe von 2,6, 4,5, 6,0 bzw. 8,5 Watt/m^2 generieren. Jeder Kurvenstrauch hat jeweils eine gemeinsame historische Wurzel; der bisher übliche Szenarienzeitraum (21. Jahrhundert) ist durch Schattierung gekennzeichnet (vgl. S. 348).

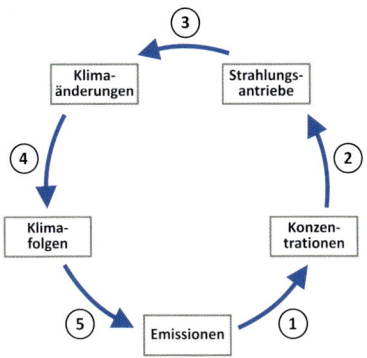

Abbildung 47: Zentrales Kausalrad des anthropogenen Klimawandels. Die Wirkungsschritte 1 bis 4 sind einigermaßen offensichtlich, trotzdem alles andere als leicht zu berechnen. Schritt 5 ist subtiler, da es sich hierbei gewissermaßen um die Modifikation des Ausstoßes klimawirksamer Substanzen durch sich selbst handelt (etwa infolge von Stilllegung fossiler Kraftwerke aufgrund künftigen Kühlwassermangels). Vgl. S. 348.

(a)

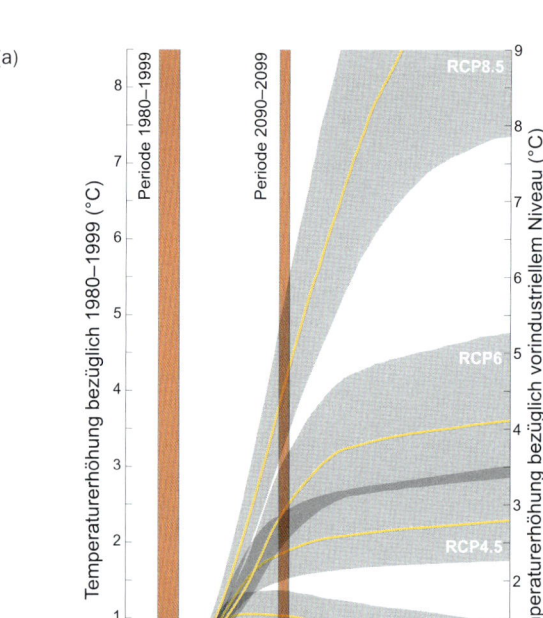

Abbildung 48:
Temperaturprojektio-
nen für die in den ver-
schiedenen RCP-Sze-
narien zu erwartende
Erderwärmung.
a) Zeitentwicklung,
b) Temperaturerhöhung
im Zeitraum 2090 bis
2099 für SRES- und
RCP-Szenarien
(vgl. S. 349).

(b)

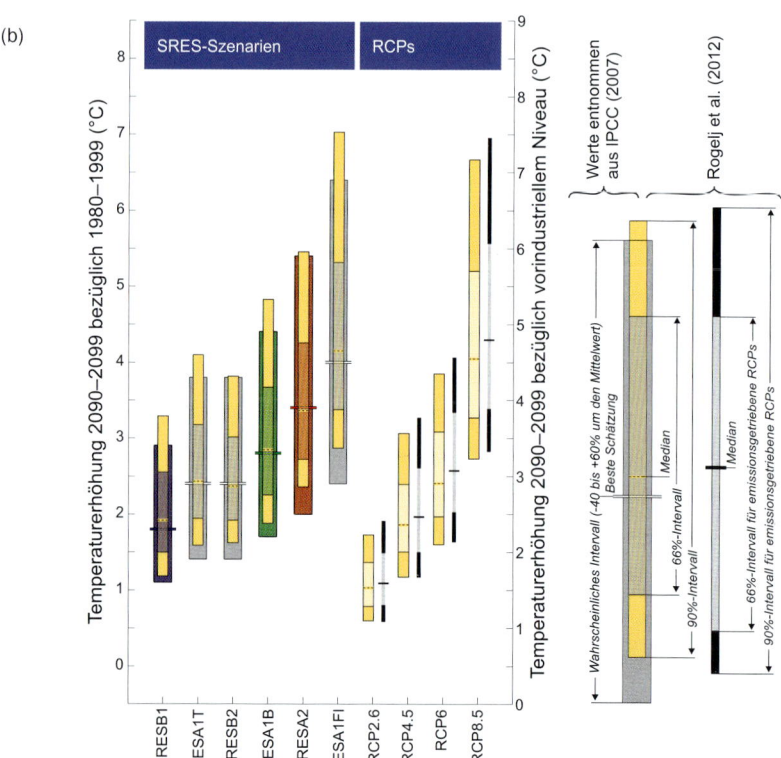

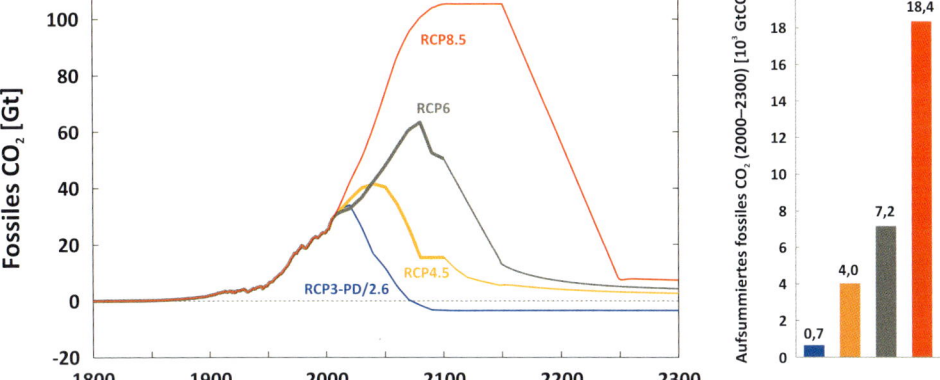

Abbildung 49: CO$_2$-Emissionen für die vier RCPs bis zum Jahr 2300, in Milliarden Tonnen pro Jahr. Im Balkendiagramm rechts ist die Gesamtmenge der CO$_2$-Emissionen im Zeitraum 2000–2300 für die vier Szenarien dargestellt, jeweils in tausend Milliarden Tonnen (vgl. S. 349).

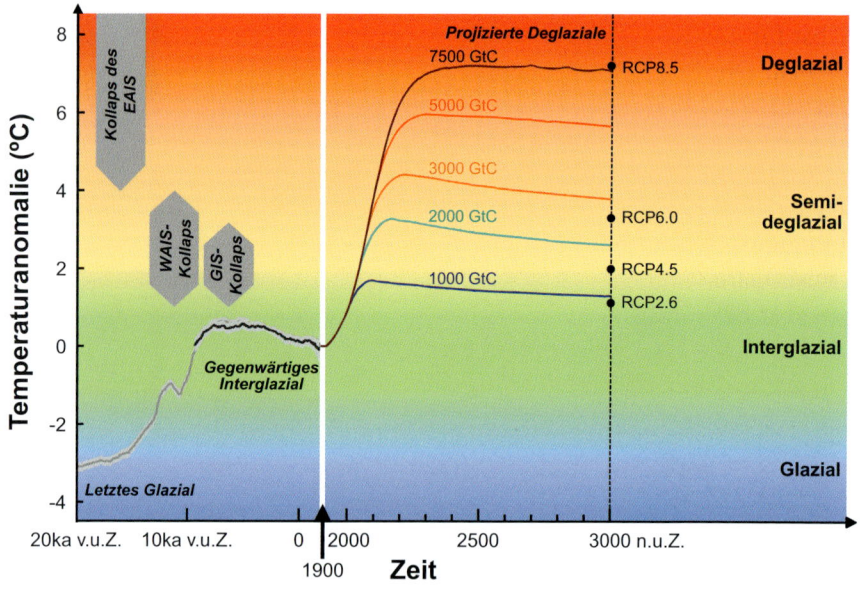

Abbildung 50: Hetzjagd von Eiszeit zu Heißzeit. Dargestellt ist die Entwicklung der globalen Mitteltemperatur von der letzten Eiszeit (Glazial) über die letzte natürliche Warmzeit (Interglazial) hinein in eine künstliche Enteisungszeit, die zu einer partiellen (Semi-Deglazial) oder totalen (Deglazial) Schmelze der planetarischen Eiskörper führen kann. Die Kürzel GIS, WAIS und EAIS stehen für den Grönländischen, den Westantarktischen und den Ostantarktischen Eisschild. Je nach Gesamtkohlenstoffinjektion (siehe Kapitel 20) über die *ganze* fossile Betriebsphase (»Pyrozän«) unserer Zivilisation (hier gemessen in Gigatonnen C) nimmt die Umweltzukunft im 3. Jahrtausend einen unterschiedlichen Verlauf. In der Abbildung finden sich die RCP-Szenarien explizit wieder, die man relativ leicht in Kohlenstoffeinträge umrechnen kann. Man erkennt insbesondere, welch massive Intervention das RCP-8.5-Szenario darstellt, das die Erde in ein eisfreies Gefilde verwandeln und sie damit um Dutzende Millionen Jahre in die Umweltvergangenheit zurückführen würde (vgl. S. 350).

tivierte Förderreduktion der OPEC), aber das meteorologische Ereignis hatte zweifellos eine Spekulationsspirale mit schwerwiegenden sozialen Folgen in Gang gesetzt (Battisti und Naylor 2009).

Wenn nun künftig (wie von den Klimamodellen vorgezeichnet) die Temperaturen in Regionen wie der Sahelzone deutlich ansteigen und in neuartigen Hitzewellen kulminieren, wären Desaster vorgezeichnet, selbst für den Fall, dass die Niederschlagsbilanzen im Mittel unverändert blieben. Die Temperaturen am Südrand der Sahara liegen während der Getreidewachstumsphase schon heute oft so hoch, dass der Regen verdampft, bevor er überhaupt den Boden erreicht (Kandji u.a. 2006). Und in den gemäßigten Breiten der Nordhemisphäre ergibt sich eine Neigung zu extremen Witterungssituationen allein schon aus der klimagetriebenen Reorganisation des »Jet-Stream-Systems« und der Wirbelbildung in der Atmosphäre (Coumou u.a. 2015; siehe dazu vor allem Kapitel 21).

Selbst ohne durchgreifenden Klimawandel mit extremen Ausschlägen wird es – wie schon oben vermerkt – ausgesprochen schwierig werden, 10 oder 11 Milliarden Menschen in der zweiten Jahrhunderthälfte anständig zu ernähren. Schließlich gehen keineswegs alle der heutigen 7 Milliarden satt zu Bett, ja, in weiten Teilen der Welt herrscht in den armen Bevölkerungsschichten weiterhin bitterer Hunger. Die oberste Devise aller Entscheidungsträger müsste somit lauten: Verbessert das gegenwärtige, skandalös mangelhafte System der globalen Nahrungsmittelproduktion schnell und dramatisch! Die Wissenschaft hat hierzu in jüngster Zeit bedenkenswerte Vorschläge unterbreitet (siehe zum Beispiel Foley u.a. 2011; Godfray u.a. 2010), die sich auf unzählige Daten und Trendanalysen stützen. »Wir zeigen, dass gewaltige Fortschritte erzielt werden können – durch die Beendigung der landwirtschaftlichen Expansion, das Schließen von ›Ertragslücken‹ auf nicht optimal bewirtschafteten Flächen, die Erhöhung der Anbaueffizienz, die Umstellung von Ernährungsgewohnheiten und die Minderung der Abfallmengen« (Foley u.a. 2011). Allerdings sei eine vielschichtige und vernetzte globale Strategie notwendig, um nachhaltige und faire Ernährungssicherheit zu gewährleisten (Godfray u.a. 2010).

Ich bin von der Sinnhaftigkeit und Nützlichkeit solcher Ansätze überzeugt. Aber berücksichtigen sie die politisch-kulturelle Wirklichkeit in angemessener Weise? Kein komplexes soziales System funktioniert auch nur annäherungsweise »optimal« als Ganzes, obgleich gewisse Teilsysteme ihren Nutzen laufend maximieren. Die subventionierten industriellen Landwirtschaften in Westeuropa und den USA werfen im Gewirr von Angebot und Nachfrage schon seit vielen Jahren schöne Gewinne für ihre Betreiber ab, auch wenn der Beitrag dieser hochleistungsfähigen Maschinerien zur Welternährung deutlich größer sein könnte. Doch welche knallharten ökonomischen Beweggründe sollten ebenjenen Beitrag stimulieren? Deshalb müssen sich »Weltverbesserer« (zu denen ich mich schamfrei zähle) davor hüten, in mehr oder weniger schweren Reformwahn zu verfallen: Hier ein Schräubchen angezogen, dort ein Rädchen gedreht, da ein Gesetzlein nachjustiert – schon operiert das System mit verdoppelter Leistungsfähigkeit. Aber eben nur im Prinzip. In der Realität gehen solche Rechnungen selten auf. Die Reform oder gar Transformation eines gesellschaftlichen Gefüges bedarf meist einer durchgreifenden Kombination von inneren und äußeren Wirkkräften (siehe Kapitel 28).

An dieser Stelle möchte ich die Systemebene wieder verlassen und doch noch einmal auf die Gesundheitsproblematik zurückkommen: Wer überhaupt kein Wasser erhält, verdurstet! Wer zu wenig Wasser für den Ackerbau hat, verhungert. Doch wer nur Zugang zu *schlechtem* Wasser hat, wird krank, oft todkrank. Und diese schreckliche Tatsache betrifft vor allem die Kinder in den Staaten, die man beschönigend als »Entwicklungsländer« bezeichnet. Wer also allgemein über menschlichen Fortschritt spricht, muss auch konkret über Wasserqualität sprechen.

Dafür muss man sich nur die Zahlen vor Augen führen, die beispielsweise auf der Homepage der privaten Hilfsorganisation *water.org* jedermann zugänglich sind: Von den etwa 8 Millionen Kindern unter fünf Jahren, die jährlich weltweit sterben, fallen ungefähr 40 Prozent alleine zwei Erkrankungen zum Opfer, nämlich Lungenentzündung und Durchfall (UNICEF und WHO, 2009). Infektiöse Magen-Darm-Erkrankungen löschen also jedes Jahr an die 1,5 Millionen junge Leben aus – mehr als AIDS, Malaria und Masern *zusammen*! In den 1980er-Jahren dürfte etwa alle sechs Sekunden ein Kind an Durchfall gestorben sein; doch auch heute noch ist jedes zweite Krankenhausbett der Welt mit Patienten belegt, die ihre Gesundheit durch Mangel an sauberem Wasser und sanitären Einrichtungen eingebüßt haben (UNDP, 2006).

Dies ist eine humanitäre Tragödie von unerhörtem Ausmaß. Immerhin sind auf diesem Problemfeld in jüngster Zeit beachtliche Fortschritte erzielt worden. Interessanterweise haben zur Verbesserung der Situation in den Entwicklungsländern vor allem auch private Initiativen beigetragen. Die oben genannte philanthropische Vereinigung *water.org* etwa ist in Afrika, Südasien und Mittelamerika tätig, um den Menschen dort Zugang zu sauberem Wasser und sanitären Einrichtungen zu verschaffen. Die Organisation wurde 2009 gemeinsam von dem »Sozialunternehmer« Gary White und einem gewissen Matt Damon gegründet. Ja, *der* Matt Damon, den irgendein amerikanisches Magazin schon einmal zum »Sexiest

Man Alive« gewählt hat. Mit seinen nicht minder attraktiven Kollegen George Clooney und Brad Pitt engagiert er sich generell für den Kampf gegen Unterentwicklung und Umweltzerstörung – ein weiterer Grund für die weibliche Hälfte der Menschheit, den Klimaschutz zu unterstützen ...

Womit wir wieder beim Hauptthema wären, denn eine ungebremste Erderwärmung dürfte der Wasserqualität in den meisten Regionen nicht zugutekommen, ja, die Risiken wasserbezogener Leiden eher noch steigern. Die entsprechenden Gefahren entspringen geologischen (zum Beispiel Versalzung küstennaher Süßwasserressourcen durch Meeresspiegelanstieg), chemischen (etwa Kontamination von Flusswasser durch Schadstoffeinspülung infolge von Starkniederschlägen) und epidemiologischen (beispielsweise Anreicherung von E.-coli- oder Salmonellenbakterien im Trinkwasser) Prozessen. Eine chronisch magen-darm-kranke Gesellschaft wird weder überschäumende Lebensfreude empfinden noch ihre Entwicklungspotenziale voll ausschöpfen, sodass es sich zweifellos lohnt, diese Klimafolgen weitgehend einzuhegen.

Dass die Menschen in einer stabilen Kultur einigermaßen satt und beschwerdefrei sein sollten, versteht sich eigentlich von selbst – ist jedoch in der heutigen Weltgesellschaft keineswegs garantiert. Was braucht es noch zum Wohlergehen? Nun, *Energie*, und zwar in allen möglichen Formen und Anwendungen. Unsere Zivilisation kann gegenwärtig noch genügend Kohle, Gas und Öl bereitstellen, um auch noch den letzten Winkel des Planeten dem Getriebe einer weltumspannenden Ökonomie einzuverleiben. Aber gleichzeitig gibt es nicht genug erschwingliche fossile Ressourcen, um der rasch wachsenden Weltbevölkerung all die Energiedienste verfügbar zu machen, derer es für ein gutes Leben in der Moderne bedarf. Ein Leben, das, wie in der Antike, übrigens auch das Spiel beinhaltet. Welches heutzutage immer mehr am stromfressenden Computer stattfindet.

Wie wirkt sich der Klimawandel auf die Energieproblematik aus? Welche Konsequenzen für die Erschließung, Verteilung, Speicherung und Nutzung von Energieflüssen aller Art (fossil, nuklear, erneuerbar) sind zu erwarten? Beginnen wir mit dem Offensichtlichsten, nämlich den Auswirkungen der Erderwärmung auf die Wasserkraft. Darunter versteht man heutzutage fast nur noch die Umwandlung von Strömung in Strom – also die Konversion eines (natürlichen oder künstlichen) Höhenunterschieds beim Wasserfluss in Turbinenrotation, welche wiederum nutzbare Elektrizität bereitstellt. Rein physikalisch handelt es sich um die Verwandlung von potenzieller in kinetische in elektrische Energie (kleine Erinnerung an die gymnasiale Oberstufe). Die aus Wasserströmung gewinnbare mechanische Energie, die über den Antrieb Zehntausender von Mühlrädern die industrielle Revolution vorbereitete (siehe Kapitel 12), spielt heute dagegen kaum noch eine Rolle.

Was nun die moderne Wasserkraft oder »Hydroelektrizität« angeht, kann man sich über die globale Entwicklung und ihre neuesten regionalen Trends zum Beispiel sehr gut über die Website des Worldwatch Institute (www.worldwatch.org) informieren. Dort erfährt man unter anderem, dass sich die weltweite Stromabnahme aus Laufwasser- und Speicherkraftwerken im Jahr 2010 zu gigantischen 3,4 Terawattstunden aufsummierte (»Tera« steht für eine Eins mit zwölf Nullen dahinter). Damit wurden immerhin grob 16 Prozent des globalen Elektrizitätsbedarfs gedeckt – auf überwiegend klimafreundliche und durchaus kostengünstige Weise: Der Preis für eine Kilowattstunde aus größeren Anlagen (10 Megawatt oder mehr installierte Leistung) beläuft sich derzeit auf durchschnittlich 5 Eurocent. Auf Länderebene konnte China erwartungsgemäß 2010 die größte Gesamtleistung vorweisen – 213 Gigawatt, denen bis zum Jahr 2015 schier unfassbare weitere 140 Gigawatt folgen sollten. Das entspricht in etwa dem Zubau von über 100 Kernkraftwerken in nur fünf Jahren beziehungsweise der Konstruktion von sieben hydroelektrischen Anlagen von der Dimension des Dreischluchten-Damms in einem halben Jahrzehnt!

Wenn solche Ströme von Geld, Beton und Stahl für eine Form der Energieerzeugung mobilisiert werden, dann ist die Frage nach der Zukunftsfähigkeit des Unterfangens mehr als berechtigt (wobei ich zu den ökologisch-sozialen Risiken und Nebenwirkungen des internationalen Staudammwesens hier lieber schweige). Was die Wasserkraft vor allem braucht, ist logischerweise Wasser, und dessen Verfügbarkeit wird sich im Zuge des Klimawandels mit Sicherheit ändern, in manchen Gegenden sogar ausgesprochen drastisch (siehe oben).

In unserem Nachbarland Österreich bedienten beispielsweise Lauf- und Speicherkraftwerke im Jahr 2010 etwa 60 Prozent des Strombedarfs. Insofern könnten durchgreifende Veränderungen der hydrologischen Verhältnisse – wie das Ausbleiben von Schmelzwasser im Hochsommer – die künftige Energieversorgung dort durchaus erschweren. Belastbare Analysen dieser nationalen Problematik sind mir bisher nicht bekannt. In Kalifornien dagegen, wo es ein Exil-Österreicher und Ex-Muskelwunder immerhin bis zum Gouverneur brachte, wurden detaillierte Studien zum Zusammenhang zwischen Klimawandel und Hydroelektrizität schon durchgeführt. Interessante Einsichten gewährt beispielsweise ein interdisziplinärer Bericht aus dem Jahr 2012, an dem über 120 Experten von führenden Forschungseinrichtungen des Bundesstaates mitarbeiteten (Moser

u. a. 2012). Im vermutlich deutlich heißeren und trockeneren Klima gegen Ende des 21. Jahrhunderts würde die hydroelektrische Leistung der jetzt installierten (und angemessen instand gehaltenen) Anlagen um circa 20 Prozent abfallen. Das hat vor allem mit der Tatsache zu tun, dass etwa drei Viertel der kalifornischen Wasserkraft in höheren Lagen (vornehmlich an den Westhängen der Sierra Nevada) generiert werden, wo der ohnehin abnehmende Niederschlag immer weniger als Schnee anfallen und damit weniger lange im Terrain verweilen dürfte. Damit wäre ein großes »Sommerloch« vorprogrammiert, also eine schlechtere Stromversorgung für die unzähligen, in den heißen Monaten pausenlos laufenden Klimaanlagen. Bezeichnenderweise setzte praktisch zeitgleich mit der Veröffentlich des Berichts die Jahrtausenddürre in Kalifornien ein, sodass sich viele Hypothesen und Modellprojektionen nun im Reallabor studieren lassen. Als besonders schmerzhaft erweist sich insbesondere der Schneemangel in der Sierra, die im Winter 2014/15 weitgehend braun und trocken blieb.

Inzwischen gibt es sogar schon Untersuchungen zu den Klimaperspektiven der Wasserkraft im globalen Maßstab, die naturgemäß noch recht vage ausfallen (siehe zum Beispiel Blacksher u. a. 2011). Eine Studie norwegischer Ingenieurswissenschaftler (Hamududu und Killingtveit 2012) bestätigt zunächst die großen regionalen Herausforderungen, die der Klimawandel der Wasserkraftnutzung bescheren dürfte. Gleichzeitig kommen die Autoren allerdings auch zu der Einschätzung, dass sich das *weltweite* Potenzial für Hydroelektrizität eher leicht *verbessern* könnte – zumindest bis zur Mitte dieses Jahrhunderts. Ehrlicherweise wird jedoch auf die enormen Vereinfachungen hingewiesen, die der Untersuchung zugrunde liegen. Aber der vorläufige Tenor dieser und ähnlicher Analysen ist ein positiver, was insgesamt eine gute Nachricht für die Klima- und Energiethematik ist: Immerhin stellt die Wasserkraft nach wie vor die mit Abstand wichtigste erneuerbare und emissionsarme Quelle für Nutzstrom dar. Und dominiert in manchen Ländern sogar den »Großen Bruder«, also die Stromerzeugung aus fossilen Energieträgern.

Letzteres geschieht in den Industrieländern vornehmlich in Großkraftwerken, die ebenfalls auf Wasser angewiesen sind – nicht Lauf- oder Stauwasser, sondern *Kühlwasser*. Denn solche Kraftwerke sind raffinierte thermodynamische Maschinen, die im Kreislauf chemische in mechanische in elektrische Energie verwandeln. Der zyklische Betrieb ist aber nur möglich, wenn nach der Erhitzung die Abkühlung erfolgt, was durch Export von Wärme an die Umgebung ermöglicht wird. Am besten eignet sich dafür ein frischer Fluss, weshalb die fossilen (und nuklearen) Giganten häufig an idyllischen Orten anzutreffen sind. Leider! So entstehen an den Fließgewässern der Welt unablässig neue Kraftwerke, die mit Kohle, Gas oder gar Öl gespeist werden.

Jetzt muss man wiederum noch eins und eins zusammenzählen: Erderwärmung + erhöhter Kühlwasserbedarf = Versorgungskrise! Stimmt diese Milchmädchenrechnung tatsächlich? Eine vor wenigen Jahren publizierte Forschungsarbeit (van Vliet u. a. 2012) hat beispielsweise die Verwundbarkeit der fossil-nuklearen Stromproduktion in Europa und USA durch den Klimawandel untersucht. Zunächst einmal wird dort festgestellt, dass in Europa 78 Prozent der Elektrizität in entsprechenden Kraftwerken generiert werden, in den Vereinigten Staaten sogar satte 91 Prozent. Deshalb ist die Energiebranche in letzterer Region einer der wasserintensivsten Sektoren überhaupt. Die Analyse wendet sich dann der Frage zu, welche Einbußen bei der Stromerzeugung je nach Erderwärmungsszenario zu erwarten sind. Dabei wird insbesondere berücksichtigt, dass die Fließgewässer künftig eine höhere Durchschnittstemperatur aufweisen werden und dass die Pegel in den Sommermonaten teilweise erheblich fallen dürften. Die entsprechenden Modellrechnungen ergeben Absenkungen der Kraftwerkskapazitäten zwischen 2031 und 2060 im zweistelligen Prozentbereich, was bereits ein gewisses Problem darstellt. Bedeutsamer ist jedoch das Ergebnis, dass sich das Risiko *extremer Leistungsabfälle* (auf weniger als 10 Prozent des Normalniveaus!) auf das Dreifache erhöhen wird. Insofern wären erhebliche Investitionen in den konventionellen Kraftwerkspark nötig, wenn die »Energiesicherheit« – die heilige Kuh der Industrieländer – unversehrt von der Erwärmung bleiben soll.

Natürlich ginge es auch ganz anders, denn Strom aus Wind und Sonne braucht kein Kühlwasser; doch davon später mehr (Kapitel 27). Für alle nutzbare Elektrizität gilt jedoch, dass sie vom Erzeuger zum Verbraucher transportiert werden muss. Im Fall der dezentralen Produktion aus erneuerbaren Quellen, vornehmlich für den Haushaltsbedarf, sind die Wege extrem kurz und die nachfolgenden Überlegungen praktisch gegenstandslos. Aber selbst im Rahmen eines nachhaltigen Energiesystems wird der Stromfluss über weite Strecken eine wichtige Rolle spielen. Insbesondere für kommerzielle Zwecke wie schwerindustrielle Manufaktur. Der Ferntransport geschieht heutzutage in hochkomplexen Netzwerken aus Leitungen, Kabeln, Transformatoren usw., deren Analyse, Design und Betrieb eine Wissenschaft für sich darstellt. Wenn man einmal von den sogenannten Supraleitern absieht, die bei hinreichend tiefen Temperaturen Elektrizität quasi widerstandslos befördern können (siehe Kapitel 27), eignen sich für den Stromtransport am besten bestimmte Metalle. Optimal wären Drähte aus reinem Silber, aber diesen technischen Luxus gestatten sich nicht einmal die reichen Golfstaaten. Die realen Netzwerke sind deshalb vor allem aus Kupfer gewebt, das deutlich billiger ist und demnach ganze Leitungsarbeit leistet.

Der Stromfluss durch solche Netze hängt von einer Reihe von Faktoren ab, zu denen auch die Umgebungstemperatur zählt. Aufgrund fundamentaler physikalischer Gesetze sinkt die Leitfähigkeit von Metallen ab, wenn die Drähte sich erwärmen. Diesen Zusammenhang nutzt übrigens die gewöhnliche Glühbirne, wo die Erhitzung selbsttätig zu einem niedrigen Betriebsstrom führt. In der oben zitierten Studie zu den Klimafolgen für Kalifornien (Moser u. a. 2012) werden solche technischen Aspekte berücksichtigt. Bei ungebremster Erwärmung der Region dürften bis Ende des 21. Jahrhunderts allein schon die Temperatureffekte die Übertragungskapazitäten der Netze um 7 bis 8 Prozent absenken. Hinzu kommen landesspezifische Risiken wie die wachsende Bedrohung von Transmissionsstrecken durch Wald- und Buschbrände.

Mit solchen Herausforderungen für die großräumige Stromversorgung aus fossil-nuklearen Quellen sind in zugespitzter Form die Schwellen- und Entwicklungsländer konfrontiert. Hierzu gibt es noch keine belastbaren wissenschaftlichen Abschätzungen, aber keinen Mangel an Krisensignalen. Wie in einem Brennglas verdichtet sich die Gesamtproblematik in *Indien*, das, wie bereits erwähnt, schon in wenigen Jahrzehnten das bevölkerungsreichste Land der Erde sein wird. Dieser Staat schmückt sich deshalb gern mit dem Titel der »größten Demokratie der Welt«, aber im Jahr 2012 kam ein weniger schmeichelhaftes Championat dazu: Im Juli des Jahres ereignete sich in Nord- und Ostindien der größte Stromausfall (*Blackout*) der bisherigen Industriegeschichte. Nach diversen Presseberichten (unter anderen *The Hindu*, *The Guardian*, *The Wall Street Journal* und *The New York Times*) waren insgesamt über 620 Millionen Menschen direkt oder indirekt betroffen – das sind circa 9 Prozent der Weltbevölkerung! 22 indische Bundesstaaten litten unter dieser Megapanne, gerade auch die Hauptstadt Neu-Delhi, wo zum Beispiel der U-Bahn-Betrieb zum völligen Stillstand kam und die Passagiere evakuiert werden mussten.

Die Ursachenanalyse des Blackouts liest sich wie ein Lehrstück der Nachhaltigkeitswissenschaft. Im Sommer 2012 herrschte vor allem im Norden des Landes extreme Hitze (bis zu 50 °C). Dies führte einerseits zu einer massiven Stromnachfrage (vor allem für Klimaanlagen, Kühlschränke usw.) und andererseits zu einer deutlichen Minderung der Transportkapazität des veralteten Leitungsnetzes (siehe oben). Die hohen Temperaturen waren dem langen Ausbleiben des Monsuns geschuldet, was zwei weitere kritische Belastungen mit sich brachte: Zum einen sank mit den Flusspegeln die Erzeugung von Hydroelektrizität, zum anderen musste die Landwirtschaft (vor allem in den Landesteilen Punjab und Haryana) die künstliche Bewässerung der Felder auf Spitzenniveaus hochfahren, sodass unzählige Pumpen gierig Strom aus dem Netz zogen. In dieser energetischen Stresssituation kam es dann am 30. Juli 2012 um 2 Uhr morgens zu einem lokalen technischen Defekt auf der Bina-Gwaliar-Leitungsstrecke, worauf weite Teile des Gesamtnetzes zusammenbrachen. Aufgrund eines Relaisproblems in der Nähe des weltberühmten Tadsch Mahal wiederholte sich das fragwürdige Spektakel am folgenden Tag.

Die Schlussfolgerungen aus diesem Geschehen verdienen eigentlich eine längere Behandlung, doch ich will mich hier nur auf zwei Gesichtspunkte konzentrieren. Beide hängen mit den äußerst ehrgeizigen Plänen Indiens zusammen, die Wasserkraft des Subkontinents praktisch komplett auszuschöpfen. Symbol dafür ist das gigantische hydroelektrische Projekt, das am Oberen Siang, einem Quellfluss des großen Brahmaputra, in der äußersten Nordostprovinz Arunachal Pradesh verwirklicht werden soll. Mittels einer Reihe von Dämmen sollen bis zum Jahr 2024 etwa 10 Milliarden Kubikmeter Wasser aufgestaut und dadurch mehr als 11 Gigawatt hydroelektrische Leistung installiert werden (was grob der Kapazität von zehn Atomkraftwerken entspricht).

Aber wird auch ausreichend Wasser fließen? Zumindest nicht während des ganzen Jahres, lautet die Antwort für den Fall, dass der Klimawandel ungebremst voranschreitet. Zu diesem Ergebnis kommt jedenfalls eine Studie, die das Potsdam-Institut 2013 zusammen mit anderen Einrichtungen für die Weltbank erstellt hat (World Bank, 2013; siehe Kapitel 8). Unsere Analyse verdeutlicht, dass für Indien das Thema *Wasser* alles andere überragt. Denn in einer deutlich heißeren Zukunft dürften sich auf dem Subkontinent drei hydrologische Phänomene zu einem gigantischen Problemknoten verbinden: das mehr oder wenig rasche Abschmelzen der Hochgebirgsgletscher im Norden, die vermutlich wachsende Launenhaftigkeit des Sommermonsuns und die deutliche Verstärkung der *Niederschlagssaisonalität*. Während die beiden erstgenannten Aspekte später im Buch behandelt werden sollen (Kapitel 29 und Kapitel 21), möchte ich auf den dritten jetzt eingehen.

Mit »Saisonalität« ist nichts weiter gemeint als die Abhängigkeit der Umweltbedingungen von der Jahreszeit. Für Indien kann man heute grob von einer »Trockenzeit« und einer »Regenzeit« sprechen, welche sich auf die Monate Dezember-Januar-Februar (meteorologisches Kürzel: DJF) beziehungsweise Juni-Juli-August (JJA) konzentrieren. Natürlich stellt sich die Niederschlagssituation in den Teilgebieten dieses Großraums recht unterschiedlich dar (Rajasthan und Assam trennen zum Beispiel auch in dieser Hinsicht Welten), aber als Faustregel taugt das genannte saisonale Muster allemal. Die fortgeschrittensten Simulationsmodelle weisen nun darauf hin, dass der Klimawandel die jahreszeitlichen Unterschiede – und damit den geographischen Kontrast – noch verstärken wird. Eine entsprechende Ensemblerechnung für Südasien ist in Abbildung 58 wiedergegeben und illustriert deutlich, wie sich die saisonale Schere für Indien immer weiter öffnen könnte.

Strom aus Wasserkraft ist deshalb für Indien kein Großjoker, den man so einfach aus der Tasche ziehen kann. Und dann wäre da ja noch die schon angerissene Aufgabe, die elektrische Energie gleichmäßig und vor allem *zuverlässig* über das Riesenland zu verteilen. Auch dies dürfte durch den Klimawandel und die entsprechende Zunahme von Extremereignissen zusehends erschwert werden (siehe oben), doch zunächst einmal handelt es sich dabei um eine technisch-ökonomische Herausforderung. Am Potsdam-Institut beschäftigen wir uns seit geraumer Zeit mit der großen Frage der Netzwerkstabilität und sind dabei zu Einsichten gelangt, die sich für das Design künftiger Leistungsstrukturen – in Indien und anderswo auf der Welt – als nützlich erweisen könnten.

Unsere Studien konzentrieren sich auf Netze, die *Wechselstrom* transportieren, also auf die überwältigende Mehrheit der Leitungssysteme rund um den Globus. Die Gründe für die Dominanz der Wechselstrom-Fraktion in der »Welt aus Draht« sind vielfältig. Der wichtigste von allen ist natürlich die relative Mühelosigkeit, mit der sich eine sinusförmig alternierende elektrische Spannung nach dem Dynamoprinzip (Drehen einer Drahtschleife im Magnetfeld) erzeugen lässt. Aus technischen Gründen werden heutzutage überwiegend Wechselfelder erzeugt, deren elektrische Orientierung (»Plus« oder »Minus«) typischerweise 50- bis 60-mal in der Sekunde oszilliert.

Bei diesem Ansatz kann sich allerdings ein hässliches Problem einstellen: Wenn Spannung und Strom beide sinusförmig schwingen, dann sollten sie das möglichst *synchron* tun, um fortwährend starke Leistung zu erzielen. Gibt es jedoch eine *Phasenverschiebung* zwischen den Oszillationen der beiden Größen, dann kann die Durchschnittsleistung (oder »Wirkleistung«) sogar auf null sinken. Unterm Strich verbleibt in diesem Fall nur »Blindleistung«, wobei Felder und Ladungen hektisch, aber nutzlos durch die Leitungen jagen. Im modernen Netzbetrieb mit hohen Wechselspannungen wird diese Problematik allerdings weitgehend beherrscht, ja sogar zum Zweck der Leistungssteigerung umfunktioniert.

Gleichwohl sind Stabilität und Effizienz im Wechselstrombetrieb bei immer komplexer werdenden Transportstrukturen keine Selbstverständlichkeit, wie die indischen Havarien im Jahr 2012 illustrieren. Den Schlüssel zur elektrischen Leistung bildet jedenfalls die harmonische Taktung aller Schwingungsvorgänge (siehe oben). Dies bedeutet insbesondere, dass alle Netzvorgänge möglichst nahe an der vorgegebenen Richtfrequenz (zum Beispiel 50 Hertz) pulsieren. Aber diverse Störungen wie örtliche Kurzschlüsse können die bestehenden Systeme relativ leicht aus dem Rhythmus und schließlich ins Straucheln bringen: Blackout! Speziell dieser Problematik sind wir kürzlich am PIK zu Leibe gerückt, und zwar mit fortgeschrittenen Methoden der physikalischen Stabilitätstheorie (Menck u.a. 2013, 2014). Dabei wurde insbesondere untersucht, welches Netzdesign den synchronen Wunschzustand robust gegenüber Irritationen aller Art macht.

Die wichtigste Einsicht dieser Studien lautet, dass »tote Äste« im Gesamtsystem – also verzweigte Blinddärme in den Netzeingeweiden – die robuste Taktung besonders erschweren. Und diese Erkenntnis bezieht sich insbesondere auf schwere Störungen des Netzbetriebs, wenn etwa längere Zeit große Kraftwerke ausfallen oder Kurzschlüsse auf wichtigen Transmissionslinien auftreten. Interessanterweise ergibt sich direkt aus unserer Analyse eine Reparaturstrategie für existierende Leitungsstrukturen und eine Gestaltungsstrategie für auszubauende beziehungsweise neu einzurichtende Systeme. Man muss nämlich die »Totelemente« im Netz identifizieren und sie mit wenigen Zusatzverbindungen gezielt »beleben« – also dem Stromfluss potenzielle Auswege aus der Sackgasse verschaffen.

Was hat das alles mit dem Klima zu tun? Vor allem zweierlei: Da ist zum einen die Herausforderung, immer komplexer werdende technische Konstrukte wie nationale oder sogar kontinentale Stromnetze unter immer extremeren und unberechenbareren Umweltbedingungen zuverlässig zu gestalten und zu betreiben. Zu dieser Problematik der Klimaanpassung wurde weiter oben ja schon einiges gesagt. Aber da ist auch die *Gegenherausforderung des Klimaschutzes*, welcher einen massiven und rasanten Ausbau der erneuerbaren Energieversorgung unerlässlich macht. Und dadurch werden die Karten für das Netzdesign völlig neu gemischt. Insbesondere durch das Hinzufügen von unzähligen kleinen Stromerzeugungselementen an der Netzwerkperipherie entstehen nämlich die besagten »toten Äste«, derer man Herr werden muss.

Dass eine wahrhaft nachhaltige Weltwirtschaft ihre Kraft aus Sonne,

Wind und Wellen ziehen muss, steht meines Erachtens außer Frage. Die zivilisatorische Umsetzung dieser Grundeinsicht ist – nicht nur in Bezug auf die Stromversorgung – eine Jahrhundertaufgabe. Ich werde darauf im Kapitel 27 ausführlicher eingehen. Leider macht der Klimawandel diese Aufgabe keineswegs leichter: Neben den Niederschlagsmustern können sich ja auch die Bewölkungsverhältnisse und Windfelder in vielen Regionen deutlich verändern, wenn sich die Erde um 2, 3, 4 oder mehr Grad Celsius erwärmt. Die Erforschung dieser möglichen Effekte und ihrer eventuellen Auswirkungen auf die erneuerbare Energiewirtschaft steht noch am Anfang und liefert bisher keine belastbaren Ergebnisse. Dabei wäre es durchaus wichtig, zu wissen, ob die Luft am Persischen Golf künftig noch dunstiger sein wird oder wesentlich häufiger von Staubstürmen aufgemischt als heute. Saudi-Arabien, Katar und Abu Dhabi planen ja immerhin, Hunderte Milliarden Euro in entsprechende Anlagen zu investieren! In erster Näherung kann man allerdings davon ausgehen, dass sich die zu erwartenden klimatischen Veränderungen in den meisten Gegenden nicht massiv auf das Sonnen- und Winddargebot auswirken werden.

Gefährlicher als der Klimawandel könnte den erneuerbaren Energien allerdings der Widerstand »der Bevölkerung« gegen die offensichtlichen Eingriffe ins Landschaftsbild sein. Dabei ist schwer auszumachen, wer beim Protest aus welchen Interessen mitmischt. Viele allerdings, die nunmehr ihre Liebe zur »traditionellen Kulturlandschaft« oder gar zur »unberührten Natur« zu entdecken scheinen, sind auf mindestens einem Auge blind: Denn jedes moderne Industrieland ist schon längst mit gigantischen Strukturelementen vollgestellt beziehungsweise durch diese in Zehntausende von Fragmenten zerschnipselt. Das lässt sich beispielsweise in den Niederlanden eindrucksvoll studieren.

Mir selbst werden entsprechende Impressionen aus der Wesermarsch immer im Gedächtnis bleiben. Dabei handelt es sich um den an den Jadebusen geschmiegten niedersächsischen Landkreis unweit der Universitätsstadt Oldenburg, wo ich meinen ersten Lehrstuhl innehatte. Heute wird die Flur dort gnadenlos dominiert durch ein Spinnennetz von Starkstromleitungen, in dessen Zentrum das (inzwischen stillgelegte) Kernkraftwerk Unterweser sitzt. Ob wohl die Marschbauern in den 1970er-Jahren ebenfalls einen ästhetischen Widerwillen gegen die Installation dieser Anlagen durch Siemens und KWU empfunden haben? Ich vermute, dass sich die Begeisterung der Landleute in Grenzen gehalten hat, aber dass die betroffene Bevölkerung auch glaubte, was ihr zweifellos so eingebläut wurde: dass »der Fortschritt« einen soliden Unterbau benötigt – die berühmte *Infrastruktur*. Der Begriff bezeichnete früher all das, was im Erdboden montiert wird, um eine technische Zivilisation am Laufen zu halten. Also insbesondere Rohrleitungen, Kabel, Schächte und Pumpen, die man allesamt bestaunen kann, wenn eine Straße aus unerfindlichen Gründen aufgerissen wird und monatelang ihre Därme entblößt. Inzwischen steht »Infrastruktur« für sämtliche langlebigen materiellen Einrichtungen (auch oberhalb der Grasnarbe), die das Funktionieren der Industriegesellschaft gewährleisten (sollen).

Zum technischen Unterbau kann man insofern alle Installationen zählen, welche die materielle und energetische *Versorgung* der Bevölkerung auf direktem Wege ermöglichen (zum Beispiel Wasserrohre, Staudämme oder Gasspeicher), welche dazu spiegelbildlich die *Entsorgung* sicherstellen (etwa Kanalisation und Müllverwertungssysteme), welche die *Beförderung* von physischen und intellektuellen Gütern unterstützen (beispielsweise Eisenbahnschienen, Autobahnen oder Glasfaserkabel), sowie Konstruktionen aller Art, welche eine sichere und bequeme *Besiedlung* (mehr oder weniger) geeigneter Räume erleichtern oder realisieren (zum Beispiel Schutzdeiche, Hydranten oder öffentliche Grünanlagen).

Die Frage, wie sich der Klimawandel auf alle diese Bereiche auswirken wird, ist von offensichtlicher Relevanz, doch die einschlägige Forschung befindet sich noch im Kükenstadium. Dabei ist auch zu beachten, dass der moderne technische Unterbau durch die Ermöglichung des transkontinentalen Transportwesens überhaupt erst »die Globalisierung« hervorgebracht hat, also die Verwandlung der Erde in einen zusammenhängenden Wirtschaftsraum. Insofern liegt es nahe, die vermutlichen Konsequenzen der menschengemachten Klimaveränderungen für das eng gekoppelte Gesamtsystem »Infrastruktur-Verkehr« zu betrachten. Dazu im Folgenden einige Anmerkungen.

Wie verwundbar das hoch vernetzte internationale Transportwesen gegenüber scheinbar geringfügigen Störungen ist, hat 2010 der isländische Vulkan mit dem unaussprechlichen Namen Eyjafjallajökull nachdrücklich aufgezeigt. Die Reihe von Eruptionen zwischen dem 20. März und dem 9. Juli erzeugte mächtige Wolken von Vulkanasche, die aus feinen Gesteinsfragmenten mit einer Korngröße von weniger als 2 Millimetern besteht (siehe Abbildung 59). Das Spektakel beherrschte monatelang die Weltpresse – zumal es zu beispiellosen Beeinträchtigungen des europäischen Luftverkehrs mit globalen Kaskadeneffekten kam. Die Auswirkungen auf die internationale Luftfahrt waren sogar größer als die des Terroranschlags vom 11. September 2001, wobei die Behörden Flugverbote vor allem mit dem Risiko der Erblindung der Fenster und der Schädigung der Triebwerke durch die winzigen Aschepartikel begründeten.

Dass die Entstehung und Ausbreitung von Schockwellen in der Weltwirtschaft durch die Schädigung von Infrastruktur (im weitesten Sinne) ein heißes Thema für die Klimafolgenforschung ist, hat sich inzwischen herumgesprochen. Insbesondere große Flutereignisse offenbaren, wie interdependent die nationalen Ökonomien geworden sind und wie nahe am Maximum das daraus resultierende globale Gefüge operiert: Wenn die Zulieferwerke in einem einzigen Billiglohnland ausfallen, dann steht möglicherweise die Veredlungsproduktion in einem weit entfernten Hightech-Land still. Wenn ein einziger großer Containerhafen seinen Betrieb einstellen muss, dann kann der Rohstoffzustrom in ein aufstrebendes Schwellenland unter eine kritische Marke fallen. Umgekehrt kann es aber auch vorkommen, dass selbst schwere lokale beziehungsweise regionale Störungen des Wirtschaftslebens von der globalen Ökonomie fast geräuschlos verarbeitet und kompensiert werden.

Diese empirischen Befunde schreien geradezu nach einer gründlichen Systemanalyse, welche zuallererst die neuralgischen Punkte der weltweiten Güterproduktion, die Nadelöhre des weltweiten Warenflusses und die Schwachglieder in den weltweiten Wertschöpfungsketten identifiziert. Und dann ist natürlich zu fragen, wie eine ungebremste Erderwärmung auf diese prekären Elemente und damit auf die Leistungsfähigkeit des Gesamtsystems einwirken würde. Eine Gruppe um Anders Levermann hat inzwischen am Potsdam-Institut begonnen, ebendiesen Forschungspfad zu verfolgen, der für die strategische Anpassung an den unvermeidbaren Klimawandel von großer Bedeutung sein könnte. Hierzu wurde ein Datenportal eingerichtet, welches globale wirtschaftliche Warenflussdaten erfasst, sammelt und so harmonisiert, dass sie einer Netzwerkanalyse zugänglich sind (Levermann 2014). Die Gruppe hat ein ökonomisches Schockmodell entwickelt, das auf dieser Datengrundlage Schadenskaskaden ebenso wie Anpassungsstrategien erkunden kann.

Auf der *taktischen* Ebene gilt es dagegen zu ermitteln, welche einzelnen Elemente und Aspekte von Infrastruktur und Transport durch Klimaveränderungen beeinflusst beziehungsweise geschädigt werden dürften. Beginnen wir mit dem Banal-Kuriosen: Im Juni 2013 kam auf einer bayerischen Autobahn ein Motorradfahrer ums Leben, weil seine Harley Davidson durch eine von der Hitze aufgewölbte Betonplatte regelrecht aus der Bahn katapultiert wurde. Bei hohen Temperaturen (oberhalb von 35 °C) sind solche Unglücksfälle geradezu vorprogrammiert, denn die thermische Ausdehnung der Platten sprengt bei Vorliegen kleiner Defekte das Gefüge und führt zu sogenannten »Blow-ups«, also drastischen Hebungen einzelner Straßenelemente. Mit fortschreitender Erderwärmung könnten solche hässlichen Defekte an Bedeutung gewinnen – episodisch oder auch permanent. Die scheinbar naheliegende Lösung, Betonplatten durch Asphaltbelag zu ersetzen, ist nicht nur kostspielig, sondern auch problematisch: Schon bei 55 bis 60 °C in der prallen Sonne kann der Asphalt viel befahrener Straßen aufweichen, sodass sich Spurrillen mit entsprechendem Aquaplaning-Risiko bilden (Stockburger 2013).

Also auf die Schiene ausweichen? Um Treibhausgasemissionen zu mindern, ist dies zweifellos eine sinnvolle Alternative zum Straßenverkehr, aber auch das Eisenbahnsystem ist nicht vor gravierenden Klimafolgen gefeit. Gleisverbiegungen sind inzwischen gewohnte Begleiterscheinungen von Hitzewellen, doch die sich wandelnden Witterungsregime halten noch ganz andere Schwierigkeiten für das Bahnwesen bereit. Zum Beispiel Hangrutschungen und Unterspülung von Gleisbetten infolge der sich intensivierenden Niederschlagsereignisse oder etwa häufigere Blitzeinschläge in Oberleitungen (Hamer 2000). Und damit hätten wir ein – ironischerweise – ziemlich düsteres Unterkapitel der Klimafolgenforschung angesprochen, nämlich den Zusammenhang zwischen Gewitterneigung (mitsamt ihren Risiken) und Erderwärmung. Auch wenn sich gerade die großen Versicherungsgesellschaften aus naheliegenden Gründen für diese Thematik interessieren, ist der aktuelle Kenntnisstand eher kläglich, was nicht zuletzt an der teuflisch komplizierten Physik des Blitzeinschlags liegt (siehe zum Beispiel Boorman u.a. 2010; Romps u.a. 2014).

Klimamodellen zufolge könnte das globale Blitzaufkommen mit jedem Grad Erderwärmung um etwa 10 Prozent wachsen. Diese möglicherweise richtige, aber recht pauschale Aussage in Projektionen für einzelne Regionen und Länder zu übersetzen ist eine knifflige Aufgabe – von der Abschätzung der Auswirkungen auf Verkehr und Infrastruktur ganz zu schweigen. Elektrische Entladungen in der Atmosphäre können ja auch schwerwiegende Störungen der öffentlichen Kommunikationssysteme verursachen.

Unter anderem deshalb ist die Flucht des Transportwesens vom Boden in die Luft ein nicht unbedingt zu empfehlender Ausweg. Ungemach für den Flugverkehr droht auch noch von anderer Seite, nämlich vom bei Piloten und Passagieren gleichermaßen gefürchteten Phänomen der Turbulenz. In einer jüngeren wissenschaftlichen Studie (Williams und Joshi 2013) wird darauf hingewiesen, dass es im kommerziellen Flugbetrieb jährlich weltweit zu Zehntausenden von mittleren bis schweren Turbulenzereignissen kommt, welche häufig gravierende Schäden an den Transportmitteln verursachen, aber auch tödliche Folgen haben können. In dem zitierten Artikel wird argumentiert, dass insbesondere die winterlichen Transatlantikflüge durch die Erderwärmung noch wesentlich unruhiger werden könnten. Haben Sie vielleicht Flugangst?

Wenn es zu Lande und in der Luft ungemütlich wird, bleibt immerhin noch das Wasser als Verkehrsträger. Doch die Schifffahrt auf Flüssen und Meeren wird durch den Klimawandel ebenfalls mit erheblichen Herausforderungen konfrontiert werden: Die großen Binnenwasserstraßen wie der chinesische Jangtsekiang, die europäische Donau oder der amerikanische Mississippi dürften mit den anthropogenen Veränderungen der Extremwetterregime künftig noch stärker zwischen hohen und niedrigen Pegeln pendeln (siehe zum Beispiel Schwartz 2013). Doch das wahre Herzstück des globalen Transportwesens ist die ozeanische Frachtschifffahrt: Über 90 Prozent des Welthandels werden über den Seeweg abgewickelt, wobei Rohöl (19 Prozent), Kohle und Eisenerz (jeweils etwa 12 Prozent) und Getreide (4 Prozent) 2013 die Rangliste der bewegten Güter anführten (UNCTAD, 2014). Selbst wenn wir von der vermutlichen Intensivierung tropischer Stürme einmal absehen, wird sich der notorische Meeresspiegelanstieg zu einem Megaproblem für jenes Megatransportsystem auswachsen. Dies bedeutet, dass bei versagendem Klimaschutz praktisch jeder Seehafen der Erde perspektivisch höher gebaut oder wie eine Schleuse abgeschottet werden muss.

Generell befindet sich der Löwenanteil der globalen Infrastruktur direkt an der Küste oder in Küstennähe – unter anderem die meisten (und teuersten) Anlagen des weltweiten Tourismussektors. Ich entsinne mich eines Gesprächs im Jahr 2007 mit dem Vorstandsvorsitzenden von Sol Meliá, der weltweit führenden Kette von Urlaubsresorts. Er reagierte überaus besorgt auf meine Hinweise zum klimabedingten Meeresspiegelanstieg, denn circa 90 Prozent der Sol-Meliá-Werte befinden sich direkt am Meer. Strandurlaub ohne Strand macht einfach keinen Spaß…

Natürlich muss nicht alles, was die Erderwärmung mit den Meeren und Küsten anstellen wird, schädlich für das Wirtschaftsleben sein. Der rapide Rückgang des arktischen Meereises in den letzten Jahren (siehe Kapitel 21) wird zahlreiche neue ökonomische Chancen bieten, nicht zuletzt den Zugang zu geologischen Lagerstätten in der tieferen See nördlich des Polarkreises. Vor allem aber wird er dafür sorgen, dass die Routenkarten der globalen Schifffahrt neu gezeichnet werden. Schon im August 2011 waren zwei legendäre Seewege – die Nordwestpassage durch das kanadische Inselgewirr und die Nordostpassage entlang der russischen Polarmeerküste – gleichzeitig offen. Auf der Nordostpassage lassen sich zum Beispiel zwischen Hamburg und Tokio rund 8000 Kilometer gegenüber der konventionellen Route durch den Suezkanal einsparen! Um solche Optionen vernünftig nutzen zu können, müssen allerdings in den kommenden Jahrzehnten viele Milliarden in geeignete Verkehrsinfrastruktur (insbesondere verbesserte Navigationssysteme) und Handelsflotten (mit eisverstärkten Rümpfen) investiert werden. Russland und seine Regierung scheinen zu diesem Wagnis allemal entschlossen.

Gerade dieses Land wird durch das große Tauen infolge des Klimawandels allerdings mit einer ausgesprochen tückischen Problematik konfrontiert: dem Aufweichen der Permafrostböden in weiten Teilen des riesigen Staatsgebiets. Auf die damit verbundene Freisetzung zusätzlicher Treibhausgase und entsprechende Verschärfung der Klimaproblematik werde ich in Kapitel 21 näher eingehen; hier geht es zunächst ausschließlich um die möglichen Folgen für Baubestand, Infrastruktur und Verkehrswesen. Höchst interessante Einblicke zum Thema gewährt der Journalist Terry Wood, der gegen Ende des Glutsommers 2010 die Region um die sibirische Stadt Jakutsk besuchte (Wood 2010). Letztere liegt am Fluss Lena und gilt als die winterkälteste Großstadt der Welt – was die Sommertemperaturen nicht daran hindert, gelegentlich über 35 °C zu klettern. Mit anderen Worten: Der klimatische Jahresgang dort ist mörderisch. Man kann sich vorstellen, wie die Oppositionellen litten, die während der Zarenzeit massenhaft in diese fernöstliche Gegend verbannt wurden.

In der Autonomen Republik Sacha (deren Hauptstadt Jakutsk ist) befindet sich gewissermaßen das »kalte Herz« der Erde. Denn die Permafrostschicht ist zwischen 250 und 350 Meter dick, stellenweise reicht sie sogar 1300 Meter in die Tiefe! Dies verdross schon 1686 den örtlichen Woiwoden (Bezirksvorsteher), der mit seinem Versuch, einen Brunnen anlegen zu lassen, kläglich scheiterte. Später lernte man in Sibirien mit dem Permafrostboden zu leben, ja sogar Vorteile aus seiner Existenz zu ziehen: In Jakutsk stehen die großen Gebäude auf Betonstelzen etwa einen Meter über der Erde, damit die Abwärme der Bauten nicht den darunter liegenden Boden auftauen lässt. Bei den alten Holzhäusern der Stadt hatte man diese technische Vorsorgemaßnahme noch nicht getroffen; entsprechend versinken die Behausungen allmählich, aber sichtbar in der Erde.

Andererseits ist »ewig« gefrorener Boden ein gutes Substrat für technische Anlagen aller Art, die ein möglichst stabiles Niveau benötigen. Im russischen Fernosten gilt dies zuallererst für die Transsibirische Eisenbahn, ein Monument der klassischen Moderne. Sie verbindet über eine Strecke von 9288 Kilometern Moskau mit Wladiwostok und ist damit die längste Eisenbahnlinie der Welt. Aber auch unzählige andere Verkehrswege in Sibirien, insbesondere Straßen und Pisten, vertrauen auf den Fortbestand von Frost, Eis und Schnee – wie die Lkw-Trassen verdeutlichen, welche sich querfeldein herausgebildet haben und die einen beachtlichen Gütertransport ermöglichen. Von größter wirtschaftlicher Bedeutung sind die vorwiegend in Permafrostarealen befindlichen Förderanlagen für fossile Energieträger und natürlich das etwa 350 000 Kilometer lange sibirische Pipeline-Netz. Hinzu kommen große Fabrikanlagen, Bergwerke, Schleusen, Dämme und desgleichen mehr. Wird die Erderwärmung nun all diesen Strukturen und den von ihnen abhängigen Siedlungen den festen Boden wegziehen? Diese Frage ist umso berechtigter, als sich die einschlägigen sibirischen Verhältnisse in der gesamten Arktis vorfinden (also auch in Kanada, Alaska und Skandinavien), sodass wir von ökonomischen Werten im Billionenbereich sprechen.

Nun, obwohl im besagten Jakutsk schon 1941 ein Forschungsinstitut für die Permafrostproblematik (»Frostologie«) gegründet wurde, ist der wissenschaftliche Erkenntnisstand eher dürftig, auch wenn sich nun endlich weltweites Interesse für diesen Klimafolgenbereich regt. Immerhin gibt es inzwischen Risikoabschätzungen (von so unterschiedlichen Organisationen wie dem Arktischen Rat und Greenpeace Russland), die sich auf anekdotisches Wissen, Beobachtungsdaten und vermehrt auch Modellrechnungen stützen. Dass das Reich des Permafrosts in den letzten Dekaden durch die sich wandelnden Umweltbedingungen unter Druck geraten ist und dass dadurch bereits erhebliche Schäden an Siedlungen und Infrastrukturen entstanden sind (etwa Tausende von Störfällen an Pipelines, wo der darunter liegende Boden wegsackt), bestreitet niemand. Aber ebenso ist sich niemand sicher, wie stark und wie schnell die Erderwärmung dem Frost im Untergrund tatsächlich zusetzen wird. Immerhin sprechen wir allein auf der Nordhalbkugel von einem 23 Millionen Quadratkilometer großen Gebiet, also knapp einem Viertel der gesamten hemisphärischen Landfläche!

Probleme über Probleme, Fragen über Fragen... Was tun? Um bezugsgerecht mit Lenin zu sprechen. Eine Antwort gibt das nächste Kapitel.

20. Zwei Grad Celsius

An einem Spätsommervormittag im Jahr 1993 schrieb ich – möglicherweise – Weltgeschichte. Und zwar auf die Art und Weise, wie dergleichen nun mal geschieht: zufällig, unbeabsichtigt, arglos und in weitgehender Unkenntnis ähnlicher Gedankengänge, welche andere vor und neben mir vielleicht verfolgten. Damals pendelte ich noch zwischen zwei Wohnungen in Berlin und Bad Zwischenahn, einem reizenden Kurort nahe der Universitätsstadt Oldenburg. An dem bewussten Vormittag saß ich also in meiner Zwischenahner Studiermansarde und dachte über Artikel 2 nach. »Den« Artikel 2 natürlich, in dem die Klimarahmenkonvention von 1992 halbherzig beschreibt, was mit gefährlichem Klimawandel gemeint sein könnte. Das Dokument war ein Meisterstück der Klima-Winkeladvokatie: Eine Reihe zentraler Begriffe der damaligen Nachhaltigkeitsdebatte wurde zu einem bunten Wortstrang zusammengedreht, den man sich zwar wie eine Halskette umhängen konnte, an dem sich aber kein Hund aus der Hütte zerren ließe. Soll heißen: Aus Artikel 2 kann man keine konkreten Klimaschutzmaßnahmen ableiten. Schon gar nicht quantitative, nationenscharfe Vorgaben zur Beschränkung von Treibhausgasemissionen. Letzteres wäre, in der Sprache der Klimadiplomatie, die von den einen herbeigesehnte und von den anderen verabscheute »Operationalisierung« der Rahmenkonvention.

Eine solche Operationalisierung war in jenen Tagen nicht in Sicht. Man spekulierte eher darüber, welche Emissionsreduktionen sich wohl ohne allzu große volkswirtschaftliche Schmerzen in den OECD-Ländern realisieren ließen, und rechnete dann mit vergleichsweise simplen Simulationsmodellen aus, ob dies zu Umweltzuständen führen würde, die immer noch außerhalb dessen lägen, was gemäß Artikel 2 irgendwie als schädlich einzustufen wäre. Aber mit dem Ungefähren schafft man es nicht unbedingt ins Ungefährliche. Ich verspürte jedenfalls Bauchschmerzen bei der Vorstellung, auf gut Glück im Emissionsraum herumzustochern, auch wenn man dies gern mit ökonomischer Kosten-Nutzen-Logik begründete. Die entsprechende Argumentation war so einleuchtend wie aberwitzig:

Man betrachte ein plausibles, aber ansonsten beliebiges Szenario für den künftigen weltweiten Ausstoß von Treibhausgasen. Man berechne dann zum einen den zu erwartenden weltweiten *Gewinn*, der sich durch entsprechende Mehrung von Produktion und Konsumtion auf jenem Emissionspfad erzielen ließe. Man berechne dann zum anderen den klimatisch bedingten *Schaden*, welchen man auf demselben Pfad in Kauf nehmen müsste. Schließlich bilde man die *Differenz* beider Größen und spiele das für alle möglichen Emissionsszenarien durch. Den Pfad mit dem weitesten Nutzen-Kosten-Abstand möge die Menschheit dann verfolgen. Ganz einfach, nicht wahr?

Nicht wahr! Denn bereits die Nutzenanalyse – wie viel globalen Wohlstand kann ich (unter Einbeziehung so unfassbar komplexer Prozesse wie dem allfälligen technologischen Fortschritt und dem chaotischen sozialen Wandel) mit einem bestimmten Quantum fossilen Treibstoffs generieren – ist eine überschwierige, wenn nicht hoffnungslose intellektuelle Herausforderung. Der endgültige Übergang zur Esoterik wird jedoch vollzogen, wenn man vorgibt, die weltweiten Klimafolgen dieser Kohle-Öl-Gas-Injektion in ihrer Gänze ordentlich quantifizieren zu können. Inklusive solcher unbeabsichtigter Nebenwirkungen wie dem durchaus vorstellbaren Zerfall von bereits prekären Staaten oder dem durchaus folgerichtigen Entstehen anti-humanistischer Lebenseinstellungen und Weltbilder, wo das Recht des Stärkeren wieder zum Maß aller Dinge wird (siehe Kapitel 29). Übrigens müsste eine solche Quantifizierung (in Dollar, Lebenserwartung, Glück) auch alle potenziell *positiven* Klimawirkungen mitberücksichtigen, wie die tendenziell besseren landwirtschaftlichen Bedingungen in einigen Regionen und den zu erwartenden Rückgang von Erkältungskrankheiten. Wer glaubt, dies alles in einer Weltformel für die kommenden Jahrhunderte zusammenführen zu können, der ist entweder ein Gott, ein Wahnsinniger – oder ein Ökonom.

Wie der amerikanische Wirtschaftswissenschaftsprofessor William Nordhaus, der an der Universität Yale lehrt. Bill, wie ihn jeder nennt, ist ein kluger, freundlicher und humorvoller Zeitgenosse, weder göttlich noch wahnsinnig. Mit der professionellen Chuzpe, die in Ökonomenkreisen zu allerhöchsten Weihen (wie dem Quasi-Nobelpreis der Schwedischen Reichsbank) führen kann, hat Nordhaus die besagte Weltformel 1992 niedergeschrieben und mit seinem inzwischen legendären DICE-Modell ausgewertet (Nordhaus 1992). Dieser ganze fünf Seiten starke Artikel hat den bescheidenen Titel »An Optimal Transition Path for Controlling Greenhouse Gases« (»Ein optimaler Übergangspfad zur Treibhausgaskontrolle«) und presst die Hyperkomplexität des Klimaproblems in tollkühner Vereinfachung auf wenige Zeilen elementarer mathematischer Ausdrücke zusammen. Ich habe Bill vor vielen Jahren am International Institute for Applied Systems Analysis (IIASA) in Laxenburg bei

Wien kennengelernt und werde den Verdacht nicht los, dass er sich mit seinem Ansatz einfach nur einen großen Spaß machen wollte. Aber das Modell eines renommierten US-Professors wird von weiten Teilen der Wissenschaft und der Politik als der Weisheit zumindest vorletzter Schluss angesehen und entsprechend todernst genommen. Obgleich dort, je nachdem, an welchen Parameterschrauben man dreht, kabarettreife Ergebnisse herauspurzeln – etwa dass unter bestimmten Voraussetzungen eine globale Erwärmung von 17 °C die beste Wahl für die Menschheit wäre! Vermutlich weil wir dann einfach unsere Siebensachen packen und die Erde verlassen müssten, um in den Weiten des Weltalls ein besseres Dasein zu finden. Fairerweise muss man anmerken, dass Nordhaus seine Modellansätze über die Jahre stetig weiterentwickelt hat, sodass der Würfel (englisch: *dice*) des Wirtschaftsweisen inzwischen nicht mehr chaotisch in die makabersten Zukunftsecken rollt (dazu unten mehr). Andererseits hat Nordhaus viele Nachahmer gefunden, die mit ähnlich gestrickten Karikaturmodellen die optimale Temperaturentwicklung auf der Erde abzuleiten versuchen.

Unter ihnen sticht Richard Tol als besonders schillernde Figur heraus. Schon sein Habitus – wirre Hippie-Frisur in Schlips und Kragen – soll wohl genialische Exzentrizität signalisieren. Insofern ist sein derzeitiger akademischer Standort, ein sozialwissenschaftliches Institut im irischen Dublin, passend gewählt. Tol wurde an der Freien Universität Amsterdam zum Ökonomen ausgebildet und verbrachte später etliche Jahre als Professor an der Universität Hamburg. Er hat zwar nicht das intellektuelle Format eines Bill Nordhaus, doch er ist smart, kreativ und fleißig. In meiner Eigenschaft als »Koordinierender Leitautor« des Dritten Sachstandsberichts des IPCC nahm ich ihn in den Jahren 1997 bis 2001 ein wenig unter die Fittiche, eine Tatsache, die der gute Richard heute sicherlich mit großer Entrüstung bestreiten würde. Auf alle Fälle spielte er auf meinem Lebensweg eine kleine, aber nicht uninteressante Nebenrolle, worüber noch zu reden sein wird. Zunächst bin ich aber noch seine Charakterisierung als »Modellathlet« der Klimaökonomie schuldig.

Er gehört nämlich zu den wenigen seiner Zunft, die ein Simulationsinstrument konstruiert haben, das alle Hauptaspekte des Klimawandels zu berücksichtigen versucht: Ressourcen, Wachstum, negative und positive Klimafolgen, Anpassung usw. Das taugt ganz gut als Spielzeug, aber nicht als Kompass für die Kursbestimmung der Weltgemeinschaft. Zumal diese kleine digitale Maschine – ähnlich wie das frühe DICE-Modell – immer wieder verblüffende Resultate ausspuckt. Etwa dass eine knappe Verdreifachung des atmosphärischen CO_2-Gehalts auf ungefähr 750 ppmv der

Menschheit den größten Zugewinn verschaffen würde. Tol ist in dieser Hinsicht extrem, aber eben keinesfalls allein mit solchen Kramladenberechnungen der Klimazukunft. Als Physiker hört man sich dies einige Zeit mit offenem Mund an, doch irgendwann klappt man sein Maul wieder zu, zuckt mit den Schultern und geht zurück an die richtige Arbeit.

Ich gestehe hier jedoch ein, dass mich ein volkswirtschaftlicher Einwand von Thomas Schelling, dem Wirtschaftsnobelpreisträger von 2005, etwas länger beschäftigte. Während eines Symposiums zum Klimawandel am schon erwähnten IIASA im Jahr 1994 stellte er mir nämlich die folgende Frage: Wenn ich 100 Milliarden Dollar zur freien Verfügung hätte, wo würde ich sie zum größten Wohle der Menschheit anlegen – bei der Gesundheitsvorsorge für Kinder in den Entwicklungsländern oder bei der Schulausbildung von Mädchen in islamisch-autokratischen Staaten oder bei ... oder bei ...? Oder wirklich und wahrhaftig beim Kampf gegen jene vage, wechselhafte und ferne Risikowolke, die vom fossilen Feuer aufsteigt? Eine scheinbar verdammt gute Frage eines sicherlich verdammt klugen Kopfes!

Schelling, Jahrgang 1921 und Harvard-Absolvent, hatte schon im Rahmen des Marshallplans für die US-Regierung gearbeitet und während seiner langen glanzvollen Karriere dem Weißen Haus als Berater in wichtigen strategischen Angelegenheiten wie dem Rüstungswettlauf, der Rassendiskriminierung und eben der menschengemachten Erderwärmung gedient. Offenbar unterhielt er auch enge Kontakte mit dem legendären Regisseur Stanley Kubrick, den er 1964 zu der meisterhaften schwarzen Filmkomödie *Dr. Seltsam oder: Wie ich lernte, die Bombe zu lieben* inspirierte.

Thomas und ich kommen seit der ersten Begegnung in Laxenburg prächtig miteinander aus, gerade weil mir seine Frage zunächst Kopfzerbrechen bereitete – nichts ist aufregender als intellektuelle Reibung! Tatsächlich gibt es zwei Hauptantworten, eine analytische und eine pragmatische: Nach allem, was wir inzwischen wissen, dürfte der anthropogene Klimawandel tatsächlich die größte längerfristige Bedrohung unserer modernen Zivilisation darstellen, sodass ich – nach Abwägung aller Argumente und Sentimente – die 100 Milliarden mit gutem Gewissen in die Lösung dieser Problematik investieren würde. Diese Wahl mit unabweisbarer, perfekt datengestützter volkswirtschaftlicher Logik zu begründen ist jedoch unmöglich, wenn man nicht überirdische Weisheit besitzt. Welcher Sterbliche vermag schon das Dilemma zu lösen, das entsteht, wenn ich mich zwischen der Rettung eines heute an Amöbenruhr erkrankten Mädchens in Burkina Faso und der Vorsorge für einen in 100 Jahren von einem Wirbelsturm bedrohten Jungen auf den Philippinen entscheiden müsste? Der Mensch kann an solchen Gott-Spielen nur zugrunde gehen. Statt also unter Millionen von Optionen für die wohltätige Anlage einer großen Geldsumme die *optimale* herauszupicken – was die Gelehrten vermutlich so lange beschäftigen dürfte, bis sich die inspizierten Probleme auf zumeist unerfreuliche Weise von selbst erledigt haben –, könnte man schlicht und ergreifend *eine* drängende Aufgabe angehen. Und das ist zugleich die pragmatische Antwort auf Schellings Frage: Lasst uns *das* konkrete Problem der sich bedrohlich beschleunigenden Erderwärmung lösen – einfach weil es existiert, und nicht, weil es nachweislich »schlimmer« ist als alles, was sich ein mehr oder weniger gesundes Ökonomenhirn ausdenken könnte!

Dies ist übrigens auch die entscheidende Antwort auf den Klima-Klamauk von Bjørn Lomborg, der bei seinen »Kopenhagen-Konsens«-Veranstaltungen regelmäßig Wirtschaftswissenschaftler im Stile von Jurymitgliedern eines Schönheitswettbewerbs eine Rangliste der wichtigsten Menschheitsprobleme erstellen lässt. Dass bei einer solchen Veranstaltung die Rettung der Finanzindustrie weit vor der Bewahrung der Schöpfung rangiert, muss einen nicht verwundern.

Zurück zu Schelling: Abgesehen von der begründeten Vermutung, dass mir niemand jemals 100 Milliarden Dollar zur freien wohlfahrtsmäßigen Verfügung in die Hand drücken wird, hatte ich die oben skizzierten Antworten schon eine Weile mit mir herumgetragen. Aber seine Fragestellung war eine weitere Feuerprobe für meine Schlussfolgerungen aus dem Nachsinnen über die Klimarahmenkonvention und vornehmlich Artikel 2. Dabei war mir klar geworden: Finanzielle Erwägungen sollten weder die Hauptrolle spielen bei der Entscheidung, *dass* man das Klimaproblem ungeachtet aller anderen Übel der Welt lösen sollte, noch bei der Entscheidung, *wie* man damit zu verfahren habe. Die Frage dürfte gerade nicht lauten, wie viel verheerende Klimaschäden wir beim cleversten Einsatz zufällig vorgegebener Mittel verhindern *könnten*, sondern welche Folgen als nichtakzeptabel einzustufen wären und deshalb verhindert werden *müssten*! So wie man in einem Rechtsstaat nicht fragen darf, welche Verbrechen (Mord, Vergewaltigung, Körperverletzung, Raub usw.) man budgetverträglich ahnden sollte. Schwerstkriminalität muss verfolgt beziehungsweise verhindert werden, was immer das kostet. Und der Leitsatz der großartigen Verfassung der Bundesrepublik Deutschland, »Die Würde des Menschen ist unantastbar«, wurde gewiss nicht erst nach einer betriebswirtschaftlichen Prüfung niedergeschrieben.

Deshalb dachte ich an dem eingangs erwähnten Tag darüber nach, welche Klimaveränderungen möglicherweise noch verkraftbar wären und welche man dagegen unbedingt vermeiden sollte. Und wenn man ein schließlich »tolerierbares Fenster« im globalen Umweltraum gefunden hätte: welche möglichen sozioökonomischen Entwicklungen unseres Planeten nicht aus jenem Fenster herausführen würden. Das ist, als ob man beim Bogenschießen ein Zielareal vorschreibt und dann versucht auszurechnen, wie der zugehörige Raumwinkel-Abschussgeschwindigkeits-Bereich für den Schützen aussieht. Man argumentiert also vom Ende her, so etwas heißt in der Physik ein *Invers-Ansatz*. Und mein damaliger Leitgedanke hierfür war, dass die Erderwärmung die Anpassungsfähigkeit von Natur und Kultur nicht überfordern dürfe.

Wollte man diese Forderung im Detail umsetzen, also beispielsweise für jedes Feuchtgebiet und jedes Bergdorf auf dem Globus, müsste man alsbald die intellektuellen Waffen strecken. Es ging deshalb darum, Maßstäbe (»Metriken«) zu finden, die vereinfachen, ohne alle Unterschiede einzuebnen, und die eine planetarische Perspektive gestatten, ohne geographisch blind zu sein. Mein Wissen und meine Intuition einigten sich dann schnell darauf, dass diese Maßstäbe nur die *globale Temperaturanomalie* (Abweichung der mittleren Erdoberflächentemperatur vom vorindustriellen Niveau; Symbol: ΔT) und die *Änderungsrate dieser Größe* (Symbol: $\dot{T}$) sein konnten. Denn zahlreiche Studien belegen, dass die wichtigsten Klimafolgen (wie der Meeresspiegelanstieg) mit ΔT »skalieren« – soll heißen, sie lassen sich relativ einfach und zuverlässig als direkte Funktion der Temperaturanomalie berechnen. Andere Auswirkungen (wie die Zerrüttung von Ökosystemen oder Landwirtschaft) dürften dagegen primär von $\dot{T}$ abhängen, also dem durch die Erderwärmung erzeugten Deformationsdruck. In den Kapiteln 8, 18 und 19, die sich mit den schon zu beobachtenden und den noch zu erwartenden Klimafolgen auseinandersetzen, habe ich zahlreiche Hinweise auf die Bedeutung dieser Größen zusammengetragen.

Wenn wir die Belastung des komplexen Natur-Kultur-Systems durch den Klimawandel inspizieren, dann steht ΔT gewissermaßen für die eher starren Systemaspekte, $\dot{T}$ für die eher beweglichen. Man kann dies ganz gut versinnbildlichen durch die Probleme, die sich bei der Besteigung eines sehr hohen Berges (Kilimandscharo oder gar Mount Everest) ergeben. Aus schmerzhafter persönlicher Erfahrung kann ich bestätigen, dass es dabei sowohl auf den Höhenunterschied zum Heimatniveau (ΔH) als auch auf die Aufstiegsgeschwindigkeit ($\dot{H}$) ankommt. Dies hängt in erster Linie mit der Sauerstoffversorgung des Körpers (und vor allem des Gehirns) zusammen, welche sich sowohl aus der höhenabhängigen O_2-Konzentration in der Atemluft als auch aus der Aufnahmefähigkeit des Organismus (Zahl der roten Blutkörperchen etc.) ergibt. So kann man in große Höhen (6000–7000 Meter) emporklettern, wenn man dies nur hinreichend gemächlich tut, wohingegen schon die Besteigung des Matterhorns (4478 Meter) rasende Kopfschmerzen und Übelkeit verursacht, wenn dies zu schnell vonstattengeht. Sehr real ist jedenfalls das Gefühl der Seekrankheit, wenn man mit der Eisenbahn zwischen Lima und Huancayo unterwegs ist und dabei auf bis zu 4800 Meter hohen Pässen die südamerikanischen Anden überquert.

Es leuchtet somit ein, dass man große Höhenunterschiede, wenn überhaupt, möglichst behutsam bewältigen sollte, sodass der Körper sein Anpassungspotenzial ausschöpfen kann. Klar ist aber auch, dass irgendwo die Luft endgültig zu dünn wird (nämlich in der »Todeszone« jenseits von etwa 7000 Metern), um schwerste Gesundheitsschäden (zum Beispiel Gehirnödem) bis hin zum Exitus noch vermeiden zu können. Mit dem absoluten Höhenniveau reduziert sich nämlich auch die Akklimatisierungsfähigkeit, sodass selbst ein Aufstieg im Schneckentempo nicht mehr zum Ziel führt.

Die Analogie zum Klimawandel ist offensichtlich, obgleich die globale Oberflächentemperatur – anders als die lokale, das Sauerstoffangebot unmittelbar bestimmende Höhe H – weder direkt fühlbar, messbar oder wirksam wäre. Aber als hochgradig gemittelte Referenzgröße, die deshalb zuverlässig äußere Antriebe wie Treibhausgasemissionen widerspiegelt, reflektiert ΔT auch robust die systemischen Reaktionen von Natur und Zivilisation auf jene Antriebe. Die Temperatur ist nun einmal der wichtigste Umweltparameter, und es versteht sich, dass dieser Parameter dort gemessen wird, wo sich das relevante »Inventar« überwiegend befindet, nämlich an der Erdoberfläche. Ich wüsste beim besten Willen nicht, welche andere Referenzgröße es hinsichtlich Bedeutung, Einfachheit und Überprüfbarkeit mit der Anomalie ΔT (und seiner Änderungsgeschwindigkeit) aufnehmen könnte. Ganz gewiss nicht die im Artikel 2 bemühten Konzentrationsniveaus der Treibhausgase, welche – anders als die Sauerstoffkonzentrationen beim Bergsteigen – nur sehr mittelbar das tangieren, was es zu schützen gilt.

Aus solchen und ähnlichen Überlegungen entwickelte ich 1993 die Vorstellung vom »Toleranzfenster« (*Tolerable Window*) für den vom Menschen verursachten Exkurs des Klimasystems. Ich erinnere mich präzise daran, wie mein Mund trocken wurde, als ich die erste Zeichnung dazu aufs Papier kritzelte – in meiner Forscherlaufbahn fast immer ein Zeichen dafür, dass ich einer wichtigen Sache auf der Spur war (oder mir dies zumindest einbildete). Diese Zeichnung sah in etwa so aus, wie in Abbildung 60 wiedergegeben.

Damit hatte ich den ebenso tollkühnen wie unvermeidlichen Versuch unternommen, eine explizite, vernunftgeleitete Umgrenzung des akzeptierbaren Bewegungsraums der menschengemachten Erderwärmung zu skizzieren. Für die Form von *D* ließe sich eine Reihe von mehr oder weniger stichhaltigen Argumenten anführen, die aber keinesfalls eine zwingende wissenschaftliche Ableitung aus irgendwelchen Grundgesetzen (der Natur oder der Gesellschaft) begründen würden. Meine wichtigsten (damaligen) Überlegungen waren die folgenden: Der Blick zurück in die Klimageschichte der letzten Jahrhunderttausende zeigt, dass während der Evolution des modernen Menschen die globale Mitteltemperatur niemals höher gelegen hat als etwa 1,5 °C über dem Niveau zu Beginn der industriellen Revolution. Es wäre riskant, das Menschheitsprojekt jäh aus seinem natürlichen Entwicklungsraum herauszusteuern. Veranschlagt man nun noch eine gewisse Klimaelastizität unserer Zivilisation, so kann man diesen Raum noch um eine 0,5-Grad-Marge erweitern, was sich übrigens geringfügiger anhört, als es ist. 1,5 °C plus 0,5 °C ergibt: 2 °C. Temperaturen oberhalb dieser ökologischen »Leitplanke« dürften Welten repräsentieren, in denen sich unsere Spezies nicht mehr unbedingt heimisch fühlen würde.

Andererseits gewöhnt man sich an vieles, wenn man dafür ausreichend Zeit hat – über Zehntausende oder gar Millionen Jahre sind erstaunliche genetisch-evolutionäre Anpassungsleistungen möglich. Deshalb sollte die Rate der Erderwärmung berücksichtigt werden, vermutlich umso stärker, je weiter man sich schon aus dem Normaltemperaturbereich herausbewegt hat. Und die Grundeinschätzung der Umweltwissenschaften der 1990er-Jahre war, dass die Ökosysteme (auf den Kontinenten und in den Ozeanen) in Schwierigkeiten geraten dürften, wenn $\dot{T}$ über 0,1 °C pro Jahrzehnt läge. Auch hier wählte ich eine optimistischere Variante, indem ich annahm, dass auch die doppelte Änderungsrate von 0,2 °C/Dekade gerade noch verkraftbar wäre. Übrigens liegen die entsprechenden Schätzungen der einschlägigen Forschungsrichtungen (wie der Waldmodellierung) auch heute, also 20 Jahre später, immer noch in jenem Bereich.

Mit der Skizzierung des zulässigen Klimabewegungsraumes hat man unwiderruflich die Tür zu wissenschaftlichen und politischen Überlegungen von großer Tragweite aufgestoßen. Intuitiv war mir das klar, während ich noch die erste Zeichnung in der Form von Abbildung 60 fertigstellte. Der zugrunde liegende Denkansatz, der zwischenzeitlich unter dem modisch-englischen Titel *Tolerable Windows Approach* (TWA) firmierte, löste in der Tat Entwicklungen entlang zweier großer Linien aus, die sich später immer wieder kreuzten und verflochten.

Zunächst zur bemerkenswerten politischen Geschichte, die sich daraus entspann. Mit meinen Kollegen vom Wissenschaftlichen Beirat der Bundesregierung Globale Umweltveränderungen (WBGU), dem ich seit dem Gründungsjahr 1992 ohne Unterbrechung angehöre, hatten wir von Anfang an heiße Diskussionen über das Thema Erderwärmung. Nicht zuletzt, weil der WBGU-Vorsitz damals von einem klimawissenschaftlichen Schwergewicht von internationalem Renommee ausgeübt wurde, nämlich von Hartmut Graßl, Direktor am Max-Planck-Institut für Meteorologie in Hamburg. Graßl, längst ein enger Freund von mir, ist die alpenländische Antwort auf die britischen Exzentriker, wie man sie vornehmlich in Oxford oder Cambridge findet: von zarter Gestalt, tönender Stimme und zugleich mächtiger Gedankenkraft, heimatverbunden und weltläufig zugleich, wertkonservativ und fortschrittlich bis zur Radikalität, ein Mensch, der den Mund da und dort aufmacht, wo die anderen zu schweigen beginnen. Kurzum, eine Persönlichkeit.

Ich entsinne mich an ein Brainstorming-Treffen im Frühjahr 1994, wo ich einem kleinen Kreis von WBGU-Mitgliedern zum ersten Mal den »Fensteransatz« und die damit verbundene Rückwärtslogik beim Klimaschutz vorstellte. Wir fanden uns am Meteorologischen Institut der FU Berlin in Dahlem zusammen; Gastgeberin war Karin Labitzke, ebenfalls WBGU-Mitglied und ein ähnliches Unikum wie Hartmut Graßl. Beide erkannten sofort, welchen Stein mein Gedanken ins Rollen bringen könnte. Insbesondere war ihnen klar, dass die Ausweisung der Domäne D (siehe Abbildung 60) so etwas wie ein archimedisches Element für die Klimadebatte darstellen konnte. »Gebt mir einen festen Punkt außerhalb der Erde, und ich hebe den Planeten aus den Angeln!«, soll der legendäre griechische Gelehrte gesagt haben. Entsprechend konnte das skizzierte Toleranzfenster den festen Ausgangspunkt für eine explizite Bewältigung der Erderwärmungsproblematik darstellen, denn die politischen Anforderungen lassen sich mit der Setzung von D wissenschaftlich ableiten – und zwar sowohl in Bezug auf Vermeidungsmaßnahmen (»Mitigation«) als auch in Bezug auf Anpassungsstrategien (»Adaptation«)!

Ist nämlich der zulässige Temperaturraum einmal abgesteckt, dann sollte es möglich sein, eine inverse Fensterkette zu bestimmen: Welche Domäne von atmosphärischen Treibhausgaskonzentrationen ist mit D verträglich, welche Gesamtheit von Emissionsentwicklungen wäre deshalb erlaubt, und schließlich, in welchem Kostenraum würde man sich dann bewegen? Man beachte, dass damit die Umkehr der oben diskutierten Schelling-Frage vollzogen wird. Aber man kann sich von D aus auch in die kausale Vorwärtsrichtung bewegen: Welche konkreten regionalen Klimafolgen sind bei der getroffenen Einhegung der globalen Temperaturentwicklung zu erwarten, und welche Vorbeuge- und Reparaturmaßnahmen werden dann vermutlich anfallen? Insgesamt bedeutet dies, dass man endlich festen Boden unter die Füße bekommt, um eine integrierte Systemanalyse vorzunehmen, die diese Bezeichnung auch verdient.

Von der Arbeitsgruppe wurden diese Überlegungen in den ganzen WBGU hineingetragen und dort gemeinsam vertieft, insbesondere durch die kritische, aber konstruktive Mitwirkung der Ökonomen Paul Klemmer, Paul Velsinger und Horst Zimmermann an der Debatte. Letzterer übernahm ab Herbst 1994 den Vorsitz des Beirats von Hartmut Graßl, der als Direktor des Weltklimaforschungsprogramms (WCRP) nach Genf wechselte. Ich selbst rückte zum Stellvertretenden Vorsitzenden auf, was für einen 44-Jährigen eine beachtliche Herausforderung und Verantwortung darstellte. Zumal ein umweltpolitisches Großereignis anstand, bei dem Deutschland die ganze Welt zu Gast haben und eine blutjunge Ex-Physikerin namens Angela Merkel den Mittelpunkt bilden würde: Die 1. Vertragsstaatenkonferenz (COP 1) zur Klimarahmenkonvention, abgehalten vom 28. März bis 2. April 1995 in Berlin (siehe auch Kapitel 17). Allen WBGU-Mitgliedern war klar, dass nun die Stunde der Wahrheit geschlagen hatte und wir der Bundesregierung wissenschaftliche Orientierungshilfe für diesen ersten Klimagipfel der Weltgeschichte geben mussten. Deshalb waren die Monate vor der COP 1 von fieberhaften Diskussionen und hektischen Analysen geprägt.

Einigkeit bestand darin, dass mein Denkansatz in eine konkrete klimapolitische Stellungnahme umgemünzt werden sollte. Diese kam gerade noch rechtzeitig zustande und trug den umständlichen Titel »Szenario zur Ableitung globaler CO_2-Reduktionsziele und Umsetzungsstrategien« (WBGU, 1995). Die besondere Herausforderung bestand darin, tatsächlich »rückwärtszurechnen«, also explizite globale CO_2-Emissionspfade zu bestimmen, die einerseits das Klimasystem nicht aus dem Toleranzfenster D herauskatapultieren und andererseits die Umweltschutzkosten für die Weltwirtschaft möglichst gering hielten. Nach Graßls Weggang lag die Hauptlast dieser Aufgabe auf meinen Schultern. Zwei Szenen sind mir aus dieser hochintensiven Recherchezeit in besonderer Erinnerung geblieben:

In einem schäbigen Büro des supertristen Geomatikum-Hochhauses der Universität Hamburg hatte ich eine lange Unterredung mit Klaus Hasselmann (siehe auch Kapitel 6) und seinem damaligen Mitarbeiter Hans von Storch, die uns für die nötigen Rechnungen ein einfaches Modell zur

Verfügung stellten und das ganze Vorhaben großzügig mit ihrem Rat unterstützten. Mit Hasselmann bin ich heute befreundet; von Storch, der ein origineller Kopf ist, hat sich später leider darauf versteift, das PIK als nationales Zentrum des »Klimaalarmismus« auszumachen und entsprechend zu bekämpfen. Beide Kollegen waren damals jedenfalls eine große Hilfe bei der Erstellung des WBGU-Sondergutachtens für die COP 1. Einen noch stärkeren Eindruck in meinem Gedächtnis hat jedoch die letzte Nacht vor der Fertigstellung der Analyse hinterlassen, die ja noch dem gesamten WBGU zur Beschlussfassung (am 17. Februar 1995 in Dortmund) vorgelegt werden musste. Wie üblich war zuvor alles schiefgegangen, was schiefgehen konnte: Erkrankung von Mitarbeitern, Computer-Crash, irrige Annahmen, die erst in letzter Minute als solche entlarvt wurden usw. Zusammen mit einem halben Dutzend junger PIK-Wissenschaftler argumentierte, kalkulierte und programmierte ich bis ins Morgengrauen hinein. Plötzlich zeichnete sich die Lösung unserer Fragestellung ganz deutlich ab – selten war ich so erleichtert und zugleich geschafft.

Liest man das so entstandene Sondergutachten heute nochmals sorgfältig, dann springen eine Reihe von Unzulänglichkeiten, ja Naivitäten ins Auge. Schließlich handelt es sich um eine Wortmeldung aus der Kinderstube der wissenschaftlichen Klimaphilosophie. Gleichzeitig enthält die Stellungnahme viel Weitsichtiges, ja Unerhörtes – ich denke, dass dies auch der unabhängige Beobachter bestätigen kann. Tatsächlich findet sich hier sogar schon der Gedanke, dass die Gesamtsumme der zivilisatorischen CO_2-Emissionen nach 1995 auf eine recht überschaubare Tonnage begrenzt werden muss, wenn das Klimasystem nicht aus dem Ruder laufen soll. Diese Einsicht wird später unter dem Begriff »Kohlenstoffbudget« Karriere machen, wie ich weiter unten skizziere. Vor allem aber war nun eine neue Denkweise in die Debatte geworfen, welche sich am Wert und nicht am Preis orientierte. Sie unterstellte alles Klimaaktieren einer *Auffassung* davon, welche globale Umwelt es zu bewahren gelte. Immanuel Kant statt Adam Smith, könnte man sagen.

Natürlich warf dieser Invers-Ansatz auch interessante wissenschaftliche Fragen auf. Beispielsweise ist es mathematisch außerordentlich anspruchsvoll, den Korridor aller künftigen Emissionsverläufe explizit zu bestimmen, die mit dem Klimafenster D verträglich wären. Wie wir in meiner damit befassten Arbeitsgruppe am PIK später entdeckten, begibt man sich damit auf das noch weitgehend unerforschte Gebiet der sogenannten »Differentialinklusionen«, wo vor allem der Franzose Jean-Pierre Aubin wertvolle Pionierarbeit geleistet hat (Aubin und Cellina 1984). Zudem muss man fragen, nach welchen Kriterien das »optimale« Emissionsprofil aus der unendlichen Menge aller zulässigen auszuwählen sei. Schon damals war klar, dass die politikfähigen Profile möglichst glatt aussehen, also maximale Stetigkeit und Planungssicherheit garantieren müssten. Die intellektuelle Debatte zu diesem Forschungskomplex ist heute in keiner Weise abgeschlossen, aber es wurden inzwischen wichtige methodische Fortschritte gemacht. Eine Zwischenbilanz zieht ein Artikel von 1999, dessen Erstautor, mein früherer Mitarbeiter Gerhard Petschel-Held, vor wenigen Jahren viel zu jung verstorben ist (Petschel-Held u. a. 1999).

Doch während die rein wissenschaftlichen Überlegungen zum Toleranzfenster-Ansatz sich als einer von vielen Fäden im Forschungsgewebe zum Klimawandel entspannen, entfaltete die zugrunde liegende normative Philosophie eine große politische Kraft – von möglicherweise geschichtsbestimmender Tragweite. Auf der COP 1 in Berlin spielte das WBGU-Sondergutachten noch keine wesentliche Rolle, obgleich ich dort vielfach Gelegenheit hatte, für eine neue Denkweise beim Klimaschutz zu werben. Aber der Beirat stellte später im Jahr 1995 sein Hauptgutachten *Wege zur Lösung globaler Umweltprobleme* (WBGU, 1996) vor, welches ganz vom Gedanken einer sicheren Klimadomäne und der sie umschreibenden Leitplanken bestimmt war. Die aus diesem Anlass in Bonn stattfindende Bundespressekonferenz war zu meiner Überraschung vollgepackt mit Journalisten und schlug in den Medien hohe Wellen.

Was sich der Öffentlichkeit besonders einprägte, war der Versuch des WBGU, eine konkrete Ortsbestimmung im planetarischen Umweltraum vorzunehmen: Wie weit hat unsere Zivilisation das Klimapendel bereits aus seinem Gleichgewichtszustand herausgetrieben, und wie groß darf dieser Ausschlag noch werden, ohne dramatische Folgen in Gang zu setzen? Da sich die Erde damals bereits unter dem menschlichen Einfluss um knapp 0,7 °C erwärmt hatte, bedeutete die 2-Grad-Leitplanke, dass man noch etwa 1,3 °C »Spielraum« hatte, natürlich im Sinne von Umweltvorsorge und Risikomanagement. Mit letzteren Feinheiten wollten sich die Medien natürlich nicht abgeben, sodass die Pressekonferenz letztlich die dröhnende Schlagzeile »Noch 1,3 Grad bis zur Klimakatastrophe!« hervorbrachte. Das war zweifellos eine unzulässige Verkürzung meines ursprünglichen Denkansatzes, der natürlich unzähligen Fehlinterpretationen Tür und Tor öffnete. Doch zugleich erwies sich diese Zuspitzung auch als außerordentlich wirkmächtig.

Wobei kaum etwas schwieriger ist, als die Wege zu rekonstruieren, welche eine Idee bei ihrer Ausbreitung durch die Gesellschaft nimmt. Als ich beim ersten Treffen des WBGU mit Angela Merkel, der damaligen Umweltministerin, unseren Klimaschutzansatz erläuterte, kommentierte sie diesen gewohnt trocken: »Das mit dem Fenster finde ich ganz witzig.« Eine Bemerkung, die auf der Merkel'schen Anerkennungsskala ganz weit oben einzustufen ist. Niemand kann jedoch genau sagen, inwieweit dieser Gedankenaustausch schon damals Einfluss auf die umweltpolitischen Überlegungen der heutigen Bundeskanzlerin hatte. Zumal der WBGU diesen Ansatz in eine Debatte eingebracht hatte, in der damals schon viele Vorstellungen diskutiert wurden, geistesverwandte ebenso wie völlig konträre.

Einen wichtigen Einfluss auf die öffentliche Klimadebatte jener Jahre hatte zweifellos eine bestimmte Enquête-Kommission des Deutschen Bundestages. Sie wurde 1987 unter dem Arbeitstitel »Vorsorge zum Schutz der Erdatmosphäre« eingerichtet und bestand bis 1995 fort, wobei sich Zusammensetzung und Thematik im Laufe der Jahre veränderten. Insbesondere verlagerte sich der thematische Schwerpunkt nach und nach von der Ozon- zur Klimaproblematik hin.

Enquête-Kommissionen sind (leider) weitgehend unbekannte institutionelle Juwelen unserer parlamentarischen Demokratie: Es geht um die Untersuchung (daher das französischen Wort *Enquête*) von wichtigen Zukunftsfragen, die sich nicht im Rahmen von Parteiprogrammen abhandeln lassen. Zu diesem Zweck werden Ausschüsse gebildet, denen Abgeordnete aller Fraktionen sowie externe Sachverständige angehören. Die Kommission führt in der Regel auch öffentliche Anhörungen durch und fasst ihre Einsichten in Berichten zusammen, die dann vom Parlament diskutiert werden. Die »Klima-Enquête« brachte eine ganze Reihe von Dokumenten hervor, welche insbesondere einer Halbierung der globalen Treibhausgasemissionen bis Mitte des 21. Jahrhunderts das Wort redeten. Heute wissen wir allerdings, dass solche damals noch radikal erscheinenden Forderungen für die Beschränkung der Erderwärmung auf ein erträgliches Maß wohl kaum ausreichen dürften (siehe unten).

Die Klimadebatte in jenem kritischen Jahrzehnt, das grob durch die Konferenz von Villach (1985) – auf der die versammelten Klimaforscher erstmals an die Politik appellierten, etwas gegen die Treibhausgasemissionen zu tun – und die COP 1 von Berlin (1995) gerahmt wird, war natürlich keineswegs auf Deutschland beschränkt. Mit Sicherheit wurden zu verschiedenen Zeiten und an verschiedenen Orten Langfristziele ins Spiel gebracht, die sich an der Begrenzung der Erderwärmung auf X Grad Celsius (oder Fahrenheit) orientierten, wobei X zweifellos eine recht kleine Zahl sein musste. Wie etwa Carlo und Julia Jaeger in einem 2011 erschienenen Übersichtsartikel zur Genese der 2-Grad-Leitplanke vermerken, hat der oben schon erwähnte Ökonom William Nordhaus bereits in den

1970er-Jahren entsprechende Überlegungen angestellt (Jaeger und Jaeger 2010). Dabei argumentierte er zwar salopp, aber im Kern ähnlich wie der WBGU in seinem Sondergutachten von 1995: Man solle das Klimasystem nicht aus seinem natürlichen Schwankungsbereich heraustreiben, was bei einer menschengemachten Erhöhung der globalen Mitteltemperatur um 2 oder 3 °C wohl der Fall wäre.

Nordhaus ging übrigens damals davon aus, dass die Klimasensitivität – die langfristige Temperaturantwort der Erdoberfläche auf eine Verdoppelung der atmosphärischen CO_2-Konzentration auf etwa 550 ppmv (siehe Kapitel 16) – etwa 2 °C betragen würde, was heute als ziemlich optimistisch gelten kann. Und wie vermutlich etliche andere, die entsprechende Linien in Klimadiagramme eingezeichnet haben dürften, verfolgte er jene Überlegungen nicht weiter. Dagegen sprach sich ein wichtiger Report der sogenannten AGGG, einer wissenschaftlichen Expertengruppe auf dem Gebiet der Treibhausgasemissionen, 1990 explizit für die Beachtung der 2-Grad-Linie aus (Stockholm Environment Institute, 1990). Mit der Begründung, dass es sich dabei um eine »Obergrenze« im Temperaturraum handle, jenseits derer die Risiken schwerer Ökosystemschäden rapide anwüchsen.

Insofern tauchten sowohl die 2-Grad-Grenze als auch andere absolute Klimaziele beständig in der weltweiten Diskussion auf und wieder unter. Doch niemand außer dem WBGU verfolgte den Invers-Ansatz in aller Konsequenz und trug ihn direkt in die Politik hinein. Möglicherweise wird dies einmal als die größte und innovativste Leistung des Beirats angesehen werden. Viele Jahre lang wurde insbesondere ich persönlich als Urheber der Grundidee dafür jedoch heftig angegriffen – von Wirtschaftswissenschaftlern, denen eine gesellschaftlich zu vereinbarende Klima-Leitplanke nicht ins Kosten-Nutzen-Kalkül passte, von anderen Klimaforschern, die auf die (selbstverständliche) Tatsache hinwiesen, dass die 2-Grad-Linie nicht Umwelthimmel und Treibhaushölle scharf voneinander scheiden könne, und schließlich von vielen Medien, welche die Setzung einer Obergrenze unter den Generalverdacht der Ökoplanwirtschaft stellten (siehe zum Beispiel Evers u. a. 2010; Stampf und Traufetter 2010).

Davon habe ich mich jedoch nicht beirren lassen und bin heute mehr denn je von der Sinnhaftigkeit des Ansatzes überzeugt. Zumal die wissenschaftlichen Einsichten der letzten zwei Dekaden hierzu ganze Bände sprechen, wie in Kapitel 21 näher ausgeführt wird. Insofern bin ich auch ganz zufrieden damit, als »Vater des 2-Grad-Ziels« von den Klima-Abwieglern an den Pranger gestellt zu werden. Zu denen zweifellos der besagte Ökonom Richard Tol zählt, der in einem Artikel von 2007 die

2-Grad-Leitplanke scharf kritisiert, nicht zuletzt, weil sie »nur« vom WBGU in die politische Diskussion eingeführt worden sei (Tol 2007). Auf jüngere Attacken komme ich weiter unten zu sprechen.

Tols Einlassungen sind insofern nützlich, als sie den Weg der 2-Grad-Begrenzung durch die europäischen Institutionen nachzeichnen. Dabei ist der 27. Juni 1996 ein ganz entscheidendes Datum: Auf Initiative von Deutschland und einiger anderer Länder wurde damals vom Rat der EU-Mitgliedsstaaten (CEU) auf seiner 1939. Sitzung in Luxemburg festgestellt, dass »die globale Mitteltemperatur nicht um mehr als 2 °C über das vorindustrielle Niveau ansteigen sollte«. Das war wohlgemerkt nur die Ansicht einer kontinentalen Ländergruppe, aber diese Ansicht entwickelte ein zähes Eigenleben und stellte, auch aufgrund immer gewichtigerer Hinweise aus der Wissenschaft, schließlich eine zentrale Weiche für den globalen Klimaschutz.

Einer dieser Hinweise kam vom »Weltklimarat« IPCC, und wieder war ich selbst beteiligt. Am Dritten Sachstandsbericht, der im Jahr 2001 veröffentlicht wurde, hatte ich die Verantwortung für das wichtige Synthesekapitel des Reports der Arbeitsgruppe II, welche sich vor allem mit den Folgen der Erderwärmung auseinandersetzte. Ich teilte mir die Leitung mit dem Amerikaner Joel Smith und dem Bangladeschi Monirul Qader Mirza. Zusammen organisierten wir einen überaus anstrengenden Rechercheprozess, an dem sich knapp zwei Dutzend hochkarätige Wissenschaftler aus aller Welt beteiligten. Ich weiß noch, wie ratlos wir anfangs vor der völlig neuartigen Aufgabe standen, eine »Synthese« aller damals verfügbaren Forschungsergebnisse zu den potenziellen Auswirkungen der menschengemachten Erderwärmung zu erstellen. Damit konnte ja wohl nicht nur eine tabellarische Zusammenfassung gemeint sein – aber wie zum Teufel sollte man ein stimmiges Gesamtbild dieses babylonischen Getümmels zeichnen, das sich auch noch den relevanten Entscheidungsträgern vermitteln ließe?

Nach diversen Irrwegen kam es auf einer turbulenten Sitzung Anfang 2000 in Potsdam zum Durchbruch: Ich skizzierte an der Wandtafel mehrere Möglichkeiten der Zusammenschau. Eine davon war ein zweidimensionales Diagramm, welches die Gesamtheit der Klimafolgen in fünf Kategorien unterteilte und in jeder dieser Klassen die Temperaturwerte beziehungsweise -bereiche angab, wo etwas Bemerkenswertes »passierte«, also markante Effekte auftraten. Die Kategorien reichten von besonders kostbaren Ökosystemen (wie den tropischen Korallenriffen) bis zu großskaligen Umbrüchen in der Betriebsweise des Klimasystems (wie dem Kollaps des Grönland-Eisschilds). Diese Darstellungsweise fand schließ-

Abbildung 51: Luftbild des FACE-Areals im »Harshaw Experimental Forest« im US-Bundesstaat Wisconsin (vgl. S. 406).

Abbildung 52: Die nahezu fertiggestellte *Biosphere-2*-Anlage (vgl. S. 409).

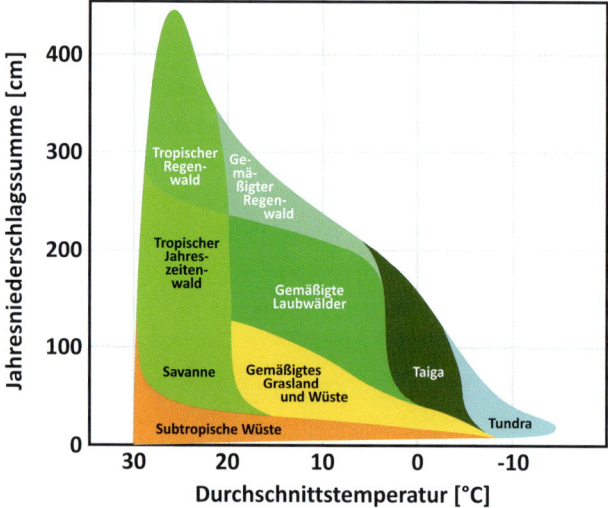

Abbildung 53: Verortung der wichtigsten Biome im vereinfachten Klimaraum, der von Durchschnittstemperatur und
-niederschlag aufgespannt wird (vgl. S. 411).

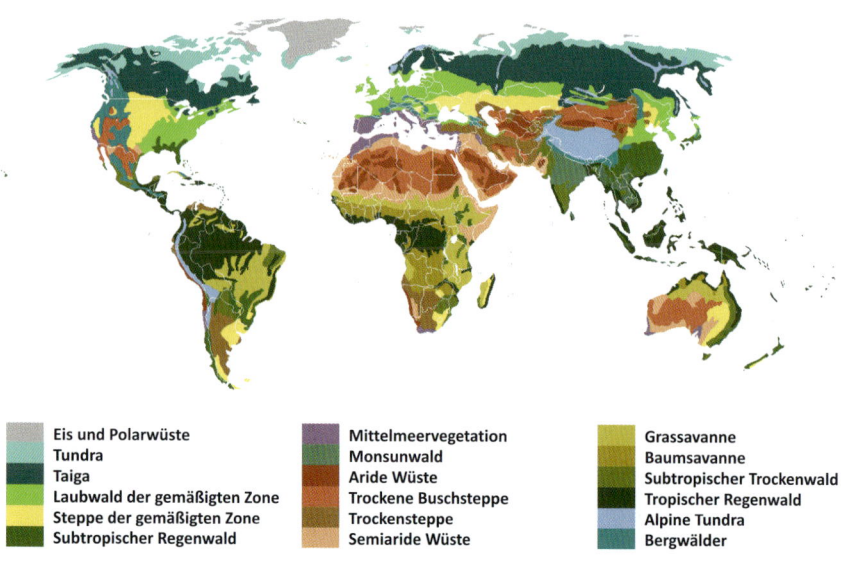

Eis und Polarwüste	Mittelmeervegetation	Grassavanne
Tundra	Monsunwald	Baumsavanne
Taiga	Aride Wüste	Subtropischer Trockenwald
Laubwald der gemäßigten Zone	Trockene Buschsteppe	Tropischer Regenwald
Steppe der gemäßigten Zone	Trockensteppe	Alpine Tundra
Subtropischer Regenwald	Semiaride Wüste	Bergwälder

Abbildung 54: Die lebendige Textur unserer Welt, zusammengesetzt aus 18 Biomen. Man beachte, dass hier nur die Kontinente berücksichtigt sind, die man daher auch nach »Süßwasser-
Biomen« aufschlüsseln könnte. Neuerdings werden auch entsprechende Klassifikationsschemata
für die Meereslebenswelt (»Marine Biome«) diskutiert, etwa im Rahmen des »Global 200«-Ansat-
zes (Olson und Dinerstein 1998). Vgl. S. 412.

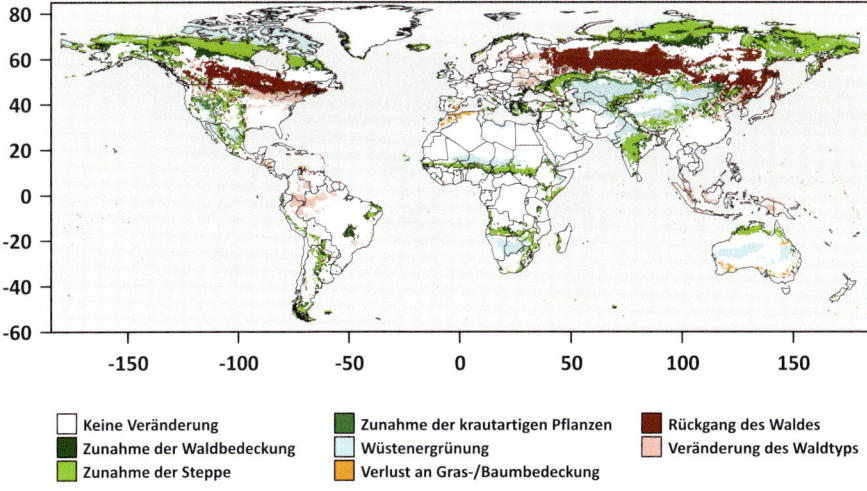

□ Keine Veränderung	■ Zunahme der krautartigen Pflanzen	■ Rückgang des Waldes
■ Zunahme der Waldbedeckung	■ Wüstenergrünung	■ Veränderung des Waldtyps
■ Zunahme der Steppe	■ Verlust an Gras-/Baumbedeckung	

Abbildung 55: Durchgreifende Veränderungen im globalen Vegetationsmuster infolge einer Erderwärmung um 5 °C bis zum Ende des 21. Jahrhunderts. Die verschiedenen Farben markieren Wandel (z. B. Verlust von Grasbedeckung) und Geburt (z. B. Ergrünung der Wüste) in der Biosphäre. Die Projektion der Vegetationsverschiebungen basiert auf Simulationen des Biosphärenmodells LPJ, das mit dem Klimamodell UKMO-HadGEM1 angetrieben wurde (vgl. S. 416).

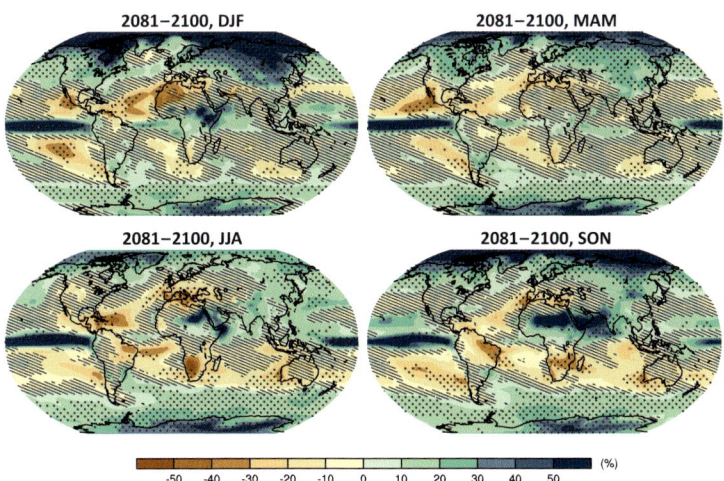

Abbildung 56: Multimodell-Projektionen für die relative Veränderung des weltweiten saisonalen Niederschlags im RCP-8.5-Szenario in der Periode 2081–2100 mit der Durchschnittsmenge im Kontrollzeitraum 1986–2005 (DJF: Winter; MAM: Frühling; JJA: Sommer; SON: Herbst). Die Zahlen der Farbskala drücken Prozente aus. Die schwarzen Punkte markieren Regionen, in denen mindestens 90 % der verwendeten Klimasystemmodelle hinsichtlich des Vorzeichens der Veränderung (Zunahme bzw. Abnahme) übereinstimmen und in denen die mittlere Veränderung größer als 2 Standardabweichungen der internen Variabilität ist. Die Schraffierung kennzeichnet Regionen, in denen die mittlere Veränderung unter 1 Standardabweichung der internen Variabilität liegt (vgl. S. 423).

RCP8.5

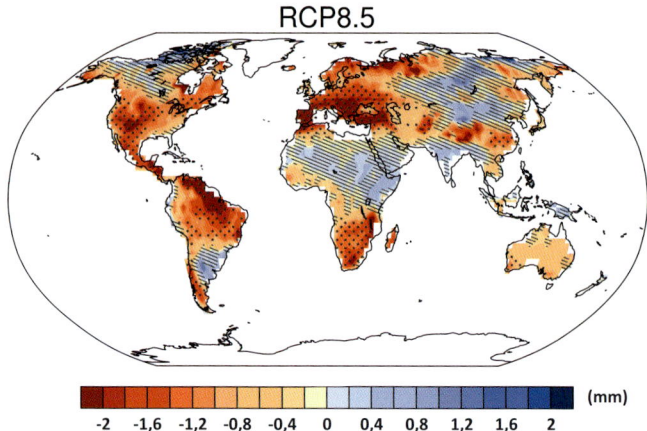

Abbildung 57: Multimodell-Projektionen für die jährliche Veränderung der weltweiten Bodenfeuchte im RCP-8.5-Szenario (siehe Kapitel 16) im Zeitraum 2081–2100 (im Vergleich zur Referenzperiode 1986 bis 2005). Dargestellt ist die Änderung der Wassersäule in den obersten 10 cm Boden (in mm). Die Systematik der Darstellung entspricht der in Abbildung 56 (vgl. S. 424).

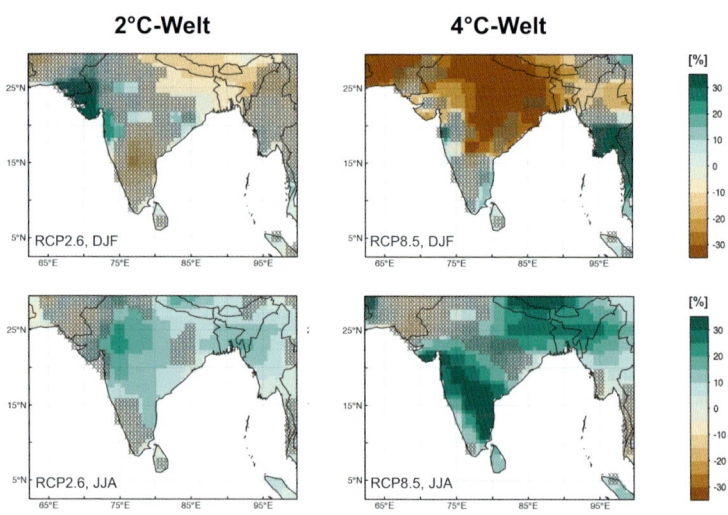

Abbildung 58: Prozentuale Veränderung der Niederschlagsmittelwerte im indischen Großraum 1951–1980 und 2071–2100 als Ergebnis von Multimodell-Rechnungen für eine 2-Grad-Erderwärmung (linke Seite) bzw. eine 4-Grad-Erderwärmung (rechte Seite) bis Ende dieses Jahrhunderts. Die Farbkodierung erfasst Abnahmen von über 30 % (dunkelbraun) bis hin zu Zunahmen von über 30 % (dunkelblau). In den schraffierten Zonen gibt es keine klare Modellübereinstimmung hinsichtlich der Richtung der Änderung (also mehr oder weniger Niederschlag). In der oberen Spalte sind die Resultate für den eher trockenen Winter dargestellt, in der unteren die für den eher nassen Sommer (vgl. S. 437).

lich allgemeine Zustimmung, doch es blieb das Problem, der Vielfalt und Unsicherheit der Informationsmenge graphisch Rechnung zu tragen. Wenige Tage nach der Sitzung hatte jedoch mein niederländischer Freund Rik Leemans dazu eine geniale Idee: Man könne doch die qualitative Zunahme der Klimarisiken mit steigender Globaltemperatur durch Farben charakterisieren, welche von Weiß nach Dunkelrot changierten. Und so gebar eine deutsch-niederländische Koproduktion das sogenannte Ampel-Diagramm der Klimafolgen (siehe Abbildung 61). Im englischsprachigen Raum wurde die Graphik später als *Burning Embers Diagram* bekannt, wobei der prominente Klimaforscher Steve Schneider wohl verantwortlich für die eigenartige Wortschöpfung war (siehe hierzu auch Mastrandrea und Schneider 2004).

Dies war nur ein kleiner Schritt auf dem Weg zur wissenschaftlichen Charakterisierung dessen, was man unter »gefährlichem Klimawandel« verstehen könnte. Aber es war ein gewaltiger Schritt für den IPCC, der stets peinlichst darauf bedacht ist, keine »Wertaussagen« zu machen. Entsprechend wurde das Ampel-Diagramm auch eher verschämt unter dem Titel »Gründe zur Besorgnis« im Dritten Sachstandsbericht präsentiert. Aber dennoch hatte der Weltklimarat damit seinen Rubikon überschritten, denn bei aller Vagheit konnte man von der Graphik ablesen, dass man jenseits der 2-Grad-Linie einigen Ärger bekommen würde, insbesondere was die Gefährdung wichtiger Ökosystemleistungen für die Menschheit anginge. Dies ging selbstverständlich den Lobbyisten der fossilen Geschäfte schon viel zu weit, sodass dem IPCC vorgehalten wurde, sich unlegitimiert in den politischen Betrieb einzumischen. Worauf zahlreiche meiner Kollegen wiederum Angst vor der eigenen Courage bekamen. Im Nachhinein betrachtet ein recht peinlicher Vorgang, aber Forscher sind nun mal in aller Regel eine Fehlbesetzung für die Heldenrolle.

Dies wurde im 2007 veröffentlichten Vierten Sachstandsbericht überdeutlich, wo das Ampel-Diagramm auf spektakuläre Weise *abwesend* war. Und dies trotz der Tatsache, dass eine Gruppe von Wissenschaftlern – der ich aus Zeitmangel diesmal nicht angehörte – eine sorgfältige Aktualisierung der Graphik ausgearbeitet und in den Text des entsprechenden Kapitels des Reports integriert hatte. Einige Forscher hatten natürlich von Anfang an Probleme mit diesem wichtigen Befund, weil sie das Ganze als »zu subjektiv« empfanden. Diese Kollegen wollten sich damals wie heute um die Aussage herummogeln, wie ein »gefährlicher Klimawandel« aussehen könnte. Was einigermaßen idiotisch ist, weil sich durchaus *objektiv* einschätzen lässt, welche Klimafolgen die Gesellschaften in aller Welt *subjektiv* als bedrohlich einstufen würden (etwa schwere Störungen der Monsundynamik in Indien oder Westafrika). Insofern kam es diesen Wissenschaftlern gelegen, dass eine Reihe von politischen Akteuren bei den finalen Textverhandlungen in den entsprechenden IPCC-Plenen des Jahres 2007 das Diagramm liquidierte – wohl wissend, welche starke Botschaft von ihm ausgehen würde. Die einschlägigen Vorgänge sind gut dokumentiert (siehe etwa Revkin 2009). Sie decken insbesondere einen fundamentalen Konstruktionsfehler des Weltklimarats schonungslos auf: dass nämlich Regierungen die Forscher bei den entscheidenden Dokumenten zensieren können. Konkret widersetzten sich schlussendlich die politischen Schwergewichte USA, Russland, China und Saudi-Arabien erfolgreich der Aufnahme des Ampel-Diagramms in den Vierten Sachstandsbericht. Irgendwie schmeichelhaft, dass meine kleine Idee solche Supermächte auf den Plan gerufen hat, aber dennoch beschämend für den ganzen IPCC-Prozess.

Tröstlich ist jedoch, dass der wissenschaftliche Diskurs außerhalb dieser Zweckehe mit den Regierungsinstanzen durchaus funktioniert, ganz wie die freie Liebe. Meine Mitstreiter beim Dritten Sachstandsbericht beschlossen nämlich, mit Unterstützung weiterer Forscher das aktualisierte Ampel-Diagramm nebst ausführlichen Erläuterungen auf eigene Faust 2009 in einer renommierten Zeitschrift zu veröffentlichen (Smith u.a. 2009). Dieser Vorgang schlug einige Wellen und warf ein schlechtes Licht auf den Weltklimarat. Zu dessen Ehrenrettung muss man jedoch ergänzen, dass im neuesten IPCC-Report von 2014 die bewusste Graphik wieder triumphal auftaucht (siehe Abbildung 61) und eine der zentralen Botschaften der Klimaforschung bestätigt: Eine Erderwärmung um 3, 4 oder mehr Grad Celsius würde die Menschheit tief in ein schlecht kartiertes Hochrisikogebiet hineinführen, vergleichbar mit einem aufgelassenen Truppenübungsplatz mit chaotisch verstreuter Munition. Bemerkenswert ist, dass die Gefahrenabschätzung im Vergleich zu 2001 und 2004 noch drastischer ausfällt – die Rottöne im Bilde kriechen nach unten, also zu tieferen Temperaturen, und werden allgemein intensiver.

Wie man in Abbildung 61 gut erkennen kann, stellt die (hier von mir eingezeichnete) 2-Grad-Linie so etwas wie eine obere Brandmauer dar. Das heißt, schon bei einer geringeren Erderwärmung sind gravierende Risiken, insbesondere für bestimmte Arten und Ökosysteme, in Kauf zu nehmen. Allerdings lauern die großen systemischen Gefahren (wie etwa der Kollaps des Golfstromsystems) nach wie vor überwiegend jenseits dieser Leitplanke (siehe Kapitel 21). Die IPCC-Graphik macht zugleich deutlich, dass nur bei vereinten Anstrengungen aller Klimaschutzkräfte die Erderwärmung dauerhaft unter 2 Grad gehalten werden kann; darauf komme ich gleich noch zurück. Bei genauer Betrachtung dieses Bildes wird wohl klar, welche Sprengkraft es in sich trägt – weil es die ganze Geschichte des anthropogenen Klimawandels extrem verdichtet erzählt und zugleich die absolute Dringlichkeit des Gegensteuerns klarmacht. Kein Wunder, dass die »dunklen Mächte« eine solche Darstellung nicht ans Licht der Öffentlichkeit lassen wollten ...

Bezeichnenderweise war gerade in den Jahren der Kontroverse um das Ampel-Diagramm die politische Diskussion über eine langfristige Begrenzung der Erderwärmung wieder in Gang gekommen. Auf Anregung der britischen Regierung unter der Führung des klimabewegten Premierministers Tony Blair fand im westenglischen Exeter vom 1. bis 3. Februar 2005 eine große internationale Konferenz mit dem Titel »Avoiding Dangerous Climate Change« (deutsch: »Gefährlichen Klimawandel vermeiden«) statt (siehe auch Kapitel 17). Treibende Kraft der Veranstaltung war der unermüdliche David Warrilow, der als hoher Beamter der Umweltbürokratie die Haltung Großbritanniens zur Klimafrage über Jahrzehnte geprägt hat. Ich selbst war damals als Forschungsdirektor des Tyndall Centre Mitglied des Organisationskomitees und später auch Leitautor des Konferenzberichts (Schellnhuber 2006). Über 400 Teilnehmer aus Wissenschaft, Politik, Wirtschaft und Zivilgesellschaft erörterten in Exeter Sinn, Zweck und Machbarkeit von klar formulierten Klimazielen, und es war schon eindrucksvoll zu erleben, wie die 2-Grad-Linie die Diskussionen wie eine unsichtbare Hand organisierte.

Den politischen Wiederaufstieg dieser Leitidee illustrierte ebenfalls die Bekräftigung der 2-Grad-Marke durch den Europäischen Rat im Dezember 2004. Und am 22. November 2005 wurde die frühere Umweltministerin Angela Merkel zur deutschen Bundeskanzlerin gewählt. Damit stand nicht nur erstmals eine Frau an der Spitze unseres Landes, sondern auch jemand mit genügend naturwissenschaftlichem Hintergrundwissen, um die Größe der Klimabedrohung zu erfassen. Im Jahr darauf wurde ich persönlicher Klimaberater der Kanzlerin, und so schloss sich auch dieser Kreis, der 1995 seinen Anfang genommen hatte. Denn der Physikerin Merkel war klar, dass ein komplexes System auf höchst unangenehme Weise reagieren kann, wenn einer seiner Leitparameter signifikant von außen verändert wird. Und für die irdische Lebenswelt ist nun einmal die globale Mitteltemperatur eine dieser essenziellen Größen.

Entsprechend hatte ich freie Hand, im Rahmen meiner offiziösen Tätigkeit als Klimachefberater der Bundesregierung die Bedeutung der 2-Grad-Obergrenze zu unterstreichen. Nicht zuletzt in den Vorbereitungsgesprächen mit den Delegationen derjenigen Staaten, die im Juni 2007 am historischen G8-Gipfel in Heiligendamm teilnahmen. Das waren auf Anregung der Kanzlerin nicht nur die regulären Mitgliedsländer USA, Kanada, Japan, Russland, Großbritannien, Frankreich, Italien und der Gastgeber Deutschland, sondern auch China, Indien, Brasilien, Mexiko und Südafrika. Denn für das zentrale Thema des Treffens an der Ostseeküste, also den Klimaschutz, waren die fünf großen Schwellenländer von allergrößter Bedeutung. Ich entsinne mich unter anderem eines wissenschaftlichen Vortrags zur Einordnung der 2-Grad-Leitplanke, den ich kurz vor Heiligendamm für die Umweltberater der eingeladenen Regierungen im Kanzleramt hielt. Dort machte ich klar, dass die Grenzsetzung letztlich als politischer Kompromiss zwischen Wünschbarkeit und Machbarkeit aufgefasst werden müsste. Der damals für Klimafragen zuständige indische Spitzenbeamte konnte meinen Ausführungen allerdings rein gar nichts abgewinnen. Unter anderem wandte er ein, dass die Archäologie belege, dass sich die Bergdörfer seines Landes im Laufe der Geschichte um Hunderte von Metern auf und ab bewegt hätten. Insofern wäre ein projizierter Meeresspiegelanstieg um 100 oder 200 Zentimeter ja wohl nicht der Rede wert. Das war zweifellos das, was man ein schlagendes Argument nennt.

Nach Heiligendamm, worüber so manches zu erzählen wäre, kam noch im selben Jahr die COP 13 in Bali, welche wiederum einen ehrgeizigen »Fahrplan« nach Kopenhagen erstellte, wo bei der COP 15 der ganz große Durchbruch bei der Rettung des Weltklimas erzielt werden sollte. Über beide Ereignisse habe ich berichtet (siehe Kapitel 5 und 7), aber der Bezug zum 2-Grad-Limit verdient hier eine besondere Erläuterung. Bis zum Bali-Gipfel hatten bereits über 100 Nationen diese Marke als Orientierungsgröße für ihre klimapolitischen Bemühungen adoptiert – eine erstaunlich kräftige Unterströmung, die sich vermutlich auch damit erklären lässt, dass es in der ganzen Debattenlandschaft nichts anderes Konkretes gab, an dem man sich hätte festhalten können. Jeder, der im öffentlichen Raum eine explizite Zahl ins Spiel bringt, läuft nämlich Gefahr, dafür umgehend und von allen Seiten niedergebrüllt zu werden. Die Marke 2 war jedoch auf irgendeine Weise in die Welt gekommen, und es schien nicht weiter schädlich, sich auf sie zu beziehen. Doch wer bei der Klimaproblematik A sagt, den nötigt die Physik, sich auch zum B zu bekennen.

Dieses B heißt »Budget«. 2009, also im Jahr vor dem ominösen Weltklimagipfel in Kopenhagen, erschienen nämlich eine Reihe von wissenschaftlichen Studien, die eine verblüffend einfache Beziehung zwischen menschengemachter Erderwärmung und den ursächlichen Treibhausgasemissionen aufzeigten. Dieser Zusammenhang ist unter Fachleuten unter dem sperrigen Kürzel TCRE (*Transient Climate Response to Cumulative Emissions*, deutsch etwa: »Vorläufige Klimareaktion auf summarische Emissionen«) bekannt, aber der damit umschriebene Sachverhalt lässt sich klar umreißen: Wenn Σ E die weltweit über einen bestimmten Zeitraum (sagen wir, zwischen 2020 und 2050) insgesamt in die Erdatmosphäre eingebrachten Treibhausgasmengen symbolisiert und ΔT die am Ende dieses Zeitraums resultierende Erhöhung der globalen Mitteltemperatur, dann gilt in sehr guter Näherung

$$\Delta T = k \cdot \Sigma\, E$$

(Gleichung 10),

wobei k eine durch sorgfältige Simulationsrechnungen bestimmte Konstante ist. Das heißt, die Erderwärmung ist weitgehend *proportional* zum kumulierten Treibhausgasausstoß und hängt im Wesentlichen auch *nur* von dieser aggregierten Größe ab! Diese in der simplen Gleichung 10 ausgedrückte Einsicht stellt eine sensationelle Reduktion des komplexen Klimageschehens dar und macht dadurch die Zukunftsverantwortung zu einer einfachen Überlegung, die jedermann nachvollziehen kann: Wenn unsere Zivilisation die 2-Grad-Brandmauer gegen das Klimachaos (ΔT = 2) überhaupt ernst nehmen will, dann muss sie mit einem entsprechend begrenzten Kohlenstoffbudget (Σ E = Z) auskommen, das man auch als den Kredit ansehen könnte, den wir noch bei der Natur haben.

Wie groß ist nun dieser Kredit Z? Die besten verfügbaren Klimasystemmodelle liefern da voneinander leicht abweichende Resultate, aber alle bestätigen den quasilinearen Zusammenhang von Gleichung 10. Berücksichtigt man auf dieser Basis die verbleibenden wissenschaftlichen Unsicherheiten (etwa bezüglich der Rolle der Wolken bei der Strahlungsbilanz) und macht vernünftige Annahmen über die Wahrscheinlichkeit, mit der man die Erderwärmung angemessen begrenzen will (mindestens 50 Prozent, besser aber 80 Prozent), dann ergibt sich Z zu 500 bis 1000 Milliarden Tonnen, im Sinne der CO_2-Äquivalenz. Die weltweiten Treibhausgasemissionen *pro Jahr* liegen derzeit bei etwa 35 Milliarden Tonnen. Somit ist das Emissionsbudget der Menschheit (zumeist Kohlenstoffbudget genannt) in spätestens 30 Jahren aufgezehrt – wenn der Ausstoß an CO_2 und seinen klimawirksamen Verwandten nicht schon bald drastisch sinkt.

Heißt unterm Strich: Möglichst bis Mitte dieses Jahrhunderts muss

Schluss sein mit der fossilen Betriebsweise der Weltwirtschaft! Dies ist eine Rechnung, die wirklich jedermann verstehen kann – Politiker, Unternehmer, Bürger und schwäbische Hausfrauen. Fast möchte man meinen, dass sich die Natur hier einen besonderen Scherz erlaubt, so übersichtlich ist die Zeche, die uns präsentiert wird.

Hinter der einfachen Schlussrechnung verbergen sich selbstverständlich komplizierte Prozesse und Kalkulationen. Auch hier führt die wissenschaftliche Spur zurück nach Potsdam: Die eigentliche Pionierrolle bei der Begründung der Quasi-Proportionalität von Emissionssumme und Temperaturanstieg dürfte meine ehemalige Doktorandin Kirsten Zickfeld gespielt haben. Am PIK arbeiteten wir zunächst gemeinsam an Untersuchungen zur Stabilität des indischen Sommermonsuns, die Zickfeld im Jahr 2003 in einer glänzenden Dissertation zusammenfasste. Anschließend ging sie zwecks beruflicher Weiterentwicklung nach Victoria, dem idyllischen Universitätsstädtchen am südlichen Ende von Vancouver Island in der kanadischen Provinz British Columbia, wo sie direkten Zugang zu einem besonders leicht handhabaren Klimasystemmodell (genannt UVicESCM) hatte. Inzwischen ist sie Professorin an der Simon Fraser University in Burnaby bei Vancouver (BC). Zickfeld fiel bei ihren unzähligen Modellrechnungen mit dem UVicESCM schon sehr bald auf, dass die Erderwärmung, störrisch wie ein Maulesel, praktisch nur auf die Gesamtdosis der verabreichten Treibhausgase reagierte, und zwar unabhängig davon, wie diese Dosis zugeführt wird.

Die Gründe dafür sind, wie bereits gesagt, subtil und auch noch nicht völlig aufgedeckt. Zweifellos ist das Zusammenspiel von atmosphärisch-ozeanischer Klimadynamik und globalem Kohlenstoffkreislauf entscheidend, also die Wechselwirkung zwischen physikalischen und biogeochemischen Vorgängen. Grob verhält es sich so, dass *einerseits* die Strahlungswirkung zusätzlicher CO_2-Mengen in der Atmosphäre tendenziell abnimmt, *andererseits* aber auch die CO_2-Aufnahmekapazität von Ozeanen und Kontinenten. Diese großen Trends halten sich in etwa die Waage, um eine quasilineare Antwort des Erdsystems auf die zivilisatorische Injektionsdosis hervorzubringen. Aber hierzu ist das letzte wissenschaftliche Wort beileibe noch nicht gesprochen, denn man muss vor allem die Flüsse von Kohlenstoff und Wärme zu Wasser und zu Land noch wesentlich besser verstehen. Einen guten Überblick über die aktuellen Fortschritte und Hindernisse in der einschlägigen Forschung gibt ein Artikel, den Pierre Friedlingstein zusammen mit einer Reihe von Fachleuten aus den unterschiedlichsten Disziplinen kürzlich verfasst hat (Friedlingstein u.a. 2014).

Die Wege des Herrn sind bekanntlich unerforschlich, und noch merkwürdiger sind die Pfade, die eine wissenschaftliche Erkenntnis bis zur Publikation in einer angesehenen Fachzeitschrift nebst der damit verbundenen öffentlichen Wahrnehmung einschlägt. Die entsprechende Studie, die Kirsten Zickfeld als Leitautorin beim Flaggschiffjournal der US-Nationalakademie der Wissenschaften (*Proceedings of the National Academy of Sciences,* PNAS) im Juni 2008 einreichte, erschien erst im Herbst 2009 (Zickfeld u. a. 2009). In der Zwischenzeit hatte jedoch schon der globale Marktführer auf dem Gebiet der Forschungsliteratur, das Magazin *Nature*, das Budgetkalkül als Titelgeschichte seiner Ausgabe vom 30. April 2009 groß herausgebracht. Grundlage dafür war die Parallelveröffentlichung von zwei Einreichungen, die vor allem im Zusammenspiel zwischen Wissenschaftlern aus Potsdam und Oxford entstanden waren (Meinshausen u. a. 2009; Allen u. a. 2009). Auf dem Cover der Zeitschrift prangte die Karikatur eines Kohlenstoffgewichts von 1 Billion Tonnen (englisch: 1 Trillion Tons), das sich auf die Erde hinuntersenkt und die Menschheit zu zerquetschen droht. Gemäß der veröffentlichen Studien ist es nämlich sehr wahrscheinlich, dass die 2-Grad-Leitplanke durchbrochen wird, wenn der kumulative Ausstoß an Kohlenstoff aus vorwiegend fossilen Quellen seit der industriellen Revolution etwa 1000 Milliarden Tonnen erreicht – über die Hälfte davon sind bis heute schon freigesetzt worden. Aber Vorsicht: 1 Tonne C entspricht 3,67 Tonnen CO_2 (wie man über die Atomgewichte leicht ausrechnen kann). Dass manche Wissenschaftler ihre Angaben in Kohlenstoff und andere in Kohlendioxid machen, ist eine permanente Quelle der Verwirrung. Deshalb hier meine Kurzzusammenfassung für Klimadebatten von der Kneipe bis zum Kanzleramt: Werden die künftigen CO_2-Emissionen auf circa 750 Milliarden Tonnen begrenzt, dann kann die 2-Grad-Linie vermutlich gehalten werden; beim Ausstoß der doppelten Menge an CO_2 wird diese Brandmauer wohl niedergerissen. Genaueres kann die Wissenschaft gegenwärtig nicht sagen, aber das ist schon eine extrem bedeutsame Wegweisung. Die *Nature*-Schlagzeilen vom 30. April 2009 hatten tatsächlich schlagende Wirkung in der weltweiten Klimadebatte. Dadurch wurde auch einem anderen meiner PIK-Mitarbeiter, der als Leitautor eines der nämlichen Artikel fungierte, große Aufmerksamkeit zuteil: Malte Meinshausen. Er ist ein noch junger, hochbegabter und hochengagierter Klimaforscher, der inzwischen als Professor an der australischen University of Melbourne für Furore sorgt. Das Oxford-Team wurde hingegen von Myles Allen geleitet, der im besten britischen Sinne Scharfsinnigkeit und Nonkonformismus in sich vereinigt. Beide, Meinshausen und Allen, verdienen die Anerkennung, die ihnen inzwischen durch die Fachkollegen zuteil wird; dennoch ist es schade, dass die Leistungen von Kirsten Zickfeld bisher nicht in ähnlicher Weise gewürdigt werden.

Zumal das Konzept des Kohlenstoffbudgets noch 2009 eine bemerkenswerte Karriere machte und insbesondere zu einem zentralen Gegenstand des Fünften Sachstandsbericht des IPCC wurde (IPCC, 2013). Damit ist der Ansatz endgültig wissenschaftlich geadelt und wird nun zweifellos in zahlreichen Studien weiter untersucht werden. Aber der Forschungsaspekt ist hier nur die vergleichsweise unbedeutende Seite der Medaille.

Schon Ende 2007, als ich in informellen Gesprächen von den Kollegen über einschlägige Analysen unterrichtet wurde, war mir klar, dass die Quasi-Proportionalität von Erderwärmung und Emissionssumme von größter politischer Tragweite ist. Ich wiederhole: Wer 2 °C sagt, muss sich auch zur Obergrenze von circa 750 Milliarden Tonnen CO_2 bekennen! Und dafür sorgen, dass die Menschheit diesen Kohlenstoffkredit tatsächlich nicht überzieht. Deshalb braucht es einen *Kassensturz*, der offenbart, wie viel Emissionsspielräume wer wann auf der Welt noch besitzt. Diese Überlegungen trug ich wieder in den WBGU hinein, der sich vor der vermeintlich entscheidenden COP 15 im Dezember 2009 unbedingt mit einem Sondergutachten zur Klimafrage zu Wort melden musste. Alle Beiratsmitglieder waren sich damals einig, dass sich die Problemlage aufgrund der unbeirrt steigenden Treibhausgasemissionen dramatisch zugespitzt hatte und dass der WBGU der Bundesregierung nur etwas auf den Weg nach Kopenhagen mitgeben konnte, das dieser Dramatik angemessen war. Nach heißen, kontroversen Diskussionen kamen wir endlich zu dem Schluss, dass die Lösung nur in der politischen Operationalisierung des Budgetansatzes liegen konnte. Das hört sich recht geschwollen an, bedeutet aber nicht mehr und nicht weniger, als dass die bewussten 750 Milliarden Tonnen CO_2 wie ein Kuchen aufgeschnitten und nach einem elementar fairen Schlüssel auf die Nationen der Erde verteilt werden müssten.

Das scheint plausibel zu sein, aber wenn man die entsprechenden Kalkulationen vornimmt, bekommt man schnell die volle Härte der *physikalischen* Gesetze zu spüren. Ich entsinne mich gut daran, wie das Blut aus den Beiratsgesichtern wich, als die konkreten Zahlen auf den Tisch kamen. Dabei ist alles ganz einfach: Das bestimmende Gerechtigkeitsprinzip kann meines Erachtens nur der *Gleichheitsgrundsatz* sein, sprich: Jeder Mensch auf Erden hat den gleichen Anspruch auf die Nutzung der Atmosphäre, nicht zuletzt im Sinne eines Deponieraums. Entsprechend ist das globale Gemeinschaftsgut von 750 Milliarden Tonnen CO_2 der Weltbevölkerung in egalitärem Stil zuzuteilen, was grob ein Pro-Kopf-Budget von 100 Tonnen ergibt. Was wiederum im Durchschnitt des Zeitraums von 2010 bis 2050 auf magere 2,5 Tonnen CO_2 pro Kopf und Jahr hinausläuft!

Zum Vergleich sei daran erinnert, dass der reale Wert 2013 für Katar gut 40 Tonnen betrug, für die USA 16,5 und für Deutschland immer noch 9,4. Nach dem aus WBGU-Sicht fairen Schlüssel würden sich die Emissionskontingente der einzelnen Nationen für die Zukunft direkt aus der Multiplikation des Pro-Kopf-Anspruchs mit der Bevölkerungszahl ergeben, sodass etwa Indien vom gesamten Emissionsbudget weit über 100 Milliarden Tonnen nutzen könnte. Natürlich lässt sich dieses Kalkül beliebig komplizieren, beispielsweise indem man die demographische Entwicklung im 21. Jahrhundert zu antizipieren versucht und das Stichjahr für die Zuteilung gemäß Populationsgröße nach mehr oder weniger sinnvollen Kriterien auswählt. Und vor allem kann man die sogenannte »historische Kohlenstoffschuld« der Industrieländer berücksichtigen, also Staaten wie Großbritannien oder Polen die in der Vergangenheit verursachten Treibhausgasemissionen aus fossilen Quellen ankreiden. Womit der künftige Deponieraum für diese Länder aufs Lächerliche zusammenschrumpft und die Politikfähigkeit des ganzen Ansatzes zerstört ist – ganz abgesehen von der Tatsache, dass die industriellen Revolutionäre Nordwestenglands im ausgehenden 18. Jahrhundert noch nichts von der Strahlungswirkung des CO_2 wissen konnten (siehe Kapitel 12).

All diese Überlegungen wurden selbstverständlich heiß vom WBGU diskutiert, als er in der ersten Hälfte des Jahres 2009 sein Klima-Sondergutachten für Kopenhagen erarbeitete. Dies sollte ja keinesfalls eine wissenschaftliche verbrämte Argumentationshilfe für die reichen Nationen bereitstellen, sondern ganz bewusst eine globale Perspektive anbieten. Nach reiflicher, ja qualvoller Abwägung aller Aspekte kamen wir zu dem Schluss, ein Szenario mit dem Titel »Zukunftsverantwortung« zu favorisieren (WBGU, 2009). Dieses Szenario findet meines Erachtens die richtige Balance zwischen Realismus und Ethik. Es sieht die nahezu vollständige Dekarbonisierung der Weltwirtschaft bis zur Mitte des 21. Jahrhunderts vor und empfiehlt die Aufteilung des verbleibenden CO_2-Budgets unter den Ländern der Erde nach dem strikten Gleichheitsprinzip, wobei die jeweilige Bevölkerungszahl im Jahr 2010 zum Maßstab genommen wird. Es ist klar, dass dann das allergrößte Kuchenstück nach Asien wandern muss, aber durch das fixe Stichjahr würde ein weiterer Populationszuwachs nicht durch zusätzliche Emissionskontingente »honoriert«. Dieses Szenario vereinfacht also grob und ist gerade deshalb überaus vernünftig. Entscheidend ist jedoch, dass es den klimadiplomatischen Nebel, der sich inzwischen zu einer für Normalbürger undurchdringlichen Wand verdichtet hat, rabiat vertreibt und die nackte Klimawahrheit offenlegt.

Alles, wirklich alles, lässt sich an den »nationalen Emissionsprofilen« $E_L(t)$ ablesen, die das Szenario »Zukunftsverantwortung« mit unbarmherziger Logik hervorbringt. Das Symbol bezeichnet ganz einfach den Treibhausgasausstoß des Landes L als Funktion der Zeit t, wobei die Periode 2010 bis 2050 betrachtet wird. In Abbildung 62 sind die entsprechenden Kurven für ausgewählte Staaten dargestellt, allerdings ist dort die besonders aussagekräftige Entwicklung der *Pro-Kopf-Emissionen* für die einzelnen Nationen wiedergegeben. Diese müssten ja vernünftigerweise (im Durchschnitt der vier Dekaden) bis 2050 weltweit bei wenigen Tonnen CO_2-Äquivalent liegen. Mathematisch schlägt sich dies in der Forderung nieder, dass die Fläche unter den verschiedenen Länderkurven jeweils gleich sein muss! Die Kenner der Differentialrechnung wissen natürlich, dass hier das Integral im Spiel ist, welches die Treibhausgasbeiträge über die Zeit aufaddiert.

Was man nun in Abbildung 62 erkennen kann, ist einigermaßen schockierend: Länder wie die USA müssten im Rahmen dieser völlig nüchtern abgeleiteten Szenarios ihre Emissionen in allerkürzester Frist auf praktisch null fahren, aber auch auf umweltbewusste Nationen wie Deutschland kämen atemberaubende Herausforderungen zu. Das große China, das sich bei internationalen Verhandlungen immer noch gern und überaus zweckdienlich als »Entwicklungsland« einstufen lässt, ist inzwischen weit über sein »gerechtes« Pro-Kopf-Kontingent hinausgeschossen, ganz so wie andere Schwellenländer. Nur der erwachende Gigant Indien hat im Rahmen des Budgetansatzes noch einigermaßen Emissionsspielraum – ebenso wie natürlich die vielen bitterarmen Staaten, die sich vor allem auf dem afrikanischen Kontinent befinden.

Als solche Zahlen und Zeichnungen nach und nach auf den Tisch des WBGU-Hauses kamen, wurde uns flau in der Magengrube: Was würde die deutsche Bundesregierung, was würden die Regierungen der Industrienationen, was würden schließlich die Länder des »globalen Südens« zu unserer klimawissenschaftlichen Analyse und unserer klimapolitischen Vision sagen? Selbst die ganz Mutigen unter meinen Beiratskollegen fragten sich: Soll man diese unbequeme Wahrheiten nicht lieber unter jenem Teppich belassen, wohin sie jahrelang beflissen von einer weit gespannten Koalition gekehrt wurden, welche von der Fossil-Lobby bis zu bestimmten Umweltorganisationen reichte? Ich war jedoch der Auffassung, dass es die ureigenste Aufgabe des WBGU sei, den Finger in die offenen Wunden des gesellschaftlichen Diskurses zu legen. Und diese besondere Wunde klaffte und blutete wie keine andere zuvor. Am Ende der Debatte wurde der Budgetansatz jedoch einstimmig verabschiedet – alle Beiratsmitglieder wählten damit den Weg des größtmöglichen Widerstandes, was ihnen aus meiner bescheidenen Sicht zur uneingeschränkten Ehre gereicht!

Denn das schließlich veröffentlichte Gutachten *Kassensturz für den Weltklimavertrag – Der Budgetansatz* (WBGU, 2009) war für viele Akteure im nationalen und internationalen Klimaspiel eine Zumutung, und entsprechend massiv fielen die Reaktionen aus. Begeistert war immerhin der damalige indische Umweltminister Jairam Ramesh, ein hochgebildeter Mann von brillantem Verstand, der das WBGU-Gutachten als Meilenstein auf dem Weg zu einem globalen Abkommen ansah und deshalb enthusiastisch für die Verbreitung des Dokuments sorgte. Leider wurde er von seiner eigenen Regierung umgehend als »zu kooperativ« in Bezug auf die westlichen Industriestaaten empfunden und deshalb bald danach auf einen ungefährlicheren Ministerposten entsorgt. Mit seiner (ausgesprochen spröden) Nachfolgerin, die schleunigst zur Maximalforderung der Einbeziehung aller historischen Emissionen in die Budgetrechnung zurückkehrte, hatte ich dann 2011 bei der COP 17 im südafrikanischen Durban eine spektakuläre öffentliche Auseinandersetzung.

Den deutschen Klimadiplomaten selbst war der WBGU-Ansatz eher peinlich, da er auch unser Land gehörig in die Reduktionspflicht nehmen würde. Entsprechend beeilte man sich, auf dem multilateralen Parkett klarzustellen, dass dies *nicht* die offizielle Regierungshaltung sei. Interessanterweise konnte sich jedoch ausgerechnet die Bundeskanzlerin mit der Philosophie des Gutachtens anfreunden, auch wenn sie diese vorsichtshalber als »Vision« bezeichnete. In den USA und ähnlich gesinnten Ländern wurde der WBGU-Bericht schließlich entweder kraftvoll ignoriert oder hinsichtlich seiner gesellschaftszersetzenden Wirkung gleich hinter dem *Kommunistischen Manifest* von 1848 eingestuft.

Dann kam der Dezember 2009 mit dem Fastzusammenbruch des Multilateralismus, also der weltweiten Zusammenarbeit der souveränen Nationalstaaten, in Kopenhagen. Natürlich hatte ich wie viele andere darauf gehofft, dass nun die Weichen für ein globales Klimaabkommen gestellt werden würden. Allerdings war ich nicht so naiv anzunehmen, dass der Budgetansatz dort schon als Maß aller Dinge Anerkennung finden würde. Die COP 15 wurde dann bekanntlich zum Triumph der Klimaschutzverweigerer, die jede Form konkreter Emissionsminderungspflichten unterliefen. Kopenhagen lieferte nichts, mit einer denkwürdigen Ausnahme: der 2-Grad-Leitplanke! Zwar nur im Sinne eines »Gentlemen's Agreement«

unter den Regierungschefs von USA, China, Indien, Brasilien und Südafrika, und vermutlich auch nur, weil diese physikalische Größe den Herren als beliebig fern jeglicher praktischen Politik erschien. Aber, wie oben
erläutert, aus A folgt B, das heißt aus der Zwei-Grad-Begrenzung das end-
liche Treibhausgasbudget, und aus B folgt C, nämlich die Notwendigkeit,
den allergrößten Teil der nachgewiesenen Vorkommen an fossilen Brennstoffen im Boden zu belassen (siehe Kapitel 28 sowie zum Beispiel Jakob
und Hilaire 2015; McGlade und Ekins 2015). Die 2 °C könnten damit
wirklich und wahrhaftig zum archimedischen Punkt avancieren, an dem
alle Hebel zur Stabilisierung des Weltklimas ansetzen.

Zumal diese Grenzlinie 2010 bei der COP 16 im mexikanischen Cancún sogar als offizielle Orientierungsmarke für den gemeinsamen Klimaschutz durch alle UNFCCC-Mitgliedstaaten bestätigt wurde. Diese unerwartete Wiederauferstehung der Umweltdiplomatie nach dem schweren
Niederschlag von Kopenhagen war nicht zuletzt der damaligen COP-Prä-
sidentin Patricia Espinosa zu verdanken, der es mit Verstand, Herz und
Charme gelang, den Geist der multilateralen Zukunftsverantwortung wie-
derzubeleben. Espinosa ist derzeit mexikanische Botschafterin in Deutschland. Und wir treffen uns gelegentlich in Berlin oder Potsdam. Aber ganz
erklären kann auch sie das »Wunder von Cancún« nicht.

Während ich diese Zeilen niederschreibe, laufen die Vorbereitungen für
die COP 21 in Paris auf Hochtouren. Möglicherweise wird dort im Dezember 2015 die 2-Grad-Leitplanke in den Rang einer völkerrechtlichen
Vereinbarung erhoben. Was eine Nichtbeachtung durch nationale Politiker zwar keineswegs ausschließt, aber dies doch zu einer unangenehmen
Angelegenheit macht und internationale Reputationsverluste nach sich
ziehen dürfte. So weit wollen es all diejenigen, denen der ganze Klimaschutz aus den unterschiedlichsten Gründen ein Dorn im Auge ist, natürlich nicht kommen lassen. Dementsprechend werden nun ein paar bedenkenswerte, vor allem jedoch viele blödsinnige Argumente gegen die
Brandmauer zur Eindämmung der Erderwärmung in die Debatte geworfen. Dass dadurch die Besitzstände mächtiger Industrien verteidigt werden sollen, leuchtet noch einigermaßen ein, auch wenn man sich von den
Wirtschaftskapitänen etwas mehr Weitblick – zum Wohle der Allgemein-
heit, aber auch ihrer eigenen Unternehmen – wünschen würde.

Weniger Verständnis habe ich dafür, dass auch etliche gut vernetzte Intellektuelle sich an der Treibjagd auf die 2-Grad-Grenze beteiligen, wobei
Geltungssucht und Besserwisserei zu den stärksten Motiven zählen dürften. Besonders aggressive, aber zugleich konfuse Attacken auf die Klima-
Leitplanke wurden kürzlich im Magazin *Nature* geritten (Geden 2015;

Victor 2014), das offenbar immer weniger zwischen Wissenschaftsdebatte und Revierkampf unterscheiden kann. Das große Wort führen in diesem Zusammenhang vor allem Politologen, die genau zu wissen glauben, wie Klimaverhandlungen funktionieren. Dies weiß ich jedoch persönlich, mit Verlaub gesagt, mindestens ebenso gut – nicht weil ich das entsprechende Fach studiert hätte, sondern weil ich seit vielen Jahren schon im Maschinenraum der Klimapolitik tätig bin und ihn von innen her verstehen konnte. Dort gibt es keine schmutzigen Geheimnisse oder magischen Tricks, sondern wie überall gewöhnliche Menschen mit gewöhnlichen Interessen, die sich allerdings einer ungewöhnlichen Herausforderung gegenübersehen.

Die Kritik am 2-Grad-Limit besteht im Wesentlichen aus zwei Vorwürfen, die in immer neuen Varianten formuliert werden: Erstens sei die Zielsetzung unrealistisch und zweitens ohnehin falsch gewählt. Versuchen wir zunächst die letztere Behauptung zu entkräften, weil ansonsten die andere gegenstandslos wird. Mein Einspruch ist höchst einfach, aber faktisch unabweisbar: Niemand hat bisher ein eindeutig besseres Klimaziel, das sowohl der Komplexität als auch der Dringlichkeit der Problematik Rechnung trägt, formuliert. Seltsame und ehrenwerte Vorschläge sind in den letzten 20 Jahren aufgetaucht, aber keiner davon wird der Physik und der Politik gleichermaßen gerecht, so wie es die 2-Grad-Leitplanke tut. Selbstverständlich kann man heftig darüber streiten, ob die Verteidigungslinie gegen den Klimawandel noch etwas weiter vorgeschoben (1,5 °C?) oder etwas weiter zurückgenommen (2,5 °C?) werden sollte. Aber viel wichtiger als die exakte Position einer Brandmauer ist *ihre schiere Existenz*. Und natürlich die Fähigkeit, den Flammen zu widerstehen.

Damit sind wir beim anderen Haupteinwand gegen die 2-Grad-Leitplanke. Nämlich bei der pauschalen Behauptung, dass sich die gedachte Verteidigungslinie keinesfalls in die notwendigen konkreten Maßnahmen umsetzen ließe, welche den Klimawandel vor dem roten Bereich zum Stoppen brächten. Es genügt, immer wieder darauf hinzuweisen, dass der Fünfte Sachstandsbericht des IPCC diesem schrägen Stück politökonomischer Folklore kürzlich den Garaus gemacht hat (IPCC, 2014b). Robustes Resultat: Aus physikalischer, technischer und ökonomischer Sicht ist es durchaus noch möglich, die Erderwärmung unter 2 Grad zu halten. Und wir wissen, dass gerade der Weltklimarat nicht zu optimistischen Höhenflügen neigt.

Die entscheidende Frage ist, wie schon mehrfach betont, ob auch *der politische Wille* quer über den Planeten organisiert werden kann, den Klimawandel entsprechend zu begrenzen. Niemand, auch kein Politikwissenschaftler, kann darauf eine gut begründete Antwort geben. Denn wir bewegen uns hier auf dem Gebiet der sozialen Psychologie, welche viel komplizierter ist als die Dynamik von Elementarteilchen. Wer hätte schon vorhersagen können, wann und vor allem wie die Berliner Mauer überwunden würde? Ähnlich wie die Börsenanalysten können die Gesellschaftsforscher jedoch das Schwarmverhalten *beeinflussen* und so gelegentlich mit selbsterfüllenden Prophezeiungen »erfolgreich« sein. Indem man den relevanten Entscheidungsträgern und der Öffentlichkeit hartnäckig einredet, dass wir alle miteinander längst dazu verdammt sind, bei 4 oder 6 oder 8 Grad über dem vorindustriellen Niveau für unsere zivilisatorischen Sünden zu schmoren.

Darüber freuen sich insbesondere die »Diktatoren des Jetzt« (siehe Kapitel 24), weil dann nichts geschieht, was sie von ihren einträglichen Geschäften abhalten würde. Aber was ist das für ein schäbiger Prognoseerfolg für solche »Experten«, die mit ihrem mutwilligen Defätismus den Fortbestand unserer Kultur aufs Spiel setzen? Da halte ich es doch lieber mit Nelson Mandela, der darauf hinwies, dass »jede Aufgabe so lange unlösbar erscheint, bis sie bewältigt ist«. In schärfster Zuspitzung bedeutet dies: Die 2-Grad-Begrenzung des Klimawandels ist wichtig, weil es sie gibt, und sie ist möglich, weil man an sie glaubt. Denken Sie bitte darüber nach …

Wie bedeutsam die Leitplanke als Schutzmaßnahme gegen die »größten anzunehmenden Unfälle« im planetarischen Betrieb tatsächlich ist, hat die Forschung zu den sogenannten Kippelementen im Erdsystem in den letzten zehn Jahren im Übrigen eindrucksvoll aufgezeigt. Dieser faszinierenden Thematik widme ich mich im folgenden Kapitel.

21. Kippelemente im Erdgetriebe

Wir rekapitulieren: Das Wichtigste an einer Verteidigungslinie ist ihre schiere Existenz. Dennoch kommt es auch darauf an, *wo* diese Linie gezogen wird. Und wann immer eine *Systemsicht* möglich ist, liefert diese die stärksten Hinweise für die Positionierung.

Vor über 20 Jahren, als ich meine ersten Vorstellungen zur 2-Grad-Leitplanke entwickelte, war jedoch ein ganzheitliches Verständnis der planetarischen Maschinerie nur ansatzweise möglich. Was kaum erstaunt, denn das »System Erde« steht dem menschlichen Körper in Sachen Komplexität nicht nach: Beide Wesenheiten beziehen ihre Identität und Stabilität aus einem exquisit komponierten Zusammenspiel von mehr oder weniger verwickelten Prozessen. Der geniale Komponist in beiden Fällen: *die Zeit*, welche es sich leisten kann, jeden erdenklichen Irrweg zu gehen und auch wieder zu verlassen.

Lässt man heute den Blick durchs Erdgetriebe wandern, dann wird rasch und erschreckend klar, was mit dem schwammigen Begriff »gefährlicher Klimawandel« gemeint sein sollte. Nicht zufällig bietet sich ein simpler, aber außerordentlich erhellender Vergleich mit dem menschlichen Körper an. Dieser hält ja mittels raffinierter Verteilungs- und Ausgleichsprozesse (vom Schwitzen bis zum Schlottern) im gesunden Organismus die Betriebstemperatur bemerkenswert konstant auf einem individuellen Niveau, das zwischen 36,5 und 37 °C liegt. 2 Grad mehr bedeuten Fieber, 4 bis 5 Grad mehr den Tod!

Die Mitteltemperatur der Erdoberfläche (um die 15 °C im Holozän) ist ebenfalls das Resultat komplizierter Vorgänge, zu denen insbesondere die Wärmeabstrahlung ins Weltall zählt. Von Jahr zu Jahr schwankt diese Temperatur im störungsfreien Betrieb unseres Planeten meist nur um *Hundertstel* eines Grads. Erhöht man um 2 Grad, wird das System tiefgreifend verändert, legt man gar 4 bis 5 Grad drauf, kann man mit dem Exitus der alten Um-Welt rechnen. Doch wie vollzieht sich dieser Systemsturz? Beim menschlichen Körper ist der Hitzetod das Schlussereignis einer Serie von Zusammenbrüchen, bei denen wichtige Organe versagen. Sind erst Herz oder Hirn betroffen, gibt es keine Rettung mehr, aber auch Nierenkollaps, Lungenversagen oder schwere Kreislaufstörungen können zum baldigen Tod führen.

Diese Analogie eröffnet uns eine neue Perspektive auf die Auswirkungen der menschengemachten Erderwärmung auf das planetarische System: Der Untergang der Holozän-Natur infolge einer drastischen globalen Temperaturerhöhung dürfte sich keinesfalls graduell vollziehen, sondern als Folge von Untersystem-Zusammenbrüchen. Gewissermaßen als Episodenfilm, wo nach und nach wesentliche *Organe der Erde* versagen. Akzeptiert man diese Sicht der Dinge, dann stellen sich zwei entscheidende Fragen: Um welche Organe handelt es sich, und wann verändern sie ihre Betriebsweise? Beide Fragen werden im Folgenden beantwortet. Dazu benötigen wir den Begriff *Kippelemente*. Und dieser Begriff ist wiederum aus einer Skizze entstanden, die ich vor über 15 Jahren auf ein Blatt Papier kritzelte. Inzwischen hat diese eine elegante Form angenommen, welche in Abbildung 63 wiedergegeben ist.

Besagter Entwurf entstand im Vorfeld einer Vorlesung (*Linacre Lecture*), die ich 2001 an der Universität Oxford hielt. Mein Beitrag zum allgemeinen Thema »Managing the Earth« (Briden und Downing 2002) sollte insbesondere auf die möglichen Großunfälle im System Erde zielen, die der Klimawandel herbeiführen könnte. Eine Problematik, mit der ich mich damals schon einige Zeit beschäftigte. Die Vorlesung selbst war Teil einer inzwischen renommierten Vortragsreihe, benannt nach dem veranstaltenden Linacre College. Und die Umstände meines Besuches dieses kleinen Teils des großen Oxford-Gefüges verdienen eine eigene Anekdote.

Der damalige Herrscher (*Principal*) über das College war der angesehene Historiker Paul Slack, der zeitweise auch für die erlesenen Bibliotheksschätze der ganzen Universität verantwortlich war, aus denen die unvergleichliche Bodleian Library nochmals herausragt. Ihre Ursprünge reichen bis mindestens ins 15. Jahrhundert zurück. Mit ebendiesem Jahrhundert machte ich 2001 ungewollt, aber höchst intensive Bekanntschaft. Denn als College-Vorsteher residierte Professor Slack mit seiner Familie in einem altehrwürdigen Haus, das kurz nach 1400 erbaut worden war. Und alle Linacre-Referenten wurden in diesem spätgotischen Gebäude beherbergt. Ich war mit einem mittelschweren Hexenschuss angereist, der mich zwar plagte, aber nicht in der geistigen Konzentration behinderte. Also hielt ich meine Vorlesung vor vielleicht 200 höchst interessierten Zuhörern, von denen sich viele an der anschließenden Diskussion beteiligten.

Zusammen mit Paul Slack und seiner Frau verließ ich dann den Hörsaal, um im trauten Heim der beiden Quartier zu nehmen. Mein Zimmer im oberen Stockwerk war von einer Schlichtheit, die selbst Spartaner schockiert hätte, aber der Rest des Abends wurde im üppig möblierten Wohnzimmer vor einem mächtigen, glutheißen Kamin verbracht. Umso kälter erschien mir der Schlafraum, in den ich mich nach wunderbaren Gesprächen mit den Slacks gegen Mitternacht zurückzog. Doch die wahre Mutprobe stand mir noch bevor, denn auf die frostige Nacht folgte – die eiskalte Dusche. Am nackten Leibe zitternd kauerte ich in einer Zinkwanne, um von den zwei (!) dünnen und windschiefen Wasserstrahlen aus dem ansonsten restlos verkalkten Duschkopf getroffen zu werden. Zweifellos handelte es sich um die Originalbrause von Heinrich VIII., die man aus Ehrfurcht vor dem Monarchen seit Jahrhunderten nicht mehr gewartet hatte. Als ich später am Bahnhof aus dem Taxi stieg, blockierten plötzlich sämtliche Rückenmuskeln: schwerer Hexenschuss!

Dieses Erlebnis allein hätte mir die Linacre Lecture von 2001 unvergesslich gemacht, aber da war ja noch etwas anderes. Nämlich die Uraufführung einer Art Weltkarte, die längst Kultcharakter besitzt (Kemp 2005). Schon früh wurde mir bei der Beschäftigung mit den Klimafolgen klar, dass die menschengemachte Erderwärmung – trotz ihrer scheinbaren Allmählichkeit – eine große Domino-Dynamik auf Erden auslösen kann. Welche eben die für die globale Umwelt so bedeutsamen Kippelemente nach und nach in einen anderen Zustand zwingt – auf abrupte oder auch kriechende, zumeist jedoch unumkehrbare Weise. Ich begann also eine Liste solcher möglicher »Megaunfälle« im planetarischen Betrieb aufzustellen. Dabei war mir mein früherer Mitarbeiter Hermann Held behilflich, der ein brillantes Systemverständnis besitzt. Wir schrieben gemeinsam den längeren Aufsatz, der die Hauptaussagen meiner Linacre-Vorlesung festhielt und in einen allgemeinen Forschungsrahmen einbettete (Schellnhuber und Held 2002).

In diesem Beitrag ist dann auch die »Urform« der Kippelemente-Weltkarte (Abbildung 63) abgedruckt, wobei damals noch von *switch and choke points* die Rede war. Gemeint ist damit aber stets das Gleiche, nämlich die Identifizierung derjenigen Stellen im Erdsystem, wo unter dem Einfluss menschlicher Störungen die Dinge völlig aus dem Ruder laufen könnten. Wie es dann zur Kipp-Begrifflichkeit kam, erzähle ich weiter unten.

Inzwischen gibt es verschiedene Definitionen für die Kippelemente im Klimasystem beziehungsweise in der globalen Umwelt. Die prägnanteste davon findet sich in einem Artikel von 2008, den ich zusammen mit meinem englischen Kollegen und Freund Tim Lenton für die amerikanische National Academy of Sciences verfasst habe (Lenton u. a. 2008). Dieser Aufsatz war übrigens zugleich mein »Einführungsbeitrag« für jene berühmte Gelehrtengesellschaft, die von Präsident Abraham Lincoln mitten im amerikanischen Sezessionskrieg gegründet wurde. Die Feinheiten der mathematischen Definition von Kippvorgängen sollen hier keine Rolle spielen, wichtig ist jedoch, Folgendes herauszustreichen:

Fast immer ist Schwellenverhalten in Bezug auf das Hintergrundklima im Spiel – nahe dem Schwellenwert kann eine kleine weitere Störung das betreffende System in einen qualitativ anderen Zustand versetzen. Dies kann sogar eine gewisse Unumkehrbarkeit einschließen, die das System in dem neuen Zustand hält, auch wenn das Hintergrundklima wieder in seinen ursprünglichen Zustand zurückkehrt. Das Tempo der qualitativen Veränderung in Bezug auf das der Ursache dürfte sehr unterschiedlich sein – bei einigen der Kippelemente im Klimasystem können wir diese Veränderungen jedoch wohl noch in diesem Jahrhundert beobachten.

So wie die Gefahr eines Herzinfarktes bei jahrelanger falscher Ernährung steigt, erhöht sich auch die Wahrscheinlichkeit für das Kippen einzelner Komponenten des Erdsystems mit der globalen Erwärmung. Diese Prozesse genau vorherzusagen ist schwierig und mit zahlreichen Unsicherheiten verbunden. Doch das ist alles andere als tröstlich, denn die fraglichen Unfälle können sich zwar später als vermutet ereignen, aber auch sehr viel *früher*. Niemand kann mit absoluter Sicherheit sagen, dass Zigarettenkonsum oder fleisch-, chips- und limonadenlastige Ernährung bei einem bestimmten Individuum auf jeden Fall zu Lungenkrebs oder Schlaganfall führen werden. Aber dennoch wäre jedes Ignorieren der Risikofaktoren unverantwortlich.

In der folgenden Beschreibung der einzelnen Kippelemente – sortiert nach den Kategorien *Strömungswelt*, *Eiswelt* und *Lebenswelt* – und der neuesten Erkenntnisse zu ihrer künftigen Entwicklung zeigt sich auch, wie sehr diese »Organe der Erde« miteinander verflochten sind. Ob und wie die verschiedenen Elemente wechselwirken, ist aber bislang noch weitgehend unklar. Kaskaden des »Umkippens«, die sich gleich den Folgen eines fatalen Herzinfarktes für den menschlichen Körper durch die unterschiedlichsten Komponenten des Klimasystems und über den ganzen Erdball ziehen, sind allerdings durchaus vorstellbar.

Elemente der Strömungswelt

Atlantische Thermohaline Zirkulation

Unsere Meere sind nicht einfach riesige Tümpel, die zwischen den Kontinenten umherschwappen: Vielmehr umspannen großskalige Ozeanbewegungen den gesamten Erdball. Sie werden neben Wind und Gezeiten (infolge der Mondanziehung) durch einen besonderen physikalischen Mechanismus angetrieben. Dieser beruht auf dem Transport von Wärme und Salz an der Meeresoberfläche sowie deren anschließender Vermischung im Inneren des Ozeans. Zu den wichtigsten Strömungsmustern zählt die Atlantische Meridionale Umwälzzirkulation (*Atlantic Meridional Overturning Circulation*, AMOC). Auf sie will ich hier exemplarisch etwas genauer eingehen, um zu verdeutlichen, wie es möglich ist, dass ganze Subsysteme des Erdklimas ein Kippverhalten aufweisen können.

Der oben erwähnte Wärme-Salz-Mechanismus gab der durch ihn angetriebenen Strömung den Namen »thermohaline Zirkulation« (englisch: *Thermohaline Circulation*, THC). Wärme und Salzgehalt bestimmen ganz wesentlich die *Dichte* des Meerwassers: Je kälter und salziger das Wasser ist, desto näher rücken die einzelnen Moleküle zueinander, was die Ausdehnung reduziert – das Wasser wird dadurch »schwerer«. Im Nordatlantik gibt es zwei Gebiete, wo aus dem fernen Süden zuströmendes Oberflächenwasser sich so verdichtet. Nachdem es seine Wärme an die Atmosphäre abgegeben hat, sinkt es in die Tiefe. Diese beiden Regionen sind die Grönlandsee und die Labradorsee. Von dort nimmt das Wasser dann seinen Weg zurück in den Süden, in 2000 bis 3000 Meter Tiefe unter der Oberfläche fließend.

Da das salzhaltige Nass zum einen als *Folge* der Strömung aus äquatorialen Gebieten mit hoher Verdunstungsrate in den Norden gelangt, zum anderen dort nach Abkühlung absinkt und so wiederum zur *Ursache* der Strömung wird, ergibt sich ein selbstverstärkender Prozess. Im Alltag werden entsprechende Wirkungsketten gern als »Teufelskreise« bezeichnet: A ist die Voraussetzung für B, und von B wiederum führt der Weg zurück zu A. Fallen nun A oder B aus irgendwelchen Gründen weg, kommt der Kreislauf nicht von alleine wieder in Gang. Dazu müsste das Alphabet erst neu geschrieben werden.

Im Fall der thermohalinen Zirkulation gibt es daher zwei stabile Zustände: »an« und »aus«. Bereits Anfang der 1960er-Jahre wurde dies in einem einfachen Gedankenexperiment nachgebildet (Stommel 1961). Im Sprachgebrauch der Nichtlinearen Dynamik sagt man, das System sei

»bistabil« – es kann nicht nur einen Zustand annehmen, sondern zwei (eingefärbter Bereich in Abbildung 64). Größere äußere Strömungen wie etwa massive Frischwasserzufuhr (siehe unten) oder starker Wärmeimport können jedoch den »An«-Zustand ausknipsen. Denn dann wird die Wasserdichte verringert und der Motor des Absinkens fängt an zu stottern. Wie der Forschungspionier Wallace Broecker bereits vor rund 30 Jahren in einem einfachen Zirkulationsmodell zeigte, kann das zu einem völligen Zusammenbruch der THC führen (Broecker 1987). Dieses Strömungsmuster gehört somit zu den großskaligen Kippelementen des Klimasystems.

Das Verständnis der Grundmechanismen der thermohalinen Zirkulation kann zwar wesentliche Charakteristika der Meeresströmung erklären, nicht jedoch für sich allein eine genaue Vorhersage möglicher Veränderungen anbieten. Generell sollte man sich davor hüten, dass einem bei der Betrachtung nichtlinearer Systeme die Fantasie durchgeht. So wurde Ende der 1990-Jahre beispielsweise die folgende Vermutung ins Spiel gebracht: Der Bau des Assuan-Staudamms könnte über den verringerten Nilzufluss zum Mittelmeer und weiterhin über den dadurch verstärkten Salzwasserausfluss in den Atlantik bei Gibraltar die thermohaline Zirkulation derartig beeinflussen, dass eine daraus resultierende Erwärmung der Labradorsee durch die erhöhte Verdunstung zu vermehrtem Schneefall in Kanada und dadurch wiederum zum Aufbau eines neuen Eispanzers dort führen könnte (Johnson 1997). Ziemlich kompliziert gedacht, nicht wahr? Auch wenn zumindest die Wirkungskette vom Salzeintrag in den Atlantik bis zur Temperatur in der Labradorsee prinzipiell Hand und Fuß hat, müssen natürlich die Größenordnungen korrekt abgeschätzt werden. Mein Kollege Stefan Rahmstorf hat dies prompt getan und vorgerechnet, dass selbst ein vollständiger Ausfall des Nilzuflusses keinen signifikanten Effekt auf die Zustände in der Labradorsee hätte (Rahmstorf 1998).

Es gibt nichtsdestotrotz seit einiger Zeit Hinweise darauf, dass sich die Strömung im Nordatlantik bereits abschwächt. Eine aktuelle Studie (Rahmstorf u.a. 2015), die sich auf eine Vielzahl von Belegen stützt (Meeresoberflächentemperaturen, hemisphärische Temperaturunterschiede, Korallendaten), zeigt, dass diese seit 1975 beobachtete Erschlaffung wahrscheinlich sogar Jahrtausendcharakter hat. Die ausgeprägte AMOC-Schwäche der 1970er- und 1980er-Jahre wird mit anomalem Meereisexport aus dem Arktischen Ozean in Verbindung gebracht, von dem die Strömung sich nur teilweise wieder erholt hat. Eine immer stärkere Rolle dürfte jedoch das Frischwasser aus der zunehmenden Eisschmelze

Grönlands seit Anfang des 20. Jahrhunderts spielen – ein Faktor, der in den kommenden Jahrzehnten enorm zulegen könnte (siehe weiter unten).

Eine Änderung der Ozeanzirkulation hat weitreichende Folgen für das globale Umweltsystem. Tatsächlich werden frühere abrupte Umschwünge des Klimas wie die sogenannten Dansgaard-Oeschger-Ereignisse oder die Heinrich-Stürze mit einer Änderung der THC in Verbindung gebracht (siehe Kapitel 13). Dabei handelt es sich um drastische Temperaturänderungen mit Schwerpunkt im Nordatlantikraum, die während der letzten Eiszeit wiederholt aufgetreten und in Sedimentdaten und den grönländischen Eisbohrkernen eindrucksvoll dokumentiert sind (siehe auch Abbildungen 30 in Kapitel 13 und 37 in Kapitel 14). Veränderungen im nordatlantischen Strömungssystem wirken sich zudem massiv auf die marinen Ökosysteme und den Meeresspiegel aus, insbesondere an der US-amerikanischen Atlantikküste. Als etwa in den Jahren 2009/2010 – vermutlich im Rahmen natürlicher Schwankungen – die AMOC-Stärke zeitweise um fast ein Drittel sank, hatte das in Verbindung mit bestimmten Luftdruckmustern im Nordatlantik einen beispiellos raschen regionalen Anstieg des Meeres um über 10 Zentimeter zur Folge (Goddard u.a. 2015). Dasselbe Ereignis wurde aufgrund der veränderten Ozeantemperaturen mit einem strengen Winter in Nordwesteuropa sowie einer intensiven Hurrikan-Saison im Sommer 2010 in Verbindung gebracht (Bryden u.a. 2014).

Das ist nicht unplausibel, denn zur THC gehört ja der berühmte Golfstrom, dessen östlicher Zweig gigantische Wärmemengen nach Nordwesteuropa transportiert. Generell zählt demnach eine verringerte Wärmezufuhr nach Europa zu den Folgen einer AMOC-Abschwächung, aber die globale Erwärmung würde die entsprechende Abkühlung längerfristig mehr als ausgleichen. Einschlägige Fantasien aus der Traumfabrik Hollywood (*The Day After Tomorrow*) können deshalb keinesfalls für bare Münze genommen werden. Eine realistischere Illustration der Folgen eines AMOC-Stotterns für unseren Kontinent liefert eine aktuelle Studie mit einem hochauflösenden Klimamodell (Jackson u.a. 2015). Zu den Auswirkungen zählen auch stürmischere Bedingungen und Veränderungen in den Niederschlagsmustern.

El Niño-Southern Oscillation (ENSO)

Wie schon öfter angesprochen, gibt es im Klimasystem mächtige natürliche Schwankungen, die gelegentlich schwerwiegende Folgen haben können. Das El-Niño-Phänomen stellt die stärkste Ausprägung dieser inneren Variabilität des gegenwärtigen Klimasystems dar. Im Kapitel 13 (siehe auch Abbildung 34) bin ich bereits ausführlich auf *El Niño* (»das Christkind«) und sein Gegenstück *La Niña* (»das Mädchen«) sowie die Oszillation zwischen diesen beiden Zuständen eingegangen. Das gesamte Schaukelsystem wird als *El Niño-Southern Oscillation* (ENSO) bezeichnet. Weiter oben habe ich insbesondere aus historischer Perspektive beschrieben, wie bedeutsam ENSO für weltweite Extremereignisse wie Hitzewellen, Dürren, aber auch Überflutungen ist.

Daraus erwachsen leider auch große Sorgen für Gegenwart und Zukunft: Die bei einem El-Niño-Ereignis aus dem Meer an die Lufthülle abgegebene Wärmeenergie kann man in der globalen Mitteltemperatur deutlich erkennen. Beleg dafür ist der superstarke El Niño von 1997/1998. Folgerichtig stellt 1998 das einzige unter den zehn wärmsten Jahren seit Beginn der Aufzeichnungen dar, das noch im 20. Jahrhundert liegt. Nun deutet eine aktuelle Studie darauf hin, dass extreme El Niños bei ungebremstem Klimawandel häufiger werden (Cai u. a. 2014). Auch massive La-Niña-Ereignisse sind öfter zu erwarten, zumeist direkt einem besonders starken El Niño folgend (Cai u. a. 2015). Die Erderwärmung dürfte somit das immer heftigere Umschlagen der Strömungswelt von einem Extrem ins andere bewirken – leidgeplagte Eltern werden sich die Annehmlichkeiten einer solchen atmosphärischen Pubertät lebhaft vorstellen können.

Umso wichtiger sollten künftig verlässliche Methoden der ENSO-Vorhersage sein, die den betroffenen Menschen eine ausreichende Frist gewähren, um sich so gut es geht auf die Ereignisse vorzubereiten. Bis vor Kurzem war dieser Vorlauf auf etwa sechs Monate begrenzt. Nun liegt aber eine neue Vorhersagemethode vor (Ludescher u. a. 2013, 2014), die ich mitentwickelt habe. Sie entsprang der Untersuchung von sogenannten Telekonnektionen (also Beziehungen zwischen entfernten Regionen) in den Lufttemperaturen im El-Niño-Kerngebiet und dem restlichen Pazifik. Über die von uns entdeckten Fernwirkungen lässt sich ein Vorläufer eines El Niño schon sehr früh erkennen, und dadurch konnten wir insbesondere das Ereignis von 2014/2015 schon im September 2013 prognostizieren! Neben dem praktischen Nutzen dieser Erkenntnisse zur Vorhersage ergibt sich aber auch ein akademischer Gewinn: Der bislang mysteriöse Entstehungsmechanismus des ENSO-Phänomens kann nun besser bloßgelegt werden. Aktuelle Beobachtungen weisen darauf hin, dass es sich um das aus der Physik wohlbekannte *Resonanzphänomen* handeln könnte.

Jet Stream

Das Prinzip der Resonanz spielt auch eine wichtige Rolle im Zusammenhang mit einem weiteren, das Wetter der Nordhalbkugel dominierenden Zirkulationsmuster: dem nördlichen Jet-Stream-System. Der wichtigste Zweig dieses die Atmosphäre von West nach Ost durcheilenden »Strahlstroms« findet sich in 7 bis 12 Kilometer Höhe über den mittleren Breiten der Nordhemisphäre. Er scheidet die kalten arktischen von den warmen gemäßigten Luftmassen. Die planetarische Atmosphäre ist prinzipiell ständig in Bewegung, thermisch angetrieben (letztlich durch den von der Sonneneinstrahlung verursachten Temperaturunterschied zwischen Pol und Äquator), umgelenkt von Scheinkräften, die der Erdrotation entstammen (Corioliskräfte), sowie verwirbelt durch Orographie (Höhenstrukturen der Erdoberfläche) und weitere Turbulenzquellen. Somit entstehen und vergehen fortwährend Muster nach den Gesetzen der nichtlinearen Fluiddynamik. Einige dieser Muster können aber erstaunlich stabil sein; in dem komplexen Strömungssystem bilden sich quasistationäre, also langlebige Strukturen heraus. Carl-Gustaf Rossby (siehe Kapitel 15) entwickelte in der ersten Hälfte des 20. Jahrhunderts das theoretische Fundament zu deren Verständnis (vergleiche die Würdigung Rossbys durch Palmer 1998). Nach ihm sind auch die großräumigen Falten benannt, in die sich insbesondere der Jet Stream manchmal legt. Diese Faltenbildung beeinflusst durch den gelenkten Zustrom kalter beziehungsweise warmer Luftmassen massiv das Wetter der Nordhemisphäre. Insofern sind die Umweltbedingungen dort vom ständigen Gebären und Zerstören von Rossby-Wellen geprägt.

Mit fortschreitender Erderwärmung könnte dieses dynamische Gleichgewicht jedoch als Ganzes verschoben, ja möglicherweise gekippt werden: Da gibt es zum einen die Hypothese, dass ein verminderter Temperaturunterschied zwischen Pol und Äquator – verursacht durch die überproportionale Aufheizung der hohen Breiten (*Arctic Amplification*) – die frei in östlicher Richtung wandernden planetarischen Wellen verlangsamt. Somit erhöht sich durch das Einrasten von Großwetterlagen die Wahrscheinlichkeit für Extremwetter wie Hitzewellen *und* Kältewellen, Dürren *und* Überflutungen. Der zugrunde liegende Mechanismus folgt direkt aus der Rossby-Wellentheorie. Zum anderen können sich unter bestimmten Voraussetzungen in der Tat Resonanzphänomene herausbilden: Solche treten auf, wenn die Eigenschwingung eines Systems durch einen periodischen Antrieb angeregt und immer weiter verstärkt wird – ein bekanntes Beispiel ist die scheinbar stabile Brücke, die unter den Füßen von im Takt marschierenden Passanten wie ein Stoffband Wellen schlägt.

Die entsprechende Physik beim Jet Stream ist ganz schön verwickelt: Es kommt nämlich gelegentlich vor, dass die Energie von freien planetarischen Wellen, die sich sechs- bis achtmal in Nord-Süd-Richtung ausgebeult um die Erde legen, in sogenannten »Wellenleitern« aus Doppel-Jets (wie das Licht in Glasfaserkabeln) langfristig gefangen wird. Tritt in solchen Situationen auch noch eine Verstärkung durch thermisch und orographisch angetriebene Wellen ähnlicher Wellenzahl hinzu, kann nahezu perfekte Resonanz, also Schwingungsverstärkung, eintreten (Petoukhov u.a. 2013; vergleiche Palmer 2013 für eine allgemein verständliche Einordnung dieser Arbeit). Das immer häufigere Erscheinen dieses Phänomens lässt sich als Umkippen des Jet-Stream-Musters in einen qualitativ neuartigen Zustand interpretieren. Geschubst durch den Klimawandel!

Tatsächlich ist der Beginn des 21. Jahrhunderts von Wetterextremen geprägt (siehe Kapitel 8). Insbesondere gehäuft auftretende Hitzewellen und Niederschlagsextreme können bereits dem menschlichen Einfluss auf das Klima zugeordnet werden. Und vermutlich spielen daher schon die eben skizzierten Resonanzphänomene eine Rolle, also Erscheinungen, die sich nur durch die Wellendynamik der Atmosphäre erklären lassen – nicht allein durch eine graduelle Erderwärmung (Coumou u.a. 2014; Screen und Simmonds 2014). Dank moderner Analysemethoden kann man inzwischen auch nachweisen, dass es in den vergangenen 35 Jahren robuste Entwicklungstendenzen bei den Zirkulationsmustern gegeben hat (Horton u.a. 2015). So werden beispielsweise die europäische Hitzewelle von 2003 sowie die Hitzewelle in Russland und die biblischen Überflutungen in Pakistan von 2010 mit einer dauerhaft »blockierten« Wetterlage in Verbindung gebracht, wie sie für die erläuterte Schwingungsverstärkung typisch ist (Abbildung 65, vergleiche auch die Beschreibung der zur großen Flut 1342 führenden Trogwetterlage in Kapitel 13).

Aber auch die frei wandernden Wellen sind offenbar schwächer geworden, was zu verringerter sommerlicher Sturmaktivität, Dürre und extremer Hitze führen kann. Neueste Computersimulationen (Coumou u.a. 2015) bestätigen diesen Befund. Was die Frage betrifft, ob die *Arctic Amplification* – also die besonders starke Erwärmung der Arktis (siehe auch weiter unten) – tatsächlich die Ursache für all diese Ereignisse ist, herrscht bislang noch keine wissenschaftliche Klarheit (Cohen u.a. 2014; Barnes und Screen 2015).

Monsun & Co.

Der Monsun ist bekanntlich ein jährlich wiederkehrendes, für die Tropen rund um den Erdball charakteristisches Wetterphänomen. Die schon sprichwörtlichen »monsunartigen« Regenfälle bilden dort einen wesentlichen Beitrag zum Gesamtjahresniederschlag – allein der asiatische Sommermonsun tangiert weit über die Hälfte der Weltbevölkerung! Auch wenn die verschiedenen Zweige des Gesamtsystems Monsun recht unterschiedlichen biogeographischen Einflüssen unterliegen (wie zum Beispiel Gebirgshängen, an denen die feuchten Luftmassen »abregnen«, oder spezifischen Vegetationstypen, die den lokalen Wasserkreislauf prägen), so gibt es doch grundlegende Prozesse, die immer gleich ablaufen (siehe zum Beispiel die »Klassiker« von Webster 1987a, 1987b). Das Phänomen wird im Kern von der Luftdruckdifferenz zwischen Ozean und Kontinent angetrieben. Im Frühling, wenn sich das Land schneller und stärker erwärmt als das thermisch träge Meer, steigen über dem Ersteren warme und deshalb leichtere Luftmassen nach oben. Wassertragende Luftmassen vom Ozean strömen nach und schließen die Monsunzirkulation. Das Land kühlt dann durch den im Frühjahr einsetzenden Regen zwar zunächst ab – die den Monsun antreibende Zirkulation bleibt aber erhalten, weil durch die Umwandlung von Wolkendampf in Regentropfen Kondenswärme frei wird. Solche »latente« Wärme geht übrigens – im umgekehrten Prozess – beim Schwitzen verloren, wenn Flüssigkeit auf unserer Haut verdampft und die dafür notwendige Energie aus unserem Körper gezogen wird. Beim Monsun geschieht nun also das Gegenteil, die Luftsäule erwärmt sich, was ihr wiederum Auftrieb verleiht (Webster u. a. 1998). Somit wird die Zirkulation durch den mit ihr einhergehenden Regen immer neu angetrieben – es ergibt sich wieder eine *selbstverstärkende Rückkopplung* (Abbildung 66).

Wie schon oben bei der thermohalinen Zirkulation beschrieben, führen solche Wirkungsschleifen dazu, dass das System *nicht* linear – also ungewohnt für unser alltägliches Denken – auf Veränderungen äußerer Rahmenbedingungen reagieren kann. Damit ließen sich auch gut dokumentierte abrupte Umschwünge des Monsuns im Verlauf des Holozäns erklären (Herzschuh u. a. 2014). Sie wurden möglicherweise ausgelöst durch Kapriolen eines entfernten Kippelements, der bereits besprochenen AMOC (vulgo: Golfstrom). Historische Niederschlagsaufzeichnungen aus den zurückliegenden mehr als 130 Jahren zeigen zudem, dass heftige Dürren fast stets von El-Niño-Ereignissen begleitet wurden (Kumar u. a. 2006). Insofern mischt sogar noch ein weiteres Kippelement direkt mit. Ein statistisches Modell zur Vorhersage eines totalen saisonalen Monsunausfalls in Indien (Schewe und Levermann 2012) deutet darauf hin, dass der menschengemachte Klimawandel insbesondere den dortigen Sommermonsun deutlich nervöser machen könnte. Unter einer solchen Launenhaftigkeit würde der Subkontinent enorm leiden.

Aber auch lokale menschliche Einflüsse spielen eine Rolle. Veränderungen in der Landnutzung beeinflussen ja die Temperatur der Oberfläche direkt (Zickfeld u.a. 2005). Und durch zivilisatorische Aktivitäten freigesetzte Aerosole dämpfen die Monsunstärke über die Beeinflussung von Strahlung und Niederschlag. Insgesamt ist deshalb für das 21. Jahrhundert mit spürbaren Veränderungen in Hinblick auf Intensität, räumliche Ausdehnung und jahreszeitliches Einsetzen des Monsuns zu rechnen. Dass sich bei ungebremstem Klimawandel die Pendelbewegung zwischen trockenen und nassen Extremen verstärken dürfte, habe ich schon angesprochen. Dies würde die für die Landwirtschaft essenzielle Vorhersagbarkeit der saisonalen Witterung enorm verschlechtern.

Zu den wichtigen Monsunzweigen gehört das westafrikanische Teilsystem. Besonders klar wird seine Bedeutung, wenn man die sogenannte *African Humid Period* (circa 12 000 bis 5000 Jahre vor unserer Zeitrechnung) betrachtet (vergleiche Kapitel 13): Damals führten allmähliche Verschiebungen der Orbitalparameter zu Veränderungen der Sonneneinstrahlung und somit zu einer Intensivierung und Ausdehnung des Monsuns (siehe zum Beispiel de Menocal 2015). Die Folge war eine fruchtbare, wasserreiche Landschaft im Herzen der Sahara, wie Felsenkunst aus dieser Zeit ja belegt (siehe auch Abbildung 31, »Die Schwimmer«, in Kapitel 13).

Die Mechanismen, die zum Ende dieser paradiesischen Zeit führten, werden seit Längerem intensiv diskutiert. Wie abrupt genau die damalige Klimaveränderung war, ist nicht eindeutig geklärt. Auch wenn sie im großräumigen Maßstab eher graduell im Rhythmus der wechselnden Sonneneinstrahlung verlief, so gab es wohl lokal jähe Umschwünge (Shanahan u.a. 2015). Diese spielten sich teilweise innerhalb von Dekaden oder Jahrhunderten ab. Verantwortlich gemacht werden dafür inzwischen die berüchtigten nichtlinearen Rückkopplungen, die auf Wechselwirkungen zwischen Bodenfeuchte, Vegetation und Atmosphäre beruhen. So ist es, wenn man einmal tatverdächtig geworden ist! Wie schon in Kapitel 13 erwähnt, gibt es Hinweise darauf, dass große zivilisatorische Verwerfungen (etwa das Entstehen der Nilkultur) mit diesen Ereignissen in ursächlichem Zusammenhang stehen (de Menocal 2015).

Die Zukunft des afrikanischen Nordens und Westens ist im Hinblick auf den Monsun dagegen eher unklar. Ein Vergleich mit den Bedingungen in der Mitte des Holozäns ist problematisch, weil beim anthropogenen

Klimawandel andere Mechanismen im Spiel sind. Dennoch könnte ein Wiederergrünen der Sahara bei schnellem CO_2-Anstieg stattfinden, weil der sommerliche Niederschlag wohl vermehrt würde. Diese Entwicklung kann durch eine Verstärkung des interhemisphärischen Temperaturunterschieds im Oberflächenwasser des Ozeans ausgelöst und durch Rückkopplungen mit der Vegetation intensiviert werden (Claussen u.a. 2003). Andere Projektionen tendieren jedoch zu einem Austrocknen der Sahelzone (dem Übergangsbereich zwischen tropischem Afrika und der Sahara) infolge der menschlichen Störung der Atmosphäre (Held u.a. 2005).

Mit der Verschiebung von Vegetationszonen wiederum geht in Verbindung mit typischen Windmustern eine Veränderung der Menge des in die nordafrikanische Luft gewirbelten Staubs einher (Abbildung 67). Jüngste Forschungen deuten darauf hin, dass dabei einem regionalen Zirkulationsmuster die Schlüsselrolle zufällt, nämlich dem sogenannten »Sahara-Hitzetief« (Wang u.a. 2015). Dieses Gebilde scheint sich bereits umzuformen. Eine Veränderung der Staubproduktion kann ihrerseits weitreichende Konsequenzen haben: Dieses Feinmaterial mischt bei der Wolkenbildung mit, kann die atlantische Wirbelsturmsaison beeinflussen, die biologisch-chemischen Kreisläufe im Ozean fördern und sogar die Fruchtbarkeit des Amazonasbeckens erhöhen (Washington u.a. 2009; vergleiche auch Kahn 2015). Denn wie Abbildung 67 belegt, ist das Interkontinentalreisen kein Problem für den Saharastaub, und er hat zahlreiche Nährstoffe im Gepäck, vor allem Eisen und Phosphor. Somit könnte das Ergrünen der Wüste in Afrika vielleicht sogar zum Niedergang der Regenwälder in Südamerika führen!

Elemente der Eiswelt

Ganz im Sprachgebrauch der präkopernikanischen Welt ordnen wir auch heute noch die vielfältigen Erscheinungen auf unserem Planeten verschiedenen »Sphären« zu. Neben der uns umgebenden schützenden Lufthülle, welche »Atmosphäre« heißt, und dem lebendigen, atmenden Teil des Erdkreises mit der technisch anmutenden Bezeichnung »Biosphäre« haben die Weltmeere – als eine ganz eigene, uns immer noch recht unbekannte Welt – den Namen »Hydrosphäre« verdient, gemeinsam mit dem Wasserkreislauf in der Luft und an Land. Der gefrorene Teil der Welt wird ebenfalls als eine eigenständige Sphäre verstanden und als »Kryosphäre« bezeichnet. Die zugehörigen Kippelemente sollen nun näher beleuchtet werden.

Arktisches Meereis

Das Meereis ist eine Schicht aus gefrorenem Meerwasser, in der Regel nur einige Meter dick. Es bedeckte einst rund ums Jahr die Nordpolarregion, viele Monate im Jahr sogar die gesamte Wasserfläche zwischen den nördlichen Küsten der Kontinente. In den letzten Jahrzehnten hat dieser Teil der Eiswelt allerdings beispiellose Veränderungen erlebt: Sowohl Ausdehnung als auch Dicke sind stark zurückgegangen (Cohen u. a. 2014). Sogar Schiffe können inzwischen zu günstigen Zeitpunkten den Nordpol erreichen – eine Herausforderung, die früher nur zu Fuß und unter größten persönlichen Mühen auf dem Meereis zu meistern war.

Die Arktis beherbergt mehrere Kippelemente des Klimasystems (Lenton 2012). Dies gibt besonderen Anlass zu Sorge, weil aus verschiedenen Gründen die Mitteltemperatur in den hohen nördlichen Breiten etwa doppelt so schnell wie im globalen Durchschnitt ansteigt (*Arctic Amplification,* siehe oben). Somit wird ein wesentlicher Faktor, der zum Kippen des Systemzustands führen kann, dort ungewöhnlich stark hochgefahren. Zu den Gründen für diese arktische Anomalie zählen der sich wandelnde Wärme- und Feuchtigkeitstransport in die hohen Breiten, veränderte lokale Konzentrationen von Aerosolen (Schwebeteilchen in der Luft), vermehrte Ablagerungen von dunklem Kohlenstoff (*Black Carbon*) auf Schnee und Eis sowie eine gestörte Wolkenbildung. Vor allem aber schlägt eben die berüchtigte Eis-Albedo-Rückkopplung zu: Sonnenlicht wird von dunkleren Oberflächen wie dem offenem Wasser besser absorbiert (Abbildung 68). Mehr Wärmeaufnahme wiederum erschwert die Bildung neuen Eises, und somit ist der Verlust von Meereis in der Arktis sowohl Folge als auch Ursache der galoppierenden Temperaturentwicklung im hohen Norden.

Der beobachtete Rückgang des Meereises hängt also direkt mit den selbstverstärkenden Schmelz-Strahlungs-Wechselwirkungen zusammen. Doch auch andere Prozesse wirken auf die schwimmenden Eisschichten ein, wie bereits angedeutet: die Neuorganisation atmosphärischer Zirkulationsmuster; Meeresströmungen, die mehrjähriges Eis über die Framstraße aus der Arktis wegtransportieren können; der verstärkte Wärmeeintrag aus Atlantik und Pazifik; die Abnahme kühlender Sommerwolken. Und es gibt auch negative (also dämpfende) Wirkungsschleifen: So wächst dünnes Eis schneller wieder an und erlaubt mehr Wärmeaustausch zwischen Atmosphäre und Ozean. Dies führt in einigen Computermodellen zu dem Ergebnis, dass Meereisverluste im Verlauf einiger Jahre wieder wettgemacht werden können, was wiederum die Klassifikation des arktischen Meereises als

Kippelement infrage stellt. Dies ist aber nicht mehr als ein akademischer Streit um des Kaisers Bart, oder besser: um den Zopf der Eiskönigin. Die breitere Definition der Kippelemente (Lenton u.a. 2008) enthält Unumkehrbarkeit sowieso *nicht* als notwendiges Kriterium. Erhebliche lokale, möglicherweise auch großräumige Auswirkungen (vergleiche Abschnitt *Jet Stream*) hat eine im Sommer völlig eisfreie Arktis, wie sie schon vor der Mitte des 21. Jahrhunderts auftreten könnte, allemal.

Grönland und die Antarktis

Die großen Eisschilde der Erde bilden sich im Prinzip wie die vertrauten Gletscher der Alpen: Wenn der Schnee eines Winters im Sommer nicht komplett abschmilzt, sodass Jahr für Jahr eine neue Auflage hinzukommt, dann wird der begrabene alte Schnee unter dem Gewicht des neuen immer mehr verdichtet – bis Eis entsteht. Wie zähflüssiger Honig *fließt* dieses dann sehr, sehr langsam die Berghänge hinab Richtung Ozean. Dabei bilden sich richtige Eisströme heraus, die an der Küste in großen Fjorden (hauptsächlich in Grönland) oder weiten Buchten (Antarktis) das Meer erreichen (siehe Abbildung 69). Dort brechen oft in direktem Kontakt mit dem Meerwasser mächtige Eisstücke ab, die dann als Eisberge davonschwimmen. Diesen Prozess nennt man sehr anschaulich »Kalben«. Wobei das Kälbchen durchaus die Ausmaße von Manhattan haben kann: Im Juli 2012 brach beispielsweise am Petermann-Gletscher in Grönland ein Eisberg dieser Gewichtsklasse ab.

Während Grönlands Eis besonders an den tieferen Hängen der Küste regelmäßig antaut und abschmilzt, herrscht in der Antarktis, die genau am Pol liegt und durch den Südlichen Ozean vom Rest des Planeten isoliert wird, ein wüstenähnliches Klima. Das gilt besonders im Inneren des Kontinents, wo nur wenige Zentimeter Schnee im Jahr fallen und die Temperaturen *niemals* den Taupunkt erreichen. Diese einzigartigen Bedingungen ermöglichen die Archivierung von knapp 1 Million Jahre Klimageschichte (siehe EPICA-Project, 2004). Auf diese wissenschaftliche Höchstleistung und andere Arten der Umweltdokumentation bin ich schon in Kapitel 4 näher eingegangen: Hier werden wertvolle Schätze gehoben, die uns wesentliche Einblicke in die natürlichen Klimaschwankungen der Vergangenheit verschaffen.

Die besonderen klimatischen und geographischen Gegebenheiten in der Antarktis ermöglichen auch die Bildung riesiger schwimmender Eisschelfe (siehe Abbildung 69): Wo die kalten Eisströme ins Meer fließen, bleibt das Eis besonders in den genannten weiten Buchten zunächst intakt und bildet einen mehrere hundert Meter dicken Deckel auf dem Wasser. Dieser wird langsam aufs offene Meer hinausgeschoben, wo dann die an der Oberseite sehr flachen Tafeleisberge abbrechen.

Die unterschiedlichen Charakteristika der beiden großen Eispanzer sind auch entscheidend für deren verschiedenartige Rolle als Kippelemente im Klimasystem. In *Grönland* sind nämlich – so die bisherige Vermutung – die Prozesse an der Oberfläche entscheidend: Je größer der Eisverlust, desto mehr sinkt nach und nach die Eisoberfläche ab. Das wiederum führt wegen der höheren Temperaturen in niedrigen Lagen zu noch größerem Eisverlust. Auch wenn diese Wirkungsschleife erst langsam in Gang kommt und für die Meeresspiegelprojektionen des 21. Jahrhunderts vorläufig noch eine untergeordnete Rolle spielt, wird sie die Entwicklung des Grönländischen Eisschildes in den kommenden Jahrhunderten maßgeblich bestimmen (Goelzer u. a. 2013).

Welches Ausmaß der globalen Erwärmung stellt nun aber einen Schwellenwert dar, jenseits dessen der Eisverlust unerbittlich immer weiter voranschreitet? Ein internationales Forscherteam um Xavier Fettweis ermittelte unlängst 3,5 °C im Vergleich zur vorindustriellen Zeit (Fettweis u. a. 2013). Dabei wurden aber tatsächlich nur Oberflächenprozesse modelliert. Die bislang einzige Studie, die zur Ermittlung des Schwellenwerts zusätzlich ein dynamisches Eismodell verwendet (Robinson u. a. 2012) und somit auch den sich möglicherweise verstärkenden Eisverlust an den seitlichen Rändern berücksichtigt, konstatiert hingegen, dass dieser Kipppunkt bereits bei 1,6 °C überschritten werden könnte. Solche Eisfluss-Prozesse werden bislang hauptsächlich im Zusammenhang mit der Antarktis untersucht (siehe unten).

Die neueste Forschung, die auf der genauen Beobachtung des Eisverlustes und der detaillierten, satellitengestützten Kartographierung des Untergrundes basiert (Khan u. a. 2014; Morlighem u. a. 2014), deutet jedenfalls an: Die bisherigen Projektionen zum Meeresspiegelanstieg könnten den tatsächlichen Beitrag Grönlands unterschätzen. Das »Kippen« des ganzen Systems ist übrigens über viele Jahrtausende hinweg unumkehrbar, weil sich auf einem flacheren Eisschild auf der wärmeren Oberfläche kaum neues Eis bilden kann.

Von vitaler Bedeutung ist natürlich die Frage nach der Widerstandsfähigkeit der Eismassen der *Antarktis*, die ja alle anderen Elemente der Kryosphäre in den Schatten stellen. Damit sind wir bei der Theoriegeschichte zur Instabilität mariner Eisschilde (*Marine Ice Sheet Instability*, MISI) gelandet. Bereits 1974 vermutete Johannes Weertman, dass unter bestimmten

Bedingungen ein kleiner Eisverlust an den Rändern eines Eisschildes – genau dort, wo er mit den Eisschelfen vermählt ist und aufschwimmt – immer weiter selbstverstärkt wird (Weertman 1974). Solche Bedingungen sind vor allem dann erfüllt, wenn der Untergrund, auf dem das Eis aufliegt, sich unterhalb der Wasserlinie befindet und ins Landesinnere hinein abfällt. Wird das Eis an der Aufschwimmlinie (beispielsweise durch Zustrom warmer Wassermassen) von unten angegriffen und ausgedünnt, dann verliert der Eisstrom gewissermaßen den Boden unter den Füßen und wird zum Schelf. Somit zieht sich die Aufschwimmlinie in Regionen mit tiefer liegendem Untergrund zurück, wo das Eis dicker ist (siehe Abbildung 70). Weil aber dickeres Eis schwerkraftbedingt schneller fließen kann, kommt es zu noch mehr Eisverlust, der zu weiterem Rückzug der Aufschwimmlinie führt usw. usf. Auf diese Weise ergibt sich ein selbstverstärkender Mechanismus, der zum Kippen ganzer Regionen in der Antarktis führen kann (Joughin und Alley 2011).

Die besonderen Kippvoraussetzungen sind in einem Großteil der *Westantarktis* erfüllt – das Schmelzen des betroffenen Eises würde allein schon den Meeresspiegel um über drei Meter anheben. Auch diese Komponente im Klimasystem kann also mit Fug und Recht als Kippelement bezeichnet werden: Eine winzige Störung, in diesem Fall ein anfangs marginaler Eisrückzug, kann zum Fluss ohne Wiederkehr anschwellen und riesige Massen mit sich in den Kollaps reißen.

Tatsächlich zeigen neueste Forschungsergebnisse (Favier u.a. 2014; Joughin u.a. 2014; Mouginot u.a. 2014; Rignot u.a. 2014), dass die Gletscher der Amundsenbucht in der Westantarktis sich bereits auf einem solch unaufhaltsamen Rückzug befinden, dass dieser Teil des Eisschildes also wahrscheinlich schon »gekippt« ist! Diese alarmierende Entwicklung wurde vermutlich hauptsächlich durch besonders warmes Ozeanwasser ausgelöst. Besagtes Wasser stammt aus der Tiefe des Meeres und hat seine Energie schon vor langer Zeit, bevor der Mensch das Klima zu verändern begann, aufgenommen – somit ist die Frage nach der Urheberschaft noch nicht eindeutig zu beantworten. Es gibt allerdings Vermutungen, dass veränderte Westwinde (Abram u.a. 2014), welche die Antarktis umwehen, dieses Wasser in die Amundsenbucht geleitet haben könnten. Möglicherweise hätte somit der beobachtete Eisrückzug also auch ohne menschliches Zutun irgendwann eingesetzt – aber vielleicht nicht schon in diesem Jahrhundert!

Unabhängig von der Frage nach der Ursache machen diese jüngsten Befunde die Vergänglichkeit des sogenannten »ewigen Eises« deutlich, das im Klimageschehen den unterschiedlichsten, häufig nichtlinearen Kräften unterworfen ist. Auch die Antarktische Halbinsel und die *Ostantarktis* sind jüngst als Kollapskandidaten in den Fokus der Forschung gerückt. Direkte Beobachtungen (Greenbaum u.a. 2015; Wouter u.a. 2015), Modellstudien (Mengel und Levermann 2014) und Rekonstruktionen des Meeresspiegelanstiegs (Cook u.a. 2013; Naish u.a. 2009) weisen darauf hin, dass Geradlinigkeit nicht zwangsläufig ein Charakteristikum träge fließenden Eises ist. Auch Massen, die derzeit noch stabil sind, könnten sich in Zukunft rapide zurückziehen. Teilweise liegt nämlich nur ein sehr kleines Eisvolumen wie ein Pfropfen vor einem grundsätzlich labilen Bereich und schützt so noch ein ganzes Bassin vor dem Kollaps (Mengel und Levermann 2014).

Die Eisschelfe, die in den letzten beiden Jahrzehnten stark an Masse verloren haben (Paolo u.a. 2015), können übrigens ebenso wie der dahinterliegende Eisschild selbst als Kippelemente betrachtet werden. Auch sie neigen dazu, als Antwort auf bestimmte äußere Einflüsse, abrupt nachzugeben. Die Fließgeschwindigkeit der rückwärtigen Gletscher kann sich daraufhin erheblich beschleunigen (Rignot u.a. 2004; Rott u.a. 2011; Scambos u.a. 2004). Sollte sich ein Schelf-Infarkt einmal an kritischer Stelle ereignen, also dort, wo auch der dahinterliegende Eisschildbereich labil ist, dann ist eine ganze Kippkaskade durchaus möglich.

Bei fortschreitender globaler Erwärmung wird es immer wahrscheinlicher, dass Kippprozesse in West- und Ostantarktis nach und nach angestoßen werden. Würden gar die weltweit verfügbaren Ressourcen an Kohle, Öl und Gas komplett verbrannt, könnte das langfristig den vollständigen Verlust des antarktischen Eispanzers zur Folge haben (Winkelmann u.a. 2015). Und damit einen Meeresspiegelanstieg bewirken, der das Gesicht der Erde endgültig verändern würde.

Methanhydrate im Ozean und terrestrischer Permafrost

Auf den Permafrost bin ich schon an verschiedenen Stellen in diesem Buch zu sprechen gekommen. Insbesondere in den Kapiteln 11 und 19, denn der gefrorene Boden kann große Mengen von »Gottes Element«, dem Kohlenstoff, binden. Wie viel davon genau in der Erde schlummert, etwa im nördlichen Permafrostgebiet, ist wissenschaftlich noch nicht ganz geklärt. Das Ausmaß der menschengemachten Erwärmung hängt jedoch nicht unerheblich davon ab, ob und wie das Gefriergut beim Auftauen freigesetzt wird. Das organische Material, in dem der Kohlenstoff eingelagert ist, muss zunächst von Mikroben zersetzt werden. Dann kann CO_2

entweichen. Unter sauerstoffarmen Bedingungen können, ähnlich wie in Seen, einige der involvierten Mikrobenarten auch das für das Klima noch deutlich schädlichere Methan herstellen. Zum permanent »gefrorenen Kohlenstoff« gehören ohnehin die energiestrotzenden Methanhydrate (siehe Kapitel 11): In diesem Fall lauert das hochwirksame Treibhausgas als Gelee im Meer!

Im Allgemeinen werden erhöhte Temperaturen die Böden aufweichen, für Sauerstoff zugänglich machen und so die mikrobielle Zersetzung von organischen Kohlenstoffträgern begünstigen. Allerdings kann unter diesen Bedingungen die arktische Vegetation auch mehr von ihrem Hauptnahrungselement nutzen und einbauen. Dieses empfindliche Gleichgewicht ist einer der Gründe für den bisherigen Mangel an soliden quantitativen Vorhersagen (Schuur u.a. 2015). Auch wenn eine fatale Freisetzung von Permafrost-Kohlenstoff eher Jahrzehnte bis Jahrhunderte dauern dürfte, zeigt ein Blick auf die für die *Speicherung* des Stoffs im Boden benötigten Zeiten, dass der Entweichprozess auf lange Sicht unumkehrbar wäre: Selbst wenn die Erde wieder zu frieren begänne, könnte der vogelfreie Kohlenstoff der Lufthülle nicht genauso schnell wieder entrissen werden! Es gibt robuste Abschätzungen, dass die globale Erwärmung auf längere Sicht eine unabwendbare Nettofreisetzung von Treibhausgasen aus dem Land-Permafrost nach sich ziehen würde – wobei über die Hälfte der »Förderung« erst ab dem 22. Jahrhundert (Schaefer u.a. 2014; Schaphoff u.a. 2013) geschähe.

Kürzlich hat eine in *Nature* veröffentlichte Studie eines europäischen Forscherteams großes Aufsehen erzeugt (Whiteman u.a. 2013). Dort wurden nämlich die verheerenden ökonomischen und sozialen Auswirkungen diskutiert, die eine abrupte Ausgasung von 50 Petagramm – das sind 50 Milliarden Tonnen – Methan aus den Ozeanen hätte. Dafür müssten allerdings gigantische Methanhydratlager in Höchstgeschwindigkeit geräumt werden. Führende Experten haben große Zweifel, dass es zu einem solchen geologischen Schlussverkauf kommen könnte (Schuur u.a. 2015), was eine der wenigen beruhigenden Nachrichten von der aktuellen Forschungsfront ist. Nichtsdestotrotz weisen diese Fachleute darauf hin, dass die von Menschen angestoßene Freisetzung von Kohlenstoff aus den Permafrostdomänen die Erderwärmung bis zum Jahr 2100 um 0,13 bis 0,27 °C steigern könnte – und sogar um knapp ein halbes Grad bis zum Jahr 2300.

Die Permafrostgebiete werden in ihrer Gesamtheit nicht unbedingt als Kippelemente angesehen. Es gibt jedoch sehr wohl Prozesse, die immer wieder zu rasanten kleinräumigeren Tauereignissen führen: Bei der sogenannten »Thermokarst«-Bildung bricht die Landoberfläche irgendwann jäh weg, wenn das darunterliegende Eis schmilzt. Eingedrungenes Tauwasser kann diesen Erosionsprozess noch verstärken und auch viel tiefer liegende Permafrostschichten anfällig machen (Schuur u.a. 2015). Diese komplexen Zusammenhänge sind vermutlich für die Einschätzung des künftigen Permafrostschicksals bedeutsam – dennoch sind sie in den gegenwärtigen Simulationsmodellen nicht berücksichtigt. In der Yedoma-Region im Nordosten Sibiriens könnte zudem der eingefrorene Kohlenstoff einem selbstnährenden Zerstörungsprozess unterworfen sein, der mit der inneren Wärme zusammenhängt, die bei der biochemischen Zersetzung des organischen Materials entsteht (Lenton 2012). Für Grönland wiederum zeigt eine aktuelle Studie, dass auch die dort im Boden enthaltenen Mikroben bei der Aufarbeitung von Kohlenstoff Wärme produzieren, was das Auftauen des Grundes weiter begünstigt (Hollesen u.a. 2015). Eine exakte Quantifizierung der Effekte ist bislang unmöglich, doch das sollte uns nicht beruhigen: Die Unsicherheitsmargen über das Ausmaß der menschengemachten Erderwärmung werden dadurch nämlich eindeutig *nach oben* verschoben.

Elemente der Lebenswelt

Das Phänomen des *Umkippens* eines komplexen Umweltsystems ist vielen Naturliebhabern im Kleinen durchaus geläufig: Vor allem stehende Gewässer können durch Überdüngung (Phosphor, Stickstoff) von Algen erobert werden und so der chemischen Essenz eines gesunden Ökosystems, des Sauerstoffs, beraubt werden. Die Vielfalt des Gewässers verschwindet, sein ganzer Zustand wird abrupt und fundamental verändert. Dieser Vorgang ist oft irreversibel, sodass ohne äußere Eingriffe das alte Gleichgewicht nicht wiedererlangt werden kann. Selbst bei solch relativ kleinen naturnahen Systemen, deren Interaktion mit der Umgebung recht begrenzt ist, können also nichtlineare Prozesse ein Kippverhalten provozieren. Da verwundert es nicht, dass das weit ausgedehnte und für das Klima des gesamten Erdballs wichtige Gegenstück zum kleinen Ententümpel ebenfalls auf der Liste der planetarischen Kippelemente steht: der tropische Regenwald, allen voran seine imposante Verwirklichung im Becken des größten Flusses der Welt.

Amazonas-Regenwald

Dieses überbordende Ökosystem in den südamerikanischen Tropen wird aus gutem Grund als Regenwald bezeichnet: Denn die Amazonas-Vegetation führt ein siamesisches Zwillingsleben gemeinsam mit den »himmlischen Strömen« (englisch: *flying rivers*). Was ist damit gemeint? Nun, das Wasser für kontinentale Niederschläge kommt in der Regel von dort, wo das Nass im Überfluss vorhanden ist, also aus den Meeren. Horizontale Luftbewegungen (»Advektion«) tragen den Dampf des Lebenselixiers von den Küsten weit ins Landesinnere, wo es dann irgendwann abregnet (oder abschneit). Ist die advektive Dynamik launisch, kann es zu schweren Dürren kommen; ist sie dauerhaft ungnädig, entstehen Wüsten wie die Sahara, die Gobi oder die Atacama.

Eine Landregion kann sich jedoch vom Wasserimport aus fernen Ozeanen einigermaßen unabhängig machen, wenn sie gewissermaßen zur Kreislaufwirtschaft übergeht. Entscheidende Voraussetzung ist die Bedeckung des nämlichen Gebietes mit möglichst üppiger Vegetation. Diese fängt den Niederschlag ein, speichert ihn in Biomasse und Wurzelgrund, schwitzt und dunstet ihn wieder aus, gibt ihn schließlich mithilfe der vornehmlich *vertikalen* Luftbewegungen (»Konvektion«) dem Himmel zurück. Womit das Spiel von Neuem beginnen kann. Tropische Regenwälder sind Weltmeister in dieser Disziplin und damit weitestgehende Wasserselbstversorger. Der Lohn für diese nachhaltige Betriebsweise ist eine paradiesische Lebensfülle, die alles in den Schatten stellt, was es sonst noch auf Erden gibt. Dies kann man auf fast bestürzende Weise im Amazonasbecken erfahren, das natürlich auch Wasser vom Atlantik (Dampf) und Pazifik (Abfluss auf der Rückseite der Anden) importiert. Aber eben auch vom hydrosphärischen Himmelskreislauf lebt, den es wie ein Riesenrad für alle Ewigkeit in Gang zu halten sucht. Wenn nicht der *Homo sapiens* in die Speichen griffe …

Der Amazonas-Regenwald ist also gewissermaßen das Produkt einer Symbiose aus Niederschlag und Pflanzenwachstum, aber auch Teil eines weiteren, in diesem Fall sogar weltweiten Kreislaufs: Bis zu einem Sechstel des global in Vegetation gespeicherten Kohlenstoffs befindet sich im nämlichen Riesenökosystem, und etwa ein Viertel des globalen Austausches zwischen Lufthülle und Pflanzenwelt spielt sich hier ab. Der Begriff *Lunge der Erde* ist deshalb keineswegs an den Lianen herbeigezogen.

Womit wir wieder einmal beim menschlichen Körper als Sinnbild des Klimasystems wären: Die Tropenwälder sind vitale Organe des planetarischen Gefüges. Ein Zusammenbrechen der entsprechenden Regenwalzen und der damit verbundenen hohen pflanzlichen Produktivität, was sich als Übergang vom Regen- zum Trockenwald oder gar zur Savanne vollziehen könnte, hätte einen enormen Einfluss auf die globalen Stoffkreisläufe und somit wiederum auf das Klima der Erde. Dadurch könnte eine tödliche Spirale in Gang gesetzt werden. Diese beängstigende Möglichkeit ist schon seit Längerem Teil der wissenschaftlichen Debatte um die Zukunft der Regenwälder – aber die exakte Identifikation der wesentlichen Prozesse sowie die Ermittlung der Umweltwerte (Temperatur, Niederschlag etc.), bei denen ein Kippen ausgelöst wird, bleiben eine Herausforderung. Eine wesentliche Unsicherheit ist dabei die Rolle des Kohlendioxids als Dünger, der Pflanzenwachstum in der Regel beschleunigt (siehe Kapitel 18). Die Größe dieses Effekts ist bislang ebenso unklar wie die künftigen Veränderungen beim Niederschlag (Rammig u. a. 2010).

Apropos Dünger: Über die verblüffende Fernverbindung zwischen Amazonasgebiet und Sahara mittels Staubtransfer haben wir oben schon gesprochen. Dieser Staub, den ablandige Winde in großen Mengen über das Meer wehen, hat auch einen hohen Phosphoranteil, ist also reich an einem wesentlichen Nährstoff für das Pflanzenwachstum. Besonders im Regenwald, wo der Niederschlag die Böden regelmäßig auswäscht, reicht die Zersetzung von Blättern und anderen Pflanzenteilen und das damit verbundene Phosphor-Recycling nicht aus, um den lokalen Bedarf an diesem natürlichen Dünger zu decken. Insofern droht dem südamerikanischen Regenwald im Klimawandel große Gefahr aus dem fernen Afrika, wenn sich dort die Umweltverhältnisse ändern sollten, sodass diese wichtige Nährstoffquelle versiegt.

Gewiss ist jedenfalls, dass das mächtige Amazonas-Ökosystem auf vielfache Weise verwundet werden kann. Durch direkte menschliche Störungen wie Brandrodung und das Schlagen von Schneisen für den Straßenbau. Letztere sind wie offene Wunden für den Wald, wo das Feuer wie eine Entzündung eindringen und sich ausbreiten kann. Der Niederschlag ist ohnehin eine kritische Größe (Hilker u. a. 2014): In El-Niño-Jahren leidet die Vegetation zumeist unter Wassermangel, während in La-Niña-Jahren das Gegenteil der Fall ist. Sollte der Klimawandel die Intensität dieser natürlichen Klimaschwankung tatsächlich verstärken (vergleiche Abschnitt *El Niño-Southern Oscillation*), wird der *Regen*wald im Hinblick auf seinen namengebenden Wohltäter auf eine immer wildere Achterbahnfahrt gezwungen. Verlängerte Trockenzeiten können bei der Vegetation durchaus Schäden anrichten, die bis zur nächsten Niederschlagsphase nicht behoben und so immer weiter verstärkt werden. Die Waldbrände vollenden dann das Werk der Zerstörung.

Beobachtungen belegen, dass weite Teile des Amazonas-Regenwaldes in seiner heutigen Form tatsächlich bereits absterben. In der Zeitspanne seit den 1990er-Jahren, während derer die weltweiten CO_2-Emissionen um über 20 Prozent angestiegen sind, hat die Fähigkeit zur Kohlenstoffaufnahme des Amazonas-Regenwaldes um 30 Prozent abgenommen (Brienen u. a. 2015). Dies liegt nicht zuletzt daran, dass die Bäume auch während einer Dürre den Kampf ums Sonnenlicht fortführen und wachsen müssen, dieser Kampf jedoch unter Wasserstress erfolgt. Wie bei römischen Gladiatoren, denen man das Trinken untersagte und die nahezu wahnsinnig vor Durst aufeinander einschlugen. Diese besondere Anstrengung kann zum verfrühten Absterben der Bäume führen, wodurch wegen der Zersetzung des organischen Materials weitere Schübe an CO_2-Emissionen hervorgerufen werden (Doughty u. a. 2015). Es häufen sich also Hinweise, dass ein fataler funktionaler Übergang vonstatten geht: vom Regenwald als CO_2-Senke zur CO_2-Quelle (Davidson u. a. 2012)!

Würde dieses Naturwunder unter dem Druck eines ungebremsten Klimawandels aber tatsächlich kollabieren beziehungsweise eine gänzlich andere Gestalt annehmen? Und was ist mit den anderen großen Regenwäldern, im Kongobecken, auf Sumatra und Borneo? Die Wissenschaft kann diese Fragen noch längst nicht zufriedenstellend beantworten, aber sie erzielt neuerdings große Verständnisfortschritte. Systematische Beobachtungen, Feldversuche und Modellstudien auf allen möglichen räumlichen und zeitlichen Skalen lassen bereits ansatzweise Grundmuster im Teppich der Erkenntnisflicken erkennen. Und die »Breaking News« beziehen sich auf die umstrittene Rolle der *Biodiversität*:

Oft wird ja vermutet, dass die ungeheure Vielfalt der Arten und Ökosysteme in einem tropischen Primärwald aus der reinen Funktionalperspektive eher einen überflüssigen Luxus darstellt. Die jeweils besten ihrer Zunft (sagen wir, der Baumrindenzersetzer) könnten den Betrieb des Gesamtbioms (siehe Kapitel 18) allein sicherstellen, vielleicht sogar besser ohne den ganzen Biodiversitäts-Schnickschnack, der zweifelsohne seinen ästhetischen Charme besitzt. Dem steht scharf die Pauschalhypothese gegenüber, dass »viel« auch »mehr« ist, dass also der Regenwald umso stabiler und produktiver ist, je bunter und wilder ihn die Schöpfung oder Evolution komponiert. Am PIK haben wir nun eine heiße Spur aufgenommen, die zur Auflösung dieses epischen Zanks führen könnte. Mithilfe eines neuartigen Modellansatzes, der sich allerdings nur auf superschnellen Computern realisieren lässt, gelingt es unseren Forschern, die Gruppendynamik einer Waldgemeinschaft unter Berücksichtigung aller Baumarten zu simulieren. Und dieses Biotheater offenbart Erstaunliches.

Beispielsweise bricht der Amazonas-Regenwald in den Szenarien mit ungebremstem Klimawandel tatsächlich weitgehend zusammen, so wie dies in älteren Studien vorhergesagt wird (Cox u. a. 2000). Nichts deutet im Rahmen jener Untersuchungen darauf hin, dass sich das tropische Ökosystem längerfristig wieder erholen könnte. Beachtenswerterweise kommt es dagegen in unserem Modell zu einem glänzenden Wald-Comeback, wenn man die Simulation nach dem scharfen Einbruch der Biomasse jahrhundertelang weiterarbeiten lässt! Die Basis dafür ist in der Tat die *Vielfalt* des Amazonas-Gefüges, welche es dem Artenverbund erlaubt, die durch die Erderwärmung transformierte Umweltnische recht rasch wieder prall zu füllen – indem zuvor eher randständige Mitglieder der Gemeinschaft nun zu Champions des Kollektivs werden. Natürlich wandeln sich dadurch viele Eigenschaften des tropischen Regenwaldes, aber sein Gesamtcharakter wird weitgehend restauriert (Thonicke u. a. in Vorbereitung). »Multikulti« ist also wirklich klasse – zumal im Urwald.

Nordische Nadelwälder

Zu den Biomen (Großökosystemen) von globaler Bedeutung zählt auch der Nadelwald in den nördlichen Breiten, der fast ein Zehntel der Landfläche unseres Planeten bedeckt. Anders als auf der Südhalbkugel, wo jenseits der Subtropen keine ausgedehnten Landmassen existieren, zieht sich diese zivilisationsferne Vegetationszone wie ein Band um die Nordhalbkugel, von Skandinavien über Sibirien und die Mongolei bis nach Alaska und Kanada.

Die Erwärmung geht in diesen polnahen Breiten etwa doppelt so schnell vonstatten wie im globalen Mittel – darauf wurde oben schon mehrfach hingewiesen. Dies ist zunächst einmal gar nicht schlecht für die dortige Vegetation, denn die längere Wachstumsphase in Verbindung mit einer höheren atmosphärischen CO_2-Konzentration kann durchaus zu einer größeren biologischen Produktivität führen. Andererseits schädigen Hitzewellen und Dürreperioden den Nadelwald. Insektenplagen können verheerende Auswirkungen haben, und Waldbrände zerstören mitunter riesige Gebiete (World Bank 2014, Abschnitt 5.4.6). Und einer »natürlichen« Verschiebung der gesamten Vegetationszone nach Norden im Gleichschritt mit der Erderwärmung sind letztlich durch die Endlichkeit der Landmasse Grenzen gesetzt.

Ob, und wenn ja, unter welchen Bedingungen es zu einem Kippen dieses nordischen Ökosystems kommen kann, ist bisher ziemlich unklar. Es gibt allerdings Hinweise darauf, dass nur bestimmte Komponenten der Baumbedeckung stabil sind (Scheffer u.a. 2012). Das lässt vermuten, dass die im System tätigen nichtlinearen Prozesse einen abrupten Übergang von Wald zu Steppe erzwingen, wenn sich die Umweltbedingungen über einen bestimmten Schwellenwert hinaus verändern. Der umgekehrte Vorgang – heutige Steppe wird zu künftigem Wald – ist interessanterweise auch denkbar.

Tropische Korallenriffe

Zum Abschluss unserer Reise durch die Welt der Kippelemente bewegen wir uns dorthin, wo unser Planet am schönsten ist. Fantastische Korallenriffe findet man in den flachen, sonnendurchfluteten, eher säurearmen Gewässern nahe tropischer Küsten. Die riffbildenden Korallen sind Nesseltiere, welche Skelette aus Kalk aufbauen, auf denen sie siedeln und Plankton für ihre Ernährung aus dem Meerwasser filtern. Sie sind abhängig von bestimmten Algen, die mit ihnen in Symbiose leben, Photosynthese betreiben und den Korallenriffen ihre einzigartige Farbenpracht verleihen. Diese Pracht sowie die beeindruckende Vielfalt an Meeresgetier, dem die Korallenriffe Schutz und Nahrung bieten, locken scharenweise Touristen an. Somit hat die Riffwelt neben ihrer essenziellen Funktion für die marine Nahrungskette, an deren Spitze der Mensch steht, auch große soziale und ökonomische (sprich: devisenbringende) Bedeutung. Auch diese Wunderwelt ist leider vom Klimawandel bedroht, sogar in besonderem Maße.

Die »Symbiosealgen« sind nämlich sehr empfindlich. Wenn die Umgebungstemperatur des Wassers zu stark ansteigt, produzieren sie Giftstoffe und werden von den Korallen abgestoßen: Es kommt zur sogenannten Korallenbleiche. Wenn die für die Korallen überlebenswichtigen Algen nicht zurückkehren, sterben die sesshaften Nesseltiere innerhalb weniger Wochen ab. Es braucht dann mehrere Jahre bis Jahrzehnte, bis sich ein Riff wieder erholt und erneut von Korallen und ihren Symbiosealgen besiedelt werden kann. Eine Korallenbleiche kann demnach als ein irreversibles Kippen dieses besonderen Ökosystems betrachtet werden, wenn die Umweltbedingungen dauerhaft eine Wiederansiedlung verhindern oder im Anfangsstadium unterbrechen. Ein Zusammenbruch der Korallenwelt, die den Lebensraum für viele Tiere und Pflanzen bildet und zudem die nahe gelegenen Küsten vor hohen Wellen schützt, wird fatalerweise auch für den Fall erwartet, dass die globale Erwärmung auf 2 °C begrenzt werden kann (Frieler u.a. 2013 sowie Abbildung 71).

Und da ist ja auch noch das Problem der Ozeanversauerung durch atmosphärische CO_2-Anreicherung, das wir schon mehrfach angesprochen haben (Kapitel 9). Grob gesagt fällt die Kalkbildung den Korallen immer schwerer, je tiefer der pH-Wert des Wassers fällt. Jüngste Forschung zeigt, dass eine der größten ökologischen Katastrophen der Erdgeschichte (am Perm-Trias-Übergang vor etwa 250 Millionen Jahren, siehe Kapitel 14) durch eine langsame, aber sehr starke Versauerung der Weltmeere verursacht worden sein könnte (Hand 2015). Herbeigeführt wurde diese Versauerung selbst damals möglicherweise durch den Ausstoß großer Mengen CO_2 aus sibirischen Vulkanen. Der heute durch den Menschen bewirkte Treibhausgasausstoß hat wohl nicht die gleiche Dimension, allerdings ist die *Rate*, mit der wir nun die Zusammensetzung unserer Lufthülle verändern, größer. Und ebendiese Rate ist für die Anpassungsfähigkeit von Elementen der Biosphäre oft entscheidend.

Zusammenschau und Fazit

Seit vielen Jahren setze ich mich selbst forschend und lehrend mit den Kippelementen im Erdgetriebe auseinander. Die oben erwähnte Linacre Lecture von Oxford war eine frühe Zwischenstation, die Veröffentlichung viel beachteter Artikel in den *Proceedings of the National Academy of Sciences* (PNAS) in den Jahren 2008 und 2009 (Lenton u.a. 2008; Schellnhuber 2009) ein vorläufiger Höhepunkt. Explizite wissenschaftliche Untersuchungen habe ich, zusammen mit brillanten Kollegen, zu den Themen *indischer Sommermonsun, El Niño-Southern Oscillation, Stabilität von terrestrischen und marinen Ökosystemen* sowie *Transformation des Jet Stream* durchgeführt. Inzwischen entwickelt sich dieses ganze Forschungsfeld ausgesprochen rasant und wird immer faszinierender, wobei sich in die intellektuelle Begeisterung zunehmend Sorge um die Bewahrung der Schöpfung mischt. Überdies sind einige der bedeutendsten Fragen noch unbeantwortet: Wie »resilient«, also erholungsfähig, sind Kippelemente wie die tropischen Regenwälder, die Korallenriffe, der nördliche Strahlstrom usw. tatsächlich? Welchen unumkehrbaren Schaden würde eine ungebremste Erderwärmung anrichten? Welche Vorgänge ließen sich dagegen rückgängig machen oder in geordnete Bahnen lenken? Überhaupt ist die *Folgenforschung* zu Kippvorgängen im Klimasystem praktisch nicht existent: Die Wissenschaft stürzt sich allzu gern auf das, was schon gut beleuchtet ist, und meidet die dunklen Ecken, wo sich das Bedrohliche, aber vielleicht auch das Rettende verbirgt. Ich bin allerdings davon überzeugt, dass dieses weite, unbekannte Land schon bald von kühnen Entdeckern betreten werden wird.

Im Rahmen dieses Kapitels bin ich dem Leser jedoch noch zwei Dinge schuldig: erstens eine Erläuterung zur Entstehung der Kipp-Begrifflichkeit und zweitens eine Verknüpfung der Kippphänomene mit der 2-Grad-Leitplanke. Diese Schuld wird nun abgetragen, wobei ich mit der Terminologie beginne.

Auf einer großen europäischen Wissenschaftskonferenz, die 2004 in Stockholm stattfand, sollte ich einen Vortrag über »Die Achillesfersen der Erde« halten. Die Kunde von meiner Oxford-Vorlesung hatte sich damals schon ziemlich weit verbreitet. Im Vorfeld wurde ich von einem BBC-Journalisten kontaktiert, dem wunderbaren Alex Kirby, der mir später noch öfters begegnete. Im Interview (Kirby 2004) bat er mich um eine allgemeinverständliche Charakterisierung meiner Präsentation, die sich unter anderem mit der möglichen Entgleisung der Monsunsysteme im Klimawandel auseinandersetzen würde. Hartnäckig bohrte er nach immer anschaulicheren Beschreibungen, bis ich endlich die rettende Idee hatte: Die Umwelt-Schwellenwerte, bei denen ein vitales Element des Klimasystems in einen anderen Zustand umspringen müsste, könnte man doch als *tipping points* bezeichnen. Ich hatte nämlich gerade das populäre Buch von Malcolm Gladwell gelesen, das so betitelt war und davon handelte, wie kleinste Ursachen gewaltige Systeme ins Rutschen bringen können (Gladwell 2000). Wenn diese Interventionen genau an der richtigen Stelle ansetzen, versteht sich.

Und die Umgebungstemperatur ist bei komplexen Natursystemen häufig eine entscheidende Stellschraube. Insofern dehnte ich das Gladwell'sche Konzept spontan auf die ganze Klimaproblematik aus. Kirby war begeistert und machte sich sofort an die Verbreitung meiner Aussagen. Damit war eine Begrifflichkeit geboren, die rasch Weltkarriere machte. Es dauerte einige Zeit, bis mir eine adäquate Übersetzung ins Deutsche einfiel: »Kipp-Punkte«. Das sind also die kritischen Werte für bedeutsame Umweltparameter (wie Temperatur, Niederschlag, Strahlungsintensität, Säuregehalt usw.), jenseits derer ein wichtiger Teil im System Erde in einen neuen Zustand (und womöglich in die Zerstörung) gezwungen wird. Solche Teilsysteme der planetarischen Umwelt habe ich folgerichtig »Kipp-Elemente« getauft. Gute Metaphern sind von unschätzbarem Wert.

Bleiben noch die 2 Grad. Der Bezug zur potenziellen Kippdynamik auf Erden (wie oben ausführlich beschrieben) ist allerdings offensichtlich:

Vieles deutet darauf hin, dass bei einer globalen Erwärmung in den 3-, 4- oder gar 6-Grad-Bereich hinein Kipppunkte wichtiger ökologischer Gebilde reihenweise passiert werden dürften. Der heutige Stand der Wissenschaft darüber ist in Abbildung 72 zusammengestellt.

Zur Einordnung der vermutlichen Kipppunkte ist die Temperaturentwicklung seit der letzten Eiszeit eingezeichnet. Man vergleiche diesen sachte anmutenden Anstieg mit der Drastik der bereits menschengemachten Erwärmung sowie mit den von den RCP-Szenarien (Kapitel 16) vorgezeichneten möglichen Umweltpfaden!

Statt präziser Schwellenwerte für die einzelnen Kippelemente (wie den Grönländischen Eisschild) sind ganze *Wertebereiche* im Stil des Ampel-Diagramms von Abbildung 61 eingefärbt. Damit soll den Unsicherheiten und Unschärfen Rechnung getragen werden, die zurzeit noch nicht wissenschaftlich ausgeräumt sind. Der niedrigste Temperaturwert, wo das fragliche Element bereits kippen könnte, ist in zartem Gelb gehalten; je wahrscheinlicher das Umspringen wird, desto intensiver rötet sich der Fehlerbalken.

Dieses Diagramm offenbart auf einen einzigen Blick das Dilemma, in das die moderne Weltgesellschaft hineingeraten ist: Mit fortschreitender Erderwärmung überfahren wir mit unserem Fossilvehikel gewissermaßen ein ökologisches Stoppschild nach dem anderen. Im Alltagsleben ist das keine gute Idee – die Strafe heißt im besten Fall Führerscheinentzug, im schlimmsten Verstümmelung oder Tod. Abbildung 72 zeigt auch überdeutlich, dass sich die Stoppschilder jenseits der (eingezeichneten) 2-Grad-Linie häufen. Soll heißen: Dies ist die No-go-Zone der Menschheit aus klimawissenschaftlicher Sicht!

Leider enthüllt die Graphik auch, dass sich größere Unfälle von enormer ökologischer Tragweite auch schon *unterhalb* der 2-Grad-Marge ereignen können – wie das Absterben der tropischen Korallenriffe. Doch es ist allemal besser, das planetarische Gefährt mit zweifellos schlimmen Verbeulungen zum Stehen zu bringen, als es in den Totalschaden zu treiben. Finde ich.

Dritter Grad: Das Mark

22. Blendet die Seher!

Spätestens an dieser Stelle des Buches müssen wir über Kassandra sprechen. Die griechische Mythologie führt diese als Tochter des trojanischen Königs Priamos und rühmt ihre einzigartige Schönheit – »Kassandra« bedeutet wörtlich »die, welche die Männer einwickelt«. Selbst der Gott Apollon verliebte sich in die Trojanerin und versuchte sie zu erobern, indem er ihr die Gabe der Weissagung verlieh.

Leider können Männer ausgesprochen gemein sein, insbesondere wenn sie von einer Frau zurückgewiesen werden. Weil Kassandra den liebestollen Apollon verschmähte, verwandelte er sein Werbegeschenk in einen Fluch und damit seine Angebetete in eine tragische Heldin – eben so, wie die griechische Sage sie mag: Obwohl Kassandra alles künftige Unheil korrekt vorhersehen würde, sollte ihr niemand Glauben schenken! Durch diesen ebenso fiesen wie genialen Plot bekommt Homers Erzählung vom Untergang Trojas eine ganz besondere Note. Denn Kassandra durchschaute die Listen der griechischen Belagerer wie das legendäre hölzerne Riesenpferd voller verborgener Krieger, doch all ihre Warnungen verhallten ungehört…

Was hat nun die liebreizende Trojanerin mit dem Klimawandel zu tun? Nun, im Laufe der Jahrhunderte etablierte sich im öffentlichen Diskurs der Begriff »Kassandraruf«, welcher die ursprüngliche mythologische Bedeutung praktisch auf den Kopf stellt: Gemeint sind damit düstere Vorahnungen oder »Unkenrufe«, die einerseits große Verunsicherung erzeugen, andererseits jedoch maßlos übertrieben sind. Es handelt sich also um eine abwertende Bezeichnung – im selben Atemzug wird gern von »Alarmismus« gesprochen. Wer sich als Wissenschaftler heute mit dem Klimawandel beschäftigt und seine Einsichten über die engere Fachliteratur hinaus in die Gesellschaft kommuniziert, muss sich auf polemische Angriffe aller Art gefasst machen. Wichtigtuerei zum Zwecke der Erschließung üppig sprudelnder Forschungsgeldquellen, lautet eine der gängigsten Unterstellungen, die vor allem die intellektuellen Latrinen des Internet durchwabert. Vermutlich schließen da viele von sich auf andere.

Aber keine Anklage ist so beliebt wie der Vorwurf der »Angstmacherei«, der stets mit einer Mischung aus Besserwisserei und Verachtung zelebriert und einem gelegentlich auch von Kollegen aus den Naturwissenschaften ins Gesicht gespuckt wird. Denn wer Angst erzeugt, hat entweder welche (Feigheit!) oder nutzt sie wider besseres Wissen zur Manipulation seiner Mitmenschen (Verschwörung!).

Das hört sich einigermaßen absurd an, gehört jedoch zu den Alltagserfahrungen derjenigen Klimaforscher, die in der Öffentlichkeit unverblümt auf die mit der Erderwärmung verbundenen Gefahren hinweisen. Ich erlebe das selbst nun schon seit vielen Jahren, wobei die Angriffe das ganze Spektrum – vom achtlosen Missverstehen meiner Aussagen bis hin zur Anstiftung zur Gewalt gegen meine Person – abdecken. Wer bei Google & Co. den Namen »Schellnhuber« eingibt, wird prompt zu den wildesten (und deshalb offenbar populärsten) Einlassungen dieser Art gelenkt. »Kassandra vom Telegraphenberg« zählt da eher noch zu den Schmeicheleien; »Potsdamer Chefalarmist« ist schon etwas ruppiger formuliert, und beim »Klimaschwindler Schellnhuber« hat die Polemik das rechte Unterleibsniveau erreicht. Es gibt aber noch bösartigere Blogs, wo man mich als Möchtegern-Ökodiktator karikiert, mich mit früheren Nazi-Scheusalen wie Reinhard Heydrich vergleicht und den amerikanischen Geheimdiensten vorschlägt, mich schleunigst in einem Geheimgefängnis à la Guantánamo verschwinden zu lassen. Ob sich damit wohl das Klimaproblem der Menschheit lösen ließe?

Das bisher abstoßendste Erlebnis hatte ich in diesem Zusammenhang am 12. Juli 2012 im australischen Melbourne, wo ich auf Einladung der dortigen Universität eine öffentliche Vorlesung über die notwendige Begrenzung der Erderwärmung hielt. Unmittelbar nach meinen Einleitungssätzen sprang ein dicklicher junger Mann in der zweiten Reihe des großen Hörsaals auf, brüllte etwas von »Völkermord« und hielt mir höhnisch grinsend eine Henkersschlinge entgegen. Nachdem ich mit leidgeprüfter Gelassenheit reagiert hatte, setzte sich der Hörer wieder, doch damit war der Spuk noch keineswegs zu Ende. Offenbar hatte sich eine Gruppe von radikalen Klimaschutzgegnern im Auditorium strategisch verteilt, um meine Vorlesung im 3-Minuten-Takt zu unterbrechen. Das übrige Publikum reagierte so, wie sich Menschen üblicherweise verhalten, wenn sie im öffentlichen Raum von individueller Aggression überrascht werden: Sie ducken sich peinlich berührt in ihre Sitze, lächeln verkniffen zur Seite oder starren in missbilligender Ratlosigkeit auf die Provokateure. Insofern blieb ich mir eine Weile selbst überlassen, wobei ich die Situation mit gezwungenem Humor zu retten versuchte. Schließlich wurden die ungebetenen Gäste doch noch von den Veranstaltern (recht höflich) aus dem Saal gewiesen, sodass mein Vortrag seinen Lauf nehmen konnte.

Jedermann kann sich diese befremdlichen Szenen auf YouTube zu Gemüte führen – die Störer luden dort umgehend ein selbst gedrehtes Video hoch, wo sie sich mit ihrer tollkühnen Aktion brüsteten. Und dieses Vorgehen folgt einer zwingenden Logik: YouTube ist das Videoportal von Google. Nach seiner Gründung im Jahr 2005 durch ehemalige PayPal-Mitarbeiter ist es rasch zum wichtigsten Internet-Marktplatz für optische Informationen (beziehungsweise Desinformationen) für das elektronisch vernetzte Individuum geworden: In Deutschland nutzt bereits jeder zweite Bürger YouTube; weltweit werden heute dort täglich milliardenfach Videos aufgerufen. Man kann bei diesem Portal zum Superstar avancieren oder eine Menge Geld verdienen. Aber eben weil das gesamte Format strikt die unmittelbaren Vorlieben, Befürchtungen und Wünsche der in der schützenden Anonymität des Internet agierenden Einzelnutzer widerspiegelt, zeigt uns YouTube zuverlässig auch die hässlichsten Seiten der Gesellschaft und ihrer Debatten. Und ebendiese Aspekte werden durch die unangefochten herrschende »Klickokratie« permanent an die Oberfläche gedrückt: Verharmlosungen, Verzerrungen, Verleumdungen und, natürlich, Verschwörungstheorien.

Der oben geschilderte Melbourne-Vorfall war »Höhepunkt« einer langjährigen Kampagne gegen meine Person, die sich auf eine unfassbar bizarre Hypothese stützt: 2004 wurde ich von der britischen Königin Elizabeth II. mit dem Ritterorden *Commander of the Most Excellent Order of the British Empire* geehrt – eine für deutsche Staatsbürger eher ungewöhnliche Auszeichnung. Und bei der schon erwähnten wissenschaftlichen Konferenz im Vorfeld des Kopenhagener Klimagipfels 2009 (siehe Kapitel 7) hielt ich auch noch einen Plenarvortrag, bei dem ich unter anderem auf die berühmte Frage einging, wie viele Menschen die Erde maximal beherbergen könne. Die erste wissenschaftliche Antwort darauf gab übrigens am 25. April 1679 der Erfinder der modernen Mikroskopie, der Holländer Antoni van Leeuwenhoek: 13,4 Milliarden (Cohen 1995). Eine bemerkenswerte realistische Abschätzung, ganz im Gegensatz zu vielen späteren Berechnungen, die wild zwischen weniger als 1 Milliarde und mehr als 1 Billion schwanken! Ich bezog mich in meinem Kopenhagener Vortrag auf die historische Debatte und sprach die Vermutung aus, dass sich bei ungebremster Erderwärmung alle Schätzungen oberhalb von 1000 Millionen wohl erübrigen dürften. Das war – begründeter – wissenschaftlicher Sarkasmus, allerdings ein zugegebenermaßen riskantes Stilmittel der Rhetorik im öffentlichen Raum.

Niemals hätte ich mir jedoch vorstellen können, dass man jene Anmerkung aufs Grässlichste verdrehen könnte – nämlich durch die Unterstellung, ich würde eine entsprechende Begrenzung der Weltbevölkerung *gutheißen* oder gar *anstreben*! Tatsächlich gibt es jedoch Leute, die genau dies tun und darüber hinaus eins und eins auf verrückteste Weise zusammenzählen:

»Ehrung durch die Queen + Aufruf zum globalen Völkermord = Agententätigkeit zur Wiedererrichtung des britischen Weltreiches, diesmal mit den Mitteln des großen Klimaschwindels.«

Soweit ich mich überhaupt in diese kranke Gedankenwelt hineinversetzen kann, geistert dort die Vorstellung herum, dass Maßnahmen gegen die frei erfundene Erderwärmung den eigentlichen Zweck haben, das Wachstum von Wirtschaft und Wohlstand außerhalb der Alten Welt zu verhindern. Insofern wäre Klimaschutz in letzter Konsequenz ein Genozid von unvorstellbaren Ausmaßen. Und bekanntlich gehört die britische Regierung auf dem internationalen Parkett zu den klimapolitischen Vorreitern. Bingo!

Hat man sein Gehirn erst wieder entknotet, könnte man das Ganze als skurrile Randerscheinung abtun. Leider lässt sich diese Erscheinung nicht so leicht abschütteln – ihre gespenstischen Protagonisten verfolgen mich seit Jahren, und das im wahrsten Sinn des Wortes: bei öffentlichen Veranstaltungen durch Störaktionen von mehr oder weniger ruppiger Machart; bei geschlossenen durch absurde Demonstrationen vor dem jeweiligen Gebäude sowie durch Verteilen entsprechend verrückter Pamphlete; in meiner Privatsphäre durch ein Trommelfeuer von bösartigen E-Mails, die man zur Bewahrung seiner mentalen Gesundheit besser ignoriert. In schlechtester Erinnerung ist mir ein Konzert, das im Mai 2011 in einer ehemaligen Stockholmer Kirche anlässlich des 3. Nobelpreisträgertreffens zur globalen Nachhaltigkeit uraufgeführt wurde. Die Idee zu dieser »noblen« Konferenzreihe hatte ich schon 2006 in einem Gespräch mit Angela Merkel entwickelt, und seither bin ich stets an der Planung und Durchführung dieser inspirierenden Ereignisse beteiligt gewesen.

Aber alles lässt sich besudeln, mag es noch so gut gemeint sein: An jenem Maiabend wurde ich beim Eintreffen vor der bewussten Kirche von einem Grüppchen von Demonstranten mit glasigen Augen empfangen, die Handzettel über mein völkermörderisches Treiben an die arglosen Konzertbesucher – immerhin die wichtigsten Repräsentanten der schwedischen Gesellschaft nebst zwei Dutzend Nobelpreisträgern aus aller Welt – verteilten. Unvergesslich werden mir der fragende Blick und die Anmerkung eines amerikanischen Physiklaureaten bleiben, der meinte, ich sei wohl hier in Europa eine sehr berühmte, aber offenbar auch umstrittene Figur. Das Prinzip des *semper aliquid haeret* (»es bleibt immer etwas hängen«) funktioniert mit tödlicher Zuverlässigkeit; jeder Ruf kann mit primitiven Mitteln beschädigt werden. Es braucht nur den Willen dazu und fanatische Hartnäckigkeit.

Eine der Hassgruppen, die mich persönlich verfolgt, firmiert in Deutschland unter dem niedlichen Namen »Bürgerrechtsbewegung Solidarität«, kurz BüSo. Sie ist in Wirklichkeit eine bizarre politische Sekte mit vielleicht einigen hundert Mitgliedern. BüSo sieht sich als Teil der sogenannten LaRouche-Bewegung, deren Stammzelle sich in den USA befindet, aber fleißig Metastasen in anderen Ländern (wie Australien und Schweden!) bildet. An der Spitze dieser Bewegung, deren ideologische Stoßrichtung ständig zu wechseln scheint, deren operatives Prinzip jedoch die Enthüllung von vermeintlichen Verschwörungen ist, steht ein gruseliges Paar: Lyndon LaRouche, geboren im amerikanischen Rochester, und Helga Zepp-LaRouche, geboren im deutschen Trier, die LaRouche 1977 heiratete. Beide Ehepartner können auf eine – zweifellos unterhaltsame – politische Sozialisation im ultralinken akademischen Milieu zurückblicken. Heute ist die rote Grundierung braun übermalt: Die LaRouche-Jünger huldigen einem kruden, rücksichtslosen Fortschrittsideal, das die marxistische »Entfesselung aller Produktivkräfte« beschwört und jedwedes »Gutmenschentum« als Volksverdummung durch die perfiden Eliten brandmarkt.

Man könnte nun die LaRouches einfach nur lächerlich finden, zumal Lyndon und Helga unverdrossen für die US-Präsidentschaft beziehungsweise die BRD-Kanzlerschaft kandidieren. Aber die von ihnen dirigierten Sektierer müssen nicht durchgängig harmlose Zeitgenossen sein, und auch winzige Grüppchen können öffentliche Debatten zu lebenswichtigen Themen verwirren und das Ansehen der Diskutanten beschädigen. Ich verzichte hier auf mögliche historische Vergleiche. Stattdessen möchte ich das Verquere des LaRouchismus und ähnlich wahnhafter Bewegungen durch zwei persönliche Erfahrungen charakterisieren, die zeitlich weit auseinanderliegen.

Im Herbst 2014 rannte ich fast in eine kleine Schar von Plakatträgern, die in der Einkaufspassage des Flughafens Berlin-Tegel gegen die üblichen Verdächtigen (ich meine, es war in diesem Falle die Europäische Union) demonstrierte. Während meines Ausweichmanövers sah ich, dass es sich um BüSo-Aktivisten handelte, und im selben Moment sprach mich eine junge Frau an: »Guten Tag, Herr Schellnhuber, wir sind Ihre Feinde!« Sie sagte das mit sanfter Stimme, frei von jeglicher Ironie, und wirkte völlig normal. Ich ging wortlos weiter, erfüllt von einer Mischung aus Mitleid für diese verirrte Seele und Schauder vor der Macht, die das Böse noch in seiner schwachsinnigsten Form über die Menschen ausüben kann.

Und wieder einmal entsann ich mich einer seltsamen Begegnung in meinem Universitätsleben Mitte der 1970er-Jahre. Durch die Hallen der Regensburger Hochschule zog eines Tages ein Rekrutierungstrupp der »Europäischen Arbeiterpartei« (EAP), die als Teil des merkwürdigen LaRouche-Imperiums von der Gattin des selbst ernannten Messias geführt wurde. Besagte Partei war irgendwie trotzkistisch-anarchistisch ausgerichtet, hob sich jedoch von der damaligen Szene durch die glühende Unterstützung der Kernenergie, insbesondere der Kernfusion, als Heilsbringer der Menschheit ab. Das Regensburger Werbekommando suchte damals auch den Lehrstuhl meines späteren Doktorvaters heim, der politisch am linken Flügel der SPD aktiv war. Wir Studenten waren aber nicht aufzufinden – am Mittwochnachmittag gingen wir unserer zweiten großen Leidenschaft nach der Physik, dem Fußballspiel, nach. Ich erinnere mich noch genau, wie die EAP-Leute plötzlich am Spielfeldrand auftauchten und mich in ein Gespräch über den richtigen Klassenkampf zu verwickeln suchten. Dies war an Dämlichkeit nicht zu überbieten, denn niemals hätten wir unser heiß geliebtes Gebolze unterbrochen – Weltrevolution hin oder her.

Nicht dass unser Herz in diesen Jahren nicht für die Ideale einer klassenlosen Gesellschaft geschlagen hätte, dies bekenne ich hier freimütig. Aber von der dogmatischen Linken in ihren skurrilen bis dämonischen Ausprägungen haben meine Freunde und ich uns stets ferngehalten. Verblüffend ist, wie viele der damals schon Verbohrten einem auf dem späteren Lebensweg wieder begegneten – wie Vampire, bei denen man versäumt hat, einen Holzpflock durchs Herz zu treiben. Allerdings sind deren Bohrgänge nun anders ausgerichtet, nämlich bei den ultralinken Fanatikern von einst gern nach ganz rechts. Die Verwandlung vom Saulus zum Paulus scheint geschichtlich eher ein Einzelereignis dazustellen; meist findet die umgekehrte Transformation statt.

Damit will ich den Einblick in die Anfeindungen, die ich als Klimaforscher persönlich seit langer Zeit erfahre, zunächst einmal abschließen. Vieles davon ist unsäglich banal, manches abstoßend, weniges richtig bedrohlich. Doch mit der dünnen Haut eines introvertierten Grüblers oder eines versponnenen Schöngeists lassen sich solche Attacken nicht dauerhaft ertragen. Dies haben, schmerzlicher als ich, eine Reihe von Kollegen erfahren müssen, die im angloamerikanischen Raum arbeiten und damit eigentlich mit harten Bandagen vertraut sein sollten. Im Grundstudium der Physik oder der Meteorologie wird einem zwar so manches vermittelt, keinesfalls jedoch die Kunst, sich gegen aggressive, an den Haaren herbeigezogene Diffamierungen zu wehren. Das muss man schon selbst lernen (oder auch nicht), wenn es einmal so weit ist. Wie im Jahr 2009 für Phil Jones.

Jones, Jahrgang 1952 und ausgebildeter Hydrologe, war damals Direktor von CRU (Climatic Research Unit), einem führenden Klimaforschungsinstitut an der University of East Anglia (UEA) im britischen Norwich. Von 2001 bis 2005 war ich selbst Professor an der UEA und hatte insbesondere in meiner Eigenschaft als Forschungsdirektor eines landesweiten akademischen Verbundes zur Untersuchung des Klimawandels (Tyndall Centre) viele Begegnungen und Fachgespräche mit ihm.

Phil Jones ist ein fast zarter, schüchterner Mann mit diskretem Humor und erstklassigen Manieren, was man – entgegen den deutschen Klischeevorstellungen von der »feinen englischen Art« – keineswegs von allen unseren Verwandten jenseits des Ärmelkanals behaupten kann. Er hat am CRU über viele Jahre mit Fleiß und Hingabe eine Sammlung von weltweiten Klimadaten zusammengetragen und ausgewertet, die zu einer der wichtigsten Quellen überhaupt für das Studium der Erderwärmung geworden ist. Über diesen Zeitraum ist Jones Teil eines internationalen Netzwerkes von Klimaexperten geworden, die selbstverständlich eifrig über das Internet und andere elektronische Medien miteinander kommunizieren. Also versendet und empfängt Phil Jones im Informationsaustausch mit Fachkollegen jährlich viele Tausende von E-Mails. Zum Inhalt solcher elektronischen Briefe zählen, neben wissenschaftlichen Überlegungen, gelegentlich auch politische Einschätzungen und private Mitteilungen. Das war im 17. oder 20. Jahrhundert genauso, wie etwa die Sichtung der Korrespondenz von Leibniz oder Einstein belegt.

Ganz anders als damals kann man jedoch im heutigen Internet durch digitalen Übergriff den Inhalt solcher Korrespondenzen in die ganze Welt ausgießen – indem man das entsprechende elektronische Nachrichtensystem attackiert (»hackt«) und die dort gespeicherten Botschaften ins Netz stellt, wo sie sich dann selbstständig weiterverbreiten. Genau dies geschah in den Tagen ab dem 17. November 2009 mit einem 160-MB-Datensatz von einem UEA-Netzwerkrechner. Die Datei enthielt mehr als 4000 Dokumente, davon über 1000 E-Mails an/von Phil Jones und Kollegen, übrigens einschließlich meiner selbst. Wie die Kriminalpolizei der Grafschaft Norfolk später mitteilte (Norfolk Constabulary, 2012), handelte es sich bei diesem Datendiebstahl um »eine geschickte und sorgfältig geplante Attacke auf das CRU-Rechnersystem, die über das Internet von außerhalb durchgeführt wurde«. Diese Einschätzung wird gestützt durch verschiedene Fakten, etwa die gezielte Weiterverbreitung der E-Mails am 19. November über einen Server im russischen (!) Tomsk und die nachfolgende Kommentierung des Ganzen auf einem anonymen saudi-arabischen (!) Blog. Wenn man einen erfolgreichen Klima-Reißer voller Klischees schreiben wollte, würde man vermutlich bei genau so einem haarsträubenden Plot landen. Aber die Wirklichkeit ist meist noch grotesker als die schrägste Fantasie. Unmittelbar nach dem 17. November gab es auch Hackerangriffe auf andere Institutionen der Klimaforschung und -kommunikation, zum Beispiel auf die Website des preisgekrönten Wissenschaftskommentars »RealClimate«. Rasch griff ein gewisser Verfolgungswahn in den Reihen meiner Kollegen und insbesondere bei den Pressestellen der entsprechenden Forschungsinstitutionen um sich.

Im Internet und in den Medien war jedenfalls die Hölle los. Die Polizei hat ihre Bemühungen zur Aufklärung inzwischen längst eingestellt. Wer auch immer das Ganze inszenierte, landete einen globalen Coup. Denn das öffentliche Interesse an den bloßgestellten E-Mails wurde gleich von mehreren starken Affekten geschürt: dem Reiz des Herumschnüffelns in privaten Mitteilungen, dem Misstrauen gegenüber den Eierköpfen im Paralleluniversum der Wissenschaft, der Lust am Spinnen von Verschwörungstheorien und natürlich dem Hass auf die vermeintlich umweltfixierten Spielverderber bei der rauschenden Öl-Gas-Kohle-Party des globalen Zeitalters. Dabei stand in den elektronischen Briefchen so gut wie nichts für das breite Publikum Interessantes, und schon gar nichts Enthüllendes, Skandalöses, Welterschütterndes. Aber zum Kontroversthema Klima lässt sich noch aus dem langweiligsten Routineteig eine Scheingranate formen und mit Sensationsstreuseln garnieren.

Was die E-Mails tatsächlich offenbarten, war die wenig überraschende Einsicht, dass Wissenschaftler auch Menschen sind, die quasi privat gelegentlich sogar aus der Rolle des abgeklärten Beobachters fallen. Wenn man wahllos die Internetkommunikation eines beliebigen Deutschen, Russen oder Brasilianers anzapfen würde, dürfte es vermutlich nicht schwer sein, bei entsprechender Interpretation die bewusste Person wahlweise als Unterstützer von Al-Qaida, als Neofaschisten oder als künftigen Friedensnobelpreisträger einzustufen. Böswilligkeit ist, wie gesagt, die entscheidende Voraussetzung für solchen Irrsinn. Und in der Beziehung sind gewisse Teile der angelsächsischen Presse weltweit unerreicht.

Als Prachtexemplar unter den insularen Krawall-Journalisten ragt wiederum James Delingpole hervor, der unter anderem eine regelmäßige Kolumne für den *Daily Telegraph* schreibt – eine Zeitung, der man zumindest nicht den geizigen Umgang mit Druckerschwärze vorwerfen kann. Delingpole stuft sich selbst kokett als Mitglied der meistdiskriminierten Gruppe innerhalb der britischen Gesellschaft ein, der »weißen Männer mittleren Alters und Einkommens, welche eine Ausbildung im Privatschulen-Milieu – »Oxbridge« – genossen haben«. Vom noblen Christ Church College der Universität Oxford aus, mit dem ich als teutonischer Barbar selbst jahrelang verbunden war, pflegte er freundschaftlichen Umgang mit David Cameron und Boris Johnson, nicht zuletzt bei Trinkgelagen im Bullingdon Club der Elite-Rüpel. Und wie sich das für einen alternden Schwadroneur gehört (siehe nächstes Kapitel), hält er den menschengemachten Klimawandel für ein Ammenmärchen, mit dem man einerseits Kinder, senile Alte und esoterische Jungfern erschreckt, andererseits aber auch die »abendländische Kultur« bedroht (siehe zum Beispiel seine Rede beim Heartland Institute am 18. Mai 2010).

Wie ein Hai, der Blut im Wasser geschmeckt hat, stürzte sich Delingpole deshalb sofort auf die gehackten UEA-E-Mails und veröffentlichte am 20. November 2009 im *Telegraph* (Wochenausgabe des *Daily Telegraph*) eine polemische Bewertung, die weitgehend den Ton in der nachfolgenden weltweiten Aufregungsdebatte bestimmte. Titel: *Climategate* – der letzte Sargnagel für die »anthropogene Erderwärmung« (Delingpole 2009a). Damit hatte er nicht nur einen schweren journalistischen Unterleibstreffer gelandet, sondern auch einen ebenso albernen wie einprägsamen Begriff für den ganzen Vorgang geschaffen. Seit dem Watergate-Skandal, der Richard Nixon schließlich aus dem US-Präsidentenamt kegelte, ist in der angloamerikanischen Presse alles »...gate«, was nach Manipulation und Machtmissbrauch riecht. Insofern suchen Sensationsjournalisten ständig nach dem G-Punkt (selbstverständlich im couragierten Dienst der Freiheit), und Delingpoles scheinbarer Fund versetzte ihn in eine Art Delirium: Er war der Meinung, auf »den größten wissenschaftlichen Skandal der Weltgeschichte« gestoßen zu sein (Delingpole 2009b). In dieser Hinsicht hatte der ansonsten megacoole Brite ein wenig überhitzt, wie ich gleich erläutern werde. Aber die »Gate«-Welle rollte nun so richtig an: »Himalayagate«, »Hollandgate«, »Amazonasgate«, »Afrikagate« usw. Letztere waren allesamt Medienpopanze, die im Nachgang zum Vierten IPCC-Bericht von 2009 aufgebläht wurden und so etwas wie Sekundärinfektionen des durch die UEA-Affäre geschwächten Körpers der Klimawissenschaft darstellten.

Und damit nochmals zurück zum Primärinfekt: Nachdem vermutlich Tausende von händereibenden »Klima-Skeptikern« und sensationslüsternen Journalisten, mit Sicherheit aber Zehntausende von besorgten bis misstrauischen Fachwissenschaftlern die besagten E-Mails inspiziert hatten, blieben ein paar winzige Fragezeichen im feinen Sieb des Generalverdachts hängen. Warum wurde da einmal erwogen, bestimmte elektronische Mitteilungen vorsorglich zu löschen? Was war das für ein »Trick«, mit dem »die Abkühlung« weggedrückt werden sollte? Und war es nicht bezeichnend, dass Forscher ihren Erklärungsnotstand angesichts eines möglicherweise abflachenden Erderwärmungstrends artikulierten? Das Internet quietschte, gurgelte, brüllte und tobte; die Standardmedien hechelten atemlos der virtuellen Erregungskurve hinterher. Ertappt!

Die Hysteriebombe explodierte mitten hinein in die heiße Vorbereitungsphase des unseligen Kopenhagener Klimagipfels (siehe Kapitel 7). Wer auch immer die UEA-Hacker waren (was wir vermutlich nie erfahren werden), ihre Wahl des Detonationszeitpunkts war perfekt. Wie in einem Hollywood-Gangsterfilm der B-Kategorie wurde die Kronzeugin, also die Wissenschaft, direkt vor Prozessbeginn in die Luft gejagt. So ungefähr empfand man die Situation damals jedenfalls als Klimaforscher. Ich gestehe, dass ich das Ganze zunächst als übliches, aber eher harmloses Störfeuer einstufte, als mir die damalige PIK-Pressereferentin Uta Pohlmann unmittelbar nach einer Konferenz in Berlin ziemlich aufgeregt über die Vorgänge berichtete. Doch in kürzester Zeit wurde ich eines Schlechteren belehrt: Bis dato geradezu servile Journalisten schlugen plötzlich Staatsanwaltstöne im Interview an; angesehene Politiker (aber nicht Angela Merkel!) taten auf einmal kund, dass sie den Aussagen der Klimaforschung eigentlich noch nie ganz getraut hätten; vormals nette persönliche Bekannte wurden über Nacht zu aufgeblasenen Idioten, die mir mit einer Mischung aus Mitleid, Spott und Misstrauen begegneten. In diesen Tagen begriff ich, wie hauchdünn das Eis der öffentlichen und privaten Wertschätzung ist, auf dem der moderne Mensch und zumal die Wissenschaft wandeln.

Meinen Kollegen Jones brachte diese Erkenntnis allerdings an den Rand des physischen und seelischen Zusammenbruchs:

»Für Phil Jones ist das Leben ›furchtbar‹ geworden. Vor Monaten noch war er ein Mann mit hoher Reputation; ein Muster seines Fachs; der Vater der alarmierenden Weltfieberkurve. Vorbei. Jetzt findet Jones ohne Pillen keinen Schlaf mehr. Immerzu spürt er eine Enge in der Brust. Nur Betablocker helfen ihm über den Tag. Er ist abgemagert. Seine Haut wirkt fahl. Er ist 57, sieht mittlerweile aber viel älter aus. Der Forschungsskandal, in dessen Mittelpunkt er steht, traf ihn so unvorbereitet wie ein Auffahrunfall auf der Autobahn.

Untersuchungskommissionen der Universität und des britischen Parlaments prägen neuerdings seinen Alltag. Wie ein Haufen Elend hockt er bei den Befragungen auf seinem Stuhl, zitternd manchmal.

Das Internet ist voll von Spott über ihn, es hagelt Beschimpfungen und Morddrohungen: ›Wir wissen, wo du wohnst.‹ Jones ist fertig – seelisch, körperlich, beruflich. Mehrfach hat er in letzter Zeit erwogen, sich umzubringen. Er schreckte dann doch davor zurück; vor allem, weil er sehen will, wie seine fünfjährige Enkelin aufwächst.«

So ein bezeichnender Auszug aus einem bezeichnenden *Spiegel*-Artikel mit dem bezeichnenden Titel »Die Wolkenschieber« vom 29. März 2010 (Evers u.a. 2010). Die Story ist gut geschrieben. Sie reflektiert jedoch unbarmherzig die Spekulationen und Sentiments jener Tage und flirtet ungeniert mit den scheinbar tapferen, aber leider chancenlosen Widerstandskämpfern gegen die angeblich übermächtige etablierte Klimawissenschaft.

Natürlich hatten weder Phil Jones noch einer seiner Fachkollegen jemals Klimadaten zum Zwecke des Alarmierens manipuliert und durch entsprechende Veröffentlichungen den wissenschaftlichen Sachstand verzerrt. Die gestohlenen E-Mails beweisen ja genau die Redlichkeit der Forscher – wenn man sich nur die Mühe gibt, die Kommunikation genauer zu verstehen und sauber zu interpretieren. Gerade weil sich die Klimaforschung durch intensiven, weltumspannenden Diskurs von Tausenden von Experten vorwärtsbewegt, würden Fälschungen im Nu auffliegen und die Täter unerbittlich der wissenschaftlichen Hinrichtung zugeführt werden!

Davon bin ich persönlich überzeugt, aufgrund meiner 40-jährigen aktiven Erfahrung im internationalen Wissenschaftsbetrieb. Und aufgrund von ein wenig Menschenkenntnis, die mir sagt, dass Phil Jones kein Betrüger sein kann. Aber individuelle Vertrauenskredite werden in solchen Zeiten rasch irrelevant; wenn überhaupt, dann kann man unter den obwaltenden Umständen dem kollektiven Verdächtigungswahn nur mit formalen Prozeduren und juristischen Mechanismen entgegentreten. In grotesker Umkehrung des Prinzips der Unschuldsvermutung bis zur Widerlegung dieser Annahme müssen sich also in einer solchen Situation die *Opfer* einer haarsträubenden Verleumdungskampagne unter größtem Aufwand rituell reinwaschen.

Dessen war sich insbesondere die Leitung der University of East Anglia bewusst, die umgehend zwei hochkarätige Untersuchungskommissionen gegen ihre eigenen Mitarbeiter in Stellung brachte. Bei diesen Tribunalen durfte auf keinen Fall der britische Adel als ultimative Vertrauensinstanz fehlen: Einer der Ausschüsse wurde von Sir Muir Russel geleitet und sollte explizit das professionelle und zivilrechtliche Verhalten von Jones und Kollegen auf Korrektheit prüfen. Der andere Ausschuss, dem Lord Ronald Oxburgh vorsaß, sollte die wissenschaftliche Arbeit von CRU und Partnerinstitutionen kritisch beäugen und gegebenenfalls aburteilen. Die gewichtigste Kommission von allen war jedoch eine dritte, die das Komitee für Wissenschaft und Technologie des britischen Unterhauses organisierte und wo im Prinzip neben den »hauptverdächtigen« Experten auch gleich die ganze internationale Klimaforschung auf die Folterbank gestreckt wurde.

Zu erwartendes Ergebnis aller Prozesse: Freispruch sämtlicher Opfer des Hackerangriffs, jedoch unter ehrverletzenden Umständen. Hier wurde die Qualität der statistischen Verfahren bei CRU bemängelt, da die angebliche Geheimniskrämerei beim Datenmanagement kritisiert, dort wiederum die »Wagenburgmentalität« einzelner Protagonisten beklagt. Man kann daraus nur den Schluss ziehen, dass Wissenschaftler gefälligst Wesen von überirdischer Heiligkeit zu sein haben, damit sie ein Labor betreten dürfen. Und stellen Sie sich einmal vor, was geschähe, wenn man ähnlich überzogene Maßstäbe heute an Zeitungsredaktionen oder gar an das House of Lords anlegen würde. Bezeichnend ist übrigens, dass sich die Kommissionen und ihre Auftraggeber teilweise noch heute darüber streiten, was eigentlich der Zweck der Untersuchungen war. All dies ist kaum dazu geeignet, die verlorene Ehre von Phil Jones wiederherzustellen. Soweit ich weiß, geht es ihm inzwischen ein wenig besser, aber gewisse Wunden werden nie mehr heilen.

Während die Sirs und Lords in Großbritannien noch über die UEA-Fachleute zu Gericht saßen, rollte längst schon eine gewaltige Angriffswelle gegen die Klimaforschung auch auf der anderen Seite des Atlantiks. Nirgendwo sonst auf der Welt sind die Gegner des Umweltschutzes so skrupellos wie in den USA, wo die ungehinderte individuelle Bereicherung nun mal als edelstes Menschrecht gilt (mehr dazu im nächsten Kapitel). Paradoxerweise gebiert dieses Milieu auch am laufenden Band »Heroes of the Planet«, also Öko-Superstars wie Al Gore, Julia Roberts oder Leonardo DiCaprio, deren zweifellos lobenswerter Einsatz für die Umwelt von den Medien glamourös im Stile des populären »Einer gegen alle«-Mythos inszeniert wird. Doch die wahren Helden im Kampf gegen den amerikanischen Albtraum der kollektiven Zukunftsverantwortungslosigkeit sitzen weder im Weißen Haus, noch steuern sie ihren Tesla durch die Straßen von Beverly Hills. Sie haben Allerweltsnamen wie Michael Mann oder Ben Santer und hocken meist vor Computerbildschirmen, wenn sie nicht gerade in der billigsten Flugzeugklasse zu einer Konferenz unterwegs sind, wo dünner Kaffee in Pappbechern gereicht wird.

Michael Manns Geschichte ist besonders spannend und bedrückend. 1965 in Amherst, Massachusetts, geboren, wurde er nach einer naturwissenschaftlichen Ausbildung an den Elite-Universitäten Berkeley und Yale in den Jahren 1998 und 1999 schlagartig berühmt mit seinen Beiträgen zur Entwicklung der sogenannten Hockeyschläger-Kurve (siehe auch Kapitel 6). Dadurch trug Mann entscheidend zum Nachweis des menschlichen Einflusses auf das Weltklima bei, und dadurch wurde seine Person auch zu einer der primären Zielscheiben für Attacken der Antiwissenschaftsmafia in Nordamerika. Als sein Name in den gehackten UEA-E-Mails prominent auftauchte – was angesichts der langjährigen intensiven Zusammenarbeit zwischen Manns Forschergruppe an der Pennsylvania State University und der CRU kaum verwundern kann, wurde er im Handumdrehen zum Hauptangeklagten neben Phil Jones.

Damit wiederholte sich – in allerdings deutlich verschärfter und existenzbedrohender Weise – eine Kampagne, der Michael Mann ja bereits nach der Veröffentlichung der Hockeyschläger-Daten ausgesetzt war. Die Gegner einer fortschrittlichen Klimapolitik in den USA hatten den klein gebauten, introvertierten Wissenschaftler schon damals als scheinbar wehrloses Opfer für die Hyänen der medialen Meinungsfabrikation ausgemacht, seinen Mut und seine Hartnäckigkeit jedoch weit unterschätzt. Eine glänzende Reportage über das Kesseltreiben gegen Mann hat die Wochenzeitung *Die Zeit* vor einigen Jahren veröffentlicht (Blasberg und Kohlenberg 2012). Dort wird der von der fossilen Industrie bezahlte PR-Manager Marc Morano wie folgt zitiert: »Wir sollten die Klimawissenschaftler treten, solange sie am Boden liegen. Sie haben es verdient, öffentlich ausgepeitscht zu werden.«

Nun, Letzteres wäre in der anachronistischen Öldiktatur Saudi-Arabien ohne Weiteres vorstellbar; die USA sind noch nicht ganz so weit. Aber die Werkzeuge des legalen Terrors sind kaum weniger furchterregend: Nicht weniger als fünf Untersuchungen zur Prüfung von Manipulationsvorwürfen gegen Mann wurden im Nachgang zum UEA-E-Mail-Diebstahl angestrengt. Zwei davon initiierte der Arbeitgeber, die Pennsylvania State University, selbst, eine die amerikanischen Umweltbehörde (EPA), eine der berüchtigte Senator Jim Inhofe, eine schließlich die National Science Foundation, das US-Gegenstück zur Deutschen Forschungsgemeinschaft (DFG). Obwohl es doch eigentlich um gute wissenschaftliche Praxis gehen sollte, wurden dabei so absurde Lobbyisten-Eingaben berücksichtig wie Beschuldigungsschreiben von Peabody Energy oder der Ohio Coal Association. Das grenzte an Vivisektion, also dem Aufschneiden eines Versuchstiers bei lebendigem Leib. Doch Michael

Mann überlebte. Keine der unzähligen Anschuldigungen konnte aufrechterhalten werden, alle Schauprozesse endeten mit einem Freispruch. Aber dieser Klimaforscher wird nun bis ans Lebensende in der Öffentlichkeit mit dem Odium des Skandals behaftet bleiben, völlig unabhängig von Lüge und Wahrheit.

Immerhin hat Michael Mann inzwischen gelernt zu kämpfen, und seinen Mund macht er erst recht auf. Er geht nun gerichtlich gegen die übelsten Diffamierer vor, die sich aber relativ bequem hinter dem Recht auf Meinungsfreiheit verstecken können. Und Mann hat ein packendes Buch über sein Schicksal als Klimaritter wider Willen geschrieben. Es trägt den Titel *The Hockey Stick and the Climate Wars: Dispatches from the Front Lines* (Mann 2012).

Die Kampagnen gegen Michael Mann und Phil Jones sind von einer Machart, die man als »Serengeti-Strategie« bezeichnen kann (Mann 2015): So wie ein Löwenrudel in Afrikas berühmtestem Nationalpark am liebsten schwache Zebras am Rande der Herde erst isoliert und dann tötet, so gehen die Klimakrieger im Dienste des fossil-nuklearen Komplexes bevorzugt gegen vermeintlich verletzbare, von der Gemeinschaft kaum geschützte Forscher vor. Kurz nach den UEA-Vorfällen (und dem Kopenhagen-Desaster der Klimapolitik), zu Beginn des Jahres 2010, bot sich den Sachwaltern der schmutzigen Gegenwart und der ruinierten Zukunft eine besonders prächtige Gelegenheit, die gesamte Klimawissenschaft in den Ausguss zu rühren.

Denn im mehr als zwei Jahre zuvor erschienenen Bericht des IPCC wurde ein Fehler entdeckt. In einem der Regionalkapitel im 938 Seiten starken Bericht der Arbeitsgruppe II, der sich mit den Klimafolgen beschäftigt, war eine falsche Zahl zitiert worden: nämlich dass die Gletscher des Himalaja infolge der Erderwärmung schon im Jahr 2035 weitgehend verschwunden sein könnten. Diese Zahl hatten die Autoren des Kapitels nicht aus dem Bericht der IPCC-Arbeitsgruppe I, die für solche Klimaprojektionen zuständig ist und völlig realistische Prognosen geliefert hatte, sondern aus einer wissenschaftlich fragwürdigen Quelle übernommen. Die Zahl beruhte letztlich auf einer Äußerung eines indischen Gletscherforschers gegenüber einem Journalisten und war auf Umwegen über einen Artikel der populärwissenschaftlichen Zeitschrift *New Scientist* in den IPCC-Bericht gelangt.

Und so schossen sich alle miteinander auf den IPCC ein – die Medien, die Lobbyisten, die Wirtschaft, die Politiker und nicht zuletzt große Teile der Wissenschaft selbst, die den Aufstieg des Weltklimarates in den planetarischen Olymp mit stark gemischten Gefühlen verfolgt hatten (siehe weiter unten). Dabei gäbe es bezüglich Mission, Struktur und Management des IPCC so manches zu Recht zu kritisieren; möglicherweise ist sogar das ganze Format inzwischen aus der Zeit gefallen (Schellnhuber und Edenhofer 2012). Aber was sich ab Januar 2010 dazu im öffentlichen Raum abspielte, war reinstes Mobbing. Auch hier setzte sich die britische Presse an die Spitze der Bewegung, allen voran die *Sunday Times* und der *Sunday Telegraph* (offenbar »lyncht« es sich sonntags auf der Insel besonders unterhaltsam). Doch auch überall sonst auf der Welt schloss man sich freudig der Treibjagd an.

Bis auf den Himalajagletscher-Quatsch, der durch die Maschen des eigentlich höchst sorgfältigen IPCC-Begutachtungsprozesses gerutscht war, fiel das Soufflé aus Schmutz, Hass und Lügen binnen Jahresfrist in sich zusammen: Alle weiteren vorgeblichen Fehler im Vierten Sachstandsbericht lösten sich in Luft auf, und manche Zeitungen sahen sich immerhin veranlasst, (gut im Blatt versteckte) Richtigstellungen abzudrucken (siehe zum Beispiel Rahmstorf 2010). Trotzdem war nun auch der Ruf des Weltklimarates und damit einer ganzen Forschungsgemeinschaft in der Öffentlichkeit massiv erschüttert. Vermutlich irreparabel, zumindest was die nächsten Jahrzehnte anbelangt. Passend zur »Himalayagate-Story« kommt übrigens eine der jüngsten Nachrichten aus der Klimawissenschaft, die auf neuen Modellrechnungen und Daten für die Gletscherdynamik in der Mount-Everest-Region basiert (Shea u.a. 2015). Hauptergebnis der Untersuchungen: Die allermeisten Eisfelder dort dürften bis Ende des 21. Jahrhunderts (aber nicht schon bis 2035!) verschwinden, wenn der globale Treibhausgasausstoß nicht drastisch reduziert wird.

Inwieweit es damals den Kräften der Verdunkelung gelungen ist, wichtige Seher der möglichen Klimazukünfte zu blenden, ist schwer zu beantworten. Beim IPCC hat die Einschüchterungskampagne, befeuert von antidemokratischen Regimen in aller Welt (Saudi-Arabien, Venezuela, Russland usw.), jedenfalls Wirkung gezeigt: Der 2014 abgeschlossene Fünfte Sachstandsbericht kommt wie ein Tanz auf rohen Eiern daher – überall spürt man die Sorge, eventuell zu fest aufzutreten. Folgerichtig quillt der Report über von Unsicherheitsanalysen, Fehlerbalken und wissenschaftlichen Haftungsausschlüssen (»Disclaimers«). Mit spitzen Fingern schiebt da die Expertenelite ein dickes Gelehrsamkeitspaket den Entscheidungsträgern am fernen Tischende zu, mit der Botschaft »Macht damit, was ihr wollt – aber bloß nicht uns verantwortlich für das, was ihr dann tut!« Natürlich ist dies eine unzulässige Verallgemeinerung meinerseits – Hunderte von Kollegen haben auch bei dieser IPCC-Runde wieder Großartiges geleistet und versucht, klare Funksprüche an die Politik abzusetzen. Aber der einstige Tiger erschrickt inzwischen selbst vor manchem piepsenden Mäuschen.

Wie konnte es so weit kommen, UEA-Hacking hin und Senator Inhofe her? Nun, dafür gibt es viele offensichtliche und einige tiefer liegende Gründe, die ich zum Teil schon beleuchtet habe. Vermutlich ist es aber vornehmlich das Wesen der Wissenschaft selbst, das sie so verletzbar macht. Denn im Kern geht es bei der Forschung – wie im Spitzensport oder auf der Opernbühne – nicht um Kooperation, sondern um *Konkurrenz*. Allzu oft sind Ehrgeiz und Eifersucht die Haupttriebkräfte des Asozialverhaltens der Gelehrtenwelt. Dies wurde auf beschämende Weise deutlich, als 2010 die Serengeti-Strategie gegen Jones, Mann und andere zum Einsatz kam. Statt die Reihen zu schließen und die bedrohten Artgenossen in die schützende Mitte zu nehmen, versuchten viele, sich möglichst weit von den Manipulationsverdächtigen zu distanzieren.

Wo waren die Solidaritätsdemonstrationen für die vorverurteilten Klimaforscher; wo waren die imposanten Unterschriftslisten der Intellektuellen zur Unterstützung ihrer Brüder im Geiste; wo war denn die Flut an empörten Leserbriefen an die Redaktionen jener »Qualitätsmedien«, die schnappatmend am Kesseltreiben teilnahmen? Da war nichts – beziehungsweise fast nichts. Ja, es gab vorsichtig-beherzte Erklärungen einiger bedeutender Wissenschaftsorganisationen (zum Beispiel International Council for Science), die den IPCC und seine Protagonisten in Schutz nahmen; ja, es gab kleine Häuflein von unerschrockenen Wissenschaftlern (allen voran der unvergessene Steve Schneider), die ihre Regierungen zu Augenmaß im Umgang mit den Anschuldigungen mahnten; ja, eine Zielgruppe der Serengeti-Strategie gründete selbst einen Gedankenwall gegen die Diffamierung, die exzellente Blogsite »RealClimate«. Doch alles in allem kann keine Rede davon sein, dass die Wissenschaft auf dem Höhepunkt der Kollegenjagdsaison solidarisch zusammengestanden hätte.

Im Nachhinein bin ich stolz darauf, an einer der wenigen prominenten Aktionen zur Verteidigung der Klimaforschung gegen den Nach-Kopenhagen-Wahn beteiligt gewesen zu sein. Auf Initiative des bekannten Hydroklimatologen Peter Gleick veröffentlichten 255 Mitglieder der amerikanischen National Academy of Sciences am 7. Mai 2010 einen offenen Brief im führenden Wissenschaftsmagazin *Science* (Gleick u. a. 2010), in dem der damalige Krieg gegen die Glaubwürdigkeit der seriösen Klimaforschung scharf verurteilt und insbesondere die Verdrehung der Forschungsresultate aus politischem und wirtschaftlichem Interesse gegeißelt wurde. Ich zögerte keine Sekunde, dieses Dokument mitzutragen, und befand mich damit in der ehrenvollen Gesellschaft von (damals) elf

Nobelpreisträgern. Als ich das Schreiben vor Kurzem wieder einmal für einen bestimmten Gedankengang konsultierte, stellte ich übrigens zu meiner freudigen Überraschung fest, dass auch der deutsche Medizin-Nobelpreisträger von 2013, Thomas Südhof, der unter seinen Kollegen einen geradezu galaktischen Ruf besitzt, einer der Mitunterzeichner war. Die Schar der preisgekrönten Unterstützer wächst also weiter.

Weniger erfreulich, aber nicht weniger interessant sind die Namen, die dort *fehlen*. Jedem Forscher, jeder Forscherin steht es natürlich frei, sich für oder gegen einen solchen Ausfall aus dem belagerten Elfenbeinturm zu entschließen. Aber es gibt Zeiten, wo man Farbe bekennen sollte, wenn einem auch die unbequeme Wahrheit lieb ist. Und warum sollte man eigentlich Sätze wie die folgenden nicht unterschreiben? »Unsere Gesellschaft hat zwei Optionen: Wir können den wissenschaftlichen Befund ignorieren, den Kopf in den Sand stecken und darauf hoffen, dass wir Glück haben. Oder wir können für das Gemeinwohl handeln, um die Gefahren des globalen Klimawandels rasch und tiefgreifend zu reduzieren« (Gleick u.a. 2010). Aber so manche Akademiemitglieder, mit denen ich jahrelang zusammengearbeitet hatte und die höchstwahrscheinlich die Aussagen des offenen Briefes prinzipiell guthießen, schreckten offenbar davor zurück, im vergifteten Meinungsklima der USA ihren Namen unter ein »subjektives« Dokument zu setzen. Wie heißt es so schön: I'm a writer, not a fighter…

Ja, und da waren noch die Faktoren Ehrgeiz und Eifersucht, auf die ich bereits hingewiesen habe. In diesem Zusammenhang gibt es sowohl den disziplinären als auch den individuellen Wettbewerb zu beachten, die beide in der Wissenschaft mit großer Erbitterung ausgetragen werden. Warum sollten etwa die Geologen den Klimaforschern öffentlich beispringen, wo doch das erste Fach bei der Hebung der fossilen Schätze behilflich ist, wohingegen das zweite anmahnt, diese Ressourcen gefälligst im Boden zu belassen? Und wenn ein Konkurrent um Ruhm und Aufmerksamkeit auf demselben Untersuchungsfeld ins Kreuzfeuer einer möglicherweise nicht gänzlich unberechtigten Kritik gerät, dann wird nicht jeder Fachkollege echte Tränen des Mitleids vergießen. Über straff durchorganisierte Massenkundgebungen von Wissenschaftlern für jemanden oder gegen etwas brauchen wir erst gar nicht zu spekulieren, denn wenn Gelehrte sich überhaupt mit Politikern und anderen lästigen Vertretern des realen gesellschaftlichen Seins anlegen, dann bitte schön als Einzelkämpfer. Der kollektive Widerstand wird im Sinn eines Verwaltungsaktes delegiert an die großen Zunftorganisationen für Wissenschaft und höhere Bildung. In Deutschland also an die DFG, den Wissenschaftsrat, die Hochschulrektorenkonferenz, die außeruniversitären Allianzen mit den Forscherheldennamen Max Planck, Fraunhofer, Helmholtz und Leibniz. Aber wenn diese Organisationen sich zu Wort melden, dann vornehmlich, um gegen eine Absenkung der Erhöhung der Zuwendungen aus den öffentlichen Haushalten zu protestieren. Ich kann mich an keine beherzte Erklärung jener Dachverbände erinnern, worin sie sich schützend vor die diffamierten Klimaforscher an ihren Hochschulen oder Institutionen gestellt hätten. Wer sich schon auf das abschüssige Gelände der Weltrettung begibt, der soll wohl gefälligst selbst zusehen, dass er nicht in den Abgrund geschubst wird.

So weit, so normal, sprich: menschlich. Denn fast jeder verfolgt in erster Linie seine Interessen beziehungsweise diejenigen seiner Klientel. Dennoch gibt es Zeiten, wo das Gemeinwohl den proaktiven Bürger erfordert – ob er nun Mechatroniker, Bankangestellter oder Professor ist – und nicht nur soziale Atome, die sich möglichst kollisionsfrei in der Masse bewegen. Der große Aphoristiker Einstein hat das besser zusammengefasst als viele Gesellschaftstheoretiker: »Die Welt wird nicht von denjenigen zerstört werden, die Böses tun. Sondern von denen, die dabei zuschauen, ohne etwas zu unternehmen.«

Meine persönlichen Erfahrungen sind weitgehend im Einklang mit Einsteins Feststellung, die gewollt überzeichnet. Leider ist das routinemäßige Wegschauen und Wegducken der allgemeinen Wissenschaft in der Klimadebatte noch nicht einmal das am meisten Bestürzende. Noch schwerer zu ertragen ist der Flirt mit dem Bösen, also das kokette Spiel mit Unsinnsthesen, dem manche meiner Kollegen frönen, obwohl sie es mit Sicherheit besser wissen. Wer sich mit zweifelsgefurchter Stirn in den Medien als letzter Wachposten gegen die »Alarmisten« inszeniert, wird reich mit jener öffentlichen Aufmerksamkeit bedacht, die man den denunzierten Kassandras offenbar neidet. Und der kann sich auch noch als Märtyrer im Kampf für die »Wertfreiheit der Forschung« feiern lassen (siehe hierzu auch Kapitel 31). Dass ich dies hier so unverblümt notiere, wird mir unter Garantie weitere Attacken einbringen, auch wenn ich darauf verzichten werde, die Namen der notorischen Koketteure zu nennen. Bis auf einen: Lennart Bengtsson.

Seine Handlungsweise wird, wenn ich mich nicht völlig täusche, als Paradebeispiel in die Wissenschaftsgeschichte eingehen, und zwar dafür, wie persönlicher Geltungsdrang einen hochgeschätzten Forscher zum Demagogen werden lässt. Bengtsson, Jahrgang 1935, ist ein schwedischer Meteorologe, der im Laufe seiner Karriere angesehene Einrichtungen leitete und so manche Auszeichnung durch seine Fachkollegen erfuhr. Ich selbst begegnete ihm seit den frühen 1990er-Jahren immer wieder bei Tagungen oder in Gremien zum Generalthema Klimawandel. Dabei erschien er mir stets als solider Experte, der mit skandinavischer Nüchternheit auf die Faktenlage blickte. Umso überraschter war ich, als Bengtsson am 21. Januar 2013, zusammen mit drei anderen Mitgliedern der ehrwürdigen Königlichen Schwedischen Akademie der Wissenschaften, mit einer Polemik gegen den unter meiner Federführung verfassten Weltbankbericht *Turn Down the Heat* (siehe Kapitel 8) an die Öffentlichkeit ging. In diesem Artikel wurde insbesondere – und im Widerspruch zum weltumspannenden wissenschaftlichen Konsens – postuliert, dass eine Erderwärmung um 4 °C bis Ende dieses Jahrhunderts praktisch ausgeschlossen wäre.

Aber das war nur die Spitze des Bengtsson'schen Eisbergs: Im Inneren des massigen Schweden war wohl im Laufe der Jahre der Widerwille gegen die Risikoanalyse der Klimaforschung immer weiter gewachsen, und irgendwann musste der Druck eben abgeleitet werden. Bengtsson reichte als Leitautor einer Forschergruppe im Februar 2014 einen wissenschaftlichen Artikel bei der Zeitschrift *Environmental Research Letters* ein, in dem die Behauptung aufgestellt wurde, dass bisherige Studien die Sensitivität des Klimasystems gegenüber Treibhausgasemissionen fehlerhaft abgeschätzt hätten. Ein Routineereignis im Großbetrieb der modernen Umweltforschung, möchte man jedenfalls meinen. Das darauf folgende Ereignis, nämlich die Ablehnung des Manuskripts aufgrund der im anonymen Begutachtungsverfahren festgestellten fachlichen Mängel, gehört ebenfalls zur traurigen Alltagserfahrung jedes Wissenschaftlers. Um die 70 Prozent aller Einreichungen erleiden eine solche Rückweisung bei guten Zeitschriften; bei den Top-Magazinen wie *Science* oder *Nature* werden es mehr als 90 Prozent sein. Man ärgert sich daraufhin ein paar Tage lang gehörig und geht dann an die Arbeit für ein neues Forschungsprojekt. Oder man versucht die Publikation an anderer Stelle, oft nach gründlicher Verbesserung der Studie auf der Basis der Gutachterkommentare, einzureichen.

Nicht so Bengtsson und seine Mitstreiter: Nach der endgültigen Ablehnung ihres Manuskripts gingen sie an die Öffentlichkeit, was in der seriösen Wissenschaft eine äußerst ungewöhnliche Handlung darstellt. Die Verantwortlichen beim britischen Institute of Physics, das unter anderem die *Environmental Research Letters* herausgibt, mussten auf der Titelseite der Londoner *Times* vom 16. Mai 2014 lesen, dass Bengtsson ihnen für die Ablehnung des bewussten Artikels ideologische Gründe unterstellte. Zudem zitierte er Bruchstücke aus den negativen Gutachten, was allen Gepflogenheiten des Wissenschaftsbetriebs zuwiderlief. Das Institute of Physics reagierte jedoch gleichermaßen unkonventionell und stellte kurzerhand die kritischen Bewertungen der eingereichten Arbeit ins Internet. Diese waren alles andere als schmeichelhaft, sodass sich ein kleiner professioneller Rückschlag für Bengtsson zu einer internationalen Blamage auswuchs.

Und zwar unter den entsetzten Blicken der Kollegen, die kurz zuvor bereits miterleben mussten, dass sich Bengtsson in den Akademischen Beirat der Global Warming Policy Foundation berufen ließ, eines dubiosen britischen Klubs zur Verdrehung der klimatologischen Befunde. Zwei Wochen später machte der Schwede jedoch schon wieder die Fliege, angeblich weil er die sofort einsetzende Hexenjagd durch die »etablierte Wissenschaft« seelisch nicht ertragen konnte. Wer Bengtsson persönlich kennt, ist über die Offenbarung solch zarter Empfindsamkeit zumindest verwundert. Und denkt an den hypersensiblen Phil Jones. Ich sage das alles mit tiefem Bedauern, denn mit dem schwedischen Schwergewicht an unserer Seite ließe sich besser für eine lebenswerte Zukunft streiten.

Abbildung 59: Die Dynamik der Eyjafjallajökull-Wolke. Satellitenaufnahme vom 11. Mai 2010. Der Südteil von Island ist am oberen Bildrand gut erkennbar. Rechts unten: Kumulierte Ausbreitung im Zeitraum 14.–25. April 2010. Der Standort des Vulkans ist durch einen roten Punkt markiert (vgl. S. 440).

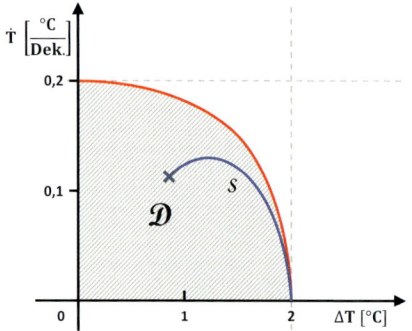

Abbildung 60: Vereinfachte Form des »Klima-toleranzfensters«, welches die politische Debatte Mitte der 1990er-Jahre spürbar be-einflusste (siehe insbesondere WBGU, 1995). Die horizontale Achse misst die globale Tem-peraturanomalie in Grad Celsius, die vertikale die Temperaturänderungsrate in Grad Celsius pro Dekade. Mit D ist der für Klimaausschläge gegenüber dem vorindustriellen (weitgehend stabilen) Zustand akzeptable Bereich bezeich-net. Zur Illustration ist ein exemplarischer Pfad S eingezeichnet, der die aktuelle Situation in eine klimastabile im äußersten Winkel von D überführt (vgl. S. 453).

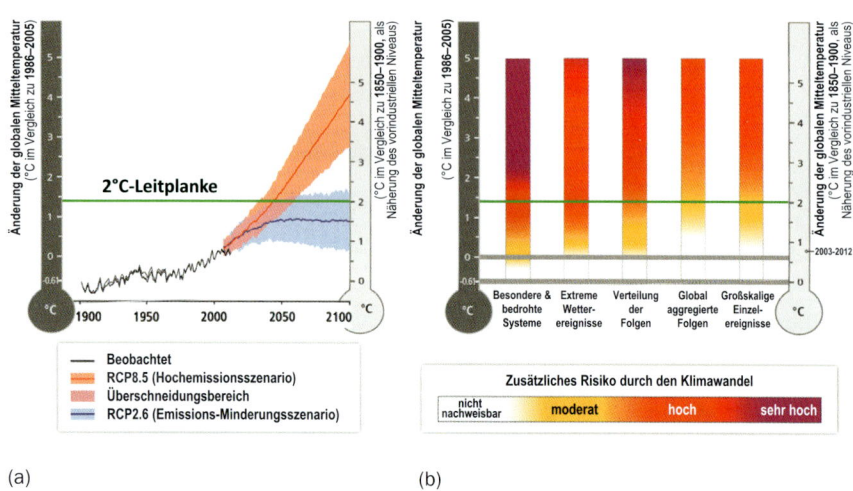

(a)   (b)

Abbildungen 61 a und b: Die Rückkehr des Ampel-Diagramms.
a) Historische Entwicklung der Mitteltemperatur der Erdoberfläche und Projektionen für zwei unter-schiedliche Szenarien (RCP 2.6 = starker Klimaschutz; RCP 8.5 = Business as usual).
b) Neufassung des Ampel-Diagramms vom Dritten Sachstandsbericht unter Berücksichtigung zahlreicher jüngerer Veröffentlichungen über beobachtete und vermutete Klimafolgen. Jenseits der 2-Grad-Linie werden die Risiken in praktisch allen Kategorien als hoch eingestuft (vgl. S. 461).

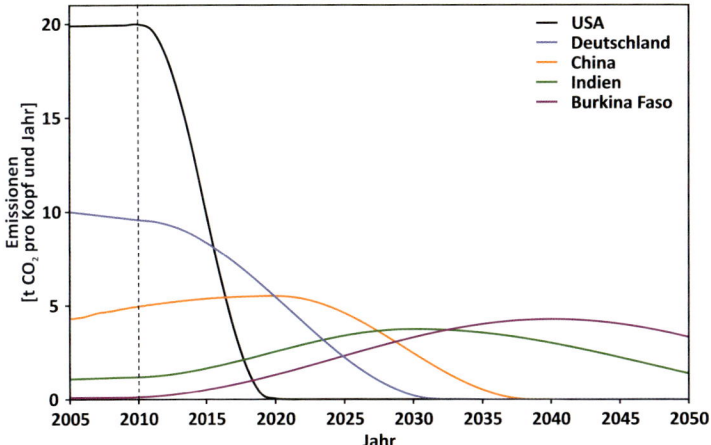

Abbildung 62: Beispiele für theoretische Pro-Kopf-Emissionsverläufe ausgewählter Länder nach dem Budgetansatz ohne Emissionshandel. Berücksichtigt sind ausschließlich die CO_2-Emissionen aus fossilen Quellen. Dabei wurde eine konstante Bevölkerung wie im Jahr 2010 zugrunde gelegt. Ausgehend von den Pro-Kopf-Emissionen (Schätzungen für 2008) wurden Emissionspfade berechnet, die eine Einhaltung der nationalen Budgets erlauben würden. Dabei stehen jedem Land pro Kopf der Bevölkerung in 2010 für den Zeitraum 2010–2050 insgesamt 110 Tonnen an CO_2-Emissionen zu. Die tatsächlichen Pro-Kopf-Emissionen würden aber u. a. durch den An- und Verkauf von Emissionsrechten z. T. erheblich von diesem Verlauf abweichen (vgl. S. 470).

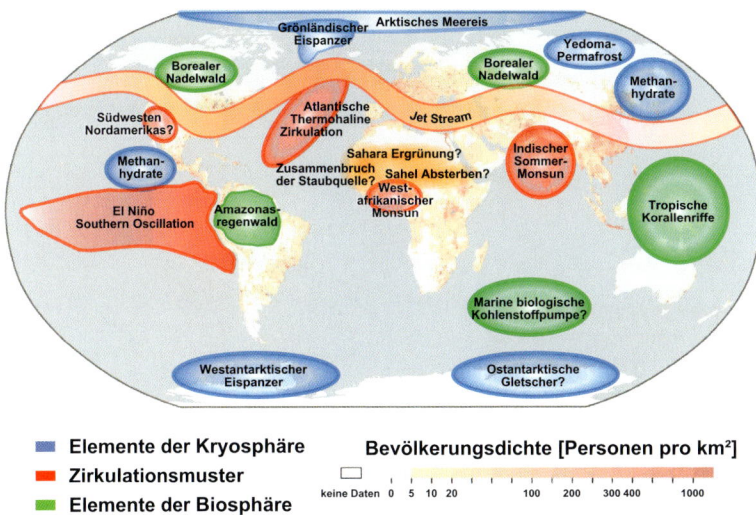

Abbildung 63: Die Kippelemente im Klimasystem (vgl. S. 477).

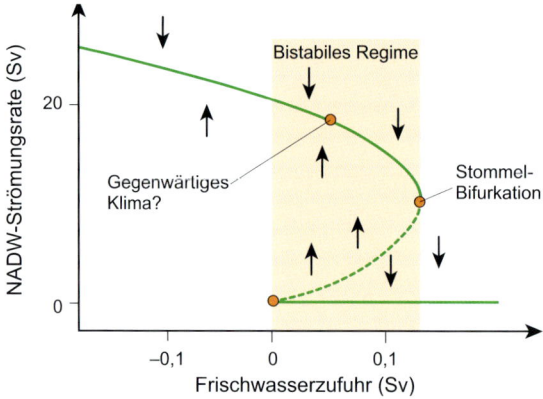

Abbildung 64: Bifurkationsdiagramm nach Stommel. Die grünen Linien markieren die möglichen Zustände des Strömungssystems. Eine sogenannte Bifurkation, also eine Gabelung in der Darstellung einer Systemgröße wie der Strömungsrate (angegeben in Sv = Sverdrup, 1 Sv = 10^6 m³/s) des transportierten nordatlantischen Tiefenwassers (North Atlantic Deep Water, NADW; vertikale Achse) in Abhängigkeit von einer diesen Fluss mitbestimmenden Größe wie der Frischwasserzufuhr (horizontale Achse), markiert den Punkt, an dem aus *einem* möglichen Systemzustand (für besonders hohe oder niedrige Frischwasserzufuhr) zwei werden. Die Pfeile deuten an, dass ein hypothetisches, artifizielles Verändern der Strömungsrate weg von den grünen Linien nicht von Dauer ist: Das System findet aus solch einer Störung immer wieder zu einem »erlaubten« Systemzustand zurück. Im eingefärbten Bereich sind prinzipiell die beiden Zustände »an« und »aus« erlaubt, sodass ein Umspringen bzw. Umkippen möglich wird (vgl. S. 480).

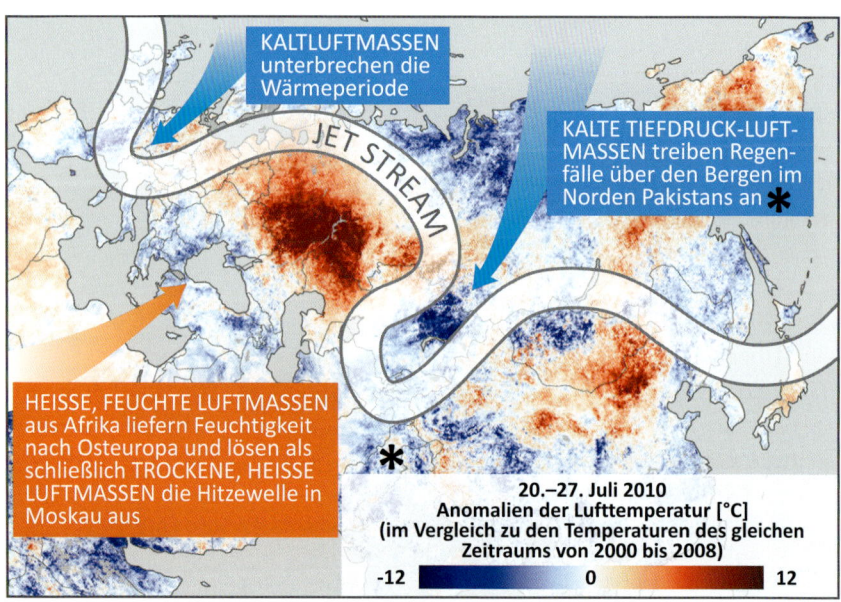

Abbildung 65: Blockierte Wetterlagen 2010 (vgl. S. 484).

23. Betäubt die Hörer!

Warum schenkt die Welt den *modernen* Kassandras – also jenen Wissenschaftlern, die den globalen Wandel aufs Gründlichste observieren, kartieren, analysieren und prognostizieren – keinen Glauben? Zweifellos handelt es sich bei diesen Gelehrten um weniger attraktive Figuren als die legendäre Trojanerin, aber die Aussagen der Forscher sind inzwischen zumeist von bestechender Klarheit und bezwingender Folgerichtigkeit. Es ist sicher kein antiker Gott, der die Zeitgenossen blind und taub für die tiefen Einblicke der professionellen Seher macht. Nein, der böse Gott der Moderne schlüpft in die unspektakuläre Gestalt des – globalen Taxifahrers.

Dieser Erkenntnisblitz schlug am Abend des 8. Dezember 2014 in meinen Kopf ein. Ich war erschöpft und gereizt am Flughafen Berlin-Tegel gelandet, nach einem überlangen Tag im streikgeschüttelten Brüssel. Nun schnell ins hoffentlich warme Taxi, die Augen schließen und die Heimfahrt gedankenleer verdämmern! Aber da hatte ich die Rechnung ohne den Berliner Wirt gemacht. Der Fahrer – Mitte fünfzig, lange, graue Haare, abgewetzte Lederjacke – lauerte offenbar schon seit Stunden auf ein wehrloses Opfer und entpuppte sich innerhalb von Minuten als Schwadroneur der Extraklasse, als Verkörperung aller Klischees über seinen Berufsstand. Wie ein einsamer Feuerwehrmann seinen Schlauch auf den Brandherd, richtete er seinen Wortschwall auf das lichterloh brennende Gebäude der modernen Welt, ließ den Strahl irrläuferisch in die entferntesten Nischen eindringen und hatte im Handumdrehen mehr Dampf und Rauch erzeugt, als selbst der klarste Verstand jemals wieder vertreiben könnte. Seine Kaskade des Hohns zischte weiter und weiter: von Merkel zu Putin, von den Grünen zum Islamischen Staat und dann direkt zur CSU, vom Abmontieren der Überwachungskameras an den Straßenkreuzungen zum Niedergang der Edelprostitution in Berlin, vom Steuerbetrug am kleinen Mann zum deutschen Nationalselbstmord in seiner allergrässlichsten Form – der Energiewende. Dabei geriet der Mann immer mehr in Rage, bis seine Stimme zu fisteln begann.

Zunächst versuchte ich noch, dem Gegeifer durch Einschlafen zu entrinnen, doch das erwies sich als unmöglich. Und überdies regte sich plötzlich mein Interesse an diesem Phantom, das da schräg vor mir saß und dem ich immerhin mein Leben anvertraut hatte. Also versuchte ich ihn wie einen Schwerverletzten in stabile Seitenlage zu bringen und zwar mit ganz harmlosen Fragen: Woher er das so genau wüsste? Welche Politiker er denn gut fände? Ob er überhaupt zur Wahl ginge? Dieser Versuch der Anbiederei zum Zweck der Rationalisierung scheiterte ebenso kläglich wie vorhersehbar: So wie ein Fluchtfahrer mit der Polizei im Nacken Verkehrsschilder und Blumenkübel ummäht, walzte mein Steuermann jeglichen logischen Widerspruch nieder und durchbrach mühelos meine intellektuellen Absperrungen. Da begriff ich endlich: Dieser Mensch war randvoll mit Bitterkeit, Enttäuschung und ungestillter Gier nach Anerkennung. Ja, *er* wusste, wo der Frosch die Locken hat, wie die Welt tatsächlich funktioniert. Aber sein ganzer Durchblick hatte ihn nicht weiter gebracht als hinter die Kühlerhaube eines mittelalterlichen Opels, und je mehr er redete, desto weniger hörte ihm irgendjemand zu. Eine kleine tragische Figur im großen, albernen Gegenwartstheater.

Meine Gereiztheit schlug langsam in Mitgefühl um. Mit ein paar vorsichtigen Bemerkungen gelang es mir schließlich, den Mann einigermaßen zu sedieren. Als er mir nach Ankunft vor unserem Haus die Fahrquittung aushändigte, stahl sich sogar ein Lächeln auf sein Gesicht. »Puh, überstanden!«, dachte ich, während ich das Gartentor öffnete. Und trotzdem hatte mir dieser Berliner Wutbürger wichtige Erkenntnisse beschert, über die öffentliche Rezeption des Klimaproblems und die stupende Wirkung von Massenverdummungswaffen (»Weapons of Mass Distraction«). Denn dieser Taxifahrer repräsentiert in vielerlei Hinsicht einen Großteil der Bevölkerung, zumindest in unserem Land: Er gehört der unteren Mittelschicht an, verfolgt den Politikbetrieb mit angewidertem Interesse über die Privatsender und Boulevardmedien, bastelt sich sein Weltbild jedoch vorwiegend aus Alltagsbegebenheiten und Anekdoten zusammen und – seine Lebenslinie krümmt sich langsam, aber unerbittlich abwärts. Mit durchschnittlich zehn Arbeitsstunden pro Tag kommt er zwar über die Runden, aber auf keinen grünen Zweig. Vorsorge für künftige Generationen muss ihm so fern liegen wie Ouagadougou – was haben unsere Nachkommen, bitte schön, denn jemals für ihn getan (um den großen Sozialphilosophen Groucho Marx zu zitieren)?

Vor allem steht dieser Mann jedoch für die dominierende Selbstwahrnehmung der Nicht-Mächtigen im Lande. Als Taxifahrer befördert er häufig Angehörige des oberen Mittelstandes, gelegentlich auch Mitglieder der Oberschicht beziehungsweise Prominenz. Er lauscht – wenn er nicht gerade bittere Galle spucken darf – den ungeschützten Sottisen, Prahlereien, Geschäftsgeschwätzen und Polittiraden seiner Kunden und fügt diese Impressionen zu einer inneren Außenansicht zusammen. Denn die Welt der Vorstandsvorsitzenden, Parlamentarier und Fernsehsternchen wird ihm offiziell stets verschlossen bleiben, aber dennoch offenbart sie sich ihm beiläufig in seinem mobilen Dschungelcamp auf dem Weg zum Flughafen, Hauptbahnhof oder Hauptstadtstudio. Weit genug jedenfalls, um sich eine fixe Idee darüber zurechtlegen zu können. Und diese fixe Idee schreit unablässig und ohrenbetäubend die Worte »Betrug«, »Abzocke«, »Verarschung«! Wie muss man sich eigentlich fühlen, wenn man ständig den Leuten die Tür aufhält und den Koffer herausreicht, die gerade ihre Schäfchen ins Trockene treiben? Dieser Mensch ist ein Held, wenngleich von der todtraurigen Sorte. Das ist vor allem deshalb logisch, weil er dem *männlichen* Geschlecht angehört, das zum Heldentum eine ebenso bewundernswerte wie dämliche evolutionäre Beziehung pflegt.

Die Leser mögen mir gestatten, nun auch noch die letzten Schritte zur Überhöhung meines nächtlichen Chauffeurs zu einem der Archetypen unserer verwirrten Gegenwartsgesellschaft zu tun. Durch eine Mischung aus genetischen und kulturellen Faktoren ist »der Mann« auf seinem Lebensweg recht eindeutig programmiert. Da ist zunächst die *Widerstandsphase,* welche mit der Pubertät einsetzt – sie zeichnet sich durch wachsende Renitenz gegenüber den herrschenden Machtverhältnissen aus, welche insbesondere durch mürrische Väter, nervende Lehrer und fordernde Vorgesetzte verkörpert werden. In dieser Phase kann so ziemlich alles geschehen – vom Anzetteln einer erfolgreichen Revolution bis zum Abgleiten ins Drogenmilieu. Sodann folgt, meist Mitte dreißig, die *Aneignungsphase,* wo man sich ein Stück der Gesellschaftstorte sichert, also eine respektable Berufsposition, eine vorzeigbare Lebensgefährtin und eine Dachgeschosswohnung. Dies gelingt nicht allen Männern, aber doch vielen von denen, die durchschnittlich intelligent, gesund und attraktiv sind. Schließlich folgt, unweigerlich, die *Abstiegsphase,* welche aber in unterschiedlichen Ausprägungen daherkommt. Mit sinkendem Testosteronspiegel wird der männliche Mensch zusehends schwächer und büßt vor allem jene Aggressivität ein, der es bedarf, um sich gegen jüngere Männer (und zunehmend Frauen) durchsetzen zu können.

Wodurch nun die Aggression ersetzt wird, hängt davon ab, »wie weit der Mann es gebracht hat«, also vom Scheitelpunkt des Lebenswegs, von wo aus der Abstieg erfolgt. War er im herkömmlichen Sinn erfolgreich, dann hat er Geld, Macht, Ansehen und womöglich eine deutlich jüngere Geliebte. Er ist nun Ex-Vorstandschef eines Unternehmens, Konteradmiral a. D., emeritierter Professor oder Ministerialrat im Ruhestand. So gepolstert, kann man relativ gelassen in den Altersabgrund blicken und sein

Zufriedenheitsniveau weitgehend halten. Der arrivierte Mann betrachtet und kommentiert die Welt mit Spott, welcher gelegentlich in Zynismus oder gar Gepolter umschlägt. Die Zeugen solcher Unverblümtheiten sind in der Regel von den vermeintlichen Altersweisen begeistert. Über diesen Mechanismus hat Helmut Schmidt in Deutschland Halbgottstatus erlangt, nicht zuletzt wegen seines verächtlichen Schnaubens über »das ganze Klimagedöns«. Da hat unser Ex-Kanzler dann Millionen Lacher auf seiner Seite. Viele ähnlich Amüsierte dürften eine merkwürdige Fernsehsendung verfolgt haben, die gewissermaßen das öffentliche Laborexperiment zur Untermauerung meiner Hypothesen darstellt:

In der ZDF-Reihe *Das Philosophische Quartett* luden am 27. November 2011 die Meisterdenker Peter Sloterdijk und Rüdiger Safranski den Nanophysiker Gerd Ganteför und den Bestsellerautor Frank Schätzing zum Gespräch über das Thema »Klimawandel – ein Glaubenskrieg?« ein. Die vier älteren Herren hatten an diesem Abend im Berliner Luxushotel Intercontinental offensichtlich einen Heidenspaß bei der Betrachtung der Weltuntergangsängste der weniger erleuchteten Mitbürger: Was wurde da nicht geschmunzelt, gezwinkert und geneckt. Selbstredend hatte keiner im Quartett jemals die ermüdenden Landschaften der Klimawissenschaften durchschritten – umso souveräner konnten sie das Für und Wider der Umweltdebatte abwägen und umso besserwisserischer konnten sie den Zuseher zur geistigen Ruhe betten. Auf leicht gehobenem intellektuellen Niveau wurden Binsenweisheiten vom Schlage »Wir lassen uns kein X für ein U vormachen!« oder »Nichts wird so heiß gegessen, wie es gekocht wird!« zelebriert. Der reife Mann hat nun einmal alles, wirklich alles, schon erlebt und sorgt nun wohlwollend dafür, dass die jungen Gäule nicht scheuen und durchgehen.

Das soziokulturelle Kontrastprogramm zum philosophischen Quartett erlebe ich jeden Samstagvormittag in einem Berliner Vorort. Der dortige gediegene, leicht angegrünte Lebensmittelmarkt ist stets die letzte Station meiner Wocheneinkaufstour, die schon weit vor 8 Uhr beim Bäcker beginnt. In der weiten Vorhalle des Zentrums sind kleinere Geschäfte angesiedelt und vor allem Tische für Frühstück und Imbiss aufgebaut. Es ist ein wenig stickig, erträglich laut und mollig warm dort. Und die Tische sind immer voll besetzt mit Männern in den besten Jahren – und in den nicht mehr so guten. Sie tragen Lederjacken, karierte Flanellhemden und Jack-Wolfskin-Anoraks. Schwenken Kaffeebecher und erklären lautstark die Welt. Dabei hört keiner dem anderen wirklich zu, und auch sonst tut dies niemand. Doch der innere Erkenntnisdruck ist offenbar so hoch, dass unablässig Botschaften abgesetzt werden müssen. Weil die Registrierkassen nur wenige Meter von diesem Frühstücksparlament entfernt sind, schlagen manche der Meinungsgeschosse auch in mein Trommelfell ein, und gelegentlich finden sie sogar den Weg in mein Gehirn. Wie die Antwort auf die selbst gestellte Frage, warum die Bio-Bauern am liebsten mitten in der Nacht auf ihren Feldern arbeiten – weil sie dann heimlich all die Schweinereien durchführen können, welche zur üblichen Praxis der industriellen Landwirtschaft gehören!

Und da ist er wieder, der Popanz von der verstohlenen Machenschaft, vom Betrug am Konsumenten, Zuschauer, Wähler. »Aber nicht mit mir!« Der leid- und TÜV-geprüfte Mann im Vorruhestand durchschaut auch die abgefeimteste Verschwörung; zumindest riecht er den üblen Braten mit seiner auf Generalverdacht programmierten Spürnase. »Klimawandel? Ach hör'n Se mir doch uff mit dem Schwindel!« So blaffte neulich ein Handwerker, den wir um die Inspektion unserer Brunnenanlage gebeten hatten, meine Frau an. Das Gespräch war auf die allgemeine Trockenheit im Herbst 2014 und den sinkenden Grundwasserspiegel gekommen. Der Fachmann für Pumpen und Rohre fühlte sich auch auf astrophysikalischem Gebiet vollkommen heimisch und erklärte meiner staunenden Liebsten, dass sich die Erdachse in den letzten Jahren stark geneigt hätte, was er von seinem Balkon in Spandau aus genau beobachten könne. »Und dit bringt unser Wetter durcheinander, allet klar?«

Diese unerhörten Weltversteher sind überall – in Deutschland, Afghanistan, Patagonien, Malaysia und Grönland. Sie sitzen und schwadronieren in zugigen Bahnhofshallen, auf mediterranen Piazzen und im staubigen Schatten mächtiger Baobab-Bäume. Es sind die Parlamente der alten Männer, die den Zugriff auf die Wirklichkeit verloren haben und sich in die Interpretation derselben flüchten müssen. Sie messen die Zukunft an der Vergangenheit, und ihre Ellen sind Enttäuschung und Verlustschmerz. Aber sie haben ihren Stolz: Vor allem darauf, keine »Heulsusen« zu sein, welche Angst haben – vor dem Vollmond, den Sternen, der Natur. Die Panik überlassen sie großzügig dem anderen Geschlecht, das schließlich immer noch die Kinder kriegt und deshalb nie ganz richtig im Kopf sein kann.

Inwieweit bin ich nun selbst ins Schwadronieren geraten und, als älterer Herr, in die weit offene Misanthropie-Falle gelaufen? Immerhin bin ich nicht allein mit meinem eigentlich banalen Befund, wie etwa das neue Buch von Karen Duve, *Warum die Sache schiefgeht*, illustriert. Der mäßig feinsinnige Untertitel lautet »Wie Egoisten, Hohlköpfe und Psychopathen uns um die Zukunft bringen«. Bezeichnenderweise überlebte die Autorin viele Jahre im Hauptrevier ihres natürlichen männlichen Feindes: Sie war nämlich Taxifahrerin und hat darüber einen beachtenswerten Roman geschrieben, der bereits verfilmt wurde. Mit der »Sache, die schiefgeht« ist im neuen Essay nichts weniger als die moderne Zivilisation gemeint, deren Untergang durch Klimawandel und andere Betriebsstörungen die Herren der Schöpfung ebenso professionell wie idiotisch befördern. Duve polemisiert so hemmungslos, dass den Literaturkritikern in den Feuilletons (oft den letzten Zeitungsseiten hinter Wirtschaft und Sport) die Lächerlichmachung kinderleicht fällt. Doch im Grunde hat die Frau recht!

Und nicht nur sie. Da sind zum Beispiel die beiden Naomis – Naomi Klein und Naomi Oreskes. Erste ist Sachbuchautorin, 1970 in Montreal (Kanada) geboren und im linksfeministischen Milieu wie aus dem Bilderbuch aufgewachsen. Nach einer pubertären Trotzphase als »Material Girl«, die sie im Wesentlichen in Luxus-Kaufstraßen zubrachte, wandte sie sich den großen Themen der Zeit zu, also Globalisierung, Finanzkapitalismus, »Krieg gegen den Terror« und Klimawandel. Eine kühne Verschmelzung dieser Problemkomplexe vollzieht sie in ihrem letzten Buch *This Changes Everything: Capitalism vs. The Climate*, das im September 2014 erschien und es sofort auf die Bestsellerliste der *New York Times* schaffte (Klein 2014). Diese Frau ist im angloamerikanischen Raum heute die schicke Ikone aller Bewegungen und Ressentiments gegen den Neoliberalismus, den man ob seiner kruden Philosophie der Selbstbereicherung zum angeblichen Wohle der Gemeinschaft auch nicht besonders sympathisch finden muss.

Naomi Kleins Weltanalyse verkürzt und überzieht zugleich; die Komplexität der Wirklichkeit wird vielfach auf dem Altar der Brillanz geopfert. Aber anders als die neoklassischen Wirtschaftsweisen hat sie erkannt, dass die »unsichtbare Hand« des Marktes das Klimaproblem niemals alleine in den Griff bekommen wird. Denn dem Dogma der permanenten Bruttosozialproduktsteigerung kann durch das unablässige Vollpumpen unseres Planeten mit billiger fossiler Energie bei privatem Gewinn und Vergesellschaftung aller schädlichen Nebeneffekte am wirksamsten entsprochen werden. Die Herren Ökonomen geben sich hierzu gelassen und weisen darauf hin, dass bisher immer noch alles gut gegangen sei. Frau Klein gestattet sich dagegen, in Panik zu geraten angesichts der Klima-Wand, auf die wir mit wachsender Geschwindigkeit zurasen. Natürlich ist an dieser kollektiven Selbstmordstrategie nicht in erster Linie »der Kapitalismus« schuld – die alte Sowjetunion und das neue China haben bewiesen, dass man auf autoritäre Weise die Umwelt noch schneller und gründlicher ruinieren kann. Dennoch hat Naomi Klein recht, wenn sie feststellt, dass die Glücksverheißungen der kapitalistischen Globalisierung nach dem Fall der Berliner Mauer weitgehend leere Phrasen sind und ihre Protagonisten fatale Systemeffekte wie die menschengemachte Erderwärmung einfach nicht auf der Rechnung hatten.

Bevor ich zu Naomi Oreskes komme, sollte ich an dieser Stelle Barbara Tuchman (1912–1989) erwähnen, die große Historikerin aus New York. Ihre Fähigkeit, reale Geschichte ebenso spannend wie wahrhaftig zu erzählen, ist bis heute unerreicht. Ihr vielleicht wichtigstes, bereits vor über 30 Jahren erschienenes und von den professionellen Kritikern jedoch überwiegend ungnädig besprochenes Werk heißt *The March of Folly: From Troy to Vietnam – A meditation on unwisdom (as distinct from stupidity) as a force in history* (Tuchman 1984). Tuchman versucht in diesem Buch ein universelles Muster im Scheitern historischer Mächte zu erkennen. Ihre für mich wichtigste Einsicht ist, dass erfolgreiche gesellschaftliche Systeme in der Regel unfähig sind, auf neuartige Herausforderungen mit Strategien außerhalb der bewährten politischen, wirtschaftlichen und kulturellen Logik zu reagieren. Damit kann man aber dem trojanischen Pferd, dem Protestanten Martin Luther, dem Vietcong – und dem selbst fabrizierten Klimawandel – nicht beikommen. Unter immer rigoroserer Ausblendung der Fakten (was die Psychologen »kognitive Dissonanz« nennen) betreibt man all das, was die Krise heraufbeschworen hat, nur noch intensiver. Bis zum bitteren Ende wird nicht der System*wechsel* als einzig mögliche Lösung erkannt, sondern die System*vertiefung* als Rettung beschworen.

Welcher Mittel sich die herrschenden Verhältnisse mitunter bedienen, um ihre eigene Infragestellung unter Krisendruck zu sabotieren, ergründet seit über zwei Jahrzehnten die Geologin und Wissenschaftshistorikerin Naomi Oreskes, die heute als Professorin in Harvard lehrt. Insbesondere hat sie erforscht, wie die eigentlich überwältigenden wissenschaftlichen Einsichten über das Risiko Klimawandel durch pseudowissenschaftliches Gegengift nahezu mühelos neutralisiert werden können. Ich habe Oreskes mehrfach getroffen, zuletzt bei der Päpstlichen Akademie der Wissenschaften im Vatikan, wo mit großem Ernst und Sachverstand über die »Nachhaltigkeit von Menschheit und Natur« diskutiert wurde. Sie ist eine zierliche, aber dennoch höchst energische Person mit einem rasiermesserscharfen Verstand.

Zusammen mit Erik Conway hat sie 2010 eine bemerkenswerte Analyse der öffentlichen Debatte über den Klimawandel vorgelegt: *Merchants of Doubt* (Oreskes und Conway 2010). Dort legen die beiden überzeugend dar, dass die Meinung der Massen zu kontroversen Themen wie Rauchen, Pestizide oder eben Klimawandel in den USA seit Langem auf geschickte Weise manipuliert wird, und zwar von einem winzigen Trupp von Wissenschaftsrenegaten im Sold mächtiger Interessenverbände. Oreskes und Conway stützen ihren Befund auf umfangreiche Recherchen und zahllose Einzelbelege, wie der interessierte Leser gern selbst nachvollziehen kann. Und sie nennen die Schwarzen Reiter beim Namen: William Nierenberg, Frederick Seitz und Siegfried Frederick Singer, allesamt verdiente Physik-Veteranen, die während des Kalten Krieges Karriere im »militärisch-industriellen Komplex« (Dwight D. Eisenhower, Abschiedsrede vom 17. Januar 1961) machten. Von diesen dreien ist nur noch der gebürtige Österreicher Singer am Leben, der – ganz wie es das Klischee will – seine Gesprächspartner mit dekadentem Charme auf den Leim zu locken versteht.

Nierenberg, Seitz und Singer vertreiben eine Ware, die kostbarer sein kann als Gold und tödlicher als Schlangengift: den Zweifel. Genau genommen den *scheinbar wissenschaftlich begründeten Zweifel an der Wissenschaft.* Das Trio repräsentiert die gefährlichste Sorte von ehemals mächtigen und extrem intelligenten alten Männern, die sich unbedingt noch einmal Gehör verschaffen wollen. Im Fußballjargon würde man sagen, dass sie sich gegen den Spielplan des Trainers kurz vor Schluss selbst einwechseln. Schenkt man Oreskes und Conway Glauben, dann waren diese Männer glühende Antikommunisten, denen mit dem Zusammenbruch der Sowjetunion nach 1989 das Feindbild und damit eine wichtige Triebfeder ihres rastlosen Schaffens abhandenkam. Aber da ist noch etwas – die in Amerika so beliebte Metapher von der Melone: außen grün und innen rot. Könnte es nicht sein, dass die hässliche Gestalt des Kommunismus sich wieder in unsere Reihen stiehlt, nunmehr gehüllt in das noble Gewand der Umweltvorsorge? Ist die »Klimahysterie« nicht nur ein anderes, besonders perfides Mittel der ewigen Freiheitsfeinde zum Zweck der Zerstörung des westlichen Liberalismus? In einem bestimmten Geisteszustand, der mit Paranoia nur unzureichend beschrieben ist, kann die Antwort auf solche Fragen nur Ja lauten. Verschwörung durchschaut!

Wissenschaftler im Geiste von Nierenberg und Co. hatten zuvor schon andere vermeintliche Angriffe auf die Freiheit der US-Bürger abzuwehren versucht, etwa den Versuch der Behörden, die Menschen vom Rauchen abzubringen. Dem standen naturgemäß die Interessen der Tabakindustrie entgegen, die nach dem Zweiten Weltkrieg zu einem der stärksten Wirtschaftszweige überhaupt heranwuchs und die noch heute weltweit etwa zwei Millionen Arbeitnehmer beschäftigt. 2010 lag der Nettogewinn der sechs führenden Tabakunternehmen bei 35 Milliarden US-Dollar – etwa so viel wie die kombinierten Profite von Coca-Cola, McDonald's und

Microsoft im selben Jahr. Und das nach Steuern, denn die jeweiligen Staaten verdienen prächtig an der zerstörerischen Sucht der Raucher. Der historische Siegeszug des Nikotins und sein gegenwärtiger Niedergang ist ein Lehrstück darüber, wie die moderne Gesellschaft mit einem der wichtigsten Gemeinschaftsgüter (nämlich der öffentlichen Gesundheit) umzugehen pflegt.

Vor ziemlich genau 50 Jahren ließ der US-Generalbundesarzt die folgende Warnung verbreiten: »Zigarettenrauchen ist in den Vereinigten Staaten ein so großes Gesundheitsrisiko, dass wirksame Gegenmaßnahmen ergriffen werden sollten« (siehe etwa *The Economist*, 2014). Seit dieser dringlichen Botschaft sind weitere 20 Millionen Amerikaner am blauen Dunst gestorben, dennoch hat sich der Wind gedreht: Nur 18 Prozent der erwachsenen US-Bürger sind heute noch bekennende Raucher. Die Trends in anderen Erdregionen sind allerdings nicht vergleichbar – die staatliche China National Tobacco Corporation ist inzwischen der weltweit größte Hersteller von Zigaretten, und der Nikotinkonsum in den Schwellenländern allgemein dürfte immer noch zunehmen. Trotzdem wird das Rauchen als tödlichste aller Volkssüchte nach und nach aus der Mode kommen, was sich auch in Europa schon deutlich abzeichnet.

Die Gründe für diese segensreiche Entwicklung sind vielfältig und verwickelt; die entsprechenden wissenschaftlichen und journalistischen Analysen füllen Zehntausende von Seiten. Staatliche und richterliche Interventionen haben zweifelsohne eine wichtige Rolle gespielt – seit den 1950er-Jahren wurden in vielen Staaten insgesamt Tausende von Haftungs- und Strafprozessen gegen die Tabakindustrie geführt, die meisten davon im »Klage-Mekka« USA. Und 2014 haben sogar die Gesundheitsbehörden in China dazu aufgerufen, das Rauchen auf öffentlichen Plätzen zu verbieten. Auch der Zeitgeist spielt beim großen Dampfbetrieb nicht mehr so recht mit, denn die Halbwüchsigen der Mittelschicht haben das heimliche Rauchen durch viel spannendere Reifeprüfungen ersetzt.

Am Anfang stand jedoch das Wort, ausgesprochen von der Wissenschaft: Lungenkrebsrisiko! Kein Marktprodukt kann einen solchen Verdacht auf Dauer schadlos überstehen – es sei denn, es gelingt, den Vorwurf in der Öffentlichkeit als unbegründet oder zumindest *zweifelhaft* erscheinen zu lassen. Diese Rechnung geht am sichersten auf, wenn die Bedenken im einschüchternd-unverständlichen Fachchinesisch der mutmaßlichen Experten formuliert sind und von anerkannten Autoritäten aus der großen Forschungsgemeinde mit klangvollen Attributen wie »Prof. Dr. Dr. h.c. mult.« vorgetragen werden. Im günstigsten Falle – aus der Sicht der Vernebler der wahren Zusammenhänge – steht am Schluss wissenschaftliche Aussage gegen wissenschaftliche Aussage. Woraus der Bürger (ebenso wie der Gesetzgeber) den für ihn bequemsten Schluss zieht, dass man im Schwebezustand der Ungewissheit am besten alles beim Alten belassen kann und sollte.

Und damit sind wir beim logischen Knackpunkt angelangt: Wissenschaftliche Einsicht (im Englischen meist als *evidence* bezeichnet) kann vermutlich nur wenige Laien dazu bewegen, eine vorgefasste Meinung zu ändern, selbst wenn die Evidenz für den Experten überwältigend eindeutig erscheint. Das bestätigen uns die Kognitions- und Verhaltensforscher jedenfalls ein ums andere Mal – wovon ich jedoch nicht ganz überzeugt bin, was also wiederum diese Einschätzung ironischerweise untermauert. Umgekehrt kann jedoch der Hinweis auf die kleinste Unstimmigkeit im Forschungsbefund oder der höflichste Einwand eines Fachkollegen das Vertrauen in die wissenschaftliche Einschätzung bei Menschen zerstören, die sich noch keine feste Meinung zum Thema gebildet haben. Insbesondere dann, wenn der Zweifel mit der persönlichen Interessenlage beziehungsweise dem allgemeinen Weltbild konform ist. Unerlässlich ist bei dieser kommoden Flucht in die Ungläubigkeit allerdings der professionelle, ja professorale Skeptiker. Damit tut sich eine große, einladende und wohlausgestattete Marktnische auf.

Und natürlich finden sich immer wieder echte Experten, hochintelligente Forscher, welche die Einladung annehmen: die besagten Händler des Zweifels. Dabei sind wohl die unterschiedlichsten Motive im Spiel – Geltungssucht, verletzte Eitelkeit, Besessenheit, politische Einstellung, aber auch die ehrliche Überzeugung, als Einziger das Licht der Wahrheit zu sehen und deshalb die gesamte Fachwelt herausfordern zu müssen. Wer kann schon bei anderen (geschweige denn bei sich selbst) hundertprozentig zwischen cleverem Scharlatan und verkanntem Genie unterscheiden? Wer ist womöglich ein zweiter Kopernikus – oder doch nur ein trüber Wiedergänger von Giuseppe Balsamo (1743–1795), alias Alessandro Graf von Cagliostro, der sich mit seinen alchemistischen Kunststücken einst Zugang zu europäischen Adelskreisen verschaffte?

Das ebenso Interessante wie Perfide ist, dass die wissenschaftlichen Renegaten ebenjene Furcht vor der Scharlatanerie nutzen, um sich überproportionale Aufmerksamkeit in den Medien und bei den Entscheidungsträgern zu verschaffen. Der simple, aber ungeheuer wirksame Trick besteht darin, gute Wissenschaft pauschal als schlechte (*Bad Science*) zu bezeichnen. Mit diesem Kampfbegriff sind Leute wie Seitz und Singer schon in den 1970er-Jahren gegen die seriöse medizinische Forschung zu Feld gezogen, welche den Zusammenhang zwischen Zigarettenkonsum und

534

Lungenkrebs immer nachdrücklicher bestätigte. Und mit demselben Kampfbegriff wird die moderne Klimaforschung attackiert, welche seit Svante Arrhenius' Geniestreich von 1896 (siehe Kapitel 4) dem Zusammenhang zwischen zivilisatorischem Treibhausgasausstoß und Erderwärmung eine inzwischen an Sicherheit grenzende Wahrscheinlichkeit zuweisen kann.

Die Ankläger schließen jedoch – gewollt oder unterbewusst – von sich auf andere, wenn sie von »schlechter Wissenschaft« faseln. Sie bedienen sich dabei des Idealbilds von Forschung, die *exakt, objektiv* und *kritisch* sein sollte. »Exakt« bedeutet insbesondere widerspruchsfrei und messgenau; »objektiv« heißt zunächst einmal nicht-subjektiv, also insbesondere frei von persönlichem Sentiment und Interesse. Der Begriff »kritisch« steht (spätestens seit Immanuel Kant) für das nüchterne Abwägen von Pro und Kontra und für ein vernünftiges Grundmisstrauen gegenüber jedem neuen empirischen Befund und gegenüber jeder neuen Theorie.

So weit, so gut im Wunderland der Wissenschaft, die in der Praxis jenem Ideal nur mit größten Anstrengungen nahe rücken kann. Die zugehörige erkenntnistheoretische Debatte von Karl Popper (1935) über Thomas S. Kuhn (1976) und Paul Feyerabend (1976) bis hin zum »postnormalen« Gemurmel der jüngeren Vergangenheit (siehe zum Beispiel Funtowicz und Ravetz 1990) füllt inzwischen ganze Bibliotheken.

Diese Debatte dürfte allerdings den Erkenntnisfortschritt in den vitalen Wissenschaften wie Genetik, Informatik oder Materialforschung kaum beeinflusst haben. Für politische und ideologische Kampagnen lässt sich das Märchenbild von der absolut präzisen, zweckfreien und besonnenen Wissenschaft jedoch trefflich instrumentalisieren. Entsprechend wird die Forschung, welche die immensen Risiken der menschengemachten Erderwärmung identifiziert und benennt, wieder und wieder als »schlampig«, »eigennützig« und »hysterisch« diffamiert: »Wer das Wetter nicht einmal 14 Tage voraussagen kann, sollte sich nicht an Klimaprognosen für das Jahr 2100 versuchen!«; »Das Klimaproblem ist ein intellektueller Popanz, mit dem man prächtig Forschungsgelder akquirieren kann!«; »Aus reinem Geltungsbedürfnis wird der Politik und Öffentlichkeit ständig Angst gemacht!«

Das sind die typischen Binsenweisheiten des Generalverdachtsgewerbes, das sind die Sätze, mit denen heftiges Kopfnicken bei den notorischen Durchblickern ausgelöst wird. Die Pawlow'schen Hunde der Klimadebatte sondern Speichel ab, wenn sie durch Misstrauen stimuliert werden. Bezeichnend ist übrigens auch, dass sich die Polemiker gegen die mahnende – weil tief besorgte – Klimawissenschaft gern mit den Ehrenbezeichnungen »Skeptiker« beziehungsweise »Realisten« schmücken. Als ob die Forschung, die sich in der Wettbewerbspraxis beständig der unbarmherzigsten anonymen Begutachtung aussetzen muss, um von den Elitejournalen akzeptiert zu werden, nicht das Resultat einer immerwährenden hochnotpeinlichen Selbstbefragung im harten Licht der Fakten wäre! Nichtsdestotrotz befinden wir uns heute in Bezug auf die Klimaproblematik in einer verkehrten Welt, wo die Fachfremden und Dilettanten die »gute wissenschaftliche Praxis« für sich reklamieren und den Fachexperten und Profis genau die Verfehlungen vorwerfen, derer sie sich selber – mit und ohne Absicht – schuldig machen.

Mein (schon mehrfach erwähnter) Kollege Stefan Rahmstorf, der seit vielen Jahren unerschrocken und unermüdlich einen Abnutzungskampf gegen die Volksverdummer und Wahrheitsverdreher führt, musste auf bittere Weise erfahren, wie bösartig es in dieser verkehrten Welt zugeht. Bei *FAZ.net* analysierte er 2007 (Rahmstorf 2007b) ebenso sorgfältig wie kompromisslos das bizarre Gedankenmilieu der »Klima-Skeptiker«; der ungekürzte Artikel ist mit anderem, autorisiertem Titel in der Zeitschrift *Universitas* erschienen (Rahmstorf 2007a). Rahmstorf nennt auf sieben E-Seiten Ross und Reiter, zerpflückt Scheinargumente und entlarvt selbst ernannte Experten als fragwürdige Spekulanten. Letztere bilden eine bunte Truppe, die sich aus ganz unterschiedlichen Lagern rekrutiert – neben fachfremden Wissenschaftlern mischen Zukunftsforscher (was immer das sein mag), Medienvertreter, öffentliche Lobbyisten und ganz gewöhnliche Besserwisser aus dem höheren Schuldienst mit.

So seltsam es erscheinen mag, aber mit der expliziten, sachgerechten Auseinandersetzung mit konkreten Behauptungen von realen Personen verübte mein Kollege ein publizistisches Kapitalverbrechen: Wissenschaftler sollten, so das ungeschriebene Gesetz, demütig schweigen, wenn über ihr Fachgebiet öffentlich Unsinn verbreitet oder ihr Kommunikationsversuch grotesk verstümmelt wird. Und man kann tatsächlich darüber streiten, ob die Forschung sich nicht besser aus der Richtigstellung unzulässiger Interpretationen heraushalten sollte. Der Hauptarbeitsplatz der Wissenschaftler bleibt nun mal der sprichwörtliche Elfenbeinturm, und rhetorisch sind uns Gelehrten die Politiker, Journalisten und Investmentbanker allemal überlegen. Ich bin mir übrigens voll der Tatsache bewusst, dass ich durch das Niederschreiben dieser Zeilen und dieses Buches selber den erwähnten Tabubruch begehe. Dafür mache ich allerdings so etwas wie »Gewissensnotstand« geltend, über den an anderer Stelle noch zu sprechen sein wird. Wie dem auch sei, das Konglomerat schlug zurück, und zwar tief unter die Gürtellinie.

Am 5. September 2007 erschien, ebenfalls bei *FAZ.net*, eine Polemik über Stefan Rahmstorf, getarnt als Aufschrei gegen den »Untergangsterror« (Bartsch u. a. 2007). Ihrer eigenen zwingenden Logik folgend blendeten die Verfasser alle Sachargumente vollständig aus und beschränkten sich darauf, die Person Rahmstorf als Freiheitsfeind zu geißeln und in die Nähe des faschistischen (oder wahlweise religiösen) Größenwahnsinns zu rücken. Das Schlachtfeld der Unterstellung zu wählen, anstelle auf dem Schlachtfeld der Fakten eine erbärmliche Niederlage zu erleiden, war für das Zweifler-Kartell natürlich die einzige clevere Option. Interessanter ist eher, ob diese Rechnung aufging. Und wie sie aufging!

Seit diesem Schmutzangriff wird mein Kollege in Teilen der Öffentlichkeit, der Medienlandschaft, ja selbst in einigen Forscherzirkeln schief angesehen – als Politiker im Schafspelz des Wissenschaftlers, als humorloser Eiferer, als moderner Inquisitor im Dienste der »Klimakirche«. Der letztere Kampfbegriff beleuchtet einmal mehr eine primitive Haltet-den-Dieb-Taktik: Wer sich selbst nicht um Beobachtungen, Zahlen, Gleichungen scheren mag, der wirft der Gegenseite genau dies vor. Wie diese Taktik funktioniert, kann jeder nachprüfen, der sich dem zweifelhaften Vergnügen unterzieht, die Kommentare zur Polemik bei *FAZ.net* nachzulesen. Und natürlich kann ein Rahmstorf eine solche Auseinandersetzung nicht gewinnen, da all seine Geisteswaffen ins intellektuelle Nichts stoßen müssen.

Ebenso wenig wie einst Albert Einstein aus öffentlichen Debatten über seine bahnbrechenden Theorien zur Raumzeitwelt als Sieger hervorgehen konnte: »Die Welt ist zum Tollhaus geworden. Derzeit debattiert jeder Kutscher und jeder Kellner darüber, ob die Relativitätstheorie korrekt ist. Die Meinungen dazu hängen insbesondere von der Parteizugehörigkeit ab.« So der sarkastische Kommentar des großen Gelehrten in einem 1920 verfassten Brief an einen Freund (siehe zum Beispiel Hamilton 2013). Man stelle sich in diesem Zusammenhang vor, Einstein würde heutzutage zu einem Fernsehduell mit einem rhetorisch gewieften Gegner der Relativistischen Physik antreten. Ganz gleich, ob der Kontrahent selber Forscher oder bloß Amateur oder gar Schauspieler wäre – das Genie hätte beim Publikum keine Chance, wenn der Gegner nur eine plausible, mit respektheischenden Fremdwörtern gespickte Geschichte erzählen würde. Insbesondere wenn der Moderator im Dienste einer hier völlig deplatzierten »Ausgewogenheit« strikte Neutralität wahrte und beide Seiten gleich behandelte. Denn es ist nun einmal keine Alltagserfahrung, dass Uhren langsamer gehen und Messtische schrumpfen, wenn sie beschleunigt werden. Und dass große Massen den Raum ordentlich verbiegen. Doch die Naturgesetze schreiben genau solche Effekte vor.

Kurioserweise wird die Relativitätstheorie bis auf den heutigen Tag – also etwa 100 Jahre nach ihrer Ausarbeitung und Bestätigung – unverdrossen von Hobbykosmologen »widerlegt«. Da sind vor allem Leute zugange, die in die Abgründe der Einstein'schen Gedankenwelt nicht einzudringen vermögen und deshalb das für sie Unbegreifliche unbedingt durch etwas »Plausibles« ersetzen wollen. Ähnliches spielt sich bei der »Widerlegung« der modernen Klimasystemtheorie ab: Die Gegner der zweifellos komplexen Analysen präsentieren triumphierend den *einen* ursächlichen Faktor für die jüngsten Veränderungen der Erdmitteltemperatur: die launische Sonne, die kosmische Strahlung, ja sogar die Umwälzung der Ozeane durch Bomben und U-Boote im Zweiten Weltkrieg, wovon mich ein verkannter Galileo Galilei vor zehn Jahren allen Ernstes überzeugen wollte! Kleine Ironie am Rande: Stefan Rahmstorf hat seine Diplomarbeit erfolgreich zu einer Fragestellung der Allgemeinen Relativitätstheorie verfasst.

Damit können wir zu den »Händlern des Zweifels« zurückkehren, den hochprofessionellen Infragestellern der professionellen Klimawissenschaft, die ihre Physik ähnlich gut beherrschen wie ein Rahmstorf. Sie sind beileibe keine Spinner – stattdessen Glücksritter, Kreuzzügler und nicht zuletzt Söldner im Dienste der Diktatoren des Jetzt (siehe Kapitel 24). Letztere haben ein weltumspannendes Erdölunternehmen zu verteidigen oder ein privates Kohleimperium oder eine auf fossile Ressourcen gegründete mittelalterliche Autokratie in den Wüsten Arabiens oder den Steppen Zentralasiens. Es geht um Billionen und Aberbillionen Dollar und mittelbar auch um zig Millionen von konventionellen Industriearbeitsplätzen. Da wird die Verunsicherung zu einer kostbaren Ware. Und das Gift des Zweifels soll vor allem eines zerfressen: den Konsens unter Experten, die Grundeinschätzung der Wissenschaft nach gequältem Abwägen aller Pros und Kontras. Dieser Konsens ist *nicht* das Ergebnis einer demokratischen Abstimmung unter den Experten – eine Selbstverständlichkeit, die gerade von den Zweiflern am Klimawandel höhnisch totgetreten wird.

Doch wenn 95 oder 97 oder 98 Prozent der zum Thema forschenden Gelehrten der generellen Auffassung sind, dass die bocksprüngig avancierende Erderwärmung hauptsächlich menschlichen Einflüssen geschuldet ist, dann sollte man als befasster Entscheidungsträger nicht leichtfertig Geld und Leben seiner Schutzbefohlenen auf die verbleibenden 5 oder 3 oder 2 Prozent Gegenmeinung verwetten. Ein Mann mit ernsthaften Gesundheitsbeschwerden würde wohl kaum entspannt nach Hause gehen und auf bessere Zeiten hoffen, wenn ihm 97 von 100 konsultierten Onkologen einer führenden Klinik die Diagnose Lungenkrebs stellten. Naomi

Oreskes hat wiederholt darauf hingewiesen, dass in der Fachliteratur zum Klimawandel ein Expertenkonsens oberhalb der 95-Prozent-Marke herrscht; andere Untersuchungen bestätigen diesen Befund (siehe zum Beispiel Cook u. a. 2013). Fast noch interessanter und wichtiger als die tatsächliche Übereinstimmung unter den Experten ist jedoch die *Wahrnehmung* dieser Übereinstimmung durch die Laien, zu denen nun einmal auch die wichtigsten Politiker zählen. Gerade weil die Wissenschaft in der modernen Gesellschaft ein bemerkenswert hohes Grundansehen genießt, werden auch die nicht interessengeleiteten Menschen sofort hellhörig, wenn sie Expertenstreit wittern.

Dies ist mir viele Male in Gesprächen mit Personen aus den unterschiedlichsten Milieus widergespiegelt worden – von alten Schulfreunden, von liebenswürdigen Nachbarn in einem winzigen Dorf im ostenglischen Norfolk, von Zufallsbekanntschaften auf dem Flughafen von Albuquerque, New Mexico. Mit am verblüffendsten fand ich die Aussage von »Joe« Ackermann, dem ehemaligen Vorstandsvorsitzenden der Deutschen Bank AG. Bei einem Treffen mit dem Klimabeirat ebendieser Bank beklagte er sich bitter über die »Kakophonie der Expertenmeinungen« zum Klimaproblem. Und auch das geduldige Zureden von einem Dutzend der renommiertesten Forscher und Analysten der Welt brachte ihn keinen Millimeter von dieser Wahrnehmung ab.

Warum haben Ackermänner und Müllmänner und Weihnachtsmänner eine so verzerrte Sicht auf die Landschaft der wissenschaftlichen Befunde zur Erderwärmung? Als unmittelbare Antwort wird das Vorurteil bemüht, dass Forscher ihre Ergebnisse einfach nicht vernünftig in die Öffentlichkeit hinein zu kommunizieren verstehen, selbst wenn sie sich krampfhaft darum bemühen. Dies ist meines Erachtens Unsinn: Manche meiner Kolleginnen und Kollegen sind hinreißende Kommunikatoren, die jeden Volkspolitiker auf freier Bühne verfrühstücken würden.

Weit relevanter ist da schon die Tatsache, dass Fachleute immer noch bestimmter Medien (allen voran Presse, Funk und Fernsehen) bedürfen, um rasch breite Kreise der Gesellschaft zu erreichen. Wie ich selbst unbedingt bestätigen kann, wird man von Normalmenschen nahezu ausschließlich über die TV-Präsenz wahrgenommen, von Entscheidungsträgern auch noch über *Spiegel*-Interviews und Meinungsbeiträge in *Die Zeit, Süddeutscher Zeitung* und *Frankfurter Allgemeiner Zeitung*. Wissenschaftliche Erkenntnisse, die nicht über solche Förderbänder aus den Forschungseinrichtungen nach draußen transportiert werden, sind wie Koffer, die am Flughafen verloren gehen und auf die man vergeblich am Gepäckkarussell wartet. Aber es gibt sie ja, diese Transmissionsriemen, und spätestens seit der Online-Revolution schütten sie unablässig immer größere Informationsladungen auf das neuigkeitssüchtige Publikum. Da kann ein 97-Prozent-Konsens der Forschung in einer Jahrhundertfrage doch nicht auf Dauer verborgen bleiben! Tut er aber doch, und das hat durchaus mit dem Zustand der Medien zu Beginn des 3. Jahrtausends zu tun.

Mehr denn jemals zuvor in der Kulturgeschichte ist die Informationsverbreitung heute ein Geschäft, bei dem man Milliardär werden kann wie Silvio Berlusconi oder Rupert Murdoch, in dem man aber sehr viel häufiger pleitegeht. Natürlich gibt es auch Ausnahmen, insbesondere dort, wo die freie Meinungsäußerung verboten ist. Die Wahrheit wird sich aber in Nordkorea oder Saudi-Arabien schwerlich heimischer fühlen als in Italien oder Australien. Dennoch liegt es auf der Hand, dass die Nachricht über einen wichtigen Sachverhalt fast zwangsläufig einen Qualitätssprung nach unten absolvieren muss, wenn sie ihr wissenschaftliches Quellenreich verlässt. Das hat mit Komplexität zu tun, aber auch mit professionellen Attitüden. Nach vier Jahrzehnten sehr unterschiedlicher Erfahrungen mit der Medienwelt glaube ich mir eine kleine Typologie ihrer Bewohner anmaßen zu können. Wobei ich vorausschicken muss, dass viele Journalisten unter schwierigen Bedingungen arbeiten: Sie stehen unter extremem Zeitdruck, aufgeregte Ressortleiter und sensationsgierige Leser (oder Hörer) sitzen ihnen im Nacken, und der Konkurrenzkampf auf dem Markt der Medien ist mörderisch.

Unter den Medienprofis gibt es zunächst die trotz allem erstaunlich große Schar der *Idealisten*, nicht selten an unerwarteten Orten. Sie sind gewissenhafte Kommunikatoren, denen ihre Themen tatsächlich am Herzen liegen, die aber zugleich bereit sind, auch in der von ihnen bevorzugten Interpretation der Dinge Ungereimtheiten zu erkennen, wenn diese zutage treten. Ihr Tun wird schlecht bis mäßig bezahlt, und auch in der in Euro nicht zu messenden Währung der öffentlichen Aufmerksamkeit ist ihr Lohn oft gering. Denn gewissenhafte Journalisten, das liegt in der Natur der Sache, sind meist nicht laut genug.

Ganz anders die *K & K-Journalisten*, wobei das erste K für »Klicks« und das zweite für »Krawall« steht. Sie versuchen, möglichst starke Reize beim Publikum zu setzen, dessen Erregungszustand dann über die Anzahl der Internetbesuche gemessen wird. Diese Journalisten sind rein kommerziell unterwegs, und sie werden immer mehr. Eine besondere Untergruppe stellen die *Geisterfahrer* dar. Sie schreiben ein Thema wie Waldsterben, kalte Kernfusion oder exotische Krebstherapien so lange hoch, bis sich genügend mediale Gefolgsleute gefunden haben. Dann wird jäh auf der publizistischen Autobahn gewendet und Gegenkurs gesteuert. Das gibt ordentliche Blechschäden und jede Menge Aufmerksamkeit.

Eine mächtige Gruppe bilden die *Konfirmanten*. Die meisten Menschen verlangen ja nicht nach Informationen, die unbequemerweise eine vorgefasste Meinung ins Wanken bringen könnten, sondern nach Bestätigung: Man liest deshalb jene Zeitung, die in Nachrichten und Leitartikeln das eigene Bild von der Welt und die eigene Deutung des Zeitgeschehens am besten widerspiegelt. Ein Kreuzberger Sponti würde den täglichen Konsum der *Welt* wohl mit schwerwiegenden seelischen Schäden bezahlen; Präsidenten von Industrie- und Handelskammern sollte man dagegen nicht unbedingt ein Abo der *taz* auf den Weihnachtstisch legen.

Dann gibt es die *Überkritischen*, die man häufig in den Wissenschaftsredaktionen der »liberalen« Presse und des öffentlichen Fernsehens findet. Sie geben sich gern wissenschaftlicher als die Wissenschaftler und werden nicht müde zu betonen, dass man bei so hochkomplexen Gefügen wie dem Klimasystem noch viel, viel mehr forschen müsse (das ist immer richtig), bevor man zu einer klaren Bewertung des menschlichen Einflusses oder gar zu zielgerichteten Gegenmaßnahmen gelangen könne (das ist nicht richtig, hierfür reicht unser Wissen meist schon lange aus). Gleichzeitig bejubeln sie aber die neueste hochspekulative Theorie über die Lautstärke des Urknalls oder die biochemische Kodierung der Gefühle.

Und da ist schließlich noch die (allerdings eher kleine) Gruppe der *Fanatiker*, die ihre ganz eigene Agenda verfolgen und die Öffentlichkeit durch gezielte Informationsschnipsel zu programmieren versuchen, so ähnlich, wie Viren bestimmte Zellen umfunktionieren. Ich könnte hier konkrete Namen nennen, aber eine solche Kampfansage wäre ebenso nutzlos wie idiotisch. Ob diese Leute selber glauben, was sie schreiben und sagen, ist mir ohnehin ein Rätsel. Interessanterweise handelt es sich oft um »Apostaten«, also Menschen, die irgendwann vom Glauben an eine bestimmte (zumeist links gestrickte) Weltanschauung abgefallen sind und ebendiese nun umso erbitterter bekämpfen.

Vielleicht am wichtigsten und umfangreichsten ist aber die Gruppe der *Pragmatiker*, die mit lässiger Abgeklärtheit die Risiken des Klimawandels zur Kenntnis nehmen. Die aber – »seien wir realistisch« – die globale Erwärmung als nur eines von vielen Themen sehen, die alle irgendwie total wichtig sind. Wobei dann die anderen Themen meist (leider, leider!, wie sie versichern) dringlicher sind. Nur dass diese Themen dann nicht etwa Hunger und Krieg sind, sondern ein eilig auszudeutender Versprecher eines parlamentarischen Hinterbänklers, die Entdeckung einer neuen Käferart, die jüngste Zuckung eines Aktienindexes. Weshalb der Klimawandel dann auf den Zeitungsseiten oder im Sendeprogramm nur ausnahmsweise stattfindet, als Pflichtmeldung am Rande.

Übrigens, wenn man sich als Wissenschaftler – ganz gleich, ob man über die Grundlagen der Quantentheorie nachsinnt oder in Westafrika den Folgen des Klimawandels nachspürt – Journalisten backen könnte, dann wären das *kritische Idealisten*, also Menschen, die für ein Thema brennen und sich dennoch nichts vormachen lassen. Aber diese Hausbäckerei gibt es nicht, deshalb müssen wir mit dem gemischten Angebot zurechtkommen, das der Markt bereithält. Und dieser bevorzugt kurzfristige Übertreibungen, neigt hingegen zu langfristigen Untertreibungen: Wenn die gewitterte Katastrophe nicht spätestens morgen eintritt, dann braucht sie sich später erst gar nicht mehr bei uns melden!

Damit wären wir wieder beim »Alarmismus«, der deshalb so nervt, weil die beharrliche Verabreichung einer berechtigten Sorge ohne den Zuckerguss der Neuheit einfach nur bitter schmeckt. Wirklich fatal ist jedoch die schon erwähnte Praxis von Medien, die sich selbst als seriös/kritisch/hochwertig wahrnehmen, stets beide Seiten einer tatsächlichen (oder vermeintlichen) Kontroverse gleichgewichtig abbilden zu wollen. Zu praktisch jedem nicht-banalen Sachverhalt gibt es aber zur (mehr oder weniger) begründeten Aussage A die gegenteilige, (mehr oder weniger) unbegründete Aussage Nicht-A (»Schellnhubers Theorem«). Folgerichtig müssten respektable Zeitungen oder Fernsehprogramme dem Publikum *immer* Behauptung und Widerspruch gleichzeitig servieren, was dann zwangsläufig auf Ratlosigkeit und Apathie hinausläuft.

Der wissenschaftliche Konsens zur Klimafrage existiert jedoch, und er zeigt eindeutig in Richtung massiver Erwärmung. Nach den jüngsten Untersuchungen der Kommunikationsforscher Cook und Jacobs (2014) wird diese weitestgehende Einigkeit unter den Experten trotz der medialen Ausgewogenheitstänze durchaus wahr- und ernst genommen, wobei Weltanschauung und politische Einstellung deutliche Einflussfaktoren sind: In den USA etwa sind sich circa 70 Prozent der Demokraten-Wähler der gemeinschaftlichen Sorge der Klimawissenschaftler bewusst, aber nur 30 Prozent der Republikaner-Wähler. Letztere sind vermutlich auch mehrheitlich davon überzeugt, dass ihr Land das flächengrößte der Erde ist. Die Kommunikationsforscher sprechen hier von einer »kulturellen Schieflage«. Aber in keinem gesellschaftlichen Milieu Nordamerikas entspricht die Wahrnehmung der wissenschaftlichen Übereinstimmung auch nur annähernd der tatsächlichen Größenordnung!

Das sieht nach bewusster Täuschung aus, und genau das ist es auch. Die Manipulation der öffentlichen Meinung erfolgt durch die ebenso simple wie wirksame Falschaussage: »Es gibt keine Einigkeit unter den Klimawissenschaftlern!« (Elsasser und Dunlap 2013). Allerdings muss man genügend Einfluss, Geld und Chuzpe besitzen, um diese Lüge so weit und so hartnäckig zu verbreiten, bis sie sich in den hintersten Gehirnwinkeln auch der umweltfreundlichsten Mitmenschen eingenistet hat. Cook und Jacobs illustrieren in einem Schaubild (Abbildung 73), mit welchen Kampagnen und Desinformationsprodukten die Klimaschutzgegner in den USA seit über zwei Jahrzehnten den Zweifel am wissenschaftlichen Sachstand künstlich beatmen.

Als Zerrspiegel fungieren in der angloamerikanischen Welt, wo die Sorge ums Weltklima oft mit dem Hass auf die freie Marktwirtschaft gleichgesetzt wird, vor allem neokonservative *Thinktanks*: Sie haben klingende Namen wie das Heartland Institute oder das Competitive Enterprise Institute beziehungsweise werden von durchgeknallten Lords betrieben wie die Global Warming Policy Foundation (siehe Kapitel 22). In Deutschland gibt es dazu nur eine provinzielle Kopie, nämlich EIKE (Europäisches Institut für Klima und Energie). Dieses Gebilde betreibt aber nach eigenen Angaben keine systematische Klimaforschung, weil die Lehrmeinungen über CO_2 etc. ohnehin erwiesener Unsinn seien. Da fasst man sich an den Kopf, doch davon lässt der Schmerz leider nicht nach.

Solche Einrichtungen bilden die Basislager für die ganz hartgesottenen Klima-Rambos. Ihre Absicht ist es, hinter den feindlichen Linien größtmögliche Verwirrung zu stiften – das tun sie offenbar aus Überzeugung, aus Eitelkeit, gelegentlich auch für Geld und gestützt auf einschlägige Erfahrungen: Seit den großen Nikotindebatten der 1960er- und 1970er-Jahre haben sie so manches Kommandounternehmen zur Desinformation der Öffentlichkeit durchgeführt und dabei, gemessen am Einsatz, triumphale Erfolge erzielt. Denn obwohl zweifellos viele Dollars oder Pfund oder Euro von Lobbyverbänden in die Taschen der Glaubenskrieger fließen, sind dies doch lächerliche Summen im Vergleich zu den nahezu unvorstellbaren Gewinnen, die im weltweiten fossilen Gewerbe oder in der Automobilindustrie erzielt werden. Nein, die Händler des Zweifels üben ihren ehrbaren Beruf aus, weil er ihnen offenbar mächtig Spaß macht. So weit, so schlecht.

Noch schlechter ist der eigentliche Grund dafür, warum diese Leute so viel Gehör finden, warum ein Marshall Institute oder ein Oregon Institute of Science & Medicine trotz miserabler wissenschaftlicher Reputation im medialen Wettstreit mit einem MIT oder einer Harvard University nicht in kleine Fetzen gerissen werden. Der Grund dafür ist, dass fast jeder Mensch lieber die *bequemen Unwahrheiten* vernimmt als die unbequemen Wahrheiten. Nur wenn unser Verstand unentrinnbar in die Enge getrieben wird, sind wir – vielleicht – bereit, das zu glauben, was überwältigend glaubwürdig ist.

24. Die Diktatur des Jetzt

Am 11. März 2011 um 14.47 Uhr Ortszeit wurde im japanischen Fukushima das Ende des Atomzeitalters eingeläutet. Die brutalen Kräfte, die infolge eines mächtigen Erdbebens und einer gewaltigen Tsunamiwelle auf das örtliche Kernkraftwerk Nr. 1 einwirkten, setzen eine verhängnisvolle Sequenz technischer Schadensereignisse in Gang. Auch wenn die Regierung des gegenwärtigen Premierministers Abe 2015 einige der rund 50 abgeschalteten Atomkraftwerke wieder anfahren lassen will, leidet die japanische Gesellschaft nun an einem weiteren, diesmal zivilen Nukleartrauma. Es überlagert den militärischen Nuklearschock, den das Land vor knapp 70 Jahren in Hiroshima und Nagasaki erlitten hat. Und der sich so tief ins japanische Kollektivbewusstsein eingebrannt hat wie das Menschheitsverbrechen von Auschwitz ins Gewissen der Deutschen.

Nach Hegel »lernen wir aus der Geschichte nur, dass wir nichts aus der Geschichte lernen«, aber vielleicht hat der Meisterphilosoph nur im Prinzip recht. Vielleicht steht die Menschheit just in diesem historischen Moment an der Schwelle zu einer Entwicklung, welche die glorreiche Ausnahme von der Hegel'schen Regel darstellt. Ich glaube, dass der Traum vom immerwährenden Vorantreiben der Moderne durch quasikostenlose, unerschöpfliche Energie aus Kernspaltung (und/oder Kernfusion) bereits ausgeträumt ist, obwohl sich zahlreiche Politiker, Manager, Experten und Bürger noch beharrlich weigern aufzuwachen. Der Traum verblasst zunächst einmal aus ganz handfesten Gründen: Schwierigkeiten bei der Bändigung der technischen Komplexität, die mit noch höheren Sicherheitsstandards verbunden ist; Angst vor der unkontrollierten Verbreitung radioaktiven Materials in Zeiten von »Schurkenstaaten« und Terrormilizen; Gefahr der Kostenexplosion, falls die Betreiber die Risiken einer Kernschmelze privat versichern müssten usw. Die Kosten-Nutzen-Rechnung für Unternehmen geht einfach nicht mehr auf. Und die nukleare Abschreckung hätte ohnehin keine Zukunft in einer nachhaltigen Welt, wo der Wettstreit der Kulturen hoffentlich mit Ideen und nicht mit Waffen ausgetragen wird.

Doch es bedarf offensichtlich schon gesellschaftlicher Erdbeben, im Fall von Fukushima ausgelöst durch ein reales Beben, um die Irrationalität und Amoralität eines falschen Zukunftsentwurfs bloßzulegen und die Vernunft durch die Trümmerspalten der geborstenen Verheißung glitzern zu lassen. Der Versuch, die Moderne durch die »zivile Nutzung« der Kernenergie ins technische Paradies zu befördern, kann hier als Schulbeispiel dienen. Denn ihre Propagandisten drehen der Menschheit einen in doppelter Hinsicht ungedeckten Scheck an: Zum einen ist der Brennstoff Uran eine scharf begrenzte Mitgift der kosmischen Vergangenheit. Und zum anderen ist das Entsorgungsproblem für den radioaktiven Abfall auch nach einem halben Jahrhundert Systembetrieb ungelöst und wird deshalb achselzuckend den Ingenieuren der Zukunft überantwortet. Diese doppelte Zeitvergessenheit, die hemmungslose Plünderung der Vergangenheit und die zynische Belastung der Zukunft, habe ich in einem *Spiegel*-Interview vom 21. März 2011, also kurz nach dem Fukushima-Desaster, als die »Diktatur des Jetzt« bezeichnet. Umso bestürzender ist, dass diese Diktatur beim Klimawandel eine noch umfassendere, durchtriebenere und fatalere Herrschaft auszuüben versucht als bei der Atomkraft. Dies liegt daran, dass eine »entwickelte« Industriegesellschaft sich nicht einfach das fossile Energiesystem als Großtechnologie leistet (wie der französische Nachbarstaat sich eine Kohorte von Kernreaktoren hält). Nein, dieses System wird zum Symbionten jener Gesellschaft, zu einem vitalen Teil, ohne den das Ganze nicht fortbestehen kann.

Wie ich in den Kapiteln 12 und 16 dargelegt habe, hätte die industrielle Revolution ohne die fast zufällige Erschließung der Energiequellen Kohle, Erdöl und Gas nicht stattgefunden. Denn ohne diese Wunderressourcen wäre die Verzehntausendfachung der menschlichen Leistung unmöglich gewesen und der Weg in die heutige technische Zivilisation versperrt geblieben. Die Gier nach der Energie, welche Dinge nach unseren Wünschen und den Gesetzen der Natur erschafft, bewegt und vernichtet, ist inzwischen längst aus der Welt der Fabriken und Lokomotiven ausgebrochen. Der Bedarf wächst derzeit am schnellsten im Bereich der elektronischen Datenverarbeitung und Kommunikation, nicht zuletzt für den Betrieb der sogenannten »sozialen Netzwerke« wie Facebook, Twitter & Co. Manche Abschätzungen sagen, dass der Energieverbrauch beim Höchstleistungsrechnen mit superpotenten Computern irgendwann das gesamte Angebot des Weltenergiemarktes aufzehren wird – was natürlich nicht geschehen kann, falls wir uns nicht alle in Avatare verwandeln. Aber klar ist, dass fast nichts, das wir mit moderner Lebensqualität assoziieren, ohne massiven Energieeinsatz realisierbar wäre. Und diese Energie fließt immer noch ganz überwiegend aus fossilen Quellen.

Die Entfernung dieser Quellen aus dem Stoffwechsel der Spätmoderne kommt somit dem Herausreißen der Eingeweide aus einem lebenden Körper gleich. Das scheint keine gute Idee zu sein. Andererseits, wie hundertfach in diesem Buch und millionenfach in der Fachliteratur erläutert, werden diese Eingeweide nur noch beschränkte Zeit in gewohnter Weise funktionieren. Zudem produzieren sie unablässig Gifte, die langsam, aber sicher den Körper, dem sie zuarbeiten, zerstören. Dies ist das Doppelproblem: Erschöpfung der günstigen Fossilbrennstoffressourcen *und* Klimawandel. Der Plünderung der Vergangenheit und der Zerstörung der Zukunft für den Überfluss der Gegenwart sind Grenzen gesetzt, wovon die einen geologischer Natur sind und die anderen moralischer. Beide kann man ignorieren, wenn man hinreichend dumm und unanständig ist oder aber willens, sich gewaltig in die Tasche zu lügen.

Was mich bei Klimadebatten immer wieder verblüfft, ist der Zweckoptimismus, mit dem die Fähigkeiten unserer Nachfahren zur Problemlösung betrachtet werden. Während also mit Inbrunst darauf bestanden wird, dass es völlig unmöglich sei, ein Braunkohlekraftwerk irgendwo auf der Welt ohne schwerste humanitäre Krisen zu schließen, verlangt man der Zukunft mit gleicher Unbeirrtheit jedes gewünschte Wunderding ab – inklusive der reibungslosen Rückverlegung der dicht besiedelten Küstenzonen oder des störungsfreien Betriebs eines weltumspannenden Energieversorgungssystems auf der Basis von Kernfusion. Nichts ist irgendjemandem heute zumutbar, aber allen alles morgen oder besser noch überübermorgen! Da ist es wieder, das paradoxe Schema der *selektiven Impotenz*. Welches sich gut mit der Paradoxie verträgt, dass unsere Gesellschaft inzwischen vollständig auf die Ergebnisse von Wissenschaft und Technologie gegründet ist, sich bei der Interpretation der Wirklichkeit jedoch immer mehr Aberglauben leistet (siehe die beiden letzten Kapitel).

Aber natürlich fliehen nicht alle Menschen in die Welt der gleichermaßen unbegründeten Illusionen und Ängste. Das beweist mein selbst gebasteltes demoskopisches Dauerexperiment, das ich gern in Vorlesungen oder Podiumsdiskussionen mit ganz unterschiedlichen Zuhörerschaften einzuschleusen versuche. Wann immer sich eine passende Gelegenheit ergibt, konfrontiere ich mein Publikum mit drei einfachen Fragen, die jedoch erstaunlich eindeutige Reaktionen hervorrufen. Das Ganze spielt sich wie folgt ab:

1. *Frage: Glauben Sie, dass es Ihnen heute besser geht als damals Ihren Großeltern?*
Reaktion: Eine überwältigende Mehrheit im Auditorium reckt nach kurzem Zögern den Arm hoch.

2. *Frage:* *Glauben Sie, dass es Ihren Enkeln einmal besser gehen wird als Ihnen heute?*
Reaktion: Fast alle Hände bleiben unten; die wenigen, die den Arm oben haben, schauen sich verschämt oder trotzig im Saal um.
3. *Frage:* *Finden Sie das in Ordnung?*
Reaktion: Keinerlei Armbewegung, vereinzeltes verlegenes Lachen ...

Das Bemerkenswerte dabei ist, dass mein Sozialversuch stets zum gleichen Resultat führt, ganz gleich, ob das Experiment mit Bankern, Politikern oder Lehrern durchgeführt wird, und ganz gleich ob der Schauplatz Berlin, San Francisco oder Neu-Delhi heißt. Das bedeutet, dass zumindest diejenigen, die mit offenen Augen durchs Leben gehen, *wissen*, dass sich das Menschheitsprojekt in die falsche Richtung bewegt. Dieses Wissen gelangt nur selten und dann eher zufällig an die Bewusstseinsoberfläche und wird von den Kräften des Jetzt rasch wieder in die Tiefe gedrückt. Noch.

Denn wenn immer mehr Sendboten der sich abzeichnenden großen Krise am Horizont erscheinen, dann begreifen die Menschen, dass auch ihre Gegenwart falsch gelebt wird. Ein ebenso lehrreiches wie trauriges Beispiel ist der Zustand, in dem sich die griechische Gesellschaft seit einigen Jahren befindet. Ich maße mir nicht an, irgendwelche Schuldzuweisungen für den Niedergang dieses Epizentrums der abendländischen Kultur vorzunehmen. Aber aus dem, was ich aus Medien und privaten Gesprächen über die Problematik weiß, ziehe ich den Schluss, dass es jahrzehntelang eine schlitzohrige Übereinkunft zwischen Regierung, Behörden und Bürgern gab mit dem Ziel, ohne Rücksicht auf gestern oder morgen ein möglichst komfortables Dasein zu genießen. Ich zitiere Syllas Tzoumerkas, den griechischen Regisseur des preisgekrönten Films *A Blast* (2015): »Wähler wie Politiker haben nicht nur die Reserven ihrer eigenen Eltern aufgebraucht, die das Land nach dem Zweiten Weltkrieg und dem Bürgerkrieg wieder aufbauen mussten, sondern auch die Ressourcen ihrer Kinder gleich mit« (Hagen 2015). Liefert Griechenland die bedrückende Nachhaltigkeitsparabel für die ganze Welt?

Dabei beklagt eigentlich jeder, mit dem man – in der angemessenen Wolkigkeit und Unverbindlichkeit, welche wirklich ernsthafte Themen nun mal erfordern – über Glück, Sinn, Gerechtigkeit spricht, die Kurzfristigkeit unseres Denkens, vom Handeln ganz zu schweigen. Doch dies war nicht immer so, ganz im Gegenteil. Im christlichen Mittelalter etwa wurde alles von der Ewigkeit her gesehen; die kurze Lebensspanne voller unbeherrschbarer Risiken war nichts weiter als die Gottesprüfung für den Eingang in die immerwährende Seligkeit – oder die immerwährende Verdammnis. Eine solche transzendente Ausrichtung unseres Daseins, die heute im Westen vielfach als religiöse Verirrung belächelt wird, findet sich noch in vielen Teilen der Welt, insbesondere in Asien. Aber die Moderne mit all ihren materiellen und kulturellen Segnungen scheint die Ewigkeit immer entbehrlicher zu machen, verspricht sie doch jedem das Glück schon im Dasein, sofort und fortwährend!

Die Anbetung des Jetzt anstelle der gefallenen Götter des Einst ist, in letzter und aberwitzigster Konsequenz, das Werk der fossilen Brennstoffe, die heute die Welt und die Menschen beherrschen. Wem diese These überzogen erscheint, dem empfehle ich eine Reise nach Doha, Dubai oder Abu Dhabi, wo alle Macht aus den Bohrlöchern im Persischen Golf sprudelt. Mit den Währungen Öl und Gas lässt sich alles, aber wirklich alles kaufen – vom Penthouse im Londoner Westend bis zum Flugzeugträger aus amerikanischer Produktion. Und natürlich auch die Komplizenschaft der eigenen, bestens gefütterten und unterhaltenen Bevölkerung. Das größte Dilemma der dortigen Studenten, deren Großväter noch Beduinen waren, ist die Entscheidung zwischen Ferrari und Maserati beim Drittwagenkauf. Luxus schafft Gier nach noch größerem Luxus, so wie die Injektion von Heroin beim Süchtigen das Verlangen nach einer immer größeren Dosis erzeugt.

Die fossilen Brennstoffe haben den modernen Menschen zum Energiejunkie gemacht, der bei der Beschaffung von immer neuem Stoff auch vor keinem Verbrechen zurückschreckt – sei es der Putsch gegen eine demokratisch gewählte Regierung, sei es die großflächige Bestechung von Aufsichtsbehörden, sei es die drakonische Unterdrückung von Gedankenfreiheit (1000 Peitschenhiebe!) oder sei es die Zerstörung der letzten unberührten Naturräume. Wie gewitzte Viren haben Kohle, Öl und Gas ihre DNS in unser zivilisatorisches Erbgut eingeschleust und unseren gesellschaftlichen Stoffwechsel darauf programmiert, die virale Macht immer weiter zu stärken. Metaphorisch könnte man sagen, dass die fossilen Brennstoffe sich die Industriegesellschaft geschaffen haben, um von ihr wieder freigesetzt zu werden.

Bei diesem merkwürdigen Beziehungsdrama, das in Wahrheit ohne tiefere Absicht und ohne leitendes Drehbuch abläuft, spielt ein bestimmtes historisches Ereignis eine Schlüsselrolle: die »Entdeckung« der Neuen Welt und dabei insbesondere die Inbesitznahme Nordamerikas durch rasch aufeinanderfolgende Wellen von europäischen Auswanderern. Wie die dabei entstandenen Wirkkräfte den Boden für die industrielle Revolution bereiteten, habe ich bereits in Kapitel 12 skizziert. An dieser Stelle geht es mir jedoch um etwas anderes, nämlich um die Entstehung einer ökonomischen Weltanschauung, die sich aller spirituellen Elemente entledigt hat und allein auf einen radikal-optimistischen Expansionismus setzt. Weniger gelehrt ausgedrückt geht es um den »amerikanischen Traum«, den man im Sinne eines gesellschaftlichen Programms wie folgt zusammenfassen könnte: »Auf der Grundlage quasi-unerschöpflicher Ressourcen wirtschaftet man in den quasi-unendlichen Raum hinein, um die Hoffnungen auf quasi-unbegrenzten Wohlstand und irdisches Glück zu erfüllen.« Dieser Traum ist aus einer zufällig vorgefundenen, historisch-geographischen Einzigartigkeit geboren. Die europäischen Siedler in Nordamerika stießen dort nämlich in eine ungeheure Fläche mit fruchtbarem, vor Mineralschätzen strotzendem Boden und günstigem Klima hinein, die wiederum nur spärlich von waffentechnisch zurückgebliebenen Kulturen besetzt war. Mit Letzteren machte man bekanntlich kein großes Federlesen, sodass die offene Grenze nach Westen unablässig vorgeschoben werden konnte. Das Glück auf Erden materialisierte sich schlussendlich in den Weiten der USA, zumindest wenn man die richtige Hautfarbe hatte.

Mit den Globalisierungsschüben nach dem Zweiten Weltkrieg und mit dem endgültigen Sieg des libertär-kapitalistischen Modells nach dem Fall der Berliner Mauer breitete sich dieser expansionistische Lebensentwurf nahezu ungehindert über den gesamten Globus aus – und mit ihm drangen die fossilen Energien rasch in den Stoffwechsel aller Kulturen ein. Endlich ist auch die Bastion Myanmar gefallen; auch dort werden die Kräfte des Weltmarktes alle Spuren einer jahrtausendealten Tradition bis auf wenige Disneyland-Reste zum Wohle der Tourismusindustrie auslöschen. Ein weiterer Sieg des Jetzt über das Einst, natürlich einzig und allein im Interesse von Freiheit und Demokratie erstritten und ein weiterer Beleg dafür, dass die ganze Welt nach dem »westlichen Lebensstil« lechzt.

Vielleicht ist es aber eher so, dass die neu globalisierten Regionen der Erde gar keine andere Wahl haben, als sich der Diktatur des Jetzt mit seinem expansionistischen Programm in die Arme zu werfen. Denn zum einen haben die realen Segnungen des Fortschritts durch fossilen Antrieb das demographische Gleichgewicht nun auch jenseits der klassischen Industrieländer ausgehebelt und Milliarden junger Konsumenten und Produzenten mit zumeist geringer Finanzkraft hervorgebracht. Und zum anderen besitzen die Industrieländer, allen voran die USA, seit dem frühen 20. Jahrhundert die absolute Lufthoheit bei der Deutung dessen, was zeitgemäß, modisch, glamourös, unterhaltsam, »cool« usw. ist. Die Stalinorgeln von Hollywood verschießen zwar nur Granaten aus Zelluloid und Datensätzen, aber ihrem propagandistischen Trommelfeuer kann sich kaum jemand entziehen. Unzählige andere Illusionsfabriken vollenden dieses Werk im Verbund mit dem Internet, worüber sie auch noch in den letzten Winkel des Planeten eindringen können. Und sie sagen den Menschen dort, wie das Leben von Gewinnern aussieht und was dem Leben von Verlierern abgeht.

Ich bin ein wenig in der Welt herumgekommen, und dies nicht nur in Business-Class-Lounges und Luxushotels. Meiner Einschätzung nach konnten viele traditionelle Kulturen und Gemeinschaften nur mit großem Aufwand für die westliche Verschwendungssucht »angefixt« werden – notfalls mit Waffengewalt, wie die britischen Opiumkriege gegen China (1839–1842 beziehungsweise 1856–1860) und die »Öffnung« Japans durch amerikanische Schlachtschiffe (1858) illustrieren. Schon früh, aber noch stärker heute spielen die hauchdünnen Eliten der »Entwicklungsländer« dabei die Dealer-Rolle: Viele Angehörige dieser Oberschichten werden im Westen ausgebildet, dienen aufgrund ihrer Netzwerke als korrupte Makler bei Milliardengeschäften zugunsten ausländischer Unternehmen und machen insbesondere die hemmungslose Jetzt-Bezogenheit in ihren Ländern hoffähig.

Dabei ist, wie angedeutet, viel Geld im Spiel – unfassbar viel Geld. Die illegalen Kapitalflüsse vom armen Süden in den reichen Norden (nicht umgekehrt!) sollen 2012 nahezu 1 Billion (= 1000 Milliarden) Dollar betragen haben (Kar und Spanjers 2014). Dagegen erscheinen die Finanzströme, die sich im Rahmen der offiziellen »Entwicklungshilfe« von Nord nach Süd bewegen, wie Rinnsale. Geld ist überhaupt das Mittel der Wahl, wenn die Diktatoren des Jetzt nicht zu den Waffen greifen wollen beziehungsweise können. Das frappierendste Beispiel liefern, nicht ganz überraschend, wieder die USA. Die Rede ist von den *Koch Brothers*, Charles und David, deren deutscher Familienname bezeichnenderweise wie »Coke« auszusprechen ist. Und damit sind wir auch wieder mittendrin im Klimathema.

Die beiden Brüder wurden 1935 beziehungsweise 1940 geboren und sind die Erben von *Koch Industries*, dem zweitgrößten privaten Unternehmen in den Vereinigten Staaten (siehe zum Beispiel Schröder 2015). Die Firma wurde von Fred C. Koch (1900–1967) gegründet, einem Chemieingenieur mit großer unternehmerischer Fortüne, der mit einem neuartigen Verfahren zur Schweröl-Raffination ein Vermögen machte. Heute besitzt der Konzern neben Ölraffinerien und Pipelines auch zahlreiche Fabriken zur Herstellung von Düngemitteln, Plastikgegenständen und anderen

Gebrauchsgütern. Die jährlichen Bruttoeinnahmen sollen sich auf rund 115 Milliarden Dollar belaufen, das Privatvermögen von Charles und David auf über 80 Milliarden Dollar. Damit kann man sich mehr als eine Pizza pro Tag leisten.

Beispielweise die generelle Beeinflussung des Zeitgeschehens und der politischen Machtverhältnisse im Lande. Zu diesem Zweck haben die Kochs über die Jahre ein weit verästeltes und schwer durchschaubares »Netzwerk von Denkfabriken, Stiftungen und patriotischen Organisationen« (Richter 2015) geschaffen. Das höhere Ziel dieser Investitionen ist es, der richtigen Seite beim »Ringen um die Freiheit« (Charles Koch) beizustehen, die niedrige Absicht aber vermutlich, alle staatlichen Regulierungen zu unterlaufen, welche die Geschäfte von Koch Industries in irgendeiner Form behindern könnten. Beispielsweise lästige Umweltauflagen, durchgeboxt von marktfeindlichen Behörden, die wiederum von alarmistischen Wissenschaftlern angestachelt wurden.

Insbesondere die Forschung und Kommunikation zum Klimawandel sehen die Koch-Brüder als unmittelbare Bedrohung ihres Unternehmens an – kein Wunder, wenn man die Emissionsbilanz des Konzerns studiert. Deshalb fördern sie nach Kräften, eingehüllt in den hehren Mantel der Philanthropie, die »Händler des Zweifels« an der menschengemachten Erderwärmung (siehe Kapitel 23). Schon 1974 war Charles Koch an der Gründung des Cato Institute mit Sitz in Washington, D.C., beteiligt, das mit dem Slogan »Individuelle Freiheit, freie Märkte und Frieden« lautstark in den öffentlichen Debatten unterwegs ist. Diese »Denkfabrik« hat sich inzwischen als intellektuelles Hauptquartier der Leugner beziehungsweise Beschöniger des Klimawandels in Amerika etabliert. Und die wichtigste aller Beschönigungen lautet: Es gibt noch keine verlässlichen Technologien, um die Treibhausgasemissionen angemessen zu reduzieren, aber »glücklicherweise haben wir noch Zeit, um solche Technologien zu entwickeln, wofür umfangreiche Investitionen von Einzelpersonen erforderlich sind« (Cato-Homepage, abgerufen am 10. Februar 2015).

Da ist es wieder, das Primat der Gegenwart über die Zukunft, die getrost noch darauf warten kann, dass man sich mit ihr befasst. Wenn wir also hier und heute richtig handeln und diesem Handeln keinerlei Grenzen setzen, dann ist und wird auch alles gut! So grundblöde dieses Weltbild auch ist, es bestimmt noch immer die Wahrnehmungen und Handlungen von Millionen von US-Bürgern.

Amerikanische Freunde haben mir kürzlich die folgenden verblüffenden Sachverhalte geschildert: *Erstens:* Laut Umfragen glauben 50 Prozent der Bevölkerung, dass sie zu den reichsten 10 Prozent der Gesellschaft gehören. Verblüffende 90 Prozent sind sogar davon überzeugt, es irgendwann in diese oberen 10 Prozent zu schaffen! Ich habe keine sichere Quelle für diese Zahlen, aber dass Optimismus und Statistik in diesem Land miteinander auf Kriegsfuß stehen, ist ziemlich offensichtlich. *Zweitens:* Die Mehrheit der US-Bürger meint, dass man für die eigenen Kinder und Enkelkinder keine gesellschaftliche Zukunftsvorsorge, etwa durch Maßnahmen zur Bewahrung der Umwelt, treffen müsse. Was man seinen Sprösslingen mitgeben sollte, wären stattdessen individuelle Härte und Durchsetzungsfähigkeit auf der Basis von guter Ausbildung, starker Motivation und körperlicher Ertüchtigung. Dann würden sich die Boys und Girls schon im Kampf des Lebens gegen alle Konkurrenten und Widrigkeiten behaupten. Auch da liegt irgendwo ein systematischer Denkfehler vor, aber meine Freunde haben mir versichert, dass ihre Mitbürger genau so, wie geschildert, ticken. Übrigens auch beim Umgang mit sich selbst, worauf ich weiter unten zurückkommen werde.

Der Mythos des Einzelkämpfers, der alles erreichen kann, wenn er nur stark genug ist, unerschütterlich an sich glaubt und vom Kollektiv nicht schnöde ausgebremst wird, scheint allerdings auch jenseits des Atlantiks im langsamen Niedergang begriffen. Aber noch ist dieser Mythos stark genug, um dem merkwürdigen bis infamen Tun von Figuren wie den Koch-Brüdern gesellschaftliche Akzeptanz zu verschaffen. Die Kochs agierten früher eher diskret, als Fädenzieher und Scheckaussteller hinter den Kulissen. In Europa weiß kaum jemand von ihnen, auch nicht im grün-linken Milieu, wo man über die Bestätigung aller Vorurteile und Klischeevorstellungen durch diese Bilderbuch-Kapitalisten doch eigentlich Genugtuung empfinden müsste. In den USA werden sie hingegen inzwischen deutlich als Super-Lobbyisten des »freien«, von allen staatlichen Zwängen befreiten Marktes wahrgenommen. Bekannte Intellektuelle und große Nichtregierungsorganisationen wie Greenpeace (2011) haben seit einigen Jahren versucht, ein wenig Licht auf die im Dunkeln operierenden Diktatoren des Jetzt zu lenken, und das Internet breitet inzwischen eine Menge (mehr oder weniger vertrauenswürdiger) Enthüllungen über das Treiben der Koch-Brüder aus. Zudem satirische Kommentare und Cartoons, wie die in Abbildung 74 wiedergegebene Fotomontage.

Das Lachen über diesen eher platten Scherz bleibt einem allerdings im Halse stecken, wenn man sich die Tragweite einer Nachricht bewusst macht, die im Januar 2015 über die Newsticker lief: Auf einer Veranstaltung im kalifornischen Palm Springs, zu der eine Reihe von republikanischen Aspiranten für die kommende Präsidentschaftskandidatur »vorgeladen« waren, kündigten Charles und David an, 889 Millionen Dollar in den Wahlkampf um die Obama-Nachfolge zu stecken! Diese Summe liegt nahe bei der magischen Milliarde, die man in etwa aufbringen muss, um die Propagandaschlacht um die US-Präsidentschaft gewinnen zu können (siehe zum Beispiel Center for Responsible Politics, OpenSecrets.org). Bemerkenswert ist neben dem atemberaubenden Betrag selbst die Tatsache, dass sich die Kochs nun öffentlich als Käufer der politischen Macht im Lande zu erkennen geben – vermutlich aufgrund der Einsicht, dass die Zeiten des Milliarden-Lobbyismus im Verborgenen für immer vorbei sind.

Die Folgerungen aus dieser Ankündigung der Köche und aus der Inspektion ihrer Küche sind einigermaßen schockierend: Erstens, das passive Wahlrecht, das jeden unbescholtenen Bürger eines demokratischen Landes ab einem Mindestalter dazu berechtigt, für ein politisches Amt zu kandidieren, ist in den USA de facto abgeschafft. Denn wer von den mindestens 150 Millionen grundsätzlich Qualifizierten kann schon eine schlappe Milliarde für den Wahlkampf aufbringen? Zweitens, die Gefahr, dass die höchsten politischen Ämter in Amerika käuflich erworben werden können, ist real. Damit ist das Land auf dem direkten Weg in die Plutokratie, wo allein die Superreichen den Kurs bestimmen. Bertolt Brecht hätte sich wohl nie träumen lassen, dass sich seine sarkastischen Plots eins zu eins in die Wirklichkeit übertragen lassen würden. Drittens, wenn auf diese Weise die Haupteigner der laufenden fossil-nuklearen Wirtschaftsmaschinerie über deren zügige Stilllegung zugunsten eines erträglichen Klimas für ferne Generationen mitbestimmen können, dann steht das Ergebnis fest: »No!«

Also weiter wie bisher, nur auf immer größerer Skala: »More of the same!« Diese zutiefst verinnerlichte Reaktion etablierter Systeme auf jede Infragestellung bis hin zur bedrohlichsten Erschütterung der äußeren Rahmenbedingungen spreche ich in meinem Buch wieder und wieder an – mit gutem Grund. Denn nichts ist gefährlicher als der Erfolg, für das System selbst und für seine Umgebung. Letzteres liegt auf der Hand, wie das dramatische Beispiel der Krebserkrankung verdeutlicht: Das Karzinom schlägt alle Konkurrenz in Form gesunder Körperzellen aus dem Feld und zerstört damit seinen Wirtskörper. Aber schließlich auch sich selbst, was wohl als das eigentliche Gegenteil von Erfolg angesehen werden muss. Aus Sicht des Krebsgeschwulstes wäre die aggressive Expansionsstrategie nur richtig, wenn ihm ein unendlicher Körper zur Ausbreitung und Streuung zur Verfügung stünde. Doch dieser existiert nicht – ebenso wenig wie ein unbegrenzter Planet für die immerwährende Expansion des fossilnuklearen Stoffwechsels.

Allerdings ist dieser Stoffwechsel seit zwei Jahrhunderten so machtvoll eingeschwungen, dass ihn allenfalls rohe Naturgewalt vom Kaliber eines 9,0-Erdbebens beeinträchtigen kann, zumal es unzählige Mittel und Wege gibt, die Maschinerie am Laufen zu halten. Die staatlich sanktionierte Wahlkampfbeeinflussung durch die Koch-Brüder ist sicherlich ein spektakuläres Beispiel, aber die ganz gewöhnliche Korruption, insbesondere betrieben von einschlägigen Unternehmen in Schwellen- und Entwicklungsländern (Nigeria!) ist vermutlich nicht weniger wirksam. In den Industrieländern wird hingegen der Diktatur des Jetzt vom Staat ein fein gesponnenes Sicherheitsnetz aus Steuererleichterungen, Subventionen und wirtschaftsrechtlichen Sonderformaten angeboten. Interessant ist in diesem Zusammenhang die erstmals 1892 in Deutschland eingeführte »Gesellschaft mit beschränkter Haftung« (GmbH), bei der die Gesellschafter für die möglicherweise desaströsen Folgen ihres Geschäftsmodells *nicht* mit ihrem Privatvermögen geradestehen müssen.

Im modernen angloamerikanischen Aktienrechtssystem üben die Anteilseigner sogar die vollständige Kontrolle über die Geschäftsführung eines Unternehmens aus. Hingegen sind sie vor Regressansprüchen geschützt, die aus den Handlungen der Geschäftsführung resultieren könnten, wobei die Aktionäre natürlich stets die Wertminderung ihrer Beteiligung riskieren. Zusammen mit einem niederländischen Juristen habe ich kürzlich in einer Studie durchgespielt, wie sich eine *unbeschränkte* Aktionärshaftung auf beabsichtigte oder unbeabsichtigte Nebeneffekte (»Externalitäten«) der Unternehmenstätigkeit auswirken würde (Dangerman und Schellnhuber 2013). Wenn also beispielsweise diejenigen, die über irgendwelche Anlageformen an Ölkonzernen oder Kohleminen beteiligt sind, für die entsprechenden langfristigen Klimaveränderungen und ihre weit gefächerten Konsequenzen zur Rechenschaft gezogen würden. Unsere Schlussfolgerung ist, dass allein *die Prüfung einer solchen Möglichkeit* durch die Behörden die Investitionsdynamik zu Ungunsten der heute herrschenden industriellen Betriebsweise verändern könnte.

Mit Blick auf die immensen Schwierigkeiten einer internationalen Reform des Bankenwesens ist trotz aller während der Finanzkrise gefassten guten Vorsätze eine entsprechende Neufassung des Aktienrechts mittelfristig nicht zu erwarten. Insofern darf weiterhin unverdrossen ins Verantwortungsvakuum hineingewirtschaftet und die Zukunft exponentiell abgewertet (»abdiskontiert«) werden, wie das die gängigen makroökonomischen Modelle tatsächlich tun. Die Börsen feiern ohnehin weiter eine Fiskalpolitik, welche die Finanzmärkte mit Billiggeld überschwemmt. Entsprechend wächst die globale Schuldenlast von Bürgern, Unternehmen und Staaten rasant an und dürfte sich 2015 auf über 200 Billionen Dollar belaufen (Diekmann 2015). Glaubt jemand ernsthaft, dass diese Schulden jemals über Wirtschaftswachstum wieder abgetragen werden können? Oder überlässt man einfach den künftigen Generationen die hässliche Aufgabe der planetarischen Generalkonkursverwaltung?

Kurzsichtigkeit als Erfolgsprinzip hat jedoch nicht nur eine zeitliche, sondern auch eine geographische und eine kausale Dimension, wie ich mit folgendem Gedankenspiel verdeutlichen will. Stellen Sie sich vor, Sie möchten ein neues Auto anschaffen, wobei Sie und Ihre Familie mit einem Kompakt-SUV von BMW oder Audi liebäugeln. Diese heute höchst populäre Autokategorie ist zwar wegen Gewicht und Verbrauch nicht gerade umweltfreundlich, bietet jedoch in Bezug auf Sicherheit, Komfort und Funktion eine Reihe von Vorteilen. Während Sie auf der abendlichen Nachhausefahrt im auszumusternden Fahrzeug über diese Neuanschaffung nachdenken, rollt plötzlich ein Fußball auf die Straße, gefolgt von einem kleinen Mädchen, das damit eine gefährliche Situation heraufbeschwört. Würden Sie auf die Bremse treten, ohne Zögern und ohne Abwägung der Risiken und Schäden, die Sie durch Ihre Notreaktion eventuell auf sich ziehen? *Natürlich würden Sie.* Denn es wäre einfach wider die menschliche Natur, nicht alles dafür zu tun, dass das Kind heil bleibt – Bremsplatten hin, Schleudertrauma her.

Die Sache geht gut aus, es gibt keine Verletzten. Zwei Wochen später haben Sie einen Termin beim Autohändler, um den gewünschten SUV zu beäugen. Dabei kommen Sie zufällig ins Gespräch mit einem anderen Kunden, der sich als Klimawissenschaftler entpuppt. Er schildert Ihnen in groben Zügen die Problematik der Erderwärmung und geht Ihnen damit schließlich mächtig auf die Nerven. Insbesondere verwirrt er Sie mit seinem Gerede von den vielfältigen Gefahren des menschengemachten Klimawandels, obwohl man streng genommen nichts hundertprozentig Genaues dazu sagen könne. Dennoch sei es vorstellbar, dass der CO_2-Mehrausstoß Ihres Traumautos irgendwann gegen Ende des Jahrhunderts irgendwo auf der anderen Seite des Planeten einen Wirbelsturm mit auslösen und dadurch vielleicht ein heute noch nicht geborenes kleines Mädchen in einer Slumsiedlung töten könnte. Würden Sie sich durch diese außerordentlich hypothetische Mahnung von Ihrer Kaufentscheidung abbringen lassen? *Natürlich nicht!*

Mit dieser kleinen Fantasie möchte ich das ganze Elend illustrieren, das man sich bei der Entscheidung für den Klimaschutz einfängt: Warum, zum Teufel, sollte man heute und hier auf einen sicheren persönlichen Nutzen verzichten, nur *um in ferner Zukunft an einem unbekannten Ort ein vages Risiko für einen völlig Fremden möglicherweise ein wenig zu reduzieren?* Die meisten Menschen sind anständig und sehr wohl zu selbstlosen Handlungen fähig. Aber Heiligmäßigkeit ins Blaue und auf bloßen Verdacht hin – das ist schon sehr viel verlangt. Man kann diese historisch wohl einzigartige Zumutung an unsere Fähigkeit zur Empathie natürlich wesentlich systematischer aufrollen, als dies in meinem Gedankenspiel möglich ist. In der Tat entspinnt sich neuerdings eine starke moralphilosophische Debatte zur »ethischen Tragödie des Klimawandels« (siehe zum Beispiel Gardiner 2011; Shue 2014).

Ich will hier den hochgelehrten Ethikprofessoren beileibe nicht ins Denkwerk pfuschen, sondern nur auf einige robuste Dilemmata hinweisen, die auch die oben dargestellte fiktive Entscheidungssituation prägen. Neben dem Diktat des »Jetzt« gibt es zweifellos das Diktat des »Hier« und des »Offenbar«. Der natürliche Selbsterhaltungstrieb sorgt dafür, dass wir uns selbst und unsere unmittelbare soziale und physische Umgebung (Familie, Haus, Viertel) als Zentrum des Universums begreifen. Insofern dürfte die Identifizierung mit anderen Menschen und Dingen mindestens invers proportional zu ihrem Abstand von uns sinken. Das ist, wie im Fall der Anziehungsenergie zwischen zwei Massen, fast schon ein physikalisches Grundprinzip, das allerdings durch die elektronischen Medien aufgehoben werden kann, zumindest teilweise: Ein Facebook-Freund in Australien oder eine twitternde Hollywood-Diva können heute ohne Weiteres zu virtuellen Mitgliedern einer künstlichen Nachbarschaft werden.

Das heißt aber noch lange nicht, dass die dingliche, berührbare Nachbarschaft – ob man sie nun salbungsvoll »Heimat« oder lässig »Kiez« nennt – keine Rolle mehr spielen würde. Und da schlägt eben das NIMBY-Phänomen gnadenlos zu: *Not In My Back Yard!* – »Aber bitte nicht hinter meinem Haus!« Der Begriff stammt aus der amerikanischen Debatte über öffentliche oder privatwirtschaftliche Projekte, welche unliebsame Auswirkungen auf die Bürger in der Nachbarschaft haben könnten (Baulärm, Verschmutzung, Wertminderung von Liegenschaften usw.). In der guten alten Tradition der europäischen Egomanie ist das Phänomen als Sankt-Florians-Prinzip wohlbekannt. An manchen oberbayerischen Häusern finden sich immer noch kitschige Malereien und Inschriften, worin besagter Heiliger beschworen wird, das eigene Heim vom Feuer zu verschonen und dafür gefälligst zehn andere Wohnstätten anzuzünden. Unsere Vorfahren hatten offensichtlich ein ganz unverkrampftes Verhältnis zur Amoral.

Mit welcher Inbrunst selbst die weltläufig-linksliberale Bourgeoisie dem Lokalpatriotismus à la NIMBY frönt, wurde mir und meiner Familie erst vor Kurzem an unserem ziemlich idyllischen Wohnort gleich hinter der Großstadtgrenze vor Augen geführt. Im Zusammenhang mit der angekündigten Eröffnung des berühmt-berüchtigten Großflughafens »Berlin-Brandenburg International« gab es eine hitzige Debatte um die geplanten Flugrouten – die Gemüter haben sich inzwischen beruhigt, da dieser Airport möglicherweise niemals seinen Betrieb im vorgesehenen Umfang aufnehmen wird. Jedenfalls machten vor einigen Jahren wilde Gerüchte über Ein- und Ausflugschneisen, die direkt über die Refugien der Reichen, Schönen und Berühmten in der Seenlandschaft des Berliner Südwestens hinwegführen könnten, die Runde. Im Nu formierte sich eine Bürgerinitiative unter den sozial Nicht-so-Schwachen, die mit Demonstrationen, Transparenten und Propaganda die Politik in Berlin und Brandenburg in ihrem Sinne zu beeinflussen suchte. Dies ist gutes Bürgerrecht, und ich sympathisiere in Prinzip mit dem Anliegen meiner Nachbarn, zumal ich mehrfach in meinem Leben mitten in einer Einflugschneise wohnen musste und die damit verbundenen Qualen noch drastisch in Erinnerung habe.

Dennoch waren wir von der empörten Leidenschaft vor Ort einigermaßen überrascht. Als meine Frau bei einer Diskussion mit dem übernächsten Nachbarn, einem bekannten Filmproduzenten und ansonsten ausgesprochen reizenden Menschen, ganz vorsichtig darauf hinwies, dass vielleicht weniger der Fluglärm selbst als vielmehr der Beitrag des zunehmenden Flugverkehrs zur Erderwärmung das große Problem darstelle, bekam sie als Antwort die entrüstete Gegenfrage: »Was nutzt dir der ganze Klimaschutz, wenn hier erst mal die Flieger sind?« Klug, wie meine Frau ist, beendete sie das Gespräch an diesem intellektuellen Tiefpunkt.

Dass die Rettung der Welt unbedingt stattfinden möge, aber bitte schön nicht vor der eigenen Haustür und unter Einbeziehung der Hauseigentümer, ist eine ebenso beklagenswerte wie weitverbreitete Ansicht. Moralphilosophische, sozialpsychologische und nationalökonomische Studien dazu gibt es in Fülle. Da die Diktatur des »Hier« oft mit einer Diktatur des »Wir« verschränkt ist, spielen in den einschlägigen öffentlichen Debatten xenophobe Elemente gelegentlich eine Rolle – wenn es etwa um Einwanderungspolitik oder Eurokrise geht, wo politische und humanitäre Solidarität über den heimischen Kirchturm hinaus bitter nötig wäre. Nur am Rande sei angemerkt, dass die jeweilige Minderschätzung von Zukunft und Ferne auch insoweit Hand in Hand gehen, als man sich im fremdenfeindlichen Milieu gern unumwunden zur Leugnung des menschlichen Klimaeinflusses bekennt. Allein schon wegen ihrer Unappetitlichkeit verfolge ich diese Thematik hier jedoch nicht weiter.

Der NIMBY-Mensch kann noch so tiefe Einsichten und gute Absichten haben, er wird unzurechnungsfähig, wenn ihm die Konsequenzen gesellschaftlicher oder unternehmerischer Willensbildung auf den Leib rücken. Wie man gegenwärtig im Zusammenhang mit der deutschen Energiewende bestaunen kann: Gut drei Viertel aller Bundesbürger sind gegen die Kernenergie, für den Klimaschutz und für die erneuerbaren Energiequellen. Dennoch schießen die lokalen Initiativen gegen Windräder und Biogasanlagen wie Pilze aus dem Boden, und kraftmeierische Politikerreden gegen Fernstromtrassen werden schenkelklopfend bejubelt. Eine Technologie wie CCS (*Carbon Capture and Storage*), also das Herausfiltern von CO_2 bei industriellen Verbrennungsvorgängen und die anschließende unterirdische Verwahrung der Substanz in geeigneten geologischen Räumen, hat ohnehin nicht den Hauch einer Chance auf Akzeptanz. Ich bin ja selbst kein glühender Verfechter dieser Option, weil sie im Vergleich zum rasanten Ausbau der Erneuerbaren vermutlich die deutlich kostspieligere Strategie gegen die Erderwärmung ist. Und natürlich gern von den Fossil-Lobbyisten ins Spiel gebracht wird, um die Lebensspanne der Öl-, Kohle- und Gasindustrie künstlich zu verlängern.

Aber das ist nicht, was die Menschen dort umtreibt, wo eine CCS-Pilotanlage – in der Regel zu reinen Forschungszwecken – im Gespräch ist: Nein, die Leute verstehen nur »Endlager« und fühlen ihr künftiges Leben durch eventuelle CO_2-Leckagen bedroht. Unvergesslich ist mir ein entsprechendes Erlebnis im Sommer 2014 in Sankt Peter-Ording, wo mir vor einer Veranstaltung im Kurhaus eine Gruppe fanatischer Mittsechziger gemischten Geschlechts auflauerte und mich wegen meiner angeblichen Sympathie für CCS beschimpfte. Die Gemüter beruhigten sich allmählich, als ich mich auf eine Debatte einließ. Aber mein Königsargument, dass in Deutschland über 50 Erdgasspeicher mit rund 20 Milliarden Kubikmeter unterirdischem Speichervolumen betrieben würden (Uken 2014) und dass Methan, anders als CO_2, auch noch hochgiftig und hochexplosiv sei, verpuffte wirkungslos. Was uns ganz nahe kommt, erscheint eben niemals harmlos.

Dass beispielsweise die Berliner noch nicht einmal zur Kenntnis nehmen wollen, dass unter ihren Füßen eine gigantische Gasblase kommerziell vorgehalten wird, hat vermutlich mit dem Gewöhnungseffekt zu tun. Menschen, die in der Nähe von Kernkraftwerken aufgewachsen sind, fühlen sich von jenen in der Regel nicht bedroht und wundern beziehungsweise ärgern sich über den »Risikotourismus«, der meist wohlsituierte Bürger von außerhalb zu ihnen bringt. Bisher ist ja immer alles gut gegangen – wie jener Mann meinte, der vom Dach eines Wolkenkratzers fiel und gerade im Sturz das zweite Stockwerk passierte. Beim menschen-gemachten Klimawandel ist das Perfide, dass sich der Fall auch noch in Superzeitlupe vollzieht und es nicht nur feiner Instrumente bedarf, die Abwärtsbewegung nachzuweisen, sondern auch eines grundsätzlichen Vertrauens in die Gültigkeit des Gravitationsgesetzes. Und das garantiert, dass es irgendwann zu einem alles zerschmetternden Aufprall kommen wird.

Für diese Einsicht und vor allem für ein dieser Einsicht angemesse-nes Handeln muss auch die Diktatur des »Offenbar« überwunden wer-den. Ursache und Wirkung sind in der Realität selten auf direkt erkenn-bare Weise miteinander verknüpft, aber beim Problem der Erderwärmung liegt geradezu ein Exzess des Mittelbaren, Indirekten, Relativen vor. Es herrscht »Kaiser Konjunktiv« – dürfte, könnte, sollte, müsste. Wie das obige Autobeispiel auch illustriert, ist die *kausale Distanz* zwischen zwei bestimmten Ereignissen – dem Kauf des SUVs und dem Sturmtod des Kin-des – übergroß und vermutlich gar nicht quantifizierbar. Ganz allgemein sind die Kaskaden, von denen der stete Tropfen der Klimawirkung her-abfällt, verwinkelt und schwer einsehbar (siehe insbesondere Kapitel 8). Wenn es um die wirklich wichtigen Angelegenheiten im Leben von Indi-viduen oder ganzen Gesellschaften geht, sind solche verschlungenen Ur-sache-Wirkungs-Ketten allerdings eher die Regel als die Ausnahme: Wel-ches Wort, neben hundert Blicken und Gesten, Freundschaft in Liebe transformiert oder welche Tat, neben unzähligen Missverständnissen und Überreaktionen, Misstrauen zwischen zwei Kulturen in Völkermord ver-wandelt, wird kaum jemals zu benennen sein. Aber wer unverdrossen flir-tet, entzündet irgendwann Leidenschaft; wer unbelehrbar Hass sät, wird irgendwann Massaker ernten; und wer unbeirrt Kohle verbrennt, den holt irgendwann das Meer …

Den Nutznießern des jetzigen Betriebssystems der Zivilisation kommt es jedoch sehr zupass, dass wir alle in kausalen Labyrinthen wandern, und sie sorgen dafür, dass dies auch noch im Dunkeln geschieht. Siehe die Koch Brothers, die mit ihren Zuwendungen gleich ein ganzes pseudo-wissenschaftliches Rotlichtmilieu unterhalten, wo bequeme Unwahrhei-ten wie falsche Jungfrauen feilgeboten werden. Aber auch viele etab-lierte Machthaber, ob demokratisch gewählt oder religiös legitimiert oder militärisch oktroyiert, tun alles dafür, dass unliebsame logische Schlussfol-gerungen und Risikoabschätzungen nicht vollzogen werden. Als erkennt-nistheoretische Ideologie eignet sich dafür bestens ein radikaler Fakten-positivismus – es gibt keine Wahrheit jenseits der nackten Daten, Theorie ist Theologie!

In diesem Sinne haben einzelne US-Bundesstaaten den menschlichen Anteil an der Erderwärmung quasi per Gesetz für nicht existent und Vermutungen über entsprechende Wirkungszusammenhänge für illegitim erklärt. Sollte sich die Natur tatsächlich an diese Vorschriften halten, könnte staatliche Ordnungspolitik endlich mal wieder einen schönen Erfolg verbuchen. Ländern wie Kanada und Australien, deren Wohlstand so massiv von fossilen Exporten abhängt, ist nur billig, was den USA recht ist. Einen besonders aufschlussreichen Umgang mit der Realität offenbarte 2014 Jeff Seeney, der Vize-Premierminister der australischen Kohleprovinz Queensland. Als der Regionalrat von Moreton Bay, südlich der Provinzhauptstadt Brisbane gelegen, seinen Planungsrahmen für die nächsten Jahre abstecken und dabei den klimagetriebenen Meeresspiegelanstieg berücksichtigen wollte, intervenierte Seeney rüde (Readfearn 2015): »Ich weise den Rat an, in seinen Planungen alle Annahmen über theoretische vorhergesagte Meeresspiegeländerungen zu entfernen!« Seeney betonte, dass sämtliche Überlegungen und Maßnahmen ausschließlich »bewiesene historische Daten« berücksichtigen dürften.

Solche Politik ist natürlich direkt von den fossilen Lobbyisten beeinflusst. Die Geisteshaltung Seeneys spiegelt jedoch auch eine ausgesprochen beschränkte Auffassung von Wissenschaft wider, die beklagenswerterweise sogar in der Wissenschaft selbst vorzufinden ist. Die Aufklärung hat unserer Zivilisation ein überaus kostbares Werkzeug an die Hand gegeben, eine Methodik, welche die Wirklichkeit in einem Netz aus präzisen Messungen einfängt und diese mithilfe von mathematischen Formeln zum Sprechen über Vergangenheit und Zukunft bringt. Es ist das explizite *Zusammenwirken* von Empirie und Theorie, welche die wissenschaftliche Methode ausmacht: Daten werden erhoben und in formale Bilder eines Gegenstands eingeordnet, woraus sich Hypothesen ergeben, die wiederum durch neue Daten zu überprüfen sind, usw. usf. Ohne Theoriebildung würde das Messen, so exquisit dessen Methodik und so fantasievoll dessen Protagonisten auch sein mögen, zur sinnlosen Registraturarbeit, die man auch dressierten Affen überlassen könnte.

Denn die Daten sind die Daten sind die Daten sind die Daten – für sich allein sagen sie gar nichts! Durch die bloße Beobachtung von Kometen hätten die USA wohl kaum das Apollo-Programm entwickeln können, welches den ersten Menschen zum Mond brachte. Dass dies gelang, ist vor allem ein Triumph der Physik, die aufgrund ihres Verständnisses der Naturgesetze in der Lage ist, Objekte über unfassbare Entfernungen hinweg punktgenau zu steuern.

Im Kontext der Erderwärmung sind der Verzicht auf wissenschaftliche Theorie und das bloße Starren auf Messungen eine besonders dumme Strategie: Wenn der Meeresspiegel an der Küste von Queensland erst einmal um einen Meter gestiegen ist, wird es bestimmt zu spät sein, um den Anstieg um mehrere zusätzliche Meter aufzuhalten. Wie sagte der legendäre Frank Sherwood Rowland, Chemie-Nobelpreisträger von 1995, so treffend: »Welchen Nutzen hat eine Wissenschaft, die gut genug ist, um Vorhersagen zu machen, wenn wir am Ende doch nur herumstehen und darauf warten, dass diese Vorhersagen eintreffen?«

Von bemerkenswerter Ironie ist in diesem Zusammenhang die Tatsache, dass gerade diejenigen, die der wissenschaftlichen Methode eher distanziert gegenüberstehen sollten, den Aussagen der Klimaforschung uneingeschränkt vertrauen. Ich meine damit insbesondere die römisch-katholische Kirche, die weltweit inzwischen mehr als 1,2 Milliarden Mitglieder zählt und seit dem 13. März 2013 von Papst Franziskus, einem gebürtigen Argentinier, repräsentiert wird. Er hat, anders als seine Vorgänger, seinen Wohnsitz im Gästehaus des Vatikans (*Domus Sanctae Martae*) genommen, sodass man dem Heiligen Vater dort in der Frühstückskantine begegnen kann. Ich habe in den letzten Jahren mehrfach in diesem kargen, aber angenehmen Haus gewohnt, weil ich an Tagungen der Päpstlichen Akademie der Wissenschaften (Abkürzung: PAS) zum Thema »Klima und Nachhaltigkeit« teilnahm. Die PAS wiederum hat ihren Sitz in einem überirdisch schönen Renaissancebau (*Casina Pio IV*) inmitten der idyllischen Gartenlandschaft hinter dem Petersdom. Nur wer einmal dort gewesen ist, weiß, dass Rom direkt an die Stille des Paradieses grenzt...

Die Päpstliche Akademie geht auf das Jahr 1603 zurück und zählt zu ihren ehemaligen Mitgliedern Weltgenies wie Galileo Galilei, Max Planck oder Niels Bohr. Heute ist die PAS die exklusivste Gelehrtengemeinschaft der Welt, mit maximal 80 Akademikern auf Lebenszeit, die vom Papst persönlich ernannt werden. Im Mai 2014 veranstaltete die PAS, zusammen mit ihrer jüngeren Schwester, der Päpstlichen Akademie für Sozialwissenschaften (PASS), ein aufsehenerregendes Symposium mit dem Titel »Nachhaltige Menschheit, Nachhaltige Natur: Unsere Verantwortung« (PAS und PASS, 2014). Ich hatte die besondere Ehre, bei dieser Veranstaltung den Hauptvortrag zur Klimaproblematik halten zu dürfen. Die Ergebnisse des Symposiums wurden mit Papst Franziskus persönlich diskutiert und gingen in die Überlegungen zur bemerkenswerten Umwelt-Enzyklika von 2015 ein. Damit stellt sich der Vatikan explizit und spektakulär auf die Seite derjenigen, die sich aufgrund der wissenschaftlichen

Beweislage größte Sorgen um die Bewahrung der Schöpfung machen (siehe Kapitel 28).

Die Entscheidung, sich zum Klimathema zu Wort zu melden, lag beim Papst selbst, aber die PAS hat seit etlichen Jahren den Boden dafür bereitet, mit Veranstaltungen, Schriften und Stellungnahmen. Eine ganz wesentliche Rolle spielte dabei Erzbischof Marcelo Sánchez Sorondo, der Kanzler der Päpstlichen Akademie. Ich habe ihn inzwischen viele Male getroffen und bin beeindruckt von seiner Persönlichkeit, die Ernsthaftigkeit, Intellekt, Leidenschaft und Humor in einer seltenen Mischung vereinigt. In einem Anfang 2015 gegebenen Interview (Bojanowski 2015) äußert sich Sorondo zur Verantwortung der katholischen Kirche in der Klimafrage und zum Verhältnis seiner Institution zur modernen Forschung. Das Ganze gipfelte in der folgenden Antwort auf die Frage, warum sich die Kirche auf einmal so stark für die Umwelt engagiere: »Weil sie an die Wissenschaft glaubt!«

Verkehrte Welt: Die höchsten Repräsentanten der Spiritualität orientieren heute ihre Botschaften und ihr Tun an den Erkenntnissen der modernen, weltlichen Forschung. Die politische Spitze eines australischen Bundesstaates beschließt dagegen, sich eine Decke über die Ohren zu ziehen und sich Scheuklappen aufzusetzen, damit sie von den Einsichten der Wissenschaft nicht dabei gestört wird, ihrer Klientel kurzfristige Vorteile zu schaffen und dadurch das ihr anvertraute Land langfristig in den Gully zu spülen.

In China dagegen haben Partei und viele Entscheidungsträger in den Provinzen inzwischen begriffen, dass die immerwährende industrielle Expansion auf einer beschränkten natürlichen Lebensgrundlage ein ausgesprochen schlechtes Drehbuch ist. Dort glaubt man, ganz wie im Vatikan, an die antizipativen Fähigkeiten der Wissenschaft. Zudem kann man den Klimawandel im Reich der Mitte heute schon sehen, riechen, schmecken, zumindest was die unmittelbaren Auswirkungen ihrer Treiber Öl, Gas und vor allem Kohle angeht: Was nutzt es letztendlich, wenn man einen Mercedes besitzt, aber damit doch nur im Stau steht und tunlichst die Fenster geschlossen hält, weil sich die Luft da draußen nicht mehr atmen lässt? Gelegentlich schickt die ruinierte Zukunft eben schon mal ihre düsteren Botschafter in die Gegenwart.

Auf unerwartete Weise kommen also aus unerwarteten Richtungen Signale, dass die Diktatur des Jetzt, des Hier und des Offenbar vielleicht doch zu überwinden ist. Dass der Klimawandel *nicht* zu langsam ist, um noch gestoppt werden zu können. Dass seine Erscheinungen *nicht* zu allgegenwärtig sind, um grenzüberschreitende Solidarität organisieren zu können. Und dass die Wirkungen *nicht* zu tief und zu mächtig sind, um überhaupt ernst genommen werden zu können.

Die Diktatur des Jetzt, des Hier und des Offenbar kann gebrochen werden – durch moralischen Entschluss auf analytischer Basis. Kurz gesagt, *durch Fernstenliebe und Einsicht.* Beispielsweise durch die bewusste Konsumentscheidung gegen die Fossilwirtschaft, um möglicherweise einem von einer Unbekannten noch zu gebärenden Kind in einem fremden Land das Leben zu retten! Dagegen ist allerdings die christliche Nächstenliebe, auf der doch angeblich die abendländische Kultur gründet, eine ethische Aufwärmübung. Und es ist traurige Wahrheit, dass viele Menschen allerhöchstens zu Einschränkungen oder gar Opfern bereit sind, wenn es um ihre eigenen Nachkommen geht. Aber auch darauf ist keineswegs Verlass, und manche gehen sogar mit sich selbst achtlos bis grausam um, wie die Bereitschaft zum Konsum von Suchtmitteln (von der Zigarette bis hin zu harten Drogen) tagtäglich belegt.

Doch gleichzeitig sind die meisten Menschen auch verantwortungsbewusst, liebevoll und gelegentlich sogar zu Heldentaten fähig. Ich werde darauf in den letzten Kapiteln nochmals eingehen. Das Scheitern am Klimawandel oder aber seine Bewältigung im 21. Jahrhundert ist so etwas wie die Feuerprobe für unsere zivilisatorische Existenzfähigkeit. Diese Feuerprobe kann in der Tat nur durch eine ethische Höchstleistung bestanden werden, die zu allem Überfluss auch noch intellektuelle Höchstform voraussetzt.

Große zeitgenössische Gelehrte wie Martin Rees, der ehemalige Präsident der britischen Royal Society, schätzen die Wahrscheinlichkeit für dieses doppelte »Höchst« relativ gering ein. Aber er glaubt auch, und ich schließe mich seiner Meinung an, dass wir mit der Lösung des Klimaproblems die Grundlage für eine globale Kultur schaffen würden, die unseren Nachkommen für Hunderttausende von Jahren Glück schenken könnte.

25. Falsche Ausfahrt: Anpassung

»Es gibt kein schlechtes Wetter – nur falsche Kleidung!« Dies ist einer jener witzigen Sätze, welche einen komplizierten Sachverhalt genau auf den Punkt zu bringen scheinen. Als jemand, der etliche Jahre in England gelebt hat, kann ich die obige Weisheit sowohl bestätigen als auch bestreiten: Ja, man sollte dort möglichst stets einen Taschenschirm zum Schutz gegen allfällige Schauer mit sich führen, und ja, man sollte einen dicken Pullover anziehen, wenn man von Nachbarn zum Abendessen in ihr zugiges Heim eingeladen wird. Doch nein, der Schirm nutzt überhaupt nichts, wenn der Regen einem waagerecht mit 80 km/h gegen den Leib peitscht, und nein, der Pullover hilft auch nicht mehr, wenn einem im Nachbarhaus die muffig-feuchte Kälte von unten in alle Knochen kriecht. Damit will ich Folgendes sagen: Man kann sich an ein anderes Klima als das gewohnte anpassen, aber nur in mehr oder weniger engen Grenzen.

Und was bedeutet das schillernde Wort »Anpassung« überhaupt im Zusammenhang mit der menschengemachten Erderwärmung? Als Wissenschaftler sollte sich meine Antwort in erster Linie an den Ergebnissen orientieren, welche die moderne Forschung zum Thema anbietet. Doch die einschlägige Forschungslandschaft ist keine fruchtbare Au, sondern bestenfalls eine karge Halbwüste, wo sich vereinzelte Erkenntnisoasen in der Weite endloser und steriler Begriffsdebatten verlieren. In Ermangelung hinreichend harter Fakten und überzeugender kausaler Erklärungsmuster dominieren die eher »weichen« Disziplinen (wie Soziologie oder Kulturwissenschaften) das Terrain, welche zwar elegant formulieren, aber bisher noch nicht tief genug in diesen vielschichtigen Gegenstand einzudringen vermögen.

Das muss keineswegs so bleiben, aber was zum Beispiel der IPCC in fünf Sachstandsberichten zur Anpassungsthematik zusammengetragen hat, stimmt nicht geradezu hoffnungsfroh. Insbesondere wenn man in Rechnung stellt, dass in der politischen Klimafolklore die Anpassung an die Erderwärmung (englisch: *adaptation*) meist in einem Atemzug mit der Strategie der Vermeidung eines drastischen Klimawandels (*mitigation*) genannt wird. Von strategischer Gleichgewichtigkeit der beiden Optionen kann meines Erachtens aber nicht die Rede sein; vielmehr ist die Gefahr groß, mit Blick auf ein fernes Potemkin'sches Dorf den richtigen Zeitpunkt für Interventionen von existenzieller Bedeutung zu verpassen. Dies will ich in diesem Kapitel erläutern.

»Anpassung« ist ein Begriff, der (zumindest im Deutschen) eine Reihe von Konnotationen besitzt, von denen nicht alle positiv sind. Beispielsweise gilt die taktische Anpassung an obwaltende Verhältnisse (wie ein freiheitsfeindliches oder rassistisches politisches Regime) nicht gerade als vorbildliches Verhalten und geht bestenfalls als gewöhnlicher Opportunismus durch. Andererseits bewundern wir im Allgemeinen die Fähigkeit von Lebewesen, sich in den extremsten Milieus (wie heißen Schwefelquellen oder Seen unter dem ewigen antarktischen Eis) einzurichten. Anpassung steht insofern für so gegensätzliche Dinge wie feige Duckmäuserei und mutige Pionierleistung. Deshalb ist es im Kontext des Klimawandels unerlässlich, zunächst den rhetorischen Müll beiseitezuräumen und den Kern der Fragestellung freizulegen. Und diese lautet: *Gibt es eine bewusste vorsorgende Strategie, mit der die Menschheit eine ungebremste Erderwärmung weitgehend unbeschadet überstehen kann?* Ja, möglicherweise sogar davon profitiert?

Es geht also explizit nicht um instinktive, lindernde Reaktionen auf den Klimawandel, die quasi automatisch einsetzen, wenn natürliche oder zivilisatorische Systeme dem mit Umweltveränderungen verbundenen Stress ausgesetzt werden: Der menschliche Körper schwitzt, um die Körpertemperatur konstant zu halten; die Forstbehörde ändert die Baummischung bei Neuanpflanzungen, weil bestimmte Arten die sich schon vollziehenden Witterungsverschiebungen nicht verkraften; Dachgeschosswohnungen in den Großstädten werden standardmäßig mit Klimaanlagen ausgestattet, da sonst die Raumhitze im Sommer unerträglich wird; flache Koralleninseln im Pazifik werden nach und nach evakuiert, weil das Salzwasser immer tiefer in die wenigen Süßwasserlinsen im Untergrund eindringt usw. usf. Das alles sind keine strategischen, koordinierten Anpassungsmaßnahmen, sondern *Klimafolgen* im weiteren Sinne, inklusive der damit verbundenen Kosten. Diese Reaktionen sind geboren aus schierer Notwendigkeit.

Nein, eine echte Anpassungsmaßnahme sollte eine möglichst kostenneutrale Auswahl der besten Option unter vielen sein, im Idealfall als Teil eines Gesamtplans für ein Land, eine Region oder die ganze Welt. Und gerade im letzten Fall gäbe es die Hoffnung, dass allein durch das richtige Zusammenweben von Abertausenden von raumzeitlich stimmigen Entscheidungen die Erderwärmung vom drohenden Fluch in eine beherrschbare Herausforderung, vielleicht sogar in eine einmalige gewinnbringende Gelegenheit der Menschheitsgeschichte umgewandelt wird. Es geht also letztlich darum, den schnöden Klimawandel mit kühlem Köpfchen gezielt ins Abseits zu stellen – hört sich gut an, nicht wahr?

Ein Beispiel: Sollte die globale Mitteltemperatur tatsächlich um 6 bis 8 °C steigen, dann dürften weite Teile von Grönland von den Küstenzonen her relativ rasch eisfrei und natürlich auch wärmer werden. Da die Rieseninsel über gewaltige Bodenschätze (insbesondere auch Seltene Erden) verfügt, die sich unter jenen Umständen wesentlich einfacher und billiger fördern lassen werden, generiert der Klimawandel dort attraktive ökonomische Gewinnchancen und die damit verbundenen Investitionsmöglichkeiten. Nehmen wir nun an, dass Grönland bald von Dänemark unabhängig sein wird und die neue autonome Regierung einen Staatsfonds nach norwegischem Muster schafft, in den der Großteil der Gewinne aus der staatlich betriebenen Bergbauindustrie eingezahlt wird und der die für die Zukunft des Landes günstigsten Investitionen vornehmen soll. Es ist durchaus vorstellbar, dass dieser Fonds rasch immense Summen ansparen wird, sodass ein richtig großer finanzieller Spielraum entsteht. Damit hat man auch die Qual der Wahl: Man könnte sich etwa dafür entscheiden, unter großem Aufwand die heimischen Inuit-Kulturen aufrechtzuerhalten, indem man sie dabei unterstützt, mit dem zurückweichenden Eis und den nachrückenden Schlüsseltierarten (Eisbären, Robben, Moschusochsen, Rentiere, Lemminge) immer weiter nach Norden zu wandern, sofern dies die geographischen Verhältnisse zulassen. Die indigenen Jäger würden dadurch gewissermaßen zu hochbezahlten Angestellten eines riesigen Freiluftmuseums zur Bewahrung der grönländischen Identität. So ähnlich wie es die Schweizer Bergbauern bereits sind, die, üppig subventioniert, die Almwiesen zur Befriedigung nationaler Sentimentalitäten bewirtschaften.

Alternativ könnten die Grönländer aber auch der Tradition eine bedauernde Absage erteilen und stattdessen vorausschauend und gewinnorientiert in den Aufbau einer hochmodernen heimischen Agrarindustrie investieren, welche den sich wandelnden Gegebenheiten direkt vor Ort, im arktisch-skandinavischen Großraum und in der ganzen Welt Rechnung trüge. Zweifellos ließen sich dadurch sowohl die Nahrungsmittelimporte dramatisch reduzieren als auch interessante landwirtschaftliche Nischen (zum Beispiel zur Belieferung der neuen Hochgastronomie in Dänemark oder Schweden) besetzen. Grönland-Salat als Kultgericht für Veganer – warum eigentlich nicht? Natürlich gäbe es noch unzählige andere Möglichkeiten, die »Klimadividende« gewinnbringend außerhalb des eigenen Territoriums anzulegen. Vorausgesetzt, eine so drastisch erwärmte Welt wäre dann überhaupt noch als Finanzplatz geeignet.

Betrachten wir nun aber auch das Gegenszenario, wo ein drastischer Klimawandel zu sicherer Not anstatt zu potenziellem Überfluss führen dürfte. Heiße Kandidaten für eine solche Problemlage sind die südlichen Mittelmeeranrainer, insbesondere das bevölkerungsreiche, aber eher erdölarme Maghrebland Marokko. Dies ist ohnehin ein in vielerlei Hinsicht interessantes Staatsgebilde mit faszinierender Vergangenheit und ungewisser Zukunft. Etwa 33 Millionen Einwohner sind heute recht ungleichmäßig über die große Landesfläche verteilt; besonders viele leben in den Küstengebieten im Norden und Nordwesten. Über 40 Prozent aller Beschäftigten sind in der Landwirtschaft tätig, zumeist als sesshafte Kleinbauern. Durchaus problematisch kann die demographische Entwicklung gesehen werden: Zum einen hat der jahrzehntelange Exodus der Marokkaner ins Ausland (insbesondere nach Frankreich, Spanien und Italien) in jüngerer Zeit deutlich nachgelassen, zum anderen ist das eigene Land nunmehr zu einem gewaltigen humanitären Auffangbecken geworden: Viele Tausende von Schwarzafrikanern strömen alljährlich (weitgehend illegal) nach Marokko mit der Absicht, so rasch wie möglich nach Europa weiterzureisen. Da Letzteres durch entsprechende politische und polizeiliche Maßnahmen weitgehend unterdrückt wird, sammelt sich ein Teil des menschlichen Treibguts vor Ort an und trägt zum allgemeinen Wachstum der Bevölkerung bei. Diese ist jung – das Durchschnittsalter liegt bei gut 26 Jahren.

Dass ein ungebremster Klimawandel das Land vor große zusätzliche Probleme stellen würde, liegt auf der Hand. Einerseits dürften größere Hitze, abnehmende Niederschläge und geringere Bodenfeuchte der heimischen Landwirtschaft erheblich zusetzen. Andererseits wird die Nahrungsnachfrage noch drastisch steigen, wenn sich die gegenwärtige Geburtendynamik fortsetzen und zudem die Zuwanderung aus Schwarzafrika klimabedingt anschwellen sollte. Quasi-automatische sozioökonomische Antworten auf solche Herausforderungen wären mit großer Wahrscheinlichkeit eine marktbestimmte Verteuerung der essenziellen Lebensmittel, wovon die größeren agroindustriellen Betriebe profitieren würden, sowie ein starker Auftrieb für fremdenfeindliche Stimmungen in der Bevölkerung, wovon nationalistische Parteien profitieren würden, welche die Immigration mit drastischen Mitteln einzudämmen versprächen. Man kann dies als taktische Anpassungen bezeichnen oder einfach nur als weitgehend zwingende Klimafolgen. Echte, strategische Anpassungspolitik sähe jedoch anders aus und müsste aus der Zusammenschau der genannten Problemlage heraus die Wahl zwischen fundamental verschiedenen Optionen treffen. Hier sind zwei von vielen denkbaren Möglichkeiten:

Im Rahmen eines eher konventionell-technokratischen Ansatzes könnte die marokkanische Elite (Königshaus, Parteien, religiöse und wirtschaftliche Führungspersönlichkeiten, angewandte Wissenschaft) auf die forcierte Entwicklung einer »klimaplastischen Landwirtschaft« setzen – der entsprechende englische Begriff *climate-smart agriculture* gehört inzwischen zu den Lieblingsvokabeln der Weltbank. Im Kern würde eine solche Strategie die Neuauflage der »Grünen Revolution« (Evenson und Gollin 2003; Jain 2011; Kush 2001) der 1960er-Jahre in den heutigen Zeiten der rapiden Erderwärmung bedeuten, also unter sich drastisch verändernden Bedingungen für Angebot und Nachfrage von Nahrung. Dafür müssten sowohl umfangreiche inländische Investitionen vorgenommen als auch großzügige Finanzhilfen aus dem Ausland eingeworben werden. Diese Mittel würden unter anderem in den Aufbau flexibler und effizienter landwirtschaftlicher Infrastrukturen (Bewässerung, Vorratshaltung, Transport, etc.), in die Entwicklung und Verbreitung ebenso leistungsfähiger wie klimatoleranter Nutzpflanzen und -tiere sowie in neuartige Verfahren zur Düngung und Schädlingsbekämpfung fließen. Grüne Gentechnik dürfte in diesem Zusammenhang natürlich kein Tabu darstellen, ebenso wenig wie die umfassende Überwindung tradierter kleinbäuerlicher Strukturen. So wie die ursprüngliche Grüne Revolution, die in den 1940er-Jahren aus der engen Zusammenarbeit zwischen der Rockefeller Foundation und dem mexikanischen Staat geboren wurde, könnte eine klimaplastische Agrarrevolution für Marokko durchaus funktionieren – wobei viele günstige Umstände zusammenkommen müssten und dieses Projekt neben viel Licht auch viel Schatten zur Folge hätte. Die wissenschaftliche Bewertung der landwirtschaftlichen Transformationen im globalen Süden in der zweiten Hälfte des 20. Jahrhunderts ist ja Gegenstand zahlreicher Studien und noch keineswegs abgeschlossen.

Marokko könnte jedenfalls auf eine entsprechende Strategie setzen, um einige der gravierendsten Folgen der Erderwärmung mit internationaler Hilfe zu bewältigen. Ob die einschlägigen Weltmärkte dabei mitspielen würden, kann heute niemand mit Sicherheit sagen. Es gäbe jedoch auch einen völlig anderen Ansatz, in dessen Zentrum die Stärkung des »Humankapitals« stünde, wie man im kalten Ökonomen-Sprech die Gesamtheit der wohlfahrtsrelevanten menschlichen Fähigkeiten bezeichnet. Eine weitsichtige Regierung des Maghreb-Landes könnte zum einen wirksame Maßnahmen ergreifen, um die Erziehung und Ausbildung von Mädchen deutlich zu verbessern, und zum anderen Gesetze verabschieden und Institutionen aufbauen, um die kontrollierte Zuwanderung von qualifizierten beziehungsweise integrationsbereiten Schwarzafrikanern zu ermöglichen.

Ich spiele diesen Gedankengang wohlgemerkt hier aus der marokkanischen Perspektive durch und nicht, sagen wir, aus der von Mali, Burkina Faso oder Guinea.

Natürlich würde sich diese unkonventionelle Regierung um kräftige Unterstützung aus dem Ausland bemühen, zumal insbesondere eine Bildungsoffensive zugunsten des weiblichen Geschlechts auf größte Sympathie (nicht zuletzt bei großen philanthropischen Stiftungen wie der Gates Foundation und bei den Vereinten Nationen) stoßen dürfte. Aus gutem Grund, denn mit der verbesserten Berufsqualifikation von jungen Mädchen und Frauen sänke einerseits die Geburtenrate und wüchse andererseits das Angebot an Fachkräften für gehobene Beschäftigungen, gerade im Ingenieurs- und Hochschulbereich. Dadurch würden zugleich prekäre Arbeitsplätze in der vom Klimawandel besonders bedrohten kleinbäuerlichen Landwirtschaft überflüssig, und die Nachfrage nach Lebensmitteln wäre durch das gebremste Bevölkerungswachstum eingehegt.

Eine solche Strategie fände zweifellos große Unterstützung bei namhaften Wissenschaftlern wie dem österreichischen Bevölkerungsforscher Wolfgang Lutz, der die Bildungsförderung als Schlüsselfaktor bei der Klimaanpassung in den Entwicklungsländern benennt (Lutz u. a. 2014). Der Übergang zu einer weniger umweltabhängigen Wissensgesellschaft könnte parallel beschleunigt werden durch das Ansaugen talentierter und ehrgeiziger Schwarzafrikaner, denen beispielweise eine produktive Rolle beim Aufbau eines erneuerbaren Energiesystems zufallen würde. Marokko besitzt schließlich ideale Voraussetzungen für die großtechnische Ernte und Verwertung von Sonne und Wind, wodurch wiederum die Grundlagen für eine konkurrenzfähige, exportorientierte verarbeitende Industrie geschaffen werden könnten.

Dies ist, wie gesagt, nur ein sozioökonomisches Gedankenspiel, das weder die finanzielle Machbarkeit noch die moralische Wünschbarkeit in angemessener Tiefe ergründet. Ich möchte damit lediglich klarmachen, dass strategische Anpassung an den Klimawandel auch auf indirektem Wege mit einer Politik des langen Atems zum Ziel führen könnte, ja sogar den konventionellen Ansätzen überlegen sein dürfte. Denn der für Marokko skizzierte Plan wäre sogar eine »No-Regret-Option«, sprich: ein langfristiges Gesellschaftsprojekt, das *auch ohne Erderwärmung* dem Land reichen Nutzen und politische Stabilität bringen könnte – vom emanzipatorischen Fortschritt einmal ganz abgesehen. So betrachtet wäre der drohende Klimawandel lediglich ein derber Denkanstoß, der Regierungen und ihre Wähler endlich auf den Pfad der offensichtlichen Vernunft einlenken ließe. Und so betrachtet wäre Klimaanpassung nichts weiter als der überfällige Zugriff auf das bisher verschmähte Glück. Doch irgendetwas stimmt da nicht – aber was?

Nun, die harten Realitäten, mit denen sich konventionelle und innovative Anpassungsfantasien schlussendlich auseinandersetzen müssen, sind *Heftigkeit, Geschwindigkeit* und *Weitläufigkeit* des gemäß der plausiblen Szenarien zu erwartenden Klimawandels. Ich werde auf diese kritischen Aspekte unten noch ausführlicher eingehen, möchte sie aber im Kontext des marokkanischen Beispiels hier schon einmal kommentieren. Und zwar durch Fragen der folgenden Art: Welches Ausmaß an Temperatur- und Niederschlagsänderungen im Maghreb könnte durch fortgeschrittene Praktiken und Technologien in der Landwirtschaft noch abgefedert werden – und wann wären die Grenzen der Klimaflexibilität überschritten und ein Systemkollaps vorgezeichnet? Wie schnell müsste eine Bildungsoffensive demographisch wirksam werden, um signifikant auf die Nachfrageseite durchzuschlagen – und welches Tempo der Erderwärmung würde das emanzipatorische Projekt zu einem aussichtslosen Wettlauf mit der Umweltwirklichkeit degradieren? Welche Staaten in Afrika wären überhaupt dazu in der Lage, den Weg in die weitgehend klimaentkoppelte Wissensgesellschaft zu gehen – und was geschähe etwa in den Ländern, welche ihre talentiertesten und unternehmungslustigsten jungen Menschen unter dem zunehmenden Druck der Erderwärmung nach Marokko »exportieren« würden? Insbesondere die letzte Frage macht deutlich, dass die Anpassung regional und erst recht global betrachtet bestenfalls ein Nullsummenspiel mit Gewinnern und Verlierern darstellt, schlimmstenfalls ein desaströses Verlustgeschäft für die überwältigende Mehrheit der Weltbevölkerung.

Eine Hypothese von solcher Tragweite verlangt eine ernsthafte Prüfung. Bevor ich dies tue, will ich noch einen kurzen Überblick darüber geben, welche Möglichkeiten der Klimaanpassung der Gesellschaft im Prinzip überhaupt zur Verfügung stehen. Tabelle 6, in der die grundsätzlichen Mittel der Wahl stark vereinfacht zusammengestellt sind, soll helfen, ein wenig Ordnung in das Wirrwarr der einschlägigen Überlegungen zu bringen.

Anstatt nun die in der Tabelle aufgeführten Strategieansätze ausführlich zu diskutieren, womit sich mühelos ein eigenes Buch füllen ließe, will ich diese Anpassungsoptionen im Folgenden durch konkrete Beispiele erläutern. Ans *Schützen* denkt praktisch jeder sofort, wenn von Klimaanpassung die Rede ist. Insbesondere in Deutschland, wo Theodor Storms »Schimmelreiter« auf ewig durch die Vorstellungswelt hetzen wird: Die Küste muss gegen das anschwellende Meer eben durch höhere und stär-

Nr.	Grundprinzip	Piktogramm
1	Schützen	
2	Desensibilisieren	
3	Nachgeben (elastisch)	
4	Verformen (plastisch)	
5	Reparieren	
6	Versichern	
7	Entschädigen	
8	Ausweichen	
9	Aufgeben	
10	Ignorieren	

Tabelle 6: Illustration der möglichen Einzelstrategien zur Klimaanpassung.

kere Deiche verteidigt werden. Und gegen extreme Hitze schützt man sich am besten durch Aufenthalt in technisch klimatisierten Räumen. Anders als beim Schützen wird beim *Desensibilisieren* nicht einfach der Klimaangriff abgewehrt und der Umweltstress ausgesperrt. Vielmehr wird nach Mitteln und Wegen gesucht, ein klimasensibles Gut (Lebewesen, Stadt, Wirtschaftssektor usw.) relativ unempfindlich gegen die Auswirkungen der Erderwärmung zu machen. Dies könnten simple Verhaltensänderungen sein (Siesta während der Mittagshitze oder das Tragen passender Kleidung), systemische Verbesserungen (Entsiegelung von Nutzflächen und Ausweisung von Feuchtgebieten zur besseren Absorption von extremen Niederschlagsmengen) oder sogar institutionelle Neuerungen von globaler Tragweite (Reform des Flüchtlingsrechts zur schnelleren Lenkung und Verteilung von Migrationsbewegungen; siehe unten).

Beim *Nachgeben* ist hingegen an eine elastische Systemantwort auf besondere klimabedingte Ereignisse gedacht, an ein »Zurückschwingen« des gesamten Objekts in die Ausgangslage, wenn die Störung erst einmal abgeklungen ist. In der entsprechenden Literatur wird in diesem Zusammenhang zumeist von *Systemresilienz* gesprochen. Die Elastizität einer tropischen Siedlung gegenüber stärkeren Wirbelstürmen könnte beispielsweise durch eine im wörtlichen Sinn biegsamere Architektur (vom Wolkenkratzer bis zur Slumhütte) verbessert werden, aber auch durch geschickte Evakuierungskonzepte, welche eine umfassende Pendelbewegung der Einwohnerschaft in Extremsituationen zuließen. Das *Verformen* ist im Gegensatz dazu eine plastische Reaktion, wo der betrachtete Gegenstand sich unter dem Druck des Klimawandels adäquat und dauerhaft verändert. Beispielsweise könnte die Forstwirtschaft in gemäßigten Breiten reaktiv oder proaktiv die Waldensembles so umbauen, dass die neu entstehenden Ökosysteme stets bestens akklimatisiert sind. Dies dürfte jedoch nur gelingen, wenn das Tempo der Klimaveränderungen die möglichen Umbaugeschwindigkeiten nicht übersteigt. Die Landwirtschaft (mit Ausnahme des Spitzenweinbaus) hat es in dieser Hinsicht leichter, da die Substitution von Nutzpflanzen oder -tieren praktisch jederzeit vorgenommen werden kann.

Anpassungsstrategien 5 bis 7 in Tabelle 6 sind zwar nicht besonders clever, aber möglicherweise wirksamer und effizienter als die bisher angesprochenen. Das Grundprinzip beim *Reparieren* ist die Hoffnung, dass man erstens vom Klimawandel verschont bleibt und dass man zweitens, sofern man doch in Mitleidenschaft gezogen wird, den Schaden mit überschaubarem Aufwand beheben kann. Statt also massiv mit Blitzableitsystemen gegen die vermutlich zunehmende Gewitterneigung (siehe zum Beispiel Romps u.a. 2014) aufzurüsten, könnte man alles so belassen, wie es ist, bei Unwettern zu Gott beten und nach dem Ernstfall ans Aufräumen gehen. Entsprechend wäre durchaus zu erwägen, die klinische Behandlung von Malaria oder Dengue-Fieber deutlich zu verbessern, statt die Infektion durch die Krankheitserreger mit hohem Aufwand großräumig zu unterbinden. Etwas rationaler als das Prinzip Hoffnung ist das Prinzip des Risikomanagements durch Solidargemeinschaften: Gegen Klimaschäden, die ein Einzelobjekt innerhalb einer bestimmten Kategorie (beispielsweise ein Bergbauernhof unterhalb einer Steilwand in den Alpen) mit verhältnismäßig geringer Wahrscheinlichkeit betreffen werden (beispielsweise durch Abgang einer lokalen Mure infolge des zurückweichenden Permafrosts), kann man sich angemessen *versichern*. Insbesondere wenn man in einem reichen Land wie der Schweiz oder wie Österreich lebt, wo die anfallenden Prämien nur einen winzigen Bruchteil eines großen, aber außerordentlich unwahrscheinlichen Schadens ausmachen sollten. Das Versicherungskonzept geht dagegen nicht mehr ohne Weiteres auf, wenn die negativen Klimawirkungen alltäglich und die betroffenen Menschen arm sind, was in den meisten Entwicklungsländern der Fall sein dürfte. Dort müsste man dann ernsthaft über Klimapflichtversicherungssysteme nachdenken, deren Kosten jedoch kaum von den Versicherten allein bestritten werden könnten.

Und damit rücken wir bereits in die Nähe der radikalsten aller »Pille danach«-Strategien zur Klimaanpassung, nämlich der *Entschädigung*. Denn kaum jemand wird bestreiten, dass viele Menschen rund um den Erdball die Folgen eines ungebremsten Klimawandels nicht aus eigener Kraft würden bewältigen können. Bleibt man zunächst noch im Rahmen des Versicherungsansatzes, dann müssten die Prämienzahlungen für ein obligatorisches Risikomanagement in Entwicklungsländern (wie Nigeria oder Venezuela) weitgehend von den reichen Teilen der einheimischen Bevölkerung erbracht oder aus Transferleistungen der Industrieländer bestritten werden. Doch richtig interessant wird die Kompensationsfrage erst jenseits des Versicherungsgedankens – denn wer bezahlt am Ende die anfallende Zeche: das Opfer, der Verursacher oder eine wie auch immer geartete nationale beziehungsweise internationale Gemeinschaft?

Ökonomen plädieren in diesem Zusammenhang gern für punktgenaue Finanzhilfen für Menschen, die ihre Heimat infolge der Erderwärmung verlieren dürften (etwa die Bewohner flacher Inselstaaten). Das (nicht sofort von der Hand zu weisende) Argument dafür lautet, dass es viel kostengünstiger wäre, einigen Hunderttausend Insulanern Geld für eine komfortable Emigration in die Hand zu drücken, als Hunderte von Korallenatollen im weiten Meer aufwendig gegen einen Meeresspiegelanstieg im Meterbereich zu verteidigen. Dass in der Wirklichkeit höchst knifflige Faktoren (wie der Wert von Heimat oder die politisch-bürokratischen Barrieren bei der Einwanderung in möglicherweise sichere Länder wie Neuseeland) mit ins Spiel kämen, steht auf einem anderen Blatt. Aber dass Kompensation im Prinzip eine ausgezeichnete Anpassungsstrategie wäre, wenn »nur« ein gigantischer Topf mit Entschädigungsgeld zur Verfügung stünde, leuchtet ein. Natürlich auch den Machteliten in den

Entwicklungs- und Schwellenländern, die sich im Rahmen der Klimarahmenkonvention (UNFCCC) für das Thema *Loss & Damage* (UNFCCC, Webseite) starkmachen, also für große Finanzströme von Nord nach Süd entlang des historischen Verursachungsgradienten für die anthropogene Erderwärmung. Es kann in diesem Zusammenhang nicht überraschen, dass das Schlagwort »Anpassung« in jenen Staaten sehr viel populärer ist als der Begriff »Vermeidung«.

Mit entsprechenden Entschädigungsmitteln könnte man sogar drastische Anpassungsstrategien wie das *Ausweichen* erwägen, also das Verlagern von Schutzgütern aus dem Wirkungsfeld der prognostizierten oder beobachteten Klimaveränderung. Aufschwimmende Häuser, die ihre Position im Gleichklang mit dem Meeresspiegel ständig neu justieren, wären dabei noch eine der harmlosesten und pfiffigsten Optionen (siehe zum Beispiel Gamble 2014; Kabat u. a. 2005). Man könnte die märchenhafte Vision von der »Stadt vor Anker« allerdings auch gut unter den Anpassungsrubriken 2 und 3 (Desensibilisieren beziehungsweise Nachgeben) verbuchen. Wie dem auch sei, dieser Ansatz dürfte für eine Weltikone wie Venedig kaum in Betracht kommen. Schutz durch moderne Sperrtechniken in der Adria-Lagune scheint da noch eher das Mittel der Wahl zu sein, zumindest solange das Meer nur mäßig rasch und hoch steigt. Aber was, wenn die See langfristig um 6 oder 10 oder gar 20 Meter anschwillt, was beim Kollaps der großen Eisschilde (siehe Kapitel 21) durchaus vorstellbar wäre? Wird dann das Menschheitserbe Venedig in Richtung Alpen verlegt, und zwar in einem Stück? Dies wäre die mit Abstand größte kulturhistorische Rettungsaktion aller Zeiten – dagegen würden sich die Maßnahmen zur Bewahrung der oberägyptischen Abu-Simbel-Monumente unter der Leitung der UNESCO in den Jahren 1964 bis 1968 wie eine Fingerübung ausnehmen. Aber andere Objekte ließen sich vielleicht sehr viel einfacher klimagerecht im Raum verschieben – insbesondere Siedlungen, die sich noch im Planungsstadium befinden (China, Indien) oder die aufgrund ihrer Informalität relativ beweglich sind (Afrika). Noch leichter könnten große Industrieunternehmen den Folgen der Erderwärmung aus dem Weg gehen, indem man etwa die Fertigung wichtiger Produkte aus den von Extremereignissen bedrohten Gebieten auslagert.

Bleiben zwei »Strategien« in Tabelle 6 übrig, die nichts mit Maschinen, Chemikalien oder Krediten zu tun haben, aber sehr viel mit Vernunft, Werten und Gefühlen. Denn eine besonders wirksame Anpassungsoption, die häufig sogar allen andern vorzuziehen sein dürfte, ist die Entscheidung, ein vom raschen Klimawandel bedrohtes System (Siedlung, Unternehmen, Nationalpark etc.) einfach *aufzugeben*. So wie man eine Fabrik schließt, wenn sich das allgemeine Geschäftsklima in einer Weise geändert hat, dass man auf absehbare Zeit nur noch rote Zahlen schreiben kann. Aber wer entscheidet hier, wer leidet besonders? Im Fall der Fabrik sind die Verhältnisse noch relativ überschaubar: Den Schlussstrich ziehen die Eigentümer, die mithilfe des Staates den Arbeitsplatzverlust ihrer Beschäftigten durch Sozialpläne abzufedern versuchen – sofern sich der ganze Vorgang in einem Land mit sozialer Marktwirtschaft abspielt. Für die »Schließung« einer Stadt, eines Strandhotels oder eines Bauernhofs aus Erderwärmungsgründen sind solche geordneten Verfahren bisher nicht vorgesehen, und zwar nirgendwo auf der Welt!

Und dennoch werden wir bald sehr ernsthaft über adäquate Prozeduren nachdenken müssen, wenn wir den Klimawandel nicht schleunigst zum Stehen bringen, auf irgendeine pragmatische oder visionäre Weise. Welche Konflikte in diesem Zusammenhang entstehen können, wurde mir ansatzweise während meiner Zeit als Forschungsdirektor des Tyndall Centre in Norwich klar: Im Rahmen eines großen Forschungsprojekts veranstalteten wir öffentliche und geschlossene Debatten mit Interessenvertretern, die allesamt mit der wunderschönen Küste Norfolks befasst waren und die sich deshalb vom steigenden Meeresspiegel und von den fortschreitenden Küstenerosionsprozessen bedroht fühlen mussten. Für diese Menschen war das Szenario des geordneten Rückzugs vom Meer, wo nur ganz bestimmte Schutzgüter (wie das nette Städtchen Cromer) mit harter Bautechnik verteidigt werden sollten, schlicht unvorstellbar. Wer weicht, wer deicht? Diese Frage kann eine politisch-administrative Einheit leicht in Stücke reißen.

Schließlich gibt es noch die Strategie des *Ignorierens*, welche keine direkten Kosten verursacht und möglicherweise große emotionale Vorteile bietet. Die gezielte Verdrängung unangenehmer Realitäten (inklusive physischer und seelischer Schmerzen) und trostloser Perspektiven (wie dem sicheren Eintreten des persönlichen Todes) ist eine allgegenwärtige Praxis in unserem Leben, welche das Dasein durchaus erleichtert. Bezogen auf die Erderwärmung helfen Binsenweisheiten wie »Das Klima hat sich schon immer geändert und wird dies auch weiterhin tun!« oder »Der Mensch ist enorm anpassungsfähig und hat sogar die Eiszeit überstanden!« so manchem weiter. Hartgesottene Machos und Rassisten begrüßen die mit anthropogenen Umweltveränderungen verbundenen Herausforderungen sogar, weil da endlich die Weicheier aussortiert werden und die leidige Überbevölkerung zurückgeschnitten wird. No comment!

So weit mein Schnelldurchlauf der aktuellen Optionen zur Klimaanpassung. Ich erhebe dabei weder Anspruch auf Vollständigkeit noch auf umfassende Gelehrsamkeit – wer mehr dazu wissen will, möge sich in die entsprechenden Kapitel des neuesten IPCC-Sachstandsberichts (IPCC, 2014a, Teil A: Kapitel 14 ff.) vertiefen und dabei kein reines intellektuelles Vergnügen erwarten. Für jeden, der sich nur ein wenig mit dem Thema beschäftigt hat, ist jedoch offensichtlich, dass im Ernstfall wohl eine dosierte Mischstrategie zum Einsatz kommen müsste, mit mehr oder weniger großen Beiträgen aus den zehn genannten Optionsfeldern. Und diese Mischstrategie müsste natürlich für das jeweilige »Anpassungsobjekt« maßgeschneidert sein – unter besonderer Berücksichtigung von lokalen/regionalen Umweltbedingungen, ökonomischer Entwicklung, soziokulturellen Verhältnissen, politischen Gestaltungsmöglichkeiten usw. usf. Das bedeutet einen ungeheuren Aufwand, besitzt aber auch einen gewissen Charme, zumindest auf den ersten Blick.

Im Gegensatz zur Vermeidung eines gefährlichen Klimawandels, wofür letztendlich eine globale Koordinierung unzähliger kleinteiliger Anstrengungen zur Emissionsminderung vonnöten sein wird, scheint es bei der Klimaanpassung möglich (ja sogar vorteilhaft) zu sein, dass jeder sein Schicksal beherzt in die eigenen Hände nimmt. Der Bürgermeister der Insel Sylt kann entscheiden, noch mehr Sand zur Stabilisierung der Strände gegen den Meeresspiegelanstieg vorspülen zu lassen, wenn er dafür genug Geld von seiner reichen Klientel aufreibt. Doch er kann kaum seine Kollegen in den nordostchinesischen Industriestädten dazu zwingen, weniger klimaschädliche Kohle bei der Wertschöpfung einzusetzen. Das leuchtet sofort ein und ist nichtsdestotrotz grundfalsch, wie ich weiter unter erläutern werde. Aber hier schon ein kleiner Hinweis: Sand ist ein begehrter Rohstoff, der gerade aufgrund seiner Verwendung im rasanten Städtebau der Schwellenländer (wie eben China) global immer knapper wird. Deshalb gilt zum Beispiel in Indien die »Sand-Mafia« bereits als die mächtigste kriminelle Organisation des Landes (siehe zum Beispiel Blasberg und Henk 2014). Insofern ist auch der sedimentspülende Bürgermeister von Sylt nur ein winziger Komparse in einem gigantischen planetarischen Nullsummenspiel.

Muss eine um 2 °C erwärmte Welt schlechter sein als die Welt um 1900? Die Antwort lautet: Sie muss nicht, aber sie kann. Und wie liegen die Dinge bei +4 °C, +6 °C oder gar +8 °C im globalen Mittel? Da würde meine Antwort eindeutig ausfallen, allen Anpassungsfantasien zum Trotz. Denn ein spürbar aufgeheizter Planet könnte manche Vorteile bieten, insbesondere als Heimat einer deutlich üppigeren Lebenswelt wie im oberen Karbonzeitalter vor circa 300 Millionen Jahren (damals allerdings begünstigt durch besondere Umstände wie den exorbitanten Sauerstoffanteil von ungefähr 35 Prozent der Atmosphäre). Aber ebendiese Lebenswelt bildete sich durch evolutionäre, sprich: langsame Anpassung über riesige Zeitspannen hinweg heraus.

Beim anthropogenen Klimawandel sprechen wir hingegen von 2 °C oder 4 °C Erwärmung bis zum Jahr 2100 und von 8 °C bis zum Jahr 2300. Mit anderen Worten, die Anpassung an die sich ändernden Umweltverhältnisse müsste im rasenden Tempo steil bergauf erfolgen, ohne gütige Mitwirkung irgendwelcher evolutionärer Prozesse. Es geht also fast gar nicht darum, welche Chancen und Reize eine erhitzte Erde bieten könnte, sondern fast ausschließlich nur um die Frage, *wie* man den Umzug der Menschheit in das fremde Haus möglichst verlustfrei organisieren könnte! Im Englischen nennt man dies die Herausforderung des *Transition Management*. Und jeder, der schon einmal seinen Haushalt bewegt hat (bei mir ist dies an die 20-mal geschehen), weiß, dass Umzüge alles vom Nervenzusammenbruch bis zum Mordversuch am Ehepartner bereithalten können. Wie lautet eine populäre, auf Benjamin Franklin zurückgehende Redensart: »Dreimal umgezogen ist einmal abgebrannt.«

Im meinem Gedankenspiel können wir jedoch die wichtigsten Voraussetzungen für eine weitgehend schadlose Umbettung unserer Zivilisation im Zuge des Klimawandels benennen. Die da wären: Perfekte *Information*, perfekte *Mobilität*, perfekte *Institutionen* und perfekte *Liquidität*. Dazu könnte man wieder viele Seiten in einem Fachjournal vollschreiben, aber ich will es hier bei einigen wenigen Erläuterungen bewenden lassen. Präzise Kenntnisse über die durch die globale Erwärmung regional und lokal neu etablierten Umweltverhältnisse (heißer, feuchter, windiger, überflutet, malariaverseucht usw.) wären höchst zweckdienlich – so wie die berühmten »praktischen Hinweise« in Reiseführern für ferne Länder. Und je beweglicher eine technische oder traditionelle Kultur ist, desto leichter und schneller kann sie sich im Klimaraum verschieben. Allerdings macht es einen Riesenunterschied, ob man einen gigantischen Containerhafen mit dem Meeresspiegelanstieg anhebt oder ob man eine Schafherde jahreszeitgemäß durchs Land treibt (wie dies in Spanien auch heute noch im Rahmen der berühmten Transhumanz geschieht).

Mit geeigneten Verfahren und Behörden wiederum ließen sich viele Konflikte im Rahmen der Klimaanpassung deutlich entschärfen, gerade wenn es um die Schicksalsfrage »Verteidigen oder aufgeben?« geht. Möglicherweise müssten dafür neuartige Formen der direkten Demokratie im Zusammenspiel von kommunalen, nationalen und vielleicht sogar globalen Ebenen eingeführt und erprobt werden. Und zweifellos müsste man institutionelle Sorge dafür tragen, dass die getroffenen Anpassungsentscheidungen von den Betroffenen als einigermaßen fair empfunden würden.

Und damit zum leidigen Thema Geld: Der ganze Klimakram wäre nichts weiter als eine lästige, aber behebbare Betriebsstörung, wenn für bald 10 Milliarden Menschen genug Finanzmittel vorhanden wären und diese auch einigermaßen gerecht beim großen Umzug ausgegeben würden. Geld ist aber letztendlich nichts anderes als ein virtuelles Nutzungsrecht für die auf dem Weltmarkt verfügbaren Güter und Dienstleistungen. Die meisten Waren in diesem Einkaufskorb hängen jedoch direkt oder indirekt mit der Verfügbarkeit von Energie zusammen, und damit sind wir auf ein hässliches Problem gestoßen: Die Klimaanpassung ist so lange ein Kinderspiel, wie man in billigen fossilen Ressourcen badet. Skifahren auf Kunstschnee in Dubai? Kein Problem! Aber was tun, wenn alle leicht zu fördernden Ressourcen an Öl, Gas und Kohle verbraucht sind und der Klimawandel dadurch noch weiter angeheizt ist? Dann hat man sich offenbar mit einem Doppeltrick aufs Kreuz gelegt ...

Diese knappen Anmerkungen dürften bereits klarmachen, dass unter den vier genannten idealen Voraussetzungen die Klimaanpassung tatsächlich relativ leicht von der Hand gehen würde, dass sich jedoch in der realen Welt schwerlich solche Voraussetzungen schaffen lassen. Gehen wir zur Illustration dieses wichtigen Punktes noch einmal auf den Informationsaspekt ein: Eine der größten Herausforderungen der ungebremsten Erderwärmung dürften die Veränderung und vermutlich auch partielle Verschärfung von Extremwetterregimen sein. Nehmen wir nun an, man könnte mit, sagen wir, 1 Billion Euro ein weltweit operierendes wissenschaftlich-technisches Frühwarnsystem aufbauen, mit dem sich rabiate Ereignisse wie Wirbelstürme, Überschwemmungen oder Erdrutsche exakt lokalisieren und antizipieren ließen. Dann müsste man nicht alles zivilisatorische Inventar in den prinzipiell gefährdeten Zonen vorsorglich »klimawandlungsfest« machen, was ungeheure Summen verschlingen würde, sondern könnte ganz gezielt und lokal im Fall des Falles geeignete Maßnahmen (wie Evakuierung oder temporäre Verteidigung) treffen. Die investierte Billion wäre zudem finanzieller Fliegendreck im Vergleich dazu, was die beschleunigte Dekarbonisierung der globalen Industriegesellschaft kosten würde. Insofern sprechen wir hier von einer echten strategischen Anpassungsoption mit einem attraktiven Preis-Leistungs-Verhältnis.

Leider hat diese Vision eine Reihe von Schwachstellen, welche zur schmerzhaften Reibung mit der Wirklichkeit führen. Erstens dürfte die intrinsisch-chaotische Natur des Wettergeschehens den schönen Traum vom perfekten Frühwarnsystem durchkreuzen. Verwandte Einsichten prägen inzwischen alle Bemühungen zur Vorsorge hinsichtlich geologischer Desaster mit hochgradig nichtlinearem Charakter wie Erdbeben oder Vulkanausbrüche. Zweitens müsste die internationale Staatengemeinschaft in einem beispiellosen Akt der Solidarität die erforderliche Billion aufbringen und ebenso gerecht wie wirksam und effizient ausgeben. Drittens stellt sich, von der Machbarkeit und Finanzierbarkeit einmal abgesehen, die Frage, warum ein so segensreiches System nicht schon längst realisiert wurde – und zwar zur besseren Anpassung an das *jetzige* Klima, also noch gar nicht zur besseren Verarbeitung *künftiger* Klimaschocks? Leider lassen sich problemlos weitere gewichtige Einwände gegen den schönen Traum vom allwissenden Extremwetterradar beibringen.

Ähnlich verhält es sich mit den anderen, oben genannten Optimalbedingungen für die Umsetzung eines epochalen Anpassungsplanes anstelle der aggressiven Minderung der weltweiten Treibhausgasemissionen. Denkt man entlang dieser Linien noch ein Stück weiter, dann kommt man sogar zu der bemerkenswerten Einsicht, dass die Klimaanpassung *nahezu spiegelbildlich* mit all jenen Problemen zu kämpfen hätte, die seit Jahrzehnten gegen die Durchführbarkeit einer wirksamen globalen Vermeidungsanstrengung ins Feld geführt werden. Das heißt, die allermeisten scheinbaren Vorteile des Anpassungsansatzes lösen sich bei näherer Betrachtung in nichts auf. Dies gilt insbesondere für den schönen Mythos vom Handeln »just in time in just the right place«, also vom unbedingt bedarfsgerechten Agieren.

Meine Mitarbeiterin Veronika Huber und ich haben dies in einem Aufsatz für die Päpstliche Akademie der Wissenschaften (Schellnhuber und Huber 2013) dargestellt. Interessierte Leser können sich über die dort vorgebrachten Argumente, die ich hier nicht im Einzelnen wiederholen will, auf der Homepage des Vatikans informieren – auch die katholische Kirche geht mit der Zeit! Nichtsdestotrotz möchte ich im Folgenden kurz skizzieren, warum sich die Herausforderungen »Vermeidung« und »Anpassung« strukturell so sehr ähneln. Am wichtigsten ist wohl die Einsicht, dass tiefe, strategische Klimaanpassung jenseits der Flickschusterei *mindestens* ebenso langfristig und großräumig angelegt sein muss wie eine planmäßige Dekarbonisierung der Weltgesellschaft. Der Rückzug von Milliarden Menschen aus bedrohten Küstengebieten, die Vollklimatisierung sämtlicher Millionenstädte, der Umbau der globalen Nahrungsmittelproduktion, die Verlegung eines Großteils des Menschheitserbes an

Kulturgütern und Naturwundern in geschützte Räume – dies sind allesamt Jahrhundertprojekte!

Welches Land, welcher Konzern, welche Kultur wäre bereit, sich hier und heute einem solchen Projekt zu verschreiben und mit den notwendigen finanziellen, logistischen und mentalen Investitionen zu beginnen? Vielleicht China, das bereits fleißig Land in Afrika aufkauft, um die Ressourcenbasis für seine Riesenbevölkerung perspektivisch in Übersee zu sichern. Aber das ist eine Einzellösung, und selbst diese wird aus soziopolitischen Gründen nicht funktionieren. Zudem müssten all diese Megaprojekte quasi ins Blaue hinein durchgeführt werden, denn zum einen wäre unklar, welches Ausmaß die Erderwärmung ohne eine wohlgezielte Klimastabilisierungsstrategie annehmen würde, und zum anderen sind die wissenschaftlichen Unsicherheiten bei der Abschätzung der potenziellen Klimafolgen noch viel schwerer zurückzustutzen als die Fehlerbalken bei der Berechnung des Anstiegs der globalen Mitteltemperatur als Funktion der weltweiten Treibhausgasemissionen. Jüngste Studien haben in diesem Zusammenhang aufgezeigt, dass eine Anpassung an *falsch antizipierte* Klimaveränderungen schädlicher wäre als gar keine Anpassung (siehe zum Beispiel Leclère u. a. 2014).

Weitere immens wichtige Aspekte sind die internationale Koordinierung, Finanzierung und Realisierung der Klimaanpassung. Gegen jede erdenkliche Maßnahme zur Emissionsminderung werden ja massive Einwände erhoben, die auf die praktische Unmöglichkeit einer abgestimmten und fairen weltweiten Abrüstung bei den Treibhausgasen in einer Welt ohne globale Gestaltungsmechanismen hinweisen. Letzteres ist nicht von der Hand zu weisen, denn außer den schwachbrüstigen Vereinten Nationen haben wir keine Institutionen, die so etwas wie »Weltinnenpolitik« inszenieren könnten. Allerdings wiegt dieser Befund noch schwerer bei der Bewertung der Erfolgsaussichten einer globalen Anpassungsstrategie. Es ist sonnenklar, dass ein Land wie Bangladesch unmöglich aus eigener Kraft eine drastische Klimaveränderung bewältigen könnte, an dessen Zustandekommen es im Übrigen weitestgehend unschuldig wäre. Wir sprechen hier von einem gigantischen Deltagebiet, auf dem sich heute schon knapp 160 Millionen Menschen zusammendrängen (Bevölkerungsdichte: über 1000 Einwohner pro Quadratkilometer!). Ob man Bangladesch nun vollständig eindeicht oder die Bevölkerung komplett nach Zentralasien umsiedelt, die entsprechend notwendigen Maßnahmen sprengen in jedem Fall unsere Vorstellungskraft. Wer organisiert das, wer bezahlt das, wer erklärt das dem betroffenen Volk? Die Industrieländer, die bisher gerade mal 10 Milliarden Dollar für den internationalen Klimafonds (Green Climate Fund des UNFCCC) zusammengekratzt haben? Wenn Klimaanpassung also nicht nach dem zynischen Motto »Nicht der Täter, sondern das Opfer zahlt!« verfolgt werden soll, dann wäre ein sensationell hoher Grad von grenzüberschreitender Solidarität vonnöten, der jedes Maß an Zusammenarbeit bei der globalen Emissionsreduktion in den Schatten stellen würde.

Diese besonderen Herausforderungen für die nur begrenzt emphatische menschliche Natur würden sich aber auch nach innen abbilden, also auf die kommunalen und regionalen Auseinandersetzungen um geeignete Lösungen innerhalb der Staatsgrenzen. Wenn im Rahmen der deutschen Energiewende die Politik Krokodilstränen über das mangelnde Verständnis der heimischen Bevölkerung für neue Stromtrassen vergießt, dann ist dies in Teilen nachvollziehbar. Aber wehe dem Ministerpräsidenten eines Bundeslandes oder dem Landrat eines Kreises, der seine Schutzbefohlenen mit einem veritablen Rückzugsplan aus klimagefährdeten Gebieten konfrontieren muss! Und zwar aufgrund vager Projektionen in Ermangelung solider sozioökonomischer Vorhersagen. Wer würde die mit dem Plan verbundenen persönlichen Verzichte und finanziellen Belastungen schon widerspruchslos hinnehmen? Dagegen ist das Vollpflastern von Scheunendächern mit Solarzellen zum Abgreifen einer zugegebenermaßen üppigen Einspeisevergütung immer noch ein gesellschaftliches Kinderspiel.

Ich könnte diese grundsätzliche Symmetrie von Vermeidung und Anpassung im Hinblick auf die kritischen Dimensionen noch weiter ausführen, aber ich hoffe, dass die Botschaft bereits angekommen ist. Dies bringt mich zu einer Frage, die von Experten und Politikern immer wieder gestellt wird und die zugleich die Grenzen der Vergleichbarkeit aufzeigt: Gibt es ein *globales Anpassungsziel*, das ähnlich klar und konkret formuliert werden könnte wie das 2-Grad-Ziel auf der Vermeidungsseite? Wie schon mehrfach erläutert, kann die 2-Grad-Leitplanke grob in einen verbleibenden Emissionsraum von 750 bis 1000 Milliarden Tonnen CO_2 übersetzt werden, den unsere Industriegesellschaft noch bewirtschaften darf. Ein einleuchtendes Ziel einer globalen Anpassungsstrategie wäre beispielsweise die Forderung, dass kein Individuum durch den Klimawandel schlechter gestellt sein darf als ohne denselben. Diese Forderung ist jedoch weder realistisch noch »operationalisierbar«, kann also nicht durch ein explizites Maßnahmenbündel dargestellt werden. In Anlehnung an das Emissionsbudget bei der Klimastabilisierung könnte man jedoch folgendes Anpassungsziel ausweisen: *Jedem Menschen (und möglichst jeder anderen Kreatur) soll stets ein angemessener Lebensraum zur Verfügung stehen.*

Die entsprechende Strategie würde somit darauf abzielen, die heute bewohnbaren Flächen der Erde weitgehend gegen den Klimawandel zu verteidigen, neue lebenswerte Territorien zu erschließen und die wohl auf 10 oder gar 11 Milliarden anwachsende Weltbevölkerung möglichst fair und reibungsfrei auf den insgesamt begrenzten Raum zu verteilen. Dies natürlich mit geringeren Kosten, Schäden und Todesopfern, als die alternative Klimastabilisierung durch Dekarbonisierung verursachen würde! Wenn man das so konkret formuliert, erscheint der Auszug des Volkes Israel aus Ägypten inklusive der Teilung des Roten Meeres wie ein bescheidener Betriebsausflug. Die Transferleistungen an Menschen, Geld und Material im Rahmen einer »klimaplastischen Bewirtschaftung des planetaren Lebensraums« (hört sich gruselig an und weckt schlimmste Assoziationen) wären jedenfalls historisch beispiellos und würden ein unvorstellbares Maß transnationaler Kollaboration erfordern. Hier zwei Aspekte, welche den Wahnwitz eines solchen Vorhabens illustrieren:

Gemäß dem Verursacherprinzip wäre es nur folgerichtig, dass die Klimaflüchtlinge von den Inseln, Flussdeltas oder Dürregebieten ein Aufenthaltsrecht inklusive Arbeitserlaubnis plus Umsiedlungshilfe von den Ländern mit den höchsten kumulierten Treibhausgasemissionen zugesprochen bekämen. Und nach dem Gleichheitsgrundsatz müssten die Aufnahmekontingente für die Immigranten proportional zu ebendiesen Emissionsvolumina bemessen werden. Heißt konkret, dass zum Beispiel die USA größenmäßig einem Viertel aller durch die Erderwärmung heimatlos gemachten Menschen »Klimaasyl« gewähren müssten (siehe dazu WBGU, 2014a).

Nicht ganz so brisant, aber immer noch den Rahmen der gängigen Politikvorstellungen sprengend wäre die Schaffung grenzüberschreitender Wanderungskorridore für Arten und Ökosysteme – zu Lande, zu Wasser und in der Luft. Auch dies würde einen globalen Masterplan zur aktiven Mobilisierung der Lebenswelt erfordern, eine Art Arche-Noah-Strategie über den Zeitraum von Jahrhunderten, wenn nicht Jahrtausenden. Jedermann kann sich vorstellen, welche Interessenkonflikte, Ressourcendefizite, Planungsdilemmata usw. eine solche Strategie zum Scheitern bringen würden. Zusammenarbeit in solchen Dimensionen haben die Völker der Erde eben noch niemals üben können, und sie werden es auch nicht so schnell lernen.

Nach all dem Gesagten sollte klar geworden sein, dass die viel beschworene Option Klimaanpassung keine offene Tür ist, durch die man sich kommod von der Problematik der Erderwärmung verabschieden kann. Gerade weil das Anpassungsgerede bisher so vage, anekdotisch und kleinteilig ist, kann es als Alternative zur Emissionsreduktion weiter in den

Gehirnen diverser Entscheidungsträger und auch der Öffentlichkeit herumspuken. Aber wenn es denn hart auf hart käme in einer um vier oder mehr Grad Celsius erwärmten Welt, dann wäre sich jede Nation, jede Firma und jede Gruppe selbst die nächste. Es ist kaum vorstellbar, dass beispielsweise Großbritannien oder Deutschland dem prekären Kontinent Afrika im vollen Umfang der historischen Emissionsverantwortung beim Zurechtfinden in der schönen neuen Klimawelt assistieren würden. Man würde symbolische Unterstützung leisten, sicherlich, aber ansonsten bedauernd den Kopf schütteln über die umweltverschärfte Notlage von Ländern, die zu viele Menschen haben und zu wenige Kapazitäten. Insofern sind diejenigen, die den bequemen Ausweg der Anpassung predigen, überwiegend Zyniker.

Dies heißt nun aber *nicht*, dass die Anpassung an den Klimawandel nicht bitter nötig wäre. Selbst wenn wir die Erderwärmung bei 2 °C zum Stehen bringen, werden sich noch immense Herausforderungen bei der Neu-Akklimatisierung ergeben. Ich habe einmal den Satz formuliert: »Das Unbeherrschbare vermeiden, das Unvermeidbare beherrschen!«, der Eingang in die internationale Literatur zum Thema gefunden hat (siehe etwa Bierbaum u. a. 2007). Damit ist eine Doppelstrategie beim Umgang mit dem Klimawandel umrissen, die mir als einzige sinnvoll und machbar erscheint. Sie verlangt zum einen die Stabilisierung der globalen Mitteltemperatur und zum anderen die sogenannte Nachführung von Kultur und Natur auf dieses neue Niveau. Der besondere Vorteil dabei wäre, dass man antizipieren könnte, woran man sich anpassen müsste – allein schon deshalb ist die 2-Grad-Leitplanke unverzichtbar. Insofern kann man zusammenfassen: Anpassung *als Ergänzung von Vermeidung* ergibt Sinn, wenn man die jeweiligen Möglichkeiten realistisch abschätzt. Anpassung *anstelle von* Vermeidung ist ein ebenso verantwortungsloses wie dummes Vorhaben.

26. Falscher Film: Klimamanipulation

Eine Veröffentlichung in der Fachzeitschrift *Science* ist der Traum jedes jungen Forschers. Eingereichte Artikel werden von diesem Magazin, das etwa 130000 Abonnenten hat und in jeder guten Universitätsbibliothek der Welt ausliegt, einem strengen anonymen Begutachtungsverfahren unterzogen. Wer dieses erfolgreich besteht, hat sich in der internationalen Forschergemeinschaft einen Namen gemacht und darf auf eine erfolgreiche Karriere bis hin zum Nobelpreis – wer weiß? – hoffen. *Science* wurde um 1860 gegründet und anfangs von berühmten Erfindern wie Thomas Alva Edison und Alexander Graham Bell unterstützt. Im Jahr 1900 wurde die Zeitschrift schließlich das offizielle Magazin der AAAS, der American Association for the Advancement of Science (Amerikanische Gesellschaft zur Förderung der Wissenschaften).

Im Jahr 2013 ereignete sich bei dieser altehrwürdigen Institution eine Revolution, denn eine Frau rückte in die Position des *Editor-in-Chief*, wurde also gewissermaßen die Chefredakteurin des Magazins. Ihr Name: Marcia McNutt. Ich kenne Marcia gut, denn wir sind beide seit einiger Zeit Mitglieder der National Academy of Sciences (NAS) und treffen uns gelegentlich, etwa bei den legendären Gartenpartys der Akademie in Washington, D.C. Sie ist eine kluge und energische Frau, die unter anderem auf eine erfolgreiche akademische Laufbahn in den Fächern Geophysik und Ozeanographie zurückblicken kann. Erfolg hat seinen Preis, der nicht zuletzt darin besteht, dass man schwierige Aufgaben im allgemeinwissenschaftlichen oder öffentlichen Interesse wahrnehmen muss. Marcia McNutt ist vor solchen Aufgaben nie zurückgeschreckt, auch nicht von einer besonders heiklen, die Anfang 2015 abgeschlossen wurde: Sie leitete im Auftrag der NAS über einen Zeitraum von eineinhalb Jahren ein interdisziplinäres Team von 16 Wissenschaftlern, die sich mit den Risiken und Chancen von *Geoengineering* auseinandersetzen sollten.

Dabei geht es um großtechnische, mehr oder weniger krasse Eingriffe ins Klima im Sinne von Reparaturmaßnahmen für den Fall, dass die Vorsorge, sprich: Vermeidung von Treibhausgasemissionen, scheitern sollte. Schon der verwendete Begriff selbst ist umstritten und schlecht ins Deutsche zu übersetzen. Das von McNutt geleitete Gremium hat deshalb das Unterfangen als »Klimaintervention« bezeichnet, doch »Klimamanipulation« trifft den Kern der Sache besser. Die Arbeit der Expertengruppe hat inzwischen zwei dicke Berichte zustande gebracht, die für jedermann frei zugänglich sind (National Academy of Sciences, 2015a; National Academy of Sciences, 2015b; siehe auch Goldenberg 2015). Diese Berichte fassen minutiös alle bekannten Fakten und Fantasien zur Klimareparatur zusammen und versuchen überdies, eine sorgfältige Abwägung des Für und Wider solcher großtechnischen Lösungsoptionen vorzunehmen. Der Urteilsspruch lautet: In absehbarer Zukunft sollte man die Finger von der Klimamanipulation lassen, und hoffentlich werden solche Interventionen auch niemals nötig sein. Aber eine strikt wissenschaftliche Erforschung der grundsätzlichen Chancen und Risiken wird zurückhaltend empfohlen, damit man im Notfall nicht mit leeren Händen dastünde. Die letztere Aussage ist nicht weiter überraschend, wenn sich Wissenschaftler zur möglichen Erschließung eines neuartigen und potenziell fruchtbaren wissenschaftlichen Felds äußern sollen. Verkürzt ausgedrückt lautet die Forderung an die Gesellschaft dann stets: »Gebt uns ein wenig Geld, wir wollen damit doch nur spielen!«

Ich sehe das anders: Wir haben schon genug mit den Ideen der Klimamanipulation gespielt, seit vielen Jahrzehnten (siehe zum Beispiel Kapitel 15). Und wir wissen nun auch schon genug, um Schritte in diese Richtung kategorisch ausschließen zu können. Meines Erachtens ist die ganze Klimainterventionskiste letztlich ein politisches Manöver, das die Gesellschaft von der schmerzhaften Notwendigkeit der industriellen Dekarbonisierung ablenken soll – lasst uns weiterhin konsumieren auf CO_2 komm raus, irgendwelche verrückten Forscher werden uns die resultierenden Verwerfungen in der globalen Umwelt schon wieder wegerfinden! Irgendwann später, wenn es tatsächlich hart auf hart kommen sollte...

Nicht nur wegen der Bekanntschaft mit Marcia McNutt hatte ich in den letzten 15 Jahren immer wieder mit dem leidigen Thema Klimamanipulation zu tun, dazu unten mehr. Zunächst einmal will ich für die Nichtexperten kurz umreißen, worum es sich handelt, und erklären, warum so viel Lärm um die Sache gemacht wird. Im Wesentlichen geht es um zwei großtechnische Ansätze, die *Strahlungsmanipulation* (SM) einerseits und die *Kohlenstoffextraktion* (KE) andererseits.

Mit der ersten Eingriffsart soll lediglich die menschengemachte Verstärkung des natürlichen Treibhauseffekts ganz oder teilweise aufgehoben werden, mit der zweiten soll das Problem dagegen ursächlich angegangen und das CO_2 rechtzeitig abgeschieden beziehungsweise wiedereingefangen und sicher weggeschlossen werden. In beiden Fällen handelt es sich um die ebenso unsinnige wie weit verbreitete »End-of-the-pipe-Strategie«, also wiederum eine bittere »Pille danach« anstelle der bewussten Verhütung. Aber es geht um Technik, Maschinen, Prozesse, Flugzeuge, Schiffe, Türme und Röhren, somit um all das, was das männliche Herz begehrt und was die Herzen von Politikern, Generälen, Fabrikanten und Gewerkschaftlern höher schlagen lässt! Es geht um *the silver bullet*, was man im Deutschen ganz gut mit »der goldene Schuss« übersetzen kann. Also die geniale Aktion von begnadeten Tüftlern, mit der sich die Erderwärmung mitsamt ihren unliebsamen Folgen erlegen ließe.

Die Grundideen – Abschirmung des Sonnenlichts beziehungsweise Absaugen von Kohlendioxid – sind simpel, aber der technischen Fantasie sind zunächst einmal keine Grenzen gesetzt. Und es ist schon faszinierend, was da so alles auf den Tisch kommt. Eine Übersicht über gegenwärtig heiß diskutierte SM- und KE-Verfahren gibt Abbildung 75.

Die beiden oben erwähnten Berichte der US-Nationalakademie diskutieren eingehend die mehr oder weniger ernst zu nehmenden Vorschläge, die bisher zum Thema ins Spiel gebracht wurden – wer sich für die Details interessiert, sollte sich unbedingt aus diesen Quellen informieren. Manche Überlegungen sind völlig unrealistisch beziehungsweise total unverantwortlich. Da ist etwa die Idee, propagiert vom Astronomen Roger Angel von der University of Arizona, das Sonnenlicht am sogenannten Lagrange-Punkt L1 abzuschirmen. Bringt man dort, an wohlkalkulierter Stelle auf der Verbindungslinie zwischen Sonne und Erde, ein Objekt in Stellung, dann addieren sich alle präsenten Kräfte so auf, dass sich das Objekt synchron mit unserem Planeten in fester Distanz zum Zentralgestirn bewegt. Ein in L1 befindlicher Spiegel würde somit das Sonnenlicht dauerhaft zurückreflektieren. Hört sich clever an, ist aber praktisch undurchführbar, selbst wenn man statt eines massiven Spiegels dünne Siliziumscheiben ins Auge fasst, die mit Spezialkanonen ins All gefeuert werden.

In die Kategorie Frankenstein-Wissenschaft, die nicht weiter über das Schicksal ihrer Kreaturen nachdenkt, gehört hingegen der Vorschlag, mit dem Ausbringen von großen Eisenmengen im Südpolarmeer künstliche Algenblüten zu simulieren, die photosynthetisch der Atmosphäre gewaltige Mengen von CO_2 entziehen und diese mit den sterblichen Überresten der Einzeller in die Tiefsee verfrachten könnten. Victor Smetacek, ein charmanter und intelligenter Kollege vom Alfred-Wegener-Institut, den ich noch aus meiner Oldenburger Universitätszeit kenne, führte 2004 tatsächlich mehrere solcher »Entziehungskuren« von Bord des Forschungsschiffes »Polarstern« aus durch (siehe zum Beispiel Smetacek u.a. 2012). Teilweise gelangen die Versuche sogar, denn verschiedene Arten von

Diatomeen (einzellige Kieselalgen) erlebten eindrucksvolle Blüten, sodass große Biomassen rasch in über 3000 Meter Tiefe absanken. Entscheidende Fragen nach der Langfristigkeit dieses Effekts, nach den unzähligen möglichen ökologischen Nebenwirkungen und vor allem nach der Durchführbarkeit solcher Maßnahmen in einer Größenordnung, welche den jährlichen zivilisatorischen CO_2-Emissionen von circa 35 Milliarden Tonnen nur annähernd angemessen wäre, blieben jedoch unbeantwortet. Smetacek gibt dies selbst freimütig zu und zieht den Schluss, dass bisher die künstliche Kohlenstoffextraktion durch Eisendüngung nicht in Sicht sei. Insofern ist dem inzwischen verstorbenen amerikanischen Ozeanographen John Martin doch ein wenig die Fantasie durchgegangen, als er 1988 meinte: »Gebt mir einen halben Tanker mit Eisen, und ich erzeuge damit die nächste Eiszeit!« (Weier 2001)

Im Panoptikum der Klimamanipulateure gibt es natürlich auch Vorschläge, die sinnvoll und unbedenklich sind, sodass man sie eigentlich gar nicht unter der Rubrik »Geoengineering« führen sollte. Man kann zum Beispiel mehr Sonnenlicht zurück ins Weltall reflektieren, wenn man Hausdächer und Straßen weiß streicht, wie der Physik-Nobelpreisträger und frühere US-Energieminister Steven Chu angeregt hat. Und man kann Bäume pflanzen, welche über die Photosynthese CO_2 aus der Luft entnehmen. Wenn das Holz für Gebäude, Möbel und andere langlebige Gebrauchsgegenstände verwendet wird, hat man auf diese Weise der Atmosphäre tatsächlich Kohlenstoff für eine gute Weile entzogen. Oder man entnimmt dem Holz seine Energie in einem wohldurchdachten Verfahren (»hydrothermale Karbonisierung« genannt), welches wenig CO_2 freisetzt und den meisten Pflanzenkohlenstoff in Teer- und Ascherückständen bindet. Diese kann man beispielsweise in Äckern unterpflügen und damit sogar die Bodenfruchtbarkeit erhöhen. Befürworter der Technik erinnern gern an die Praktiken der Amazonasindianer, die traditionell *terra preta* (portugiesisch für »Schwarzerde«) herstellen, indem sie den nährstoffarmen Naturböden Holzkohle, Dung oder Kompost beimischen.

Weiße Dächer, schwarze Erden – das sind geradezu romantische Versuche, das Weltklima zu retten. Wenn nur nicht die doofen Größenordnungen wären: Man kann leicht zeigen, dass man mit der Tünchaktion nur weniger als 1 Prozent der globalen Landfläche beglücken könnte, sodass der Reflexionssteigerungseffekt minimal bliebe – bei Kosten von rund 300 Milliarden Dollar im Jahr (Shepherd 2009). Und unsere Kalkulationen am Potsdam-Institut belegen, dass man die gesamte aktuelle landwirtschaftliche Nutzfläche der Erde mit Energiebäumen bestücken müsste, wenn man dadurch 5 Milliarden Tonnen Kohlenstoff direkt und zusätzlich binden wollte – das entspricht etwa der Hälfte der aktuellen Emissionen der Menschheit. Klima gerettet, Bevölkerung verhungert? Auch keine wirklich attraktive Lösung. Es sei denn, man zielt mit der Bioextraktionsstrategie nicht auf die fruchtbaren Böden der Erde, sondern auf die degradierten Flächen, die Steppen und Halbwüsten. Weltweit kämen tatsächlich zwischen 10 und 20 Millionen Quadratkilometer grundsätzlich infrage, also eigentlich ein hinreichend großes Areal. Die (Re-)Kultivierung dieses Landes würde sogar eine Dreifachrendite abwerfen, nämlich *erstens* die Verbesserung der örtlichen Böden, *zweitens* die Mäßigung des regionalen Klimas (insbesondere durch Stärkung der jeweiligen Wasserkreisläufe) und *drittens* die gewünschte Korrektur der Erdatmosphäre. Ob eine solche Strategie politik- und praxisfähig ist, weiß niemand, aber es wäre wohl den Versuch wert, dies herauszufinden. Dazu etwas mehr im Kapitel 27.

Von den in Abbildung 75 zusammengestellten Möglichkeiten der Klimamanipulation bleiben ansonsten eigentlich nur drei Optionen übrig, die sowohl einigermaßen machbar als auch hinreichend wirksam erscheinen: *erstens* die »Impfung« der Stratosphäre mit Schwefelpartikeln; *zweitens* die industrielle CO_2-Reinigung der Atmosphäre mit großtechnischen physikalisch-chemischen Verfahren und *drittens* die unmittelbare Abscheidung von Kohlendioxid bei der Verfeuerung fossiler Energieträger, inzwischen wohlbekannt unter dem Kürzel CCS (*Carbon Capture and Storage*; siehe auch Kapitel 24). Ich werde im Folgenden auf diese drei Ansätze eingehen und erläutern, was wir uns von ihnen (nicht) versprechen können. Zuvor aber noch einige Anmerkungen zur Ideengeschichte der Klimamanipulation.

Wie im Kapitel 15 schon angesprochen, gehen die Überlegungen zur Manipulation des Wetters auf das Manhattan-Projekt zum Bau der ersten Atombombe zurück. Glühende Antikommunisten wie John von Neumann und Edward Teller sahen darin eine Möglichkeit, die Landwirtschaft der Sowjetunion massiv zu schädigen. In Zeiten des Kalten Krieges wurde intensiv über die Auswirkungen von Staubteilchen, die beispielsweise durch den massiven Einsatz von Kernwaffen in die Atmosphäre geschleudert werden könnten, auf das Weltklima nachgedacht. Auf amerikanischer Seite diskutierte unter anderem der Wissenschaftliche Beirat des Präsidenten (*President's Science Advisory Committee*, PSAC) schon 1965 die Option, die Erderwärmung durch absichtliche Erhöhung der Rückstrahlung zu beschränken (PSAC, 1965). Auf russischer Seite erforschte man solche Aspekte vornehmlich im Zusammenhang mit der Thematik des »nuklearen Winters«.

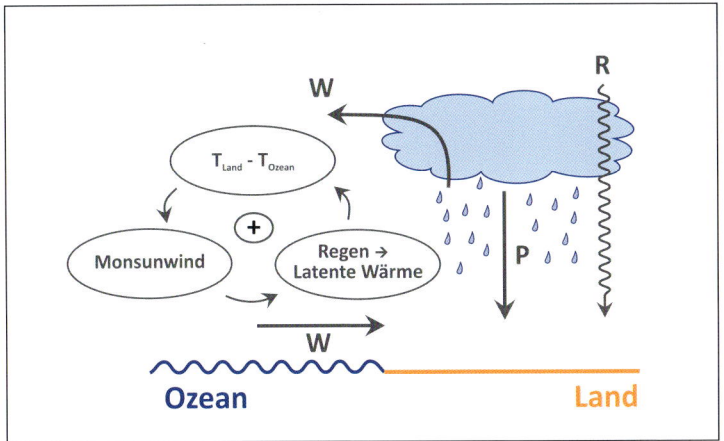

Abbildung 66: Schema der selbstverstärkten Rückkopplung beim Monsun. Die durch den Regen freigesetzte latente Wärme verstärkt den Temperaturunterschied zwischen Land und Ozean. Dies führt zu kräftigeren Monsunwinden, die feuchte Luft vom Ozean ins Land transportieren, was wiederum den Niederschlag erhöht und damit den Kreislauf weiter verstärkt (vgl. S. 485).

Abbildung 67: Staub aus der Sahara wird über den Atlantik geweht. Diese Aufnahme stammt von einem NASA-Satelliten (vgl. S. 487).

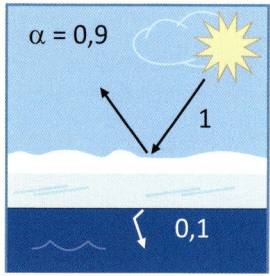 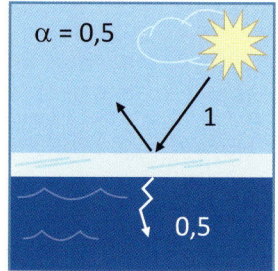 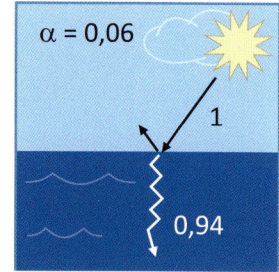

Abbildung 68: Schema der Eis-Albedo-Rückkopplung. Die dicke Eis- und Schneeschicht im linken Bild sorgt dafür, dass 90 % der einfallenden Sonnenstrahlen zurück ins All reflektiert werden. Eine reduzierte Eis- oder Schneefläche (mittleres Bild) mindert die Rückstrahlungsrate, da Sonnenlicht von dunklen Oberflächen wie dem offenen Wasser besser absorbiert wird. Die Folge ist eine erhöhte Wärmeaufnahme, die wiederum die Bildung neuen Meereises erschwert (vgl. S. 488).

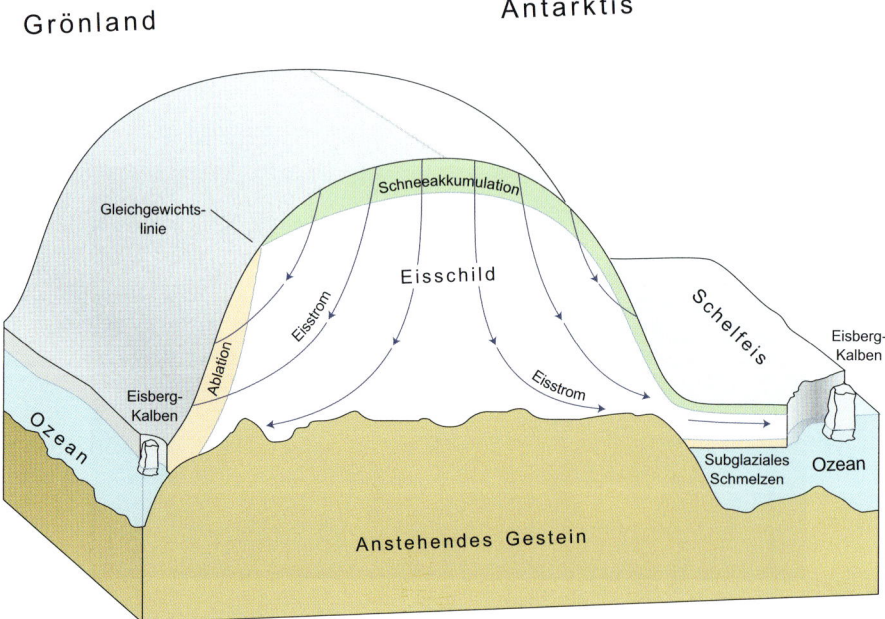

Abbildung 69: Schema für den Eisfluss eines Eisschildes: Vergleich der wesentlichen Charakteristika für Grönland und die Antarktis.
Grönland: Das Eis kann an der Oberfläche schmelzen und kalbt vornehmlich in engen Fjorden ins Meer.
Antarktis: Besonders in weiten Buchten bilden sich riesige Eisschelfe, die an ihrer Unterseite in Kontakt mit dem Meerwasser schmelzen und als sogenannte Tafeleisberge an den Rändern abbrechen (vgl. S. 489).

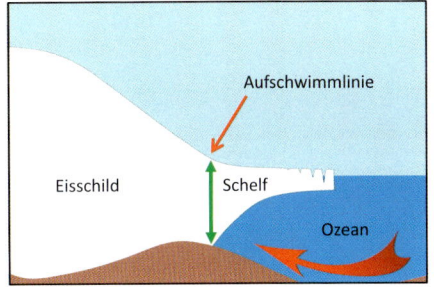

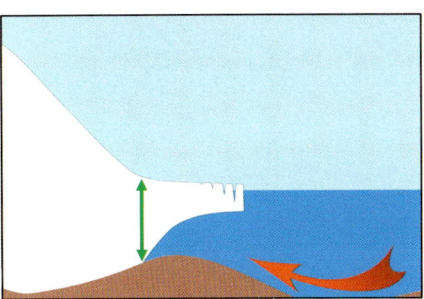

Abbildung 70: Der Rückzug der Aufschwimmlinie, an welcher der Eisstrom aufschwimmt,
ist hier in drei Etappen dargestellt. Der grüne
Doppelpfeil zeigt, wie die Eisdicke an der ins
Landesinnere verschobenen Aufschwimmlinie
wegen des Abfallens des Untergrundes immer
weiter zunimmt (vgl. S. 491).

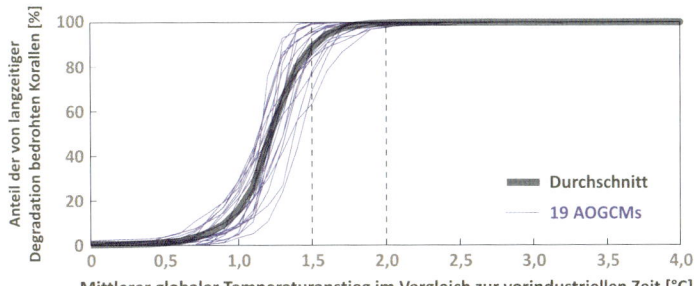

Abbildung 71: Kippelement Korallenriff. Die Graphik verdeutlicht,
dass bereits bei einer Erderwärmung von 1,5 °C rund 90 % der
Korallen bedroht sind (vgl. S. 500).

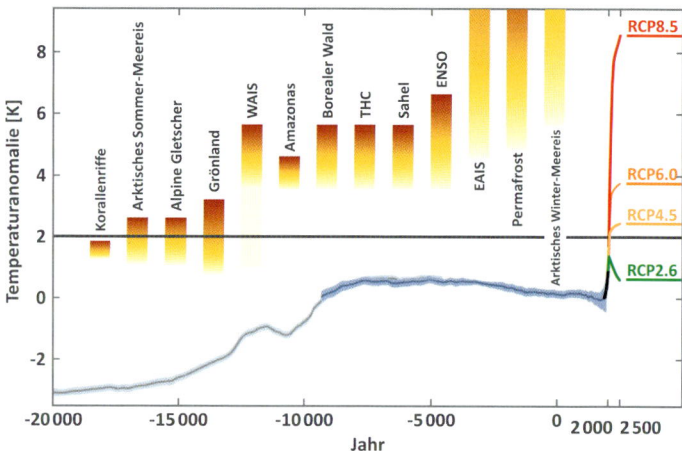

Abbildung 72: Entwicklung der globalen Mitteltemperatur, beginnend mit der letzten Eiszeit über das Holozän bis zur Gegenwart sowie Szenarien für die Zukunft. Die Kurve stützt sich auf paläoklimatische Proxydaten (hellgrau; Marcott u. a. 2013; Shakun u. a. 2012), direkte Messungen seit 1750 (schwarz; HadCRUT-Daten) und verschiedene RCP-Szenarien für die Zukunft (IPCC, 2013; Meinshausen u. a. 2011). Die Schwellenwerte für das Erreichen von Kipppunkten für die dargestellten großen Untersysteme des Klimasystems stützen sich auf Ergebnisse aus verschiedenen Publikationen (Frieler u. a. 2013; IPCC, 2013; Lenton 2012; Lenton u. a. 2008; Levermann u. a. 2012; Robinson u. a. 2012). Der Referenzzeitraum für die Temperaturanomalie ist 1850–1900. Abkürzungen: WAIS – *West Antarctic Ice Sheet*; THC – *thermohaline Zirkulation*; ENSO – *El Niño-Southern Oscillation*; EAIS – *East Antarctic Ice Sheet* (vgl. S. 502).

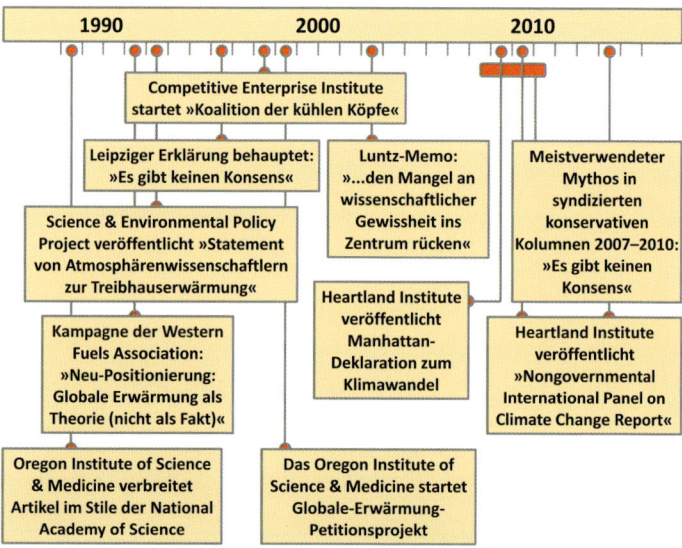

Abbildung 73: Die Fabrikation des Klima-Zweifels: ein Rückblick (vgl. S. 543).

Die Idee, der Erderwärmung durch künstliche Schwefeldioxidtröpfchen in der oberen Atmosphäre vorzubeugen, erregte in den 1990er- und
2000er-Jahren neue Aufmerksamkeit, vor allem weil sich mit Paul Crutzen, Chemie-Nobelpreisträger von 1995, eine hochgeachtete wissenschaftliche und moralische Autorität in die Debatte einschaltete. Paul hatte mir
den Entwurf des Artikels, der den Geoengineering-Stein so richtig ins
Rollen brachte (Crutzen 2006) mit der Bitte um Kommentare zugesandt.
Meine Antwort lautete damals, dass ich ebenso wie er die Wahrscheinlichkeit des Versagens der offiziellen Klimapolitik relativ hoch einschätzen
würde und dass man über unkonventionelle Alternativen nachdenken sollte.
Gleichzeitig wies ich auf die Gefahr hin, eine »Wunderwaffe« gegen die Erderwärmung ins Gespräch zu bringen, wodurch man den Verantwortungs-
losen eine wohlfeile Entschuldigung für die ungehemmte Weiterzerstörung
der Umwelt lieferte. Ich konnte mich mit Crutzens Sorge, ja Verzweiflung,
ohne Weiteres identifizieren; heute bin ich jedoch mehr denn je davon überzeugt, dass die Fantasien der Klimamanipulation von den Diktatoren des
Jetzt für ihre Zwecke missbraucht werden. Mehr dazu weiter unten.

Über die gezielte Absenkung der atmosphärischen CO_2-Konzentration
durch großflächige Aufforstung dachte in den 1970er-Jahren übrigens
schon der Brite Freeman Dyson nach (Dyson 1977), dessen Ideen ständig
zwischen Genie und Wahnsinn hin- und herpendeln und der heute zu den
prominentesten Kritikern der etablierten Klimaforschung und des IPCC
zählt. Fast zeitgleich veröffentlichte der italienische Zukunftsforscher Ce-
sare Marchetti Überlegungen, dass man CO_2 massenhaft in Fabrikschloten und Kaminen einfangen und anschließend ins Meerwasser injizieren
könnte (Marchetti 1977). Andere propagierten in den 1980er-Jahren das
Absaugen von Kohlendioxid aus der Luft mit mobilen Atomreaktoren.
Die erste internationale Konferenz zur Kohlenstoffextraktion fand im
März 1992 in Australien statt. Als eines der führenden KE-Zentren in
der Forschungswelt hat sich inzwischen das Earth Institute der Columbia University in New York City etabliert, wo insbesondere Klaus Lackner mit der Unterstützung des berühmten Klimawissenschaftlers Wallace
Broecker an industriellen Verfahren zur atmosphärischen CO_2-Reinigung
arbeitet. Klaus, dem ich mehrfach im Jahr auf Konferenzen oder Beirats-
sitzungen begegne, zeigt in seinen Präsentationen beharrlich gigantische
Filteranlagen, die wie überdimensionierte Fliegenklatschen in der Landschaft stehen und das Treibhausgas ausfällen.

Ich selbst habe mich seit vielen Jahren mit der Möglichkeit des Geoengineering auseinandergesetzt, und zwar im Zusammenhang einer langjährigen Bekanntschaft mit Jim Lovelock, der als Schöpfer der sogenannten

Gaia-Theorie weltbekannt geworden ist. Dabei entstanden auch Kontakte zu Ichtiaque Rasool, einem früheren leitenden Wissenschaftler bei der NASA, der sich intensiv mit der Frage beschäftigt hatte, wie man den Mars bewohnbar machen könnte (»Terraforming«). Rasool hatte auch zusammen mit seinem Mitarbeiter und späteren Klima-Guru Steve Schneider einen kontroversen Artikel veröffentlich, der die Möglichkeit einer neuen Eiszeit aufgrund der zivilisatorischen Luftverschmutzung durch Schwefelpartikel und andere Aerosole beschrieb (Rasool und Schneider 1971). Diese Publikation gilt seither unter den Gegnern des Klimaschutzes als Hauptbeleg dafür, dass die Forschung nach Lust und Laune einmal eine Erwärmung und einmal eine Abkühlung der Erde vorhersagt. Was völliger Quatsch ist, wie man leicht feststellen könnte, wenn man sich nur der Mühe unterzöge, diesen Artikel tatsächlich auch zu lesen. Ich fand die Diskussionen mit Lovelock, Rasool und anderen Gaia-Sympathisanten stets unterhaltsam, wenn auch eher im Sinne wissenschaftlicher Tagträumerei. Dass die Menschheit eines Tages jedoch bewusst Einfluss auf das Weltklima nehmen könnte, allerdings eher zum Zwecke der Vermeidung eines Temperatursturzes infolge langfristig sinkender CO_2-Konzentrationen in der Atmosphäre, sah ich hingegen schon immer als eine realistische Möglichkeit (Schellnhuber 1999).

Jedenfalls verfolgte ich die Geoengineering-Debatte mit Aufmerksamkeit und organisierte 2003 sogar eine der ersten internationalen Konferenzen zum Thema, welche am berühmten Isaac Newton Institute der Universität Cambridge stattfand. Ich legte damals übrigens Wert darauf, nicht nur großtechnische Maßnahmen zur Vermeidung des Klimawandels zu erörtern, sondern auch Optionen der *Makro-Anpassung* an eine signifikante Erderwärmung – etwa Pläne zur Stabilisierung des Meeresspiegels durch kontrollierte Auffüllung tief liegender terrestrischer Becken (wie der Qattara-Senke in Libyen, deren tiefster Punkt 133 Meter unter der gegenwärtigen Meereshöhe liegt). Das Ganze hatte ziemlichen Science-Fiction-Charakter, erregte jedoch (deshalb?) große öffentliche Aufmerksamkeit durch zahlreiche Medienberichte und zog auch eine Reihe von merkwürdigen Figuren aus aller Welt an. Ziemlich beängstigend war eine Delegation vom Los Alamos National Laboratory (LANL), einer Forschungseinrichtung, die direkt aus dem Manhattan-Projekt (siehe Kapitel 10) hervorging und wo nach dem Zweiten Weltkrieg die Entwicklung der Wasserstoffbombe maßgeblich vorangetrieben wurde. Vordenker dieser Entwicklung war Edward Teller, der mit seinem überragenden Verstand auch sehr früh über die anthropogene Erderwärmung und eventuelle großtechnische Gegenmaßnahmen nachsann.

Tatsächlich hatte ich deshalb 2003 Teller selbst, der später in jenem Jahr starb, zur Geoengineering-Konferenz nach Cambridge eingeladen. Er kam nicht persönlich, aber er schickte seine Epigonen vom LANL, die uns dann voller Inbrunst von den fantastischen Möglichkeiten der Klimamanipulation vorschwärmten. Ihr Hauptaugenmerk lag auf dem optimalen Design von künstlichen Objekten, mit denen man die Erde umhüllen könnte, um das Sonnenlicht ins All zurückzuschicken. Manche dieser konkreten Vorstellungen spuken noch heute in den einschlägigen Debatten herum. Mit leichtem Gruseln brachte ich die Veranstaltung zu Ende, aber damit war noch lange nicht Schluss. Ich nahm damals ja die Aufgabe des Forschungsdirektors des britischen Tyndall Centre wahr, und einer meiner wichtigsten Kollegen in diesem Klimaforschungsverbund war John Shepherd, Ozeanograph und Professor an der University of Southampton. Shepherd nahm an der bewussten Cambridge-Konferenz über Geoengineering teil und griff das Thema später immer wieder auf.

Besonders hervorstechend in diesem Zusammenhang ist der Bericht der Royal Society zur Klimamanipulation, der unter seiner Leitung entstand (Shepherd u. a. 2009). In diese Stellungnahme wurde zum ersten Mal eine klare Unterscheidung zwischen Strahlungsmanipulation (*Solar Radiation Management*, SRM) und Kohlenstoffextraktion (*Carbon Dioxide Removal*, CDR) vorgenommen. Insgesamt ging die Royal Society mit der Thematik wesentlich unbefangener um als die National Academy of Sciences in ihrem Bericht vom Jahr 2015 und empfahl sogar dringend, unverzüglich mit gut finanzierten Forschungsanstrengungen zum Geoengineering zu beginnen. Nach der ebenfalls wohlvertrauten Wissenschaftlerlogik: Gebt uns ernsthaften Gelehrten das nötige Geld für umstrittene Vorhaben, damit die gefährlichen Spielzeuge nicht in die Hände von Spinnern und Schurken fallen! Was insofern Heuchelei ist, als dieselben Wissenschaftler mit Sicherheit ihre Hände in Unschuld waschen würden, wenn die Ergebnisse der »seriösen Forschung« später in die Hände von Diktatoren oder Profiteuren fallen sollten.

Mit dem *Royal-Society*-Report wurde Geoengineering endgültig hoffähig und beflügelte immer stärker die Wunschträume jener Entscheidungsträger, die sich und ihrer Klientel die Mühen der Treibhausgasminderung gern ersparen würden. In den USA können sich zum Beispiel die Parteien der Demokraten und der Republikaner gegenwärtig auf praktisch nichts einigen, was das Regieren dieses Landes erleichtern würde. Beim Thema Klimamanipulation herrscht hingegen wundersame Übereinstimmung: Ein überparteilicher Thinktank, das sogenannte Bipartisan Policy Center (BPC) in Washington, D.C., veröffentlichte 2011 sogar den Bericht

einer 18-köpfigen Expertengruppe, welche Geoengineering als »Plan B«
anpries, und zwar für den als wahrscheinlich angenommenen Fall, dass
der herkömmliche Klimaschutz gemäß »Plan A« scheitern sollte (Bipartisan Policy Center's Task Force on Climate Remediation, 2011).

Dem besorgten Gremium gehören eine Reihe der »üblichen Verdächtigen« an, wie David Victor, ein Hansdampf in allen Gassen der poli-
tikwissenschaftlichen Auseinandersetzungen mit dem Klimawandel. Ich
fand seine Analysen stets oberflächlich bis daneben, aber man muss neid-
los seine Fähigkeit anerkennen, eine permanente Überschätzung durch
Kollegen und Medien sicherzustellen. Victor gibt übrigens bei jeder Gelegenheit zum Besten, dass »Plan A« scheitern muss und man sich deshalb
gefälligst mit Alternativen wie Klimaanpassung und eben Klimamanipulation auseinandersetzen sollte. Natürlich war auch John Shepherd am
BPC-Report beteiligt sowie der an anderer Stelle erwähnte Ökonomie-
Nobelpreisträger Tom Schelling. Den Vorsitz hatte Jane Long inne, eine
merkwürdige Dame, die ich Ende 2014 bei einem Symposium in Potsdam
persönlich kennenlernte. Dort schwafelte sie von der »Verantwortung für
unsere Erde«, die wir per Klimamanipulation endlich übernehmen sollten.
Ob es intelligentes Leben im Universum gibt, unseren Planeten mit eingeschlossen, ist insofern tatsächlich zweifelhaft.

Und dann findet sich auf der BPC-Liste noch eine ganz besondere
Figur: David Keith. Dieser smarte Herr hat sich über die letzten 20 Jahre
mit rastloser Arbeit und originellen Einfällen zur globalen Galionsfigur
der Klimamanipulationsszene entwickelt. Soweit ich weiß, ist er nicht nur
als Forscher ein Vorkämpfer des Geoengineering, sondern auch als En-
trepreneur an diversen privaten Unternehmen beteiligt, die insbesondere
billige Verfahren zur Strahlungsbeeinflussung ersinnen und marktfähig
machen wollen. Seit ihn das am Kapitelanfang erwähnte Magazin *Science*
2013 über drei Seiten als »Dr. Cool« (mit entsprechend coolem Foto) por-
trätiert hat (Kintisch 2013), genießt er weltweit Prominentenstatus. Zu
ihm will ich nun einen besonderen Schwank aus meinem Wissenschaft-
lerleben erzählen.

Im Jahr 2009 kontaktierte mich ein Freund und ziemlich prominenter
Kollege, der seit Längerem als Professor an der Harvard Kennedy School
of Government (HKS) arbeitet. Die HKS wurde 1936 als Harvard Gra-
duate School of Public Administration gegründet und 1966 zu Ehren von
Präsident John F. Kennedy umbenannt. Es handelt sich um eine führende
akademische Einrichtung, die in Bereichen wie Verwaltungswissenschaf-
ten, Internationale Politik oder Öffentliches Gesundheitswesen weltweit
höchstes Ansehen genießt. Zahlreiche bekannte und einflussreiche Poli-

tiker, Geschäftsleute und Militärs haben an der HKS studiert, beispielsweise der jetzige Generalsekretär der Vereinten Nationen, Ban Ki-moon, der dort 1985 sein Diplom im Bereich »Öffentliche Verwaltung« erwarb. Präsident Obama studierte gleich um die Ecke auf dem Harvard-Campus an der rechtswissenschaftlichen Fakultät.

Ähnlich wie die »Oxbridge«-Zugehörigkeit in Großbritannien fungiert die Harvard-Vergangenheit in den USA als Eintrittskarte in die gesellschaftliche Elite und in (männlich dominierte) Netzwerke, wo Macht, Ruhm und Geld aufgeteilt werden. Es ist sicherlich kein Zufall, dass der oberste wissenschaftliche Berater von Obama, John Holdren, früher eine wichtige Professur für Umweltpolitik an der HKS innehatte. Holdren musste diese Position mit seinem Wechsel ins Weiße Haus aufgeben, sodass die Universität nun nach einem geeigneten Nachfolger suchte. Gewünschte Schwerpunkte: Klima, Energie, Nachhaltigkeit. Gewünschte Qualifikation: Brillante wissenschaftliche Leistungen sowie Erfahrung in der Politikberatung zu den genannten Themen auf höchster Ebene. Die HKS sucht nach eigenem Selbstverständnis grundsätzlich nur die Besten der Besten. Wovon es definitionsgemäß nicht allzu viele gibt.

Besagter Freund war jedoch der Meinung, dass ich zu diesen Fabelwesen zählen würde, und bat mich deshalb, für das Auswahlverfahren zur Verfügung zu stehen. Ich freute mich zunächst über seine schmeichelhafte Einschätzung. Andererseits hatte ich überhaupt keinen wissenschaftlichen oder persönlichen Grund, meine Tätigkeit in Potsdam oder Deutschland oder Europa aufzugeben. Daher nannte ich meinem Kollegen, der Mitglied der höchst exklusiven Berufungskommission war, eine Reihe von Namen von überaus qualifizierten Kandidaten, die sich vermutlich über einen Ruf nach Harvard sehr freuen würden. Nach monatelanger Funkstille hielt ich die Sache schon für erledigt, als ich eines Tages einen überraschenden Anruf erhielt: Man teilte mir mit, ich sei auf eine Ultrakurzliste von Wunschkandidaten gesetzt worden, und sprach die dringende Bitte aus, doch bald nach Massachusetts zu kommen, um einen Vortrag über ein Thema meiner Wahl zu halten.

Da traf es sich gut, dass ich kurz zuvor bereits eine Einladung von den Vereinten Nationen zu einer Rede über den Klimawandel erhalten hatte. Diese sollte am 14. April 2010 im Hauptquartier der UN am East River in New York City stattfinden. Warum also nicht über Boston anreisen und auf einer Tour beide Wünsche bedienen? Zumal mir mein Freund nochmals versicherte, wie sehr man sich auf mich in Harvard freuen würde. Also begab ich mich schließlich auf den Weg dorthin – um dann die absonderlichsten Erfahrungen meiner ganzen akademischen Laufbahn zu machen.

Mein Gastspiel entpuppte sich nämlich als komplette Farce, voller sinnleerer Hektik und unfreiwilliger Komik. Im Speed-Dating-Verfahren musste ich ein exaltiertes Programm abwickeln, das mich mit allerlei bedeutenden Persönlichkeiten der HKS zusammenbrachte. Die Merkwürdigkeiten nahmen ihren Anfang beim Treffen mit dem Dekan, der mir nach einem überherzlichen Händedruck sogleich zwei kategorische Mitteilungen machte. *Erstens*: »The Harvard Kennedy School wants to make the world a better place!« *Zweitens*, auch wenn ich kein Angebot von ihm bekommen sollte, würde man sich doch über eine weitere Zusammenarbeit mit dem Potsdam-Institut freuen. Selten fühlte ich mich so wertgeschätzt...

Es folgten zwei überaus anstrengende Tage, wo ich wie Falschgeld von Hand zu Hand gereicht wurde. Ich traf ehemalige Staatssekretäre, die keine Ahnung hatten, wer ich war, ich stand vor Bürotüren, die am helllichten Tag verschlossen waren, obwohl man meinen Besuch avisiert hatte. Ich saß beim Dinner neben Professoren, die nach wenigen Minuten höflichen Smalltalks ihr Desinteresse an mir nicht mehr zu verbergen suchten. Irgendwann begann ich, die Chose amüsant zu finden.

Und immerhin hatte ich ja noch die Gelegenheit, beim öffentlichen Vortrag über die Klima-Energie-Problematik zum Abschluss meiner Harvard-Tour starke Akzente zu setzen. Dass die Leute dort an mir als künftigem Kollegen nicht interessiert waren, hatte ich inzwischen begriffen und hätte dies auch mit einem Achselzucken abtun können. Aber einen vollen Hörsaal und eine anregende Debatte aufgrund meiner Vorlesung versprach ich mir schon. Doch auch in dieser Hinsicht lag ich daneben. Als ich den Hörsaal betrat, räkelten sich vielleicht zwei Dutzend Zuhörer in den Bänken. Ich gab mir dennoch Mühe, das spärliche Publikum mit Ausführungen und Graphiken zu unterhalten. Und was immer man an mir aussetzen mag, in den Verdacht langweiliger Vorlesungen bin ich noch nie geraten. Nichtsdestotrotz war einer der Zuhörer gegen Vortragsmitte tief eingeschlafen und auch durch laute Zurufe nicht mehr wach zu kriegen! Peinlich, sehr peinlich die Tatsache, dass es sich bei dem Herrn um ein Mitglied der Berufungskommission handelte.

Ich versuchte, freundliche Miene zum bösen Spiel zu machen, und brachte meine Darbietung zu einem passablen Abschluss. Doch ganz unzweifelhaft war dies der unerfreulichste Moment in meiner langen Lehrkarriere – an der angeblich besten Hochschule der Welt prallten meine Inspirationsversuche völlig wirkungslos vom sicherlich schlechtesten Publikum ab, das sich jemals vor mich hingelümmelt hat.

Dass man mir die Harvard-Professur nicht anbieten würde, war nach dem Erlebten sonnenklar. Und aufgrund der gemachten Erfahrungen hätte ich ein solches Angebot sowieso nicht angenommen, selbst wenn mein Herz nicht so stark für Potsdam schlüge. Ein wenig rätselhaft fand ich das Ganze aber doch. Erst im Mai 2014 wurde das Geheimnis gelüftet, und zwar in einer römischen Trattoria nahe der Spanischen Treppe. Nach einem Konferenztag bei der Päpstlichen Akademie (siehe Kapitel 24) traf ich mich zu einer späten Flasche Rotwein mit einem anderen amerikanischen Freund, der an der kaum weniger berühmten Universität im kalifornischen Berkeley lehrt. Ich muss nun noch vorausschicken, dass ich lange, sehr lange nach meinem Harvard-Erlebnis ein Schreiben des Vorsitzenden der Auswahlkommission erhalten hatte, in dem er mir überschwänglich für meinen Besuch dankte und mitteilte, dass man sich leider für einen anderen Kandidaten entschieden habe. Dessen Name könne jedoch noch nicht offenbart werden; es sei jedoch ein Experte für das Energiethema, wofür sich die Universität schlussendlich als thematischen Schwerpunkt entschieden habe. Wäre die Wahl auf das Klimathema gefallen, dann hätte natürlich kein Weg an mir vorbeigeführt. Der Brief war in Ordnung: Die HKS muss selbst entscheiden, wo sie künftig ihre Prioritäten setzen will, und ich ging selbstverständlich davon aus, dass man hierfür einen herausragenden Forscher ausgewählt hatte.

Zurück zur Trattoria, wo der Rotwein langsam zur Neige ging und unser Gespräch ganz zufällig beim Thema Klimamanipulation eingerastet war. Mein kalifornischer Kollege meinte mit einem kleinen ironischen Lächeln, dass sich Harvard möglicherweise keinen Gefallen damit getan habe, David Keith – »Dr. Cool« – als Nachfolger von John Holdren zu berufen. Ich stutzte, denn das kam wirklich unerwartet. Offenbar war diese Ernennung schon längst allgemein bekannt, aber ich hatte mich überhaupt nicht mehr für die Angelegenheit interessiert und entsprechend nichts mitbekommen. Doch damit nicht genug: Mein Berkeley-Freund war selbst ebenfalls auf der Favoritenliste gelandet, wusste von meiner Rolle in diesem seltsamen Spiel und hatte exakt die gleichen Erfahrungen gemacht wie ich! Nachdem ich so aus dem Zustand der völligen Ignoranz gerissen war, setzte ein durchaus lebhaftes Wechselgespräch ein. Was wir im Einzelnen besprachen, ist Privatsache, aber seine Erklärung der ganzen Farce ist entschieden von öffentlichem Interesse:

Seiner Meinung nach stand der Gewinner des Wettbewerbs von Anfang an fest. Und der Grund dafür hieß – Bill Gates. Das ist bekanntlich der Mann, der die Firma Microsoft zum Welterfolg führte und dabei zum reichsten Mensch der Erde wurde. Fast 30 Milliarden Dollar hat er bisher der Bill & Melinda Gates Foundation überwiesen, der er sich zusammen mit seiner Frau nun hauptsächlich widmet. Für dieses philanthropische

Engagement wurden ihm bereits die exquisitesten Ehrungen zuteil – vom Ritterschlag durch die Queen bis zur zweifellos begehrtesten Trophäe der Welt, dem deutschen Bambi. Und 2007 empfing er die Ehrendoktorwürde der Harvard University, obwohl sein 1973 dort begonnenes sporadisches Studium eher keine Erfolgsgeschichte war. Aber die immensen Finanzmittel der Gates-Stiftung üben eine magische Anziehungskraft auf Kluge und Dumme gleichermaßen aus. Diese Stiftung ist die bei Weitem größte, die jemals existiert hat, und sie gibt sich nicht mit kleinen Fischen ab. Sie will eine »Grüne Revolution für Afrika« auf den Weg bringen, also die Produktivität der Landwirtschaft auf diesem Kontinent massiv steigern. Sie will durch die Entwicklung und Bereitstellung von Impfstoffen Krankheiten wie Malaria, Tuberkulose, Kinderlähmung und Gelbfieber zurückdrängen beziehungsweise ausrotten. Sie will in den USA Kindern aus einkommensschwachen Schichten Zugang zur höheren Bildung verschaffen. Und sie will das Klimaproblem lösen. Mit Geoengineering, so wie die Stiftung auch auf anderen Problemfeldern auf technologische Innovation und politökonomische Interventionen größten Kalibers setzt: Volltreffer, die gern Milliarden kosten dürfen.

Ich habe nicht genug Einsicht, um beurteilen zu können, wie erfolgreich diese Strategie im Bereich Landwirtschaft oder Volksgesundheit ist; wenn man mit Experten von anderen Stiftungen spricht, bekommt man jedoch überwiegend Negatives zu hören. Aber beim Klimaschutz bin ich mir sicher, dass Bill Gates aufs falsche Pferd setzt. Und das heißt: David Keith. Wie eng die Verbindung zwischen Gates und Keith ist, weiß ich aus absolut zuverlässigen Quellen. Aber es handelt sich dabei ja auch nicht um ein kriminelles Geheimnis – ich gehe sogar davon aus, dass zumindest der Multimilliardär tatsächlich daran glaubt, dass man die Erderwärmung mit cleverer Technologie vom Himmel schießen kann, und zwar zum Wohle der Menschheit.

Viele Informationen in diesem Zusammenhang sind öffentlich zugänglich und beispielsweise in einem *Guardian*-Artikel von 2012 zusammengefasst (Vidal 2012). Dieser Beitrag zeichnet ein mit zahlreichen Links untersetztes Panorama der einschlägigen Szene, die sich seither natürlich dynamisch weiterentwickelt hat. Glasklar ist jedenfalls, dass Keith jedes Jahr von Bill Gates eine direkte Zuwendung aus dessen Privatvermögen erhält. Geld aus diesem Vermögen fließt zudem in einen von David Keith und Ken Caldeira (siehe weiter unten) organisierten Forschungsfonds mit dem einprägsamen Akronym FICER (Fund for Innovative Creative and Energy Research). Keith ist zudem Präsident und Hauptbesitzer einer Klimamanipulationsfirma namens *Carbon Engineering*, an der Bill Gates und – Überraschung! – Murray Edwards finanziell beteiligt sind. Edwards ist ein kanadischer Milliardär und laut Wikipedia weltweit derjenige Geschäftsmann, der am meisten Geld und persönliche Energie in die Förderung der kanadischen Ölsände und Bitumenvorräte investiert hat. Damit schließt sich – jedenfalls in Bezug auf diesen Herrn – der schmutzige Kreis in so offensichtlicher Weise, dass es fast schon den Verstand beleidigt: Wer mit der Hebung der klimaschädlichsten aller fossiler Ressourcen noch stinkreicher werden will, als er schon ist, der braucht eine Riesen-Beruhigungspille für die Politik, vor allem aber für die besorgte Öffentlichkeit. Und diese Pille heißt Geoengineering, also die vage Verheißung, dass man mit ein paar Dutzend Millionen Dollar das Problem der Erderwärmung wegerfinden kann. »Gecheckt!«, wie es in den lustigen Wissenssendungen beim Kinderkanal im deutschen Fernsehen so schön heißt …

Man muss fairerweise dazu sagen, dass die superpotente Gates Foundation selber bisher nicht in die Förderung der Klimamanipulationsforschung eingestiegen ist. Aber was nicht ist, kann noch jederzeit werden – so hat man wohl auch in der Harvard Kennedy School gedacht, als die Nachfolge von John Holdren anstand. »Wenn Bill Gates auf David Keith setzt, dann sollten wir das auch tun.« Dies ist jedenfalls die Interpretation des bizarren Auswahlverfahrens durch meinen Freund aus Berkeley, und mir leuchtete diese Erklärung der seltsamen Vorgänge von 2010 zumindest nach der zweiten Flasche sizilianischen Rotweins ein. Wenn ein Mitglied einer Berufungskommission an einer Eliteuniversität den Vortrag eines angeblich heißen Kandidaten im Tiefschlaf begleitet, dann ist es wohl erlaubt, eins und eins zusammenzuzählen. Im Übrigen möchte ich betonen, dass Keith ein schlauer Bursche und zweifelsohne für eine Harvard-Professur qualifiziert ist. Aber dieses Schattenboxen war weder des Rangs der Universität noch der Weltverbesserungsmission der HKS würdig. Mit der Moral im Zusammenhang mit dem Klimawandel hat Harvard ohnehin ein großes Problem, wie ich noch an andere Stelle beleuchten werde (Kapitel 28). Mein persönlicher Bericht aus dem Innenraum dieser Institution ist jedoch hiermit abgeschlossen.

Zurück zu den drei realistischen Strategien zur Klimamanipulation im weiteren Sinne, die ich oben genannt habe. Die größte Aufmerksamkeit hat davon bisher die SM-Idee erregt, lichtreflektierende Teilchen in die obere Atmosphäre einzubringen. In 20 Kilometer Höhe etwa herrscht kein Wetter wie in der Troposphäre, sodass diese Partikel nicht sofort wieder ausgewaschen werden und somit ihren kühlenden Dienst lange verrichten könnten. Seit Jahrzehnten steht dabei Schwefeldioxid (SO_2) im Mittelpunkt des Interesses der Geoingenieure, da man von den episodischen Auswirkungen von Vulkanausbrüchen weiß, dass in große Höhen geschleudertes SO_2 die Sonne tatsächlich für Jahre verdunkeln kann. Die Eruption des Toba auf Sumatra vor circa 74 000 Jahren dürfte beispielsweise zu einer vorübergehenden Abkühlung der Erde um knapp 5 °C und zu schweren Beeinträchtigungen im Leben der Frühmenschen geführt haben (Robock u.a. 2009). Wie oben erwähnt, sah Paul Crutzen in der künstlichen SO_2-Impfung der Stratosphäre die letzte Trumpfkarte gegen einen davongaloppierenden Treibhauseffekt, aber der russische Klimatologe Michail Budyko (1920–2001) brachte diese Idee schon in den 1970er-Jahren ins Spiel. Der ebenfalls schon erwähnte Stanford-Wissenschaftler Ken Caldeira machte später zusammen mit namhaften Kollegen detaillierte Vorschläge für die konkrete technische Realisierung dieser Klimareparaturmaßnahme: Man könnte das SO_2 aus kanadischen Bergbauabfällen abzweigen, verflüssigen und mit einem von Heliumballons getragenen 25 Kilometer langen Schlauch in die obere Atmosphäre pumpen (siehe auch Caldeira u.a. 2013). Das Ganze würde schlappe 250 Millionen Dollar pro Jahr kosten, was sich aus der Portokasse eines Ölkonzerns mühelos bestreiten ließe. Als langweilig kann man diesen Vorschlag jedenfalls nicht bezeichnen.

2010 legte David Keith nach, indem er anregte, statt SO_2 geschichtete Designer-Nanopartikel aus Aluminiumoxid, metallischem Aluminium und Bariumtitanat weit oben in der Atmosphäre auszubringen (Keith 2010). Keith argumentierte, dass sich mit solch »smarten« Reflektoren die Sonne wesentlich präziser abschatten ließe und dass es bei diesem Ansatz zu keinen negativen Auswirkungen auf die tiefer liegende Ozonschicht kommen könne. Aufgrund ihrer Komposition würden die Teilchen im Sonnenschein Auftrieb erhalten (»photophoretischer Effekt«) und damit bis in die Mesosphäre (über 50 Kilometer Höhe) emporsteigen. Solche Technoträume üben stets eine gewisse Faszination auf Entscheidungsträger aus, insbesondere wenn Letztere von Physik und Hochtechnologie wenig verstehen.

Allem Anschein nach ist »Dr. Cool« inzwischen jedoch zur Schwefelimpfung der Stratosphäre zurückgekehrt (siehe zum Beispiel Fountain 2012; Grolle 2013). Die Hauptbegründung ist, dass die fragliche, relativ grobschlächtige Methode so gut wie nichts kostet, womit Keith sich dann doch den Argumenten von Crutzen, Caldeira und Co. anschließt. Er selbst schätzt den finanziellen Aufwand auf höchst bescheidene 1000 Millionen Dollar pro Jahr. Das könnte man ohne Weiteres als Schnäppchen bezeichnen, wo doch immerhin die Lösung des Klimaproblems versprochen wird. Neuerdings hat der Wolf aber ganz viel Kreide gefressen: Ein kürzlich erschienener Übersichtsartikel (Keith und MacMartin 2015) hat den geradezu demütigen Titel »Ein zeitlich begrenztes, moderates und elastisches Szenario für solares Geoengineering«.

Die Debatte über Klimaklempnereien dieser Art ist unterdessen zu einem produktiven Zweig des Wissenschaftsbetriebs geworden, der jeden Monat zahlreiche Publikationen zum Thema ausstößt. Wer will, kann sich dort ausführlich und detailliert darüber informieren, warum Strahlungsmanipulation grober Unfug ist. Eine wichtige frühe Zusammenfassung aller Gegenargumente stammt von Alan Robock, einem ziemlich linken und ziemlich unkonventionellen Klimamodellierer, der derzeit als Professor an der Rutgers University in New Jersey (USA) lehrt. Seine Arbeit von 2008 trägt die Überschrift »20 Gründe, warum Geoengineering vermutlich eine schlechte Idee ist« (Robock 2008) und bringt bereits viele Schwächen und Gefahren des ganzen Ansatzes auf den Punkt. Dabei lässt er die relativ sinnlose Frage, ob der Mensch denn auf diese Weise Gott spielen dürfe, beiseite – mit einer solchen Diskussion könnte man bequem Jahrhunderte zubringen, während die Erde und unsere Zivilisation möglicherweise vor die Hunde gehen. Ich selbst habe mich, eher zufällig, in dieser Diskussion erneut zu Wort gemeldet (Schellnhuber 2011a); seit der eingehenden Wiederbefassung mit dem Thema bin ich mehr denn je überzeugt, dass man sich damit auf einen verhängnisvollen Holzweg begeben würde.

Die wesentlichen Argumente gegen die Strahlungsmanipulation, wie sie sich aus der Debatte klar herausschälen, sind die folgenden: *Erstens*, es ist beim heutigen Wissensstand unmöglich, SM-Verfahren zu entwerfen, deren Haupteffekte und Nebenwirkungen sich präzise vorausberechnen lassen. Das betrifft insbesondere die möglichen Veränderungen der regionalen Niederschlagsmuster, welche solche Eingriffe auslösen würden. Die heutigen Klimasystemmodelle werden zu Recht dafür kritisiert, dass sie den Wasserkreislauf nicht richtig im Griff haben; warum sie bei der Antizipation der einschlägigen Folgen von Geoengineering vertrauenswürdiger sein sollten, ist mir ein Rätsel. *Zweitens*, wenn man durch SM den emissionsbedingten, zusätzlichen Treibhauseffekt tatsächlich kompensieren würde, müsste man die Erde immerhin um mehrere Grad Celsius herunterkühlen. Diese künstliche Schlafbinde würde unserem Planeten jedoch abrupt weggerissen, wenn aus irgendwelchen technischen oder politischen Gründen der Nachschub an reflektierenden Partikeln in die Stratosphäre ins Stocken geriete. Dann würde sich die maskierte Erderwärmung binnen Jahresfrist in ihrem vollen Umfang manifestieren, was einem apokalyptischen Temperatursprung gleichkäme. *Drittens*, wer würde eigentlich über die Einstellung des globalen Thermostaten per SM entscheiden? Die Russen und Grönländer hätten es gern etwas wärmer, die Inder und Marokkaner etwas kühler, und die Dänen und Briten würden sich vermutlich wünschen, dass alles so bleibt, wie es ist. Interessanterweise könnte aber ein einzelnes Land ohne Weiteres per Rakete Schwefelladungen in der Stratosphäre auskippen – gute Kandidaten für solche nationalen Alleingänge wären Nordkorea, Iran oder Venezuela. Damit ist das gewaltige Potenzial für militärische Konflikte im Rahmen der Klimamanipulation nur angedeutet. Wichtiger ist jedoch der Hinweis, dass es den Staaten der Erde immer noch nicht gelungen ist, eine Einigung über die Einrichtung einer Brandmauer gegen wirklich katastrophale Klimaveränderungen (im Bereich von 4 bis 8 °C) zu erzielen. Deshalb ist es politisch hoffnungslos naiv zu glauben, dass man sich bei der künstlichen Regelung der Erdtemperatur leichter verständigen könnte.

Viertens, und diese Kritik wiegt bei Weitem am schwersten, ist allein die vage Hoffnung auf eine künftige Wunderwaffe gegen die Erderwärmung tödliches Gift für alle Bemühungen, die Treibhausgase heute zu mindern. Wenn man sich in der Welt umschaut, wird man leicht feststellen, dass Geoengineering sich insbesondere unter den echten und falschen »Klima-Skeptikern« (wie dem dänischen Propagandakünstler Bjørn Lomborg) großer Beliebtheit erfreut. Nach dem in verwandter Form schon bekannten Motto: Es gibt keinen menschengemachten Klimawandel, aber Strahlungsmanipulation wird ihn stoppen! Wer die laufenden fossilen Geschäfte nicht gestört haben will, wird nach jedem argumentativen Strohhalm greifen – und dieser ist sogar noch vom Faszinosum des Weltraumabenteuers umgeben. So gesehen ist Strahlungsmanipulation vor allem ein hochwillkommenes Ablenkungsmanöver, auf dass das Geschäft der Zerstörung unserer Welt in Ruhe weiterbetrieben werden möge.

In dem oben zitierten Artikel von 2011 mit dem für Cineasten sicherlich amüsanten Titel »Geoengineering: The good, the MAD, and the sensible« habe ich diese Hauptargumente gegen die SM zusammengefasst. Besagte Veröffentlichung war aber eigentlich ein Kommentar zu einer anderen, in der amerikanischen Wissenschaftszeitschrift PNAS publizierten Studie (House u. a. 2011), die sich mit der »guten« Form der Klimamanipulation auseinandersetzte, der Kohlenstoffextraktion (KE). Die oben aufgelisteten Kritikpunkte sind für die KE allesamt irrelevant: Was könnte schon falsch daran sein, auf biologische oder physikochemische Weise den CO_2-Überschuss in der Atmosphäre ein wenig (oder auch mehr) abzuschöpfen? Und jedes Land wäre herzlich willkommen, sich an die Spitze dieser Reparaturbewegung zu setzen. Zudem wird immer auf den unschätzbaren Vorteil der KE hingewiesen, dass sie im Gegensatz zur SM das Problem an der CO_2-Wurzel packen würde und damit auch die desaströse Ozeanversauerung (siehe Kapitel 9) bekämpfen könne. Selbst mir schien diese Seite der Geoengineering-Medaille stets die akzeptablere zu sein. Ich erinnere mich gut an ein Gespräch mit David Keith vor etlichen Jahren in meinem Potsdamer Büro, wo ich die entsprechenden Gründe nannte und dafür bei ihm (damals) heftiges Kopfnicken erntete.

Allerdings gibt es auch bei der KE ein paar winzige Schwierigkeiten. Da sind zunächst einmal die Kosten dafür, das CO_2 wieder aus der Luft herauszufiltern. Die von mir kommentierte PNAS-Veröffentlichung von Wissenschaftlern der renommierten US-Hochschulen MIT und Stanford ging genau dieser Fragestellung nach. Aufgrund sorgfältiger Analysen von schon erprobten industriellen Verfahren, die im KE-Zusammenhang relevant sind, kam das Team zu dem ernüchternden Schluss, dass die bisher zur Diskussion gestellten Techniken mit dem stolzen Preisschild von etwa 1000 US-Dollar pro Tonne CO_2 versehen wären! Ganz erheblich wäre auch der Energieaufwand der Verfahren, der sich ohnehin nur rechtfertigen ließe, wenn man sich aus erneuerbaren Quellen wie Wind und Sonne bediente. Womit sich die ganze Argumentation der Geoingenieure in den Schwanz beißt: Für 1000 US-Dollar Prämie pro vermiedener Tonne CO_2 wären die Erneuerbaren das Geschäft des Jahrhunderts – ganz ohne KE-Umwege. In meinem Kommentar hob ich die Bedeutung dieser Einsichten hervor, was mir prompt den Unmut diverser Klimaklempner eintrug.

So reichte der pensionierte niederländische Geochemieprofessor Olaf Schuiling bei PNAS sofort einen geharnischten Widerspruchsartikel ein, worin er die Machbarkeit von KE verteidigte und einmal mehr seinen Ansatz zur Lösung des Klimaproblems anpries: Olivin – Milliarden Tonnen Olivin, klein gemahlen und über alle Böden der Welt verstreut! Nun ist zweifellos richtig, dass das grünliche und weit verbreitete Mineral über Verwitterungsprozesse atmosphärisches CO_2 binden kann. Aber selbst wenn man die Kosten dafür, eine globale Olivinstreumaschinerie aufzubauen und zu betreiben vernachlässigte (was man keinesfalls tun sollte), wären die klimaheilsamen geologischen Extraktionsvorgänge viel zu langsam, um gefährlichen Klimawandel noch abzuwenden. Schuiling ist dennoch überzeugt davon, als Einziger das Licht erblickt zu haben, und propagiert seine Idee weiter unverdrossen, mit einigem Aufmerksamkeitserfolg (Fountain 2014). In den Niederlanden gibt es sogar schon eine Firma, genannt *Green Sand*, welche Olivinsand für private und kommerzielle Zwecke anbietet. Auf einigen holländischen Kinderspielplätzen kann man das Wunderpulver schon bestaunen. Und da gehört es auch hin, denn der ganze Ansatz ist völlig illusorisch.

In den USA arbeiten andere Forscher, nicht zuletzt David Keith und Klaus Lackner von der Columbia University, an meines Erachtens wesentlich realistischeren KE-Techniken. Aber auch diese werden wohl nicht das globale Klimaruder herumreißen; sie könnten allenfalls unterstützend für eine aggressive Strategie zur Vermeidung unserer Treibhausgasemissionen wirken. Denn jenseits aller finanziellen und logistischen Diskussionen kann die Kohlenstoffextraktion ihr größtes Versprechen nicht wahrmachen: die Versauerung der Ozeane durch steigenden atmosphärischen CO_2-Druck wieder zu heilen. Dies war eines der Forschungsthemen, mit denen ich mich in den letzten Jahren selbst beschäftigt habe. Und hier kommt der schon erwähnte Ken Caldeira wieder ins Spiel. Ich kenne ihn seit vielen Jahren. Zum ersten Mal begegneten wir uns bei einer Dahlem-Konferenz über Erdsystemanalyse in Berlin.

Ken ist ein bemerkenswert kreativer Atmosphärenforscher mit ziemlich schwarzem Humor. Er publiziert serienweise in den besten Fachzeitschriften der Welt, nicht nur weil er sein Kopfwerk versteht, sondern weil er ebenso einfache wie interessante Fragen stellt. Ins Lager der Geoingenieure ist er meiner Empfindung nach aus reinem Spieltrieb geraten – ich unterstelle ihm weder Allmachtsfantasien noch Gewinnstreben. Im Gegensatz zu Keith war er Mitglied der eingangs erwähnten, von Marcia McNutt geleiteten Kommission, die im Auftrag der National Academy of Sciences das Klimamanipulationsgewerbe untersuchen sollte. Ken Caldeira wurde in New York City geboren und ist heute Professor an der Stanford University in Kalifornien, die man getrost zu den fünf führenden Hochschulen der Welt zählen darf. Er und ich, aber auch seine Forschungsgruppe in Stanford und das Potsdam-Institut insgesamt arbeiten seit einiger Zeit sehr intensiv zu Fragen des Klimawandels zusammen. Jedes Jahr kommt er einige Wochen mit seiner temperamentvollen Frau ans PIK, um gemeinsame Projekte voranzutreiben.

Ken war einer der ersten Wissenschaftler überhaupt, der auf das höchst bedenkliche Problem der menschengemachten Ozeanversauerung hinwies (siehe zum Beispiel Caldeira und Wickett 2003). Dass die Meere letztlich einen Großteil des zivilisatorischen CO_2-Ausstoßes verdauen, ist zunächst einmal eine feine Sache. Doch unsere natürlichen Freunde zahlen langsam, aber sicher einen hohen Preis für ihre Hilfestellung, weil sich ihr chemisches Milieu durch den Kohlendioxideintrag signifikant ändert – mit noch nicht genau absehbaren Folgen für die marine Lebenswelt. Saugt man nun jedoch das atmosphärische CO_2 mit einer cleveren Technik wieder ab, dann sollten die Ozeane rasch wieder zu ihrem ursprünglich pH-Wert zurückkehren können. Deshalb ist KE-Geoengineering unbedingt zu begrüßen, nicht wahr? Leider *nicht* wahr, wie jüngste Studien des Potsdam-Instituts überzeugend belegen.

Vor etwa zwei Jahren hielt Caldeira einen Vortrag am PIK, wo er einen Überblick über seine wichtigsten Forschungsaktivitäten gab. Das Thema Ozeanversauerung wurde natürlich auch berührt. Nach dem Seminar ging ich zu ihm hin und fragte ihn, wie schnell die Wiederherstellung des vorindustriellen Atmosphärenzustandes wohl die Meere »reparieren« würde. Die Antwort war »instantan«, also im Handumdrehen. Dies ist in der Tat richtig, wenn man nur *die Deckschicht* des Ozeans betrachtet: Thermisch und chemisch würden sich die, sagen wir, obersten 200 Meter der Meere rasch mit der Luft darüber ins Benehmen setzen, sodass dort die ursprünglichen Umweltbedingungen weitgehend wiederhergestellt wären. Doch die Ozeane sind tief, sehr tief, und alles, was in ihnen vorgeht, ist auch das Ergebnis des Zusammenspiels der verschiedenen Schichten und Prozesse (Tiefenwasserbildung, Nährstoffpumpen, Sauerstoffversorgung, Remineralisierung von organischer Substanz etc.). Insofern gab ich mich mit Kens Einschätzung nicht zufrieden und initiierte ein Forschungsprojekt, das mithilfe eines gekoppelten Atmosphäre-Ozean-Modells die Auswirkungen von Kohlenstoffextraktionsmaßnahmen auf die Meere in ihrer vollen Breite und Tiefe ergründen sollte.

Ken Caldeira war von Anfang an ein Partner bei diesem Projekt, und je weiter die Untersuchung voranschritt, desto mehr fing er Feuer. Denn unsere Studie brachte wirklich Erstaunliches ans Licht, Einsichten, die meines Erachtens geeignet sind, alle KE-Fantasien für immer zu Grabe zu tragen. Wir stellten und beantworteten eine Gretchenfrage des Geoengineering: Kann Kohlenstoffextraktion überhaupt – *unabhängig von ihrer Machbarkeit* – die Ozeanveränderungen durch lang währende CO_2-Emissionen wiedergutmachen? Und die Antwort ist Nein, jedenfalls wenn man Zeiträume bis zu einem Jahrtausend betrachtet! Konkret fassten wir ein Szenario ins Auge, bei dem die Menschheit bis zum Jahr 2250 *Business as usual* betreibt, also zunächst dem RCP8.5-Pfad folgt (siehe Kapitel 16), wobei ab 2150 der Treibhausgasausstoß aus verschiedenen Gründen (vornehmlich Erschöpfung billiger fossiler Energiequellen) wieder rapide sinkt. Das würde bedeuten, dass die atmosphärische CO_2-Konzentration für viele Jahrhunderte bei über 2000 ppmv verharrte, was die Erde in einen geologischen Zustand versetzen würde, der eigentlich Äonen zurückliegt.

Deshalb, so die weitere Annahme, finge die Menschheit ab 2250 damit an, massiv gegenzusteuern, indem mit KE-Technologien aus der

Atmosphäre (nach einer Einführungsphase) jährlich 5 beziehungsweise 25 Milliarden Tonnen Kohlenstoff abgesaugt würden. Da das CO_2-Molekül etwa das 3,6-fache Gewicht des C-Atoms hat, sprechen wir also im ersten Fall (CDR5 genannt) von über 18 Milliarden Tonnen CO_2, im zweiten Fall (CDR25) sogar von über 90 Milliarden Tonnen pro Jahr. Letzteres wäre weit mehr als das Doppelte der gegenwärtigen globalen Emissionen aus allen Poren unserer Zivilisation. Dies sind schwindelerregende Zahlen, weshalb sich das CDR25-Szenario eigentlich weit außerhalb jeder technischen und logistischen Vorstellungskraft bewegt. Selbst wenn man den Willen, das Geld und die Energie für ein solches Unterfangen aufbrächte, müsste man ungeheure Massen von Material behandeln und bewegen.

Das wirklich Schockierende ist jedoch die Einsicht, dass selbst diese planetarischen Rosskuren den Patienten nicht heilen könnten – eher ist das Gegenteil der Fall, nämlich das beschleunigte Ableben. Die Extraktion von 5 Milliarden Tonnen Kohlenstoff pro Jahr hinterlässt ohnehin kaum eine spürbare Wirkung, wie man der Abbildung 76 entnehmen kann. Dort sind für die drei Szenarien – CDR0, also *Business as usual* ohne KE-Intervention, CDR5 und CDR25 – die drei wichtigsten ozeanischen »Anomalien« im Jahr 2500 dargestellt, also die Abweichungen des pH-Werts, der Temperatur und des Sauerstoffgehalts zur Jahrtausendmitte vom jeweiligen vorindustriellen Niveau. Man muss sich dabei von den Fachausdrücken und wissenschaftlichen Skalen nicht irritieren lassen; auch Nichtexperten werden sofort erkennen, was Sache ist. Insbesondere fällt auf, dass sich die obere und die mittlere Querreihe kaum unterscheiden. Will heißen, der technisch außerordentlich ehrgeizige CDR5-Eingriff ins Erdsystem hinterlässt unterhalb der ozeanischen Deckschicht auch nach Jahrhunderten so gut wie keine Spuren! Selbst die Erwärmung der Meere bleibt nahezu unberührt davon, dass man die Atmosphäre massiv von CO_2 reinigt. Beim CDR25-Szenario ergeben sich immerhin sichtbare Reparaturerfolge, aber selbst dieser aberwitzige Eingriff kann das Rad nur teilweise zurückdrehen (untere Querreihe in Abbildung 76). Man erkennt, dass die obersten Ozeanschichten einigermaßen reagieren, aber die mittleren und tiefen Meeresbereiche kaum auf die Brachialbehandlung ansprechen.

Diese Spaltungserscheinung manifestiert sich noch viel krasser, wenn man bei der Klimamanipulation alle Bedenken weglässt und das KE-Pedal ganz durchdrückt. Wir haben nämlich auch ein Szenario ausgewertet, wo man mit dem Absaugen von jährlich 25 Milliarden Tonnen Kohlenstoff schon 2150 beginnt und diese Intervention so lange fortsetzt, bis die atmosphärische CO_2-Konzentration auf den Eiszeitwert (!) von 180 ppmv abgesunken ist. Anschließend wird nur noch so viel extrahiert, wie die Meere wegen der nun künstlich erzeugten Kohlendioxidarmut der Luft ausgasen, sodass das 180-ppmv-Niveau konstant gehalten wird. Diese Technik kommt so lange zum Einsatz, bis die Ozeane im Durchschnitt einen pH-Wert aufweisen, wie er sich zum gleichen Zeitpunkt in einem ehrgeizigen Klimaschutzszenario (RCP 2.6) ergeben würde.

Diese Angleichung findet gemäß unseren Modellrechnungen erst 2410 statt. Abbildung 77 zeigt nun die jeweiligen geographischen *Verteilungen* der Säureanomalie im Weltmeer. Und diese Resultate sind schockierend, denn obwohl der pH-Mittelwert in beiden Fällen übereinstimmt, ergeben sich doch massiv unterschiedliche Muster. Während sich die pH-Abweichung vom vorindustriellen Niveau im Umweltschutzszenario (obere Teilgraphik) so repräsentiert, wie man es erwarten kann, mit einem milden Gefälle von oben nach unten, zerreißt die KE-Rosskur den Ozean in zwei Stücke (untere Teilgraphik in Abbildung 77): Durch das aggressive CO_2-Absaugen in der Atmosphäre bis weit unter den Holozän-Wert werden die höheren Meereszonen ins Alkalische gezwungen, während die Zonen darunter im Sauren verharren! Dass der globale Mittelwert dann wieder einigermaßen in Ordnung ist, hilft der marinen Lebenswelt recht wenig, im Gegenteil – die chemische Achterbahnfahrt dürfte vielen Organismen und Ökosystemen dann endgültig den Garaus machen. Wenn Sie, lieber Leser, mit dem Kopf in einem heißen Backofen und mit den Füßen in der Kühltruhe stecken würden, wären Sie vermutlich auch nicht mit der Tatsache zu trösten, dass Ihre *mittlere* Körpertemperatur sich im Normalbereich befände.

Wie lassen sich diese Ergebnisse, die ja doch unserem intensiven Verständnis von der Ausbreitung und Beseitigung von Störungen der Umwelt zuwiderzulaufen scheinen, begreifen? Nun, wenn man etwas gründlicher über die Dinge nachdenkt und die Besonderheiten der ozeanischen Dynamik in Rechnung stellt, dann ergibt alles durchaus einen Sinn: Denn die Meere sind aufgrund ihrer ungeheuren Dimensionen und weitgehenden Isolation vom Rest des Erdsystems wie träge Riesen, die sich ganz langsam in Bewegung setzen, aber dann eben kaum noch zu stoppen sind. Wenn die Versauerungsfront erst einmal Richtung Tiefsee unterwegs ist, dann kann sie jahrhundertelang nicht mehr aufgehalten werden, ganz gleich, was sich an der Oberfläche abspielt. Denn es dauert im Schnitt etwa ein Jahrtausend, bis sich die großen Wasserkörper in den Ozeanbecken einmal umgewälzt haben. Wollte man also die CO_2-bedingte Versauerung unterhalb der marinen Deckschicht rasch künstlich beseitigen, dann müsste man schon Milliarden Tonnen Seifenlauge über gigantische

Rohre in große Tiefen einleiten! Bei solchen Vorstellungen verzagen vermutlich sogar die Herzen der hartgesottensten Geoingenieure.

Wir denken, dass unsere Studie (Mathesius u. a. 2015) den entscheidenden Nagel in den Sarg treibt, worin die KE-Fantasien nun endlich begraben werden sollten. Wie ich an anderer Stelle (Schellnhuber 2011a) betont habe, sind die Extraktions-Überlegungen ohnehin thermodynamischer Unsinn: Denn wie oben aufgeführt, gibt es ja einen dritten möglichen Weg, der ebenfalls auf die massive Beschränkung der Nutzung fossiler Energieträger verzichten würde. Diese Option heißt CCS und ist eine im Grundsatz realisierbare und bezahlbare Technologie, mit der man die unabsichtliche Karbonisierung der planetarischen Umwelt unter Kontrolle bringen könnte. Wie mehrfach an anderer Stelle vermerkt, geht es darum, das bei der Verbrennung von Kohle, Öl oder Gas (zum Beispiel zum Zwecke der Erzeugung von Strom oder Fernwärme) entstehende CO_2 direkt abzusondern, zu verflüssigen und sicher wegzuschließen. Im Grunde genommen handelt es sich bei dieser Überlegung gar nicht um einen Geoengineering-Ansatz, sondern um einen technischen Verbesserungsvorschlag, mit dem man das fossile Betriebssystem wesentlich klimafreundlicher betreiben könnte. Das Ersetzen von Kohle durch Erdgas würde man ja auch nicht als Klimamanipulation bezeichnen.

Die breite Einführung von CCS wäre somit ähnlich zu sehen wie die Installierung von Schwefelfiltern in fossilen Kraftwerken, womit die Industrieländer in den 1980er-Jahren dem »Sauren Regen« beizukommen versuchten. Als »Geo«-Maßnahme könnte dieser Schritt allerdings in dem Sinne gelten, dass damit ein Umweltproblem von planetarischer Dimension in einer weltweit konzertierten Aktion gelöst werden sollte. Es würde den Rahmen dieses Buches allerdings sprengen, wenn ich nun ausführlich die Vor- und Nachteile von CCS erläuterte. Nicht zuletzt der IPCC hat sich eingehend mit dieser Thematik auseinandergesetzt, und die Ergebnisse sind jedermann zugänglich (siehe zum Beispiel IPCC, 2005; IPCC, 2014c, insbesondere Abschnitt 7.5.5). Ich möchte lediglich die zusammenfassenden Bewertungen zu dieser Debatte beisteuern:

Erstens gibt es eine Reihe von erprobten Verfahren, die vor allem bei der Kohlenstoffabscheidung zum Einsatz kommen könnten. Zudem werden laufend technische Fortschritte erzielt, die CCS effektiver, billiger und sicherer machen würden. Beispielsweise könnte man zum Herausfiltern des CO_2 aus dem Rauchgas von Kraftwerken winzige, mit Backpulver gefüllte Kapseln einsetzen (Vericella u. a. 2015). *Zweitens* liefern die Abschätzungen für die schon existierenden konventionellen Techniken das recht robuste Ergebnis, dass CCS die Produktionskosten von Energiedienstleistungen und damit die finanziellen Belastungen für die Verbraucher um 30 bis 50 Prozent erhöhen dürfte. *Drittens* gibt es in vielen Ländern inzwischen Pilotprojekte oder auch umfangreiche Versuchsanlagen. Insgesamt sind aber weltweit in solche Demonstrationssysteme kaum mehr als 30 Milliarden US-Dollar investiert worden. Wir reden jedoch von der Lösung eines Trillionen-Dollar-Problems!

Dabei hätte CCS gegenüber der Kohlenstoffextraktion aus der Atmosphärenluft den unschätzbaren Vorteil, dass im Rauchgas der fossilen Kraftwerke das CO_2 in einer viel höheren Konzentration angetroffen wird, sodass die Filterung ungleich ergiebiger wäre. Aus thermodynamischer Perspektive ist es schlichter Wahnsinn, die Kohlendioxidmoleküle erst aus den Fabrikschloten entweichen und sich mit der gesamten Atmosphäre vermischen zu lassen, um sie dort wie eine versprengte Herde von Rindern wieder zusammenzutreiben und einzufangen. Die Kosten müssen also bei der KE um Größenordnungen höher liegen. Und da heute noch kein Kraftwerksbetreiber daran denkt, sein Energieangebot durch den Einsatz von CCS um 30 Prozent zu verteuern (und dadurch pleitezugehen), ist schwer vorstellbar, dass die Kohlenstoffextraktion aus der Luft jemals ohne Subventionen in den Bereich der Wirtschaftlichkeit vorstoßen könnte. Man muss wieder mal nur eins und eins zusammenzählen, um zu diesem Schluss zu kommen.

Es gäbe jedoch ein ganz einfaches und wirksames Mittel, CCS zum Durchbruch zu verhelfen: Diese Technologie müsste von den Regierungen beziehungsweise Behörden *angeordnet* werden – so wie einst die Schwefelfilter für fossile Stromerzeuger oder der Katalysator für Pkws. Dann dürften die Zusatzkosten sehr rasch auf weniger als 10 Prozent sinken, weil aggressiv nach verbesserten Verfahren gesucht werden würde. Und die Debatten über die Akzeptierbarkeit der mit CCS verbundenen Risiken wären einer solchen Anordnung vorgeschaltet und würden in den Parlamenten von den rechtmäßigen Vertretern der Gesellschaft geführt.

Wenn ich solche Überlegungen bei öffentlichen Veranstaltungen ins Spiel bringe, schaut man mich zumeist ungläubig an und nennt mich einen weltfremden Utopisten. Dabei ist eine entsprechende Gesetzgebung zum Einsatz einer konkret verfügbaren Technologie durchaus vorstellbar – vor zehn Jahren noch haben Umweltgruppen diesen Ansatz vehement propagiert. Die »Realisten« flüchten sich jedoch lieber in die Klimamanipulationsfantasien von Dr. Cool. Doch alles, was ich bisher über Geoengineering gelernt habe, bezeugt, wie unsinnig der ganze Ansatz ist. So unsinnig, wie er nur von hochintelligenten Menschen ersonnen werden kann…

27. Die Neuerfindung der Moderne

Ob es einem gefällt oder nicht – die 2-Grad-Leitplanke ist zur maßgeblichen Referenzgröße der heutigen Klimadebatte geworden. Sie lässt sich gut politisch begründen und wissenschaftlich untersetzen, aber ob diese Brandmauer gegen die globale Erwärmung ihren Zweck erfüllt, werden wir entweder nie erfahren oder erst, lange nachdem das Klimasystem wieder zur Ruhe gekommen ist. Der gesunde Menschenverstand sagt uns jedenfalls, dass wir das Haus Erde vor der unkontrollierten Ausbreitung des industriellen Feuers schützen sollten.

Einem solchen Argument kann man schwer widersprechen, ohne unter den Verdacht der Verantwortungslosigkeit zu geraten. Die Gegner des Klimaschutzes haben dies inzwischen auch begriffen und streifen sich deshalb nun den abgetragenen Schafpelz der »Realisten« über: Ja, die Brandmauer wäre im Prinzip eine gute Idee, aber aus technischen, wirtschaftlichen, sozialen usw. Gründen ist es unmöglich, sie zu errichten. »Wir« seien auf dem unabwendbaren Kurs in eine +4-Grad-Welt und sollten deshalb alle Anstrengungen darauf richten, uns in einer solchen so gut wie möglich einzurichten. Hinter dieser pragmatisch daherkommenden Empfehlung verbirgt sich die ebenso triviale wie perfide Logik, dass man schlussendlich dort ankommt, wohin man unterwegs ist, wenn man sich immer in dieselbe Richtung weiterbewegt. Müssen wir immer so weitergehen? Natürlich nicht. Vermutlich könnten wir es auch gar nicht, denn ob *Business as usual* jenseits der 2-Grad-Linie ein funktionales Betriebssystem für die Weltwirtschaft darstellt, ist alles andere als wahrscheinlich.

Also sollten wir mit höchster Priorität darüber nachdenken, wie wir vom Pfad in die Heißzeit abbiegen und das Klima diesseits der Brandmauer stabilisieren können. Viele Abzweigvarianten sind vorstellbar, aber alle sind gleichbedeutend mit einer transformativen Umgestaltung der Art und Weise, wie wir Wohlstand schaffen und mehren – wobei wir uns wohl auch der Frage stellen müssen, was unter »Wohlstand« zu verstehen ist. Unter den transformativen Szenarien gibt es wiederum konservative bis radikale Spielarten. Zu den Letzteren gehören Visionen von einer globalen Suffizienzkultur, wo die Menschen das karge, aber glückliche Leben buddhistischer Mönche führen. Ich möchte hier ausdrücklich betonen, dass eine solche Vorstellung alles andere als lächerlich ist: Dass exzessiver

Konsum von energetischen und materiellen Ressourcen nicht per se selig macht, dürfte den allermeisten einleuchten. Deshalb darf eine stimmige Vision der Weltgesellschaft im 21. Jahrhundert durchaus Aspekte des Maßhaltens und der Selbstbeschränkung berücksichtigen. Aber möglicherweise kriegen wir die Klimakurve sogar ohne die Teilveredlung der Menschheit, ein Vorhaben, das sich in der Geschichte meistens als frustrierend und gelegentlich als katastrophal erwiesen hat. Vielleicht geht es auch mit Fantasie, Kreativität und Innovation, also den Fähigkeiten, die uns potenzielle Erdzerstörer von der Schafgarbe und vom Regenwurm unterscheiden.

Die Fantasie selbst kann nun wiederum eher überschäumend oder eher bedächtig sein. Was Bedachtsamkeit angeht, ist der »Weltklimarat« IPCC inzwischen zweifellos die richtige Adresse, denn seine Berichte werden unter den argwöhnischen Augen der offiziellen Beobachter von fast 200 Regierungen erstellt. Nur die allervorsichtigsten Auslegungen der wissenschaftlichen Befunde können unter diesen Bedingungen Eingang in die wirklich relevanten »Zusammenfassungen für Entscheidungsträger« finden. Deshalb ist es mehr als bemerkenswert, dass der 2014 abgeschlossene Fünfte Sachstandsbericht des IPCC sich nicht nur ausführlich mit der 2-Grad-Leitplanke auseinandersetzt, sondern auch zu der Erkenntnis kommt, dass eine entsprechende Begrenzung der Erderwärmung technisch und ökonomisch machbar ist. Beide Dinge sind alles andere als selbstverständlich.

Dass der Weltklimarat die 2-Grad-Marge überhaupt ins Zentrum seiner Analyse rückte, hat vor allem mit einer Person zu tun, nämlich meinem Kollegen Ottmar Edenhofer. Er ist seit einigen Jahren Chefökonom am Potsdam-Institut und leitet dort auch den Forschungsbereich »Nachhaltige Lösungsstrategien«. Über Edenhofer, gebürtiger Niederbayer wie ich selbst, könnte ich mühelos ein langes Kapitel in diesem Buch schreiben, aber das überlasse ich seinen künftigen Biographen. Hier sei nur angemerkt, dass er auf verschlungenen Pfaden zu einem der führenden Klimaökonomen gereift ist: Nach dem Studium in München, wo er sich parallel als Unternehmer betätigte, wurde er Mitglied des Jesuitenordens. Ab 1991 ging er auf den Balkan, wo er eine humanitäre Hilfsorganisation leitete, welche die Folgen der dortigen Kriegshandlungen und des Zerfalls Jugoslawiens zu lindern suchte. 1994 kehrte er an der TU Darmstadt ins akademische Leben zurück, schrieb seine wirtschaftswissenschaftliche Doktorarbeit und kam schließlich 2001 nach Potsdam, wo er rasch zu einer intellektuellen Säule des PIK heranwuchs. Von 2007 an war Edenhofer dann als Ko-Vorsitzender der Arbeitsgruppe III des IPCC, welche sich vornehmlich den sozioökonomischen Aspekten des Klimawandels widmet, tätig, wodurch er weltweite Sichtbarkeit erlangte. Und die bisher schwierigste Aufgabe seines höchst wechselvollen Lebens zu bewältigen hatte.

Denn die Arbeitsgruppe III stand seit der Gründung des IPCC im Jahr 1988 stets tief im Schatten der Arbeitsgruppe I, die sich mit den naturwissenschaftlichen Grundlagen zum Verständnis des Klimawandels befasst und die insbesondere die Kardinalfrage nach der Urheberschaft der gegenwärtigen Erderwärmung beantworten soll. Dies hat sie inzwischen zur Genüge getan – der menschliche Einfluss auf das Klimageschehen ist mit an Sicherheit grenzender Wahrscheinlichkeit nachgewiesen. Es ist völlig logisch, dass sich der intellektuelle Fokus nun vom »Wer?« zum »Was?« verlagern muss, also zur Frage, was angesichts dieser globalen Umweltkrise zu tun ist. Die Antwort darauf ist schwierig, weil die Komplexität der Weltgesellschaft die Komplexität des Klimasystems weit, weit übersteigt. Die Antwort ist auch problematisch, weil der IPCC laut Auftrag und Selbstverständnis keine politischen Empfehlungen formulieren sollte/möchte. Doch ein wenig Farbe musste der Fünfte Sachstandsbericht auch in dieser Hinsicht bekennen.

Wie Ottmar Edenhofer mir erzählte, fand er bei seinem Antritt als Ko-Vorsitzender eine ziemlich orientierungslose Schar von Fachkollegen vor, die sich noch nicht einmal über die Stoßrichtung der Analyse einig waren. Intuitiv wusste er, dass nun die historische Bewährungsprobe für den sozioökonomischen Part der Berichterstattung anstand, dass die Arbeitsgruppe III endlich aus dem Schatten der Klimaphysik treten musste. Nach vielen Sondierungsgesprächen entwickelte er einen klugen Doppelvorschlag: Die Arbeitsgruppe sollte sich *erstens* ganz auf die 2-Grad-Problematik konzentrieren. Dazu bestand zwar seit Langem großer Beratungsbedarf unter den politischen und wirtschaftlichen Entscheidungsträgern, aber viele Experten (beispielsweise aus den USA oder den OPEC-Staaten) wollten dieses heiße Eisen erst gar nicht anfassen. Möglicherweise hatten ihnen ihre Regierungen auch suggeriert, dass allein schon die Befassung mit der 2-Grad-Leitplanke eine unzulässige Überschreitung der Grenzen wissenschaftlicher Objektivität bedeutete. Und viele der in Arbeitsgruppe III versammelten Wissenschaftler hatten ohnehin ein Bauchgefühl entwickelt (durch schlechtes Essen in miesen Kantinen?), dass es völlig illusorisch sei, die Erderwärmung auf 2 °C begrenzen zu wollen. In Hunderten von Gesprächen gelang es Edenhofer jedoch, dieses Bauchgefühl zu entsorgen und die Kollegen zu motivieren, der Sache auf den Grund zu gehen.

Dies gelang ihm nicht zuletzt mit einer Kompromissformel, denn er schlug *zweitens* vor, nicht irgendwelche Masterpläne für das zivilisatori-

sche Einlenken vor der 2-Grad-Leitplanke auszuarbeiten, was unweigerlich als Politikanmaßung des IPCC gebrandmarkt worden wäre. Nein,
Edenhofer regte stattdessen an, die »Bedingungen der Möglichkeit« einer
entsprechenden Begrenzung des Klimawandels zu ermitteln und zusammenzufassen. Wer mit der Philosophie Immanuel Kants einmal in Berührung gekommen ist, wird die Triftigkeit eines solchen Ansatzes wertschät-
zen – für mich, als bekennenden Kantianer, gilt dies in besonderem Maße.
Man kann das Ganze aber auch weniger gelehrt ausdrücken und nüchtern fragen: Unter welchen technischen, wirtschaftlichen und gesellschaftlichen Voraussetzungen ist die politisch gewollte Stabilisierung des Weltklimas überhaupt möglich? Dass bei dieser Analyse die Naturgesetze zu
beachten sind, versteht sich von selbst. Aber es müssen darüber hinaus
alle verfügbaren beziehungsweise am Horizont auftauchenden Möglichkeiten zur Emissionsvermeidung gesichtet und bewertet werden, von der
Ersetzung von Braunkohlekraftwerken durch Windturbinen bis hin zum
Dekarbonisierungspotenzial von Carsharing-Systemen in Großstädten.
Und natürlich muss stets gefragt werden, was welche klimafreundliche
Innovation kostet – hinsichtlich Geld, Arbeitsplätzen, Konsum, Bequem-
lichkeit, Wahlfreiheit usw. usw. Denn wir sind alle gern Idealisten, solange
uns das nicht teuer zu stehen kommt.

Jedenfalls gelang es Edenhofer tatsächlich, die IPCC-Arbeitsgruppe III
auf sein Vorhaben einzuschwören, wofür er Unterstützung von gewich-
tigen Forschern wie Lord Nicolas Stern benötigte und auch bekam. Was
dann folgte, war eine ziemlich einmalige Kraftanstrengung der internationalen Fachgemeinschaft, ein umfassender *Stresstest für die 2-Grad-Vision*
unter Berücksichtigung von Hunderten, ja Tausenden von Modellläufen,
Szenarien, Technologien, Prozessen und Datensätzen. Das Resultat heißt
Climate Change 2014: Mitigation of Climate Change (IPCC, 2014c) und
umfasst weit über 1400 Seiten. Ottmar Edenhofer hat mir ein persönliches Exemplar überreicht, das schwer in der Hand liegt und im wörtlichen Sinn eine »erdrückende Beweislast« darstellt. Man könnte damit
auch nach hartnäckigen Verdrehern der Klimawahrheit werfen, doch ist
es sowohl ziviler als auch lehrreicher, das Buch zu lesen.

Was diese hochgewichtige Studie vor allem bietet, ist Orientierung. Wie
in einem Atlas werden die relevanten Sektoren der modernen Zivilisation vermessen, gekennzeichnet und zusammengefügt. In dem resultierenden Kartenwerk kann sich jeder seine bevorzugten Pfade heraussuchen,
die zur Klimastabilisierung unterhalb der 2-Grad-Marge führen. Die alles
überragende Botschaft der IPCC-Arbeitsgruppe lautet: Es gibt gangbare
Wege, sie sind sogar zahlreich und haben ganz unterschiedlichen Charak-

ter. Die Wissenschaft gibt jedoch keine Routenempfehlung ab, sondern kartiert das Gelände und reicht entsprechendes Informationsmaterial aus. Die Weisheit dieses Ansatzes ist gar nicht hoch genug einzuschätzen: Die Experten maßen sich in keiner Weise die Entscheidungskompetenz der Politiker an, aber weisen deutlich darauf hin, wie jene Kompetenz zu nutzen wäre, wenn man denn überhaupt gedächte, das Klima zu retten. Persönlich glaube ich, dass Ottmar Edenhofer durch seine tragende Rolle beim Fünften IPCC-Bericht sein Meisterstück abgeliefert hat, dem vielleicht noch eine geschichtsbildende Rolle zuteil werden wird.

Im Folgenden will ich ganz kurz die Kernaussagen des Berichts der Arbeitsgruppe III skizzieren, wofür mir vermutlich diejenigen dankbar sind, die sich nicht durch das 5 Zentimeter dicke Werk (selbst nachgemessen!) bohren wollen. Hier also der Extrakt: Wahrscheinlich reicht es aus, die atmosphärische Konzentration von Treibhausgasen im Jahr 2100 bei etwa 450 ppmv im Sinne der CO_2-Äquivalenz (Abkürzung CO_2eq) einzupendeln, wenn man die 2-Grad-Leitplanke nicht durchbrechen will. Und es gibt zahlreiche in sich stimmige Szenarien, die gegen Jahrhundertende in jenen 450 CO_2eq-Bereich führen, ihn vorher allerdings phasenweise »überschießen«. Deshalb rechnet der IPCC explizit die Möglichkeit der geplanten, großtechnischen Entfernung von Treibhausgasen im letzten Viertel des 21. Jahrhunderts mit ein. Favorisiert wird dabei die biologische CO_2-Bindung (etwa durch Wiederaufforstung degradierter Landflächen); aber auch Maßnahmen, die eindeutig im Geoengineering-Bereich angesiedelt sind, werden diskutiert. Meine Bewertung der letzteren Ansätze habe ich in Kapitel 26 deutlich zum Ausdruck gebracht – insofern gehe ich in diesem wichtigen Aspekt *nicht* mit dem IPCC konform.

Dagegen leuchten mir die Aussagen zu den Kosten des Klimaschutzes unmittelbar ein. Je länger die Welt mit der Reduktion von Treibhausgasemissionen wartet, desto teurer wird die Rechnung. Insbesondere würden zwei weitere verlorene Jahrzehnte die Kosten der 2-Grad-Begrenzung dermaßen in die Höhe treiben, dass der praktische Wille für eine entsprechende Anstrengung nicht mehr zu organisieren wäre. In spätestens 20 Jahren ohne transformativen Wandel hätten somit die Diktatoren des Jetzt endgültig gewonnen. Dies wäre umso schmerzlicher, als »es nicht die Welt kostet, die Erde zu retten«, um ein wörtliches Zitat von Edenhofer zu bemühen. Die zusätzlichen Investitionen, insbesondere in erneuerbare Energiequellen, kohlenstoffarme Transportsysteme und klimaverträgliche Landnutzung, lägen zwar im Bereich von vielen hundert Milliarden Dollar pro Jahr. Aber diese gewaltige Zahl muss man ins Verhältnis zur noch viel gewaltigeren Zahl setzen, welche das »Weltsozialprodukt« benennt. Letzteres lag 2013 bei etwa 75 Billionen US-Dollar.

Und damit bekommen wir ein Gefühl für die Größenordnung der geschätzten Klimaschutzkosten, die beharrlich im niedrigen Prozentbereich der globalen Wirtschaftsleistung liegen. Im IPCC-Bericht von 2014 wird diese Einsicht auf sehr originelle und prägnante Weise ausgedrückt: Wenn eine im sozioökonomischen Sinne optimale Transformation im Einklang mit der 2-Grad-Leitplanke durchgeführt würde, dann resultierte daraus – übers 21. Jahrhundert gemittelt – eine *Minderung des Konsumwachstums* um grob 0,06 Prozent pro Jahr. Soll heißen, dass der weltweite Konsum in den nächsten Dekaden nicht um 3 Prozent per annum (wie in optimistischen Szenarien angenommen) gesteigert würde, sondern aufgrund der lästigen Klimarettung nur noch um 3,00 – 0,06 = 2,94 Prozent! Abbildung 78 illustriert, wie marginal die finanziellen Opfer wären, die uns die Begrenzung der Erderwärmung auf 2 °C abverlangen würde.

Unbedingt anzumerken ist zudem, dass bei dieser IPCC-Abschätzung weder die wohltätigen Effekte der Dekarbonisierung (insbesondere Minderung von Gesundheitsschäden durch Luftverschmutzung) noch die durch Klimastabilisierung vermiedenen, höchstwahrscheinlich gigantischen Folgekosten einer ungebremsten Erderwärmung gegengerechnet sind. Was immer uns dazu bewegen mag, die 2-Grad-Leitplanke zu missachten, eine Kosten-Nutzen-Analyse für die ganze Menschheit kann dafür keinesfalls als Begründung dienen. Was nicht bedeutet, dass einzelne Branchen, Unternehmen oder Individuen nicht durch echten Klimaschutz in ihren Interessen bedroht sein könnten.

Es lohnt sich auch, die Aussagen der IPCC-Arbeitsgruppe III zu den wichtigsten emissionsrelevanten Sektoren des Wirtschaftslebens zu studieren. Dem Bericht zufolge stellt der rasche Ausbau der erneuerbaren Energien das Schlüsselprojekt des gesamten Dekarbonisierungsvorhabens dar. Denn einerseits haben die entsprechenden Verfahren zur Ernte von Sonnen-, Wind-, Bio- und Gezeitenenergie in den letzten Jahrzehnten fantastische Fortschritte erzielt. Zum anderen ist das Ersetzen von fossilen durch erneuerbare Quellen bei der Bereitstellung von Elektrizität eine vergleichbar einfache Nummer: Turbinen kann man statt mit Dampf auch mit Wind antreiben, und Photovoltaik geht sowieso immer. Sehr viel schwieriger fällt die Transformationsaufgabe hingegen im Transportbereich aus, wo insbesondere Erdöl derzeit noch eine überragende Rolle spielt – aufgrund seiner extrem hohen Energiedichte und seiner einzigartigen Speichereigenschaften. Dennoch sieht die IPCC-Arbeitsgruppe III gute Chancen, bis 2050 den Energiebedarf im gesamten Verkehrswesen um etwa 40 Prozent im Vergleich zur *Business-as-usual*-Entwicklung zu reduzieren, mit entsprechend hohen Dekarbonisierungseffekten.

Entscheidend wird letztendlich sein, wie rasch die Elektrifizierung von Land- und Seetransport gelingt und wie zügig der Luftverkehr auf Biotreibstoffe umgestellt werden kann. Beachtliche Emissionsreduktionspotenziale gibt es auch im Bereich der Industrieproduktion, im Wohnungs- und Städtebau sowie in der Land- und Forstwirtschaft. Das Zusammentragen und Zusammenfügen all dieser Optionen stellt eine wissenschaftliche und organisatorische Leistung allererstes Ranges dar. Wenn Ihnen also demnächst wieder jemand einreden will, dass die 2-Grad-Linie ohnehin nicht zu halten ist, dann werfen Sie entweder mit dem dicken IPCC-Bericht nach ihm oder, was zweifellos eine größere Strafe darstellt, überreden Sie ihn dazu, den Folianten zu lesen. Auf alle Fälle hat sich Edenhofer mit diesem Produkt ein Denkmal gesetzt.

Die Arbeiten an der monumentalen Studie wurden nicht gerade erleichtert durch die höchst komplizierte Struktur des IPCC und schon gar nicht durch das konservative Selbstverständnis dieses wissenschaftlich-politischen Mischwesens, das peinlich darauf bedacht ist, niemals ins Spekulative oder gar Visionäre abzugleiten. Dementsprechend beziehen sich die 2-Grad-Szenarien der Arbeitsgruppe III im Fünften Sachstandsbericht ganz überwiegend auf gut bekannte Elemente und Verfahren, mit denen sich die Dekarbonisierung der Weltgemeinschaft kostengünstig bewerkstelligen ließe. Und ebendeshalb ist die IPCC-Botschaft so wichtig und wertvoll, weil ganz ohne Joker und im Ärmel verborgene Trümpfe gespielt wird!

Wer die fernere Zukunft aus der Gegenwart zu extrapolieren versucht, weiß im Grunde genommen, dass die so prognostizierte Entwicklung praktisch nur mit Wahrscheinlichkeit 0 eintreten wird. Insbesondere werden uns Entdeckungen, Erfindungen und Neuerungen überraschen, die geradezu unvermeidlich stattfinden, wenn man die menschliche Fantasie und die wirtschaftliche Kreativität erst einmal auf ein großes Thema lenkt und diesen Kräften dann freien Lauf lässt. *In dieser Hinsicht* wird die Zukunft besser ausfallen, als uns die Gegenwart verspricht, und so gesehen bewegen sich die IPCC-Projektionen nur auf dem *untersten Ambitionsniveau*. Umgekehrt beziehen sie sich aber vielleicht auch auf das *oberste Reaktionsniveau*, weil sie den gesellschaftlichen Willen und die Kooperationsbereitschaft der Nationen zur Lösung des Weltklimaproblems voraussetzen. Auch die brillanteste Strategie scheitert, wenn ihr die Bosheit einzelner oder die Borniertheit vieler in die Quere kommt.

Aber so ist nun mal das Leben in nahezu jeder Hinsicht, und wir sollten uns dadurch nicht grundsätzlich vom Träumen, Planen und Gestalten abhalten lassen. Und das lassen sich viele auch nicht, weshalb es inzwischen eine ganze Reihe von mehr oder weniger kühnen Vorstellungen darüber gibt, wie sich die Menschheit aus der Klimafalle heraustransformieren könnte. Einige dieser Vorstellungen möchte ich im Folgenden ansprechen und knapp kommentieren. Eine herausragende Studie stellt in dem Zusammenhang und in vielerlei Hinsicht das *Global Energy Assessment* (GEA) dar, eine groß angelegte Bewertung der Möglichkeiten, das weltweite Energiesystem bis 2050 klimaverträglich und wohlfahrtssteigernd umzuwandeln – und zwar von Grund auf (GEA, 2012). Mein Freund Nebosja Nakicenovic (siehe Kapitel 16), ein aus Montenegro stammender Ökonom, war die treibende Kraft hinter diesem Mammutwerk, das nach eigener Aussage seine Lebenszeit erheblich verkürzt haben dürfte. Insgesamt arbeiteten an dem fast 2000 Seiten starken Bericht etwa 500 internationale Experten als Autoren oder Gutachter. Ich selbst leistete meinen Beitrag als Mitglied des hochrangig besetzten Beratungskomitees. Das GEA stellt die Zukunft der Energienutzung in den großen Kontext der nachhaltigen Entwicklung der globalen Zivilisation. Insofern steht vor allem die Frage im Zentrum, wie man allen Menschen auf der Erde Zugang zu den essenziellen Energiedienstleistungen verschaffen kann, ohne dabei zwangsläufig das Klima und die Umwelt zu ruinieren. Der Bericht geht in allen wesentlichen Aspekten tief unter die Haut der Problematik und stellt somit ein Handbuch für alle »Energiewender« dar, vor allem solche in den Entwicklungs- und Schwellenländern. Die Botschaft »Nachhaltige Energie für alle kann bereitgestellt werden!« kommt durch das Zusammenwirken von einzigartigem Fachwissen und kontrollierter Fantasie zustande. Wobei in allen Szenarien die CO_2-Emissionen so gemindert werden, dass die Erderwärmung mit mehr als 50-prozentiger Wahrscheinlichkeit unter 2 °C bleibt (siehe Abbildung 79).

Die Arbeit der GEA-Experten setzt einen bedeutenden Wegweiser in Richtung Energiezukunft, gerade was die Länder des »globalen Südens« angeht. Meines Erachtens ist die Studie jedoch in zwei wichtigen Aspekten unrealistisch bis bedenklich: Zum einen spielt die Kernenergie im angenommenen globalen Energiemix eine signifikante Rolle, was allein schon aus ökonomischen und logistischen Erwägungen mit einem dicken Fragezeichen zu versehen ist (siehe auch Kapitel 24). Vermutlich gibt es keine ineffizientere Energietechnologie, wenn man den ganzen Lebenszyklus der Anlagen betrachtet, wie die deutschen Kernkraftwerksbetreiber derzeit entsetzt feststellen müssen. Zum anderen habe ich Zweifel, dass sich im letzten Viertel des 21. Jahrhunderts tatsächlich negative Emissionen im großen Stil realisieren lassen beziehungsweise dass dies überhaupt nötig sein wird. Abschätzungen wie GEA sind aufgrund ihrer Entstehungsgeschichte in den Rahmen der technischen und kulturellen Gegenwart gespannt, was überhaupt kein Vorwurf sein soll. Aber die *Neuerfindung der Moderne* wird höchstwahrscheinlich nicht am Reißbrett der Experten geplant und von Köpfe wiegenden Politikern bedächtig auf unverrückbare Schienen gesetzt werden. Sie wird vermutlich wild, chaotisch und überraschend daherkommen, in einer sich lawinenartig selbst verstärkenden Dynamik. Und vielleicht werden wir niemals erfahren, »welche einzelne Schneeflocke« schlussendlich den Lawinentaumel ausgelöst hat, um mit Voltaire zu sprechen.

Insofern kann ich die gute Absicht der deutschen Bundesregierung nachvollziehen, die für die nationale »Energiewende« eine durchaus vernünftige Zielkorridorplanung für die Spartenbeiträge (fossil, nuklear und erneuerbar) zur künftigen Primärenergieversorgung vornimmt: Im Stromsektor sollen etwa Sonne, Wind und Biomasse im Jahr 2025 zwischen 40 und 45 Prozent des Bedarfs decken, im Jahr 2035 zwischen 55 und 65 Prozent und Mitte des Jahrhunderts dann 80 Prozent. Der Atomstrom muss bis 2022 ganz verschwinden; der Fossilstrom füllt die rasch schrumpfende Restlücke im Portfolio. Im Rückblick wird man feststellen, dass diese Planzahlen wenig mit der Wirklichkeit zu tun hatten – reale Entwicklungen verlaufen fast nie linear, und vor allem ist es eine Illusion zu glauben, dass man zwei völlig unterschiedliche Energiephilosophien über viele Dekaden parallel verfolgen kann. Das ist so, als wenn man im Jahr 1900 einen Säkularplan für die stetige Substitution von Pferdekutschen durch Automobile beschlossen hätte, mit genauen Quoten für jedes Jahrzehnt. Der Wettbewerb zwischen den Etablierten und den Innovativen ist in der Wirtschaft und im Alltag jedoch ein Kampf auf Leben und Tod.

Deshalb lohnt es sich durchaus, über den Horizont linearer Trendanalysen und Planziele hinauszuschauen, wobei man sich jedoch vor ernst gemeinten Prognosen hüten sollte. Wenn es um unkonventionelles Denken geht, ist Greenpeace immer eine gute Adresse. Diese zivilgesellschaftliche Organisation hat insbesondere mit ihrer »Energy [R]evolution«-Serie einige radikale, aber keineswegs absurde Überlegungen zur Transformation der Weltwirtschaft ins Spiel gebracht und weiterentwickelt (Greenpeace International, The Energy [R]evolution 2005, 2007, 2008, 2010, 2012). Dabei zeigen sich die Verfasser selbst davon überrascht, wie schnell die Wirklichkeit ihre optimistischen Annahmen überholen kann – etwa was die Geschwindigkeit beim Ausbau der erneuerbaren Energie-

616

systeme in einigen Regionen der Erde anbelangt. Der 2012-Bericht solle laut Verfassern eine Perspektive eröffnen, wie »das Klima gerettet, die Abhängigkeit von fossilen Brennstoffen gemindert und das Arbeitsplatzangebot erhöht werden kann«. Das hört sich schon mal nicht schlecht an. Schlüsselgrößen im entsprechenden Greenpeace-Szenario sind die folgenden Zahlen: Die weltweite Energienachfrage steigt bis 2020 lediglich um 10 Prozent im Vergleich zu 2012 und sinkt dann wieder leicht ab. Dies wird möglich durch deutlich erhöhte Effizienz bei der Stromerzeugung und umfassende Sanierungsmaßnahmen im Gebäudebereich, wodurch insbesondere Heizenergie eingespart werden kann. Zudem entkoppelt sich die industrielle Produktion immer mehr vom Energieeinsatz – bis 2050 soll Letzterer bei gleicher Wertschöpfung um 40 Prozent sinken. Zur Revolution muss unbedingt auch das Transportwesen beitragen, das sektorweise elektrifiziert wird, mit dem Luftverkehr an letzter Stelle. Das Szenario sieht einen Stromanteil im gesamten weltweiten Transportsystem von 44 Prozent im Jahr 2050 vor; ansonsten sind Biokraftstoffe gefordert.

Ziemlich kühn fallen die Annahmen zur Entwicklung der Erneuerbaren aus, vor allem im Elektrizitätsbereich: Ende 2013 trugen die »grünen« Stromquellen knapp 22 Prozent zur weltweiten Stromerzeugung bei. Im Rahmen der Greenpeace-Revolution klettert der Anteil auf 37 Prozent im Jahr 2020, auf 61 Prozent im Jahr 2030 und auf stolze 94 Prozent zur Mitte des Jahrhunderts. Die entsprechend installierte Leistung von Windturbinen, Solarzellen & Co. liegt dann bei 15 100 Gigawatt. Das entspricht der Kapazität von etwa 15 000 älteren Kernkraftwerken, die allerdings diese Leistung permanent anbieten – wenn sie nicht gerade mit einem Störfall kämpfen. Natürlich ist das ein extrem ehrgeiziges Szenario, das jedoch auf einer soliden ingenieurswissenschaftlichen Grundlage entwickelt wurde. Die volkswirtschaftlichen Aspekte werden dagegen nur indirekt über klima- und energiepolitische Maßnahmen berücksichtigt, wie die Abschaffung der Subventionen für fossile und nukleare Energiesysteme, die Einführung eines starken Emissionshandels, die Durchsetzung strikter Effizienzstandards, die Vorgabe fester Ausbauziele für erneuerbare Energiequellen oder die weltweite Etablierung angemessener Einspeisevergütungen. All diese Maßnahmen wären »vernünftig« und könnten im Prinzip ergriffen werden, aber ob dies tatsächlich geschieht, weiß höchstens der liebe Gott, keinesfalls jedoch Greenpeace.

Doch dies mindert nicht die Motivationskraft der Studie, welche die grundsätzliche Machbarkeit der Energierevolution belegen will. Ich habe im März 2015 mit einigen Autoren gesprochen, die gerade an der nächsten Aktualisierung arbeiteten. Sie berichteten mir dabei von dem Kernproblem, die Projektionen für die nachhaltigen Energiesysteme laufend *nach oben* korrigieren zu müssen, weil die Wirklichkeit hartnäckig der Vision vorauseilen würde. Insbesondere beobachten die Greenpeace-Experten, dass in vielen Regionen der Erde (beispielweise Südafrika) die Investition in Windkraft oder Photovoltaik längst die natürliche Wahl der Kapitalanleger geworden ist, während man sein Geld nur noch dann in fossil-nukleare Projekte steckt, wenn es üppige staatliche Subventionen und Garantien gibt. Wie für den dritten Kernreaktorblock am südenglischen Hinkley Point, dessen Bau und Betrieb in nachgerade obszöner Weise mit Steuermitteln vorangetrieben wird (Brackel 2015). Braucht da jemand Nachschub für den Atomwaffenbau?

Um die Zukunft der Kernenergie ist es auf alle Fälle schlecht bestellt, gerade wenn man die aktuellen Einschätzungen der großen professionellen Investoren berücksichtigt (siehe hierzu zum Beispiel Schneider und Froggatt 2014). Deshalb spielte dieser Ansatz, der in vielerlei Hinsicht die technologische Philosophie des 20. Jahrhunderts repräsentiert, keine Rolle in der Nachhaltigkeitsvision, die der WBGU 2011 erarbeitete und unter dem Titel *Gesellschaftsvertrag für eine Große Transformation* als Gutachten für die deutsche Bundesregierung veröffentlichte. Als verantwortlicher Vorsitzender des Beirats und Erstautor bin ich auf diese Zukunftsperspektive so stolz wie auf nur wenige andere Publikationen, an denen ich mitwirken durfte. Dieses Gutachten leistet nämlich vor allem eines – es nennt das Kind bei seinem Doppelnamen: Ohne eine Umwälzung des globalen industriellen Stoffwechsels bis auf den Grund werden künftige Generationen auf unserem Planeten keine Chance auf ein gutes Leben haben – *Transformation!* Und diese Umwälzung kann zwar durch den konventionellen politischen Betrieb geregelt werden, aber der Hauptimpuls dafür muss von den Menschen selbst kommen – *Gesellschaftsvertrag!* Insofern ist schon die Überschrift des Berichts eine doppelte Provokation, die uns vereinzelte bösartige Angriffe, etliche berechtigte Kritik, aber vornehmlich Zustimmung eingebracht hat. Zu den Bösartigkeiten gehört die Unterstellung, dass das Gutachten eine mehr oder weniger verkappte Anleitung zur Errichtung einer Ökodiktatur sein soll – obgleich jeder, der es sorgfältig liest, darin ein leidenschaftliches Plädoyer für Demokratie erkennen muss.

Inzwischen gibt es einen umfangreichen Wikipedia-Eintrag, in dem man sich über den Verlauf der 2011 vom WBGU angezettelten öffentlichen Debatte informieren kann. Ganz ohne Genugtuung stelle ich heute fest, dass viele derjenigen, die insbesondere mir als Vorsitzendem unterstellten, das umweltstalinistische Gesicht unter einer freiheitlichen Maske zu verbergen, inzwischen selbst ihr wahres Antlitz enthüllen (beispielsweise als Wortführer der mürrisch rückwärtsgewandten »Alternative für Deutschland«) oder schlichtweg abgewirtschaftet haben (beispielsweise als Ex-Vorstandsvorsitzende von fossil-nuklearen Konzernen). Dass unser Gutachten im Grundsatz die richtige Alternative bietet und die wirklich wichtigen Begriffe einführt, habe ich ohnehin nie bezweifelt. Aber es hat viel Kraft und Zeit gekostet, den Schutt der Polemik wieder beiseitezuräumen. Immerhin haben meine Kollegen und ich darüber nicht den Humor verloren, denn zwei Jahre später brachten wir die wichtigsten Einsichten des Gutachtens als Comic heraus (Hamann u.a. 2013), was in der Welt der wissenschaftlichen Politikberatung ziemlich einmalig sein dürfte.

Im Zentrum des Originals von 2011 steht erneut der weltweite Übergang zu einem nachhaltigen Energiesystem (siehe auch WBGU, 2003), nur dass in diesem Gutachten die Dringlichkeit des Umbaus aufgrund der sich rasch verschärfenden Klimakrise sowie die Einbettung der Energietransformation in die allgemeine Problemlage der Moderne (demographische Entwicklung, Ressourcenverknappung, divergente Wohlstandsentwicklung) intensive Berücksichtigung finden. Wer mehr darüber erfahren möchte, sei an den auf der WBGU-Homepage frei zugänglichen Bericht verwiesen oder eben auf den durchaus unterhaltsamen Comic. Hier möchte ich mich lediglich auf die WBGU-Energievision beziehen, die in Abbildung 80 zusammengefasst ist.

Das WBGU-Szenario für den grundlegenden Umbau der weltweiten Energieversorgung ist insbesondere kompatibel mit der 2-Grad-Leitplanke, würde also die Erderwärmung mit akzeptabler Wahrscheinlichkeit in vertretbaren Grenzen halten. Das Gutachten aus dem Jahr 2011 leistet jedoch viel mehr als eine Energiesystemanalyse, die ja 2014 der IPCC auf den neuesten Sachstand gebracht hat. Der WBGU versucht nämlich mit seinem Gutachten eine Agenda für den nachhaltigen »Umbau der Weltgesellschaft« zu umreißen, so pathetisch das auch klingen mag. Aber dass wir – nicht nur wegen der Klimaproblematik – an einer Zeitenwende stehen, vor einer Transformation, deren Geschwindigkeit und Reichweite die neolithische und die industrielle Revolution (siehe Kapitel 12) in den Schatten stellen dürfte, ist inzwischen selbst den Industrie- und Handelskammern in deutschen Mittelstädten klar. Das Gutachten kann und will dafür keine Choreographie erarbeiten, aber wirft dennoch einen nachdenklichen Blick auf andere Kernbereiche der globalen Wende zur Nachhaltigkeit, allen voran die Problemfelder Landnutzung und Welternährung, Urbanisierung sowie Forschung und Bildung.

Der Begriff von der »Großen Transformation« ist keine Erfindung des

WBGU, sondern tauchte schon öfters in der Literatur auf. Bekannt geworden ist zum Beispiel ein Buch mit dem entsprechenden englischen Titel von Karl Polanyi, das der ungarisch-amerikanische Politökonom 1944 veröffentlichte (Polanyi 1944). Polanyi dokumentiert dort im Wesentlichen die Herausbildung einer »Marktgesellschaft« in den westlichen Industrieländern zu Beginn des 19. Jahrhunderts. Diese »große Umformung« resultiert aus einer funktionalen Symbiose von liberalem Kapitalismus und Nationalstaat. Für die Herausforderungen des 21. Jahrhunderts kann diese wirtschaftssoziologische Studie allerdings nur vereinzelte Fingerzeige anbieten. Heute stehen wir vor einer gänzlich neuartigen Aufgabe der Zukunftsgestaltung, die mit der Möglichkeit des zivilisatorischen Fortschritts innerhalb planetarischer Grenzen zu tun hat. Dies wird unmissverständlich formuliert im Memorandum des Nobelpreisträger-Symposiums zur globalen Nachhaltigkeit, das 2007 in Potsdam stattfand und das zu organisieren ich die Ehre hatte (siehe zum Beispiel PIK, 2007). Mit dieser weltweit beachteten Veranstaltung wurde die Idee von der »Großen Transformation« nicht nur wiederbelebt, sondern auch dorthin gerückt, wo sie heute hingehört: ganz oben auf der gesellschaftlichen Prioritätenliste.

Dass diese nachhaltige Umformung unserer Zivilisation überhaupt gelingen kann, bevor wir unumkehrbar den Gang in die versehentliche Selbstverbrennung angetreten haben, ist fraglich. Obwohl die Transformation nicht nur lebensnotwendig wäre, sondern auch zahlreiche Vorteile für die allermeisten Menschen über die allernächste Zukunft hinaus bringen würde. Denn im pseudo-rationalen Weltbild der Maximierer, Optimierer und Perfektionierer ist eine überlegene Alternative zum Status quo schlichtweg undenkbar – wenn sie existierte, hätte sie der Weltmarkt längst realisiert. Gemäß dem platten Witz: Wie viele Ökonomen braucht man, um eine Glühbirne auszuwechseln? Keine, denn wenn die Birne tatsächlich kaputt wäre, hätte sich der Markt bereits um das Problem gekümmert! »Der Markt« wird jedoch den Teufel tun und einen neuartigen industriellen Metabolismus zugunsten der Sicherung langfristiger Wohlfahrt einschrauben, solange dies keinen schnellen Profit bringt. Ähnliches lässt sich vermutlich auch über die Kommunistische Partei Chinas und das saudi-arabische Herrscherhaus sagen.

In Abbildung 81 versuche ich mittels einer systemtheoretischen Karikatur die folgenden beiden Grundeinsichten zu versinnbildlichen: *Erstens*, wir können es tatsächlich besser machen, und *zweitens*, dafür müssen wir aber noch über den Berg kommen. Und es gibt die unterschiedlichsten und widersprüchlichsten gesellschaftlichen Prozesse, welche diese Transformationsaufgabe beeinflussen können. Insbesondere würden die

Barrieren, die uns von einer nachhaltigen Zukunft trennen, nahezu verschwinden, wenn wir uns einerseits die wahren Kosten des jetzigen Betriebssystems vor Augen führten und andererseits der erneuerbaren Fantasie freien Lauf ließen.

Der quälende Widerspruch, dass eine zukunftsfähige technische Kultur heute zum Greifen nahe ist, aber dennoch unerreichbar scheint, beschäftigt inzwischen viele edle Vordenker und noch mehr selbst ernannte Visionäre. Letztere tummeln sich gern auf dem Feld der »Zukunftsforschung«, die noch immer eher journalistischen Charakter besitzt. Dort versucht man sich gern an kühnen Trendaussagen, begegnet jedoch den wissenschaftlichen Warnungen vor den Klimarisiken eher misstrauisch. Meine Erklärung für diese Merkwürdigkeit ist der Unmut der Futurologen über die Einengung der Zukunftsträume durch lästige harte Tatsachen. Aber es gibt da auch andere, die – wie ich meine: zu Recht – die Nachhaltigkeitskrise der Gegenwart als den großen Transformator ansehen. Zu den Interessantesten unter ihnen gehört Jeremy Rifkin, ein amerikanischer Generalist – was immer dieser Modebegriff bedeuten mag. Rifkin ist insbesondere in Deutschland geschätzt und singt umgekehrt das Loblied auf das Land der Energiewende (Heuser 2014). Dadurch allein ist er natürlich noch nicht als Meisterdenker ausgewiesen, aber in verschiedenen Büchern, insbesondere dem über *Die dritte industrielle Revolution* (Rifkin 2014), beweist er, dass er wichtige Strömungen zu erkennen und zu einem stimmigen Muster zusammenzufügen vermag.

Seine Vision von der neuen Moderne kreist um die Transformation von drei zivilisatorischen Kernthemen, nämlich Energieversorgung, Transport und Kommunikation sowie Teilhabe. Wobei der letztere Begriff von der gesellschaftlichen Organisation der Arbeit über die Verteilung von Wohlstand bis zur Partizipation an der politischen Willensbildung reicht. Denkt man nun, wie Rifkin das tut, Innovationen wie erneuerbare Energien, globale Digitalisierung und zivile Selbstorganisation in sozialen Netzwerken zusammen, dann kann man in der Tat Zukünfte sehen (oder zumindest erahnen), die mit der Welt des 19. und 20. Jahrhunderts wenig gemeinsam haben. Dann entfalten sich so interessante Fantasien wie die vom »Internet der Dinge« und von der »Hybridwirtschaft« aus Marktkapitalismus und Sozialunternehmertum. Rifkin sieht insbesondere eine zivilisatorische Doppelstruktur entstehen, wo das Individuum (als Produzent, Konsument und Akteur) große Autonomie erlangt, gerade weil es (durch Internet und andere Interaktionsformen) in einen früher unvorstellbaren, weltweiten intellektuellen und universellen Zusammenhang gebettet wird.

Dass Rifkin in seinen Publikationen immer wieder neue Anwärter auf die Messias-Rolle kürt (wie Wasserstoff als Energieträger) und dass seine Visionen eher als Erzählungen denn als Analysen daherkommen, ist auch schon anderen aufgefallen. Aber ich denke, dass seine Fantasien sich durchaus von der Wirklichkeit leiten lassen und deshalb wichtige Orientierungshilfen darstellen. Wer ernsthaft über die längerfristige Zukunft nachdenkt, braucht ohnehin mehr als technische Intelligenz; man braucht vor allem *Systemintuition*.

Ob ich selbst Systemintuition besitze, mögen andere beurteilen, aber immerhin befasse ich mich seit über 40 Jahren mit komplexen dynamischen Gebilden und Zusammenhängen. Da ist die Versuchung groß, auch außerhalb des eigentlichen Klimakontextes über die Zukunft der Moderne zu grübeln. Ein Resultat meiner bescheidenen Bemühungen ist eine Zusammenstellung wichtiger technisch-gesellschaftlicher Neuerungen im 21. Jahrhundert, die ich als die *Sieben Kardinalinnovationen* bezeichne. Diese habe ich in vielen Vorträgen in den letzten Jahren ganz unterschiedlichen Auditorien – von Volkshochschulbesuchern bis zu Vorständen von Weltkonzernen – erläutert. Immer bin ich dabei auf großes Interesse gestoßen, auch wenn Bürger wie Entscheidungsträger ganz andere (oder gar keine) Neuerungen auf ihrer Agenda stehen haben mögen. Im Folgenden also meine Sicht des vordringlichen Innovationsbedarfs, wobei ich wieder eine stark verdichtete Darstellung wähle.

1. Integration erneuerbarer Energiequellen

Hier begeben wir uns auf ein technisches, politisches und soziales Schlachtfeld, das mit Leichen von Projekten und Programmen übersät ist. Zwischen den Kadavern tummeln sich jedoch unerschrocken Tausende von Pionieren und Träumen. Begriffe wie »Desertec«, »Smart Grids«, »Virtuelles Kraftwerk« oder »Hydricity« haben die jüngsten Debatten zum Thema geprägt. Fast immer sollen diese Schlagworte signalisieren, dass man durch optimale Kombination und Kommunikation diverser erneuerbarer Energiequellen sowie durch geschickten Abgleich von Angebot und Nachfrage in Raum und Zeit Riesenschritte in Richtung Nachhaltigkeit machen kann. Manche dahinterstehenden Ansätze müssen wohl heute als Halluzinationen eingestuft werden, wie die Vorstellung vom nordafrikanischem Wüstenstrom, der schon 2020 in riesigen Mengen über Hochspannungs-Gleichstrom-Trassen nach Europa strömt (siehe zum Beispiel Balser 2014). Dabei ist die Grundidee bestechend, denn ein bescheidenes Planquadrat in der Sahara könnte im Prinzip den Strombedarf der ganzen Welt mittels Photovoltaik oder Solarthermie befriedigen. Aber Ingenieursträume zerschellen häufig an den politischen Realitäten, nicht nur im Orient.

Nichtsdestotrotz wächst die Zahl faszinierender Ideen auf diesem Feld unablässig. Zwei Herausforderungen dominieren gegenwärtig die Debatte, nämlich erstens die Glättung des in der Regel schwankenden Angebots an erneuerbaren Energien und zweitens die wichtige Balance zwischen Integration und Autonomie, sprich: zwischen Ferntransport und dezentraler Produktion von Energie. Neben der grundsätzlich wichtigen, aber operativ höchst anspruchsvollen Portfolio-Strategie – man bringe möglichst viele verschiedenartige klimafreundliche Energiequellen (Sonne, Wind, Gezeiten, Biomasse, Geothermie etc.) zusammen, innerhalb eines kleinen Raums oder größerer Regionen – gibt es inzwischen sehr konkrete und vielversprechende Ansätze.

Man könnte dazu dicke Sachstandsberichte erstellen, die aber dann möglicherweise binnen Jahresfrist schon wieder obsolet wären. Deshalb beschränke ich mich auf einige Illustrationen. Eine besonders bestechende Idee scheint die Überlegung zu sein, überschüssigen Windstrom während stürmischer Wetterlagen zur Erzeugung von Wasserstoff beziehungsweise Methan (Erdgas) zu nutzen und dann in die schon bestehenden Gasnetze einzuspeisen. In Deutschland ist dieses beispielsweise 400 000 Kilometer lang und verfügt über knapp 50 unterirdische Speicherknoten. Man hätte auf diese Weise das Problem der Energieaufbewahrung angesichts stark fluktuierender erneuerbarer Quellen gelöst, ohne eine neue, weit verzweigte Infrastruktur aufbauen zu müssen. Alle dafür notwendigen Prozesse (Wasserelektrolyse, Methanisierung oder »Sabatier-Reaktion« usw.) sind wohlbekannt und erprobt. Und das für die Herstellung des künstlichen Erdgases benötigte CO_2 könnte man etwa durch CCS (siehe zum Beispiel Kapitel 26) bereitstellen und somit dem Klima doppelt nutzen. Soweit ich diese Vision beurteilen kann, hat die Sache keinen tödlichen Haken, aber natürlich gälte es signifikante Wandlungsverluste in Kauf zu nehmen und mannigfache technische Speicherprobleme zu lösen (siehe Küffner 2012). Doch wenn man auf diesem Weg vorankommen sollte, würde man nicht nur kostbare Windenergie nicht mehr einfach ins Ausland »verschleudern«, sondern man könnte sich auch von Erdgasimporten aus Russland oder dem Mittleren Osten unabhängig machen.

Mehr noch als der Wind ist die Sonne eine saubere, unerschöpfliche Energiequelle, auch wenn Gestehungskosten für Strom aus Photovoltaik oder Solarthermie heute noch knapp höher liegen als diejenigen für fossile Elektrizität. Sollte dieses Buch weitere Auflagen erleben, dann muss der zweite Satzteil vermutlich schon korrigiert werden (siehe dazu etwa AGORA Energiewende, 2015). Solarenergie ist ideal für die Selbstversorgung, da entsprechende Anlagen in praktisch jeder Größenordnung bis herunter zur Dachziegeldimension installiert werden können. Aber wegen der einzigartigen Transporteigenschaften von Strom kann man auch Millionen von Beiträgen aus lokalen Einzelquellen ins Netz einspeisen und dann bedarfsgerecht bewegen. Der Betrieb der Stromnetze unter Berücksichtigung von Angebot, Nachfrage, Stabilität und Rentabilität wird dann allerdings zu einer hochkomplexen Aufgabe der optimierten Systemkontrolle. Zur Illustration möchte ich nur zwei ganz unterschiedliche Aspekte erwähnen.

Was die Optimierung des Elektrizitätstransports angeht, gehört die Zukunft vermutlich den supraleitenden Kabeln. Dass gewisse Materialien Strom quasi widerstandslos bei sehr tiefen Temperaturen fließen lassen, entdeckte der niederländische Physiker Heike Kamerlingh Onnes per Zufall schon 1911. Im Jahr 1986 stieß man sogar auf »Hochtemperatur-Supraleiter«, welche die Elektronen nahezu verlustfrei noch bei molligen Temperaturen von −183 °C verschieben. Es handelt sich hierbei um keramische Materialien, von denen insbesondere Yttrium-Barium-Kupferoxid (YBCO) und Magnesiumdiborid (MgB_2) von energietechnischem Interesse sind. Das Großunternehmen RWE plante 2013 die Verlegung eines längeren YBCO-Kabels in der Essener Innenstadt. Bei einem Querschnitt von nur 15 Zentimetern sollte die Leitung 40 Megawatt ohne nennenswerten Widerstand übertragen, weshalb das supraleitende Kabel in eine Stickstoffröhre eingebettet sein müsste, die entsprechend heruntergekühlt wird (von der Weiden 2013). Am Institute for Advanced Sustainability Studies in Potsdam dagegen erforscht die Arbeitsgruppe um den Physik-Nobelpreisträger Carlo Rubbia in Zusammenarbeit mit dem Großforschungszentrum KIT die Eignung von MgB_2-Leitungen für den Stromtransport über große Distanzen. Rubbia, der über einen genialen Verstand und ein vulkanisches Temperament verfügt, hat mir versichert, dass man mit einem dünnen Kabel aus diesem Material in gekühltem Helium die Leistung eines ganzen Atomkraftwerks – oder seines erneuerbaren Äquivalents – abrufen könne!

Ein anderer wichtiger Gesichtspunkt neben der Durchflussoptimierung der Netze ist deren Steuerbarkeit, insbesondere wenn eine Vielzahl unterschiedlicher Stromquellen miteinander verbunden ist. Damit sind wir bei einer Königsdisziplin der Elektroingenieure, nämlich dem Netzdesign. Dabei geht es darum, dass der Wechselstrom überall im Verbund mit derselben Frequenz (40, 50 oder 60 Hertz) schwingt und dass vor allem lokale oder gar systemweite Versorgungszusammenbrüche (*Blackouts*) vermieden werden. Am PIK haben wir zum Beispiel ein Analyseverfahren entwickelt, das gerade für Stromnetze bedeutsam ist, die in zunehmendem Maße von der Zuschaltung kleiner Einspeiseeinheiten auf Wind- oder Sonnenbasis geprägt sind (Menck u. a. 2014). Das Verfahren ist im Rahmen der Theorie komplexer Systeme entwickelt worden und funktioniert ebenso diagnostisch wie therapeutisch: Akute Schwachstellen in Stromnetzen können rasch identifiziert werden, aber auch Möglichkeiten, wie man diese durch minimalen Zubau von Extraverbindungen beseitigen kann. Dies habe ich in Kapitel 19 schon etwas ausführlicher erläutert.

2. Häuser zu Kraftwerken

Bei dieser Kardinalinnovation geht es in erster Linie nicht nur um die Verteilung von Energie im Raum, sondern auch um die bestmögliche Erzeugung und Nutzung vor Ort. Erklärtes Ziel ist es, dass ein Wohn- oder Gewerbegebäude auf angemessener Grundstücksfläche nicht nur seinen Eigenbedarf aus der Umwelt decken, sondern sogar saubere Energie ins Netz exportieren oder in Speichern ansammeln kann. Die entsprechende Diskussion kreist oft um den Begriff des »Energie-plus-Hauses«. Aber dies ist nur eine von vielen Perspektiven auf die allgemeine Herausforderung, private Haushalte oder Unternehmen verschiedener Größe im Wesentlichen zu energetischen Selbstversorgern, ja zu Anbietern auf dem Energiemarkt zu machen. Dies ist physikalisch und technisch zumeist möglich, erfordert allerdings beträchtliche Anfangsinvestitionen.

Im Wesentlichen sind drei Aufgaben zu meistern, nämlich das Einfangen, das Speichern und das Wiederverwenden von Energie; die Kommunikation mit dem Netz ist eine weitgehend separate Herausforderung. Was etwa die photovoltaische Ernte von Sonnenlicht angeht, überschlagen sich heute die Meldungen über neue Wirkungsgradrekorde oder unglaubliche Kostenstürze. Beispielsweise hat das Fraunhofer-Institut für Solare Energiesysteme (ISE) im deutschen Freiburg im September 2013 unter Laborbedingungen sagenhafte 44,7 Prozent Wirkung erzielt. Und zwar mit einer raffinierten Kombi-Misch-Halbleiterzelle, die somit fast die Hälfte des Sonnenlichts in Elektrizität umwandeln kann. Kaum jemand überblickt noch diese F&E-Front, aber genauso soll es sein: Der Fortschritt brodelt am besten in einem großen bunten Kessel. Doch wichtiger als Hightech-Konzepte sind möglicherweise solche Innovationen, die weniger perfekt als praktisch und massenhaft einsetzbar sind. Wie der Solarspiegel, den der Physiker Wolfgang Scheffler vor über 30 Jahren erfunden hat und der selbst in der kleinsten Ausführung einen 4-Personen-Haushalt in den Entwicklungsländern mit Wärmeenergie, insbesondere fürs Kochen, versorgen kann. Obwohl das Gerät von 200 Euro aufwärts zu haben ist, gibt es bisher nur circa 2500 davon weltweit (Hamm 2015). Hier könnte die Gates Foundation ihr Geld in der allerwohltätigsten Weise anlegen!

Möglicherweise »kriegsentscheidend« wird sein, wie rasch man welche Fortschritte bei der dezentralen Speicherung von Energie aus erneuerbaren Quellen erzielt. Mit cleveren Ideen könnte man in diesem Zusammenhang das gute alte Wärmereservoir Wasser im großen Stil nutzen. Kürzlich hörte ich in Hamburg den Vortrag eines Ingenieurs, der eine Wärme-Kälte-Technik entwickelt hat, deren Herzstück ein gut isolierter Eisblock ist und die heute schon bei Mehrfamilienhäusern zum Einsatz kommen kann. Ermöglicht wird dieser Ansatz durch die Thermodynamik der Phasenübergänge, wo große Energiemengen freigesetzt beziehungsweise aufgezehrt werden: Im Sommer kann das Schmelzen des Eises Kühlung verschaffen, im Winter das Gefrieren des Wassers einen Heizeffekt erzielen. Aber natürlich gibt es inzwischen auch zahlreiche andere, teilweise hochtechnische Verfahren zur Energiespeicherung auf kleiner und kleinster Skala. Chemische Verfahren besitzen hier zweifellos ein besonders großes Entwicklungspotenzial für den individuellen Einsatz. Zur stationären Anwendung in Wohnhäusern bieten sich insbesondere Hochtemperaturbatterien an, die bei über 300 °C operieren. Natrium-Schwefel-Geräte dieser Art werden bereits in Japan eingesetzt, um die Schwankungen lokaler erneuerbarer Energiequellen auszugleichen. In diesem Bereich können wir in den nächsten ein oder zwei Jahrzehnten enorme Fortschritte erwarten.

Darüber hinaus muss man sich fragen, wo eigentlich der »Energiemüll«, also die Abwärme, nach in Anspruch genommener Energiedienstleistung bleibt. Natürlich kann man diese Abfallverluste von Gebäuden etwa durch Dämmung und Zirkulation mindern. Aber ein signifikanter Teil der genutzten Energie wird mit dem erwärmten Abwasser außer Haus exportiert und heizt die Umwelt in unerwünschtem Maße auf. In der Schweiz arbeitet eine ganze Reihe von Unternehmen daran, auch diesen Energieverlust durch quasizirkuläre Verfahren zu minimieren.

Der Traum vom Energieüberschuss-Haus hat jedenfalls erst begonnen, sich an der Wirklichkeit zu reiben. Nutzt man tatsächlich auf clevere Weise alle Umweltquellen (mittels Photovoltaik, intelligenten Glasfenstern, windabsorbierenden Fassaden, Wärmepumpen, Biogasanlagen für Gartenabfälle etc.), alle Effizienzoptionen (beispielsweise durch smarte Schalter und Zähler), alle kostengünstigen Speichermedien und alle signifikanten Kreisführungsmöglichkeiten, dann ist der Weg zum Kraftwerk in Bürgerhand nicht mehr weit. Doch was technisch und systemisch möglich ist, muss sich noch lange nicht durchsetzen – neben Innovationen werden Kostenerwägungen, Lebensstiltrends und Werthaltungen eine entscheidende Rolle spielen.

3. Neue Mobilität

Damit sind wir endgültig im dichtesten und wirrsten Innovationsgetümmel angelangt. Wie werden wir in mittlerer Zukunft so nachhaltig wie möglich Bewegungsvorgänge realisieren – vom Individualverkehr im Innenstadtbereich bis hin zum Schwergütertransport um den halben Globus? Zweifellos wird die neue Mobilität durch die Kombination aus technischen Fortschritten, systemischen Verbesserungen, politischen Vorgaben und soziokulturellen Veränderungen zustande kommen. Im Zentrum dieses Wandels müssen zwei Fragen stehen: Welche Beweglichkeitsansprüche müssen überhaupt erfüllt werden, und wie kann dies ohne zerstörerische Nebenwirkungen für Mensch und Natur geschehen? Die Antworten bewegen sich in einem Raum, der von den widersprüchlichsten Erwartungen und Einstellungen aufgespannt wird: Da ist einerseits der extreme Wunsch, möglichst kostenlos im Handumdrehen von A nach jedem beliebigen B zu gelangen, und andererseits die Idealvorstellung von der vollkommen kohlenstofffreien Mobilität, bitte auch ohne Lärm, Gestank und Landschaftsverbrauch.

Dass die Elektrifizierung der physischen Bewegung – mit Strom aus erneuerbaren Quellen, versteht sich – der Quadratur dieses Kreises schon ziemlich nahe kommt, steht für mich außer Frage. An die elektrische Mobilität auf der Schiene haben wir uns längst gewöhnt und genießen sie in (manchmal) vollen Zügen. Aber die entsprechende Revolution auf der Straße, auf dem Wasser und in der Luft steht noch aus beziehungsweise vor der Tür. Wenn wir dabei mit dem individuellen Autoverkehr beginnen, sind wir sofort wieder beim Thema Batterie. Im Sommer 2014 habe ich mir selbst einen i3 von BMW gekauft, der mit voller Ladung im Winter circa 100 Kilometer weit kommt. Das reicht mir, aber vermutlich nicht den meisten anderen, die zur Arbeit pendeln. Glücklicherweise ist die Batterieforschung nach Jahrzehnten des Tiefschlafs in Deutschland und auch andernorts wieder in Gang gekommen; entsprechend werden laufend neue, große Erwartungen geweckt. Ähnlich wie beim Moore'schen Gesetz für Computerprozessoren (deren Komplexität sich seit Jahrzehnten alle ein bis zwei Jahre zuverlässig verdoppelt) beherrscht inzwischen der Faktor 2 die Innovationsperspektive: Wie die Firma Bosch kürzlich verlautbaren ließ, sollen die heute noch bevorzugten Lithium-Ionen-Batterien bis 2020 grob die doppelte Speicherkapazität bei halbem Gewicht und halben Kosten bieten (siehe zum Beispiel Schwarzer 2015). Diese Fortschritte sollen durch stetige Verbesserungen von Detail und Design erzielt werden und können vermutlich über 2020 hinaus mit Ausweitung der Produktion in gleichem Maße fortgesetzt werden. Von wirklich revolutionären Innovationen wie dem Einsatz von Lithium-Schwefel- oder Lithium-Luft-Batterien ist dabei noch gar nicht die Rede!

Gibt man sich jedoch der technischen Fantasie einmal hin, dann kann man weit über die chemische Speicherung im Transportwesen hinausdenken. Wie wäre es denn, wenn man photoaktive Straßenbeläge entwickeln und die damit geerntete Sonnenenergie per magnetischer Induktion an die darüberbrausenden Fahrzeuge übertragen würde? Kein Naturgesetz steht dieser Vision im Wege, aber vermutlich 1000 konkrete Faktoren, wie Materialien, Prozesse und Kosten. Doch wer nicht schießt, kann nun mal nicht treffen, und es gibt tatsächlich schon Personen und Instanzen, die das Konzept der »Solarstraße« verfolgen: Das amerikanische Tüftler-Ehepaar Scott und Julie Brusaw hat beispielsweise die Firma *Solar Roadway* gegründet und dafür eine Crowdfunding-Kampagne gestartet, die bis 2014 schon über 40 000 Spender gewonnen hat. Auf einem Parkplatz in Idaho ist bereits eine Testfläche entstanden, wo unter einer schützenden Glasschicht Solarzellen und LEDs verbaut werden. Somit kann man, im Prinzip, nicht nur Sonnenenergie für Fahrzeugantrieb und Straßenenteisung gewinnen, sondern auch gleich für Beleuchtung und Information sorgen. Energieübertragung per Induktion ist allerdings noch nicht vorgesehen, und jede der rechteckigen Platten des Schichtbelags kostet bisher noch stolze 10 000 Dollar. Damit sind die »Solarstraßen« etwa dreimal so teuer wie herkömmliche Fahrbahnen, aber das würde sich rasch ändern, wenn das Konzept flächendeckend (im wahrsten Sinn des Wortes) umgesetzt würde: Allein in Deutschland gibt es 230 000 Kilometer Straßen aller Art (Harder 2013). In den Niederlanden hat die Gemeinde Krommenie nahe Amsterdam dagegen sogar schon mit dem Bau des ersten Solarradwegs der Welt begonnen. Er soll bis 2016 hundert Meter lang werden und über Betonmodule mit eingelassenen Photozellen Sonnenlicht sammeln. In nicht allzu ferner Zukunft sollen sich auf solchen Strecken E-Bikes wieder mit Elektrizität aufladen können (*Spiegel Online*, 2014).

So weit die Träume an Land, aber bekanntlich ist Fliegen noch schöner – sagte man zumindest noch im 20. Jahrhundert. Lange Zeit schien es ausgemacht, dass die Dekarbonisierung des Lufttransports nur über Biokerosin aus nachhaltiger Landwirtschaft erfolgen könne. Neuerdings häufen sich jedoch die Erfolgsmeldungen, was den Einsatz von Elektroantrieben über den Wolken angeht. Beispielsweise teilte der Siemens-Konzern 2015 mit, dass er einen neuartigen Elektromotor entwickelt habe, der bei nur 50 Kilogramm Eigengewicht rund 260 Kilowatt elektrische Dauerleistung liefere. Damit könnten bereits Flugzeuge mit bis zu 2 Tonnen Startgewicht bewegt werden. Mit Hybridantrieben, welche Elektrizität und Biokraftstoffe kombinieren, sieht man sich mittelfristig sogar in der Lage, Regionalflugzeuge mit 50 bis 100 Passagieren klimaneutral zu betreiben.

Nach Einschätzung der Ökonomen am PIK bleibt trotz des rasanten technischen Fortschritts auf vielen relevanten Gebieten der Transportsektor das größte Sorgenkind, was die rasche Dekarbonisierung der Weltwirtschaft angeht. Aber vielleicht bringen uns ja die sozialen und kulturellen Innovationen bei der Mobilität sogar schneller voran. Die wichtigsten Begriffe in diesem Zusammenhang sind »leiten«, »teilen« und »vermeiden«. Um möglichst bequem, sicher und umweltschonend vom Standort zum Zielort zu kommen, ob mit oder ohne Transportgut, werden wir künftig vermutlich persönliche Informationssysteme auf i-Phones und anderen smarten Geräten nutzen: Eine entsprechende Software wird aufgrund des gerade zugänglichen Mischangebots von öffentlichen und privaten Bewegungsmitteln die beste Route und Beförderungskombination auswählen, wie ein ortskundiger Reiseführer, dem wir uns in einer fremden Stadt anvertrauen. Dass man Fahrgemeinschaften bildet, um Kosten und Emissionen zu mindern, versteht sich heute für viele junge und alte Leute schon von selbst. Doch täglich werden neue Ideen über die gemeinschaftliche Nutzung der individuellen Fortbewegungsmittel geboren, die weit über solche Selbstverständlichkeiten hinausgehen. Beispielsweise kann jeder, der im Besitz eines Elektroautos ist, zum Mikro-Entrepreneur in Sachen Energie und Beförderung werden (siehe zum Beispiel Hämäläinen u.a. 2015). Mit gutem Bürgersinn und Umweltgewissen kann man womöglich das kommerzielle Taxiwesen weitgehend überflüssig machen.

Und schließlich muss man sich wirklich fragen, ob wir die kommunikative Steinzeit tatsächlich schon hinter uns gelassen haben, wenn wir beispielsweise immer noch täglich Tausende Menschen physisch durch die ganze Welt bewegen, nur damit sie an Routinesitzungen oder Expertenkongressen teilnehmen. Bei solchen oft stinklangweiligen Treffen werden in aller Regel *Informationen* ausgetauscht – sollte es zu physischen Kontakten kommen, dann ohnehin eher abends mit professionellen Liebesdiener(inne)n und nicht unter den Partizipanten. Die Sitzungen selbst werden immer mehr zur Groteske, denn inzwischen kauern oft 90 Prozent der Teilnehmer vor ihren Notebooks, iPads oder Smartphones und verfolgen die Debatte quasi virtuell statt in der langweiligen Realität! Wobei die meisten sogar noch unablässig nebenher E-Mails checken und im Internet surfen. Warum, zum Teufel, kann so etwas nicht per Videokonferenz geschehen? Diese Frage zielt insbesondere auf die *Flash Meetings* in Flughafenkonferenzzentren, für welche die Teilnehmer auf Mittelstrecken für wenige Stunden einfliegen und die praktisch alle Voraussetzungen für eine Anklage wegen Umweltkriminalität erfüllen – von den immensen Kosten und den absurden Zumutungen des heutigen Luftverkehrssystems einmal ganz abgesehen.

Als Direktor des Potsdam-Instituts habe ich beschlossen, den physischen Tagungstourismus all unserer Mitarbeiter (inklusive meiner selbst) in den nächsten Jahren massiv zugunsten moderner Kommunikationsoptionen (wie eben Videokonferenzen) einzuschränken. Dies ist jedoch nur eine von vielen Innovationsfronten: Blickt man tiefer ins Mobilitätsgewerbe hinein, dann tun sich unendlich viele Möglichkeiten auf, die Bewegung von Menschen und Gütern im Raum zu mindern, bei gleichzeitiger Steigerung von Lebensqualität und Wertschöpfung. Allerdings wird man zu diesem Zweck an allererster Stelle den E-Kaufrausch mäßigen müssen, der derzeit die ganze Welt erfasst hat und der paradoxerweise den Realtransport sprunghaft steigert.

4. Mehrfachnutzung und Wiederverwendung

So wie die Gesamtheit aller Transportmittel viel besser zum Zweck der gesellschaftlichen Mobilität genutzt werden könnte, so könnte man wesentlich vorteilhafter mit den Rohstoffen, Nutzgegenständen und Waren, kurzum: mit der Gesamtheit aller Dinge unserer Zivilisation umgehen. Im Zusammenhang mit diesem Megathema will ich nur die Aktivitäten von zwei ungewöhnlichen Personen erwähnen, die ich beide in den letzten Jahren getroffen habe: Alec Oxenford und Michael Braungart.

Ersterer ist ein junger, liebenswürdiger und total cooler Argentinier mit schottischen, deutschen und vielen anderen Familienwurzeln. Er saß zufällig neben mir in dem Bus, der uns im Januar 2015 von Zürich zum Weltwirtschaftsforum (WEF) in Davos beförderte. Das Forum sieht sich selbst als jährliches Gipfeltreffen der globalen Elite – es ist auf alle Fälle höchst merkwürdig. Aber die mehrstündige Unterhaltung mit Alec, welche sich völlig zwanglos entspann, war allein schon die ganze Reise wert. Nach einer betriebswirtschaftlichen Ausbildung in den USA war er zum Internet-Unternehmer geworden und hatte 2006 zusammen mit Fabrice Grinda OLX gegründet. Das ist ein als soziales Netzwerk organisierter virtueller Markt, wo man nahezu alles erwerben oder verkaufen kann, insbesondere gebrauchte Alltagsgüter wie Möbel, Kinderspielzeug, Musikinstrumente, Kameras oder auch Motorräder. Die Plattform kann von jedermann *kostenlos* mit einem herkömmlichen Mobiltelefon besucht werden; das Geschäftsmodell finanziert sich aus Werbeschaltungen. OLX ist lediglich ein »Matchmaker«, bringt also Verkäufer und Käufer im Cyberspace zusammen, aber hat weder mit der finanziellen Transaktion noch mit der physischen Warenübergabe etwas zu tun. Diese Vorgänge bestmöglich selbst zu organisieren ist Sache der Kundschaft.

Wie mir Alec erläuterte, wird OLX inzwischen von Hunderten Millionen Menschen in aller Welt genutzt, vor allem von den unteren Mittelschichten in Schwellenländern wie Indien. Damit kommen nicht nur zahlreiche Haushalte in den Besitz und Genuss von gewünschten Alltagsgegenständen, die beim Neukauf im kommerziellen Handel unerschwinglich wären. Nein, darüber hinaus werden Rohstoffe und Umwelt in großem Stil geschont, weil die Dinge fünf-, zehn- oder zwanzigfach genutzt werden, bevor sie schließlich in Stücke zerfallen. Einfache Ideen dieser Art können die Energie- und Materialflüsse unserer Zivilisation im planetarischen Maßstab beeinflussen.

Im Jahr 2009, kurz vor dem ominösen Klimagipfel in Kopenhagen (siehe Kapitel 7), hatte ich eine Begegnung der ganz besonderen Art: In der damals überaus populären ARD-Talkshow von Reinhold Beckmann sollte ich mit Prinz Albert von Monaco über die Erderwärmung diskutieren, wozu ich gern bereit war. Nicht nur weil der Prinz ein außerordentlich sympathischer Mann und überzeugter Umweltschützer ist (siehe zum Beispiel Felgenhauer 2009), sondern auch der Sohn von Grace Kelly, einer der schönsten Frauen der Filmgeschichte. Richtig Leben kam jedoch in diese Fernsehbude durch den deutlich sichtbaren Dritten im Studio, den Verfahrenstechniker Michael Braungart. Er hat zusammen mit dem amerikanischen Designer William McDonough das *Cradle-to-Cradle*-Konzept (»Wiege-zu-Wiege«) entwickelt. Dieses begründet den Anspruch, dass im industriellen Produktion-Konsumtion-Prozess jeder Gegenstand am Ende seines Gebrauchslebens zum Ausgangsmaterial für neue Produkte wird.

Damit soll ein großer Beitrag zur »Kreislaufwirtschaft« geleistet werden, welche – anders als die »lineare Wegwerfwirtschaft« – materielle und energetische Flüsse schließt. Braungart brachte ins Studio einige Kostproben seiner nachhaltigen Designerkunst mit, unter anderem einen Bürostuhl, der vollkommen aus Reststoffen komponiert ist. Seine Eloquenz und Überzeugungskraft sind bemerkenswert, auch wenn er möglicherweise nur als randständiger Fantast in die Industriegeschichte eingehen wird. Aber der Cradle-to-Cradle-Ansatz ist ein hundertprozentig richtiger: In meiner niederbayerischen Provinzheimat (siehe Kapitel 1) praktizierten wir das weitgehend im Kreis geführte Wirtschaften jahrhundertlang mit Erfolg – bis die ersten Wellen der Globalisierung heranschwappten und uns zum Müllglück zwangen.

Übrigens entstehen Innovationen von großer Tragweite oft gerade dann, wenn man uralte Ideen mit neuesten Techniken vermählt. Alles redet heute vom 3-D-Drucken, also der computergesteuerten additiven Fertigung (englisch: *Additive Manufacturing*; siehe zum Beispiel Excell und Nathan 2010) von Werkstücken. Diese neue Produktionsphilosophie entstand in den 1980er-Jahren, als diverse Ingenieure und Tüftler realisierten, dass subtraktive Verfahren – wo man von einem Rohstoffblock so lange Material abmeißelt oder abfräst, bis die gewünschte dreidimensionale Form entstanden ist – oft im höchsten Maße ineffizient, kostspielig und verschwenderisch sind. Der komponenten- oder schichtweise Aufbau eines Werkstücks ist dieser Vorgehensweise im Prinzip überlegen, insbesondere was den Materialbedarf angeht. Und nun die Vision: In absehbarer Zukunft kann jedermann seine eigene »Desktop-Fabrik« einrichten, die man mit Steuerungsprogrammen aus dem Internet betreibt und mit wiederverwertbaren Restartikeln à la Braungart speist. Dafür braucht man lediglich die Nähe zu einer Müllkippe oder eine große Rumpelkammer im Keller. Natürlich ist diese Vision zu naiv und zu schön, um wahr zu werden, aber falls sie nur nicht ganz falsch ist, kann sie die Industriewelt verändern.

5. Nachhaltiges Siedlungswesen

Befestigte Städte gibt es seit rund 10 000 Jahren, wobei das biblische Jericho im Westjordanland die älteste bekannte Siedlung mit Schutzmauern ist. Sinn und Zweck einer Stadt dürfte zu allererst sein, viele Menschen dauerhaft auf engem Raum zusammenzubringen. Alles Weitere, insbesondere die Vorzüge und Probleme der Urbanität, leiten sich aus diesem Mantra ab. Im Laufe der Jahrtausende ist die Stadtidee auf unglaublich vielfältige Weise realisiert worden; dabei sind sowohl Träume aus Marmor als auch Albträume aus Dreck wahr geworden. In vorindustrieller

Zeit lebten circa 20 Prozent der Bevölkerung eines Landes in Städten und 80 Prozent auf dem Land. In reifen Industrienationen hat sich dieses Verhältnis dann im 19. und 20. Jahrhundert umgekehrt. Mit der Urbanisierungsdynamik des 21. Jahrhunderts wird die Mehrheit der Menschheit verstädtert und der ländliche Raum in gewissen Regionen komplett entvölkert. Gegenwärtig wachsen die Städte besonders schnell an den Küsten, in den Bergen und in den Halbwüsten – also just dort, wo die Belastungen und Risiken durch einen ungebremsten Klimawandel am größten wären. Wie man Siedlungen am besten auf die Erderwärmung um 2, 4 oder 8 °C vorbereitet, wäre ein Thema für mindestens zehn deutsche Habilitationsschriften.

Ich will mich hier auf die folgende Frage zur nachhaltigen Stadtentwicklung beschränken: Wie kann die globale Urbanisierung klimaverträglich und ressourceneffizient gestaltet werden? Wenn sie denn überhaupt gestaltet werden kann! Fallen heute bei einer Fachtagung die beiden Wörter »Stadt« und »Nachhaltigkeit«, dann wird unweigerlich jemand ein Loblied auf die kompakte, hochgradig verdichtete Siedlung anstimmen. Ideal wären aus dieser Sicht also Büschel von Wolkenkratzern auf engstem Raum, vollgestopft mit Menschen, Geräten und natürlich Ideen. Solche Gebilde zeichnen sich vermutlich wirklich durch hohe Energieeffizienz und Innovationskraft aus, doch ihre »metabolische Handelsbilanz« ist ziemlich negativ: Ein Zentrum wie Hongkong oder Manhattan muss unablässig ungeheure Mengen an energetischen und materiellen Ressourcen aus aller Welt ansaugen, diese an Ort und Stelle verdauen und daraufhin den Großteil davon in Form von Fäkalien, Gift und Abfall ins Hinterland beziehungsweise in den Rest der Welt zurückspucken. Im 20. Jahrhundert ging diese Rechnung noch weitgehend auf, weil der extraurbane Raum groß genug war, um die Städte mit Gütern zu beliefern und ihren Müll zu schlucken. Bei 10 Milliarden Menschen auf gehobenem Wohlstandsniveau würde eine solche Betriebsweise nicht nur die regionalen, sondern auch die planetarischen Grenzen sprengen (siehe Kapitel 3).

Also sind ganz neue Visionen gefragt, aber wenn man sich bei Architekten, Stadtplanern, Geographen, Soziologen und Futurologen umhört, wird einem zumeist alter Wein in neuen Schläuchen serviert – abgesehen von Fantastereien wie Siedlungen auf dem Meeresgrund oder im Weltall. Der WBGU legt Ende 2015 der Bundesregierung ein umfangreiches Gutachten vor, in dem versucht wird, das Phänomen Urbanisierung im Kontext der »Großen Transformation« zu begreifen und den innovativen Weizen von der skurrilen Spreu zu trennen. Dabei wird es vor allem um die drei Hauptmerkmale von Siedlungen gehen, nämlich *Struktur*, *Textur* und *Metabolismus*. Diese Fachausdrücke stehen dafür, wie die Stadt im Raum verteilt ist, woraus sie gebaut ist und in welcher Weise sie als System betrieben wird. Den Lesern ist die Lektüre des WBGU-Gutachtens natürlich wärmstens empfohlen, aber die genannten drei Aspekte will ich hier schon einmal illustrieren.

Die Strukturfrage hängt eng mit der Energiefrage zusammen: Im fossil-nuklearen Modus importieren die Städte Strom, Wärme, Treibstoffe usw., die oft in großer Entfernung aus Kohle, Öl und Gas gewonnen wurden. Letztere Ressourcen finden sich in der Regel also nicht auf dem Stadtgebiet. Wenn um des Klimaschutzes willen jedoch die Energiedienstleistungen aus erneuerbaren Quellen geschöpft werden müssen, dann könnte dies revolutionäre Folgen für die Siedlungsgeometrie haben. Natürlich ließen sich Windstrom und Biodiesel innerhalb gewisser Grenzen ebenfalls aus der Distanz beziehen (siehe oben), aber man könnte nun auch die dezentrale Karte voll ausspielen: Warum sollten Städte nicht zu Energieselbstversorgern werden? Im Prinzip sind alle erneuerbaren Quellen in einem Siedlungsgebiet präsent, aber nur, wenn man über genügend Fläche verfügt. Von der Photovoltaik bis zur Geothermie braucht man Platz, sprich: Ernteareale. Deshalb sollte man darüber nachdenken, die Städte der Zukunft nicht immer weiter zu verdichten, sondern sie aufzulockern, in den Raum zu streuen, um polyzentrische Strukturen zu schaffen. Warum nicht »Stadthaufen« für, sagen wir, jeweils 10 000 Menschen bilden, welche digital aufs Beste vernetzt sind? Neben den üblichen erneuerbaren Energiesystemen könnten solche Cluster über bewohnbare Aufwindkraftwerke verfügen, wie sie der Berliner Architekt Julian Breinersdorfer entwirft (siehe Abbildung 82 sowie Schellnhuber 2011b).

Und woraus sollen nun die Siedlungen des Nachhaltigkeitszeitalters gebaut werden? Sicherlich nicht mehr aus herkömmlichem Beton, bei dessen Herstellung beängstigende Mengen an CO_2 freigesetzt werden. Unterdessen wird intensiv an neuartigen Verbundwerkstoffen wie Textilbeton geforscht, wo beispielsweise Karbonfasern den Stahl ersetzen könnten. Ob dies die Klimabilanz des Baumaterials deutlich verbessert, ist noch nicht zufriedenstellend geklärt. Aber dass der Einsatz von Biomasse, insbesondere Holz, in der Architektur der Zukunft wieder eine viel größere Rolle spielen könnte, ist nicht nur aus Klimaschutzgründen plausibel. Inzwischen sind bereits 20- bis 30-geschossige Gebäude aus Holz in der Planung (Klawitter 2014). Und gerade im Bausektor, wo grob ein Drittel aller Ressourcen weltweit (!) verbraucht werden, dürfte der *Cradle-to-Cradle*-Ansatz (siehe oben) extrem interessante Perspektiven eröffnen. Neue Häuser sollten möglichst aus den Bestandteilen alter Häuser konstruiert werden – wie es in der Antike und im Mittelalter ohnehin gang und gäbe war.

Was schließlich den urbanen Stoffwechsel anbelangt, würden sich mit aufgelockerten Siedlungsstrukturen ganz neue Perspektiven eröffnen. Während das derzeit stark angesagte *Urban Gardening* – Salat und Gemüse vom eigenen Balkon – meines Erachtens nur eine reizvolle Schnapsidee ist, wäre eine kombinierte, ertragreiche Energie- und Landwirtschaft innerhalb polyzentrisch urbanisierter Räume durchaus vorstellbar. Praktischerweise könnte der notwendige Dünger über die Ausscheidungen der Bewohner bereitgestellt werden. Wodurch sich ein weiterer metabolischer Kreislauf schließen ließe.

Spricht man solche Überlegungen erst einmal aus, erscheinen die allermeisten wie törichte Utopien. Und sofort stürmt ein Heer von Teufelsadvokaten herbei, um die Ideen zu zerpflücken und zertrampeln. Aber besser eine produktive Blamage als selbstgerechter Stillstand!

6. Aktives Kohlenstoffmanagement

Wenn denn die Abtrennung von CO_2 im Rahmen von CCS (zum Beispiel Kapitel 26) tatsächlich kostengünstig und in großem Stil durchführbar sein sollte, hat man neben der Klimaschutzwirkung auch eine mächtige Kohlenstoffquelle für diverse Wertschöpfungsketten realisiert. Die Kohlendioxidanreicherung der Innenluft von Treibhäusern, wie dies in den Niederlanden schon vielerorts geschieht, ist dabei eher ein Nebenschauplatz. Schon wichtiger könnte die Quelle für die massenhafte Herstellung neuartiger Materialien, etwa für den Hoch-, Straßen- und Fahrzeugbau werden (siehe letzter Abschnitt). Ob jedoch CCS jemals zur industriestrategischen Option wird, steht noch in den Sternen.

Am bedeutsamsten wäre jedoch eine intelligente Bewirtschaftung des Kohlenstoffs, der zwischen natürlichen Ökosystemen, landwirtschaftlichen Nutzflächen, Böden und Atmosphäre pendelt. Mit dem doppelten Ziel, den CO_2-Gehalt der Luft wieder zu mindern und die Produktivität der Lebenswelt weiter zu steigern. Hierzu kann man bei relativ simplen landwirtschaftlichen Praktiken beginnen: Ein Agrarexperte der Weltbank erklärte mir einmal während einer längeren Zugreise die Unterschiede zwischen China und Indien beim Umgang mit der Restbiomasse (Blätter, Stängel, Wurzeln usw.), die nach der Ernte auf den Feldern zurückbleibt. Lange Zeit hatte man sich gefragt, warum die chinesischen Äcker deutlich ertragreicher waren als die im südwestlichen Nachbarland. Schließlich fand man heraus, dass die indischen Bauern die Ernteabfälle üblicherweise zu riesigen Haufen aufschichten und diese dann anzünden. Während ihre chinesischen Kollegen das kostbare organische Material wieder unterpflügen. Generell kann man mit verbesserten landwirtschaftlichen Verfahren, beispielsweise dem weitgehenden Verzicht auf das maschinelle Umbrechen der oberen Bodenschichten, enorme Kohlenstoffflüsse in die Atmosphäre unterbinden und gleichzeitig die Äcker veredeln.

Man sollte aber nicht nur so klimaschonend wie möglich landwirtschaften, sondern könnte auch aktive »Kohlenstofffernte« betreiben. Entsprechende Überlegungen sind besonders in Australien und Neuseeland beliebt. Und dort existieren auch bereits konkrete Programme und staatliche Subventionen, um das Berufsbild des Bauern entsprechend zu erweitern. In Australien hatte noch die sozialdemokratisch geführte Regierung 2011 ein Gesetz erlassen, mit dem Landwirte dafür belohnt werden sollten, dass sie »CO_2 aus der Atmosphäre entfernen und Emissionen von Treibhausgasen vermeiden« (Carbon Credits Act 2011, No. 101). Die jetzige konservative Regierung, an deren Spitze der wirrköpfige und klimaskeptische Premierminister Tony Abbott steht, hat so gut wie alle anderen klimabezogenen Maßnahmen der Vorgängerregierung abgeräumt, aber bezeichnenderweise nicht das Kohlenstofffernten. Auf der Homepage des australischen Landwirtschaftsministeriums wird stolz darauf hingewiesen, dass man die *Carbon Farming Initiative* fortführen wird, um so einen nationalen Beitrag zum internationalen Klimaschutz zu leisten. Auch in Neuseeland findet man die landwirtschaftliche Kohlenstoffextraktion gut; dort sind in dieser Angelegenheit schon etliche kommerzielle Unternehmen unterwegs. Man sollte sich allerdings keine allzu großen Hoffnungen machen, dass man rein agrartechnisch, etwa durch geschicktes Bepflanzen, Pflügen und Düngen, wirklich große Mengen CO_2 binden kann. Ein 1989 begonnenes Forschungsprojekt in New South Wales macht die Komplexität der Aufgabe deutlich und nährt große Zweifel an den Erfolgsaussichten dieses Ansatzes (siehe zum Beispiel Chan 2013).

Wie mir kundige Ökologen immer wieder versichert haben, würde etwa die Wiederherstellung von Feuchtgebieten wie Hochmooren ungleich größere Klimaschutzwirkung erzielen. Möglicherweise könnten auch die neuen Methoden der »Agroforstwirtschaft« nutzbringend sein. Und selbstverständlich sollte der Raubbau an Regenwäldern und anderen natürlichen Ökosystemen umgehend eingestellt werden: Statt diese Pflanzen ihre wohltätige Kohlenstoffspeicherwirkung mittels Photosynthese verrichten zu lassen, verwandelt man sie durch Totschlag in direkte

CO_2-Quellen! Damit schlachten wir auf dümmlichste Art unseren besten Verbündeten im Kampf gegen die Erderwärmung ab.

Wie aber der Atmosphäre wirklich große Mengen Kohlenstoff auf wirklich nachhaltige Weise entziehen? Im Kapitel 26 habe ich schon erläutert, dass dafür wohl weder industrielle Verfahren noch die heute genutzten landwirtschaftlichen Areale der Erde infrage kämen. Und auch erwähnt, dass es vielleicht doch eine nachhaltige Option gibt. Ende März 2015 besuchte mich der ehemalige Bundestagsabgeordnete der Grünen und studierte Physiklehrer Hans-Josef Fell. Zusammen mit dem verstorbenen Sozialdemokraten Hermann Scheer gilt er als »Vater« des deutschen Erneuerbare-Energien-Gesetzes von 2000, das die Welt mehr verändert hat, als selbst seine Unterstützer jemals erwarteten. Fell ist ein liebenswerter Träumer – doch sind dies nicht die einzig wahren Realisten? Beim Treffen in Potsdam kamen wir schnell auf die Kohlenstoffextraktion zu sprechen. Und ich begründete meine diesbezügliche Skepsis. Aber, der Scherz sei hier erlaubt, Hans-Josef hat ein dickes Fell.

Er wies mich darauf hin, dass nur 33 Prozent der globalen Landfläche bisher in irgendeiner Form agrarisch genutzt würden, wovon ein erheblicher Teil von rapider Erosion und anderen Degradierungsprozessen betroffen sei. Was wäre, wenn man letztere Flächen – beispielsweise stark überweidete Böden geringster Produktivität – durch Aufforstung, organische Düngung, nachhaltige Bewässerung und andere sinnvolle Maßnahmen in grüne und blühende Landschaften verwandeln würde? Und wenn man schon dabei wäre, könnte man sich auch noch der Steppen und Halbwüsten annehmen, wo ungeheure Areale für die Bestückung mit Biomasse bereitlägen! Seinen Kalkulationen zufolge ließen sich auf diese Weise jährlich Kohlenstoffmengen im Multi-Gigatonnen-Bereich binden und sich somit die Erdatmosphäre rasch von CO_2 reinigen. Ob sich die Fell'sche Vision jemals auf der notwendigen Skala umsetzen lässt, ist zweifelhaft, aber nicht vollständig ausgeschlossen. Nicht nur China versucht, »Grüne Mauern« zu errichten, um das Vordringen der Wüste zu stoppen.

7. Regenerative Wasserwirtschaft

»Durst ist schlimmer als Heimweh«, sagt der Volksmund. Auf alle Fälle kann keine Zivilisation ohne sauberes Wasser auskommen, wobei die pro Kopf beanspruchte Menge mindestens proportional mit dem Lebensstandard wächst. Auch ohne die menschengemachte Erderwärmung wäre es eine der größten Herausforderungen dieses Jahrhunderts, rund 10 Milliarden Menschen mit dem Lebenselixier im wahrsten Sinn des Wortes zu versorgen. Die zu erwartenden Klimaveränderungen und die teilweise aberwitzigen Siedlungstrends (siehe oben) werden diese Problematik massiv verschärfen.

Am Beispiel Kaliforniens kann man dies heute schon studieren: Die seit 2011 herrschende Dürre setzt dem »Golden State« enorm zu, denn er ist das Zentrum der amerikanischen Agrarproduktion, und diese hat bekanntlich einen ungeheuren Wasserbedarf. Außerdem gehen die fast 40 Millionen Kalifornier bisher höchst verschwenderisch mit diesem kostbarsten aller Viktualien um – und das in einer Region, die unter natürlichen Umständen größtenteils Halbwüste wäre. Computersimulationen führender Experten deuten darauf hin, dass die gegenwärtige Dürre nur ein Vorbote noch extremerer Wasserknappheit im ganzen Südwesten der USA ist, falls die Erderwärmung ungebremst fortschreitet (siehe Cook u. a. 2015).

Selbstverständlich kann man mit Wasser privat, administrativ und kommerziell effizienter umgehen, aber das allein wird die absehbare Großkrise in den mäßig bis völlig ariden Regionen der Erde nicht abwenden. Abgesehen von deutlich verbesserten Speicher- und Transportsystemen, die mit hohen wirtschaftlichen, sozialen und ökologischen Kosten verbunden sind, bieten sich vor allem zwei strategische Lösungsansätze an: die Wiederverwendung von Nutzwasser und die Meerwasserentsalzung. Was die erste Option angeht, konnte ich schon vor vielen Jahren vor Ort bewundern, wie der Staat Israel seine knappen Wasserressourcen optimal nutzt. Das Land ist seit 2010 Weltmeister bei der Kreisführung von H_2O – 80 Prozent der nationalen Abwässer werden rezyklert und atemberaubende 100 Prozent der Abwässer im Stadtgebiet von Tel Aviv! Natürlich geht diese aufbereitete Flüssigkeit vor allem in die stets durstige Landwirtschaft. Aber auch andere Staaten wie Spanien, Australien und eben Kalifornien sind auf diesem Feld bereits aktiv oder unterhalten große einschlägige Forschungs- und Entwicklungsprogramme. Die Zusammenschau der schon gebräuchlichen und angedachten Techniken und Verfahren der Wasserwiedernutzung würde mindestens ein ganzes Kapitel dieses Buches erfordern. Ohne Zweifel handelt es sich hier um eine der wichtigsten Innovationsfronten, die für die Transformation zur Nachhaltigkeit rasch vorangeschoben werden müssen.

Gleiches lässt sich über die Meerwasserentsalzung sagen, die für viele Regionen die einzige realistische Möglichkeit darstellt, ausreichend Trink- und Betriebswasser für Bevölkerungs- und Wirtschaftswachstum zu beschaffen. Hat man Zugang zum Ozean, dann steht der entsprechenden Nutzung desselben im Wesentlichen nur der Salzgehalt im Weg. Dieses Hindernis lässt sich technisch überwinden, wenngleich bisher oft mit hohem finanziellen und energetischen Aufwand sowie gravierenden Auswirkungen auf die Umwelt. Dies illustriert besonders plastisch der Einsatz dieser Wassergewinnungsstrategie im Mittleren Osten: In Saudi-Arabien, wo pro Tag und Person durchschnittlich 500 Liter beansprucht werden, erfolgt die Meerwasserentsalzung höchst ineffizient und unter Einsatz von Unmengen von Erdöl in sogenannten Entspannungsverdampfungsanlagen. Pro Kubikmeter Wasser werden so 10 Kilowattstunden Strom verbraten! Die ähnlich betriebene, weltweit größte Anlage namens Dschabal Ali steht in den Vereinigten Arabischen Emiraten und entsalzt über 2 Millionen Kubikmeter pro Tag – mit Erdgas, versteht sich. Dass dies weder eine nachhaltige noch zukunftsfähige Lösung der Wasserproblematik darstellt, leuchtet vermutlich fast jedem ein.

Aber wo Wüste ist und Durst, da ist in der Regel auch Sonne, und zwar mehr als genug, selbst für den Geschmack der Einheimischen. Was läge also näher, als die Meerwasserentsalzung am Persischen Golf und in vergleichbaren Gegenden mit erneuerbaren Energien, insbesondere aus der Photovoltaik, zu betreiben? Genau dies war der Ansatz, der dem *National Food Security Program* (QNFSP) im staubtrockenen, aber stinkreichen Emirat Katar zugrunde lag. Seine treibende intellektuelle Kraft war Fahad Al-Attiya, eine charismatische Persönlichkeit aus dem katarischen Hochadel. Ich lernte ihn vor einigen Jahren in Berlin kennen und habe ihn später öfters in seiner Heimatstadt Doha besucht.

Sein großer Plan: auf der Halbinsel Katar, die kein einziges Oberflächengewässer besitzt, eine nachhaltige Landwirtschaft aufzubauen. Um nicht weiterhin völlig von Lebensmittelimporten abhängig zu sein – und das bei einer schnell wachsenden städtischen Bevölkerung. Für die Umsetzung eines solchen Plans braucht man vor allem Süßwasser, das durch solarbetriebene Entsalzungsanlagen in großen Mengen aus dem Golf gewonnen werden sollte. Ein ebenso einfacher wie genialer Ansatz, wenn man über ausreichend Geld verfügt. Und Investitionsmittel von circa 20 Milliarden Euro waren bereits ausgewiesen. Dennoch sind die organisatorischen und technischen Schwierigkeiten enorm, die bei einem solchen Megaprojekt überwunden werden müssen, gerade wenn man als Pionier unterwegs ist. Und soweit ich weiß, ist das QNFSP inzwischen irgendwo im Sand des Orients stecken geblieben – weil sich, wie in der Region nicht ungewöhnlich, die politischen Machtverhältnisse gewandelt haben und der brillante Fahad einstweilen auf ein Abstellgleis geschoben wurde. So schlummert die Zukunft der arabischen Wasserversorgung nun in irgendwelchen Schubladen und Computerdateien.

Aber irgendjemand, vielleicht sogar Fahad Al-Attiyah selbst, wird eines nicht allzu fernen Tages diesen Weg weiterbeschreiten, allein schon weil Länder wie Saudi-Arabien bei Fortsetzung der heutigen Trends in wenigen Jahrzehnten ihre gesamte Produktion an fossilen Brennstoffen für den Betrieb von Entsalzungs- und Klimaanlagen verwenden müssten! Der einzige langfristige Ausweg ist die massive Nutzung von regenerativen Energien und die Umstellung auf zyklische Ressourcenflüsse. Dies wird jedoch nur dann gelingen, wenn für diese Transformation rasch technische und systemische Innovationen angeschoben werden. Gerade im Meerwasserentsalzungsbereich sind die konventionellen Verfahren eigentlich indiskutabel. Neben dem üblichen Ansatz, nämlich mit enormem Energieeinsatz das Golfwasser zu verdampfen und wieder zu kondensieren, sind inzwischen auch schon intelligentere Prozeduren wie Umkehrosmose (mittels semipermeabler Filter) und Membrandestillation (mittels Gegenstrombetrieb) in Gebrauch.

Aber der Fortschritt auf diesem essenziellen Gebiet hat wiederum gerade erst begonnen: Beispielsweise entwickelte die Firma Siemens vor Kurzem ein neuartiges Verfahren, bei dem mithilfe einer Stromquelle Salz und Wasser getrennt werden. Das Prinzip ist einfach, denn das Meersalz besteht aus positiven und negativen Ionen, die von gegenüberliegenden Elektroden angezogen werden können. Eine Pilotanlage steht bereits in Singapur, wo sie täglich 50 Kubikmeter Süßwasser erzeugt (Zurawski 2012). Übrigens ist der Betrieb solcher Systeme, wie auch die gesamte Meerwasserentsalzung, in nahezu optimaler Weise mit erneuerbaren Energien möglich: Wenn etwa die Sonne von Wolken verdeckt wird, sinkt eben die Menge des geförderten Frischwassers – um wieder zu steigen, wenn sich die Wolken verzogen haben. Insofern ist hier das Speicherproblem für fluktuierende Energiequellen auf natürliche Weise gelöst: Das Süßwasser im Tank ist gewissermaßen das Integral über die zappelnde Solarstromkurve.

Und wenn wir schon bei stark schwankenden Kräften sind, möchte ich zum Abschluss dieses Abschnitts noch auf eine technische Fantasie hinweisen, die wahrscheinlich nie zur Anwendung im großen Stil kommen wird, aber trotzdem fasziniert. Das Start-up-Unternehmen *Eole Water* hat eine Windturbine entwickelt, die der Wüstenluft ihre Feuchtigkeit entzieht, diese verdampft und über einen Kühlkompressor kondensiert. Im Emirat Abu Dhabi steht ein Prototyp, der auf diese Weise täglich bis zu 800 Liter Süßwasser aus dem Himmel melkt. Dies funktioniert natürlich nicht in knochentrockener Luft. Aber wer schon einmal am Persischen Golf oder in der israelischen Negev-Wüste war, weiß, dass die untere Atmosphäre dort ab Sommerbeginn mit Feuchtigkeit geschwängert ist. Es ist auf jeden Fall ein schöner Traum, Wind und Wasser auf diese Weise zu vermählen (beziehungsweise zu scheiden).

Hiermit ist meine Illustration der »Sieben Kardinalinnovationen« abgeschlossen und damit auch die allgemeine Tour d'Horizon durch eine nachhaltige Zukunft, wie sie durch eine große zivilisatorische Anstrengung in den nächsten Dekaden geboren werden könnte. Dieses Kapitel ist ausgesprochen umfangreich geworden, aber stellt dennoch nur eine winzige Fußnote in einer zureichenden Beschreibung des Möglichkeitsraums dar, der vor uns liegt. Ich bin mir natürlich des Umstands bewusst, dass die Zukunft – ob nachhaltig oder nicht – sich ganz anders entwickeln wird, als dies selbst die besten faktengeleiteten Projektionen vorzeichnen. Insofern wird man über diesen Teil meines Buches schon in wenigen Jahrzehnten schmunzeln oder höhnisch lachen.

Wie sehr man sich bei zivilisatorischen Prognosen vergaloppieren kann, exemplifiziert auf amüsante Weise das Werk *Die Welt in 100 Jahren*, der Bestseller aus dem Jahr 1910. Das einst höchst beliebte Buch ist vor Kurzem mit einem einführenden Essay wiederaufgelegt worden (Brehmer 2013). Die »Zukunft von gestern« sieht in vielerlei Hinsicht ziemlich alt aus oder verirrt sich im Abstrusen (wie das Kapitel vom »Jahrhundert des Radiums« oder der bizarre Aufsatz »Die Kolonien in 100 Jahren« demonstrieren). Aber hier und da finden sich doch helle Ausblicke, die weit ins 20. Jahrhundert hineinreichen. Und vermutlich verändert man unsere Zivilisation schon ein wenig dadurch, dass man ein Panorama ihrer Zukunft zeichnet.

Die »Welt in 100 Jahren« wird keinesfalls auf dem fossil-nuklearen Expansionskurs verharren, so viel steht für mich fest. Ob die Geschichte der Menschheit in dieser kritischen Phase sich zum Guten wendet, weiß ich nicht. Wenn aber ja, dann werden wir schon Mitte des 21. Jahrhunderts auf die Betriebsweise einschwenken, die in Abbildung 83 auf hochgradig stilisierte Weise dargestellt ist. Es handelt sich lediglich um eine systemische Karikatur, aber sie lässt deutlich erkennen, wie Zivilisation und Natur wieder zusammenfinden könnten.

28. Klimaschutz als Weltbürgerbewegung

Verzweiflung. So müsste eigentlich mein persönliches Fazit lauten, wenn ich die Einsichten über den Klimawandel und die Aussichten für den Klimaschutz nach 25 Jahren intensiver Auseinandersetzung mit der Thematik in einem Wort zusammenfassen sollte. Die wissenschaftliche Beweislage, dass unsere Zivilisation dem Feuer immer näher rückt, ist erdrückend, aber gleichzeitig scheinen alle, die das Steuer noch herumreißen könnten, entschlossen, den Selbstmordkurs zu halten.

Es ist eine Illusion zu glauben, dass brillante Forschung und kreative Kommunikation alleine jenes System aus Systemen, das wir die Weltgesellschaft nennen, vom Kollisionskurs abbringen könnte. Gewiss, wenn die Diktatoren des Jetzt weniger willfährige Lakaien gefunden hätten, um groteske Zweifel am wissenschaftlichen Erkenntnisstand zu säen, dann wäre die nackte Wahrheit über Ursache und Folgen der Erderwärmung schon ein oder zwei Jahrzehnte früher für jedermann offenbar geworden. Und gewiss, wenn wir Fachidioten mit mehr Hingabe, Gespür und Humor unsere Resultate in die Öffentlichkeit tragen würden, dann wären vielleicht einige Prozent der Bevölkerung zusätzlich bereit, sich mit der Problematik auseinanderzusetzen und vielleicht sogar gewisse Verhaltensveränderungen vorzunehmen. Aber alles in allem hat die Wissenschaft ihre Rolle ordentlich gespielt – im Rahmen der Betriebsregeln.

Es ist ebenfalls eine Illusion zu glauben, dass gewissenhafte Gesetzgebung und kühne Staatslenkung eine Selbstverbrennung unserer Holozän-Kultur noch direkt verhindern könnten. Gewiss, wenn die Parlamente der westlichen Demokratien weniger empfänglich für die Einflüsterungen der Industrielobbyisten und die autokratischen Regime der Schwellenländer weniger anfällig für Korruption und Vetternwirtschaft wären, dann würden die legislativen Weichen um ein paar Winkelgrade weiter in Richtung Nachhaltigkeit gedreht. Und gewiss, wenn die moderne Politikwelt voller Abraham Lincolns, Mahatma Gandhis und Nelson Mandelas wäre, dann würden nicht so viele gut gemeinte Ansätze für den Klimaschutz im kleinherzigen Gezänk der Interessengruppen verderben. Aber alles in allem haben die gewählten Regierungen und etablierten Parteien ihre Rolle ordentlich gespielt – im Rahmen der Gepflogenheiten.

Die Wissenschaft hat inzwischen gar die heroische Anstrengung unternommen, in den IPCC-Berichten die Summe des Wissens zur Klimaproblematik minutiös zusammenzutragen. Es gibt keinen Stein, der dabei nicht wenigstens einmal umgedreht wurde. Die Regierungen haben nicht nur die Klimarahmenkonvention (UNFCCC) aus der Taufe gehoben, sondern seit 1995 auch bereits 20 (!) qualvolle Gipfelkonferenzen zum Thema abgehalten – ganz zu schweigen von den unzähligen Vor- und Nachbereitungstreffen der Diplomaten und Experten. Von denen die Öffentlichkeit nichts weiß und auch nichts wissen sollte.

Ich, Hans Joachim Schellnhuber, habe Hunderte von Fachartikeln geschrieben, Tausende von Vorlesungen gehalten und Dutzende von Regierungen beraten. So wie viele meiner Kollegen in aller Welt. Dabei habe ich mich stets bemüht, Klarheit, Wahrhaftigkeit und Unterhaltsamkeit in einer vernünftigen Balance zu halten – sicher ist es mir nicht immer gelungen. Hat nun unser Fachwissen, hat die Kärrnerarbeit der Regierungsbeamten eine Wende zum Guten, ein Einschwenken der Gesellschaft auf den Nachhaltigkeitspfad bewirkt? Wenn man sich ganz nüchtern den Anstieg der globalen Emissionskurve ansieht, dann lautet die Antwort: Nein.

Dies hängt, wie ich auch schon an anderer Stelle angemerkt habe, mit den Spielregeln unseres zivilisatorischen Normalbetriebs und der entwicklungsbedingten Gemütsverfassung des *Homo sapiens* zusammen. Fast alle tun das Richtige – nicht nur aus ihrer persönlichen Sicht, sondern auch aus der Perspektive der herrschenden Normen und Konventionen. Und dennoch addiert sich all das zu einem verheerenden Falschen auf! Die Wirtschaftswissenschaftler und Psychologen bemühen in solchen Zusammenhängen gern die sogenannte Spieltheorie, insbesondere das berühmte »Gefangenendilemma«. Letzteres entsteht in einer hypothetischen Entscheidungssituation für zwei Personen, die in Untersuchungshaft sitzen, weil sie eines gemeinsam ausgeführten Verbrechens beschuldigt werden. Die beiden Gefangenen werden getrennt verhört und vor die folgende Wahl gestellt: Wenn der eine die Tat gesteht, während der andere leugnet, erhält Ersterer nur eine kleine Kronzeugenstrafe (sagen wir, ein Jahr), der Zweite jedoch die Höchststrafe (sagen wir, sechs Jahre). Nun wird es jedoch interessant: Streiten beide die Tat ab, erhalten sie wegen belastender Indizien die gleiche mäßige Strafe (sagen wir, zwei Jahre). Geben jedoch beide das Verbrechen zu, dann wird dieses Strafmaß verdoppelt (also jeweils vier Jahre). Die Justizbehörden stellen somit eine Mausefalle auf, die mit dem Speck des Kronzeugenbonus gefüllt ist.

Und die Verdächtigen werden in diese Falle hineintappen – nicht aus Dummheit oder Versehen, sondern aus dem zwingend logischen Interesse, das individuelle Strafmaß zu minimieren, also die eigene Haut auf Kosten des Komplizen zu retten. Infolgedessen bekommen beide vier Jahre aufgebrummt. Dies kann man noch überzeugender darlegen, indem man die Entscheidungsoptionen aus der jeweiligen Sicht der einzelnen Täter durchspielt. Und so kann man es in nahezu jeder Einführung in die Volkswirtschaftslehre nachlesen. Was insofern befremdlich ist, weil das marktliberale Dogma ja eigentlich darauf beharrt, dass es der Gemeinschaft dann am besten geht, wenn jeder sich selbst der Nächste ist.

In der geschilderten Mustersituation zahlen aber beide drauf, sodass die Theorie vom wohltätigen Egoismus irgendwo einen Haken haben muss. Natürlich kann man sofort einwenden, dass in einer freien Wirtschaft die verschiedenen Akteure miteinander kommunizieren werden, sich also auf eine kooperative Strategie verständigen können. Doch das löst das Dilemma nicht auf: Selbst wenn die beiden Gefangenen vor der Befragung miteinander in Verbindung treten und sich auf standhaftes Leugnen einigen könnten, wäre doch jeder versucht, seinen Kopf im Verhör aus der Schlinge zu ziehen und den Komplizen zu verraten, wenn es darauf ankäme.

Beim großen Klimaspiel wird das Gefangenendilemma gern illustrativ bemüht, aber dort sind die Verhältnisse ungleich komplexer und die Widersprüche wesentlich subtiler. Viele Akteure, etwa die Delegierten bei den so schwer erträglichen COPs, meinen durchaus im Interesse anderer zu handeln – zum Besten der eigenen Nation, der Wähler, der Religionsgemeinschaft, der Nachkommen, ja sogar der gesamten Menschheit. Und doch bleiben wir auf Kollisionskurs mit der Erderwärmung. Und Gefangene im falschen Richtigen. Wo jeder Einzelne vernünftig handelt und alle zusammen töricht.

Aber sind die Resultate der Spieltheorie überhaupt auf das Klimaproblem anwendbar, selbst wenn wir von der Komplexität und Dynamik des Ganzen einmal absehen? Insbesondere das Gefangenendilemma bietet hierzu wohl die grundfalsche Analogie an. Es führt uns ohnehin stillschweigend auf eine Fährte, wo wir weder den Durchschnittsmenschen noch den Durchschnittsentscheider antreffen werden: Die Akteure im hypothetischen Spiel haben nämlich keine Moral! Sie sind Kriminelle, die nicht nur die Gesetze brechen, sondern auch keine gegenseitige Loyalität oder Solidarität kennen. Seit ich diesem Gedankenexperiment zum ersten Mal begegnet bin, habe ich mich stets darüber gewundert, dass uns dort die unanständige Gerissenheit von Verbrechern als Modellverhalten von rationalen Akteuren in der Wirtschaft oder der Politik untergeschoben wird. Das erscheint schon wie ein Programm und nicht wie eine Analyse: Der moderne Mensch soll und muss in der Gesellschaft wie ein streng logisch denkender Egomane handeln, und das Verhalten der *Ganoven* spiegelt diese unbarmherzige Logik in der reinsten Ausprägung wider.

Wenn man gewisse Einblicke in das Treiben vieler Investmentbanker vor der großen Finanzkrise von 2008 hat, könnte man fast meinen, dass das nach dem Zweiten Weltkrieg von Amerika aus gestartete globale Umerziehungsprogramm, das den *Homo sapiens* in den *Homo oeconomicus* verwandelt, tatsächlich erfolgreich war. Aber auch die moderne Gesellschaft besteht nicht vorwiegend aus rücksichtslosen Finanzjongleuren, so wie eine traditionelle Gemeinschaft nicht überwiegend aus Dieben besteht. Die meisten Menschen sind anständig, so zumindest meine Erfahrung. Deshalb führt die dominierende Lesart des Gefangenendilemmas in die Irre: Die Häftlinge könnten ja beispielsweise auch idealistische Widerstandskämpfer gegen ein tyrannisches Regime sein. Und deshalb die Solidarität mit dem anderen Mitgefangenen weit über die Minimierung des eigenen Nachteils stellen. Es ist nachgerade absurd, sich vorzustellen, dass Sophie Scholl 1943 ihren Bruder Hans zum Zwecke der Strafminderung an die Gestapo verraten hätte. Helden, Märtyrer und sogar ganz normale, aber wertgeleitete Menschen passen nicht in die Zwangsjacke der simplen Spieltheorie und nicht in die Vorstellungswelt der Kosten-Nutzen-Analysen des Klimawandels. *Das ist meine Erfahrung – das ist meine Hoffnung.*

Nun könnte sein, dass die Spieltheorie das Verhalten von Akteuren, welche große Apparate repräsentieren, zutreffender wiedergibt. Die Rede ist also von Regierungschefs oder Vorstandsvorsitzenden, wobei die von diesen Personen geführten Nationalstaaten oder Unternehmen durchaus demokratisch verfasst beziehungsweise mit den Wirtschaftsgesetzen konform organisiert sein können. Aber wenn es hart auf hart kommt, wird das Völkerrecht häufig gebrochen (wie bei der Irak-Invasion durch die USA und Großbritannien im Jahr 2003) oder große Mengen Schmiergeld werden ausgehändigt (wie beim Siemens-Korruptionsskandal, dessen Aufdeckung 2006 begann). Dass Schurkenregime und mafiöse Organisationen die Maximierung des Eigennutzes rücksichtslos betreiben, versteht sich ohnehin von selbst. Meines Erachtens hat die Amoral der Apparate ihre Hauptursache im *Abstand* zwischen Entscheider und Betroffenen. Je größer die lebenswirkliche Distanz zwischen dem Kommandeur und dem Soldaten, zwischen dem Präsidenten und dem Durchschnittsbürger, zwischen dem Konzernboss und dem einfachen Arbeitnehmer ist, desto »distanzierter« können die Anordnungen »oben« ausgedacht und formuliert werden, desto »radikaler« werden sie von jeglicher sentimentalen Verunreinigung »befreit« sein.

Belege für diese Grundeinsicht lassen sich im Alltag mühelos finden –

leider. Besonders charakteristisch ist für mich das Verhalten von vielen Autofahrern, die aus der sicheren Anonymität ihrer Straßenpanzer heraus rücksichtslos, rüpelhaft oder gar lebensgefährlich agieren. Hoch oben im SUV-Sitz, hinter verspiegelten Scheiben und Sonnenbrillen, im raschen Vorbeiziehen an den übrigen Verkehrsteilnehmern werden Männer zu Schweinen und Frauen zu Zicken. Schwer vorstellbar, dass einem als Fußgänger von anderen Fußgängern Ähnliches widerfahren würde, selbst im dichten Gedränge: Vortrittsraub, wüstes Schimpfen, hochgereckter Mittelfinger usw.

Denn fast alle Menschen sind – evolutionär oder edukativ – auf gutes Sozialverhalten programmiert, das instinktiv in Gang gesetzt wird, wenn man die anderen Akteure in einer Situation als Mitmenschen wahrnimmt. Was natürlich insbesondere der Fall ist, wenn Bekanntschaft oder gar Freundschaft unter den Beteiligten besteht. Die frühen Spieltheoretiker verzweifelten auf legendäre Weise an ihren Sekretärinnen, die sie als Versuchskaninchen bei der experimentellen Inszenierung des Gefangenendilemmas nutzten. Diese Frauen verhielten sich nämlich hartnäckig irrational, sprich kollegial, und verdarben damit die Lehrsätze vom Nash-Gleichgewicht und andere mathematische Delikatessen…

Der Faktor *Moral* ist demnach nicht zu vernachlässigen, schon gar nicht im Zusammenhang mit der Klimaproblematik. Dass Letzteres uns vor gewaltige, schier erdrückende ethische Herausforderungen stellt, habe ich in Kapitel 24 eingehend erläutert. Jetzt gehe ich einen Schritt über den Appell an die Mitmenschlichkeit hinaus, die in einer vernunftgeleiteten Fernstenliebe gipfeln könnte. Mein Appell ist keineswegs so weltfremd, wie er zunächst erscheinen mag. Ich bin der Meinung, dass er inzwischen sogar gute Chancen hat, gehört und beachtet zu werden, von vielen Millionen Bürgern dieser seltsamen, abstoßenden und doch so einzigartigen und kostbaren Welt. Und ich meine, dass mir die Geschichte recht gibt, denn große Zeitenbrüche und politische Umwälzungen waren stets eng mit der Tatsache verknüpft, dass das, was war, nicht mehr richtig erschien. Nicht nur, weil es möglicherweise schlechter funktionierte als gewohnt, sondern vor allem, weil es *unrecht* war.

Dies will ich mit einem persönlichen Eindruck illustrieren, den ich von einer Jamaika-Reise im Juni 2014 mitgebracht habe. Die Weltbank hatte mich gebeten, bei einem großen Finanzforum in Montego Bay einen Hauptvortrag über den Klimawandel und seine Bedeutung für die globale Entwicklungspolitik zu halten. Ich war in einem Strandhotel am Rose Hall Beach untergebracht, der insbesondere bei amerikanischen Touristen beliebt ist. Der Name des Strandes rührt vom prächtigsten Herrenhaus

Jamaikas her, das um 1770 für einen reichen englischen Plantagenbesitzer erbaut wurde. Somit war Rose Hall ein Tempel der Sklavenhaltung. Von den Touristen kaum wahrgenommen, ist die Erinnerung an diesen Umstand bei den Einheimischen sehr lebendig, wie ich bei verschiedenen Gesprächen erfuhr. Zumal ganz in der Nähe der »Große Weihnachtsaufstand« von 1831 begann, an dem sich 60 000 der insgesamt 300 000 Sklaven Jamaikas beteiligten und der sich rasch zum größten Aufstand aller Zeiten im britisch beherrschten Teil der Karibik auswuchs.

Der tragische Held dieser Episode der langen Unterdrückungsgeschichte war der schwarze Baptistenprediger Samuel Sharpe, der eigentlich nur dazu aufgerufen hatte, an den Weihnachtsfeiertagen die Sklavenarbeit zu verweigern. Die »christlichen« Plantagenherren reagierten mit Repression, sodass der Streik in offene Rebellion umschlug. Nach acht Tagen war der Aufstand jedoch bereits von den britischen Truppen niedergeschlagen, und eine unbarmherzige Rachekampagne rollte durchs Land. Insgesamt fanden vermutlich 14 weiße Kolonisten den Tod; allerdings kam es zu erheblichen Sachschäden durch Brandstiftung und andere Empörungsakte. Dagegen wurden viele Hunderte von Sklaven im Kampf und vor allem durch Strafmaßnahmen getötet. Doch der grausame Schuss ging für die »Plantokratie« nach hinten los: Die Berichte über die Brutalität der Vergeltungsmaßnahmen überquerten schnell den Atlantik und versetzten weite Teile der britischen Öffentlichkeit in Empörung. Schon am 28. August 1833 wurde der *Slavery Abolition Act*, also der Parlamentsbeschluss zur Abschaffung der Sklaverei, vom König *genehmigt*, und bald war die Knechtung der Mitmenschen im britischen Imperium, das durch ebendiese Knechtung so viel Macht und Reichtum entfalten konnte (siehe Kapitel 12), Geschichte.

Dieser späte Sieg der Menschlichkeit wurde mit großer Leidenschaft erkämpft, keine Frage. Aber Empathie und Ethik allein hätten der Sklaverei im Vereinigten Königreich und seinen weltweiten Kolonien wohl nicht ein Ende bereitet. Mindestens zwei andere gewichtige Faktoren mussten mitwirken. Einer davon war die Angst. Also die bange Sorge, dass schon bald irgendwo in Übersee ein Sklavenaufstand losbrechen könnte, der sich nicht so leicht niederschlagen ließe wie die Weihnachtsrebellion von Montego Bay. Tatsächlich war genau dies bereits einmal geschehen und hatte Entsetzen in der weißen Oberschicht der Tropen ausgelöst. Der Schauplatz: die große Karibikinsel Hispaniola, genau genommen der Westteil mit Namen Saint-Domingue (heute: Haiti), den die Franzosen seit 1659 beherrschten und ausbeuteten. Hispaniola und Jamaika waren die karibischen Schatztruhen der europäischen Kolonialmächte; von diesen Inseln strömten riesige Mengen an Zucker, Baumwolle, Indigo und Kaffee über den Atlantik zur Befriedigung der gierigen Nachfrage in der Alten Welt. So hätte es aus Sicht der europäischen Eliten und Konsumenten eigentlich immer weitergehen können, ungeachtet des unfassbaren Unglücks der Sklaven, mit dem dieses Geschäftsmodell erkauft wurde.

Doch dann gab es einen Betriebsunfall, der das allgemeine Klima für inhumane Geschäfte heftig eintrübte, nämlich die Französische Revolution von 1789. Diese große Ruptur der Weltgeschichte war selbst wiederum der spektakulärste Ausdruck eines neuen öffentlichen Verständnisses von der Welt, welches im Zuge der Aufklärung nach dem Dreißigjährigen Krieg entstanden war. Und irgendwie passten Knechtung, Ausbeutung, Schändung und Ermordung der verschleppten Afrikaner auf Saint-Domingue nicht zu den Schriften Jean-Jacques Rousseaus, dessen Eröffnungssatz im Hauptwerk über den *Gesellschaftsvertrag* ein unauslöschliches moralisches Feuer entzündete: »Der Mensch ist frei geboren und überall liegt er in Ketten.« Der Freiheitsgedanke war hochansteckend und infizierte rasch auch die Karibik. Wobei die Sklaven im französischen Hispaniola eben nicht wie andernorts demütig auf die Ideale der Revolution hinwiesen, sondern entschlossen waren, ihr Recht auf Freiheit durch die konsequente Beseitigung ihrer Unterdrücker geltend zu machen. Und so geschah es.

Die Massaker begannen am 22. August 1791 auf einer großen Plantage in Cap Français und entwickelten sich dann zu einer chaotischen Sequenz aus Scharmützeln und Blutbädern, unter zynischer Mithilfe der konkurrierenden Kolonialmacht Spanien. Nachdem die französischen Besatzungstruppen im November 1803 endgültig kapituliert hatten, wurde ein Großteil der überlebenden Soldaten von den Aufständischen ertränkt. Am 1. Januar 1804 rief der Sklavenanführer Jean-Jacques Dessalines den unabhängigen Staat Haiti aus und ordnete bald darauf die Auslöschung der weißen Restbevölkerung an. Bis Ende April 1804 kamen so an die 5000 Kolonisten zu Tode, inklusive Frauen und Kinder. In der Verfassung von 1805 wurden schließlich alle Bürger zu »Schwarzen« erklärt; konsequenterweise durften weiße Nicht-Bürger kein Land auf Haiti besitzen.

Das war eine groteske Umkehrung der gewohnten Herrschaftsverhältnisse, die der kaukasischen »Herrenrasse« brutal den Spiegel vorhielt. Und unter den Kolonisten in aller Welt Angst, Hass und Panik erzeugte. Die grausamen Rachemaßnahmen der Briten nach dem Weihnachtsaufstand von 1831 auf Jamaika waren zweifellos von solchen Gefühlen mitbestimmt, bewirkten aber letztlich genau das Gegenteil des Beabsichtigten. Auf jeden Fall möchte ich den Faktor *Schrecken* festhalten, der beim

Kollaps eines ebenso ungerechtfertigten wie instabilen Systems eine entscheidende Rolle spielt: Wenn die Einschläge näher kommen, merken schließlich alle, dass der Friede des etablierten Daseins nur trügerisch ist. Doch während der Fall Haiti vor allem für die Furcht vor der Rache der vergewaltigten Kräfte (der Menschheit oder auch der Natur) steht, wirft der Fall Jamaika ungewollt ein helles Licht auf die gute Seite unserer Zivilisation, den *Anstand*. Wie schon mehrfach erwähnt, hatte die Bewegung zur Abschaffung der Sklaverei (englisch: *Abolition Movement* beziehungsweise *Abolitionism*) in Großbritannien über Jahrzehnte einen bemerkenswerten Kampf gegen jene Großindustrie geführt, die das britische Imperium in seiner erdumspannenden Form erst ermöglichte. Entsprechend fielen die Argumente und Hasstiraden der etablierten Kräfte aus, die insbesondere die Verarmung des entsklavten Vereinigten Königreichs an die Wand malten. Erinnert dies nicht frappierend an die Warnungen der Gegner der deutschen Energiewende, die nicht müde werden zu prophezeien, dass ohne die herkömmliche fossil-nukleare Energieversorgung die Lichter ausgehen und die Heizungen erkalten?

Jedenfalls ist die britische Antisklaverei-Bewegung der historische Präzedenzfall für die Auseinandersetzung zwischen wirtschaftlichem Gewinnstreben und gesellschaftlicher Moral. Es ging in erster Linie nicht um eine Umwälzung der Machtverhältnisse auf Kosten der herrschenden Klasse, worauf die marxistische Analyse die säkulare Sozialdynamik oft unzulässig reduziert: Unzählige englische Frauen und Männer aus allen Schichten wurden zum Teil der Bewegung, durchaus entgegen ihren eigenen Konsuminteressen, einfach weil sie nicht akzeptieren konnten, was im etablierten System der Mensch dem Menschen *geschäftsmäßig* antat. Eine Luxuskampagne von saturierten Bürgern eines reichen Landes? Teilweise ja, vermutlich. Aber eben nicht nur, denn die menschliche Empathie schiebt den rechnenden Verstand zur Seite, wenn das schreiende Unrecht unverhüllt zutage tritt.

Trotzdem muss man den mächtigen Faktor Moral im Zusammenspiel mit den anderen Kräften sehen, die zu gegebener Zeit am gegebenen Ort das Geschehen prägen. Gerade im frühen 19. Jahrhundert kam der Macht des *Fortschritts* eine überragende Bedeutung zu. Und ich spreche hier natürlich in erster Linie von technischen Erfindungen und ausgeklügelten Maschinen. Doch in fast jeder Epoche gab es auch Entwicklungen an gesellschaftlichen Fronten, die entscheidende institutionelle und soziale Neuerungen brachten, wie Wahlrecht und Schulpflicht. Jedenfalls konnte die britische Wirtschaft die offizielle Abschaffung der Sklaverei im Vereinigten Königreich – die Kolonien vollzogen diesen Schritt mit jahrzehntelanger Verzögerung – blendend verkraften, abgesehen von jenen Zweigen, die direkt vom Menschenraub profitierten wie der Sklavenschiffsbau in Liverpool. Dafür gab es zwei Hauptgründe: Zum einen lieferten die Südstaaten der unabhängigen USA unter massivstem Einsatz von Sklavenarbeit nun die nötigen Rohstoffe, allem voran die neue Königsware Baumwolle (Beckert 2014). Zum anderen war inzwischen die kohlegetriebene Mechanisierung der heimischen Wirtschaft in vollem Gang, die industrielle Revolution (siehe Kapitel 12). Diese ließ sich ohnehin billiger mit Lohnarbeitern vom Lande betreiben, und ihre gigantische Maschinerie fragte nicht nach dem Woher der Rohstoffe, sondern nur nach dem Wohin der veredelten Produkte. Die Antworten waren: Kontinentaleuropa, Indien und China. Unzählige dampfbetriebene Spinn- und Webgeräte im englischen Nordwesten spuckten Mitte des 19. Jahrhunderts Textilien für den Export aus und ließen die Profite der untergegangenen Plantokratie in der Karibik verblassen.

Im Rahmen einer von politischer Schizophrenie geprägten Strategie, die dem Faktor Moral widerwillig Rechnung trug, machte sich die britische Regierung schließlich auch für die Unterbindung des gesamten atlantischen Sklavenhandels stark – womit man einerseits ganz wirtschaftslogisch die Konkurrenz der anderen Kolonialmächte schädigen wollte, andererseits aber auch den Rohstoffnachschub aus dem Süden der USA gefährdete. Doch Letzterer war längst nicht mehr so stark vom Import frischer Sklaven aus Westafrika abhängig, da sich inzwischen eine große heimische Population von unfreien Schwarzen gebildet hatte. Zudem kam wieder der technische Fortschritt ins Spiel: Die rasante Mechanisierung in der Landwirtschaft erleichterte die Ernte und Verarbeitung von Rohbaumwolle enorm. Mit nüchternem Zynismus könnte man deshalb feststellen, dass auch in den amerikanischen Südstaaten die Sklaverei keine Grundvoraussetzung für das industrielle Wachstum mehr war. Mr. Lincoln, bitte übernehmen Sie...

Doch solcher Zynismus wird der historischen Komplexität nicht gerecht. Abraham Lincoln war zwar ein ökonomischer Realist, aber noch mehr ein von ethischen Grundsätzen geleiteter und von moralischen Impulsen angetriebener politischer Idealist. Deshalb ist die Geschichte von der Überwindung einer der scheußlichsten Episoden der Menschheitsgeschichte eben vor allem eine Erzählung von der Trilogie aus Schrecken, Fortschritt und Anstand. Im Englischen kann man dies sehr einprägsam als »3-D-Perspective« charakterisieren, indem man die Faktoren als *Disaster*, *Discovery* und *Decency* kennzeichnet. Dass das letzte große »D«, also der Anstand des ganz normalen Menschen, gewaltige Systeme und ganze Epochen umwälzen kann, hat nicht nur die Antisklaverei-Bewegung aufgezeigt. Wir könnten in diesem Zusammenhang beispielsweise auch vom Widerstand gegen den Vietnam-Krieg sprechen, dessen Folgen die amerikanische und die westeuropäische Gesellschaft tief verändert haben. Aber noch relevanter für die Diskussion über die rechte Antwort auf die Klimafrage ist der weltweite Kampf gegen die Apartheid-Politik der südafrikanischen Burenregierung in den Jahren 1948 bis 1979.

Wer diese Episode der jüngeren Geschichte studiert, findet ein Lehrstück über die Widersprüche zwischen Macht und Moral. Wobei Letztere mitunter auf verschlungenen Pfaden doch an ihr Ziel gelangt. Ich bin außerstande, hier im Detail auf die Entwicklung des internationalen Widerstands gegen das Apartheid-Regime nach dem Zweiten Weltkrieg einzugehen; interessierte Leser verweise ich auf die umfangreiche Literatur zum Thema (Edgar 1990; Kaußen 2003; Mandela 1997; Lissoni 2000). An dieser Stelle kann auch der Widerstandskampf der ausgegrenzten farbigen Bevölkerungsmehrheit, angeführt von charismatischen Persönlichkeiten wie den schwarzen Friedensnobelpreisträgern Albert Luthuli, Desmond Tutu und Nelson Mandela, gegen die herrschende weiße Minderheit keine angemessene Berücksichtigung finden. Im Zusammenhang mit der Klimaproblematik sind ohnehin die Organisationen und Aktionen von besonderem Interesse, welche sich außerhalb von Südafrika seit den 1950er-Jahren formierten. Interessanterweise begann wieder alles in Großbritannien.

Am 26. Juni 1959 konstituierte sich in London die »Boykottbewegung« aus Exil-Südafrikanern und prominenten Sympathisanten. Julius Nyerere, der spätere Präsident von Tansania, fasste das Anliegen der Bewegung wie folgt zusammen: »Wir verlangen nichts Besonderes vom britischen Volk. Wir bitten euch lediglich, der Apartheid die Unterstützung zu entziehen, indem ihr keine südafrikanischen Waren mehr kauft« (Anti-Apartheid Movement, 2000). Das war natürlich eine bewusste starke Untertreibung des klugen Nyerere, denn die südafrikanischen Importe (insbesondere Obst und Gemüse) waren bei den Konsumenten im grauen Vereinigten Königreich heiß begehrt. Und natürlich kam der Kauf von Südfrüchten vom Kap in den Läden nicht umgehend zum Erliegen. Aber ein erster Stachel war ins Gewissen der in diesen Zeiten für soziale Fragen recht aufgeschlossenen britischen Öffentlichkeit getrieben. Die Boykottbewegung erhielt rasch Unterstützung von vielen fortschrittlichen Kräften unter den Studenten, Gewerkschaften und Parteien. Am 28. Februar 1960 gab es sogar eine spektakuläre Kundgebung auf dem Trafalgar Square im Herzen von London. Nach beachtlichen anfänglichen Erfolgen mit rasch wachsender Popularität in weiten Teilen der bürgerlichen Gesellschaft – insbesondere nach dem sogenannten Sharpeville-Massaker, bei dem am 21. März 1960 69 unbewaffnete Anti-Apartheid-Demonstranten von der südafrikanischen Polizei erschossen wurden – konnte die Bewegung allerdings nur in akademischen Kreisen entscheidend Fuß fassen. 1967 unterschrieben fast 500 Hochschullehrer von 34 britischen Universitäten eine Deklaration gegen die Diskriminierung von farbigen Intellektuellen durch das Burenregime.

Neben diesen Aktivitäten, welche die zivilgesellschaftlichen Stimmungen der Entkolonialisierungsepoche nach dem Zweiten Weltkrieg treffend widerspiegelten, gab es zwei internationale Strömungen, die der südafrikanischen Apartheid immer stärker zusetzten. Zum einen entstanden aus dem weltweit wachsenden Unbehagen und unter dem politischen Druck der jungen unabhängigen Staaten in Afrika und Asien völkerrechtliche Initiativen, welche die Regierungen der Industrieländer, den Commonwealth und die Vereinten Nationen aufforderten, Farbe in Bezug auf die südafrikanische Rassentrennungspolitik zu bekennen. Tatsächlich verabschiedete die UN-Generalversammlung 1962 in New York die »Resolution 1761«, welche zu Sanktionen gegen Südafrika aufrief. Selbstredend wurden die Inhalte dieser Resolution von den westlichen Demokratien empört zurückgewiesen und ihrerseits boykottiert – die hervorragenden wirtschaftlichen Beziehungen zum Burenstaat wollte man durch die Befolgung der selbst erklärten freiheitlichen Grundsätze und Grundgesetze denn doch nicht gefährden. Heuchelei ist schließlich Teil des politischen Geschäfts. Insbesondere wurde von der britischen Regierung mit großem Pathos darauf hingewiesen, dass Sanktionen gegen Südafrika »den kleinen schwarzen Mann« dortselbst doch am schmerzhaftesten treffen würden und somit inhuman seien. Ein verwandtes Argument begegnet uns heute immer wieder im Klimakontext (siehe vor allem Kapitel 30). Doch immerhin gab es symbolische Erfolge für die Anti-Apartheid-Bewegung auf dem multilateralen Parkett, etwa den Ausschluss Südafrikas aus dem Commonwealth 1961 und von den Olympischen Spielen 1968.

Wirklich gefährlich wurde dem Rassenstaat jedoch jene andere Strömung, die ganz gezielt und konkret an Investoren aller Art appellierte, ihr Kapital entweder aus Südafrika abzuziehen oder es erst gar nicht dort anzulegen. Damit entstand die erste große *Divestitionsbewegung* der Weltgeschichte, welche Moral vor Profit setzte. Im Englischen hatte sich zunächst der Begriff *Disinvestment* eingebürgert, der sich aber später zum kürzeren *Divestment* abschliff. Mit der UN-Resolution 1961 waren die frühen Konsumboykottaufrufe der britischen Aktivisten gewissermaßen

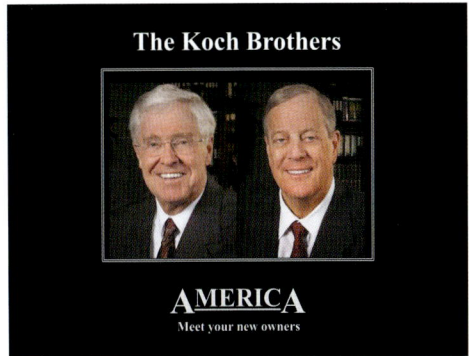

Abbildung 74: »Amerika, lerne deine neuen Besitzer kennen!« Satirische Fotomontage zu den beiden Koch-Brüdern (vgl. S. 552).

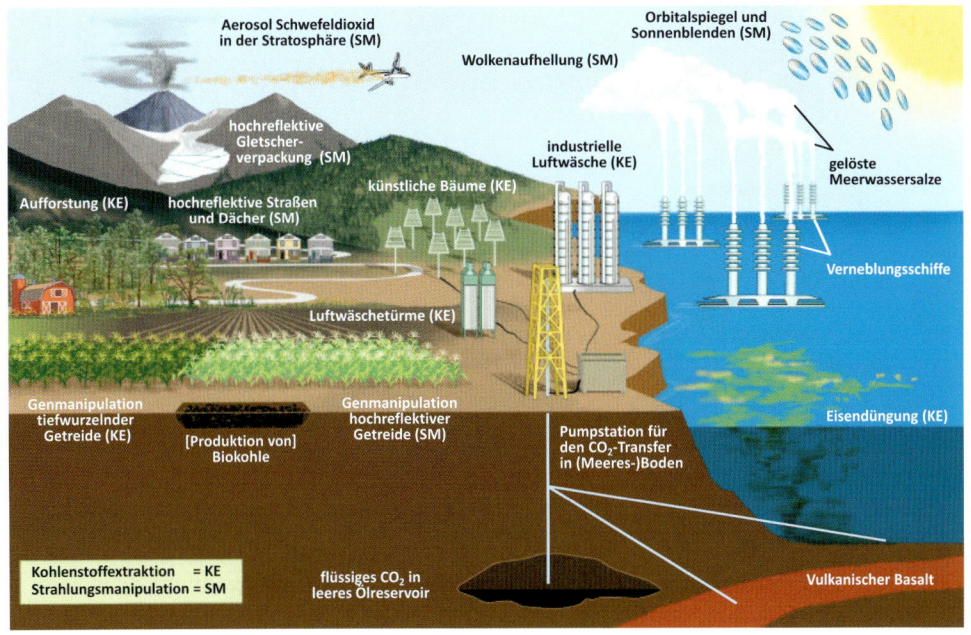

Abbildung 75: Zusammenschau möglicher großtechnischer Klimareparaturmaßnahmen. Die Verfahren lassen sich grob in zwei Gruppen einteilen: Techniken der Strahlungsmanipulation (SM) und Maßnahmen zur Kohlenstoffextraktion (KE). Vgl. S. 586.

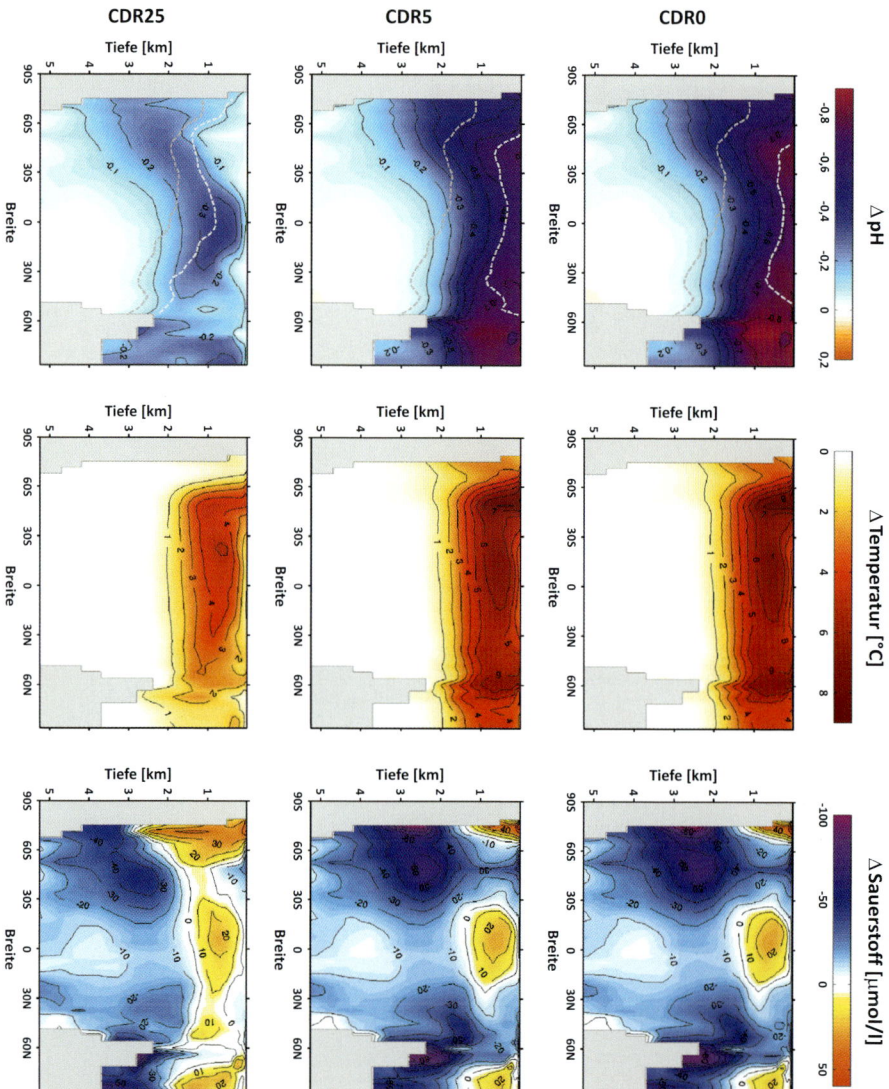

Abbildung 76: Süd-Nord-Schnitt durch das Weltmeer für das Jahr 2500, wobei entlang der Breiten-grade gemittelt wurde. Dargestellt sind die drei Messgrößen pH-Wert, Temperatur- und Sauerstoff-gehaltabweichung (im Vergleich zum Jahr 1800). Die drei Spalten entsprechen jeweils einem Szenario: CDR0, also *Business as usual* ohne Kohlenstoffextraktionsintervention (KE; rechts); CDR5, mit jährlicher KE von 5 Milliarden Tonnen (Mitte); CDR25, mit jährlicher KE von 25 Milliarden Tonnen (links). Vgl. S. 604.

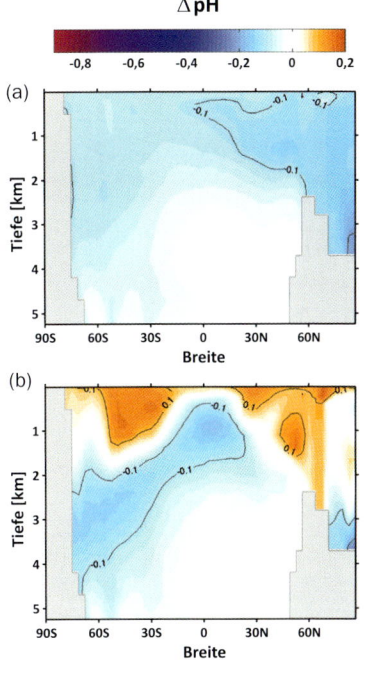

Abbildung 77: Süd-Nord-Schnitt durch das Weltmeer für das Jahr 2410, gemittelt entlang der Breitengrade. Die dargestellte Messgröße ist die Abweichung des pH-Wertes vom Basiswert aus dem Jahr 1800. Die obere Teilgraphik (a) stellt die Situation für ein Umweltschutzszenario dar, während die untere (b) das Resultat einer besonders intensiven KE-Strategie zeigt: die Spaltung des Meeres in ein alkalisches Oberhaus und ein versauertes Unterhaus (vgl. S. 605).

Abbildung 78: Illustration der »Kosten der Weltrettung«. Angegeben ist der globale Konsum als Funktion der Zeit, wobei der Wert im Jahr 2010 100 % entspricht. Die rote Linie zeichnet das Bild einer typischen weltwirtschaftlichen Entwicklung, wo der Konsum jährlich um 2,3 % wächst. Die blaue Linie, eingebettet in einen Unsicherheitsfächer, der nicht zuletzt den diversen Modellanomalien geschuldet ist, skizziert dagegen die durch 2-Grad-Klimaschutz gebremste Konsumdynamik. Der Unterschied ist offensichtlich alles andere als atemberaubend: Die Verachtfachung (!) des Konsums würde durch die bewusste Begrenzung der Erderwärmung im säkularen Maßstab um lediglich zwei Jahre verzögert (vgl. S. 613).

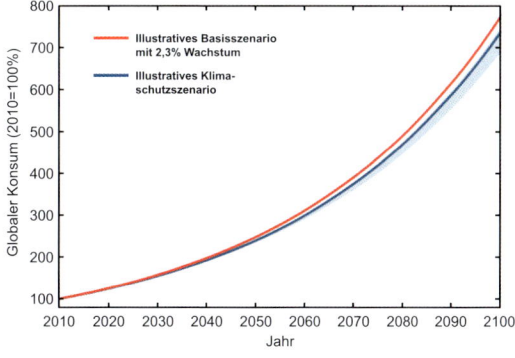

Abbildung 79: Reduktion des weltweiten Kohlendioxidausstoßes in den diversen GEA-Szenarien (GEA = Global Energy Assessment) für die Entwicklung der Energiesysteme. Je später der Scheitelpunkt der Emissionskurve, desto tiefer muss diese Kurve später hinabtauchen. Bis zur Jahrhundertmitte muss grob die Hälfte des Minderungswegs zurückgelegt sein (vgl. S. 615).

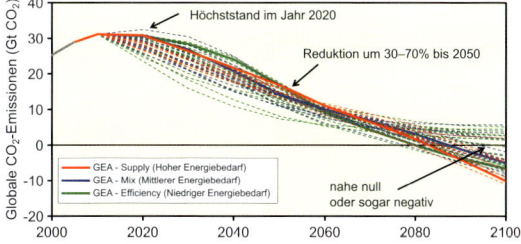

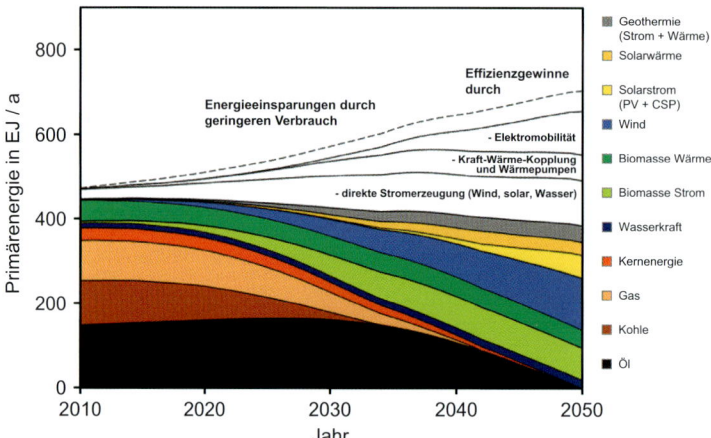

Abbildung 80: Die große Energietransformation nach WBGU. In diesem Szenario werden die technischen und operativen Potenziale (Stand 2010) für (1) den Übergang zu erneuerbaren Quellen, (2) die Erhöhung der Effizienz und (3) die vernünftige Minderung der Nachfrage beziffert und in einem Gesamtbild zusammengefügt. Man erkennt insbesondere, wie sich der breite »dunkle Regenbogen« des heutigen Energiemixes bis zur Jahrhundertmitte in einen schlankeren »hellen Regenbogen« ohne fossil-nukleare Anteile verwandelt (vgl. S. 619).

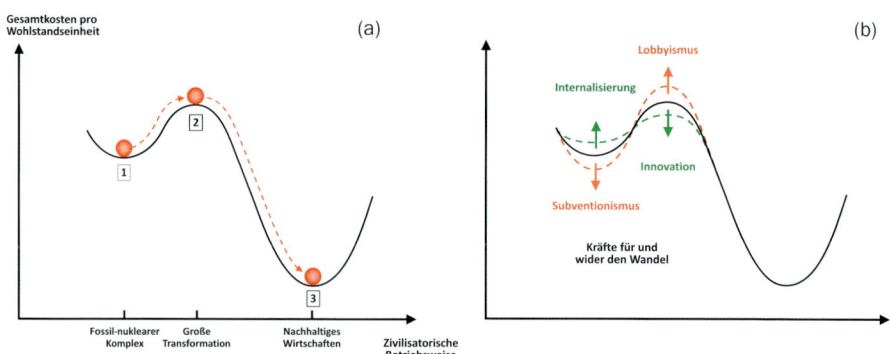

Abbildung 81a: Stilisierte relative Wirtschaftlichkeit der gesellschaftlichen Optionen im 21. Jahrhundert. Die gegenwärtige fossil-nukleare Betriebsweise (1) stellt ein »lokales Optimum« dar, produziert aber den vergleichsweise größten Wohlstand bei Kurzfristbetrachtung und Vernachlässigung aller Risiken und Nebenwirkungen. Die effizient-erneuerbare Betriebsweise (3) wäre deshalb in fast jeder Hinsicht überlegen und würde ein »globales Optimum« darstellen. Beim Übergang von (1) zu (3) müsste jedoch mittelfristig eine Kostensteigerung während der Transformationsphase (2) in Kauf genommen werden. Nach Überwindung der Wandlungsbarriere dürfte sich rasch das nachhaltige Wirtschaften als zivilisatorische Grundbetriebsweise herausbilden.

Abbildung 81b: Schematische Darstellung gesellschaftlicher Kräfte, welche die Transformation erschweren oder erleichtern können. Erstere verstärken noch die falsche Optimalität der fossil-nuklearen Betriebsweise, Letztere entzerren die Kostenlandschaft und ebnen dadurch den Weg für die zivilisatorische Modernisierung (vgl. S. 620).

völkerrechtlich geadelt, was der zivilgesellschaftlichen Protestströmung neuen Auftrieb gab. Im Jahr 1964 wurde in London eine internationale Konferenz über mögliche ökonomische Sanktionen gegen Südafrika durchgeführt, allerdings ohne durchschlagenden Erfolg. Deshalb gingen die Apartheid-Gegner allmählich zu einer anderen Strategie über: Statt zu versuchen, Regierungen und Parteien in die moralische Pflicht zu nehmen, appellierte man verstärkt an individuelle Unternehmen und institutionelle Investoren, ihr Kapital vom Rassentrennungsregime fernzuhalten. Der Schwerpunkt dieser Aktivitäten verlagerte sich nicht zufällig in die USA, wo die Gesellschaft viel stärker als in Westeuropa für die Diskriminierungsproblematik sensibilisiert war. Schließlich waren in Selma, Alabama, am 7. März 1965, dem »blutigen Sonntag«, Dutzende von Bürgerrechtsmarschierern von der örtlichen Polizei niedergeknüppelt worden.

Die Divestitionsbewegung wandte sich an alles und jeden, der möglicherweise Geschäfte mit der südafrikanischen Wirtschaft machte. Da war beispielsweise der Autogigant General Motors, der in den 1970er-Jahren die größte Anzahl schwarzer Arbeiter im Burenstaat beschäftigte, und da waren die großen Rentenfonds, welche die Beiträge ihrer Millionen Mitglieder in den lukrativen Bergwerksunternehmen Südafrikas anlegten. Gerade Aktiengesellschaften mit kommerziellen Verbindungen zum Apartheid-Land kamen dadurch unter doppelten Druck, weil ihre öffentliche Reputation mit hässlichen Flecken der Amoralität bespritzt wurde. Und weil viele Aktieneigner sich des Risikos bewusst wurden, dass ihre Geldanlage verloren gehen könnte, wenn sich der politische Wind tatsächlich drehen sollte. Was er schließlich auch tat, wie wir gleich sehen werden.

In den späten 1970er-Jahren wurde die Kampagne auch zu einer echten Studentenbewegung, die ihren Anfang an der amerikanischen Westküste und im Mittleren Westen der USA nahm. Insbesondere private Universitäten sind ja mächtige Investoren, die ihr ursprüngliches Stiftungskapital aus privaten Schenkungen über Jahrzehnte oder gar Jahrhunderte zu Milliardenvermögen angereichert haben. Die laufenden Einnahmen speisen sich vor allem aus drei Quellen, nämlich saftigen Studiengebühren, Spenden von reichen Ehemaligen (*Alumni*) und Renditen aus den getätigten Geldanlagen. Letztere sind in der Regel allein von den betriebswirtschaftlichen Maßstäben des Gewinns und der Sicherheit bestimmt. Und Investitionen in die südafrikanische Wirtschaft versprachen beides, zumindest solange sentimentales Geschwätz von Gleichberechtigung nicht das Betriebsklima verdarb.

Doch an den Hochschulen lässt sich die Moral nie ganz im Zaum halten. Tatsächlich setzten sich schon 1977 Studenten einer der weltbesten Universitäten, nämlich Stanford im kalifornischen Palo Alto, an die Spitze der Divestitionsbewegung und hinterfragten die Anlagepolitik ihrer Hochschule. 1978 bekannten sich dann die Michigan State University, die University of Wisconsin in Madison und auch die berühmte Columbia University in New York ganz oder teilweise zur Divestition. Dies war nur möglich, weil sich zahlreiche Hochschullehrer den Forderungen der Studenten anschlossen. Natürlich gab es Rückschläge, als die Leitungen anderer Universitäten begriffen, welche finanziellen Verluste da eventuell auf sie zukommen könnten. Die stolze Harvard University tat sich besonders schwer mit diesem Anliegen und veranlasste nach langem Zögern lediglich einige symbolische Maßnahmen hinsichtlich ihrer Geldanlagen bei Unternehmen mit Verbindungen zu Südafrika. Schließlich hatte die reichste Hochschule der Erde einiges zu verlieren. Ganz anders der zum System der University of California gehörige Campus Berkeley, der seit Langem zu den wenigen Plätzen auf der Welt zählt, wo Brillanz und Bewusstsein zusammengehen. Die gesamte University of California zog schließlich Investitionen im Wert von 3 Milliarden US-Dollar aus Südafrika ab, was Nelson Mandela später als wichtigen Beitrag zum Niedergang des Apartheid-Regimes würdigte.

Die akademische Bewegung gegen die südafrikanische Rassenpolitik entwickelte sich bis zum Jahr 1984 in Amerika und Europa recht uneinheitlich und mit episodischen Aktivitätsschüben, hatte aber doch erheblichen Einfluss auf die öffentliche Wahrnehmung der Problematik. Sie lud sich mit neuer Energie auf, als am Kap die Auseinandersetzungen eskalierten und die weiße Staatsmacht schließlich alle Register der Unterdrückung zog. Die sogenannte Verfassungsreform von 1983 modernisierte und zementierte das Prinzip der Rassentrennung, was auf den erbitterten Widerstand der schwarzen Bevölkerungsmehrheit stieß. Bald herrschten Gewalt und Chaos, vor allem in den berüchtigten *Townships* wie Soweto. Als das Burenregime im Jahr 1985 den Notstand ausrief und alle Proteste gewaltsam niederzuschlagen versuchte, gingen die Bilder von den blutigen Auseinandersetzungen um die ganze Welt. Auch in den wirtschaftlich eng mit Südafrika verflochtenen westlichen Marktwirtschaftsländern kippte nun die Stimmung und wandte sich gegen die Apartheid-Politik. Die Aufrufe zu ökonomischen Sanktionen und insbesondere zur Divestition, also zum Kapitalabzug aus dem Rassenstaat, mehrten sich dramatisch. Hunderte von Hochschulen, Bundesstaaten, Landkreisen und Städten in den USA folgten diesem moralischen Appell in jener Zeit kurz vor dem Ende des Kalten Krieges (siehe zum Beispiel Edgar 1990).

Damit entstand ein gesellschaftlicher Sog, der 1986 eine bemerkenswerte politische Entscheidung hervorbrachte, die dem Apartheid-Regime eine tiefe Wunde zufügte: Beide Kammern des US-Repräsentantenhauses sprachen sich im *Comprehensive Anti-Apartheid Act* für einen massiven Wirtschaftsboykott Südafrikas aus und überstimmten sogar ein Veto des konservativen Präsidenten Ronald Reagan. Margret Thatcher, die damalige britische Premierministerin, sah in Mandela übrigens einen gefährlichen kommunistischen Terroristen und plädierte für einen zartfühlenden Umgang mit dem Apartheid-Regime, um das von Großkonzernen bestimmte kapitalistische Wirtschaftssystem in Südafrika weitgehend intakt zu halten. Die neue US-Gesetzgebung beeinträchtigte die Geschäfte am und mit dem Kap hingegen empfindlich, da sowohl Investitionen als auch Importe und Steuererleichterungen betroffen waren.

Neben den erlittenen direkten ökonomischen Verlusten war wohl der psychologische Effekt auf die Anleger entscheidend: Aufgrund der Divestitionsbewegung einerseits und der staatlichen Sanktionen andererseits kam es ab 1984 zu einer erheblichen Kapitalflucht aus Südafrika, was wiederum eine starke Abwertung der heimischen Währung (Rand) und eine massive Erhöhung der Inflationsrate bewirkte. Das Rassenregime konnte schließlich dem doppelten Druck von Wirtschaftskrise und schwarzer Rebellion nicht mehr standhalten und musste 1990 in Verhandlungen mit den führenden Widerstandsbewegungen wie Nelson Mandelas *African National Congress* eintreten. Das Ende der Apartheid führte dann, anders als von vielen erwartet, weder zum blutigen Bürgerkrieg noch zur Umwandlung der südafrikanischen Ökonomie in eine kommunistische Planwirtschaft. Der Sieg über ein völlig aus der Zeit gefallenes System wurde somit, trotz zahlreicher Opfer und Schmerzen, nicht zu teuer erkauft.

Warum erzähle ich hier so ausführlich von Abolutionismus und Anti-Apartheid-Bewegung? Nun, weil in beiden geschichtlichen Fällen tiefes Unrecht mithilfe des individuellen Bekenntnisses zu moralischen Grundsätzen überwunden werden konnte: Die staatlichen Institutionen handelten am Ende im Sinne der Menschlichkeit, aber nur unter dem Eindruck der öffentlichen Meinung, die den Parlamenten und Regierungen ein mächtiges Mandat zum Handeln gab, das jenseits des Konkurrenzkampfs der Parteien angesiedelt war. Somit besitzen wir heute kostbare historische Blaupausen für den Kampf gegen den Klimawandel, der ja einen ethischen Skandal größten Ausmaßes darstellt. Die nationalen Delegationen bei den »Klimagipfeln« sind Gefangene einer prozeduralen Logik, die den Partikularnutzen eines Staates über das Gemeinwohl der Menschheit zu stellen neigt. Der einzelne Bürger muss dies aber nicht tun – er handelt keiner Absprache oder Konvention zuwider, wenn er sich frei dafür entscheidet, beim Klimaproblem das Wir über das Ich zu erheben!

Der Wissenschaftliche Beirat der Bundesregierung Globale Umweltveränderungen (WBGU) legte 2014 ein Sondergutachten vor, das dieser fundamentalen Einsicht Rechnung trägt. Sein Titel: *Klimaschutz als Weltbürgerbewegung* (Abbildung 84; WBGU, 2014a). In diesem Gutachten werden insbesondere die wichtigsten Aktionsformen und Initiativen diskutiert, mit denen die heutige Zivilgesellschaft jenseits aller nationalen Zugehörigkeit zur Bewahrung der globalen Umwelt beizutragen vermag. Angesicht der Dramatik des Klimawandels ist das Gebot der Stunde nicht mehr die Verbreitung von Informationen zum Zwecke der moralischen Empörung, sondern die Betonung der Notwendigkeit zum ethischen *Handeln*. Damit wandelt sich auch der Charakter der Beteiligung von gesellschaftlichen Gruppen an der politischen Willensbildung, die in den letzten Jahren immer mehr in einem ritualisierten, konsultativen Prozess erstarrte, der wiederum von wohletablierten Nichtregierungsorganisationen (NROs) dominiert war. Dieses Schema hat allmählich ausgedient.

Wenn ich öffentliche Vorträge zum Klimathema halte, werde ich bei der anschließenden Diskussion mit dem Publikum unweigerlich mit der Frage konfrontiert: »Professor Schellnhuber, was Sie da erzählen, ist wirklich bestürzend. Aber was kann ich persönlich dagegen tun?« Früher tendierte ich dazu, diese Frage als im Kern unpolitisch und deshalb wenig zielführend zu empfinden. Ja, das Rückverweisen auf das Individuum – »Jeder Einzelne ist gefragt!« – schien mir sogar von der Verantwortung der Regierungen, die notwendigen Rahmenbedingungen für den Klimaschutz herzustellen, und von der Pflicht der Unternehmen, für ihre Umweltschädigungen geradezustehen, abzulenken. Aber inzwischen habe ich eingesehen, dass die Frage nach dem persönlichen Beitrag schlechthin *die politischste aller Fragen ist*. Denn kein Problem der Moderne ist so unmittelbar mit den Gewohnheiten, Wünschen, Abneigungen und Entscheidungen des Einzelnen verknüpft wie die Klimaherausforderung.

Gewiss, das System des unbeschränkten Marktkapitalismus, der seit dem Fall der Berliner Mauer das Wirtschaften der ganzen Erde prägt, die Profitinteressen der weltumspannenden fossilen Industrie, die Machtansprüche autoritärer Parteien, archaischer Dynastien und reaktionärer Militärcliquen – sie tragen allesamt dazu bei, dass wir uns immer schneller auf das Klimachaos zubewegen. Aber diese Mächte und Kräfte können nur deshalb so zerstörerisch wirken, weil fast alle Menschen *Komplizen* der Untat sind. Gelegentlich aktiv, zumeist passiv. Wenn wir diese Komplizenschaft aufkündigen würden, fingen Regierungen rasch zu schwanken an und stolze Konzerne würden demütig. Der Einfluss des Wählers, des Kunden, des Anlegers ist so groß wie nie zuvor in der Geschichte und kann jedes Blatt wenden. Für die deutsche Energiewende nach dem Reaktorunfall von Fukushima im März 2011 gab es kein explizites Mandat per Stimmzettel. Doch der Bundesregierung war sofort klar, dass sie gegen eine überwältigende Anti-Atom-Stimmung in der Bevölkerung nicht ihre »Brückenstrategie« mit AKW-Laufzeitverlängerung durchziehen konnte. Letztere war einfach nicht mehr gesellschaftsfähig, im wahrsten Sinn des Wortes.

Nunmehr geht es darum, auch das klimazerstörerische fossile Betriebssystem für nicht mehr gesellschaftsfähig zu erklären. Dies ist dann höchst politisch, und zwar im eigentlichsten Sinn des Wortes, weil viele persönliche Bewertungen in eine – zunächst ungeschriebene – soziale Norm umschlagen. Dies geht auch weit über den Klimanutzen hinaus, den die private Entscheidung eines Haushaltes bewirkt, der sich beispielsweise entschließt, zu »grünem« Strom zu wechseln oder ein Elektromobil für den Stadtverkehr anzuschaffen. Solche Schritte sind wichtig und lobenswert, summieren sich aber eben nur auf und können in der Regel keine großen Wogen des Wandels erzeugen. Dagegen kann über Kommunikation und Nachahmung die moralische Ächtung eines profitablen, aber unverantwortlichen Geschäftsmodells dessen Reputation in kurzer Zeit infrage stellen und es für Kapitalanleger schlagartig unattraktiv machen. So wie dies aktuell multinationale Textilkonzerne erleben, deren Gewinne durch die rücksichtslose Ausbeutung von Frauen und Kindern in Entwicklungsländern nicht mehr lange mit unserem sozialen Gewissen vereinbar sein werden.

Im Grunde ist alles ganz einfach: Man muss nur der Spur des Geldes folgen. So wie das Wasser sich unter dem Einfluss der Schwerkraft in der Natur immer weiter nach unten bewegt, so sinkt das Anlagekapital unter dem Einfluss der Profitgier moralisch immer tiefer. Nämlich dorthin, wo die größten Renditen winken. Und dies ist, sofern wir offensichtlich kriminelle Aktivitäten und Schwarzarbeit ausklammern, entweder bei sozial eher anrüchigen, aber legitimen Geschäften (zum Beispiel Glücksspiel, Prostitution oder Alkoholindustrie) der Fall oder bei Wirtschaftszweigen, bei denen die in Gegenwart oder Zukunft anfallenden gesellschaftlichen Nebenkosten nicht eingepreist werden. Letzteres ist natürlich in höchstem Maße bei der fossil-nuklearen Industrie gegeben.

Bleiben wir aber zunächst beim Laster: Wie eine Studie von Professoren der London Business School belegt (siehe dazu zum Beispiel Stocker 2015), erzielen Investoren vergleichsweise traumhafte Gewinne, wenn ihr Geld den sündigen Sektoren zufließt – also insbesondere Tabakherstellern und Waffenproduzenten. Und zwar liegen die Gewinne jährlich in der Regel um etwa 50 Prozent über den Margen des übrigen Marktes! Vermutlich wissen die meisten Privatinvestoren jedoch gar nicht, dass ihr Geld in Panzerfabriken oder Bordelle wandert; sie vertrauen ihr Vermögen Banken und Fondsmanagern an und freuen sich, wenn die undurchsichtige Weltfinanzkrake satte Gewinne ausspuckt. Je weniger man über die Hintergründe weiß, desto besser.

Aber nein! Denn lukrative Geschäfte sind in einer Welt, wo ein erbarmungsloser Wettbewerb um die besten Investitionsmöglichkeiten stattfindet, oft auch riskante Geschäfte. Wer in den Rauschgifthandel in einer bestimmten Region investiert, weil dort solche Geschäfte legal sind, läuft Gefahr, von einer neuen Gesetzgebung in den Bankrott getrieben zu werden. Oder von der sozialen Stigmatisierung des Gewerbes, wodurch sich das Konsumverhalten drastisch ändern könnte. Das ist die Gefahr der *Stranded Assets*, womit im englischen Geschäftsjargon fatale Fehlinvestitionen bezeichnet werden. Aber es könnte noch schlimmer um den Anleger stehen: Wenn er nämlich, wie die allermeisten Menschen, ein Gewissen und einen Wertekanon besitzt und wenn Letzterer sich mit seiner Anlagetätigkeit partout nicht vereinbaren lässt. Ich stelle mir in diesem Zusammenhang stets vor, wie der soignierte Privatinvestor am Sonntagmorgen beim Familienfrühstück von seiner halbwüchsigen Tochter gefragt wird: »Papa, stimmt es, was meine Schulkameraden sagen, dass du dein Geld in Waffengeschäfte steckst?« Die Antwort des genervten Vaters in dieser fiktiven Szene würde vermutlich lauten, dass dies zwar nicht besonders appetitlich sei, dass aber sofort zehn andere Anleger zur Stelle wären, wenn man selbst sein Kapital aus diesem Gewerbe zurückzöge. Und genau dies ist der springende Punkt:

Denn unter bestimmten Umständen hüpfen eben *nicht* zehn andere in die entstandene Investitionslücke – wenn dies quasi Naturgesetz wäre, gäbe es niemals und nirgends eine qualitative Wirtschaftsdynamik. Vor allem aber fließt kein frisches Kapital nach, wenn das Geschäftsmodell sich auf Kollisionskurs mit den großen Trends des gesellschaftlichen Bewusstseins befindet. Diese Entwicklung zeichnet sich heute in Bezug auf die fossile Brennstoffindustrie ab und wird vorangetrieben von einer neuen Divestitionsbewegung, die möglicherweise alle vorherigen in den Schatten stellt. Diese Bewegung stellt die Gretchenfrage unserer Zeit: Wie hältst du es mit der Nachhaltigkeit? Und insbesondere mit dem Wirken deines Geldes? Soll es beitragen zur Zerstörung der uns vertrauten Welt oder helfen, die Schöpfung zu bewahren?

Der Aufruf zum »Divestieren« aus fossilen Geschäften, insbesondere zum Rückzug aus der Kohle-, Öl- und Erdgasindustrie, wurde gegen Ende der 2000er-Jahre immer lauter und ist inzwischen im Herzen der hoch entwickelten Gesellschaften angekommen. Wie immer bei so komplexen Strömungen sind die Ursprünge und Quellen nicht in allen Verästelungen rekonstruierbar. Eine der Schlüsselgestalten dieser Bewegung ist jedoch zweifellos Bill McKibben, ein amerikanischer Journalist und Umweltschützer, der schon zehn Jahre vor der Jahrtausendwende mit seinem Buch *The End of Nature* (McKibben 1990) das Klimathema in den Mittelpunkt des öffentlichen Interesses zu rücken versuchte. Bill ist gläubiger Methodist, aber bezieht seine Informationen über die Umweltproblematik aus den besten verfügbaren wissenschaftlichen Quellen. Dies bewies er in einem Artikel für das amerikanische Lifestyle-Magazin *Rolling Stone*, der am 19. Juli 2012 erschien und enorme öffentlich Resonanz erfuhr (McKibben 2012). Dort erläutert er in einfachen Worten, was die 2-Grad-Leitplanke und das entsprechende Kohlenstoffbudget der Menschheit (siehe Kapitel 20) letztlich bedeuten: Dass 75 bis 80 Prozent der schon nachgewiesenen und wirtschaftlich nutzbaren fossilen Energievorräte in der Erde bleiben müssen, wenn wir eine hochriskante Erderwärmung vermeiden wollen. Damit folgt er vollständig der Logik, die ich in diesem Buch dargestellt habe.

McKibben hat sich aber auch als direkter Organisator von zivilgesellschaftlichen Kampagnen und Aktionen ausgezeichnet. Er spielte eine entscheidende Rolle bei der Gründung und Popularisierung der *350.org*-Bewegung, die sich zum Ziel setzt, die CO_2-Konzentration in der Erdatmosphäre rasch wieder unter 350 ppmv zu drücken. Diese Ausrichtung geht auf den Artikel eines Autorenteams um Jim Hansen zurück (Hansen u.a. 2008b), in dem ebendiese Zahl 350 als kritischer Schwellenwert eingestuft wird. Über Gültigkeit und Sinnhaftigkeit dieser Hypothese kann man zwar streiten, aber die zugehörige Kampagne ist inzwischen zu einer globalen Größe herangewachsen. McKibbens bisheriges Meisterstück war jedoch die Realisierung des »Klimavolksmarsches« in New York City am 21. September 2014, im Vorfeld des von Ban Ki-moon angeregten Klimagipfels bei den Vereinten Nationen, an dem ich auch selbst teilgenommen habe. Diese wohl größte Klimademonstration aller bisherigen Zeiten wurde nicht nur von *350.org* unterstützt, sondern auch von Tausenden von anderen Organisationen, Institutionen und gesellschaftlichen Gruppen. In New York nahmen deutlich über 300 000 Menschen am Marsch teil. Wer schon einmal in den USA gelebt hat, weiß, wie schwer eine solche Zahl wiegt, denn öffentliche Manifestationen sind im Land des geradezu vergötzten Individualismus eher eine Angelegenheit von skurrilen Außenseitern. Natürlich war es nicht McKibben allein, der das vollbrachte, aber er war die Galionsfigur einer großen Gruppe von hochengagierten Organisatoren, von denen ich etliche persönlich kenne.

Die Klimademonstration wurde, wie erwartet, von einer bunten Mischung aus allen Segmenten der Zivilgesellschaft bestritten, spektakulär unterstützt von bedeutenden Politikern und Prominenten (wie Leonardo DiCaprio). Entsprechend bunt waren die Forderungen im Demonstrationszug, die vom Offensichtlichen (»Rettet die Welt!«) bis zum Abgedrehten (»Gleichgeschlechtlicher Sex gegen den Treibhauseffekt!«) reichten. Aber die wichtigsten Aufforderungen waren doch die nach der Beendigung aller Subventionen für fossile Energieträger und insbesondere nach dem Abzug des Kapitals aus der fossilen Wirtschaft: »Divest!« Und dieser Appell geht wieder einmal in besonders eindringlicher Form von Universitäten aus, wo sich so oft die Graswurzeln neuen Denkens ausbilden. An unzähligen Hochschulen in aller Welt haben sich inzwischen kleinere und größere Initiativen formiert, die dem fossilen Drachen die Nahrung für sein Feuer entziehen wollen. Oft ging der Anstoß von einer Handvoll Studenten aus, die es unsäglich fanden, dass ihre Studiengebühren über professionell betriebene Kapitalfonds in die Taschen großer Öl- und Kohleunternehmen geleitet werden sollten. In der Tat ist es bizarr, wenn junge Menschen auf diese Weise die Gefährdung ihrer künftigen Lebensgrundlagen selber finanzieren sollen! Doch rasch wurden solche Initiativen auch von vielen Hochschullehrern unterstützt, gerade von den brillantesten unter den Professoren.

An der Spitze dieser Bewegung befindet sich erneut Kalifornien, angeführt von der Stanford University. Diese Hochschule verfügt über ein Stiftungskapital von über 20 Milliarden US-Dollar, hat aber schon im Mai 2014 ihr Geld komplett aus der Kohleindustrie abgezogen. In einem beispiellosen Offenen Brief vom 11. Januar 2015 forderten jedoch über 300 Professoren den Universitätspräsidenten Hennessy zur vollständigen Divestition auf, also zum Rückzug aus *allen* fossilen Geschäften. Bemerkenswert ist, dass zu den Erstunterzeichnern des Appells die Mathematikerin Maryam Mirzakhani gehört, der als erster Frau überhaupt die begehrte Fields-Medaille (sozusagen der »Nobelpreis für Mathematik«) zugesprochen wurde. Einen Satz aus diesem Dokument möchte ich unbedingt zitieren: »Wenn eine Universität danach strebt, außerordentlich begabte junge Menschen auszubilden, um ihnen eine bestmögliche Zukunft zu bereiten, welchen Sinn hat es dann, wenn diese Hochschule gleichzeitig in die Zerstörung jener Zukunft investiert?« Dem ist kaum etwas hinzuzufügen.

Inzwischen hat die akademische Divestitionsinitiative weltweit einige Hunderte von höheren Bildungseinrichtungen erfasst, darunter die Australian National University in Canberra und die University of Glasgow in Schottland. Es entbehrt nicht der Ironie, dass an letzterer Hochschule im Jahr 1757 James Watt eine Anstellung als Instrumentenmacher erhielt und dortselbst mit seinen Tüfteleien die kohlebetriebene industrielle Revolution in Gang brachte (siehe Kapitel 12). Große Unterstützung findet die Divestitionsidee auch an der berühmten University of Oxford, wo ich einige Jahre als Gastprofessor tätig sein konnte.

Und was ist mit Harvard? Die Geschichte scheint sich zu wiederholen, denn wie im Fall der Anti-Apartheid-Bewegung (siehe oben) scheut sich die reichste Hochschule der Welt bislang, die Moral über das Geld zu stellen. Was natürlich viel verlangt ist, aber es gibt eben Momente im Leben und in der Geschichte, wo man die richtige Farbe bekennen muss. Die Harvard University bleibt jedoch bisher lieber im lukrativen Unreinen. Ihr Vermögen liegt heute wohl knapp unter 40 Milliarden US-Dollar und ist in allen erdenklichen, hochprofitablen Unternehmungen angelegt, von denen viele Klima und Umwelt schädigen. Das Investitionssystem Harvards ist übrigens auf interessante Weise selbstreferenziell: Die Hochschule hat ihre eigene Anlagegesellschaft, deren Fondsmanager sich wiederum aus der Harvard Business School und anderen Fakultäten der Universität rekrutieren.

Eine Handvoll Studenten, darunter die eindrucksvolle Chloe Maxim, die vor Kurzem ein längeres Interview mit mir führte, hat nun moralischen Sand in das schöne Getriebe geschüttet und die »Divest Harvard«-Kampagne angezettelt. Auf der entsprechenden Website kann man sich ein Bild von dieser blutjungen Bewegung machen, die der Reputation der Universität nichtsdestotrotz hässliche Flecken zufügen (beziehungsweise diese Flecken freilegen) kann. Beispielsweise haben sieben Jurastudenten eine Zivilklage gegen die Hochschulleitung angestrengt, mit der Begründung, dass diese Führung ihrer Verantwortung – »Making the world a better place!«, Sie erinnern sich? – nicht nachkomme. Konkret wird gefordert, die Hochschule solle umgehend sämtliche direkten Beteiligungen an den 200 wichtigsten Fossilbrennstoffunternehmen beenden.

Die Harvard-Präsidentin Drew Faust hat ihre Spitzenanwälte gegen die Initiative in Stellung gebracht und argumentiert mit kaltem Pragmatismus: Die Universität sei sich der Bedrohung durch den Klimawandel durchaus bewusst. Aber eine Beteiligung an der Divestitionskampagne hätte schließlich nur einen geringen Effekt auf die Kohle- und Ölindustrie, während sie der Hochschule selbst empfindlich finanziell schaden könne. Im Übrigen trage Harvard durch seine Forschung über die Risiken der Erderwärmung am effektivsten zum Klimaschutz bei. Solche Argumentation lässt einen frösteln: Mit ähnlicher Begründung kann man mit jedem Unrechtssystem wirtschaftlich kooperieren, aber gleichzeitig die gelehrte Untersuchung des bewussten Unrechts auf höchstem akademischen Niveau vorantreiben. Mit vielen der laut der üblichen Ranglisten »führenden« Hochschulen der Welt ist es inzwischen ähnlich wie mit den Fußballklubs, welche die Champions League dominieren: Letztere sind fast ausschließlich Kommerzmonster, die häufig von Milliardären oder Großunternehmen als Spielzeug und Werbeträger unterhalten werden. Und so wie sich Real Madrid oder Chelsea London die besten Spieler aus aller Herren Länder zusammenkaufen, so werben die amerikanischen Top-Colleges eben die größten wissenschaftlichen Begabungen des Planeten an – sowie andere nützliche Kostgänger. Der Hauptzweck dieser Einrichtungen ist die Herstellung und Verteidigung einer akademischen Luxusmarke, welche den Absolventen jede Karrieretür öffnet und die Institutionen selbst immer reicher und einflussreicher macht. Die Suche nach der Wahrheit wird dabei oft zur Nebensache, die Ethik überwiegend den Studenten überlassen. So wie der Vorstand des FC Bayern München den Vereinsstolz an die Fans in der Südkurve delegiert ...

Insgesamt ist die Divestitionskampagne jedenfalls bisher ein atemberaubender Erfolg. Nach den Angaben der Aktivistengruppe »Fossil Free« haben sich bis Anfang 2015 schon an die 1000 Institutionen und Einzelinvestoren der Bewegung angeschlossen, darunter so ungleiche Akteure wie der Rockefeller Brothers Fund, der skandinavische Großinvestor Storebrand, der Weltkirchenrat, die schicke Westküstenmetropole Seattle, aber auch die Kleinstädte Boxtel in den Niederlanden und Örebro in Schweden. Und der Divestitionsvirus ist hochansteckend, denn es braucht nur eine Handvoll engagierter Menschen in einer Hochschule, einer Institution, einem Unternehmen oder einer Kommune, die freundlich, aber bestimmt die Frage aller Fragen stellen: Wohin fließt eigentlich unser Geld? Damit diese Frage schließlich auch den öffentlichen Raum erfüllt und dadurch die notwendige politische Dimension erlangt, müssen allerdings nicht nur die neuen sozialen Medien à la Facebook, sondern auch die klassischen journalistischen Medien sie aufgreifen und verbreiten. Dies geschieht bisher eher zögerlich, kann aber jederzeit in eine lawinenartige Dynamik umschlagen, wie die historischen Beispiele (insbesondere die ökonomische Sanktionierung der Apartheid) aufzeigen.

Eine große Zeitung immerhin hat sich inzwischen voll und ganz der Kampagne verschrieben, der linksliberale britische *Guardian*, der zweifelsohne zu den besten Medien der Welt gehört. Am »Global Divestment Day«, dem 13. Februar 2015, fanden in vielen Ländern der Erde Aktionen statt, bei denen Kapitalanleger aller Art aufgefordert wurden, ihr Geld aus den 200 umsatzstärksten Konzernen der Fossilindustrie zurückzuziehen. Zum selben Tag veröffentlichte der *Guardian* einen Artikel mit Stellungnahmen von 23 Unterstützern der Bewegung, darunter Caroline Lucas, die einzige Parlamentsabgeordnete der britischen Grünen, Naomi Klein und ich selber. Meine Kernaussage bildete sogar die Überschrift: »Jeder kann beitragen – von großen institutionellen Investoren bis hin zum einfachen Bürger mit einem Bankkonto oder einer Rentenversicherung.« Und so ist es auch, denn vor dem Richter Geld sind wir alle gleich: Eine Tiefseebohrung, die in der tauenden Arktis neue Erdölressourcen anzuzapfen versucht, muss letztlich vom Dollar, Euro, Pfund oder Renminbi angetrieben werden, wobei völlig egal ist, aus welchen Taschen der einzelne Schein stammt.

Der *Guardian* ist inzwischen noch einen kühnen Schritt weitergegangen und hat die Divestition zu einem Leitmotiv seiner journalistischen Arbeit gemacht, was natürlich auch bedeutet, dass die Zeitung die Grenzlinie der »objektiven« Berichterstattung bewusst überschreitet. Aber damit wird keineswegs ein Tabu gebrochen oder ein hehres Prinzip verletzt: Wie schon an anderer Stelle vermerkt, sind nahezu alle Printmedien in starkem Maße auch Meinungsträger, die letztlich ähnlich wie Parteien helfen, die gesellschaftliche Willensbildung zu organisieren. Der scheidende *Guardian*-Chefredakteur Alan Rusbridger hat im März 2015 mit dem Motto »Keep it in the ground!« (»Lasst das Zeug im Boden!«) die Klimakampagne seiner Zeitung gestartet und in verschiedenen Beiträgen begründet. Der Slogan ist griffig und bezieht sich auf die robuste wissenschaftliche Einsicht, dass ein Großteil der schon nachgewiesenen Kohle-, Öl- und Gasvorräte nicht gefördert werden darf, wenn eine gefährliche Klimadestabilisierung vermieden werden soll. Diese Schlussfolgerung habe ich in meinem Buch ja wieder und wieder gezogen und entsprechend begründet. Der *Guardian* macht somit den Aufruf zu Divestition, wodurch »das Zeug« tatsächlich im Boden verbliebe, zum Mantra seiner gegenwärtigen journalistischen Mission.

Ob andere Qualitätsmedien folgen werden, ist offen bis fraglich, nicht zuletzt weil die reichsten Unternehmen der Welt nach wie vor direkt oder indirekt am fossilen Betriebssystem beteiligt sind und nach wie vor die besten Anzeigenkunden darstellen. Aber ermutigend ist auf alle Fälle, dass sich bereits bedeutende Persönlichkeiten und Institutionen öffentlich hinter die Divestitionsbewegung gestellt haben: Desmond Tutu, der legendäre frühere Erzbischof von Kapstadt, sprach sich 2014 für einen Anti-Apartheid-ähnlichen Boykott der fossilen Geschäfte aus, um das Weltklima noch zu retten (Tutu 2014). Der Weltbankpräsident Jim Yong Kim rief schon 2012, unter anderem beim Weltwirtschaftsforum in Davos, zur Divestition auf und versucht seine Riesenorganisation entsprechend umzulenken. Die Vereinten Nationen, von ihrem Generalsekretär Ban Ki-moon bis hin zu ihrem Klima-Sprecher Nick Nuttall, haben der Kampagne ihre moralische Unterstützung zugesichert (Carrington 2015). Und so weiter.

Inzwischen hat der *Guardian* auch eine Aktion ins Leben gerufen, die – falls erfolgreich – eine globale Kippbewegung auslösen könnte: Es handelt sich um eine Massenpetition an die zwei größten »wohltätigen« Stiftungen der Welt, nämlich die Bill & Melinda Gates Foundation und den Wellcome Trust. Jedermann, aber insbesondere die Leser der Zeitung sind aufgefordert, diese Stiftungen zu bitten, ihr Kapital aus den Geschäften mit Kohle, Öl und Gas abzuziehen. Die Gates-Stiftung allein soll 2013 etwa 1,5 Milliarden US-Dollar bei entsprechenden Großunternehmen angelegt haben. Wer weiß, ob diese Aktion eine für den Erfolg kritische Masse erreichen wird. Aber es ist nur folgerichtig, diejenigen, welche Unsummen für das Wohl der Menschheit auszugeben bereit sind, zu fragen, ob diese Mittel nicht zum Unwohl der Menschheit erwirtschaftet wurden. Vielleicht kriegt Bill Gates ja noch die Klima-Kurve (siehe auch Kapitel 26).

Wohin die Divestitionsbewegung sich schließlich entwickeln wird, ist heute noch völlig offen. Aber schon jetzt steht fest, dass sie etwas historisch Einmaliges anstrebt – nicht nur wegen der geschichtlichen Einzigartigkeit des Klimaproblems. Denn Boykottaufrufe sind relativ einfach (und nicht selten selbstgerecht), wenn sie nach dem Schuld-Empörungs-Schema ablaufen, wo sich klar zwischen Feind und Freund unterscheiden lässt: Dass etwa im Fall des Apartheid-Konflikts das rassistische Burenregime der Täter und die unterdrückte farbige Mehrheit das Opfer waren, lag auf der Hand. Es kostete keine allzu große Überwindung, sich auf die Seite der Ausgegrenzten zu stellen, auch wenn infolgedessen die Preise für Südfrüchte möglicherweise leicht stiegen. Und im Diamantengeschäft hatten durchschnittliche Studenten sowieso keine Aktien.

Dagegen hat der Aufruf zur finanziellen Austrocknung der fossilen Globalwirtschaft in letzter Konsequenz den Charakter des *Selbstboykotts*. Zum einen, und dies ist noch der eher vordergründige Aspekt, könnte man persönlich Verluste erleiden, wenn man seine Bank oder Rentenkasse dazu drängt, das Geld ethisch korrekt, aber betriebswirtschaftlich suboptimal zu investieren. Zum anderen, und dies wiegt letztlich viel schwerer, könnte die Kampagne ja tatsächlich erfolgreich sein. Erfolgreich in dem Sinn, dass das für die globalen Ober- und Mittelschichten ungeheuer bequeme, von Kohle, Öl und Gas angetriebene Weltwirtschaftssystem langsam oder auch sehr schnell verschwinden könnte.

Warum sollte die Kapitalflucht aus der Fossilwirtschaft also gelingen? Nun, vor allem weil es möglich ist und inzwischen *bessere Anlagemöglichkeiten* existieren. Nicht wenn man in Zeiträumen von Jahren denkt, aber bereits im Maßstab von ein oder zwei Jahrzehnten. Denn das effizient-erneuerbare Energiesystem als Kernstück einer nachhaltigen zivilisatorischen Betriebsweise ist der alten, rasselnden und stinkenden Dampfmaschine der industriellen Globalisierung in fast jeder Hinsicht überlegen. Das Geld muss deshalb nur sinnvoll umgelenkt – reinvestiert – werden, in Geschäftsmodelle, die mittelfristig sowohl mehr Sicherheit als auch größere Gewinne bieten (siehe Kapitel 27). Insofern ist es sinnvoll, statt von Divestitionen im engeren Sinn von *Revestition* zu sprechen. Dass diese eine reale Option für Anleger ist und dass unser Selbstboykott nicht notwendig teuer bezahlt und schmerzhaft gebüßt werden muss, hat in erster Linie mit dem Faktor Fortschritt zu tun, der ja auch bei der Überwindung der Sklavenwirtschaft mitentscheidend war. Dabei hat die Neuerfindung der Moderne in Richtung Nachhaltigkeit erst begonnen: Wir werden in den nächsten Dekaden unzählige kleine und große technische Durchbrüche im Kontext dieser neuen industriellen Revolution erleben. Und dass der fossil-nukleare Komplex dem Untergang geweiht ist, macht allein schon die Tatsache klar, dass seit Beginn der 2010er-Jahre weltweit mehr in erneuerbare Energiequellen investiert wird als in Kohle- oder Kernkraftwerke. Das System *ist* bereits gekippt, und mit jeder neuen Idee wird es sich schneller auf seine grüne Seite neigen.

Der Faktor Schrecken dürfte dabei – leider – eine weiter beschleunigende Rolle spielen. Denn das Klima wird uns auf unbarmherzige Weise lehren, dass man es nicht ungestraft aus seinem stabilen Holozän-Bett herausreißen darf. Viele Entscheidungsträger und Lobbyisten dürften dann aus Schaden klug werden, zu spät allerdings für die absehbaren millionenfachen Opfer des menschengemachten Klimawandels. Trotzdem bleibt noch ein wenig Zeit, das Schlimmste zu verhindern, und dies kann eben der Faktor Anstand bewirken, womit die oben beschriebene 3-D-Dynamik komplett wäre. Die Divestitionsbewegung ist gegenwärtig die sichtbarste Manifestation dieses Anstands, der im Wesentlichen aus der Solidarität mit unseren eigenen Nachkommen besteht.

Wie ich selbst mehrfach erlebt habe, wird der Divestitionsgedanke aber nicht nur von den Interessenvertretern des fossilen Gewerbes attackiert, sondern auch von vielen Bürgern und Gelehrten, die sich ernsthaft Sorgen um das Klima machen. Ein besonders populäres Gegenargument gipfelt in dem Vorwurf, dass es sich um eine Luxuskampagne von verwöhnten Jugendlichen aus den Wohlstandsländern handelt, die mit ihrem politischen Amüsement die Entwicklungschancen der Gleichaltrigen in den Notstandsländern gedankenlos gefährden. Dies ist eine ebenso infame wie unbegründete Anschuldigung: Zum einen wird in Dutzenden von Studien nachgewiesen, dass die Armen dieser Welt vom Wirtschaftswachstum mit fossilem Antrieb am allerwenigsten profitieren, während diese Dynamik die reichen Eliten noch weiter enteilen lässt. Zum anderen ist die Frage erlaubt, wer denn gegen den Irrsinn des zerstörerischen *Business as usual* protestieren soll, wenn nicht jene jungen Menschen, die den besten Zugang zur relevanten Information und Kommunikation haben und deren materielle Lage es ihnen gestattet, sich aktiv ins politische Geschehen einzubringen?

Divestition ist noch weitgehend eine Studentenbewegung – na und? Die weltweiten Diskurse und Aktionen von Studierenden haben seit dem Anfang des 19. Jahrhunderts die gesellschaftliche Wirklichkeit immer wieder transformiert – gelegentlich auf triumphale, manchmal auf tragische Weise. Doch stets waren sie spektakulärster Ausdruck eines Zeitgeistes, eines neuen Denkens, das sich auf Dauer von nichts und niemandem unterdrücken lässt. Von den Studenten gingen in den 1960er-Jahren die kritischen Impulse aus, welche schließlich den selbstgefälligen Muff der Nachkriegswelt wegfegten. In Deutschland war dieser Muff umso unerträglicher, als er sich wie eine Filzdecke über die braune Vergangenheit legte und die Aufarbeitung der Nazi-Ungeheuerlichkeiten behinderte. Als 1950 Geborener weiß ich genau, wovon ich rede. Wie oben geschildert, bildeten die »verwöhnten« College-Kids in den 1980er-Jahren die Speerspitze im internationalen Kampf gegen das südafrikanische Apartheid-Regime. Und es waren Studenten, die am 13. Mai 1989 einen öffentlichen Hungerstreik gegen die Kommunistische Partei Chinas auf dem Tian'anmen-Platz in Beijing begannen. Damit bildeten sie den Kern eines Bürgeraufstandes, der bekanntlich am 3. Juni des Jahres blutig niedergeschlagen wurde, der aber dennoch die weitere Geschichte Chinas mitbestimmen könnte. In vielen historischen Umbruchsituationen sind es die Studenten, die große Umwälzungen auslösen – nicht aus politischem Kalkül, sondern aus moralischer Leidenschaft.

Ohne solche Leidenschaft wird die Stabilisierung des Weltklimas nicht mehr gelingen, das haben 20 COPs und unzählige andere politische »Gipfeltreffen« auf ernüchternde Weise demonstriert. Denn das etablierte System der politischen Willensbildung erlaubt eine perfekte Komplizenschaft bei der Abwälzung von Verantwortung. Grundlage dafür ist eine *vertikale* Architektur, die wie folgt aussieht: Bürger eines demokratischen oder autoritären Staates delegieren per Wahl oder Konsens die Aufgabe der Zukunftsvorsorge an Parteien beziehungsweise mehr oder weniger legitimierte Regime und widmen sich ansonsten ihren alltäglichen Bedürfnissen und Sorgen. Die Beauftragten wiederum setzen in der Regel Zukunftskommissionen ein, die sich manchmal sogar mit der Klimafrage beschäftigen, gehen aber ansonsten ebenfalls ihren Tagesgeschäften nach. Kommt es dann zu Großereignissen wie den berüchtigten »Klimagipfeln«, wird zwar die Verantwortung für die Lebensgrundlagen unserer Nachkommen beschworen, aber so, wie auf einem orientalischen Basar: Der Kobra, die sich im Klang der Musik zu wiegen scheint, hat man zuvor die Giftzähne herausgebrochen. Denn die Klimapolitiker sind vor allem davon überzeugt, dass sie denen, die sie repräsentieren, in der Gegenwart nichts zumuten dürfen. Die Repräsentierten sind ihrerseits damit zufrieden, sowohl die Verantwortung als auch die Zumutung losgeworden zu sein, und es geschieht – nichts. Bei der nächsten Wahl oder beim nächsten Volkskongress rangiert das Thema Klima wie gehabt unter »ferner liefen«.

Vielleicht hat das Thema aber inzwischen an anderen Orten eine zentrale Bedeutung erlangt und sich dadurch mit gesellschaftlicher Sprengkraft aufgeladen: im Internet, im Feuilleton, auf der Straße. Wenn die Bürgerin, der Student, die Konsumentin begreifen, dass die vertikale Komplizenschaft der Verantwortungsverweigerung, wo Volk und Regierung lediglich aufeinander deuten und verweisen, in die Katastrophe führen muss, dann muss die Bürgerin, der Student, die Konsumentin eben selbst Verantwortung übernehmen. Am besten als Teil einer globalen sozialen Bewegung, die sich *horizontal* organisiert – also eher innerhalb einer kulturell oder ökonomisch einigermaßen homogenen Schicht, jedoch über alle nationalen Grenzen hinweg. Dies kann geschehen im Rahmen der Divestitionsbewegung, aber auch im Rahmen weltweiter Kampagnen zum Schutz von bedrohten Tierarten oder von einzigartigen Stätten des Naturerbes der Menschheit. In dieser horizontalen Verantwortungsarchitektur wird Klimaschutz zur Weltbürgerbewegung auf der Grundlage eines kosmopolitischen Gesellschaftsvertrags für das 21. Jahrhundert. Das ist die letzte, aber auch die stärkste Hoffnung, die uns bleibt. Wir müssen uns die moralische Verantwortung für die Klimazukunft *selbst zumuten*, weil die Politik diese uns partout ersparen möchte!

29. Flucht und Gewalt

Als ich im Februar 2013 in New York City den Mitgliedern des UN-Sicherheitsrates den aktuellen Sachstand der Klimaforschung erläuterte, saß neben mir auf dem Podium nicht nur Generalsekretär Ban Ki-moon, sondern auch ein anderer bemerkenswerter Mann: Senator Tony de Brum, Vizepräsident der Marshall-Inseln. Letztere bilden in Mikronesien einen Archipel weit draußen im Pazifik, bestehend aus 34 Atollen mit Durchschnittshöhe von 2 (!) Metern. Rund 68 000 Menschen leben auf einer Gesamtfläche von nur 180 Quadratkilometern, die jedoch über die ungeheure Meeresfläche von 1,9 Millionen Quadratkilometern verteilt ist. Insofern sind die Marshall-Inseln spärlich bemannte Flöße in den unendlichen Weiten des Ozeans. Tony de Brum wurde auf einem dieser Flöße mit Namen Likiep im Jahr 1945 geboren, kurz bevor der Archipel tragische Weltberühmtheit erlangte. Denn in den zwölf Jahren von 1946 bis 1958 zündete das US-Militär dort (in der Atmosphäre sowie unter Wasser) insgesamt 67 atomare beziehungsweise thermonukleare Bomben zu Testzwecken. Die größte dieser Explosionen fand 1957 statt und war etwa 1000-mal so stark wie die von Hiroshima.

Auf den offiziellen Webseiten der Marshall-Inseln sind diese Ereignisse und ihre Folgen minutiös dokumentiert. Die Zwangsevakuierung von Teilen der Bevölkerung, die riesigen Wolken von radioaktivem Staub, der scharfe Anstieg von Krebserkrankungen, der Verlust der kulturellen Identität – de Brum hat das alles miterlebt und ist dadurch zu einem kompromisslosen Vorkämpfer für Abrüstung, Menschenrechte und Umweltschutz geworden. Bei der bewussten Sicherheitsrat-Diskussion wies er mit bewegenden Worten auf die grausame Ironie hin, welche die Geschichte seiner Heimat prägt: Während der Bombenjahre wurden die Insulaner von einem Atoll zum anderen umgesiedelt und zu Flüchtlingen im eigenen Land gemacht – ohne angemessene Informationen und ohne jemals um Zustimmung gefragt worden zu sein. Ein halbes Jahrhundert später schickt sich die globale Industrialisierung an, die Marshall-Inseln als Gesamtgebilde auf dem Altar des wirtschaftlichen Fortschritts zu opfern. Schon wenn die mittleren Szenarien für den weltweiten Treibhausgasausstoß Realität werden, müssen diese Atolle im anschwellenden Meer versinken (siehe insbesondere Kapitel 9). Und wieder werden die Insulaner ungefragt in den Exodus getrieben – aber diesmal in völlige Fremde und für alle Ewigkeit ...

In einem Gespräch mit dem *Guardian*-Journalisten Graham Readfearn (Readfearn 2013) stellt de Brum bitter fest, dass die Marshall-Inseln für die sich erwärmende Welt gewissermaßen den »Kanarienvogel im Kohlebergwerk« darstellen, dessen Sterben das Herannahen großer Gefahr signalisiert. Und er weist darauf hin, dass das Thema Klimawandel auf den pazifischen Inseln – anders als in den verursachenden Industriestaaten, wo immer noch fast ausschließlich über die Nachwehen und -beben »der Finanzkrise« geklagt wird – ein Gegenstand intensiver öffentlicher Debatten ist: »Im Laufe meines Lebens habe ich Atolle von der Erdoberfläche verschwinden sehen. Dafür taucht an unseren erodierenden Küsten Munition aus dem Zweiten Weltkrieg auf, deren Lagerung einst als dauerhaft sicher bezeichnet wurde [...]. Unser Trinkwasser wird knapp. Die Bananen, Limonen und Grapefruits sterben ab, weil das Wasser unter ihnen immer salziger wird. Dies alles ist real, und die Menschen können nicht anders, als darüber zu reden.«

Weniger offen und schon gar nicht gern spricht man über diese Problematik mit all ihren moralischen Klippen, Untiefen und Abgründen bei den großen, wohlhabenden Nachbarn Australien und Neuseeland, die sich eigentlich als nächstgelegene Refugien für die künftigen Klimaflüchtlinge aus Mikronesien (wozu auch Guam, Palau und Kiribati zählen) anbieten. Insbesondere Australien, das seine Prosperität in erheblichem Maße dem Export von Kohle und Erdgas verdankt, versucht schon heute, mit strengen Gesetzen und unbarmherzigen Instrumenten wie Internierungslagern Asylsuchende (vor allem aus Indonesien) fernzuhalten. Diese in »Down Under« durchaus populäre Einwanderungspolitik, welche andererseits den Zustrom von Hochqualifizierten kräftig fördert, wird sich jedoch nicht ohne Weiteres in die Zeiten des beschleunigten Klimawandels fortsetzen lassen. Falls der anthropogene Meeresspiegelanstieg tatsächlich Lebensraum in großem Umfang verschlingt, dann wird eine Überlegung, die ich selbst mehrfach in die öffentliche Debatte eingebracht habe, ins Zentrum der internationalen Politik rücken: nämlich dass die (mehr oder weniger) unbehelligten Staaten völkerrechtlich verpflichtet werden, Klimaflüchtlinge aus den versinkenden Zonen aufzunehmen, wobei sich die Kontingente aus den *kumulativen historischen Emissionen* der Zielländer errechnen (siehe Kapitel 25).

Die Bereitstellung von alternativem Lebensraum ist nur eine mögliche Form der Entschädigung von Heimatverlust durch die Verursacher. Im Fall bestimmter Inselstaaten stellt die Migration über weite Strecken allerdings eine bittere Notwendigkeit dar. Bei Küstenbewohnern ist die Situation komplexer, da die Verteidigung beziehungsweise das elastische Zurückweichen von Siedlungsstrukturen denkbare Optionen sind – zumindest im Prinzip (siehe auch dazu vor allem Kapitel 25). Neben technischen Fragen rücken schnell finanzielle Aspekte in den Mittelpunkt.

Diese Problematik lässt sich schon heute an vielen Orten studieren, und zwar besonders eindrucksvoll an der Westküste von Alaska. Dort hat es ein Dorf mit 354 Einwohnern (Stand: 2010) und dem Namen Newtok (Originalbezeichnung in der Inuit-Sprache: Ningtaq) zu trauriger Berühmtheit gebracht. Die Medien spürten das winzige Nest vor einigen Jahren auf und erklärten seine Bewohner zu den »ersten amerikanischen Klimaflüchtlingen« (siehe unter anderen Yardley 2007; Goldenberg und Sprenger 2013).

Ähnlich wie bei den Marshall-Inseln (siehe oben) ist das Schicksal von Newtok von einer Prise bitterer historischer Ironie geprägt. Denn die hier (noch) ansässigen Menschen vom indigenen Volk der Yupik sind direkte Nachkommen jener Einwanderer, die vor vielen tausend Jahren über die Beringstraße von Asien nach Amerika kamen und den großen Marsch nach Süden zur Besiedlung des lang gestreckten Doppelkontinents auslösten. Ein Teil der Yupik ist jedoch in Alaska geblieben und hat dort eine bescheidene, aber stabile Nomadenkultur etabliert, hauptsächlich basierend auf Fischfang und Rentierjagd. Der Platz, wo sich heute Newtok befindet, wurde einst nur als Wintercamp genutzt. Aber dann »entdeckten« die Bundes- und Regionalbehörden die Nomaden, die nun ganz offiziell als »Native Americans« anerkannt sind.

Und die Behörden wollten, das die Yupik der »Zivilisation« beitraten, wofür sie insbesondere sesshaft gemacht werden mussten. Dies gelang vor einigen Jahrzehnten mithilfe von Überredung und materieller Belohnung, sodass Newtok zur festen Siedlung und einzigen Heimat der Ureinwohner wurde. Dort leben die Yupik seither eher schlecht als recht – der Übergang von der Naturalwirtschaft zur Wegwerfgesellschaft ist keine leichte Übung, bei der man nicht zuletzt lernen muss, dass hinterm Haus ausgeschüttetes Kerosin nicht rückstandslos wie Wasser von der Umwelt verarbeitet wird. Doch nun zeigt sich immer deutlicher, dass der Klimawandel den Menschen auch den ungeliebten Boden unter den Füßen wegzieht: Der früher permanent gefrorene Untergrund beginnt zu tauen, und das Eis, das die Strände vor Erosion schützt, bildet sich später im Jahr und schwindet früher. Newtok ist deshalb inzwischen zur Insel zwischen dem Ninglick-Fluss und einem stinkenden Sumpf geworden, und die Holzhäuser auf diesem unglücklichen Eiland unterhalb des Meeresspiegels sinken immer schneller in die aufgeweichte Erde, woraus häufig bizarre Schiefstände resultieren. Newtok geht im wahrsten Sinn des Wortes »zugrunde«.

Dass dieses Dorf kein Einzelschicksal erleidet, dürfte kaum Trost spenden. Ein Regierungsbericht kam schon vor geraumer Zeit zu dem Ergebnis (GAO, 2003), dass 86 Prozent der 184 indigenen Dörfer Alaskas schon unter den Folgen der Erderwärmung (Erosion, Überflutungen, Sturmextreme) leiden. Nun wird erwogen, Newtok und die meistbetroffenen Nachbardörfer nach Süden zu »verlegen«. Die Bauingenieure der U.S. Army schätzen, dass diese Transplantation aufgrund der widrigen geographischen Bedingungen etwa 130 Milliarden Dollar kosten dürfte, also gut 400 000 Dollar pro bewegtem Kopf! Eine Klima-Milchmädchenrechnung auf dieser Basis käme unter der Annahme von 1 Milliarde Erderwärmungsflüchtlingen übrigens auf schwindelerregende Migrationskosten von 400 *Billiarden* (4×10^{14}) Dollar, aber das sollte nun wirklich ökonomischer Quatsch mit Soße sein.

Andererseits geht es um mehr als Geld: Auf dem Spiel steht etwas ebenso Unmessbares wie Unersetzliches, nämlich individuelle und gesellschaftliche *Identität*. Diese entsteht und erneuert sich aus vielen Elementen wie Sprache, Arbeit, Werten, Ritualen und eben, keineswegs zuletzt, der Umwelt, in die man hineingeboren wird. Früher war Einsamkeit in der endlosen Tundra die Hauptquelle ihrer Identität, sagen die Yupik. Dörfer wie Newtok wurden nach Willen der Behörden Surrogatobjekte für den entsprechenden Grundbedarf. Und nun soll die Inuit-Identität einfach einige Meilen weiterwandern – bis zur nächsten klimabedingten Notmigration. Über kurz oder lang wird sich diese immaterielle Größe damit einfach in nichts auflösen, wie das bei den allermeisten Prärieindianern schon längst geschehen ist. Aber was macht es schon, wenn eine rand- und rückständige Kultur verschwindet?

Möglicherweise ist ja der Begriff der Identität selbst ein ungerechtfertigt positiv besetztes, hoffnungslos obsoletes Truggebilde, bestenfalls relevant für die Alten, Schwachen, Zurückgebliebenen. Die globale Elite der Kosmopoliten – ganz gleich, ob ihre Mitglieder aus New York City, Paris oder Bangalore stammen – braucht so etwas wie »unverwechselbare Selbstheit« längst nicht mehr. Man spricht (zumeist schlechtes) Englisch, fliegt zum Weekend nach Hongkong oder Rio, shoppt in den geklonten Boutiquen der Highend-Labels und wohnt im pseudoindividuellen Chic der Luxushotelketten, wo Stilelemente der gesamten Zivilisationsgeschichte mit sadistischer Geschmacklosigkeit zusammengerührt werden. Das »Authentische« vegetiert als pittoreske Gegenwelt außerhalb dieser

Überflussghettos und wird bei wohlorganisierten Exkursionen »entdeckt« und konsumiert. Dort trifft man auf die risikoscheuen, antriebsschwachen und immobilen Hungerleider, die sich auf unerklärliche Weise kleine Nischen exotischen Glücks eingerichtet zu haben scheinen, wo sie – nun ja – ihre Identität leben. Geprägt von den Eigenarten des Raums, dem sie (mehr oder weniger unfreiwillig) verhaftet sind.

Venedig konnte beispielsweise eine weltweit einzigartige soziokulturelle Identität in einem Jahrtausend voller Mühen, Gefahren und Katastrophen erschaffen. Nichts hat diese Entwicklung zur wohl schönsten Stadt der Welt stärker geprägt als die Anstrengungen, die Lagune vom Schlamm freizuhalten und die flachen Schwemmlandrücken zu stabilisieren. Diese Identität wird heute vielleicht noch von 50 000 eher ärmeren Einheimischen gelebt – nicht von den Touristen, die in Millionenstärke das Gesamtkunstwerk überrennen, nicht von den Superreichen, die einen Palazzo am Canal Grande als Drittwohnung unterhalten. Aber auch nicht von ausgewanderten Venezianern in Amerika, die dort mit den tradierten Fertigkeiten zur Errichtung von Eichenpfahlfundamenten keinen müden Dollar verdienen könnten. Die *Venezianià* mit ihrem einzigartigen morbiden Glanz verblasst rapide mit dem Abstand von Venezia …

Dafür gibt es auf dieser Welt immer noch Zehntausende von Dörfern, Städten, ja sogar Metropolen am Meer, wo eine gewachsene Eigenart von einer lebendigen Gemeinschaft bewahrt und weiterentwickelt wird. Und zwar vor allem von den »niederen Ständen« der Gesellschaft, die nahe am Wasser leben wollen oder müssen. Und das Gleiche gilt für Zehntausende von Siedlungen an den Hängen der Gebirge, den Ausläufern der Wüste, den Rändern der Sümpfe und manchmal sogar auf gutem, fruchtbarem Land. Doch der Klimawandel hat schon begonnen, von der Peripherie her auf diese Strukturen einzuwirken und ihren Bestand zu untergraben. Dies ist zumeist weniger spektakulär als der Untergang von Venedig, aber für die Betroffenen mindestens genauso traumatisch.

Da sind beispielsweise jene unzähligen kleinen Kulturkreise im Bannkreis von Hochgebirgsgletschern in Asien, Amerika und Europa, die in vielen Jahrhunderten ihren Lebensrhythmus an die saisonal schwankende Musik von Schneefall, Regen und Schmelzwasser angepasst haben. Der mit dem Klimawandel einhergehende Gletscherschwund wird die Melodie zunächst verändern und den Tanz schließlich ganz beenden. Ein gutes, leicht verständliches Gesamtbild der globalen Gletscherdynamik zeichnet der UNEP-Report *High mountain glaciers and climate change* (UNEP und GRID-Arendal, 2010), der sich bewusst auch der Folgen für Mensch und Gesellschaft annimmt. UNEP-Direktor Achim Steiner spricht in seinem Vorwort passend vom Gletscherrückzug als einer von der Erderwärmung »verursachten« weltweiten Rezession. Im Haupttext wird dann der wissenschaftliche Befund auf den Punkt gebracht: »Die meisten Gletscher schrumpfen seit dem Ende der ›kleinen Eiszeit‹ vor etwa 150 Jahren. Seit Beginn der 1980er-Jahre jedoch hat sich die Geschwindigkeit des Eisverlustes in vielen Regionen deutlich erhöht, gewissermaßen im Gleichschritt mit der Erhöhung der globalen Mitteltemperatur. In einigen Gebirgszonen dürften die Gletscher angesichts der jetzigen Schmelzraten bis zum Ende des 21. Jahrhunderts verschwunden sein.«

An den allermeisten Standorten schreitet der Gletscherschwund in der Tat sichtbar voran. Dramatische Entwicklungen haben beispielsweise am Morteratsch-Gletscher in der Schweiz stattgefunden, am Nigardsboeren in Norwegen, am McCall in Alaska und am mystischen Kilimandscharo in Tansania, wo allerdings komplizierte atmosphärische Prozesse jenseits der lokalen Erwärmung eine wichtige Rolle spielen (Thompson u. a. 2009). Einen aktuellen Überblick mit exakten Daten zum Thema liefert eine Publikation von Paul Willem Leclercq und Johannes Oerlemans von der niederländischen Universität Utrecht (Leclercq und Oerlemans 2012). Der entsprechende globale Trend ist in Abbildung 85 wiedergegeben.

Abgesehen vom Beitrag zum globalen Meeresspiegelanstieg (siehe zum Beispiel Chen u. a. 2013), wird der Schwund der alpinen Eisfelder spürbare gesellschaftliche Auswirkungen haben, auf lokaler wie regionaler Ebene. Zwei Brennpunkte der Problematik sind die Länder Pakistan und Peru. Nach Zeitungsberichten (siehe etwa Henkel 2013) hat der Klimawandel bereits ein Viertel der rund 600 Gletscher der Cordillera Blanca im Norden der peruanischen Hauptstadt Lima wegschmelzen lassen. Und diese »Megastadt von morgen« muss ihre mehr als 8 Millionen Einwohner mit Trinkwasser versorgen, obwohl das dortige staubtrockene Klima nur etwa 10 Millimeter Niederschlag (pro Jahr!) hergibt. Also wird vor allem aus dem Fluss Rimac geschöpft, dessen Pegel aber immer stärker schwanken. Denn schließlich wird er aus dem Wasser der Anden gespeist, wo nicht nur die Niederschläge unregelmäßiger zu werden scheinen, sondern eben auch die Gletscher schrumpfen. Diese stabilisieren den Wassernachschub im Jahresgang unter den besonderen Umständen, die in Peru gegeben sind: Die saisonale Variation der Temperatur ist gering, dafür gibt es aber auch im Hochgebirge eine ausgeprägte Trockenzeit. Dann wird der Abfluss von den Hängen nur noch durch das Schmelzwasser der Gletscher aufrechterhalten.

Also hat Lima ein Problem – zumindest längerfristig, denn in den Übergangsjahrzehnten könnte sogar eine »Gletscherschwund-Dividende« anfallen (Collins 2008). Also ein überdurchschnittliches Wasserdargebot, gespeist aus der schieren Substanz der schrumpfenden Eismassen. Kurzfristig muss die Bevölkerung Limas vor allem mit hausgemachten Problemen zurechtkommen: starkes Bevölkerungswachstum (2 Prozent pro Jahr), insbesondere durch Zuzug ärmerer Menschen aus ländlichen Gebieten; starke soziale Polarisierung zwischen den wohlhabenden und den prekären Stadtteilen; mangelnder Ausbau der essenziellen Infrastrukturen; Vergeudung kostbarer Ressourcen etc. Zudem versickern derzeit wohl 40 Prozent des mühsam bereitgestellten Trinkwassers irgendwo im sandigen Boden Limas (Henkel 2013). Im Rahmen der Entwicklungszusammenarbeit mit Deutschland soll nun ein geschlossenes System installiert werden, welches das Nutzwasser mittels Wiederaufbereitung in einem lückenlosen Kreislauf führt und auch die informellen Siedlungen am Stadtrand umfasst. Dies wäre, wenn es denn gelingt, eine entscheidende Vorsorgemaßnahme zur Anpassung an den Klimawandel.

In einem Land auf der anderen Seite der Welt kann man die Erderwärmung ebenfalls überhaupt nicht gebrauchen. Ich spreche von Pakistan, mit dessen früherem Botschafter in Deutschland ich mich viele Male ausführlich unterhalten habe, um sein Land und dessen Probleme wenigstens ansatzweise zu begreifen. Natürlich war Al-Qaida dabei ein Thema. Doch wie immer man die Rolle der pakistanischen Elite beim Entstehen des Krebsgeschwürs Terrorismus bewerten mag, das Land hat mit einem CO_2-Ausstoß von etwa 1 Tonne pro Kopf und Jahr wahrhaftig wenig zum globalen Klimawandel beigetragen. Umso härter dürften die bald 200 Millionen Einwohner von den Folgen der zu erwartenden Umweltveränderungen getroffen werden. Einen schrecklichen Ausblick hat die große Indusflut von 2010 bereits eröffnet.

Die Verwundbarkeit des Landes hat vor allem mit seiner einzigartigen Geographie zu tun. Pakistan ist beispielsweise im Norden von Höchstgebirgssystemen (Hindukusch, Karakorum und Pamir) abgeriegelt, die fünf der weltweit 14 Achttausender beherbergen, darunter die legendären Gipfel von K2 und Nanga Parbat. Ein Teil des Schmelzwassers der zahlreichen Gletscher fließt in den Indusstrom und hält seinen Pegel auch dann ausreichend hoch, wenn die Monsunregen keine Saison haben oder spärlicher ausfallen. In den meisten Provinzen des Landes herrschen (oft ganzjährig) semiaride bis aride Verhältnisse, sodass der wichtigste ökonomische Sektor – die Landwirtschaft – ohne intensive Bewässerung nicht funktionieren könnte. Entsprechend hat Pakistan über die Jahrhunderte im Indus-Einzugsgebiet eines der größten zusammenhängenden Irrigationssysteme der Welt aufgebaut. Aber die Bevölkerung wächst weiter rapide, und das Eis im Hochgebirge schwindet. Auch in dieser Region wird wohl eine »Gletscherschmelz-Dividende« in Form von erhöhtem Wasserzustrom in den nächsten zwei bis drei Jahrzehnten anfallen. Doch jenseits dieses Wellenscheitels sind die Perspektiven für die pakistanische Nahrungsmittelproduktion düster, woraus sich bis spätestens Mitte des 21. Jahrhunderts große Risiken für die gesamte Volkswirtschaft und den sozialen Frieden im Land ergeben.

Klimasorgen ums Wasser – das entweder zu viel, zu wenig oder im falschen Zustand vorhanden ist – plagen in der Tat viele Länder rund um den Globus. Aus Tadschikistan, Nepal, Peru oder Bolivien erreichen uns schon heute bedrückende Nachrichten über kleinere und größere Kulturgemeinschaften, die an den Rand ihrer Existenzfähigkeit gedrückt werden. Jenseits dieses Randes bleibt nur der Exodus – innerhalb der nationalen Grenzen oder über diese hinweg.

Und damit sind wir wieder bei der durch Umweltveränderungen ausgelösten und vorangetriebenen Migration. Im Fall der versinkenden Atollinseln wie dem winzigen Tuvalu ist die Sachlage ja noch verhältnismäßig einfach: Die Menschen werden – eher früher als später – fortziehen und eine neue Heimat auf festem, hohem Land gewinnen müssen. Wir reden hier von *Fernmigration*, über Tausende von Kilometern hinweg. Diese gibt es wohl erst seit der Sesshaftigkeit infolge der neolithischen Revolution (siehe Kapitel 12), denn zuvor war die eher langsame, aber stetige Bewegung im Umweltraum die Regel. Über die Jahrtausende rollten dann immer häufiger gewaltige Aus- und Einwanderungswellen durch die Kontinente und schwappten schließlich sogar über die Ozeane. Krieg, politische und religiöse Verfolgung, Hunger, Armut und Naturkatastrophen waren die häufigsten Treiber dieser Populationsdynamik (siehe unter anderem Kapitel 13). Doch in Zeiten des raschen Klimawandels könnte sich zur Fernwanderung hochmobiler, risikobereiter Minderheiten (wie den beklagenswerten *Boat People* der Gegenwart) die *massenhafte Nahmigration* eher zögerlicher Bevölkerungsmehrheiten gesellen, die von unbarmherzigen Umweltveränderungen über die Erde geschoben werden wie Roulettechips vom Rechen eines Croupiers.

Diese Thematik zählt zu den schwierigsten und spekulativsten der gesamten Klimafolgenforschung. Die Komplikationen beginnen bereits mit der Definition des »Umweltflüchtlings« oder gar »Klimaflüchtlings«. Frank Biermann, ein brillanter früherer Mitarbeiter von mir und derzeit Professor in Amsterdam, hat hierzu einen sehr hilfreichen Artikel geschrieben (Biermann 2001). Als Rechtswissenschaftler weist er insbesondere darauf hin, dass Umweltflüchtlinge im bestehenden Völkerrecht

»unbekannte Größen« sind, die entsprechend auch nicht direkt von einschlägigen Institutionen der Vereinten Nationen (wie dem Hochkommissariat für Flüchtlinge) erfasst und geschützt werden.

Dies mag einfach ein historisch bedingtes Defizit sein, das man bei passender Gelegenheit im multilateralen Prozess beseitigen könnte. Leider sind hier wohl auch handfeste politische und sogar kommerzielle Interessen im Spiel. Denn viele Staaten und Organisationen befürchten, dass der klassische Status von Flüchtlingen – laut Genfer Konvention von 1951 Individuen, die aufgrund ihrer Rasse, Religion, Nationalität, Kultur oder politischen Meinung verfolgt werden – durch die Einbeziehung von Umweltaspekten »verwässert« werden könnte. Dies hätte nicht zuletzt Konsequenzen für die Verteilung von öffentlichen und privaten Mitteln in der globalen Wohlfahrtsmaschinerie mit ihren zweifellos wohlmeinenden, aber oft schwerfällig gewordenen Instanzen, Agenturen, Stiftungen und Vereinigungen. Denn das humanitäre Geschäft ist längst schon »Big Business«.

Andererseits kann man sich kaum ein zwingenderes Fluchtmotiv vorstellen als etwa den Verlust der Heimat durch das klimabedingt anschwellende Meer. Insofern steht den Völkerrechtlern ein hartes Stück Arbeit bevor, und auch die Vereinten Nationen werden schlussendlich Farbe bekennen müssen. Doch selbst bei *grundsätzlicher Anerkennung* des Klimaflüchtlingsstatus ist die *konkrete Identifizierung* derjenigen Menschen, denen dieser Status gebührt, eine Aufgabe der höheren Umweltmathematik. Denn die Dinge liegen meist nicht so einfach wie beim Meeresspiegelanstieg. Es ist einerseits durchaus vorstellbar, dass ein armer Subsistenzbauer in Westafrika sein Land aufgibt, weil infolge zivilisatorischer Störungen die Monsunregen verrückt spielen und die Böden unfruchtbar werden. Andererseits ist heute schon längst Realität, dass sich junge Männer aus derselben Region auf die abenteuerliche (und mitunter tödliche) Wanderschaft gen Europa begeben – nicht weil sich die Lebensgrundlagen deutlich verschlechtert hätten, sondern weil sie sich im Besitz von Informationen wähnen, die das Dasein in der Ferne ungleich attraktiver erscheinen lassen als in der ereignis- und chancenarmen Heimat. Oft vollzieht sich die Migration dieser Menschen als Stop-and-go-Bewegung, vom Dorf zur Provinzhauptstadt, vom ärmeren zum reicheren Land, vom dunklen zum hell beleuchteten Kontinent. Sind aber nun die Beweggründe des Bauern nobler, seine Anliegen dringlicher als die der jungen Emigranten?

Dennoch dürften Letztere von den einschlägigen Behörden mit großer Sicherheit als »Wirtschaftsflüchtlinge« eingestuft werden, denen ein Bleiberecht schwerlich zugestanden werden kann. Beim westafrikanischen

Bauern lägen die Dinge heute kaum anders, doch in der Zukunft könnten Menschen mit ähnlichem Schicksal einen besseren rechtlichen Schutz erfahren. Unter der Voraussetzung entsprechender juristischer Reformen auf internationaler und nationaler Ebene wäre die formelle Anerkennung als Klimaflüchtling wohl an zwei entscheidende Bedingungen geknüpft: *Erstens* müsste die Auswanderung nachweislich durch tiefgreifende klimatische Veränderungen vor Ort mitsamt ihrer Folgewirkungen angestoßen worden sein (etwa durch hartnäckige Dürre und das dramatische Absinken des Grundwasserspiegels). Und *zweitens* müssten die migrationsursächlichen Klimaentwicklungen nachweislich zum allergrößten Teil von Dritten bewirkt worden sein (etwa durch den langjährigen Ausstoß von Treibhausgasen oder durch massive regionale Luftverschmutzung).

Denn der Geist der Genfer Flüchtlingskonvention fragt nach dem direkten Zusammenhang von *menschlicher Schuld und Unschuld*. Wer hingegen durch eine klimatische Laune der Natur vertrieben wird, hat in diesem Sinn einfach nur Pech gehabt – den von Heißzeit oder Sintflut Geschädigten muss völkerrechtlich kein Asyl gewährt werden. Wenn jedoch überzeugend demonstriert werden kann, dass Menschen durch Menschen ihre Heimat verlieren, wie mittelbar und verwickelt die dafür relevanten Prozesse auch immer sein mögen, sieht die Sache anders aus. So gesehen bricht gerade eine neue, spannende und überaus schwierige Ära für das Flüchtlingsrecht an.

Wie aber steht es heute um die reale Umweltmigration? Eine deprimierende Illustration der wirren Gesamtsituation liefert das Schicksal der haitianischen Auswanderer (siehe zum Beispiel Ortiz 2013). Der Staat Haiti umfasst den Westteil der großen Karibikinsel Hispaniola (siehe auch Kapitel 28). Nach Ende der französischen Kolonialherrschaft im Jahr 1804 war diese erste von Schwarzen regierte Republik zugleich das reichste Land Lateinamerikas; heute ist es das Armenhaus der westlichen Welt. Die Geschichte dieses Niedergangs ist opulent, chaotisch und schmutzig. Ohne jeden Zweifel spielten aber Umwelt- und Klimafaktoren dabei eine wichtige Rolle. Eine Reihe von verheerenden Wirbelstürmen in den 2000er-Jahren und das gewaltige Erdbeben vom 12. Januar 2010 vermengten sich zu einem Todestrunk für das politisch, sozial und ökonomisch bereits geschwächte Gemeinwesen. Die Bevölkerungszahl betrug 2012 knapp 10 Millionen, doch mehr als 3 Millionen Haitianer dürften im letzten Jahrzehnt ausgewandert sein.

Wohin? Nun, das nahe liegende Zielland ist die Dominikanische Republik, die den Ostteil von Hispaniola umfasst und die es vor allem durch Tourismuseinnahmen zu bescheidenem Wohlstand gebracht hat. Über

800 000 Haitianer leben inzwischen im Nachbarstaat, davon etwa eine halbe Million illegal. Allerdings ist auch die Dominikanische Republik bereits dicht besiedelt und von großen sozialen Unterschieden geprägt, sodass sie keinesfalls einen sicheren und dauerhaften Hafen für arme Immigranten darstellt. Wer entsprechende Möglichkeiten besitzt, wandert deshalb weiter – auf die Bahamas (wo die Exil-Haitianer inzwischen ein Viertel der Bevölkerung ausmachen) oder noch lieber in die USA (wo die haitianische Diaspora schon 600 000 Menschen umfasst). Die Migrationsbedingungen werden jedoch von Tag zu Tag schwieriger, insbesondere seit die Vereinigten Staaten und die Dominikanische Republik die Einwanderung gezielt und mit drastischen Maßnahmen beschränken (siehe dazu Ortiz 2013).

Deshalb kommt dem halb offenen Fluchtweg nach Südamerika und insbesondere Brasilien eine immer größere Bedeutung zu. Die genehmigte Einwanderung nach Brasilien ist mühsam und oft zum Scheitern verurteilt, deshalb strömen in den letzten Jahren Tausende von Haitianern illegal über die Nordgrenze *ins Amazonasgebiet*. Fast immer mithilfe von bezahlten Schleppern (»Coyotes«), die im Schnitt 3000 Dollar pro eingeschmuggelter Person verlangen. Die brasilianischen Behörden sind von der Situation weitgehend überfordert, zumal alle logistischen Voraussetzungen für die Bewältigung dieser Einwanderungswelle in einem Tropenwaldgebiet fehlen. Deshalb hat man sich eine zynische Lösungsstrategie ausgedacht: Die Haitianer erhalten ein »humanitäres Visum« und dürfen nach Ankunft einen Antrag auf Asyl stellen – der in aller Regel abgelehnt wird. Wen wundert es, dass die Immigranten dann einfach im Riesenland untertauchen, wo sie sich ins große Heer der Rechtlosen eingliedern.

Ich habe den Fall Haiti relativ ausführlich behandelt, weil er wie ein Brennglas viele kritische Aspekte der heutigen (und wohl noch stärker der künftigen) Migrationsproblematik bündelt. Hinter der nüchternen Analyse verbergen sich Abertausende von elenden Existenzen und gescheiterten Lebensträumen. Im weltweiten Maßstab reden wir jedoch von menschlichem Leid in millionenfacher Ausgabe: Dies belegt – so unvollständig und fehlerhaft sie auch noch sein mögen – eine Reihe von jüngeren Berichten, die das Flüchtlingsleid auf unserem Planeten zu vermessen versucht haben. Die offizielle Instanz für die Zusammenschau dieser Problematik ist das »Amt des Hohen Kommissars der Vereinten Nationen für Flüchtlinge« (*United Nations High Commissioner for Refugees*, abgekürzt UNHCR). Dessen ehrgeizige Satzung wurde am 14. Dezember 1950 von der UN-Generalversammlung beschlossen, worin als Kernaufgabe die laufende Erhebung von Daten über das weltweite Migrationsgeschehen formuliert ist. In aufwendigen Dokumenten (siehe zum Beispiel UNHCR, 2015a; UNHCR, 2012) werden Zahlen, Fakten, Erklärungen und Einschätzungen aufgetürmt, Kontinent für Kontinent und Land für Land.

Sachstand im Jahr 2014: Weltweit waren 59,5 Millionen Menschen auf der Flucht. Die Gesamtzahl setzt sich zusammen aus 19,5 Millionen Flüchtlingen, 38,2 Millionen Binnenvertriebenen, die aufgrund von Konflikten in ihrem eigenen Land heimatlos wurden, und 1,8 Millionen registrierten Asylsuchenden. 51 Prozent aller Flüchtlinge 2014 waren Kinder und Jugendliche unter 18 Jahren, zudem wurden weltweit 34 300 Asylanträge von unbegleiteten Minderjährigen gestellt (UNHCR, 2015b). Der letzte Satz ist wie ein Schlag in die Magengrube. Und man darf keinesfalls vergessen, dass diese Zahlen vor allem die *offiziellen* Migranten erfassen. Die Dunkelziffer ist selbst bei den eigentlichen Flüchtlingen im Sinn der Genfer Konvention riesig, ganz zu schweigen von den »uneigentlichen«, welche etwa von schleichenden Klimaveränderungen und Extremereignissen aus ihrer Heimat getrieben werden. Doch gerade im Zusammenhang mit der sich aufbauenden Klimaproblematik liefert der zitierte Report außerordentlich wichtige Einsichten: Sechs Siebtel der Heimatlosen hielten sich in Entwicklungsländern auf, und ein Viertel der Gesamtzahl der Flüchtlinge fand Zuflucht in den am wenigsten entwickelten Ländern; mindestens 10 Millionen der Migranten waren in einem rechtlichen Schwebezustand ohne Aussicht auf baldige Klärung gefangen. Das bedeutet im Klartext, dass die große Flucht eher einer *Sickerbewegung durch die ärmeren Regionen der Welt* gleichkommt, wobei gelegentlich ganze Ethnien in die *Sackgasse* geraten.

In diesem allgemeinen menschlichen Diffusionsprozess verbergen sich zweifellos bereits viele Klimaflüchtlinge, doch auf die entsprechende Identifikationsproblematik habe ich bereits hingewiesen. Der jährlich erscheinende Bericht des Norwegischen Flüchtlingsrats (Yonetani 2014) quantifiziert die weltweite Entwurzelung und Verdrängung von Menschen durch Naturkatastrophen wie Stürme, Überflutungen, Waldbrände, Vulkanausbrüche und Erdbeben (wobei sich immer mehr die Frage stellt, wie »natürlich« diese Desaster sind). Die nackten Zahlen sprechen für sich. Im Fünfjahreszeitraum von 2008 bis 2012 wurden etwa 144 Millionen Menschen in 125 Ländern durch solche Ereignisse gezwungen, ihre Behausungen zu verlassen. Bezeichnend für die jüngsten Trends ist die Tatsache, dass im Jahr 2012 98 *Prozent* dieser Verdrängungen auf das Konto von witterungsbedingten Ereignissen gehen, während »nur« etwa 680 000 Menschen Erdbeben oder Vulkanausbrüchen weichen mussten (Yonetani 2013). In der Tat waren Flutkatastrophen in Nordostindien und Nigeria die beiden größten Vertreibungsereignisse, die alleine schon über 40 Prozent der Verdrängungssumme ausmachten. An größere Berichte darüber in den westlichen Medien kann ich mich nicht entsinnen…

Die Gewalt der Natur kommt in vielerlei Gestalt über die Menschen: 2012 plagte Hurrikan »Sandy« neben den USA sieben weitere Länder; *La Niña* (siehe Kapitel 21) beschwor in Peru und Kolumbien sintflutartige Regenfälle herauf; Dürre und Hunger zwangen Millionen im nordafrikanischen Sahel zum Aufbruch. Der oben zitierte Bericht (Yonetani 2013) blickt jedoch auch hinter die Zahlen, auf die kritischen Mechanismen der desasterbedingten Verdrängung. Die Schlüsselbegriffe in diesem Kontext sind *Armut und Wiederholung.* Wiederum frappierende 98 Prozent der zwischen 2008 und 2012 weltweit Betroffenen stammen aus den (in aller Regel einkommensschwachen) Entwicklungsländern. Leider gibt es bisher so gut wie keine ernsthafte Studie, welche solche nationalen Zahlen auf soziale Schichten herunterbrechen. Ich vermute, dass die Verdrängungskurve durch Naturkatastrophen auch innerhalb von Staaten (wie Nigeria oder Thailand) steil mit dem Grad der Armut ansteigt. Aus dieser Rechnung fallen allerdings diejenigen komplett heraus, denen sogar die Mittel zur Flucht fehlen.

Zahlreiche Hinweise gibt es hingegen für die These, dass Desaster *in schneller Folge* eine Gesellschaft massiv zerrütten können – wie im Fall von Haiti, wo die Sequenz von Erdbeben und Wirbelstürmen unzählige Menschen dauerhaft entwurzelt hat. Wissenschaftlich gesprochen darf der Abstand zwischen den Schadensereignissen nicht kürzer sein als die »Resilienzzeit« der betroffenen Gesellschaft – also die Anzahl von Jahren, die für ein Zurückschwingen in den Normalzustand benötigt wird.

Wenn entsprechende Verhältnisse herrschen, wird die Verdrängung zur humanitären Dauerkrise, und die Geschädigten werden Migranten – im eigenen oder fremden Land, und manche von ihnen kann man wohl als Klimaflüchtlinge bezeichnen. Doch wie viele davon gibt es tatsächlich schon, und wie viele werden es 2020, 2050, 2100 sein? Nun, über die Zukunft kann man trefflich spekulieren, aber selbst für die Gegenwart gehen die Einschätzungen weit auseinander, wobei auch noch permanent die Begriffe »Umweltflüchtling« und »Klimaflüchtling« durcheinandergebracht werden. Häufig zitiert wird ein Artikel des britischen Intellektuellen Norman Myers (Myers 2005), worin er argumentiert, dass es im Jahr 1995 weltweit 27 Millionen eigentliche Umweltflüchtlinge gab. Bei dieser Kategorie erwartet Myers, insbesondere aufgrund klimabezogener Entwicklungen, ein mittelfristiges Anschwellen der Gesamtzahl auf über 50 Millionen Menschen.

Das wissenschaftliche Fundament für eine solche Projektion ist noch recht dünn, was angesichts der Bedeutung der Problematik selbst schon einen Skandal darstellt. Bisher haben insbesondere redlich bemühte Hilfsorganisationen und humanitäre Institutionen wie Oxfam, Christian Aid, IOM (International Organization for Migration) und natürlich das UNHCR das von der etablierten Forschung weitgehend gemiedene Feld besetzt. Auch deshalb werden die Zahlen von Norman Myers immer wieder zitiert. Eine kurze Zusammenfassung der jüngeren Migrationsnumerik liefert der ausgezeichnete Bericht, den mehrere akademische und politische Einrichtungen gemeinsam im Jahr 2009 vorgestellt haben (Warner u. a. 2009). Besagter Report, dessen Titel übersetzt »Obdach gesucht« heißt, stellt fest, dass die Schätzungen für die Anzahl der Umweltflüchtlinge (inklusive der eigentlichen Klimamigranten) bis zum Jahr 2050 sich zwischen 50 und 700 Millionen bewegen dürften. Ansonsten wird in dieser Studie eher qualitativ argumentiert, mit sehr plausiblen Ausführungen zum Zusammenhang zwischen Erderwärmung, Armut und Entwicklung. Der Wissenschaftliche Beirat Globale Umweltveränderungen (WBGU) der deutschen Bundesregierung hat in seinem Gutachten von 2007 (WBGU, 2007) ebenfalls von Abschätzungen in absoluten Zahlen abgesehen, jedoch versucht zu begründen, dass künftig 10 bis 25 Prozent aller Migrationsströme durch den menschengemachten Klimawandel und seine Folgen verursacht werden dürften. Dies ist jedoch eine ausgesprochen konservative Schätzung.

Einen wertvollen wissenschaftlichen Beitrag zur aktuellen Migrationsdebatte, der zugleich einen Kontrapunkt zur gängigen Argumentation setzt, hat unlängst eine britische Studie unter der Ägide von Sir John Beddington geleistet. Dieser ist ein guter Bekannter von mir, der sich sowohl durch glänzenden Sachverstand in allen Nachhaltigkeitsfragen als auch durch seinen feuerroten Bart von der grauen Expertenmasse abhebt. Sir John war wissenschaftlicher Chefberater der Regierung des Vereinigten Königreichs (UK Government Chief Scientific Advisor) in den Jahren 2008 bis 2013. Der besagte Bericht (Foresight 2011) stellt in vielerlei Hinsicht das traditionelle Weltbild vom Klimafluchtgeschehen auf den Kopf beziehungsweise die Füße. Denn häufig wird in unzulässiger Vereinfachung angenommen, dass der »Umweltmigrant« hypermobil ist und im Prinzip in kurzer Zeit von jedem beliebigen Ausgangspunkt A zu jedem beliebigen Fluchtpunkt B auf der Erde gelangen kann. Dies gilt vielleicht für eine Minderheit der Bedrängten, doch die große Masse ist in ihrer Bewegung erheblichen Einschränkungen unterworfen. Insofern ist die mit Xenophobie vermischte Angst der westlichen Wohlstandsbürger vor dem

Ansturm der klimagetriebenen Habenichtse aus den Entwicklungsländern zunächst einmal überzogen. Sie ist gleichwohl nicht gegenstandslos, nur wird sich die globale Wanderung im 21. Jahrhundert vermutlich nicht naturgewaltig wie »der Mongolensturm«, sondern wirr und zersplittert vollziehen.

Die britische Studie betont, dass der Migrations*bedarf* mit fortschreitendem Klimawandel deutlich steigen wird, dass aber nicht alle in der wachsenden Masse der Betroffenen sich fortbewegen können – und wenn ja, dann möglicherweise in die falsche Richtung! Denn für erfolgreiche Umsiedlung bedarf es zugänglicher Räume, verfügbarer Mittel, logistischer Unterstützung und politischen Willens. Die großen Exodusereignisse der Geschichte (siehe zum Beispiel die irische Auswanderung infolge der Hungersnöte im 19. Jahrhundert, Kapitel 13) machen dies auf tragische Weise deutlich. Wer beispielsweise eher bodenständig ist oder aus kulturellen Gründen gesellschaftlich missachtet oder eben schlichtweg arm, bleibt in der Regel da, wo er ist, selbst wenn die Verhältnisse vor Ort nahezu unerträglich werden. Hier kommt der Begriff der *Trapped Populations* (Foresight 2011), also der von sozioökonomischen und ökologischen Kräften *eingekesselten Bevölkerungsgruppen* ins Spiel. Diejenigen aber, die sich in Bewegung setzen (können), stranden häufig dort, wo längerfristig noch größere Umweltrisiken drohen: in den Slums der Megastädte, wo die notdürftigen Behausungen zumeist in Küstenniederungen und trockengefallenen Flussbetten stehen oder unbefestigte Steilhänge emporkriechen; direkt jenseits der Grenze zum Nachbarland, wo Krieg und Klimaveränderung die Flüchtlinge mit großer Wahrscheinlichkeit einholen und vielleicht noch härter treffen werden als in der zurückgelassenen Heimat; in der Ferne, wo die Immigranten nur in denjenigen Winkeln geduldet werden, welche die Einheimischen ob des Katastrophenrisikos meiden. Nimmt man noch die Dynamik hinzu, die sich aus dem anhaltenden Bevölkerungswachstum vornehmlich in den Länder des Südens ergibt, dann resultiert daraus global unterm Strich eine Bewegung *hin zur Umweltgefährdung* – und nicht weg davon!

Damit ist eine große humanitäre Krise vorprogrammiert, die sich nicht zuletzt in Konflikten bis hin zum Bürgerkrieg (siehe gleich unten) entladen könnte. Wer diese Krise entschärfen will, muss natürlich in erster Linie politische Maßnahmen zur Einhegung des Klimawandels unterstützen. Andererseits sind bestimmte Umweltveränderungen (wie ein erheblicher Meeresspiegelanstieg) bereits unvermeidlich, sodass zielgerichtete Migration den steigenden Druck aus dem Kessel nehmen kann – wenn eben die richtigen Ventile an den richtigen Rohren im Sinn aktiver Fluchthilfe geöffnet werden (Kapitel 25). Also gilt es, die Blockaden klimabedingter Bewegung im Raum zu lösen, anstatt weiterhin die blinde Angst vor der Invasion der Entwurzelten zu schüren (wie dies gerade in den Staaten mit dem größten Beitrag zur Klimadestabilisierung gang und gäbe ist). Um die große Klimawanderung allerdings positiv beeinflussen zu können, sodass beispielsweise bestimmte Migrantengruppen erst gar nicht in humangeographische Sackgassen getrieben werden, bedarf es in erster Linie eines tieferen Verständnisses der kritischen Prozesse.

Und dieses existiert bisher noch nicht. Kein Wunder: Gefordert ist eine Analyse möglicher menschlicher Einflüsse aufgrund unzähliger bestehender und künftiger Schub- und Zugfaktoren. Diese Dynamik spielt sich nicht nur horizontal in einem durch natürliche und zivilisatorische Hindernisse gegliederten Raum ab, sondern auch vertikal, entlang der sozialen Achsen von Wohlstand, Bildung, Alter und Gesundheit. Wer wann welches Feld in diesem überdimensionalen Schachspiel besetzen dürfte, ist praktisch nicht vorhersagbar. Aber zumindest sollten sich wissenschaftliche Hinweise dafür finden lassen, *welche Entwicklungen ganze Bevölkerungsgruppen mattsetzen würden*. Was für ein Forschungsfeld…

Und was für ein Handlungsfeld, das im allerschlimmsten Fall zum Schlachtfeld werden könnte! Denn ganz gleich, ob ein ungebremster Klimawandel die Menschen mobilisieren oder blockieren wird, dieser Wandel wird unzählige Identitäten rund um den Globus zerstören – von Reisbauern, Korallenfischern, Obstzüchtern, Winzern, Rinderhirten und so fort. Das bedeutet, dass allerorten Individuen und Kulturen ihre Seele verlieren könnten. *Und wer seine Seele einbüßt, kann auch keine Achtung mehr vor der Würde anderer aufbringen.* Aus dieser Missachtung entsteht in Kombination mit Existenzangst das, was gefährlicher ist als jeder Sturm – Gewaltbereitschaft.

Damit betreten wir ein wissenschaftliches Minenfeld im wahrsten Sinn des Wortes: die Erforschung der *Zusammenhänge zwischen Klimaveränderungen und Konflikten*. Wobei Letztere im Prinzip von schweren sozialen Spannungen bis hin zu Völkermord und Krieg zwischen souveränen Staaten reichen könnten. Einer der ersten, der diese Thematik ins akademische Spiel brachte, war Thomas Homer-Dixon, der heute (passenderweise!) an der University of Waterloo im kanadischen Ontario lehrt. Er arbeitete als junger Mann auf Ölplattformen und Pipeline-Baustellen, wo er direkt mit der Umweltproblematik des fossilen Geschäfts konfrontiert wurde. Als Gesellschaftswissenschaftler erregte er dann Anfang der 1990er-Jahre weltweite Aufmerksamkeit mit seinen Studien und Thesen über die Wechselwirkungen zwischen Ressourcenmangel und Gewalt.

Dazu trugen insbesondere ein flott geschriebener Artikel im *Scientific American* (Homer-Dixon u. a. 1993) und eine gewichtige Buchveröffentlichung (Homer-Dixon 2010) bei, wo die vielen frühen Spekulationen mit zahlreichen Fakten und Gedanken untersetzt wurden. Aus heutiger Sicht ist auf alle Fälle zu würdigen, dass Homer-Dixon und seine Kollegen eine uralte Debatte nicht nur wiederbelebten, sondern auch strukturierten. Aus Dutzenden von regionalen Fallstudien (Bengalen, Unterlauf des Senegalflusses, Philippinen, Sahelzone, Mesoamerika, Südafrika usw.) wurden zunächst einmal drei Hauptfaktoren abgeleitet, welche zu spannungsträchtigen Verknappungen von Naturressourcen führen können: *erstens*, Übernutzung und Entwertung von (grundsätzlich dauerhaften) Umweltmedien, *zweitens* Bevölkerungswachstum und *drittens* Veränderungen im gesellschaftlichen Zugang zu Naturkapital. Gerade der letzte Aspekt ist hochexplosiv, wird in der Fachliteratur aber wenig berücksichtigt.

Es liegt auf der Hand, dass soziale Konflikte vorprogrammiert sind, wenn die genannten Knappheitsfaktoren in einer speziellen historisch-geographischen Konstellation zusammenwirken. Etwa auf der immer noch israelisch besetzten Westbank des Jordans: Dort werden die Grundwasseraquifere notorisch überpumpt, doch die Ausbeute kommt weniger der wachsenden palästinensischen Bevölkerung zugute als den israelischen Siedlern beziehungsweise Anrainern. Die heimische Landwirtschaft müsste tendenziell also immer mehr Verbraucher mit immer weniger Wasserdargebot zufriedenstellen – was selbst bei bestmöglichem Effizienzfortschritt nicht gelingen würde. Ich konnte mich bei einer längeren Reise im Krisengebiet in den 1990er-Jahren von dieser bestürzenden Problematik, die von meinen israelischen Freunden auch gar nicht bestritten wurde, unmittelbar überzeugen.

Der skizzierte Denkansatz der Homer-Dixon-Schule führte folgerichtig auch zu einem der ersten Versuche, den Umwelt-Gewalt-Zusammenhang systemanalytisch zu begreifen. Die Resultate lassen sich grob als Wirkungsgeflecht darstellen, welches in Abbildung 86 wiedergegeben ist.

Solche Diagramme finden sich inzwischen vermehrt in gelehrten Abhandlungen der Konflikt- beziehungsweise Friedensforschung, und die Meinungen über ihren Nutzen gehen weit auseinander. Vielen erscheint der ganze Ansatz hoffnungslos naiv angesichts der Komplexität realer gesellschaftlicher Aggressionsprozesse. Andere empfinden bereits Graphiken wie Abbildung 86 als unerträglich kompliziert und damit verständnishemmend. Entsprechend fielen auch die generellen Reaktionen auf die von Homer-Dixon ausgelöste intellektuelle Welle aus. Nach einer kurzen Phase medialer Flitterwochen mit dem Autor kam alsbald die Zertrümmerungsmaschinerie der Fachwissenschaft in Gang und zermahlte seine Thesen zu akademischem Staub. Genau so, wie es bei den Bestrebungen von Oswald Spengler, Arnold Toynbee, Samuel Huntington und Jared Diamond geschehen war, die ebenfalls universelle Muster beim Werden und Vergehen von Zivilisationen aufzuspüren versuchten.

Und natürlich hatten auch hier die Experten und Spezialisten in den allermeisten Punkten recht. Wer immer sich an die Erforschung des Umwelt-Gewalt-Zusammenhangs heranwagt, muss sich vor allem gegen zwei Vorwürfe wappnen: zum einen, dass die aufgestellten Hypothesen bei näherer Betrachtung nicht vom verfügbaren empirischen Material gestützt werden. Und zum anderen, dass solche Hypothesen selbst dann falsch wären, wenn sie die Statistik auf ihrer Seite hätten. Denn allgemeingültige Kausalbeziehungen könne es in diesem mit Akteuren und Requisiten vollgestopften Theater gar nicht geben, so das Mantra der etablierten Konfliktforschung, und deshalb brauche man auch nicht nach ihnen suchen! Entsprechende Bemühungen werden gern als »Klapperstorch-Korrelationen« persifliert: In manchen Regionen Europas lässt sich nämlich ein statistisch signifikanter Zusammenhang zwischen der Storchennestdichte und der Geburtenrate nachweisen. Sollte also an dem Märchen, dass die Rotschnäbel den Nachwuchs ins Haus liefern, doch etwas dran sein? Wohl eher nicht…

Die Homer-Dixon-Ansätze wurden jedenfalls ausgiebig kritisiert, wobei die Angriffe sowohl von eher links orientierten als auch von konservativen Gesellschaftswissenschaftlern ausgingen. Prominenten Widerspruch formulierten unter anderem die Entwicklungsforscherin und Frauenrechtlerin Elizabeth Hartmann (Hartmann 2002) und Nils Peter Gleditsch, der frühere Direktor des Friedensforschungsinstituts in Oslo (Gleditsch 1998). Beide weisen zu Recht auf methodische Schwächen und argumentative Unsauberkeiten hin, aber die Hauptstoßrichtung der Kritik zielt meines Erachtens auf die akademische Revierverteidigung: Nicht die Umwelt, sondern das Sozialpolitische dominiert Entstehung und Verlauf gewaltsamer Konflikte, so jedenfalls die Hauptbotschaft vieler Fachkommentare.

Ich kann diese Kontroverse hier nicht einmal ansatzweise ausloten, zumal Homer-Dixon – interessanterweise – in seinen frühen Beiträgen den Faktor Klimawandel nur sehr behutsam in die Analyse einbezieht. Ganz im Gegensatz zu dem deutschen Sozialpsychologen Harald Welzer, der mit seinem Buch *Klimakriege* (Welzer 2008) einen ungeniert spekulativen, aber brillanten Ausblick auf das gibt, »wofür im 21. Jahrhundert getötet wird«. Welzers Einsichten über die »Natur« von Mensch und Gesellschaft lassen ihn schlussfolgern, dass eine ungebremste Erderwärmung zu gewaltigen Migrationsströmen und schließlich zum planetarischen Überlebenskampf um Boden, Wasser und andere Lebensressourcen führen muss. Dieser Beitrag zur Thematik löste in der Öffentlichkeit gemischte Reaktionen aus, in der Fachwelt dagegen ziemlich einhellige Ablehnung. Letztere wäre angesichts Welzers schneidiger Argumentation nicht weiter verwunderlich, aber bezeichnend ist doch, wie hart gerade die traditionellen Konfliktforscher auf ihn einprügeln (siehe zum Beispiel Korf 2010). Welzer wird offenbar als Eindringling in ein intellektuelles Stammesgebiet betrachtet, wo Umweltaspekte bisher im Vergleich zu »geopolitischen Machtkonstellationen und sozioökonomischen Faktoren« (Korf 2010) keine große Beachtung finden.

Und so wogt die gelehrte Debatte hin und her, aber immerhin wogt sie. Die Kontroverse wurde vom ehemaligen PIK-Mitarbeiter Jürgen Scheffran und mehreren Koautoren in einem sehr nützlichen Artikel auf den Punkt gebracht (Scheffran u.a. 2012). Das Forscherteam bestätigt dort, dass die widersprüchlichen Ansichten über den Zusammenhang zwischen Klimawandel und Konflikt »von der unzureichenden Datenlage und der Komplexität der relevanten Wechselwirkungen herrühren«.

Besagte Komplexität dürfte in vielen der einschlägigen – und durchaus interessanten – Studien in der Tat etwas unterbelichtet sein. Da wäre beispielsweise eine heiß diskutierte statistische Analyse der amerikanischen Forscher Hsiang, Meng und Cane (Hsiang u.a. 2011). In diesem Beitrag wird argumentiert, dass im Zeitraum 1950 bis 2004 die Wahrscheinlichkeit für zivile Auseinandersetzungen (etwa massive Proteste gegen Regierungsmaßnahmen) in (heißen) El-Niño-Jahren doppelt so hoch lag wie in (kühleren) La-Niña-Jahren. Und kühn schlussfolgern die Autoren daraus, dass »die Stabilität moderner Gesellschaften eng mit dem globalen Klima verknüpft ist« (Hsiang u.a. 2011). Eine frühere Untersuchung eines Teams um den Agrarökonomen Marshall Burke von der Universität Berkeley (Burke u.a. 2009) zielte bereits in diese Richtung, wobei der Zusammenhang zwischen steigenden Temperaturen und wachsendem Bürgerkriegsrisiko in Afrika im Zentrum der Untersuchung stand. Einer der Mitautoren, Edward Miguel, war durch eine schockierende persönliche Beobachtung zu dieser Studie angeregt worden: Als er 2002 im Rahmen eines soziologischen Forschungsprojekts Ostafrika bereiste, erlebte er vor Ort eine beispiellose Welle der Gewalt gegenüber älteren Frauen. Tausende von diesen wurden von ihren eigenen Familien der Hexerei bezichtigt und dann mit Macheten getötet. Miguel fand schließlich heraus, dass die angebliche »schwarze Magie« nur als Vorwand diente, sich der »nutzlosen« Kostgänger in Zeiten schwerster Dürre zu entledigen. So grausam konsequent kann die Überlebenslogik funktionieren.

Das Imperium der klassischen Konfliktforscher, die häufig eng mit militärischen Akademien oder Institutionen zusammenarbeiten, schlug postwendend zurück. Halvard Buhaug vom schon erwähnten Friedensforschungsinstitut Oslo schlussfolgerte aufgrund leicht abweichender Daten und Methoden, dass das Klima »nicht für die afrikanischen Bürgerkriege verantwortlich« sei (Buhaug 2010). Stattdessen könne die beklagenswerte Situation auf dem Kontinent ausreichend durch nichtklimatische Faktoren wie »ethno-politische Ausgrenzung, schlechte wirtschaftliche Lage und den Zusammenbruch der Ordnung des Kalten Krieges« erklärt werden.

Die wissenschaftliche Konterattacke ließ nicht lange auf sich warten: In einem ausführlichen Übersichtsartikel in *Science* (Hsiang u. a. 2013) versuchte ein Forschertrio um Solomon Hsiang (siehe oben) den Einfluss des Klimas auf Konflikte noch besser zu vermessen, ja sogar entscheidende Wirkungszusammenhänge offenzulegen. Gestützt auf die Auswertung von 60 quantitativen Studien kommen die Autoren zu den bemerkenswerten Schlüssen, dass mit jeder Standardabweichung (1σ, siehe Kapitel 30) der mittleren Witterungsbedingungen hin zu höheren Temperaturen beziehungsweise stärkeren Niederschlägen die Häufigkeit von Gewaltanwendung durch Individuen um 4 Prozent zunimmt, die Häufigkeit von Aggression zwischen Gruppen sogar um 14 Prozent! Das ist schon ziemlich starker intellektueller Tobak – entsprechend gemischt fielen die Reaktionen von Kollegen und Medien auf die Studie aus (siehe zum Beispiel Ahmed 2013).

Weitere Einblicke in kritische Wirkungsmechanismen bietet eine wichtige jüngere Studie (Kelley u. a. 2015), welche die Zusammenhänge zwischen Umweltkrise, Migration und Revolte in Syrien ab dem Jahr 2011 beleuchtet. So löste die schlimmste Dürre seit Beginn der Wetteraufzeichnungen in der Region eine Abwanderung zahlreicher Menschen aus den ländlichen Gebieten in die syrischen Städte und deren Peripherien aus. Dort boten sich den Verdrängten jedoch kaum Möglichkeiten für ein menschenwürdiges Dasein, es gab hohe Arbeitslosigkeit, keinen adäquaten Wohnraum und wenig bezahlbare Lebensmittel. In der erwähnten Untersuchung wird aufgetan, dass durch die menschengemachte Erderwärmung die Eintrittswahrscheinlichkeit einer solchen Dürre bereits um das Doppelte bis Dreifache gestiegen ist. Im Verein mit anderen Faktoren – wie dem Versäumnis der Machthaber, das humanitäre Elend zu lindern, oder dem weit verbreiteten Missmanagement im Agrarsektor – führten die desaströsen Umweltverhältnisse zu lokalen Auseinandersetzungen, die schließlich in einen nationalen Bürgerkrieg (mit großräumigem Destabilisierungspotenzial) mündeten.

Auf welcher Seite man auch immer bei dieser Kontroverse stehen mag, der akademische Rahmen wird unwiderruflich gesprengt, wenn man fragt, wie sich die Erderwärmung auf *künftige* gewaltsame Konflikte auswirken könnte. Eine knappe Zusammenschau der vorgebrachten Antworten hat Nicola Jones in einem Feature-Artikel im Magazin *Nature* geliefert (Jones 2011). Sie wertete für diesen Hintergrundartikel nicht nur die wichtigste Literatur aus, sondern befragte zudem eine Reihe von Wissenschaftlern. Auch Buhaug wird zitiert, und zwar mit der Aussage, dass »das Klima eine Rolle spielen könnte, aber keiner der Faktoren ist, über die man sich Sorgen machen müsste«. *Punkt!* Jones berichtet weiter über wichtige Arbeiten eines Hongkonger Geographenteams (Zhang u. a. 2011), welches das Wohlergehen der Menschen im vorindustriellen Europa (1500 bis 1800) auf eventuelle Klimasensitivitäten hin untersuchte. Dabei zeigte sich, dass sich gewalttätige Auseinandersetzungen bis hin zum offenen Krieg ganz überwiegend in *kalten* Witterungsphasen vollzogen. Ein ähnliches Muster durchzieht auch die chinesische Geschichte vom Jahr 1000 bis heute (Zhang u. a. 2007), was sich mit den in Kapitel 13 referierten Beobachtungen deckt: »Kälte bedeutet Trockenheit bedeutet Hunger bedeutet Gewalt« – so könnte die entsprechende Faustformel lauten.

Doch wir sprechen ja beim Klimawandel der Moderne nicht von einer milden Erhöhung der Erdtemperatur, die uns das Frösteln vertreiben würde. Wir sprechen vom Risiko einer Heißzeit jenseits aller evolutionären Erfahrungen des Menschengeschlechts! Deshalb kann auch die Weltpolitik nicht einfach jahrzehntelang abwarten, bis sich die Herren Gelehrten darauf verständigt haben, dass eine solche Entwicklung – eventuell – Auswirkungen auf die Konfliktbereitschaft von Individuen und Gesellschaften haben könnte. Die Militärs und Geheimdienste in aller Welt machen sich ohnehin schon längst große Sorgen über die möglicherweise unvorhersehbaren Folgen von Klimaveränderungen für die heilige Kuh des Staatlichen schlechthin: *die nationale Sicherheit*. Gerade aus Amerika kommen in jüngster Zeit Aussagen wie »Der Klimawandel wird die Fähigkeit des Verteidigungsministeriums beeinträchtigen, die Nation zu verteidigen, und stellt ein unmittelbares Risiko für die nationale Sicherheit der USA dar« (US Department of Defense, 2014) und »Der Klimawandel ist eine unmittelbare und wachsende Bedrohung für unsere nationale Sicherheit. Er trägt zu größeren Naturkatastrophen, Flüchtlingsströmen und Konflikten um Basisressourcen wie Nahrungsmittel und Wasser bei« (White House, 2015).

In der Tat: Wann immer ich in den letzten 20 Jahren mit Pentagon-Mitarbeitern oder auch ranghohen Militärpolitikern (wie dem früheren US-Verteidigungsminister Chuck Hagel) über die Erderwärmung sprach, blickte ich in tief besorgte Gesichter. Und bekam niemals jene dummen Sprüche zu hören, welche das ganze Klimaproblem als niedliche Begleiterscheinung des wunderbaren Fossilzeitalters abtun. Kein Wunder: Wer zum Beispiel als General die Verantwortung für, sagen wir, 100 000 Soldaten und Ausrüstung im Wert von 20 Milliarden Dollar trägt, darf sich keine Fahrlässigkeiten erlauben. Und lässt bestimmt die Finger von den schrillen Thesen der Abwiegler und Verharmloser (siehe Kapitel 22 und 23).

Ähnlich verhält es sich mit den führenden Außenpolitikern, die ja nicht zuletzt dafür sorgen müssen, dass sich die Staaten nicht bekriegen. Wie ernst auch diese Entscheidungsträger den potenziellen Zusammenhang zwischen Klima und Konflikt nehmen, demonstriert ein multinationaler Bericht, den die wichtigsten westlichen Wirtschaftsmächte zur Vorbereitung des G7-Gipfels 2015 in Deutschland vorlegten (Rüttinger u. a. 2015). Dieser Report beginnt mit folgenden Sätzen: »Der Klimawandel ist eine globale Bedrohung für die Sicherheit im 21. Jahrhundert. Wir müssen rasch handeln, um die Risiken für den Planeten, den wir teilen, und den Frieden, den wir ersehnen, zu begrenzen.«

Ein wichtiges Dokument, das auch die jüngste akademische Diskussion zum Thema, die natürlich verbittert weitergeführt wird, referiert. Was mich zu Nicola Jones und ihrem Essay von 2011 zurückbringt. Sie interviewte und zitierte mich dazu ausführlich, weil ich maßgeblich an einem umfangreichen Bericht mit dem Titel *Sicherheitsrisiko Klimawandel* beteiligt war, der 2007 vom WBGU für die deutsche Bundesregierung erstellt wurde (WBGU, 2007). Dieses Gutachten beginnt wie folgt: »Der Klimawandel wird – ohne entschiedenes Gegensteuern – bereits in den kommenden Jahrzehnten die Anpassungsfähigkeiten vieler Gesellschaften überfordern. Daraus können Gewalt und Destabilisierung erwachsen, welche die nationale und internationale Sicherheit in einem erheblichen Ausmaß bedrohen. Der Klimawandel könnte die Staatengemeinschaft aber auch zusammenführen, wenn sie ihn als Menschheitsbedrohung versteht.« Auf den äußerst wichtigen letzten Aspekt komme ich gleich noch zu sprechen. Eine zentrale Graphik des Reports umreißt die potenzielle Gewaltgeographie bei ungebremster Erderwärmung und ist in Abbildung 87 wiedergegeben.

Der WBGU-Bericht wurde nach bestem damaligen Wissen von einem multidisziplinären Gremium verfasst, benannte aber auch deutlich die (noch immer) offenen Forschungsfragen. Aus meiner Sicht rangiert hierbei an oberster Stelle die Herausforderung, die (vielleicht zwei Dutzend) wichtigsten Ursache-Wirkungs-Geflechte zu bestimmen, welche im sozialen Raum von Freundschaft zu Hass, von Partnerschaft zu Konflikt, von Frieden zu Krieg führen. Eine grundlegende *Systemanalyse der kollektiven Gewalt* existiert meines Erachtens bisher jedoch nicht – und wird vielleicht auch niemals ersonnen werden. Dass dabei aber menschliche »Elementarkonstanten« wie Not, Ungerechtigkeit, Neid, Potenz, Gier und Furcht tragende Rollen spielen dürften, liegt auf der Hand. Man könnte zudem aktive (etwa Dominanzstreben) und reaktive (beispielsweise Vorwärtsverteidigung) Prozesse unterscheiden beziehungsweise äußere (etwa Umweltverschlechterungen) und innere (zum Beispiel institutionelle Dekadenz) Faktoren.

Einen der wenigen mir bekannten Versuche, die Eskalation von Gewalt *strukturell* zu verstehen, hat die sogenannte »Katastrophentheorie« unternommen. Dieses faszinierende mathematische Gebiet, welches plötzliche Veränderungen dynamischer Systeme bei allmählicher Veränderung der Umstände untersucht (vergleiche Kapitel 21, Abbildung 64), wurde von dem großen französischen Gelehrten René Thom (1923–2002) begründet und firmiert auch unter so unzugänglichen Fachbezeichnungen wie »Entfaltung von Singularitäten« (siehe zum Beispiel Arnold 1988). Sir Erik Christopher Zeeman, der nach der Promotion im britischen Cambridge 1964 das Mathematikzentrum der neu geschaffenen Universität Warwick gründete und ihm zu großem internationalen Glanz verhalf, schrieb hierzu einen legendären Artikel im *Scientific American* (Zeeman 1976). Dort erklärt er nicht nur anschaulich das Konzept der »Sieben Elementarkatastrophen«, sondern modelliert auch das Aktion-Reaktion-Schema, das bei Hunden zu Angriff beziehungsweise Flucht führt. Natürlich liegen noch wissenschaftliche Lichtjahre zwischen dem formalen Verständnis der Aggression bei Tieren und demjenigen von Gewalt in menschlichen Gesellschaften. Aber vielleicht liefert die Katastrophentheorie doch einen wesentlichen Baustein für das noch zu errichtende Gebäude.

Damit noch einmal zurück zum Klimawandel und dem Übersichtsartikel von Nicola Jones. Meine Forderung nach einer besseren kausalen Durchdringung des Gewalt-Umwelt-Nexus wird dort prominent widergespiegelt. Vor allem aber auch eine Hypothese, die von der internationalen Sicherheitspolitik zur Kenntnis genommen werden sollte und die ich im Folgenden kurz skizzieren möchte. Meine Vermutung umfasst fünf Hauptpunkte:

Erstens: Kühlere Episoden im Rahmen des Holozän-Klimas (siehe Kapitel 12) sind in der Tat problematischer – und damit konfliktträchtiger – als wärmere.

Zweitens: Die Welt ist seit dem Ende des Zweiten Weltkriegs nachweislich friedfertiger geworden (zumindest was die militärischen Auseinandersetzungen angeht) – und das trotz des rasanten Wachstums der globalen Bevölkerung. Dies ist jedoch weniger mit der moderaten Erderwärmung von etwa einem halben Grad Celsius in jenem Zeitraum zu erklären, sondern vornehmlich mit den weltweiten Wohlstandszuwächsen durch die fortschreitende Nutzung fossiler Energieträger (ohne deren Einsatz auch die »Grüne Revolution« im Ernährungssektor nicht möglich gewesen wäre). Das »Vollsaugen« der Volkswirtschaften rund um den Planeten mit Kohlenstoff ist noch längst nicht beendet und wirft eine stattliche Friedensdividende ab.

Drittens: Bei weiterem Anstieg der Erdtemperatur aufgrund der ungebremsten »Karbonisierung« unserer Zivilisation dürfte die Kooperationsbereitschaft zwischen Individuen, Gruppen und Ländern zunächst zunehmen! Diese Vermutung steht im Einklang mit vielen Befunden der empirischen Konfliktforschung. Gesellschaftstheoretisch erscheint sie zumindest plausibel, da begrenzte Herausforderungen häufig Solidarität stimulieren und Energien für partnerschaftliche Lösungen mobilisieren. Grob gesagt erfolgt Zusammenarbeit dann, wenn durch sie im Prinzip alle von einer Krise Betroffenen profitieren können – insbesondere solange lebenswichtige Ressourcen bei effizienter gemeinsamer Ausschöpfung ausreichen.

Viertens: Wenn allerdings die menschengemachte Klimaexkursion zu weit vom holozänen Referenzzustand wegführt, ist eine dramatische Wende der Dinge zu erwarten (beziehungsweise nicht auszuschließen). Auf einem um 4 bis 6 °C aufgeheizten Planeten mit bis zu 11 Milliarden Bewohnern würden sich soziale Dramen ohne historisches Beispiel abspielen. Der schon im 1. Teil erwähnte Weltbank-Bericht (World Bank, 2012, 2013, 2014) liefert eine belastbare Grundlage für diese Einschätzung. Gehäufte Extremwetterereignisse, erhebliche Ressourcenverknappungen und der Verlust unersetzlichen Lebensraums wären dann die Zutaten für ein mit der Erderwärmung entstehendes »Klima der Gewalt«. Denn die »Alle zusammen anpacken!«-Haltung schlägt bekanntlich unter existenzbedrohenden Bedingungen in eine »Rette sich wer kann!«-Panik um. Wenn es bei Schiffsunglücken um die letzten Plätze im Rettungsboot geht, setzt der Überlebenskampf ein, ohne Rücksicht auf humane Maßstäbe.

Fünftens: Jenseits des Zusammenbruchs unserer Hochzivilisation, im

Bereich einer globalen Erwärmung um die 8 °C oder mehr, könnte es zu einer Wiederbelebung der sozialen Zusammenarbeit auf sehr niedrigem Niveau kommen. Dies ist selbstverständlich eine hochspekulative Überlegung. Aber es wäre schon vorstellbar, dass die überlebenden Weltgesellschaftssplitter in den verbliebenen bewohnbaren Regionen (etwa Skandinavien) zu funktionalen Notgemeinschaften zusammenfinden würden. Ein wenig wie die Sippen der Cromagnon-Menschen, die auf dem Tiefpunkt der letzten Eiszeit mit kollektivem Geschick schwierigen Umweltbedingungen trotzten.

Diese beklemmende Perspektive einer konstruktiv-destruktiven Wellenbewegung der Gesellschaft im Temperaturraum ist in Abbildung 88 umrissen. Ich muss wohl nicht betonen, dass dies *kein* empirischer Befund ist – der uns auch in jeder Hinsicht erspart bleiben möge...

Ganz zum Abschluss dieses Kapitels möchte ich noch ein Argument der etablierten Konfliktforschung beleuchten, das sich für mein Empfinden schon an der Grenze zur Perfidie bewegt: Die schlecht begründeten Warnungen vor den klimabedingten Sicherheitsrisiken – so die Behauptung – könnten einen fatalen Doppeleffekt erzielen. Einerseits, indem sie von den »wichtigeren« Ursachen von Gewalt ablenkten (Slettebak 2012). Andererseits, weil sie eine »selbsterfüllende Prophezeiung« (Gleditsch 2012) auslösten, sprich: potenzielle Kontrahenten erst aufeinanderhetzen könnten. Aus der Sicht der »Friedensfachleute« sollte die Klimafolgenforschung offenbar ihre Risikoanalyse am besten unter den politischen Teppich kehren. Damit die betroffenen Gesellschaften (des Südens) erst dann ihre prekäre Lage erkennen, wenn Widerstand zwecklos geworden ist?

30. Arm und Reich

Man stelle sich folgende merkwürdige Bergtour vor: Eine große Gruppe von Urlaubern möchte zusammen das Matterhorn besteigen und versammelt sich am Einstiegspunkt in den Hang. Die Gesellschaft ist bunt gemischt: Da sind junge, durchtrainierte Männer mit optimaler Ausrüstung, Freizeitsportler in leichten Wanderschuhen, ältere Damen auf hohen Pumps und schließlich auch Behinderte und Gebrechliche in Schlafanzügen und Bademänteln. Das ganze Unternehmen ist zwar Irrsinn, doch alle sind entschlossen, den Gipfel zu erreichen.

Zu diesem Zweck wird vor dem Start eine Art Seilschaft gebildet, das heißt, die Teilnehmer werden mittels elastischer Bänder wie Perlen auf eine Schnur gereiht. Dann geht es los, und schon nach kurzer Zeit zieht sich diese verrückte Gesellschaft am Berg stark auseinander – einige sind schon weit oben, andere haben nur wenige Höhenmeter über dem Ausgangsniveau geschafft. Vernünftigerweise würde man die ganze Tour nun abblasen, doch dieser Gedanke kommt niemandem in den Sinn – alle wollen so nahe zum Gipfel, wie es nur geht. Man könnte auch die Gummiseile lösen, aber den grundsätzlichen Zusammenhang der Gruppe stellt ebenfalls niemand infrage.

Es gibt unter diesen Umständen zwei grundsätzliche Strategien für den kollektiven Aufstieg: Plan A setzt allein auf die *Pull Power*, die Zugkraft der Stärksten und Gewandtesten. Sie werden ermutigt, immer weiter vorauszuklettern und dadurch die Schwächsten und Unbeholfensten nachzuschleppen, wenngleich die Bänder sich immer weiter dehnen und die Bergseilschaft dadurch immer weiter gespreizt wird. Im Grunde ist abzusehen, dass die Unternehmung entweder bald ins Stocken geraten muss oder dass die Seile schließlich reißen, worauf die nicht Bergtauglichen in die Tiefe stürzen werden. Plan B ist weniger ehrgeizig, aber er könnte funktionieren, weil er auf die *Push Power* setzt: Die Fähigsten steigen hinter den Unfähigsten und schieben sie langsam, aber sicher den Hang hoch. Vermutlich wird man so nie die Spitze des Matterhorns erreichen, aber doch gemeinsam ziemlich hoch hinaus gelangen.

Es gibt natürlich auch Mischstrategien, also beispielsweise Plan C, wo je nach Situation (Gelände, Wetter, Erschöpfungszustand) manche ziehen und andere schieben, aber so feinsinnig soll meine Parabel gar nicht ausfallen. Die Grundentscheidung für Variante A oder B wird vor allem davon abhängen, wie viel Gemeinschaftsgeist die Gruppe beseelt, und davon, welche Fortschrittsphilosophie ihr Verhalten bestimmt. Die Zugstrategie vertraut darauf, dass es mit der Gesellschaft am schnellsten bergauf geht, wenn man der Elite ihren Lauf lässt; die Schubstrategie orientiert sich dagegen am »Prekariat«.

Das hört sich wie eine Fabel über die unterschiedlichen Vorzüge beziehungsweise Nachteile von Kapitalismus und Kommunismus an, und selbstverständlich handelt es sich bei meiner kleinen absurden Geschichte um eine ökonomische Metapher. Aber ihr fehlt bisher noch eine wesentliche Zutat, wodurch sie den Rahmen der sattsam bekannten Links-Rechts-Debatte sprengt: Um unsere Alpensaga richtig spannend zu machen, kann man nämlich noch annehmen, dass die rasch Vorauskletternden in Variante A alle möglichen Gefahren für die weit Zurückbleibenden erzeugen können – vom gewöhnlichen Steinschlag über sich lösende Schneebretter bis hin zu ausgewachsenen Lawinen. Und je schneller und höher die Avantgarde aufsteigt, desto dichter wird der tödliche Hagel, der auf die Nachhut herunterprasselt. Wie so oft im Leben macht es einen großen Unterschied, ob man Ober- oder Unterlieger ist. Bei Variante B, wo sich die ganze Gruppe weitgehend auf einer Linie den Berg hochschiebt, wären solche Gefahren deutlich geringer. Unter diesen Umständen ist sonnenklar, welche Gruppenstrategie zum Fiasko führt und welche nicht. Wobei in der solidarischen Version der absolute Gipfel nie oder erst nach sehr langer Zeit erreicht wird ...

Durch die Berücksichtigung der Nebenwirkungen wird mein Matterhorn-Gleichnis – Sie haben es längst erraten! – zu einer Metapher für die globale sozioökonomische Entwicklung unter den Bedingungen des Klimawandels. Ich werde das Bild später wieder aufgreifen und konkretisieren. Vorerst sollten wir zweierlei festhalten: *erstens*, dass gesellschaftliche Bewegung ihr Umfeld verändern und damit massiv auf sich selbst zurückwirken kann. Und *zweitens*, dass es auf den Rang in der Gruppe ankommt, insbesondere was Position und Kapazität angeht. Die letztere Einsicht will ich umgehend vertiefen. Es geht hier in letzter Konsequenz um Arm und Reich, um die materielle und kulturelle Ungleichheit auf der Erde, die insbesondere seit dem Ende des Kalten Krieges und der Schließung fast aller heruntergewirtschafteter Sozialismuslabors explodiert ist. Diese Ungleichheit ist aufs Engste mit dem Klimawandel verknüpft, und zwar auf mehrfache Weise. Aber zunächst einmal einige Fakten, die so unglaublich sind, dass die öffentliche Debatte sie einfach unterfliegt.

Anfang 2015 veröffentlichte die unabhängige Hilfsorganisation Oxfam,

694

die sich insbesondere um die Nöte der Ärmsten dieser Welt kümmert, einen kurzen, aber spektakulären Bericht (Oxfam, 2015). Es geht dabei um die Verteilung des globalen Vermögens und die sich immer weiter öffnende Schere zwischen den Superreichen und den Habenichtsen. Die Studie ist als Ganzes lesenswert, aber am bemerkenswertesten ist aus meiner Sicht die Zahl 80. So viele Menschen könnte man relativ bequem in einem großen Bus unterbringen, im Gegensatz zu gut 3,5 Milliarden. Laut Oxfam besitzt jedoch diese 3,5 Milliarden umfassende ärmere Hälfte der Menschheit zusammen gerade das gleiche Vermögen wie die achtzig reichsten Personen! Das ist der Stand im Jahr 2014, in dem die beiden höchst unterschiedlichen Gruppen jeweils über knapp 2 Billionen Dollar an Geld und Sachwerten verfügen. Ein Mitglied der globalen Vermögenselite besitzt demnach im Durchschnitt rund *45 Millionen Mal* so viel wie ein Mitglied der globalen ärmeren Hälfte. 2010 waren es noch die 388 reichsten Personen, die das gleiche Vermögen wie die ärmeren 50 Prozent der Weltbevölkerung besaßen. Und dieser soziale Skandal verschärft sich beständig weiter. Abbildung 89 skizziert die Verteilung des totalen Weltvermögens auf die gesamte (erwachsene) Menschheit. Man kann sie ohne Weiteres als Kennlinie des sozialen Wahnsinns bezeichnen.

Fast die Hälfte der Hyperreichen sind übrigens US-Amerikaner; auch Deutschland und Russland stellen relativ viele dieser Superschwergewichte. An der Spitze von allen steht besagter Bill Gates, *dessen Vermögen dem von 156 Millionen Armen entspricht*. Wo wird so viel Geld gemacht und Privatvermögen angehäuft? Im Wesentlichen in nur drei Wirtschaftszweigen, nämlich *erstens* Technologie (insbesondere Information und Kommunikation), *zweitens* Handel und *drittens* vor allem Rohstoffe (insbesondere Öl, Gas, Erze und Stahlproduktion). Wer beispielsweise in eine Fischerfamilie auf den Philippinen hineingeboren wird und seine Heimat nie verlässt, wird nicht den Hauch einer Chance haben, auf einem dieser Felder reich zu werden. Wie soll man etwa mit den Nerds im Silicon Valley konkurrieren, die längst in einer anderen Welt, innovative Lichtjahre entfernt, agieren?

Und das ist die hässlichste Fratze, die sich auf der Rückseite der Globalisierungsmedaille versteckt und zunehmend auch die Hohepriester des Marktkapitalismus, die Professoren in den elitären Business Schools, nervös macht. Natürlich pausen sich gewisse Wohlstandseffekte bis in die untersten Einkommensschichten weltweit durch, wenn man die industrielle Revolution im planetarischen Maßstab zu Ende bringt, indem man fossile Energie in die entferntesten Winkel der Erde drückt. Genau dies ist vor allem seit den 1970er-Jahren geschehen, mit einer weiteren Beschleunigungsphase nach dem Fall der Berliner Mauer im Jahr 1989. Aktuell sollte selbst dem Glück der Menschen im rückständigen Myanmar nichts mehr im Wege stehen, oder? Allerdings machen sich auch die »progressiven« Ökonomen weniger Sorgen um die Zerstörung der Umwelt als vielmehr um die negativen Auswirkungen der immer eklatanteren gesellschaftlichen Ungleichheit auf das globale Wirtschaftswachstum, das nach wie vor als der Königsweg zur Überwindung der Armut in vielen Ländern angesehen wird. Beispielsweise hat der französische Volkswirt Thomas Piketty mit seinem Buch *Das Kapital im 21. Jahrhundert* (Piketty 2013) kürzlich für Aufsehen und angeregte Debatten gesorgt.

Piketty bestätigt mit seiner Analyse die deutliche Zunahme der ökonomischen Disparitäten in den westlichen Industrieländern in den letzten drei bis vier Jahrzehnten. Und er vertritt die Ansicht, dass die fast schon pathologische Konzentration des Weltvermögens in den Händen einer winzigen Elite letztlich zu einer stagnierenden Wirtschaft und damit zu enormen sozialen Spannungen führen muss. Entsprechende Argumente präsentierte der Wirtschafts-Nobelpreisträger Joseph Stiglitz (siehe zum Beispiel Stiglitz 2012), der wie ich im Mai 2014 am Nachhaltigkeitssymposium der Päpstlichen Akademien teilnahm (siehe Kapitel 24). Piketty, Stiglitz und zahlreiche ähnlich gesinnte Ökonomen von Rang sind inzwischen der Ansicht, dass die Globalisierung durch ungeregelte, grenzüberschreitend operierende Märkte das gesellschaftliche Gewebe schließlich zerreißen und damit Freiheit und Frieden allerorten bedrohen wird.

Im Rahmen ihres politökonomischen Weltbildes plädieren sie folgerichtig für kraftvolle Gegenmaßnahmen durch den Staat, was durch Steuerreformen, Bildungsförderung, Antidiskriminierungsgesetze, fortschrittliche Einwanderungsstrategien usw. erfolgen kann. Man kann sich die entfesselte Wirtschaftsdynamik seit 1989 wie eine Ultrazentrifuge vorstellen, wo bekanntlich die Teilchen einer Mischflüssigkeit getrennt werden, und zwar so, dass die dichtesten am weitesten nach außen wandern. Und je schneller sich die Zentrifuge dreht, desto deutlicher werden die Partikelfraktionen separiert. Entsprechend führt der Turbo-Marktkapitalismus zu einer immer krasseren sozialen Spreizung zwischen Reich und Arm. Die Kritiker dieser Entwicklung fordern nun die Politik auf, dieser Spreizung entgegenzuwirken – also starke *Zentripetalkräfte* einzuführen, um im Bilde zu bleiben.

Dies ist meines Erachtens eine sinnvolle Empfehlung, aber wegen des Ignorierens der Klimaproblematik keineswegs ausreichend, wie ich noch erläutern werde. Klar ist aber, dass das primitive konventionelle Wirtschaftswachstum zwar eine gewisse Linderung der extremen Armut bewirkt, aber auf die denkbar ineffizienteste Weise. In eine Wand des Weltbank-Hauptquartiers in Washington, D.C., ist das Motto »Unser Traum ist eine Welt ohne Armut« eingemeißelt. Aber was ist Armut? Am ehesten lässt sich diese Frage mithilfe absoluter Maßstäbe beantworten, welche die Grundbedürfnisse der Menschen berücksichtigen. »Absolute Armut« wurde von den Vereinten Nationen 1995 definiert als die Notlage, »von weniger als einem Dollar pro Tag leben zu müssen«. Entsprechend wird aktuell die Grenzlinie bei 1,25 US-Dollar (Kaufkraftniveau von 2005), die einer Person pro Tag im Durchschnitt zur Verfügung stehen, gezogen.

Wie die Weltbank auf ihrer Homepage mit Stolz verkündet, haben die letzten Jahrzehnte deutliche Fortschritte in Bezug auf dieses absolute Kriterium gebracht. Während 1981 noch 52 Prozent der Bevölkerung in Entwicklungsländern definitionsgemäß »absolut arm« waren, sank dieser Anteil bis 1990 auf 42 Prozent und bis 2011 auf 17 Prozent. Somit befinden sich heute »nur noch« etwa eine Milliarde Menschen in einer extremen wirtschaftlichen Notlage, während es 1981 noch fast 2 Milliarden waren. Nimmt man allerdings die keineswegs opulente 2-Dollar-pro-Tag-Marke als Maßstab, dann verdunkelt sich das Bild deutlich: Während 1981 noch rund 2,5 Milliarden unterhalb dieser Grenzlinie figurierten, waren es 2011 immer noch deutlich über 2 Milliarden! Wenn man das mit dem atemberaubenden Wohlstandszuwachs für die globale Elite vergleicht, ist der Fortschritt im untersten Keller des gemeinsamen Hauses der Menschheit beschämend langsam und obszön klein.

Da drängt sich das Matterhorn-Gleichnis unmittelbar auf: Wie weit müssen die Bergtüchtigsten eigentlich voransteigen, um den Kletteruntauglichen wenigstens ein achtbares Stück emporzuhelfen? Soll die Avantgarde noch weiter enteilen und die Verbindungsseile so immer stärker dehnen? Im klassischen Entwicklungsnarrativ verbessert sich ja die wirtschaftliche Lage der Armen, wenn es den Reichen besser und besser geht, was in der Theorie dazu führt, dass gewaltige Steuerströme in die öffentlichen Kassen fließen, qualifizierte Arbeitsplätze durch mannigfache Investitionen geschaffen werden und selbst die Ungelernten in Sektoren wie Gastronomie, Tourismus, Gebäudemanagement, Gartenpflege, Transport usw. vom Konsumbedarf der Eliten profitieren. Dies mag in einigen Gesellschaften (wie den skandinavischen) einigermaßen funktionieren, aber ganz offenbar nicht in Nigeria, Venezuela oder Kambodscha. Selbst in Ländern, die aufgrund von Bodenschätzen wie Erdöl oder anderen strategischen Mineralien hohe nationale Wachstumsraten aufweisen, sind zumeist nur die hauchdünnen Oberschichten Nutznießer dieser Dynamik, während die Unterschicht relativ gesehen immer mehr zurückfällt. Angola liefert dafür eindrucksvolles Anschauungsmaterial.

Während also die Armen in aller Welt nur höchst unterproportional am fossilen Wachstumsrausch teilhaben, werden sie einen weit überproportionalen Anteil an den schädlichen Nebenwirkungen dieses Rausches ertragen müssen. Die Steinschläge und Lawinen im Matterhorn-Bild sind natürlich vor allem die negativen Auswirkungen der Umweltzerstörungen, welche die globalisierte industrielle Revolution bewirkt. Selbst wenn wir die menschengemachte Erderwärmung einen Moment beiseitelassen, ist inzwischen offensichtlich, dass der nominelle Aufstieg von Ländern wie China, Indien oder Brasilien zu »Wirtschaftsmächten« mit krassesten Luftverschmutzungen, vergifteten Flüssen, kontaminierten Böden und vergewaltigten Ökosystemen erkauft wird. Die Fakten schreien einen an, überall: Das von der chinesischen Fernsehjournalistin Chai Jing Anfang 2015 selbst produzierte Dokumentarvideo über die unerträglich werdende Atemnot in ihrem Land (*Under the Dome*) wurde innerhalb einer Woche mehr als 300 Millionen Mal im Netz heruntergeladen (Branigan 2015). Dann schritt die Zensur ein und entfernte den Film aus dem Internet. Im April 2015 stellte ein indischer Regierungsbericht fest, dass mehr als die Hälfte aller Flüsse des Subkontinents ernsthaft verschmutzt ist. Die Luft in den indischen Großstädten ist ohnehin noch schlechter als die in den chinesischen Metropolen – laut WHO ist Neu-Delhi in dieser Hinsicht die dreckigste Siedlung der Welt. Und die epische Dürre, die im Winter 2014/15 den brasilianischen Südosten mit den Megastädten São Paulo und Rio de Janeiro bitter leiden ließ, ist nach Ansicht führender Ökologen die direkte Folge der fortschreitenden Umwandlung von Natur in Agrosysteme zugunsten der Exportlandwirtschaft. Und so weiter, rund um den Globus…

Die ganz große Lawine, welche die Oberlieger lostreten und welche sich inzwischen mit quälender Langsamkeit in Bewegung setzt, ist selbstredend der Klimawandel. Eine weitgehend ungebremste Erderwärmung wird unzählige Auswirkungen zeigen, gegen die sich die Schwächsten der Weltgesellschaft kaum schützen können. Insbesondere weil sie a) am falschen Ort sind, b) kein Geld besitzen und c) unzureichenden Zugang zu Informationen haben. Absolut prekär dürfte sich die Situation beispielsweise für die Landwirtschaft im tropischen Afrika entwickeln, wo die Menschen weiterhin versuchen werden, den Böden mit traditionellen Verfahren Nahrung abzuringen, im Vertrauen auf historisches Wissen über Klima und Wetter. Das ist ein hoffnungsloses Unterfangen, wenn der Klimawandel nicht bald gestoppt werden kann.

Die unter meiner Leitung erstellte Weltbankberichtsserie *Turn Down the Heat* (World Bank, 2012, 2013, 2014) untermauert diese Einschätzung mit detaillierten Analysen (siehe Kapitel 8). Eine einzige Graphik aus dem ersten Bericht von 2012 soll die überproportionale Verwundbarkeit der Entwicklungsländer hier nochmals illustrieren. In Abbildung 90 wird aufgrund von umfangreichen Modellrechnungen gezeigt, wie sich die Häufigkeit von Extremhitzeereignissen rund um den Globus erhöht, wenn die Erderwärmung bis 2100 tatsächlich 4 °C betragen sollte. Dabei wird wohlgemerkt ein relatives Maß herangezogen: Wie oft liegt gegen Ende dieses Jahrhunderts die Mitteltemperatur in einem gegebenen Monat des Jahres an einem bestimmten Ort um mindestens 5 Standardabweichungen (5σ in der Statistikersprache) über der entsprechenden Mitteltemperatur heute? Grob gerechnet sind das Hitzeereignisse, die unter stabilen Bedingungen ohne menschengemachten Klimawandel nur etwa *einmal in einer Million Jahre* vorkommen sollten.

Absolut betrachtet würden sich im verwendeten Szenario die arktischen Gefilde stärker erwärmen als die Tropen, aber hier ist die *verhältnismäßige Abweichung von der Norm* wesentlich drastischer. Denn nahe am Äquator schwanken die Temperaturen im Tages-, Jahres- und Jahrhundertverlauf bei stabilen Klimaverhältnissen kaum. Die durch die globale Erwärmung verursachten Verschiebungen würden deshalb in den Tropen als übergroße Pendelausschläge wahrgenommen werden. Dies sind jedoch genau die Gebiete, wo schon jetzt viele Menschen leben und wo im 21. Jahrhundert das stärkste Bevölkerungswachstum zu erwarten ist. Diese Sache läuft also total schief ...

Wie ich vor allem im mittleren Teil des Buches (»Das Fleisch«) versucht habe darzulegen, würde eine Erderwärmung um 4, 6 oder gar 8 °C nicht nur die landwirtschaftlichen Produktionsbedingungen völlig umkrempeln, sondern auch auf viele andere Weisen Existenzen rund um den Globus ernsthaft gefährden – ökonomisch und physisch, vornehmlich in den Entwicklungsländern, aber auch in den Unterschichten der Industrie- und Schwellenstaaten. Dem würden im fossilen Wachstumsmodell äußerst dürftige Einkommensverbesserungen (von einem auf wenige Dollar pro Tag) für zwei oder drei Milliarden Arme gegenüberstehen. Falls sie denn Glück haben und von keinem Wirbelsturm, keiner Flutwelle, keiner invasiven Krankheit, keinem Bürgerkrieg als Klimafolge geschädigt werden. Führt man also eine nüchterne Kosten-Nutzen-Analyse für die vielen da unten und nicht nur für die wenigen da oben durch, dann ist die konventionelle Entwicklungsstrategie, welche Ressourcenplünderung und Umweltzerstörung als *notwendige* Randbedingungen postuliert, zum

Scheitern verurteilt. Im Matterhorn-Bild wird der Steinhagel am Fuß des Berges schließlich so dicht, dass die meisten erschlagen werden, während sie den denkbar kümmerlichsten Aufstieg zu vollziehen suchen.

Das klassische Entwicklungsparadigma ist jedoch nicht nur falsch, sondern auch *ungerecht*, das heißt, es ist nicht nur ökonomisch unsinnig, sondern auch moralisch verwerflich. Denn – und dies ist nicht nur in diesem Buch mehrfach gesagt worden – diejenigen, die am allerwenigsten von der Klimadestabilisierung im Namen des materiellen Wachstums profitieren, tragen auch am allerwenigsten zu dieser zivilisationsgefährdenden Nebenwirkung bei. Ob man die Welt zerstört oder von ihr zerstört wird, hängt also in hohem Maß davon ab, wo man sich auf der wirtschaftlichen Rangleiter befindet, ganz gleich, ob man Bürger der USA oder Indiens ist. Seit etwa zehn Jahren hat die wissenschaftliche Debatte zu dieser Problematik Fahrt aufgenommen, wobei die ersten Impulse von Entwicklungsökonomen ausgingen. Zentrale Begriffe dieser Debatte sind »die untere Milliarde« und »die obere Milliarde«. Vor einigen Jahren hat der Oxford-Professor Paul Collier ein viel beachtetes Buch veröffentlicht (Collier 2008), das zu erklären versucht, warum zahlreiche Entwicklungsländer trotz unablässig wachsender Weltwirtschaft einfach nicht auf die Beine kommen. Obwohl (oder gerade weil) etliche dieser Länder gefragte Rohstoffe auf den internationalen Märkten verkaufen. Colliers Analyse ist interessant, aber nicht unumstritten; noch bemerkenswerter ist die Tatsache, dass sie den Klimawandel noch gar nicht ernsthaft berücksichtigt! Bei Fortsetzung der gegenwärtigen demographischen Trends werden außerdem gegen Ende des 21. Jahrhunderts vermutlich drei »untere Milliarden« in der Elendsfalle sitzen.

Was nun den Zusammenhang zwischen Einkommen und Emissionen angeht, wurde 2009 eine wichtige Studie von einem internationalen Forscherteam veröffentlicht (Chakravarty u.a. 2009), in der auf die kritische Bedeutung der »oberen Milliarde« hingewiesen wurde. Die Autoren untersuchten den schichtenspezifischen Beitrag zur Erderwärmung sowohl innerhalb einzelner Länder (zum Beispiel Frankreich und Australien) als auch im weltweiten Maßstab. Auf der Grundlage solcher Daten habe ich in Abbildung 91 die globale Beziehung zwischen wirtschaftlichem Status und Treibhausgasemissionen dargestellt. Wie zuvor in Abbildung 89 ist die Weltbevölkerung (dieses Mal staatenweise) auf der horizontalen Achse von Arm nach Reich sortiert; auf der vertikalen Achse ist der zugehörige jährliche Emissionsbeitrag aufsummiert. Soll heißen, den ärmsten X Milliarden wird derjenige Treibhausgasausstoß zugeordnet, für den dieser Teil der Menschheit insgesamt verantwortlich ist. Wählt man also

X = 3, dann kann man in der Kurve den ungefähren Beitrag der ärmsten Hälfte der Weltbevölkerung zum Klimawandel direkt ablesen.

Wie in dem erwähnten Artikel belegt und wie man in Abbildung 91 klar erkennen kann, trägt die unterste Milliarde kaum, die oberste aber ganz erheblich zur globalen Gesamtemission bei. Es macht eben auch klimatechnisch einen Riesenunterschied, ob man in einem sudanesischen Flüchtlingslager haust und stundenlang die Umgebung nach Feuerholz zum Kochen absucht oder ob man ein 80-Millionen-Pfund-Penthouse in West-London besitzt, das man gelegentlich via Privatjet besucht.

Fazit: Das Klimaproblem hat so gut wie nichts mit »den zu Entwickelnden« zu tun, aber so gut wie alles mit »den Entwickelten« – oder sollen wir sagen: den Überentwickelten? – der Welt. Damit wird ein weiteres Mal deutlich, dass die Reichen aller Herren Länder in der Regel ihre Armen in argumentative Geiselhaft nehmen, wenn sie über die schrecklichen sozialen Folgen des Klimaschutzes lamentieren: Wenn das globale Wirtschaftswachstum ohne Umweltauflagen lediglich die Pro-Kopf-Treibhausgasemissionen der ärmsten Milliarde verdoppeln (oder von mir aus auch vervierfachen) würde, dann wäre dies für die Größenordnung der künftigen Erderwärmung ziemlich irrelevant. Wenn jedoch die Emissionen der reichsten Milliarde um ebendieses Wachstum weiter gesteigert würden, dann würden wir direkt in den Abgrund stürzen.

Der Hebel für die Klimastabilisierung ist also nicht unten, sondern *möglichst weit oben* im sozialen Gefüge anzusetzen: Die »Topmilliarde« muss in allererster Linie umschwenken, wenn der Planet noch auf einen nachhaltigen Pfad finden soll. Aber auch die globale untere Mittelschicht, die inzwischen rund zwei Milliarden Menschen umfassen dürfte, muss die Wende mit vollziehen. Ein berühmter Wissenschaftler, der diese Herausforderung inzwischen zu seinem Herzensthema gemacht hat, ist der indisch-amerikanische Klimaforscher Veerabhadran Ramanathan, den alle Kollegen schon deshalb »Ram« rufen, weil man sich einen solchen Namen kaum merken kann. Ram hat für den schon erwähnten Workshop der Päpstlichen Akademie im Mai 2014 einen bemerkenswerten Aufsatz verfasst, der die Rollen der unterschiedlichen Einkommensschichten im Klimadrama entwirrt und sauber quantifiziert (Ramanathan 2014).

Ram weist unter anderem darauf hin, dass von den mehr als 7 Milliarden Menschen heute die ärmeren 3 Milliarden nur minimalen Zugang zu fossilen Energien haben. Deshalb sind sie für karge 6 Prozent der gesamten CO_2-Emissionen aus Kohle, Öl und Erdgas verantwortlich. Wie stark die Weltwirtschaft auch künftig wachsen mag: Viele dieser globalen Unterschicht werden nie an die nationalen Stromnetze angeschlossen werden; ihre Hoffnung richtet sich längst auf die dezentrale Energieversorgung aus erneuerbaren Quellen vor Ort. Die restlichen 4 Milliarden leben in Städten und haben Zugang zu fossilen Energiedienstleistungen, allerdings auf teilweise abenteuerliche bis kriminelle Weise. In den Slums der indischen Großstädte ist beispielsweise der Stromdiebstahl aus Transitleitungen gang und gäbe – häufig kommt es dabei zu tödlichen Unfällen. Nach Angaben der Vereinten Nationen lebt zurzeit etwa eine Milliarde der Stadtbewohner in informellen Siedlungen, wo solche Praktiken verbreitet sind. Im Jahr 2100 könnte das demographische Bild noch deutlich anders aussehen: 3 Milliarden auf dem Land, 3 Milliarden in geregelten Stadtbezirken und 4 Milliarden in Slums, Favelas, Shantytowns oder wie die improvisierten Wohnstrukturen auch immer heißen mögen. Darauf komme ich weiter unten nochmals zurück.

Jetzt aber zurück zur Klimafrage: Wer steht in der Pflicht, die Armen oder die Reichen? Dass es die Letzteren sind, ist nach allem zuvor Gesagten sonnenklar, aber das Märchen vom immerwährenden fossilen Wachstum will sie dieser Pflicht entheben. Weil sie ja, statt ihr kostbares Kapital mit Umweltschutz zu vergeuden, die untersten Gesellschaftsschichten aus Hunger und Krankheit emporziehen sollen! Und die Supervermögenden verdoppeln und verzehnfachen ihren Besitz auch nur aus Sorge um die Armen, versteht sich. Dabei sollen sie die durchgeknallten Klima-Aktivisten doch bitte nicht stören. Der WBGU hat sich in einem seiner jüngeren Gutachten mit dem Titel *Zivilisatorischer Fortschritt innerhalb planetarischer Leitplanken* (WBGU, 2014b) mit dem bisherigen Entwicklungsnarrativ auseinandergesetzt, das heute so offensichtlich vor unseren Augen scheitert. Dieses Politikpapier setzt sich insbesondere mit der Frage auseinander, wie ein nachhaltiger Zukunftspfad für die ganze Menschheit aussehen könnte, eine Debatte, die eng mit den sogenannten *Sustainable Development Goals* (SDGs) der Vereinten Nationen zusammenhängt. Die Quintessenz der WBGU-Einsichten ist in einem (sehr ernst gemeinten!) Cartoon zusammengefasst, den ich in Abbildung 92 wiedergebe. Im Kern handelt es sich wieder um das Matterhorn-Gleichnis. Allerdings wird dieses nun an einem menschlichen Grundbedürfnis – der Mobilität – illustriert, und zwar auf strukturierte und quantitative Weise. Die Botschaft dieser kleinen Bildergeschichte sollte unmissverständlich sein.

Dieser Cartoon ließe sich übrigens mittels Modellrechnungen in ein echtes Szenarienpaket mit recht belastbaren Zahlen verwandeln, aber das sollte auf einem anderen Blatt stehen. Man kann außerdem statt der Mobilität auch andere Errungenschaften des modernen Lebens (wie raumklimatischen Komfort) betrachten, doch die Moral von der Geschichte bleibt stets dieselbe: Auf einem endlichen Planten können soziale Spannungen nicht auf Dauer durch materielle Expansion aufgelöst werden. Für das Beispiel Mobilität bedeutet dies konkret, dass die Wohlhabenden bei der Emissionsreduktion Pionierarbeit leisten müssen, indem sie etwa auf elektrischen Transport mit Strom aus erneuerbaren Quellen umschwenken. Dies ist, zumindest in einer Übergangsphase, nicht billig, aber man kann wohl nicht von den Slumbewohnern in Kalkutta erwarten, dass sie sich einen Tesla oder i3 zulegen!

Somit ist die künftige globale Arbeitsteilung bei der Bewältigung des Klimawandels ziemlich klar umrissen: Bei der *Vermeidung* (Mitigation) sind (wie etwa in Kapitel 27 dargestellt) Innovationen und Investitionen absolute Schlüsselelemente. Entsprechende Fortschritte müssen energisch von den hoch entwickelten Industrieländern, aber auch von den neuen Eliten in allen Regionen der Welt angeschoben werden. Dies schließt ausdrücklich umfangreiche Transfers von Kapital, Technologie und Expertenwissen ein. Die EU hat beispielsweise 2014 ein Förderprogramm mit einem Volumen von 125 Millionen Euro aufgelegt, das neun afrikanischen Staaten helfen soll, eine dezentrale Stromversorgung der ländlichen Bevölkerung aus erneuerbaren Quellen aufzubauen. Dadurch könnten clevere Ansätze Verbreitung finden wie etwa Mini-Solaranlagen mit Mobiltelefonanschluss zur Fernwartung (Diermann 2015). Bei der *Anpassung* (Adaptation) kommt es dagegen viel auf Erfahrung, lokales Wissen sowie Verständnis für die jeweiligen politischen, sozialen und kulturellen Zusammenhänge an. Natürlich sind Familien, die seit Jahrhunderten Ackerbau in der Sahelzone betreiben, besser dazu imstande als Industrie-Landwirte aus Minnesota, mit spärlichen, erratischen Regenfällen umzugehen. Deshalb sollten geeignete Antworten auf die unvermeidlichen Klimafolgen vor allem von den Entwicklungsländern selbst gefunden und umgesetzt werden. Dass dabei die Industriestaaten Hilfestellung leisten können, etwa durch die Übermittlung von meteorologischen Informationen beziehungsweise durch Mitwirkung beim Kapazitätsaufbau (Wetterdienste, öffentliches Gesundheitswesen), versteht sich von selbst.

Diese planetarische Arbeitsteilung zwischen Reich und Arm bei der »Großen Transformation« steht (wie schon mehrfach betont) im 21. Jahrhundert so oder so an. Dabei geht es auch, aber nicht in erster Linie, um die Umverteilung von Vermögen oder gar um die Umwälzung der heutigen politökonomischen Verhältnisse. Ob jedoch eine »soziale Marktwirtschaft« oder ein »demokratischer Sozialismus« das beste Gesellschaftsmodell für die mittelfristige Zukunft ist, ja, ob man überhaupt ein »Gesellschaftsmodell« benötigt, wage ich nicht zu beurteilen. Vermutlich muss der Brachialkapitalismus, der Irrsinn der Finanzspekulation, die obszöne Vermögensbildung per Internet tatsächlich abgeschafft werden, um den Exponentialwachstumskurs ins Verderben unserer Zivilisation, die Selbstverbrennung auf dem Altar mit der Inschrift »MEHR!« zu stoppen. Aber es ist naiv zu glauben, man könne in guter Ordnung erst einmal das Betriebssystem, mit welchem der Globus operiert, ersetzen, um dann freie Hand für die Rettung des Klimas, der Biodiversität, der Meere, der indigenen Völker etc. etc. zu haben. Hier stimme ich ausdrücklich nicht mit Autoren wie Naomi Klein überein: Wir haben einfach nicht mehr die Zeit für saubere, stimmige und politisch korrekte Lösungen. *Vielmehr werden wir uns durchs 21. Jahrhundert mogeln müssen* – an gefährlichen Klippen und Abgründen vorbei, mit schlechtem Gewissen gegenüber unseren Nächsten und Fernsten, stets in Gefahr, die falsche Entscheidung zu treffen, weil wir auf keine adäquate Erfahrung zurückgreifen können.

Die mit der fortschreitenden Urbanisierung verbundenen überbordenden Probleme verdeutlichen, dass die Improvisation unsere erste Wahl sein muss (siehe auch Kapitel 27). Wenn tatsächlich im Jahr 2100 an die 4 Milliarden Menschen in informellen Siedlungen hausen sollten, dann ist *Transition Management* (»Übergangsbetrieb«) gefragt. Denn die Menschen, die von weiß Gott woher in die Städte ziehen, lassen sich dort nicht dauerhaft nieder, jedenfalls nicht in Häusern, die für Jahrhunderte gebaut sind. Für viele dürften die großen oder auch kleineren Urbanisationen nur Zwischenlager, Drehkreuze, Sprungbretter sein, von wo aus man weiterwandert, wenn sich woanders eine bessere Gelegenheit bietet. Wie werden diese informellen Siedlungen jedoch den Auswirkungen des Klimawandels, insbesondere den neuartigen Extremwetterregimen, trotzen? Die Eliten können sich von eilfertigen Architekten und Designern selbst in den chaotischsten Monsterstädten perfekt sichere und sogar ökologisch korrekte Luxusrefugien bauen lassen. Für das oberste Promill der Weltgesellschaft spielt Geld längst keine Rolle mehr. Aber was geschieht mit der rasch anschwellenden Schar der städtischen Armen? Für die wird man sich, werden wir uns etwas einfallen lassen müssen. Und zwar in Richtung »funktionaler Slum«, der diese Milliarden in diesem Übergangssäkulum notdürftig beherbergt, bis endlich das globale Wachstum der Bevölkerung und anderer Größen aufhört. Und bei allen anderen essenziellen Herausforderungen – Nahrungssicherheit, öffentliche Gesundheit, Bildung usw. – wird ebenso zu improvisieren sein, bis in 100 Jahren vielleicht unsere Zivilisation wieder zur Ruhe kommt. Wenn sie nicht vorher den Feuertod gewählt hat.

In dieser turbulenten Epoche bleibt jedenfalls keine Zeit und keine Energie für einen geordneten Klassenkampf mit wohlverteilten Rollen.

Wenn wir uns durchzumogeln vermögen, dann vermutlich als widerwillige, aber erfinderische Gesellschaft von unmöglichen Partnern. Dennoch ist gut vorstellbar, dass eine tiefgreifende Veränderung im Verhältnis von Kapitalismus und Klima auf der Tagesordnung steht – jedoch *genau andersherum* als derzeit diskutiert. Ich habe vornehmlich in Kapitel 12 skizziert, wie die Nutzbarmachung des fossilen Kohlenstoffs seit dem ausgehenden 18. Jahrhundert die Industrialisierung möglich gemacht und damit das marktwirtschaftliche Unternehmertum im großen Stil erst hervorgebracht hat: Nur durch Zuflüsse riesiger Mengen an freier Energie konnten Produktion und Profit verzehn-, verhundert-, vertausendfacht werden. So gesehen ist die klimaschädliche Förderung der Kohle und ihrer dunklen mineralischen Schwestern nicht Folge des heute dominierenden Wirtschaftssystems, sondern eine seiner *Ursachen*. Entsprechend dürfte der Kapitalismus, wie wir ihn kennen, mit großer Wahrscheinlichkeit grundlegenden Wandlungen unterworfen werden, wenn nicht mehr die fossilen, sondern die erneuerbaren Energien unsere Zivilisation antreiben. Wer also mit der jetzigen Wirtschaftsordnung unzufrieden ist, kann auf die Wirkung des Klimaschutzes hoffen. Aber diesen Klimaschutz sollten auch alle anderen zu ihrem Anliegen machen, denn er transzendiert den Widerspruch zwischen Kapital und Arbeit.

Epiloge

31. Wissenschaft, Gewissenschaft

Keine andere Problematik der bisherigen Menschheitsgeschichte hat so viel mit Wissenschaft zu tun wie die Klimakrise. Dass ein Buch mit dem schockierenden Titel »Selbstverbrennung« von einem Wissenschaftler geschrieben wird – nicht von einer Journalistin, einem Politiker, einem Unternehmer oder einem Bischof –, hat zahlreiche Gründe, offensichtliche und tiefer liegende. Hier, gegen Ende meiner Mitteilungen an die Leserschaft, will ich das Ganze nochmals auf den Punkt bringen. Und zwar indem ich die konventionelle Frage »Was macht die Wissenschaft mit dem Klimaproblem?« um die extravagante Frage »Was macht das Klimaproblem mit der Wissenschaft?« ergänze. Damit sind wir beim Selbstverständnis der Forschenden und Lehrenden, der »FULs«.

Die FULs findet man in Hörsälen von Hochschulen, in den Büros von öffentlichen Instituten und Behörden, in den Labors von Großunternehmen, in privaten Studierstuben und häufig auch an ungewöhnlichen Orten in freier Natur. Angetrieben von Begabung, Neugier und Ehrgeiz, arbeiten sie überdurchschnittlich hart und viel, wobei der Wunsch nach sicherer Anstellung und die Angst vor der prosaischen, außerwissenschaftlichen Welt ebenfalls eine gewichtige Rolle spielen dürften. Wenngleich die Bedeutung der Wissensvermittlung von Festrednern immer aufs Neue beschworen wird, hängt doch das Herz jedes echten FULs an der Forschung. Und diese wird durch drei Frageworte bestimmt: *Was? Wie? Wozu?*

Der traditionelle Wissenschaftsmythos will es, dass die *Was-Frage* weitestgehend zufällig beantwortet wird: Der Gelehrte sucht sich seinen Forschungsgegenstand frei nach Lust, Laune und Verfügbarkeit, so wie sich die Katze eine Maus zum Zeitvertreib fängt.

Bei der *Wie-Frage* wird es hingegen todernst: Das jeweilige Forschungsthema ist nach den striktesten Regeln der objektiven wissenschaftlichen Praxis mit den weltweit besten Methoden und Technologien zu examinieren! Wer dies nicht kann oder will, erwirbt keine Reputation, erlangt also nicht die Wertschätzung seiner Fachkollegen. Damit wird man von allen Ehrungsritualen der FUL-Welt ausgeschlossen, welche von der Einladung zum Seminarvortrag an einer Provinzfachhochschule bis zur Verleihung des Nobelpreises durch den schwedischen König reichen.

Bei der *Wozu-Frage* sollten sich die FULs dagegen eher dumm stellen:

Die erzielten Forschungsresultate sind möglichst in einer renommierten Zeitschrift zu veröffentlichen. Wer dann was wo wann damit anstellt, liegt dagegen nicht im professionellen Wahrnehmungshorizont der Wissenschaftler – und schon gar nicht in ihrer Verantwortung. Letztere ist die Sache des Staates, des Militärs, der Industrie, der Gesellschaft. Die FULs sind völlig damit zufrieden, schwierigste Probleme abstrakter und technischer Art auf Vorrat zu lösen. Sie bleiben auf Lebenszeit unschuldig spielende Kinder in einer schuldbeladenen Erwachsenenwelt…

So weit die Erzählung von der unbedingten Freiheit der Wissenschaft. Es ist eine wunderbare Erzählung, die durch die Tatsache, dass die mittelalterlichen Inquisitoren, die Nationalsozialisten, die Stalinisten und viele andere Fanatiker diese Freiheit unzählige Male in der Geschichte zertreten und die Forschung missbraucht haben, nur noch größer wird. Aber sie ist zu einfach, um wahr zu sein. Wobei die Wie-Frage idealerweise tatsächlich so zu beantworten ist wie oben angedeutet: Das Bild vom unermüdlichen, unbestechlichen, exzellenten und methodischen Forscher, dessen Ergebnisse stets von Fachkollegen überprüft, nachvollzogen, gutgeheißen oder verworfen werden können, ist als Idealvorstellung durchaus stimmig.

Doch die Grenzen der objektiven Meisterschaft aus Wissbegierde werden sofort überschritten, wenn wir die Was- und die Wozu-Frage ernsthaft stellen: Mit deren jeweiliger Beantwortung haben nämlich nicht nur wissenschaftsferne Qualitäten zu tun, die Zufall, Gewinn, Macht etc. ins Spiel bringen, sondern auch die Forscher selbst. Dadurch wird die Wissenschaft *subjektiv kontaminiert*, ob ihr das lieb ist oder nicht. So ist insbesondere die Auswahl eines Forschungsgegenstandes eine Entscheidung, in die nicht nur persönliche Vorlieben einfließen können, sondern auch Weltanschauungen, politische Interessen oder moralische Abwägungen. Beispielsweise streben wenige Studierende der Physik heute – anders als vor 50 Jahren – eine Karriere in der Kernforschung oder gar im Betrieb von Atomkraftwerken an. Und die jungen Wissenschaftler, die heute zum Thema Klimawandel arbeiten möchten, tun dies in erster Linie aus berechtigter Sorge um die Zukunft unseres Planeten. Entsprechend werden sie sich wesentlich häufiger in Forschungsprojekten engagieren, welche die Gefahren der menschengemachten Erderwärmung aufzudecken und abzuschätzen versuchen.

Noch weniger gut erforscht ist dagegen, welche potenziellen Vorteile der Klimawandel bringen könnte. Obwohl ich persönlich davon überzeugt bin, dass die Risiken einer ungebremsten Klimastörung deren Chancen bei Weitem übersteigen, frage ich mich doch, ob wir nicht durch eine besser ausbalancierte Themenwahl ein umfassenderes Bild aller Vor- und Nachteile gewinnen sollten. Kurioserweise wird die offensichtliche Forschungslücke bisher – eher schlecht als recht – gern von den Zweiflern und Leugnern der Erderwärmung besetzt, die über Kirschen auf Grönland, Elefantenüberquerungen der Alpen oder sinkende Heizkosten für Mitteleuropa fabulieren. Alles nach dem grotesken Motto: »Es gibt keinen Klimawandel – und er tut uns gut!« Worüber man forscht, und noch mehr, worüber man nicht forscht, hängt also stark mit individuellen Wertvorstellungen zusammen.

Noch brenzliger wird es für wissenschaftliche Objektivität jedoch bei der Wozu-Frage. Natürlich gibt es unzählige Untersuchungsgegenstände, wo sich der Erkenntnisnutzen ausschließlich im Reputationszugewinn des Forschers materialisiert. Die Arbeiten von Stephen Hawking illustrieren dies bestens. Der in Oxford lebende theoretische Physiker ist wohl der berühmteste Wissenschaftler der Gegenwart, was zweifelsohne mit seiner chronischen Erkrankung zusammenhängt: Die sogenannte Amyotrophe Lateralsklerose (ALS) zerstört allmählich das motorische Nervensystem, sodass der Betroffene seine Bewegungs- und Sprechfähigkeit verliert, bevor schließlich der Tod eintritt. Hawking jedoch lebt seit über 50 Jahren (!) mit ALS, obgleich er permanent auf Rollstuhl und Sprachcomputer angewiesen ist. Und er hat in dieser Zeit zahlreiche wissenschaftliche Höchstleistungen auf dem Gebiet der Kosmologie erbracht, welche ja die letzten Gründe für Struktur und Evolution unseres Universums aufzudecken sucht. Besonders bekannt ist das Konzept der »Hawking-Strahlung«, die sich aus der Quantenmechanik Schwarzer Löcher herleiten lässt. Ich zitiere hierzu Wikipedia: »Im Vakuum werden ständig Teilchen-Antiteilchen-Paare erzeugt, und es gibt eine effektive Strahlung, wenn eines dieser Teilchen im Schwarzen Loch verschwindet, das andere aber entkommt.«

Alles klar? Dass sich weder der Bundesverband der Deutschen Industrie (BDI) noch das Pentagon durch diese zweifellos atemberaubenden Vorgänge in ihren Interessen bedroht fühlen, liegt irgendwie auf der Hand. Die Hawking-Strahlung ist möglicherweise für die langfristige Entwicklung des Universums von Bedeutung, aber der heutigen Menschheit nutzt oder schadet sie rein gar nicht. Für das breite Publikum sind solche kosmologische Kapriolen einfach nur beste Unterhaltung aus der fernfaszinierenden Märchenwelt der Wissenschaft. Für die sich kein Fantasy-Autor einen rührenderen Protagonisten hätte ausdenken können als eben Stephen Hawking.

Auf den meisten Feldern der Grundlagenforschung wird also harte Arbeit mit Ruhm für die Experten und Staunen für die Laien belohnt.

Ganz anders liegen die Dinge selbstverständlich bei der angewandten Forschung, die überwiegend von großen Unternehmen finanziert wird und deren Resultate schlussendlich in Daten, Produkte und Profite umgemünzt werden sollen. Daran gibt es übrigens nicht das Geringste auszusetzen: Wenn der *Homo sapiens* schon gelernt hat, die Naturgesetze zu durchschauen, warum sollte er diese Kenntnisse nicht als *Homo faber* dafür nutzen, mehr Wohlstand, Gesundheit und Lebensglück zu generieren? Wenn es sich nicht gerade um die Produktion neuer Waffensysteme handelt, scheint übrigens so gut wie niemand Probleme mit der wirtschaftlichen Verwertung von Forschungsresultaten zu haben.

Und geradezu gefeiert werden die gelegentlichen Glücksfälle, wo »zweckfreie« Spitzenforschung völlig unbeabsichtigt Türen zu technologischen und ökonomischen Innovationen öffnet. Das Wundermaterial Graphen (siehe Kapitel 11) liefert dafür ein brillantes Beispiel. Wenn sich also solche »Durchbrüche« ereignen, dann liegen sich Wissenschaft, Staat und Wirtschaft in den Armen und singen gemeinsam eine Hymne auf die Stärkung des Standortes Deutschland, Großbritanniens, Amerikas, Chinas, Singapurs oder von Gott weiß wo. Denn jeder hat das bekommen, was er möchte: Die Wissenschaft ist in ihrer Hoffnung bestärkt, auch weiterhin umfangreiche öffentliche Förderung zu erhalten, um damit das zu tun, was den Forschern gerade in den Sinn kommt. Der Staat kann sich vor seinen Steuerzahlern dafür rechtfertigen, dass er auch Milliarden in lebendes und totes Wissenschaftsinventar steckt anstatt ausschließlich in Autobahnen, Fußballstadien oder Kinderspielplätze. Und die Wirtschaft freut sich darüber, dass die mühsame Pionierarbeit bei der Entwicklung neuer Produkte und Dienstleistungen kostenlos von weltfremden Akademikern übernommen wird. Dies ist offensichtlich ein Bilderbuchszenario, das aber gelegentlich tatsächlich wahr wird.

Was aber, wenn die Forschung in ihrem freien Triebe Einrichtungen generiert, welche keine neuen Möglichkeiten der Unterhaltung oder Verwertung verheißen, sondern unbequeme Wahrheiten über die zwingend negativen Folgen unseres individuellen oder gesellschaftlichen Tuns enthüllen? Oder noch prekärer, wenn die Wissenschaft janusköpfige Entdeckungen macht? Das sind insbesondere solche, welche unter den bestmöglichen politischen Bedingungen zum Segen für die Menschheit werden können, unter den schlechtestmöglichen jedoch die Hölle auf Erden schaffen dürften. Die Entdeckung der Kernspaltung wäre eigentlich das Paradebeispiel eines solchen doppelgesichtigen Fortschritts. Allerdings ist dieses Beispiel inzwischen unter so viel ideologischem und politischem Schutt begraben, dass sich kaum noch vernünftige Lehren daraus ziehen lassen.

Beim Forschungsthema Klimawandel kommen all die genannten Aspekte zusammen, sodass den Experten kaum eine andere Wahl bleibt, als ihre Spielecke irgendwann zu verlassen und die Haltung des unbeteiligten Analysten aufzugeben. Denn in einer gesellschaftlichen Wirklichkeit, die in aller Regel weder die beste noch die schlechteste aller möglichen ist, werden die Erkenntnisse der Klimaforschung zwar wahr- und manchmal sogar ernst genommen, aber zumeist mit einer Mischung aus Überdruss und Widerwillen. Es ist jedoch aus moralischen Gründen unerlässlich, dass die Botschaften der Wissenschaft so weit ins Bewusstsein der Entscheidungsträger eindringen, dass diese eine klare Vorstellung davon haben, dass sie eine Wahl unter bestimmten Optionen zu treffen haben. Meines Erachtens liegt die Informationsverantwortung in diesem Zusammenhang *beim Sender und nicht beim Empfänger!*

Einem Heranwachsenden schreibe ich als Vater auch nicht nur auf einen Zettel, welche zerstörerischen Folgen der Konsum von Heroin oder Crystal Meth haben könnte, um mich damit aller weiteren Warnpflichten entledigt fühlen zu können. Nein, ich bin aufgrund meiner tieferen Einsicht in die Dinge verantwortlich dafür, die Risikohinweise notfalls so penetrant und dramatisch vorzubringen, bis sie Wirkung zeigen. Oder eine subtilere Kommunikationsstrategie einzuschlagen, die weniger Trotz erzeugt, aber dennoch zum Ziel führt. Auf jeden Fall muss ich meiner Verantwortung gerecht werden, welche der durch Lebenserfahrung erworbene Erkenntnisvorsprung mit sich bringt.

Der Erkenntnisvorsprung, den die wissenschaftlichen Experten beim Klimawandel vor den Entscheidungsträgern aus Politik, Wirtschaft und Gesellschaft haben, dürfte tatsächlich noch wesentlich größer sein. Wer dennoch seiner Informationsverantwortung nicht gerecht wird, indem er nicht auf die ungeheuren Risiken einer ungebremsten Erderwärmung hinweist, handelt gewissenlos. Wer hingegen verantwortlich handeln will, wird als Wissenschaftler auch zum *Gewissenschaftler.* Diese Haltung ist in der Regel weder geplant noch gewollt: Sie stellt auch keineswegs eine Flucht des mittelmäßig begabten Forschers aus den eisigen Höhlen der Spitzenwissenschaft dar, wie die besorgten Aufrufe vieler Nobelpreisträger für den Klimaschutz belegen. Sie ist das zwangsläufige Ergebnis des Zusammentreffens von Einsicht und Moral. Der Klimawandel sucht sich gewissermaßen selbst seine Chronisten und transformiert sie in Aktivisten, wobei es sicherlich vielfältige Formen des Engagements gibt. Nicht anders war es bei großen Menschheitsthemen der Vergangenheit, wie dem Rüstungswettlauf zwischen Ost und West. Und nicht anders wird es sein, wenn in nicht allzu ferner Zukunft ernsthaft in Erwägung gezogen werden sollte, das natürliche Leben allmählich durch künstliches zu ersetzen …

Selbstverständlich gibt es viele Klimaforscher, die sich gegen eine Transformation zum Gewissenschaftler sträuben – sie wollen ungestört ihren Studien nachgehen, was man nicht unbedingt billigen muss, aber sicher nachvollziehen kann. Doch da gibt es noch die Gruppe der *Besserwissenschaftler*, mit denen ich mich schon an anderer Stelle (zum Beispiel Kapitel 23) auseinandergesetzt habe. Sie bedenken sich selbst gern mit positiv besetzten Stammesbezeichnungen wie »Klimarealisten« oder »Ehrliche Wissensmakler« (siehe zum Beispiel Pielke 2007). Manche von ihnen sind fachlich geschult, manche üben die Besserwisserei als Dilettanten aus. Anders als die klassischen Wissenschaftler gehen sie nicht einfach ihrer Forschungsarbeit ohne Ansehen der gesellschaftlichen Implikationen nach. Nein, sie kritisieren mit beträchtlichem Aufwand die Gewissenschaftler, was ihnen zu einer deutlich überproportionalen Wahrnehmung in der Öffentlichkeit verhilft. Nicht der Klimawandel ist für sie das Problem, sondern diejenigen, die »unbesonnen« vor ihm warnen, jene »als Wissenschaftler getarnten Politiker«. Das Motiv der Besserwissenschaftler ist allerdings kaum zu verkennen: Man sähe sich selbst gar zu gern an der Stelle der »Alarmisten«, welche oft Entscheidungsträger in der obersten Liga beraten. Aber welcher Politiker oder Konzernvorstand braucht schon Experten, die nichts weiter zu sagen haben als das Wort »Ungewissheit« – in zehntausendfacher Wiederholung?

Lassen wir deshalb die Besserwissenschaftler für alle Zeiten hinter uns und richten wir zusammen mit den Gewissenschaftlern den Blick nach vorn. Ich schreibe diesen Epilog zu Beginn des Jahres 2015, das – wieder einmal – den Durchbruch bei den internationalen Klimaverhandlungen verzeichnen soll. Man ist ja selbst vor positiven Überraschungen nicht gefeit, aber vermutlich werde ich in einer möglichen Neuauflage dieses Buches bedauernd feststellen, dass auch die 21. Vertragsstaatenkonferenz (COP 21) unter der Klimarahmenkonvention im grauen Pariser Dezember 2015 nicht mehr erreicht hat als einen qualvollen Formelkompromiss. Dies ist ausdrücklich keine Prognose, denn das politische System auf Erden ist noch unendlich komplexer als das globale Klimasystem. Deshalb gibt es auch Hoffnung, dass die COP 21 zumindest einen Prozess aufsetzen wird, der die menschengemachte Erderwärmung mittelfristig einbremst. Ob das allerdings für unsere Nachkommen reichen wird, erscheint zweifelhaft.

Und damit ist auch mehr als fraglich, ob die *Gewissenschaft* ihre Ziele erreichen kann. Ob die Zivilcourage meiner vielen Kolleginnen und Kollegen, welche die sterilen Schutzräume der »wertfreien« Wissenschaft verlassen, ohne dabei die geringsten Abstriche bei ihrer professionellen Sorgfalt zu machen, tatsächlich zum Ferment einer *Großen Transformation* der Moderne in Richtung Nachhaltigkeit wird. In einem 2010 erschienenen Artikel habe ich versucht, die Erfolgsaussichten der Klimaforschung bei der Gesellschaftsberatung abzuschätzen (Schellnhuber 2010). Dieser Artikel trägt den bezeichnenden Titel »Tragic Triumph«, was wohl nicht ins Deutsche übersetzt werden muss. Um diesen Essay hatte mich kurz vor seinem Tod Steve Schneider, der Herausgeber der Zeitschrift *Climatic Change*, aus Anlass der 100. Ausgabe gebeten.

Mein Artikel entstand unter den Eindrücken der unsäglichen COP 15 in Kopenhagen (siehe Kapitel 7) und schlägt einen entsprechend gedämpften Ton an. Doch die Jahre seither geben keinen Anlass zu deutlich größerem Optimismus, sodass es sich lohnt, meine damalige Analyse hier nochmals kurz zu resümieren. Nach einer kurzen Herkunftsgeschichte der 2-Grad-Leitplanke nehme ich dort eine elementare Berechnung der Wahrscheinlichkeiten für die diversen möglichen Ausgänge der ganzen Klimageschichte vor.

Dabei beschränke ich mich auf nur zwei Akteure im Welttheater, nämlich »die Wissenschaft« und »die Politik«. Der erste Akteur kann im besten Fall die Wahrheit herausfinden, der zweite kann im besten Fall das Richtige tun. In erster Näherung mache ich die grob vereinfachende Annahme, dass die beiden Hauptdarsteller ihr jeweiliges Kerngeschäft unabhängig voneinander betreiben, wenngleich sie natürlich miteinander kommunizieren. Soll heißen, die Klimaforschung wird nicht wahrer durch gesellschaftliche Aktionen, und die Klimapolitik wird nicht effektiver durch zusätzliche Einsichten über Rückkopplungsprozesse im System Erde. Die tatsächlich bestehenden, zumeist subtilen Wechselwirkungen werden wie gesagt ausgeblendet, aber dies beeinträchtigt in keiner Weise die entscheidenden Schlussfolgerungen.

Im Zentrum meines elementaren Welttheaters stehen zwei Thesen, nämlich

T1: »Der ungebremste Klimawandel wird schwerwiegende bis katastrophale Folgen für die Menschheit haben.«

und

T2: »Die Weltgesellschaft wird angemessen auf die Warnungen der Wissenschaft reagieren und die Erderwärmung auf ein beherrschbares Maß begrenzen.«

Die Gültigkeit von T1 ist von der Forschung zu belegen; die Gültigkeit von T2 steht in der Verantwortung der befassten Entscheidungsträger. Aufgrund meiner Intuition und Erfahrung innerhalb und außerhalb des Wissenschaftsbetriebes habe ich, eher unter- als übertreibend, beiden Thesen Wahrscheinlichkeiten zugewiesen:

p_1 (*T1 ist korrekt*) = 0,9,
p_2 (*T2 ist korrekt*) = 0,1.

In anderen Worten: Ich nehme an, dass die überwältigende Mehrheit der Klimaforscher mit der Aussage T1 mit 90-prozentiger Wahrscheinlichkeit richtig liegt. Und dass nur eine 10-prozentige Wahrscheinlichkeit besteht, dass die Klimapolitik hinreichend Einsicht, Mut und Kraft aufbringen wird, entsprechend zu reagieren und die Exkursion des Weltklimas in äußerst riskante Gefilde rechtzeitig zu stoppen. Zum heutigen Zeitpunkt dürfte das leider eine verdammt realistische Einschätzung sein.

So, und nun können wir ein wenig Wahrscheinlichkeitsrechnung betreiben. Wie schon erwähnt, nehme ich weiter an, dass die Prozesse, welche über die Gültigkeit der beiden Thesen urteilen, weitgehend *unabhängig* voneinander ablaufen. Die Spezialisten, die über die Zunahme von Starkregenereignissen mit steigender Troposphärentemperatur nachsinnen, lassen sich also in ihren Kalkulationen nicht von Obamas Behördenweisungen zur Kontrolle von Kohlekraftwerken beeinflussen. Und den staatlichen Erdölunternehmen am Persischen Golf ist es schnurzegal, ob die Klimamodelle inzwischen auf die sogenannte Flusskorrektur (siehe Kapitel 16) verzichten können. Ein Fundamentalsatz der Statistik besagt nun, dass sich die Wahrscheinlichkeit für das gleichzeitige Eintreten zweier unabhängiger Ereignisse aus der Multiplikation der beiden Einzelwahrscheinlichkeiten ergibt:

p (*T1 ist korrekt* und *T2 ist korrekt*)
= p_1 (*T1 ist korrekt*) x p_2 (*T2 ist korrekt*)

Mit diesem Prinzip kann man unter anderem abschätzen, wie wahrscheinlich sechs Richtige im Lotto sind (Gewinnchance: etwa 1 zu 10 Millionen).

Und hier noch ein Fundamentalsatz der Statistik: Wenn die Wahrscheinlichkeit, dass eine These korrekt ist, p beträgt, dann liegt die Wahrscheinlichkeit dafür, dass sie falsch ist, bei 1 – p. Eigentlich sonnenklar. Wenn eine Brücke mit 1-prozentiger Wahrscheinlichkeit (p = 0,01) ein-

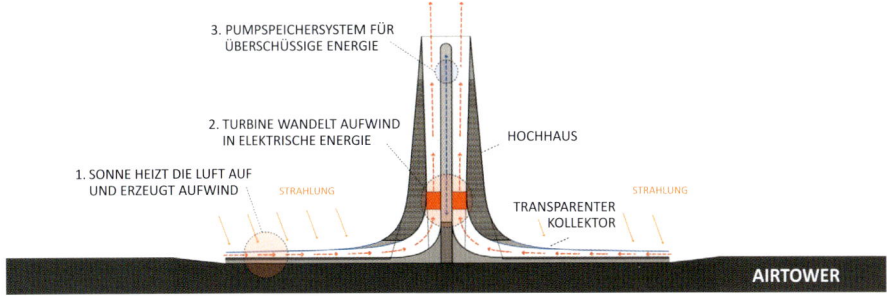

3. PUMPSPEICHERSYSTEM FÜR
ÜBERSCHÜSSIGE ENERGIE

2. TURBINE WANDELT AUFWIND
IN ELEKTRISCHE ENERGIE

HOCHHAUS

1. SONNE HEIZT DIE LUFT AUF
UND ERZEUGT AUFWIND

STRAHLUNG

STRAHLUNG

TRANSPARENTER
KOLLEKTOR

AIRTOWER

Abbildung 82: »Der Traum des Architekten«. Multifunktionale Hochhäuser, die u. a. Strom aus thermischer Konvektion liefern (vgl. S. 634).

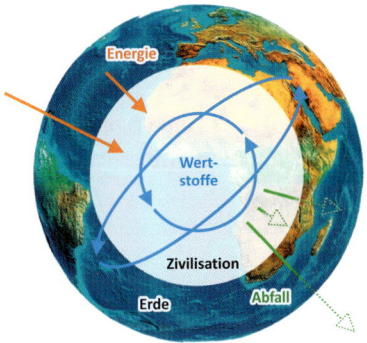

Abbildung 83: Systemische Ziele der Nachhaltigkeitsrevolution. 1. Stabile Energieversorgung aus erneuerbaren Quellen (rot). 2. Weitgehende Schließung der Wertstoffströme (blau). 3. Produktion von vollständig degradierbaren Gütern (grün). Vgl. S. 641.

Abbildung 84: Sondergutachten des WBGU 2014: »Klimaschutz als Weltbürgerbewegung« (vgl. S. 656).

Abbildungen 85 a und b: Die Vermessung der Gebirgsgletscherwelt nach Leclercq und Oerlemans 2012.
a) Weltweite Verteilung der insgesamt 308 berücksichtigten Datensätze, wobei

(a)

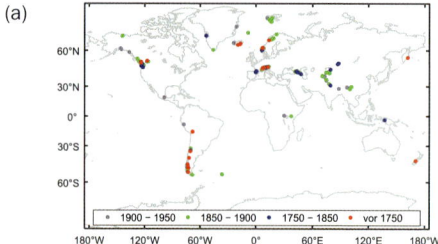

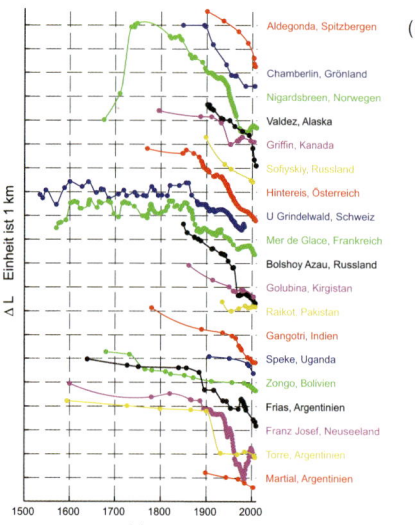

die Farbe angibt, in welcher Epoche die Zeitreise beginnt.
b) Historische Entwicklung der Gletscherlänge für ausgewählte Standorte (vgl. S. 673).

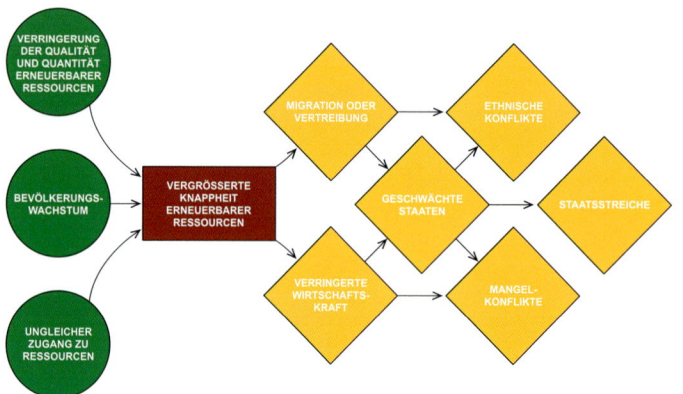

Abbildung 86: Ursachen und Wirkungen von Ressourcennotstand – vom Bevölkerungswachstum bis hin zum Staatsstreich (vgl. S. 684).

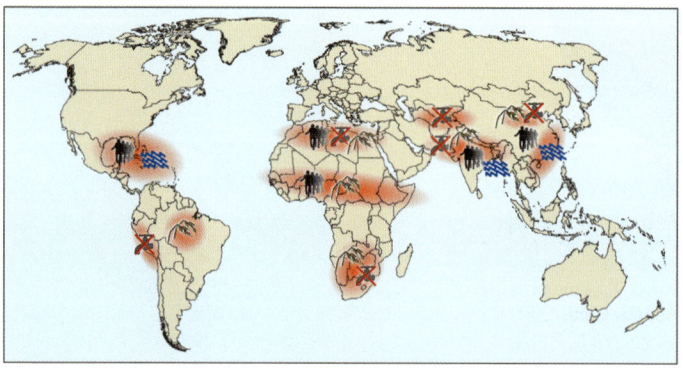

Abbildung 87: Wo und warum der Klimawandel in Zukunft Krisen und Konflikte verursachen kann (vgl. S. 689).

Konfliktkonstellationen in ausgewählten Brennpunkten:

 Klimabedingte Degradation von Süßwasserressourcen

 Klimabedingter Rückgang der Nahrungsmittelproduktion

 Brennpunkt

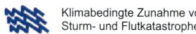 Klimabedingte Zunahme von Sturm- und Flutkatastrophen

 Umweltbedingte Migration

Abbildung 88: Wie der zivilisatorische Zusammenhalt mit dem Klimazustand variieren könnte. Letzterer wird durch Δ GMT, also die Abweichung der globalen Mitteltemperatur vom vorindustriellen Niveau, dargestellt. Die vertikale Achse misst den »Kooperationsindex« der von +1 (vollkommene Solidarität) bis -1 (totale Aggression) reichen kann. Die gezeichnete Kurve ist eine *wissenschaftliche Fantasie*, die noch einer methodologischen Untersuchung bedarf, aber trotzdem gewisse Denkanstöße geben könnte (vgl. S. 692).

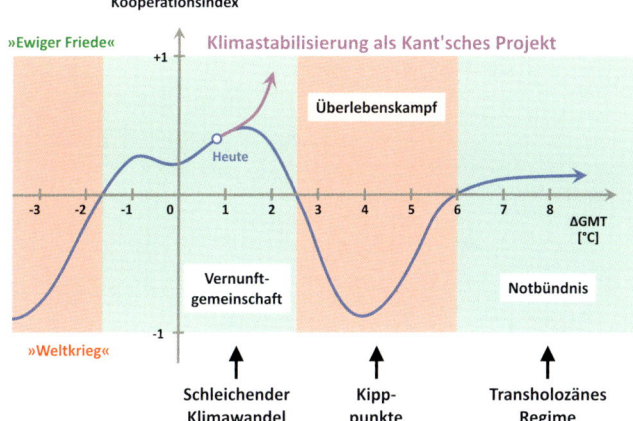

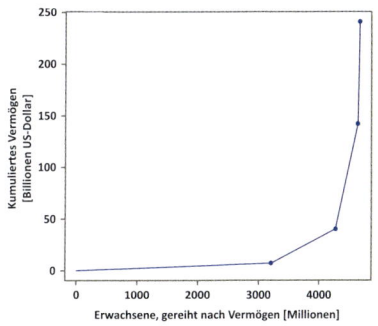

Abbildung 89: Globale Besitzverteilung. Diese Kurve ergibt sich, wenn man die Weltbevölkerung (hier die Erwachsenen) von Arm nach Reich ordnet und das entsprechende Vermögen schichtweise aufsummiert (vgl. S. 695).

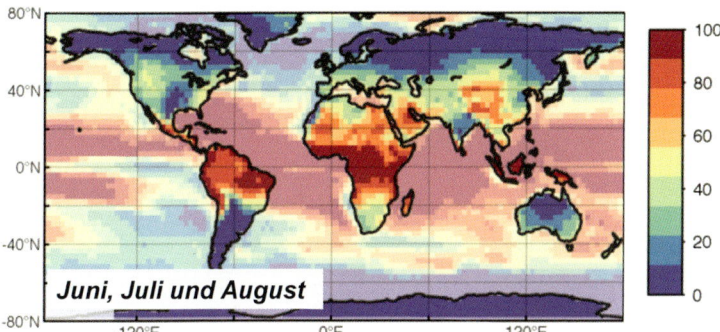

Abbildung 90: Geographisch aufgeschlüsselte Häufigkeit von »5σ-Monaten« in einer um 4 °C erwärmten Welt (Zeitraum: 2080–2100). Die Farbskala rechts reicht von dunkelblau (0 % aller Monate liegen um 5 Standardabweichungen (σ) über dem heutigen Niveau) bis dunkelrot (100 % aller Monate erfüllen das Kriterium). Betrachtet wird nur der Sommer (auf der Nordhalbkugel). Wie man deutlich erkennt, werden 5σ-Monate in den tropischen Landregionen zum Normalfall (vgl. S. 699).

Abbildung 91: Globale Emissionsverteilung nach Wirtschaftskraft. Diese Kurve ergibt sich, wenn man die Weltbevölkerung staatenweise entsprechend dem Reichtum des Landes von Arm nach Reich ordnet und die entsprechenden Kohlenstoffemissionen schichtweise aufsummiert. Die Sterne markieren jeweils die Hälfte der hier erfassten Menschen (horizontale Achse) bzw. die Hälfte der kumulierten Emissionen (vertikale Achse). Die Tatsache, dass die entsprechenden Linien so weit voneinander entfernt liegen, verdeutlicht die ungleiche Verteilung der Emissionen innerhalb der Weltbevölkerung. Weil die Daten etlicher kleinerer Staaten fehlen, ergibt sich eine Differenz zur gesamten Weltbevölkerung – von derzeit über 7 Milliarden (vgl. S. 701).

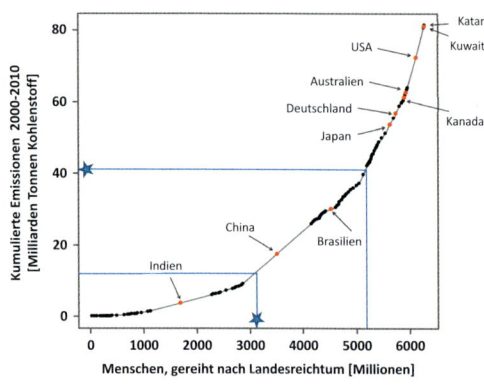

(a)

Konventionelles Entwicklungsszenario

(b)

Transformatives Entwicklungsszenario

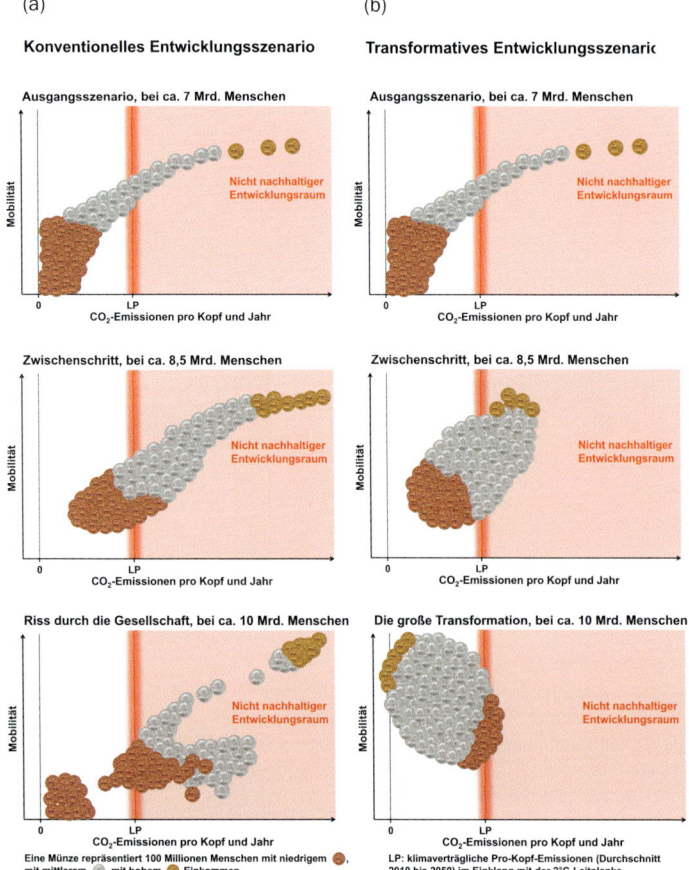

Abbildungen 92 a und b: Darstellung zweier globaler Entwicklungsoptionen, veranschaulicht am Beispiel Mobilität. Sie berücksichtigt vier Größen, nämlich Bevölkerungszahl, wirtschaftlichen Status, Mobilität (Nutzen) und Emissionen (Kosten). Die beiden ersten Größen werden über den »Münz-Trick« eingefangen, die beiden anderen spannen einen zweidimensionalen Entwicklungsraum auf.
a) Das herkömmliche »Zug-Szenario«, wo die globale Unterschicht zwar geringfügig mobiler wird, aber um den Preis einer eklatanten Erderwärmung, die letztlich die Weltgesellschaft auseinanderreißt und die Ärmsten in die Immobilität zurückstößt.
b) Alternatives »Schub-Szenario«, wo die globalen Oberschichten ihre Mobilität nur noch durch emissionsmindernde Innovationen erzielen und dadurch den anderen Menschen einen gewissen Emissionsspielraum geben. Nach der »Großen Transformation« innerhalb der planetarischen Grenzen sind Reich und Arm enger zusammengewachsen (vgl. S. 702).

stürzt, dann hält sie mit 99-prozentiger Wahrscheinlichkeit stand ($1 - p = 0,99$). Damit sind alle Voraussetzungen geschaffen für meine Klimaoper. Mit unterschiedlicher Wahrscheinlichkeit werden in der Zukunft genau vier Stücke aufgeführt werden:

1. Farce

Das entsprechende Szenario nimmt an, dass die Klimaforschung voll danebenliegt, die Entscheidungsträger der Wissenschaft in diesem Zusammenhang aber ohnehin keinen Glauben schenken. Insofern wird auf massive Klimaschutzmaßnahmen ganz entspannt verzichtet.

Wahrscheinlichkeit:

$$(1-p_1) \times (1-p_2) = 0,1 \times 0,9 = 0,09,$$

also eine *9-prozentige* Eintrittserwartung. Und es wäre in der Tat eine gewaltige Farce, wenn der schrille, aber falsche Alarm der Gelehrten zum Wohle der Menschheit einfach ins Leere tönen würde!

2. Schande

In diesem Stück wird der Klimaforschung irrtümlicherweise Glauben geschenkt, und die Gesellschaft unternimmt alles, um den vermeintlichen Risiken vorzubeugen. Billionen werden deshalb sinnlos verschleudert, während man andere Menschheitsprobleme (wie die Verbesserung der medizinischen Versorgung in den Entwicklungsländern) vernachlässigt.

Wahrscheinlichkeit:

$$(1-p_1) \times p_2 = 0,1 \times 0,1 = 0,01,$$

also eine *1-prozentige* Eintrittserwartung im Rahmen meiner intuitiven Annahme.

Eine derartige Schande würde vermutlich die Wissenschaft insgesamt für Jahrhunderte unglaubwürdig machen und vielleicht gar ein dunkles, antiaufklärerisches Zeitalter einläuten.

3. Triumph

Dieses Szenario geht davon aus, dass die Klimaforschung im Großen und Ganzen recht hat und die Warnungen der Wissenschaft eine rechtzeitige Transformation der Weltwirtschaft in Richtung Null-Emissionen bewirken.

Wahrscheinlichkeit:

$$p_1 \times p_2 = 0,9 \times 0,1 = 0,09,$$

also wieder eine *9-prozentige* Eintrittserwartung.

Der Begriff »Triumph« wäre in diesem Fall zu Recht gewählt, denn eine völlige Neuausrichtung unserer Zivilisation aufgrund von Modellrechnungen und Datenanalysen würde eine welthistorische Premiere darstellen.

4. Tragöde

Zum Schluss das Stück, das wohl tatsächlich aufgeführt werden wird. Es nimmt wiederum an, dass die Klimaforschung gute Arbeit geleistet hat, dass die Entscheidungsträger jedoch aus unterschiedlichen Gründen nicht bereit sind, die notwendigen Weichenstellungen für die rechtzeitige Überwindung des fossil-nuklearen Systems vorzunehmen.

Wahrscheinlichkeit:

$$p_1 \times (1-p_2) = 0,9 \times 0,9 = 0,81$$

also eine *81-prozentige* Eintrittserwartung. Dieses Szenario besitzt alle Merkmale der großen griechischen Tragödie, wo selbst die begründetsten Warnungen der Seher ungehört verhallen. Weil die Menschen so sind, wie sie eben sind (siehe auch Kapitel 22).

Wir sollten uns jetzt allerdings vor Augen führen, dass wir *nicht* in der Oper oder im Theater sind, wo man zwar intensiv mit den Akteuren lachen oder weinen kann, jedoch stets in der Grundgeborgenheit des Wissens über den Illusionscharakter der Aufführung. Die beschriebenen Inszenierungen sind hingegen die plausiblen realen Klimazukünfte, denen man sich nicht durch Verlassen des Schauspielhauses entziehen kann!

Und mit großer Wahrscheinlichkeit wird eben auf der wirklichen Welt-bühne der *tragische Triumph* gegeben werden, wo die Wissenschaft zwar das rechte Licht verbreitet, aber dieses Licht nicht ausreicht, um der Menschheit den richtigen Weg zu weisen. Sehr, sehr traurig, aber zwei-fellos realistisch? Vielleicht doch nicht ...

32. Geschenk an Michelangelo

Am 4. März 2008 wurde unser Sohn Zoltan geboren. Wir gaben ihm diesen Namen nicht nur wegen des schönen, männlichen Klangs, sondern auch wegen meiner Vorfahren mütterlicherseits. Diese kamen aus Ungarn und mussten ihr Land noch vor dem Ersten Weltkrieg als politisch Verfolgte verlassen – so die Familiensaga. Mehr als einer von ihnen trug den Namen Zoltan; wir haben diese Tradition wiederbelebt. Meine Mutter freute sich sehr darüber, obgleich sie damals schon recht hinfällig und gelegentlich sogar verwirrt war. Ein Bild des Enkels trug sie ständig bei sich und betrachtete es stundenlang. An ihn zu denken war ihr Trost...

Warum erzähle ich das? Vor allem, weil ich mittlerweile zu der Einsicht gelangt bin, dass das Leben nur vom Tod her gesehen einen Sinn ergibt. Und umgekehrt. Zum einen ist keine Vorstellung quälender, als dass man ewig leben würde, und zwar stets im selben Körper und in derselben Seele. Nicht auszudenken, welche Last an Narben, Enttäuschungen und Traumata man über die Jahrtausende ansammeln und mit sich tragen müsste. Ich glaube kaum, dass diese nur annähernd durch das Gewicht der positiven Erfahrungen und Erkenntnisse aufgewogen würde. So ersehnt wie die Nachtruhe am Ende eines langen und ereignisreichen Tages, so erwünscht kann der Tod als großer Beschließer eines erfüllten Lebens sein. Wenn nur das Sterben nicht wäre.

Monströs ist auch die Vorstellung, dass in der Welt der Unsterblichen keine wahre Erneuerung mehr stattfinden würde, durch Vergehen des Verbrauchten und Werden des Frischen. Noch schlimmer ist der Gedanke, dass Kinder in die Gesellschaft jener unendlich weisen, müden und zynischen Alten hineingeboren würden, deren Jugendzeit Äonen zurückläge und mit denen man kaum ein Fühlen oder Wünschen gemeinsam haben könnte. So wie die Schöpfung oder Evolution uns Menschen gemacht hat, ist der Tod eine ausgezeichnete Erfindung.

Dies ist jedoch nicht die ganze Geschichte, beileibe nicht. Und damit komme ich zu Zoltan zurück. Als sich die Nachricht von meinem späten Nachwuchs herumsprach, wurde ich oft gefragt, ob mein Sohn denn auch ein Wissenschaftler werden solle. Ja, man erwartete ganz selbstverständlich von mir, dass ich von ihm ganz selbstverständlich eine glänzende Karriere als Physiker erwarten würde. Dabei habe ich tatsächlich noch nie einen Gedanken daran verschwendet, durch welche Leistungen Zoltan mich dereinst »stolz« machen könne. Entsprechend fiel meine Antwort stets so aus, dass ich ihm einzig und allein ein möglichst glückliches Leben wünschen würde. Doch was ist Glück?

Keine Angst, ich setze jetzt nicht zu einem Parforceritt durch die Weltphilosophie an, wo sich unzählige kluge, vereinzelt auch törichte oder schlicht wahnsinnige Männer (jawohl!) um die Beantwortung dieser Frage bemüht haben. Als praktische Anleitung für die Alltagsgestaltung, Berufsplanung oder Partnerwahl taugen deren Überlegungen kaum. Ohnehin ist es viel leichter zu bestimmen, was uns unglücklich macht – das können so unspektakuläre Dinge sein wie eine verspätete S-Bahn oder das falsche Schuhwerk bei einer Wanderung. Dennoch weiß ich von einer Sache, die ganz bestimmt glücklich macht, ja, ohne die im weitesten Sinn kein Glück möglich wäre: *das Teilen*. Hierzu gehört unbedingt auch das Mit-Teilen, nämlich von Erlebnissen, Ideen oder Träumen.

Das Teilen allgemein ist für unser Gemüt und unsere Seelenhygiene aus vielen Gründen bedeutsam; es ist selbstverständlich auch die Voraussetzung von Zivilisationen, nicht nur im Sinn von Spezialisierung und Kooperation. Ganz offensichtlich stoßen gerade diejenigen, die am effektivsten ihren Eigennutz zu maximieren verstehen (die Rockefellers, die Carnegies und wie sie alle heißen), schließlich auf das biblische »Geben ist seliger denn nehmen«. Wenn man sich alle, wirklich alle materiellen Wünsche erfüllen kann, bleibt nun mal nur noch der einzigartige Luxus übrig, sich gesellschaftliche Liebe und Anerkennung durch Philanthropie zu erkaufen. Ich habe selbst erlebt, etwa bei der Festveranstaltung zum 150. Jahrestag der amerikanischen National Academy of Sciences, mit welcher Hochachtung, ja Unterwürfigkeit Bill Gates behandelt wird. Und das keineswegs nur mit berechnendem Blick auf die Millionenspenden, die der Forschung aus seiner Stiftung zufließen. Nein, man verehrt diesen Mann (und seine äußerst selbstbewusste Frau) mehr als früher Kaiser und Könige – weil er freiwillig einen Teil jenes Riesenvermögens abgibt, welches ihm nicht zuletzt die Launen des Marktkapitalismus in die Taschen gespült haben, und zwar auf völlig legale Weise.

Die Vorzüge des Egoismus werden ohnehin stark überschätzt: Wer einen Ort mit wunderbarem Panoramablick kennt, wer ein erlesenes Kunstobjekt besitzt, wer eine besonders tiefe Erkenntnis gewonnen hat, wird all dies vielleicht für eine Weile exklusiv beanspruchen und genießen wollen. Doch die Aussicht, die Ansicht, die Einsicht werden uns selbst noch größere Freude bereiten, wenn wie sie mit anderen teilen können.

Die Kultur ist auch insofern ein ungeheures soziales Projekt, als nahezu jeder Schöpfungsakt durch vorhergehende inspiriert und später durch die Achtung der Mitmenschen in Wert gesetzt wird. Diese Verbindung reicht weit über den Tod des Schöpfers hinaus: Wir beschenken Michelangelo noch heute, wenn wir seine Pietà im Petersdom bestaunen, und ich bin mir sicher, dass er dieses Staunen während der mühseligen Arbeit an seinem Meisterwerk antizipierte. Auch wir, die wir keine Michelangelos sind, versuchen Sinnvolles zu tun, Interessantes zu denken, Wertvolles zu bewahren, damit uns andere dafür mit ihrer Freude darüber beschenken können. Viele dieser anderen sind noch gar nicht geboren.

Dass dem notwendigen individuellen Tod das kollektive Weiterleben der menschlichen Art gegenübersteht, ist also essenziell für unser Glück: So entsteht eine unendliche Kette des Weiterreichens, des Teilens entlang des Zeitstrahls. Wir geben und nehmen; beides ist gleichermaßen wichtig. Und dies bringt mich wieder zu Zoltan. Viele Menschen, denen ich bei Veranstaltungen begegne, lächeln wissend, wenn ich beiläufig erwähne, dass ich einen kleinen Sohn habe. Ja, die Verantwortung für unsere Nachkommen – da liegt also die Motivation für Ihre hartnäckige Forschungsarbeit, für Ihr öffentliches Engagement zur Bewahrung des Weltklimas! Das ist gut gemeint und auch nicht falsch, aber eigentlich ist es umgekehrt: Wer möchte schon der Generation angehören, welche das Kostbare in der Welt verbraucht und die Grundlagen unserer Zivilisation zerstört? Ich würde mich bemühen, Natur und Kultur zu bewahren, auch wenn es Zoltan nicht gäbe. Aber seine Existenz beschenkt mich mit der Möglichkeit, das Bewahrte in andere Hände zu geben. *Um meiner selbst willen* versuche ich, mit ihm eine intakte Umwelt zu teilen! Ohne ihn, ohne unsere Kinder würden unsere Arme alles, was uns lieb ist, nur der völligen Leere entgegenstrecken. Ein Gedanke, so schrecklich wie die Vorstellung vom immerwährenden Leben.

Das Klimaproblem stellt unsere Zivilisation auf die Probe, ob sie zum Glück fähig ist, welches wiederum das Teilen im Jetzt und Einst zur Voraussetzung hat. Hierzu möchte ich noch von einem kleinen Erlebnis berichten, das dieses Buch beschließen soll. Einige Jahre lang verbrachte ich meinen kurzen Jahresurlaub mit meiner Familie auf einem alten Landgut in der Toskana. Es erfüllte sämtliche Klischeevorstellungen über die italienische Lebensart aufs Schönste und trug noch dazu den markanten, jede einzelne Silbe zelebrierenden Namen »Archipettoli«. Das uralte Hauptgebäude gehörte im Mittelalter dem Geschlecht der Strozzi, die in Florenz lange mit den Medici um den Rang der ersten Familie am Platze wetteiferten. Archipettoli rühmt sich aber auch eines beachtlichen Weinbergs, ausgedehnter Olivenhaine und eines großen Obstgartens, der neben dem besten Feigenbaum Italiens auch drei herrlich gewachsene Kirschbäume umfasst. Einer dieser Bäume bog sich noch vor tiefroten Früchten, als wir Anfang Juni 2010 dort wieder zu Besuch waren; die beiden anderen hatte man offenbar bereits sorgfältig abgeerntet.

Auf Drängen meines damals zweijährigen Sohnes pflückte ich gleich am Ankunftstag eine kleine Schale voll vom noch unberührten Baum. Am nächsten Tag wollten wir dann einen richtig großen Korb mit den Früchten füllen, aber dazu kam es nicht mehr. Ich erwachte bei Sonnenaufgang und beschloss, einen Morgenspaziergang durch die paradiesische Flur des Landgutes zu machen. Die Kirschbäume lagen noch im Halbdunkel, dennoch erkannte ich, dass auf den beiden leer gepflückten ein mächtiger Schwarm von Staren hockte. Ich blieb ruhig stehen, weil ich beobachten wollte, womit die Vögel sich zu so früher Stunde beschäftigten. Wenige Minuten später wusste ich es.

Wie auf ein Kommando erhob sich der Schwarm in die Luft und sank wie graue Schwaden in das Geäst des reich tragenden Kirschbaums ein. Jeder Vogel stürzte sich auf die nächsthängende Frucht, und im Nu hatte sich die hundertschnäbelige Erntemaschine systematisch durch die gesamte Baumkrone gefressen. Dann stieg der Schwarm wieder auf, drehte noch eine Runde um den Schauplatz dieses Festessens und verschwand hinter den Kamm des nächstgelegenen Hügels. Ich rieb mir die Augen, denn was ich da eben erlebt hatte, war nicht nur großes Naturtheater, sondern auch ein außergewöhnlicher Akt der Gruppenvernunft.

Denn die Stare von Archipettoli warteten erstens *geduldig* so lange, bis die Kirschen den optimalen Reifezustand erlangt hatten. Und sie handelten zweitens *gemeinschaftlich*, sodass jedes Tier auf seine Kosten kommen konnte. Die Nutzung der Kirsch-Allmende hätte ja auch gemäß den kruden Regeln der Spieltheorie ablaufen können, wonach sich über Tage und Wochen jeweils viele Vögel um die wenigen, gerade reifen Früchte streiten würden. Aber die Evolution hat den Staren offenbar beigebracht, dass selbst der Vorteil des Einzelnen in der Regel durch die Übereinkunft aller maximiert werden kann. Nur Zoltans Gewinn wurde in dieser Geschichte minimiert: Er ging völlig leer aus, und ich hatte große Mühe, ihn mit Hinweisen auf das köstliche Kircheis, das im Dorf unterhalb von Archipettoli verkauft wurde, zu trösten.

Eine kleine, aber unvergessliche Begebenheit an einem Junimorgen in der Toskana, die man nicht unbedingt in den Rang einer moralischen Fabel zu erheben braucht. Die dennoch illustriert, dass wir Menschen, obwohl den Staren an individueller Schläue zweifellos weit überlegen, diesen Tieren an kollektiver Weisheit nachstehen können. Zumindest lässt unser

Umgang mit dem Klimaproblem, das ich in diesem Buch aus vielen Blickwinkeln betrachtet habe, darauf schließen. In arroganter Sturheit schreitet die technische Zivilisation weiter auf dem Weg ins Unglück, obgleich von diesem Weg zahlreiche Pfade zur Nachhaltigkeit abzweigen. Noch ist ein Abbiegen jedoch möglich. Sollte es rechtzeitig geschehen, dann werden die unterschiedlichsten Motive dabei eine Rolle spielen: Wirtschaftlichkeit, Verantwortung, Frömmigkeit, Angst usw. Doch ich wiederhole: Der stärkste Beweggrund dürfte der Wunsch sein, *mit uns selbst ins Reine zu kommen*.

Und dazu muss ich meinem Sohn Zoltan, müssen Sie den Nachgeborenen eine lebenswerte Welt übergeben, sodass er und all die kommenden jungen Seelen uns mit ihrem künftigen Glück beschenken können. Auf dass wir uns ein klein wenig wie der große Michelangelo fühlen können...

Bibliographie

Abelshauser, W.: »Die Erfindung des Eigentums«, in: *Frankfurter Allg. Sonntagszeitung*, 31.1.2010.

Abram, N. J., Mulvaney, R., Vimeux, F., Phipps, S. J., Turner, J. und England, M. H.: »Evolution of the Southern Annular Mode during the past millennium«, in: *Nat. Clim. Chang.*, 4 (7): 564–569, doi:10.1038/nclimate2235, 2014.

Acuna-Soto, R., Stahle, D. W., Cleaveland, M. K. und Therrell, M. D.: »Megadrought and megadeath in 16th century Mexico«, in: *Emerg. Infect. Dis.*, 8 (4): 360–362, doi:10.3201/eid0804.010175, 2002.

AGORA Energiewende: *Current and Future Cost of Photovoltaics. Long-term Scenarios for Market Development, System Prices and LCOE of Utility-Scale PV Systems*, Berlin 2015.

Ahmed, N.: »Will climate change trigger endless war?«, in: *Guard.*, 2.8.2013.

Allen, J.: *Me and the Biospheres: A Memoir by the Inventor of Biosphere 2*, Synergetic Press LLC, 2009.

Allen, M. R., Frame, D. J., Huntingford, C., Jones, C. D., Lowe, J. A., Meinshausen, M. und Meinshausen, N.: »Warming caused by cumulative carbon emissions towards the trillionth tonne«, in: *Nature*, 458 (7242): 1163–1166, 2009.

Alroy, J.: »The fossil record of North American mammals: evidence for a Paleocene evolutionary radiation«, in: *Syst. Biol.*, 48 (1): 107–118, doi:10.1080/106351599260472, 1999.

Alroy, J.: »Dynamics of origination and extinction in the marine fossil record«, in: *Proc. Natl. Acad. Sci. USA*, 105: 11536–11542, doi:10.1073/pnas.0802597105, 2008.

Ammann, D.: *The King of Oil: The Secret Lives of Marc Rich*, St. Martin's Press, New York 2009.

Andrews, O. D., Bindoff, N. L., Halloran, P. R., Ilyina, T. und Le Quéré, C.: »Detecting an external influence on recent changes in oceanic oxygen using an optimal fingerprinting method«, in: *Biogeosciences*, 10 (3): 1799–1813, doi:10.5194/bg-10-1799-2013, 2013.

Anti-Apartheid Movement: *The Anti-Apartheid Movement: a 40 year perspective; South Africa House, London, 25–26 June 1999*, London 2000.

Arakawa, A. und Schubert, W. H.: »Interaction of a Cumulus Cloud Ensemble with the Large-Scale Environment, Part I«, in: *J. Atmos. Sci.*, 31: 674–701, doi:http://dx.doi.org/10.1175/1520-0469(1974)031<0674:IOACCE>2.0.CO;2, 1974.

Archer, D.: *Global Warming – Understanding the Forecast*, Blackwell Publishers, Oxford 2006.

Ardyna, M., Babin, M., Gosselin, M., Devred, E., Rainville, L. und Tremblay, J.: »Recent Arctic Ocean sea-ice loss triggers novel fall phytoplankton blooms«, in: *Geophys. Res. Lett.*, 41: 6207–6212, doi:10.1002/2014GL061047, 2014.

Arnold, V. I.: *Geometrical Methods in the Theory of Ordinary Differential Equations*, Springer, New York 1988.

Arrhenius, S.: »On the Influence of Carbonic Acid in the Air upon the Temperature of the Ground«, in: *Philos. Mag. J. Sci.*, 41 (251): 238–276, 1896.

Aubin, J.-P. und Cellina, A.: *Differential Inclusions. Set-Valued Maps and Viability Theory*, Springer, New York 1984.

Bak, P., Tang, C. und Wiesenfeld, K.: »Self-organized criticality: An explanation of the 1/f noise«, in: *Phys. Rev. Lett.*, 59 (4): 381–384, doi:10.1103/PhysRevLett.59.381, 1987.

Baker-Austin, C., Trinanes, J. A., Taylor, N. G. H., Hartnell, R., Siitonen, A. und Martinez-Urtaza, J.: »Emerging Vibrio risk at high latitudes in response to ocean warming«, in: *Nat. Clim. Chang.*, 3 (1): 73–77, doi:10.1038/nclimate1628, 2013.

Balser, M.: »Wüstenstrom-Projekt Desertec zerfällt«, in: *Süddeutsche Zeitung*, 14.10.2014.

Bamber, J. und Riva, R.: »The sea level fingerprint of recent ice mass fluxes«, in: *Cryosph.*, 4 (4): 621–627, doi:10.5194/tc-4-621-2010, 2010.

Barnes, D. K. A., Galgani, F., Thompson, R. C. und Barlaz, M.: »Accumulation and fragmentation of plastic debris in global environments«, in: *Philos. Trans. R. Soc. Lond. B. Biol. Sci.*, 364 (1526): 1985–1998, doi:10.1098/rstb.2008.0205, 2009.

Barnes, E. A. und Screen, J. A.: »The impact of Arctic warming on the midlatitude jetstream: Can it? Has it? Will it?«, in: *Wiley Interdiscip. Rev. Clim. Chang.*, 6 (Juni), doi: 10.1002/wcc.337, 2015.

Bartsch, C., Ederer, G., Horx, M., Lotter, W., Maxeiner, D., Reichholf, J. und Weimer, W.: »Wir müssen Urängste relativieren«, in: *FAZ.net*, 5. September [online], verfügbar in: http://www.faz.net/aktuell/wissen/klima/die-klimaskeptiker-antworten-wir-muessen-uraengste-relativieren-1462827.html, 2007.

Battisti, D. S. und Naylor, R. L.: »Historical Warnings of Future Food Insecurity with Unprecedented Seasonal Heat«, in: *Science*, 323 (5911): 240–244, doi:10.1126/science.1164363, 2009.

Bayoh, M. N. und Lindsay, S. W.: »Effect of temperature on the development of the aquatic stages of Anopheles gambiae sensu stricto (Diptera: Culicidae)«, in: *Bull. Entomol. Res.*, 93 (05): 375–381, doi:10.1079/BER2003259, 2003.

BBC: *Nature – Prehistoric Life,* [online] verfügbar in: http://www.bbc.co.uk/nature/history_of_the_earth/Ediacaran, o. J.

Beckert, S.: *King Cotton: Eine Globalgeschichte des Kapitalismus,* C. H. Beck., München 2014.

Béguin, A., Hales, S., Rocklöv, J., Åström, C., Louis, V. R. und Sauerborn, R.: »The opposing effects of climate change and socio-economic development on the global distribution of malaria«, in: *Glob. Environ. Chang.*, 21 (4): 1209–1214, 2011.

Behringer, W.: *Kulturgeschichte des Klimas. Von der Eiszeit bis zur globalen Erwärmung,* C. H. Beck, München 2007.

Beilharz, H. J. und Seifert, S.: *Versicherung und die makroökonomischen Folgen von Naturkatastrophen,* 2012.

Bellard, C., Bertelsmeier, C., Leadley, P., Thuiller, W. und Courchamp, F.: »Impacts of climate change on the future of biodiversity«, in: *Ecol. Lett.*, 15 (4): 365–377, 2012.

Berger, A. und Loutre, M. F.: »Climate. An exceptionally long interglacial ahead?«, in: *Science*, 297 (5585): 1287–1288, 2002.

Bierbaum, R., Holdren, J. P., MacCracken, M., Moss, R. H. und Raven, P. H.: *Confronting Climate Change: Avoiding the Unmanagable and Managing the Unavoidable,* Washington, D.C., 2007.

Biermann, F.: »Umweltflüchtlinge: Ursachen und Lösungsansätze«, in: *Polit. Zeitgesch.*, 2001 (12): 24–29, 2001.

Bipartisan Policy Center's Task Force on Climate Remediation: *Geoengineering: A National Strategic Plan for Research on the Potential Effectiveness, Feasibility, and Consequences of Climate Remediation Technologies,* 2011.

Blacksher, B., Crocker, T., Drucker, E., Filoon, J., Knelman, J. und Skiles, M.: *Hydropower Vulnerability and Climate Change,* Middleburry Coll. Environ. Stud. Sr. Semin., 2011.

Blasberg, A. und Kohlenberg, K.: »Die Klimakrieger«, in: *Die Zeit*, 28.11.2012.

Boele, R., Fabig, H. und Wheeler, D.: »Shell, Nigeria and the Ogoni. A study in unsustainable development: I. The story of Shell, Nigeria and the Orgoni people – Environment, economy relationships: Conflict and prospect for resolution«, in: *Sustain. Dev.*, 9 (2): 74–86, doi:10.1002/sd.161, 2001.

Bojanowski, A.: »Vorsitzender der Päpstlichen Akademie: ›Die Kirche glaubt an Wissenschaft‹«, in: *Spiegel Online*, 27.1.2015.

Bondeau, A., Smith, P. C., Zaehle, S., Schaphoff, S., Lucht, W., Cramer, W., Gerten, D., Lotze-Campen, H., Müller, C., Reichstein, M. und Smith, B.: »Modelling the role of agriculture for the 20th century global terrestrial carbon balance«, in: *Glob. Chang. Biol.*, 13 (3): 679–706, doi:10.1111/j.1365-2486.2006.01305.x, 2007.

Boorman, P., Jenkins, G., Murphy, J. und Burgess, K.: *Future changes in lightning from the UKCP09 ensemble of regional climate model projections*, Exeter 2010.

Bork, H.-R.: *Landschaften der Erde unter dem Einfluss des Menschen*, Wissenschaftliche Buchgesellschaft und Primus Verlag, Darmstadt 2006.

Bos, K. I., Schuenemann, V. J., Golding, G. B., Burbano, H. A., Waglechner, N., Coombes, B. K., McPhee, J. B., DeWitte, S. N., Meyer, M., Schmedes, S., Wood, J., Earn, D. J. D., Herring, D. A., Bauer, P., Poinar, H. N. und Krause, J.: »A draft genome of Yersinia pestis from victims of the Black Death«, in: *Nature*, 478 (7370): 506–510, 2011.

Bounama, C., von Bloh, W. und Franck, S.: »Das Ende des Festes«, in: *Spektrum der Wiss.*, 10: 100–107, doi:10.1007/BF01536205, 2004.

Brackel, B. von: »Hinkley Point: Greenpeace Energy klagt«, in: *Klimaretter.Info* [online], verfügbar in: http://www.klimaretter.info/wirtschaft/hintergrund/18321-hinkley-point-greenpeace-energy-will-klagen, 2015.

Branigan, T.: »Beijing authorities sanguine as pollution documentary takes China by storm«, in: *Guard.*, 5.3.2015.

Braudel, F.: *La méditerranée et le monde méditerranéen à l'époque de Philippe II*, Armand Colin, Paris 1949 (dt. Ausgabe: *Das Mittelmeer und die mediterrane Welt in der Epoche Philipps II.*, Suhrkamp, Frankfurt am Main 1990).

Brehmer, A.: *Die Welt in 100 Jahren*, Georg Olms Verlag, o. J.

Briden, J. C. und Downing, T. E.: *Managing the Earth. The Linacre Lectures 2001*, Oxford University Press, 2002.

Brienen, R. J. W., Phillips, O. L., Feldpausch, T. R., u.a.: »Long-term decline of the Amazon carbon sink«, in: *Nature*, 519 (7543): 344–348, doi:10.1038/nature14283, 2015.

Broecker, W. S.: »Unpleasant surprises in the greenhouse?«, in: *Nature*, 328: 123–126, doi: 10.1038/328123a0, 1987.

Brovkin, V., Ganopolski, A., Archer, D. und Munhoven, G.: »Glacial CO_2 cycle as a succession of key physical and biogeochemical processes«, in: *Clim. Past*, 8 (1): 251–264, doi:10.5194/cp-8-251-2012, 2012.

Bruno, J. F.: »Marine biology: The coral disease triangle«, in: *Nat. Clim. Chang.*, 5 (4): 302–303, doi:10.1038/nclimate2571, 2015.

Bryden, H. L., King, B. A., McCarthy, G. D. und McDonagh, E. L.: »Impact of a 30% reduction in Atlantic meridional overturning during 2009–2010«, in: *Ocean Sci. Discuss.*, 11 (2): 789–810, doi:10.5194/osd-11-789-2014, 2014.

Buhaug, H.: »Climate not to blame for African civil wars«, in: *Proc. Natl. Acad. Sci. USA*, 107 (38): 16477–16482, doi:10.1073/pnas.1005739107, 2010.

Buizza, R., Richardson, D. und Palmer, T.: »The new 80-km High-Resolution ECMWF EPS«, in: *ECMWF Newsl.*, 90: 2–9, 2001.

Büntgen, U., Tegel, W., Nicolussi, K., McCormick, M., Frank, D., Trouet, V., Kaplan, J. O., Herzig, F., Heussner, K.-U., Wanner, H., Luterbacher, J. und Esper, J.: »2500 years of

European climate variability and human susceptibility«, in: *Science*, 331 (6017): 578–582, doi:10.1126/science.1197175, 2011.

Burke, M. B., Miguel, E., Satyanath, S., Dykema, J. A. und Lobell, D. B.: »Warming increases the risk of civil war in Africa«, in: *Proc. Natl. Acad. Sci. USA*, 106 (49): 20670–20674, doi:10.1073/pnas.0907998106, 2009.

Burrows, M. T., Schoeman, D. S., Buckley, L. B., Moore, P., Poloczanska, E. S., Brander, K. M., Brown, C., Bruno, J. F., Duarte, C. M., Halpern, B. S., Holding, J., Kappel, C. V., Kiessling, W., O'Connor, M. I., Pandolfi, J. M., Parmesan, C., Schwing, F. B., Sydeman, W. J. und Richardson, A. J.: »The Pace of Shifting Climate in Marine and Terrestrial Ecosystems«, in: *Science*, 334 (6056): 652–655, doi:10.1126/science.1210288, 2011.

Cai, W., Borlace, S., Lengaigne, M., van Rensch, P., Collins, M., Vecchi, G., Timmermann, A., Santoso, A., McPhaden, M. J., Wu, L., England, M. H., Wang, G., Guilyardi, E. und Jin, F.-F.: »Increasing frequency of extreme El Niño events due to greenhouse warming«, in: *Nat. Clim. Chang.*, 4 (2): 111–116, doi:10.1038/nclimate2100, 2014.

Cai, W., Wang, G., Santoso, A., McPhaden, M. J., Wu, L., Jin, F.-F., Timmermann, A., Collins, M., Vecchi, G., Lengaigne, M., England, M. H., Dommenget, D., Takahashi, K. und Guilyardi, E.: »Increased frequency of extreme La Niña events under greenhouse warming«, in: *Nat. Clim. Chang.*, 5 (2): 132–137, doi:10.1038/nclimate2492, 2015.

Caldeira, K. und Wickett, M. E.: »Oceanography: anthropogenic carbon and ocean pH«, in: *Nature*, 425 (6956): 365, doi:10.1038/425365a, 2003.

Caldeira, K., Bala, G. und Cao, L.: »The Science of Geoengineering«, in: *Annu. Rev. Earth Planet. Sci.*, 41 (1): 231–256, doi:10.1146/annurev-earth-042711-105548, 2013.

Cameron, R. E.: *A Concise Economic History of the World: From Paleolithic Times to the Present*, 4. Aufl., Oxford University Press, Oxford 2002.

Caminade, C., Kovats, S., Rocklov, J., Tompkins, A. M., Morse, A. P., Colón-González, F. J., Stenlund, H., Martens, P. und Lloyd, S. J.: »Impact of climate change on global malaria distribution«, in: *Proc. Natl. Acad. Sci. USA*, 111 (9): 3286–3291, 2014.

Canada Environment Inquiry Centre: *Environment Canada 2014 – National Inventory Report*, 2014.

Carrington, D.: Climate change: UN backs fossil fuel divestment campaign, in: *Guard.*, 15.3.2015.

Chakravarty, S., Chikkatur, A., de Coninck, H., Pacala, S., Socolow, R. und Tavoni, M.: »Sharing global CO2 emission reductions among one billion high emitters«, in: *Proc. Natl. Acad. Sci. USA*, 106 (29): 11884–11888, doi:10.1073/pnas.0905232106, 2009.

Chan, G.: »Carbon farming: it's a nice theory, but don't get your hopes up«, in: *Guard.*, 29.10.2013.

Chen, J. L., Wilson, C. R. und Tapley, B. D.: »Contribution of ice sheet and mountain glacier melt to recent sea level rise«, in: *Nat. Geosci.*, 6 (7): 549–552, 2013.

Claussen, M., Kubatzki, C., Brovkin, V., Ganopolski, A., Hoelzmann, P. und Pachur, H.: »Simulation of an abrupt change in Saharan vegetation in the Mid Holocene«, in: *Geophys. Res. Lett.*, 26 (14): 2037, doi:10.1029/1999GL900494, 1999.

Claussen, M., Mysak, L., Weaver, A., Crucifix, M., Fichefet, T., Loutre, M. F., Weber, S., Alcamo, J., Alexeev, V., Berger, A., Calov, R., Ganopolski, A., Goosse, H., Lohmann, G., Lunkeit, F., Mokhov, I., Petoukhov, V., Stone, P. und Wang, Z.: »Earth system models of intermediate complexity: Closing the gap in the spectrum of climate system models«, in: *Clim. Dyn.*, 18 (7): 579–586, doi:10.1007/s00382-001-0200-1, 2002.

Claussen, M., Brovkin, V., Ganopolski, A., Kubatzki, C. und Petoukhov, V.: »Climate Change in Northern Africa: The Past Is Not the Future«, in: *Clim. Chang.*, 57: 99–118, 2003.

Clooney, A.: »Release Mohamed Nasheed – an innocent man and the Maldives' great hope«, in: *Guard.* [online], verfügbar in: http://www.theguardian.com/commentis-free/2015/apr/30/release-mohamed-nasheed-maldives-president-conviction, 2015.

Cohen, J., Screen, J. A., Furtado, J. C., Barlow, M., Whittleston, D., Coumou, D., Francis, J., Dethloff, K., Entekhabi, D., Overland, J. und Jones, J.: »Recent Arctic amplification and extreme mid-latitude weather«, in: *Nat. Geosci.*, 7 (August): 627–637, doi:10.1038/ngeo2234, 2014.

Cohen, J. E.: »Population growth and earth's human carrying capacity«, in: *Science*, 269 (5222): 341–346, doi:10.1126/science.7618100, 1995.

Collier, P.: *The Bottom Billion: Why the Poorest Countries are Failing and What Can Be Done About It*, Oxford University Press, Oxford 2008.

Collins, D. N.: »Climatic warming, glacier recession and runoff from Alpine basins after the Little Ice Age maximum«, in: *Ann. Glaciol.*, 48 (1): 119–124, 2008.

Collins, M., Knutti, R., Arblaster, J., Dufresne, J.-L., Fichefet, T., Friedlingstein, P., Gao, X., Gutowski, W. J., Johns, T., Krinner, G., Shongwe, M., Tebaldi, C., Weaver A. J. und Wehner, M.: »Long-term Climate Change: Projections, Commitments and Irreversibility«, in: *Climate Change 2013: The Physical Science Basis. Contribution of Working Group I to the Fifth Assessment Report of the Intergovernmental Panel on Climate Change*, herausgegeben von T. F. Stocker, D. Qin, G.-K. Plattner, M. Tignor, S. K. Allen, J. Boschung, A. Nauels, Y. Xia, V. Bex und P. M. Midgley, IPCC, Cambridge University Press, Cambridge (UK) und New York, doi:10.1017/CBO9781107415324.024, 2013.

Collomb, P.: *A narrow road to food security from now to 2050*, Paris 1999.

Conlan, T. D.: *In Little Need of Divine Intervention. Takezaki Suenaga's Scrolls of the Mongol Invasions of Japan*, Cornell University East Asia Program, 2001.

Convention on Biological Diversity [online], verfügbar in: https://www.cbd.int/, o. J.

Cook, B. I., Ault, T. R. und Smerdon, J. E.: »Unprecedented 21st century drought risk in the American Southwest and Central Plains«, in: *Sci. Adv.*, 1 (Februar): 1–7, doi:10.1126/sciadv.1400082, 2015.

Cook, C. P., van de Flierdt, T., Williams, T., Hemming, S. R., Iwai, M., Kobayashi, M., Jimenez-Espejo, F. J., Escutia, C., González, J. J., Khim, B.-K. K., McKay, R. M., Passchier, S., Bohaty, S. M., Riesselman, C. R., Tauxe, L., Sugisaki, S., Galindo, A. L., Patterson, M. O., Sangiorgi, F., Pierce, E. L., Brinkhuis, H., Klaus, A., Fehr, A., Bendle, J. A. P., Bijl, P. K., Carr, S. A., Dunbar, R. B., Flores, J. A., Hayden, T. G., Katsuki, K., Kong, G. S., Nakai, M., Olney, M. P., Pekar, S. F., Pross, J., Röhl, U., Sakai, T., Shrivastava, P. K., Stickley, C. E., Tuo, S., Welsh, K. und Yamane, M.: »Dynamic behaviour of the East Antarctic ice sheet during Pliocene warmth«, in: *Nat. Geosci.*, 6 (Juli): 1–5, doi:10.1038/ngeo1889, 2013a.

Cook, J., Nuccitelli, D., Green, S. A., Richardson, M., Winkler, B., Painting, R., Way, R., Jacobs, P. und Skuce, A.: »Quantifying the consensus on anthropogenic global warming in the scientific literature«, in: *Environ. Res. Lett.*, 8, doi:10.1016/j.enpol.2014.06.003, 2013b.

Cook, J. und Jacobs, P.: »Scientists are from Mars, Laypeople are from Venus: An Evidence-Based Rationale for Communicating the Consensus on Climate«, in: *Reports Natl. Cent. Sci. Educ.*, (Dezember), 2014.

COP1, UN: *UN Framework Convention on Climate Change – COP 1 Beschlussdokument*, 1995.

Costello, A., Abbas, M., Allen, A., Ball, S., Bell, S., Bellamy, R., Friel, S., Groce, N., Johnson, A., Kett, M., Lee, M., Levy, C., Maslin, M., McCoy, D., McGuire, B., Montgomery, H., Napier, D., Pagel, C., Patel, J., de Oliveira, J. A. P., Redclift, N., Rees, H., Rogger, D., Scott, J., Stephenson, J., Twigg, J., Wolff, J. und Patterson, C.: »Managing the health effects of climate change«, in: *Lancet*, 373 (9676): 1693–1733, doi:10.1016/S0140-6736(09)60935-1, 2009.

Coumou, D. und Rahmstorf, S.: »A decade of weather extremes«, in: *Nat. Clim. Chang.*, 2 (März): 491–496, doi:10.1038/nclimate1452, 2012.
Coumou, D., Petoukhov, V., Rahmstorf, S., Petri, S. und Schellnhuber, H. J.: »Quasi-re-sonant circulation regimes and hemispheric synchronization of extreme weather in boreal summer«, in: *Proc. Natl. Acad. Sci.*, 111 (34): 12331–12336, doi:10.1073/pnas.1412797111, 2014.
Coumou, D., Lehmann, J. und Beckmann, J.: »The weakening summer circulation in the northern hemisphere mid-latitudes«, in: *Sci. Express*, (März): 15–17, 2015.
Cox, P. M., Betts, R. A., Jones, C. D., Spall, S. A. und Totterdell, I. J.: »Acceleration of glo-bal warming due to carbon-cycle feedbacks in a coupled climate model«, in: *Nature*, 408 (6809): 184–187, doi:10.1038/35041539, 2000.
Crook, E. D., Cohen, A. L., Rebolledo-Vieyra, M., Hernandez, L. und Paytan, A.: »Reduced calcification and lack of acclimatization by coral colonies growing in areas of persistent natural acidification«, in: *Proc. Natl. Acad. Sci. USA*, 110 (27): 11044–11049, 2013.
Crowley, T. J.: »Causes of Climate Change Over the Past 1000 Years«, in: *Science* 289 (5477): 270–277, doi:10.1126/science.289.5477.270, 2000.
Crutzen, P. J.: »Albedo enhancement by stratospheric sulfur injections: A contribution to resolve a policy dilemma?«, in: *Clim. Change*, 77 (3-4): 211–219, doi:10.1007/s10584-006-9101-y, 2006.

D'Antonio, M.: *Atomic Harvest: Hanford and the Lethal Toll of America's Nuclear Arse-nal*, Crown, 1994.
Dangerman, A. T. C. J. und Schellnhuber, H. J.: »Energy systems transformation«, in: *PNAS*, 110 (7): E549–558, doi:10.1073/pnas.1219791110, 2013.
Darwin, C.: *On the origin of species*, John Murray, London 1859 (dt. Erstausgabe: *Über die Entstehung der Arten*, Stuttgart 1860).
Davidson, E. A., de Araújo, A. C., Artaxo, P., Balch, J. K., Brown, I. F., Bustamante, M. M., Coe, M. T., DeFries, R. S., Keller, M., Longo, M., Munger, J. W., Schroeder, W., Soares-Filho, B. S., Souza, C. M. und Wofsy, S. C.: »The Amazon basin in transition«, in: *Na-ture*, 481 (7381): 321–328, doi:10.1038/nature10717, 2012.
Davis, M.: *Late Victorian Holocausts: El Niño Famines and the Making of the Third World*, Verso, London 2001 (dt. Ausgabe: *Die Geburt der Dritten Welt: Hungerkatastrophen und Massenvernichtung im imperialistischen Zeitalter*, Assoziation, Hamburg 2004).
Delingpole, J.: »Climategate: the final nail in the coffin of ›Anthropogenic Global War-ming‹?«, in: *Telegr.*, 20.11.2009a.
Delingpole, J.: »Watching the Climategate scandal explode makes me feel like a proud parent«, in: *Spect.* [online], verfügbar in: http://www.spectator.co.uk/columnists/james-delingpole/5618673/watching-the-climategate-scandal-explode-makes-me-feel-like-a-proud-parent/, 2009b.
Deng, Q., Hui, D., Luo, Y., Elser, J., Wang, Y., Loladze, I., Zhang, Q. und Dennis, S.: »Down-regulation of tissue N : P ratios in terrestrial plants by elevated CO_2«, in: *Eco-logical Society of America* [online], 2015.
Derbyshire, J.: *Prime Obsession*, Joseph Henry Press, Washington, D.C., 2003.
Deutsch, C., Brix, H., Ito, T., Frenzel, H. und Thompson, L.: »Climate-forced variability of ocean hypoxia«, in: *Science*, 333 (6040): 336–339, doi:10.1126/science.1202422, 2011.
Devictor, V., van Swaay, C., Brereton, T., Brotons, L., Chamberlain, D., Heliölä, J., Her-rando, S., Julliard, R., Kuussaari, M., Lindström, Å., Reif, J., Roy, D. B., Schweiger, O., Settele, J., Stefanescu, C., Van Strien, A., Van Turnhout, C., Vermouzek, Z., Wallis De Vries, M., Wynhoff, I. und Jiguet, F.: »Differences in the climatic debts of birds and but-terflies at a continental scale«, in: *Nat. Clim. Chang.*, 2 (2): 121–124, 2012.

Diamond, J. M.: *Arm und reich: die Schicksale menschlicher Gesellschaften*, Frankfurt am Main 1999 (engl. Original: *Guns, Germs, and Steel: The Fates of Human Societies*, New York 1997).

Diamond, J. M.: *Collapse. How Societies Choose to Fail or Succeed*, Viking, New York 2005 (dt. Ausgabe: *Kollaps. Warum Gesellschaften überleben oder untergehen*, Fischer, Frankfurt am Main 2005).

Dickerson, A. K., Shankles, P. G., Madhavan, N. M. und Hu, D. L.: »Mosquitoes survive raindrop collisions by virtue of their low mass«, in: *Proc. Natl. Acad. Sci.*, 109 (25): 9822–9827, doi:10.1073/pnas.1205446109, 2012.

Diekmann, F.: »Die Welt versinkt in Schulden«, in: *Spiegel Online*, 5.2.2015.

Diermann, R.: »Kalte Getränke in der Wüste«, in: *Süddeutsche Zeitung*, 10.4.2015.

Digby, W.: »*Prosperous« British India: A Revelation from Official Records*, T. F. Unwin, London 1901.

Donges, J. F., Donner, R. V., Trauth, M. H., Marwan, N., Schellnhuber, H.-J. und Kurths, J.: »Nonlinear detection of paleoclimate-variability transitions possibly related to human evolution«, in: *Proc. Natl. Acad. Sci.*, 108 (51): 20422–20427, doi:10.1073/pnas.1117052108, 2011.

Donges, J. F., Donner, R. V., Marwan, N., Breitenbach, S. F. M., Rehfeld, K. und Kurths, J.: »Nonlinear regime shifts in Holocene Asian monsoon variability: potential impacts on cultural change and migratory patterns«, in: *Clim. Past*, 11: 709–741, doi:10.5194/cpd-10-895-2014, 2015.

Donnelly, J.: »The Irish Famine«, [online] verfügbar in: http://www.bbc.co.uk/history/british/victorians/famine_01.shtml, 2011.

Doughty, C. E., Metcalfe, D. B., Girardin, C. A. J., Amézquita, F. F., Cabrera, D. G., Huasco, W. H., Silva-Espejo, J. E., Araujo-Murakami, A., da Costa, M. C., Rocha, W., Feldpausch, T. R., Mendoza, A. L. M., da Costa, A. C. L., Meir, P., Phillips, O. L. und Malhi, Y.: »Drought impact on forest carbon dynamics and fluxes in Amazonia«, in: *Nature*, 519 (7541): 78–82, doi:10.1038/nature14213, 2015.

Durschmied, E.: *The Weather Factor: How Nature Has Changed History*, Hodder & Stoughton, 2000.

Dutton, A., Carlson, A. E., Long, A. J., Milne, G. A., Clark, P. U., DeConto, R., Horton, B. P., Rahmstorf, S. und Raymo, M. E.: »Sea-level rise due to polar ice-sheet mass loss during past warm periods«, in: *Science*, 349 (6244): aaa4019–aaa4019, doi:10.1126/science.aaa4019, 2015.

Dyson, F. J.: »Can we control the carbon dioxide in the atmosphere?«, in: *Energy*, 2 (3): 287–291, doi:10.1016/0360-5442(77)90033-0, 1977.

The Economist: »Running out of puff«, 25. Januar [online], verfügbar in: http://www.economist.com/news/business/21594984-big-tobacco-firms-are-maintaining-their-poise-quietly-wheezing-running-out-puff, 2014.

Edenhofer, O. und Kalkuhl, M.: »Das grüne Paradoxon – Menetekel oder Prognose«, in: *Jahrbuch Ökologische Ökonomik*, 6, herausgegeben von F. Beckenbach u.a., Metropolis-Verlag, 2009.

Edgar, R. R.: *Sanctioning Apartheid*, Africa World Press, 1990.

Edwards, P. N.: *A Vast Machine*, The MIT Press, 2010.

Eeckhout, L. van: »Winds of climate change blast farmers' hopes of sustaining a livelihood in Burkina Faso«, in: *Guard.*, 7.7.2015.

Elsasser, S. W. und Dunlap, R. E.: »Leading Voices in the Denier Choir: Conservative Columnists' Dismissal of Global Warming and Denigration of Climate Science«, in: *Am. Behav. Sci.*, 57 (6): 754–776, doi:10.1177/0002764212469800, 2013.

ENIGMA, Webseite: »Earth System Network of Integrated Modelling and Assessment«, [online] verfügbar in: http://enigma.zmaw.de/, o. J.

EPICA-Project: »Eight glacial cycles from an Antarctic ice core«, in: *Nature*, 444: 195–198, 2004.

Erling, J.: »Nebel und Smog halten China im Würgegriff«, in: *Die Welt*, 14.1.2013.

Erwin, D. H.: *The Great Paleozoic Crisis – Life and Death in the Permian*, Columbia University Press, 1993.

Evenson, R. E. und Gollin, D.: »Assessing the impact of the green revolution, 1960 to 2000«, in: *Science*, 300 (5620): 758–762, doi:10.1126/science.1078710, 2003.

Evers, M., Stampf, O. und Traufetter, G.: »Die Wolkenschieber«, in: *Der Spiegel*, 29.3.2010.

Excell, J. und Nathan, S.: »The rise of additive manufacturing«, in: *Eng.*, 24.5.2010.

The Extrasolar Planets Encyclopaedia: The Extrasolar Planets Encyclopaedia, [online] verfügbar in: http://exoplanet.eu/, 2015.

Falkenmark, M.: »The Massive Water Scarcity Now Threatening Africa: Why Isn't It Being Addressed?«, in: *Ambio*, 18 (2): 112–118, 1989.

Falkenmark, M.: »Water and Sustainability: A Reappraisal«, in: *Environment*, 50 (März/April): 5–16, 2008.

Falkenmark, M. und Lindh, G.: *Water for a starving world*, Westview Press, 1976.

Favier, L., Durand, G., Cornford, S. L., Gudmundsson, G. H., Gagliardini, O., Gillet-Chaulet, F., Zwinger, T., Payne, A. J. und Le Brocq, A. M.: »Retreat of Pine Island Glacier controlled by marine ice-sheet instability«, in: *Nat. Clim. Chang.*, 4 (2): 117–121, doi:10.1038/nclimate2094, 2014.

Feldman, D. R., Collins, W. D., Gero, P. J., Torn, M. S., Mlawer, E. J. und Shippert, T. R.: »Observational determination of surface radiative forcing by CO_2 from 2000 to 2010«, in: *Nature*, 519 (7543): 339–343, doi:10.1038/nature14240, 2015.

Felgenhauer, U.: »Auch Prinz Albert will den Klimawandel stoppen«, in: *Die Welt*, 1.12.2009.

Ferguson, N.: *Empire: How Britain Made the Modern World*, Penguin Books, 2004.

Fettweis, X., Franco, B., Tedesco, M., van Angelen, J. H., Lenaerts, J. T. M., van den Broeke, M. R. und Gallée, H.: »Estimating the Greenland ice sheet surface mass balance contribution to future sea level rise using the regional atmospheric climate model MAR«, in: *Cryosph.*, 7 (2): 469–489, doi:10.5194/tc-7-469-2013, 2013.

Feulner, G.: *Das große Buch vom Klima*, Komet Verlag, 2010.

Feulner, G.: »The faint young Sun problem«, in: *Rev. Geophys.*, 50 (2): 1–29, doi: 10.1029/2011RG000375, 2012.

Feulner, G. und Rahmstorf, S.: »On the effect of a new grand minimum of solar activity on the future climate on Earth«, in: *Geophys. Res. Lett.*, 37 (5): 5–9, doi:10.1029/2010GL042710, 2010.

Feulner, G., Hallmann, C. und Kienert, H.: »Snowball cooling after algal rise«, in: *Nature Geoscience*, 8 (9): 659–662, 2015.

Feyerabend, P.: *Wider den Methodenzwang: Skizze einer anarchistischen Erkenntnistheorie*, Suhrkamp, Frankfurt am Main 1976.

Flaig, E.: *Weltgeschichte der Sklaverei*, C. H. Beck, München 2009.

Foley, J. A., Ramankutty, N., Brauman, K. A., Cassidy, E. S., Gerber, J. S., Johnston, M., Mueller, N. D., O'Connell, C., Ray, D. K., West, P. C., Balzer, C., Bennett, E. M., Carpenter, S. R., Hill, J., Monfreda, C., Polasky, S., Rockstrom, J., Sheehan, J., Siebert, S., Tilman, D. und Zaks, D. P. M.: »Solutions for a cultivated planet«, in: *Nature*, 478 (7369): 337–342, 2011.

Fortune: Fortune 500, [online] verfügbar in: http://fortune.com/fortune500/, o. J.

Foster, G. und Rahmstorf, S.: »Global temperature evolution 1979–2010«, in: *Environ. Res. Lett.*, 6 (4): 044022, doi:10.1088/1748-9326/6/4/044022, 2011.

Fountain, H.: »Trial Balloon: A Tiny Geoengineering Experiment«, in: *New York Times*, 17.7.2012.

Fountain, H.: »Climate Tools Seek to Bend Nature's Path«, in: *New York Times*, 9.11.2014.

Fourier, J. B. J.: »Mémoire sur les temperatures du globe terrestre et des espaces planetaires«, in: *Mem. l'Academie R. des Sci. l'Institute Fr.*, VII: 570–604, 1827.

Franck, S., Block, A., von Bloh, W., Bounama, C., Schellnhuber, H. J. und Svirezhev, Y.: »Reduction of biosphere life span as a consequence of geodynamics«, in: *Tellus, Ser. B Chem. Phys. Meteorol.*, 52 (1): 94–107, doi:10.1034/j.1600-0889.2000.00898.x, 2000.

Franz, A.: Archäologie: »Chronisten aus Holz«, in: *Spiegel Online*, 20.3.2011.

Friedlingstein, P., Andrew, R. M., Rogelj, J., Peters, G. P., Canadell, J. G., Knutti, R., Luderer, G., Raupach, M. R., Schaeffer, M., van Vuuren, D. P. und Le Quere, C.: »Persistent growth of CO_2 emissions and implications for reaching climate targets«, in: *Nat. Geosci.*, 7: 709–715, 2014.

Frieler, K., Meinshausen, M., Golly, A., Mengel, M., Lebek, K., Donner, S. D. und Hoegh-Guldberg, O.: »Limiting global warming to 2 °C is unlikely to save most coral reefs«, in: *Nat. Clim. Chang.*, 3: 165–170, doi:10.1038/nclimate1674, 2013.

Funtowicz, S. und Ravetz, J.: »A new scientific methodology for global environmental issues«, in: *Ecological Economics: The Science and Management of Sustainability*, herausgegeben von R. Costanza: 137–152, Cambridge University Press, New York 1991.

Funtowicz, S. und Ravetz, J.: »Uncertainty and Quality«, in: *Science for Policy*, herausgegeben von W. Leinfellner und B. Eberlein, Kluwer Academic Publishers, 1990.

Gamble, J.: »Has the time come for floating cities?«, in: *Guard.*, 18.3.2014.

Ganopolski, A.: »The Influence of Vegetation-Atmosphere-Ocean Interaction on Climate During the Mid-Holocene«, in: *Science*, 280 (5371): 1916–1919, doi:10.1126/science.280.5371.1916, 1998.

Ganopolski, A. und Rahmstorf, S.: »Rapid changes of glacial climate simulated in a coupled climate model«, in: *Nature*, 409 (6817): 153–158, doi:10.1038/35051500, 2001.

Ganopolski, A. und Calov, R.: »The role of orbital forcing, carbon dioxide and regolith in 100 kyr glacial cycles«, in: *Clim. Past*, 7 (4): 1415–1425, doi:10.5194/cp-7-1415-2011, 2011.

Ganopolski, A. und Calov, R.: »Simulation of glacial cycles with an earth system model«, in: *Climate Change*, herausgegeben von A. Berger, F. Mesinger, und D. Sijacki: 49–55, Springer, Wien 2012.

Ganopolski, A., Winkelmann, R. und Schellnhuber, H. J.: »Critical insolation-CO_2 relation for diagnosing past and future glacial inception«, in: *Begutachtung*, 2015.

GAO (U.S. Government Accountability Office): *Alaska Native Villages: Most Are Affected by Flooding and Erosion, but Few Qualify for Federal Assistance*, 2003.

Gardiner, S. M.: *A Perfect Moral Storm – The Ethical Tragedy of Climate Change*, Oxford University Press, New York 2011.

Gattuso, J.-P., Magnan, A., Billé, R., Cheung, W. W. L., Howes, E. L., Joos, F., Allemand, D., Bopp, L., Cooley, S. R., Eakin, C. M., Hoegh-Guldberg, O., Kelly, R. P., Pörtner, H.-O., Rogers, A. D., Baxter, J. M., Laffoley, D., Osborn, D., Rankovic, A., Rochette, J., Sumaila, U. R., Treyer, S. und Turley, C.: »Contrasting futures for ocean and society from different anthropogenic CO_2 emissions scenarios«, in: *Science*, 349 (6243), doi:10.1126/science.aac4722, 2015.

Geden, O.: »Policy: Climate advisers must maintain integrity«, in: *Nature*, 521 (7550): 27–28, doi:10.1038/521027a, 2015.

Geißler, E.: »Woher kam das Virus wirklich?«, in: *Spiegel Online*, 2012.

Gell-Mann, M.: *The Quark and the Jaguar: Adventures in the Simple and the Complex*, W. H. Freeman and Company, New York 1994.

Gerber, S., Joos, F. und Prentice, C.: »Sensitivity of a dynamic global vegetation model to climate and atmospheric CO2«, in: *Glob. Chang. Biol.*, 10: 1223–1239, doi:10.1111/j.1365-2486.2004.00807.x, 2004.

Gerten, D. und Schellnhuber, H. J.: »Planetare Grenzen, globale Entwicklung«, in: *Jahrbuch Ökologie 2016*, herausgegeben von H. Leitschuh, (im Druck) 2015.

Gerten, D., Rockström, J., Heinke, J., Steffen, W., Richardson, K. und Cornell, S.: »Sustainability. Response to comment on ›Planetary boundaries: Guiding human development on a changing planet‹«, in: *Science*, 348 (6240): 1217, doi:10.1126/science.aab0031, 2015.

Gingerich, P. D.: »Environment and evolution through the Paleocene-Eocene thermal maximum«, in: *Trends Ecol. Evol.*, 21 (5): 246–253, doi:10.1016/j.tree.2006.03.006, 2006.

Gladwell, M.: *The Tipping Point: How Little Things Can Make a Big Difference*, Little Brown, 2000.

Gleditsch, N. P.: »Armed Conflict and The Environment: A Critique of the Literature«, in: *J. Peace Res.*, 35 (3): 381–400, doi:10.1177/0022343398035003007, 1998.

Gleditsch, N. P.: »Whither the weather? Climate change and conflict«, in: *J. Peace Res.*, 49 (1): 3–9, doi:10.1177/0022343311431288, 2012.

Gleick, P. H., Adams, R. M., Amasino, R. M., Anders, E., Anderson, D. J., Anderson, W. W., Anselin, L. E., Arroyo, M. K., Asfaw, B., Ayala, F. J., Bax, A., Bebbington, A J., Bell, G., Bennett, M. V. L., Bennetzen, J. L., Berenbaum, M. R., Berlin, O. B., Bjorkman, P. J., Blackburn, E., Blamont, J. E., Botchan, M. R., Boyer, J. S., Boyle, E. A., Branton, D., Briggs, S. P., Briggs, W. R., Brill, W. J., Britten, R. J., Broecker, W. S., Brown, J. H., Brown, P. O., Brunger, A. T., Cairns, J., Canfield, D. E., Carpenter, S. R., Carrington, J. C., Cashmore, A. R., Castilla, J. C., Cazenave, A., Chapin, F. S., Ciechanover, A. J., Clapham, D. E., Clark, W. C., Clayton, R. N., Coe, M. D., Conwell, E. M., Cowling, E. B., Cowling, R. M., Cox, C. S., Croteau, R. B., Crothers, D. M., Crutzen, P. J., Daily, G. C., Dalrymple, G. B., Dangl, J. L., Darst, S. A., Davies, D. R., Davis, M. B., De Camilli, P. V., Dean, C., DeFries, R. S., Deisenhofer, J., Delmer, D. P., DeLong, E. F., DeRosier, D. J., Diener, T. O., Dirzo, R., Dixon, J. E., Donoghue, M. J., Doolittle, R. F., Dunne, T., Ehrlich, P. R., Eisenstadt, S. N., Eisner, T., Emanuel, K. A., Englander, S. W., Ernst, W. G., Falkowski, P. G., Feher, G., Ferejohn, J. A., Fersht, A., Fischer, E. H., Fischer, R., Flannery, K. V., Frank, J., Frey, P. A., Fridovich, I., Frieden, C., Futuyma, D. J., Gardner, W. R., Garrett, C. J. R., Gilbert, W., Goldberg, R. B., Goodenough, W. H., Goodman, C. S., Goodman, M., Greengard, P., Hake, S., Hammel, G. u.a.: »Climate change and the integrity of science«, in: *Science*, 328 (5979): 689–690, doi:10.1126/science., 2010.

The Global Carbon Project (GCP), [online] verfügbar in: http://www.globalcarbonproject.org/ (zugegriffen am 21.5.2015), 2015.

Global Energy Assessment – Toward a Sustainable Future, Cambridge University Press, Cambridge (UK), New York und International Institute for Applied Systems Analysis, Laxenburg 2012.

Goddard, P. B., Yin, J., Griffies, S. M. und Zhang, S.: »An extreme event of sea-level rise along the Northeast coast of North America in 2009–2010«, in: *Nat. Commun.*, 6: 6346, doi:10.1038/ncomms7346, 2015.

Godfray, H. C. J., Beddington, J. R., Crute, I. R., Haddad, L., Lawrence, D., Muir, J. F., Pretty, J., Robinson, S., Thomas, S. M. und Toulmin, C.: »Food Security: The Challenge of Feeding 9 Billion People«, in: *Science*, 327 (5967): 812–818, doi:10.1126/science.1185383, 2010.

Goelzer, H., Huybrechts, P., Fürst, J. J., Nick, F. M., Andersen, M. L., Edwards, T. L., Fettweis, X., Payne, A. J. und Shannon, S.: »Sensitivity of Greenland ice sheet projections to model formulations«, in: *J. Glaciol.*, 59 (216): 733–749, doi:10.3189/2013JoG12J182, 2013.

Goldenberg, S.: »Scientists urge global ›wake-up call‹ to deal with climate change«, in: *Guard.*, 10.2.2015.

Goldenberg, S. und Sprenger, R.: »America's first climate refugees«, in: *Guard.*, 2013.

Gore, A.: *Earth in the Balance: Ecology and the Human Spirit*, Houghton Mifflin, Boston 1992 (dt. Ausgabe: *Wege zum Gleichgewicht: Ein Marshallplan für die Erde*, Frankfurt am Main 1992).

Gorelick, S. M.: Oil Panic and the Global Crisis: Predictions and Myths, Wiley-Blackwell., 2009.

Gottfried, M., Pauli, H., Futschik, A., Akhalkatsi, M., Barančok, P., Benito Alonso, J. L., Coldea, G., Dick, J., Erschbamer, B., Fernández Calzado, M. R., Kazakis, G., Krajči, J., Larsson, P., Mallaun, M., Michelsen, O., Moiseev, D., Moiseev, P., Molau, U., Merzouki, A., Nagy, L., Nakhutsrishvili, G., Pedersen, B., Pelino, G., Puscas, M., Rossi, G., Stanisci, A., Theurillat, J.-P., Tomaselli, M., Villar, L., Vittoz, P., Vogiatzakis, I. und Grabherr, G.: »Continent-wide response of mountain vegetation to climate change«, in: *Nat. Clim. Chang.*, 2 (2): 111–115, 2012.

Government Office for Science: *Migration and Global Environmental Change – Future Challenges and Opportunities*, London 2011.

Gray, J. S., Dautel, H., Estrada-Peña, A., Kahl, O. und Lindgren, E.: »Effects of climate change on ticks and tick-borne diseases in europe«, in: *Interdiscip. Perspect. Infect. Dis.*, 2009, doi:10.1155/2009/593232, 2009.

Green Climate Fund, [online] verfügbar in: http://news.gcfund.org/, o. J.

Greenbaum, J. S., Blankenship, D. D., Young, D. A., Richter, T. G., Roberts, J. L., Aitken, A. R. A., Legresy, B., Schroeder, D. M., Warner, R. C., van Ommen, T. D. und Siegert, M. J.: »Ocean access to a cavity beneath Totten Glacier in East Antarctica«, in: *Nat. Geosci.*, 8 (March): 6–10, doi:10.1038/NGEO2388, 2015.

Greenpeace: *Koch Industries: Still Fueling Climate Denial*, 2011.

Greenpeace International: *The Energy [R]evolution*, [online] verfügbar in: http://www.greenpeace.org/international/en/campaigns/climate-change/energyrevolution/, o. J.

Grill, B.: »Nigerdelta: Verfluchter Bodenschatz«, in: *Die Zeit*, 5.1.2011.

Grolle, J.: »Cheap But Imperfect: Can Geoengineering Slow Climate Change«, in: *Der Spiegel*, 20.11.2013.

Groves, L.: *Now It Can Be Told. The Story of the Manhattan Project*, Da Capo Press, New-York 1962.

Hagen, H. von der: »Die Welt der Eltern wird kollabieren«, in: *sueddeutsche.de*, 20.5. [online], verfügbar in: http://www.sueddeutsche.de/wirtschaft/griechischer-regisseur-syllas-tzoumerkas-die-welt-der-eltern-wird-kollabieren-1.2485316, 20.5.2015.

Halmos, P. R.: »The Legend of John von Neumann«, in: *Am. Math. Mon.*, 80: 382–394, 1973.

Hämäläinen, J., Schultz, S. und Sümening, M.: »Experiment zur Energiewende: Auf dem Parkplatz Strom verkaufen«, in: *Spiegel Online*, 30.3.2015.

Hamann, A., Zea-Schmidt, C. und Leinfelder, R.: *Die große Transformation Klima – Kriegen wir die Kurve?*, Jacoby & Stuart, 2013.

Hamer, M.: »Major havoc ahead«, in: *NewScientist*, 1.7.2000.

Hamilton, C.: »The Conversation: Nature v technology: climate ›belief‹ is politics, not science«, 11. 3. [online], verfügbar in: https://theconversation.com/nature-v-technology-climate-belief-is-politics-not-science-12611, 2013.

Hamm, H.: »Smarter Solarkocher sucht Abnehmer. Interview mit Wolfgang Scheffler«, in: *natur.de*, 23.3.2015.

Hamududu, B. und Killingtveit, A.: »Assessing Climate Change Impacts on Global Hydropower«, in: *Energies*, 5 (12), 305–322, doi:10.3390/en5020305, 2012.

Hand, E.: »Acid oceans cited in Earth's worst die-off«, in: *Science*, 348 (6231): 165–166, 2015.

Hansen, J., Sato, M., Kharecha, P., Beerling, D., Berner, R., Masson-Delmotte, V., Pagani, M., Raymo, M., Royer, D. L., Zachos, J. C., Pierre, I., Laplace, S., Versailles, C. De, Manabe, S. und Bryan, K.: »Climate Calculations with a Combined Ocean-Atmosphere Model«, in: *Open Atmos. Sci. J.*, 2: 217–231, doi:10.2174/1874282300802010217, 2008a.

Hansen, J., Sato, M., Kharecha, P., Beerling, D., Berner, R., Masson-Delmotte, V., Pagani, M., Raymo, M., Royer, D. L. und Zachos, J. C.: »Target atmospheric CO2: Where should humanity aim?«, in: *Open Atmos. Sci. J.*, 2: 217–231, doi:10.2174/187428230 0802010217, 2008b.

Harder, S.: »Solarzellen statt Asphalt: Highway to Helligkeit«, in: *Spiegel Online*, 24.5.2013.

Hartmann, E.: *Strategic Scarcity: The Origins and Impact of Environmental Conflict Ideas*, 2002.

Hasselmann, K.: *On the signal-to-noise problem in atmospheric response studies, in Meteorology of Tropical Oceans*, herausgegeben von D. B. Shaw: 251–259, Royal Meteorological Society, London 1979.

Hasselmann, K.: »Optimal fingerprints for the detection of time-dependent climate change«, in: *J. Clim.*, 6 (10): 1957–1971, doi:10.1175/1520-0442(1993)006<1957:OF FTDO>2.0.CO;2, 1993.

Haug, G. H., Günther, D., Peterson, L. C., Sigman, D. M., Hughen, K. A. und Aeschlimann, B.: »Maya Civilization«, in: *Science*, 299 (März): 1731–1735, doi:10.2307/482941, 2003.

Hayden, T.: *Irish Hunger: Personal Reflections on the Legacy of the Famine*, National Book Network, 1997.

Heintzenberg, J. und Charlson, R. J.: *Clouds in the Perturbed Climate System*, MIT Press, 2009.

Held, I. M., Delworth, T. L., Lu, J., Findell, K. L. und Knutson, T. R.: »Simulation of Sahel drought in the 20th and 21st centuries«, in: *Proc. Natl. Acad. Sci. USA*, 102 (50): 17891–17896, doi:10.1073/pnas.0509057102, 2005.

Henk, M.: »Wie Gold am Meer«, in: *Die Zeit*, 28.8.2014.

Henkel, K.: »Lima vor dem Austrocknen«, in: *taz*, 2.6.2013.

Herminghaus, H.: »CO2-Rechner«, Webseite [online], verfügbar in: http://www.co2-emissionen-vergleichen.de/Stromerzeugung/CO2-Vergleich-Stromerzeugung.html, o. J.

Herzschuh, U., Borkowski, J., Schewe, J., Mischke, S. und Tian, F.: »Moisture-advection feedback supports strong early-to-mid holocene monsoon climate on the eastern tibetan plateau as inferred from a pollen-based reconstruction«, in: *Palaeogeogr. Palaeoclimatol. Palaeoecol.*, 402: 44–54, doi:10.1016/j.palaeo.2014.02.022, 2014.

Heuser, U. J.: »Die Wirtschaft trägt sich von selbst, Interview mit Jeremy Rifkin«, in: *Die Zeit*, 4.12.2014.

Hilker, T., Lyapustin, A. I., Tucker, C. J., Hall, F. G., Mynen, R. B., Wang, Y., Bi, J. und Sellers, P. J.: »Vegetation dynamics and rainfall sensitivity of the Amazon«, in: *Proc. Natl. Acad. Sci.*, 111 (45): 16041–16046, doi:10.1073/pnas.1404870111, 2014.

Hoegh-Guldberg, O., Hughes, L., McIntyre, S., Lindenmayer, D. B., Parmesan, C., Possingham, H. P. und Thomas, C. D.: »Assisted Colonization and Rapid Climate Change«, in: *Science*, 321 (5887): 345–346, doi:10.1126/science.1157897, 2008.

Hoffman, P. F. und Schrag, D. P.: »Als die Erde ein Eisklumpen war«, in: *Spektrum der Wiss.*, 4: 58–66, 2000.

Hofmann, G. E., Barry, J. P., Edmunds, P. J., Gates, R. D., Hutchins, D. A., Klinger, T. und Sewell, M. A.: »The Effect of Ocean Acidification on Calcifying Organisms in Marine Ecosystems: An Organism-to-Ecosystem Perspective«, in: *Annu. Rev. Ecol. Evol. Syst.*, 41 (1): 127–147, doi:10.1146/annurev.ecolsys.110308.120227, 2010.

Hofmann, M. und Schellnhuber, H. J.: »Oceanic acidification affects marine carbon pump and triggers extended marine oxygen holes«, in: *Proc. Natl. Acad. Sci. USA*, 106 (9): 3017–3022, doi:10.1073/pnas.0813384106, 2009.

Holland, H. D.: *The Chemical Evolution of the Atmosphere and Oceans*, Princeton University Press, 1984.

Hollesen, J., Matthiesen, H., Møller, A. B. und Elberling, B.: »Permafrost thawing in organic Arctic soils accelerated by ground heat production«, in: *Nat. Clim. Chang.*, (April): 1–5, doi:10.1038/nclimate2590, 2015.

Homer-Dixon, T. F.: *Environment, Scarcity, and Violence*, Princeton University Press, 2010.

Homer-Dixon, T. F., Boutwell, J. H. und Rathjens, G. W.: »Environmental Change and Violent Conflict«, in: *Sci. Am.*, 268 (2): 38–45, doi:10.1038/scientificamerican0293-38, 1993.

Horton, D. E., Johnson, N. C., Singh, D., Swain, D. L., Rajaratnam, B. und Diffenbaugh, N. S.: »Contribution of changes in atmospheric circulation patterns to extreme temperature trends«, in: *Nature*, 522 (7557): 465–469, doi:10.1038/nature14550, 2015.

House, K. Z., Baclig, A. C., Ranjan, M., van Nierop, E. A., Wilcox, J. und Herzog, H. J.: »Economic and energetic analysis of capturing CO2 from ambient air«, in: *Proc. Natl. Acad. Sci. USA*, 108 (51): 20428–20433, doi:10.1073/pnas.1012253108, 2011.

Hsiang, S. M., Meng, K. C. und Cane, M. A.: »Civil conflicts are associated with the global climate«, in: *Nature*, 476 (7361): 438–441, doi:10.1038/nature10311, 2011.

Hsiang, S. M., Burke, M. und Miguel, E.: »Quantifying the influence of climate on human conflict«, in: *Science*, 341 (6151): 1235367, doi:10.1126/science.1235367, 2013.

Hsü, K. J.: *Klima macht Geschichte. Menschheitsgeschichte als Abbild der Klimaentwicklung*, Orell Füssli, Zürich 2000.

Hubbert, M. K.: *Nuclear Energy and the Fossil Fuels*, Houston 1956.

Hulme, M.: *Why We Disagree About Climate Change. Understanding Controversy, Inaction and Opportunity*, Cambridge University Press, Cambridge 2009.

Huntington, E.: *Civilization and climate*, Yale University Press, New Haven 1924.

Huntington, S. P.: *The Clash of Civilizations and the Remaking of World Order*, Simon & Schuster, 1996 (dt. Ausgabe: *Der Kampf der Kulturen. Die Neugestaltung der Weltpolitik im 21. Jahrhundert*, Goldmann, München 1998).

Iken, K.: »Projekt ›Biosphäre 2‹. Hölle im Glashaus«, in: *Spiegel Online*, 20.9.2011.

IPCC (Intergovernmental Panel on Climate Change): *Special Report on Emissions Scenarios: A special report of Working Group III of the Intergovernmental Panel on Climate Change*, herausgegeben von N. Nakicenovic und R. Swart, Cambridge University Press, 2000.

IPCC: *Climate Change 2001: The Scientific Basis. Contribution of Working Group I to the Third Assessment Report of the Intergovernmental Panel on Climate Change*, herausgegeben von J. T. Houghton, Y. Ding, D. J. Griggs, M. Noguer, P. J. van der Linden, X. Dai, K. Maskell und C. A. Johnson, Cambridge University Press, Cambridge (UK) und New York 2001.

IPCC: *IPCC Special Report on Carbon Dioxide Capture and Storage. Prepared by Working Group III of the Intergovernmental Panel on Climate Change*, herausgegeben von

B. Metz, O. Davidson, H. C. de Coninck, M. Loos, und L. A. Meyer, Cambridge University Press, Cambridge (UK) und New York 2005.

IPCC: *Climate Change 2007: Synthesis Report. Contribution of Working Groups I, II and III to the Fourth Assessment Report of the Intergovernmental Panel on Climate Change*, herausgegeben von R. K. Pachauri und A. Reisinger, IPCC, Genf 2007a.

IPCC: *Climate Change 2007: Impacts, Adaptation and Vulnerability. Contribution of Working Group II to the Fourth Assessment Report of the Intergovernmental Panel on Climate Change*, herausgegeben von M. L. Parry, O. F. Canziani, J. P. Palutikof, P. J. van der Linden und C. E. Hanson, Cambridge University Press, Cambridge (UK) 2007b.

IPCC: *Managing the risks of extreme events and disasters to advance climate change adaptation: A Special Report of Working Groups I and II of the Intergovernmental Panel on Climate Change*, herausgegeben von C. B. Field, V. Barros, T. F. Stocker, D. Qin, D. J. Dokken, K. L. Ebi, M. D. Mastrandrea, K. J. Mach, G.-K. Plattner, S. K. Allen, M. Tignor, und P. M. Midgley, Cambridge University Press, Cambridge (UK) und New York 2012.

IPCC: *Climate Change 2013: The Physical Science Basis. Contribution of Working Group I to the Fifth Assessment Report of the Intergovernmental Panel on Climate Change*, herausgegeben von T. F. Stocker, D. Qin, G.-K. Plattner, M. Tignor, S. K. Allen, J. Boschung, A. Nauels, Y. Xia, V. Bex und P. M. Midgley, Cambridge University Press, Cambridge (UK) und New York, doi:10.1017/CBO9781107415324, 2013.

IPCC: *Climate Change 2014: Impacts, Adaptation, and Vulnerability. Part A: Global and Sectoral Aspects. Contribution of Working Group II to the Fifth Assessment Report of the Intergovernmental Panel on Climate Change*, herausgegeben von C. B. Field, V. R. Barros, D. J. Dokken, K. J. Mach, M. D. Mastrandrea, T. E. Bilir, M. Chatterjee, K. L. Ebi, Y. O. Estrada, R. C. Genova, B. Girma, E. S. Kissel, A. N. Levy, S. MacCracken, P. R. Mastrandrea und L. L. White, Cambridge University Press, Cambridge (UK) und New York 2014a.

IPCC: *Climate Change 2014: Synthesis Report. Contribution of Working Groups I, II and III to the Fifth Assessment Report of the Intergovernmental Panel on Climate Change*, herausgegeben von R. K. Pachauri und L. A. Meyer, IPCC, Genf 2014b.

IPCC: *Climate Change 2014: Mitigation of Climate Change. Contribution of Working Group III to the Fifth Assessment Report of the Intergovernmental Panel on Climate Change*, herausgegeben von O. Edenhofer, R. Pichs-Madruga, Y. Sokona, E. Farahani, S. Kadner, K. Seyboth, A. Adler, I. Baum, S. Brunner, P. Eickemeier, B. Kriemann, J. Savolainen, S. Schlömer, C. von Stechow, T. Zwickel und J. C. Minx, Cambridge University Press, Cambridge (UK) und New York 2014c.

IPRC: *Newsletter of the International Pacific Research Center*, 5 (2): 11–15, 2005.

Jackson, L. C., Kahana, R., Graham, T., Ringer, M. A., Woollings, T., Mecking, J. V. und Wood, R. A.: »Global and European climate impacts of a slowdown of the AMOC in a high resolution GCM«, in: *Clim. Dyn.*, doi:10.1007/s00382-015-2540-2, 2015.

Jaeger, C. C. und Jaeger, J.: »Three views of two degrees«, in: *Reg. Environ. Chang.*, 11 (S1): 15–26, doi:10.1007/s10113-010-0190-9, 2010.

Jain, H. K.: *The Green Revolution. History, Impact and Future*, Studium Press, 2011.

Jaiser, R., Dethloff, K., Handorf, D., Rinke, A. und Cohen, J.: »Impact of sea ice cover changes on the Northern Hemisphere atmospheric winter circulation«, in: *Tellus A*, 64: 1–11, doi:10.3402/tellusa.v64i0.11595, 2012.

Jakob, M. und Hilaire, J.: »Climate science: Unburnable fossil-fuel reserves«, in: *Nature*, 517 (7533): 150–152, doi:10.1038/517150a, 2015.

Johnson, R. G.: »Climate control requires a dam at the Strait of Gibraltar, in: *Eos Trans. Am. Geophys. Union*, 78 (27): 277–284, doi:10.1029/EO078i045p00507-02, 1997.

Jokiel, P. L., Rodgers, K. S., Kuffner, I. B., Andersson, A. J., Cox, E. F. und Mackenzie, F. T.: »Ocean acidification and calcifying reef organisms: a mesocosm investigation«, in: *Coral Reefs*, 27 (3): 473–483, 2008.

Jones, B., O'Neill, B. C., McDaniel, L., McGinnis, S., Mearns, L. O. und Tebaldi, C.: »Future population exposure to US heat extremes«, in: *Nat. Clim. Chang.*, (May): 1–5, doi:10.1038/nclimate2631, 2015.

Jones, G. S., Stott, P. A. und Christidis, N.: »Attribution of observed historical near-surface temperature variations to anthropogenic and natural causes using CMIP5 simulations«, in: *J. Geophys. Res.*, 118 (February): 4001–4024, doi:10.1002/jgrd.50239, 2013.

Jones, N.: »Heating up tensions«, in: *Nat. Clim. Chang.*, 1 (7): 327–329, doi:10.1038/nclimate1236, 2011.

Joughin, I. und Alley, R. B.: »Stability of the West Antarctic ice sheet in a warming world«, in: *Nat. Geosci.*, 4 (8): 506–513, doi:10.1038/ngeo1194, 2011.

Joughin, I., Smith, B. E. und Medley, B.: »Marine Ice Sheet Collapse Potentially Underway for the Thwaites Glacier Basin, West Antarctica«, in: *Science*, 735, doi:10.1126/science.1249055, 2014.

Kabat, P., van Vierssen, W., Veraart, J., Vellinga, P. und Aerts, J.: »Climate proofing the Netherlands«, in: *Nature*, 438 (7066): 283–284, doi:10.1038/438283a, 2005.

Kahn, B.: »How Sahara Dust Sustains the Amazon Rainforest«, in: *3-D, Clim. Cent.*, 2015.

Kandji, S. T., Verchot, L. und Mackensen, J.: »Climate Change and Variability in the Southern Africa: Impacts and Adaptation in the Agricultural Sector«, in: *United Nations Environ. Program*, 42, 2006.

Kar, D. und Spanjers, J.: *Illicit Financial Flows from Developing Countries: 2003–2011*, 2014.

Kates, R. W., Clark, W. C., Corell, R., Hall, J. M., Jaeger, C. C., Lowe, I., McCarthy, J. J., Schellnhuber, H. J., Bolin, B., Dickson, N. M., Faucheux, S., Gallopin, G. C., Grübler, A., Huntley, B., Jäger, J., Jodha, N. S., Kasperson, R. E., Mabogunje, A., Matson, P., Mooney, H., Moore, B., O'Riordan, T. und Svedin, U.: »Sustainability Science«, in: *Science*, 292 (5517): 641–642, doi:10.1126/science.1059386, 2001.

Kaußen, S.: *Von der Apartheid zur Demokratie Die politische Transformation Südafrikas*, Springer, Wiesbaden 2003.

Keeling, C. D.: »The concentration and isotopic abundances of carbon dioxide in the Atmosphere«, in: *Tellus*, 12 (2): 200–203, doi:10.1016/0016-7037(61)90023-0, 1960.

Keith, D. W.: »Photophoretic levitation of engineered aerosols for geoengineering«, in: *Proc. Natl. Acad. Sci. USA*, 107 (38): 16428–31, doi:10.1073/pnas.1009519107, 2010.

Keith, D. W. und MacMartin, D. G.: »A temporary, moderate and responsive scenario for solar geoengineering«, in: *Nat. Clim. Chang.*, 5 (3): 201–206, doi:10.1038/nclimate2493, 2015.

Kelley, C. P., Mohtadi, S., Cane, M. A., Seager, R. und Kushnir, Y.: »Climate change in the Fertile Crescent and implications of the recent Syrian drought«, in: *Proc. Natl. Acad. Sci. USA*, 112 (11): 3241–3246, doi:10.1073/pnas.1421533112, 2015.

Kemp, M.: »Inventing an Icon«, in: *Nature*, 437: 1238, 2005.

Khan, S. A., Kjaer, K. H., Bevis, M., Bamber, J. L., Wahr, J., Kjeldsen, K. K., Bjork, A. A., Korsgaard, N. J., Stearns, L. A., van den Broeke, M. R., Liu, L., Larsen, N. K. und Muresan, I. S.: »Sustained mass loss of the northeast Greenland ice sheet triggered by regional warming«, in: *Nat. Clim. Chang.*, 4 (4): 292–299, doi:10.1038/nclimate2161, 2014.

Kintisch, E.: »Dr. Cool«, in: *Science*, 342 (Oktober): 307–309, 2013.

Kinzer, S.: *All the Shah's Men: An American Coup and the Roots of Middle East Terror*, John Wiley & Sons, 2003.

Kirby, A.: »Earth warned on tipping points«, in: *BBC News*, 26.8.2004.

Klawitter, N.: »Hochhäuser aus Holz: Besser als Stahl«, in: *Spiegel Online*, 11.4.2014.

Klein, N.: *This Changes Everything: Capitalism vs. The Climate*, New York 2014 (dt. Ausgabe: *Die Entscheidung: Kapitalismus vs. Klima*, Frankfurt am Main 2015).

Klett (Ernst Klett Verlag): *Kohleentstehung*, [online] verfügbar in: https://www.klett.de/sixcms/media.php/427/thumbnails/kohleentstehung.jpg.108427.jpg, o. J.

Klett (Ernst Klett Verlag, »Fundamente«): *Auswirkungen eines El Niño*, [online] verfügbar in: http://www2.klett.de/sixcms/list.php?page=infothek_artikel&extra=FUNDAMENTE-Online&artikel_id=104008&inhalt=klett71prod_3_dev.c.118862.de, o. J.

Knoll, A. H. und Barghoorn, E. S.: »Archean microfossils showing cell division from the Swaziland system of South Africa«, in: *Science*, 198 (4315): 396–398, doi:10.1126/science.198.4315.396, 1977.

Knox, J., Hess, T., Daccache, A. und Wheeler, T.: »Climate change impacts on crop productivity in Africa and South Asia«, in: *Environ. Res. Lett.*, 7 (3): 034032, doi:10.1088/1748-9326/7/3/034032, 2012.

Koh, L. P., Dunn, R. R., Sodhi, N. S., Colwell, R. K., Proctor, H. C. und Smith, V. S.: »Species Coextinctions and the Biodiversity Crisis«, in: *Science*, 305 (5690): 1632–1634, doi:10.1126/science.1101101, 2004.

Koistinen, V.: *Biomes*-Webseite (engl. Wikipedia), [online] verfügbar in: https://commons.wikimedia.org/wiki/File:Vegetation.png, o. J.

Kopp, R. E., Mitrovica, J. X., Griffies, S. M., Yin, J., Hay, C. C. und Stouffer, R. J.: »The impact of Greenland melt on local sea levels: a partially coupled analysis of dynamic and static equilibrium effects in idealized water-hosing experiments«, in: *Clim. Change*, 103 (3-4): 619–625, doi:10.1007/s10584-010-9935-1, 2010.

Korf, B.: »Das falsche Bild vom Klimakrieg«, in: *Umwelt Aktuell* (November): 4–5, 2010.

Kriegler, E., Hall, J. W., Held, H., Dawson, R. und Schellnhuber, H. J.: »Imprecise probability assessment of tipping points in the climate system«, in: *Proc. Natl. Acad. Sci.*, 106 (13): 5041–5046, doi:10.1073/pnas.0809117106, 2009.

Kriegler, E., Weyant, J. P., Blanford, G. J., Krey, V., Clarke, L., Edmonds, J., Fawcett, A., Luderer, G., Riahi, K., Richels, R., Rose, S. K., Tavoni, M. und van Vuuren, D. P.: »The role of technology for achieving climate policy objectives: Overview of the EMF 27 study on global technology and climate policy strategies«, in: *Clim. Change*, 123 (3-4): 353–367, doi:10.1007/s10584-013-0953-7, 2014.

Kriegler, E., Riahi, K., Bauer, N., Schwanitz, V. J., Petermann, N., Bosetti, V., Marcucci, A., Otto, S., Paroussos, L., Rao, S., Arroyo Currás, T., Ashina, S., Bollen, J., Eom, J., Hamdi-Cherif, M., Longden, T., Kitous, A., Méjean, A., Sano, F., Schaeffer, M., Wada, K., Capros, P., van Vuuren, D. P. und Edenhofer, O.: »Making or breaking climate targets: The AMPERE study on staged accession scenarios for climate policy«, in: *Technol. Forecast. Soc. Change*, 90: 24–44, doi:10.1016/j.techfore.2013.09.021, 2015.

Krohn, P.: »Dennis Meadows: Weltuntergangsprophet mit Spieltrieb«, in: *FAZ*, 2010.

Küffner, G.: »Strom zu Gas zu Strom«, in: *FAZ*, 6.7.2012.

Kuhn, T. S.: *Die Struktur wissenschaftlicher Revolutionen*, Suhrkamp, Frankfurt am Main 1976.

Kuijt, I. und Finlayson, B.: »Evidence for food storage and predomestication granaries 11,000 years ago in the Jordan Valley«, in: *Proc. Natl. Acad. Sci. USA*, 106 (27): 10966–10970, doi:10.1073/pnas.0812764106, 2009.

Kumar, Rajagopalan, Hoerling, Bates und Cane: »Unraveling the Mystery of Indian Monsoon Failure During El Nino«, in: *Science*, 314 (Oktober): 115–119, 2006.

Kundzewicz, Z. W.: *Changes in Flood Risk in Europe*, IAHS Special Publication 10, 2012.

Kush, G. S.: »Green revolution: the way forward«, in: *Nat. Rev. Genet.*, 2 (10): 815–822, doi:10.1038/35093585\n35093585 [pii], 2001.

Le Quéré, C., Moriarty, R., Andrew, R. M., Peters, G. P., Ciais, P., Friedlingstein, P., Jones, S. D., Sitch, S., Tans, P., Arneth, A., Boden, T. A., Bopp, L., Bozec, Y., Canadell, J. G., Chini, L. P., Chevallier, F., Cosca, C. E., Harris, I., Hoppema, M., Houghton, R. A., House, J. I., Jain, A. K., Johannessen, T., Kato, E., Keeling, R. F., Kitidis, V., Klein Goldewijk, K., Koven, C., Landa, C. S., Landschützer, P., Lenton, A., Lima, I. D., Marland, G., Mathis, J. T., Metzl, N., Nojiri, Y., Olsen, A., Ono, T., Peng, S., Peters, W., Pfeil, B., Poulter, B., Raupach, M. R., Regnier, P., Rödenbeck, C., Saito, S., Salisbury, J. E., Schuster, U., Schwinger, J., Séférian, R., Segschneider, J., Steinhoff, T., Stocker, B. D., Sutton, A. J., Takahashi, T., Tilbrook, B., Werf, G. R. van der, Viovy, N., Wang, Y.-P., Wanninkhof, R., Wiltshire, A. und Zeng, N.: »Global carbon budget 2014«, in: *Earth Syst. Sci. Data*, 7 (1): 47–85, doi:10.5194/essd-7-47-2015, 2015.

Le Roy Ladurie, E.: *Times of Feast, Times of Famine: A History of Climate Since the Year 1000*, Doubleday & Co., New York 1971 (frz. Original: *Histoire du climat depuis l'an mil*, Pais, 1967).

Leclercq, P. W. und Oerlemans, J.: »Global and hemispheric temperature reconstruction from glacier length fluctuations«, in: *Clim. Dyn.*, 38 (5-6): 1065–1079, 2012.

Leclère, D., Havlík, P., Fuss, S., Schmid, E., Mosnier, A., Walsh, B., Valin, H., Herrero, M., Khabarov, N. und Obersteiner, M.: »Climate change induced transformations of agricultural systems: insights from a global model«, in: *Environ. Res. Lett.*, 9 (12): 124018, doi:10.1088/1748-9326/9/12/124018, 2014.

Leggett, J., Pepper, W. J., Swart, R. J., Edmonds, J., Meira Filho, L. G., Mintzer, I., Wang, M. X. und Wasson, J.: *Emissions scenarios for the IPCC: an update*, 1992.

Leibniz-Gemeinschaft (Webseite der Leibniz-Gemeinschaft), [online] verfügbar in: http://www.leibniz-gemeinschaft.de/ueber-uns/leibniz-in-zahlen/ (zugegriffen am 20.5.2005), 2015.

Lenton, T. M.: »Arctic climate tipping points«, in: *Ambio*, 41 (1): 10–22, doi:10.1007/s13280-011-0221-x, 2012.

Lenton, T. M., Schellnhuber, H. J. und Szathmáry, E.: »Climbing the co-evolution ladder«, in: *Nature*, 431 (7011): 913, doi:10.1038/431913a, 2004.

Lenton, T. M., Held, H., Kriegler, E., Hall, J. W., Lucht, W., Rahmstorf, S. und Schellnhuber, H. J.: »Tipping elements in the earth's climate system«, in: *Proc. Natl. Acad. Sci.*, 105 (6): 1786–1793, doi:10.1073/pnas.0705414105, 2008.

Lenton, T. M. und Watson, A.: *Revolutions that made the Earth*, Oxford University Press, Oxford 2011.

Levermann, A.: »Climate economics: make supply chains climate-smart«, in: *Nature*, 506 (7486): 27–29, 2014.

Levermann, A., Schewe, J., Petoukhov, V. und Held, H.: »Basic mechanism for abrupt monsoon transitions«, in: *Proc. Natl. Acad. Sci.*, 106 (49): 20572–20577, 2009.

Levermann, A., Bamber, J. L., Drijfhout, S., Ganopolski, A., Haeberli, W., Harris, N. R. P., Huss, M., Krüger, K., Lenton, T. M., Lindsay, R. W., Notz, D., Wadhams, P. und Weber, S.: »Potential climatic transitions with profound impact on Europe«, in: *Clim. Change*, 110 (3): 845–878, doi:10.1007/s10584-011-0126-5, 2012.

Lewandowsky, S., Oreskes, N., Risbey, J. S., Newell, B. R. und Smithson, M.: »Seepage: Climate change denial and its effect on the scientific community«, in: *Glob. Environ. Chang.*, 33: 1–13, doi:10.1016/j.gloenvcha.2015.02.013, 2015.

741

Lisiecki, L. E. und Raymo, M. E.: »A Pliocene-Pleistocene stack of 57 globally distributed benthic – 18 O records«, in: *Paleoceanography*, 20 (1): PA1003, doi:10.1029/2004PA001071, 2005.

Lissoni, A.: *The Anti-Apartheid Movement, Britain and South Africa: Anti-Apartheid Protest vs Real Politik*, 2000.

Ludescher, J., Gozolchiani, A., Bogachev, M. I., Bunde, A., Havlin, S. und Schellnhuber, H. J.: »Improved El Niño forecasting by cooperativity detection«, in: *Proc. Natl. Acad. Sci.*, 110 (29): 11742–11745, doi:10.1073/pnas.1309353110, 2013.

Ludescher, J., Gozolchiani, A., Bogachev, M. I., Bunde, A., Havlin, S. und Schellnhuber, H. J.: »Very early warning of next El Niño«, in: *Proc. Natl. Acad. Sci.*, 111 (6): 2064–2066, doi:10.1073/pnas.1323058111, 2014.

Lutz, W., Muttarak, R. und Striessnig, E.: »Universal education is key to enhanced climate adaptation«, in: *Science*, 346 (6213): 1061–1062, doi:10.1126/science.1257975, 2014.

Lynch, P.: *The Emergence of Numerical Weather Prediction*, Cambridge University Press, 2006.

Malhi, Y., Aragão, L. E. O. C., Galbraith, D., Huntingford, C., Fisher, R., Zelazowski, P., Sitch, S., McSweeney, C. und Meir, P.: »Exploring the likelihood and mechanism of a climate-change-induced dieback of the Amazon rainforest«, in: *Proc. Natl. Acad. Sci. USA*, 106 (49): 20610–20615, doi:10.1073/pnas.0804619106, 2009.

Manabe, S. und Wetherald, R. T.: »Thermal Equilibrium of the Atmosphere with a Given Distribution of Relative Humidity«, in: *J. Atmos. Sci.*, 24 (3): 241–259, 1967.

Manabe, S. und Bryan, K.: »Climate Calculations with a Combined Ocean-Atmosphere Model«, in: *J. Atmos. Sci.*, 26: 786–789, doi:http://dx.doi.org/10.1175/1520-0469(1969)026<0786:CCWACO>2.0.CO;2, 1969.

Manabe, S. und Wetherald, R. T.: »The Effects of Doubling the CO_2 Concentration on the climate of a General Circulation Model«, in: *J. Atmos. Sci.*, 32 (3-15), doi:http://dx.doi.org/10.1175/1520-0469(1975)032<0003:TEODTC>2.0.CO;2, 1975.

Mandela, N.: *Der lange Weg zur Freiheit*, Fischer, Frankfurt am Main 1997.

Mann, M. E.: *The Hockey Stick and the Climate Wars: Dispatches from the Front Lines*, Columbia University Press, 2012.

Mann, M. E.: »The Serengeti strategy: How special interests try to intimidate scientists, and how best to fight back«, in: *Bull. At. Sci.*, 71 (1): 33–45, doi:10.1177/0096340214563674, 2015.

Mann, M. E., Bradley, R. S. und Hughes, M. K.: »Global-scale temperature patterns and climate forcing over the past six centuries«, in: *Nature*, 392: 779–105, doi:10.1038/nature02478, 1998.

Mann, M. E., Bradley, R. S. und Hughes, M. K.: »Northern hemisphere temperatures during the past millennium: Inferences, uncertainties, and limitations«, in: *Geophys. Res. Lett.*, 26 (6): 759, doi:10.1029/1999GL900070, 1999.

Marchetti, C.: »On geoengineering and the CO_2 problem«, in: *Clim. Change*, 1 (1): 59–68, doi:10.1007/BF00162777, 1977.

Marcott, S. A., Shakun, J. D., Clark, P. U. und Mix, A. C.: »A Reconstruction of Regional and Global Temperature for the Past 11,300 Years«, in: *Science*, 339 (March): 1198–1201, 2013.

Marietta College: *Biomes of the World*, [online] verfügbar in: https://www.marietta.edu/~biol/biomes/biome_main.htm, o. J.

Marino, B. und Odum, H.: »Biosphere 2. Introduction and research progress«, in: *Ecol. Eng.*, 13: 3–14, 1999.

Martinez-Urtaza, J., Huapaya, B., Gavilan, R. G., Blanco-Abad, V., Ansede-Bermejo, J., Cadarso-Suarez, C., Figueiras, A. und Trinanes, J.: »Emergence of Asiatic Vibrio diseases in South America in phase with El Niño«, in: *Epidemiology*, 19 (6): 829–837, doi:10.1097/EDE.ob013e3181883d43, 2008.

Marx, K.: *Das Kapital*, Band 1, Otto Meissner, Hamburg 1867.

Mastrandrea, M. D. und Schneider, S. H.: »Probabilistic integrated assessment of ›dangerous‹ climate change«, in: *Science*, 304 (5670): 571–575, doi:10.1126/science.1094147, 2004.

Mathesius, S., Hofmann, M., Caldeira, K. und Schellnhuber, H. J.: »Long-term response of oceans to carbon dioxide removal from the atmosphere«, in: *Nat. Clim. Chang.*, 2015.

May, R. M.: »Biological Populations with Nonoverlapping Generations: Stable Points, Stable Cycles, and Chaos«, in: *Science*, 186 (4164): 645–647, doi:10.1126/science.186.4164.645, 1974.

McGlade, C. und Ekins, P.: »The geographical distribution of fossil fuels unused when limiting global warming to 2 °C«, in: *Nature*, 517 (7533): 187–190, doi:10.1038/nature14016, 2015.

McKibben, B.: *The End of Nature*, Viking, London 1990.

McKibben, B.: »Global Warming's Terrifying New Math«, in: *Roll. Stone*, 19.7.2012.

McNeill, J. R.: »Social, Economic and Political Forces in Environmental Change, in Sustainability or Collapse? An Integrated History and Future of People on Earth«, herausgegeben von R. Costanza, L. J. Graumlich, und W. Steffen: 301–329, MIT und Freie Universität Berlin, 2007.

Meinshausen, M., Meinshausen, N., Hare, W., Raper, S. C. B., Frieler, K., Knutti, R., Frame, D. J. und Allen, M. R.: »Greenhouse-gas emission targets for limiting global warming to 2 °C«, in: *Nature*, 458 (7242): 1158–1162, doi:10.1038/nature08017, 2009.

Meinshausen, M., Smith, S. J., Calvin, K., Daniel, J. S., Kainuma, M. L. T., Lamarque, J.-F., Matsumoto, K., Montzka, S. A., Raper, S. C. B., Riahi, K., Thomson, A., Velders, G. J. M. und van Vuuren, D. P.: »The RCP greenhouse gas concentrations and their extensions from 1765 to 2300«, in: *Clim. Change*, 109 (1-2): 213–241, doi:10.1007/s10584-011-0156-z, 2011.

Memmott, J., Craze, P. G., Waser, N. M. und Price, M. V.: »Global warming and the disruption of plant-pollinator interactions«, in: *Ecol. Lett.*, 10 (8): 710–717, doi:10.1111/j.1461-0248.2007.01061.x, 2007.

Menck, P. J., Heitzig, J., Marwan, N. und Kurths, J.: »How basin stability complements the linear-stability paradigm«, in: *Nat. Phys.*, 9 (2): 89–92, 2013.

Menck, P. J., Heitzig, J., Kurths, J. und Schellnhuber, H. J.: »How dead ends undermine -power grid stability«, in: *Nat. Commun.*, 5: 4969, doi:10.1038/ncomms4969, 2014.

Mengel, M. und Levermann, A.: »Ice plug prevents irreversible discharge from East Antarctica«, in: *Nat. Clim. Chang.*, 4 (Mai): 451–455, doi:10.1038/NCLIMATE2226, 2014.

De Menocal, P. B.: »End of the African Humid Period«, in: *Nat. Geosci.*, 8: 86–87, doi:10.1038/ngeo2355, 2015.

De Menocal, P. B., Ortiz, J., Guilderson, T., Adkins, J., Sarnthein, M., Baker, L. und Yarusinsky, M.: »Abrupt onset and termination of the African Humid Period«, in: *Quat. Sci. Rev.*, 19 (1-5): 347–361, doi:10.1016/S0277-3791(99)00081-5, 2000.

Merzbacher, E.: *Quantum Mechanics*, John Wiley & Sons, 1998.

Mitrovica, J. X., Gomez, N. und Clark, P. U.: »The Sea-Level Fingerprint of West Antarctic Collapse«, in: *Science*, 323 (5915): 753, 2009.

Moffitt, S. E., Hill, T. M., Roopnarine, P. D. und Kennett, J. P.: »Response of seafloor ecosystems to abrupt global climate change«, in: *Proc. Natl. Acad. Sci.*, 112 (15): 201417130, doi:10.1073/pnas.1417130112, 2015.

Monbiot, G.: »Empty Promise«, in: *Guard.*, 2012.

Moniz, E. J., Jacoby, H. D. und Meggs, A. J. M.: *The Future of Natural Gas*, Cambridge (MA) 2010.

Montanari, M.: *Der Hunger und der Überfluss*, C. H. Beck, München 1999.

Moore, S., Shrestha, S., Tomlinson, K. W. und Vuong, H.: »Predicting the effect of climate change on African trypanosomiasis: integrating epidemiology with parasite and vector biology«, in: *J. R. Soc. Interface*, 9 (70): 817–830, 2012.

Morel, R. und Shishlov, I.: *Ex-post evaluation of the Kyoto Protocol: Four key lessons for the 2015 Paris agreement*, 2015.

Morlighem, M., Rignot, E., Mouginot, J., Seroussi, H. und Larour, E.: »Deeply incised submarine glacial valleys beneath the Greenland ice sheet«, in: *Nat. Geosci.*, 7 (6): 18–22, doi:10.1038/ngeo2167, 2014.

Moser, S., Ekstrom, J. und Franco, G.: *Our Changing Climate 2012: Vulnerability & Adaptation to the Increasing Risks from Climate Change in California, A Summary Report On the Third Assessment from California Climate Change Center*, 2012.

Moss, R. H., Edmonds, J. A., Hibbard, K. A., Manning, M. R., Rose, S. K., van Vuuren, D. P., Carter, T. R., Emori, S., Kainuma, M., Kram, T., Meehl, G. A., Mitchell, J. F. B., Nakicenovic, N., Riahi, K., Smith, S. J., Stouffer, R. J., Thomson, A. M., Weyant, J. P. und Wilbanks, T. J.: »The next generation of scenarios for climate change research and assessment«, in: *Nature*, 463 (7282): 747–756, 2010.

Mouginot, J., Rignot, E. und Scheuchl, B.: »Sustained increase in ice discharge from the Amundsen Sea Embayment , West Antarctica , from 1973 to 2013«, in: *Geophys. Res. Lett.*, 41: 1576–1584, doi:10.1002/2013GL059069.1., 2014.

Müller, C., Cramer, W., Hare, W. L. und Lotze-Campen, H.: »Climate change risks for African agriculture«, in: *Proc. Natl. Acad. Sci. USA*, 108 (11): 4313–4315, doi:10.1073/pnas.1015078108, 2011.

Müller-Jung, J.: »Vom Klima zerrüttet«, in: *FAZ*, 10. 1.2012.

Münchener Rück: *Schadensspiegel 3/2005*, München 2005.

Münchener Rück: *NatCatSERVICE*, [online] verfügbar in: http://www.munichre.com/en/reinsurance/business/non-life/natcatservice/index.html, 2011.

Münchener Rück: *Natural Catastrophes in Economy of Different Stages of Development*, München 2012.

Murray, C. J. L., Rosenfeld, L. C., Lim, S. S., Andrews, K. G., Foreman, K. J., Haring, D., Fullman, N., Naghavi, M., Lozano, R. und Lopez, A. D.: »Global malaria mortality between 1980 and 2010: a systematic analysis«, in: *Lancet*, 379 (9814): 413–431, doi:10.1016/S0140-6736(12)60034-8, 2012.

Myers, N.: »Environmental Refugees: An Emergent Security Issue«, in: *13th Economic Forum, Prague, 23-27 May 2005*: 23–27, 2005.

Naish, T., Powell, R., Levy, R., Wilson, G., Scherer, R., Talarico, F., Krissek, L., Niessen, F., Pompilio, M., Wilson, T., Carter, L., Deconto, R., Huybers, P., McKay, R., Pollard, D., Ross, J., Winter, D., Barrett, P., Browne, G., Cody, R., Cowan, E., Crampton, J., Dunbar, G., Dunbar, N., Florindo, F., Gebhardt, C., Graham, I., Hannah, M., Hansaraj, D., Harwood, D., Helling, D., Henrys, S., Hinnov, L., Kuhn, G., Kyle, P., Läufer, A., Maffioli, P., Magens, D., Mandernack, K., McIntosh, W., Millan, C., Morin, R., Ohneiser, C., Paulsen, T., Persico, D., Raine, I., Reed, J., Riesselman, C., Sagnotti, L., Schmitt, D., Sjunneskog, C., Strong, P., Taviani, M., Vogel, S., Wilch, T. und Williams, T.: »Obliquity-paced Pliocene West Antarctic ice sheet oscillations«, in: *Nature*, 458: 322–328, 2009.

Nakicenovic, N. und Grübler, A.: »Energy and the protection of the atmosphere«, in: *Int. J. Glob. Energy Issues*, 13: 4–57, 2000.

NASA: *Antarctica*, [online] verfügbar in: http://lima.nasa.gov/antarctica/, o. J.

NASA GISS (National Aeronautics and Space Administration – Goddard Institute for Space Studies): *GISS Surface Temperature Analysis (GISTEMP)*, [online] verfügbar in: http://data.giss.nasa.gov/gistemp/, 2015.

National Academy of Sciences: *Climate Intervention: Carbon Dioxide Removal and Reliable Sequestration*, Washington, D.C., 2015a.

National Academy of Sciences: *Climate Intervention: Reflecting Sunlight to Cool Earth*, Washington, D.C. 2015b.

National Research Council: *Surface Temperature Reconstructions for the Last 2,000 Years*, National Academy of Sciences, 2006.

Nebeker, F.: *Calculating the Weather: Meteorology in the 20th Century*, Academic Press, San Diego 1995.

von Neumann, J.: *Mathematical Foundations of Quantum Mechanics*, Princeton University Press, 1932.

von Neumann Whitman, M.: *The Martian's Daughter*, University of Michigan Press, Ann Arbor 2013.

NOAA (National Oceanic and Atmospheric Administration): *Celebrations 200 Years, Menschenmassen-Computer*, [online] verfügbar in: http://celebrating200years.noaa.gov/foundations/numerical_wx_pred/theater.html, o. J.

Norby, R. J. und Zak, D. R.: »Enrichment (FACE) Experiments«, in: *Annu. Rev. Ecol. Evol. Syst.*, 42 (1): 181–203, doi:10.1146/annurev-ecolsys-102209-144647, 2011.

Nordhaus, W. D.: »An Optimal Transition Path for Controlling Greenhouse Gases«, in: *Science*, 258 (1): 1315–1319, doi:10.1126/science.258.5086.1315, 1992.

Norfolk Constabulary: *Police closes UEA investigation*, [online] verfügbar in: http://www.norfolk.police.uk/newsandevents/newsstories/2012/july/ueadatabreachinvestigation.aspx, 2012.

O'Connell, A. D., Hofheinz, M., Ansmann, M., Bialczak, R. C., Lenander, M., Lucero, E., Neeley, M., Sank, D., Wang, H., Weides, M., Wenner, J., Martinis, J. M. und Cleland, A. N.: »Quantum ground state and single-phonon control of a mechanical resonator«, in: *Nature*, 464 (7289): 697–703, doi:10.1038/nature08967, 2010.

O'Neill, B., Kriegler, E., Riahi, K., Ebi, K. L., Hallegatte, S., Carter, T. R., Mathur, R. und van Vuuren, D. P.: »A new scenario framework for climate change research: the concept of shared socioeconomic pathways«, in: *Clim. Change*, 122: 387–400, doi:10.1007/s10584-013-0905-2, 2014.

O'Neill, B. C., Kriegler, E., Ebi, K. L., Kemp-Benedict, E., Riahi, K., Rothman, D. S., van Ruijven, B. J., van Vuuren, D. P., Birkmann, J., Kok, K., Levy, M. und Solecki, W.: »The roads ahead: Narratives for shared socioeconomic pathways describing world futures in the 21st century«, in: *Glob. Environ. Chang.*, doi:10.1016/j.gloenvcha.2015.01.004, 2015.

Obbard, M., Thiemann, G. W., Peacock, E. und Debruyn, T. D.: »Polar Bears«, in: *Proceedings of the 15th Working Meeting of the IUCN/SCC polar bear specialist group*, 29. Juni – 3. Juli 2009, Kopenhagen 2010.

Oberthür, S. und Ott, H. E.: *Das Kyoto-Protokoll. Internationale Klimapolitik für das 21. Jahrhundert*, Leske und Budrich, 2000.

Odum, E. P.: *Ökologie*, Thieme, Stuttgart 1999.

Oeschger, H., Siegenthaler, U., Schotterer, U. und Gugelmann, A.: »A box diffusion model to study the carbon dioxide exchange in nature«, in: *Tellus*, 27 (2): 168–192, doi:10.1111/j.2153-3490.1975.tb01671.x, 1975.

Olson, D. M. und Dinerstein, E.: »The Global 200: A Representation Approach to Conserving the Earth's Most Biologically Valuable Ecoregions«, in: *Conserv. Biol.*, 12 (3): 502–515, 1998.

Olwoch, J. M., Reyers, B., Engelbrecht, F. A. und Erasmus, B. F. N.: »Climate change and the tick-borne disease, Theileriosis (East Coast fever) in sub-Saharan Africa«, *J. Arid Environ.*, 72 (2), 108–120, 2008.

Oreskes, N. und Conway, E.: *Merchants of Doubt*, Bloomsbury Press, 2010 (dt. Ausgabe: *Die Machiavellis der Wissenschaft: Das Netzwerk des Leugnens*, Wiles-VCH, Weinheim 2014).

Orr, J. C., Fabry, V. J., Aumont, O., Bopp, L., Doney, S. C., Feely, R. A., Gnanadesikan, A., Gruber, N., Ishida, A., Joos, F., Key, R. M., Lindsay, K., Maier-Reimer, E., Matear, R., Monfray, P., Mouchet, A., Najjar, R. G., Plattner, G.-K., Rodgers, K. B., Sabine, C. L., Sarmiento, J. L., Schlitzer, R., Slater, R. D., Totterdell, I. J., Weirig, M.-F., Yamanaka, Y. und Yool, A.: »Anthropogenic ocean acidification over the twenty-first century and its impact on calcifying organisms«, in: *Nature*, 437 (7059): 681–686, doi:10.1038/nature04095, 2005.

Ortiz, F.: »Auf Klimaflüchtlinge nicht vorbereitet«, in: *Klimaretter.Info*, 12.8.2013.

Osterhammel, J.: *Die Verwandlung der Welt. Eine Geschichte des 19. Jahrhunderts*, C. H. Beck, München 2010.

Oxfam: »Wealth: Having It All and Wanting More«, in: *Oxfam Brief. Issue*, (Januar), 2015.

PAGES 2k Consortium, Ahmed, M., Anchukaitis, K. J., Asrat, A., Borgaonkar, H. P., Braida, M., Buckley, B. M., Büntgen, U., Chase, B. M., Christie, D. A., Cook, E. R., Curran, M. A. J., Diaz, H. F., Esper, J., Fan, Z.-X., Gaire, N. P., Ge, Q., Gergis, J., González-Rouco, J. F., Goosse, H., Grab, S. W., Graham, N., Graham, R., Grosjean, M., Hanhijärvi, S. T., Kaufman, D. S., Kiefer, T., Kimura, K., Korhola, A. A., Krusic, P. J., Lara, A., Lézine, A.-M., Ljungqvist, F. C., Lorrey, A. M., Luterbacher, J., Masson-Delmotte, V., McCarroll, D., McConnell, J. R., McKay, N. P., Morales, M. S., Moy, A. D., Mulvaney, R., Mundo, I. A., Nakatsuka, T., Nash, D. J., Neukom, R., Nicholson, S. E., Oerter, H., Palmer, J. G., Phipps, S. J., Prieto, M. R., Rivera, A., Sano, M., Severi, M., Shanahan, T. M., Shao, X., Shi, F., Sigl, M., Smerdon, J. E., Solomina, O. N., Steig, E. J., Stenni, B., Thamban, M., Trouet, V., Turney, C. S. M., Umer, M., van Ommen, T., Verschuren, D., Viau, A. E., Villalba, R., Vinther, B. M., von Gunten, L., Wagner, S., Wahl, E. R., Wanner, H., Werner, J. P., White, J. W. C., Yasue, K. und Zorita, E.: »Continental-scale temperature variability during the past two millennia«, in: *Nat. Geosci.*, 6 (6): 339–345, doi:10.1038/ngeo1849, 2013.

Palmer, T. N.: »Nonlinear dynamics and climate change: Rossby's legacy«, in: *Bull. Am. Meteorol. Soc.*, 79: 1411–1423, doi:10.1175/1520-0477(1998)079<1411:NDACCR>2.0.CO;2, 1998.

Palmer, T. N.: »Climate extremes and the role of dynamics«, in: *Proc. Natl. Acad. Sci.*, 110 (14), 5281–5282, doi:10.1073/pnas.1303295110, 2013.

Palmer, T. N., Shutts, G. J., Hagedorn, R., Doblas-Reyes, F. J., Jung, T. und Leutbecher, M.: »Representing model uncertainty in weather and climate prediction«, in: *Annu. Rev. Earth Planet. Sci.*, 33 (1): 163–193, doi:10.1146/annurev.earth.33.092203.122552, 2005.

Paolo, F. S., Fricker, H. A. und Padman, L.: »Volume loss from Antarctic ice shelves is accelerating«, in: *Science* (März), 2015.

Pateman, R. M., Hill, J. K., Roy, D. B., Fox, R. und Thomas, C. D.: »Temperature-Dependent Alterations in Host Use Drive Rapid Range Expansion in a Butterfly«, in: *Science*, 336 (6084): 1028–1030, doi:10.1126/science.1216980, 2012.

Patterson, W. P., Dietrich, K. A., Holmden, C. und Andrews, J. T.: »Two millennia of North Atlantic seasonality and implications for Norse colonies«, in: *Proc. Natl. Acad. Sci. USA*, 107 (12): 5306–5310, doi:10.1073/pnas.0902522107, 2010.

Patz, J. A., Campbell-Lendrum, D., Holloway, T. und Foley, J. A.: »Impact of regional climate change on human health«, in: *Nature*, 438 (7066): 310–317, 2005.

Paz, S., Bisharat, N., Paz, E., Kidar, O. und Cohen, D.: »Climate change and the emergence of Vibrio vulnificus disease in Israel«, in: *Environ. Res.*, 103 (3): 390–396, doi:10.1016/j. envres.2006.07.002, 2007.

Perrette, M., Landerer, F., Riva, R., Frieler, K. und Meinshausen, M.: »A scaling approach to project regional sea level rise and its uncertainties«, in: *Earth Syst. Dyn.*, 4 (1): 11–29, 2013.

Petigura, E. A., Howard, A. W. und Marcy, G. W.: »Prevalence of Earth-size planets orbiting Sun-like stars«, in: *Proc. Natl. Acad. Sci.*, 110 (48): 19273–19278, doi:10.1073/pnas.1319465110, 2013.

Petit, R. J., Raynaud, D., Basile, I., Chappellaz, J., Ritz, C., Delmotte, M., Legrand, M., Lorius, C. und Pe, L.: »Climate and atmospheric history of the past 420,000 years from the Vostok ice core, Antarctica«, in: *Nature*, 399: 429–436, doi:10.1038/20859, 1999.

Petoukhov, V. und Semenov, V. A.: »A link between reduced Barents-Kara sea ice and cold winter extremes over northern continents«, in: *J. Geophys. Res. Atmos.*, 115 (21), doi:10.1029/2009JD013568, 2010.

Petoukhov, V., Rahmstorf, S., Petri, S. und Schellnhuber, H. J.: »Quasiresonant amplification of planetary waves and recent Northern Hemisphere weather extremes«, in: *Proc. Natl. Acad. Sci.*, 110 (14): 5336–5341, doi:10.1073/pnas.1222000110, 2013.

Petschel-Held, G., Schellnhuber, H. J., Bruckner, T., Toth, F. und Hasselmann, K.: »The tolerable windows approach: theoretical and methodological foundations«, in: *Clim. Change*, 41: 303–331, 1999.

Phillips, S. J., Williams, P., Midgley, G. und Archer, A.: »Optimizing dispersal corridors fort he Cape proteaceae using network flow«, in: *Ecol. Appl.*, 18 (5): 1200–1211, 2008.

Pierrehumbert, R. T., Brogniez, H. und Roca, R.: »On the Relative Humidity of the Atmosphere«, in: *The Global Circulation of the Atmosphere*, herausgegeben von T. Schneider und A. Sobel, S. 143–185, 2007.

PIK (Potsdam-Institut für Klimafolgenforschung): »Nobelpreisträger einigen sich auf globale Zielvorstellung – ein Vorschlag zur Großen Transformation«, Pressemitteilung [online], verfügbar in: https://www.pik-potsdam.de/aktuelles/pressemitteilungen/archiv/2007/nobelpreistrager-einigen-sich-auf-globale-zielvorstellung-2013-ein-vorschlag-zur-grosen-transformation, 2007.

Piketty, T.: *Le Capital au XXIe siècle*, Seuil, Paris 2013 (dt. Ausgabe: *Das Kapital im 21. Jahrhundert*, C. H. Beck, München 2014).

Pinterest-Webseite: *Eis Albedo Rückkopplung*, [online] verfügbar in: https://www.pinterest.com/pin/456059899740168635/, o. J.

Pitzke, M.: »US-Strahlenruine Hanford: Amerikas atomare Zeitbombe«, in: *Der Spiegel*, 22.3.2011.

Polanyi, K.: *The Great Transformation*, Farrar & Rinehart, 1944.

Polley, H. W., Jin, V. L. und Fay, P. A.: »CO2-caused change in plant species composition rivals the shift in vegetation between mid-grass and tallgrass prairies«, in: *Glob. Chang. Biol.*, 18 (2): 700–710, doi:10.1111/j.1365-2486.2011.02529.x, 2012.

Pongratz, J., Reick, C. H., Raddatz, T. und Claussen, M.: »Effects of anthropogenic land cover change on the carbon cycle of the last millennium«, in: *Global Biogeochem. Cycles*, 23 (4): 1–13, doi:10.1029/2009GB003488, 2009.

Pontifical Academy of Sciences und Pontifical Academy of Social Sciences: *Sustainable Humanity, Sustainable Nature: Our Responsibility*, [online] verfügbar in: http://www.casinapioiv.va/content/accademia/en/events/2014/sustainable.html, 2014.

Poorter, H.: »Interspecific variation in the growth response of plants to an elevated ambient CO_2 concentration«, in: *Vegetation*, 104: 77–98, 1993.

Popper, K.: *Logik der Forschung*, Springer, Wien 1935.

Poynter, J.: *The Human Experiment: Two Years and Twenty Minutes Inside Biosphere 2*, 2006.

Prentice, I. C., Cramer, W., Harrison, S. P., Leemans, R., Monserud, R. A. und Solomon, A. M.: »A Global Biome Model Based on Plant Physiology and Dominance, Soil Properties and Climate«, in: *J. Biogeogr.*, 19 (2): 117, doi:10.2307/2845499, 1992.

Prentice, I. C., Bondeau, A., Cramer, W., Harrison, S. P., Hickler, T., Lucht, W., Sitch, S., Smith, B. und Sykes, M. T.: »Dynamic global vegetation modelling: quantifying terrestrial ecosystem responses to large-scale environmental change«, in: *Terrestrial Ecosystems in a Changing World*, herausgegeben von J. Canadell, D. E. Pataki und L. F. Pitelka, S. 336, Springer Science & Business Media, Berlin 2007.

President's Science Advisory Council: »Restoring the Quality of Our Environment«, in: *Rep. Environ. Pollut. Panel*: 111–133, 1965.

Purse, B. V, Mellor, P. S., Rogers, D. J., Samuel, A. R., Mertens, P. P. C. und Baylis, M.: »Climate change and the recent emergence of bluetongue in Europe«, in: *Nat. Rev. Micro.*, 3 (2): 171–181, 2005.

Purvis, A.: »Leaders & Visionaries: Angela Merkel«, in: *Time*, 17.10.2007.

Rafferty, N. E., Caradonna, P. J. und Bronstein, J. L.: »Phenological shifts and the fate of mutualisms«, in: *Oikos*, 124 (June 2014): 14–21, doi:10.1111/oik.01523, 2015.

Rahmstorf, S.: »Influence of mediterranean outflow on climate«, in: *Eos, Trans. Am. Geophys. Union*, 79 (24): 281–282, doi:10.1029/98EO00218, 1998.

Rahmstorf, S.: »Ocean circulation and climate during the past 120,000 years«, in: *Nature*, 419 (6903): 207–214, doi:10.1038/nature01090, 2002.

Rahmstorf, S.: »Alles nur Klimahysterie?«, in: *Univ.* (Stuttgart): 894–913, 2007a.

Rahmstorf, S.: »Deutsche Medien betreiben Desinformation«, in: *FAZ.net*, 31.8. [online] verfügbar in: http://www.faz.net/aktuell/wissen/klima/klimawandel-deutsche-medien-betreiben-desinformation-1463241.html, 2007b.

Rahmstorf, S.: »A new view on sea level rise«, in: *Nat. Reports Clim. Chang.*, 4, doi:10.1029/2010GL042947, 2010a.

Rahmstorf, S.: »Climategate: ein Jahr danach«, in: *Klimalounge*, 1.12. [online], verfügbar in: http://www.scilogs.de/klimalounge/climategate-ein-jahr-danach/, 2010b.

Rahmstorf, S.: »Winter ade«, in: *Klimalounge* [online], verfügbar in: http://www.scilogs.de/klimalounge/winter-ade/, 2012.

Rahmstorf, S.: »Keine Pause, nirgends«, in: *Klimalounge* [online], verfügbar in: http://www.scilogs.de/klimalounge/keine-pause-nirgends/, 2015.

Rahmstorf, S. und Coumou, D.: »Increase of extreme events in a warming world«, in: *Proc. Natl. Acad. Sci. USA*, 108 (44): 17905–17909, doi:10.1073/pnas.1101766108, 2011.

Rahmstorf, S., Box, J. E., Feulner, G., Mann, M. E., Robinson, A., Rutherford, S. und Schaffernicht, E. J.: »Exceptional twentieth-century slowdown in Atlantic Ocean overturning circulation«, in: *Nat. Clim. Chang.*, (March): 1–6, doi:10.1038/NCLIMATE2554, 2015.

Ramanathan, V.: »The Two Worlds Approach for Mitigating Air Pollution and Climate Change, in Pontifical Academy of Sciences and Pontifical Academy of Social Sciences: Sustainable Humanity, Sustainable Nature: Our Responsibility«, in: *Pontifical Academy of Sciences*, Extra Series 41, Vatikanstadt, 2014.

Rammig, A., Jupp, T., Thonicke, K., Tietjen, B., Heinke, J., Ostberg, S., Lucht, W., Cramer, W. und Cox, P.: »Estimating the risk of Amazonian forest dieback«, in: *New Phytol.*, 187 (3): 694–706, doi:10.1111/j.1469-8137.2010.03318.x, 2010.

Rasool, S. I. und Schneider, S. H.: »Atmospheric carbon dioxide and aerosols: effects of large increases on global climate«, in: *Science*, 173 (3992) 138–141, doi:10.1126/science.173.3992.138, 1971.

Readfearn, G.: »After surviving nuclear tests, can the Marshall Islands survive the great climate experiment?«, in: *Guard.*, 30.7.2013.

Readfearn, G.: »Queensland election: Climate science denied and ignored«, in: *Guard.*, 28.1.2015.

Revkin, A.: »Why 2007 I.P.C.C. Report Lacked ›Embers‹, Dot Earth«, in: *New York Times*, 26.2.2009.

Reyer, C. P. O., Rammig, A., Brouwers, N. und Langerwisch, F.: »Forest resilience, tipping points and global change processes«, in: *J. Ecol.*, 103 (1): 1–4, doi:10.1111/1365-2745.12342, 2015a.

Reyer, C. P. O., Brouwers, N., Rammig, A., Brook, B. W., Epila, J., Grant, R. F., Holmgren, M., Langerwisch, F., Leuzinger, S., Medlyn, B., Pfeifer, M., Verbeeck, H. und Villela, D. M.: »Forest resilience and tipping points at different spatio-temporal scales: approaches and challenges«, in: *J. Ecol.*, 103 (1): 5–15, doi:10.1111/1365-22745.1337, 2015b.

Richardson, L. F.: *Weather prediction by numerical process*, Cambridge University Press, 1922.

Richerson, P. J., Boyd, R. und Bettinger, R. L.: »Was Agriculture Impossible during the Pleistocene but Mandatory during the Holocene? A Climate Change Hypothesis«, in: *Am. Antiq.*, 66 (3): 387–411, doi:10.2307/2694241, 2001.

Richter, N.: »Die unsichtbaren Wahlkämpfer«, in: *Süddeutsche.de*, 4.2.2015.

Riebesell, U. und Gattuso, J.-P.: »Lessons learned from ocean acidification research«, in: *Nat. Clim. Chang.*, 5 (1): 12–14, doi:10.1038/nclimate2456, 2014.

Rifkin, J.: *Die dritte industrielle Revolution*, Fischer, Frankfurt am Main 2014 (engl. Original: *The Third Industrial Revolution. How Lateral Power is Transforming Energy, The Economy, And The World*. Palgrave MacMillan, 2011).

Rignot, E., Casassa, G., Gogineni, P., Krabill, W., Rivera, A., Thomas, R. und Gogieneni, P.: »Accelerated ice discharge from the Antarctic Peninsula following the collapse of Larsen B ice shelf«, in: *Geophys. Res. Lett.*, 31 (18): 2–5, 2004.

Rignot, E., Mouginot, J., Morlighem, M., Seroussi, H. und Scheuchl, B.: »Widespread, rapid grounding line retreat of Pine Island, Thwaites, Smith, and Kohler glaciers, West Antarctica, from 1992 to 2011«, in: *Geophys. Res. Lett.*, 41: 3502–3509, doi:10.1002/2014GL060140, 2014.

Robinson, A., Calov, R. und Ganopolski, A.: »Multistability and critical thresholds of the Greenland ice sheet«, in: *Nat. Clim. Chang.*, 2 (4): 1–4, doi:10.1038/nclimate1449, 2012a.

Robinson, E. A., Ryan, G. D. und Newman, J. A.: »A meta-analytical review of the effects of elevated CO_2 on plant – arthropod interactions highlights the importance of interacting environmental and biological variables«, in: *New Phytol.*, 194: 321–336, doi:10.1111/j.1469-8137.2012.04074.x, 2012b.

Robock, A.: »20 Reasons Why Geoengineering May Be a Bad Idea«, in: *Bull. At. Sci.*, 64 (2): 14–18, doi:10.2968/064002006, 2008.

Robock, A., Ammann, C. M., Oman, L., Shindell, D., Levis, S. und Stenchikov, G.: »Did the Toba volcanic eruption of ~74 ka B.P. produce widespread glaciation?«, in: *J. Geophys. Res. Atmos.*, 114 (10): D10107, doi:10.1029/2008JD011652, 2009.

Rockström, J., Steffen, W., Noone, K., Persson, A., Chapin, F. S., Lambin, E. F., Lenton, T. M., Scheffer, M., Folke, C., Schellnhuber, H. J., Nykvist, B., de Wit, C. A., Hughes, T., van der Leeuw, S., Rodhe, H., Sörlin, S., Snyder, P. K., Costanza, R., Svedin, U., Falkenmark, M., Karlberg, L., Corell, R. W., Fabry, V. J., Hansen, J., Walker, B., Liverman, D.,

Richardson, K., Crutzen, P. und Foley, J. A.: »A safe operating space for humanity«, in: *Nature*, 461 (7263): 472–5, 2009a.

Rockström, J., Steffen, W. und Noone, K.: »Planetary boundaries: exploring the safe operating space for humanity«, in: *Ecol. Soc.*, 14 (2) (Art. 32), 2009b.

Rogelj, J., Nabel, J., Chen, C., Hare, W., Markmann, K., Meinshausen, M., Schaeffer, M., Macey, L. und Höhne, N.: »Copenhagen Accord pledges are paltry«, in: *Nature*, 464 (April): 1126–1128, 2010.

Roger A. Pielke, J.: *The Honest Broker – Making Sense of Science in Policy and Politics*, Cambridge University Press, 2007.

Romps, D. M., Seeley, J. T., Vollaro, D. und Molinari, J.: »Projected increase in lightning strikes in the United States due to global warming«, in: *Science*, 346 (6211): 851–854, doi:10.1126/science.1259100, 2014.

Rosenzweig, C. und Parry, M. L.: »Potential impact of climate change on world food supply«, in: *Nature*, 367 (6459): 133–138, doi:10.1038/367133a0, 1994.

Rosenzweig, C., Elliott, J., Deryng, D., Ruane, A. C., Müller, C., Arneth, A., Boote, K. J., Folberth, C., Glotter, M., Khabarov, N., Neumann, K., Piontek, F., Pugh, T. A. M., Schmid, E., Stehfest, E., Yang, H. und Jones, J. W.: »Assessing agricultural risks of climate change in the 21st century in a global gridded crop model intercomparison«, in: *Proc. Natl. Acad. Sci. USA*, 111 (9): 3268–3273, 2014.

Rosner, L.: *The Technological Fix*, Routledge Taylor & Francis, 2004.

Rott, H., Müller, F., Nagler, T. und Floricioiu, D.: »The imbalance of glaciers after disintegration of Larsen-B ice shelf, Antarctic Peninsula«, in: *Cryosphere*, 5 (1): 125–134, 2011.

Roudier, P., Sultan, B., Quirion, P. und Berg, A.: »The impact of future climate change on West African crop yields: What does the recent literature say?«, in: *Glob. Environ. Chang.*, 21 (3): 1073–1083, doi:10.1016/j.gloenvcha.2011.04.007, 2011.

Rubel, F. und Kottek, M.: »Observed and projected climate shifts 1901–2100 depicted by world maps of the Köppen-Geiger climate classification«, in: *Meteorol. Zeitschrift*, 19 (2): 135–141, 2010.

Rüttinger, L., Smith, D., Stand, G., Tänzler, D. und Vivekananda, J.: *A New Climate for Peace – Taking Action on Climate and Fragility Risks*, 2015.

Sabloff, J. A.: *Archaeology Matters*, Left Coast Press, 2008.

Sagan, L.: »On the origin of mitosing cells«, in: *J. Theor. Biol.*, 14 (3): 255–274, doi:10.1016/0022-5193(67)90079-3, 1967.

Saro-Wiwa, K.: *A Month and a Day: A Detention Diary*, 1995.

Scambos, T. A., Bohlander, J., Shuman, J. A. und Skvarca, P.: »Glacier acceleration and thinning after ice shelf collapse in the Larsen B embayment, Antarctica«, in: *Geophys. Res. Lett.*, 31: L18402, 2004.

Schaefer, K., Lantuit, H., Romanovsky, V. E., Schuur, E. A. G. und Witt, R.: »The impact of the permafrost carbon feedback on global climate«, in: *Environ. Res. Lett.*, 9 (8): 085003, doi:10.1088/1748-9326/9/8/085003, 2014.

Schaller, R. R.: »Moore's law: past, present and future«, in: *Spectrum, IEEE*, 34 (6): 52–59, doi:10.1109/6.591665, 1997.

Schaper, M., Hrsg.: *Die Industrielle Revolution – Von der Spinnmaschine zum Fließband*, Gruner + Jahr, 2008.

Schaphoff, S., Heyder, U., Ostberg, S., Gerten, D., Heinke, J. und Lucht, W.: »Contribution of permafrost soils to the global carbon budget«, in: *Environ. Res. Lett.*, 8 (1): 014026, doi:10.1088/1748-9326/8/1/014026, 2013.

Scheffer, M., Hirota, M., Holmgren, M., Van Nes, E. H. und Chapin, F. S.: »Thresholds for boreal biome transitions«, in: *Proc. Natl. Acad. Sci. USA*, 109 (52): 21384–21389, doi:10.1073/pnas.1219844110, 2012.

Scheffran, J., Brzoska, M., Kominek, J., Link, P. M. und Schilling, J.: »Climate change and violent conflict«, in: *Science*, 336 (6083): 869–871, doi:10.1126/science.1221339, 2012.

Schellnhuber, H. J.: »Earth System Analysis – The Scope of the Challenge«, in: *Earth System Analysis: Integrating Science for Sustainability*, Bd. 47, herausgegeben von H. J. Schellnhuber und V. Wenzel, Spinger, Heidelberg 1998.

Schellnhuber, H. J.: »Earth system analysis and the second Copernican revolution«, in: *Nature*, 402 (December): C19–C23, 1999.

Schellnhuber, H. J.: *Avoiding Dangerous Climate Change*, herausgegeben von H. J. Schellnhuber, W. Cramer, N. Nakicenovic, T. Wigley, und G. Yohe, Cambridge University Press, 2006.

Schellnhuber, H. J.: »Tipping elements in the Earth System«, in: *Proc. Natl. Acad. Sci.*, 106 (49): 20561–20563, doi:10.1073/pnas.0911106106, 2009.

Schellnhuber, H. J.: »Tragic triumph«, in: *Clim. Change*, 100: 229–238, doi:10.1007/s10584-010-9838-1, 2010.

Schellnhuber, H. J.: »Geoengineering: the good, the MAD, and the sensible«, in: *Proc. Natl. Acad. Sci. USA*, 108 (51): 20277–20278, doi:10.1073/pnas.1115966108, 2011a.

Schellnhuber, H. J.: »Vorwärts zur Natur«, in: *FAZ*, 3.5.2011 (2011b).

Schellnhuber, H. J. und Held, H.: »How Fragile is the Earth System?«, in: *Managing the Earth. The Linacre Lectures 2001*: 240, Oxford University Press, 2002.

Schellnhuber, H. J., Crutzen, P. J., Clark, W. C., Claussen, M. und Held, H.: *Earth System Analysis for Sustainability*, herausgegeben von H. J. Schellnhuber, P. J. Crutzen, W. C. Clark, M. Claussen, und H. Held, MIT Press, Cambridge, London 2004.

Schellnhuber, H. J., Elger, K. und Schwägerl, C.: »Diktatur des Jetzt«, in: *Der Spiegel*, 21.3.2011.

Schellnhuber, H. J. und Edenhofer, O.: »Brauchen wir den Weltklimarat noch?«, in: *Die Zeit*, 5.10.2012.

Schellnhuber, H. J. und Huber, V.: »Melting and Mystification – A Comparative Analysis of Mitigation and Adaptation Strategies, in Fate of Mountain Glaciers in the Anthropocene«, in: *Pontifical Academy of Sciences*, 2013.

Scher, H. D. und Martin, E. E.: »Timing and climatic consequences of the opening of Drake Passage«, in: *Science*, 312 (5772): 428–430, doi:10.1126/science.1120044, 2006.

Schewe, J. und Levermann, A.: »A statistically predictive model for future monsoon failure in India«, in: *Environ. Res. Lett.*, 7 (4): 044023, doi:10.1088/1748-9326/7/4/044023, 2012.

Schneider, M. und Froggatt, A.: *The World Nuclear Industry Status Report 2014*, Paris, London, Washington, D.C., 2014.

Schröder, T.: »Die Präsidentenmacher«, in: *Zeit Online*, 31.1.2015.

Schuenemann, V. J., Bos, K., DeWitte, S., Schmedes, S., Jamieson, J., Mittnik, A., Forrest, S., Coombes, B. K., Wood, J. W., Earn, D. J. D., White, W., Krause, J. und Poinar, H. N.: »Targeted enrichment of ancient pathogens yielding the pPCP1 plasmid of Yersinia pestis from victims of the Black Death«, in: *Proc. Natl. Acad. Sci.*, 108 (38): E746–E752, doi:10.1073/pnas.1105107108, 2011.

Schuur, E. A. G., McGuire, A. D., Schädel, C., Grosse, G., Harden, J. W., Hayes, D. J., Hugelius, G., Koven, C. D., Kuhry, P., Lawrence, D. M., Natali, S. M., Olefeldt, D., Romanovsky, V. E., Schaefer, K., Turetsky, M. R., Treat, C. C. und Vonk, J. E.: »Climate change and the permafrost carbon feedback«, in: *Nature*, 520 (7546): 171–179, doi:10.1038/nature14338, 2015.

Schwartz, J.: »Keeping the Boats Moving Along a Mississippi Dwindled by Drought«, in: *New York Times*, 2013.

751

Schwarzer, C. M.: »Bosch kündigt die Batterie-Revolution an«, in: *Die Zeit*, 30.3.2015.

Screen, J. A. und Simmonds, I.: »Amplified mid-latitude planetary waves favour particular regional weather extremes«, in: *Nat. Clim. Chang.*, 4 (8): 704–709, doi:10.1038/nclimate2271, 2014.

Shakhova, N., Semiletov, I., Leifer, I., Sergienko, V., Salyuk, A., Kosmach, D., Chernykh, D., Stubbs, C., Nicolsky, D., Tumskoy, V. und Gustafsson, Ö.: »Ebullition and storm-induced methane release from the East Siberian Arctic Shelf«, in: *Nat. Geosci.*, 7 (1): 64–70, doi:10.1038/ngeo2007, 2013.

Shakun, J. D., Clark, P. U., He, F., Marcott, S. A., Mix, A. C., Liu, Z., Otto-Bliesner, B., Schmittner, A. und Bard, E.: »Global warming preceded by increasing carbon dioxide concentrations during the last deglaciation«, in: *Nature*, 484 (7392): 49–54, doi:10.1038/nature10915, 2012.

Shanahan, T. M., Mckay, N. P., Hughen, K. A., Overpeck, J. T., Otto-Bliesner, B., Heil, C. W., King, J., Scholz, C. A. und Peck, J.: »The time-transgressive termination of the African Humid Period«, in: *Nat. Geosci.*, 8 (January): 1–5, doi:10.1038/NGEO2329, 2015.

Shea, J. M., Immerzeel, W. W., Wagnon, P., Vincent, C. und Bajracharya, S.: »Modelling glacier change in the Everest region, Nepal Himalaya«, in: *Cryosphere*, 9: 1105–1128, doi:10.5194/tc-9-1105-2015, 2015.

Shepherd, J., Cox, P., Haigh, J., Keith, D., Launder, B., Mace, G., MacKerron, G., Pyle, J., Rayner, S., Redgwell, C. und Watson, A.: »Geoengineering the Climate: Science, governance and uncertainty«, in: *Report of the Royal Society*, London, 2009.

Sheridan, J. A. und Bickford, D.: »Shrinking body size as an ecological response to climate change«, in: *Nat. Clim. Chang.*, 1 (8): 401–406, 2011.

Sherwood, S. C. und Huber, M.: »An adaptability limit to climate change due to heat stress«, in: *Proc. Natl. Acad. Sci.*, 107 (21): 9552–9555, doi:10.1073/pnas.0913352107, 2010.

Shi, D., Xu, Y., Hopkinson, B. M. und Morel, F. M. M.: »Effect of Ocean Acidification on Iron Availability to Marine Phytoplankton«, in: *Science*, 327 (5966): 676–679, doi:10.1126/science.1183517, 2010.

Shue, H.: *Climate Justice – Vulnerability and Protection*, Oxford University Press, Oxford 2014.

Sieferle, R. P.: *Der unterirdische Wald. Energiekrise und Industrielle Revolution*, C. H. Beck, München 1982.

Sieferle, R. P.: *Lehren aus der Vergangenheit. Expertise für das WBGU-Hauptgutachten »Welt im Wandel: Gesellschaftsvertrag für eine Große Transformation«*, Berlin 2010.

Sieferle, R. P., Krausmann, F., Schandl, H. und Winiwarter, V.: *Das Ende der Fläche: zum gesellschaftlichen Stoffwechsel der Industrialisierung*, Böhlau, Köln 2006.

Sigl, M., Winstrup, M., McConnell, J. R., Welten, K. C., Plunkett, G., Ludlow, F., Buntgen, U., Caffee, M., Chellman, N., Dahl-Jensen, D., Fischer, H., Kipfstuhl, S., Kostick, C., Maselli, O. J., Mekhaldi, F., Mulvaney, R., Muscheler, R., Pasteris, D. R., Pilcher, J. R., Salzer, M., Schupbach, S., Steffensen, J. P., Vinther, B. M. und Woodruff, T. E.: »Timing and climate forcing of volcanic eruptions for the past 2,500 years«, in: *Nature*, 523 (7562): 543–549, doi:10.1038/nature14565, 2015.

Sitch, S., Smith, B., Prentice, I. C., Arneth, A., Bondeau, A., Cramer, W., Kaplan, J. O., Levis, S., Lucht, W., Sykes, M. T., Thonicke, K. und Venevsky, S.: »Evaluation of ecosystem dynamics, plant geography and terrestrial carbon cycling in the LPJ dynamic global vegetation model«, in: *Glob. Chang. Biol.*, 9 (2): 161–185, doi:10.1046/j.1365-2486.2003.00569.x, 2003.

Slettebak, R. T.: »Don't blame the weather! Climate-related natural disasters and civil conflict«, in: *J. Peace Res.*, 49 (1): 163–176, doi:10.1177/0022343311425693, 2012.

Smale, S.: »Differentiable dynamical systems«, in: *Bull. Am. Math. Soc.*, 73 (6): 747–818, doi:10.1090/S0002-9904-1967-11798-1, 1967.

Smetacek, V., Klaas, C., Strass, V. H., Assmy, P., Montresor, M., Cisewski, B., Savoye, N., Webb, A., d'Ovidio, F., Arrieta, J. M., Bathmann, U., Bellerby, R., Berg, G. M., Croot, P., Gonzalez, S., Henjes, J., Herndl, G. J., Hoffmann, L. J., Leach, H., Losch, M., Mills, M. M., Neill, C., Peeken, I., Röttgers, R., Sachs, O., Sauter, E., Schmidt, M. M., Schwarz, J., Terbrüggen, A. und Wolf-Gladrow, D.: »Deep carbon export from a Southern Ocean iron-fertilized diatom bloom«, in: *Nature*, 487 (7407): 313–319, doi:10.1038/nature11229, 2012.

Smith, J. B., Schneider, S. H., Oppenheimer, M., Yohe, G. W., Hare, W., Mastrandrea, M. D., Patwardhan, A., Burton, I., Corfee-Morlot, J., Magadza, C. H. D., Füssel, H.-M., Pittock, A. B., Rahman, A., Suarez, A. und van Ypersele, J.-P.: »Assessing dangerous climate change through an update of the Intergovernmental Panel on Climate Change (IPCC) ›reasons for concern‹«, in: *Proc. Natl. Acad. Sci. USA*, 106 (11): 4133–4137, doi:10.1073/pnas.0812355106, 2009.

Solomon, S., Plattner, G.-K., Knutti, R. und Friedlingstein, P.: »Irreversible climate change due to carbon dioxide emissions«, in: *Proc. Natl. Acad. Sci.*, 106 (6): 1704–1709, doi:10.1073/pnas.0812721106, 2009.

Solomon, S., Daniel, J. S., Sanford, T. J., Murphy, D. M., Plattner, G.-K., Knutti, R. und Friedlingstein, P.: »Persistence of climate changes due to a range of greenhouse gases«, in: *Proc. Natl. Acad. Sci.*, 107 (43): 18354–18359, doi:10.1073/pnas.1006282107, 2010.

Spengler, O.: *Der Untergang des Abendlandes – Umrisse einer Morphologie der Weltgeschichte*, Band 1: *Gestalt und Wirklichkeit*, Braumüller, Wien 1918.

Spengler, O.: *Der Untergang des Abendlandes – Umrisse einer Morphologie der Weltgeschichte*, Band 2: *Welthistorische Perspektiven*, C.H. Beck, München 1922.

Spiegel Online: »Klimaschutz: Russen ratifizieren Kyoto-Protokoll, USA weiter ablehnend«, 22.10.2004.

Spiegel Online: »Eisrettung: Zugspitzgletscher bekommt Schmelz-Verhüterli«, [online] verfügbar in: http://www.spiegel.de/reise/europa/eisrettung-zugspitzgletscher-bekommt-schmelz-verhueterli-a-480791.html, 2007.

Spiegel Online: »Pilotprojekt: Niederlande bauen ersten Solarradweg der Welt«, 20.10.2014.

Stahle, D. W., Diaz, J. V., Burnette, D. J., Paredes, J. C., Heim, R. R., Fye, F. K., Soto, R. A., Therrell, M. D., Cleaveland, M. K. und Stahle, D. K.: »Major Mesoamerican droughts of the past millennium«, in: *Geophys. Res. Lett.*, 38 (5): 2–5, doi:10.1029/2010GL046472, 2011.

Stampf, O. und Traufetter, G.: »Tritt in den Hintern«, in: *Der Spiegel*, 2010.

Steffen, W., Richardson, K., Rockström, J., Cornell, S., Fetzer, I., Bennett, E., Biggs, R., Carpenter, S. R., de Wit, C. A., Folke, C., Mace, G., Persson, L. M., Veerabhadran, R., Reyers, B. und Sörlin, S.: »Planetary Boundaries: Guiding human development on a changing planet«, in: *Science*, 347 (6223): 1259855, doi:10.1126/science.1259855, 2015.

Stehr, N. und Storch, H.: *Klima, Wetter, Mensch*, C. H. Beck, München 1999.

Stern, N.: *Stern Review: The Economics of Climate Change*, 2006.

Stiglitz, J.: *The Price of Inequality*, Norton and Company, 2012.

Stockburger, C.: »Plötzliche Hitzeschäden: Fakten zur Gefahr auf der Autobahn«, in: *Spiegel Online*, 20.6.2013.

Stocker, F.: »Rauchen macht krank, aber auch reich«, in: *Die Welt*, 21.2.2015.

Stockholm Environment Institute: *Targets and Indicators of Climatic Change*, herausgegeben von F. R. Rijsberman und R. J. Swart, 1990.

753

Stommel, H.: »Thermohaline Convection with Two Stable Regimes of Flow«, in: *Tellus A*, 11, doi:10.3402/tellusa.v13i2.9491, 1961.

Stothard, J. R., Chitsulo, L., Kristensen, T. K. und Utzinger, J.: »Control of schistosomiasis in sub-saharan Africa: progress made, new opportunities and remaining challenges«, in: *Parasitology*, 136 (Special Issue 13): 1665–1675, doi:10.1017/S0031182009991272, 2009.

Stott, P. A., Gillett, N. P., Hegerl, G. C., Karoly, D. J., Stone, D. A., Zhang, X. und Zwiers, F.: »Detection and attribution of climate change: A regional perspective«, in: *Wiley Interdiscip. Rev. Clim. Chang.*, 1 (2): 192–211, doi:10.1002/wcc.34, 2010.

Sun, D., Lau, K. M. und Kafatos, M.: »Contrasting the 2007 and 2005 hurricane seasons: Evidence of possible impacts of Saharan dry air and dust on tropical cyclone activity in the Atlantic basin«, in: *Geophys. Res. Lett.*, 35 (15): 1–5, doi:10.1029/2008GL034529, 2008.

Tainter, J. A.: *The collapse of complex societies*, Cambridge University Press, 1988.

Tang, Q., Zhang, X., Yang, X. und Francis, J. A.: »Cold winter extremes in northern continents linked to Arctic sea ice loss«, in: *Environ. Res. Lett.*, 8 (1): 014036, doi:10.1088/1748-9326/8/1/014036, 2013.

Taub, D. R.: »Effects of Rising Atmospheric Concentrations of Carbon Dioxide on Plants«, in: *Nat. Educ. Knowl.*, [online] verfügbar in: http://www.nature.com/scitable/knowledge/library/effects-of-rising-atmospheric-concentrations-of-carbon-13254108 (zugegriffen am 9.7.2015), 2010.

Thomas, R. D., Shearman, R. M. und Stewart, G. W.: »Evolutionary exploitation of design options by the first animals with hard skeletons«, in: *Science*, 288 (5469): 1239–1242, doi:10.1126/science.288.5469.1239, 2000.

Thompson, L. G., Brecher, H. H., Mosley-Thompson, E., Hardy, D. R. und Mark, B. G.: »Glacier loss on Kilimanjaro continues unabated«, in: *Proc. Natl. Acad. Sci. USA*, 106 (47): 19770–19775, 2009.

Tol, R. S. J.: »Europe's long-term climate target: A critical evaluation«, in: *Energy Policy*, 35 (1): 424–432, doi:10.1016/j.enpol.2005.12.003, 2007.

Toth, L. T., Aronson, R. B., Cobb, K. M., Cheng, H., Edwards, R. L., Grothe, P. R. und Sayani, H. R.: »Climatic and biotic thresholds of coral-reef shutdown«, in: *Nat. Clim. Chang.*, 5 (April): 369–374, doi:10.1038/nclimate2541, 2015.

Toynbee, A. J.: *A Study of History*, Volume 12, London 1961 (dt. Ausgabe: *Der Gang der Weltgeschichte*, München 1970).

Trenberth, K.: »Changes in precipitation with climate change«, in: *Clim. Res.*, 47 (1): 123–138, doi:10.3354/cr00953, 2011.

Trouet, V., Esper, J., Graham, N. E., Baker, A., Scourse, J. D. und Frank, D. C.: »Persistent positive North Atlantic oscillation mode dominated the Medieval Climate Anomaly«, in: *Science*, 324 (5923): 78–80, doi:10.1126/science.1166349, 2009.

Tuchman, B.: *Der ferne Spiegel. Das dramatische 14. Jahrhundert*, dtv, München 1982 (engl. Original: *A Distant Mirror: The Calamitous Fourteenth Century.*, Alfred A. Knopf, 1978).

Tuchman, B.: *The March of Folly: From Troy to Vietnam*, Alfred A. Knopf, New York 1984 (dt. Ausgabe: *Die Torheit der Regierenden. Von Troja bis Vietnam*, Frankfurt am Main 1984).

Tutu, D.: »We need an apartheid-style boycott to save the planet«, in: *Guard.*, 10.4.2014.

Uerpmann, H.-P.: »Von Wildbeutern zu Ackerbauern – Die Neolithische Revolution der menschlichen Subsistenz«, in: *Mitteilungen der Gesellschaft für Urgeschichte*, 16: 55–74, 2007.

Uken, M.: »Deutschland ist Europas Gaszentrale«, in: *Die Zeit*, 30.6.2014.

UNCTAD (United Nations Conference on Trade and Development): *Review of Maritime Transport 2014*, New York, Genf 2014, [online] verfügbar in: http://unctad.org/en/PublicationsLibrary/rmt2014_en.pdf

UNDP (United Nations Development Programme): *Human Development Report 1992*, 1992.

UNDP: *Human Development Report 2006*, Palgrave Macmillan, 2006.

UNEP (United Nations Environment Programme): *UNEP Yearbook, Emerging Issues in Our Global Environment 2011*, Nairobi 2011.

UNEP und GRID-Arendal: *High mountain glaciers and climate change*, herausgegeben von B. P. Kaltenborn, C. Nellemann und I. I. Virtues, United Nations Environment Programme, 2010.

UNFCCC (United Nations Framework Convention on Climate Change): *Rahmenübereinkommen der Vereinten Nationen über Klimaänderungen*, 1992.

UNFCCC: *The Work Programme on Loss and Damage*, [online] verfügbar in: http://unfccc.int/adaptation/workstreams/loss_and_damage/items/6056.php, o. J.

UNFCCC: *Kyoto Protokoll*, [online] verfügbar in: http://unfccc.int/kyoto_protocol/items/3145.php, o. J.

UNHCR: *The State of the World's Refugees – In Search of Solidarity*, 2012.

UNHCR: *Global Report 2014*, 2015a.

UNHCR: *World at War – UNHCR Global Trends Forced Displacement in 2014*, 2015b.

UNICEF und WHO: *Diarrhoea: why children are still dying and what can be done*, New York, Genf 2009.

United Nations: *World Population Prospects. The 2015 Revision*, New York, [online] verfügbar in: http://esa.un.org/unpd/wpp/Publications/Files/Key_Findings_WPP_2015.pdf, 2015

US Department of Defense: *Department of Defense 2014: Climate Change Adaptation Roadmap*, 2014.

US Environmental Protection Agency: *Clean Air Markets*, [online] verfügbar in: http://www.epa.gov/airmarkets/programs/arp/index.html, o. J.

Vericella, J. J., Baker, S. E., Stolaroff, J. K., Duoss, E. B., Hardin, J. O., Lewicki, J., Glogowski, E., Floyd, W. C., Valdez, C. A., Smith, W. L., Satcher, J. H., Bourcier, W. L., Spadaccini, C. M., Lewis, J. A. und Aines, R. D.: »Encapsulated liquid sorbents for carbon dioxide capture«, in: *Nat. Commun.*, 6, Article Number 6124, doi:10.1038/ncomms7124, 2015.

Vermeer, M. und Rahmstorf, S.: »Global sea level linked to global temperature«, in: *Proc. Natl. Acad. Sci. USA*, 106 (51): 21527–21532, doi:10.1073/pnas.0907765106, 2009.

Victor, D. G.: »Copenhagen II or something new«, in: *Nat. Clim. Chang.*, 4: 853–855, doi:10.1038/nclimate2396, 2014.

Vidal, J.: »Bill Gates backs climate scientists lobbying for large-scale geoengineering«, in: *Guard.*, 6.2.2012.

Vieser, M. und Schautz, I.: *Von Kaffeeriechern, Abtrittanbietern und Fischbeinreißern: Berufe aus vergangenen Zeiten*, C. Bertelsmann, München 2010.

van Vliet, M. T. H., Yearsley, J. R., Ludwig, F., Vogele, S., Lettenmaier, D. P. und Kabat, P.: »Vulnerability of US and European electricity supply to climate change«, in: *Nat. Clim. Chang.*, 2 (9): 676–681, 2012.

van Vuuren, D. P., Bouwman, A. F. und Beusen, A. H. W.: »Phosphorus demand for the 1970–2100 period: A scenario analysis of resource depletion«, in: *Glob. Environ. Chang.*, 20 (3): 428–439, doi:10.1016/j.gloenvcha.2010.04.004, 2010.

van Vuuren, D. P., Edmonds, J., Kainuma, M., Riahi, K., Thomson, A., Hibbard, K., Hurtt, G. C., Kram, T., Krey, V., Lamarque, J.-F., Masui, T., Meinshausen, M., Nakicenovic, N., Smith, S. J. und Rose, S. K.: »The representative concentration pathways: an overview«, in: *Clim. Change*, 109 (148): 5–31, doi:10.1007/s10584-011-0148-z, 2011.

Wagner, D. M., Klunk, J., Harbeck, M., Devault, A., Waglechner, N., Sahl, J. W., Enk, J., Birdsell, D. N., Kuch, M., Lumibao, C., Poinar, D., Pearson, T., Fourment, M., Golding, B., Riehm, J. M., Earn, D. J. D., DeWitte, S., Rouillard, J.-M., Grupe, G., Wiechmann, I., Bliska, J. B., Keim, P. S., Scholz, H. C., Holmes, E. C. und Poinar, H.: »Yersinia pestis and the Plague of Justinian 541–543 AD: a genomic analysis«, in: *Lancet Infect. Dis.*, 14 (4): 319–326, doi:10.1016/S1473-3099(13)70323-2, 2015.
Wang, W., Evan, A., Flamant, C. und Lavaysse, C.: »On the Decadal Scale Correlation between African Dust and Sahel Rainfall: the Role of Saharan Heat Low-Forced Winds, (in Begutachtung) 2015.
Warner, K., Ehrhart, C., Sherbinin, A. de, Adamo, S. und Chai-Onn, T.: *In search of shelter*, New York 2009.
Washington, R., Bouet, C., Cautenet, G., Mackenzie, E., Ashpole, I., Engelstaedter, S., Lizcano, G., Henderson, G. M., Schepanski, K. und Tegen, I.: »Dust as a tipping element: the Bodele Depression, Chad«, in: *Proc. Natl. Acad. Sci. USA*, 106 (49): 20564–20571, doi:10.1073/pnas.0711850106, 2009.
Watts, N., Adger, W. N., Agnolucci, P., Blackstock, J., Byass, P., Cai, W., Chaytor, S., Colbourn, T., Collins, M., Cooper, A., Cox, P. M., Depledge, J., Drummond, P., Ekins, P., Galaz, V., Grace, D., Graham, H., Grubb, M., Haines, A., Hamilton, I., Hunter, A., Jiang, X., Li, M., Kelman, I., Liang, L., Lott, M., Lowe, R., Luo, Y., Mace, G., Maslin, M., Nilsson, M., Oreszczyn, T., Pye, S., Quinn, T., Svensdotter, M., Venevsky, S., Warner, K., Xu, B., Yang, J., Yin, Y., Yu, C., Zhang, Q., Gong, P., Montgomery, H. und Costello, A.: »Health and climate change: policy responses to protect public health«, in: *Lancet*, doi:10.1016/S0140-6736(15)60854-6, 2015.
WBGU (Wissenschaftlicher Beirat der Bundesregierung Globale Umweltveränderungen): *Scenario for the derivation of global CO2 reduction targets and implementation strategies*, Bremerhaven 1995.
WBGU: *Welt im Wandel: Wege zur Lösung globaler Umweltprobleme*, Springer, Berlin/Heidelberg/New York 1996.
WBGU: *Die Anrechnung biologischer Quellen und Senken im Kyoto-Protokoll: Fortschritt oder Rückschritt für den globalen Umweltschutz?*, 1998.
WBGU: *Welt im Wandel: Energiewende zur Nachhaltigkeit*, Springer, Berlin/Heidelberg/New York 2003.
WBGU: *Die Zukunft der Meere – zu warm, zu hoch, zu sauer*, herausgegeben von R. Schubert, H. J. Schellnhuber, N. Buchmann, A. Epiney, R. Grießhammer, M. Kulessa, D. Messner, S. Rahmsdorf und J. Schmid, Berlin 2006.
WBGU: *Welt im Wandel: Sicherheitsrisiko Klimawandel*, Springer, Berlin/Heidelberg/New York 2007.
WBGU: *Kassensturz für den Weltklimavertrag – Der Budgetansatz*, Berlin 2009.
WBGU: *Welt im Wandel: Gesellschaftsvertrag für eine Große Transformation*, Berlin 2011.
WBGU: *Sondergutachten: Klimaschutz als Weltbürgerbewegung*, Berlin 2014a.
WBGU: *Zivilisatorischer Fortschritt innerhalb planetarischer Leitplanken – Ein Beitrag zur SDG-Debatte*, Berlin 2014b.
Webster, P. J.: »The Elementary Monsoon«, in: *Monsoons*, herausgegeben von J. S. Fein und P. L. Stephens:, 3–32, John Wiley, New York 1987a.

Webster, P. J.: »The Variable and Interactive Monsoon«, in: *Monsoons*, herausgegeben von J. S. Fein und P. L. Stephens: 269–330, New York 1987b.

Webster, P. J., Magaña, V. O., Palmer, T. N., Shukla, J., Tomas, R. A., Yanai, M. und Yasunari, T.: Monsoons: »Processes, predictability, and the prospects for prediction«, in: *J. Geophys. Res.*, 103 (C7): 14451, doi:10.1029/97JC02719, 1998.

Weertman, J.: »Stability of the junction of an ice sheet and an ice shelf«, in: *J. Glaciol.*, 13: 3–11, 1974.

Von der Weiden, S.: »Wenn Strom eines Tages keinen Widerstand mehr hat«, in: *Die Welt*, 3.3.2013.

Weier, J.: *John Martin Obituary*, [online] verfügbar in: http://earthobservatory.nasa.gov/Features/Martin/ (zugegriffen am 24.2.2015), 2001.

Weimerskirch, H., Louzao, M., de Grissac, S. und Delord, K.: »Changes in wind pattern alter albatross distribution and life-history traits«, in: *Science*, 335 (6065): 211–4, doi:10.1126/science.1210270, 2012.

Welzer, H.: *Klimakriege: wofür im 21. Jahrhundert getötet wird*, Fischer, Frankfurt am Main 2008.

Wergen, W.: »Datenassimilation – ein Überblick«, in: *promet*, 27 (3/4): 142–149, 2002.

White House: *Findings from Select Federal Reports – The National Security of a Changing Climate*, Washington, D.C., 2015.

Whiteman, G., Hope, C. und Wadhams, P.: »Vast costs of Arctic change«, in: *Nature*, 499 (7459): 401–403, doi:10.1038/499401a, 2013.

Whittaker, R. H.: *Communities and Ecosystems*, Macmillan, London 1970.

WHO: *Dengue. Guidelines for Diagnosis, Treatment, Prevention and Control*, 2009.

WHO: »7 million premature deaths annually linked to air pollution«, in: *World Heal. Organ. – news release*, 2014.

Wikipedia (Webseite): *Brennendes Eis*, [online] verfügbar in: https://commons.wikimedia.org/wiki/File:Burning_hydrate_inlay_US_Office_Naval_Research.jpg, o. J.

Will, P.-E.: *Bureaucracy and Famine in Eighteenth-Century China*, Stanford University Press, Stanford 1990.

Williams, P. D. und Joshi, M. M.: »Intensification of winter transatlantic aviation turbulence in response to climate change«, in: *Nat. Clim. Chang.*, 3: 644–648, doi:10.1038/nclimate1866, 2013.

Winkelmann, R., Levermann, A., Ridgwell, A. und Caldeira, K.: »Combustion of available fossil-fuel resources sufficient to eliminate the Antarctic Ice Sheet«, in: *Science Advances*, http://advances.sciencemag.org/content/1/8/e1500589, 2015.

Wittfogel, K. A.: *Wirtschaft und Gesellschaft Chinas. Versuch der wissenschaftlichen Analyse einer großen asiatischen Agrargesellschaft*, C. L. Hirschfeld, Leipzig 1931.

Wittwer, S. H.: »Rising Carbon Dioxide is Great for Plants«, in: *Policy Rev.*, 1992.

Wood, T.: »Frozenology«, in: *London Rev. Books*, 32 (17): 3–6, 2010.

Woodall, L. C., Sanchez-Vidal, A., Paterson, G. L. J., Coppock, R., Sleight, V., Calafat, A., Rogers, A. D., Narayanaswamy, B. E. und Thompson, R. C.: »The deep sea is a major sink for microplastic debris«, in: *R. Soc. Open Sci.*, 1, doi:10.1098/rsos.140317, 2014.

World Bank: *Turn Down the Heat: Why a 4 °C Warmer World Must be Avoided*, 2012.

World Bank: *Turn Down the Heat: Climate Extremes, Regional Impacts, and the Case for Resilience*, 2013.

World Bank: *Turn Down the Heat: Confronting the New Climate Normal*, 2014.

World Bank: Series *Turn Down the Heat*, [online] verfügbar in: http://www.worldbank.org/en/topic/climatechange/publication/turn-down-the-heat, o. J.

Worldwatch Institute (Webseite): *Worldwatch Institute*, [online] verfügbar in: http://www.worldwatch.org/, o. J.

Worobey, M., Telfer, P., Souquière, S., Hunter, M., Coleman, C. A., Metzger, M. J., Reed, P., Makuwa, M., Hearn, G., Honarvar, S., Roques, P., Apetrei, C., Kazanji, M. und Marx, P. A.: »Island Biogeography Reveals the Deep History of SIV«, in: *Science*, 329 (5998): 1487, doi:10.1126/science.1193550, 2010.
Wouter, B., Martin-Espanol, A., Helm, V., Flament, T., van Wessem, J. M., Ligtenberg, S. R. M., van den Broeke, M. R. und Bamber, J. L.: »Dynamic thinning of glaciers on the Southern Antarctic Peninsula«, in: *Science*, 348 (6237): 899–903, doi:10.1126/science.aaa5727, 2015.

Yang, S., Galbraith, E. und Palter, J.: »Coupled climate impacts of the Drake Passage and the Panama Seaway«, in: *Clim. Dyn.*, 43 (1-2): 37–52, 2014.
Yardley, W.: »Victim of Climate Change, a Town Seeks a Lifeline«, in: *New York Times*, 27.5.2007.
Yin, J., Schlesinger, M. E. und Stouffer, R. J.: »Model projections of rapid sea-level rise on the northeast coast of the United States«, in: *Nat. Geosci.*, 2 (4): 262–266, doi:10.1038/ngeo462, 2009.
Yonetani, M.: *Global Estimates 2012*, 2013.
Yonetani, M.: *Global Estimates 2014*, 2014.

Zalasiewicz, J. und Williams, M.: »A Geological History of Climate Change«, in: *Climate Change: Observed Impacts on Planet Earth*: 127–142, Elsevier B.V., 2009.
Zeeman, E. C.: »Catastrophe Theory«, in: *Sci. Am.*, 234 (4): 65–83, doi:10.1038/scientificamerican0476-65, 1976.
Zhang, D. D., Zhang, J., Lee, H. F. und He, Y. Q.: »Climate change and war frequency in Eastern China over the last millennium«, in: *Hum. Ecol.*, 35 (4): 403–414, doi:10.1007/s10745-007-9115-8, 2007.
Zhang, D. D., Lee, H. F., Wang, C., Li, B., Pei, Q., Zhang, J. und An, Y.: »The causality analysis of climate change and large-scale human crisis«, in: *Proc. Natl. Acad. Sci. USA*, 108 (42): 17296–17301, doi:10.1073/pnas.1104268108, 2011.
Zhou, X.-N., Yang, G.-J., Yang, K., Wang, X.-H., Hong, Q.-B., Sun, L.-P., Malone, J. B., Kristensen, T. K., Bergquist, N. R. und Utzinger, J.: »Potential Impact of Climate Change on Schistosomiasis Transmission in China«, in: *Am. J. Trop. Med. Hyg.*, 78 (2): 188–194, 2008.
Zickfeld, K., Knopf, B., Petoukhov, V. und Schellnhuber, H. J.: »Is the Indian summer monsoon stable against global change?«, in: *Geophys. Res. Lett.*, 32 (15): 1–5, doi:10.1029/2005GL022771, 2005.
Zickfeld, K., Eby, M., Matthews, H. D. und Weaver, A. J.: »Setting cumulative emissions targets to reduce the risk of dangerous climate change«, in: *Proc. Natl. Acad. Sci. USA*, 106 (38): 16129–16134, doi:10.1073/pnas.0805800106, 2009.
Zimbler, D. L., Schroeder, J. A., Eddy, J. L. und Lathem, W. W.: »Early emergence of Yersinia pestis as a severe respiratory pathogen«, in: *Nat. Commun.*, 6, 7487, 2015.
Zurawski, K.: *Sparsamer salzfrei*, Deutschlandfunk, 2012.

Register

Personenregister

Orts- und Sachregister

Nukleotide 181
Nyiragongo (Vulkan) 15

OECD-Länder 358, 446
Ökodiktatur 618
Ökologie 274, 398, 418
Ökosphäre 28, 174, 250
Ökosystem 16, 21, 24, 29,
  31, 79, 131, 138, 154,
  157, 202, 252, 257,
  295, 321, 329, 370, 401,
  403f., 406–412, 417f.,
  451, 453, 460ff., 481,
  495–500, 572, 582, 605,
  635f., 698
Olivin 601
Ölkrise 208, 428
Ölsände 201f., 206, 340,
  597
Ölschiefer 201, 203f.
OPEC (Organization of
  the Petroleum Exporting
  Countries / Organisa-
  tion erdölexportierender
  Länder) 193, 341, 344,
  429, 610
Opiumkriege (gegen China)
  550
Orbitalparameter 46, 48,
  486
Orbitalzyklen 49
Ordovizium (Erdzeitalter)
  285
Ordovizium-Silur-Vereisung
  285f.
Ortenburg 11ff., 240
Ostafrika 391, 394, 397,
  686
Osterinsel 419
Österreich 396, 432, 573
Ostküstenfieber (Theile-
  riose) 395f.
Oxfam 681, 694f.
Oxford (Universität) 234,
  467, 476, 500f., 513
Ozeanbohrprogramme 50
Ozeanversauerung 28f.,
  117, 149, 152ff., 290,
  500, 601, 602f.
Ozon 40, 326, 347

Ozonloch 28, 32
Ozonschicht 31, 279, 287,
  356, 371, 598

Pacific Northwest Natio-
  nal Laboratory (PNNL)
  368f.
Pakistan 383, 424, 484,
  673f.
Paläoanthropologie 248
Paläontologie 279, 290
Paläozoikum 192, 199,
  282, 285f.
Palau 669
Pamir 292, 674
Panspermie-Lehre 177
Päpstliche Akademie der
  Wissenschaften (PAS)
  531, 561f., 579, 595,
  696, 701
Papua-Neuguinea 146, 160
Parasiten 111, 386, 390,
  396, 413
Parasitologie 390
Pazifik 78, 82, 100, 139,
  142, 243, 258, 261, 270,
  293, 316, 482, 488, 495,
  565, 668
Peak-Oil-Vorhersage 339f.
Periodensystem 73, 181
Perm (Erdzeitalter) 199f.,
  285ff.
Permafrostböden 113, 208,
  210, 444
Persischer Golf 192f.,196,
  201, 385, 439, 548, 639,
  641, 716
Peru 142, 219, 249, 270,
  397, 673, 675, 680
Pest 246, 262, 398f.
Petroleum 191ff., 203f.,
  209f., 243, 335ff.
Philippinen 139, 142, 261,
  378, 450, 684, 695
Phosphor 28, 30f., 35, 181,
  407, 494, 496
Photosynthese 71f., 75f.,
  173, 188ff., 195, 279f.,
  289, 296, 405, 407, 410,
  415, 499, 587, 636

Photovoltaik 613, 618,
  623, 626, 634, 639
Phytoplankton 289, 404
Planck'sches Wirkungs-
  quantum 42
Plankton 153ff., 191, 242,
  270, 499
Plasmodien 390ff., 395
Plattentektonik 53, 286,
  292, 296
Pluto (Zwergplanet)
  195
Plutonium 33, 369f.
Pocken 263f., 272
POEM (Potsdam Earth
  Model) 323
Polarkreis, nördlicher 287,
  390
Pongola-Vereisung 280
Porosität 137, 193
Potsdam 126, 130, 133,
  408, 460, 466f., 592f.,
  609, 620, 637
Potsdam-Institut für Klima-
  folgenforschung (PIK)
  24f., 35, 51, 57, 89,
  118ff., 129f., 133, 143,
  158, 160, 252, 302,
  321f., 346, 348, 406,
  415f., 436ff., 441, 456,
  466f., 497, 514, 587,
  594, 602f., 609, 625,
  629f., 686
Pottwale 242
Präkambrium (Erdfrühzeit)
  279f., 285, 295
Präzession 47
Progression, arithmetische
  56
–, geometrische 56
Prokaryoten 283f., 297
Proteine 30, 181, 407
Protozoen 395
Pyrozän (Verbrennungszeit-
  alter) 342f.

Quantenphysik/Quanten-
  mechanik 41, 43, 94,
  108ff., 163, 171, 300f.,
  305, 311, 541, 711

Bildnachweis

1. nach United Nations Development Programme, 1992, abgeändert von PIK/M. Wodinski
   Datenquelle: Dikhanov, Y.: *Trends in global income distribution, 1970–2000, and scenarios for 2015.* New York 2005, United Nations Development Programme
   © United Nations Development Programme
2. nach Rockström u.a. 2009a, abgeändert von PIK/Martin Wodinski
   © 2009, Rights Managed by Nature Publishing Group/Copyright Clearance Center inc., 2015
3. nach Steffen u.a. 2015, veröffentlicht online am 15.1.2015, in: *Science*, 347 (6223), doi: 10.1126, 13.2.2015, abgeändert von PIK/M. Wodinski
   © Science org. / Will Steffen
4. PIK/M. Wodinski nach einer Graphik der Sternwarte Eberfing
5. nach Ganopolski 2010 (unveröffentlicht), abgeändert von PIK/M. Wodinski
   Datenquelle: Sauerstoffisotopensignatur aus Lisiecki und Raymo 2005
6. nach Petit u.a. 1999, abgeändert von PIK/M. Wodinski
   © 1999 Rights managed by Nature Publishing Group/Copyright Clearance Center Inc., 2015
7. nach NOAA (National Oceanic & Atmospheric Administration), abgeändert von PIK/M. Wodinski
   © NOAA/Earth System Research Laboratory
8. nach Goddard Institute for Space Studies, abgeändert von PIK/M. Wodinski
   © NASA Goddard Institute for Space Studie
9. nach IPCC 2001, abgeändert von PIK/M. Wodinski
   © IPCC
10. nach Stott u.a. 2010, abgeändert von PIK/M. Wodinski
    © 2010 John Wiley & Sons, Inc./ Copyright Clearance Center, Inc. 2015
11a und b. nach Jones G. S. u.a. 2013, abgeändert von PIK/M. Wodinski
    © Gareth S. Jones
12. »IxodesRicinus2048« von Hubert Berberich/Wikipedia
13. nach IPCC 2007a, abgeändert von PIK/M. Wodinski
    © IPCC
14. PIK/Hans Joachim Schellnhuber
15. PIK/Hans Joachim Schellnhuber
16. PIK/Hans Joachim Schellnhuber
17. nach Rahmstorf 2012, abgeändert von PIK/M. Wodinski
    © 2012, Rights Managed by Nature Publishing Group/Copyright Clearance Center Inc., 2015
18a und b. nach Trenberth 2011, abgeändert von PIK/M. Wodinski
    © IPCC
19. nach Bamber u.a. 2010, abgeändert von PIK/M. Wodinski
    © J. Bamber and R. Riva
20a und b. nach NatCatSERVICE, Münchener Rück, 2011, abgeändert von PIK/M. Wodinski
    © 2015 Münchener Rückversicherungs-Gesellschaft, NatCatSERVICE

21. nach WBGU 2006. Mit freundlicher Genehmigung des WBGU
22. nach Dutton u.a. 2015, abgeändert von PIK/M. Wodinski
23a und b. PIK /Friedemann Lembcke
24. Wikimedia Commons
25. Wolfgang Schaar, Grafing
    © Ernst Klett Verlag GmbH
26. Hannes Grobe/Alfred-Wegener-Institut
27. Wikimedia
28. WBGU 2011. Mit freundlicher Genehmigung des WBGU
29. WBGU 2011. Mit freundlicher Genehmigung des WBGU
    Datenquelle: Tab. 2.2 aus Sieferle u.a. 2006
30. Ganopolski u.a. 2001, abgeändert von PIK/M. Wodinski
    © 2001 Rights Managed by Nature Publishing Group/Copyright Clearance Center Inc., 2015
31. Bradshaw Foundation
32. nach de Menocal u.a. 2000, abgeändert von PIK/M. Wodinski
    © 1999 Elsevier Science Ltd. All rights reserved./Copyright Clearance Center Inc., 2015
33. nach Büntgen u.a. 2011, abgeändert von PIK/M. Wodinski
34. Matthias Forkel
    © Ernst Klett Verlag GmbH
35. nach Hoffman u.a. 2000 (Spektrum der Wissenschaft), abgeändert von PIK/M. Wodinski
    © Heidi Noland
36. © John Sibbick
37. nach Zalasiewicz u.a. 2009, abgeändert von PIK/M. Wodinski
    © 2009 Elsevier B.V. All rights reserved/ Copyright Clearance Center Inc., 2015
38. Lenton, T. M., u.a.: »Co-evolution: Earth history involves tightly entwined transitions of information and the environment, but where is this process heading?«, in: *Nature*, 431 (7011): 913, doi:10.1038/431913a, 2004, abgeändert von PIK/M. Wodinski
    © 2004, Rights Managed by Nature Publishing Group/Copyright Clearance Center inc., 2015
39. PIK/Friedemann Lembcke
40. L. Bengtsson/ NOAA (National Oceanic & Atmospheric Administration)
41. Deutscher Wetterdienst (DWD), Quelle: WMO-Vorlage, überarbeitet vom DWD 2004
42. nach: WMO (World Meteorological Organization), Global Climate Observing System, abgeändert von PIK/M. Wodinski
43. nach MPI für Chemie, modifiziert durch MPI für Meteorologie. Mit freundlicher Genehmigung des MPI (Max-Planck-Institut)
    © M. O. Andreae & J. Marotzke
44. nach IPCC 2007a, doi:10.1256/004316502320517344, Fig. 3.2, S. 46, abgeändert von PIK/M. Wodinski
    © IPCC
45. nach Nebojsa Nakicenovic und Arnulf Grübler: Environmentally Compatible Energy Strategies Project, International Institute for Applied Systems Analysis (IIASA), Laxenburg, abgeändert von PIK/M. Wodinski
    © IIASA
46. nach Meinshausen u.a. 2011, abgeändert von PIK/M. Wodinski
    © Atmospheric Chemistry and Physics
47. PIK/Hans Joachim Schellnhuber
48a und b. nach IPCC 2013, Seite 1100, abgeändert von PIK/M. Wodinski
    © IPCC 2013

49. nach Meinshausen u.a. 2011, abgeändert von PIK/M. Wodinski
    © Atmospheric Chemistry and Physics
50. nach Ganopolski u.a. 2015, abgeändert von PIK/M. Wodinski
    Datenquelle der Temperaturrekonstruktion: Marcott u.a. 2013 und Shakun u.a. 2012
51. © David F. Karnosky, Michigan Tech University
52. Wikimedia/K. Shimada
53. nach Wikipedia/Marietta College, abgeändert von PIK/M. Wodinski
54. nach Wikimedia/Ville Koistinen, abgeändert von PIK/M. Wodinski
55. nach IPCC 2007b, abgeändert von PIK/Sibyll Schaphoff
    © IPCC
56. nach IPCC 2013, abgeändert von PIK/M. Wodinski
    © IPCC
57. IPCC 2013, abgeändert von PIK/M. Wodinski
    © IPCC
58. nach World Bank (*Turn Down the Heat*) 2013, abgeändert von PIK/M. Wodinski
    © World Bank
59. © NASA/Corbis; Wikiwand
60. PIK/Hans Joachim Schellnhuber
61a und b. nach IPCC 2014a, abgeändert von PIK/M. Wodinski
    © IPCC
62. WBGU 2009. Mit freundlicher Genehmigung des WBGU
63. Fig. 1 aus Lenton u.a. 2008, http://www.pnas.org/content/105/6/1786, abgeändert von
    PIK/M. Wodinski. PNAS ist nicht verantwortlich für die Übersetzung.
    © 2008 National Academy of Sciences, USA
64. nach Rahmstorf 2002
    © 2002, Rights Managed by Nature Publishing Group/Copyright Clearance Center,
    inc. 2015
65. nach *New Scientist* (2010), Kartengrundlage NASA, abgeändert von PIK/M. Wodinski
    © 2010 Reed Business Information (UK). All rights reserved. Distributed by Tribune
    Content Agency
66. Fig. 14 aus Levermann u.a. 2009, http://www.pnas.org/content/106/49/20572.full496,
    abgeändert von PIK/M. Wodinski. PNAS ist nicht verantwortlich für die Übersetzung.
    © 2008 National Academy of Sciences, USA
67. NASA
68. Image courtesy of 2008 WGBH Educational Foundation. All Rights Reserved. Third
    party materials courtesy of NASA/USGS, NASA Goddard Space Flight Center Scien-
    tific Visualization Studio/National Snow and Ice Data Center (NSIDC), University of
    Colorado, Boulder
69. nach GRID-Arendal, UNEP-Report: *Global Outlook for Ice and Snow,* http://grida.no/
    graphicslib/detail/ice-sheets-schematic-illustration-for-greenland-and-antarctica_13c2,
    2007, Author: Hugo Ahlenius, UNEP/GRID-Arendal, based on material by K. Steffen,
    CIRES/Univ. of Colorado, abgeändert von PIK/M. Wodinski
    © Hugo Ahlenius, UNEP/GRID-Arendal
70. PIK/Ricarda Winkelmann
71. nach Frieler u.a. 2013, abgeändert von PIK/M. Wodinski
    © Nature Climate Change
72. PIK/Ricarda Winkelmann und Hans Joachim Schellnhuber.
    Unter Benutzung verschiedener Datenquellen: Frieler u.a. 2013, IPCC 2013, Lenton
    2012, Lenton u.a. 2008, Levermann u.a. 2012, Robinson u.a. 2012a. Datenquelle der
    Temperaturkonstruktion: Marcott u.a. 2013 und Shakun u.a. 2012

73. nach Cook u.a. 2014, abgeändert von PIK/M. Wodinski
   © James Cook/Reports of the National Center for Science Education
74. Collage
75. nach Encyclopedia Britannica, 2012, abgeändert von PIK/M. Wodinski
76. nach Mathesius u.a. 2015
   © 2015, Rights Managed by Nature Publishing Group/Copyright Clearance Center Inc., 2015
77. nach Mathesius u.a. 2015, abgeändert von PIK/M. Wodinski
   © Nature Climate Change
78. PIK/Hans Joachim Schellnhuber
79. nach GEA 2012, abgeändert von PIK/M. Wodinski
   © Cambridge University Press and IIASA
80. WBGU 2011. Mit freundlicher Genehmigung des WBGU
81a und b. PIK/Hans Joachim Schellnhuber
82. Julian Breinersdorfer
83. PIK/M. Wodinski, Hintergrundbild: DLR
84. WBGU 2014a. Mit freundlicher Genehmigung des WBGU
85a und b. nach Leclercq u.a. 2012, abgeändert von PIK/M. Wodinski
   © Springer 2012. Mit freundlicher Genehmigung
86. nach Homer-Dixon u.a. 1993, abgeändert von PIK/M. Wodinski
   © Scientific American
87. WBGU: *Welt im Wandel – Sicherheitsrisiko Klimawandel. Zusammenfassung für Entscheidungsträger*, Berlin 2008. Mit freundlicher Genehmigung des WBGU
88. PIK/Hans Joachim Schellnhuber
89. PIK/Hans Joachim Schellnhuber. Datenquelle: Credit Suisse 2013: *Global Wealth Report*, in: https://publications.credit-suisse.com/tasks/render/file/?fileID=BCDB1364-A105-0560-1332EC9100FF5C83
90. nach World Bank 2012, abgeändert von PIK/M. Wodinski
   © World Bank
91. PIK/Hans Joachim Schellnhuber und Niklas Roming
   Datenquellen: Penn World Table, version 8.0 – Data: Feenstra u.a.: »The Next Generation of the Penn World Table« (www.ggdc.net/pwt), 2013; CDIAC-Data: Boden u.a.: »Global, Regional, and National Fossile-Fuel CO_2 Emissions«, Carbon Dioxide Information Analysis Center, Oak Ridge National Laboratory, U.S. Department of Energy, Oak Ridge, Tenn., USA, doi:10.3334/CDIAC/00001_V2011, World Development Indicators, http://databank.worldbank.org/data/reports.aspx?source=World-Development-Indicators, 2011
92a und b. WBGU 2014b. Mit freundlicher Genehmigung des WBGU

PIK = Potsdam-Institut für Klimafolgenforschung
WBGU = Wissenschaftlicher Beirat der Bundesregierung Globale Umweltveränderungen

Trotz intensiver Recherche konnten die Bildrechte bis Redaktionsschluss nicht in allen Fällen zweifelsfrei geklärt werden. Bei berechtigten Ansprüchen werden Rechteinhaber gebeten, sich an den Verlag zu wenden.